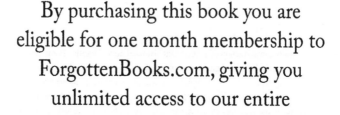

ISBN 978-0-364-40762-2
PIBN 11015945

For support please visit www.forgottenbooks.com

ANNALEN

DER

PHYSIK UND CHEMIE.

NEUE FOLGE.

BAND XI.

DER GANZEN FOLGE ZWEIHUNDERT SIEBENUNDVIERZIGSTER.

UNTER MITWIRKUNG

DER PHYSIKALISCHEN GESELLSCHAFT IN BERLIN

UND INSBESONDERE DES HERRN

H. HELMHOLTZ

HERAUSGEGEBEN VON

G. WIEDEMANN.

NEBST ACHT FIGURENTAFELN.

LEIPZIG, 1880.

VERLAG VON JOHANN AMBROSIUS BARTH.

Inhalt.

Neue Folge. Band XI.

Zwölftes Heft.

Geschlossen am 1. December 1880.

Dreizehntes Heft.

Geschlossen am 15. Dec. 1880.

Nachweis zu den Figurentafeln.

DER PHYSIK UND CHEMIE.

. NEUE FOLGE. BAND XI.

I. *Ueber die Zusammendrückbarkeit der Gase;*
von Friedrich Roth
aus Obernetphen.

. . .

I.

Uebersicht der bisher über die Abweichungen vom Mariotte'-schen Gesetz gemachten experimentellen Untersuchungen.

Von den älteren Versuchen, die zur Prüfung des Mariotte-Gay-Lussac'schen Gesetzes angestellt wurden, die aber keine vollständig übereinstimmenden Resultate aufzuweisen hatten, gibt Regnault in seiner Abhandlung[1]): „Sur la compressibilité des fluides élastiques" einen umfassenden Abriss, der ebenso wie das Ergebniss seiner eigenen classischen Untersuchungen in die Handbücher der Physik[2]) übergegangen ist und dort eingehenderen Besprechungen unterworfen wird.

Nach den Untersuchungen Regnault's war der Ausdruck $\frac{p_1 v_1}{p_2 v_2} - 1$, in dem p_1, p_2, v_1, v_2 correspondirende Drucke und Volumina bezeichnen, und zwar $p_1 < p_2$, für kein Gas gleich Null, sondern für alle, mit Ausnahme des Wasserstoffs, gleich einer positiven Grösse. Der Vermuthung, dass bei höheren Drucken auch Wasserstoff und somit alle Gase eine Abweichung in demselben Sinne ergeben würden, widersprachen die Versuche, die Natterer[4]) mit seinem Compressionsapparat bis zu dem enormen Druck von 2790 Atmosphären anstellte, bei denen freilich eine vollständig genaue Messung des Druckes nicht wohl möglich sein konnte, die aber doch in der Hauptsache durch spätere genaue Bestimmungen von

---

1) Regnault, Relation des exp., p. 329—428.
2) Wüllner, Physik 1. p. 360 ff.; Mousson, Physik 1. p. 162 ff.
3) Regnault, Mem. de l'Acad. 21. p. 418. 1847.
4) Natterer, Wien. Ber. 5. p. 351. 1850; 6. p. 557. 1850; 12. p. 199. 1854.

Cailletet und Amagat bestätigt wurden. Hiernach geht
die Grösse $\mu = \frac{p_1 v_1}{p_2 v_2} - 1$ bei Luft, Stickstoff und Kohlenoxyd
für bestimmte Drucke aus dem Positiven ins Negative über
und zeigt ein ganz analoges Verhalten, wie bei Wasserstoff,
nimmt sogar für sehr hohe Drucke in noch stärkerem
Maasse ab.

Cailletet[1], der zur Messung der Drucke sich anfangs
eines Desgoffe'schen Manometers[2], später aber der directen
Beobachtung von Quecksilbersäulen, durch welche die Compression in einem 560 m tiefen Schacht ausgeübt wurde, bediente, fand für den Quotienten $\frac{P_0 V_0}{P V}$ bei Luft und Wasserstoff bis zu 705 Atmosphären bei 15° immer abnehmende
Werthe, während Stickstoff bei ungefähr 70 Atmosphären
und derselben Temperatur für das Product PV ein Minimum,
also ein Maximum für die Compressibilität zeigte.

Besonders ausführliche Beobachtungsreihen über die
Compressibilität der Gase liegen vor von Amagat. Die
ersten Versuche[3] desselben mit schwefliger Säure, Ammoniak,
Kohlensäure und Luft bei verschiedenen Temperaturen beweisen, dass bei 100° die beiden ersten weniger vom Mariotte'-
schen Gesetz abweichen, als bei gewöhnlicher Temperatur,
noch weniger Kohlensäure, und Luft fast gar nicht, dass also
die Abweichungen ebensowohl eine Function der Temperatur
wie des Volumens sind, wie dies auch schon von Regnault
bemerkt wurde. Bei höheren Temperaturen (bis zu 250°)
tritt diese Annäherung an das Mariotte'sche Gesetz noch
stärker hervor; freilich sind diese Versuche bei Drucken, die
wenige Atmosphären nicht übersteigen, angestellt worden.
Später[4] hat Amagat bei weit höheren Drucken experi-

---

1) Cailletet, Compt. rend. **70.** p. 1131. 1870 u. **88.** p. 61. 1879;
auch Beibl. **3.** p. 253. 1879.

2) Wüllner, Physik 1. § 64.

3) Amagat, Comp. rend. **68.** p. 1170. 1869; **71.** p. 67. 1870; **78.**
p. 183. 1872; Ann. de chim. et de phys. (4) **28.** p. 274. 1873 und (4) **29.**
p. 246. 1873.

4) Amagat, Compt. rend. **87.** p. 432. 1878 und **88.** p. 336. 1879;
Beibl. **2.** p. 684. 1878 und **3.** p. 414. 1879.

mentirt, indem er das Gas in einem Glasmanometer durch Quecksilbersäulen comprimirte, die mittelst einer Druckpumpe in eine 300 m hohe verticale Röhre getrieben wurden. Die Resultate stimmen für Stickstoff dem Sinne nach mit denen von Cailletet ziemlich überein; besser noch in den neuesten von Amagat veröffentlichten Untersuchungen[1]), die nach der modificirten Pouillet'schen Methode[2]) angestellt wurden und mehrere Gase umfassten.

In der folgenden kleinen Tabelle stelle ich einen Theil der von den beiden Physikern für Stickstoff gefundenen Zahlen zusammen, und zwar bedeutet P den Druck in Metern Quecksilber, V das Volumen, T die Versuchstemperatur.

Amagat			Cailletet			
P	PV	T	P	V	PV	T
20,740	50989		39,359	207,93	8184	15,0°
35,337	50897		49,271	162,82	8022	15,1
47,146	50811	C.	59,462	132,86	7900	15,0
55,481	50857	°	69,367	115,50	8011	15,0
61,241	50895	22	79,234	103,00	8162	15,1
69,140	50987	—	89,231	93,28	8323	15,2
96,441	51602	18	109,199	77,70	8484	15,6
128,296	52860		124,122	71,36	8857	16,0
158,563	54214		149,205	59,70	8907	16,8
190,855	55850		164,145	54,97	9023	17,2

Für alle Gase, die Amagat seinen Untersuchungen unterworfen hat, findet derselbe ein Minimum des Productes PV und zwar für Stickstoff bei.50, für Sauerstoff bei 100, Luft 65, Kohlenoxyd bei 50, Sumpfgas bei 120 und Aethylen bei 65 m Quecksilberdruck.

Aethylen ist auch für niedere Drucke bis zu ungefähr zwei Atmosphären Gegenstand eingehender Untersuchungen von Winkelmann[3]) gewesen.

Ein ungemein fördernder Beitrag zur Theorie der Gase wurde schon eine Reihe von Jahren früher von An-

---

1) Amagat, Compt. rend. **89.** p. 437 1879; Beibl. **4.** p. 19. 1880.

2) Mousson, Physik **2.** p. 129.

3) Winkelmann, Wied. Ann. **5.** p. 92. 1878.

drews[1]) durch Mittheilung seiner Versuche über die Kohlensäure geliefert, die besonders deshalb von Wichtigkeit waren, weil sie die Continuität des flüssigen und gasförmigen Zustandes der Materie experimentell nachwiesen, und zwar in überzeugenderer und exacterer Weise, als die von Cagniard de la Tour.[2]) Später ist dann mit dem Andrews'schen Apparat von Janssen[3]) Stickstoffoxydul untersucht worden.

Die genaue Prüfung des Mariotte'schen Gesetzes bei Drucken unter einer Atmosphäre ist schon von Regnault wegen der Grösse der Beobachtungsfehler als besondere Schwierigkeiten bietend hingestellt worden. Untersuchungen über diesen Punkt liegen vor von Siljeström[4]) und Mendelejeff[5]), die aber zu gerade entgegengesetzten Resultaten geführt haben. Nach Siljeström nimmt das Product PV bei niederen Drucken zu, nach Mendelejeff ab, und muss wohl weiteren Versuchen die Entscheidung vorbehalten bleiben.

Was das Verhalten der Dämpfe nach dem Mariotte'schen Gesetz betrifft, so hat unter andern Herwig[6]) eine Reihe von Untersuchungen über diesen Punkt veranstaltet und gibt derselbe l. c. auch eine ausführliche Uebersicht der für dieses specielle Gebiet einschlägigen Literatur.

Es schien mir nicht unwesentlich, von einigen Gasen, wenn dieselben auch schon zum Theil untersucht worden sind, Beobachtungsreihen aufzustellen, die mehrere Temperaturen und möglichst viele Drucke umfassen, um das Material an die Hand zu geben, die bisher aufgestellte empirischen und theoretischen Formeln einer genauen Prüfung zu unterwerfen.

---

1) Andrews, Pogg. Ann. Ergbd. **5.** p. 64. 1871; Phil. Mag. (5) **1.** p. 78. 1876; Beibl. **1.** p. 21. 1877.

2) Cagniard de la Tour, Ann. de chim. et de phys. (2) **21.** p. 127. 1822 und (2) **22.** p. 410. 1823.

3) Janssen, Stickstoffoxydule in den vlocibaren en gasf. Toestand. Inaug. Diss. Leyden, p. 50. 1877; Beibl. **2.** p. 136. 1878.

4) Siljeström, Pogg. Ann. **151.** p. 451 und 573. 1874; Chem. Ber. **8.** p. 576. 1875.

5) Mendelejeff, Chem. Ber. **7.** p. 1339. 1874 und **8.** p. 744. 1875.

6) Herwig, Pogg. Ann. **187.** p. 19. 1869.

II.

Untersuchungen über die Beziehung zwischen Druck, Volumen und Temperatur bei Kohlensäure, schwefliger Säure, Ammoniak und Aethylen.

1. Beschreibung des Apparates und Anordnung des Versuchs.

Der Apparat, dessen ich mich bei meinen Versuchen bediente, beruht im wesentlichen auf dem schon von Pouillet[1]), später von Andrews und Amagat angewandten Princip. In einen schmiedeeisernen Block A (Taf. I Fig. 1a), 10 cm lang, 10 hoch, 4 dick, sind zwei cylindrische Höhlungen BB, deren Durchmesser 2 cm beträgt, bis zu einer Tiefe von 7 bis 8 cm eingebohrt. Dieselben communiciren durch einen dritten, rechtwinklig zu ihnen gebohrten Cylinder C, der sich in eine Stopfbüchse D fortsetzt. In D bewegt sich, umgeben von einer Lederdichtung, ein Stahlstempel E, der mit einer Schraube F, die durch eine an den Block A selbst befestigte Schraubenmutter G geht, so verbunden ist, dass er sowohl einer vorwärts, wie einer rückwärts gehenden Bewegung Folge leistet, ohne sich selbst dabei drehen zu müssen. Die beiden Cylinder BB sind verschliessbar durch sehr starke Schraubenköpfe JJ, die selbst wieder zur Aufnahme der Röhren HH durchbohrt sind. Diese Röhren, die das zu comprimirende Gas enthalten, bestehen aus einer längeren Capillare, dem obern Theil, und einem weiteren untern, dessen äussere Dimensionen sich genau den Durchbohrungen von JJ anpassen müssen, und zu dem daher die Röhren erst nach Fertigstellung des übrigen Apparats direct in der Glashütte bestellt wurden. Besondere Schwierigkeiten bot das für hohe Drucke berechnete Einkitten der Glasröhren. Nach vielen Versuchen mit verschiedenen Arten von Siegellack und Mastix erwies sich am geeignetsten ein Kitt aus einer Mischung von Kolophonium und Kautschuk.[2]) Die übrigen

---

1) Pouillet, vgl. oben p. 5.

2) Man schmilzt zunächst Kolophonium und fügt, nachdem man dasselbe auf eine möglichst hohe Temperatur gebracht hat, nach und nach kleingeschnittene Kautschukstückchen, wozu man alte Schläuche und Stöpsel verwenden kann, hinzu, bis man ungefähr auf 2 Theile Kolophonium 1 Theil Kautschuk hat.

Dichtungen des vollständig mit Quecksilber gefüllten Apparates bestanden aus Platten von starkem Sohlleder, die mit einer Mischung von Wachs und Talg im Vacuum bei nicht zu hoher Temperatur sorgfältig getränkt wurden. Die Bestimmung des cubischen Inhalts der Röhren geschah fast genau in der von Andrews l. c. angegebenen Weise. Unterhalb des weiteren Theils, an dessen capillar ausgezogenem Ende, befindet sich eine mit Flusssäure geätzte Marke, ebenso oberhalb desselben, ferner in der Mitte der Capillare und ungefähr 10 cm unter dem obern Ende. Von Marke zu Marke wurde die Capacität (C) in Cubikcentimetern durch Füllen mit Quecksilber und Wägen desselben nach der Formel:

$$C = W \frac{1 + 0{,}000\,154\,t}{13{,}596} \, 1{,}00012$$

bestimmt, wo W das Gewicht des Quecksilbers, t dessen Temperatur, 0,000 154 die scheinbare Ausdehnung desselben im Glase, 13,596 dessen Dichte bei 0° und 1,00012 die Dichte des Wassers bei 4° bezeichnet. Durch Verschieben eines Quecksilberfadens und Messen desselben mittelst eines horizontal gelegten Kathetometers wurde für jede Capillare eine kleine Calibrirungstabelle aufgestellt. Röhren von zu ungleicher innerer Weite wurden vom Gebrauch ausgeschlossen.

War die so calibrirte Röhre in den Schraubenkopf J sorgfältig eingekittet, so geschah das Füllen derselben mit dem zu untersuchenden Gase in folgender Weise. Zunächst wurde sie mit dem untern (capillar ausgezogenen) Ende in einen der mit Quecksilber gefüllten Cylinder BB vertical eingetaucht und oben mittelst eines bei jeder Füllung erneuerten kurzen Kautschukschlauches mit dem Ende a (Taf. I Fig. 1b) des Füllapparates verbunden. Dabei hatte die ganze Röhre H ungefähr Barometerlänge.

Die Einrichtung des Füllapparates ist aus der Figur leicht ersichtlich; ein grosses T-Rohr, von dem der eine Zweig a, wie schon gesagt, zur Capillare, der andere b zum Gasentwickelungs- und Trockenapparat, der dritte ins Freie, resp. in ein Glas mit Quecksilber oder einer andern Sperrflüssigkeit führte. Letzterer ist noch mit einem seitlich angebrachten offenen Manometer d versehen. Durch den dreifach

durchbohrten Hahn *e*, die Hähne *f* und *g* und andere am
Trockenapparat angebrachte war es möglich, sämmtliche
Theile zu evacuiren und infolge dessen die Capillare bis zur
Barometerhöhe mit Quecksilber anzufüllen, welches dann bei
der Entwicklung durch das betreffende Gas wieder zurückgetrieben werden konnte. Glaubte man nach mehrmaliger
Wiederholung dieses Verfahrens die Röhre mit möglichst
reinem Gas gefüllt, so schloss man dieselbe nebst der Röhre
cc des Füllapparats durch den Hahn *e* von dem Entwicklungsapparat ab, bestimmte in *d* den Druck und schmolz die
Capillare an einer über der letzten Marke ausgezogenen
Stelle ab. Man hatte dann blos noch die Röhre tiefer ein-
zutauchen und den Kopf *J* fest aufzuschrauben. Nachdem
nun noch die zweite Röhre in derselben Weise behandelt
worden war, war der Apparat zum Versuch fertig.

Bei dieser Anordnung war es mir möglich, Messungen
zwischen Drucken von 8 bis zu 150 und mehr Atmosphären
vorzunehmen, und zwar diente die eine der Röhren *HH* lediglich
lich zur Bestimmung des Drucks. Dieselbe füllte ich anfänglich bei den Versuchen mit trockner Luft, nahm aber an
deren Stelle später stets Stickstoff, da ich die Wahrnehmung
machte, dass nach Verlauf einiger Tage bei den erwähnten
Drucken eine ganz geringe Oxydation des Quecksilbers durch
den Sauerstoff der Luft verursacht wurde, infolge dessen
kleine Quecksilberkügelchen an den Glaswänden hängen blieben und die Ablesungen unsicher machten, für welche ich ein
sehr gutes Kathetometer zu meiner Verfügung hatte. Der
Stickstoff wurde in grösserer Menge durch Leiten von Luft
über glühende Kupferdrehspäne gewonnen.

Bei jeder neuen Füllung musste das Quecksilber ge-
wechselt werden, und erwies sich das von Brühl[1]) angegebene
Verfahren, Schütteln mit einer Lösung von Kaliumbichromat
mit etwas Schwefelsäure (1 Liter Lösung von $K_2 Cr_2 O_7$ mit
1—2 ccm $H_2 SO_4$) als besonders geeignet, um kleine Mengen
fremder Metalle daraus zu entfernen.

Um das zu untersuchende Gas und die Stickstoffröhre

---

1) Beibl. **8.** p. 778. 1879.

auf eine constante Temperatur zu bringen, waren beide
Röhren mit einem grossen, vorn und hinten mit Glasplatten
verschlossenen Blechkasten umgeben, der mit Wasser vollständig gefüllt durch zwei Röhren mit einem tiefer befindlichen heizbaren Kessel communicirte und mit demselben
eine Art Wasserheizung bildete, ganz ähnlich, wie dieselbe
von Henrichsen[1]) beschrieben worden ist. Dadurch, dass
man das erwärmte Wasser aus dem Kessel in den untern
Theil des Blechkastens aufsteigen, das kältere aus dem
obern Theil ausströmen lässt, ist es möglich, zwischen 10
bis 60° ungefähr beliebige constante Temperaturen zu erhalten; bei weiterer Erwärmung ist hauptsächlich infolge von
aufsteigenden Dampfblasen eine Umkehrung des Kreislaufs
des Wassers schwer zu vermeiden, und es treten Temperaturschwankungen ein. Für höhere Temperaturen habe ich
Wasserdampf und Anilindampf (Siedep. ca. 183,0°) angewandt.
Zu dem Ende war jede der Röhren besonders mit einer
weiteren Glasröhre umgeben, deren eine von dem betreffenden Dampf, deren andere, das Manometerrohr einhüllende,
von dem Wasser der Wasserleitung durchströmt wurde. Der
Compressionsapparat selbst war an den Boden eines Kastens
M von starkem Blech festgeschraubt und während der Versuche von Wasser umgeben.

Die directe Beobachtung gibt die Länge des von dem
Gase erfüllten Theils der Capillare und berechnet sich daraus
in einfacher Weise (vgl. Andrews l. c.) der momentan vom
Gase eingenommene Bruchtheil des Anfangsvolumens, wie
ihn weiter unten die Tabellen wiedergeben.

Als Anfangsvolumen wird dasjenige betrachtet, welches
das Gas bei 760 mm und der Temperatur des Versuchs be-
ansprucht. Dabei ist der Unterschied der Höhen der Quecksilbersäulen in beiden Capillaren mit in die Berechnung gezogen worden, während ich von der Berücksichtigung des
Unterschieds der Capillardepression, da nur möglichst gleich
enge Röhren angewandt wurden, Abstand nehmen zu dürfen
geglaubt habe. Eine kleine Willkür ist nicht zu vermeiden,

---

1) Henrichsen, Wied. Ann. 8. p. 87. 1879.

einmal bei der Berechnung des kegelförmigen Raumes, der
beim Zuschmelzen der Röhren am Ende der Capillare sich
bildet und selten eine ganz regelmässige Form annimmt, und
dann bei der Nichtberücksichtigung des beim Füllen in
Quecksilber eingetauchten unten capillar ausgezogenen Theils.
Der letztere Fehler wird durch die Capillardepression des
Quecksilbers auf ein möglichst geringes Maass beschränkt,
während der erstere das Resultat wohl kaum um mehr als
$\frac{1}{300}$ bei hohen Drucken beeinflussen wird. Die Temperaturen
sind nach dem Luftthermometer corrigirt.

Ungemein schwierig ist es, die zu untersuchenden Gase
möglichst luftfrei in die Röhren einzuführen. Andrews,
welcher Kohlensäure in mässigem Strom 24 Stunden lang
durch seine Röhren leitete, konnte noch Spuren von Luft
constatiren, die bei hohen Drucken besonders unterhalb der
kritischen Temperatur einen bedeutenden Einfluss auf das
Resultat ausübten. Bei der von mir angewandten Art der
Füllung glaube ich diesen Fehler nach Möglichkeit vermieden
zu haben. Auch habe ich mich bemüht, durch Glasschliffe
und Einschmelzen der Röhren Kautschukverbindungen möglichst entbehrlich zu machen. Uebrigens ist bei solchen
Gasen, die bei den angewandten Drucken und Temperaturen
sich verflüssigen lassen, in sehr einfacher Weise das etwaige
Vorhandensein von Luft zu beobachten, da alsdann vom Beginn der Liquefaction an eine ziemliche Druckerhöhung
nöthig ist, um den Widerstand, den die Luft der Absorption
entgegensetzt, zu überwinden.

b) Versuche mit Kohlensäure.

Wie schon erwähnt, ist die Kohlensäure bei hohen
Drucken besonders von Andrews untersucht worden. Die
von mir mit demselben Gase angestellten Versuche dienten
zunächst zur Controle und ergibt sich, soweit meine Resultate
mit den Andrews'schen Zahlen vergleichbar sind, eine genügende Uebereinstimmung. Doch theile ich dieselben hier
mit, einmal weil meine Beobachtungsreihen mit bedeutend
niedrigeren Drucken beginnen und dann auch noch eine
höhere Temperatur, die des Anilindampfes, umfassen. Die

Kohlensäure wurde aus Natriumbicarbonat und mässig verdünnter Schwefelsäure hergestellt und durch concentrirte
Schwefelsäure und wasserfreie Phosphorsäure sorgfältig getrocknet. Als Ausdehnungscoëfficient bei 760 mm Druck
habe ich 0,00370 in die Berechnung eingeführt. Zur Erklärung der folgenden Tabellen füge ich bei, dass δ immer
den Bruchtheil des (oben definirten) Anfangsvolumens des
Stickstoffs bezeichnet und ε dieselbe Bedeutung für jedes der
untersuchten Gase hat. Die die Isothermen darstellenden Curven
(Taf. I Fig. 2) sind so gezeichnet, dass $\frac{1}{\delta}$ direct den Druck als
Ordinate repräsentirt, während die für das Volumen der verglichenen Gase gefundenen Zahlen mit 10^5 multiplicirt als Abscissen eingetragen sind. Somit weicht die Gestalt der Curven
etwas von den von Andrews für die Kohlensäure gegebenen
ab, da dort als Abscissen die Anzahlen der Volumina dienten,
welche 17000 bei 0° und 760 mm genommene Volumina
CO_2 bei der Versuchstemperatur und dem betreffenden Druck
einnehmen, während meine Curven die Compression darstellen, welche 100000 Volumina CO_2, gemessen bei der
Versuchstemperatur und unter dem beobachteten Drucke, erleiden. Diese Volumina sind aus den Tabellen sofort ersichtlich. Die letzte Columne der Tabellen gibt das Product
PV, also $\frac{1}{\delta}\varepsilon$, noch multiplicirt mit 10^4. Die zuerst in sehr
grossem Maassstab gezeichneten Curven ergaben einen aus-
gezeichnet regelmässigen Verlauf, sodass ich mit grosser Genauigkeit aus denselben durch graphische Interpolation Ver-
gleichstabellen für constante Drucke sowohl wie für constante
Volumina anfertigen konnte. Die Versuche erstrecken sich auf
die Temperaturen 18,5°, 49,5°, 99,8° und 183,8° und sind mit
einem Röhrenpaar angestellt.

Stickstoff und Kohlensäure bei 18,5°.

Nr.	δ	$1:\delta$	ε	PV
1	0,13819	7,282	0,13300	9588
2	0,13083	7,644	0,12501	9557
3	0,12435	8,040	0,11864	9538
4	0,11829	8,454	0,11245	9504
5	0,10468	9,564	0,09825	9419
6	0,09821	10,18	0,09152	9319
7	0,09072	11,02	0,08454	9317
8	0,08835	11,32	0,08201	9282
9	0,08133	12,30	0,07468	9183

Nr.	δ	1:δ	ε	PV
10	0,07714	12,96	0,07043	9132
11	0,07252	13,79	0,06597	9095
12	0,06865	14,64	0,06190	9062
13	0,06352	15,72	0,05730	9007
14	0.05900	16,95	0,05273	8938
15	0,05404	18,51	0,04745	8783
16	0,04276	23,38	0,03610	8440
17	0,03837	26,06	0,03200	8340
18	0,03392	29,48	0,02726	8037
19	0,02956	33,83	0,02269	7680
20	0,02642	37,85	0,01939	7340
21	0,01993	50,16	0,01286	6453

Stickstoff und Kohlensäure bei 49,5°.

Nr.	δ	1:δ	ε	PV
1	0,1234	8,108	0,1214	9837
2	0,1164	8,67	0,1141	9660
3	0,1091	9,019	0,1068	9632
4	0,09965	10,36	0,09235	9561
5	0,09254	10,80	0,08823	9528
6	0,08362	11,98	0,07945	9494
7	0,07370	13,57	0,06969	9456
8	0,06302	15,86	0,05910'	9372
9	0,05435	18,39	0,05027	9244
10	0,04673	21,39	0,04246	9082
11	0,04005	24,94	0,03567	8896
12	0,03293	30,37	0,02844	8637
13	0,02681	37,29	0,02233	8328
14	0,02112	47,35	0,01663	7874
15	0,01584	63,13	0,01102	6957
16	0,01250	80,00	0,00751	6008
17	0,01141	87,65	0,00621	4330
18	0,01062	94,17	0,00543	4062

Stickstoff bei 20° und Kohlensäure bei 99,8° (Wasserdampf).

Nr.	δ	1:δ	ε	PV
1	0,10143	9,859	0,10122	9963
2	0,09355	10,689	0,09279	9918
3	0,08718	11,46	0,08643	9902
4	0,07924	12,62	0,07801	9820
5	0,07210	13,87	0,07064	9774
6	0,06549	15,27	0,06389	9729
7	0,05924	16,87	0,05752	9697
8	0,05316	18,81	0,05145	9661
9	0,04613	21,68	0,04409	9545
10	0,03906	25,60	0,03681	9411
11	0,03350	29,85	0,03113	9289
12	0,02635	37,95	0,02411	9134
13	0,02075	48,19	0,01869	8983
14	0,01716	58,22	0,01492	8686
15	0,01323	75,56	0,01083	8195

Stickstoff bei 20° und Kohlensäure bei 183,8 (in Anilindampf).

Nr.	δ	1:δ	ε	PV
1	0,07657	13,06	0,07610	9939
2	0,07029	14,23	0,06981	9934
3	0,06431	15,55	0,06362	9893
4	0,05858	17,07	0,05773	9849
5	0,05339	18,73	0,05240	9815
6	0,04845	20,64	0,04729	9761
7	0,04325	23,12	0,04212	9738
8	0,03741	26,73	0,03613	9658
9	0,03116	32,09	0,02977	9553
10	0,02622	38,14	0,02492	9504
11	0,02183	45,81	0,02039	9341
12	0,01457	68,59	0,01331	9130
13	0,01137	87,94	0,00994	8741
14	0,00941	106,33	0,00821	8727
15	0,00766	130,55	0,00642	8400

Interpolationstabelle für Kohlensäure (für constante Drucke).

Nr.	p	Volumina bei			
		18,5°	49,5°	99,8°	183,8°
1	10	9250	—	—	—
2	12,5	7320	7600	—	—
3	15	6140	6350	6585	6775
4	20	4420	4600	4775	4880
5	25	3260	3555	3760	3880
6	30	2645	2880	3065	3220
7	35	2190	2410	2590	2740
8	40	1780	2065	2245	2380
9	45	1500	1785	1990	2100
10	50	1595	1560	1765	1900
11	55	—	1360	1590	1720
12	60	—	1200	1425	1565
13	65	—	1055	1280	1415
14	70	—	935	1170	1290
15	75	—	830	1075	1195
16	80	—	745	—	1115
17	85	—	650	—	1045
18	90	—	600	—	995
19	100	—	—	—	910
20	110	—	—	—	—
21	120	—	—	—	—

Die Zahlen für die Volumina sind mit 10^{-5} zu multipliren.

Interpolationstabelle für Kohlensäure
(für constante Volumina).

Nr.	v	Drucke bei			
		18,5°	49,5°	99,8°	183,8°
1	11000	8,8	—	—	—
2	10000	9,5	—	—	—
3	9000	10,3	10,7	—	—
4	8000	11,5	12,0	—	—
5	7000	13,0	13,5	14,0	14,5
6	6000	15,05	15,65	16,30	16,75
7	5000	17,75	18,45	19,0	19,50

Nr.	v	18,5°	49,5°	99,8°	183,8°
8	4000	21,85	22,55	23,55	24,35
9	3500	24,10	25,35	26,65	27,65
10	3000	27,40	29,00	30,55	32,00
11	2500	31,50	33,85	36,05	38,05
12	2000	37,05	40,90	44,50	47,00
13	1500	44,75	51,25	57,75	62,00
14	1000	—	67,20	—	89,00
15	500	—	—	—	—

Die Volumina sind mit 10^{-5} zu multipliciren.

c) Versuche mit schwefliger Säure.

Schweflige Säure wurde in der bekannten Weise aus Cu und H_2SO_4 dargestellt, zunächst in einer Kältemischung condensirt und von da aus in derselben Weise wie Kohlensäure getrocknet und eingeleitet. Beobachtungen bei niedriger Temperatur waren nicht möglich, da zu frühe Verflüssigung eintrat, und musste ich mich auf die Temperatur von 58,0°, auf die des Wasserdampfes und des Anilindampfes beschränken. Als Ausdehnungscoëfficient zwischen 0 und 180° bei 760 mm wurde 0,003 804 angenommen. In sehr unangenehmer Weise macht sich beim Füllen die Eigenschaft der schwefligen Säure, durch Kautschukverbindungen zu diffundiren, geltend. Es wurde dadurch eine Versuchreihe ganz unbrauchbar, da infolge des durch die Diffusion entstandenen Unterdrucks Quecksilber in den weitern Theil der Röhre gedrungen war und somit das Anfangsvolumen vermindert hatte. Die mitgetheilten Beobachtungen sind mit zwei Röhrenpaaren angestellt, in den Tabellen unterschieden durch I und II; zu II gehört blos eine Messung bei 99,8°, da am Schlusse derselben die Röhre sprang (Taf. I Fig. 3).

I. Stickstoff und schweflige Säure bei 58,0°.

Nr.	δ	$1:\delta$	ε	PV
1	0,14363	6,96	0,12650	8807
2	0,13404	7,46	0,11768	8779
3	0,12994	7,69	0,11379	8754
4	0,12177	8,21	0,10630	8730
5	0,11133	8,98	0,09636	8655
6	0,10280	9,73	0,08846	8603
7	0,09675	10,33	0,08282	8559
8	0,09069	11,05	0,07708	8519
9	0,08428	11,86	0,07044	8357
10	0,08191	12,21	0,06849	7758
11	0,08029	12,46	0,05901	7350
12	0,07804	12,82	0,05376	6877
13	0,06816	14,67	0,05314	5881

I) Stickstoff bei 16,2° und schweflige Säure bei 99,6 (Wasserdampf).

Nr.	δ	1 : δ	ε	PV
1	0,11123	8,99	0,10222	9190
2	0,10718	9,33	0,09877	9166
3	0,09652	10,36	0,08826	9143
4	0,09009	11,00	0,08236	9059
5	0,08019	12,47	0,07188	8963
6	0,07315	13,67	0,06506	8896
7	0,06562	15,24	0,05778	8805
8	0,06094	16,41	0,05323	8734
9	0,05598	17,86	0,04837	8638
10	0,051113	19,56	0,04345	8499
11	0,04444	22,51	0,03701	8330
12	0,04023	24,86	0,03296	8133
13	0,03599	27,78	0,02861	7949
14	0,03179	31,46	0,02450	7710
15	0,02922	34,22	0,02081	7120
16	0,02422	41,28	0,01180	—

I. Stickstoff bei 16,0° und schweflige Säure bei 183,2° (Anilindampf).

	δ	1 : δ	ε	PV
1	0,034903	28,65	0,03110	8910
2	0,02779	35,95	0,02342	8695
3	0,02178	49,15	0,01653	8442
4	0,01809	55,25	0,01485	8205
5	0,01452	68,29	0,01163	7943
6	0,01268	78,90	0,00954	7522
7	0,01099	90,94	0,00786	7149
8	0,009250	108,12	0,00606	6552
9	0,007762	128,89	0,00473	6094
10	0,006548	152,74	0,00374	5713
11	0,005919	168,99	0,00320	5407

II) Stickstoff bei 16,1° und schweflige Säure bei 99,8° (Wasserdampf).

	δ	1 : δ	ε	PV
1	0,11376	8,79	0,10477	9207
2	0,11074	9,03	0,10160	9193
3	0,10492	9,54	0,09624	9182
4	0,09718	10,29	0,08906	9158
5	0,09216	10,85	0,08371	9082
6	0,08771	11,40	0,07874	9008
7	0,07686	13,01	0,06914	8994
8	0,07342	13,62	0,06502	8855
9	0,06972	14,35	0,06153	8828
10	0,06348	15,76	0,05548	8742
11	0,05831	17,15	0,05043	8649
12	0,05368	18,67	0,04596	8560
13	0,04912	20,36	0,04160	8469
14	0,04485	22,29	0,03735	8327
15	0,04065	24,60	0,03328	8186
16	0,03644	27,44	0,02910	8114
17	0,03170	31,54	0,02549	8042
18	0,02920	34,24	0,02100	7211

Interpolationstabelle für schweflige Säure (für constante Drucke).

Nr.	p	58,0°	99,6°	183,2°
1	10	8560	9440	—
2	12	6360	7800	—
3	14	4040	6420	—
4	16	—	5310	—
5	18	—	4405	—
6	20	—	4030	—
7	24	—	3345	—
8	28	—	2780	3180
9	32	—	2305	2640
10	36	—	1935	2260
11	40	—	1450	2040
12	50	—	—	1640
13	60	—	—	1375
14	70	—	—	1180
15	80	—	—	930
16	90	—	—	790
17	100	—	—	680
18	120	—	—	545
19	140	—	—	430
20	160	—	—	325

Die Zahlen für die Volumina sind mit 10^{-5} zu multipliciren.

Interpolationstabelle für schweflige Säure (für constante Vol.).

Nr.	v	58,0°	99,6°	183,2°
1	11000	—	—	—
2	10000	—	9,60	—
3	9000	9,60	10,35	—
4	8000	10,40	11,85	—
5	7000	11,55	13,05	—
6	6000	12,30	14,70	—
7	5000	13,15	16,70	—
8	4000	14,00	20,15	—
9	3500	14,40	23,00	—
10	3000	—	26,40	29,10
11	2500	—	30,15	33,25
12	2000	—	35,20	40,95
13	1500	—	39,60	55,20
14	1000	—	—	76,00
15	500	—	—	117,20

Die Volumina sind mit 10^{-5} zu multipliciren.

d) Versuche mit Aethylen.

Das Aethylen wurde nach dem von Mitscherlich angegebenen Verfahren, Einleiten von Alkoholdampf in verdünnte Schwefelsäure (10 Theile H_2SO_4 auf 3 Theile H_2O) von ca. 160°C. dargestellt, und zwar wegen der Umständlichkeit des Verfahrens eine grössere Menge auf einmal, die in einem Gasometer aufgefangen wurde, nachdem das Gas vorher durch Kalilauge und concentrirte Schwefelsäure von schwefliger Säure u. s. w. gereinigt worden war. Als Ausdehnungscoëficient zwischen 0 und 180° bei 760 mm ist 0,00368 genommen worden. Es folgen zwei Versuchsreihen, mit zwei Röhrenpaaren I und II, bei je vier Temperaturen. Die Curven (Taf. I Fig. 4) sind nach I gezeichnet.

I. Stickstoff und Aethylen bei 18° (im Wasserbad).

Nr.	δ	$1:\delta$	ε	PV
1	0,08071	12,39	0,07845	9720
2	0,07806	12,81	0,07458	9669
3	0,07441	13,44	0,07186	9650
4	0,07179	13,93	0,06865	9564
5	0,06901	14,49	0,06574	9526
8	0,06389	15,65	0,06015	9409
7	0,06046	16,54	0,05667	9373
8	0,05556	18,00	0,05134	9240
9	0,05084	19,67	0,04648	9143
10	0,04755	21,03	0,04253	8944
11	0,04151	24,09	0,03672	8845
12	0,03693	27,08	0,03179	8609
13	0,03286	30,43	0,02778	8454
14	0,02923	34,22	0,02372	8116
15	0,02436	41,04	0,01889	7753
16	0,02034	49,16	0,01478	7266

I. Stickstoff und Aethylen bei 50,2° (im Wasserbad).

Nr.	δ	$1:\delta$	ε	PV
1	0,06782	14,73	0,06640	9586
2	0,06506	15,37	0,06321	9546
3	0,06184	16,17	0,05984	9522
4	0,05771	17,33	0,05539	9468
5	0,05280	18,94	0,05026	9410
6	0,04861	20,57	0,04572	9312
7	0,04470	22,37	0,04112	9261
8	0,04158	24,05	0,03840	9174
9	0,03861	25,92	0,03517	9069
10	0,03527	28,35	0,03184	8986
11	0,03182	31,43	0,02821	8837
12	0,02002	49,94	0,01647	8224
13	0,01672	59,85	0,01261	7542
14	0,01463	68,33	0,01063	7259
15	0,01277	78,27	0,00851	6665

I. Stickstoff bei 18° und Aethylen bei 99,7° (Wasserdampf).

Nr.	δ	$1:\delta$	ε	PV
1	0,05870	17,20	0,05703	9807
2	0,05506	18,16	0,05376	9763
3	0,05211	19,19	0,05967	9722
4	0,04785	20,90	0,04606	9628
5	0,04460	22,42	0,04230	9505
6	0,04082	24,50	0,03865	9471
7	0,03741	26,73	0,03520	9411
8	0,03446	29,02	0,03210	9315
9	0,03136	31,88	0,02898	9240
10	0,02797	35,75	0,02551	9120
11	0,02507	39,89	0,02266	9040
12	0,02274	43,98	0,02013	8855
13	0,02006	49,85	0,01739	8668
14	0,01725	57,96	0,01495	8471
15	0,01542	64,85	0,01293	8386

I. Stickstoff bei 18,0° und Aethylen bei 182,8° (Anilindampf).

Nr.	δ	$1:\delta$	ε	PV
1	0,04626	21,62	0,04621	9989
2	0,04313	23,19	0,04277	9919
3	0,04097	24,41	0,04050	9897
4	0,03873	25,82	0,03828	9883

Nr.	δ	1:δ	s	PV
5	0,03543	28,22	0,03489	9857
6	0,03219	31,06	0,03142	9760
7	0,02988	33,47	0,02898	9696
8	0,02721	36,75	0,02633	9666
9	0,01957	51,10	0,01850	9557
10	0,01680	59,62	0,01578	9257
11	0,01575	63,50	0,01346'	8946
12	0,01262	79,24	0,01128	8936

II. Stickstoff und Aethylen bei 24,1° (Wasserbad).

Nr.	δ	1:δ	s	PV
1	0,06156	16,34	0,05911	9657
2	0,05685	17,59	0,05477	9634
3	0,05316	18,81	0,05066	9528
4	0,04907	20,38	0,04675	9526
5	0,04615	21,67	0,04369	9467
6	0,04259	23,48	0,04012	9420
7	0,03881	25,78	0,03574	9211
8	0,03466	28,95	0,03181	9175
9	0,03112	32,13	0,02786	8952
10	0,02643	37,83	0,02294	8678
11	0,02252	44,40	0,01861	8263
12	0,01896	52,76	0,01501	7917
13	0,01578	63,36	0,01124	7126

II. Stickstoff und Aethylen bei 54,0° (Wasserbad).

Nr.	δ	1:δ	s	PV
1	0,05367	18,63	0,05149	9592
2	0,04982	20,07	0,04736	9526
3	0,04454	22,45	0,04215	9461
4	0,04024	24,85	0,03774	9375
5	0,03962	25,24	0,03718	9358
6	0,03665	27,28	0,03402	9282
7	0,03058	32,70	0,02758	9018
8	0,02788	35,86	0,02512	9891
9	0,02607	38,36	0,02231	8550
10	0,02246	44,52	0,01868	8319
11	0,01923	52,01	0,01532	7970
12	0,01633	61,23	0,01246	7627

II. Stickstoff bei 18,1° und Aethylen bei 99,8° (Wasserdampf).

Nr.	δ	1:δ	s	PV
1	0,05128	19,50	0,05001	9809
2	0,04799	20,84	0,04672	9761
3	0,04562	21,92	0,14445	9742
4	0,04232	23,63	0,04087	9656
5	0,03943	25,36	0,03800	9634
6	0,03582	27,91	0,03419	9534
7	0,03313	30,19	0,03150	9511

Nr.	δ	1:δ	s	PV
8	0,03097	33,29	0,02931	9441
9	0,02867	34,80	0,02689	9381
10	0,02617	38,21	0,02428	9276
11	0,02362	42,34	0,02167	9174
12	0,01996	50,10	0,01780'	8921
13	0,01612	62,03	0,01372	8510

II. Stickstoff bei 17,0° und Aethylen bei 182,8° (im Anilindampf).

Nr.	δ	1:δ	s	PV
1	0,03392	29,48	0,03348	9871
2	0,02977	33,59	0,02891	9713
3	0,02589	38,63	0,02479	9576
4	0,02184	45,78	0,02093	9563
5	0,01963	50,95	0,01879	9550
6	0,01778	56,24	0,01649	9280
7	0,01526	65,53	0,01407	9132
8	0,01257	79,61	0,01115	8879

Interpolationstabelle für Aethylen (für constante Vol.).

Nr.	v	18,0°	50,2°	99,6°	182,8°
1	9000	—	—	—	—
2	8000	12,50	—	—	—
3	7000	13,65	—	—	—
4	6000	15,60	16,00	—	—
5	5000	18,40	18,85	19,35	—
6	4000	22,40	22,95	23,55	24,65
7	3500	25,15	26,00	26,95	28,20
8	3000	28,50	29,65	30,85	32,35
9	2500	32,90	34,85	36,60	38,85
10	2000	39,20	42,15	44,05	47,45
11	1500	48,50	53,15	57,75	62,05
12	1000	—	71,00	—	—
13	500	—	—	—	—

Die Volumina sind mit 10^{-5} zu multipliciren.

Interpolationstabelle für Aethylen (für constante Drucke).

Nr.	p	18,0°	50,2°	99,6°	183,2°
1	15	6320	6550	—	—
2	17,5	5315	5440	5560	—
3	20	4540	4660	4785	—
4	22,5	3975	4080	4210	4410
5	25	3520	3645	3775	3940

Nr.	p	18,0°	50,2°	90,6°	182,8°
6	30	2840	2975	3100	3260
7	35	2310	2495	2610	2775
8	40	1975	2145	2250	2420
9	45	1670	1855	1960	2130
10	50	1440	1635	1735	1885
11	55	—	1440	1570	1700
12	60	—	1260	1425	1570

Nr.	p	18,0°	50,2°	99,6°	182,8°
13	65	—	1135	1290	1420
14	70	—	1015	—	1315
15	75	—	920	—	1215
16	80	—	845	—	1130

Die Zahlen für die Volumina sind mit 10^{-5} zu multipliciren.

e) Versuche mit Ammoniak.

Zur Darstellung von möglichst trockenem Ammoniak habe ich den von Chappuis[1]) bei seinen Versuchen über Vaporhäsion beschriebenen Apparat angewandt. Das durch Erwärmen von concentrirter Ammoniakflüssigkeit gewonnene Gas geht zunächst durch eine Flasche mit Kalkstücken und eine mit trocknen Glasperlen gefüllte Röhre, beide in Kältemischungen, und dann noch durch mehrere Röhren mit Kalkstücken, um die letzten Spuren von Feuchtigkeit zu beseitigen. Ebenfalls, wie bei Aethylen, habe ich zwei Beobachtungsreihen I und II mit je 4 Temperaturen und zwei Röhrenpaaren erhalten. Die Curven (Taf. I Fig. 5) sind nach I gezeichnet und enthalten von II noch die Temperatur von 52,8°.

I. Stickstoff und Ammoniak bei 30,2°
(im Wasserbad).

Nr.	δ	$1:\delta$	ε	PV
1	0,1321	7,574	0,1215	9206
2	0,1250	7,996	0,1141	9123
3	0,1188	8,414	0,1079	9079
4	0,1132	8,831	0,1017	8982
5	0,1075	9,299	0,09555	8885
6	0,1022	9,763	0,08948	8753
7	0,09813	10,19	0,08413	8573
8	0,09533	10,47	0,08034	8428
9	0,09058	11,04	0,06985	7712
10	0,08834	11,32	0,05854	6626
11	0,08764	11,41	0,04848	5526

Nr.	δ	$1:\delta$	ε	PV
4	0,09943	10,06	0,09346	9400
5	0,09338	10,71	0,08722	9340
6	0,08870	11,28	0,08231	9280
7	0,08419	11,81	0,07772	9231
8	0,08067	12,40	0,07386	9156
9	0,07572	13,20	0,06872	9076
10	0,07223	13,84	0,06500	8978
11	0,06849	14,60	0,06085	8885
12	0,06432	15,55	0,05602	8711
13	0,06101	16,39	0,05177	8485
14	0,05726	17,46	0,04611	8051
15	0,05577	17,93	0,04201	7532
16	0,05491	18,21	0,03835	6983
17	0,05382	18,58	0,02990	5556

I. Stickstoff und Ammoniak bei 46,6°
(im Wasserbad).

1	0,1242	8,06	0,1190	9589
2	0,1164	8,587	0,1105	9490
3	0,1060	9,431	0,1004	9462

I. Stickstoff bei 15° und Ammoniak bei 99,6° (im Wasserdampf).

1	0,1005	9,95	0,09635	9560
2	0,09443	10,59	0,09008	9540
3	0,08772	11,40	0,08358	9428

1) Chappuis, Wied. Ann. 8. p. 17. 1879.

Nr.	δ	1:δ	ε	PV
4	0,08320	12,02	0,07946	9527
5	0,07806	12,81	0,07423	9506
6	0,07358	13,59	0,06990	9498
7	0,06644	15,05	0,06269	9434
8	0,06172	16,20	0,05792	9383
9	0,05721	17,48	0,05354	9359
10	0,05147	19,43	0,04785	9289
11	0,04846	23,01	0,03965	9123
12	0,04039	24,76	0,03648	9033
13	0,03729	26,82	0,03324	8916
14	0,03280	30,49	0,02871	8753
15	0,02954	33,86	0,02541	8605
16	0,02658	37,63	0,02226	8392
17	0,02358	42,42	0,01938	8220
18	0,01871	53,46	0,01320	7057
19	0,01673	59,74	0,01010	6035

I. Stickstoff bei 15° und Ammoniak bei 183,0° (im Anilindampf).

1	0,07385	13,54	0,07268	9841
2	0,06729	14,86	0,06597	9804
3	0,06325	15,81	0,06051?	9566
4	0,05593	17,88	0,05456	9751
5	0,04961	20,16	0,04956	9748
6	0,04423	22,63	0,04303	9729
7	0,03838	26,06	0,03718	9688
8	0,03338	29,96	0,03209	9613
9	0,02949	33,91	0,02800	9490
10	0,02886	34,64	0,02700	9336
11	0,02404	41,60	0,02197	9140
12	0,02138	46,77	0,01921	8968
13	0,01858	53,82	0,01644	8848
14	0,01605	62,30	0,01388	8613
15	0,01332	75,03	0,01191	8187
16	0,009199	108,72	0,006532	8008
17	0,008355	119,70	0,005708	—

II. Stickstoff und Ammoniak bei 52,8° (im Wasserbad).

1	0,1204	8,302	0,1150	9544
2	0,1086	9,203	0,1029	9470
3	0,1025	9,747	0,09667	9423
4	0,09717	10,29	0,09115	9380
5	0,09006	11,10	0,08366	9290
6	0,07921	12,62	0,07195	9085
7	0,07200	13,89	0,06460	8971
8	0,06707	14,91	0,05936	8850
9	0,06278	15,92	0,05483	8723
10	0,05819	17,19	0,05046	8671

Nr.	δ	1:δ	ε	PV
11	0,05577	17,93	0,04721	8464
12	0,05338	18,73	0,04441	8323
13	0,05055	19,78	0,04048	7908
14	0,04847	20,63	0,03749	7747
15	0,04771	20,96	0,03586	7524
16	0,04638	21,56	0,03647	6566
17	0,04060	24,63	0,001518	—

II. Stickstoff und Ammoniak bei 29,5° (im Wasserbad).

1	0,1425	7,015	0,1300	9116
2	0,1347	7,422	0,1223	9075
3	0,1212	8,254	0,1090	8991
4	0,1124	8,893	0,1004	8927
5	0,1033	9,675	0,09152	8854
6	0,09704	10,24	0,08521	8770
7	0,09337	10,71	0,07630	8179
8	0,08298	11,20	0,06435	7207
9	0,08562	11,68	0,02891	—

II. Stickstoff bei 15,20° und Ammoniak bei 99,6° (im Wasserdampf).

1	0,1078	9,275	0,1046	9701
2	0,1010	9,90	0,09642	9545
3	0,09663	10,35	0,09171	9491
4	0,08896	11,24	0,08433	9479
5	0,08157	12,26	0,07728	9452
6	0,07547	13,25	0,07127	9431
7	0,06831	14,64	0,06412	9386
8	0,06277	15,93	0,05862	9336
9	0,05721	17,48	0,05323	9302
10	0,05087	19,66	0,04719	9278
11	0,04572	21,87	0,04211	9267
12	0,03974	25,16	0,03619	9208
13	0,03165	31,60	0,02791	8820
14	0,02082	48,04	0,01589	7632
15	0,01606	62,38	0,008114	5055

II. Stickstoff bei 17,5° und Ammoniak bei 182,6° (im Anilindampf).

1	0,05267	18,99	0,05136	9753
2	0,04503	22,21	0,04397	9744
3	0,03776	26,48	0,03675	9688
4	0,03106	32,19	0,02909	9337
5	0,02283	43,80	0,02084	9092
6	0,01734	57,66	0,01484	8568
7	0,01301	76,87	0,01081	8184
8	0,01111	90,02	0,008895	8008

Interpolationstabelle für Ammoniak (für constante Drucke).

Nr.	p	30,2°	46,6°	52,8°	99,6°	183,0°
1	10	8505	9500	—	—	—
2	12,5	—	7245		7635	—
3	15	—	5880	4000	6305	—
4	20	—	—	—	4645	4875
5	25	—	—	—	3560	3835
6	30	—	—	—	2875	3185
7	35	—	—	—	2440	2680
8	40	—	—	—	2080	2345
9	45	—	—	—	1795	2035
10	50	—	—	—	1490	1775
11	55	—	—	—	1250	1590
12	60	—	—	—	975	1450
13	65	—	—	—	—	1340
14	70	—	—	—	—	1245
15	75	—	—	—	—	1175
16	80	—	—	—		1125
17	85	—	—	—	—	1080
18	90	—	—	—	—	1035
19	95	—		—	—	995
20	100	—	—	—	—	950

Die Zahlen für die Volumina sind mit 10^{-5} zu multipliciren.

Interpolationstabelle für Ammoniak (für constante Volumina).

Nr.	v	30,2°	46,6°	52,8°	99,6°	183,0°
1	11000	—	—	—	—	—
2	10000	8,85	9,50	—	—	—
3	9000	9,60	10,45	—	—	—
4	8000	10,40	11,50	—	12,0	—
5	7000	11,05	13,00	—	13,60	—
6	6000	11,80	14,75	—	15,55	—
7	5000	12,00	16,60	17,35	18,60	19,50
8	4000	—	18,35	20,00	22,70	24,00
9	3500	—	18,30	21,05	25,40	27,20
10	3000	—	—		29,20	31,50
11	2500	—	—	—	34,25	37,35
12	2000	—	—	—	41,45	45,50
13	1500	—	—	—	49,70	58,00
14	1000	—	—	—	59,65	93,60
15	500	—	—	—	—	—

Die Volumina sind mit 10^{-5} zu multipliciren.

Die Ausführung meiner Absicht, die Angaben der Stickstoffröhre, die ich direct als Atmosphärendrucke à 760 mm Quecksilber eingeführt habe, in absoluten Druck umzurechnen, muss ich mir einstweilen vorbehalten, weil die für die Temperatur 15—22° vorliegenden Daten von Cailletet und Amagat (vgl. oben p. 5) doch nicht vollständige Uebereinstimmung zeigen, immerhin aber erkennen lassen, dass für die Drucke, innerhalb deren ich beobachtet habe, und innerhalb deren PV für Stickstoff sich allmählich einem Minimum nähert, und dasselbe ebenso allmählich überschreitet, die Abweichungen nicht bedeutend sind. Dasselbe zeigen ja auch die Zahlen von Regnault[1]), nach denen bei 0°, um das Volumen 1 des Stickstoffs unter 1 m Druck auf $\frac{1}{50}$ zu comprimiren, 19,788 580 m Quecksilber nöthig sind, ein Verhältniss, das bei höherer Temperatur sich noch günstiger gestalten wird.

III.

Die Theorie von van der Waals und Anwendung derselben.

Regnault hat das Resultat seiner Beobachtungen für die vier von ihm zuerst eingehend untersuchten Gase l. c. in der Interpolationsformel:

$$\frac{r}{m} = 1 + A(m-1) + B(m-1)^2$$

zusammengefasst, in welcher $m = \frac{V_0}{V_1}$, $r = \frac{P_1}{P_0}$ ist, und A und B Constante bedeuten. Die Drucke $P_0\,P_1$ sind in Metern Quecksilber gegeben, und als Einheitsvolumen ist das des betreffenden Gases bei 0° unter 1 m Druck angenommen. Ganz ähnlich sind die Formeln gebildet, die er für die späteren[2]) Compressionsversuchen unterworfenen Gase gibt. Die obige, für 0° berechnete Formel Regnault's ist später von Jochmann[3]) und ähnlich von Rankine[4]), besonders für Luft und Kohlensäure modificirt und sämmtlichen Temperaturen innerhalb der Versuchsgrenzen angepasst worden.

1) Regnault, Relat. des exper. p. 423.
2) Regnault, Mém. de l'Inst. 26. p. 229. 1847.
3) Schlömilch, Zeitschr. für Math. und Phys. 5. p. 106. 1860.
4) Rankine, Phil. Mag. (4) 2. p. 527. 1851.

Weiter wurde dieselbe behandelt von Schröder van der Kolk[1]) und Blaserna.[2])

Theoretische Betrachtungen über die Abweichungen vom Mariotte'schen Gesetz haben fast alle Physiker angestellt, die sich mit diesem Punkte experimentell beschäftigten. So führt Duprez[3]) zur Erklärung den Begriff des Covolumens („covolume") c ein, wonach die Gase sich so verhalten, als ob ihr Volumen v, vermehrt um eine bestimmte Constante c, dem Mariotte'schen Gesetz entspräche, sodass:

$$(c + v)p = (c + v_1)p_1$$

sein muss. Budde[4]) behandelt die Duprez'schen Ausführungen in eingehender Weise und stellt eine ganz analoge allgemeine Gleichung auf:

$$p\,v = a + \varphi(p),$$

in der a eine Constante vorstellt, während $\varphi(p)$ sich aus zwei Summanden, einem negativen von der Anziehung der Molecüle herrührenden und einem positiven, den die abstossenden Kräfte bedingen, zusammensetzt. Erstere, die Anziehung der Molecüle, hat Amagat[5]) als innern Druck p eingeführt, der zum äussern P hinzuaddirt das Mariotte'-sche Gesetz in der Form:

$$\frac{(P+p)\,V}{(P'+p')\,V'} = 1$$

wiedergeben würde.

Die weiteren bisher angestellten theoretischen Erwägungen beziehen sich auf das vereinigte Mariotte - Gay-Lussac'sche Gesetz. Clausius[6]) hat in seinen Betrachtungen über die Art der Bewegung, welche wir Wärme nennen, die allgemeinen Bedingungen für die Gültigkeit dieses Gesetzes dahin ausgesprochen, dass 1) der von den Molecülen wirklich angefüllte Raum dem von dem ganzen Gas eingenom-

---

1) Schröder van der Kolk, Pogg. Ann. **116.** p. 429. 1862 und **126.** p. 333. 1865.

2) Blaserna, Pogg. Ann. **126.** p. 594. 1865.

3) Duprez, Ann. de chim. et de phys. (4) **1.** p. 168. 1864.

4) Budde, Kolbe's Journ. **9.** p. 39. 1874.

5) Amagat, Ann. de chim. et de phys. (4) **29.** p. 275. 1873.

6) Clausius, Pogg. Ann. **100.** p. 353. 1857.

menen gegenüber verschwinden müsse, 2) dass ebenso der
Einfluss der Molecularkräfte verschwindend klein sein müsse
und 3) auch die Zeit eines Stosses gegenüber der Zeit
zwischen zwei Stössen.

Ich gebe im Folgenden nur die hauptsächlichsten der
zum Ersatz des Mariotte-Gay-Lussac'schen Gesetzes aufgestellten theoretischen Formeln wieder. Vor wenigen Jahren
hat K u h n [1]) aus der schon von R e g n a u l t constatirten
Thatsache der Verschiedenheit des Spannungs- und Ausdehnungscoëfficienten die Unvereinbarkeit des Mariotte'schen
mit dem Gay-Lussac'schen Gesetz nachzuweisen gesucht
und gibt als mathematischen Ausdruck für die Beziehungen
zwischen Druck, Volumen und Temperatur für Gase und
Dämpfe, die noch genügend weit von ihrem Condensations-
punkt entfernt sind, eine potenzirte Mariotte'sche Formel:

$$p^{\alpha_v} v^{\alpha_p} = p_0{}^{\alpha_v} v_0{}^{\alpha_p} e^{\alpha_v \alpha_p t},$$

in der α_p den Spannungscoëfficient (v constant), α_v den Ausdehnungscoëfficient (p constant), t die Temperatur und e die
Basis der natürlichen Logarithmen bedeutet. Einfacher ist
die Gleichung von R a n k i n e:

$$pv = RT - \frac{c}{Tv},[2])$$

in welcher unter R eine Constante und unter T die absolute Temperatur in der gebräuchlichen Weise zu verstehen
ist. Mit Berücksichtigung des unveränderlichen Raumes ψ,
den die Atome (resp. Molecüle) einnehmen (la somme des
volumes des atomes) und der von denselben ausgeübten Anziehung (pression interne) $\Re_0$ entsprechend T_0 und V_0 findet
H i r n [3]):

$$\frac{(P + \Re)(V - \psi)}{T} = \frac{(P_0 + \Re_0)(V_0 - \psi)}{T_0} = \text{Const.},$$

welche Gleichung sich auch in der einfachen Form:

$$(P + \Re)(V - \psi) = RT$$

1) C a r l, Repert. 11. p. 327. 1875.
2) R a n k i n e, Phil. Trans. for 1854, p. 336 und 1862, p. 579.
3) H i r n, Théorie mec. de la chal. 2. p. 215.

wiedergeben lässt, wo R wieder eine Constante, und T die absolute Temperatur bezeichnet.

Recknagel[1]) entwickelt aus den von Krönig, Clausius u. a. aufgestellten Principien der Gastheorie eine durch die Cohäsion bedingte Correction des M.-G.-L. Gesetzes, indem er eine gegenseitige Einwirkung der sich begegnenden Molecüle innerhalb begrenzter Wirkungssphären zulässt. In der von ihm aufgestellten Formel:

$$pv = A\left(1 - \frac{B}{v}\right)$$

sind A und B Temperaturfunctionen, und zwar A proportional der absoluten Temperatur, daher auch hier wieder die analoge Form:

$$\cdot\, pv = RT\left(1 - \frac{Bt}{v}\right)$$

resultirt. In ausführlicher Weise wird die letztere Gleichung an den Beobachtungen von Regnault über die Compressibilität der Kohlensäure geprüft und gibt dieselben mit grosser Genauigkeit wieder. Sie stimmt übrigens mit der später von Andrews[2]) für die Isotherme gegebenen:

$$v(1 - pv) = \text{const.} \quad \text{oder:} \quad p = \frac{1}{v} - \frac{c}{v^2}$$

überein.

Weiter hat dann van der Waals[3]) neben der molecularen Anziehungskraft noch die räumliche Ausdehnung der Molecüle, durch die nach der kinetischen Gastheorie eine Verkürzung der mittleren Weglänge und demgemäss eine Vergrösserung des widerstrebenden Drucks bedingt wird, in Rechnung gezogen und findet:

---

1) Recknagel, Pogg. Ann. Ergbd. **5.** p. 563. 1871; O. E. Meyer, kinet. Gastheorie p. 66.

2) Andrews, Proc. roy. soc. **24.** p. 455. 1876.

3) van der Waals, Over de continuïteit van den gas-en vloecistoftoestand. Acad. proefschr. p. 1—127. Leyden 1873. — Beibl. **1.** p. 11. 1877. — O. E. Meyer, kin. Gasth. p. 67. — Die Uebersetzung der van der Waals'schen Abhandlung, im Manuscript fertig, hoffe ich in Bälde dem Druck übergeben zu können.

$$\left(p + \frac{a}{v^2}\right)(v - b) = R\,T \quad \text{oder} \quad p = R\,\frac{T}{v-b} - \frac{a}{v^2}.$$

$\frac{a}{v^2}$ ist der Ausdruck für die Cohäsion, b das Vierfache (siehe weiter unten) des Molecularvolumens.

Ganz neuerdings setzt Clausius[1]), dem die van der Waals'sche Annahme, dass die Anziehung der Molecüle von der Temperatur unabhängig, und ebenso dass sie dem umgekehrten Quadrat des Volumens proportional sei, nicht streng richtig erscheint, folgende Formel an Stelle der vorigen:

$$p = R\,\frac{T}{v-\alpha} - \frac{c}{T(v+\beta)^2},$$

worin R, c, α und β Constante bedeuten.

Van der Waals geht bei der Entwicklung seiner Theorie von dem Satze des Virials:

$$\Sigma\tfrac{1}{2}\,m\,V^2 = -\,\Sigma(Xx + Yy + Zz)$$

aus, in welcher V die Geschwindigkeit der Molecüle, m deren Masse bedeutet, und leitet daraus als Grundgleichung für die Isotherme:

$$\Sigma\tfrac{1}{2}\,m\,V^2 = \tfrac{2}{3}(N + N_1)\,v$$

ab, wobei zunächst die Molecüle als einfache Massenpunkte betrachtet werden. N ist der äussere, N_1 der Moleculardruck, v das Volumen. Die Gleichung gilt sowohl für Gase, wie für Flüssigkeiten. Wird auch noch die Ausdehnung der Molecüle, der Raum, den dieselben unmittelbar einnehmen, mit in Berechnung gezogen, so verwandelt sich die obige Formel in:

$$\Sigma\tfrac{1}{2}\,m\,V^2 = \tfrac{2}{3}(N + N_1)(v - b),$$

in der nun auch $N + N_1$ einen etwas andern Werth hat, wie oben, und zwar ist derselbe $\frac{v}{v-b}$ mal grösser.*) b ist, wie

---

1) Clausius, Wied. Ann. **9.** p. 337. 1880.

*) Anmerkung. In der von E. Dühring herausgegebenen Schrift: „Neue Grundgesetze zur rationellen Physik und Chemie" (Leipzig 1878) findet sich ein Kapitel „wahres Gesetz der Zusammendrückung der Gase", dessen allgemeine Ausführungen im wesentlichen mit den von van der Waals in präciser Form aufgestellten Principien übereinstimmen. Für das van der Waals'sche $v - b$ hat Dührung den Ausdruck Zwischenvolumen. Somit dürften wohl die Worte am Schluss des dritten Kapitels

schon oben erwähnt, ein Vielfaches und zwar das Vierfache des Molecularvolumens b_1 [1]); allerdings ist dann die Gleichung blos gültig bis zu $v = 2b = 8b_1$, da weiterhin keine centralen Stösse mehr stattfinden. Nun ist die lebendige Kraft $\Sigma\frac{1}{2} m V^2$ proportional der absoluten Temperatur, der Moleculardruck ist proportional dem Quadrat der Dichte, also umgekehrt proportional dem Quadrat des Volumens, sodass sich die allgemeine Zustandsgleichung:

$$\text{(A)} \qquad \left(p + \frac{a}{b^2}\right)(v - b) = R(1 + \alpha t) = RT$$

ergibt, nachdem für N und N_1 resp. p und $\frac{a}{v^2}$ gesetzt worden ist, wo a eine jedem Stoff eigenthümliche Constante bedeutet. α ist hierbei als der Ausdehnungscoëfficient eines idealen Gases zu verstehen und lässt sich auch, da:

$$\Sigma\tfrac{1}{2} m V^2 = \Sigma\tfrac{1}{2} m V_0^2 (1 + \alpha t)$$

ist, definiren als der hundertste Theil der Vergrösserung der lebendigen Kraft, welche die progressive Bewegung der Molecüle eines Körpers beim Erwärmen vom Gefrierpunkt zum Siedepunkt des Wassers erfährt, vorausgesetzt, dass dieser Körper ursprünglich eine gewisse Menge lebendiger Kraft gleich der Einheit hatte. Für die Constante R findet sich, wenn $t = 0$, $p = v = 1$, der Ausdruck $(1 + a)(1 - b)$.

Setzt man in Gleichung (A) v constant und verbindet dieselbe mit:

$$\left(p_0 + \frac{a}{v^2}\right)(v - b) = R$$

für $t = 0$, so ergibt sich für den Spannungscoëfficienten α_p zwischen 0 und t die Formel:

---

des erwähnten Buches p. 97 „wie man sich . . . . überzeugen kann, ist Daniel Bernoulli's Berücksichtung des Molecularvermögens zur Construction des Mar.-Ges., trotz der Vergessenheit, in der sich diese Wendung des alten Forschers befand, von mir an das Licht gezogen worden". auf einem Irrthum beruhen. (Vgl. auch weiter oben Hirn.)

1) Anmerkung. Clausius hat für die Druckvergrösserung durch Einführung der molecularen Ausdehung den Quotienten $\frac{v}{v-8b_1}$ gefunden; doch hält van der Waals den von ihm gefundenen Werth $\frac{v}{v-4b_1}$ nach einer neuern Untersuchung (Arch. néérland. 12. p. 215) aufrecht.

$$\alpha_p = \frac{p_t - p_0}{p_0 t} = \left(1 + \frac{a}{p_0 v^2}\right) \alpha,$$

und ist α_p hiernach unabhängig von der Temperatur und abhängig von der Dichte. Für Wasserstoff speciell wird a unmerkbar klein, und da alsdann $\alpha_p = \alpha$ ist, so haben wir damit ein Mittel zur Bestimmung von $\alpha = 0{,}00366$. Weniger einfach wie für α_p ist der Ausdruck für $\alpha_v = \frac{v_t - v_0}{v_0 t}$, den Ausdehnungscoëfficienten bei constantem Druck.

Die oben erwähnte Regnault'sche Interpolationsformel lässt sich auch schreiben:

$$pv = (1 + A + B) - \frac{A + 2B}{v} + \frac{B}{v^2}$$

und fällt dann mit Gleichung A in der Form:

$$pv = (1 + a)(1 - b)(1 + \alpha t) - \frac{a}{v} + \frac{ab}{v^2} + bp$$

zusammen, da man noch bei kleinen Drucken ohne grosse Fehler p durch $\frac{1}{v}$ ersetzen kann, und damit erhalten wir aus $(A + 2B)$ einen Näherungswerth für $(a - b)$. Auch gibt die Formel für α_p ein geeignetes Mittel, um aus den experimentell bestimmten Werthen a berechnen zu können. Van der Waals hat so aus Beobachtungen von Regnault und Cailletet für a und b folgende Zahlen gefunden:

Luft . . . . . $a = 0{,}0037$; $b = 0{,}0026$
Kohlensäure . . $a = 0{,}0115$; $b = 0{,}003$
Wasserstoff . . $a = 0$ $b = 0{,}00069$
Schweflige Säure $a = 0{,}0395$.

Hierbei ist b gegeben als Bruchtheil des Volumens, wobei als Volumeneinheit das Volumen eines Kilogramms bei 0^0 unter dem Druck von 1 m Quecksilber genommen ist.[1]

---

1) **Anmerkung.** Aus O. E. Meyer, kin. Gasth., p. 75, könnte man folgern, dass die für das a der Kohlensäure gegebenen Werthe von van der Waals 0,0115 und 0,00874 verschieden seien. Dieselben sind identisch, nur auf verschiedene Einheiten bezogen, wie sich aus dem Folgenden ergibt.

Somit wird Gleichung (A) für Luft:

$$\left(p + \frac{0,0037}{v^2}\right)(v - 0,0026) = 1,0011\,(1 + \alpha t),$$

für Kohlensäure:

$$\left(p + \frac{0,0115}{v^2}\right)(v - 0,003) = 1,0084\,(1 + \alpha t),$$

für Wasserstoff:

$$p\left(v - \frac{0,0069}{v^2}\right) = 0,9931\,(1 + \alpha t).$$

In ganz ausgezeichneter Weise hat van der Waals seine Theorie an den Andrews'schen Werthen für die Kohlensäure (l. c.) prüfen können. Zu dem Ende mussten neue Einheiten eingeführt werden, und zwar als Volumeneinheit das Volumen bei 0° unter dem Druck einer Atmosphäre und eben diesem Druck als Einheit des Drucks. Demzufolge sind die obigen Werthe für *a* und *b* mit 0,76 zu multipliciren, und wird so Gleichung (A) für Kohlensäure in den nunmehrigen Einheiten:

$$\left(p + \frac{0,00874}{v^2}\right)(v - 0,0023) = 1,00646\,(1 + \alpha t).$$

Die Untersuchungen von Andrews, soweit sie von van der Waals herangezogen worden sind, erstrecken sich auf die Temperaturen 13,1°, 21,5°, 32,5° und 35,5° und zeigt sich schon innerhalb derselben ein langsames Wachsen von *b*, dessen Unveränderlichkeit allerdings von van der Waals als erste Annäherung bezeichnet wird.

Ich will die obige Formel für Kohlensäure auf die von mir für die Temperaturen 18,5°, 49,5°, 99,6° und 183,8° angestellten Beobachtungen anwenden und gebe die Resultate in den folgenden Tabellen. Dabei ist *p* wieder direct der reciproke Werth des corrigirten Stickstoffvolumens (ganz streng genommen müsste erst eine Gleichung für Stickstoff selbst aufgestellt werden), *v* ist auf die Volumeneinheit bei 0° unter dem Druck von 1 Atmosphäre umgerechnet worden. *a* nehme ich als constant zu 0,00874 an und suche nun mit Einsetzung der Zahlenwerthe für *p* und *v* das jedesmalige *b*.

p	18,5° $10^5 v$	$10^5 b$	p	49,5° $10^5 v$	$10^5 b$
20	4722	241	20	5442	263
30	2826	213	30	3405	240
40	1902	230	40	2443	268
		Mittel 228	50	1846	287
			60	1419	268
			70	1248	290
			80	881	264
					Mittel 269

p	99,6° v	b	183,8° v	b
20	6535	306	8199	297
25	5146	294	6519	297
30	4194	267	5410	296
35	3544	271	4603	290
40	3072	284	3999	297
45	2723	300	3528	293
50	2415	302	3185	293
55	2176	305	2890	318
60	1950	300	2629	293
65	1752	283	2377	285
70	1601	281	2167	267
75		Mittel 290	2008	266
80			1873	269
85			1756	271
				Mittel 288

Die Mittelwerthe von b zeigen für die niederen Temperaturen eine Zunahme; freilich ist zwischen 99,6° und 183,8° kaum ein Unterschied zu constatiren. Für die Veränderlichkeit von b dürften verschiedene Factoren massgebend sein. Einmal würde bei niederen Temperaturen, vielleicht von der kritischen an abwärts, das Zusammenfallen einer Anzahl Molecüle eine Verkleinerung von b mit abnehmendem t bedingen, andererseits folgt wieder aus der erhöhten Wärmebewegung infolge des tieferen Eindringens der Molecüle bei den Stössen mit wachsendem t eine Abnahme von b, wie letzteres die Reibungsversuche auch bestätigen.

Nach den obigen Tabellen würden sich meine Beobachtungen für Kohlensäure somit durch folgende Gleichungen wiedergeben lassen:

für 18,5°:

$$\left(p + \frac{0,00874}{v^2}\right)(v - 0,00228) = (1 + a)(1 - b)(1 + \alpha t),$$

für 49,5°:

$$\left(p + \frac{0,00874}{v^2}\right)(v - 0,00269) = (1 + a)(1 - b)(1 + \alpha t),$$

für 99,6 und 183,8°:

$$\left(p + \frac{0,00874}{v^2}\right)(v - 0,0029) = (1 + a)(1 - b)(1 + \alpha t).$$

Die Anwendbarkeit der Zustandsgleichung ist direct aus den für b berechneten Werthen ersichtlich, da dieselben hier, wie auch in anderen Fällen weiter unten, sehr wenig untereinander abweichen.

Eine fast noch bessere Bestätigung, wie aus den Beobachtungen von Andrews, findet die van der Waals'sche Theorie in den Untersuchungen, denen Janssen (s. oben) mit dem Andrews'schen Apparat das Stickoxydul unterworfen hat. Janssen hat ganz besonders genau die Verhältnisse des kritischen Punktes zu bestimmen gesucht, und habe ich aus den dafür gegebenen Daten in weiter unten zu erläuternder Weise für a und b die Werthe 0,00742 und 0,00194 berechnet. Indem ich nun wieder ganz in derselben Art, wie bei CO_2, die Janssen'schen Zahlen behandle und aus der Gleichung:

$$\left(p + \frac{0,00742}{v^2}\right)(v - b) = 1,00742(1 - b)(1 + \alpha t)$$

b berechne, finden sich die folgenden Tabellen für Stickoxydul mit ganz analoger Bedeutung der Zeichen:

25,15°			32,2°		
p	$10^5 v$	$10^5 b$	p	$10^5 v$	$10^5 b$
51,50	1383	189	45,11	1862	179
57,88	1056	189	47,85	1716	177
59,44	744	195	51,29	1539	178
62,30	403	188	55,70	1324	177
			57,40	1241	180

38,40°			48,8°		
p	$10^5 v$	$10^5 b$	p	$10^5 v$	$10^5 b$
55,34	1449	185	65,19	1154	~85 NB.
70,86	869	192	73,15	910	193
73,49	785	195	80,80	684	197
75,13	711	196	84,37	555	197
76,72	647	196	90,05	402	190

Bei den Versuchen von Janssen liegen die Temperaturen sehr nahe aneinander, doch ist der Mittelwerth von b für die Temperaturen unterhalb der von ihm direct beobachteten kritischen (36,4°) kleiner wie oberhalb derselben. Die Uebereinstimmung ist eine sehr gute zu nennen, besonders wenn man berücksichtigt, zu welcher Grösse der Cohäsionsausdruck $\frac{a}{v^2}$ anschwillt; bei dem Volumen 0,00403 repräsentirt derselbe z. B. den gewaltigen Druck von 459,1 Atmosphären. Der einzige in der Tabelle mit NB bezeichnete Werth dürfte wohl auf eine fehlerhafte Beobachtung oder Ausrechnung zurückzuführen sein.

Für schweflige Säure hat van der Waals die Constante a ebenfalls aus den Regnault'schen Zahlen, die er zu dem Ende einer eingehenden Kritik unterwirft, bestimmt, und zwar wird dieselbe bezogen auf die Volumeneinheit bei 0° unter dem Druck einer Atmosphäre 0,03002. Mit Benutzung dieses Werthes und meiner Beobachtungen ergeben sich für b die folgenden Tabellen.

58,0°			99,6°		
p	$10^5 v$	$10^5 b$	p	$10^5 v$	$10^5 b$
8,98	11760	653	14	8854	1050
9,73	10800	750	16	7322	1050
10,33	10109	780	18	6074	843
11,05	9408	840	20	5557	871
11,86	8598	823	24	4613	962
12,21	7750	540	28	2833	960
12,46	7203	500	32	3177	900
			36	2668	886

183,2°				183,2°		
p	$10^5 v$	$10^5 b$		p	$10^5 v$	$10^5 b$
28	5397	944		60	2334	851
32	4481	846		70	1918	792
36	3836	838		80	1578	720*
40	3462	830		90	1340	690*
50	2784	817		100	1150	630*

Die Uebereinstimmung ist, vielleicht abgesehen von der Tabelle für 183,2°, in der die drei letzten Werthe für b schon der Theorie nach kleiner werden müssen, eine weniger gute zu nennen, auch finden sich bedeutende Abweichungen zwischen dem von van der Waals gefundenen a und dem weiter unten aus Beobachtungen von Sajotschewsky resultirenden. Durch eine nochmalige Untersuchung dieses experimentell so sehr schwer zu behandelnden Körpers hoffe ich zu besseren Resultaten zu gelangen. Meine Beobachtungen würden sich etwa durch folgende Gleichungen, in denen die Mittelwerthe von b genommen sind, darstellen lassen, für 58,0°:

$$\left(p + \frac{0,03002}{v^2}\right)(v - 0,0062) = (1 + a)(1 - b)(1 + \alpha t),$$

für 96,6°:

$$\left(p + \frac{0,03002}{v^2}\right)(v - 0,0094) = (1 + a)(1 - b)(1 + \alpha t),$$

für 183,2°:

$$\left(p + \frac{0,03002}{v^2}\right)(v - 0,0084) = (1 + a)(1 - b)(1 + \alpha t).$$

Zur Bestimmung von a bei Ammoniak und Aethylen fehlen leider die genauen Daten, wie sie Regnault unter andern für Kohlensäure gegeben hat. Bei ihm finden sich noch Werthe für den Ausdehnungscoëfficienten des Ammoniaks, doch nicht für den Spannungscoëfficienten. Ich habe a in folgender Weise aus meinen eigenen Beobachtungen zu bestimmen gesucht.

Setze ich in Gleichung (A) v constant, so findet sich aus:

$$\left(p_1 + \frac{a}{v^2}\right)(v - b) = R(1 + \alpha t_1), \quad \left(p_2 + \frac{a}{v^2}\right)(v - b) = R(1 + \alpha t_2)$$

durch Division:

$$\frac{p_1 + \frac{a}{v^2}}{p_2 + \frac{a}{v^2}} = \frac{1+\alpha t_1}{1+\alpha t_2} = A \quad \text{oder:} \quad \frac{p_1 + \frac{a}{v^2}}{p_2 - p_1} = \frac{A}{1-A}.$$

Hieraus:

$$\frac{a}{v^2} = \frac{A}{1-A}(p_2 - p_1) - p_1 \quad \text{und endlich:} \quad a = \frac{A p_2 - p_1}{1-A} \, v^2$$

ein verhältnissmässig einfacher Ausdruck, in dem rechts alles durch den Versuch gegeben ist. Um diese Methode anwenden zu können, habe ich zunächst meine Interpolationstabelle für constante Volumina (p. 14, 15, 16, 20) umrechnen müssen, da hier v auf die Volumeneinheit bei 0° sich bezieht, darnach neue Curven gezeichnet und denselben die Werthe für p entnommen. Indess kann man auf sehr grosse Genauigkeit keinen Anspruch machen, da selbst bei weit auseinanderliegenden Temperaturen wie 183° und 100° der Ausdruck $A p_2 - p_1$ kaum grösser wie 0,5 wird, und bei meiner Versuchsanordnung die zweite Decimale des Werthes für p in Atmosphären nothwendig unsicher sein muss.

Aus der Zusammenstellung von je 8 Gleichungen für die Temperaturen 183° und $99,6^o$ finde ich für a bei Ammoniak die Werthe:

0,0201   0,0164   0,0160   0,0152   im Mittel 0,0169;

ferner bei Aethylen:

0,0132   0,0154   0,0143   0,0142   im Mittel 0,0142.

Für b ergeben sich dann die folgenden Tabellen, in denen die Bedeutung der Bezeichnungen ganz die obige ist.

Ammoniak.

	$46,6^o$			$183,0^o$	
p	$10^5 v$	$10^5 b$	p	$10^5 v$	$10^5 b$
9,50	11760	733	19,50	8455	731
10,45	10584	743	24,00	6764	665
11,50	9408	552	27,20	5919	652
13,00	8232	607	31,50	5073	640
14,75	7058	580	37,35	4227	579
16,60	5880	400 NB.	45,50	3382	626
	Mittel	602	58,00	2537	530
				Mittel	631

	99,6°			99,6°	
p	$10^5 v$	$10^5 b$	p	$10^5 v$	$10^5 b$
12,0	11010	694	25,40	4816	545
15,55	8258	595	29,20	4128	689
18,60	6880	655	34,25	3440	598
22,20	5505	631	41,45	2752	646
				Mittel	631

Aethylen.

	18,0°			50,2°	
p	$10^5 v$	$10^5 b$	p	$10^5 v$	$10^5 b$
15,63	6400	740	17,50	6400	704
16,50	6000	726	16,53	6000	686
18,15	5400	725	20,35	5400	676
19,40	5000	706	21,85	5000	670
21,75	4400	696	24,60	4400	670
23,75	4000	702	26,85	4000	670
27,05	3400	665	30,80	3400	635
29,65	3000	624	34,40	3000	621
	Mittel	698		Mittel	666

	99,6°			182,8°	
p	$10^5 v$	$10^5 b$	p	$10^5 b$	$10^5 v$
20,50	6400	651	25,70	621	6400
21,65	6000	615	27,50	635	6000
24,00	5400	631	30,15	580	5400
25,85	5000	640	32,55	587	5000
28,80	4400	584	37,00	600	4400
32,50	4000	591	40,20	570	4000
36,90	3400	608	46,85	559	3400
41,40	3000	544	52,80	552	3000
	Mittel	608		Mittel	587

Wenn auch bei den beiden letzten Gasen, um die van der Waals'sche Gleichung mit mehr Sicherheit anwenden zu können, noch eine genauere Bestimmung von a vorgenommen werden muss, hauptsächlich wohl durch Untersuchung der Spannungscoëfficienten, so glaube ich doch schliessen zu dürfen, dass eben durch diese Gleichung die Beziehungen zwischen Druck, Volumen und Temperatur bei Gasen sich vollständig wiedergeben lassen, wofern man nur b eine ge-

wisse Veränderlichkeit innerhalb enger Grenzen zugesteht.
Die muthmasslichen Gründe dafür habe ich bereits weiter
oben mitgetheilt.

In ausgezeichnet schöner Weise lässt sich ferner durch
die van der Waals'sche Formel die sogenannte kritische
Temperatur erklären und bestimmen. Die ältere auf die
kritische Temperatur bezügliche Literatur gibt Andrews
in der öfters citirten Abhandlung. Ich möchte indess hierbei
erwähnen, dass schon längere Zeit vorher von Faraday[1])
speciell für Kohlensäure das Eintreten des „Cagniard de la
Tour'schen Zustandes" bei 90^0 F. $= 30,2^0$ C. vermuthet wird.
Dasselbe, was Andrews „critical point" nennt, ist von Mendelejeff[2]) als absoluter Siedepunkt für Flüssigkeiten bezeichnet worden, bei dem die Cohäsion sowohl wie die latente Verdampfungswärme $= 0$ sein muss, und die Flüssigkeit
sich unabhängig von Druck und Volumen in Dampf verwandelt. Avenarius[3]) beschäftigt sich eingehender mit den
Ursachen, welche die kritische Temperatur bedingen, und
findet ebenfalls als Bedingungsgleichung $\varrho = 0$, wo unter ϱ
die innere latente Wärme verstanden wird, für die Zeuner[4])
die Formel:

$$\varrho = Apu\left(\frac{T}{p}\frac{dp}{dT} - 1\right)$$

gegeben hat (A das Wärmeäquivalent der Arbeitseinheit,
u die Differenz der specifischen Volumina von Dampf und
Flüssigkeit, p die der absoluten Temperatur T entsprechende
Dampfspannung). Weitere theoretische Betrachtungen über
die Cagniard de la Tour'sche Vorstellung finden sich in den
Handbüchern der mechanischen Wärmetheorie von Neumann[5]), Verdet[6]) u. a. Experimentell sind für eine Reihe

---

1) Faraday, Pogg. Ann. Ergzbd. **2.** p. 210. 1848.
2) Mendelejeff, Lieb. Ann. **119.** p. 1. 1848; Pogg. Ann. **141.**
p. 168. 1870.
3) Avenarius, Pogg. Ann. **151.** p. 303. 1874; Bull. de l'Ac. Imp.
des Scienc. de St. Petersbourg **9.** p. 647. 1877 u. **10.** p. 698. 1878.
4) Zeuner, Mech. Wärmeth. p. 275.
5) Neumann, Mech. Wärmeth. p. 139.
6) Verdet, Oeuvres **7.** p. 229.

von Körpern die kritischen Temperaturen besonders von Sajotschewsky[1]) bestimmt worden.

Schreibt man die van der Waals'sche Zustandsgleichung in der Form:

$$(\text{A}) \qquad v^3 - \left\{ b + \frac{(1+a)(1-b)(1+\alpha t)}{p} \right\} v^2 + \frac{a}{p} v - \frac{ab}{p} = 0,$$

so sieht man sofort, dass für v entweder eine oder drei reelle Wurzeln existiren, die bestimmten Zuständen des Körpers entsprechen müssen. Die Betrachtungen erstrecken sich blos auf den flüssigen und gasförmigen Zustand, und ergibt sich der dritte als ein Zustand labilen Gleichgewichts, für den $\frac{dp}{dv}$[2]) positiv wird. Eine nähere Betrachtung der von Andrews für Kohlensäure l. c. unterhalb der kritischen Temperatur gezeichneten Curven seigt, dass für gewisse p eine Linie parallel der Axe der v die Isotherme dreimal schneidet. (Ich selbst habe meine Versuche blos bis zum Anfang der Condensation ausgedehnt, weil die ganze Flüssigkeitsmasse nur wenige Millimeter der Capillare erfüllt, und hier die Beobachtungsfehler zu gross werden.) Aus der Gleichung (A) berechnet sich nun die kritische Temperatur als diejenige, für welche p und t so bestimmt sind, dass die drei Wurzeln zusammenfallen. Sei die dreifache Wurzel x, so ist nach der Theorie der Gleichungen:

$$3x = b + \frac{(1+a)(1-b)(1+\alpha t)}{p},$$

$$3x^2 = \frac{a}{p}, \qquad x^3 = \frac{ab}{p}$$

und hieraus:

$$x = 3b \quad \text{das kritische Volumen},$$

$$p = \frac{a}{27\,b^2} \quad \text{der kritische Druck und}$$

$$1 + \alpha t = \frac{8}{27} \frac{a}{1+a} \frac{1}{b(1-b)}$$

1) Beibl. 8. p. 741. 1879 (Auszug aus einer russischen Arbeit).
2) Maxwell, Theorie of heat p. 125.

der Ausdruck für die kritische Temperatur. So findet van
der Waals für Kohlensäure $t = 32{,}5^0$, in guter Uebereinstimmung mit dem von Andrews experimentell bestimmten
Werth 30,92. Für Stickoxydul ist das Resultat ein noch
besseres, und ist dabei zu bedenken, dass jeder Fehler im
Verhältniss $\frac{a}{b}$ fast hundertmal vergrössert auf t übergeht.

Ein Beispiel dafür bietet die schweflige Säure. Nehme ich
für dieselbe nach meinen Versuchen $b = 0{,}0060$, so erhalte
ich für t ungefähr 120^0, ich brauche aber blos 0,0058 zu
nehmen, um die Temperatur 154^0 zu erreichen, wie sie
Sajotschewsky angibt. Aus obigen Gleichungen für den
kritischen Punkt lassen sich mit Hülfe der von Sajotschewsky
hauptsächlich gegebenen Zahlen für kritische Temperatur und
Druck die Constanten a und b für eine Anzahl Stoffe bestimmen. Verstehe ich nunmehr unter v das kritische Volumen, p den kritischen Druck, so wird:

$$b = \frac{v}{3},$$

$$p = \frac{a}{27\frac{v^2}{9}} = \frac{a}{3v^2} \qquad \text{oder:} \qquad a = 3pv^2$$

und setze ich diese Werthe für a und b in die Gleichung
für $(1 + \alpha t)$ ein, so bekomme ich:

$$\tfrac{3}{8}(1 + \alpha t) = \frac{pv}{(1 + 3pv^2)\left(1 - \frac{v}{3}\right)},$$

einfacher näherungsweise:

$$\tfrac{3}{8}(1 + \alpha t) = pv,$$

woraus sich zunächst der allgemeine Schluss ziehen lässt,
dass die Dichte für den kritischen Zustand ungefähr $\tfrac{3}{8}$ mal
so gross ist, wie das Mariotte-Gay-Lussac'sche Gesetz verlangt.

Die folgende Tabelle gibt die von mir berechneten
Werthe von a und b. Der kritische Druck p sowie die
kritische Temperatur t sind von Sajotschewsky bestimmt,
v ist das berechnete kritische Volumen.

Namen	t	p	$10^5 v$	$10^5 a$	$10^5 b$
Aether	190,0	36,9	1733	324	57
Schwefelkohlenstoff	271,8	74,7	10015	219	33
Schweflige Säure	155,4	78,9	744	123	24
Alkohol	234,2	62,1	1122	236	37
Chloräthyl	182,6	52,6	1190	227	40
Benzol	280,6	49,5	1534	438	51
Aceton	232,8	52,2	1329	273	44
Essigsäureäthyläther	239,8	42,6	1654	348	55
Chloroform	260	54,9	1333	287	44
Ameisensäureäthyläther . . .	230	48,7	1429	304	48 ·
Essigsäuremethyläther . . .	229,8	57,6	1198	248	39
Diäthylamin	220,0	38,7	1744	355	58
Stickoxydul	36,4	73,07	582	74,2	19,4

Für Schwefelkohlenstoff findet van der Waals noch aus Beobachtungen von Cagniard de la Tour $a = 0,022$, $b = 0,0032$; in Betreff der schwefligen Säure verweise ich auf die obigen Bemerkungen; die Werthe für p und t bei Stickoxydul habe ich Janssen entnommen. Genügende · Vergleichsbestimmungen, etwa mit Reibungscoëfficienten, liegen nicht vor. Přibram und Handl haben untern andern auch die Reibungscoëfficienten für Aether und Chloroform gegeben, doch bieten sich keine Anhaltspunkte. Amagat hat neuerdings l. c. eine genaue Untersuchung mehrerer Gase bei sehr hohen Drucken und verschiedenen Temperaturen in Aussicht gestellt und lässt sich damit vielleicht eine weitere Prüfung der van der Waals'schen Theorie vornehmen, besonders durch die Betrachtung der für gewisse Temperaturen sich ergebenden Minima des Productes pv, für welche ebenfalls Gleichung (A) eine Deutung enthält.

Der experimentelle Theil der vorliegenden Arbeit ist im physikalisch-chemischen Laboratorium des Hrn. Hofrath Prof. Dr. G. Wiedemann ausgeführt worden und sage ich demselben, sowie dem Hrn. Prof. Dr. E. Wiedemann für die in freundlichster Weise mir ertheilte Anweisung und Hülfe meinen herzlichsten Dank.

II. *Ueber das electrische Leitungsvermögen einiger Salzlösungen;* von *J. H. Long.*

Im Anschlusse an die Arbeiten von F. Kohlrausch über das Leitungsvermögen von Salzlösungen[1] habe ich im verflossenen Semester auf seine Veranlassung eine Anzahl Lösungen anderer Salze untersucht. Die Ergebnisse dieser Versuche theile ich im Folgenden mit.

Bei der Widerstandsbestimmung habe ich die gewöhnliche Wheatstone'sche Combination mit Anwendung des Telephons statt eines Galvanoskops benutzt, welches Verfahren von Kohlrausch vor kurzem beschrieben worden ist.[2] Im übrigen war die Anordnung der Apparate wie bei seinen Untersuchungen. Als Stromquelle benutzte ich sechs Smee'sche Elemente mit eingeschaltetem Inductionsapparate. Die Lösungen wurden in dem Gefässe Nr. V, dessen Hg-Widerstand 0,000 507 37 S.-E. betrug[3]), untersucht. Den Procentgehalt habe ich analytisch bestimmt, und als Controle dabei diente die in allen Fällen ermittelte Dichtigkeit. Der Vergleichbarkeit halber theile ich meine Resultate in Tabellen nach dem Kohlrausch'schen Schema angeordnet mit.

Tabelle I enthält die sich aus den Beobachtungen ergebenden Werthe für Procentgehalt und Dichtigkeit. Die Temperatur des Heizbades, in welchem das Widerstandsgefäss stand, wurde mittels zweier mit Correctionstabellen versehenen Thermometer bestimmt. Die hier angegebenen Werthe sind die bereits corrigirten. Die Leitungsvermögen in der 4. Spalte beziehen sich auf Quecksilber bei 0° und sind mit 10^{8} multiplicirt. k_0, α und β wurden nach der Formel berechnet:

$$k_t = k_0 \left\{ 1 + \alpha t + \beta t^2 \right\}.$$

1) Kohlrausch, Wied. Ann. 6. p. 1. 1879.
2) Derselbe, Verhandl. d. phys. med. Ges. zu Würzburg 1880.
3) Derselbe u. Grotrian, Pogg. Ann. 159. p. 235. 1876.

Tabelle I.

MnCl₂.

Proc.	Specifisches Gewicht	Temp. u. Leitungs- vermögen $10^6 k$		$10^6 k_0$	α	β
5,00	1,0457 (14,5°)	16,87 ° 30,96 38,72	481 628 713	317	0,0293	+0,000 075
11,99	1,1076 (14,5°)	17,07 29,96 38,90	867 1096 1260	574	0,0288	+0,000 045
14,98	1,1379 (14°)	16,67 28,68 38,51	961 1199 1402	649	0,0279	+0,000 058
19,92	1,1891 (14,5°)	15,36 28,82 37,62	1005 1296 1490	681	0,0305	+0,000 028
23,10	1,2246 (14°)	16,52 29,08 40,29	1015 1278 1529	698	0,0260	+0,000 087
28,51	1,2888 (14,6°)	17,68 30,95 38,98	923 1187 1357	604	0,0281	+0,000 099

Zn Cl₂

Proc.	Specifisches Gewicht	Temp. u. Leitungs- vermögen $10^6 k$		$10^6 k_0$	α	β
2,50	1,024 (15°)	18,36 30,22 40,19	260 324 376	157	0,0868	−0,000 050
4,89	1,046 (15°)	17,77 30,34 39,00	444 548 612	275	0,0373	−0,000 151
10,00	1,094 (15°)	18,46 30,61 39,75	685 818 903	439	0,0336	−0,000 177
20,00	1,190 (15°)	18,05 30,92 39,35	854 1024 1128	593	0,0256	−0,000 069
29,86	1,297 (15°)	18,09 30,35 39,33	869 1051 1182	594	0,0259	−0,000 020
40,00	1,423 (15°)	17,78 30,61 40,27	786 987 1136	501	0,0324	−0,000 022
58,88	1,728 (15°)	17,74 30,28 39,36	371 514 627	195	0,0466	+0,000 247

Proc.	Specifisches Gewicht		Temp. u. Leitungs-vermögen $10^8 k$		$10^8 k_0$	α	β
				CuN_2O_6.			
5,22	1,046	(15°)	18,19°	357	227	0,0299	+0,000 084
			30,63	453			
			40,21	531			
10,44	1,094	(15°)	18,23	617	394	0,0294	+0,000 088
			31,12	789			
			39,61	908			
15,67	1,146	(15°)	18,22	828	543	0,0270	+0,000 096
			31,23	1058			
			40,44	1223			
20,85	1,202	(15°)	17,95	963	659	0,0229	+0,000 158
			30,94	1225			
			39,85	1425			
26,12	1,262	(15°)	18,00	1029	644	0,0319	+0,000 072
			30,79	1321			
			38,94	1515			
35,00	1,377	(15°)	18,20	997	611	0,0323	+0,000 137
			30,05	1281			
			39,90	1533			
				SrN_2O_6			
5	1,0420	(14°)	18,03°	289	170	0,0387	±
			30,49	371			
			39,00	427			
10	1,0859	(14,5°)	18,23	496	307	0,0321	+0,000 090
			30,73	636			
			40,63	753			
15	1,1319	(14,5°)	17,98	645	393	0,0345	+0,000 063
			30,12	824			
			40,64	985			
20	1,1816	(14,5°)	18,32	755	458	0,0339	+0,000 082
			30,80	963			
			40,47	1148			
25	1,2364	(14,5°)	18,32	816	556	0,0203	+0,000 283
			30,26	1042			
			39,72	1253			
34,33	1,3470	(14,4°)	18,04	813	491	0,0337	+0,000 143
			30,89	1070			
			40,08	1268			
				PbN_2O_6.			
5	1,0451	(14°)	17,83°	178	102	0,0412	+0,000 040
			29,89	231			
			39,69	275			
10	1,0939	(14")	18,04	301	172	0,0401	+0,000 086
			29,62	389			
			38,97	463			

Proc.	Specifisches Gewicht	Temp. u. Leitungs-vermögen $10^8 k$		$10^8 k_0$	α	β
15	1,1468 (14,5°)	17,67° 29,33 39,84	398 517 629	228	0,0406	+0,000 089
20	1,2045 (14,3°)	18,24 29,89 39,59	489 635 763	278	0,0396	+0,000 113
25	1,2678 (15°)	18,01 28,85 38,65	561 717 866	322	0,0390	+0,000 122
32,28	1,3716 (15°)	18,09 27,53 38,04	648 807 989	355	0,0443	+0,000 068

Auffallend bei der obigen Tabelle ist das Verhalten der $ZnCl_2$-Lösungen. Ausnahmsweise ist das quadratische Glied in den Temperaturformeln bei den ersten sechs dieser Lösungen negativ. Aehnliches kommt jedoch, wenn auch selten, bei anderen Substanzen vor, z. B. bei einigen Lösungen von HNO_3, H_2SO_4 und KHSO. Ueber eine andere Eigenthümlichkeit der $ZnCl_2$-Lösungen vgl. unten.

Aus graphischen Darstellungen der Procentgehalte und der nach den obigen Formeln berechneten Leitungsvermögen bei 18° entnehme ich die Leitungsvermögen von Lösungen von genau 5 Proc., 10 Proc., 20 Proc. u. s. w., welche Werthe sich in Tabelle II befinden. Um die Dichtigkeiten auf genau 15° zu reduciren, ist, wo nothwendig, eine kleine Correction angebracht worden.

Die Zahlen der dritten Spalte stellen die relative Anzahl der gelösten Molecüle dar und wurden nach der Gleichung berechnet:

$$m = 1000 \frac{ps}{A},$$

wo p das in einem Gewichtstheile der Lösung enthaltene Gewicht des Electrolytes — Procentgehalt durch 100 getheilt, — s das specifische Gewicht der Lösung und A das chemische Aequivalentgewicht der gelösten Substanz bedeutet. m ist also gleich der in einem Cubikcentimeter enthaltenen Milligrammzahl des Electrolytes, durch das Aequivalentgewicht desselben dividirt.

Aus den Temperaturformeln habe ich endlich die Zahlen der letzten Spalte berechnet, welche, anschliessend an die meisten Angaben von Kohlrausch, die Zunahme des Leitungsvermögens für 1^0 in der Nähe von 22^0 in Bruchtheilen des Leitungsvermögens bei 18^0 darstellen.

Tabelle II.

Proc.	Spec.Gew. bei 15°	Mol.-Zahl 1000 . m	$10^8 k_{18}$	$\frac{\Delta k}{k_{18}}$	Proc.	Spec. Gew. bei 15°	Mol.-Zahl 1000 . m	$10^8 k_{18}$	$\frac{\Delta k}{k_{18}}$
	$MnCl_2$				15	1,139	1822	803	0,0206
5	1,0456	830	492	0,0210	20	1,193	2545	952	0,0205
10	1,0895	1729	790	0,0206	25	1,248	3328	1019	0,0216
15	1,1378	2709	987	0,0202	35	1,377	5141	993	0,0237
20	1,1900	3778	1061	0,0206					
25	1,2472	4949	1020	0,0203		SrN_2O_6			
28	1,2828	5701	950	0,0208	5	1,0418	492	289	0,0225
					10	1,0857	1026	493	0,0225
	$ZnCl_2$				15	1,1318	1605	645	0,0227
2,5	1,024	376	258	0,0213	20	1,1815	2234	750	0,0228
5	1,048	771	452	0,0192	25	1,2363	2922	810	0,0226
10	1,094	1609	680	0,0165	35	1,3542	4481	805	0,0241
20	1,190	3500	853	0,0156					
30	1,299	5731	866	0,0172		PbN_2O_6			
40	1,423	8371	790	0,0198	5	1,0449	316	179	0,0238
[50]	1,570	11540	589	0,0232	10	1,0937	661	301	0,0251
60	1,746	15406	845	0,0307	15	1,1467	1039	401	0,0251
					20	1,2043	1455	487	0,0250
	CuN_2O_6				25	1,2678	1915	561	0,0252
5	1,043	556	341	0,0221	30	1,3358	2421	625	0,0257
10	1,089	1162	595	0,0215					

Wie oben erwähnt, tritt eine sonderbare Unregelmässigkeit bei den $ZnCl_2$-Lösungen hier hervor — nämlich die grosse Veränderlichkeit der Temperaturcoëfficienten. Die Zunahme des k für einen Grad bei der 20-procent. Lösung beträgt nur 1,56 Proc., bei der 60-procent. aber 3,07 Proc., also fast das Doppelte. Ein ähnliches Verhalten zeigen nur wenige andere Substanzen, und eine grössere Aenderung kommt allein bei Na-O-H vor.

Zur Controle habe ich die Widerstände der 20-procent. $ZnCl_2$-Lösung mittels des Dynamometers beobachtet.[1] Die Versuche ergaben:

---

1) Methode von Kohlrausch und Grotrian, Pogg. Ann. **154.** p. 215. 1875.

$$T = 18,00 \quad 30,87 \quad 39,34$$
$$10^8 k = 851 \quad 1021 \quad 1126$$

woraus sich ergibt:

$$k_t = 591 \left\{ 1 + 0,0257\, t - 0,000\,069\, t^2 \right\},$$

also fast genau dasselbe wie vorher.

In derselben Weise untersuchte ich auch die 14,98-procentige $MnCl_2$-Lösung. Die Beobachtungen bei $16,94^0$ und $29,09^0$ ergaben $10^8 k = 964$ und 1204. Diese Zahlen weichen ebenfalls von den vorher gefundenen sehr wenig ab.

Andere Beobachtungen.

In seiner Abhandlung: „Ueber den electrischen Leitungswiderstand der Haloidsalze"[1] theilt L e n z die Resultate der Versuche mit einer 3,35-procentigen $ZnCl_2$-Lösung mit, jedoch ohne Temperaturangabe. An einer andern Stelle gibt er die (Zimmer)-Temperatur als annähernd 18^0 an. Unter dieser Annahme habe ich den von ihm gefundenen Widerstand auf Quecksilbereinheiten reducirt, letztere alsdann in Leitungsvermögen umgewandelt. So ergibt sich $10^8 k_{18} = 313$.

Aus meiner Curve entnehme ich $10^8 k_{18} = 325$ für eine gleich starke Lösung. Es zeigt sich also ein Unterschied von beiläufig 4 Proc., doch dürfte eine bessere Uebereinstimmung wohl kaum zu erwarten sein, wenn man die Unsicherheit der Temperaturangabe bei den Lenz'schen Untersuchungen in Betracht zieht.

Bestimmungen des Leitungsvermögens von verdünnten CuN_2O_6-Lösungen sind von Hrn. F r e u n d[2] ausgeführt worden. Die stärkste der von ihm untersuchten Lösungen war eine 4,06-procentige, und wenn ich aus meiner Curve den dieser Concentration entsprechenden Werth des Leitungsvermögens entnehme und denselben auf 20^0 reducire, bekomme ich $10^8 k_{20} = 295$. Hr. F r e u n d fand $10^8 k_{20} = 275$. Aber in den Werthen, welche Hr. F r e u n d für die CuN_2O_6-Lösungen bei 20^0 mittheilt, dürfte wohl ein Irrthum ent-

---

1) L e n z, Bulletin de l'Acad. Imperiale des Sciences de St.-Pétersbourg. **10.** p. 299.

2) F r e u n d, Ueber einige galvanische Eigenschaften von wässerigen Metallsalzlösungen. Inaug.-Diss. Breslau 1878.

halten sein, dieselben scheinen vielmehr für 18° Geltung zu haben. Unter dieser Annahme ergeben seine Beobachtungen $10^8 k_{20} = 287$.

Es ist noch zu erwähnen, dass das von **Kohlrausch** aus **Wiedemann's** Beobachtungen berechnete Leitungsvermögen des CuN_2O_6 ebenfalls etwas kleiner ist als das von mir gefundene.

Der Uebersichtlichkeit wegen habe ich aus den Molecularzahlen, den zugehörigen Leitungsvermögen und Temperaturcoëfficienten Werthe für die Moleculargehalte 0,5, 1,0, 1,5 u. s. w. aus graphischen Darstellungen interpolirt. Die so gewonnenen Resultate befinden sich in der folgenden Tabelle.

Tabelle III.

m	$10^8 k_{18}$	$\frac{\Delta k}{k_{18}}$	m	$10^8 k_{18}$	$\frac{\Delta k}{k_{18}}$	m	$10^8 k_{18}$	$\frac{\Delta k}{k_{18}}$
	$MnCl_2$			$ZnCl_2$			SrN_2O_6	
0,5	330	0,0212	4,0	866	0,0157	0,5	293	0,0225
1,0	557	0,0210	5,0	870	0,0163	1,0	485	0,0225
1,5	724	0,0208	6,0	861	0,0174	1,5	621	0,0227
2,0	854	0,0204	7,0	837	0,0183	2,0	716	0,0228
3,0	1018	0,0202	8,0	802	0,0193	3,0	812	0,0226
4,0	1067	0,0206		CuN_2O_6		4,0	816	0,0233
5,0	1020	0,0203	0,5	313	0,0222	5,0	775	0,0246
	$ZnCl_2$		1,0	540	0,0216		PbN_2O_6	
0,5	324	0,0206	1,5	709	0,0210	0,5	250	0,0246
1,0	532	0,0182	2,0	846	0,0207	1,0	392	0,0251
1,5	658	0,0168	3,0	999	0,0210	1,5	499	0,0250
2,0	743	0,0161	4,0	1036	0,0227	2,0	576	0,0252
3,0	881	0,0156	5,0	1003	0,0236	2,5	634	0,0258

Die zu obigen Zahlen gehörenden graphischen Darstellungen sind in Taf. I Fig. 6 wiedergegeben.

Die Curven $MnCl_2$, CuN_2O_6 und SrN_2O_6 bieten nichts merkwürdiges, $ZnCl_2$ und PbN_2O_6 sind dagegen recht eigenthümlich. Erstere krümmt sich anfangs sehr rasch, erreicht bald ein Maximum und nimmt nachher sehr langsam ab. Die den PbN_2O_6-Lösungen entsprechende Curve zeichnet sich dadurch aus, dass sie anfangs mässig gekrümmt, später fast geradlinig fortläuft und kein Maximum zeigt.

Ich werde jetzt das Leitungsvermögen als Function des

Salzgehalts der verdünnten Lösungen berechnen, zu welchem
Zwecke die zweigliedrige Formel:

$$k = \varkappa p - \varkappa' p^2$$

genügt. **Kohlrausch** nennt die Zahl $\varkappa$ das **specifische
Leitungsvermögen** der gelösten Substanz. $\varkappa'$ liefert ein
Maass für die Krümmung der Curven.

Indem man als p den Procentgehalt 5, resp. 10, hinsetzt
ergibt die Rechnung:

Tabelle IV.

	$10^8 \varkappa$	$10^8 \varkappa'$
$MnCl_2$	118	3,9
$ZnCl_2$	113	4,5
CuN_2O_6	77	1,7
SrN_2O_6	66	1,7
PbN_2O_6	42	1,1

Eine noch übersichtlichere Tabelle gewinnt man, wenn man
statt der Procentgehalte 5 und 10 die Molecülzahlen $m = 0,5$
und 1,0 der Rechnung zu Grunde legt.

In einer der obigen analogen Weise berechnen sich
dann aus $k = \lambda m - \lambda' m^2$ die Zahlen der nächsten Tabelle.

In dieser Formel ist λ das sogenannte Molecularleitungsvermögen der betreffenden Substanz.

Dasselbe lässt sich aus den Zahlen $10^8 \varkappa$ der vorigen
Tabelle gewinnen, indem man jeden Werth mit dem zugehörigen Aequivalentgewicht multiplicirt und schliesslich, um
alles auf dieselbe Einheit zu reduciren, mit 10 dividirt. Die
Ergebnisse beider Methoden werden natürlich nicht genau
dieselben sein.

Tabelle V.
Molecularleitungsvermögen.

	Aus 5%/₀ u. 10%/₀	Aus Molecülzahlen 0,5 und 1,0	
	λ	λ	λ'
$\tfrac{1}{2} MnCl_2$	743	763	206
$\tfrac{1}{2} ZnCl_2$	768	764	232
$\tfrac{1}{2} CuN_2O_6$	722	712	172
$\tfrac{1}{2} SrN_2O_6$	698	687	202
$\tfrac{1}{2} PbN_2O_6$	695	604	212

Wie man sieht, ist die Uebereinstimmung der erhaltenen Zahlen bis auf die letzten sehr befriedigend. Als Grund der Abweichung in diesem Falle ist wohl die eigenthümliche Krümmung der zu PbN_2O_6 gehörigen Curve anzunehmen.

Das Leitungsvermögen aus den „Ueberführungszahlen" abzuleiten, wie es Kohlrausch in den meisten Fällen gelungen ist, ist bei den von mir untersuchten Salzen nicht immer möglich. Für Pb-Salze liegen Bestimmungen der Ueberführungszahlen nicht vor, für SrN_2O_6 ebensowenig, wohl aber für $SrCl_2$ und für die Nitrate anderer Metalle. Die Ueberführungsverhältnisse von $MnCl_2$, $ZnCl_2$ und CuN_2O_6 sind bereits bekannt; die Beweglichkeiten von Cl und NO_3 sind auch als festgestellt anzusehen, es fehlt jedoch an Beobachtungen, aus welchen man die Beweglichkeiten von Mn, Zn und Cu mit der erwünschten Genauigkeit berechnen könnte. Von Mn-Salzen ist nur das Leitungsvermögen des Chlorids bekannt, von Cu-Salzen nur das des Nitrates und des zweiwerthigen Sulfates.

Wir setzen mit Kohlrausch[1]) die Beweglichkeit für Cl $10^7 v = 49$, für NO_3 $10^7 v = 46$, für $\frac{1}{2}$ Cu $10^7 u = 29$, für $\frac{1}{2}$ Sr $10^7 u = 28$; setzen wir ferner nach der Gleichung:

$$u = (1 - n)\,\lambda$$

(wo die Ueberführungszahlen n von Hittorf für $MnCl_2$ gleich 0,682 und für $ZnCl_2$ gleich 0,700 gefunden worden sind) die Beweglichkeit des $\frac{1}{2}$ Mn $10^7 u = 24$, und die des $\frac{1}{2}$ Zn $10^7 u = 23$, so erhalten wir:

Tabelle VI.

	Mol. Leitungsvermögen $10^7 \lambda$			Ueberführungszahl des Anions		
	beob.	ber.	ber.—beob.	beob.	ber.	ber.—beob.
$\frac{1}{2}$ MnCl$_2$	75	73	−3	0,68	0,67	−0,01
$\frac{1}{2}$ ZnCl$_2$	77	72	−4	0,70	0,68	−0,02
$\frac{1}{2}$ CuN$_2$O$_6$	72	75	+4	0,59	0,61	+0,02
$\frac{1}{2}$ SrN$_2$O$_6$	69	74	+5	—	—	—

1) Man sehe Kohlrausch's oben citirte Abhandlung zur Ableitung der hier angeführten Zahlen.

Die Differenzen sind ziemlich gross, doch nicht grösser, als erwartet werden dürfte, wenn man berücksichtigt, dass das zu Grunde liegende Material verhältnissmässig dürftig ist.

An anderer Stelle[1]) habe ich gezeigt, dass zwischen Leitungsvermögen und Diffusionsgeschwindigkeit von Salzlösungen gewisse Analogien bestehen. Die Diffusionsgeschwindigkeit des BaN_2O_6 habe ich grösser als die des SrN_2O_6 gefunden. Dem entsprechend war zu vermuthen, dass deren Molecularleitungsvermögen sich in ähnlicher Weise verhalten würden. Um letztere zu vergleichen, müsste man sie in derselben Weise ableiten, d. h. aus denselben Moleculargehalten berechnen. Hiernach, indem für SrN_2O_6 $m = 0,35$ und $m = 0,7$ der Rechnung zu Grunde lag, fand ich das Molecularleitungsvermögen $\lambda = 65$. In ähnlicher Weise fand Kohlrausch für BaN_2O_6 $\lambda = 69$. Der Werth für SrN_2O_6 ist also in der That kleiner, so wie nach obigem zu erwarten stand.

Physikalisches Laboratorium, Würzburg, April 1880.

III. *Neue Experimentaluntersuchungen über Fluorescenz; von Oscar Lubarsch.*

In einer im April dieses Jahres in diesen Annalen veröffentlichten kleinern Arbeit[2]) habe ich nachgewiesen, dass die Arbeiten von Lamansky über die Fluorescenz des Naphthalinroths, des Eosins und des Fluoresceïns infolge der Unvollkommenheit der angewendeten Methode, sowie mancher Beobachtungsfehler keinen Einfluss auf die Ansichten über die Stokes'sche Regel ausüben können; daher hielt ich diesen Arbeiten gegenüber an meiner früheren Anschauung fest, welche mit der von Lommel in fast allen Punkten übereinstimmt. An demselben Orte behielt ich mir

---

1) Long, On the Diffusion of Liquids. Inaug.-Diss. Tübingen 1879.
2) Lubarsch, Wied. Ann. **9.** p. 665. 1880.

vor, die Versuche von Hagenbach, auf welche dieser Forscher seine neueste Polemik gegen die Lommel'schen Ansichten
gründet [1]), zu wiederholen. Das besonders günstige Wetter
des Frühjahrs hat mich in Stand gesetzt, meine Arbeiten in
verhältnissmässig kurzer Zeit abzuschliessen und über das
Gewicht der Einwürfe Hagenbach's ein klares Urtheil zu
gewinnen. Im Folgenden theile ich die Resultate meiner
Untersuchung mit.

Hagenbach theilt seine Versuche in solche, bei denen
er die prismatische Zerlegung des Lichtes, sowohl des erregenden als auch des erregten anwandte, und in solche mit
complementär absorbirenden Medien (ohne prismatische Zerlegung). Von den ersteren interessiren uns zunächst die
Versuche mit homogenem erregenden Lichte.
Was die Erzeugung des homogenen Spectrallichts betrifft, so hat Hagenbach bei seinen Untersuchungen mit
Recht die Methode mit Spalt, Linse und Prisma bevorzugt,
weil sie, wie bekannt, die lichtstärksten Spectra liefert. Dabei
wurde das Prisma in den Brennpunkt der Linse gestellt. Ich
habe nun zur möglichst vortheilhaften Herstellung des Spectrums neuerdings variirende Versuche angestellt und dabei
gefunden, das dasselbe reiner ausfällt, wenn man die von
Wüllner gegebene Vorschrift [2]) befolgt, nämlich die Reihenfolge Spalt, Prisma, Linse anwendet und das Prisma
nicht in den Brennpunkt, sondern so nahe als nur möglich
an die Linse stellt. Bei der von Hagenbach gebrauchten
Reihenfolge wirkt, wie ich weiter unten zeigen werde, das
auf der Linse unvermeidlich entstehende Spaltbildchen durch
seine Zerstreuung nicht so unschädlich, als bei der Wüllner'
schen; auch ist die Anordnung, den Brennpunkt der Linse
gerade in das Prisma zu legen, ebensowenig geeignet, die so
leicht im Innern der Prismen auftretenden störenden Zerstreuungen zu vermeiden. Die Linien des Spectrums habe
ich wenigstens mittelst Hagenbach's Methode nie so klar
erhalten können, als auf dem andern Wege. Schneidet

---

1) Hagenbach, Wied. Ann. 8. p. 369. 1879.
2) Wüllner, Experimentalphysik. 2. p. 122. 1875.

man nun aus dem so erhaltenen Spectrum mit einem zweiten
Spalt, welcher dem ersten, Licht gebenden parallel und in
Bezug auf die Linse conjugirt ist, einen Theil heraus, z. B.
aus der Gegend von *D*, und analysirt ihn mittelst des Spectroskops, so sieht man deutlich, dass die beiden Grenzen des
beobachteten Streifens nicht an vollkommene Dunkelheit
grenzen. Noch deutlicher erhält man nach Hagenbach
diese Erscheinung, wenn man statt eines senkrechten Fadens
als Einstellungsmarke eine Blende anwendet, welche die eine
von den beiden Hälften des Ocularfeldes ganz bedeckt und
mit einem scharfen senkrechten Rande abschneidet. Man
bemerkt dann, wenn die Blende die weniger brechbare Hälfte
verdeckt und die Schneide derselben auf den brechbareren
Rand des Streifens eingestellt wird, noch jenseits desselben
Licht von undeutlicher Färbung. Dreht man das Ocularrohr
um 180°, sodass nun die brechbarere Hälfte des Feldes ab-
geblendet ist, so findet man an dem weniger brechbaren
Rande des Streifens ganz dieselbe Erscheinung; auch hier
greift das Licht, und zwar mit deutlich röthlich gelbem Ton,
über die Grenze. Hagenbach behauptet nun, das übergreifende schwache Licht, besonders das auf der brechbareren
Seite, gehöre der Stelle des Spectrums an, an welcher es
erscheint, rühre nur von der allgemeinen Unreinheit
des Spectrums her und müsse daher als erregendes
Licht mit in Betracht gezogen werden.

Diese Erklärung der Entstehung der übergreifenden
Aureole ist für mich wegen der bedeutenden Ausdehnung
derselben ganz unannehmbar. Denn legt man die von
Hagenbach angegebene [1]) Stellung seiner Linien im Spectrum zu Grunde und reducirt auf die Bunsen'sche Scala, so
findet man z. B. in einem Falle [2]), dass homogenes gelbes
Licht, dessen deutliche obere Grenze bei 50 liegt, noch
grünes Licht bis 65 enthält, und zwar von solcher Stärke,
dass es Fluorescenz zu erregen vermag. Bei späteren Versuchen [3]) kommt sogar der Fall vor, dass das rothgelbe Licht

---

1) Hagenbach, Wied. Ann. 8. p. 393. 1879.
2) Ibid. p. 389.
3) Ibid. p. 393.

unterhalb *D* auch blaue (!) Strahlen weit jenseits *F* enthält.
Ein Spectrum von einem solchen Grade der Unreinheit könnte
aber die Linien ganz unmöglich deutlich zeigen und wäre
einfach unbrauchbar. **Es ist somit nicht möglich, dass
die Aureole eine blosse Folge allgemeiner Unreinheit des Spectrums sein soll.**

Der angeführten Erklärung Hagenbach's gegenüber
schreibt Lommel in einer Correspondenz mit dem ersteren[1])
das Aureolenlicht einer störenden Reflexion und Zerstreuung
an den Theilen des Collimators und am Prisma des Spectroskops zu und betrachtet deshalb auch nur die brechbarere
Grenze des starken Lichtes als die obere des erregenden.
Diese letztere Ansicht veranlasste mich, auch über die Störungen, welche beim Gebrauche des Spectroskops auftreten,
eine genauere Untersuchung anzustellen.

Wenn man eine weisse, hell beleuchtete Fläche auf den
Spalt eines Spectroskops wirken lässt, so bemerkt man leicht,
dass auf der Linse des Collimators ein ziemlich lichtstarkes
Spaltbildchen hervorgerufen wird, welches durch Zerstreuung
seine Strahlen nicht nur normal in der Richtung der Linsen-
axe, sondern vielmehr nach allen Richtungen auf das Prisma
weiter sendet. Man überzeugt sich hiervon sofort, wenn man
das Ocularrohr ganz aus der Beobachtungsrichtung heraus-
dreht und das Prisma in dieser Richtung mit blossem Auge
betrachtet. Dann zeigt sich das fragliche Licht als ein recht
bemerkbarer weisser, an den Rändern farbig gesäumter Streifen. Beobachtet man nun wieder durch das Ocularrohr, so
fällt es auf, dass die Linien des Spectrums bei gleich breitem
Spalt desto schärfer hervortreten, je weniger intensiv die
Licht gebende Fläche beleuchtet ist. Ist letztere sehr hell,
beispielsweise der leicht bestaubte Spiegel des Heliostaten,
so kann man die Linien nur schwach bemerken, selbst bei
sehr engem Spalt, während das Spectrum selbst sehr licht-
stark ist. Bedeckt man nun mit einer zwischen Collimatorlinse und Prisma eingesetzten Blende die erstere zum Theil
derart, dass das Spaltbildchen nun keine Strahlen mehr auf

---

1) cf. ibid. p. 390.

das Prisma senden kann, so erscheint sofort das Spectrum
lichtschwächer, aber bedeutend reiner, denn die Linien treten
mit ausserordentlicher Schärfe hervor. Noch deutlicher zeigt
sich diese Erscheinung, wenn man ein viereckiges Stückchen
beiderseits geschwärztes Papier so auf die Collimatorlinse
klebt, dass das zerstreuende Bildchen ganz bedeckt wird; in
diesem Falle verliert das Spectrum nur wenig an Intensität.
Aus diesem Versuche folgt also, dass der Einfluss der
Zerstreuung an der Collimatorlinse ein erheblicher
und der Beleuchtung der Licht gebenden Fläche
proportionaler ist. Durch die Zerstreuung muss nothwendig das ganze, normale Spectrum mit schwachem weissem
Licht überlagert werden, weil die einzelnen farbigen vir-
tuellen Bilder des Spaltbildchens übereinander greifen. Dieses
weisse Licht zeigt bei der spectroskopischen Beobachtung
seinen störenden Einfluss zwar nur durch theilweise Ver-
wischung der Linien; indessen folgt wohl mit Sicherheit aus
dem obigen Versuche, dass, wenn. man aus einem einfach
prismatisch zerlegten objectiven Spectrum einen homogenen
schmalen Streifen herausschneidet, auch dieser schwache
Spuren von weissem Licht enthalten muss. Je breiter der
angewendete Spectralstreif ist, desto mehr weisses Licht wird
er enthalten, desto weiter wird sich also auch im Spectrum
die Aureole erstrecken. Hieraus erklärt sich auch leicht die
oben erwähnte Angabe Hagenbach's, dass ein schmaler
gelber Streifen nur eine Aureole von 50—65 B. zeigt, während der ganze, weniger brechbare Theil des Spectrums, bei
50 abgeschnitten, eine solche von 50 bis jenseits *F* erkennen
lässt. Verschwindend klein muss natürlich der Einfluss des
störenden weissen Lichtes werden, wenn man den heraus-
geschnittenen Streif nochmals ausbreitet und aus dem erhaltenen zweiten Spectrum wieder einen schmalen Streifen
homogenen Lichtes herausnimmt. Es ist mir deshalb auch
zweifelhaft, ob die breite Aureole, welche Hagenbach bei
zweimaliger prismatischer Zerlegung noch erhielt, allein oder
zum grösseren Theile den ausserordentlich schwachen Spuren
weissen Lichtes zuzuschreiben ist; ich glaube vielmehr, dass
diese Erscheinung fast ausschliesslich einer directen zer-

streuenden Wirkung des homogenen Streifens auf das Spectroskop beizumessen ist. Auch im homogenen Lichte erscheint nämlich das erwähnte Spaltbildchen; es wirkt daher
ganz ebenso zerstreuend, wenn auch vielleicht etwas weniger
stark. Die Folge davon ist, dass auch in diesem Falle
schwaches Licht (aber natürlich aus derselben Spectral-
gegend, wie das beobachtete homogene) über die Ränder des Spectralbildes hinwegragt und auf diese Weise
scheinbar Licht von anderer Brechbarkeit im Ocular-
felde erkennen lässt. Man kann sich von der Richtigkeit
dieser Angabe durch Uebertreibung der Verhältnisse leicht
auf folgende Art überzeugen. Das Licht des Heliostaten
falle auf den sehr verengerten Spalt des Spectroskops, vor
welchem ein Diaphragma mit einer concentrirten, nur Roth
und Gelb durchlassenden Eosinlösung aufgestellt wird. Dreht
man nun die halbkreisförmige Ocularblende so, dass sie die
weniger brechbare Seite bedeckt, und stellt ihre Schneide auf
die Absorptionsgrenze ein, so erscheint der ganze dunkle
Theil des Spectrums bis zum Ende wie mit rothgelbem Licht
übergossen. Dieses verschwindet aber fast vollkommen, wenn
man das zerstreuende Spaltbildchen auf eine der oben beschriebenen Arten abblendet; es bleibt ein kleiner schwach
gefärbter Rest übrig, der das Rothgelb nur undeutlich erkennen lässt. Das übergreifende Licht der Aureole gehört
also hierbei nur dem nicht absorbirten rothgelben Theile
des Spectrums an und enthält keine brechbareren Strahlen.
Dreht man die Blende um 180°, bedeckt den Spalt statt mit
der Eosinlösung mit zwei grünen Chromgläsern, welche alles
rothe und gelbe Licht vor D absorbiren, und stellt dann die
Schneide auf die Absorptionsgrenze ein, so ist nun der ganze
weniger brechbare Theil des Spectrums von dem zerstreuten,
durchgegangenen blaugrünen Lichte gefärbt. Man sieht
hieraus, dass das Uebergreifen auf der rothen Seite nach
demselben Gesetze erfolgt, wie auf der violetten, und dass
die Aureole, wenn ganz reines homogenes Licht auf
den Spalt des Spectroskops fallen würde, stets nur Licht
von derselben Brechbarkeit enthalten könnte, wie das
auffallende.

4*

Aus dem bisher Betrachteten ergibt sich also, dass die Aureole, welche Hr. Hagenbach beobachtete, unmöglich aus der allgemeinen Unreinheit des Spectrums zu erklären ist; dass sie vielmehr nur von der Zerstreuung des erregen‑ den Lichtes an den Glaslinsen des Apparates herrühren kann; dass sie, wenn man ein einmal zerlegtes Spectrum gebraucht, wegen des schwachen vorhandenen weissen Lichtes wohl noch Strahlen enthalten kann, welche wirklich der Gegend des Spectrums angehören, in welcher sie erscheinen, dass sie aber bei mehrfacher prismatischer Zerlegung des erregenden Lichtes fast ausschliesslich aus Licht von der‑ selben Brechbarkeit besteht, wie das angewendete homogene. Auf die Entfernung des Spaltes von der Licht gebenden Fläche kommt es dabei wenig an; die Aureole ist immer vorhanden, wenn man nicht die oben erwähnten zerstreuenden Spaltbilder abblendet. Wir werden indessen sogleich sehen, dass die eben besprochene Frage, ob das übergreifende Licht der Stelle des Spectrums, in der es erscheint, angehört oder nicht, bei den Versuchen über Fluorescenz unerheblich ist.

Hr. Hagenbach nimmt an, dass das Aureolenlicht Fluorescenz errege. Er unterscheidet deshalb in dem Spec‑ trum des erregenden Lichtes sowohl, wie des erregten ein erstes und ein zweites Ende und glaubt, dass das Aureolen‑ licht gerade die schwachen Strahlen zwischen dem ersten und zweiten Ende des Fluorescenzspectrums hervorruft. Bei dem erregenden Lichte ist die Annahme zweier Enden ja immerhin zu rechtfertigen, weil das erste Ende an einer fast scharfen Trennungsstelle zwischen sehr starkem und sehr schwachem Lichte liegt; dass es bei dem Fluorescenzlicht anders ist, werden wir weiter unten sehen. Dass aber das Aureolenlicht wirklich Fluorescenz erregt, dafür ist ein directer Beweis in der Arbeit von Hagenbach nicht enthalten. Obgleich nun ein einigermassen geübtes Auge auch schon im Spectroskop erkennt, dass beim Naphthalin‑ roth die undeutlich gefärbte Aureole des erregenden Lichtes nicht schwächer, höchstens aber ebenso stark ist, als die über *D* hinausgehenden, deutlich gelbgrünen Strahlen des Fluor‑ escenzspectrums, dass also schwerlich die letzteren von der

ersteren erregt sein können, so hielt ich es doch vor allem
für wichtig, mich von der erregenden Wirkung des Aureolen-
lichtes direct zu überzeugen. Zu diesem Zwecke projicirte
ich durch zwei Prismen und eine achromatische Linse ein
reines Spectrum mit ganz scharfen Linien auf einen Schirm
mit seitlich beweglichem, senkrechtem Spalt. Das heraus-
geschnittene Stück, etwa 1 mm breit, betrug einen Bunsen'-
schen Scalengrad und wurde, um jeden Lichtverlust möglichst zu vermindern, durch ein sehr grosses Prisma vom
schwersten Flintglas und ein photographisches, fünfzölliges
Objectiv von 50 cm Brennweite direct auf die Wand eines
grossen, sehr dünnen Becherglases projicirt, welches die
Naphthalinlösung enthielt. Als Hintergrund für den fluorescirenden Streifen gebrauchte ich eine quadratische, 50 mm
lange Spiegelglasplatte, welche, auf einer Seite ganz straff
mit schwarzem Sammet überzogen, mit dieser Seite nach
vorn, dem erregenden Lichte gegenüber in senkrechter Lage
in das Glas gestellt wurde und so eine an der dicksten
Stelle nur 2 mm tiefe Schicht der Lösung abgrenzte. Wenn
man nun den abschneidenden Spalt so stellt, dass die Linie
D auf einem dahinter gehaltenen weissen Papierstück dicht
am brechbareren Rande des Spaltes erscheint, so sieht man
dieselbe auch in dem, etwa dreimal breiteren, fluorescirenden
Streifen erscheinen, und zwar ebenfalls dicht am oberen Rande
desselben. Wäre nun in dem, durch den Spalt ausgeschnitte-
nen erregenden Streifen brechbareres Licht vorhanden von
solcher Stärke, dass es Fluorescenz erregen könnte, so müsste
die letztere auf der Naphthalinlösung oberhalb *D* umsomehr
sichtbar werden, als gerade die dicht oberhalb *D* liegenden
Strahlen die Fluorescenz des Naphthalinroths am stärksten
erregen. Wenn nun auch die Begrenzung des fluorescirenden
Streifens am oberen Rande nicht gerade von musterhafter
Schärfe war, so lag sie doch ganz dicht an *D*, und es war
von einer weiter reichenden **fluorescirenden Aureole
oberhalb dieser Grenze keine Spur zu bemerken,**
auch dann nicht, wenn man mittelst eines senkrecht auf die
Glaswand gesetzten geschwärzten Kartenblattes das stark erregende Licht abblendete und die Fläche von der andern

Seite her unter dem Schutze eines schwarzen Tuches betrachtete. Ein entsprechendes Resultat erhielt ich bei der
Anwendung von Eosinlösung, wenn ich die Linie *E* als Ein-
stellungsgrenze benutzte. Aus diesem Versuche folgt
also, dass die fragliche Aureole, möge sie nun vor-
herrschend aus zerlegtem weissem oder dem angewendeten homogenen Lichte bestehen, keine sichtbare Fluorescenz erregt; die letztere wird vielmehr
ihrem ganzen spectralen Umfange nach nur von
dem bis zum ersten Ende des erregenden Spectrums
reichenden starken Lichte hervorgerufen. Es ist
also auch nur das erste Ende als obere Grenze des
erregenden Lichtes zu betrachten.

Wir wenden uns zu der Beobachtung des Fluorescenzspectrums. Hr. Hagenbach hat, um das erregende Licht
unmittelbar mit dem erregten vergleichen zu können, einfach
auf die weisse Thonplatte, auf welcher er das erregende Licht
concentrirte, die fluorescirende Flüssigkeit getröpfelt. Diese
Methode erfüllt zwar die eine Forderung, die man nach den
früheren Erfahrungen an sie stellen muss; sie gibt einen
sehr flachen Flüssigkeitsspiegel und vermeidet dadurch eine
Absorption des Fluorescenzlichtes durch die Flüssigkeit
selbst. Was dagegen die andere Forderung betrifft, nämlich
möglichst vollkommene Beseitigung des überflüssigen erregenden Lichtes, so ist diese so gut wie gar nicht erfüllt.
Wenn man nämlich bei der angegebenen Versuchsanordnung
eine Naphthalinlösung von mittlerer Concentration gebraucht,
so ist es unmöglich das Fluorescenzspectrum vollkommen
richtig zu erhalten, weil ein Theil des starken erregenden
Lichtes infolge der immer vorhandenen Zerstreuung an der
Thonplatte die Beobachtung ganz ausserordentlich stört. Eine
ganz starke Lösung zu gebrauchen, welche wegen ihrer stärkeren Absorption bessere Resultate liefern könnte, verbietet
sich aber von selbst, weil bei einer solchen die Fluorescenz
viel schwächer ist. Benutzt man dagegen statt der weissen
Thonplatte eine Glascüvette, auf deren Boden die früher
beschriebene, mit schwarzem Sammet überzogene Spiegelglasplatte liegt, und sorgt dafür, dass der Flüssigkeitsspiegel

höchstens $^1/_2$ mm über dem Sammet steht, so erhält man ein
Fluorescenzspectrum von musterhafter Reinheit, welches zugleich zeigt, dass die von Hagenbach angewendete Unterscheidung eines ersten und zweiten Endes im Fluorescenzspectrum durchaus nicht passend ist; denn der Uebergang
von dem Maximum bis zum brechbareren Ende ist wenigstens
beim Naphthalinroth ein so sanfter und allmählicher, dass
ich keine bestimmte Stelle anzugeben vermöchte, für die der
Ausdruck „erstes Ende" gerechtfertigt wäre, besonders, wenn
man dabei an die scharfe Markirung des ersten Endes im
erregenden Spectrum denkt. Bestimmt man aber das Fluor-
escenspectrum durch Beobachtung der auf einer Thonplatte
befindlichen Lösung, so findet man natürlich infolge der halb
verdeckten Mitwirkung des erregenden Lichtes bald eine
Stelle, an der das Spectrum plötzlich schwächer zu werden
scheint, und diese fällt dann selbstverständlich meist mit der
obern Grenze des erregenden Lichtes (dem ersten Ende
Hagenbach's) zusammen. Ein solches Resultat ist aber
fehlerhaft, weil, wie gezeigt wurde, die Methode überhaupt
kein Fluorescenzspectrum gibt. Es zeigt sich dies noch
deutlicher bei denjenigen Versuchen Hagenbach's, bei
welchen das ganze Spectrum unterhalb einer bestimmten
Grenze zur Erregung des Naphthalinroths verwendet wurde.
Reducirt man die Angaben der bezüglichen Tabelle[1]) auf
die Bunsen'sche Scala, so findes man z. B., dass erregendes
Licht, dessen beide Enden bei 72, resp. 89 liegen, ein Fluorescenzspectrum hervorruft, dessen letzte Spuren bis E reichen,
also etwa bis zum ersten Ende des erregenden Lichtes,
während bekanntlich die obere Grenze bisher bei 57, höchstens bei 60 gefunden wurde, und es mir selbst mit der
Blende unmöglich war, in einem wirklich reinen Fluorescenzspectrum des Naphthalinroths irgend eine Spur von Licht
jenseits 63 zu finden. Es ist ganz deutlich, dass hierbei infolge der zerstreuenden Wirkung der Thonplatte schwaches
erregendes Licht im Spectroskop mitgewirkt hat. Ich kann
demnach die Versuche Hagenbach's, bei denen das Naph-

---

1) Hagenbach, Wied. Ann. 8, p. 393. 1879.

thalinroth direct auf die Thonplatte getröpfelt wurde, nicht
als reine anerkennen, weil bei dieser Anordnung das Fluorescenzlicht durch das unvermeidlich ihm beigemischte zerstreute
erregende Licht sowohl in qualitativer als auch in quantitativer Beziehung eine nicht unbedeutende Modification erleidet; ebenso wenig finde ich in dem allmählichen Uebergang des wirklich reinen Fluorescenzspectrums zur Dunkelheit einen Grund, zwei Enden zu unterscheiden, und bezeichne
daher als Ende des Spectrums einfach die Stelle, bis zu
welcher noch überhaupt bemerkbares Licht reicht.

Betrachtet man nun die verschiedenen Versuche, welche
Hr. Hagenbach mit homogenem erregenden Licht angestellt hat, unter dem durch meine bisherigen Ausführungen
veränderten Gesichtspunkte, so bleibt von allen nur einer
übrig, welcher noch für die allgemeine Gültigkeit der Stokes'-
schen Regel sprechen könnte. Es ist das der Versuch, bei
welchem unter Weglassung des Spaltes und der Collimatorlinse eine auf Naphthalinroth projicirte fluorescirende Linie
aus grösserer Entfernung nur mit Prisma und Ocular analysirt wurde.[1] Schon bei früheren Arbeiten habe ich selbst
diesen Versuch angestellt; ich habe aber trotz aller Mühe
ebensowenig damals, wie jetzt, wo ich ihn wiederholte, zu
einem entscheidenden Resultat gelangen können, weil das
beobachtete Fluorescenzspectrum zu lichtschwach war, um
es spectroskopisch messen zu können. Es zeigt nämlich bei
genauerer Betrachtung nicht nur am brechbareren Ende, sondern an beiden Enden eine nicht unbeträchtliche Verkürzung und ist daher für entscheidende Versuche ebensowenig
brauchbar, wie etwa die Spectra, welche Lamansky unter
Anwendung total reflectirender Prismen erhielt.[2] Hält man
nun dem unsichern Resultate der spectroskopischen Beobachtung die von mir beschriebene Analyse der fluosresciren-
den Linie mittelst des einfachen Prismas[3] entgegen, welche
bekanntlich sehr deutlich gegen die allgemeine Gültigkeit
der Stokes'schen Regel ausfiel, so folgt aus diesem Vergleich,

---

1) Hagenbach, Wied. Ann. 8. p. 391. 1879.
2) Lamansky, Wied. Ann. 8. p. 625. 1879.
3) Lubarsch, Wied. Ann. 6. p. 252. 1879.

dass auch der eben besprochene Versuch Hagenbach's
nicht als ein entscheidender Beweis für die Gültigkeit dienen kann.

Es ist an dieser Stelle noch die Verschiebung des Maximums im Fluorescenzspectrum des Naphthalinroths zu erwähnen, welche Hr. Hagenbach beobachtet hat. Es ist
bei dem betreffenden Versuche nicht genau angegeben, ob
die Fluorescenz auch an der über einer Thonplatte vertheilten Lösung beobachtet ist, wie ich beinahe glauben
möchte. In diesem Falle könnte man auf die Abschätzung
des Maximums keinen besonderen Werth legen, weil der
störende Einfluss des an der Thonplatte theilweise zerstreuten,
erregenden Lichtes, besonders bei den stark leuchtenden
Strahlen aus der Gegend von D ein zu erheblicher ist. Ich
selbst habe das Spectrum mehrfach über einer schwarzen
Sammetfläche beobachtet und habe dabei, wenn die obere
Grenze des erregenden Lichtes allmählich von 57 bis 50
zurückging, wenigstens keine deutliche Verschiebung beobachten können; das Maximum blieb meiner Ansicht nach in
der Gegend von 48 stehen. Ueberhaupt hängt eine solche
Abschätzung sehr von der subjectiven Anschauung des Beobachters ab, und es ist ihr aus diesem Grunde weniger
Bedeutung beizulegen, als den früher erwähnten entscheidenden Versuchen.

Die Versuche mit Natriumlicht habe ich nicht wiederholt; schon früher[1]) habe ich die Unzulässigkeit der Anwendung dieses Lichtes als erregenden nachgewiesen. Hr. Hagenbach hat allerdings die brechbareren Strahlen der
Natriumflamme, welche bekanntlich sogar Eosin und Fluoresceïn zu erregen im Stande sind, durch absorbirende Lösungen
von Morinthonerde und Eosin fortgeschafft und behauptet,
dass er in diesem Falle im Fluorescenzspectrum kein grünes
Licht mehr habe bemerken können. Meiner Ansicht nach
liegt hier ganz derselbe Fall vor, wie bei dem oben besprochenen Versuch mit der fluorescirenden, ohne Collimator
beobachteten Linie. Bekanntlich absorbiren die beiden an-

---

1) Lubarsch, Wied. Ann. **6.** p. 253. 1879.

gewendeten Lösungen im concentrirten Zustande das ganze
Spectrum bis etwa zur Mitte zwischen C und D hinunter.
Daraus folgt, dass auch bei dünneren Lösungen die Strahlen
aus der Gegend von D, wenn auch nicht ganz, so doch zum
Theil absorbirt, also geschwächt werden müssen; ich überzeugte mich selbst durch den Versuch hiervon. Demnach
ist jedenfalls das auf diesem Wege erhaltene Fluorescenzspectrum sehr lichtschwach und hat beschränkte Grenzen.
Es ist mir nicht klar, wie Hr. Hagenbach, der früher
selbst mit starkem freiem Natriumlicht kein deutliches spec-
troskopisches Resultat erhielt[1]), mit dem geschwächten des
vorliegenden Versuches zum Ziel kommen konnte. Auch
hierbei liefert bekanntlich die Analyse mit dem einfachen
Prisma das Ergebniss[2]), dass das durch Natriumlicht erregte
Fluorescenzlicht grüne Strahlen enthält.

Die Versuche mit erregendem Licht, dem die Strahlen
oberhalb D durch absorbirende Medien genommen waren,
habe ich mit aller Sorgfalt wiederholt, und zwar sowohl unter
Anwendung von Kupfergläsern, als auch von Eosinlösungen.
Gerade hierbei findet man im Spectrum des erregenden
Lichtes sehr deutliche Aureolen, deren rothgelbe Färbung
den Gedanken an darin enthaltene brechbarere Strahlen vollkommen ausschliesst. Zur grössern Sicherheit bin ich aber
bei der Bestimmung des erregenden Lichtes auch hier meinem
oben schon angewandten Princip gefolgt: dass als erregende Strahlen durchaus nur diejenigen anzusehen sind, welche sich im fluorescirenden Spectrum
wirklich als solche bekunden. Ich beschreibe hier nur
die Versuche mit Eosinlösung, weil die mit rothen Gläsern
ganz entsprechende Resultate ergaben. Der horizontale, Licht
gebende Spalt befand sich, wie bei meinen früheren Versuchen in der vorderen Wand eines parallelepipedischen
Kastens, der nur hinten offen war und an dieser Stelle mit
einem faltigen schwarzen Tuche zur Erhöhung der Empfindlichkeit des Auges verhüllt war. Das fluorescirende Spectrum

---

2) Hagenbach, Pogg, Ann. **146.** p. 79. 1872.
3) Lubarsch, Wied. Ann. **6.** p. 255. 1879.

wurde durch zwei Prismen und das erwähnte Objectiv erzeugt und fiel auf die Oberfläche der $^1/_2$ mm über der schwarzen Sammetfläche stehenden Naphthalinrothlösung. Ein in halbe Millimeter getheilter, sehr dünner Massstab von Milchglas lag im Niveau der Flüssigkeit 0,5 mm von der linken Längskante des Spectrums entfernt. Es wurde nun zunächst die Lage der Spectrallinien genau notirt, dann die Eosinlösung in einem Diaphragma vor den Spalt gebracht und die Stelle, wo das fluorescirende Spectrum abgeschnitten erschien, bestimmt. Diese Stelle lag nach zehn Bestimmungen, die ich bei derselben Lösung ausführte, bei 51,2 B. und änderte ihre Lage nicht, als der Spalt auf 1,5 mm erweitert wurde. Fiel das objective Absorptionsspectrum auf Papier oder eine andere zerstreuende weisse Fläche, so zeigte sich noch schwaches Licht bis 54. Dieser Umstand ist ein anschaulicher Beweis dafür, wie falsch es im allgemeinen ist, das erregende Licht ausschliesslich durch spectroskopische Beobachtung bestimmen zu wollen; bei dem vorliegenden Versuche z. B. enthielt das erregende Licht an wirklich Fluorescenz hervorrufenden Strahlen nur solche unterhalb 51; das zum Theil absorbirte mattere Licht zwischen 51 und 54 war, obgleich zerstreut sichtbar, nicht mehr im Stande, Fluorescenz zu erregen. Es wurde nun der Spalt und der Projectionsapparat entfernt; statt dessen fiel das Sonnenlicht durch eine 50 mm weite runde Oeffnung und das Diaphragma auf eine Linse von 260 mm Focalweite und wurde nahe dem Brennpunkt derselben streifend auf die Wand des oben beschriebenen, mit Naphthalinroth gefüllten Becherglases projicirt. Das Spectrum des hellen fluorescirenden Fleckes ging deutlich bis 57 und zeigte noch eine sehr schwache Aureole bis etwa 59. Zur Controle wurde noch dicht vor das Becherglas weisses Papier unter 45° zum einfallenden Licht in senkrechter Stellung gehalten; das Spectrum des ganz concentrirten erregenden Lichtes ging dann bis 54, und zwar blieb diese Grenze auch dann dieselbe, wenn der Spalt des Spectroskops auf 1 mm erweitert wurde; nur die nicht erregende rothgelbe Aureole wurde heller und dehnte sich bis

zum violetten Ende aus. Stellte man die Blende (bei engem
Spalt) so ein, dass kein erregendes Licht zu sehen war, und
nahm das Papier fort, so sah man nun, wenn sich das Auge
an die Dunkelheit gewöhnt hatte, einen deutlichen schmalen
Streifen von grünlicher Färbung vor der Blende hervorragen,
welcher erst durch weitere Drehung des Ocularrohres um
3—4 Bunsen'sche Grade verdeckt werden konnte. Dieser
Versuch ist für mich der klarste Beweis, dass das Naphthalinroth der Stokes'schen Regel nicht gehorcht;
denn bei den Versuchen mit homogenem Lichte war es
immer noch möglich, dass zerstreutes weisses Licht in der
Aureole vorhanden war, wenn es auch, wie ich nachwies,
die Fluorescenz nicht erregte; hier aber enthält das
Aureolenlicht sicher nur Strahlen von derselben
Brechbarkeit, wie das erregende, und es ist deshalb ein störender Einfluss desselben, wie ihn Hagenbach annimmt, einfach unmöglich. Den entsprechenden
Versuch stellte ich mit einer fluorescirenden Eosinlösung an,
indem ich als absorbirendes Medium Fluorescein gebrauchte.
Das erregende Licht war hierbei bei 70 abgeschnitten; das
Fluorescenzspectrum reichte deutlich bis 76.

Der letzte Versuch Hagenbach's mit prismatisch zerlegtem Licht besteht in der spectralen Analyse eines auf
die fluorescirende Flüssigkeit projicirten linearen Spectrums
derart, dass man dasselbe durch ein Prisma betrachtet, dessen
brechende Kante der Längsrichtung des Spectrums parallel
läuft. Denkt man sich das Roth des senkrechten Linear-
spectrums nach unten gerichtet, so erblickt man im Prisma
das erregende Licht als eine schiefe, schwach gekrümmte
Linie, das Fluorescenzlicht als eine ebenso gekrümmte, ob-
longe Fläche, welche sich an die schiefe Linie anlehnt. Auch
ich habe diese Methode früher vielfach angewendet, um zusammengesetzte Fluorescenzerscheinungen zu erkennen, und
habe schon bei meiner letzten Untersuchung über die Fluorescenz des Chlorophylls [1] darauf aufmerksam gemacht, dass
man unfehlbar zu fehlerhaften Ergebnissen gelangen muss,

---

1) Lubarsch, Wied. Ann. 6. p. 264. 1879.

wenn man bei dieser subtilen Methode nicht alle Anforderungen an die Reinheit des Versuches aufs genaueste erfüllt. Hr. Hagenbach ist der erste, welcher die Methode
des derivirten Spectrums als Prüfstein für die vorliegende
Frage der Stokes'schen Regel vorschlägt, indem er daran
erinnert, dass, wenn die Ansicht von Lommel richtig ist,
das abgeleitete (Fluorescenz-) Spectrum überall die gleiche
Breite haben und also über die schiefe Linie, welche das
Spectrum des erregenden Lichtes darstellt, nach der brechbareren Seite hinausgreifen müsse. Mir selbst ist die Bedeutung dieser Methode neben den entscheidenden Versuchen
nicht wichtig genug erschienen, sonst hätte ich schon in
meiner früheren Arbeit aus dem Jahre 1879 darauf hingewiesen, dass in der meiner Chlorophylluntersuchung beige-
fügten Zeichnung das Spectrum des Chlorophylls mit seinem
ersten Theil (obere Grenze 32) in der That deutlich über
die schiefe Linie des erregenden Spectrums hinwegragt. Um
dieses von Hagenbach's Angaben abweichende Resultat
zu erhalten, braucht man nur von einem Gesichtspunkte auszugehen: es muss alles geschehen, um das an sich viel
stärkere, erregende Licht möglichst wenig, das
Fluorescenzlicht dagegen in typischer Ausdehnung
möglichst stark zur Entwicklung kommen zu lassen.
Ich erreichte dies durch die folgende Versuchsanordnung:
Man lässt das starke Sonnenlicht (mit schwächerem gelingt
der Versuch nicht) direct auf einen $1/_2$ mm breiten horizontalen Spalt von einiger Länge fallen und projicirt zunächst
mittelst eines grossen Prismas und einer recht lichtstarken
Linse ein reines Spectrum mit möglichst scharfen Linien auf
die fluorescirendé Flüssigkeit. Dann schneidet man aus dem
erhaltenen Spectrum durch einen, über den ersten Spalt ge-
schobenen, ebenso weiten senkrechten Spalt ein lineares
Spectrum heraus.[1] Der scharfe und gleichmässige Spectral-

---

1) Die Anordnung von Hagenbach, bei der durch eine Linse con-
centrirtes, also divergirendes Sonnenlicht auf eine feine runde Oeffnung
fiel, habe ich nicht befolgt; denn ist die letztere fein genug, um als
leuchtender Punkt angesehen werden zu können, so wird das Spectrum
zu lichtschwach; vermindert man sie aber, um ein stärkeres zu erhalten,

streifen wird durch ein recht grosses lichtstarkes Prisma, welches in einer Entfernung von wenigstens 150 mm genau senkrecht über ihm an einem Gestell befestigt ist, so betrachtet, dass die brechende Kante dem Streifen parallel läuft; überdies muss dafür gesorgt sein, dass das Prisma die Stellung der Minimalablenkung für die obere Grenze des Fluorescenzspectrums einnimmt. Der Spiegel der ziemlich concentrirten Naphthalinrothlösung darf kaum $^1/_2$ mm über der mit schwarzem Sammet überzogenen Platte liegen, welche auf dem Boden der Cüvette ruht, und die Oberfläche der Flüssigkeit muss ganz rein von Staub und jeder Unreinigkeit sein. Sind diese Vorsichtsmassregeln alle beobachtet, so erblickt man durch das Prisma unter dem Schutze eines den Beobachter bedeckenden, schwarzen Tuches von der schiefen erregenden Linie nur den nicht absorbirten, also auch nicht erregenden Theil, wogegen das Fluorescenzspectrum mit der grössten Klarheit und Schärfe hervortritt. Es hat die in Taf. I Fig. 7b angegebene Gestalt.[1]) Bewegt man die Cüvette langsam und vorsichtig ein wenig in horizontaler Richtung, so erscheint infolge der Erschütterung auf der momentan entblössten Bodenfläche ganz schwach und blitzähnlich die obere Fortsetzung der schiefen erregenden Linie; man sieht bei einiger Uebung sehr deutlich, dass sie mitten durch die abgerundete brechbarere untere Ecke des Spectrums hindurchgeht, dass also das erregende Licht an der Eintrittsstelle nicht nur weniger brechbares, rothes und gelbes, sondern auch brechbareres grünes Licht hervorruft.

so ist wegen der kreisförmigen Gestalt der Oeffnung der Spectralstreifen in der Mitte heller als an den Rändern; die letzteren erscheinen dann unscharf.

1) Es braucht wohl nicht erst erwähnt zu werden, dass das in der schematischen Zeichnung Hagenbach's verlangte Auftreten scharfer Ecken im Spectrum eine Unmöglichkeit ist. Man findet immer Rundungen an den Ecken; auch starke Verschmälerungen des Spectrums an den Stellen schwacher Absorption. Es ist dies wieder ein Beweis dafür, dass nur die stark erregten Stellen das typische Fluorescenzspectrum zeigen.

Das entgegengesetzte Resultat Hagenbach's lässt sich
zum grossen Theil aus seiner Methode erklären. Zunächst
habe ich schon oben bemerkt, dass der vorliegende Versuch
von den früheren Beobachtern, z. B. von Pierre, Hagenbach und von mir selbst immer über einer nicht genügend
flachen Flüssigkeitsschicht angestellt worden ist. Daher
haben die aus diesen Beobachtungen resultirenden Zeichnungen für die Frage der Stokes'schen Regel gar keinen
Werth. Sie dienten ja meist nur dazu, um zusammengesetzte
Fluorescenz erkennen zu lassen, und reichten selbst mit den
anhaftenden Fehlern für diesen Zweck vollkommen aus.
Anders ist es im vorliegenden Falle. Bekanntlich entsteht
der dunklere, mehr röthliche Ton der Minimalstellen im
fluorescirenden Spectrum dadurch, dass an diesen Stellen das
erregende Licht tiefer in die Flüssigkeit eindringt, und hierdurch der bei weitem grössere Theil des Fluorescenzlichtes
ebenfalls aus tieferen Schichten kommt. Das letztere ist
dann durch die Absorption stark modificirt, indem ihm die
absorptionsfähigeren brechbareren Strahlen fast ganz fehlen.
Noch mehr als bei den gewöhnlichen Minimis, ist dies der
Fall an der Stelle, an welcher im erregenden Lichte die
Fluorescenz schwach beginnt. Hier liegen sogar zwei Fehlerquellen auf einmal vor. Erstens fehlen, wie erwähnt, wegen
der Absorption die brechbareren Strahlen; zweitens aber
dringt hier das am schwächsten erregende Licht durch die
ganze Schicht hindurch und wird auf dem Boden sichtbar
als ein ziemlich intensiver erregender Streifen, welcher sein
Licht mit den am wenigsten brechbaren Theilen des beginnenden Fluorescenzspectrums gänzlich vermischt und dessen
brechbarere Theile verdunkelt. Taf. I Fig. 8 zeigt die Wirkung
schematisch. Es bedeute B den Boden, O die Oberfläche
der Flüssigkeit in der Seitenansicht. Die Curve gibt das
Eindringen des erregenden Lichtes an. Dann erscheint XB
als erregendes Licht, die Fluorescenz beginnt schon bei 36
der Scala, und das Spectrum dieser Stelle zeigt wegen der
starken Absorption nur rothes Licht, welches sich in X eng
an die dort genau ebenso brechbare, erregende Linie an-
schmiegt und mit ihr eine nach unten vorspringende Spitze

von intensivem Roth bildet. Rückt man nun den Boden höher bis in die Lage *B'*, so sieht man leicht, dass die Fluorescenz nun erst bei 41 beginnt, weil die infolge des geringen Eindringens des erregenden Lichtes schwache Fluorescenz des Stückes *X'Y* in dem stärkeren Licht der erregenden Linie *X'B'* verschwindet. Die Fluorescenz der Stelle *X'* dagegen wird schon weniger durch die Absorption beeinflusst, als vorher *X*, und man erhält von ihr ein derivirtes Spectrum, welches sich dem typischen bedeutend mehr nähert. Je flacher also die Flüssigkeitsschicht wird, desto mehr verschwindet im Spectrum die nach unten vorspringende rothe Spitze, desto mehr rundet es sich ab und zeigt dann auch am unteren Ende die brechbareren Theile. Die erwähnte Spitze ist somit besonders geeignet, den Irrthum zu erwecken, als wäre das Spectrum von der erregenden Linie schief abgeschnitten. In der That erblickt man beim Beobachten über einer nicht flachen Schicht das in Fig. 7a angegebene Bild. Hier springt das stärkere Roth des Fluorescenzspectrums spitzwinklig nach unten vor, und die dicht darüber liegenden brechbareren Partien desselben sind theils vor dem Glanze der weniger brechbaren, theils infolge der Absorption fast ganz verschwunden. Es ist dies jedenfalls das von Hagenbach beschriebene, nur scheinbar schief abgeschnittene Spectrum. Hebt man nun allmählich die mit Sammet bezogene Platte, so verschwindet zuerst die nach unten hervorragende rothe Spitze des Spectrums und fast gleichzeitig erscheint schwach, aber deutlich, der früher nicht bemerkbare übergreifende grüne Theil desselben. Ausser der Anwendung einer Lösung von unbestimmter Tiefe ist vor allem der Gebrauch des auf derselben schwebenden Staubes oder gar das Aufstreuen von Bärlapp der beabsichtigten Wirkung schädlich. Die Stärke des Fluorescenzlichtes wird dadurch nicht unwesentlich beeinträchtigt, während das erregende Licht viel zu stark ist, als dass das erregte zur vollen Wirkung kommen könnte. Der Gebrauch von Bärlapp ist noch überdies bedenklich, weil diese Substanz nach Stokes[1]) zu

---

1) Stokes, Pogg. Ann. Ergbd. **4.** p. 283. 1854.

den für erregende Strahlen sehr empfindlichen gehört. Endlich ist ein grosses einfaches Prisma wegen der
bedeutenderen Lichtstärke einem geradsichtigen entschieden
vorzuziehen.

Eosin und Fluoresceïn ergeben dasselbe Resultat wie
die Lösung des Naphthalinroths.

Es sind nun noch die Versuche mit complementär absorbirenden Medien zu besprechen. Sie wurden zuerst von
Brauner [1]) angestellt und ergaben die Richtigkeit der An-
sicht von Lommel. Durch Prismencombinationen erhielt
Brauner ein Medium (I), welches alles Licht oberhalb *D*,
ein anderes (II), welches alles Licht unterhalb *D* absorbirte.
Lässt man erregendes Sonnenlicht durch I auf Naphthalinroth fallen und beobachtet das Fluorescenzlicht durch II, so
müsste das Gesichtsfeld dunkel bleiben, wenn die Stokes'sche
Regel allgemeine Gültigkeit hätte; denn das ausstrahlende
Licht dürfte, weil durch Licht unterhalb *D* erregt, keine
Strahlen oberhalb *D* enthalten, und nur solche könnten ja
durch II sichtbar werden. Brauner beobachtete aber ein
schwaches Aufleuchten und schloss daraus mit Recht auf
eine Abweichung des Naphthalinroths von der Stokes'schen
Regel.

Hr. Hagenbach bemängelt diesen Versuch, indem er
die Meinung äussert, dass Brauner's Prismencombinationen
das Spectrum nicht mit genügender Schärfe abschnitten.[2])
Darüber wäre wohl zunächst eine Aeusserung des genannten
Forschers abzuwarten. Statt der Prismen wendet Hr. Hagenbach Combinationen von rothen (I) und grünen (II) Gläsern
an, welche, aufeinander gelegt, weisses Sonnenlicht vollkommen auslöschen. Lässt man das erregende Licht durch das
grüne Glas (II) gehen und beobachtet das Naphthalinroth
durch das rothe (I), so sieht man die Fluorescenz deutlich.
Kehrt man die Ordnung der Gläser um, so bleibt das Ge-

---

1) Brauner, Wien. Ber. p. 178. 1877.
2) Hierbei möchte ich jedoch bemerken, dass die Medien, welche Hr.
Hagenbach zur Absorption des weniger brechbaren Spectraltheils anwendet, nämlich grünes Glas und Cuprammonlösung, den obigen, Brauner gemachten Vorwurf im höchsten Maasse verdienen.

sichtsfeld völlig dunkel. Hr. Hagenbach gesteht nun allerdings sogleich zu, dass beim zweiten Versuche doch Licht
von höherer Brechbarkeit vorhanden sein kann, welches
nämlich in dem Theile des Spectrums liegt, der von beiden
Medien absorbirt wird. Dass in der That ein ziemlich starkes Uebereinandergreifen der Absorptionsspectra des rothen
und grünen Glases stattfindet, davon habe ich mich durch
folgenden Versuch überzeugt. Auf ein dunkelgrünes Glas,
welches alles rothe und gelbe Licht bis 55 B. absorbirte,
wurde eine von einem runden Loche durchbohrte Papp-
scheibe und auf diese ein sehr helles, rothes Glas gelegt.
Man sah nun durch beide Gläser und die Oeffnung zwischen
ihnen nach einer von concentrirtem Sonnenlicht bestrahlten
weissen Fläche, legte solange neue hellrothe Gläser auf, bis
das Gesichtsfeld gänzlich verdunkelt war und bestimmte
spectroskopisch die Absorption der ganzen rothen Glas-
schicht. Dieselbe absorbirte alles brechbarere Licht bis zu
46 B. Da nun das erregende Licht von 46 die Fluorescenz
nur so schwach erregt, dass das Spectrum des erregten
Lichtes unmöglich die allerbrechbarsten Theile (55—57) enthalten kann, so fällt in der That das etwa erregte brechbarere Licht in die Stelle der gemeinschaftlichen Absorption.
Trotzdem findet Hr. Hagenbach in seinem Versuche einen
Beweis gegen die Ansicht Lommel's, indem er fortfährt:
„Jedenfalls wird schlagend durch den vorliegenden Versuch dargethan, dass der von Lommel aufgestellte Satz,
nach welchem jeder direct oder indirect absorbirte Strahl
nach Maassgabe seiner Absorptionsfähigkeit das nämliche
Fluorescenzspectrum erregt, nicht richtig sein kann; denn
das Fluorescenzlicht, welches erregt wird von dem durch
das rothe Glas gegangenen Lichte, ist deutlich verschieden
von dem, welches erregt wird von dem durch das grüne
Glas gegangenen Lichte; das erstere wird vollkommen
von einem grünen Glase absorbirt, das letztere aber nicht."
Es liegt hier augenscheinlich ein Irrthum vor. Denn in
dem vorliegenden Versuche wurde das Fluorescenzlicht, welches man erhielt, wenn das erregende Licht durch grünes
Glas ging, gar nicht durch grünes Glas beobachtet,

sondern durch rothes. Es beweist dieser Versuch also
durchaus nicht, dass die verschiedenen erregenden Strahlen
nicht das nämliche Fluorescenzspectrum erregen. Ich stellte
nun den Versuch wirklich so an, dass ich das erregende
Licht durch grünes Glas gehen liess und das erregte ebenfalls durch grünes beobachtete. Man sieht dann in der That
das Fluorescenzlicht ziemlich deutlich. Es wäre aber durchaus unrichtig, diese Erscheinung im Sinne Hagenbach's
deuten zu wollen. Denn das, durch rothgelbes Licht erregte
Fluorescenzlicht ist sehr schwach im Vergleich mit dem
durch grünes und blaues Licht erregten; das erstere enthält
die brechbarsten Strahlen (54—57), die bei unserem Versuche
überhaupt nur sichtbar werden, ausserordentlich schwach,
das letztere in typischer Stärke. Daher sind diese Strahlen
durch das grüne Glas in diesem Falle sichtbar, in jenem
vermögen sie wegen ihrer Schwäche es nicht zu durchdringen
und bleiben unsichtbar.

Wenn schon der eben behandelte Versuch Hagenbach's durchaus kein Beweis für die allgemeine Gültigkeit
der Stokes'schen Regel ist, so ist mir ganz unklar, wie Hr.
Hagenbach die Versuche, welche er mit complementären
rothen und grünen Gläsern am Uranglas, Eosin, Fluoresceïn
und Chlorophyll anstellte[1]), für diesen Zweck anführen kann.
Das rothe Glas, durch welches bei den Versuchen das erregende Licht fiel, kann doch Strahlen oberhalb D unmöglich durchgelassen haben; denn wenn dieser Fall eintritt, so
lässt rothes Glas bekanntlich auch noch grünes Licht von b
bis 80 B. durch, ist also für unsern Zweck gar nicht
brauchbar. Absorbirt es aber in der That alles Licht oberhalb D, so lässt es für Uranglas (Beginn der Fluorescenz 75),
Eosin (51) und Fluoresceïn (61) überhaupt keine erregenden
Strahlen durch. Daher versteht es sich von selbst, dass
man in diesem Falle durch das grüne Glas nichts sehen
kann. Ebenso, in anderer Richtung, verhält sich das Chlorophyll; es ist durchaus natürlich, dass das Fluorescenzlicht
desselben, welches bekanntlich bei 38 schon abbricht, von

---

1) Hagenbach, Wied. Ann. 8. p. 399. 1879.

dem grünen Glase gänzlich absorbirt wird. Alle diese Versuche beweisen also für unsern eigentlichen Zweck gar nichts.

Die von Hagenbach nachträglich vorgeschlagene Combination zweier Lösungen von Morinthonerde (I) und Cuprammon (II) ist noch weniger brauchbar, als rothe und grüne Gläser. Von den letzteren schneidet wenigstens das rothe Glas das Spectrum gut ab, von den ersteren weder das eine, noch das andere. Das schädliche Gebiet der gemeinsamen Absorption fällt hier demnach noch grösser aus.

Da die angegebenen Versuche mit complementär absorbirenden Medien allein nicht zu einem wünschenswerthen Ziele führten, so versuchte ich bessere Resultate zu erhalten, indem ich die spectrale Zerlegung des erregenden Lichtes mit der Anwendung solcher Medien combinirte. Der dieser neuen Methode zu Grunde liegende Gedanke ist folgender: Wenn man ein starkes, reines Spectrum auf eine fluorescirende Flüssigkeit projicirt und das fluorescirende Spectrum durch ein Medium betrachtet, welches im gewöhnlichen Spectrum alle Strahlen unterhalb einer gewissen Stelle absorbirt, so muss das fluorescirende Spectrum, wenn es unterhalb dieser Stelle keine brechbareren Strahlen enthält, an derselben abgeschnitten erscheinen. Strahlt es aber in allen seinen Theilen gleichartiges Fluorescenzlicht aus, so darf es wohl im ganzen etwas geschwächt, aber nicht an einer bestimmten Stelle abgeschnitten werden. Der entscheidende Versuch wurde in folgender Art angestellt: Das reine Spectrum wurde durch einen horizontalen Spalt, zwei Prismen und das fünfzöllige Objectiv auf eine Naphthalinrothlösung von $1/2$ mm Tiefe projicirt. Die Lage der Spectrallinien konnte an dem früher angewandten Maassstab abgelesen werden. Es wurde ein grünes Glas vor den Spalt gestellt; das Spectrum war nun bei 54 B. ziemlich gut abgeschnitten, während es vorher bei 42 begann. Die Stelle (54) wurde durch eine feine Glasspitze bezeichnet, welche von dem seitlichen Rande des Spectrums her etwa 2 mm in dasselbe hineinragte. Nun wurde das grüne Glas fortgenommen, vor das Auge gebracht und das fluorescirende Spectrum durch das Glas aus einer Entfernung von etwa $1/3$ m betrachtet. Die Maxima der Fluorescenz treten dann mit grünlichem Lichte besonders schön hervor; das ganze Spectrum erschien durch die Absorption ein wenig geschwächt, war aber nicht abgeschnitten, sondern ging über die im erregenden Lichte erglänzende Glasspitze nach dem weniger brechbaren Ende zu deutlich hinaus. Die Spitze wurde dann bis zum sichtbaren Ende der rothen Seite verschoben; sie stand, als die Scala beleuchtet wurde, auf 44 B. Aus diesem Versuche folgt mit Evidenz, dass die erregenden Strahlen von 54 bis 44 Fluorescenzlicht erregen, welches auch Strahlen bis 57 enthält, denn das grüne Glas lässt nur Strahlen oberhalb 54 durch. Denselben Versuch stellte ich mit Eosin und Fluoresceïn an, indem ich als absorbirendes Medium eine starke Lösung von Cuprammonsulfat benutzte. Der Versuch gelang mit dem Eosin nicht so schön, weil, wenn die Lösung das brechbarere Ende bis E absorbirt, das Abschneiden des Spectrums nicht scharf genug geschieht, um die Glasspitze gewissenhaft einstellen zu können. Sehr klar zeigte jedoch das Fluoresceïn die Erscheinung; wenn sich die Absorption bis 80 B. erstreckte (an dieser Stelle war das Spectrum schon recht gut abgeschnitten), so konnte man das fluorescirende Spectrum bis zurück zu 65 verfolgen.

Aus den in dieser Arbeit angeführten Betrachtungen und Versuchen ziehe ich demnach den Schluss, dass die Stokes'sche Regel, als allgemein gültiges Gesetz betrachtet, völlig unhaltbar geworden ist, dass also kein Grund für mich vorliegt, den Ansichten und der Fluorescenztheorie von Lommel nicht ebenso rückhaltslos beizustimmen, als ich dies in meinen beiden letzten Arbeiten gethan habe.

Berlin, im Mai 1880.

IV. *Ueber die Refractionsconstante;*
von L. Lorenz.

Gegenwärtige Mittheilung, welche hauptsächlich einen
Bericht über zwei in dänischer Sprache in den Jahren 1869
und 1875 von mir veröffentlichte Abhandlungen[1]) zu geben
beabsichtigt, ist veranlasst durch eine von Hrn. Prytz aus-
geführte Reihe von Versuchen über die Lichtbrechung von
Flüssigkeiten und Dämpfen, welche eine Fortsetzung meiner
eigenen Untersuchungen über denselben Gegenstand bildet.
Da aus diesem Beobachtungsmaterial, das bis jetzt 17 Flüssigkeiten mit ihren Dämpfen umfasst, eine schöne Bestätigung meiner Theorie des Lichts hervorgegangen ist, so ist
in mir der Wunsch rege geworden, den hauptsächlichen Inhalt meiner beiden Abhandlungen in weiteren Kreisen bekannt zu machen.

Im zweiten Theile der ersten dieser Abhandlungen habe
ich die Theorie der „Refractionsconstante" entwickelt. Indem ich hier mit dieser Theorie den Anfang machen werde,
will ich die Rechnung in wesentlich geänderter Gestalt
wiedergeben, indem ich theils einige Missgriffe berichtigt,
theils durch Vereinfachungen die ziemlich weitläufigen Rechnungen bedeutend erleichtert habe.

Die zu lösende Aufgabe geht darauf hinaus, diejenige
Function des von der Dispersion befreiten Brechungsexponenten und der Dichtigkeit eines Körpers ausfindig zu
machen, die bei Aenderung der Dichte des Körpers, vorausgesetzt dass die Molecüle selbst unverändert bleiben, eine
Constante ist.

Angenommen wird, dass die Körper- aus Molecülen bestehen, in deren Zwischenräumen das Licht sich mit derselben Geschwindigkeit fortpflanzt, wie im leeren Raume. Ferner nehmen wir zur Erleichterung der Rechnung an, dass
der Körper isotrop ist, und dass die Molecüle desselben von

---

1) Experimentale og theoretiske Undersögelser over Legemernes Bryd-
ningsforhold. Vidensk. Selsk. Skrifter. 5. Reihe. **8.** p. 205. 1869 und
10. p. 485. 1875.

kugelförmiger Gestalt sind. Dagegen nehme ich nicht, wie
in einer frühern Abhandlung[1]), an, dass die Lichtbrechung
der Molecüle selbst klein ist, indem durch diese Beschränkung nur eine ungenügende Annäherung erreicht wird.

Als Grundlage der Berechnung nehme ich die in meiner
Theorie des Lichts[2]) dargestellten Gesetze der Lichtbewegung an, welche durch die folgenden Differentialgleichungen
ausgedrückt sind:

$$(1) \quad \begin{cases} \dfrac{d}{dy}\left(\dfrac{d\xi}{dy}-\dfrac{d\eta}{dx}\right)-\dfrac{d}{dz}\left(\dfrac{d\zeta}{dx}-\dfrac{d\xi}{dz}\right)=\dfrac{1}{\omega^2}\dfrac{d^2\xi}{dt^2}, \\[2ex] \dfrac{d}{dz}\left(\dfrac{d\eta}{dz}-\dfrac{d\zeta}{dy}\right)-\dfrac{d}{dx}\left(\dfrac{d\xi}{dy}-\dfrac{d\eta}{dx}\right)=\dfrac{1}{\omega^2}\dfrac{d^2\eta}{dt^2}, \\[2ex] \dfrac{d}{dx}\left(\dfrac{d\zeta}{dx}-\dfrac{d\xi}{dz}\right)-\dfrac{d}{dy}\left(\dfrac{d\eta}{dz}-\dfrac{d\zeta}{dy}\right)=\dfrac{1}{\omega^2}\dfrac{d^2\zeta}{dt^2}, \end{cases}$$

wo x, y, z und t die Coordinaten des Raumes und der Zeit,
ξ, η, ζ die Componenten der Lichtschwingungen und ω eine
Function von x, y, z sind.

Diese letztere Function ω ist für ein wirklich homogenes Mittel eine Constante, und sie gibt alsdann die Geschwindigkeit des Lichts in diesem Mittel an. Allein als
wirklich homogenes Mittel kann nur der „leere" Raum betrachtet werden, während dagegen alle Körper, die aus Molecülen bestehen, nur scheinbar homogen sein können, in
der Weise also, dass die Function ω, die als ein Ausdruck
für die Geschwindigkeit des Lichts in jedem Punkte des
Körpers noch betrachtet werden kann, im Innern der homogenen Körper in eine sehr schnell wechselnde periodische
Function der Coordinaten x, y, z übergeht.

Schreiben wir der Kürze wegen:

$$C = \cos(kt - lx - my - nz - d),$$
$$S = \sin(kt - lx - mx - nz - d),$$

so werden die Componenten ξ, η, ζ, wenn das Licht sich in
ebenen Wellen fortpflanzt, durch:

---

1) Lorenz, Pogg. Ann. **121.** p. 593. 1864.
2) Lorenz, Pogg. Ann. **118.** p. 111. 1863 u. **121.** p. 579. 1864.

$$(2) \quad \begin{cases} \xi = (\xi_0 + \xi_2)\, C + \xi_1\, S, \\ \eta = (\eta_0 + \eta_2)\, C + \eta_1\, S, \\ \zeta = (\zeta_0 + \zeta_2)\, C + \zeta_1\, S, \end{cases}$$

ausgedrückt werden können, wo ξ_0, η_0, ζ_0 so wie die in C und S enthaltenen Coëfficienten constante Grössen sind, während ξ_1, η_1, ζ_1 und ξ_2, η_2, ζ_2 periodische Functionen von x, y, z darstellen. Die Constanten ξ_0, η_0, ζ_0 und d sind so gewählt, dass die „mittleren Werthe" der periodischen Functionen $\xi_1, \ldots$ gleich Null sind, welche mittleren Werthe durch Multiplication mit dx, dy, dz, Integration über einen hinlänglich grossen Raum und Division mit dem Volumen dieses Raumes gefunden werden.

Wir können also ξ_0, η_0, ζ_0 als die Componenten einer constanten Amplitude ansehen, und da der Körper isotrop angenommen wird, so hat man:

$$l\xi_0 + m\eta_0 + n\zeta_0 = 0,$$

indem diese Schwingungen in der Wellenebene liegen müssen. Rücksichtlich der Ableitung dieses Satzes aus den Differentialgleichungen verweise ich auf meine „Theorie des Lichtes".

Wir werden im Folgenden $\eta_0 = 0$ und $\zeta_0 = 0$ setzen, woraus folgt: $l = 0$.

Da es nur die Aufgabe ist, den von der Dispersion befreiten Brechungsexponenten abzuleiten, so können wir die Wellenlänge des Lichts unendlich gross und somit die Grössen k, l, m, n unendlich klein annehmen. Werden nun die Werthe von ξ, η, ζ in die Differentialgleichungen (1) eingesetzt, so zeigt sich, dass die Grössen ξ_2, η_2, ζ_2 als die Differentialquotienten einer Function $F(x, y, z)$ in Bezug auf x, y, z betrachtet werden müssen; d. h.:

$$(3) \quad \xi_2 = \frac{dF}{dx}, \qquad \eta_2 = \frac{dF}{dy}, \qquad \zeta_2 = \frac{dF}{dz}.$$

Werden ferner die Differentialgleichungen (1), resp. nach x, y und z differentiirt und addirt, so ergibt sich durch Einsetzung der obigen Werthe (3):

$$(4) \quad \frac{d}{dx}\frac{1}{\omega^2}\left(\xi_0 + \frac{dF}{dx}\right) + \frac{d}{dy}\frac{1}{\omega^2}\frac{dF}{dy} + \frac{d}{dz}\frac{1}{\omega^2}\frac{dF}{dz} = 0,$$

welcher Gleichung sich die Bedingungen:

(5) $\qquad \int \frac{dv}{v} \cdot \frac{dF}{dx} = 0, \qquad \int \frac{dv}{v} \cdot \frac{dF}{dy} = 0, \qquad \int \frac{dv}{v} \cdot \frac{dF}{dz} = 0$

anschliessen, indem die mittleren Werthe von ξ_2, η_2, ζ_2 gleich Null sein sollen. Die Integrationen erstrecken sich hier über das Volumen v, welches wir als das Volumen der Masseneinheit des Körpers betrachten werden.

Wenn die Werthe (2) von ξ, η, ζ in die erste der Differentialgleichungen (1) eingesetzt werden, und wenn wir jetzt die unendlich kleinen Grössen nicht vernachlässigen, so kann die Gleichung folgendermassen geschrieben werden:

$$(m^2 + n^2)\,\xi_0 + \Sigma = \frac{k^2}{\omega^2}(\xi_0 + \xi_2),$$

wo durch Σ eine Summe von Gliedern bezeichnet wird, deren mittlere Werthe gleich Null sind. Also wird:

(6) $\qquad (m^2 + n^2)\,\xi_0 = \int \frac{dv}{v} \cdot \frac{k^2}{\omega^2}(\xi_0 + \xi_2).$

Wird der einer unendlich grossen Wellenlänge entsprechende Brechungsexponent durch A bezeichnet, so ist:

$$A = \frac{O}{k}\,V\,\overline{m^2 + n^2},$$

wenn O die Geschwindigkeit des Lichtes im leeren Raume ist. Ferner setzen wir:

$$\frac{O^2}{\omega^2} = 1 + \psi,$$

wo ψ unseren Voraussetzungen zufolge eine Function ist, welche ausserhalb der Molecüle gleich Null wird. Durch Einführung dieser neuen Bezeichnungen kann die Gleichung (6) in:

(7) $\qquad (A^2 - 1)\,\xi_0 = \int \frac{dv}{v}\,\psi\left(\xi_0 + \frac{dF}{dv}\right)$

transformirt werden. Das Integral erstreckt sich über den Raum v, allein alle ausserhalb der Molecüle liegenden Elemente dieses Integrals verschwinden, da ψ hier gleich Null wird. Eine Integration, welche allein über die in dem Volumen v enthaltenen Molecüle zu nehmen ist, werde ich im Folgenden durch $\int^{(i)}$ bezeichnen, während eine die Zwischenräume derselben Molecüle umfassende Integration durch $\int^{(e)}$ bezeichnet wird. Ferner sei v_i der von den Molecülen in v eingenommene Raum und v_e das Volumen der Zwischenräume. Wir haben demnach:

$$v_i + v_e = v.$$

Aus der ersten Gleichung (5) folgt:

$$\int^{(e)} \frac{dv}{v_e} \frac{dF}{dx} = -\int^{(i)} \frac{dv}{v_e} \frac{dF}{dx},$$

welche Grösse wir durch c bezeichnen werden. Ferner führen wir eine neue Function φ durch die Gleichung:

(8) $$F = c x + (c + \xi_0)\, \varphi$$

ein. Wir erhalten alsdann:

(9) $$\int^{(e)} \frac{dv}{v_e} \frac{d\varphi}{dx} = 0, \quad \text{und} \quad \int^{(i)} \frac{dv}{v} \frac{d\varphi}{dx} = -\frac{c}{c + \xi_0}.$$

Wird nun in der Gleichung (7) $\frac{dF}{dx}$ durch $c + (c + \xi_0)\frac{d\varphi}{dx}$ ersetzt, und wird nachher c durch die letztere Gleichung (9) eliminirt, so ergibt sich:

(10) $$(A^2 - 1)\left(1 + \int^{(i)} \frac{dv}{v}\frac{d\varphi}{dx}\right) = \int^{(i)} \frac{dv}{v}\, \psi\left(1 + \frac{d\varphi}{dx}\right)$$

Die Aufgabe geht jetzt darauf hinaus, eine Beziehung zwischen den beiden in die gewonnene Gleichung eingehenden Integralen zu ermitteln.

Aus der Gleichung (4) ergibt sich:

(11) $$\frac{d}{dx}(1 + \psi)\left(1 + \frac{d\varphi}{dx}\right) + \frac{d}{dy}(1 + \psi)\frac{d\varphi}{dy} + \frac{d}{dz}(1 + \psi)\frac{d\varphi}{dz} = 0.$$

Es sei der Anfang der Coordinaten in das Centrum eines der kugelförmigen Molecüle gelegt. Ein Punkt innerhalb dieser Molecüle sei durch die Coordinaten x_1, y_1, z_1 oder durch $R_1 \cos\theta_1$, $R_1 \sin\theta_1 \cos\omega_1$, $R_1 \sin\theta_1 \sin\omega_1$ bestimmt, während die Coordinaten ausserhalb der Molecüle durch x', y', z' oder durch $R' \cos\theta'$, $R' \sin\theta' \cos\omega'$, $R' \sin\theta' \sin\omega'$ ausgedrückt werden. Ferner bezeichnen wir durch 2ε den Durchmesser der Molecüle und durch $2e$ die mittlere Entfernung zweier benachbarter Molecüle, oder genauer, die

Grösse e sei durch $\frac{4}{3}\pi e^3 N = v$ definirt, wenn N die Zahl der im Raume v enthaltenen Molecüle ist.

Betrachten wir zunächst den in Gl. (11) eingehenden Ausdruck:

$$\frac{d^2 q}{dx^2} + \frac{d^2 q}{dy^2} + \frac{d^2 q}{dz^2}.$$

Dieser Ausdruck wird mit $\frac{1}{r}\, dx\, dy\, dz$ multiplicirt, wo $r = \sqrt{(x - x_1)^2 + (y - y_1)^2 + (z - z_1)^2}$ ist, und über den Raum einer Kugel mit dem Halbmesser R' integrirt. Das Integral kann mittelst des Green'schen Satzes in folgender Weise geschrieben werden:

$$-4\pi\varphi_1 + R'^2 \int_0^\pi \sin\theta'\, d\theta' \int_0^{2\pi} d\omega' \left[\frac{1}{r'}\frac{d\varphi'}{dR} - \varphi\, \frac{d}{dR}\frac{1}{r'} \right],$$

wo φ_1 und φ' die nämlichen Functionen von x_1, y_1, z_1 und x', y', z' sind wie φ von x, y, z und:

$$r' = \sqrt{(x' - x_1)^2 + (y' - y_1)^2 + (z' - z_1)^2} \quad \text{ist.}$$

Durch Differentiation in Bezug auf x_1, Multiplication mit $dx_1\, dy_1\, dz_1$ und Integration über den Raum des Molecüls erhalten wir darnach:

$$-4\pi \int_0^e R_1^2\, dR_1 \left[\int_0^\pi \sin\theta_1\, d\theta_1 \int_0^{2\pi} d\omega_1 \frac{d\varphi_1}{dx_1} - \int_0^\pi \sin\theta'\, d\theta' \int_0^{2\pi} d\omega' \cos\theta' \left(\frac{d\varphi'}{dR} + 2\frac{\varphi'}{R} \right) \right]$$

Das letztere Integral kann durch die theilweise Integration:

$$\int_0^\pi \sin\theta'\, d\theta' \cos\theta' \cdot 2\varphi' = -\int_0^\pi \sin^2\theta'\, \frac{d\varphi'}{d\theta'}\, d\theta'$$

transformirt werden, und da:

$$\frac{d\varphi'}{dR} - \frac{d\varphi'}{d\theta'}\cdot\frac{\sin\theta'}{R'} = \frac{d q'}{dx'}$$

ist, so bekommt der gewonnene Ausdruck die einfachere Gestalt:

$$-4\pi \int_0^e R_1^2\, dR_1 \left[\int_0^\pi \sin\theta_1\, d\theta_1 \int_0^{2\pi} d\omega_1 \frac{d q_1}{dx_1} - \int_0^\pi \sin\theta'\, d\theta' \int_0^{2\pi} d\omega'\, \frac{d q'}{dx'} \right].$$

Endlich wird dieser Ausdruck noch mit $R'^2\, dR'$ multiplicirt und von $R' = e$ bis $R' = e$ integrirt. Aehnliche Resultate können für alle Molecüle innerhalb des Raumes v abgeleitet werden, und wird die Summe der diesen Molecülen entsprechenden Ausdrücke genommen, so erhalten wir mit den früheren Bezeichnungen:

$$- \frac{v_e v_i}{N} \left[\int^{(i)} \frac{dv}{v_i} \frac{d\varphi}{dx} - \int^{(e)} \frac{dv}{v_e} \frac{d\varphi}{dx} \right],$$

wo $v_i = \frac{1}{3}\pi \, \varepsilon^3 \, N$ und $v_e = \frac{1}{3}\pi \, (e^3 - \varepsilon^3) \, N$ ist.

Das letztere dieser Integrale ist zufolge der ersten Gleichung (9) gleich Null, weshalb das endliche Resultat der sämmtlichen Operationen wird:

(12) $$- \frac{v_e}{N} \int^{(i)} dv \, \frac{d\varphi}{dx}.$$

Die nämlichen Operationen führen wir mit den restirenden Gliedern der Gleichung (11):

$$\frac{d}{dx} \, \psi \left(\frac{d\varphi}{dx} + 1 \right) + \frac{d}{dy} \, \psi \, \frac{d\varphi}{dy} + \frac{d}{dz} \, \psi \, \frac{d\varphi}{dz}$$

aus. Durch Multiplication mit $\frac{1}{r} \, dx \, dy \, dz$ und Integration über den Raum innerhalb der Kugelfläche R' ergibt sich, indem ψ in dieser Kugelfläche und überhaupt überall ausserhalb der Molecüle gleich Null wird, nach theilweiser Integration:

$$- \iiint dx \, dy \, dz \, \psi \left[\left(\frac{d\varphi}{dx} + 1 \right) \frac{d}{dx} \frac{1}{r} + \frac{d\varphi}{dy} \frac{d}{dy} \frac{1}{r} + \frac{d\varphi}{dz} \cdot \frac{d}{dz} \frac{1}{r} \right],$$

wo die Integration sich nur auf den Raum des Centralmolecüls bezieht. Dieser Ausdruck wird nach x_1 differentiirt, mit $dx_1 \, dy_1 \, dz_1$ multiplicirt und wiederum über den Raum des Molecüls integrirt. Als Resultat ergibt sich:

$$- \frac{4\pi}{3} \iiint dx \, dy \, dz \, \psi \left(\frac{d\varphi}{dx} + 1 \right).$$

Die Multiplication dieses Ausdruckes mit $R'^2 dR'$ und die Integration von $R' = \varepsilon$ bis $R' = e$ liefert nur den constanten Factor $\frac{1}{3}(e^3 - \varepsilon^3)$, und durch Summation der ähnlichen Ausdrücke für alle Molecüle innerhalb des Raumes r erhalten wir endlich:

$$(13) \qquad -\frac{v_e}{3N}\int^{(i)} dv\, \psi\left(\frac{d\varphi}{dx}+1\right).$$

Da die Summe der beiden Ausdrücke (12) und (13) gleich Null sein soll, so ist:

$$(14) \qquad \int^{(i)} dv\,\frac{d\varphi}{dx} = -\tfrac{1}{3}\int^{(i)} dv\, \psi\left(\frac{d\varphi}{dx}+1\right).$$

Durch diese Beziehung zwischen den in die Gleichung (10) eingehenden Integralen sind wir jetzt im Stande, eines von diesen Integralen in der Gleichung (10) zu eliminiren, und nach ausgeführter Elimination erhalten wir:

$$(15) \qquad \frac{A^2-1}{A^2+2}v = \tfrac{1}{3}\int^{(i)} dv\, \psi\left(\frac{d\varphi}{dx}+1\right) = -\int^{(i)} dv\,\frac{d\varphi}{dx}.$$

Diese Lösung ist genau und ist, wenn die Geschwindigkeit des Lichtes innerhalb der Molecüle constant angenommen wird, eine vollständige. Bezeichnen wir nämlich den constant angenommenen Brechungsexponenten der Molecüle oder $\frac{O}{\omega}$ mit A_i, so ist $\psi = A_i^2 - 1$, und die Gleichung (14) geht in:

$$\int^{(i)} dv\,\frac{d\varphi}{dx} = -\tfrac{1}{3}(A_i^2-1)\int^{(i)} dv\left(\frac{d\varphi}{dx}+1\right)$$

über, woraus

$$\int^{(i)} dv\,\frac{d\varphi}{dx} = -\frac{A_i^2-1}{A_i^2+2}v_i$$

gefunden wird, während die Gleichungen (15) in:

$$\frac{A^2-1}{A^2+2}v = \frac{A_i^2-1}{A_i^2+2}v_i$$

übergehen.

Wenn also bei Aenderung des Volumens des Körpers, es sei dieselbe mit einer Temperaturänderung begleitet oder nicht, der moleculare Brechungsexponent A_i und das moleculare Volumen v_i ungeändert bleibt, so wird auch die Function:

$$\frac{A^2-1}{A^2+2}v = P$$

constant bleiben. Ich nenne diese durch P bezeichnete Constante die **Refractionsconstante des Körpers.**

Die Voraussetzungen, dass die Molecüle kugelförmig sind, und dass ψ eine Constante ist, sind nur hier zur Vereinfachung der ·Rechnung gemacht. Das Endresultat würde auch ohne diese Annahmen hergeleitet werden können, allein eine tiefer eingehende Discussion dieser Frage würde mich hier zu weit führen. Dagegen bekommt die Annahme, dass die Geschwindigkeit des Lichtes in den Zwischenräumen der Molecüle diejenige des leeren Raumes ist, einen leicht zu übersehenden wesentlichen Einfluss auf das Resultat, in der Weise, dass man berechtigt sein wird zu schliessen, dass sie auch der Wirklichkeit entspreche, wenn es sich in der That zeigen sollte, dass die „Refractionsconstante" wirklich eine Constante sei.

Während die Entscheidung dieser Frage namentlich durch Bestimmung der Refractionsconstanten der Körper bei verschiedenen Aggregatzuständen herzuleiten sein wird, so wird dagegen die allgemeinere Frage, nämlich ob überhaupt der von der Dispersion befreite Brechungsexponent allein von der Dichtigkeit und nicht direct von der Temperatur abhängig sei, am besten durch solche Versuche ihre Entscheidung finden können, bei welchen die Dichtigkeitsänderungen eines Körpers durch die Wärme nur sehr klein sind. Diesen Fall bietet vornehmlich das Wasser dar.

Bekanntlich hat Jamin[1]) durch die Interferenzmethode eine stetige Zunahme der Brechung des weissen Lichtes beim Wasser von 4^0 bis 0^0 beobachtet. Da aber bei diesen Versuchen die Dispersion nicht berücksichtigt war, so konnte auch kein Schluss in Betreff des von der Dispersion befreiten Brechungsexponenten aus diesen Versuchen gemacht werden.

Diese Versuche habe ich in folgender Weise wiederholt. Um die beiden interferirenden Lichtbündel hinlänglich weit voneinander entfernt zu erhalten, wendete ich anstatt der aus einem durchgeschnittenen Planglas verfertigten Jamin'schen Spiegel zwei, von Hrn. Merz in München bezogene, gleichgrosse, an den vier Seitenflächen polirte Glaswürfel

---

1) Jamin, Compt. rend. **48**. p. 1191. 1856

an. Die Messungen der Entfernungen zweier einander gegen-
überstehender Seitenflächen schwankten zwischen 41,54 und
41,60 Millimeter. Wurden die Würfel dicht nebeneinander
vor zwei Spalten gestellt, welche vor dem Objectiv eines auf
einen entfernten Spalt eingestellten Fernrohres angebracht
waren, so zeigten sich Interferenzstreifen, die nur wenig zur
Seite verschoben erschienen. Diejenige Combination, bei
welcher diese Verschiebung am kleinsten war, wurde aufgesucht, um für die Spiegel verwendet zu werden. Die Rückseite der beiden Spiegel wurde mit Silber belegt.

Als Lichtquelle wurde gewöhnlich eine *Na-Li*-Flamme
benutzt, indem ein Docht von Asbest in eine concentrirte
Lösung von Chlorlithium, mit ein wenig Chlornatrium gemischt, eingetaucht und an die Flamme eines Bunsen'schen
Brenners gehalten wurde.

Der eine Würfel *A*, Taf. II Fig. 1, war an einem festen
eisernen Gestelle, der andere *B* in der Mitte einer durch
verticale Fussschrauben und eine horizontale Feinschraube
verstellbaren Scheibe angebracht. Nach Einstellung der Würfel
war die Interferenz der beiden von *A* reflectirten, um 28 mm
voneinander entfernten Strahlenbündel mit blossem Auge
sichtbar, und durch die beiden Linsen *a*, an welcher das
Fadenkreuz angebracht war, und *b* wurde das Bild bedeutend vergrössert. Die Streifen bildeten sich am besten in
schiefer Lage aus, sie waren alsdann geradlinig und in einer
scheinbaren Entfernung von ungefähr 3 mm voneinander
entfernt. Ungefähr 20 Streifen traten im Gesichtsfelde auf.
Ausser diesen Streifen zeigten sich, wenn keine Röhre zwischen die Würfel eingeschaltet war, noch zwei andere
Systeme von Streifen, die von Strahlen herstammten, welche
eine dreifache und eine sechsfache Reflexion im Innern
je eines der Würfel erlitten hatten.

Zur Aufnahme des zu untersuchenden Wassers diente
der Apparat *C*. Zwei offene Tröge *F* und *F'*, welche inwendig 71 mm hoch, 32 mm breit und 318 mm lang waren,
wurden an beiden Enden von zwei, 180 mm hohen, starken
Metallplatten getragen, welche durch starke Rippen mit
einem schweren metallenen Fussstücke verbunden waren.

Der eine Trog war in der Mitte durchschnitten und wieder
mit einem weichen Kitte zusammengefügt, damit derselbe
sich frei ausdehnen könnte. Die Endflächen der Tröge waren
mit rechteckigen Fenstern (28 mm hoch, 11 mm breit) versehen, welche, mit sehr dünnen Glimmerblättchen verschlossen, zu zwei kleinen Behältern *h* und *h'* führten. Die äusseren
Grenzflächen dieser Behälter wurden von zwei Spiegelglasplatten *l* und *l'* gebildet. Der Apparat war durch Schirme,
der Würfel *A* durch eine dicke Glimmerplatte gegen die
strahlende Wärme der Flamme geschützt.

Die beiden Tröge sowohl als auch die kleinen Behälter
wurden fast bis zum Rande mit destillirtem Wasser von der
Temperatur der Umgebung gefüllt. Nach Einstellung des
Würfels *B* wurde ein Theil des Wassers aus dem Troge *F*
mit einem Stechheber aufgenommen und, nachdem dasselbe
um ca. 20° erwärmt war, wieder mit dem Heber vorsichtig
und unter stetem Umrühren in den Trog zurückgeführt.
Nachher wurde das Wasser in allen vier Behältern sorgfältig umgerührt, und bisweilen wurde dasselbe Verfahren
noch einmal wiederholt, in der Weise, dass das Wasser im
Troge *F* um 3° bis 4° und bei den niedrigen Temperaturen
noch etwas mehr erwärmt wurde.

Die Streifen zeigten sich noch während einer Minute
nach dem Umrühren vollkommen unbeweglich, und diese Zeit
wurde zur Ablesung der in den beiden Trögen angebrachten
Thermometer verwendet. Nachher fingen die Streifen an,
sich mit stark wachsender, später langsam abnehmender
Schnelligkeit zu verschieben und wurden, je nachdem sie an
dem Fadenkreuz vorbeigingen, gezählt. Wenn endlich die Bewegung der Streifen bis zur Verschiebung nur eines Streifens
in der Minute herabgegangen war, wurde unter steter Beobachtung der Streifen das Wasser in den beiden Trögen
und den kleinen Behältern umgerührt, wobei selbstverständlich die Streifen nicht verschwinden durften. Nach diesem
Umrühren blieben die Streifen feststehen, und die beiden
Thermometer wurden zum zweiten mal abgelesen.

Bei sehr niedrigen Temperaturen wurde die Versuchsmethode ein wenig abgeändert. Der Trog *F* wurde mit

Wasser von 0° gefüllt, während das Wasser in den anderen
Behältern ein wenig unter der Temperatur des Zimmers
(ca. 4°) lag. Nach hinlänglichem Umrühren wurde das Thermometer in *F* abgelesen, und nun wurde unter gleichzeitiger
Beobachtung der Streifen Wasser von einer Temperatur von
2 bis 4° unter Umrühren zu dem Wasser im Troge *F* zugesetzt. Wegen der bei diesen niedrigen Temperaturen sehr
kleinen Verschiebungen der Streifen konnten dieselben leicht
beobachtet werden, und ein solcher Versuch dauerte zu
kurze Zeit, als dass das Wasser im andern Troge nach den
früher gemachten Erfahrungen während dieser Zeit Verschiebungen durch Temperaturänderung erzeugt haben könnte,
vorausgesetzt, dass es nicht umgerührt wurde.

    Diese Versuche wurden zu verschiedenen Jahreszeiten
angestellt. Als Resultat von 26 zwischen 0° und 34° C.
liegenden Versuchen, rücksichtlich deren Einzelheiten ich
auf die Originalabhandlung verweise, ergab sich die Formel:

$$\frac{ds_{Na}}{dt} = -0,041 + 3,0190\,t - 0,03448\,t^2,$$

wo s_{Na} die Anzahl der durch Erwärmung der einen Wassersäule von 0° bis t^0 verschobenen gelben Streifen bezeichnet.
Diese Formel gilt jedoch nur bis $t = 30°$, da eine etwas
grössere Anzahl von Verschiebungen bei den zwei oberhalb
dieser Grenze liegenden Versuchen gefunden wurde.

    Bei diesen Versuchen wurden oft auch die rothen *Li*-
Streifen gleichzeitig beobachtet; ausserdem wurden mehrere
Versuche über die relativen Verschiebungen von rothen und
gelben Streifen bei den verschiedenen Temperaturen angestellt. Während oberhalb 25° immer eine Verschiebung
von 91 rothen gegen 105 gelbe Streifen gefunden wurde,
änderte sich dieses Verhältniss (13:15) bedeutend bei den
niedrigen Temperaturen, in der Weise, dass sich zwischen
0° und 1° nur $^5/_8$ der rothen gegen einen gelben Streifen
verschoben. Diese anomalen Dispersionsänderungen bei den
niedrigsten Temperaturen zeigten sich in recht auffallender
Weise, indem die rothe Mittellinie zwischen zwei gelben
Streifen vorwärts zu laufen schien, während die gelben Streifen fast still standen. Genau war bei einer Erwärmung

(durch Mischung mit wärmerem Wasser) von 0,81 bis 0,88° C.
die rothe Mittellinie um drei Streifen verschoben, während
die gelben Streifen nur um einen hervorgerückt waren. Da
in dem Interferenzspectrum 7 rothe auf 8 gelbe Streifen
kamen, so entsprach die beobachtete Erscheinung einer Verschiebung von 5 rothen gegen 8 gelbe Streifen.

Die für die Verschiebungen der rothen Streifen gefundene Formel war:

$$\frac{ds_{Li}}{dt} = - 0,450 + 2,6410\,t - 0,030\,27\,t^2.$$

Bezeichnen wir mit L die Länge der Wassersäule oder
die Entfernung der beiden Glimmerblättchen eines der Tröge
F, durch n_{Na} den Brechungsexponenten des Natriumlichts,
und durch λ_{Na} die Wellenlänge desselben, so ist:

$$L\frac{dn_{Na}}{dt} = - \frac{ds_{Na}}{dt}\,\lambda_{Na}.$$

Es wurde $L = 317,6$ mm gefunden. Nehmen wir nach
Ångström $\lambda_{Na} = 10^{-6}.\,589,75$ mm, und ferner nach Ketteler
$\frac{\lambda_{Li}}{\lambda_{Na}} = 1,138\,953$, welche Zahlen für die Wellenlängen in der
Luft gelten, so erhalten wir für die Brechung des Wassers
in Beziehung auf Luft:

$$\frac{dn_{Na}}{dt} = 10^{-6}\,[0,076 - 5,606\,t + 0,064\,03\,t^2],$$

$$\frac{dn_{Li}}{dt} = 10^{-6}\,[0,952 - 5,586\,t + 0,064\,02\,t^2],$$

mit einen wahrscheinlichen Fehler von drei Einheiten in der
siebenten Decimalstelle.

Durch Integration ergibt sich hieraus:

$$n_{Na}(t) = n_{Na}(0) + 10^{-6}\,[0,076\,t - 2,803\,t^2 + 0,021\,34\,t^3],$$

$$n_{Li}(t) = n_{Li}(0) + 10^{-6}\,[0,952\,t - 2,793\,t^2 + 0,021\,34\,t^3].$$

So beträgt die Aenderung des Brechungsexponenten für das
gelbe Licht bei einer Erwärmung von 20 bis 30° nach dieser
Formel 0,000 997 3, während die entsprechende Aenderung
nach den Versuchen von Hrn. Rühlmann[1]) gleich 0,000 97,

---

1) Rühlmann, Pogg. Ann. 132. p. 177. 1867.

von Jamin[1]) (für weisses Licht) gleich 0,001091, von Wüllner[2]) gleich 0,00099, von Landolt[3]) gleich 0,00105 ist.

Bei den niedrigen Temperaturen stimmt die Rühlmann'sche Formel weniger gut mit der meinigen überein, allein wenn wir zu den Rühlmann'schen Versuchen selbst zurückgehen, so zeigt sich, dass meine Formeln sowohl für das gelbe als das rothe Licht noch besser als die seinigen mit diesen übereinstimmen. Die Ursache ist, dass Hr. Rühlmann für alle seine zwischen 0 und 100° C. liegenden Beobachtungen nur eine Formel berechnet hat, wodurch die bei den niedrigen Temperaturen angestellten Versuche beeinträchtigt worden sind.

Der von der Dispersion befreite Brechungsexponent A kann rücksichtlich der Coëfficienten von t^2 und t^3 leicht nach der einfachen Dispersionsformel $n = A + \frac{B}{\lambda^2}$ berechnet werden, wogegen die in den Formeln für $n_{Na}(t)$ und $n_{Li}(t)$ eingehenden Coëfficienten von t soweit verschieden sind, dass eine Berechnung der entsprechenden Coëfficienten in A offenbar ganz illusorisch sein würde. Wir müssen uns deshalb darauf beschränken, A und $\frac{dA}{dt}$ auf die Form:

$$A(t) = A(0) + 10^{-6}[\alpha t - 2,759 t^2 + 0,021 34 t^3]$$
$$\frac{dA(t)}{dt} = \qquad 10^{-6}[\alpha - 5,518 t + 0,064 02 t^2]$$

zu bringen, wo α eine unbestimmte Constante ist.

Hr. Matthiessen[4]) hat für das Volumen v des Wassers zwischen 4° und 32° die folgende Formel angegeben:

$$v = 1 - 0,000 002 530 0\,(t-4) + 0,000 008 389 0 \ (t-4)^2$$
$$- 0,000 000 071 73\,(t-4)^3.$$

Hieraus ergibt sich:

$$\frac{dv}{dt} = -10^{-6}[73,085 - 18,499 6 t + 0,215 19 t^2],$$

welcher Ausdruck auch auf die Form:

1) Jamin, Compt. rend. **43.** p. 1191. 1856.
2) Wüllner, Pogg. Ann. **133.** p. 1. 1868.
3) Landolt, Pogg. Ann. **117.** p. 353. 1862.
4) Matthiessen, Pogg. Ann. **128.** p. 512. 1866.

$$\frac{dv}{dt} = -10^{-6}.3{,}3613\,[21{,}743 - 5{,}504\,t + 0{,}064\,02\,t^2]$$

gebracht werden kann. Nehmen wir also:

$$\alpha = 21{,}743$$

an, so wird die Uebereinstimmung zwischen den Aenderungen
$\frac{dA}{dt}$ und $\frac{dv}{dt}$ eine vollständige, sodass der Quotient derselben
der constanten Zahl $- 3{,}3613$ gleich ist. Das Maximum des
Brechungsexponenten A würde demnach bei 4° eintreten,
was auch bei meinen Versuchen dadurch angedeutet ist, dass,
während das Maximum von n_{Na} bei $0{,}014^\circ$ liegt, das Maximum von n_{Li} schon bis auf $0{,}171^\circ$ hinaufgerückt ist.

Eine Betrachtung der von anderen Beobachtern gefundenen Dispersion des Wassers führt zu dem nämlichen Resultate. Werden die reciproken ·Quadrate der Wellenlängen
als Abscissen und die entsprechenden Brechungsexponenten
als Ordinaten verzeichnet, so erhalten wir eine „Dispersionscurve“, welche nach allen bekannten Beobachtungen für das
Wasser bei gewöhnlicher Temperatur eine convexe ist.
Eine Convexität dieser Curve ist übrigens gar kein seltener
Fall, wie es z. B. aus den Beobachtungen von Hrn. Wüllner
über die Brechung von Glycerin, von Mischungen von Glycerin und Wasser, von 1 Alkohol und 2 Glycerin und von
Chlorzinklösungen hervorgeht. Gelegentlich sei hierbei bemerkt, dass diese Convexität in geradem Widerspruch mit
der bekannten Christoffel'schen Dispersionsformel steht.

Nach den Beobachtungen von Hrn. Rühlmann ist die
Dispersionscurve für das Wasser nahezu geradlinig bei 80° C.,
und von da ab nimmt die Convexität mehr und mehr zu.
Namentlich tritt bei den Messungen Fraunhofer's und
van der Willigen's[1]) diese Zunahme am stärksten an dem
rothen Ende des Spectrums hervor. Es wird also bei Abnahme der Temperatur unter 4° die Brechung der rothen
Strahlen noch fortfahren können zu steigen, während eine
an die Curve im Roth gelegte Tangente die Ordinatenaxe
schon in einem Maximumspunkte geschnitten hat.

Es geht als Resultat dieser Untersuchungen hervor, dass

---

1) Willigen, Verhand. der k. Akad. zu Amsterdam 1868.

der Brechungsexponent A des Wassers aller Wahrscheinlichkeit nach allein von der Dichtigkeit abhängig ist, und dass
die zwischen 0^0 und 30^0 stattfindenden kleinen Aenderungen
des Exponenten A und der entsprechenden Dichtigkeit mit
einander proportional sind.

Zur Bestimmung der Brechung und Dispersion von
Dämpfen und Gasen habe ich die Interferenzmethode in ganz
ähnlicher Weise benutzt. Die beiden Würfel waren $1^1/_2$ m
voneinander entfernt aufgestellt, und die Entfernung der
Na-Li-Flamme von dem nächsten Würfel betrug $^1/_2$ m. Um
die Würfel gegen Erwärmung zu schützen, waren sie in
Baumwollenwatte eingehüllt und die vorderen spiegelnden
Flächen zum Theil mit Pappe belegt.

Der innere Theil des zwischen den Würfeln aufgestellten
Apparats besteht aus einem cylindrischen Behälter A (Taf. II
Fig. 2), durch welchen das Rohr B hindurchgeht. Die zu
dem Behälter und dem Rohr führenden kreisförmigen Oeffnungen sind durch die Spiegelglasplatten C und C' mittelst
sehr dünner Kautschukringe luftdicht verschlossen. Diese
Platten werden durch die mit einem Kragen versehenen
Röhren D und D' festgehalten. Der Behälter A wird durch
einen in dem äussern Behälter E circulirenden, in F und F'
ein- und austretenden Strom von Wasser oder Wasserdampf
auf einer constanten Temperatur gehalten. Zwei mit Hähnen
versehene Röhren G und G' führen zu dem innern Behälter.

Dieser Apparat wurde zwischen den Würfeln so aufgestellt, dass das eine der beiden, um 28 mm voneinander
entfernten reflectirten Lichtbündel durch das Rohr B, das
andere durch den Behälter A hindurchging.

Der Behälter A, welcher mittelst des Rohres G mit einer
Geissler'schen Luftpumpe verbunden war, wurde beim Anfange eines Versuches vollständig evacuirt, wonach das zu
untersuchende Gas durch G' hineingeleitet und die gleichzeitige Verschiebung der Streifen beobachtet wurde. Bei
meinen Versuchen mit Gasen wurde die Zuleitung solange
fortgesetzt, bis der Druck im Behälter gleich demjenigen
der äussern Luft war. Dagegen wurde bei den Dämpfen

der Druck nicht gemessen, indem die Versuche nur darauf
hinausgingen, die einem Gramm der hineingeleiteten Dämpfe
entsprechende Anzahl von Streifenverschiebungen zu bestimmen. Die Flüssigkeit, deren Dämpfe untersucht werden
sollten, wurde in einen, nur 18 ccm haltenden, mit Glashahn
versehenen Kolben gefüllt. Mittelst eines in G' angebrachten
Kautschukpfropfens wurde der Kolben mit dem Behälter A
verbunden und dann erwärmt, während der ganze Apparat
durch Wasserdampf erwärmt war. Wenn eine hinlängliche
Anzahl von Streifen durch das Fadenkreuz hindurchgegangen
war, wurde der Hahn in G' verschlossen und die im Behälter A enthaltenen Dämpfe durch G in einen von einer
Kältemischung umgebenen, evacuirten Behälter hineingeleitet.
Nachdem dieses Verfahren einige Male wiederholt war, wurde
die Menge der verdampften Flüssigkeit durch Wägung des
Kolbens bestimmt. Gleichzeitig mit den gelben Streifen
wurden auch immer die rothen Streifen beobachtet.

Es sei L die Entfernung der beiden Glasplatten C und
C', l_{Na} die Wellenlänge des Natriumlichtes im leeren Raume
und S_{Na} die Anzahl der gelben Streifen, welche am Fadenkreuz vorbeigehen, während der Brechungsexponent der in
den Behälter hineingeleiteten Gase oder Dämpfe bis n_{Na}
steigt; dann ist: $L(n_{Na}-1) = l_{Na} S_{Na}$.
Die Länge des innern Cylinders war 313,72 mm und die
Dicke der beiden Kautschukplatten zusammen 0,8 mm bei 0^{0}.
Also ist $L = 314,52$.

Wird ferner $l_{Na} = 0{,}000\,589\,37$ gesetzt, so erhalten wir:

$$n_{Na} - 1 = 0{,}000\,001\,873\,9\ S_{Na},$$

welche Gleichung bei den Versuchen mit Gasen zur Anwendung kommt. Ferner hat man zur Bestimmung der
Dispersion:

$$\frac{n_{Li}-1}{n_{Na}-1} = \frac{l_{Li}}{l_{Na}} \cdot \frac{S_{Li}}{S_{Na}} = 1{,}138\,953\ \frac{S_{Li}}{S_{Na}}.$$

Die Versuche mit Dämpfen waren bei der Temperatur
der Dämpfe von kochendem Wasser ausgeführt, wobei die
Länge des inneren Cylinders 314,30 mm, die Dicke der
Kautschukplatten 0,4 mm war; also ist hier $L = 314{,}70$ mm.

Ferner sei v das Volumen des inneren Behälters bei derselben Temperatur und s_{Na} die Anzahl der verschobenen gelben Streifen, welche einem Gramm der in den inneren Behälter hineingeleiteten Dämpfe entspricht. Da bei den Versuchen das Volumen $v = 1832,8$ ccm war, so erhalten wir:

$$(n_{Na} - 1)v = \frac{l_{Na}}{L} v s_{Na} = 0{,}003\ 432\ 5\ s_{Na}.$$

Es geht also die Grösse $(n_{Na} - 1)v$, welche sich in allen meinen Versuchen ohne merkbare Abweichungen constant zeigte, unmittelbar aus den Versuchen hervor.

Ausser der Brechung der Dämpfe wurden auch die Brechung und die Dichtigkeit derselben Stoffe im flüssigen Zustande bei verschiedenen Temperaturen gemessen. Die Versuche wurden mittelst eines Hohlprismas und eines in $^1/_{12}$ Grade eingetheilten, mit zwei Ablesungsmikroskopen versehenen Spectrometers ausgeführt. Als Lichtquelle wurde gleichzeitig eine *Li-Na*-Flamme und ein Geissler'sches Wasserstoffrohr benutzt, welches zwischen der Flamme und dem Spalt des Collimatorrohres aufgestellt war. Von den drei Wasserstofflinien wurden jedoch nur H_a und H_β verwendet, da die violette Linie nicht immer hinlänglich deutlich hervortrat. Die Beobachtungsmethode wich von der gewöhnlichen, die auf die Bestimmung der Minimalablenkung hinausgeht, dahin ab, dass das Fernrohr fest eingestellt war, sodass der unveränderliche Ablenkungswinkel, welcher gemessen wurde, um ein wenig grösser als die Minimalablenkung der brechbarsten der beobachteten Strahlen war. Durch Drehung des auf einem Theilkreise angebrachten Prismas gingen alsdann die vier Spectrallinien zweimal vor dem Fadenkreuz des Fernrohres in der Ordnung *Li*, H_a, *Na*, $H_\beta - H_\beta$, *Na*, H_a, *Li* vorbei, und die entsprechenden 8 Winkel wurden abgelesen. Zur Berechnung der Versuche dienten die Formeln:

$$\frac{\sin(a+p)}{\sin p} = n_0, \quad n^2 = n_0^2 - \frac{(n_0^2 - 1)\sin^2 b}{\cos^2 p},$$

wo 2a die constante Ablenkung, 2b den Winkel, um welchen das Prisma gedreht werden muss, um zum zweitenmale diese

Ablenkung zu geben, und $2p$ den brechenden Winkel des Prismas bedeutet. n_0 ist eine Hülfsgrösse, welche dem Brechungsexponenten derjenigen Farbe entspricht, für welche die willkürlich gewählte .constante Ablenkung die Minimalablenkung ($b=0$) sein würde. Diejenige Stellung des Prismas, bei welcher $b=0$ ist, liegt in der Mitte der beiden Stellungen, die das Prisma in dem Versuche für jede Spectrallinie annimmt, woraus hervorgeht, dass die Summe der diesen beiden Stellungen entsprechenden Ablesungswinkel für die verschiedenen Spectrallinien die gleiche sein muss. Es liegt hierin eine gute Controle für die Richtigkeit der Messungen und für die Unveränderlichkeit der Temperatur während des Versuches.

Diese Beobachtungsmethode, welche ich dem Hrn. Prof. Holten verdanke, empfiehlt sich sowohl durch die Leichtigkeit, mit welcher die Messungen ausgeführt werden können, als auch durch ihre sehr grosse Genauigkeit, namentlich in Bezug auf die Bestimmung der Dispersion. Ich hatte in dieser Weise gehofft, zu einer ziemlich genauen Bestimmung des einer unendlich grossen Wellenlänge entsprechenden Brechungsexponenten zu gelangen, habe mich indess überzeugt, dass man überhaupt diese Grösse aus Versuchen mit sichtbarem Lichte nur bis zu einer sehr rohen Annäherung bestimmen kann, weshalb ich es auch vorgezogen habe, die Beobachtungsresultate ungeändert beizubehalten, anstatt die Genauigkeit derselben durch die Reduction auf unendlich grosse Wellenlänge zu beeinträchtigen, und die Refractionsconstanten nur für die wirklich beobachteten Wellenlängen zu berechnen. Ich werde die Refractionsconstanten für die *Li*- und *Na*-Linien durch P_{Li} und P_{Na} bezeichnen, wenn:

$$P_{Li} = \frac{n_{Li}^2 - 1}{n_{Li}^2 + 2}\, v \quad \text{und} \quad P_{Na} = \frac{n_{Na}^2 - 1}{n_{Na}^2 + 1}\, v$$

gesetzt wird. Für Gase und Dämpfe, deren Brechungsexponenten nur sehr wenig die Einheit überschreiten, erhalten wir mit hinlänglicher Annäherung:

$$P_{Li} = \tfrac{2}{3}(n_{Li} - 1)\, v, \quad P_{Na} = \tfrac{2}{3}(n_{Na} - 1)\, v.$$

Ferner drücke ich die Dispersion durch den Quotienten:

$$\alpha = \frac{P_{Na} - P_{Li}}{P_{Na}}$$

aus, welcher für Gase und Dämpfe übergeht in:

$$\alpha = \frac{n_{Na} - n_{Li}}{n_{Na} - 1}.$$

Atmosphärische Luft.

Meine ersten Versuche, die im Winter 1870 angefangen wurden, bezogen sich auf die atmosphärische Luft. Da ein bedeutend kleinerer Brechungsexponent gefunden wurde als der aus den damals bekannten, unter sich vollkommen übereinstimmenden Versuchen von den Hrn. Arago und Biot, Jamin und Ketteler hervorgegangene, so wurden die Versuche im Laufe des Jahres sehr oft wiederholt. Die sehr reine Luft wurde durch ein langes Glasrohr von ausserhalb in das Beobachtungslocal im Schlosse Friedrichsberg und durch zwei mit Chlorcalcium und Kali gefüllte Röhre zum Apparate geleitet. Als das Endresultat von 15 (zwischen 1° und 17° liegenden) Versuchen ergab sich für trockene Luft bei 760 mm, 0° C. und 45° Breite:

$$n_{Na} = 1,000\,291\,08, \qquad P_{Na} = 0,15012.$$

Eine Druckerhöhung von 760 mm bei 0° C. entspräche einer Verschiebung von 155,49 gelben Streifen (in den letzten 6 Versuchen betrug die grösste Abweichung von diesem Mittel nur 0,09), und dieselbe zeigte sich selbst bei der grössten Verdünnung stets der Druckänderung proportional. Zur Reduction in Bezug auf die Temperatur bediente ich mich des Factors $1 + 0,00367\,t$, dessen Genauigkeit sowohl durch die Versuche bei gewöhnlicher Temperatur, als auch durch drei andere Versuche, bei welchen der Apparat durch einen Strom von Wasserdampf erwärmt war, bestätigt wurde.

In allen Versuchen wurden zugleich die rothen Li-Streifen beobachtet, wobei sich stets bei jeder Druckänderung und bei jeder Temperatur, auch wenn der Apparat durch Wasserdampf erwärmt war, genau eine Verschiebung von 7 rothen Streifen gegen 8 gelbe zeigte. Daraus ergibt sich:

$$n_{Li} = 1,000\,290\,09\,, \qquad P_{Li} = 0,14959\,, \qquad \alpha = 0,00342\,.$$

Diese Dispersion stimmt genau mit der von Ketteler[1]) gefundenen überein, dagegen fand derselbe einen beträchtlich höhern Brechungsexponenten, nämlich $n_{Na} = 1,000\,294\,70$. Auch Arago und Biot[2]) hatten für weisses Licht $n = 1,000\,294\,58$, und Jamin[3]) $n = 1,000\,294$ gefunden, wogegen spätere Versuche von Mascart[4]) in besserer Uebereinstimmung mit den meinigen den niedrigeren Werth $n_{Na} = 1,000\,292\,3$ gegeben haben. Zur Reduction auf die betreffende Temperatur benutzte Mascart den Factor $1 + 0,00383\,t$, während einige Versuche von V. v. Lang[5]) eine Abhängigkeit des Exponenten von der Temperatur, die annäherungsweise durch den Factor $1 + 0,00311\,t$ ausgedrückt werden konnte, gegeben haben.

Aus den Beobachtungen über die astronomische Refraction hatte Delambre[6]) $n = 1,000\,294\,07$ gefunden, wogegen Bessel[7]) in seinen Refractionstabellen einen Werth, der $n = 1,000\,291\,608$ entspricht, annimmt. Später hat Gylden[8]) nach einer „vorläufigen Discussion" der Pulkowaer Beobachtungen eine Refraction gefunden, die $n = 1,000\,292\,76$ und dem Reductionsfactor $1 + 0,003\,689\,t$ entspricht, allein das endliche aus denselben Beobachtungen von V. Fuss[9]) gefundene Resultat entspricht $n = 1,000\,291\,21$ für den hellsten Theil des Spectrums oder eine ungefähr zwischen gelb und grün liegende Farbe. Dieses letztere Resultat stimmt mit dem von mir gefundenen fast genau überein, was auch aus der folgenden, mit Hülfe der Dispersionsformel $n_\lambda = A + \dfrac{B}{\lambda^2}$ aus meinen Versuchen berechneten Tabelle hervorgehen wird.

---

1) Ketteler, Farbenzerstreuung der Gase. Bonn 1865.
2) Arago u. Biot, Mém. de l'Inst. 7. 1806 u. 1807.
3) Jamin, Ann. de chim. et de phys. 49. p. 282. 1857.
4) Mascart, Compt. rend. 78. p. 617 u. 679. 1874.
5) V. v. Lang, Wien. Ber. 69. Abth. 2. p. 451.
6) Delambre, Mém. de l'Inst. 7.
7) s. Biot, Compt. rend. 40.
8) Gylden, Mém. de l'acad. de St. Petersbourg. 10. Nr. 1. 1866.
u. 12. Nr. 4. 1868.
9) Ibid. 18. Nr. 3. 1872.

$$n_A = 1{,}000\,289\,35 \qquad n_D = 1{,}000\,291\,08 \qquad n_G = 1{,}000\,294\,86$$
$$n_B = 1{,}000\,289\,93 \qquad n_E = 1{,}000\,292\,17 \qquad n_H = 1{,}000\,296\,31$$
$$n_C = 1{,}000\,290\,24 \qquad n_F = 1{,}000\,293\,12$$

Für feuchte Luft, deren Dampfdruck $\tilde\omega$ Millimeter ist, ist zufolge meiner später zu erwähnenden Versuche über die Brechung von Wasserdampf, hierzu noch für alle Farben die Correction:

$$- 0{,}000\,041 \cdot \frac{\tilde\omega}{760}$$

hinzuzufügen.

Sauerstoff.

Der Sauerstoff wurde durch Erhitzen von rothem Quecksilberoxyd in einer Platinretorte dargestellt und durch eine Porzellanröhre und eine Schwefelpulver enthaltende Glasröhre zum innern Behälter des Apparates geleitet. 'Beim Beginne jedes Versuches wurde der Behälter mit der Retorte vollständig evacuirt, wonach die Retorte erwärmt und die Verschiebung der Streifen solange beobachtet wurde, bis der Druck des Gases ein wenig grösser als derjenige der umgebenden Luft geworden war. Alsdann wurde der Behälter von der Retorte abgesperrt und mit der umgebenden Luft für einen Augenblick in Verbindung gesetzt, während die Streifen rückwärts gezählt wurden.

Als Mittel aus 6 Versuchen ergab sich die einer Druckerhöhung von 760 mm und 0° C. entsprechende Anzahl von Streifenverschiebungen gleich 145,06, woraus, wenn zugleich der Normaldruck auf 45° Breite reducirt wird:

$$n_{Na} = 1{,}000\,271\,55, \qquad P_{Na} = 0{,}12666$$

gefunden wird.

Die Farbenzerstreuung zeigte sich etwas grösser als diejenige der atmosphärischen Luft, indem einer Verschiebung von 135 gelben 118 rothe Streifen entsprachen. Es resultirt daraus:

$$n_{Li} = 1{,}000\,270\,34, \qquad P_{Li} = 0{,}12609, \qquad \alpha = 0{,}00447.$$

Bekanntlich hat Dulong die Brechung verschiedener Gase im Verhältniss zu derjenigen der atmosphärischen Luft mit bewunderungswürdiger Genauigkeit bestimmt. Für den

Sauerstoff hat er die Zahl 0,924 gefunden, welcher Werth mit Zugrundelegung des von mir gefundenen Brechungsexponenten der Luft $n_{Na} = 1,000\,269\,0$ gibt.

Ueber die Brechung des Stickstoffes habe ich keine directen Versuche angestellt; durch Berechnung der gefundenen Resultate für atmosphärische Luft und Sauerstoff ergibt sich für Stickstoff:

$$n_{Na} = 1,000\,296\,0\,, \qquad P_{Na} = 0,15713\,,$$

$$n_{Li} = 1,000\,295\,1\,, \qquad P_{Li} = 0,15663\,, \qquad \alpha = 0,00316\,.$$

Dulong gibt die Zahl 1,020 an, woraus $n_{Na} = 1,000\,296\,9$, während Mascart $n_{Na} = 1,000\,297\,2$ findet.

Die Farbenzerstreuung ist nach Mascart grösser für Stickstoff als für die ·atmosphärische Luft, während aus meinen Versuchen das entgegengesetzte Resultat hervorging. Da ich befürchtete, dass bei meinen Versuchen Spuren von Quecksilberdämpfen, welche eine auffallend starke Wirkung auf die Farbenzerstreuung ausüben, in den Behälter hätten mitgerissen werden können, hat auf meine Veranlassung Hr. Prytz die Versuche mit aus chlorsaurem Kali dargestelltem Sauerstoff wiederholt. Allein auch diese Versuche haben eine grössere Dispersion für den Sauerstoff als für die atmosphärische Luft gegeben, indem Hr. Prytz $\alpha = 0,0042$ gefunden hat.

Wasserstoff.

Der Wasserstoff wurde in einem Glas aus Zink, zu dem aus einem mit Glashahn versehenen Trichter reine, verdünnte Schwefelsäure zugelassen wurde, entwickelt, und das entwickelte Gas mittelst fünf mit Kalilösung, Quecksilberchlorid, Chlorcalcium und Kalihydrat (2) gefüllten Röhren gereiniget. Der mit dem Entwickelungsapparat verbundene innere Behälter wurde zunächst fast luftleer gemacht, wonach die Schwefelsäure zugesetzt und das entwickelte Gas zu dem Behälter und der Luftpumpe geleitet wurde. Zuletzt wurde das Gas von dort aus in die Luft geleitet und die Entwickelung noch so lange fortgesetzt, bis sich die Streifen vollkommen stillstehend zeigten. Alsdann wurde der Behälter von dem Entwickelungsapparate abgesperrt und mittelst der Luft-

pumpe entleert, während die Streifen gezählt wurden. Bei
zwei Versuchen wurde nach der Entleerung wieder Wasserstoff hinzugeleitet, wobei, wenn der Druck der äusseren
Luft erreicht war, die Streifen wieder genau zum Anfangspunkte zurückkamen.

Als Mittel aus 8 Versuchen ergab sich eine Verschiebung von 74,08 gelben Streifen, woraus:

$$n_{Na} = 1,000\,138\,7\,, \qquad P_{Na} = 1,0325\,.$$

Einer Verschiebung von 55,5 gelben Streifen entsprachen 48,5
rothe. Also ist:

$$n_{Li} = 1,000\,138\,0\,, \qquad P_{Li} = 1,0277\,, \qquad \alpha = 0,00470\,.$$

Dulong gibt für Wasserstoff die Zahl 0,470 an, woraus
$n_{Na} = 1,000\,136\,8$. Nach Ketteler ist $n_{Na} = 1,000\,142\,94$,
nach Mascart $n_{Na} = 1,000\,138\,8$. Die von Ketteler gefundene Farbenzerstreuung (71,5 gelbe gegen 62,5 rothe
Streifen, und in einem andern Versuche 63,5 gegen 55,5)
stimmt gut mit meinem Resultate überein, wogegen Mascart
dieselbe sogar kleiner als diejenige der atmosphärischen Luft
findet.

Aethyläther, $C_4H_{10}O$.

Die folgenden Versuche mit Dämpfen von verschiedenen
Flüssigkeiten wurden in der schon beschriebenen Weise ausgeführt. Ich bezeichne durch G das Gewicht der verdampften
Flüssigkeit in Grammen, durch S die Zahl der Verschiebungen der gelben Streifen und durch s den Quotient $\frac{S}{G}$,
d. h. die einem Gramm der Dämpfe entsprechende Streifen-
verschiebung.

Das Resultat von drei Versuchen mit Aetherdampf bei
100^0 C. war:

G	S	s
2,8146 + 0,0124	312,25	134,17
3,1298 + 0,0147	420,8 + 0,75	134,06
2,9838 + 0,0150	394,5 + 0,77	134,04
8,4203	1129,07	134,09

Die untere Reihe enthält die Summe der Gewichte und
der verschobenen Streifen, woraus der endliche Quotient

134,09 berechnet ist. Die hinzugefügten kleinen Zahlen sind Correctionen wegen der bei den Wägungen und beim Anfange des Versuches in dem kleinen Kolben enthaltenen Luft.

Aus dem Werthe von s geht die Refractionsconstante einfach durch Multiplication mit $\frac{3}{4} \cdot 0{,}003\,432\,5 = 0{,}002\,288$ hervor. Also ist:

$$P_{Na} = 0{,}002\,288 \cdot 134{,}09 = 0{,}3068\,.$$

Ferner entsprachen 119 gelbe 104 rothen Streifen, und in einem andern Versuche 111 gelbe 97 rothen, also ist:

$$P_{Si} = 0{,}3054\,, \qquad \alpha = 0{,}00465\,.$$

Aus den Refractionsconstanten kann weiter auch der einer gegebenen Dichtigkeit der Dämpfe entsprechende Brechungsexponent berechnet werden. Für die Normaldichtigkeit, die gleich 37 mal derjenigen des Wasserstoffs oder $37 \cdot 0{,}000\,089\,57 = 0{,}003\,314$ ist, erhalten wir:

$$n_{Na} = 1{,}001\,524\,, \qquad n_{Li} = 1{,}001\,517\,.$$

Dulong gibt die Zahl 5,197 an, welche $n_{Na} = 1{,}001\,512$ entspricht.

Ebenso habe ich zwei Versuche über die Brechung der Aetherdämpfe bei gewöhnlicher Temperatur (c. 20° C. angestellt. Die Resultate waren:

G	S	s
2,233 + 0,014	300 + 0,77	133,85
2,971 + 0,013	399 + 0,63	133,92
5,231	700,40	133,90

95 gelbe Streifen entsprachen 83 rothen. Es geht daraus hervor, dass sowohl die Refractionsconstante als auch die Dispersion sich bei einer Aenderung der Temperatur von 100° bis 20° in kaum merkbarer Weise geändert habén.

Die Brechung des flüssigen Aethers wurde mittelst des Hohlprismas nach der p. 87 beschriebenen Methode ausgeführt. Als Beispiel gebe ich die folgenden Messungen, wobei t die Temperatur, $2p$ den brechenden Winkel des Prismas, $2a$ die constante Ablenkung und $2b$ die Drehung des Prismas bedeutet.

$$t = 21{,}31^0 \text{ C.}, \quad 2p = 50^0\,43'\,1'', \quad 2a = 25^0\,30'\,0''.$$

	$2b$	n^2	n^2 (ber.)
Li	$17^0\,37'\,59''$	1,822 519	1,822 501
H_a	$17^0\,20'\,34''$	1,823 374	1,823 381
Na	$15^0\,37'\,25''$	1,828 179	1,828 185
H_β	$10^0\,21'\,51''$	1,839 824	1,839 826

$$t = 8{,}00^0 \text{ C.}, \quad 2p = 59^0\,43'\,13'', \quad 2a = 25^0\,52'\,4''.$$

	$2b'$	n^2	n^2 (ber.)
Li	$14^0\,34'\,19''$	1,843 435	1,843 439
H_a	$14^0\,12'\,28''$	1,844 340	1,844 343
Na	$12^0\,1'\,25''$	1,849 296	1,849 283
H_β	$2^0\,39'\,9''$	1,861 252	1,861 256

Die in der letzten Spalte angegebenenen Werthe von n^2 sind nach der Formel:

$$n_\lambda{}^2 = 1{,}813\,050 - 0{,}001\,532\,(t-15) + \left(0{,}036\,935 - 0{,}000\,078\,(t-15)\right)\frac{\lambda_\beta{}^2}{\lambda^2}$$

berechnet, wo durch λ_β die dem H_β entsprechende und durch λ die variable Wellenlänge bezeichnet ist.

Nach Landolt[1] ist:

$$n_a = 1{,}35112 - 0{,}00058\,(t-20),$$
$$n_\beta = 1{,}35720 - 0{,}00059\,(t-20),$$

während die oben stehende Formel:

$$n_a = 1{,}351\,090 - 0{,}000\,582\,(t-20)$$
$$n_\beta = 1{,}357\,182 - 0{,}000\,592\,(t-20)$$

gibt. Das specifische Gewicht war bei 10^0 0,7269 (Kopp: 0,7256) und bei 20^0 0,7157 (Landolt: 0,7153, Kopp: 0,7143) wonach:

$$P_{Li}(10^0) = 0{,}30102, \qquad P_{Na}(10^0) = 0{,}30264,$$
$$P_{Li}(20^0) = 0{,}30124, \qquad P_{Na}(20^0) = 0{,}30287,$$
$$\alpha(10^0) = 0{,}00537, \qquad \alpha(20^0) = 0{,}00538.$$

---

1) Landolt, Pogg. Ann. **122.** p. 557. 1864.

Aethylalkohol, C_2H_6O.

Aus den Versuchen mit Alkoholdampf ergab sich:

G	S	s
$3,2850 + 0,0121$	$407 + 0,42$	$123,54$
$2,7461 + 0,0163$	$340 + 0,70$	$123,34$
$6,0595$	$748,12$	$123,46$

79 gelbe Streifen entsprachen 69 rothen. Also ist:

$$P_{Na} = 0,2825, \qquad P_{Li} = 0,2810, \qquad \alpha = 0,00522,$$

woraus die der Normaldichtigkeit 0,002 060 entsprechenden Brechungsexponenten:

$$n_{Na} = 1,000\,872\,9, \qquad n_{Li} = 1,000\,868\,3.$$

Die für den flüssigen Alkohol gefundenen Brechungsexponenten waren für H_α und H_β:

$$n_\alpha (19,28^0) = 1,360\,814\,(\text{W.}[1])\,1,360\,931, \quad \text{L.}[2])\,1,360\,83)$$
$$n_\beta (19,28^0) = 1,366\,862\,(\text{W.} \quad 1,367\,043, \quad \text{L.} \quad 1,366\,95)$$
$$n_\alpha (13,30^0) = 1,363\,170\,(\text{W.} \quad 1,363\,257, \quad \text{L.} \quad 1,363\,28)$$
$$n_\beta (13,17^0) = 1,369\,303\,(\text{W.} \quad 1,369\,438, \quad \text{L.} \quad 1,369\,48)$$

Aus den Beobachtungen bei 19,28° und 13,30° ergab sich

$$n_{Li}^2(10^0) = 1,860\,728, \qquad n_{Na}^2(10^0) = 1,866\,673,$$
$$n_{Li}^2(20^0) = 1,850\,049, \qquad n_{Na}^2(20^0) = 1,855\,879.$$

Das specifische Gewicht war bei 10° C. 0,7993 (Wüllner: 0,8043, Mendelejeff[3]): 0,79788) und bei 20° C. 0,7909 (Wüllner: 0,7958, Landolt: 0,7996, Mendelejeff: 0,78945), also:

$$P_{Li}(10^0) = 0,27892, \qquad P_{Na}(10^0) = 0,28042,$$
$$P_{Li}(20^0) = 0,27917, \qquad P_{Na}(20^0) = 0,28066,$$
$$\alpha (10^0) = 0,00535, \qquad \alpha (20^0) = 0,00531.$$

Wasser, H_2O.

Die Versuche mit Wasserdampf gaben:

G	S	s
$1,2252 + 0,0180$	$112 + 0,41$	$90,42$
$1,755\ \ + 0,018$	$160 + 0,36$	$90,45$
$2,8073 + 0,0178$	$256 + 0,36$	$90,74$
$5,3105 + 0,0163$	$480 + 0,25$	$90,16$
$11,1681$	$1009,38$	$90,38$

1) Wüllner, Pogg. Ann. **133.** p. 1. 1868.
2) Landolt, Pogg. Ann. **122.** p. 545. 1864.
3) Mendelejeff, Pogg. Ann. **138.** p. 250. 1869.

woraus:

$$P_{Na} = 0,2068, \qquad n_{Na} = 1,000\,250\,0 \text{ (spec. Gew. } 0,000\,806\,1).$$

Dieser Exponent ist bedeutend kleiner als der von Jamin aus seinen mit feuchter Luft angestellten Versuchen abgeleitete Werth $n = 1,000\,261$ für weisses Licht.

Die Farbenzerstreuung zeigte sich grösser als die der atmosphärischen Luft; da aber wegen der geringeren Flüchtigkeit des Wassers gewöhnlich nur 32 Streifen in einem Zuge gezählt wurden, so konnte die Zerstreuung nicht genau bestimmt werden.

Obschon die Brechung des Wassers hinlänglich gut bekannt ist, habe ich doch auch selbst nach meiner Prismenmethode Versuche darüber angestellt. Als Resultate dieser Versuche begnüge ich mich die folgenden anzugeben:

$$n_{Li}(10^0) = 1,331\,461, \qquad n_{Na}(10^0) = 1,333\,703,$$
$$n_{Li}(20^0) = 1,330\,782, \qquad n_{Na}(20^0) = 1,333\,012,$$
$$P_{Li}(10^0) = 0,204\,89\ , \qquad P_{Na}(10^0) = 0,206\,15\ ,$$
$$P_{Li}(20^0) = 0,204\,82\ , \qquad P_{Na}(20^0) = 0,206\,08\ , \qquad \alpha = 0,00611.$$

Aus den Versuchen Rühlmann's[1]) ergibt sich:

$$P_{Li}(0^0) = 0,20490, \qquad P_{Na}(0^0) = 0,20614,$$
$$P_{Li}(90^0) = 0,20468, \qquad P_{Na}(90^0) = 0,20587.$$

Für das Eis ergibt sich ferner aus den Versuchen des Hrn. Reusch[2]) $P = 0,20804$ für das rothe, von Kobaltglas durchgelassene Licht.

Chloroform, $CHCl_3$.

Die Versuche mit Chloroformdampf gaben:

G	S	s
$6,8434 + 0,0190$	$538 + 0,19$	$78,43$
$6,0939 + 0,0186$	$480 + 0,19$	$78,56$
$12,9749$	$1018,88$	$78,49$

79 gelbe Streifen entsprachen 69 rothen. Also ist:

---

1) Rühlmann, Pogg. Ann. **132**. p. 172. 1867.
2) Reusch, Pogg. Ann. **121**. p. 573. 1864.

$$P_{Na} = 0,1796, \qquad P_{Li} = 0,1787, \qquad \alpha = 0,00522,$$
$$n_{Na} = 1,001\,442, \qquad n_{Li} = 1,001\,435 \text{ (sp. Gew. 0,005 352).}$$

Für das flüssige Chloroform ergab sich:

$$n_\alpha(20^0) = 1,443\,657\,(\text{Haagen}\,[1])\,1,444\,03),$$
$$n_\beta(20^0) = 1,452\,458\,(\text{Haagen } 1,45294)$$

und
$$n_{Li}^2(10^0) = 2,099\,641, \qquad n_{Na}^2(10^0) = 2,108\,562,$$
$$n_{Li}^2(20^0) = 2,082\,771, \qquad n_{Na}^2(20^0) = 2,091\,512.$$

Das spec. Gew. war bei 10^0 1,5072 (Pierre: 1,507 86) und bei 20^0 1,4896 (Pierre: 1,489 77, Haagen: 1,4904), also:

$$P_{Li}(10^0) = 0,177\,97, \qquad P_{Na}(10^0) = 0,179\,02,$$
$$P_{Li}(20^0) = 0,178\,04, \qquad P_{Na}(20^0) = 0,179\,09,$$
$$\alpha(10^0) = 0,005\,92, \qquad \alpha(20^0) = 0,005\,92.$$

Aethyljodid, C_2H_5J.

Die Versuche mit Aethyljodiddampf gaben:

G	S	s
3,8374 + 0,0156	264	68,52
5,1430 + 0,0182	357	69,17
4,2470 + 0,0180	290,5	68,11
13,2792	911,5	68,66

85 gelbe Streifen entsprachen 74 rothen. Also ist:

$$P_{Na} = 0,1571, \qquad P_{Li} = 0,1558, \qquad \alpha = 0,00844,$$
$$n_{Na} = 1,001\,646, \qquad n_{Li} = 1,001\,632 \text{ (sp. Gew. 0,006 987).}$$

Für das flüssige Aethyljodid ergab sich:

$$n_\alpha(20^0) = 1,507\,38 \text{ (Haagen: 1,50812 und 1,508 68)},$$
$$n_\beta(20^0) = 1,523\,56 \text{ (Haagen: 1,5244 und 1,525 09)},$$
$$n_{Li}^2(10^0) = 2,290\,52, \qquad n_{Na}^2(10^0) = 2,307\,18,$$
$$n_{Li}^2(20^0) = 2,269\,72, \qquad n_{Na}^2(20^0) = 2,286\,23.$$

Specifisches Gewicht bei 10^0 1,9491 (Pierre: 1,9528) und bei 20^0 1,9264 (Pierre: 1,9298, Haagen: 1,9315 und 1,9345), also:

$$P_{Li}(10^0) = 0,154\,32, \qquad P_{Na}(10^0) = 0,155\,71,$$
$$P_{Li}(20^0) = 0,154\,37, \qquad P_{Na}(20^0) = 0,155\,78,$$
$$\alpha(10^0) = 0,008\,93, \qquad \alpha(20^0) = 0,009\,05.$$

---

1) Haagen, Pogg. Ann. **131**. p. 119. 1862.

Aethylacetat, $C_4H_8O_2$.

Die Versuche mit Aethylacetatdampf gaben:

G	S	s
3,295 + 0,0218	388 + 0,91	117,25
2,971 + 0,0218	350,5 + 0,93	117,43
2,2448 + 0,0218	264,5 + 0,98	117,13
8,5762	1005,82	117,28

$55^{1}/_{3}$ gelbe Streifen entsprachen $48^{1}/_{3}$ rothen. Also ist:

$$P_{Na} = 0,2683, \qquad P_{Li} = 0,2670, \qquad \alpha = 0,004\,70,$$
$$n_{Na} = 1,001\,586, \qquad n_{Li} = 1,001\,578 \ (\text{sp. Gew. } 0,003\,941).$$

Für das flüssige Aethylacetat ergab sich:

$$n_\alpha\,(20^0) = 1,369\,656 \ (\text{Landolt: } 1,370\,86),$$
$$n_\beta\,(20^0) = 1,375\,991 \ (\text{Landolt: } 1,377\,09),$$
$$n_{Li}^2\,(10^0) = 1,888\,863, \qquad n_{Na}^2\,(10^0) = 1,895\,101,$$
$$n_{Li}^2\,(20^0) = 1,875\,070, \qquad n_{Na}^2\,(20^0) = 1,881\,177.$$

Spec. Gewicht bei 20^0 0,8906 (Kopp: 0,8870, Land.: 0,9005).

Da keine Bestimmung des specifischen Gewichts bei niedrigeren Temperaturen ausgeführt wurde, so habe ich dasselbe mittelst des von Kopp gegebenen Ausdehnungscoëfficienten berechnet und bei 10^0 gleich 0,9024 gefunden. Also ist:

$$P_{Li}\,(10^0) = 0,25329, \qquad P_{Na}\,(10^0) = 0,25466,$$
$$P_{Li}\,(20^0) = 0,25356, \qquad P_{Na}\,(20^0) = 0,25493,$$
$$\alpha\,(10^0) = 0,00537, \qquad \alpha\,(20^0) = 0,00537.$$

Schwefelkohlenstoff, CS_2.

Die Versuche mit Schwefelkohlenstoffdampf gaben:

G	S	s
2,3823 + 0,0150	304 + 0,87	127,17
3,7418 + 0,0137	476 + 0,64	126,92
1,0070 + 0,0121	128 + 0,70	126,3
2,8128 + 0,0148	356 + 0,78	126,18
3,9446 + 0,0144	500 + 0,70	126,47
31,9585	1767,69	126,64

97 gelbe Streifen entsprachen 84 rothen, also ist:

$$P_{Na} = 0{,}2898, \qquad P_{Li} = 0{,}2858, \qquad \alpha = 0{,}01369,$$
$$n_{Na} = 1{,}001\,480, \qquad n_{Li} = 1{,}001\,460 \text{ (spec. Gew. 0,003 404)}.$$

Nach **Dulong** ist der relative Brechungsexponent 5,110 oder $n_{Na} = 1{,}001\,487$.

Bei einem Versuch bei gewöhnlicher Temperatur (ca. 20° C.) wurde genau dieselbe Dispersion beobachtet.

Für den flüssigen Schwefelkohlenstoff ergab sich:

$n_a(10^0) = 1{,}626\,396$ (Wüllner: 1,626 266, Willigen:[1]) 1,62657),
$n_a(20^0) = 1{,}618\,503$ (Wüllner: 1,618 466, Willigen: 1,61841),
$n_\beta(10^0) = 1{,}661\,123$ (Wüllner: 1,660 876, Willigen: 1,66127),
$n_\beta(20^0) = 1{,}652\,734$ (Wüllner: 1,652 676, Willigen: 1,65273).

Ferner:

$$n_{Li}^2(10^0) = 2{,}639\,728, \qquad n_{Na}^2(10^0) = 2{,}676\,180,$$
$$n_{Li}^2(20^0) = 2{,}614\,208, \qquad n_{Na}^2(20^0) = 2{,}650\,009,$$

das spec. Gew. bei 10° 1,2778 (**Wüllner** 1,27860, **Pierre** 1,27831) und bei 20° 1,2634 (**Wüllner** 1,26354, **Pierre** 1,26344), also:

$$P_{Li}(10^0) = 0{,}27658, \qquad P_{Na}(10^0) = 0{,}28052,$$
$$P_{Li}(20^0) = 0{,}27690, \qquad P_{Na}(20^0) = 0{,}28086,$$
$$\alpha(10^0) = 0{,}01405, \qquad \alpha(20) = 0{,}01410,$$

In der folgenden Tabelle stelle ich die gefundenen Werthe der Refractionsconstanten $P_{Na} = \dfrac{n_{Na}^2 - 1}{n_{Na}^2 + 2} \, v$ zusammen.

	Flüssigkeit		Dampf
	10°	20°	100°
Aethyläther	0,30264	0,30287	0,3068
Aethylalkohol	0,28042	0,28066	0,2825
Wasser	0,20615	0,20608	0,2068
Chloroform	0,17902	0,17909	0,1796
Aethyljodid	0,15571	0,15578	0,1571
Aethylacetat	0,25466	0,25493	0,2683
Schwefelkohlenstoff . . .	0,28052	0,28086	0,2898

---

[1] **Willigen**, Musée Teyler **3.** (1). p. 55. 1869.

Aus diesen Resultaten meiner Beobachtungen geht hervor, dass die dem sichtbaren Lichte entsprechende Refractionsconstante selbst bei den sehr grossen Dichtigkeitsänderungen, die beim Uebergange von· dem flüssigen in den dampfförmigen Aggregatzustand stattfinden, sich in auffallender Weise noch als constant zeigt, indem die grösste Abweichung (bei dem Aethylacetat) nur ungefähr 5 Proc. beträgt. Auch die durch den Quotienten α gemessene Dispersion zeigt eine grosse Constanz. Es wird durch diesen Umstand gerechtfertigt, den nur für unendlich grosse Wellenlängen geltenden Satz über die Refractionsconstante auch auf die sichtbaren Wellenlängen auszudehnen, indem die Zurückführung auf unendlich grosse Wellenlängen wahrscheinlich sehr nahe die nämlichen Aenderungen in den Werthen der Refractionsconstanten der Stoffe in ihren verschiedenen Aggregatzuständen herbeiführen wird.

Zur Zeit der Veröffentlichung meiner Abhandlung (1875) lagen nur wenige Versuche über die Brechung von Dämpfen vor, nämlich ausser den schon erwähnten Versuchen von Dulong über Schwefelkohlenstoffdampf und von Jamin über Wasserdampf noch Versuche von Hrn. Le Roux[1] über gesättigte Dämpfe von Quecksilber, Schwefel, Phosphor und Arsen bei der Temperatur der Siedehitze und von den Herren Dulong, Ketteler und Mascart über die schweflige Säure. Auch die Versuche dieser letzteren Beobachter stehen in gutem Einklange mit der Theorie der Refractionsconstante. Wenn Hr. Schrauff in verschiedenen, in diesen Annalen veröffentlichten Abhandlungen die Versuche von Hrn. Le Roux für seine Theorie über die Constanz des Brechungsvermögens $\left((n^2 - 1) v \right)$ in Anspruch genommen hat, so beruht dieses auf einem Irrthum, indem Hr. Schrauff die 0° und 760 mm entsprechende theoretische Dichtigkeit der gesättigten Dämpfe bei der Siedehitze angenommen hat. Genauere Resultate gehen aus den Versuchen Ketteler's[2] über die schweflige Säure hervor, indem er für die Dämpfe:

---

1) Le Roux, Ann. de chim. et de phys. **61.** (3) p. 385. 1861.
2) Ketteler, Farbenzerstreuung der Gase. Bonn 1865.

$$n_{Li} = 1{,}000\,681\,55, \qquad n_{Na} = 1{,}000\,686\,01$$
$$\text{(Masc.: } 1{,}000\,682\,0, \quad \text{Dul.: } 1{,}000\,657\,8)$$

findet, woraus:

$$P_{Li} = 0{,}1585, \qquad \dot{P}_{Na} = 0{,}1596 \quad \text{(Dulong: } 0{,}1530)$$
$$\alpha = 0{,}00650 \quad \text{(spec. Gew. } 0{,}002\,866).$$

Ferner wurde für die flüssige Säure bei 24,1° C.:

$$n_{Li} = 1{,}33574, \qquad n_{Na} = 1{,}33835$$

gefunden, wobei Hr. Ketteler das specifische Gewicht bei dieser Temperatur „nach Pierre" gleich 1,4821 annimmt. Allein es beruht diese Zahl auf einem Missverständniss, indem aus der Formel Pierre's[1]), die nur unter −8° gilt, das spec. Gew. 1,4889 schon bei −10° hervorgeht, wonach man mit dem von Drion[2]) für höhere Temperaturen angegebenen Ausdehnungscoëfficienten das spec. Gew. 1,36726 bei 24,1° findet. Mit diesem Werthe ergibt sich für die flüssige Säure:

$$P_{Li} = 0{,}15162 \qquad P_{Na} = 0{,}15268, \qquad \alpha = 0{,}00700.$$

Also hat auch hier die Refractionsconstante nur eine kleine Aenderung bei dem Uebergange der Dämpfe in den flüssigen Zustand erlitten.

Für Mischungen, bei welchen die Molecüle unverändert bleiben, gibt der Satz über die Constanz der Refractionsconstante die Gleichung:

$$(p_1 + p_2 + \cdots p_n)\,P = p_1\,P_1 + p_2\,P_2 + \cdots p_n\,P_n,$$

wo $p_1, p_2, \ldots p_n$ die Gewichte der einzelnen Bestandtheile und $P_1, P_2 \ldots P_n$ die Refractionsconstanten derselben sind.

Wenn dagegen, wie es bei den chemischen Verbindungen der Fall ist, moleculare Aenderungen eintreten, so muss im allgemeinen die Refractionsconstante auch andere Werthe annehmen. Schon Dulong hat die Bemerkung gemacht, dass die Brechung der Mischungen von Gasen, wenn dieselben in chemische Verbindung eingehen, sehr oft kleiner wird, doch fand er in einzelnen Fällen eine Vergrösserung,

---

1) Pierre, Ann. de chim. et de phys. **21.** p. 336. 1847.
2) Drion, Ann. de chim. et de phys. **56.** p. 5. 1859; Pogg. Ann. **105.** p. 158. 1858.

nämlich bei Phosgengas, Wasserdampf, Stickstoffoxydul, Stickstoffoxyd und Ammoniak. Nach meinen Versuchen würde jedoch eine Mischung von 1 g Wasserstoff und 8 g Sauerstoff die Refractionsconstante:

$$\tfrac{1}{9} \cdot 1,0325 + \tfrac{8}{9} \cdot 0,12666 = 0,2273$$

haben, während dieselbe für Wasserdampf gleich 0,2068, also bedeutend kleiner gefunden wurde.

In Betreff der beiden Verbindungen von Stickstoff mit Sauerstoff sind die Angaben Dulong's durch die Versuche Mascart's bestätigt. Da diese beiden chemischen Verbindungen von einer Wärmeabsorption begleitet sind, so könnte man dadurch auf die Annahme geführt werden, dass die Refractionsconstante kleiner werde, wenn die Molecüle sich unter Wärmeentwickelung miteinander verbinden, und grösser, wenn die Verbindung von einer Wärmeabsorption begleitet ist; allein von diesem Satze bildet das Ammoniak ganz entschieden eine Ausnahme. Dulong gibt nämlich für Ammoniak die relative Brechung 1,309 an, was $n_{Na} = 1,000\,381\,0$ entspricht. Es stimmt dies mit dem von Arago und Dulong gefundenen Resultate überein, während ich selbst durch vier gut übereinstimmende Versuche:

$$P_{Na} = 0,3266, \qquad P_{Li} = 0,3250, \qquad \alpha = 0,00478$$
$$n_{Na} = 1,000\,373\,0, \qquad n_{Li} = 1,000\,371\,2 \ (\text{spec. Gew. } 0,000\,761\,3)$$

gefunden habe. Dagegen hat eine Mischung von 14 g Stickstoff und 3 g Wasserstoff die Refractionsconstante:

$$P_{Na} = \tfrac{14}{17} \cdot 0,1571 + \tfrac{3}{17} \cdot 1,0325 = 0,3116.$$

Dieselbe ist also bei der Bildung der chemischen Verbindung vergrössert worden, während bekanntlich dieselbe von einer bedeutenden Wärmeentwickelung begleitet ist.

V. *Experimentelle Untersuchungen über die Refractionsconstante;*
von K. Prytz in Kopenhagen.

(Für die Annalen vom Verf. bearbeitet nach den Schriften der k. dän. Ges. der Wiss. **6.** p. 1. 1880.)

Vor ungefähr 5 Jahren veröffentlichte Hr. Lorenz eine Reihe von Versuchen über die Brechung des Lichtes in Gasen und Dämpfen, wie auch in den den Dämpfen entsprechenden Flüssigkeiten. Diese Versuche habe ich mit den Apparaten des Hrn. Lorenz, und wesentlich nach seiner Methode fortgesetzt. Da Hr. Lorenz selbst über seine Versuche und die befolgte Methode in diesen Annalen berichtet hat, so kann ich mich hauptsächlich darauf beschränken, die Resultate meiner Versuche mitzutheilen. Doch will ich das Besondere meines Verfahrens erwähnen.

Hr. Lorenz wandte eine Quecksilberluftpumpe beim Auspumpen des Dampfapparates an. Da mir eine solche nicht zu Gebote stand, untersuchte ich die Dämpfe bei etwas grösseren Drucken. Da die Versuche bei diesen Drucken eine mit dem Drucke schwach variirende Refractionsconstante ergaben, nahm ich eine annähernde Bestimmung des Druckes vor, indem ich, nach Beendigung eines jeden Versuchs, die Dämpfe aus dem Apparate unter Zählung der Streifen bis zum Stillstand derselben in eine entleerte Glocke strömen liess und dann den Druck daselbst beobachtete. Indem ich beim Einlassen des Dampfes bei jedem Versuche immer dieselbe Anzahl Streifen am Drahte vorbei passiren liess und bei der folgenden Ausströmung ebenso viele zurückgehende zählte, konnte ich den Druck des Dampfes vor und nach jedem Einlassen berechnen. Den Druck variirte ich ausserdem für jeden Stoff bei zwei Versuchsreihen. Alle meine Versuche habe ich mit einem durch Dämpfe von siedendem Wasser erwärmten Apparate angestellt.

Um zu untersuchen, ob vielleicht bei meinen Versuchen constante Fehler einfliessen könnten, habe ich mit einem Stoffe — dem Methylalkohol — ausser 4 gewöhnlichen, noch 6 Versuche angestellt, welche ich in der Weise

variirte, dass die möglichen Fehlerquellen einen weit grösseren Einfluss, als bei den gewöhnlichen hatten. Sie sind in
der Tabelle Seite 108 als Versuche Nr. 2—5 und 9—10 aufgeführt und daselbst ausführlicher besprochen.

Wenn n der Brechungsexponent des Dampfes, d das
specifische Gewicht, s das Verhältniss zwischen der Summe
aller in einem Versuche gezählter Streifen und dem Gewichte des eingelassenen Dampfes, und k eine Constante,
Function der Wellenlänge des angewandten Lichtes und der
Dimensionen des Apparates, ist, so hat man:

(1) $$\frac{n-1}{d} = k s,$$

vorausgesetzt, dass in dem Apparate vor dem Einlassen kein
Dampf vorhanden ist. Letzteres war aber der Fall. Bezeichnet σ das in einem Versuche gefundene Verhältniss
zwischen Streifenzahl und Gewicht des Dampfes, d und $(1+\delta)\,d$
die specifischen Gewichte des Dampfes vor und nach jedem
Einlassen, n_1 und n_2 die diesen specifischen Gewichten entsprechenden Brechungsexponenten, wird:

$$\frac{n_2-1}{d(1+\delta)} = k\sigma + \frac{1}{\delta}\left[\frac{n_1-1}{d} - \frac{n_2-1}{d(1+\delta)}\right].$$

Die Versuche gaben $k\sigma$ mit wachsendem Drucke schwach
abnehmend. Darf man annehmen, was die Versuche mit
Methylalkohol innerhalb ziemlich weiter Grenzen des d zu
bestätigen scheinen, dass die Verkleinerungen des $\frac{n-1}{d}$ proportional dem Zuwachse der Dichte sind, so erhält man:

$$\frac{n_2-1}{d_2} = k\sigma + \frac{d_1}{d_1' + d_2' - (d_1+d_2)}\, k(\sigma - \sigma'),$$

wo d_1 für d und d_2 für $d(1+\delta)$ gesetzt ist, und d_1', d_2', σ'
einem anderen Versuche mit demselben Stoffe angehören.
Daraus lässt sich s in Gleichung (1) berechnen durch:

(2) $$s = \sigma + \frac{d_1+d_2-d}{d_1' + d_2' - (d_1+d_2)}\,(\sigma - \sigma').$$

Gewöhnlich bestimmte ich kurz nach Untersuchung der
Dämpfe eines Stoffes den Brechungsexponenten und das
specifische Gewicht der vorher destillirten Flüssigkeit, welche
den Dampf lieferte.

Den Brechungsexponenten bestimmte ich nach der von Prof. Lorenz in seiner oben citirten Abhandlung schon beschriebenen Methode. Der Theilkreis des Spectrometers war in halbe Grade getheilt. Die Stellung des Nonius konnte auf eine halbe Minute bestimmt werden. Die Temperatur der Flüssigkeit wurde mit Hülfe eines auf fünftel Grade getheilten, in dem Hohlprisma angebrachten Thermometers unmittelbar vor der ersten und nach der letzten Beobachtung der Stellung des Prismas abgelesen. Bei keinem Versuch wichen diese Temperaturen um $^1/_{10}^0$ voneinander ab. Die Ablenkung des gebrochenen Strahles war immer nur um ein wenig grösser als die Minimalablenkung des gelben Natriumlichtes.

Das specifische Gewicht wurde bei ungefähr der gleichen Temperatur, wie der Brechungsexponent bestimmt. Mittelst des Ausdehnungscoëfficienten des Stoffes berechnete ich dann das specifische Gewicht für dieselbe. Kannte ich den Ausdehnungscoëfficienten nicht, so benutzte ich den für verwandte Stoffe geltenden. Der Fehler kann hierbei nur höchst unbedeutend sein, da der Temperaturunterschied nur für Propyljodid $1,6^0$ und sonst nicht 1^0 erreicht.

Nach einer Reparatur des von Hrn. Lorenz ausgemessenen Dampfapparates bestimmte ich seine Dimensionen nochmals. Ich fand für 100^0 C. das Volumen des erwärmten Behälters $V = 1831$ ccm und den Abstand zwischen den Spiegelgläsern $L = 314,34$ mm. Hieraus ergibt sich die Constante des Apparates für gelbes Natriumlicht zu:
$$k = 0,003\,433.$$
Ich habe aus den Versuchen, sowohl für Dampf als für Flüssigkeit, die von Prof. Lorenz eingeführte Refractionsconstante:
$$P = \frac{n^2-1}{n^2+2}\frac{1}{d}$$
berechnet, wo d das specifische Gewicht des Dampfes oder der Flüssigkeit und n der entsprechende Brechungsexponent ist.

Weil für die Dämpfe $P = \frac{2}{3}\frac{n-1}{d}$ hinlänglich genau wird, bleibt: $\qquad P_{Na} = \frac{2}{3}\,k s_{Na} = 0,002\,289\,s_{Na},$

und für das rothe Lithiumlicht:

$$P_{Li} = 1{,}1389 \; P_{Na} \frac{s_{Li}}{s_{Na}},$$

wo $\frac{s_{Li}}{s_{Na}}$ das Verhältniss zwischen den gleichzeitig vorbeipassirten rothen und gelben Streifen bezeichnet.

Während meiner Versuche wurde ich mit den Versuchen des Hrn. Mascart bekannt, durch welche er die Grösse $f = \frac{n-1}{n_1-1}$ für eine grosse Zahl organischer Stoffe bestimmt hat, wo n den Brechungsexponenten des Dampfes, n_1 den der atmosphärischen Luft bezeichnet, wenn sie, bei derselben Temperatur, sich beide unter demselben sehr niedrigen Drucke befinden. Hr. Mascart gibt nicht an, welchem Lichte n und n_1 entsprechen. Auch bestimmt er die Farbenzerstreuung nicht. Von Einzelheiten in den Versuchen theilt er nur wenige mit und gibt keine anderen Zahlen, als die endlichen Resultate an.

Die von mir untersuchten Stoffe: Methylalkohol CH_4O, Methylacetat $C_3H_6O_2$, Aethylformiat $C_3H_6O_2$, Methylpropionat $C_4H_8O_2$, Aceton C_3H_6O, Aethylenchlorid $C_2H_4Cl_2$, Aethylidenchlorid $C_2H_4Cl_2$, Propyljodid C_3H_7J, Methyljodid CH_3J, Benzol C_6H_6, wurden alle von der Fabrik des Hrn. C. A. F. Kahlbaum in Berlin bezogen. Soweit ich durch die mit ihnen vorgenommen Versuche ihre Reinheit controliren konnte, war dieselbe befriedigend.

Methylalkohol CH_4O.

Zwischen den ersten und letzten Versuchen mit Methylalkohol ist mehr als ein halbes Jahr verflossen. Sie sind alle mit demselben Präparate ausgeführt.

Die folgende Tabelle enthält die Versuche über den Dampf des Methylalkohols. Die zweite und dritte Columne enthält die Drucke des Dampfes vor und nach dem Versuche. Die specifischen Gewichte d können hier hinlänglich genau dem Drucke proportional gesetzt werden; die Columnen haben deshalb die Ueberschriften d_1 und d_2. Die vierte Columne Σ enthält die Zahl der während des jedesmaligen Einlassens des Dampfes ununterbrochen beobachteten Streifen; die fünfte

K. Prytz.

die corrigirte Anzahl aller während eines Versuches gezählten Streifen. In der sechsten Columne fïndet sich der corrigirte Werth des Gewichtsverlustes G des Kölbchens; in der
siebenten das Verhältniss $\frac{S}{G}$, in der achten die Mittel der
unmittelbar vergleichbaren Versuche, in der neunten endlich
die aus der Formel (2) berechnete Grösse s_0.

Nr.	d_1	d_2	Σ	S	G	$\frac{S}{G}$	Mittel	s_0
1.	mm			391,00−1,48	3,4881+0,0048	111,52		
2.	100	200	32	375,75−1,69	3,3323+0,0040	112,15	111,81	
3.				257,85−1,76	2,2893+0,0024	111,75		112,59
4.	180	300	32	367,95−1,75	3,2850+0,0043	111,33		(aus Nr.1—3
5.				330,45−1,71	2,9482+0,0038	111,36	111,84	und 4—5.)
6.				402,65−1,84	3,5882+0,0050	111,55		
7.	150	450	80	344,50−1,15	3,0985+0,0044	110,65	111,12	112,50
8.				248,50−1,45	2,2244+0,0022	111,06		(aus Nr.1—5
9.			32	256,35−1,64	2,2934+0,0030	110,92		und 6—8.)
10.				272,55−1,68	2,4362+0,0035	111,03	110,98	

80 gelben Streifen entsprachen 70 rothe; also ist $\frac{s_{Li}}{s_{Na}} = \frac{7}{8}$.
Das Verhältniss war ein wenig kleiner; wie viel, konnte aber
nicht durch die Anzahl gezählter Streifen entschieden werden.

Die Versuche Nr. 2—5 und 9—10 sind die Seite 2 besprochenen 6 Controlversuche. Bei Versuch Nr. 2 und 4
war der Hahn so wenig geöffnet, dass die Streifen nur
äusserst langsam am Drahte vorbei passirten. Dadurch
wurde die Dauer der Versuche bedeutend vergrössert. Die
Versuche Nr. 3—5 wurden dagegen bei so schnellem Vorüber-
gang der Streifen vorgenommen, wie es nur mit einem sicheren Zählen vereinbar war. Kein Versuch deutet auf das
Dasein constanter Fehler hin. Die Versuche Nr. 9 und 10
beziehen sich eigentlich auf eine Mischung von Dampf und
atmosphärischer Luft. Jedesmal enthielt der Apparat vor dem
Einlassen des Dampfes trockene Luft von einem Drucke
von 350 mm. Die zwei miteinander sehr übereinstimmenden
Versuche zeigen, dass die Anwesenheit der Luft das Verhältniss $\frac{S}{G}$ ein wenig verkleinert hat. Ungefähr dieselbe Wirkung würde die vorzeitige Anwesenheit von Methylalkohol-
dämpfen von gleichem Drucke gehabt haben.

Die Versuche Nr. 1—8 zeigen für die Grösse $\frac{S}{G}$ mit
wachsendem mittleren Drucke des Dampfes eine stete Abnahme. Die Aenderung ist indess sehr gering, da eine Vermehrung des specifischen Gewichtes bis zum doppelten den
Werth $\frac{S}{g}$ nur um 0,6 Proc. verkleinert.

Die Grösse, der sich $k\frac{S}{G}$ nähert, während das mittlere
specifische Gewicht sich der 0 nähert, ist die für Dampf im
idealen Gaszustand geltende Grösse $\frac{n-1}{d}$. Als dieser Grösse
am nächsten wird deshalb der grösste der bei den verschiedenen Versuchen gefundenen Werthe für $k\frac{S}{G}$ anzunehmen
sein. Dem entsprechend habe ich für jeden Stoff das P_{Na}
aus dem grössten der gefundenen Mittel berechnet, welches
immer dem kleinsten bei den verschiedenen Versuchen verwendeten Drucke entspricht. Eine weitere Annäherung s_0
zum oben erwähnten Grenzwerthe des Verhältnisses $\frac{S}{G}$, habe
ich aus den Resultaten sämmtlicher Versuche durch die
Interpolationsformel (2) zu berechnen versucht, indem ich
in dieser $d = 0$ setzte. Die zwei in dieser Weise für Methylalkohol gefundenen s_0 weichen, wie aus der Tabelle ersichtlich, nur um 0,08 Proc. voneinander ab. Die aus s_0 berechnete Refractionsconstante habe ich P_{Na}' genannt.

Aus P_{Na} und P_{Na}' wird durch das beobachtete Verhältniss $\frac{s_{Li}}{s_{Na}}$ die dem rothen Lithiumlichte entsprechende Constante P_{Li} und P_{Li}' und demnächst der Dispersionsquotient
$\alpha = \frac{P_{Na} - P_{Li}}{P_{Na}}$ berechnet. Endlich werden durch die Gleichungen
$\frac{n-1}{d} = \frac{3}{2} P$ und $\frac{n'-1}{d} = \frac{3}{2} P'$ die dem specifischen Gewichte
des Dampfes vom Druck 760 mm und der Temperatur 0^0
entsprechenden Brechungsexponenten n und n' berechnet, wo
also d das Product aus dem specifischen Gewichte des Wasserstoffes bei 760 mm Druck und 0^0 C. und dem halben Mole-
culargewichte des Dampfes bezeichnet.

Für Methylalkoholdampf wurde in dieser Weise gefunden:

$$P_{Na} = 0,2559 \qquad P_{Li} = 0,2549 \qquad P'_{Na} = 0,2577 \qquad P'_{Li} = 0,2567$$

$$\alpha = 0,0035,$$

$$n_{Na} = 1,000\,550 \qquad n_{Li} = 1,000\,548 \qquad n_{Na} = 1,000\,554$$

$$n'_{Li} = 1,000\,552.$$

Aus dem Resultate Mascart's $f = 2,12$ ergibt sich:

$$P = 0,289.$$

Die Versuche über flüssigen Methylalkohol gaben: der
brechende Winkel des Prismas $2p = 60^0\ 0,3'$, die Ablenkung
$2a = 23^0\ 32,7'$. Der Winkel, um welchen das Prisma aus
der einen der zwei Stellungen, in welcher es die Ablenkung
$2a$ gab, bis zur andern gedreht werden musste, war für das
Natriumlicht $2b_1 = 2^0\ 30,0'$ und für Lithiumlicht $2b_2 = 8^0\ 18,0'$.
Die Temperatur war vor und nach der Beobachtung resp.
$t_1 = 12,64^0$ und $t_2 = 12,58^0$. Hieraus wird zuerst $n^2 - 1$
durch die Formel $n^2 - 1 = \dfrac{4\sin a \sin (a + 2p)\cos (p - b)\cos (p + b)}{\sin^2 2p}$
gefunden, woraus bei $12,6^0$:

$$n_{Na} = 1,3321, \qquad n_{Li} = 1,3303.$$

Landolt fand[1]) bei 20^0 $n_{Na} = 1,32944$. Aus dem von mir
bei $12,6^0$ gefundenen n_{Na}, wird bei 20^0 $n_{Na} = 1,3306$ berechnet.

Das specifische Gewicht wurde bei $11,58^0$ gleich $0,8004$
gefunden. Die Versuche Kopp's[2]) geben dasselbe bei der
gleichen Temperatur $0,8034$, und Landolt's $0,8041$.[3]) Nach
der Berechnung des specifischen Gewichts bei $12,6^0$ durch
den Ausdehnungscoëfficient nach Kopp wurde $P = \dfrac{n^2-1}{n^2+2}\dfrac{1}{d}$
gefunden:

$$P_{Na} = 0,2567, \qquad P_{Li} = 0,2554,$$

woraus: $\alpha = 0,0051.$

Der Siedepunkt des Methylalkohols war $65,7^0$.

---

1) Landolt, Pogg. Ann. **122.** p. 545. 1864.
2) Kopp, Pogg. Ann. **72.** p. 1. 1847.
3) Landolt, Pogg. Ann. **122.** p. 545. 1864.

Methylacetat.

Dampf. Die Versuche ergaben:

Nr.	d_1	d_2	Σ	S	G	$\dfrac{S}{G}$	Mittel	s_0
1.				$231{,}25 - 1{,}52$	$2{,}1784 + 0{,}0025$	$105{,}34$		
2.	80	130	32	$513{,}35 - 1{,}71$	$4{,}8778 + 0{,}0057$	$104{,}77$	$104{,}80$	
3.				$180{,}25 - 2{,}12$	$1{,}7063 + 0{,}0019$	$104{,}28$		$105{,}27$
4.	140	300	95	$509{,}00 - 1{,}47$	$4{,}8592 + 0{,}0048$	$104{,}34$	$104{,}29$	
5.				$474{,}75 - 1{,}88$	$4{,}5314 + 0{,}0053$	$104{,}23$		

95 gelben Streifen entsprachen 83 rothe, also $\dfrac{s_{Li}}{s_{Na}} = \dfrac{83}{95}$.

Es wird:

$$P_{Na} = 0{,}2399, \quad P_{Li} = 0{,}2387, \quad P'_{Na} = 0{,}2410, \quad P'_{Li} = 0{,}2398,$$
$$\alpha = 0{,}0050,$$
$$n_{Na} = 1{,}001\,193, \; n_{Li} = 1{,}001\,187, \; n'_{Na} = 1{,}001\,198, \; n'_{Li} = 1{,}001\,192.$$

Nach Mascart ist $f = 3{,}87$, woraus:

$$P = 0{,}228.$$

Flüssigkeit. Sowohl der Brechungsexponent als das specifische Gewicht wurde zweimal bestimmt.

1. Die Flüssigkeit war nicht destillirt:

$$2p = 59^0\ 59{,}9', \quad 2a = 25^0\ 58{,}5', \quad 2b_1 = 1^0\ 52{,}0', \quad 2b_2 = 8^0\ 21{,}5'$$

Die Temperatur war $t_1 = 13{,}83^0, \quad t_2 = 13{,}78^0$.

Hiernach ward gefunden, bei $13{,}8^0$ geltend:

$$n_{Na} = 1{,}3635, \quad n_{Li} = 1{,}3614.$$

2. Die Flüssigkeit war destillirt:

$$2p = 59^0\ 58{,}6', \quad 2a = 25^0\ 55{,}5', \quad 2b_1 = 0^0\ 26{,}0', \quad 2b_2 = 7^0\ 45{,}0',$$
$$t_1 = 14{,}78^0, \quad t_2 = 14{,}78^0.$$

Hiernach bei Temperatur $14{,}8^0$:

$$n_{Na} = 1{,}3632, \quad n_{Li} = 1{,}3613.$$

Aus 1. wird $n_{Na} = 1{,}3630$ bei $14{,}8^0$ berechnet. Bei 20^0 wird $n_{Na} = 1{,}3603$ gefunden. Bei derselben Temperatur hat Landolt $n_{Na} = 1{,}3610$, Sauber $n_{Na} = 1{,}3672$.

Das specifische Gewicht fand ich für nichtdestillirte Flüssigkeit bei $12{,}78^0$ gleich $0{,}9390$ (Kopp: $0{,}9403$, Landolt bei 20^0: 0,9053), und für destillirte Flüssigkeit bei $14,01^0$ gleich 0,9370 (Kopp: 0,9387).

Es wird nun:

$$P_{Na} = 0,2375, \qquad P_{Li} = 0,2362, \qquad \alpha = 0,0055.$$

Die Siedetemperatur war $56,5^0$.

Aethylformiat.

Dampf. Die Versuche gaben:

Nr.	d_1	d_2	Σ	S	G	$\dfrac{S}{G}$	Mittel	s_0
1.	95	150	32	384,75 — 1,31	3,6242 + 0,0040	105,68	105,69	106,99
2.				458,75 — 1,57	4,3208 + 0,0048	105,69		
3.	115	260	87	592,50 — 1,38	5,6257 + 0,0051	104,98	105,01	
4.				435,00 — 1,69	4,1200 + 0,0045	105,06		

87 gelben Streifen entsprachen 76 rothe, also $\dfrac{s_{Li}}{s_{Na}} = \dfrac{76}{87}$.

Woraus:

$$P_{Na} = 0,2419, \quad P_{Li} = 0,2406, \quad P_{Na}' = 0,2449, \quad P_{Li}' = 0,2436,$$
$$f = 0,0051,$$
$$n_{Na} = 1,001\,203, \quad n_{Li} = 1,001\,197, \quad n_{Na}' = 1,001\,217, \quad n_{Li}' = 1,001\,211.$$

Mascart fand $f = 4,05$, woraus:

$$P = 0,239.$$

Flüssigkeit. Der Brechungsexponent wurde bestimmt durch:

$$2p = 59^0\,58,0', \quad 2a = 26^0\,38', \quad 2b_1 = 3^0\,15,0', \quad 2b_2 = 8^0\,31,0'.$$

Die Temperaturen waren $t_1 = 9,05^0$, $t_2 = 9,10^0$.

Hieraus wird bei Temperatur $9,1^0$ gefunden:

$$n_{Na} = 1,3720, \qquad n_{Li} = 1,3700.$$

Bei 20^0 wird hieraus berechnet $n_{Na} = 1,3661$ (Landolt: $n_{Na} = 1,3598$, Sauber: 1,35076).

Das specifische Gewicht wurde bei $8,43^0$ gleich 0,9332 gefunden (Kopp: 0,9336, Landolt: 0,9218).

$$P_{Na} = 0,2437, \qquad P_{Li} = 0,2426, \qquad \alpha = 0,0048.$$

Die Siedetemperatur war $55,0^0$.

Methylpropionat $C_4H_8O_2$.

Dampf. Die Versuche gaben:

Nr.	d_1	d_2	Σ	S	G	$\dfrac{S}{G}$	s_0
1.	70	110	32	391,48 − 1,76	3,5671 + 0,0043	109,12	109,52
2.	100	200	80	724,25 − 1,78	6,6289 + 0,0082	108,85	

79 gelben Streifen entsprachen 69 rothe, $\dfrac{s_{Li}}{s_{Na}} = \dfrac{69}{79}$.

$$P_{Na} = 0,2498, \quad P_{Li} = 0,2485, \quad P'_{Na} = 0,2507, \quad P'_{Li} = 0,2494,$$
$$\alpha = 0,0053.$$

$$n_{Na} = 1,001\,477, \quad n_{Li} = 1,001\,469, \quad n'_{Na} = 1,001\,482, \quad n'_{Li} = 1,001\,474.$$

Flüssigkeit. Bestimmung des Brechungsexponenten:
$2p = 59^0\ 59,5', \quad 2a = 27^0\ 27,0', \quad 2b_1 = 2^0\ 5,0', \quad 2b_2 = 8^0\ 35,0'.$
Die Temperaturen waren $t_1 = 9,70^0, \quad t_2 = 9,75^0.$
Hieraus bei $9,7^0$:

$$n_{Na} = 1,3823, \quad n_{Li} = 1,3800.$$

Das specifische Gewicht war bei $9,13^0$ gleich 0,9278:

$$P_{Na} = 0,2512, \quad P_{Li} = 0,2498, \quad \alpha = 0,0054.$$

Aceton C_3H_6O.[1])

Dampf. Die Versuche gaben:

Nr.	d_1	d_2	Σ	S	G	$\dfrac{S}{G}$	Mittel	s_0
1.	80	140	32	291,20 − 1,67	2,3754 + 0,0029	121,74	121,34	122,02
2.				348,50 − 1,84	2,8619 + 0,0030	121,00		
3.	90	240	79	474,00 − 1,53	3,8996 + 0,0050	121,00	121,00	

71 gelben Streifen entsprachen 62 rothe, $\dfrac{s_{Li}}{s_{Na}} = \dfrac{62}{71}$.

$$P_{Na} = 0,2777, \quad P_{Li} = 0,2762, \quad P'_{Na} = 0,2793, \quad P'_{Li} = 0,2778,$$
$$\alpha = 0,0055.$$

$$n_{Na} = 1,001\,082, \quad n_{Li} = 1,001\,076, \quad n'_{Na} = 1,001\,088, \quad n'_{Li} = 1,001\,082.$$

---

1) Dargestellt aus Acetonatriumbisulfit.

Ann. d. Phys. u. Chem. N. F. XI.

Mascart findet $f = 3,74$, woraus:
$$P = 0,281.$$

Flüssigkeit. Zur Ermittelung des Brechungsexponenten fand ich:
$$2p = 59^0\ 58,5',\quad 2a = 25^0\ 56,5',\quad 2b_1 = 1^0\ 32,5',\quad 2b_2 = 8^0\ 26,0',$$
$$t_1 = 13,43^0,\quad t_2 = 13,34^0.$$
Hieraus bei $13,4^0$:
$$n_{Na} = 1,3634,\quad n_{Li} = 1,3612.$$

Daraus berechnet sich $n_{Na} = 1,3600$ bei 20^0 (Landolt: $n_{Na} = 1,3591$). Das specifische Gewicht war bei $13,63^0$ gleich $0,8013$ (Kopp: $0,7993$, Landolt: $0,7993$).
$$P_{Na} = 0,2777,\quad P_{Li} = 0,2761,\quad \alpha = 0,0058.$$
Die Siedetemperatur war $57,7^0$.

Aethylenchlorid $C_2H_4Cl_2$.

Dampf. Die Versuche gaben:

Nr.	d_1	d_2	Σ	S	G	$\dfrac{S}{G}$	Mittel	s_0
1.	100	150	32	$307,00 - 1,91$	$3,4282 + 0,0045$	$88,88$	$88,64$	$91,83$
2.				$356,25 - 2,23$	$4,0012 + 0,0023$	$88,43$		
3.	100	190	63	$315,00 - 1,91$	$3,5490 + 0,0034$	$88,13$	$88,13$	

63 gelben Streifen entsprachen 55 rothe, $\dfrac{s_{Li}}{s_{Na}} = \dfrac{55}{63}$.

$$P_{Na} = 0,2029,\quad P_{Li} = 0,2017,\quad P'_{Na} = 0,2102,\quad P'_{Li} = 0,2090,$$
$$\alpha = 0,0057.$$

$$n_{Na} = 1,001\,349,\ n_{Li} = 1,001\,341,\ n'_{Na} = 1,001\,398,\ n'_{Li} = 1,001\,390.$$

Mascart findet $f = 4,82$, woraus:
$$P = 0,212.$$

Flüssigkeit. Bestimmung des Brechungsexponenten:
1) $2p = 60^0\ 1,5',\quad 2a = 32^0\ 45,6',\quad 2b_1 = 6^0\ 5,0',\quad 2b_2 = 10^0\ 34,5',$
$$t_1 = 12,43^0,\quad t_2 = 12,48^0.$$
Hieraus bei $12,5^0$:
$$n_{Na} = 1,4462,\quad n_{Li} = 1,4433.$$

2) $2p = 60^0\,1,5'$ $2a = 32^0\,39,0'$, $2b_1 = 2^0\,4,5'$, $2b_2 = 8^0,\,32,5'$,
$$t_1 = t_2 = 12,58^0.$$

Also bei 12,6⁰:
$$n_{Na} = 1,4462, \quad n_{Li} = 1,4435$$

Das specifische Gewicht war bei 12,74⁰ gleich 1,2524:
$$P_{Na} = 0,2129, \quad P_{Li} = 0,2117, \quad \alpha = 0,0058.$$

Haagen fand bei 20⁰ $n_{Na} = 1,4444$ und das specifische Gewicht gleich 1,2562, was $P_{Na} = 0,2064$ ergibt.

Aethylidenchlorid $C_2H_4Cl_2$.[1]

Dampf. Die Versuche gaben:

Nr.	Σ	S	G	$\dfrac{S}{G}$
1.	32	228,90 — 1,89	2,4390 + 0,0021	92,99
2.	80	396,50 — 1,82	4,2940 + 0,0039	91,83
3.	166	168,50 – 2,05	1,8138 + 0,0006	91,74

111 gelben Streifen entsprachen 97 rothe, $\dfrac{s_{Li}}{s_{Na}} = \dfrac{97}{111}$.
$$P_{Na} = 0,2128, \quad P_{Li} = 0,2118, \quad \alpha = 0,0048,$$
$$n_{Na} = 1,001\,415, \quad n_{Li} = 1,001\,408.$$

Flüssigkeit. Bestimmung des Brechungsexponenten:
$2p = 59^0\,59,6'$, $2a = 30^0\,44,5'$, $2b_1 = 1^0\,57'$, $2b_2 = 8^0\,55'$,
$$t_1 = t_2 = 8,78^0.$$

Hieraus bei 8,8⁰:
$$n_{Na} = 1,4233, \quad n_{Li} = 1,4205$$

Das specifische Gewicht war bei 8,18⁰ gleich 1,1924:
$$P_{Na} = 0,2139, \quad P_{Li} = 0,2124, \quad \alpha = 0,0057.$$

Propyljodid C_3H_7J.

Dampf. Die Versuche gaben:

Nr.	d_1	d_2	Σ	S	G	$\dfrac{S}{G}$	Mittel
1.	60	100	89	383,50 — 1,77	5,5747 + 0,0037	68,43	68,40
2.				298,00 – 2,01	4,3265 + 0,0030	68,36	

1) Dargestellt aus Paraldehyd.

39 gelben Streifen entsprachen 34 rothe, $\frac{s_{Li}}{s_{Na}} = \frac{34}{39}$.

$$P_{Na} = 0,1566, \qquad P_{Li} = 0,1554, \qquad \alpha = 0,0071,$$
$$n_{Na} = 1,001\,788, \quad n_{Li} = 1,001\,775.$$

Flüssigkeit. Bestimmung des Brechungsexponenten:
$$2p = 60^{0}\,0,0', \quad 2a = 37^{0}\,21,5', \quad 2b_{1} = 0', \quad 2b_{2} = 10^{0}\,45',$$
$$t_{1} = 22,98^{0}, \quad t_{2} = 23,03^{0}.$$

Hieraus bei 23,0°:
$$n_{Na} = 1,5020, \quad n_{Li} = 1,4971.$$

Das specifische Gewicht war bei 21,41° gleich 1,7325:
$$P_{Na} = 0,1706, \qquad P_{Li} = 0,1692, \qquad \alpha = 0,0083.$$

Methyljodid CH₃J.

Dampf. Die Versuche gaben:

Nr.	d_1	d_2	Σ	S	G	$\frac{S}{G}$	Mittel	s_0
1.	60	110	31	312,50 − 1,19	5,3719 + 0,0023	57,93	58,17	58,47
2.				236,90 − 1,33	4,0273 + 0,0000	58,49		
3.	110	230	77	832,95 − 1,09	5,7408 + 0,0012	57,80	57,87	
4.				222,75 − 1,17	3,8220 + 0,0005	57,97		

77 gelben Streifen entsprachen 67 rothe, $\frac{s_{Li}}{s_{Na}} = \frac{67}{77}$.

$$P_{Na} = 0,1331, \quad P_{Li} = 0,1319, \quad P'_{Na} = 0,1338, \quad P'_{Li} = 0,1326,$$
$$\alpha = 0,0090.$$

$$n_{Na} = 1,001\,270, \quad n_{Li} = 1,001\,259, \quad n'_{Na} = 1,001\,276, \quad n'_{Li} = 1,001\,265.$$

Mascart fand $f = 4,33$, woraus:
$$P = 0,133.$$

Die Flüssigkeit wurde nicht untersucht. **Haagen**[1]) hat $n_{Na} = 1,5297$, $n_{Li} = 1,5231$ und das specifische Gewicht gleich 2,2636 bei 20° gefunden, woraus sich ergibt:
$$P_{Na} = 0,1364, \qquad P_{Li} = 0,1350, \qquad \alpha = 0,0104.$$

---

1) **Haagen**, Pogg. Ann. **131**. p. 117. 1867.

Benzol $C_6 H_6$.

Dampf. Die Versuche gaben:

Nr.	Σ	S	G	$\dfrac{S}{G}$	Mittel
1.	124	372,40 − 0,91	2,6092 + 0,0035	142,19	}142,11
2.	124	124,00 − 1,13	0,8652 + 0,0010	141,85	

62 gelben Streifen entsprachen 54 rothe, $\dfrac{s_{Li}}{s_{Na}} = \dfrac{27}{31}$.

$P_{Na} = 0{,}3253, \qquad P_{Li} = 0{,}3227, \qquad \alpha = 0{,}0081,$

$n_{Na} = 1{,}001\,705, \qquad n_{Li} = 1{,}001\,691.$

Mascart findet $f = 6{,}20$, woraus:

$$P = 0{,}346.$$

Flüssigkeit. Bestimmung des Brechungsexponenten:

1) $2p = 60^{\circ}\,2{,}0',\quad 2a = 37^{\circ}\,16{,}25',\quad 2b_1 = 3^{\circ}\,58{,}0',\quad 2b_2 = 12^{\circ}\,14{,}0',$
$$t_1 = 21{,}13^{\circ},\quad t_2 = 21{,}15^{\circ},\quad t_3 = 21{,}18^{\circ}.$$

Hieraus bei $21{,}2^{\circ}$:

$$n_{Na} = 1{,}5000, \quad n_{Li} = 1{,}4943.$$

2) $2p = 60^{\circ}\,2{,}0'\quad 2a = 37^{\circ}\,42{,}75',\quad 2b_1 = 11^{\circ}\,36{,}0',\quad 2b_2 = 16^{\circ}\,20{,}7',$
$$t_1 = 21{,}23^{\circ},\quad t_2 = 21{,}28^{\circ},\quad t_3 = 21{,}35^{\circ}.$$

Hieraus bei $21{,}3^{\circ}$:

$$n_{Na} = 1{,}5000, \quad n_{Li} = 1{,}4943.$$

Sauber[1]) hat bei 21° $n_{Na} = 1{,}4905$, Adrieenz[2]) bei $15{,}2^{\circ}$ $n_{Na} = 1{,}4957$ gefunden.

Das specifische Gewicht war bei $21{,}3^{\circ}$ gleich $0{,}8785$, (Kopp $0{,}8765$, Adrieenz: $0{,}8781$):

$$P_{Na} = 0{,}3347, \quad P_{Li} = 0{,}3315, \quad \alpha = 0{,}0095.$$

Die Siedetemperatur war $80{,}5^{\circ}$.

Die folgende Tabelle enthält die Resultate sämmtlicher Versuche nebst einigen Resultaten aus den Versuchen der Herren Mascart und Landolt.

---

1) Sauber, Pogg. Ann. **117.** p. 353. 1862.
2) Adrieenz, Ber. d. chem. Ges. **6.** p. 441. 1873.

	Dampf		Flüssigkeit		Dampf	Flüssigkeit	Dampf	Flüssigkeit
	P_{Na}	P'_{Na}	P_{Na}	$\frac{3}{2}\frac{n_{Na}-1}{d}$	α	α	P nach Mascart	P_{Na} nach Lando...
Methylalkohol ..	0,2559	0,2577	0,2567	0,2769	0,0085	0,0051	0,289	0,255
Methylacetat ...	0,2399	0,2410	0,2375	0,2584	50	55	0,228	0,244
Aethylformiat ..	0,2419	0,2449	0,2437	0,2660	51	48	0,289	0,243
Methylpropionat .	0,2498	0,2507	0,2512	0,2749	53	54	—	—
Aceton	0,2777	0,2798	0,2777	0,3023	55	58	0,281	—
Aethylenchlorid ..	0,2029	0,2102	0,2129	0,2374	57	58	0,212	—
Aethylidenchlorid	0,2128	—	0,2139	0,2367	48	57	—	—
Propyljodid	0,1566	—	0,1706	0,1932	71	83	—	—
Methyljodid ...	0,1331	0,1338	(0,1364)	(0,1560)	90	(104)	0,133	—
Benzol	0,3253	—	0,3347	0,3794	81	95	0,346	—

In der fünften Columne ist, berechnet aus den Versuchen mit Flüssigkeit, $\frac{3}{2}\frac{n_{Na}-1}{d}$ aufgeführt. Da nun für Dampf $\frac{3}{2}\frac{n_{Na}-1}{d} = P_{Na}$, kann also die Constanz der von Dale und Gladstone eingeführten Grösse $\frac{n-1}{d}$ untersucht werden; wie aus der Tabelle ersichtlich, weichen die einzelnen Werthe voneinander bedeutend ab. Ein noch grösserer Unterschied würde sich zwischen den specifischen Brechungsvermögen $\frac{n^2-1}{d}$ finden.

Ausser der numerischen Ermittelung des Brechungs-exponenten und der Farbenzerstreuung für die untersuchten Stoffe geht als Resultat meiner Versuche eine weitere Be-stätigung der Annahme der Refractionsconstante hervor, wozu Hr. Lorenz auf theoretischem Wege geführt ist, und welche seine eigenen Versuche bestätigten. Ich habe die Refractionsconstante mit wachsender Dichte des Dampfes schwach abnehmend gefunden. Es ist aber durch die Ver-suche nicht entschieden, ob dieses einer wirklichen Verän-derlichkeit der Constante oder einer etwaigen Condensation des Dampfes auf den Wänden des Gefässes zuzuschreiben ist. Durch meine Versuche wollte ich nur entscheiden, ob die Abnahme mit wachsendem Drucke eine durchgehende ist. Meist war sie sehr klein, und die Versuche sind hin-länglich variirt, um durch Gleichung (2) aus der Refractionsconstante P, welche ich aus den Versuchen direct berechne, eine andere P' zu berechnen, welche sich der für Dampf im idealen Gaszustande geltenden annähert. Der Unterschied zwischen P und P' erreicht nur für Aethylformiat 1,3 und für Aethylenchlorid 3,5 Proc., sie ist sonst kleiner als 0,5 Proc. Da ich in den Versuchen mit Benzol und Propyljodid nicht die Dichte des Dampfes variirte, bleibt dort noch der hohen Siedepunkte wegen eine Unsicherheit. Wie zu erwarten, ist die Abnahme der Refractionsconstante meistens um so grösser, je höher die Siedetemperatur des betreffenden Dampfes ist.

Hr. Mascart hat in seinen Versuchen über die Lichtbrechung in Gasen[1]) $n - 1 = AH(1 + BH)$ gefunden. Nach Regnault ist das specifische Gewicht dieser Gase $d = A_1 H$ $(1 + B_1 H)$. Hier sind A, B, A_1 und B_1 Constante, H der Druck. Hieraus folgt, dass $\frac{n-1}{d} = \frac{A}{A_1} \cdot \frac{1+BH}{1+B_1H}$ constant wird, wenn $B = B_1$. Die Unterschiede, welche Hr. Mascart gefunden hat, schreibt er ihrer Kleinheit wegen den Beobachtungsfehlern zu. Indessen zeigen von zehn Gasen acht $B < B_1$; nur bei N und N_2O, wo $B - B_1$ sehr klein ist, war $B > B_1$. Da nun, wenn $B < B_1$, $\frac{n-1}{d}$ mit wachsendem Drucke abnimmt, so laufen die Aenderungen bei den Versuchen des Hrn. Mascart in gleicher Richtung wie in den meinigen über Dämpfe.

Bei der von Hrn. Mascart[2]) ausgeführten Untersuchung über Dämpfe finden sich zur Vergleichung mit den meinigen sechs Stoffe. Bei drei Stoffen: Aceton, Aethylenchlorid und Methyljodid findet gute Uebereinstimmung statt. Die anderen dagegen zeigen bedeutende Abweichungen, und ich kann nicht umhin, die Ursache darin zu suchen, dass die Methode des Hrn. Mascart nicht einer so grossen Genauigkeit fähig ist, wie die von Prof. Lorenz und mir benutzte. Infolge der Uebereinstimmung zwischen den Refractionsconstanten für Dampf und Flüssigkeit in meinen Versuchen und der

---

1) Mascart, Ann. d. l'école norm. **6.** (2) p. 9—78.
2) Mascart, Compt. rend. **86.** p. 1182—85. 1878.

Uebereinstimmung des letzteren mit den von mir aus den Versuchen Landolt's (letzte Columne der Tabelle) berechneten, dürfte der Unterschied nicht darauf beruhen, dass die Versuche des Hrn. Mascart und die meinigen unter ziemlich verschiedenen Druck- und Temperaturverhältnissen ausgeführt sind.

Aus allen Versuchen des Hrn. Lorenz ging hervor, dass die Refractionsconstante beim Uebergange des Stoffes vom flüssigen zum gasförmigen Zustande sich nur wenig ändert, und weiter, dass die Veränderung immer eine Vergrösserung ist. Auch ich habe die Refractionsconstante für Flüssigkeit und Dampf sehr nahe übereinstimmend gefunden, obgleich sie für letzteren nicht immer die grössere war. Zum Vergleiche mit dieser Uebereinstimmung habe ich, wie p. 118 erwähnt, den Unterschied der Grössen $n\,\dfrac{-1}{d}$ für Flüssigkeit und Dampf bestimmt, indem ich für die Flüssigkeiten die Grösse $\mathfrak{z}\,\dfrac{n_{Na}-1}{d}$, welche für die Dämpfe das P_{Na} ist, berechnete.

Die Dämpfe, mit Ausnahme des Aethylformiats, zeigen hier wie in den Versuchen des Hrn. Lorenz einen nur wenig kleineren Dispersionsquotienten als die Flüssigkeiten. Die Abweichung des Aethylformiats, welches flüssig $\alpha = 0{,}0048$ und gasförmig $\alpha = 0{,}0051$ ergibt, kann indessen in ungünstig zusammentreffenden Beobachtungsfehlern bei den Bestimmungen des Brechungsexponenten der Flüssigkeit begründet sein. Aus den Versuchen Landolt's wird $\alpha = 0{,}0053$ berechnet, ein Werth, welcher also um $0{,}0002$ grösser ist als der von mir für Dampf gefundene Quotient.

VI. *Theorie der Reflexion und Brechung an der Grenze von homogenen, isotropen, durchsichtigen Körpern mit Verallgemeinerung und Erweiterung der Grundlagen der Neumann'schen Methode;*

von Dr. Moritz Réthy,

Professor an der Universität zu Klausenburg.

(Auszug aus einer Antrittsabh., der ung. Akad. d. Wiss. zu Budapest mitgetheilt am 15. März 1880.)

Der Fresnel-Cauchy'schen Theorie der Reflexion und Brechung an der Grenze von homogenen, isotropen, durchsichtigen Körpern liegen unter anderen zwei Hypothesen zu Grunde, die den entsprechenden der Neumann-Mac-Cullagh'schen diametral entgegengesetzt sind. Nach der ersteren Theorie sollen die Vibrationen des Aethers senkrecht, nach der zweiten parallel zur Polarisationsebene erfolgen. Nach der ersteren besässe der Aether in den verschiedenen Körpern gleiche Elasticität, verschiedene Dichte; nach der zweiten gleiche Dichte, verschiedene Elasticität.

Indess deutet die Verbreitung des Lichts in doppelt brechenden Körpern darauf hin, dass die Elasticität des Aethers von der Molecularconstitution der ponderabeln Materie beeinflusst wird; andererseits sprechen die Aberrationserscheinungen für die Fresnel'sche Annahme von der Dichte des Aethers.

Es wird daher nicht überflüssig erscheinen, wenn hier eine vollständige Theorie der Reflexion und Brechung aufgestellt wird, welche frei ist von jedweder auf Dichte und Elasticität bezüglichen Hypothese, die vielmehr beliebige Functionen der Brechungsexponenten sein können, und welche in Uebereinstimmung mit der Neumann'schen Theorie mit transversalen Wellen auskommt.

Die gemeinsame Grundlage aller bisher aufgestellten Reflexionstheorien bildet das Fresnel'sche Continuitätsgesetz, das bezeichnender die Hypothese von der Erhaltung der Vibrationsgeschwindigkeit genannt werden könnte; das Gesetz sagt aus, dass gegenüberliegende Grenzpunkte der beiden

Aethermassen der Grösse und Richtung nach gleiche Vibrationsgeschwindigkeiten besitzen. Man betrachtet dies häufig
als ein evidentes oder wenigstens leicht beweisbares Princip.
Indess kann hier von unmittelbarer Evidenz keine Rede
sein; auch findet man für das Gesetz keinen genügenden
Beweis.[1]) Bedenkt man, dass die ponderable Materie auch
in absolut durchsichtigen Körpern auf stationäre Weise
mitschwingen kann, so wird man selbst an die Möglichkeit
eines strengen Beweises zweifeln.

Das sogenannte Continuitätsprincip ist demnach einfach
eine willkürliche Hypothese, an deren Stelle mit vollem
Recht eine allgemeinere (mithin weniger willkürliche) gesetzt
werden darf, die wie folgt lautet: Geht die Lichtbewegung von einem Körper in einen andern über, so
ist die Richtung der Vibrationsgeschwindigkeiten
in gegenüberliegenden Grenzpunkten unverändert
dieselbe, das Grössenverhältniss hingegen (möglicherweise nicht = 1, wie bisher angenommen wurde, sondern)
irgend eine Function der Brechungsexponenten.

Nimmt man diese Hypothese von der „Erhaltung
der Vibrationsrichtung" an, so ergeben sich daraus mit
Hinzuziehung des Princips von der Erhaltung der
lebendigen Kraft die bekannten Fresnel'schen Gesetze der Reflexion und Brechung, wenn man die
Bildung von Longitudinalwellen ausschliesst und
zum Schluss über Vibrations- und Polarisationsrichtung die Neumann'sche Annahme macht.

Die elliptische Polarisation bei theilweiser Reflexion lässt
sich hingegen ohne Hinzunahme einer ferneren Hypothese
nicht vollständig darstellen. Man erhält nämlich ohne
weiteres nur „eine" Gleichung zwischen reducirtem
Azimuth und Phasenunterschied der reflectirten
Wellencomponenten. Diese liess sich aber an der Hand
der Jamin'schen Versuche prüfen und verificiren, was zu

---

1) Mir ist blos der Fresnel'sche bekannt, und dieser beruht auf der
Annahme der gleichen Elasticität und sprungweisen Aenderung der Dichte;
dabei wird von dem Mitschwingen des wägbaren Stoffes abstrahirt.

                                                    Der Verfasser.

fernerer Untersuchung ermunterte. Auch gestatte man mir die Bemerkung, dass die Cauchy'sche Methode ohne Hinzuziehung vielfacher neuer, ad hoc erfundener Hypothesen keine einzige Beziehung lieferte, und dass andererseits die Zech'sche einfache Erklärung in Anbetracht der Quincke'schen Experimentaluntersuchungen [1]) (über negative Ellipticitätsconstanten) physikalisch unzulässig ist.

Zur vollständigen Darstellung reicht hin, wenn man eine der folgenden Hypothesen macht:

Hypothese I. Man nehme an, dass für Vibrationen, die senkrecht zur Einfallsebene erfolgen, der vom wägbaren Stoffe herrührende sogenannte fremde Grenzdruck nur bei solchen Körpern gleich Null ist, denen die Ellipticitätsconstante Null zukommt.

Diese Hypothese führt (mit Hinzunahme der frühern) zu einer zweiten Gleichung zwischen den oben genannten Grössen und dem Maximalwerth p des fremden Drucks. Aus den beiden Gleichungen ergeben sich aber Ausdrücke für Azimuth und Phasenunterschied, in denen die Grösse p dieselbe Rolle spielt wie der sogenannte Extinctionsexponent in der verallgemeinerten Cauchy'schen Theorie; sie erscheint also als eine durch sorgfältige Experimente zu bestimmende Grösse und kann auch leicht den Cauchy'schen, Green'schen und anderen Formeln gemäss bestimmt werden.

Hypothese II. Wenn die Vibrationen parallel zur Einfallsebene vor sich gehen, so ergibt sich leicht, dass der Maximalwerth einer dem oben genannten Druck entsprechenden Componente sich als lineare Function der Amplituden im einfallenden, reflectirten und gebrochenen Lichte darstellt, wo die Coëfficienten von der Form $k \cos 2\varphi$ sind, unter k Constanten verstanden. Man nehme an, dass der Ausdruck des Maximalwerthes unverändert bleibt, auch wenn die Vibrationen senkrecht zur Einfallsebene erfolgen, nur dass an Stelle der k andere physikalische Constanten treten.

---

1) **Quincke**, Pogg. Ann. **128**. p. 369. 1866.

Diese Hypothese lässt keine Unbestimmtheit übrig; sie
führt zu den abgekürzten Cauchy'schen Formeln.

———

I. Die ebene Grenzfläche der beiden Körper wähle
man zur xy-Coordinatenebene, die Normale zur z-Axe, die
Einfallsebene zur xy-Ebene. Man bezeichne Einfallswinkel
und Brechungswinkel mit φ, φ_1; die Wellenlängen des Lichts
von der Schwingungsdauer T in den beiden Körpern mit λ,
λ_1. Die Componenten der Vibrationsgeschwindigkeiten in
der einfallenden, reflectirten, gebrochenen Welle seien der
Reihe nach u, v, w, — u_r, v_r, w_r, — u_1, v_1, w_1; die Amplituden in der Einfallsebene A, A_r, A_1; senkrecht zur Einfallsebene B, B_r, B_1.

Für die Vibrationsgeschwindigkeiten gelten (wenn Longitudinalwellen ausgeschlossen bleiben), wie bekannt, die Ausdrücke:

$$(1) \quad \begin{cases} \left. \begin{aligned} u &= A \cos \varphi \\ w &= -A \sin \varphi \\ v &= B \end{aligned} \right\} \sin 2\pi \left[\frac{x \sin \varphi + z \cos \varphi}{\lambda} + \frac{t}{T} \right]; \\[2ex] \left. \begin{aligned} u_r &= A_r \cos \varphi \\ w_r &= A_r \sin \varphi \end{aligned} \right\} \sin \left[2\pi \left(\frac{x \sin \varphi - z \cos \varphi}{\lambda} + \frac{t}{T} \right) + \delta_r' \right] \\[2ex] v_r = B_r \, \sin \left[2\pi \left(\frac{x \sin \varphi - z \cos \varphi}{\lambda} + \frac{t}{T} \right) + \delta_r \right] \\[2ex] \left. \begin{aligned} u_1 &= A_1 \cos \varphi_1 \\ w_1 &= -A_1 \sin \varphi_1 \end{aligned} \right\} \sin \left[2\pi \left(\frac{x \sin \varphi_1 + z \cos \varphi_1}{\lambda_1} + \frac{t}{T} \right) + \delta_1' \right] \\[2ex] v_1 = B_1 \, \sin \left[2\pi \left(\frac{x \sin \varphi_1 + z \cos \varphi_1}{\lambda_1} + \frac{t}{T} \right) + \delta_1 \right]. \end{cases}$$

Die Grössen δ_r, δ_r', δ_1, δ_1' bezeichnen die Phasenunterschiede der resp. Wellen an Punkten der geometrischen
Grenzfläche.

Unsere Hypothese von der Erhaltung der Vibrationsrichtung wird ausgedrückt durch folgende Gleichungen, die
an der Grenze bestehen sollen:

$$(2) \quad v_1 (u + u_r) = v u_1, \quad v_1 (v + v_r) = v v_1, \quad v_1 (w + w_r) = v w_1);$$

hier bezeichnet $v : v_1$ „das Verhältniss der resultirenden
Vibrationsgeschwindigkeiten" an beiden Seiten der Grenze;
sein Werth war nach dem sogenannten Continuitätsprincip

= 1; das Verhältniss ist nach unserer Verallgemeinerung eine Function der Brechungsexponenten.

Das Princip der lebendigen Kraft verlangt ausserdem die Relationen:

$$(3) \quad \begin{cases} \mu\,(A^2 - A_r{}^2)\sin 2\varphi = \mu_1\,A_1{}^2\sin 2\varphi_1 \\ \mu\,(B^2 - B_r{}^2)\sin 2\varphi = \mu_1\,B_1{}^2\sin 2\varphi_1, \end{cases}$$

wo $\mu:\mu_1$ das Verhältniss der Dichten der Aethermassen in den beiden Körpern bezeichnet und unserer Annahme nach ebenfalls eine Function der Brechungsexponenten sein soll.

Die Gleichungen (1) und (2) geben nach der bekannten Methode das Snellius'sche Gesetz, und sie liefern Relationen zwischen den Amplituden und Phasenunterschieden. Um letztere zu behandeln, sollen die beiden Hauptcomponenten der Vibration abgesondert werden.

II. Die Schwingungen seien parallel zur Einfallsebene. Den genannten Relationen kann genügt werden, wenn $\delta_r = \delta_r'$ vielfache von 2π sind, und die beiden Gleichungen bestehen:

$$(4) \quad \begin{cases} \nu_1\,(A + A_r)\cos\varphi = \nu\,A_1\cos\varphi_1 \\ \nu_1\,(A - A_r)\sin\varphi = \nu\,A_1\,\sin\varphi_1. \end{cases}$$

Die Lösung dieser Gleichungen bilden:

$$(4\text{a}) \qquad A_r = \frac{\sin(\varphi - \varphi_1)}{\sin(\varphi + \varphi_1)}\,A; \qquad A_1 = \frac{\sin 2\varphi}{\sin(\varphi + \varphi_1)}\,\frac{\nu_1}{\nu}\,A.$$

Multiplicirt man ferner die Gleichungen (4) miteinander und vergleicht das Product mit der ersten der Gleichungen (3), so ergibt sich:

$$(4\text{b}) \qquad \nu_1{}^2 : \nu^2 = \mu : \mu_1.$$

Die Quadrate der resultirenden Vibrationsgeschwindigkeiten verhalten sich demnach umgekehrt wie die ersten Potenzen der Dichtigkeiten der betreffenden Aethermassen.

III. Die Schwingungen seien senkrecht zur Einfallsebene. Es gibt Körper, die bei theilweiser Reflexion keine elliptische Polarisation zeigen; wir wollen uns erst mit solchen beschäftigen. Die zweite der Gleichungen (2) ergibt dann die Relation:

(5a) $v_1 (B + B_r) = v B_1 .$

Dividirt man diese in die zweite der Gleichungen (3)
und nimmt Rücksicht auf die Relation (4b), so erhält man
dazu:

(5b) $v_1 (B - B_r) \sin 2\varphi = v B_1 \sin 2\varphi_1 .$

Aus den beiden Gleichungen bestimmen sich die Amplituden:

(6) $B_r = \dfrac{\sin 2\varphi - \sin 2\varphi_1}{\sin 2\varphi + \sin 2\varphi_1} B, \quad B_1 = \dfrac{2 \sin 2\varphi}{\sin 2\varphi + \sin 2\varphi_1} \dfrac{v_1}{v} B .$

IV. Die gefundenen Ausdrücke für die Amplituden und Phasen der gebrochenen und reflectirten
Lichtwellen stimmen, — abgesehen von der constanten
Grösse $v : v_1$, mit denen von Neumann vollständig überein; sie sind daher mit den Erfahrungen ebenso im
Einklang, als diese, wenn man annimmt, dass Schwin-
gungs- und Polarisationsebenen parallel sind.

Wir gehen über zur Beschreibung der Vorgänge in der
Nähe des Polarisationswinkels bei Körpern, denen eine Ellipticitätsconstante zukommt. Diejenigen unter den Gleichungen
(1) und (2), welche die Componenten v enthalten, liefern:

(7) $v_1 (B + B_r \cos \delta_r) = v B_1 \cos \delta_1 , \quad v_1 B_r \sin \delta_r = v B_1 \sin \delta_1 .$

Dazu kommt die Gleichung der lebendigen Kraft, die
man in Anbetracht der Relation (4b) schreiben kann wie
folgt:

(7a) $v_1^2 (B^2 - B_1^2) \sin 2\varphi = v^2 B_1^2 \sin 2\varphi_1 .$

Quadrirt man die beiden ersten Gleichungen und setzt
den so gefundenen Werth von B_1^2 in die dritte ein, so ergibt sich sogleich:

(8a) $l_1 B_r^2 + 2 B_r B \cos \delta_r + m_1 B^2 = 0 ,$

wo $l_1 = 1 + \dfrac{\sin 2\varphi}{\sin 2\varphi_1} , \qquad m_1 = 1 - \dfrac{\sin 2\varphi}{\sin 2\varphi_1} .$

Die Gleichung wurde abgeleitet aus der Hypothese von der Erhaltung der Vibrationsrichtung mit
Hinzunahme blos des Princips der lebendigen Kraft
und Ausschluss von Longitudinalwellen. Es wurde
daher aus ihr mit Hinzuziehung der ersten Gleichung (4a)
das reducirte Azimuth arctg $(B_r : A_r)$ als Function von Ein-

fallswinkel und Phasenunterschied dargestellt und die Formel an zwei Beobachtungsreihen von Jamin direct geprüft. Wir können jedoch die daraus hervorgegangenen Tabellen entbehren, da im Folgenden allgemein bewiesen werden soll, dass die Cauchy'schen Formeln unserer Gleichung innerhalb der Fehlergrenzen der Beobachtung genügen.

Zu diesem Behufe soll der sogenannte fremde Druck, den die wägbare Materie auf die Einheit der Grenzfläche ausübt, berechnet werden. Da er gleich ist der Differenz jener Druckkräfte, die auf die entgegengesetzten Seiten der Grenzfläche (per Flächeneinheit) entfallen und nach dem Gesetze der inneren Druckkräfte gebildet sind (im gegebenen Falle lautet dieses Gesetz für die einfallende Welle, dass der innere Druck gleich ist $K \frac{\partial v}{\partial z}$, wo K den Elasticitätscoëfficienten bedeutet etc.), so findet man für den fremden Druck, den wir mit P bezeichnen wollen:

$$(9) \quad \begin{cases} P = 2\pi \left[\frac{K}{\lambda} \cos\varphi \left(B \cos\vartheta - B_r \cos_\vartheta + \delta_r) \right) \right. \\ \left. \qquad - \frac{K_1}{\lambda_1} \cos\varphi_1 \, B_1 \cos(\vartheta + \delta_1) \right]. \end{cases}$$

Hier bezeichnen K und K_1 die Elasticitätscoëfficienten der Aethermassen, ferner:

$$\vartheta = 2\pi \left[\frac{x \sin\varphi}{\lambda} + \frac{t}{T} \right] = 2\pi \left[\frac{x \sin\varphi_1}{\lambda_1} + \frac{t}{T} \right].$$

Dieser Druck soll nach unserer Hypothese I gleich Null sein für Körper, die keine elliptische Polarisation zeigen, d. i. bei denen δ_r und δ_1 gleich Null sind. Bei solchen Körpern besteht demnach zwischen den Elasticitätscoëfficienten, Amplituden etc. die Gleichung:

$$\frac{K}{\lambda} \cos\varphi \, (B - B_r) = \frac{K_1}{\lambda_1} \cos\varphi_1 \cdot B_1 \,,$$

die sich mit Hinzuziehung des Snellius'schen Brechungsgesetzes und der Gleichung (5b) schreiben lässt:

$$(10) \quad \frac{K\nu}{\sin^2\varphi} = \frac{K_1 \nu_1}{\sin^2\varphi_1} \,.$$

Die Hypothese liefert eine Relation zwischen den Elasticitäts- und Brechungsexponenten, und — wenn man ein früheres

Ergebniss hinzuzieht — den Dichten der beiden Aethermassen; sie bildet eine Verallgemeinerung der Neumann'schen
Relation, wie zu erwarten war. Auch ist sie nicht blos für
Körper der betrachteten Art gültig, sondern für beliebige
durchsichtige Körper, wenn man annimmt, dass die Verhältnisse der Elasticitätscoëfficienten und Dichten von dem Verhältnisse der Brechungsexponenten nach einheitlichem Gesetz
abhängt und nur von diesem, was wir vorausgesetzt haben.

Man berechne nun den Maximalwerth des Drucks P,
den wir mit p bezeichnen wollen; reducire ihn vermittelst
der Gleichungen (7) und (10); führe die Abkürzungen ein:

$$l = \sin 2\varphi + \sin 2\varphi_1; \qquad m = \sin 2\varphi - \sin 2\varphi_1; \qquad a = \frac{\lambda}{\pi K}.$$

Man findet leicht:

(8b) $$p^2 = \frac{1}{a^2 \sin^2 \varphi}\Big[(m B - l B + \cos \delta_r)^2 + l^2 B_r^2 \sin^2 \delta_r\Big].$$

Betrachtet man p als bekannt, so bildet diese Gleichung
eine zweite Relation zwischen Amplitude und Phasenunterschied. Zur bequemen Auflösung der Gleichungen (8a) und
(8b) setze man $B = 1$ und bedenke, dass:

$$l_1 \sin 2\varphi_1 = l; \qquad m_1 \sin 2\varphi_1 = -m.$$

Es ergibt sich schliesslich:

(11) $$\begin{cases} B_r^2 = \dfrac{(\sin 2\varphi - \sin 2\varphi_1)^2}{(\sin 2\varphi + \sin 2\varphi_1)^2}\Big[1 + \dfrac{a^2 p^2 \sin^2 \varphi \sin 2\varphi_1}{(\sin 2\varphi - \sin 2\varphi_1)^2 \sin 2\varphi}\Big], \\[2mm] B_r \cos \delta_r = \dfrac{\sin 2\varphi_1 - \sin 2\varphi}{\sin 2\varphi_1 + \sin 2\varphi}\Big[1 + \dfrac{a^2 p^2 \sin^2 \varphi}{2(\sin 2\varphi - \sin 2\varphi_1) \sin 2\varphi}\Big]. \end{cases}$$

Die Grösse p blieb bisher unbestimmt; sie soll nun den
Erfahrungen entsprechend bestimmt werden. Man sieht vor
allem, dass sie immer sehr klein bleiben muss; nur dann
unterscheidet sich nämlich die Amplitude vom Fresnel'schen
Werthe sehr wenig, was den Thatsachen entspricht. Wir
wollen erst die Erscheinung untersuchen in einer Entfernung
vom Polarisationswinkel, die genügt, dass man die Grösse
in der Klammer auf der rechten Seite der zweiten Gleichung (11) gleich 1 setzen könne. Man hat so:

(12a) $$B_r \cos \delta_r = \frac{\sin 2\varphi_1 - \sin 2\varphi}{\sin 2\varphi_1 + \sin 2\varphi}.$$

Dividirt man aber die erste der Gleichungen (11) in das Quadrat dieser Gleichung, so erhält man daraus:

$$(12_{b_1}) \qquad \operatorname{tg} \delta_r = \pm \frac{a\,p\,\sin\varphi}{\sin 2\varphi - \sin 2\varphi_1} \sqrt{\frac{\sin 2\varphi_1}{\sin 2\varphi}},$$

eine Gleichung, die sich auch schreiben lässt:

$$(12_b) \qquad \operatorname{tg}\delta_r = \pm \operatorname{tg}(\varphi+\varphi_1)\cdot\frac{a_1\,p}{\sin\varphi}\sqrt{\frac{\sin 2\varphi_1}{\sin 2\varphi}},$$

wo

$$a_1 = \frac{a}{2\left(1-\dfrac{1}{n^2}\right)}$$

gesetzt ist; dabei bezeichnet n das Verhältniss der Brechungsexponenten, nämlich $\sin\varphi : \sin\varphi_1 = n$; a_1 ist mithin eine Constante.

Die Gleichungen (12_a) und (12_b) sind identisch mit den Cauchy'schen, resp. Green'schen Formeln, wenn man:

$$(12_c) \quad a_1\,p = \varepsilon \sin^2\varphi \sqrt{\frac{\sin 2\varphi_1}{\sin 2\varphi}}, \ \text{resp.} \ a_1\,p = \varepsilon \sin\varphi \sqrt{\frac{\sin 2\varphi_1}{\sin 2\varphi}}$$

setzt, wo ε die Jamin'sche, resp. Green'sche Ellipticitätsconstante bedeutet.

Ich habe mich übrigens durch directe Vergleichung mit zwei Beobachtungsreihen von Jamin überzeugt, dass auch:

$$a_1\,p = \varepsilon \sin^2\varphi$$

und, wenn auch minder genau:

$$a_1\,p = \varepsilon \sin\varphi$$

ebenfalls genügen.

Wir haben noch die Untersuchung nachzutragen, mit welcher Genauigkeit die Gleichungen (12) den aus der Theorie abgeleiteten vollständigen Gleichungen (11) genügen. — Zu diesem Behufe nehme man z. B. den ersten der Ansätze (12_c) an; dann liefert die erste der Gleichungen (11) für B_r genau dieselben Werthe wie das System (12_a), (12_b), da sie sich aus diesen direct ableiten lässt. Es bleibt daher nur noch nachzuweisen übrig, dass die zweite der Gleichungen (11) Werthe für δ_r liefert, die den aus (12_b) sich ergebenden nahe genug stehen. — Der Nachweis ist sehr leicht, denn man sieht, dass der Ausdruck in der Klammer, der sich schreiben lässt:

$$1 + \tfrac{1}{2}\left(1 - \frac{1}{n^3}\right)\frac{\sin^6\varphi}{\sin(\varphi - \varphi_1)} \cdot \frac{\varepsilon^2}{\cos(\varphi - \varphi_1)}$$

wirklich sehr nahe gleich 1 ist selbst für Werthe von φ, die
der Bedingung:

$$\cos(\varphi + \varphi_1) = \varepsilon \quad \text{oder auch} \quad \cos(\varphi + \varphi_1) = \varepsilon^{\frac{2}{3}}$$

genügen, also selbst für Winkel φ, die vom Polarisationswinkel blos um einige Minuten abstehen. Es bleibt also nur
noch die unmittelbare Gegend des Polarisationswinkels übrig.

Setzt man demgemäss $\varphi + \varphi_1 = 90^0$, so leitet sich aus
den Gleichungen (11) unschwer ab:

$$\cos\delta_r = \frac{a\,p\,\sin\varphi}{2\sin 2\varphi};$$

da ap von der Ordnung ε ist, so hat man demnach für δ_r
einen Werth, der sich von $\frac{\pi}{2}$ nicht merklich unterscheidet,
was mit den Erfahrungen übereinstimmt, was zu beweisen war.

V. Wir wollen noch den Weg kurz bezeichnen, wie die
Cauchy'schen Formeln aus der Hypothese II (p. 123) abgeleitet werden.

Die Vibrationen seien parallel zur Einfallsebene;
man berechne die in die Einfallsebene einfallende Tan-
gentialcomponente P_1 des fremden Drucks.

Man findet $\left(\text{vermittelst der bekannten Formel } K\left(\frac{\partial u}{\partial z} + \frac{\partial w}{\partial x}\right)\right):$

$$P_1 = 2\pi\left[\frac{K}{\lambda}(A + A_r)\cos 2\varphi - \frac{K_1}{\lambda_1}A_1\cos 2\varphi_1\right]\cos\vartheta.$$

Nach der Hypothese II soll der Maximalwerth der senkrecht zur Einfallsebene wirkenden Tangentialcom-
ponente des fremden Drucks nach demselben Gesetz gebaut sein, wenn die Vibrationen senkrecht zur Einfallsebene erfolgen, nur dass die Constanten andere sein können.
Man hat demnach die genannte Componente, die im vorliegenden Falle eben die ganze Kraft ausmacht:

$$(13_a) \quad P = \pi\alpha\left[\frac{K}{\lambda}(B + B_r)\cos 2\varphi - \beta\frac{K_1}{\lambda_1}B_1\cos 2\varphi_1\right]\cos(\vartheta + \delta),$$

wo α und β von der Natur der angrenzenden Stoffe abhängige Constanten sind, die Grösse δ aber unbestimmt bleibt.

Wir haben hiermit für dieselbe Kraft, deren Werth durch die Gleichung (9) gegeben ist, einen zweiten Ausdruck. Die beiden Ausdrücke können aber für Körper, deren Ellipticitätscoëfficient gleich Null ist, (wie man findet) nur dann gleich sein, wenn beide verschwinden. Daraus ergibt sich einerseits, dass für solche Körper $\alpha = 0$ ist, und andererseits die durch die Gleichung (10) ausgedrückte Beziehung zwischen Elasticitätscoëfficienten, Brechungsexponenten und Dichten des Aethers (die also auch der zweiten Hypothese folgt).

Wir können so den Schluss ziehen, dass die Gleichungen (11) auch so bestehen müssen; die Grösse p, die den Maximalwerth des fremden Druckes bedeutet, hat aber hier der Gleichung (13a) gemäss zum Ausdruck:

$$p = \pi \alpha \left[\frac{K}{\lambda}(B + B_r)\cos 2\varphi - \beta \frac{K_1}{\lambda_1} B_1 \cos 2\varphi_1 \right],$$

die sich vermittelst Gl. (10), und wenn man wiederum $a = \frac{\lambda}{\pi K}$ setzt, schreiben lässt:

$$(13\text{b}) \quad ap = \alpha \left[(B + B_r)\cos 2\varphi - \beta \frac{\sin \varphi_1}{\sin \varphi} \frac{\nu}{\nu_1} B_1 \cos 2\varphi_1 \right].$$

Wir behaupten nun, dass die Gleichungen (11) die Cauchy'schen Formeln liefern, wenn man über die Constanten α und β passend verfügt, und zwar so, dass α gleich dem Ellipticitätscoëfficienten und $\beta = \sin \varphi : \sin \varphi_1$ (also gleich dem relativen Brechungsexponenten) sei.

In der That gelten dann die Gleichungen (12a) und (12b), und man vernachlässigt nur kleine Grössen höherer Ordnung, wenn man in (13b) statt B_r und B_1 die durch die Gleichungen (6) gegebenen Werthe setzt, und findet so, wenn wiederum $B = 1$ gesetzt wird:

$$ap = 2\alpha \sin 2\varphi \operatorname{tg}(\varphi_1 - \varphi).$$

Dies in Gl. (12b$_1$) eingesetzt, liefert nach einfachen Reductionen:

$$\operatorname{tg}\delta_r = \pm \alpha \sin \varphi \operatorname{tg}(\varphi + \varphi_1) \sqrt{1 - \frac{\operatorname{tg}^2(\varphi - \varphi_1)}{\operatorname{tg}^2(\varphi + \varphi_1)}}.$$

Man bedenke endlich, dass von einer elliptischen Polarisation nur bei Winkeln eine Spur zu finden ist, wo $\operatorname{ctg}(\varphi + \varphi_1)$

von der Ordnung des Ellipticitätscoëfficienten ist. In dem
in Betracht kommenden Bereiche kann daher die Wurzelgrösse ohne weiteres gleich eins gesetzt werden.

Man hat daher nebst Gl. (12a) die Formel:

$$\text{tg } \delta_r = \pm\, \alpha \sin\varphi\, \text{tg}\,(\varphi + \varphi_1);$$

dies sind aber die bekannten abgekürzten Formeln von Cauchy.

VI. Die totale Reflexion wird auf Grundlage unserer
Grenzbedingungen auf dieselbe Weise dargestellt wie nach
der Neumann'schen Methode; die Resultate bleiben unver-
ändert, nur tritt $\frac{\nu}{\nu_1}\, B_1$ an die Stelle von B_1, was ohne Belang ist.

Man erlaube mir zur Verhütung etwaiger Missverständ-
nisse nur noch eine Bemerkung. Man könnte aus den Gleichungen (4b) und (10) mit Hinzuziehung zweier bekannter
Sätze aus der Elasticitätstheorie Schlüsse ziehen, die unsere
Theorie als illusorisch erscheinen liessen. Wir meinen folgende Sätze: 1) Die Fortpflanzungsgeschwindigkeiten der
Wellen verhalten sich wie die Brechungsexponenten der
Mittel; und 2) das Quadrat der Fortpflanzungsgeschwindigkeit
ist gleich dem Elasticitätscoëfficienten dividirt durch die
Dichte des Mittels. Man vergesse aber nicht, dass der
zweite dieser Sätze von der gegenseitigen Durchdringung
zweier Mittel (von denen das eine Lichtäther, das zweite der
ponderable Stoff ist) absieht, also auf unsere Theorie nicht
angewendet werden darf.

Die angezogenen Gleichungen, nämlich:

(4b) $$\nu_1{}^2 : \nu^2 = \mu : \mu_1,$$

(10) $$K\nu : K_1 \nu_1 = \sin^2\varphi : \sin^2\varphi_1$$

liefern zwei Beziehungen zwischen den Brechungsexponenten, Dichten, Elasticitätscoëfficienten und
den resultirenden Vibrationsgeschwindigkeiten (an
der Grenze der beiden Mittel); und die Reflexionstheorie
erfordert ausser ihnen nichts. Kann aber eine der
Grössen vermittelst anderer Erscheinungen als Funetion des
Brechungsexponenten bestimmt werden, so bestimmen sich
aus den Beziehungen die übrigen.

So ist z. B. zur Erklärung der Arago'schen negativen Versuche etc. von **Fresnel** angenommen, dass:

$$\mu_1 : \mu = \sin^2\varphi : \sin^2\varphi_1;$$

daraus folgt vermittelst Gl. (4b) und (10), dass:

$$\nu : \nu_1 = \sin\varphi : \sin\varphi_1$$
$$K : K_1 = \sin\varphi : \sin\varphi_1.$$

VII. Wir fassen das Resultat dieser Untersuchungen kurz zusammen:

Durch Aufstellung von Grenzbedingungen, die eine berechtigte Verallgemeinerung der Fresnel'schen bilden, wurde eine Theorie der Reflexion und Brechung in homogenen, isotropen, durchsichtigen Mitteln erzielt, die auch die elliptische Polarisation bei theilweiser Reflexion umfasst und mit den bekannten Arago'schen negativen und Fizeau'schen positiven Resultaten verträglich ist, dabei aber in Bezug auf die Schwingungsrichtung an der Neumann'schen Hypothese festhält; die Einwände, die man gegen letztere Hypothese aus der Reflexionstheorie und den herbeigezogenen Thatsachen zu schöpfen gewohnt ist, erscheinen hiermit vollständig beseitigt.

VII. *Thermische Theorie der Electricitäts-entwickelung; von J. L. Hoorweg.*

(Fortsetzung aus Wied. Ann. 9. p. 590. 1880.[1])

---

§ 12. In § 10e habe ich den Satz ausgesprochen: „Wenn in einer geschlossenen Kette verschiedener Stoffe die Summe der electrischen Differenzen von Null verschieden ist, so entsteht ein galvanischer Strom." Jetzt will ich untersuchen, bei welchen Combinationen dieser Fall eintritt.

---

1) Ich bedauere sehr, beim Schreiben meiner ersten Abhandlung mit den schönen Untersuchungen Hankel's nicht wohl bekannt gewesen zu sein. Dies war auch der Fall mit den Versuchen von Perry und Ayrton, welche an Genauigkeit die meinigen übertreffen, während sie meine Theorie fester begründen. (Phil. Trans. p. 15. 1880.)

In electrischer Hinsicht theilt man gewöhnlich die Körper in Isolatoren und Leiter ein; letztere zerfallen dann noch in zwei verschiedene Gruppen; man spricht von me-tallischer und von electrolytischer Leitung.

Man kennt aber heute die Leitung des Glases[1]) und der Guttapercha[2]), die von Alkohol, Aether, Benzol[3]), Paraffin, Ebonit, Schellack[4]) u. s. w.

Der Unterschied zwischen Leitern und Nichtleitern ist also nur ein quantitativer.

Auch die Eintheilung der Körper in diejenigen, welche metallisch, und diejenigen, welche electrolytisch leiten, ist keine natürliche, denn die Leitung des Selens, Tellurs und Phosphors ist eine andere als die des Eisens und des Kupfers. Ueberdies ist die Combination zweier so verschiedener Dinge wie Electrolyse und Leitung zu verwerfen.[5])

Was den Electricitätsübergang von einem Punkte zum andern betrifft, so kennt man nur zwei Formen: Mittheilung und Vertheilung, Leitung und Induction, welche einander gegenüberstehen wie bei der Wärme Leitung und Strahlung.

Nun kann man in thermischer Hinsicht alle Körper in eine grosse Reihe stellen, von welcher das erste Glied die grösste Diathermanität und die geringste Leitungsfähigkeit besitzt, während das letzte nicht diatherman ist und sehr gut leitet. Ebenso scheinen den Körpern in electrischer Hinsicht zwei verschiedene Eigenschaften zuzukommen, welche von Maxwell specific inductive capacity und specific resistance genannt und mit den Buchstaben k und r bezeichnet werden. Beide Eigenschaften sind einander feindlich, denn wo die eine herrscht, wird die andere verdrängt.

---

1) Beetz, Pogg. Ann. **92.** p. 462. 1854.

2) Jenkin, Electricity and Magn. p. 252. 1873.

3) Said-Effendi, Compt. rend. **68.** 1869. Gladstone and Tribe, Proc. Roy. Soc. **26.** 1877. Domalip, Wien. Ber. 2. Abth. p. 620. 1875.

4) Ayrton u. Perry, Proc. Roy. Soc. **27.** 1878.

5) Ebensowenig kann man hier die Körper in feste und flüssige eintheilen, denn das flüssige Quecksilber verhält sich wie das feste Kupfer, Eis wie Wasser, Kupfervitriolkrystalle wie die gesättigte Lösung (Gross Berliner Monatsberichte. 1877).

Man kann also alle Körper in eine einzige Reihe ordnen, mit dem sehr dielectrischen, aber unendlich schlecht
leitenden luftleeren Raume anfangend, und mit dem sehr gut
leitenden Metalle Silber schliessend.[1]

Oben in dieser Reihe stehen die Isolatoren oder Dielectrica (k = wenige Einheiten, r = viele Billionen) und
unten die Metallen ($k = \infty$, r = wenige Milliontel). Nicht
ganz in der Mitte stehen die wässerigen Lösungen, welche
man z. B. in galvanischen Säulen anwendet. (k = tausend
Millionen, r = viele Einheiten).[2]

Von diesen Lösungen führen die Metalloïde Phosphor,
Selen, Kohle und die Schwefelmetalle nach unten zu den
Metallen, während verschiedene Mineralien, wie Glimmer,
Arragonit u. s. w., und die sogenannten Halbleiter die Ver-
bindung nach oben zu bilden scheinen.

Zwischen Selen, Graphit u. dgl. auf der einen und den
Metallen auf der anderen Seite besteht aber eine grosse Lücke,
denn während alle anderen Körper durch Temperaturerhöhung
in der Reihe sinken, steigt dadurch der Widerstand der
Metalle. Bei Erwärmung nähern sich also die äussersten
Glieder der Reihe.[3] Vielleicht gibt es dann eine hohe Temperatur, bei welcher sich alle Körper in electrischer Hinsicht
vollkommen gleich verhalten. Wenn aber die Behauptung
von Lenz wahr ist[4], dass bei der Widerstandsänderung der
Metalle ein Wendepunkt besteht, so kann die Lücke nie
ausgefüllt werden.[5]

Wie dem auch sei, glaube ich bei diesem Punkte die
Reihe theilen zu müssen, sodass man zwei Gruppen bekommt:

1. diejenigen Stoffe, bei welchen die Leitungsfähigkeit
mit der Temperatur zunimmt:

2. die, bei welchen sie dagegen bei Temperaturerhöhung
abnimmt.

1) Vielleicht ist diese electrische Reihe dieselbe wie die thermische.
2) Jenkin, Electricity and Magnetism p. 249. 1873.
3) Müller, Pogg. Ann. **108.** p. 176. 1858.
4) Lenz, Pogg. Ann. **84.** p. 418. 1835.
5) Tellur scheint indessen in der Lücke zu stehen (Wiedemann,
Galvanismus I. p. 297. 1872.

Die erste Gruppe nenne ich die **dielectrische**, die zweite die **adielectrische**.

Nur gegen die erste Benennung kann man Bedenken erheben, weil von vielen Stoffen der ersten Gruppe, wie Wasser, Aether, Kohle u. s. w. die dielectrische Eigenschaft nicht bekannt ist.

Auch wird eine solche nicht leicht gefunden werden, denn einestheils liefern isolirte Metallscheiben dieselben Resultate wie Dielectrica, anderntheils ist es die electrolytische Polarisation, welche die Entscheidung erschwert.

Es ist mir nicht gelungen, bei ziemlich gutleitenden Stoffen das gewiss schwache dielectrische Verhalten mit Bestimmtheit aufzufinden.

Ich kann nur an die von **Maxwell** wahrscheinlich gemachte Relation zwischen dielectrischem und diathermanem Verhalten, an den entladenden Gegenstrom, welchen **Sabine**[1]) bei Selen beobachtete, und an die Versuche **Varley's** und **Herwig's** zur Bestimmung der dielectrischen Constante des angesäuerten Wassers erinnern.

Jedenfalls bleibt obige Eintheilung von jener Unsicherheit unabhängig.

Ohne vorläufig in eine Betrachtung über die Dauer dieser Ströme zu treten, gebe ich jetzt folgende Antwort auf die im Anfange gestellte Frage:

Es entsteht immer ein Strom, wenn mindestens ein Glied der geschlossenen Kette zur ersten Klasse (der Dielectrica) gehört.

Zur Erläuterung dieses Satzes habe ich eine Reihe von Versuchen mit dielectrischen Stoffen angestellt, bei denen ich mich eines Wiedemann'schen Spiegelgalvanometers und eines Thomson'schen Quadrantenelectrometers bediente. Das Galvanometer zeigte mit einem Strome von 1 Mikrofarad eine Ablenkung von 242 Scalentheilen. Am Electrometer stimmte eine Ablenkung von 20 cm mit einer electromotorischen Kraft von 1 Daniell überein. Die zu untersuchenden Combinationen

---

1) **Sabine**, Phil. Mag. **5.** (5). 1878. Denselben obgleich schwachen Gegenstrom habe ich bei Kohle beobachtet.

konnten mittelst einer Wippe entweder mit dem Galvanometer oder mit dem Electrometer verbunden werden.

Die Metallplatten *a b* Taf. II Fig. 3 (Zink und Kupfer) waren oben durch Glas und Seide verbunden und hatten unten eine Distanz von etwa $^1/_3$ Millimeter. Weder mit dem Glase allein, noch beim Zusammendrücken der Platten bis zum Contact am untern Ende entstand ein merkbarer Strom. Mittelst eines seidenen Fadens *c* hing das Plattenpaar frei in den flüssigen dielectrischen Körper herab, welcher in dem porzellanenen Schmelztiegel *d* erwärmt wurde. Nachdem sich nach einiger Zeit etwaige Temperaturverschiedenheiten ausgeglichen hatten, und das Thermometer im Porzellantiegel einen festen Stand angenommen hatte, wurden schnell hintereinander die Ablenkungen an beiden Instrumenten beobachtet. Darauf entfernte man die Flamme und mass bei sinkender Temperatur die Stärke des Stroms, bis die Flüssigkeit erstarrt war. Meistens konnte ich noch nach dem Erstarren den Strom wahrnehmen, und wenn das Galvanometer seine Dienste verweigerte, zeigte oft das Electrometer noch deutlich einen Potentialunterschied an.

Bei unschmelzbaren pulverigen Stoffen brachte ich eine dünne Schicht des Pulvers zwischen beide Metallplatten, bedeckte diese dann mit dicken Pappstücken und presste das Ganze mit einer Schraube zusammen.

Bei Zinksulfat und dergleichen bedeckte ich eine der Platten mit einer Schicht feingeriebener Krystalle und erwärmte; es bedeckte sich die Platte mit einer adhärirenden Kruste, auf welche die zweite Metallplatte gepresst wurde.

So erhielt ich folgende Resultate [1]):

1. Zink — Stearinsäure — Kupfer, Kupfer + Pol.

Temp.	Elect. Kraft	Intensität	Widerstand
163° C.	0,855 Volt.	17 Mikrof.	1 Megohm

Das Kupfer wird in der heissen Säure gelöst.

---

[1]) Meine Einheiten waren 1 Daniell, 1 Siemens; bei der Reduction habe ich:

$$1 \text{ Volt.} = 0,975 \text{ Daniell,}$$
$$1 \text{ Megohm} = 1,03 \times 10^6 \text{ Siemens}$$

angenommen.

Nach dem Erstarren keine merkbare Ablenkung.

2. Zink — Paraffin — Kupfer, Kupfer + Pol.

Temp.	Elect. Kraft	Intensität	Widerstand
165° C.	0,86 Volt.	0,02 Mikrof.	18 Megohm
50° C.	0,17 „	0,002 „	85 „

3. Zink — Spermaceti — Kupfer, Kupfer + Pol.

140° C.	0,788 „	0,123 „	6,4 „
47° C.	0,55 „	0,025 „	22 „

4. Zink — Rüböl — Kupfer, Kupfer + Pol.

130° C.	0,886 „	0,54 „	1,6 ..
45°.C.	0,746 „	0,02 „	78,8 „

5. Zink — Schellack — Kupfer, Kupfer + Pol.

150° C.	0,66 „	0,3 „	2,2 „
70° C.	0,89 „	0,016 „	24,4 „

6. Zink — Wachs — Kupfer, Kupfer + Pol.

155° C.	0,55 „	0,18 „	3 ..
52° C.	0,084 „	0,004 „	8,5 „

7. Zink — Schwefel — Kupfer, Zink + Pol.

145° C.	0,078 „	0,002 „	86,5 ..
35° C.	0,078 „	0,0015 „	48

Das Kupfer wird stark angegriffen.
Der Strom nimmt schnell ab.

8. Zink — Kreide — Kupfer, Kupfer + Pol.

22° C.	0,113 „	0,053 „	2,1 ..

Ziemlich constanter Strom.

9. Zink — glasiges Chlorblei — Kupfer, Kupfer + Pol.

20° C.	0,55 „	5,5 „	0,1 „

Die Ablenkung am Galvanometer nimmt ziemlich schnell ab.

10. Zink — trockenes Zinksulfat — Kupfer, Kupfer + Pol.

20° C.	0,7 „	7	0,1

Die Stromstärke nimmt ab.

11. Zink — trockenes Zinksulfat — pulveriges Kupfersulfat — Kupfer.

20° C.	0,82 „	1,62 „	0,5

Sehr constanter Strom, welcher in 10 Minuten eher zu- als abnimmt. Derselbe gibt mit einem gewöhnlichen Multiplicator eine Ablenkung von 2º.

12. Zink — Kohle[1]) — Kupfer, Kupfer + Pol.
Sehr schwacher Strom von etwa 0,002 Volt.[2])

Wenn man nun mit diesen Versuchen die von Jäger[3]), von Bohnenberger und Münch[4]) mit trockenen Säulen zusammenhält, so wird man, hoffe ich, die Wahrheit des obigen Satzes anerkennen.[5])

Dass auch zwei dielectrische Körper in der Kette auftreten können, zeigt der Versuch Sabine's[6]) mit der Combination Selen — Wasser — Platin.

Hierzu gehören auch die galvanischen Elemente mit zwei Flüssigkeiten.

§ 13. Aus obigem Resultat lässt sich ein wichtiger Schluss ziehen, wenn man bedenkt, dass die electromotorische Kraft der verschiedenen Combinationen nie ganz gleich der electrischen Differenz Zink — Kupfer (0,8 Daniell) war.

Dieser Schluss ist:

Auch beim Contact von Metallen und Isolatoren und gleichfalls von dielectrischen Körpern untereinander tritt eine constante und permanente Potentialdifferenz auf.

---

1) Ein 4 cm dickes Stück Coakskohle.

2) Die electromotorische Kraft aller Combinationen habe ich später auch mit dem Lippmann'schen Capillarelectrometer gemessen. Die Resultate stimmten mit den oben gegebenen gut überein.

3) Jäger, Gilbert Ann. **49.** p. 47. u. **50.** p. 214. 1815.

4) Bohnenberger, Gilb. Ann. **58.** p. 346. 1816. Münch, Pogg. Ann. **48.** p. 193. 1838.

5) Später fand ich noch die Electrometerversuche von Ayrton und Perry (Proc. Roy. Soc. p. 28. 1878) mit Paraffin, Schellack, Ebonit, Guttapercha und Glimmer, und den Versuch Thomson's (Proc. Roy. Soc. **28.** p. 463. 1875) mit Glas. Mit der Combination Platin — luftfreies Wasser — Gold (Gold + Pol) fand ich einen kurzdauernden Strom, welcher nach jeder Oeffnung und Wiederschliessung aufs neue auftrat.

6) Sabine, Phil. Mag. **5.** (5) 1878.

Diese Thatsache bringe ich weiter in Verbindung mit den Versuchen J. Thompson's[1]), welcher die Contactelectricität von Glas — Vulcanit; Glas — Schwefel u. s. w. von gleichen Zeichen wie die durch Reibung fand. Ich erinnere an Buff's Abhandlung[2]): „Ueber die Gleichartigkeit der Quellen der Reibungs- und Berührungselectricität", an Helmholtz's Ausspruch[3]) in seinen „Studien über electrische Grenzschichten", und gelange also zu dem zweiten Satz:

Die Electricität durch Reibung und Druck findet ihre Ursache in dem Contacte heterogener Stoffe. Die Reibung selber macht den Contact nur inniger, vermehrt die Berührungspunkte und erhöht die Temperatur beider Stoffe in ungleichem Maasse, welche Umstände alle zusammenwirken, den Effect zu vergrössern.

Ich habe mich bemüht, diesen Satz mittelst des Electrometers fester zu begründen.

Dergleichen Versuche bieten viele Schwierigkeiten dar, weil die dielectrischen Körper durch Berührung mit den Händen oder anderen nothwendigen Manipulationen oft schon vor dem Gebrauche electrisch sind und diese Electricität nur äusserst schwierig verlieren.

Manchmal habe ich von meinen Probescheibchen durch gelinde Erwärmung jede Spur von Electricität entfernt, sie in einem trockenen Raume abkühlen lassen und sie doch nach einiger Zeit wieder electrisch gefunden. Wenn man eine solche electrische Scheibe lose auf die Metallplatte des Electrometers setzt, wirkt sie durch Induction und veranlasst eine Ablenkung der Nadel, welche schnell verschwindet, wenn die Scheibe abgehoben wird. Bei der Bestimmung der Contactelectricität von dielectrischen mit adielectrischen Körpern muss man also darauf achten, dass beim Abheben die Nadel des Electrometers dauernd eine feste Ablenkung zeigt.

---

1) Thompson, Proc. Roy. Soc. **25.** 1877.
2) Buff, Lieb. Ann. **114.** p. 257. 1860.
3) Helmholtz, Wied. Ann. **7.** p. 337. 1879.

Folgendermassen kann man sich überzeugen, dass die Electricität, welche erhitzte Körper nach einiger Zeit wieder zeigen, nicht von einer oberflächlichen Abkühlung herrührt. Zwei durch Umschmelzung unelectrisch gewordene Probescheiben befestige man mittelst Kork in Proberöhrchen, auf deren Boden sich concentrirte Schwefelsäure befindet, und setze die eine in eine Kältemischung, die andere in einen Raum von 80° C. Nach zwei Stunden bringe man beide schnell in den Versuchsraum von ungefähr 30° C.; obgleich dann die eine oberflächlich wärmer und die andere kälter wird, so zeigen beide Scheiben dieselbe Electricität. Nur ist die auf der kalten Scheibe stärker. Ich glaube daher, dass der Wasserdampf der Luft hierbei eine Rolle spielt, aber meistens wird die auftretende Electricität doch wohl im Innern vorhandene, nach aussen gekommene Electricität sein.

Bei den Versuchen bediente ich mich eines doppelwandigen Blechkastens A, Taf. II Fig. 4, der einen Raum von etwa 4 cm Grundfläche und 3 cm Höhe umschloss. In diesen Raum war eine Glasplatte B mit Korkscheiben festgelegt, und auf dieser stand auf einem gefirnisstem Glasfusse C die Messingplatte D des Quadrantenelectrometers. Oben durch den Kasten ging eine kupferne Stange E, die am untern, etwas umgebogenen Ende eine Probescheibe F trug, welche durch Drehung um 180° entweder mit einer andern Probescheibe G oder mit der Collectorplatte D in Berührung gebracht werden konnte. In der Stange E befand sich ein Loch, in welches ein Stift J gesteckt werden konnte, der den Contact mit D unmöglich machte. Die Stange E war von Metall, damit das Auf- und Niederschieben derselben in dem Korke keine bleibende Electricitätsentwickelung zur Folge haben konnte. In dem Versuchsraume A' befanden sich verschiedene Gläser mit concentrirter Schwefelsäure. Der Zwischenraum der beiden Wände des Kastens war mit Wasser gefüllt. Ein Thermometer T zeigte die Temperatur des Raumes an. Das Electrometer zeigte mit 1 Daniell eine Ablenkung von 5 cm. Die Probescheibchen waren alle von derselben Form, 2 cm hoch und 2 cm im Durchmesser. Ich experimentirte mit Wachs, Paraffin, Siegellack, Schellack, Schwefel, Stearinsäure, Kautschuk, Papier und Glas.

Versuchsreihe I (ohne Stift *J*). Nachdem das Probescheibchen auf seine Neutralität untersucht war, ward es unter vorsichtiger Vermeidung aller Reibung auf die Collectivplatte *D* niedergedrückt, nach zwei Minuten abgehoben und die bleibende Ablenkung am Electrometer beobachtet. Nun wurde das Probescheibchen wieder auf die Platte *D* niedergedrückt und jetzt durch Drehung der Stange *E* eine immer stärker werdende Reibung ausgeübt.

Die Richtung der Ablenkung, welche alsbald über die Scala hinausging, war immer dieselbe wie bei sorgfältiger Vermeidung jeder Reibung. Nur bei Glas entstand bei starker Reibung eine andere Ablenkung als bei schwacher, aber dies ist, wie ich später bemerkte, eine bekannte von Hertz[1]) gefundene Erscheinung. Glas ist bei Contact mit Messing schwach negativ, ebenso bei schwacher Reibung; nur bei sehr starker Reibung wird es stark positiv.

Versuchsreihe II (mit Stift *J*). Nachdem die Probescheibchen wieder auf ihre Neutralität untersucht waren, brachte man den dielectrischen Stoff *F* mit dem andern *G* in Berührung. Nach zwei Minuten wurde *F* aufgehoben, um 180° gedreht und in die Nähe von *D* (nicht bis zur Berührung) niedergelassen, sodass *F* durch Vertheilung auf das Electrometer wirken konnte. Hiernach brachte man *F* wieder in Berührung mit *G*, jetzt aber unter Anwendung von immer stärkerer Reibung, und wiederholte den Versuch. Wieder war die letztere Ablenkung nur eine Vermehrung der erstern, ausgenommen bei Schellack und Siegellack.

Bei Contact war Schellack + und Siegellack —.

„ Reibung „ 　 „ 　 — und 　 „ 　 +.

Diese einzige Abweichung verschwand aber, als ich mit grösserer Sorgfalt den Versuchsraum trocknete. Bei der wiederholten Oeffnung der Thüre des Kastens *A* zur Ein-

---

1) Hertz, Pogg. Ann. **59.** p. 805. 1843.

stellung der Probescheiben *F* und *G* war feuchte Luft hinein-
gekommen, denn, nachdem ich stundenlang die Thüre geschlossen gelassen hatte, war bei Contact Siegellack + gerade
wie bei Reibung.

Auch hier ist wieder der Einfluss des Wasserdampfes
bemerklich. Vielleicht ist letzteres auch die Ursache, dass
Wachstaffet mit einer Metallscheibe beim Druck positiv, bei
Reibung aber negativ wird.[1]) Allerdings bemerkt hierbei
Riess: „häufig wird man auch beim Reiben die Metall-
scheibe negativ finden."

Aus beiden Versuchsreihen folgt:

1. dass sowohl dielectrische mit adielectrischen
als dielectrische Körper unter sich Contactelectricität liefern;

2. dass diese Electricität immer dasselbe Zeichen hat, wie die, welche bei schwacher Reibung
oder Druck auftritt.

Dass starke Reibung oft eine andere Wirkung hat als
schwache, schreibe ich u. a. dem grossen Einflusse der durch
die Reibung verursachten Temperaturerhöhung zu. In dieser
Hinsicht stimmen meine Versuche über Contactelectricität
wieder ganz mit den Reibungsversuchen Dessaigne's[2]),
aus welchen hervorgeht, dass viele geriebenen Dielectrica
bei Temperaturerhöhung eine Tendenz zur negativen Electricität zeigen. Ich erwärmte das Wasser des Kasten *A*
und wiederholte dann die Versuchsreihe I bei verschiedenen
Temperaturen.

Auf diese Weise fand ich z. B.:

	bei 16°	26°	36°	46°
Schwefel — Messing . . .	−0,8	−1,5	−1,5	−3 Dan.
Kautschuk — Messing . .	+0,25	−0,5	−1,5	−4 „
Papier — Messing. . . .	+0,44	+0,21	+0,16	+0,04 „

Die Gase scheinen wenig Einfluss auf die Electricitätsentwickelung auszuüben, denn ich erhielt mit trockenem Wasser-

1) Riess, Reibungselectricität. 2. p. 453. 1860.
2) Daguin, Traité de phys. 8. p. 101. 1861.

stoff dieselben Resultate, wie mit trockener Kohlensäure. Dass aber Schwefelwasserstoff u. dgl. modificirend einwirken können [1]), kann nicht Wunder nehmen.

Folgende Tabelle habe ich aus meinen Versuchen zusammengestellt.

Contactelectricität.

	Schwefel	Kaut-schuk	Schel-lack	Messing	Siegel-lack	Wachs	Papier
Schwefel	0	+	+	+	+	−	
Kautschuk	−	0	+	+	+	+	
Schellack	−	−	0	−	+	−	
Messing	−	−	+	0	−	+	+
Siegellack	−	−	−	+	0	+	
Wachs	+	−	−	−	−	0	
Papier				−			

Die Zeichen geben die Electricität der oben in der Horizontalreihe aufgeführten Stoffe. Wenn man diese Tabelle mit der der Reibungsversuche vergleicht, so findet man nicht mehr Abweichungen als bei der des einen Beobachters mit der des andern. Man hat noch nie eine feste Reihe aufstellen können, aus dem einfachen Grunde, weil es eine solche Reihe gar nicht gibt, wie aus den Versuchen § 12 und auch aus der Tabelle hervorgeht. Die dielectrischen Körper gehorchen nicht dem Gesetze der Spannungsreihe.

Am Schlusse dieses Paragraphen erinnere ich daran, dass Mascart in seinen: „Traité d'Electricité statique" auf Grund der Versuche Péclet's und Gaugain's durchgehends einen constanten Potentialunterschied zwischen zwei geriebenen Körpern voraussetzt, welcher nicht dem Spannungsgesetze unterworfen ist.

§. 14. Die Electricität durch Reibung und Druck hat denselben thermischen Ursprung wie die der galvanischen Säule (s. § 11); d. h. die Nachbarmoleküle zweier heterogener Körper wirken bei ihrer thermischen

---

1) Brown, Phil. Mag. **5.** (5). 1878.

Bewegung störend aufeinander ein[1]); hierbei geht einige thermische Energie verloren, und eine äquivalente Quantität electrische Energie tritt zum Vorschein. Wie bei der galvanischen Säule gründe ich diese Behauptung darauf, dass auch bei Isolatoren eigentliche Thermoströme auftreten und der Peltier'sche Effect sich zeigt.

Schon oben erinnerte ich an einen Versuch Sabine's[2]), bei welchem ein Stück Selen, durch welches ein Strom geleitet war, nach einiger Zeit einen Gegenstrom anzeigte, dessen Richtung mit der, welche aus der Peltier'schen Wirkung resultiren würde, übereinstimmte.

Pyrit und Kobaltglanz geben nach Marbach und Friedel[3]) wahre Thermoströme und verhalten sich beinahe ganz wie die Metalle Wismuth und Antimon bei den Versuchen Matteuci's. Bekanntlich hat Gaugain[4]) nachgewiesen, dass ein Turmalinkrystall eine Thermosäule von sehr grossem innerem Widerstande genannt werden kann, deren Wirkung er durch eine Combination Kupfer-Wismuth (Taf. II Fig. 5) nachahmt.

Alle pyro-electrischen Erscheinungen sind also ebenso viele Beweise für meine Behauptung. Ebenso die thermoelectrischen Erscheinungen bei Schwefelmetallen.[5]) Folgendermassen habe ich recht schön wahre Thermoströme mit Rüböl, also einem Isolator, erhalten.

In einer Cuvette *A* (Taf. II Fig. 6) befanden sich zwei horizontale Kupferplatten *B* und *C* von etwa 4 qcm Oberfläche. *B* lag auf dem Boden und *C* auf vier Glasstreifen, welche sie von *B* isolirten. Die Cuvette war bis *C* mit reinem Rüböl gefüllt, von welchem der Leitungsdraht *F* durch Glas isolirt war. Auf der Platte *C* war ein kupferner Ring *D*

---

1) Dies ist in Uebereinstimmung mit dem von Buys-Ballot aufgestellten Gesetz: „Wenn zwei heterogene Körper miteinander in Berührung kommen, so wird nothwendig in beiden das Gleichgewicht gestört." (Physiologie § 38).

2) Sabine, Phil. Mag. **5.** (5) 1878.

3) Marbach, Compt. rend. **45.** p. 707. 1857. Friedel, Ann. de chim. et de phys. **17.** (4) p. 79. 1869.

4) Gaugain, Ann. de chim. et de phys. **57.** (3) p. 5. 1859.

5) Wiedemann, Galvanismus. I. p. 817. 1874.

gelöthet, wodurch ein cylindrisches Gefäss entstand, in welches Oel von etwa 200° C. gegossen werden konnte. Dadurch wurde die obere Platte *C* erhitzt und ebenso die obere Schicht der Flüssigkeit. *E* und *F* waren mit einem Commutator und mit dem Galvanometer verbunden. Wenn beide Platten dieselbe Temperatur hatten, so war nicht der geringste Strom wahrzunehmen. War aber *C* durch das heisse Oel erwärmt, so entstand eine deutliche Ablenkung von ein oder zwei Scalentheilen; der Thermostrom war stets in der Flüssigkeit von *C* nach *B* gerichtet, also von warm nach kalt. Der Strom verschwand beim Erkalten. Erwärmung des Punktes *E* allein veranlasste keine Ablenkung. Dergleichen Versuche mit Paraffin bei 40° C. lieferten keine sicheren Resultate, obgleich eine kleine Erschütterung der Magnetnadel auftrat. Ein empfindlicheres Galvanometer als das meinige [1]) wird dazu erforderlich sein.

Den Peltier'schen Effect habe ich bei festem, ausgeglühtem Zinksulfat mit Zinkelectroden gefunden. Die beiden Zinkplatten *ab* (Taf. II Fig. 7) waren mit dem trockenen Salze bedeckt und mittelst Pappstücken in einer Schraube *c* zusammengepresst. Eine Batterie von acht Bunsen'schen Elementen war mit den Drähten *e* und *f* verbunden. Aussen gegen die Zinkplatte drückten die mit Seide umwundenen Löthstellen eines Thermoelementes Stahl — Kupfer, deren Pole *g h* mit einem Galvanometer von geringem Widerstande in Verbindung waren. Nachdem ich mich überzeugt hatte, dass ohne Schliessung der Batterie kein Thermostrom existirte, führte ich den Strom in abwechselnder Richtung durch das Zinksulfat und beobachtete die Ablenkung des Galvanometers.

Zeit	0	5	15	25	35	45	55	Min. 65
Richtung der Batterieströme	0	+	−	+	−	+	−	+ 0
Galvanometer	1	2,0	0,95	1,9	1,1	1,9	1,2	1,3

Also bei positivem Hauptstrome positive Ablenkung und umgekehrt. Die Richtung der Ablenkung erwies, dass

---

1) **Ayrton** und **Perry's** Galvanometer zeigte mit 1 Daniell und einem Widerstande von 120 Megohm noch eine Ablenkung von 131,3 Scalentheilen.

die positive Electrode immer stärker erwärmt wurde als die negative.

Zum directen Nachweis des Einflusses, welchen die Wärme auf die Reibungselectricität ausübt, habe ich einige Versuche mit einer Winter'schen Electrisirmaschine angestellt, bei welcher aus einer schmalen Spalte ein heisser Luftstrom gegen die Berührungsstelle von Glas und Kissen geführt wurde. Der Conductor war mit einer Lane'schen Maassflasche verbunden. Die Maschine machte eine Umdrehung pro Secunde.

	Zahl der Funken in 30 Sec.			
Ohne warme Luft ...	9	10	10	9
Mit warmer Luft	17	18	19	19
Ohne warme Luft ...	15	14	14	14

Ich kann dies Resultat nicht ganz einer besseren Isolation zuschreiben, denn die Glasscheibe war vorher mit warmen Tüchern gut getrocknet.

Die Erwärmung der Contactstelle von Glas und Kissen vermehrt also die in derselben Zeit entwickelte Electricitätsmenge.

§ 15. In seinem klassischen Werke: „Treatise on Electricity and Magnetism" hat Maxwell eine Theorie der dielectrischen Medien gegeben [1]), aus welcher hervorgeht, dass sich nur bei einem zusammengesetzten Dielectricon ein electrischer Rückstand bilden kann.

Da mir aber eine gut gegossene Paraffinplatte ziemlich homogen zu sein scheint, so halte ich es für erwünscht, zu zeigen, dass auch bei homogenen Stoffen sich nach den Ansichten Maxwell's dieser Rückstand erklären lässt.

Dazu ist nur erforderlich, dass man in die Rechnung Maxwell's die Potentialdifferenzen einführt, welche nach § 12 und 13 zwischen dem Dielectricum und den beiden Metallplatten auftreten. Diese beiden Differenzen sind im Anfange gleich und entgegengesetzt, aber bei Anwendung eines ladenden Stromes werden sie nach § 11e in ungleicher Weise

---

[1) Maxwell, Treatise. 1. p. 376. 1873. Theory of a composite Dielectric.

geändert, wodurch ihre Summe S mehr und mehr von Null differirt.

Nennen wir nun mit **Maxwell**:

a die Dicke des Isolators,

x die resultirende electrische Kraft in demselben,

p den Leitungsstrom,

f die electrische Verschiebung,

u den totalen Strom, theils von Leitung, theils von Aenderung der electrischen Verschiebung herrührend,

r den specifischen Widerstand des Isolators,

k die specifische Inductionscapacität,

E_0 die electromotorische Kraft in der Kette, welche die beiden Belegungen verbindet, und weiter

δ den mit der Zeit unter dem Einflusse des äussern Stromes in dem Condensator auftretenden Potentialunterschied, so haben wir für die entsprechenden Formeln **Maxwell's**:

(1) $$x = rp,$$

(2) $$x = \frac{4\pi}{k} f,$$

(8) $$u = \frac{x}{r} + \frac{k}{4\pi} \frac{dx}{dt},$$

(10) $$E = ax,$$

$$u = \frac{E}{ar} + \frac{k}{4\pi a} \frac{dE}{dt}, \quad \text{oder:}$$

(11) $$E = e^{-\frac{4\pi}{kr}t} \left\{ A + \int \frac{4\pi}{k} a e^{\frac{4\pi}{kr}t} u\, dt \right\}, \quad \text{und:}$$

(13) $$Q = \int u\, dt = \frac{1}{ar} \int E\, dt + \frac{k}{4\pi a} E.$$

Bei momentaner Ladung des Condensators ist: $E = E_0$, $\delta = 0$ und ebenso $\int E\, dt = 0$, also:

(15) $$Q = \frac{k}{4\pi a} E_0,$$

und die Capacität C des Condensators:

(16) $$C = \frac{k}{4\pi a}.$$

Jetzt führen wir den Strom der Säule so lange durch

den Condensator, bis ein constanter Leitungsstrom p aufgetreten ist, dann ist:

(18) $$E = E_0 - \delta = Rp.$$

Verbinden wir dann plötzlich die Belegungen mittelst eines Leiters von geringem Widerstande, wodurch E schnell auf $-\delta$ sinkt, und nennen den neuen Werth von E, E', so ist nach (13):

(20) $$E' = E + \frac{4\pi a}{k} Q',$$

(21) $$-\delta = E_0 - \delta + \frac{4\pi a}{k} Q',$$

(22) $$Q' = - CE_0.$$

Die momentane Entladung ist also der momentanen Ladung gleich. Man entfernt jetzt den Leiter von geringem Widerstande, wodurch:

$$u = 0, \text{ also nach (11)}$$

(23) $$E = - \delta e^{-\frac{4\pi}{kr} t} \quad \text{wird,}$$

und nach einiger Zeit t liefert eine neue Verbindung der Belegungen die Entladungsmenge:

$$Q = - C\delta e^{-\frac{1}{Car} t}.$$

Diese Menge wird die Rückstandsentladung genannt.

Man kann sich diese Entwickelung auch folgendermassen vorstellen.

Nach der Ansicht Maxwell's geht der ladende Strom auch durch den Isolator, sodass im Innern desselben der Gesammtstrom dem in der äussern Kette gleich ist. Nach meiner Theorie übt jetzt dieser innere Strom eine modificirende Wirkung auf das Dielectricum aus; ein Theil der electrischen Energie wird in thermische oder andere Energie verwandelt. Bei der Rückstandsentladung aber geht umgekehrt diese Energie wieder in electrische über.

Diese Ansicht wird unterstützt durch die Versuche Duter's[1]) über die Volumenänderung eines geladenen Condensators.

---

1) Duter, Journal de Physique, p. 82. 1879.

§ 16. Nicht nur entsteht Electricität durch die verschiedene Wärmebewegung in den Contactstellen zweier heterogener Stoffe, sondern diese Ursache ist auch vollkommen genügend zur Erklärung aller Electricitätsentwickelung. Weder Verdampfung noch Lösung oder Erstarrung, weder Zertheilung noch Zermalmung, weder Osmose noch Capillarität, weder Verbrennung noch irgend eine andere chemische Action braucht als Electricitätsquelle betrachtet zu werden.

a. Dass Verdampfung Electricität entwickelt, hat man manchmal behauptet, aber man braucht nur Mascart's Artikel[1]: „L'évaporation n'est pas une source d'électricité" zu lesen, um das Ungenügende dieser Behauptung einzusehen.

b. Was die Erstarrung betrifft, so kann man mit Arago recht gut den bei der Volumenzunahme auf das Gefäss ausgeübten Druck als die Ursache der Electricitätsentwickelung betrachten.

c. Dass die Lösung Electricität entwickelt, hat Wüllner in einer Reihe von Versuchen mit verschiedenen Salzen zu beweisen gesucht[2]; folgender Versuch wird zeigen, dass dabei nur Concentrationsverschiedenheiten wirksam gewesen sein können. Concentrationsverschiedenheit ist Heterogeneität.

A (Taf. II Fig. 8) ist ein Proberöhrchen, durch dessen Boden ein Baumwollenfaden *b* gezogen ist, welcher in ein tiefer gestelltes Glas *B* herabhängt; *B* ist durch einen zweiten Faden *d* mit dem Glase *C* verbunden, während ein dritter Faden *e* das Röhrchen *A* mit dem Glase *D* verbindet.

In *D* und *C* sind drei gleichartige in Glas geschmolzene Platindrähte gestellt, welche mit einem empfindlichen Galvanometer verbunden sind. Das Ganze ist mit destillirtem Wasser gefüllt, aber das Niveau in *C* und *D* ist höher als in *B* und *A*.

Kein Strom ist in der Kette nachweisbar. Jetzt bringt man schnell in *A* eine grosse Anzahl Kupfervitriolkrystalle, welche auf dem Boden sinken und sich zu lösen anfangen. Das

---

1) Mascart, Traité d'Electricité. **2.** p. 528. 1878.
2) Wüllner, Pogg. Ann. **106.** p. 454. 1859.

Galvanometer zeigt aber noch immer keine Spur eines Stromes. Bei der Lösung entsteht also keine Electricität.

Allmählich färbt sich das Wasser in *B* und zugleich erhöht sich das Niveau der Flüssigkeit. Endlich geht die bläuliche Lösung durch den Faden *d* in das Gefäss *C* über, und von diesem Augenblicke an tritt eine Ablenkung der Magnetnadel auf, schon lange ehe der Faden *d* die blaue Färbung der Kupfervitriollösung zeigt. Es entsteht also nur dann ein Strom, wenn die Platindrähte sich in verschiedenen Flüssigkeiten befinden.

d. In Beziehung zur Electricität, welche beim Zermalmen und Durchschneiden von Chocolade, Schwefel u. a. auftritt, bemerkt Mascart[1]): „Il semble resulter de l'ensemble des faits que la divison même du corps ne joue aucune rôle dans la production d'électricité. Dans toutes ces experiences il y a en réalité frottement ou contact de deux substances différentes."

Man braucht auch nur zu beachten, dass z. B. ein rostiges Messer dem Siegellack positive, ein geschliffenes aber negative Electricität mittheilt, um mit Mascart einverstanden zu sein.

e. Nach Becquerel soll auch die Osmose mit Electricitätsentwickelung verbunden sein.

Ich habe ein gewöhnliches Dutrochet'sches Endosmometer *A* (Taf. II Fig. 9) mit verschiedenen Salzlösungen gefüllt, während das äussere Gefäss *B* Wasser enthielt. Auf die Salzlösung brachte ich mit einer Pipette sehr vorsichtig eine Wassersäule, in welche der Platindraht *a* gestellt war. Das Glas *B* communicirte mittelst eines Baumwollenfadens *d* mit *C*, in welches sich ein zweiter gleichartiger Platindraht *b* befand. Das Wasser in *C* war höher als das in *B*; *b* und *a* waren mit dem Galvanometer in Verbindung.

Obgleich bald die osmotische Wirkung in vollem Gange war, beharrte der Magnet in vollkommener Ruhe.

f. Die electrocapillaren Ströme Becquerel's mit Platinschwamm und Lippmann's[2]) mit in Wasser ausströ-

---

1) Mascart, l. c. **2.** p. 523. 1878.
2) Lippmann, Ann. de chim. et de phys. **5.** (5) p. 494. 1875.

mendem Quecksilber finden ihre Erklärung in der bekannten Thatsache, dass frische Oberflächen heterogen in Beziehung auf ältere sind. Diese Versuche gehören zu der grossen Reihe von Experimenten, welche mit dem ungleichzeitigen Eintauchen der Electroden vorgenommen sind, wie auch Lippmann's Trichterversuch schon früher von Quincke in vollkommen derselben Weise ausgeführt wurde.

Die electrocapillaren Ströme, welche von Quincke, Zöllner, Edlund, Haga u. a. untersucht sind, hat bekanntlich Helmholtz in seiner Abhandlung: „Ueber electrische Grenzschichten" behandelt. Dabei wird die Ursache der Strömungsströme in dem Fortführen der Electricität, welche beim Contacte der Flüssigkeit mit den Wänden entsteht, gefunden.

g. Jetzt komme ich zu dem viel angefochtenen Punkte der Electricitätsentwickelung bei chemischen Actionen, aber es ist nicht möglich, die zahlreichen in dieser Hinsicht angestellten Untersuchungen kurz zusammenzufassen. Jeder ist mit denselben bekannt, und es wird also genügen, zu bemerken, dass weder die gewaltigen Angriffe de la Rive's, noch die schönen Versuche Faraday's die Contacttheorie erschüttert haben, dass diese Theorie nach Exner[1] noch heutigentags „gang und gäbe" ist und sich in einer immer zunehmenden Zahl Anfänger erfreut.

Nur das Experiment Exner's, durch welches er bei der Einwirkung von Chlor auf die Rückseite einer Silberplatte eine electrische Differenz der letztern gegen eine unveränderte wahrnimmt, will ich hier besprechen, weil er dabei sagt: „Ich sehe in der That keinen Weg, diesen Versuch mit der Contacttheorie in Einklang zu bringen."

Um diesen Versuch richtig beurtheilen zu können[2], fehlt eine genaue Angabe über den allseitig isolirten, gegen die Silberplatte federnden Platindraht. War dieser nur am Stöpsel durch Paraffin isolirt, oder war auch der Contact des Platins mit dem Silber von aussen durch etwas Paraffin gegen die Einwirkung des Chlors geschützt? Im ersten Falle bildete

---

1) Exner, Wien. Ber. p. 312. 1879.
2) Siehe auch: Perry und Ayrton, Phil. Trans. p. 30. 1880.

sich, weil der Draht nur federnd auf die Silberplatte drückte, während der Gegenwart des Chlors das Element Silber-Chlor-Platin, dessen electromotorische Kraft man auf statischem Wege mass.

Im zweiten Falle wurde die Contactelectricität des gebildeten Chlorsilbers durch das Chlor wohl, durch die trockene Luft aber nicht zum Boden abgeleitet, denn dass Chlorsilber im Contact mit Silber electrisirt wird, zeigt Exner in einem zweiten Versuche, bei welchem die eine Platte des Condensators blank, die andere von Chlor geschwärzt war. Dieser zweite Versuch spricht eben so stark gegen Exner's Theorie, wie der erste dafür. Wohl sagt Exner, dass bei dem zweiten Versuche nach zwölfstündigem Stehen die Spannungsdifferenz verschwunden war, aber weil das Tageslicht aus dem Chlorsilber metallisches Silber ausscheidet, liess sich dieses Resultat voraussagen.

Ferner bemerke ich, dass Exner's Bestimmungen der electrischen Differenzen: Zn|Pt; Cu|Pt; Fe|Pt ganz andere Werthe liefern als die von Kohlrausch, Hankel u. a. Nehmen wir Zn|Cu = 0,8 Daniell[1]), so kann man die genannten Potentialdifferenzen auch nach Hankel's Versuchen in Daniells ausdrücken. Alsdann bekommt man:

	Kohlrausch	Hankel	Exner	Perry u. Ayrton 1880
Zn | Pt . . .	0,984	0,984	0,881	0,981
Cu | Pt . . .	0,184	0,184	0,367	0,238
Fe | Pt . . .	0,384	0,312	0,704	0,369

Die Verbrennungswärme, welche nach der Ansicht Exner's den Werth des electrischen Unterschiedes bestimmt, liefert nach Berthelot's „Essai de mécanique chimique":

Zn|Cu = 0,46 D., 　Zn|Pt = 0,85 D., 　Cu|Pt = 0,39, 　Fe|Pt = 0,68 D.

------

1) Kohlrausch . . 　fand Zn|Cu = 0,80 Daniell,
　　Avenarius . . 　　„　　„ 　= 0,82 　„
　　Clifton . . . . 　　„　　„ 　= 0,81 　„
　　Ayrton and Perry 　„　　„ 　= 0,75 　„
　(Proc. Roy. Soc. 27. p. 224. 1876.)
　　Pellat . . . . 　　„　　„ 　= 0,76 　„
　(Compt. rend. Avril 1880.)

Mit diesen Zahlen vor Augen glaube ich noch immer behaupten zu können, dass im Contacte heterogener Stoffe die allgemeine und einzige Electricitätsquelle zu suchen ist.[1)]

§ 17. Ich hatte die Absicht hier zu endigen, aber nachdem ich noch einmal Faraday's meisterhafte Vertheidigung der chemischen Theorie[2)] gelesen hatte, beschloss ich, das Folgende noch hinzuzufügen.

Wenn man nicht absichtlich die Augen schliessen will, so muss man zugestehen, dass in vielen Fällen eine auffallende Proportionalität zwischen der electromotorischen Kraft auf der einen Seite und dem electromotorischen Aequivalent der chemischen Actionen auf der andern Seite gefunden wird.

Am Schlusse des § 11 habe ich dargethan, dass einer Volta'schen Kette eine regulirende Kraft innewohnt, durch welche diese Proportionalität erreicht werden kann; weil aber eine Schwankung der eletromotorischen Kraft mit der Temperatur innerhalb gewisser Grenzen stattfindet, so wird auf diese Weise nicht erklärt, warum schon vom Anfang an diese Proportionalität wenigstens angenähert erreicht ist.

Ich frage aber: Ist der Unterschied der chemischen und der thermischen Theorie so ungeheuer gross, dass nach der einen unmöglich ist, was sich bei der andern als natürlich erkennen lässt?

Man bringt zwei Körper in Berührung. Nach der chemischen Theorie findet nun zwischen den bewegenden Atomen beider Körper eine Wechselwirkung statt, welche chemische Zersetzung und nachherige Verbindung veranlasst; hierbei entsteht ein Verlust an potentieller Energie, an deren Stelle Electricität auftritt.

Nach der thermischen Theorie dagegen wirken in den Contactpunkten die bewegten Molecüle störend aufeinander ein. Hierbei entsteht (wie z. B. beim Stosse unelectrischer Körper), ein Verlust an lebendiger Kraft, und eine

---

1) Bekanntlich hat Hermann (Grundriss der Physiologie) gefunden, dass auch die Muskel- und Nervenströme durch Heterogeneität bedingt werden. Im ruhenden, unverletzten Muskel ist kein Strom nachweisbar.

2) Faraday, Experim. Res. § 24. no 1796—2074.

äquivalente Quantität electrischer Energie tritt an ihre
Stelle.

In einem Falle also gestörte Atombewegung; im andern
eine gestörte Molecularbewegung. Wird aber die Energie
der Moleküle nicht grösstentheils von der ihrer Atome bestimmt? Besteht nicht zwischen beiden ein festes, unver-
brüchliches Verhältniss?[1]) Es ist also natürlich, dass, wenn
die Wechselwirkung der Nachbarmolecüle zweier heterogener
Stoffe eine grosse Potentialdifferenz zuwege bringt, auch
die chemische Action ein grosses thermisches Aequivalent
besitzt.

Utrecht, Mai 1880.

VIII. *Ueber das Verhalten der Electricität in
Gasen, insbesondere im Vacuum;
von F. Narr in München.*

1. In einer früheren Abhandlung[2]) habe ich nachgewiesen, dass die einem Leiter mitgetheilte Electricität in
einem möglichst vollkommenen Quecksilberluftpumpenvacuum,
das in einer mit der Erde leitend verbundenen Metallkugel
hergestellt ist, in einer sehr kurzen Zeit vollständig aus-
strömt. Während dieser Untersuchung hatte ich aber gleichzeitig unter gewissen Umständen einen völlig abweichenden
Process beobachtet, der mir für die Erkenntniss der electrischen Eigenschaften der Gase sehr wichtig erschien, dessen
Natur und Bedingungen ich daher näher festzustellen suchte.

Meinen Erfahrungen gemäss vereinfachte ich meine bisherige Versuchsanordnung noch mehr und schloss insbesondere alle Glasröhren wegen ihrer immerhin zweifelhaften
und veränderlichen electrischen Eigenschaften aus derselben aus.

---

1) O. E. Meyer, die kinetische Gastheorie.
2) Narr, Wied. Ann. 8. p. 266. 1879.

Der zu evacuirende Raum wurde durch die schon früher gebrauchte hohle Messingkugel von einem inneren Durchmesser von 16 cm gebildet. Ich liess dieselbe oben mit einem schwach conisch verlaufenden Metalltubulus von 3,5 cm. lichter Weite versehen und in denselben einen hohlen 2 mm dicken Metallstöpsel einschleifen. In diesen letzteren wurde nun der Platindraht, der einerseits eine Metallkugel von ·3 cm Durchmesser in der Mitte der grossen Hohlkugel trug, andererseits, durch eine Spirale aufrecht erhalten, zum Sinuselectrometer lief, mittelst einer Mischung von Schellack und Siegellack luftdicht und isolirt eingekittet. Die grosse Hohlkugel, die durch eine seitliche Metallröhre mit Hahn unter Einschaltung einer Glasröhre mit einer Quecksilberluftpumpe zu verbinden war, lag auf einem ausgezeichnet isolirenden Cylinder von grünem Glase und konnte vermittelst eines Schnurlaufes durch einen Metallhebel mit der Gasleitung in Verbindung gesetzt werden.

Alle Apparate wurden in der Zwischenzeit zwischen den Versuchen in einen grossen zusammenschiebbaren Kasten von Pappe eingeschlossen, dessen Oeffnungen mit Tüchern verhängt wurden. Vor den Versuchen wurde die Oberfläche der grossen Kugel sorgfältig abgerieben, die äussere Schellackfläche mit den Fingern von etwaigen kleinen Staubtheilchen gereinigt und stark erwärmte Leinwand angedrückt; das Isolirglas wurde ebenso immer gereinigt und erwärmt.

2. Als ich zunächst die grosse Hohlkugel evacuirte und mit der Erde, wie früher, in Verbindung setzte, so trat bei Ladung des aus dem Electrometer, dem Platindrahte und der daran hängenden Kugel bestehenden Leitersystems genau der früher beobachtete Process des Ausströmens ein, mochte ich nun ein Luft- oder ein Wasserstoff- oder endlich ein Kohlensäurevacuum geschaffen haben. Um eines dieser beiden letzteren herzustellen, wurde zuerst die vorhandene Luft ausgepumpt, dann das betreffende Gas zweimal eingelassen und immer wieder evacuirt. Da die Quecksilberluftpumpe ungefähr eine Maximalverdünnung von 0,01 mm erlaubt, so überzeugt man sich leicht durch Rechnung, dass die schliesslich verbleibenden Lufttheilchen gegen die Theil-

chen des Gases, dessen Vacuum speciell hergestellt werden soll, verschwindend sind.

Ein völlig verschiedener Vorgang spielt sich ab, wenn die Ladung des Leitersystems bei isolirter grosser Hohlkugel erfolgt. In diesem Falle stellt sich nämlich derselbe Zerstreuungsprocess ein, wie im gaserfüllten Raume; dies beweisen die nachstehenden Versuchsreihen, welche die Zerstreuungsconstante p, nach der Formel $Q = Q_0 . e^{-p.t}$ aus alle 5 Minuten angestellten Beobachtungen berechnet, enthalten.

I. Isolirtes Luftvacuum.				II. Isolirtes Wasserstoffvacuum. III. Isolirtes Kohlensäurevacuum.			
A.		*B.*		*A.*		*B.*	
Q_0	p	Q_0	p	Q_0	p	Q_0	p
0,8636	0,0105	0,8491	0,0101				
0,8196	0,0064	0,8073	0,0080	0,8729	0,0102	0,9152	0,0091
0,7937	0,0073	0,7755	0,0068	0,8297	0,0086	0,8746	0,0071
0,7654	0,0069	0,7494	0,0058	0,7949	0,0076	0,8439	0,0066
0,7396	0,0061	0,7297	0,0059	0,7651	0,0075	0,8168	0,0064
0,7175	0,0058	0,7085	0,0052	0,7370	0,0072	0,7911	0,0054
0,6970	0,0057	0,6904	0,0049	0,7110	0,0068	0,7700	0,0054
0,6776	0,0056	0,6738	0,0046	0,6874	0,0068	0,7496	0,0047
0,6589	0,0049	0,6525	0,0038	0,6645	0,0063	0,7322	0,0050
0,6429	0,0047	0,6417	—	0,6440	0,0060	0,7140	0,0048
0,6281	0,0049	—	—	0,6251	0,0066	0,6970	0,0045
0,6129	0,0045	—	—	0,6050	0,0055	0,6816	—
0,5996	—	—	—	0,5886	—	—	—

Die Beobachtung begann immer 5 Minuten nach der Ladung, deren Gleichmässigkeit hier nicht mit der früheren Sorgfalt erstrebt wurde, weil sie für den Vorgang im grossen und ganzen irrelevant war. Zur Orientirung füge ich jedoch noch einige Versuche im isolirten Kohlensäurevacuum mit wachsenden Anfangsladungen hinzu, wobei ich mich aber auf die Angabe der nach bestimmten Zeiten nach der Electricitätsmittheilung beobachteten Ladungen begnüge, da die Kürze der Beobachtungsintervalle und die Kleinheit der Ladungen den Einfluss der unvermeidlichen Beobachtungsfehler beträchtlich steigern.

I.	II.	III.	IV.	V.
0,1940	0,3544	0,2728	0,4609	0,6171
0,1891	0,3470	0,2685	0,4525	0,6061
0,1891	0,8412	0,2668	0,4471	0,5996

Bei den beiden ersten Versuchen begann die Beobachtung eine halbe Minute, bei den drei letzten eine Minute nach der Electricitätsmittheilung, die beiden folgenden Zahlen stellen immer die Ladungen dar, welche am Ende der beiden nächsten Minuten beobachtet wurden.

In demselben Augenblicke, in dem die letzte in den neun vorstehenden Reihen angegebene Ladung abgelesen wurde, stellte ich die Verbindung der grossen Hohlkugel mit der Erde her; als nach einer halben Minute die Einstellung des Electrometers vorgenommen wurde, ergab sich, dass die gesammte Electricität vollständig oder bis auf minimale Spuren ausgeströmt war.

Der stetige Charakter des Processes, wie er an den oben verzeichneten Zahlen hervortritt, bedingt äusserst günstige äussere Verhältnisse, welche hauptsächlich die Isolirfähigkeit des Glascylinders anzugehen scheinen; sind diese nicht vorhanden, so wird der Zerstreuungsprocess gelegentlich durch ein vorübergehendes Ausströmen unterbrochen, das in den ungünstigsten Fällen, und zwar auch noch bei schwachen Ladungen, alle zwei bis drei Minuten sich wiederholt.

Als zweite wichtige Thatsache hebe ich hervor, dass die äussere Fläche der grossen Hohlkugel im isolirten evacuirten Zustande — eine Minute und ebenso auch eine Stunde nach der Ladung — immer gleichnamig electrisch mit dem Leitersysteme war, mochte dieses letztere eine halbe Minute nach der Electricitätsmittheilung nur sehr schwach oder auch beliebig stark geladen erscheinen.

3. Die unverkennbare Wichtigkeit der vorstehenden Resultate im Vereine mit der Erwägung, dass nach den neueren Ansichten kein durchgreifender Unterschied besteht zwischen dem erreichbaren Luftpumpenvacuum und einem unter höherem Drucke mit Gas gefüllten Raume, bewogen mich, meine Untersuchung auch auf den Einfluss der Isolirung der grossen Kugel auf den gewöhnlichen Zerstreuungsprocess auszudehnen.

Dieselbe ergab zunächst, dass der Process der Zerstreuung in einem gaserfüllten Raume durch den Umstand, ob die grosse Hohlkugel isolirt oder mit der Erde verbunden ist, nicht merklich beeinflusst wird, wenn die ursprüngliche

Ladung des Leitersystems erfolgt, während die grosse Kugel
mit der Erde verbunden ist; die Zerstreuungsconstante p
nimmt in beiden Fällen wenigstens am Anfange ab. Dies
beweisen die folgenden unter der gedachten Anfangsbedin-
gung angestellten Versuchsreihen, bei denen ich, um den
Einfluss der Veränderlichkeit der äusseren Verhältnisse und
der Grösse der Ladung nach Möglichkeit zu eliminiren, alternirend, und zwar in demselben Augenblicke, in dem die
daneben stehende Ladung Q_0 abgelesen wurde, die grosse
Kugel mit der Erde verband und isolirte; zwischen der ursprünglichen Ladung des Leitersystems und dem Beginne
einer jeden Versuchsreihe, sowie zwischen den einzelnen Beobachtungen lag immer ein Zeitraum von fünf Minuten.

I. Luft von 717,9 mm Druck.			In Luft von 717,9 mm Druck.		
Grosse Hohlkugel	Q_0	p	Grosse Hohlkugel	Q_0	p
in Erdverbindung	0,8142	0,0090	isolirt	0,8175	0,0083
	0,7784	0,0068		0,7861	0,0064
	0,7509	0,0062		0,7596	0,0067
	0,7295	0,0057		0,7845	0,0054
isolirt	0,7089	0,0057	in Erdverbindung	0,7150	0,0051
	0,6889	0,0051		0,6970	0,0046
	0,6715	0,0044		0,6812	0,0045
in Erdverbindung	0,6567	0,0036	isolirt	0,6662	0,0046
	0,6450	0,0040	.	0,6511	0,0046
	0,6323	0,0046		0,6363	0,0037
isolirt	0,6180	0,0041	in Erdverbindung	0,6247	0,0038
	0,6054	0,0042		0,6127	0,0038
	0,5927	0,0040		0,6014	0,0040

III. In Wasserstoff von 711,8 mm Druck.			IV. In Wasserstoff von 711,8 mm Druck.		
Grosse Hohlkugel	Q_0	p	Grosse Hohlkugel	Q_0	p
in Erdverbindung	0,8983	0,0112	isolirt	0,9093	0,0094
	0,8493	0,0080		0,8688	0,0066
	0,8160	0,0073		0,8394	0,0056
	0,7867	0,0060		0,8163	0,0051
isolirt	0,7634	0,0054	in Erdverbindung	0,7958	0,0039
	0,7433	0,0050		0,7804	0,0040
	0,7251	0,0048		0,7648	0,0040
in Erdverbindung	0,7078	0,0041	isolirt	0,7496	0,0038
	0,6933	0,0041		0,7354	0,0036
	0,6791	0,0038		0,7222	0,0036
isolirt	0,6664	0,0036	in Erdverbindung	0,7093	0,0030
	0,6545	0,0040		0,6988	0,0031
	0,6415	0,0036		0,6882	0,0031

Wird dagegen das Leitersystem ursprünglich geladen, während die grosse Hohlkugel isolirt ist, so ist diese letztere zunächst in diesem Zustande, und zwar nach einer Minute, und ebenso nach 1 bis $1^1/_2$ Stunden mit dem Leitersysteme gleichnamig electrisch, und die erste Verbindung der grossen Kugel mit der Erde führt ein vorübergehendes Ausströmen herbei; dieser letztere Umstand ist in den folgenden Versuchsreihen durch ein dem betreffenden p beigesetztes Sternchen hervorgehoben.

I. In Luft von 717,9 mm Druck.			II. In Luft von 717,9 mm Druck.		
Grosse Hohlkugel	Q_0	p	Grosse Hohlkugel	Q_0	p
isolirt	0,7454	0,0097	isolirt	0,8877	0,0090
	0,7101	0,0072		0,8487	0,0071
	0,6852	0,0063		0,8192	0,0062
	0,6639	0,0048		0,7942	0,0060
in Erdverbindung	0,6483	0,0117*	in Erdverbindung	0,7706	0,0266*
	0,6114	0,0032		0,6747	0,0040
	0,6016	0,0034		0,6613	0,0034
isolirt	0,5916	0,0032	isolirt	0,6503	0,0040
	0,5823	0,0031		0,6376	0,0035
	0,5732	0,0032		0,6264	0,0037
in Erdverbindung	0,5643	0,0037	in Erdverbindung	0,6149	0,0036
	0,5539	0,0030		0,6038	0,0036
	0,5458	0,0032		0,5929	0,0037

III. In Luft von 725,2 mm Druck.			IV. In Wasserstoff von 711,8 mm Druck.		
Grosse Hohlkugel	Q_0	p	Grosse Hohlkugel	Q_0	p
isolirt	0,8275	0,0061	isolirt	0,7865	0,0119
	0,8027	0,0054		0,7413	0,0081
	0,7814	0,0047		0,7085	0,0077
	0,7633	0,0046		0,6818	0,0067
	0,7459	0,0039	in Erdverbindung	0,6593	0,0131*
	0,7315	0,0040		0,6177	0,0046
	0,7170	0,0039		0,6036	0,0048
	0,7032	0,0040	isolirt	0,5895	0,0050
	0,6895	0,0037		0,5749	0,0048
	0,6771	0,0034		0,5613	0,0050
	0,6658	0,0036	in Erdverbindung	0,5474	0,0050
	0,6541	0,0032		0,5336	0,0050
in Erdverbindung	0,6438	0,0133*		0,5205	0,0050
	0,6025	0,0027			

Auch diese Versuche setzen, wie die entsprechenden im Vacuum, ausnehmend günstige äussere Verhältnisse voraus;

sonst wachsen besonders am Anfange die Werthe von p, während das bei der ersten Erdverbindung auftretende vorübergehende Ausströmen schwächer wird. Die beiden diesen Fall auszeichnenden Eigenthümlichkeiten treten auch bei den schwächsten Ladungen, so noch bei einer Ladung = 0,0724 und bei einer Gesammtdauer der ursprünglichen Isolirung hervor, welche unter einer Minute bleibt. Hat man einmal sehr kurze Zeit, nur nicht geradezu momentan, die Verbindung der grossen Kugel mit der Erde hergestellt, so weist die nächste Isolirung keine gleichnamige Ladung der grossen Kugel, und eine weitere Erdverbindung derselben auch kein vorübergehendes Ausströmen mehr auf. Dies gilt selbst dann noch, wenn die nach der ersten Erdverbindung eingetretene Isolirung der grossen Kugel 1 bis $1\frac{1}{2}$ Stunden dauert, wie die nachfolgenden unter sehr günstigen Umständen angestellten Versuchsreihen zeigen, bei denen die grosse Kugel ursprünglich fünf Minuten in Verbindung mit der Erde war.

I. In Luft von 725,2 mm Druck.			II. In Luft von 712,3 mm Druck.		
Grosse Hohlkugel	Q_0	p	Grosse Hohlkugel	Q_0	p
isolirt	0,8402	0,0062	isolirt	0,9663	0,0060
	0,8146	0,0055		0,9102	0,0051
	0,7923	0,0056		0,8654	0,0044
	0,7706	0,0050		0,8283	0,0040
	0,7515	0,0045		0,7963	0,0035
	0,7349	0,0045		0,7690	0,0038
	0,7187	0,0047		0,7439	0,0033
	0,7021	0,0039		0,7197	0,0030
	0,6885	0,0038		0,6985	0,0029
	0,6755	0,0038	in Erdverbindung	0,6861	0,0029
	0,6631	0,0039		0,6664	0,0028
	0,6503	0,0036			
in Erdverbindung	0,6425	0,0028			
	0,6342	0,0033			

Der Zeitraum zwischen den einzelnen Beobachtungen betrug bei der ersten Versuchsreihe, wie bei allen vorhergehenden, fünf Minuten, bei der zweiten dagegen zehn Minuten. Auch dieser Fall scheint durch eine besondere Eigenthümlichkeit ausgezeichnet zu sein, die ich jedoch erst einer näheren Untersuchung unterstellen muss.

4. Durch die vorstehenden Resultate haben die Ergebnisse meiner früheren Arbeiten über das Verhalten der Electricität in Gasen eine wesentliche Aufklärung und Erweiterung erfahren. Ich verzichte jedoch zunächst darauf, sie mit einander zu verketten und theoretisch zu verwerthen, da ich zuvor noch einige Thatsachen, über die meine bisherige Versuchsanordnung nur orientiren konnte, genau feststellen möchte.

Dagegen will ich zum Schlusse noch einige Bemerkungen über den Ursprung der Ladung anfügen, welche die grosse Hohlkugel im gaserfüllten und evacuirten isolirten Zustande aufwies; nach dem, was wir gegenwärtig unter einem Luftpumpenvacuum zu verstehen haben, kann es nicht zweifelhaft sein, dass dieselbe in beiden Fällen auf eine und dieselbe Ursache zurückzuführen ist.

Zunächst könnte man daran denken, die Ladung der grossen Kugel durch einen directen Uebergang der Electricität von dem Leitersysteme auf die Schellackfläche zu erklären. Dieser Auslegung steht aber der Umstand entgegen, dass dieselbe auch bei den minimalsten Ladungen des Leitersystems beobachtet wurde, während sie bei starken Ladungen dieses letzteren nach der zweiten Isolirung der grossen Kugel nie nachzuweisen war. Jedenfalls käme hier die äussere Fläche des Schellackkörpers, die ja der Einwirkung der Atmosphäre und ihres Inhaltes ausgesetzt und mit Absicht nur in einigen wenigen Fällen der früher angewandten durchgreifenden Reinigung und Erhitzung unterzogen worden war, in erster Linie in Frage. Ich legte daher dieselbe kleine Probekugel, mit der ich die Ladung der grossen Kugel constatirte, oftmals an den verschiedensten Stellen des isolirenden äusseren Schellackkörpers an, während ich das Leitersystem bei isolirter oder mit der Erde verbundener (evacuirter und gaserfüllter) grosser Kugel lud oder endlich in ersterem Falle Erdverbindung herstellte; dieselbe erwies sich aber trotz der Empfindlichkeit meines mit einem Condensator versehenen Electroskopes stets als unelectrisch.

Man könnte ferner an eine directe Influenzwirkung der kleinen Kugel innerhalb der Hohlkugel auf diese letztere

denken. Dieser Annahme steht aber neben manchen anderen
Bedenken der Umstand im Wege, dass, wenn das Leitersystem während der Verbindung der Hohlkugel mit der Erde
geladen und diese dann isolirt wurde, trotz der noch vorhandenen grossen Electricitätsmenge nie eine gleichnamige
Ladung der Hohlkugel zu constatiren war.

Es bleibt daher schliesslich nur noch die Annahme
übrig, dass die auf der grossen Kugel nachgewiesene Electricität ihren Weg durch den Gasraum selbst gefunden habe.
Eine nähere Präcisirung dieses allgemeinen Ausdruckes muss
ich meiner nächsten Arbeit überlassen.

IX. *Zum Schutze des Gesetzes der correspondiren-den Siedetemperaturen; von Ulrich Dühring.*

Im 9. Bd. dieser Annalen fand sich kürzlich ein Aufsatz bezüglich Druck, Temperatur und Dichte der gesättigten
Dämpfe von A. Winkelmann, in dem p. 391 ff. das von
mir aufgefundene Gesetz der correspondirenden Siedetemperaturen als unrichtig angefochten wurde. Bei näherem Zu-
sehen ergibt sich jedoch, dass es mit dieser Unwahrerklärung
meines Gesetzes eine besondere Bewandtniss hat, die ich im
Folgenden für jeden prüfenden Sachkenner darlegen werde.
Hierzu muss ich jedoch an das Gesetz selbst und an einige
Folgerungen aus demselben erinnern, wie sie in den im Mai
1878 von meinem Vater veröffentlichten „Neuen Grundgesetzen zur rationellen Physik und Chemie" auseinandergesetzt
worden sind. Das fragliche Gesetz lautet: „Von den Siedepunkten beliebiger Substanzen, wie sie für irgend
einen für alle gemeinsamen Druck als Ausgangspunkte gegeben sein mögen, sind bis zu den Siedepunkten für irgend einen andern gemeinsamen Druck
die Temperaturabstände sich gleich bleibende Vielfache voneinander." Oder in Buchstaben: Sind t_p und
$t_{p'}$ die Siedepunkte einer Flüssigkeit bei den Drucken p und

p', t'_p und $t'_{p'}$ die einer andern Flüssigkeit bei denselben
Drucken p und p', so ist:

$$\frac{t'_{p'} - t'_p}{t_{p'} - t_p} = \frac{q'}{q},$$

wo q und q' zwei den beiden Flüssigkeiten eigenthümliche
Constanten sind, die ich in der angeführten Schrift unter
dem Namen der specifischen Factoren eingeführt habe. Diese
Factoren sind auf irgend eine beliebige Flüssigkeit als Einheit zu beziehen; wählt man, wie es ja auch bei der Dichtigkeit, der specifischen Wärme und anderen derartigen
Grössen üblich ist, das Wasser zur Einheit und bezeichnet den
Siedepunkt jeder Flüssigkeit bei dem Drucke, wo das Wasser
bei 0^0 siedet, mit r, so ist:

$$t' = r + qt,$$

wo t der Siedepunkt des Wassers und t' der Siedepunkt der
Flüssigkeit mit den Constanten r und q bei demselben Druck
ist. Beispielsweise ist für Quecksilber $r = 157,25^0$ und $q = 2$,
d. h. wenn das Wasser bei 0^0 (nämlich unter einem Drucke
von 4,6 mm) siedet, so siedet das Quecksilber bei $157,25^0$;
siedet das Wasser bei 1^0, so siedet das Quecksilber bei
$159,25^0$; siedet das Wasser bei 10^0, so siedet das Quecksilber bei $177,25^0$; siedet das Wasser unter dem Drucke
einer Atmosphäre, also bei 100^0, so siedet das Quecksilber
bei $357,25^0$ u. s. f.

Hr. Winkelmann bemüht sich, dieses von mir unmittelbar aus den sorgfältigen Regnault'schen Beobachtungen be-
wahrheitete Gesetz dadurch zu widerlegen, dass er die bereits
von mir angegebenen oder vorausgesagten, ja aus der bis
jetzt unvermeidlichen Unreinheit einiger Präparate nothwendigen, überdies auf einzelne Stoffe und dabei nur auf extreme
Höhen- oder Tiefenlagen des Druckes beschränkten Abweichungen theilweise reproducirt und obenein Differenzen für
gar beträchtlich erklärt, die unter den obwaltenden Umständen noch ganz innerhalb der Grenzen der unvermeidlichen
Experimental- und Beobachtungsfehler liegen müssen. Sein
Aeusserstes ist eine Abweichung von 4^0 auf 80^0 bei Aether
und Schwefelkohlenstoff, also gerade da, wo die Beimischung
der Präparate Regnault selbst gelegentlich veranlasst hat,

auf ein derartiges Maass der Unsicherheit der Experimental-
ergebnisse hinzuweisen. Hr. Winkelmann hat nun zur
Sache kein einziges Experiment gemacht, aber trotzdem
Regnault, dem man experimentell in den verschiedensten
Richtungen so viel verdankt, in einer Weise bemängelt, als
wenn jener gediegene Experimentator seine eigenen Beobachtungen nicht hätte interpoliren können. Gerade in den
angeführten „Grundgesetzen" ist von meinem Vater und mir
darauf aufmerksam gemacht worden, dass häufig die unmittelbaren Beobachtungen, nicht aber die für feinere Grössen-
nuancen unvermeidlich zweifelhaften Interpolationen zu benutzen waren. Hr. Winkelmann aber hat diese Nothwendigkeit dahin missverstanden, dass er im Gegentheil neue
Interpolationen herausrechnen zu müssen geglaubt hat, wo
ihm die Regnault'schen für seinen besondern Zweck nicht
passten. In Vergleichung mit dem umfassenden Tabellen-
material, welches ich zur Bewahrheitung des Gesetzes in
der angeführten Schrift theils vollständig, theils in den
Hauptpunkten vorgeführt habe, sind die aus demselben
von Hrn. Winkelmann zu einigen Einwendungen herbeigezogenen und vorher gekennzeichneten Abweichungen
sehr geringfügig. Die strengste Gültigkeit des Gesetzes für
den ganzen Lauf der Siedetemperaturen aller Substanzen
vorausgesetzt, müsste erst ein physikalisches Wunder geschehen, wenn das in den Regnault'schen Quartanten nieder-
gelegte Experimentenmaterial überall und durchgängig bis
aufs Kleinste übereinstimmen sollte. Wer die Schwierigkeiten
der Regnault'schen Experimente kennt, würde stutzig werden
und irgend eine künstlich gemachte Zusammenstimmung
wittern müssen, wenn die Ergebnisse irgend einer als ratio-
nell ausgegebenen Formel ihnen etwa noch genauer ent-
sprächen, als dies mit meinem zunächst als empirisch hinge-
stellten Gesetze der Fall ist.

Für circa vierzig Stoffe habe ich die specifischen Factoren q aus den Regnault'schen und anderen Beobachtungen
berechnet. Die Anzahl der Stoffe, für welche ich in tabel-
larischer Uebersicht die Anwendung auf die verschiedenen
Drucke machte, konnte ich beschränken, da sich die Gültig-

keit des Gesetzes für den Leser sehr bald bemessen liess.
Hr. Winkelmann hat nur Unerhebliches an Zahlen vorgeführt, behauptet aber, noch mehr zur Verfügung zu haben
und es nur deswegen nicht anzuführen, weil er das Gesetz
bereits als unwahr erwiesen habe. Dieser Zurückhaltung
gegenüber muss ich den Leser um Aufmerksamkeit für einige
positiv sprechende Fälle ersuchen, die bis auf einen in den
„Grundgesetzen" nicht beigebracht wurden, weil ich das Gesetz weiterer Beläge nicht für bedürftig hielt und halte. Aus
der folgenden Tabelle ersieht man den Grad der Uebereinstimmung des Gesetzes mit der Beobachtung in neuen, die ursprüngliche Schrift von 1878 zum Ueberfluss ergänzenden Beispielen.

Name der Substanz	Druck in Millimetern Quecksilber	Beobacht. Siedepunkt nach Regnault	Berech- neter Siedepunkt	Differenz
Schwefel	3278,29	554,03°	555,59°	1,56°
Citronenöl	3374,42	239,70	240,69	0,99
Methylchlorid	5653,65	34,80	35,15	0,85
Oxalsaures Methyl . . .	6203,14	253,53	251,96	1,57
Aceton	399,57	38,74	37,57	1,17
„	463,75	42,63	41,73	0,90
„	542,09	46,86	46,20	0,66
„	682,86	53,24	52,95	0,29
„	772,47	56,79	56,81	0,02
„	1934,05	86,32	87,52	1,20
„	3284,30	106,30	107,77	1,47
„	5038,87	124,42	125,78	1,36
„	5979,61	132,27	133,42	1,15
„	7080,66	140,40	141,25	0,85
Quecksilber	85,10	255,45	254,13	1,32
„	7316,68	511,67	514,45	2,78
Stickoxydul	18600,15	−16,66	−15,96	0,70
Kohlensäure	12904,08	−25,82	−23,48	2,34
„	18708,30	−13,81	−13,52	0,29

Die Zahlen der dritten Columne sind nach der Formel:
$$t' = r + qt = (r + 100q) + q(t - 100)$$
berechnet, wobei t und der Normalsiedepunkt $(r+100q)$ nach
den Angaben Regnault's und q, so wie es in den „Grundgesetzen" angegeben ist, genommen wurden.

Wie die Vergleichung zeigt, sind die Differenzen der nach dem Gesetz berechneten und der von Regnault beobachteten Temperaturen gewöhnlich nur 1% des Werths, der vom Normalsiedepunkte ab gerechnet wird. Bei Quecksilber wird die Differenz grösser, aber auch nicht bedeutender, als dass man sie nicht sehr wohl auf die bekannten Schwierigkeiten der hohen Temperaturbestimmungen verrechnen könnte. Die Prüfung des Gesetzes an den Thatsachen zeigt hiernach nicht weniger, sondern mehr Uebereinstimmung, als sich füglich selbst von einem guten experimentellen Material erwarten liess.

Mit der Natur und den Thatsachen harmonirt das Gesetz in der ganzen Weite des verfügbaren Materials zur Genüge. Hr. Winkelmann erklärt es aber mit der Beziehung für unverträglich, die er als die seinige aufstellt, und mit der er das von von ihm nur als eine gewisse Annäherung und im Grunde als unwahr verurtheilte Gesetz selber ersetzen will. Der prüfende Leser wird aber leicht die Entstehung des Winkelmann'schen Ersatzes begreifen, wenn er das vergleicht, was zwei Jahre vorher von meinen Folgerungen aus dem Gesetze in der erwähnten Schrift meines Vaters dargelegt worden ist. Dort findet sich auf p. 92 die von mir aufgestellte, für jede Substanz geltende Beziehung $\frac{p'}{p} = \left(\frac{s'}{s}\right)^y$, worin s und s' die von dem festen Punkte aus, den ich unter dem Namen der Verdampfungsgrenze eingeführt habe, gezählten Siedetemperaturen bei den Drucken p und p' bezeichnen. Da die Lehre von einer allgemeinen Verdampfungsgrenze eine durchaus neue, von mir aus meinem Gesetze gefolgerte ist, so muss ich, da ich die Bekanntschaft mit derselben nicht bei allen Lesern der Annalen voraussetzen kann, hier wenigstens hervorheben, dass die Verdampfungsgrenzen auch nichts als Siedepunkte für gemeinsamen Druck, nämlich für Nulldruck, also sämmtlich als correspondirende Temperaturen im Sinne meines Gesetzes zu bestimmen sind. Zählt man nun einfach von diesen absoluten Anfangspunkten der Verdampfung, so sagt schon der oben angeführte Wortlaut meines Gesetzes, dass die sich so

ergebenden correspondirenden Siedetemperaturen bestimmte
Vielfache voneinander bleiben. Hieraus folgt dann aber
weiter, wie des Näheren in der Schrift selbst dargelegt ist,
dass der Quotient $\frac{s'}{s}$ zweier von der Verdampfungsgrenze
aus gezählten Siedetemperaturen von der Natur der Substanz, d. h. vom specifischen Factor q unabhängig, also nur
eine Function von p und p' ist, die in der angeführten
Formel von mir auf den nächsteinfachsten Ausdruck gebracht wurde. Der Exponent y ist bei kleineren Druckunter-
schieden und mittleren Drucken fast constant, bei grösseren
eine sichtliche Function von p und p'.

Wenn man diese Gleichung speciell für Wasser nimmt
und $p = 760$ mm setzt, so erhält man, da die Verdampfungsgrenze des Wassers -100^0 beträgt:

$$\frac{p'}{760} = \left(\frac{t_{p'} + 100}{200}\right)^y$$

Schreibt man nach der Bezeichnungsweise des Hrn.
Winkelmann n anstatt $\frac{p'}{760}$ und t_n anstatt $t_{p'}$, sowie $\frac{1}{\log b}$
anstatt y, so hat man:

$$n = \left(\frac{t_n + 100}{200}\right)^{\frac{1}{\log b}},$$

woraus folgt:

$$t_n = 200\, n^{\log b} - 100.$$

Letztere Gleichung findet sich nun auf p. 214 des Winkelmann'schen Aufsatzes und ist auf die angegebene Weise
aus meiner Gleichung $\frac{p'}{p} = \left(\frac{s'}{s}\right)^y$ abzuleiten gewesen.

Auch die Verdampfungsgrenze des Wassers von -100^0,
die Hr. Winkelmann hier ohne Motivirung einführt, ist
von mir p. 89 und 93 der angeführten Schrift angegeben.
Sie war eine Folgerung aus meinem Gesetze und sonst nir-
gend in der Literatur, so weit mein Vater und ich dieselbe
kennen, zu finden. Auch wird Hr. Winkelmann für jene
-100^0, die er ganz willkürlich in seiner Formel auftreten
lässt, und die auch in der von mir für alle Substanzen vor-

gebildeten Formel bei der stillschweigenden Winkelmann'-
schen Exemplificirung derselben auf das Wasser wesentlich sind, keine Herkunft, sei es aus der Literatur, sei es
aus eigenem Raisonnement, nachweisen können. Hrn. Winkelmann's Formelconstruction beruht also nicht blos auf
dem Formeltypus, den ich ermittelt habe, sondern auch auf
der bestimmten Verdampfungsgrenze, die ich nach diesem
Gesetze in Zahlen bestimmt habe. Der unausgesprochene
Anschluss des Winkelmann'schen Verfahrens an meine Angaben ist hier sogar zu genau ausgefallen; denn da ich der
Urheber jener —100° bin, so weiss ich auch, wie weit diese
Zahl genau sein kann, und dass jede wirklich selbständige
Ermittelung hätte auf Varianten führen müssen. Mein Gesetz und die dazu veröffentlichten Folgerungen sind also die
Leiter, auf der Hr. Winkelmann in seiner Studie daran
einige Sprossen zurückgelegt hat. Um so beachtenswerther
ist es, dass nun die Leiter nichts taugen und zu der Höhe
der Winkelmann'schen Formeln nicht heranreichen soll. In
Wahrheit überragt sie diese noch um eine gute Anzahl zuverlässiger Sprossen. Die Hauptformel, auf die Hr. Winkelmann einen besondern Werth legt, bringt nämlich in
den Exponenten, der meinem Exponenten y entspricht, einen
Ausdruck für das Verhältniss der beiden Dichtigkeiten hinein, welche die gesättigten Dämpfe nach zwei verschiedenen
Hypothesen haben würden. Die eine dieser Dichtigkeiten,
welche Hr. Winkelmann kurzweg als die wirkliche ansieht,
ist die, deren Berechnung auf den Speculationen über schwer
messbare und daher wesentlich uncontrolirbare Verdampfungswärmen und überhaupt auf den minder zuverlässigen Bestandtheilen der mechanischen Wärmetheorie beruht. Die
andere, nur fingirte Dichtigkeit ist diejenige, welche die gesättigten Dämpfe haben würden, wenn sie den Gesetzen von
Mariotte und Gay-Lussac von den kleinsten Drucken an
bis zum Sättigungspunkte ohne Abweichung folgten. Nun
sind aber erfahrungsgemäss die wirklichen Dichtigkeiten nicht
blos immer grösser als die nach den Gesetzen von Mariotte,
Gay-Lussac und Avogadro fingirten, sondern es werden
auch die Abweichungen in diesem Sinne mit dem zunehmen-

·den Drucke der gesättigten Dämpfe, also auch mit steigender Temperatur, immer grösser. Hieraus folgt, dass auch der Exponent der Winkelmann'schen Formel mit steigender Temperatur immer grösser, mit sinkender immer kleiner wird, während der wirkliche Exponent, wie ihn die Berechnung aus den Beobachtungen liefert, bei 20 bis 30 mm Druck ein Minimum hat und bei weiterem Sinken der Temperatur ins Steigen übergeht. Die Winkelmann'sche Formel ist also mit den beobachteten Thatsachen nicht verträglich, und zwar gerade durch diejenigen Bestandtheile nicht verträglich, mit denen Hr. Winkelmann das bereits von mir Gegebene untermischt hat. Der Hauptinhalt des ganzen Winkelmann'schen Aufsatzes ist demnach zwar nur eine geringfügige Modification einer von mir als nebensächliche Folgerung meines Gesetzes vor zwei Jahren veröffentlichten Formel, aber doch eine hinreichend unrichtige Modification, um die so abgeänderte Formel unbrauchbar zu machen. Das von mir 1877 hier in Wildbad aufgefundene Gesetz ist dagegen ein höchst einfaches Gegenbild der Thatsachen, von welchem die Physiker und Chemiker in leichter Weise eine umfassende theoretische und praktische Anwendung machen können. Ich habe es erst später in Berlin an dem Regnault'schen Beobachtungsmaterial in allen Richtungen bewahrheitet, nachdem es mir schon ohnedies festgestanden hatte. Ich habe dann aber auch weitere Folgerungen gezogen, von denen ein wichtiger Theil, wie die ganze, bis in die chemische Molecularzusammensetzung verfolgte Lehre von den Verdampfungsgrenzen der verschiedenen Stoffe, in der angeführten Schrift meines Vaters bereits im Mai 1878 veröffentlicht worden ist. Mein Gesetz beruht in dieser Veröffentlichung unmittelbar auf der Zusammenfassung der Beobachtungen und nicht erst auf allerlei Hypothesen und Speculationen, wie die oben gekennzeichnete Formelconstruction des Hrn. Winkelmann. Uebrigens wird aber das Gesetz auch noch durch das Zutreffende jener chemischen Folgerungen bestätigt und kann getrost die Prüfung jedes eingehenden und unbefangen verfahrenden Sachkenners gewärtigen.

Wildbad in Würtemberg, im Mai 1880.

X. *Zustandsgleichung der atmosphärischen Luft; von Gustav Schmidt.*

Die Beiblätter[1]) bringen die Nachricht, dass die neuesten Versuche Joule's das mechanische Wärmeäquivalent = 772,55 Fusspfund englisch ergeben haben, als äquivalent mit der Wärmemenge, welche erforderlich ist, um 1 Pfd. Wasser von 60° F. um 1° F. zu erwärmen. Da 1 Fuss englisch = 0,30479 m., 1° C. = 1,8 F. und die Wärmecapacität des Wassers bei 60° F. = 15,5° C. gleich 1,00083 ist, so ergibt sich, bezogen auf das französische Maass, das Wärmeäquivalent:

$$E = \frac{772,55 \cdot 0,30479 \cdot 1,8}{1,00083} = 423,49, \text{ wofür } 423,5,$$

also sehr nahe so, wie es Joule bereits aus seinen Versuchen von 1840 bis 1849 gefolgert hat. Trotzdem gab mir dieser Umstand Anlass, die Constanten der Zustandsgleichung der atmosphärischen Luft einer neuerlichen Bestimmung zu unterziehen, nachdem die erste Bestimmung in meiner Abhandlung „über die physikalischen Constanten des Wasserdampfes"[2]) schon vor 13 Jahren erfolgte, und sich seither niemand mit dieser doch nicht uninteressanten Sache beschäftigte.

Bezeichnet $E = 423,5$ das mechanische Wärmeäquivalent,

$A = \dfrac{1}{E}$ das calorische Aequivalent der Arbeitseinheit,

$a = 274,6$ den reciproken Werth des Ausdehnungscoëfficienten für sehr verdünnte Luft, also für ein vollkommenes Gas[3]),

c die als constant angenommene Wärmecapacität der Luft bei constantem Volumen,

C die variable Wärmecapacität bei constanstem Druck,

$\varkappa$ den Grenzwerth des Verhältnisses $\dfrac{C}{c}$ für unendliche Ueberhitzung,

---

1) Beibl. 2. p. 248. 1878.
2) Schmidt, Abh. der k. böhm. Ges. d. Wiss. 1. Folge 6. Prag 1867.
3) Dronke, Pogg. Ann. 119. p. 392. 1863.

B die Constante in der Clausius'schen Gleichung:

(1) $$c\,(\varkappa - 1) = A\,B,$$

D die dritte Constante, welche nebst $\varkappa$ und B in der Zustandsgleichung erscheint, und deren Bedeutung nach G. A. Hirn durch die Gleichung ersichtlich ist:

Innere Pressung $=$ moleculare Anziehungskraft des Innern auf 1 qm der Oberfläche $= \dfrac{D}{v^\varkappa}$;

ist ferner die Hülfsgrösse $\theta = \dfrac{D}{B\,v^{\varkappa - 1}}$, und sind

α_v, α_p die sogenannten Ausdehnungscoëfficienten, nämlich:

α_p der Ausdehnungscoëfficient bei constanter Spannung,

α_v der Spannungscoëfficient bei constantem Volumen,

so lautet die Zustandsgleichung:

(2) $$p\,v = B\,(T - \theta),$$

wobei $T = a + t$ die wahre absolute Temperatur ist, während man gewöhnlich fälschlich $T = 273 + t$ schreibt, und es ist:

(3) $$C = \varkappa\,c\left(\frac{T - \theta}{T - \varkappa\theta}\right),$$

(4) $$\alpha_v = \frac{1}{a - \theta},$$

(5) $$\alpha_p = \frac{1}{a - \varkappa\theta}.$$

Statt der 1867 aufgestellten Werthe der Constanten:

$$\varkappa = 1{,}41362, \qquad D = 1{,}55\,B.$$
$$B = 29{,}2848, \qquad c = 0{,}16767,$$

stelle ich jetzt die folgenden Werthe auf:

$$\varkappa = 1{,}412, \qquad D = 1{,}6\,B.$$
$$B = 29{,}287\,{}^{1)}, \qquad c = 0{,}16785,$$

und weise ihre völlige Befriedigung durch den folgenden Vergleich der berechneten mit den beobachteten, fettgedruckten Werthen nach:

---

1) Wenn p in Atmosphären à 10333 kg für 1 qm gemessen ist, so ist $B = 0{,}002\,834\,32 = \dfrac{1}{352{,}82}$.

	I.		II.		III.

I.	II.	III.
$t = 0°$, $p = 10333$	$t = 50°$, $p = 10333$	$t = 50°$, $p = 34333$
$v = 0,773\,262$	$v = 0,915\,316$	$v = 0,274\,568$
$\gamma = \dfrac{1}{v} = 1,29322$	$\gamma = 1,09252$	$\gamma = 3,64208$
beob. **1,29319**		
$\theta = 1,7788$	$\theta = 1,6594$	$\theta = 2,7250$
$\varkappa\theta = 2,5116$	$\varkappa\theta = 2,3431$	$\varkappa\theta = 8,8480$
$a - \theta = 272,821\,2$	$a - \theta = 272,940\,6$	$a - \theta = 271,875\,0$
$\imath - \varkappa\theta = 271,088\,4$	$a - \varkappa\theta = 272,256\,9$	$a - \varkappa\theta = 273,752\,0$
$\alpha_v = 0,003\,665\,4$	$\alpha_v = 0,003\,663\,8$	$\alpha_v = 0,003\,678\,2$
	beob. **0,003 665 0**	
	Fehler $= -0,000\,001\,2$	
$\alpha_p = 0,003\,675\,2$	$\alpha_p = 0,003\,673\,0$	$\alpha_p = 0,003\,693\,4$
	beob. **0,003 670 6**	beob. **0,003 694 4**
	Fehler $= +0,000\,002\,4$	Fehler $= -0,000\,001\,0$
$C = 0,23764$	$C = 0,23751$	$C = 0,23176$
	beob. **0,23751**	

Die drei Constanten $\varkappa$, B, D sind also so bestimmt, dass die fünf beobachteten Grössen mit der thunlichst grössten Genauigkeit dargestellt werden.

Die Berechnung des specifischen Volumens v aus der Temperatur t und specifischen Spannung p mittelst der Gleichung $pv = B(T-\theta)$, worin $T = 274,6 + t$ ist, erfolgt dadurch, dass man zuerst einen Näherungswerth von v mittelst der üblichen Näherungsgleichung:

(6) $$pv = 29,272\,(273 + t)$$

sucht, hiermit:

(7) $$\theta = \frac{1,6}{v^{0,412}}$$

berechnet und dann den corrigirten Werth von v aus:

(8) $$v = \frac{B\,(T-\theta)}{p}$$

bestimmt. Es ist in allen Fällen höchstens die einmalige Wiederholung der Correction erforderlich.

Für die atmosphärische Luft liegt daher keine Nothwendigkeit vor, auf den von Clausius[1]) aufgestellten Typus der Zustandsgleichung:

(4) $$p = R \cdot \frac{T}{v - \alpha} - \frac{c}{T\,(v + \beta)^2}$$

---

1) Clausius, Wied. Ann. **9.** p. 348. 1880.

einzugehen, in welchem R, c, α, β Constante sind, und T
herkömmlicher Weise, aber nicht wissenschaftlich correct
$= 273 + t$ gesetzt ist. Die Bestimmung von v bei gegebenem
p und t ist aus dieser rein empirischen Gleichung noch umständlicher als aus der wissenschaftlich begründeten Zustandsgleichung $pv = B(T - \theta)$, welche ich 1867 unter der Annahme $c =$ Constans ganz ebenso ableitete, wie Zeuner
seine zuerst aufgestellte Zustandsgleichung unter der Annahme $C =$ Constans. Die Zeuner'sche Gleichung hat die
Form:

$$\text{(10)} \qquad pv = BT - Dp^{\frac{\varkappa - 1}{\varkappa}},$$

also auch den Typus: $pv = B(T - \theta)$

und ist hierbei θ als Function von p dargestellt, was für
die numerische Bestimmung von v allerdings am bequemsten,
aber wissenschaftlich deshalb nicht haltbar ist, weil sich
hiermit die **innere Pressung**, Hirn bezeichnet sie mit R,
in der unwahrscheinlichen Form:

$$\text{(11)} \qquad R = \frac{Dp^{2 - \frac{1}{\varkappa}}}{\varkappa\, pv + (\varkappa - 1)\, Dp^{1 - \frac{1}{\varkappa}}}$$

ergibt, statt des einfachen plausiblen Ausdrucks nach Hirn:

$$R = \frac{D}{v^{\varkappa}} \cdot \text{[1]}$$

Doch glauben wir, an die Clausius'sche empirische Formel
eine Bemerkung knüpfen zu sollen. Seine Constante R, die
wir in Analogie mit den hier gewählten Bezeichnungen durch
B ersetzen müssen, hat für Kohlensäure den Werth $B = 19{,}273$,
wenn p in Kilogrammen für 1 qm gemessen wird.

Da nun das Moleculargewicht der Kohlensäure, CO_2,
$m = 44$ ist, so folgt:

$$\text{(12)} \qquad m\,AB = 2{,}0024$$

in Uebereinstimmung mit meiner 1860[2]) gemachten Bemerkung, dass die Constante des Gay-Lussac-Mariotte'schen Gesetzes sehr nahe:

1) Schmidt, Ann. de chim. et de phys. Mai 1867.
2) Schmidt, Wien. Ber. **39.** p. 41 ff. 1860.

(13) $$B = \frac{2E}{m} \text{ sei, oder } m\,AB = 2.$$

Die atmosphärische Luft ist zwar keine chemische Verbindung. Wir können jedoch das derselben zukommende Moleculargewicht dennoch aus der Formel:

(14) $$m = \varepsilon v\,{}^{1})$$

berechnen, worin ε die relative Dichte des Gases und v das Molecularvolumen bedeutet, welches unter der Annahme, dass das Moleculargewicht Kilogramm bedeutet und $t = 0, p = 10333$ kg (eine Atmosphäre) ist, den Werth $v = 28{,}8384$ oder $v = 28{,}8324$ cbm besitzt, je nachdem man den Sauerstoffgehalt der Luft $= 20{,}96$ oder $20{,}81$ Volumenprocente annimmt. Für Luft ist $\varepsilon = 1$, also $m = v$, daher mit unserem Werthe $B = 29{,}287$ das Product $m\,AB$ sich beziehungsweise zu $1{,}9943$ oder $1{,}9939$ ergibt. Nimmt man hierfür die Zahl $1{,}994$ an, und bestimmt aus der allgemeinen Gleichung:

(15) $$m\,AB = 1{,}994$$

den Werth von B für Kohlensäure, so folgt $B = 19{,}192$ statt des Clausius'schen Werthes $19{,}273$, und es wäre daher der Versuch zu machen, ob sich die Zustandsgleichung der Kohlensäure nicht auch auf die Form $pv = B(T - \theta)$ bringen lässt, wobei $B = 19{,}192$ bereits als bekannt anzusehen wäre. Wenn p in Atmosphären gerechnet wird, so folgt:

$$B = 0{,}001\,857\,35 = \frac{1}{538{,}40} \quad \text{daher:}$$

(16) $$\theta = T - \frac{pv}{B} = T - 538{,}4\,pv.$$

Wird aber das Volumen nicht in Cubikmetern für 1 kg, sondern relativ für das Volumen bei $p = 10333$ und $t = 0$, welches sich aus der Clausius'schen Gleichung mit $v = 0{,}50548$ cbm berechnet, als Einheit ausgedrückt, so ist:

(17) $$\theta = T - 272{,}14\,pv,$$

worin $T = 274{,}6 + t$ zu setzen ist.

Die hiermit berechneten Werthe von θ sollten nun auf die Form:

(18) $$\theta = \frac{\text{Const.}}{r^{n-1}}$$

---

1) Schmidt, Wied. Ann. **6.** p. 612. 1879.

gebracht werden. Dies gelingt aber nicht zur Befriedigung.
Wenn auch die eine Hälfte der Versuchsdaten sich recht
gut mittelst der Formel $\theta \frac{3,6}{v^{0,7}}$ in Einklang bringen liesse, so
gelingt dies doch nicht mit der andern Hälfte, so dass die
empirische Formel von Clausius für die Kohlensäure vollkommen gerechtfertigt erscheint.

XI. *Die Entladungszeit der leydener Batterie.*

Die hypothetische Formel für diese Zeit lautet:

$$z = b \left(\frac{1}{b} + V \right) \frac{q}{y},$$

und ich habe angegeben, dass ihre directe Bestätigung durch
Versuche am electrischen Dynamometer in Bezug auf $\left(\frac{1}{b} + V \right)$
und die Electricitätsmenge q geleistet worden ist und für
die dritte Veränderliche, die Dichtigkeit y zu wünschen
wäre.[1]
Wie ich jetzt sehe, ist auch die letzte Bestätigung erfolgt, und zwar schon vor 18 Jahren. Feddersen hat für
vier verschiedene Schlagweiten d der Batterie die Ausschläge
e am Galvanometer und die am Dynamometer ε beobachtet[2],
aus welchen sich die Bestätigung der Formel folgendermassen
ergibt. Es ist $\varepsilon = A \frac{q^2}{z} = \frac{e^2}{\frac{e}{y}} = A\,ed$ und $A = \frac{\varepsilon}{ed}$.

Aus jenen Versuchen findet man $A = 1{,}53$, $1{,}54$, $1{,}66$,
$1{,}67$ also nahezu constant, wie die Formel verlangt.

P. Riess.

---

1) P. Riess, Abhdlg. 2. p. 108. 1879.
2) W. Feddersen, Pogg. Ann. **115.** p. 336 Anm. 1862.

Druck von Metzger & Wittig in Leipzig.

I. *Ueber den Einfluss der Krümmung der Wand auf die Constanten der Capillarität bei benetzenden Flüssigkeiten; von Paul Volkmann.*

(Mittheilungen aus dem math.-physikal. Institut in Königsberg Nr. 2 I.)

Die Theorieen der Capillarität, wie sie von Laplace, Poisson, Gauss aufgestellt sind, gehen bekanntlich von der Annahme aus, dass die Molecularkräfte nur in für uns unmessbar kleinen Entfernungen wirken, einer Annahme, die für die mathematische Behandlung einiger Theile der Physik von fundamentaler Bedeutung ist.

Beobachtungen capillarer Erhebungen von benetzenden Flüssigkeiten an ebenen und gekrümmten Wänden von Wertheim und Wilhelmy haben diese Annahme in Zweifel gesetzt. Wertheim[1] mass die Coordinaten der capillaren Oberfläche an verschiedenen Stellen und bestimmte daraus nach der Guldin'schen Regel das gehobene Flüssigkeitsvolumen; Wilhelmy[2] mass letzteres direct durch Gewichtsbestimmungen. Die Capillaritätsconstante a^2 ergab sich dann gleich $\dfrac{2V}{\Pi \cos \omega}$, worin Π die Länge der Contactlinie, ω den Randwinkel, V das gehobene Flüssigkeitsvolumen bedeutet. Endlich hat Quincke[3] durch Beobachtung der Steighöhe des Wassers zwischen zwei nahen parallelen Glasplatten mit aufgetragenen dünnen Silberkeilen eine Zahl für die Grösse der Molecularwirkungssphäre zu erhalten versucht, indem er für die verschieden erhaltenen Steighöhen eine gleiche Constante $'a^2$, aber verschiedene Randwinkel substituirte. — Andererseits hat Plateau[4] die Beobachtungen

---

1) Wertheim, Compt. rend. **44.** p. 1022. 1857.
2) Wilhelmy, Pogg. Ann. **119.** p. 199. 1863.
3) Quincke, Pogg. Ann. **137.** p. 402. 1869.
4) Plateau, Bull. de Brux. **19.** (2) p. 470. 1852.

von Bède[1]) dadurch in Uebereinstimmung mit der Theorie
gebracht, dass er eine Wandschicht von 0,001 mm annimmt,
an der die Flüssigkeit emporsteigt.

Die vorliegende Arbeit beabsichtigt eine Entscheidung
herbeizuführen, ob in der That die Krümmung der Wand von
Einfluss auf die Constante a^2 ist, wie es Wertheim und
Wilhelmy beobachtet haben, und wonach dann die Grösse
der Molecularwirkungssphäre einen angebbaren Werth hätte;
oder ob die Annahme einer Wandschicht allein ausreicht, die
Beobachtungen mit der Theorie in Einklang zu bringen.

Ich stelle zuerst frühere Beobachtungen dieser Aufgabe
gegenüber; zunächst die von Simon.[2]) Die Steighöhe des
Wassers wurde von ihm zwischen parallelen Platten in sehr
verschiedenen Abständen und in einer Anzahl Röhren von sehr
verschiedenem Durchmesser bestimmt. Simon bildet dann nur
die Producte aus Durchmesser, beziehungsweise Abstand und
Steighöhe. Ich werde zunächst die strengeren Formeln aus
der Theorie aufstellen und dann die aus den Simon'schen
Beobachtungen darnach berechneten Constanten angeben.

Für die Steighöhe zwischen parallelen Platten ergibt die
die Differentialgleichung:

$$\frac{2z}{a^2} = \frac{z''}{\sqrt{1 + z'^2}^{\,3}}$$

die strenge Lösung:

$$\frac{r}{h}k' = \left(1 - \frac{k^2}{2}\right)\int_{\frac{\pi}{4} + \frac{\omega}{2}}^{\frac{\pi}{2}}\frac{d\varphi}{\varDelta} - \int_{\frac{\pi}{4} + \frac{\omega}{2}}^{\frac{\pi}{2}}\varDelta\, d\varphi.$$

Hierin ist $k^2 = \frac{2a^2}{2a^2 + h^2}$, $k'^2 = 1 - k^2$, $\varDelta^2 = 1 - k^2\sin^2\varphi$, $2r$ der
Abstand der Platten, h die Steighöhe. Berechnet man, $k = \sin\vartheta$
gesetzt, für verschiedene ϑ $\frac{r}{h}$, so erhält man dann umgekehrt
daraus für ein gegebenes $\frac{r}{h}$ ϑ und $a^2 = \frac{1}{2}h^2\,\mathrm{tg}^2\,\vartheta$.

In den meisten Fällen werden wir uns mit Vortheil

---

1) Bède, Mém. cour de l'acad. d. Belg. **25.**
2) Simon, Ann. de chim. et de phys. (3) **32.** p. 5. 1851.

jedoch einer nach Potenzen von $\frac{r}{h}$ entwickelten Form bedienen. Entwickeln wir $\varDelta$ nach Potenzen von k^2, setzen $k^2 = 2\frac{a^2}{h^2}\left(1 - 2\frac{a^2}{h^2} + 4\frac{a^4}{h^4}\ldots\right)$ und in den Gliedern höherer Ordnung für a^2 die angenäherten Werthe, endlich $\varrho = \frac{r}{\cos\omega}$, so bekommen wir mit Vernachlässigung von $\left(\frac{\varrho}{h}\right)^3$ gegen 1:

$$a^2 = 2h\varrho\left[1 + \tfrac{1}{3}\left(2 - \sin\omega - \frac{\frac{\pi}{2} - \omega}{\cos\omega}\right)\frac{\varrho}{h}\right.$$

$$\left. - \tfrac{1}{3}\left(1 + \sin\omega + \frac{\frac{\pi}{2} - \omega}{\cos\omega}\left\{1 - 2\sin\omega - \frac{\frac{\pi}{2} - \omega}{\cos\omega}\right\}\right)\frac{\varrho^2}{h^2}\right].$$

Für ein Rohr mit kreisförmigem Querschnitt vom Radius r berechnet sich die Steighöhe aus der Differentialgleichung:

$$\frac{2}{a^2}(h + z)\,x\,dx = d\frac{xz'}{\sqrt{1 + z'^2}}.$$

Diese Differentialgleichung ist nur durch Annäherung lösbar. Bezeichnen wir wieder den Krümmungsradius an der tiefsten Stelle mit $b = \frac{a^2}{h}$, setzen $\varrho = \frac{r}{\cos\omega}$, so erhalten wir durch successive Annäherung:

$$z = b - \sqrt{b^2 - x^2} + \tfrac{1}{3}\frac{b^3}{a^2}\left(\frac{b}{\sqrt{b^2 - x^2}} - 1 + 2\log\frac{b + \sqrt{b^2 - x^2}}{2b}\right).$$

Daraus folgt:

$$\frac{1}{b} = \frac{1}{\varrho} - \tfrac{1}{3}\frac{\varrho}{a^2}\left(1 - 2\frac{\sin^2\omega}{1 + \sin\omega}\right)$$

$$+ \tfrac{1}{3}\frac{\varrho^2}{a^4}\left(2\log\frac{2}{1 + \sin\omega} - \frac{1 - \sin\omega}{1 + \sin\omega}\left(1 + 2\frac{\sin^2\omega}{1 + \sin\omega}\right)\right),$$

$$a^2 = \varrho h\left[1 + \tfrac{1}{3}\frac{\varrho}{h}\left(1 - 2\frac{\sin^2\omega}{1 + \sin\omega}\right)\right.$$

$$\left. - \tfrac{1}{3}\frac{\varrho^2}{h^2}\left(2\log\frac{2}{1 + \sin\omega} - \frac{1 - \sin\omega}{1 + \sin\omega}\left(1 + 2\frac{\sin^2\omega}{1 + \sin\omega}\right)\right)\right].$$

Sowohl die Formeln für parallele Platten, wie für Röhren stellen sich also unter der Form dar:

$$a^2 = \varepsilon\varrho h\left(1 + \alpha\frac{\varrho}{h} - \beta\frac{\varrho^2}{h^2}\right).$$

Es drückt sich dann der Einfluss von ϱ und·h auf a^2 durch die Formeln aus:

$$\delta a^2 = \varepsilon h\left(1 + 2\alpha\,\tfrac{\varrho}{h} - 3\beta\,\tfrac{\varrho^2}{h^2}\right)\delta\varrho, \quad \delta a^2 = \varepsilon\varrho\left(1 + \beta\,\tfrac{\varrho^2}{h^2}\right)\delta h.$$

Ebenso können wir den Einfluss einer Aenderung des Randwinkels ausdrücken. Beschränken wir uns dabei auf das erste Glied:

$$\delta a^2 = a^2\,\mathrm{tg}\,\omega\,\delta\omega.$$

Endlich wollen wir noch die obigen Hauptformeln auf den Fall, dass der Randwinkel $\omega = 0$ ist, anwenden. Es ist dann für parallele Platten:

$$\frac{r}{h} = \frac{1}{k}\left\{\left(1 - \frac{k^2}{2}\right)\!\int_{\frac{\pi}{4}}^{\frac{\pi}{2}}\frac{d\varphi}{\varDelta} - \int_{\frac{\pi}{4}}^{\frac{\pi}{2}}\!\varDelta\,d\varphi\right\}, \quad a^2 = 2rh\left(1 + 0{,}2146\,\frac{r}{h} - 0{,}052\,\frac{r^2}{h^2}\right),$$

für Röhren mit kreisförmigem Querschnitt:

$$a^2 = rh\left(1 + \tfrac{1}{3}\frac{r}{h} - 0{,}1288\,\frac{r^2}{h^2}\right).$$

Ich theile nun (a. f. S.) die aus den Simon'schen Beobachtungen unter Zugrundelegung des Randwinkels $\omega = 0$ berechneten Constanten a^2 und ihre Aenderungen δa^2 bei gegebenem $\delta\varrho$ mit. Ich lasse die ersten von Simon bei grossem Abstand, beziehungsweise Durchmesser, angestellten Beobachtungen als für die Berechnung ungeeignet fort. Die Theorie fordert, dass $r < h$; zudem übt ein geringer Beobachtungsfehler der Steighöhe hier einen grossen Einfluss auf die Constante a^2 aus.

Aus den Beobachtungen folgt also eine Zunahme der Capillaritätsconstante mit Wachsen der Steighöhe. Die Formel $\delta a^2 = a^2\,\mathrm{tg}\,\omega\,\delta\omega$ zeigt, dass unter Zugrundelegung eines endlichen Randwinkels die Abweichung von der Theorie nur vergrössert würde. Wir werden also den Randwinkel $\omega = 0$ beibehalten. Schon die Vorbereitung der Röhren und Platten bei Simon — es wurden dieselben vor der Beobachtung vollständig benetzt — lässt die Annahme $\omega = 0$ als wahrscheinlich gelten. Die Beobachtungen an parallelen Platten zeigen ferner,

Parallele Platten.

$2r$	h	a^2	δa^2
mm	mm		bei $\delta\rho$ = 0,01 mm
2,09	4,23	9,29	0,10
1,94	4,68	9,46	0,10
1,26	7,42	9,52	0,15
1,084	8,50	9,34	0,17
1,040	9,07	9,55	0,18
1,000	9,47	9,57	0,19
0,518	19,13	10,03	0,38
0,500	20,00	10,03	0,40
0,404	25,00	10,12	0,50
0,272	37,86	10,31	0,76
0,268	38,42	10,31	0,77
0,250	41,24	10,32	0,82
0,220	46,90	10,33	0,94
0,194	53,20	10,33	1,06
0,158	65,38	10,33	1,31
0,140	73,78	10,34	1,48

Röhren.

$2r$	h	a^2	δa^2
mm	mm		bei $\delta\rho$ = 0,01 mm
3,6	7,02	13,60	0,07
3,4	7,70	13,97	0,08
2,2	12,8	14,47	0,13
1,25	24,0	15,13	0,24
0,605	53,6	16,25	0,54
0,57	55,6	15,88	0,56
0,42	76,0	15,98	0,76
0,36	89	16,03	0,89
0,315	102	16,07	1,02
0,14	233	16,31	2,33
			bei $\delta\rho$ = 0,001 mm
0,05	663	16,58	0,66
0,031	1080	16,63	1,08
0,028	1289	16,65	1,29
0,025	1333	16,66	1,33
0,020	1693	16,98	1,69
0,012	2884	17,30	2,88
0,0075	4695	18,78	4,70
0,007	5391	18,87	5,39
0,0061	6828	22,25	6,83

dass die Annahme einer constanten Wandschicht nicht ausreicht, die Werthe a^2 auf einander zu reduciren. Bei diesen ist von einer verschiedenen Krümmung der Wand nicht die Rede, hier müsste die Theorie streng gelten. Wir werden also gezwungen, den Grund der Abweichung in den Beobachtungen selbst zu suchen. In der That, so sinnreich die Simon'sche Betrachtungs- methode ist, die Reibung [1]) der Flüssigkeit an der Wand, welche besonders bei geringen Abständen, beziehungsweise Durch- messern, stattfindet und sich in dem Sinne einer Vergrösserung von h äussern muss, kann durch dieselbe nicht eliminirt werden. Ueberdies lassen sich die geringeren Abstände der Platten und Durchmesser der Röhren gar nicht mit der zur Bestimmung

---

1) Nach unseren gewöhnlichen Vorstellungen kann von Reibung nur bei endlichen Bewegungen die Rede sein. Bei unendlich geringer Bewe- gung, wie sie beim Erreichen der Steighöhe im capillaren Rohr durch Fallen oder Steigen des Meniscus stattfindet, verschwindet jede Reibung. Wo ich im weiteren das Wort Reibung benutze, verstehe ich darunter eine Art Zähigkeit der Flüssigkeit, Adhäsion an der Wand, kurz die Er- scheinung, dass im allgemeinen die durch Fallen des Meniscus erreichte Gleichgewichtslage höher, als die durch Steigen erhaltene zu liegen kommt.

der Capillaritätsconstante erforderlichen Genauigkeit messen.
Stimmen schon die Beobachtungen von Platten bei Simon
nicht überein, so wird man in der Abweichung der Röhren-
beobachtungen von der Theorie gewiss noch nicht den Einfluss
der Krümmung der Wand sehen. Auffallen allerdings dürfte,
dass selbst bei grösseren Abständen und Durchmessern die Abweichung der a^3 bei Platten und Röhren fünf Einheiten beträgt.

Die Beobachtungen von Bède waren mir leider nicht
zugänglich. Insofern Bède nur mit Röhren, nicht mit parallelen
Platten beobachtet hat, sind auch seine Beobachtungen für die
von mir aufgestellte Frage weniger von Bedeutung.

Die Beobachtungen von Simon und Bède bedurften zur
Bestimmung der Capillaritätsconstanten nur zweier Längenmessungen, der Steighöhe und des Durchmessers, und darin
liegt ihr Vorzug. Die Wilhelmy'sche Beobachtungsmethode [1]),
zu der ich jetzt übergehe, gelangt zur Capillaritätsconstanten
durch Längenmessungen, directe und specifische Gewichtsbestimmungen; sie ist also ungleich verwickelter. Eine fehlerhafte Reduction der Gewichte und Längen aufeinander dürfte
zwar nur den absoluten Werth der Constanten modificiren,
von dem grössten Einfluss dagegen auch auf die relativen
Zahlenwerthe bei Platten und Cylindern ist ein Fehler in der
specifischen Gewichtsbestimmung und in der Einstellung des
Index auf den Strich; Punkte, die man besonders zu berücksichtigen haben wird, wenn man die Widersprüche einiger aus
den Wilhelmy'schen Beobachtungen gezogenen Resultate mit
anderen zuverlässigen Beobachtungen aufheben will. Wilhelmy
findet nämlich eine ziemlich bedeutende messbare Verdichtung
einer Flüssigkeit auf der Oberfläche eines festen eingetauchten
Körpers. Die Beobachtungen von Röntgen [2]) und Schleiermacher [3]) haben von einer derartigen bedeutenden Verdichtung nichts ergeben. Durch specifische Gewichtsbestimmungen
des isländischen Doppelspaths bei verschiedenen Graden der
Zerstückelung gelangte ich ebenfalls zu einem negativen Resul-

---

1) Wilhelmy, Pogg. Ann. **119.** p. 199. 1863.
2) Röntgen, Wied. Ann. **8.** p. 321. 1878.
3) Schleiermacher, Wied. Ann. **8.** p. 52. 1879.

tate. Es fand sich das specifische Gewicht in allen Fällen auf 0° reducirt 2,711. Würde eine messbare Verdichtung der Flüssigkeit stattfinden, so hätte sich im zerstückelten Zustande das specifische Gewicht grösser herausstellen müssen.

Behandeln wir zuerst den Einfluss eines fehlerhaften specifischen Gewichts. Wilhelmy gibt nicht an, auf welche Art er dasselbe bestimmt hat, es ist jedoch wohl anzunehmen, da es wiederholt beobachtet werden musste, dass er sich eines Aräometers bediente. Bei einem solchen Instrument aber sind innerhalb geringer Intervalle constante Abweichungen zwischen dem abgelesenen und wahren specifischen Gewicht leicht erklärbar. In der That, Wilhelmy gibt p. 191 das specifische Gewicht des wasserfreien Alkohols zu 0,793 bei 17,5° an, während man in den Tabellen sonst dafür 0,793 bei 0° findet, woraus sich 0,782 bei 17,5° berechnet. Ein den Wilhelmy'schen Beobachtungen aber um 0,011 zu gross zu Grunde gelegter Werth des specifischen Gewichts des Alkohols genügt nicht allein den von Wilhelmy gefundenen grossen Einfluss der Krümmung der Wand zu vermindern, sondern auch die von ihm beobachtete Verdichtung der Flüssigkeit an der Oberfläche der Platten und Cylinder zu erklären.

Es gelten die Formeln für:

Platten $\alpha = \dfrac{\Pi - P + k + l h d s}{2(l+d)}$, Cylinder $\alpha = \dfrac{\Pi - P + k + \frac{1}{4}d^2 \pi h s}{d \pi}$.

Der Einfluss eines Fehlers des specifischen Gewichts s auf α drückt sich aus für Platten durch:

$$\delta \alpha = \frac{l d}{2(l+d)} h \delta s = \frac{d}{2}\left(1 - \frac{d}{l}\right) h \delta s,$$

für Cylinder durch:

$$\delta \alpha = \frac{d}{4} h \delta s.$$

Aus den von Wilhelmy angegebenen Dimensionen der Platten, Cylinder und sonstigen Angaben lässt sich nun folgende Tabelle entwerfen.

Platten.

Spiegelglas . . .	$\delta\alpha = 0{,}83\ h\delta s$,	$\beta = 0{,}01$,	$\alpha = 2{,}55$,	$\alpha' = 2{,}39$,	$\alpha'' = 2{,}82$
Messing	0,99	0,02	2,68	2,49	2,41
Silber	0,80	0,015	2,71	2,56	2,50
Aluminium . . .	0,77	0,01	2,43	2,28	2,22
Zink	0,88	0,01	2,45	2,29	2,22

Cylinder.

Messing . .	I	$\delta\alpha = 3{,}73\ h\delta s$,	$\beta = 0{,}03$,	$\alpha = 3{,}41$,	$\alpha' = 2{,}72$,	$\alpha'' = 2{,}42$
	II	3,74	0,03	3,43	2,72	2,42
	III	1,25	0,02	2,70	2,46	2,86
	IV	0,38	0,01	2,43	2,37	2,35
Zink . . .	I	3,76	0,04	4,06	3,83	3,03
	II	1,25	0,02	2,82	2,58	2,38
	III	0,25	0,02	2,43	2,39	2,37
Aluminium	I	0,63	0,01	2,60	2,50	2,45
	II	0,33	0,01	2,49	2,43	2,40
	III	0,18	0,01	2,36	2,33	2,32

Die β bezeichnen die von **Wilhelmy** angegebenen Verdichtungscoëfficienten, $\alpha = \frac{a^2}{2} s$ die Wilhelmy'schen anders definirten Capillaritätsconstanten, α' die unter Annahme eines um
0,011 zu grossen specifischen Gewichts berechneten Constanten,
wobei für h der mittlere Werth, der in den meisten Fällen
17,5 mm beträgt, gesetzt ist. Die Bedeutung der α'' folgt
später.

Zunächst erklärt sich nun die von **Wilhelmy** gefundene
scheinbare Verdichtung völlig. Die Entfernung der auf den
Platten und Cylindern gezogenen Striche beträgt 5 mm. Setzen
wir in den Formeln für $\delta\alpha$ $h = 5$ mm $\delta s = 0{,}011$, so ergibt
sich bei den Platten $\delta\alpha = 0{,}04$ bis 0,06. In der That beträgt
auch soviel im Mittel die Differenz der Constanten an zwei
aufeinander folgenden Strichen derselben Platten, wie man sich
aus den auf p. 191 der Abhandlung zusammengestellten Beobachtungen überzeugen kann. $\delta\alpha$ ist am grössten für Messing,
am kleinsten für Aluminium; dementsprechend findet auch
Wilhelmy für Messing den grössten, für Aluminium den
kleinsten Verdichtungscoëfficienten. — Noch evidenter recht-
fertigt sich unsere Annahme, wenn wir analog die an Cylindern

gemachten Beobachtungen der Berechnung unterziehen. $\delta\alpha$ wird um so grösser, je grösser der Durchmesser des Cylinders ist; dementsprechend findet Wilhelmy das in sich so widersprechende Resultat, dass die Verdichtungscoëfficienten bei Cylindern mit kleinerem Radius schnell abnehmen, während sie bei Platten meist noch kleiner sind.

Der Einfluss der Krümmung der Wand ist durch die Annahme einer fehlerhaften specifischen Gewichtsbestimmung bedeutend herabgesetzt, wir werden denselben noch mehr vermindern, indem wir den Einfluss einer fehlerhaften Einstellung des Index auf den Strich berücksichtigen. Es drückt sich derselbe aus bei:

$$\text{Platten } \delta\alpha = \frac{d}{2}\left(1 - \frac{d}{l}\right)s\,\delta h, \quad \text{Cylindern } \delta\alpha = \frac{d}{4}s\,\delta h.$$

Die Einstellung des Index geschah mit blossem Auge oder einer Lupe; dabei wird leicht ein Fehler von 0,1 mm unterlaufen können. Die Annahme eines solchen Fehlers genügt nun zunächst, die grossen Abweichungen der bei gleicher Tiefe der Eintauchung erhaltenen Constanten zu erklären. Setzen wir aus unserer Tabelle die für $\frac{d}{2}\left(1 - \frac{d}{l}\right)$ und $\frac{d}{4}$ berechneten Zahlenwerthe in unserer Formel $\delta\alpha$ ein, so erklärt sich, dass die an demselben Strich erhaltenen Constanten bei den grossen Cylindern am meisten differiren $\delta\alpha = 0,30$, bei den kleinen Cylindern am wenigsten; die Platten nehmen eine mittlere Stellung ein $\delta\alpha = 0,06$.

Aus der von Wilhelmy beschriebenen Art der Einstellung des Index auf den Strich geht ferner hervor, dass die Tiefe des eingetauchten Körpers nie zu gering geschätzt werden konnte. Unter der Annahme einer stets um 0,1 mm zu gross genommenen Tiefe des eingetauchten Körpers habe ich in der Tabelle unter α'' die Constanten weiter reducirt. Der Einfluss der Krümmung ist nun noch mehr herabgesetzt; er würde ganz verschwinden, wollten wir δh noch etwas grösser annehmen.

Ich habe bisher nur die in der ersten Abhandlung von Wilhelmy veröffentlichten Beobachtungen berücksichtigt. Es lassen sich dieselben Fehlerquellen auch in den beiden anderen

Abhandlungen [1]) als wahrscheinlich nachweisen. Wilhelmy hat in denselben noch Beobachtungen mit einer dünnen Kupfer- und Platinplatte angeführt; es bestimmt sich bei beiden $\delta a = 0,1\ h\delta s$, während bei den früheren Platten im Durchschnitt $\delta a = 0,8\ h\delta s$ war. Dementsprechend findet Wilhelmy auch bei Platin und Kupfer die allerkleinsten Verdichtungs-coëfficienten.

Gegenüber diesen grossen Fehlerquellen verschwindet der Einfluss, der durch eine angenommene Wandschicht von der Dicke δ auf die Constante a ausgeübt würde. Es berechnet sich dieser Einfluss zu $h\delta s$, sodass $a_1 = a - h.\delta.s$ die reducirte Constante ist; hierin bedeutet h die Steighöhe der Flüssigkeit, die für Platten $= \sqrt{\frac{2a}{s}}$, für Cylinder mit kleiner werdendem Radius geringer wird.

Ich verlasse damit die Wilhelmy'schen Beobachtungen, bei denen ich absichtlich länger verweilt habe, da dieselben als genau und einfach bezeichnet zu werden pflegen, überhaupt bisher ziemlich einflussreich gewesen sind.

———

Ich komme zu meinen eigenen Beobachtungen. Ich bin zu der Methode von Simon und Bède zurückgekehrt. Die Grenzen in der Wahl der Röhrendurchmesser und Plattenabstände waren mir durch die Bemerkungen gegeben, welche ich bereits bei der Besprechung der Simon'schen Beobachtungen gemacht habe. Sodann bot sich bei meiner Beobachtungsart, indem ich die Steighöhe mit Mikroskop und Fadenkreuz beobachtete, durch die an der äusseren Seite der Platten und Röhren gebildete capillare Oberfläche eine Grenze. Es musste, bezeichnen wir mit a^2 die Capillaritätsconstante, der tiefste Punkt der Steighöhe bei den Platten mehr als a mm über dem Niveau liegen.

Der Beobachtungsapparat war nach der Angabe des Hrn. Prof. Voigt in folgender Weise angefertigt: In eine massive Zinkplatte waren gegenüberstehend zwei Säulen aus Messing

———

1) Wilhelmy, Pogg. Ann. **121**. p. 44. 1864 und **122**. p. 1. 1864.

eingeschroben, auf denen eine auf der oberen Hälfte mit Sorg-
falt eben gefeilte Schiene aus Messing befestigt war. Durch
Stellschrauben wurde das ganze Statif so gestellt, dass die
Schiene sich in horizontaler Lage befand. Auf die Zinkplatte
wurde ein am oberen Rande eben abgeschliffener länglicher
Glastrog gestellt, der Trog für sich durch Stellschrauben auch
in horizontale Lage gebracht und mit der zu untersuchenden
Flüssigkeit gefüllt, sodass nach Eintauchen der Platten oder
Röhren dieselbe nur wenig über den Rand ragte. Die Platten
und Röhren wurden in Fassungen auf die Schiene aufgesetzt
und durch Visiren nach einem Loth mit Hülfe von Schrauben
vertical gestellt. Die Steighöhe wurde, wie schon erwähnt,
durch ein Mikroskop abgelesen, das mit Hülfe einer in der
Werkstatt des Hrn. Mechanikus Heyde in Dresden ange-
fertigten circa 12 cm langen Mikrometerschraube vertical bewegt werden konnte und noch 0,005 mm abzulesen gestattete;
der tiefste Punkt des Meniscus markirte sich recht scharf.
Dann wurde die Platte oder das Rohr längs der Schiene fort-
geschoben; das Niveau änderte sich dadurch nicht. Durch
Spiegelung einer Nadel, die dicht über die Oberfläche vor das
Mikroskop gebracht wurde, konnte dann auch scharf auf das
Niveau eingestellt werden.

Parallel voneinander abstehende Platten wurden dadurch
erhalten, dass drei kleine Stücke desselben Glasstreifens von
nahezu gleicher Dicke zwischen zwei Spiegelglasplatten geklemmt
wurden. Es konnte dann mit Leichtigkeit der Abstand der
Platten an der Contactlinie berechnet werden. Die Röhren
waren mit einem Feilstrich als Marke versehen und wurden
stets soweit eingetaucht, dass die Contactlinie mit dem Feilstrich zusammenfiel, damit bei wiederholten Beobachtungen die
Länge der Contactlinie jedesmal die gleiche sei. Nach Beendigung der Beobachtungen wurde dann das Glasrohr genau an
der Stelle des Feilstrichs gebrochen, und sechs um je 30° abweichende Durchmesser bestimmt. Das Bild des innern Randes
markirte sich recht scharf, wenn das Glasrohr in der Richtung
der Axe durch Spiegelung erleuchtet, der Querschnitt aber
durch einen völlig in das Rohr eingeschobenen Papierpfropfen

verdunkelt wurde. Beide Bruchstücke wurden zur Bestimmung des Durchmessers benutzt.

Die Dicke der kleinen Glasstücke, sowie die Durchmesser der Röhren wurden mit demselben Mikroskop bis auf circa 0,002 mm genau gemessen. Anfangs benutzte ich ein Fadenkreuz zur Bestimmung der Dicke der Glasstücke, einen daneben aufgespannten einfachen Faden, den ich mit dem Querschnitt des Rohres zur Berührung brachte, zur Bestimmung der Röhrendurchmesser. Indem ich nun zur Reduction der Trommeltheile auf die Einheiten eines Maassstabes nur das Fadenkreuz anwandte, erhielt ich zwischen den Capillaritätsconstanten an Platten und Röhren eine wenn auch nicht bedeutende Abweichung. In der That wurde bei dieser Art der Reduction der Einfluss unberücksichtigt gelassen, den ein Nichtsenkrechtstehen des einfachen Fadens zur Fortbewegungsrichtung der Schraube haben konnte. Ich glaube diese Fehlerquelle dadurch vermieden zu haben, dass ich nur den einfachen Faden anwandte, indem ich mir behufs sicherer Einstellung einen Maassstab mit Doppeltheilstrichen verfertigte. Der einfache Faden im Mikroskop wurde bei Beginn den Doppeltheilstrichen parallel gestellt.

Ehe ich nun an meine eigentliche Aufgabe gehen konnte, handelte es sich darum, geeignete Flüssigkeiten zu finden; Flüssigkeiten, die bei unter gleichen Umständen angestellten Beobachtungen die grösste Constanz zeigten. Es musste also eine Untersuchung über die Einflüsse auf die Constanz der capillaren Steighöhen an derselben festen Wand überhaupt vorhergehen. Von Einfluss konnte sein die Vorbereitung der Platten und Röhren, die Einwirkung der Luft und die Verdunstung der Flüssigkeit. Nach diesen Gesichtspunkten wurden Wasser, Kalilauge, verdünnte Schwefelsäure, Klauenfett, Alkohol in Aussicht genommen. Kalilauge und verdünnte Schwefelsäure hatte mir Herr Prof. Voigt aus dem Grunde vorgeschlagen, weil sich bei denselben ein Concentrationsgrad finden lässt, bei dem die Flüssigkeit nicht verdunstet. Bei mittlerer Temperatur und mittlerem Feuchtigkeitsgehalt der Luft fand ich einen solchen bei Kalilauge vom specifischen Gewicht 1,33 (Verhältniss von Wasser zu Kali 1,27), bei ver dünnter Schwefelsäure vom specifischen Gewicht 1,31 (Verhältniss von Wasser zu concentrirter englischer Schwefelsäure 2,3).

Ich bespreche nun zunächst den Einfluss der Vorbereitung der Platten und Röhren auf die Constanz. Es wurde anfangs mit vollkommen reinen und trockenen, also nicht vorher benetzten Platten und Röhren beobachtet. Die Steighöhe ergab sich ganz inconstant; der Augenschein lehrte, dass hierbei der Randwinkel einen bedeutenden Werth habe; einer verschiedenen Steighöhe entsprach ein verschiedener Randwinkel. Ein Heben und Senken der Röhren und Platten in der Flüssigkeit lehrte, dass die Reibung der Flüssigkeit an der Wand sehr bedeutend sei und hauptsächlich die Inconstanz der Steighöhe veranlasse. Dieser üble Einfluss der Reibung wurde dadurch beseitigt, dass Platten und Röhren gereinigt einige Zeit vor der Beobachtung in die zu untersuchende Flüssigkeit hineingelegt wurden, sodass dieselben beim Herausnehmen noch vollkommen benetzt waren. Die Flüssigkeit stieg dann nicht unmittelbar an der festen Wand, sondern an einer eigenen Flüssigkeitsschicht empor; die etwaige noch vorhandene Reibung der aufsteigenden Flüssigkeitssäule an ihrer eigenen Schicht, welche sich bei den von mir angewandten Dimensionen der Platten und Röhren als sehr gering herausstellte, konnte dadurch berücksichtigt werden, dass man einmal die Gleichgewichtslage der Kuppe durch Fallen, das andere mal durch Steigen erreichen liess. — Bei den Glas gut benetzenden Flüssigkeiten, wie Alkohol, Klauenfett, Kalilauge genügte vor der Benetzung durch völliges Eintauchen in die Flüssigkeit eine einmalige gründliche Reinigung der Platten und Röhren, die gewöhnlich mit Salpetersäure vorgenommen wurde. Bei den weniger gut benetzenden Flüssigkeiten, wie Wasser, verdünnte Schwefelsäure, konnte die Steighöhe meist nur einmal beobachtet werden; es zeigte sich bei wiederholter Beobachtung der Steighöhe desselben Rohres oder Plattenpaares nicht mehr eine vollständige Benetzung. Um diese herzustellen, mussten die Platten und Röhren von neuem mit Salpetersäure gereinigt werden; das blosse Hineinlegen in die Flüssigkeit genügte nicht. Da kleinere Flächen leichter gut benetzbar zu erhalten sind, indem sie z. B. leichter vor Staub geschützt werden können, zeigen Röhren auch grössere Constanz als Platten.

Bei einigen Flüssigkeiten scheint es von Einfluss zu sein, wie lange sie in Berührung mit den Platten und Röhren gewesen sind. Ich glaube einen solchen Einfluss z. B. bei Klauenfett bemerkt zu haben. Die Glasplatten waren vorher mit Spiritus gereinigt, dann mit Leinwand abgewischt und 12 Stunden vor der Beobachtung in Klauenfett gelegt. Es ergab sich dann aus einer Reihe von Beobachtungen:

Abstand	Steighöhe	Constante	$\delta(r) = 0{,}001$
$2r = 2{,}223$ mm	$h = 2{,}95$ mm	$a^2 = 7{,}06$	$\delta a^2 = 0{,}007$
1,232	5,69	7,17	0,013

Der wahrscheinliche Fehler in der Beobachtung der Steighöhe bestimmte sich zu $\pm 0{,}003$ mm. Ohne dass die Temperatur sich änderte, zeigte sich während der letzten Beobachtungen ein Anwachsen der Constanten; die Beobachtungen wurden daher unterbrochen; am nächsten Tage ergab sich wieder aus einer Reihe von Beobachtungen:

Abstand	Steighöhe	Constante	$\delta(r) = 0.001$
$2r = 2{,}223$ mm	$h = 2{,}99$ mm	$a^2 = 7.13$	$\delta a^2 = 0{,}007$
1,666	4,16	7,20	0,009
1,232	5,73	7,21	0,013

Der wahrscheinliche Fehler in der Beobachtung der Steighöhe bestimmte sich bei $h = 2{,}99$ zu $\pm 0{,}002$ mm; bei den letzten Steighöhen zu $\pm 0{,}005$ mm. An beiden Tagen betrug die Temperatur des Klauenfettes 18—19° C.

Die Constanten, wie sie aus der letzten Beobachtungsreihe berechnet sind, ergeben sich entschieden grösser, als in der ersten Reihe. Für die endgültigen Beobachtungen wurden daher die Platten und Röhren schon einige Tage vorher in die zu untersuchende Flüssigkeit gelegt.

Aus zwei Beobachtungsreihen mit Plattenpaaren an Alkohol glaube ich auch auf den Einfluss einer verschiedenen Vorbereitung der Platten auf die Constanten a^2 schliessen zu müssen. Die Temperatur des Alkohol betrug bei beiden Reihen 9 bis 11° C. Das specifische Gewicht änderte sich von 0,825 bis

0,830 im Laufe einer einzelnen Beobachtungsreihe. An einem Tage beobachtete ich:

Abstand	Steighöhe	Constanten	$\delta(r) = 0{,}001$
$2r = 1{,}232$ mm	$h = 4{,}64$ mm	$a^2 = 5{,}88$	$\delta a^2 = 0{,}001$
0,434	13,60	5,92	0,027

Der wahrscheinliche Fehler in der Beobachtung der Steighöhen bestimmte sich zu $\pm 0{,}01$ mm.

Die nächsten Tage wurde an denselben Platten mit Klauenfett beobachtet. Die Platten wurden dann zur Reinigung in Kalilauge gelegt und mit Wasser abgespült. Diese Reinigung mag nicht so vollständig wie die mit Salpetersäure gewesen sein. Es ergab sich aus je acht Beobachtungen bei denselben Plattenpaaren:

Abstand	Steighöhe	Constanten	$\delta(r) = 0{,}001$
$2r = 1{,}666$ mm	$h = 3{,}38$ mm	$a^2 = 5{,}92$	$\delta a^2 = 0{,}007$
1,232	4,67	5,92	0,010
0,871	6,75	5,96	0,014
0,434	13,74	5,98	0,027

Der wahrscheinliche Fehler in der Beobachtung der Steighöhen betrug auch hier $\pm 0{,}01$ mm. Die Annahme einer Wandschicht von 0,003 mm genügt, diese Constanten auf 5,90 zu reduciren.

Die Constanten in der zweiten Beobachtungsreihe sind grösser, als in der ersten. Bei den endgültigen Beobachtungen wurde dementsprechend die gehörige Sorgfalt darauf verwendet, dass Platten und Röhren in gleicher Weise vorbereitet waren.

Für Klauenfett und Alkohol war durch die bisherigen Maassregeln eine Constanz erreicht, mit der ich in jeder Beziehung zufrieden sein konnte. Von den übrigen Flüssigkeiten konnte ich dies nicht in gleichem Maasse sagen. Es trat bei diesen eine Erscheinung ein, die schon von Frankenheim[1] und Hagen[2] beobachtet und angegeben ist. Trotz der sorgfältigsten Reinigung der Platten und Röhren war es mir bei diesen Flüssigkeiten nicht möglich, die Steighöhe auch nur fünf Minuten constant zu erhalten; es trat vielmehr ein sofortiges

---

1) Frankenheim, Pogg. Ann. **37.** p. 411. 1836.
2) Hagen, Pogg. Ann. **67.** p. 159. 1846.

Fallen der Steighöhe ein, welches sich stundenlang verfolgen liess und besonders bei den Platten auffallend war. Der letzte Umstand liess einen Einfluss der Luft als wahrscheinlich zu, indem bei den Platten die Luft zu der capillar gehobenen Oberfläche einen viel freieren Zutritt, als bei den Röhren hat. Herr Prof. Voigt rieth mir daher, die Flüssigkeiten mit Luft zu sättigen, vielleicht, dass dann eine constante Steighöhe erhalten würde. Ich trieb also mit Hülfe eines Blasebalges während einiger Stunden Luft durch die zu untersuchenden Flüssigkeiten, Wasser, verdünnte Schwefelsäure und Kalilauge, hindurch, und nun erhielt ich allerdings für eine Beobachtung an je einem Rohr und Plattenpaar eine constante Steighöhe.

Die Beobachtungen mit luftgesättigtem destillirtem Wasser waren:

	Plattenpaare.		Röhren.		
	mm $2r=1{,}519$	mm $2r=1{,}138$	mm $2r=2{,}931$	mm $2r=2{,}949$	mm $2r=2{,}131$
0′	$h=8{,}29$	$h=11{,}35$	$h=9{,}31$	$h=11{,}66$	$h=12{,}95$
5′	8,28	11,33	9,17	11,66	12,95
10′	8,28	11,33	9,17	—	—
15′	—	11,33	—	—	—
	$a^2=12{,}82$	13,03	$a^2=14{,}11$	14,14	14,16

Die Gleichgewichtslage der Kuppe wurde in diesen Fällen durch Fallen erreicht; infolge der Reibung waren, wie sich aus den angegebenen Daten ergibt, circa fünf Minuten erforderlich, bis die Gleichgewichtslage eintrat.

War der Sättigungsgrad der Luft von Bedeutung auf die Constanz der Steighöhe, so mussten Beobachtungen mit ausgekochtem Wasser die grösste Inconstanz ergeben. Ich legte also ein Plattenpaar und ein Rohr in kochendes Wasser, welches dann schnell abgekühlt wurde. Gleichzeitig war ich bemüht, durch völlig gleiche Vorbereitung des Plattenpaares und des Rohres eine weniger starke Abweichung der Capillaritätsconstanten für Wasser bei Platten und Röhren zu erhalten, als sie bei den obigen Beobachtungen existirt.

Das oben erwähnte beständige Fallen der Steighöhe war in der That bei ausgekochtem Wasser besonders wieder bei

Platten recht stark. Es wurden von fünf zu fünf Minuten folgende Steighöhen beobachtet.

Plattenpaar.	Rohr.
$2r = 1,519$ mm $h = 9,27$	$2r = 2,853$ mm $h = 12,13$

	Plattenpaar.	Rohr.
	$2r = 1,519$ mm	$2r = 2,853$ mm
0′	$h = 9,27$	$h = 12,13$
5′	9,21	12,105
10′	9,18	12,09
15′	9,13	12,085
20′	9,09	12,08
25′	9,05	12,075
30′	9,01	12,07

Dasselbe Plattenpaar und Rohr wurde nun von neuem mit Salpetersäure gereinigt und in luftgesättigtes Wasser getaucht. Es wurde nun beobachtet:

	Plattenpaar.	Rohr.'
	$2r = 1,519$ mm	$2r = 2,853$ mm
0′	$h = 9,48$	$h = 11,985$
5′	9,475	11,975
10′	9,47	11,97
15′	9,47	11,97
	$a^2 = 14,63$	$a^2 = 14,53$

Mit dieser Uebereinstimmung der Constanten bei Platten und Röhren können wir, zumal nur je eine Beobachtung angestellt wurde, völlig zufrieden sein. Die Temperatur des Wassers betrug 16° C. Ich füge zur Vergleichung noch die von anderen Beobachtern gefundenen Capillaritätsconstanten für Wasser hinzu; allerdings ist bei denselben das Wasser nicht nach meiner Art vorbereitet. Es fanden:

Gay-Lussac .. $a^2 = 15,13$
Frankenheim [1])   14,84 bei 16,5° C.
Hagen [2])   15,12
Rodenbeck [3]). .   14,64 bei 17,5° C.

Der Werth von Rodenbeck stimmt mit dem meinigen recht gut überein.

---

1) Frankenheim, Pogg. Ann. **87.** p. 413. 1836.
2) Hagen, Abh. d. Berl. Akad. 1845.
3) Beibl. **4.** p. 105. 1880.

Ein ganz analoges Verhalten wie Wasser zeigte verdünnte Schwefelsäure von dem oben angegebenen Concentrationsgrad (specifisches Gewicht 1,31). Mit einem parallelen Plattenpaar habe ich bei Schwefelsäure nur eine Beobachtung gemacht; überdies fand hier nur eine unvollkommene Benetzung der Wand statt, weshalb sich die daraus berechnete Capillaritätsconstante a^2 nicht gut mit den aus den Röhren berechneten Constanten vergleichen lässt. Es ergab sich bei dem Plattenpaar:

$$2r = 1,956 \text{ mm}; \quad \lambda = 4,11 \text{ mm}; \quad a^2 = 8,48$$

Eine gute Benetzung zeigten für die beiden ersten Beobachtungen die Röhren. Es wurde bei jedem Rohr einmal durch Fallen, das andere Mal durch Steigen die Gleichgewichtslage der Kuppe erreicht. Die Steighöhen wichen in beiden Fällen mit Ausschluss des engsten Rohres im Mittel um 0,03 mm ab. Die Resultate der Beobachtungen der Steighöhen von verdünnter Schwefelsäure in Capillarröhren sind:

$2r$	λ	a^2	δa^2 bei $\delta r = 0{,}01$ mm
2,931 mm	7,45 mm	11,58	0,08
2,349	9,52	11,62	0,10
2,131	10,64	11,70	0,11
1,377	16,865	11,77	0,17
1,006	23,38	11,84	0,23
0,714	33,255	11,91	0,33

Die Annahme einer Wandschicht von 0,01 mm genügt, diese Constanten aufeinander zu reduciren. Zur Vergleichung füge ich noch zwei für verdünnte Schwefelsäure erhaltene Capillaritätsconstanten von Frankenheim [1]) hinzu.

Spec. Gewicht	Temperatur	a^2
1,382	17,5	11,50
1,195	17,5	12,74

Etwas anders als Wasser und verdünnte Schwefelsäure verhielt sich wieder Kalilauge. Wie schon oben erwähnt, benetzt Kalilauge Glas sehr gut, sodass eine einmalige Reinigung der Platten und Röhren ausreichend ist. Von besonderer Ein-

---

1) Frankenheim, Pogg. Ann. **87.** p. 413. 1836.

wirkung auf die Kalilauge ist jedoch speciell die Kohlensäure in der atmosphärischen Luft. Die Kalilauge wird von der Kohlensäure chemisch afficirt, indem sich kohlensaures Kali bildet. Beiden Lösungen, der von Aetzkali und der von kohlensaurem Kali, kommt aber eine ganz andere Capillaritätsconstante zu. Hierher gehört eine Beobachtung, welche ich mit demselben Rohr von dem Durchmesser $2r = 2,131$ mm anstellte. Die Steighöhe der Kalilauge betrug 12,64 mm; es wurde nun eine kurze Zeit Luft durch das Rohr getrieben, die Steighöhe ergab sich jetzt zu 3,65 mm. Jener Steighöhe entspricht die Capillaritätsconstante $a^2 = 13,8$, dieser $a^2 = 4,2$.

Zu den Beobachtungen wurde nun durch die Kalilauge einige Stunden Luft hindurchgetrieben. Insofern ich keinen Maassstab für den Kohlensäuregehalt der Lösung hatte, bieten die folgenden Beobachtungen nur ein untergeordnetes Interesse. Ueberdies befanden sich Platten und Röhren in verschiedenen Gefässen, durch welche einzeln Luft hindurchgetrieben war; es werden sich also auch hier nicht die Constanten bei Platten und Röhren direct vergleichen lassen. Aus einer Reihe von Beobachtungen an den Platten ergab sich:

$2r$	h	a^2	δa^2 bei $\delta \varrho = 0,01$ mm
1,519 mm	2,955 mm	4,72	0,065
1,138	4,035	4,73	0,086

Aus einer Reihe von Beobachtungen an Röhren ergab sich:

$2r$	h	a^2	δa^2 bei $\delta r = 0,01$ mm
2,931 mm	2,47 mm	4,17	0,031
2,349	3,21	4,17	0,038
2,131	3,66	4,24	0,043
1,377	5,94	4,24	0,064

Von weiterer Einwirkung auf die Constanz der capillaren Steighöhen konnte noch die Verdunstung sein. Allein die bisher angeführten Beobachtungen liessen die Verdunstung als indifferent der Constanz gegenüber erscheinen. Klauenfett und

Alkohol, also zwei in Bezug auf die Verdunstung sehr verschiedene Flüssigkeiten, zeigten ohne grosse Vorbereitung Constanz,
während Wasser einerseits, verdünnte Schwefelsäure und Kalilauge andererseits erst nach einigen Vorbereitungen dieselbe
zeigten. Ist die Verdunstung ziemlich bedeutend, wie bei
Alkohol, so lässt sich zwar die Steighöhe nicht mit der Sicherheit beobachten, wie bei nicht verdunstenden Flüssigkeiten,
darum kann aber noch nicht von einer Inconstanz der Steighöhe
die Rede sein.

Diese Untersuchungen über die Constanz der Steighöhe
an derselben festen Wand zusammengefasst haben also das
Resultat ergeben: Die gute Benetzbarkeit der Wand
von der Flüssigkeit ist in erster Linie von Einfluss
auf die Constanz; selbst die Vorbereitung der Platten
und Röhren, die Reinigungsart derselben ist nicht
ohne Einwirkung. Bei wässerigen Flüssigkeiten spielt
der Sättigungsgrad mit Luft eine Rolle; von keinem
Einfluss auf die Constanz ist die Verdunstung der
Flüssigkeit.

––––––––

Nach diesen Vorbereitungen komme ich zu meiner eigentlichen Aufgabe, zu untersuchen, ob in der That die Krümmung
der Wand von Einfluss auf die Capillaritätsconstante a^2 ist,
oder ob die Annahme einer Wandschicht allein ausreicht, die
Beobachtungen mit der Theorie in Einklang zu bringen. Als
geeignete Flüssigkeiten zur Untersuchung dieser Frage hatten
sich Klauenfett und Alkohol ergeben, indem die Platten und
Röhren, einmal vorbereitet, ihre gute Benetzbarkeit bewahrten,
überhaupt diese Flüssigkeiten unter allen untersuchten die
grösste Constanz zeigten.

Ich theile zuerst die Beobachtungen mit Klauenfett mit.
Die endgültigen Beobachtungen wurden mit denselben Platten
in drei verschiedenen Abständen und mit vier Röhren an sechs
Tagen angestellt, derart, dass an jedem Tage, zu Anfang, Mitte
und Ende der Beobachtung, die Steighöhe zwischen parallelen
Platten, dazwischen die Steighöhe in alleⁿ vier Röhren, gemessen wurde. Durch Steigen wurde die Gleichgewichtslage

sehr bald erreicht, durch Fallen in 10 bis 20 Minuten, und zwar um so schneller, je grösser der Durchmesser war. Um eine Anschauung zu geben, wie schnell das Fallen des Meniscus vor sich ging, führe ich folgende Beobachtungen an:

	Plattenpaare.			Röhren.			
	mm 2r=1,956	mm 1,519	mm 1,138	mm 2,895	mm 2,354	mm 2,129	mm 1,380
0'	h=3,50	4,68	6,35	4,61	5,86	6,51	10,43
5	3,49	4,63	6,29	4,575	5,80	6,485	10,34
10	3,49	4,62	6,27	4,56	5,78	6,475	10,32
15	—	4,61	6,26	4,56	5,78	6,465	10,31
20	—	4,61	6,25	—	—	6,465	10,30
25	—	—	6,24	—	—	—	10,30
30	—	—	6,24	—	—	—	—

Ich bemerke, dass bei der Bestimmung jeder Steighöhe das Fallen des Meniscus in dieser Weise beobachtet wurde. Ich theile nun die endgültig beobachteten Steighöhen sämmtlich mit, um zu zeigen, inwieweit die Constanz der Steighöhe erreicht war. Bei den Platten wurde die Gleichgewichtslage nur durch Fallen, bei den Röhren durch Fallen und Steigen erreicht; darauf beziehen sich die mit fallend und steigend überschriebenen Reihen. Die Temperatur war stets zwischen 19 und 21° C. Die bei den Plattenpaaren in einer Gruppe zusammengefassten Steighöhen sind an demselben Tage beobachtet. Ebenso entspricht bei den Röhren eine Horizontalreihe je einem Tage.

Plattenpaare.

2r=1,956 mm	2r=1,519 mm	2r=1,138 mm
h=3,49	h=4,60	h=6,24
3,485	4,62	6,24
—	4,61	6,235
—	—	6,24
—	—	6,235
3,49	4,61	6,235
3,49	4,61	6,24
3,495	4,62	6,24
3,495	4,62	—
3,49 mm	4,61 mm	6,24 mm

Röhren.

2r = 2,895 mm		2r = 2,354 mm		2r = 2,129 mm		2r = 1,880 mm	
fallend	steigend	fallend	steigend	fallend	steigend	fallend	steigend
4,545	4,54	5,785	5,78	6,485	6,485	10,325	10,26
4,55	4,545	5,79	5,79	{6,48 6,475	6,465} 6,47	10,315	10,29
4,55	4,55	5,79	5,795	6,47	6,465	10,265	10,27
4,55	4,55	5,79	5,785	6,47	6,465	10,28	10,265
4,555	4,55	5,80	5,80	6,475	6,48	10,305	10,275
4,56	4,56	5,815	5,81	6,49	6,475	10,305	10,305
4,552	4,549	5,795	5,793	6,478	6,472	10,298	10,278
4,55 mm		*5,79 mm*		*6,475 mm*		*10,29 mm*	

Ich glaube, dass eine derartige Constanz der Steighöhen zwischen parallelen Platten und in Röhren den Beobachtungen einen grossen Grad von Zuverlässigkeit gewährt. Wie zu erwarten stand, ergibt sich infolge der Reibung die Steighöhe beim Steigen geringer als beim Fallen. Die Reibung ist ferner bei engen Röhren bedeutender als bei weiten. — Ich stelle nun die bei Klauenfett erhaltenen Resultate in einer Tabelle zusammen.

Plattenpaare.						Röhren.				
$2r$	h	a^2	δa^2	δa^2		$2r$	h	a^2	δa^2	δa^2
mm	mm		für $\delta r =$ 0,01	für $\delta h =$ 0,01		mm	mm		für $\delta r =$ 0,01	für $\delta h =$ 0,01
1,956	3,49	7,21	0,077	0,020		2,895	4,55	7,20	0,053	0,015
1,519	4,61	7,24	0,099	0,015		2,354	5,79	7,24	0,065	0,012
1,138	6,24	7,24	0,130	0,011		2,129	6,475	7,25	0,071	0,011
						1,380	10,29	7,25	0,108	0,007

Nach der Methode der kleinsten Quadrate berechnet sich hieraus bei Platten eine Wandschicht von 0,004 mm und die reducirte Constante zu 7,19; bei den Röhren berechnet sich die Wandschicht zu 0,007 mm und die reducirte Constante ebenfalls zu 7,19. Diese gefundene Abweichung der Dicke der Wandschicht bei Platten und Röhren ist aber nur eine scheinbare. Die Einstellung eines einzelnen Fadens im Mikroskop auf einen Doppeltheilstrich, wie es beim Messen der Dicken der Platten stattfand, und die Einstellung desselben Fadens als Tangente eines Kreises, wie es beim Messen der Röhren-

durchmesser stattfand, sind zu verschiedenartig, als dass sie mit
einander in Uebereinstimmung zu bringen sind. Ich verfuhr
beim Einstellen des Fadens als Tangente an den Röhrenquerschnitt derartig, dass ich auf den Punkt einstellte, in dem der
helle Zwischenraum zwischen Faden und dunklem Querschnitt
verschwand, wodurch offenbar der Durchmesser zu gross erhalten wurde, und zwar nach den Beobachtungen um 0,006 mm
(Genauigkeit des Mikroskops bis auf 0,002 mm).

Die folgende Tabelle zeigt in der That, dass die gefundene
Abweichung der Wandschichten bei Platten und Röhren in der
ausgeführten Weise ihre Erklärung findet; denn eine Zunahme
der Wandschicht mit kleiner werdendem Röhrenquerschnitt ist
nicht ersichtlich.

Platten.				Röhren.			
$2r$	a^2 (beobachtet)	a^2 (reducirt)	berechnete Wandschicht	$2r$	a^2 (beobachtet)	a^2 (reducirt)	berechnete Wandschicht
mm				mm			
1,956	7,21	7,18	0,003	2,825	7,20	7,16	0,002
1,519	7,24	7,20	0,005	2,354	7,24	7,20	0,008
1,138	7,24	7,19	0,004	2,129	7,25	7,20	0,008
				1,380	7,25	7,18	0,006

Ich komme zu den Beobachtungen mit Alkohol. Die Beobachtungen wurden mit denselben Platten in vier verschiedenen Abständen und mit sechs Röhren an sechs Tagen angestellt. Wieder wurde immer abwechselnd an Platten und
Röhren beobachtet. Die Beobachtungen mit Alkohol waren
insofern etwas schwieriger, als die Verdunstung das Niveau
beständig änderte. Es wurde daher genau nach der Zeit
von zwei zu zwei Minuten abwechselnd die Lage des Meniscus und des Niveaus gemessen. Das Niveau fiel durchschnittlich in vier Minuten um 0,05 mm durch Verdunstung, woraus
dann der Stand des Niveaus zur Zeit der Beobachtung des
Meniscus berechnet werden konnte. Die Reibung des Alkohols
an Glas ist recht gering. Die Temperatur des Alkohols betrug
13 bis 15° C., das specifische Gewicht 0,810 bis 0,825. Ich
theile wieder die beobachteten Steighöhen sämmtlich mit, um
so mehr, da sich dieselben bei Alkohol mit geringerer Sicherheit ergaben, als bei Klauenfett. Jede einzelne Steighöhe ist

aus den während 15 Minuten abwechselnd an Meniscus und
Niveau gemachten Ablesungen berechnet.

Plattenpaare.

$2r = 1{,}956$ mm		$2r = 1{,}519$ mm		$2r = 1{,}138$ mm		$2r = 0{,}488$ mm	
fallend	steigend	fallend	steigend	fallend	steigend	fallend	steigend
2,76	2,76	3,675	3,68	4,97	4,97	13,36	13,42
—	—	3,685	3,69	4,97	4,96	13,30	13,44
2,76	2,76	3,67	3,71	4,98	4,98	13,41	13,49
2,795	2,805	3,70	3,695	4,97	4,99	—	—
$\overline{2{,}772}$	$\overline{2{,}775}$	$\overline{3{,}682}$	$\overline{3{,}694}$	$\overline{4{,}973}$	$\overline{4{,}975}$	$\overline{13{,}36}$	$\overline{13{,}45}$
2,77 mm		3,69 mm		4,97 mm		13,405 mm	

Röhren.

$2r = 2{,}931$ mm		$2r = 2{,}349$ mm		$2r = 2{,}131$ mm	
fallend	steigend	fallend	steigend	fallend	steigend
3,56	3,57	4,61	4,61	5,16	5,15
3,55	3,59	4,59	4,60	5,17	5,18
3,53	3,54	4,59	4,59	5,20	5,16
3,58	3,58	4,61	4,625	5,18	5,17
3,60	3,60	4,63	4,665	5,13	5,14
$\overline{3{,}564}$	$\overline{3{,}576}$	$\overline{4{,}606}$	$\overline{4{,}618}$	$\overline{5{,}168}$	$\overline{5{,}16}$
3,57 mm		4,61 mm		5,16 mm	

$2r = 1{,}377$ mm		$2r = 1{,}006$ mm		$2r = 0{,}714$ mm	
fallend	steigend	fallend	steigend	fallend	steigend
8,29	8,32	11,48	11,52	16,41	16,45
8,32	8,30	11,51	11,52	16,40	16,46
8,31	8,30	11,56	11,58	16,56	16,54
8,32	8,33	11,54	11,52	16,48	16,47
8,36	8,36	11,58	11,54	16,37	16,53
$\overline{8{,}32}$	$\overline{8{,}322}$	$\overline{11{,}534}$	$\overline{11{,}536}$	$\overline{16{,}44}$	$\overline{16{,}49}$
8,32 mm		11,535 mm		16,465 mm	

Es mag auffallend erscheinen, dass die Steighöhe bei
Alkohol, wenn sie durch Steigen erreicht wurde, einen grösseren
Werth erhielt. Ich glaube diese Erscheinung aus der Eigenschaft des Alkohols, den Wassergehalt der Luft anzuziehen,
erklären zu können: zuerst wurde nämlich immer die durch
Fallen erreichte Gleichgewichtslage beobachtet. Die Platten
und Röhren wurden dann eine Zeit lang in verticaler Lage in

der Luft gehalten, damit der Alkohol abtropfen konnte. Der kleine Rest Alkohol im Innern der Röhren und Platten zog nun etwas von dem Wassergehalt der Luft an. Beim capillaren Aufsteigen verdünnte sich so der Alkohol, und die Steighöhe musste grösser werden, indem die Capillaritätsconstante des Wassers grösser ist, als die des Alkohols. Ich stelle nun die bei Alkohol erhaltenen Resultate in einer Tabelle zusammen.

Plattenpaare.

$2r$	h	a^2	δa^2	δa^2
mm	mm		für $\delta r =$ 0,01	für $\delta h =$ 0,01
1,956	2,77	5,80	0,068	0,020
1,519	3,69	5,84	0,080	0,015
1,138	4,97	5,79	0,104	0,011
0,438	13,405	5,89	0,271	0,004

Röhren.

$2r$	h	a^2	δa^2	δa^2
mm	mm		für $\delta r =$ 0,01	für $\delta h =$ 0,01
2,931	3,57	5,83	0,043	0,015
2,349	4,61	5,83	0,053	0,012
2,131	5,16	5,845	0,058	0,011
1,377	8,32	5,88	0,088	0,007
1,006	11,535	5,885	0,119	0,005
0,714	16,465	5,92	0,165	0,004

Nach der Methode der kleinsten Quadrate berechnet sich hieraus bei Platten die Wandschicht zu 0,004 mm und die reducirte Constante zu 5,78; bei den Röhren die Wandschicht zu 0,007 mm und die reducirte Constante zu 5,80. Ich lege keinen Werth darauf, dass wir hier die Dicke der Wandschicht bei den Platten und Röhren genau so gross gefunden haben, wie bei Klauenfett; zumal die bei den Plattenpaaren erhaltenen Constanten sich nicht ganz regelmässig ergeben. Der als zu klein auffallende Werth $a^2 = 5,79$ erklärt wohl auch, dass sich die reducirte Constante bei Platten um 0,02 zu klein ergibt.

Ich füge auch hier eine Tabelle hinzu, aus der eine etwaige Zunahme der Wandschicht mit kleiner werdendem Röhrenquerschnitt nicht ersichtlich ist.

Platten.

$2r$	a^2 (beobachtet)	a^2 (reducirt)	berechnete Wandschicht
mm			
1,956	5,80	5,78	0,003
1,519	5,84	5,81	0,007
1,138	5,79	5,75	0,001
0,438	5,89	5,78	0,004

Röhren.

$2r$	a^2 (beobachtet)	a^2 (reducirt)	berechnete Wandschicht
mm			
2,931	5,83	5,80	0,007
2,349	5,83	5,79	0,006
2,131	5,845	5,80	0,008
1,377	5,88	5,82	0,009
1,006	5,885	5,80	0,007
0,714	5,92	5,80	0,007

Zur Vergleichung theile ich endlich noch von anderen Beobachtern gefundene Werthe der Capillaritätsconstanten von Alkohol mit.

Gay-Lussac	6,08.			
Hagen	5,83.			
Frankenheim [1])	5,83	spec. Gew. 0,810	Temp.	17° C.
Rodenbeck [2])	5,80	„ 0,800	„	17,5
	6,09	„ 0,840	„	17,5

Es ist zu bemerken, dass diese Werthe noch nicht unter der Annahme einer Wandschicht reducirt sind.

Ehe ich aus den gefundenen Resultaten Schlüsse ziehe, will ich einige Fehlerquellen, die von Einfluss auf meine Beobachtungen gewesen sein könnten, besprechen:

1) Die Temperatur. Brunner[3]) hat den Einfluss der Temperatur auf die Steighöhe beobachtet und gefunden, dass sich die Capillarhöhe bei 0° zu der bei 100° wie 1,230 : 1 verhält. Die grösste Temperaturdifferenz bei meinen Beobachtungen betrug 2°; dieses würde bei den kleineren Steighöhen eine Aenderung von 0,01 mm bedeuten. Nahm ich aus den Temperaturen, bei denen die Beobachtungen an ein und demselben Rohr oder an ein und derselben Platte angestellt waren, das Mittel, so ergab sich immer nahezu die gleiche mittlere Temperatur. Eine besondere Correction wegen der Temperatur anzubringen, erschien mir daher nicht erforderlich.

2) Der veränderliche Concentrationsgrad bei Alkohol. Der daraus entspringende Fehler wurde durch theilweise Herstellung des specifischen Gewichts und durch zweckmässige Aufeinanderfolge der Beobachtungen mit den jedesmaligen Platten und Röhren vermieden. Das Rohr, mit dem einmal zu Anfang beobachtet war, kam das andere Mal zum Schluss heran — zu Anfang war das specifische Gewicht kleiner, zum Schluss grösser. Es fiel somit auch dieser Fehler im Mittel heraus.

3) Die Theorie setzt unendlich lange parallele Platten voraus. Die von mir angewandten Platten waren circa 55 mm

---

1) Frankenheim, Pogg. Ann. '87. p. 417. 1836.
2) Beibl. **4.** p. 105. 1880.
3) Brunner, Berl. Ber. p. 41. 1846.

lang. Diese Länge erwies sich aus Beobachtungen mit Klauenfett ausreichend. Es wurde nämlich bei Plattenpaaren in verschiedenen Abständen die Steighöhe bestimmt, einmal mit, das
andere Mal ohne zu beiden Seiten angelegte Glasstreifen, sodass einmal der Längsschnitt durch die capillare Oberfläche
eine concave, das andere Mal eine convexe Curve gab. In
der Steighöhe liess sich kein Unterschied nachweisen.

Eine Prüfung für die Ebenheit der Platten lieferten die
Beobachtungen mit Klauenfett. Die Steighöhe wurde in der
Mitte der Platte für eine Länge von ca. 10 mm völlig constant
befunden. Nicht so constant zeigte sich für dieselbe Länge
die Steighöhe bei Alkohol, eine Inconstanz, die jedenfalls in
der Einwirkung des Wassergehalts der Luft auf verschiedene
Stellen der Oberfläche ihren Grund hatte. Doch dieser Einfluss wird durch die grosse Anzahl der angestellten Beobachtungen herausgefallen sein. Zudem musste ja bei Alkohol der
Verdunstung wegen immer abwechselnd auf Niveau und Meniscus eingestellt werden, sodass jedesmal der Wahrscheinlichkeit
nach, an einer andern Stelle der Platte auf die Steighöhe eingestellt wurde.

4) Die Theorie setzt Röhren mit kreisförmigem Querschnitt voraus. Der Einfluss einer Abweichung von der
kreisförmigen Gestalt lässt sich nicht theoretisch bestimmen.
Streng genommen wird man nur Grenzen für die Capillaritätsconstante angeben können, indem man dieselben aus dem
grössten und kleinsten Durchmesser berechnet. Ich habe den
obigen Berechnungen den mittleren Durchmesser zu Grunde
gelegt. Inwieweit meine Querschnitte von der Kreisform ab-
wichen, ergibt sich aus den Differenzen der grössten und kleinsten
beobachteten Durchmesser. Bezeichnen wir dieselben mit δ,
so waren bei den Röhren von dem mittleren Durchmesser:

$2r$	δ	$2r$	δ
2,895 mm	0,051 mm	2,931 mm	0,066 mm
2,354	0,037	2,349	0,053
2,129	0,030	2,131	0,044
1,380	0,062	1,377	0,064
—	—	1,006	0,037
—	—	0,714	0,075

5) Die Abweichung der Röhren und Platten von der ve r·
ticalen Lage. · Es änderte sich dabei weniger die Capillar-
erhebung für sich, wohl aber schien durch die Brechung des
Lichts in der schrägen Glaswand (3 bis 4 mm Dicke) die Steighöhe höher oder niedriger zu sein. Für kleine Winkel bestimmt
sich die scheinbare Höhenänderung durch $\delta h = \frac{n-1}{n} \varphi \varDelta$, worin n der Brechungsexponent, φ die Abweichung von der Verticalen, $\varDelta$ die Dicke der Platte ist. In unserem Fall liefert die
Abweichung von $1/_2{}^0$ von der Verticalen einen Fehler von
0,01 mm in der Steighöhe.

6) Der Bemerkung in (5) entsprechend, ist es von Einfluss,
dass auch die Axe des Mikroskopes sich in horizontaler
Lage befindet. Es wurde das äussere Rohr des Mikroskopes
mit Hülfe einer Libelle wagrecht gestellt. Am Ende der Beobachtungen erst zeigte sich, dass der Schnittpunkt des Fadenkreuzes nicht ganz genau mit der Axe des Mikroskopes zusammenfiel. Nachträglich liess sich aber nicht mehr feststellen,
ob während der Beobachtungen der Schnittpunkt des Fadenkreuzes zur Seite, über oder unter die Axe gefallen war. Nur
in den beiden letzten Fällen wäre eine Fehlerquelle vorhanden.

Rechnen wir alle Fehlerquellen zusammen, so dürften dieselben die berechneten Capillaritätsconstanten höchstens um
0,02 modificiren. Innerhalb dieser Grenzen ergibt sich aber
nach den früheren Resultaten bei Klauenfett und Alkohol eine
vollständige Uebereinstimmung der bei Platten und Röhren
berechneten Constanten. Ein Einfluss der Krümmung der
Wand lässt sich also innerhalb dieser Grenzen nicht nachweisen; die Annahme einer Wandschicht genügt schon allein,
die Abweichungen zwischen Theorie und Beobachtung zu erklären. Die Annahme einer solchen Wandschicht aber rechtfertigen zunächst die Beobachtungen an Platten. Herr Prof.
Voigt gab mir noch einen anderen Weg an, der die Zulässigkeit der Annahme einer Wandschicht prüfte. Er bestand
darin, dass man die Röhren und Platten völlig in die zu untersuchende Flüssigkeit hineinlegte und dann abtropfen liess. Die
Differenz der Gewichte der Röhren und Platten in feuchtem
und trockenem Zustande gab eine obere Grenze für das Gewicht

und mithin auch für die Dicke der Wandschicht. War die
aus den Capillaritätsbeobachtungen erhaltene Dicke der Wandschicht **geringer**, als die auf diesem Wege erhaltene, so war
die Annahme gerechtfertigt, im anderen Falle nicht. Es bestimmte sich aus der Gewichtsdifferenz die Dicke der Wandschicht δ bei Alkohol (spec. Gew. $= 0{,}82$) zu $0{,}01$ mm, bei
Klauenfett ($s = 0{,}89$) zu $0{,}03$ mm. Aus den Capillaritätsbeobachtungen ergab sich $\delta = 0{,}004$ mm; dieser Werth fällt
unter die obere Grenze. Die Annahme einer Wandschicht ist
also gerechtfertigt.

Die Methode, die Capillaritätsconstanten aus den Steighöhen in Röhren und zwischen parallelen Platten zu bestimmen,
ist die genaueste, aber sie setzt die Kenntniss der Dicke der
Wandschicht voraus. Herr Prof. **V o i g t** machte mich noch
auf eine andere Methode aufmerksam, welche zwar weniger
genau ist, aber direct zum Ziele führt. Dieselbe besteht darin,
dass die Coordinaten eines unter einem bestimmten Druck
befindlichen liegenden oder hängenden Tropfens gemessen werden. Herr Prof. **V o i g t** schlug mir vor, auch nach dieser
Methode die Theorie einer Prüfung zu unterwerfen. Es war
allerdings hier kein so grosser Spielraum der Krümmungen
der Kuppen gegeben, wie er nach der frühern Methode durch
Röhren und Platten erreicht wurde; doch entschloss ich mich,
einige Beobachtungen anzustellen, schon um zu sehen, welche
Genauigkeit sich auf diesem Wege gewinnen liess.

Der Beobachtungsapparat war folgender:

Ein am oberen Ende eben geschliffener Trichter war
durch einen Schlauch mit einem Glasrohr verbunden, auf welches ein auf der Drehbank abgedrehter Konus von Messing
mit einer inneren Durchbohrung aufgesetzt war. Indem nun
das Flüssigkeitsniveau in dem Trichter die Spitze des Messing-
konus überragte, bildete sich ein Tropfen. Es wurden, um
verschieden grosse Tropfen zu erhalten, drei Konus mit Spitzen
von $0{,}7$ bis 2 mm Durchmesser angewendet. Die Coordinaten
des Tropfens wurden durch ein Mikroskop mit Fadenkreuz,
welches durch zwei aufeinander senkrechten Schrauben bewegt
werden konnte, gemessen. Am Ende der Beobachtung wurde
das Mikroskop durch die horizontale Schraube bis zur Mitte

des Trichters bewegt und durch die verticale Schraube mit Hülfe einer sich spiegelnden Nadel auf das Niveau eingestellt.

Wir gehen nun daran, eine theoretische Formel aufzustellen, nach der sich die Capillaritätsconstante aus den Coordinaten des Tropfens bestimmt. Die Behandlung des liegenden und hängenden Tropfens unterscheidet sich durch ein Vorzeichen. Es soll in dem Folgenden das obere Zeichen für den liegenden, das untere für den hängenden Tropfen gelten. Es ist:

$$h \pm z = \frac{a^2}{2}\left(\frac{1}{\varrho} + \frac{1}{\varrho_1}\right).$$

Bezeichnen wir den Krümmungsradius an der Spitze des Tropfens $b = \frac{a^2}{h}$:

$$\frac{x^2}{b} \pm \frac{2}{a^2}\int zx\,dx = \frac{xz'}{\sqrt{1+z'^2}}.$$

Wir beschränken uns auf die Nähe der Kuppe und versuchen, die Differentialgleichung durch eine Reihe nach steigenden Potenzen von $\frac{x}{b}$ zu integriren. Es bestimmt sich mit Vernachlässigung von $\left(\frac{x}{b}\right)^6$ gegen 1:

$$z = b\left\{\tfrac{1}{2}\left(\frac{x}{b}\right)^2 + \tfrac{1}{4}\alpha\left(\frac{x}{b}\right)^4 + \tfrac{1}{6}\beta\left(\frac{x}{b}\right)^6\right\}.$$

Hierin bedeutet:

$$\alpha = \tfrac{1}{2} \pm \tfrac{1}{4}\frac{b^2}{a^2}, \qquad \beta = \tfrac{3}{8} \pm \tfrac{5}{12}\frac{b^2}{a^2} + \tfrac{1}{48}\frac{b^4}{a^4}.$$

Daraus folgt:

$$b = \frac{a^2}{h} = \tfrac{1}{2}\frac{x^2}{z}\left\{1 + A\left(\frac{z}{x}\right)^2 + B\left(\frac{z}{x}\right)^4\right\}.$$

Hierin bedeutet:

$$A = 1 \pm \tfrac{1}{2}\frac{a^2}{h^2}, \qquad B = \pm \tfrac{2}{3}\frac{a^2}{h^2} - \tfrac{7}{18}\frac{a^4}{h^4}.$$

Setzen wir in dem Gliede vierter Ordnung $\left(\frac{z}{x}\right)^2 = \tfrac{1}{2}\frac{hz}{a^2}$, so erhalten wir die Endformel:

$$\frac{2a^2}{h}\left(z \mp \tfrac{1}{4}\frac{z^2}{h} + \tfrac{7}{12}\frac{z^3}{h^2}\right) = x^2 + z^2 \pm \tfrac{1}{3}\frac{z^3}{h}.$$

Der Einfluss eines Fehlers von h, x, z drückt sich, wenn wir uns auf das erste Glied beschränken, aus durch:

$$\delta a^2 = \frac{a^2}{h} \delta h, \quad \delta a^2 = 2\frac{a^2}{x} \delta x \quad \delta a^2 = -\frac{a^2}{z} \delta z.$$

Indem z die bei weitem kleinste Grösse ist, hat auch ein fehlerhaftes z den grössten Einfluss. Es wird daher das zweckmässigste sein, z von vornherein einzustellen und x zu messen. In der Regel wird man für eine ganze Reihe von verschiedenen z die zugehörigen x messen. Wir verfahren dann nach der Methode der kleinsten Quadrate unter Zugrundelegung der Gleichung:

$$\frac{2a^2}{h}\left\{z \mp \frac{1}{4}\frac{z^2}{h} + \frac{7}{72}\frac{z^3}{h^2}\right\} - c = x^2 + z^2 \pm \frac{1}{3}\frac{z^3}{h}.$$

Hierin bedeutet c eine Constante, abhängig von der fehlerhaften Bestimmung des Nullpunktes von z multiplicirt mit $\frac{2a^2}{h}$.

Bei den Beobachtungen wandte ich Klauenfett an, weil dieses früher die grösste Constanz gezeigt hatte. Von den anderen Flüssigkeiten, mit denen ich die früheren Beobachtungen gemacht hatte, Alkohol und Wasser, sah ich von vornherein ab, weil sich der Einfluss der Verdunstung bei der Anordnung des Versuches einer exacten Behandlung entzogen hätte.

Ich theile die Beobachtungen mit in Umgängen der bei diesen Versuchen vertical gerichteten Schraube. Es war:

ein Umgang der horizontalen Schraube = 1,412 der verticalen;
ein Umgang der verticalen Schraube = 0,3547 mm, also ein
Umgang im Quadrat = 0,1258 qmm.

Endlich setzen wir noch zur Abkürzung $k = \frac{2a^2}{h}$.

Es wurden beim aufliegenden Tropfen folgende Werthe gefunden:

1) $h = 12,32.$

z	x		berechnet	Δ
0,2	1,81	$k \cdot 0,199 - c = 1,75$	1,70	+0,05
0,4	1,82	$k \cdot 0,397 - c = 3,48$	3,55	−0,07
0,6	2,23	$k \cdot 0,593 - c = 5,34$	5,37	−0,03
0,8	2,56	$k \cdot 0,787 - c = 7,21$	7,19	+0,02
1,0	2,83	$k \cdot 0,981 - c = 9,00$	9,00	±0,00

$$k = \frac{2a^2}{h} = 9,325 \quad c = 0,16$$
$$a^2 = 57,44 = 7,23 \text{ qmm}$$

2) $h = 15,41$.

z	x		berechnet	$\varDelta$
0,2	1,17	$k \cdot 0,199 - c = 1,40$	1,40	$\pm 0,00$
0,4	1,66	$k \cdot 0,397 - c = 2,91$	2,91	$\pm 0,00$
0,6	2,02	$k \cdot 0,594 - c = 4,44$	4,40	$+0,04$
0,8	2,29	$k \cdot 0,790 - c = 5,90$	5,92	$-0,02$
1,0	2,53	$k \cdot 0,984 - c = 7,40$	7,40	$\pm 0,00$

$$k = \frac{2a^2}{h} = 7,635 \quad c = 0,12$$

$$a^2 = 58,83 = 7,40 \text{ qmm}$$

3) $h = 18,53$.

z	x		berechnet	$\varDelta$
0,2	1,11	$k \cdot 0,199 - c = 1,27$	1,26	$+0,01$
0,4	1,53	$k \cdot 0,398 - c = 2,51$	2,54	$-0,03$
0,6	1,86	$k \cdot 0,595 - c = 3,82$	3,81	$+0,01$
0,8	2,10	$k \cdot 0,791 - c = 5,04$	5,06	$-0,02$
1,0	2,30	$k \cdot 0,986 - c = 6,32$	6,32	$\pm 0,00$

$$k = \frac{2a^2}{h} = 6,425 \quad c = 0,02$$

$$a^2 = 59,52 = 7,49 \text{ qmm}$$

4) $h = 24,10$.

z	x		berechnet	$\varDelta$
0,2	0,93	$k \cdot 0,200 - c = 0,91$	0,91	$\pm 0,00$
0,4	1,29	$k \cdot 0,398 - c = 1,83$	1,83	$\pm 0,00$
0,6	1,54	$k \cdot 0,596 - c = 2,72$	2,74	$-0,02$
0,8	1,74	$k \cdot 0,793 - c = 3,67$	3,65	$+0,02$
1,0	1,88	$k \cdot 0,990 - c = 4,54$	4,56	$-0,02$

$$k = \frac{2a^2}{h} = 4,61 \quad b = 0,01,$$

$$a^2 = 55,55 = 6,99 \text{ qmm}$$

Es wurde nun der Trichter und das Rohr mit dem Konus umgestellt derart, dass auf die rechte Seite kam, was vorher auf der linken war. Es konnte so ein etwaiger Fehler in der horizontalen Stellung der horizontalen Schraube eliminirt werden. Es ergab sich analog wie vorhin:

$$h = 24,25 \qquad a^2 = 59,05 = 7,43 \text{ qmm}$$
$$14,38 \qquad\quad 57,88 = 7,28$$

Die auf diesem Wege gefundenen Constanten a^2 für Klauenfett weichen nach beiden Seiten von dem früher gefundenen

Werth 7,19 ab. Ueberdies zeigt sich keine consequente Zu- oder Abnahme der Constanten mit wachsendem Druck. Es wird diese Unsicherheit in den Beobachtungen selbst liegen. Betrachten wir die Grösse $\varDelta$, die Differenz zwischen den beobachteten und berechneten Werthen, so könnte man mit diesen Abweichungen zufrieden sein, wenn man bedenkt, dass die Unsicherheit der horizontalen Einstellung des Fadenkreuzes auf ein so ungünstiges Object, wie es die der Kuppe benachbarten Stellen sind, ca. 0,01 Trommelumgang beträgt. Es reicht aber auch eine derartige fehlerhafte Einstellung nicht aus, die bedeutend voneinander abweichenden Constanten a^2 zu erklären. Wir werden vielmehr auch hier einen Einfluss der Reibung d. i. der Zähigkeit der Flüssigkeit anzunehmen haben, und zwar einen entsprechend bedeutenderen, als bei den früheren Beobachtungen.

Führen die Beobachtungen der letzten Art auch zu keinem erwünschten Abschluss, so widersprechen sie doch nicht den vorhin auf anderem Wege gewonnenen Resultaten, die ich nun noch einmal übersichtlich zusammenstelle:

1) Der von Wilhelmy gefundene Einfluss der Krümmung der Wand auf die Constanten der Capillarität ist nicht aufrecht zu erhalten, übrigens durch die Annahme einer fehlerhaften specifischen Gewichtsbestimmung erklärbar. Auch die Einstellung des Index auf den Strich ist angreifbar.

2) Die Beobachtung der Steighöhen zwischen parallelen Platten führt auf die Annahme einer constanten Wandschicht, an der die Flüssigkeit emporsteigt.

3) Die Dicke der Wandschicht bei Klauenfett und Alkohol ergibt sich constant für Platten und Röhren zu 0,004 mm.

4) Insofern man die bei Klauenfett und Alkohol gefundenen Resultate auf andere benetzende Flüssigkeiten ausdehnen darf, ist ein Einfluss der Krümmung der Wand auf die Capillaritätsconstanten bis auf 0,002 ihres Werthes nicht nachweisbar.

II. *Constructionen zur anomalen Dispersion;*
von *E. Ketteler.*

Dringt Licht unter senkrechtem Einfall in ein absorbirendes Mittel, so bestehen, wie ich in zwei früheren Aufsätzen[1]) erwiesen zu haben glaube, zwischen dem Refractionscoëfficienten a, dem Extinctionscoëfficienten b und der der
Schwingungsdauer proportionalen Wellenlänge λ die sehr einfachen Beziehungen:

(1)
$$\begin{cases} a^2 - b^2 - 1 = \Sigma \, \dfrac{D\lambda^2_m(\lambda^2 - \lambda^2_m)}{(\lambda^2 - \lambda^2_m)^2 + g^2\lambda^2}, \\[2mm] 2ab = \Sigma \, \dfrac{D\lambda^2_m g\lambda}{(\lambda^2 - \lambda^2_m)^2 + g^2\lambda^2}. \end{cases}$$

Darin bedeutet D die Dispersionsconstante als Maass
der Wechselwirkung zwischen Aether- und Körpermaterie,
g die Reibungsconstante der letzteren und λ_m die charakteristische Wellenlänge des entsprechenden Absorptionsstreifens.
Die Summenzeichen beziehen sich auf die Anzahl der vorkommenden Absorptionen, resp. auf die verschiedenen durch
den Aether in Mitschwingungen versetzten heterogenen Molecularqualitäten. Endlich ist der Extinctionscoëfficient b
mit dem aus der directen photometrischen Messung hervorgehenden Absorptionscoëfficienten k durch die Definitions-
gleichungen verknüpft:

(2)
$$\frac{2\pi}{\lambda}\, b = k, \qquad b = k \cdot \frac{\lambda}{2\pi}.$$

Heisst ferner Δ der Phasenunterschied, zwischen den
Schwingungen irgend welcher Molecularqualität und denen
des Aethers, so hat man für die Abhängigkeit desselben von
der Wellenlänge die Relation:

(3)
$$\operatorname{tg} \Delta = \frac{g\lambda}{\lambda^2 - \lambda^2_m}.$$

Und vergleicht man das absorbirende Mittel mit einem ideell
durchsichtigen, in welchem das Arbeitsverhältniss der Körper-
und Aethertheilchen das gleiche ist, so heisse der Ausdruck:

---

1) Ketteler, Wied. Ann. **7.** p. 658. 1879; Carl's Repert. **16.** p. 221
und Berl. Monatsber. Nov. 1879.

(4) $$N^2 - 1 = \sqrt{(a^2 - b^2 - 1)^2 + 4a^2 b^2}$$

die reducirte brechende Kraft des ersteren. Dieselbe ist indess mehr für anisotrope als für isotrope Mittel von Bedeutung.

Setzen wir jetzt zur Abkürzung:

$$a^2 - b^2 - 1 = \Sigma x, \qquad 2ab = \Sigma y,$$

so ergibt sich:

$$a^2 - b^2 = 1 + \Sigma x, \qquad a^2 + b^2 = \sqrt{(1 + \Sigma x)^2 + (\Sigma y)^2}$$

und demnach:

(5) $$\begin{cases} 2a^2 = \sqrt{(1 + \Sigma x)^2 + (\Sigma y)^2} + (1 + \Sigma x), \\ 2b^2 = \sqrt{(1 + \Sigma x)^2 + (\Sigma y)^2} - (1 + \Sigma x). \end{cases}$$

Die erstere der durch diese beiden Gleichungen repräsentirten Curven soll im Folgenden die Refractionscurve, die zweite die Absorptionscurve genannt werden. Zu ihnen tritt als dritte die durch Gleichung:

(6) $$N^2 = 1 + \sqrt{(\Sigma x)^2 + (\Sigma y)^2}$$

dargestellte Curve der reducirten Brechungsverhältnisse.

Es ist nun meine Absicht, diese Curven dem Leser zur unmittelbaren Anschauung zu bringen und sie unter möglichst verschiedenen Bedingungen zu verfolgen. Habe ich früher einmal zur Erreichung eines ähnlichen Zieles den Weg der Rechnung eingeschlagen[1]), so wähle ich heute den der Construction. Derselbe ist eben unter den vorliegenden Verhältnissen der kürzere und zugleich auch der übersichtlichere.

Zunächst beachte man, dass sich mittelst der Beziehungen:

$$\cos \Delta = \frac{\lambda^2 - \lambda^2_m}{\sqrt{(\lambda^2 - \lambda^2_m)^2 + g^2 \lambda^2}}, \quad \sin \Delta = \frac{g \lambda}{\sqrt{(\lambda^2 - \lambda^2_m)^2 + g^2 \lambda^2}}$$

die Werthe von x, y auch so schreiben:

$$x = \frac{D \lambda^2_m}{g \lambda} \sin \Delta \cos \Delta, \qquad y = \frac{D \lambda^2_m}{g \lambda} \sin^2 \Delta.$$

Setzen wir jetzt:

$$\frac{D \lambda^2_m}{g \lambda} = d, \qquad \frac{D \lambda^2_m}{g \lambda_m} = \frac{D}{G} = d_m,$$

---

1) **Ketteler**, Wied. Ann. 1. p. 340. 1877.

so kommt kürzer:

(7) $\qquad x = d \sin\varDelta \cos\varDelta, \qquad y = d \sin^2\varDelta, \qquad d = d_m \frac{\lambda_m}{\lambda}.$

Entsprechend schreibe ich statt Gl. (3):

(8) $\qquad \operatorname{tg}\varDelta = \frac{g'}{\lambda - \lambda_m}, \qquad g' = g\, \frac{\lambda}{\lambda + \lambda_m}.$

Dies vorausgesetzt, soll die in Rede stehende Construction zunächst in Strenge durchgeführt und sodann durch zwei Näherungsmethoden vereinfacht werden.

I. Correctes Verfahren. a) Das gegebene Mittel sei einfach, sodass nur ein Absorptionsstreifen vorkommt. Man denke sich (Taf. II B. Fig. 1) die Wellenlängen vom Anfangspunkte O ab auf der Abscissenaxe OX abgetragen, und es sei $OP = \lambda$, $OM = \lambda_m$, also $PM = \lambda - \lambda_m$. Man mache alsdann $OP' = OP$, lege an P' senkrecht zu OP' die Gerade $P'F = g$, verbinde F mit M und ziehe durch O die zu FM Parallele $A'O$. Dieselbe schneidet das in P errichtete Perpendikel PQ in einem Punkte A, für welchen:

$$AP = A'P' = g',$$

und so wird folglich Winkel $AMP = \varDelta$.

Construirt man ferner im Abstande $OL' = \lambda_m$ eine zu OP' Parallele $Q'L'$, verlängert $P'F$ bis Q', zieht OQ' und durch Punkt G' im Abstande $OG' = d_m$ die zu $P'Q'$ Parallele $G'H'$, so ist:

$$G'H' = d.$$

Diese Länge trage man auf dem Perpendikel in P von A ab auf, sodass $AB = d$ wird, und beschreibe darum einen Kreis. Die Verlängerte MA trifft denselben in einem Punkte E, für welchen:

$$AE = d \sin \varDelta,$$

und deren Projectionen werden sein:

$$AD = d \sin \varDelta \cos \varDelta = x, \qquad DE = d \sin^2\varDelta = y.$$

Zieht man endlich durch A die zu OX Parallele CA und macht ihre Länge $CA = c = 1$, so ist:

$$CD = 1 + x,$$

und die Verbindungslinie CE wird:

$$CE = \sqrt{(1 + x)^2 + y^2}.$$

Folglich ist:

(9) $a^3 = \frac{1}{2}(CE + CD)$, $b^2 = \frac{1}{2}(CE - CD)$ und:

(10) $N^2 = CA + AE$.

Einem beliebigen Punkte P entspricht sonach eine bestimmte Entfernung $AP = g'$ und ein bestimmter Kreisdurchmesser $AB = d$. Selbstverständlich kann man die sämmtlichen Punkte A und B auch auf dem nämlichen über M errichteten Perpendikel abtragen. Die Winkel $\varDelta$ erhalten dann aber eine entgegengesetzt gerichtete Oeffnung, und dementsprechend wird die Linie CA rechts (statt wie bisher links) von A anzulegen sein (vgl. Taf. II B. Fig. 2).

b) Wären mehrere Absorptionsstreifen vorhanden, so gehören zum beliebigen Punkte P (Taf. II B. Fig. 1) mehrere Punkte M. Einem jeden derselben entsprechen auf PQ verschiedene Punkte A und B und verschiedene Verbindungslinien MA. Man zeichne alsdann zwei Linien:

$$\mathfrak{C}\mathfrak{D} = c + \varSigma AD, \qquad \mathfrak{D}\mathfrak{E} = \varSigma DE$$

und behandle sie als Katheten eines rechtwinkligen Dreiecks $\mathfrak{C}\mathfrak{D}\mathfrak{E}$, alsdann ist wieder:

(9b) $a^2 = \frac{1}{2}(\mathfrak{C}\mathfrak{E} + \mathfrak{C}\mathfrak{D})$, $b^2 = \frac{1}{2}(\mathfrak{C}\mathfrak{E} - \mathfrak{C}\mathfrak{D})$,

und entsprechend:

(10b) $N^2 = \mathfrak{C}\mathfrak{A} + \mathfrak{A}\mathfrak{E}$.

Wie vorhin lässt sich natürlich auch diesmal jeder Einzelkreis oberhalb des Endpunktes M seiner charakteristischen Abscisse λ_m verzeichnen.

II. **Erstes Näherungsverfahren.** Wenn, wie gezeigt, die Länge $AP = g'$ zugleich mit λ fortwährend wächst und vom Ausgangswerthe o auf den Extremwerth g ansteigt, und wenn umgekehrt der Kreisdurchmesser $AB = d$ zwischen den Extremwerthen ∞ und o fortwährend abnimmt, so ist doch diese Veränderlichkeit gegenüber der raschen Aenderung des Phasenunterschiedes $\varDelta$ zu beiden Seiten von M selbst für eine grössere Spectralbreite noch wenig bemerkbar. Construirt man daher beispielsweise für das optische Spectrum etwa die den Abscissen $\lambda = \frac{2}{3}\lambda_m$, $= \lambda_m$, $= \frac{3}{2}\lambda_m$ entsprechenden g' und d nach vorstehender Regel und trägt die zugehörigen Punkte A und B auf ihren Perpendikeln auf, so wird es genügen, die des ersten und zweiten, und ebenso die des zweiten und dritten durch Gerade zu verbinden und für irgend welches intermediäre Perpendikel die Durchschnittspunkte desselben mit diesen Geraden als genähert richtige Punkte A, B wie bisher zu behandeln.

III. Zweites Näherungsverfahren. a) Das Mittel sei einfach. Am raschesten lässt sich die Construction ausführen, wenn man sich mit einem solchen Grade von Annäherung begnügt, resp. sich zu beiden Seiten der Mittelabscisse auf ein so schmales Feld beschränkt, dass für alle Punkte desselben g' und d als constant betrachtet werden dürfen. Wir nehmen also M als hinlänglich weit vom Coordinatenanfangspunkt entfernt, setzen $g' = \frac{1}{2}g$, $d = d_m$ und verzeichnen naturgemäss den einzigen erforderlichen Kreis oberhalb M (vgl. Taf. II B. Fig. 2). Innerhalb der hier fixirten Genauigkeitsgrenze sind offenbar auch die Coëfficienten b und k der Gl. (2) einander proportional. Indem ich bezüglich des weiteren wieder auf die Vorschrift der Formeln (9) verweise, bemerke ich nur noch, dass die in Rede stehende Construction mit der von Hrn. Helmholtz[1]) angegebenen zusammenfällt, sofern man die von links ab gezählten (den Schwingungsdauern proportionalen) Wellenlängen durch die von rechts ab gezählten (den Schwingungszahlen proportionalen) reciproken Werthe derselben ersetzt denkt.

Ich habe nun nach diesem Verfahren die Curven der Fig. 2—5 Taf. II B. construirt.

In Taf. II B. Fig. 2 sind in willkürlichem Maasse gemessen:

$$c = 2, \qquad g' = \tfrac{1}{2}, \qquad d = 1.$$

Die zugehörige Absorptionscurve I und Refractionscurve I erheben sich über der Abscissenaxe XX. Man sieht, dass für die Abscisse OII des Scheitelpunktes G der ersteren die letztere das Niveau c in H schneidet. Nennen wir diese Abscisse λ_μ, so ist sie kleiner als λ_m.

Die dritte Curve der reducirten Brechungsverhältnisse

---

1) Helmholtz, Pogg. Ann. **154.** p. 594. 1875.

liegt symmetrisch zum Mittelpunkte M; sie nähert sich asymptotisch dem Niveau c.

In Taf. II B. Fig. 3 sind zunächst:

$$c = 2, \qquad d = 2$$

gewählt und sind die bezüglichen Curven als IIa, IIb, IIc unterschieden, jenachdem sie sich beziehen auf:

$$g' = \tfrac{1}{2}, \quad = \tfrac{1}{4}, \quad = \tfrac{1}{8}.$$

Dieselben erheben sich resp. über den Axen XX, $X'X'$, $X''X''$. Den sämmtlichen Scheitelpunkten G, G', G'' und ebenso den zugehörigen Punkten H, H', H'' entspricht natürlich das gleiche $\varDelta$. Man übersieht so, wie bei Constanterhaltung des Verhältnisses $\dfrac{D}{G}$ die Zunahme von G auf Absorption wie Refraction verbreiternd und abflachend einwirkt.

Wächst dagegen bei constantem G das Verhältniss $\dfrac{D}{G}$ (Taf. II B. Fig. 2 u. 3), so wachsen zugleich die Krümmungen mit; die Ausweichungen vom allgemeinen Niveau stellen sich als nahezu verdoppelt dar, während im horizontalen Sinne nur verhältnissmässig geringe Verschiedenheiten auftreten.

Sämmtliche bisher gewonnenen Absorptionscurven verfliessen nahezu symmetrisch, indem sie sich nach rechts und links der Abscissenaxe asymptotisch nähern. Die zugehörigen Refractionscurven bestehen in Einklang mit der Erfahrung aus einem Berge und einem vorangehenden Thal. Während der Uebergang zwischen beiden verhältnissmässig steil abfällt, ist der Verfluss auf den anderen Seiten ein weit langsamerer; die Curven wenden sich hier allmählich asymptotisch dem Niveau c zu. Im übrigen bemerkt man, dass die Differenz zwischen der Höhe des Berges und der Tiefe des Thales in Fig. 3 Taf. II B. mehr hervortritt als in Fig. 2 Taf. II B.

Diese Asymmetrien werden sichtbarer, wenn man caeteris paribus die Grösse c abnehmen lässt. Der Fig. 4 Taf. II B. sind die Werthe:

$$c = 1, \qquad d = 2, \qquad g' = \tfrac{1}{2}$$

zu Grunde gelegt, sodass also das im Ausgangspunkte G_2 errichtete Perpendikel den Kreis (s. Taf. II B. Fig. 3) tangirt.

Es hat das zur Folge, dass Absorptionscurve III und Refractionscurve III einen Punkt S miteinander gemein haben.

Die jetzt folgenden Curven IV der Fig. 5 Taf. II B. sind
mittelst der Längen:

$$c = \tfrac{1}{2}, \qquad d = 2, \qquad g' = \tfrac{1}{2}$$

erhalten. Man bemerkt schon bei den Curven III, deutlicher aber bei den Curven IV, das horizontale Auseinandergehen der Punkte G und H. Die Absorptionscurve fällt
rechts steiler ab als links, und bei der Refractionscurve ist
die Höhe des Berges auf Kosten der Tiefe des Thales ge-
stiegen. Da bei der betreffenden Construction der Ausgangspunkt C_1 (s. Taf. II B. Fig. 3) eine solche Lage hat, dass
das in ihm errichtete Perpendikel den Kreis zweimal schneidet,
so gibt es zwei verschiedene $\varDelta$, für welche CD verschwindet,
folglich a^2 und b^2 einander gleich werden. Dementsprechend
schneiden sich Absorptionscurve IV und Refractionscurve
IV in zwei Punkten S_1 und S_2, und ist für die inter-
mediär liegenden Wellenlängen die Differenz $a^2 - b^2$
negativ. Dies ist in der That bei den Erscheinungen der
Metallreflexion das häufigere Vorkommniss. Innerhalb
des optischen Spectrums wächst der Refractionscoëfficient a
für sämmtliche Metalle zugleich mit der Wellenlänge, während dagegen der Extinctionscoëfficient derselben mit Zunahme der Wellenlänge für einige ansteigt, für andere abnimmt. Für Metalle ist sonach c erheblich kleiner als d.

Wollte man endlich zur Gewinnung des Extremfalles
$\frac{c}{d} = 0$ setzen, so würden Refractions- und Absorptionscurve
wiederum symmetrisch und insofern einander ähnlich. als
das Thal der erstern verschwinden würde. Zudem würden
die Schnittpunkte S nunmehr mit den beiden Scheitelpunkten
zusammenfallen.

b) Hätte das Mittel zwei oder mehrere Absorptionsstreifen in sehr grosser Entfernung voneinander, so üben die
rechts liegenden auf jeden links liegenden eine Depression,
die links liegenden auf jeden rechts liegenden eine Elevation
des allgemeinen Niveaus aus. Es genügt also für die Construc-

tion der beiden Curven innerhalb eines solchen Einzelstrei-
fens, $c = 1$ durch:

$$c = 1 \pm \gamma$$

zu ersetzen.

c) Liegen dagegen die Absorptionsstreifen beliebig, so
gilt für die Construction die unter Ib gegebene Regel, jedoch
mit der Vereinfachung, dass jedem einzelnen Streifen ein
einziger Kreis zuzuordnen wäre. Selbstverständlch wird dieselbe eine äusserst mühsame. Hier mag man denn zunächst
bemerken, dass wenigstens für Mittel mit schwacher Absorption oft schon b^2 vernachlässigt werden darf, und dass
infolge dessen die Gl. (1) die einfachere Gestalt erhalten:

$$(11) \qquad a^2 = 1 + \Sigma x, \qquad b = \frac{1}{2a_0} \cdot \Sigma y.$$

Ueberhaupt wird das Princip der Superposition kleiner
Ausweichungen dazu dienen können, den ungefähren Verlauf
der entstehenden Totalcurve ohne Umstände aus den gegebenen Partialcurven abzuleiten. Beispielsweise sind in Taf. II B.
Fig. 6 zwei schmale, nahestehende gleiche Absorptionsstreifen
zusammengefasst; die componirenden Curven sind punktirt,
die resultirende ausgezogen. Jeder mehr rechts liegende
Berg erscheint gehoben, jedes mehr links liegende Thal her-
abgedrückt. Taf. II B. Fig. 7 stellt das Zusammenwirken zweier
breiter Absorptionsbänder dar, die sich in einem solchen
Abstande befinden, dass Berg und Thal der Refractionscurven sich aufheben. Taf. II B. Fig. 8 endlich soll veranschaulichen, wie zwei gleiche schwächere. Absorptionsstreifen
auf ein symmetrisch zwischen ihnen liegendes breiteres Band
einwirken. Eine ähnliche, nur verwickeltere Erscheinung
bietet bekanntlich die Natur an den fünf nahezu symmetrisch gruppirten Absorptionsstreifen des übermangansauren
Kali.

Bonn, im April 1880.

III. *Ueber die Newton'schen Staubringe; von Karl Exner.*
(Fortsetzung.[1])

———

Um zu einer Intensitätsgleichung für das Phänomen der Newton'schen Staubringe zu gelangen, kann man zwei Wege einschlagen. Man kann die Wirkungen der Staubfläche und ihres Spiegelbildes getrennt berechnen und die erhaltenen Wirkungen zusammensetzen. Dieser Weg führte Hrn. Lommel zu verwickelten Rechnungen[2]) und, wie ich gezeigt habe[3]), zu keinem Resultate. Berechnet man hingegen zuerst die Wirkung eines Staubtheilchens und seines Spiegelbildes, um hierauf die Wirkungen sämmtlicher Paare zusammenzusetzen, so gelangt man auf kurzem Wege zu einem bemerkenswerthen Resultate, welches die Grundlage der Theorie einer grösseren Classe von Erscheinungen bildet.

Sei v die in irgend einer Beugungsrichtung fortgepflanzte, von einem Stäubchen (und seinem Spiegelbilde) herrührende Vibrationsgeschwindigkeit. Dieselbe wird nach dem Babinet'schen Principe[4]) erhalten, wenn man das Stäubchen und sein Spiegelbild als Oeffnungen behandelt. Der gedachte Strahl kann in zwei Strahlen von bestimmten, um $\frac{\pi}{2}$ differirenden Phasen zerlegt werden. Die Vibrationsgeschwindigkeiten der beiden Strahlen sind:

$$v \cdot \cos \alpha \quad \text{und} \quad v \cdot \sin \alpha,$$

wenn α die Phase des gedachten Strahles ist. Werden sämmtliche Stäubchen in Rechnung gezogen, so erhält man zwei Strahlen, deren Vibrationsgeschwindigkeiten sind:

$$\Sigma (v \cdot \cos \alpha) \quad \text{und} \quad \Sigma (v \cdot \sin \alpha),$$

und aus deren Zusammensetzung sich für die der betrachteten Beugungsrichtung entsprechende Intensität ergibt:

———

1) Siehe K. Exner, Wied. Ann. **9.** p. 239. 1880.
2) Lommel, Wied. Ann. **8.** p. 193. 1879.
3) l. c.
4) Verdet, Optik **1.** p. 300.

$$J = \left(\Sigma(v \cdot \cos \alpha) \right)^2 + \left(\Sigma(v \cdot \sin \alpha) \right)^2$$
$$= \Sigma(v^2 \cos^2 \alpha) + \Sigma(v^2 \sin^2 \alpha) + 2\Sigma(v_m \, v_p \cos \alpha_m \cos \alpha_p)$$
$$+ 2\Sigma(v_m v_p \sin \alpha_m \sin \alpha_p).$$

Ist i die einem einzigen Stäubchen (und seinem Spiegelbilde) in der betrachteten Beugungsrichtung entsprechende Intensität, so wird folglich:

(A) $$J = \Sigma(i) + 2\Sigma\left(v_m v_p \cos(\alpha_m - \alpha_p)\right).$$

Das erste Glied dieses Ausdrucks stellt eine Summe positiver Grössen dar und ist, eine gleichmässige Bestäubung vorausgesetzt, von der zufälligen Lage der einzelnen Stäubchen unabhängig; das zweite Glied hingegen besteht aus theils positiven, theils negativen Grössen und ist von der zufälligen Lage der Stäubchen abhängig.

Gleichwohl darf das zweite Glied des Ausdrucks (A) neben dem ersten Gliede dieses Ausdrucks nicht vernachlässigt werden[1]), da es, unter n die Zahl der Stäubchen verstanden, $\frac{n(n-1)}{2}$ Summanden zählt, während das erste Glied nur aus n solchen besteht. Hat man z. B. eine Lycopodiumbestäubung und befindet sich die Bestäubungsebene in der Parallellage (parallel dem Spiegel) so wird $v_m = v_p$ und der Ausdruck (A) geht über in:

(A') $$J = ni + 2i\Sigma\left(\cos(\alpha_m - \alpha_p)\right).$$

Betrachtet man nun α_m, α_p als unabhängig variable Grössen, so sieht man, dass das zweite Glied des Ausdrucks (A') jeden Werth zwischen $-ni$ und $+n(n-1)i$ annehmen kann, sodass die Intensität als von der zufälligen Lage der Stäubchen innerhalb der Grenzen 0 und $n^2 i$ abhängig erscheint.

Es ergibt sich ein erstes Resultat: Die Intensität in jedem einzelnen Punkte des Gesichtsfeldes ist eine zufällige, von der zufälligen Lage der einzelnen Stäubchen abhängige.

Dieser Satz, welcher, wie sich weiter unten ergeben wird, nicht mehr gilt, wenn es sich nicht mehr um die Intensität in einem Punkte des Ge-

---

1) Exner, Wied. Ann. **4.** p. 527. 1878.

sichtsfeldes, sondern um die mittlere Intensität in
der Nähe dieses Punktes handelt, wird durch den
Versuch bestätigt. Aendert man die zufällige Vertheilung der Stäubchen dadurch, dass man die Bestäubungsebene
in sich selbst verschiebt, so findet am Fadenkreuze ein
rascher und unregelmässiger Wechsel der Intensitäten statt.
Bei ruhender Bestäubungsfläche erscheint das Gesichtsfeld
granulirt. Diese Granulation, welche bei Anwendung einer
punktförmigen Lichtquelle sehr deutlich wahrnehmbar ist,
verschwindet völlig bei Anwendung einer Lichtquelle von
merklichem scheinbarem Durchmesser. Dieselbe Bemerkung
kann man bei dem Phänomen der Höfe machen, und ist die
Ursache in beiden Fällen dieselbe.

Es soll nun untersucht werden, wie die durch den Ausdruck
(A) gegebene Intensität mit der Beugungsrichtung variirt.
Unmittelbar klar ist, dass das zweite Glied des Ausdrucks
(A) neben dem ersten Gliede verhältnissmässig sehr rasch
mit der Beugungsrichtung variirt. Es hängen nämlich die
Variationen einer Grösse i von Wegdifferenzen ab, welche
sich auf verschiedene Punkte desselben Stäubchens oder der
beiden Stäubchen eines Paares beziehen, also beispielsweise
bei normaler Incidenz von Wegdifferenzen von der Grössen-
ordnung $\varepsilon\theta$ oder $e\theta^2$, wenn ε eine Dimension eines Stäubchens, e die Entfernung eines Stäubchens vom Spiegel und
θ der Beugungswinkel sind, während die Variationen einer
Grösse $\cos(\alpha_m - \alpha_p)$ von Wegdifferenzen abhängen, welche
sich auf Punkte irgend zweier Stäubchen beziehen, also von
Wegdifferenzen von der Grössenordnung $f\theta$, wenn f der
gegenseitige Abstand irgend zweier Punkte der Bestäubungsfläche ist.

Die Intensität weist also zwei verschiedene
Gattungen von Variationen auf, welche die in Rede
stehenden Phänomene sehr deutlich erkennen lassen. Die vom zweiten Gliede des Ausdrucks (A) herrührenden raschen und unregelmässigen Variationen machen sich
als Granulation des Gesichtsfeldes bemerkbar [1]), während die

---

1) Exner, Wied. Ann. **4.** p. 528. 1878; **9.** p. 257. 1880.

vom ersten Gliede des Ausdruckes (A) herrührenden langsamen und regelmässigen Variationen der Intensität die
eigentlichen Interferenzringe bilden.

Es ist gezeigt worden, dass die Intensität in jedem einzelnen Punkte des Gesichtsfeldes eine zufällige ist. Schon
der Anblick, welchen die durch Bestäubungen hervorgebrachten Erscheinungen gewähren, lässt jedoch keinen Zweifel
darüber bestehen, dass wenigstens die mittlere Intensität in
der Nähe jedes Punktes des Gesichtsfeldes eine bestimmte
ist. Der Werth dieser mittlern Intensität, welche im Folgenden stets durch J' bezeichnet werden soll, ergibt sich aus
der Gleichung (A) wie folgt:

Ist σ ein Flächenstück des Gesichtsfeldes, welches als
klein angenommen wird in Bezug auf die langsamen, vom
ersten Gliede des Ausdruckes (A) herrührenden Variationen
der Intensität, jedoch als gross in Bezug auf die vom zweiten
Gliede herrührenden raschen Variationen, sodass viele Maxima
und Minima dieser Art auf jenes Flächenstückchen fallen,
so hat man für die mittlere Intensität auf σ:

$$\sigma \cdot J = \iint \Big(\Sigma(i) + 2\Sigma \big(v_m v_p \cos(\alpha_m - \alpha_p) \big) \Big) d\sigma,$$

$$= \iint \Sigma(i) d\sigma + 2\Sigma \Big(\iint v_m v_p \cos(\alpha_m - \alpha_p) d\sigma \Big).$$

Da v_m, v_p hier als constant angesehen werden müssen,
ist weiter:

$$\sigma J' = \sigma \cdot \Sigma(i) + 2\Sigma \Big(v_m v_p \iint \cos(\alpha_m - \alpha_p) d\sigma \Big).$$

Es ist klar, dass es auf σ für jedes der hier vorkommenden Integrale eine Richtung geben wird, in welcher
$\cos(\alpha_m - \alpha_p)$ constant ist, während senkrecht zu dieser Richtung die Raschheit der Variation am grössten ist. Lässt
man die Beugungsrichtung im letztern Sinne variiren, so
erscheint überdiess $(\alpha_m - \alpha_p)$ als eine lineare Function der
Beugungsrichtung. Jedes der Integrale $\iint \cos(\alpha_m - \alpha_p) d\sigma$
zerfällt sonach in eine grosse Zahl abwechselnd positiver und
negativer Integrale, von welchen jedes dem folgenden merklich numerisch gleich und dem Vorzeichen nach entgegengesetzt ist. Es folgt:

$$\iint \cos(\alpha_m - \alpha_p)\, d\sigma = 0 \qquad\qquad \text{und:}$$

(B)
$$J' = \Sigma\,(i).$$

Das heisst:

Die mittlere Intensität in der Nähe jedes Punktes des Gesichtsfeldes (oder kurz die Intensität, wenn man von der feinen Granulation des Phänomens absieht) ist gleich der Summe der Intensitäten, welche durch die einzelnen Staubtheilchen für sich in diesem Punkte hervorgebracht würden, oder: die von verschiedenen Theilen der Bestäubung kommenden resultirenden Strahlen verhalten sich wie incohärente Strahlen, indem sie ihre Intensitäten summiren.

Dieses Resultat, welches einzig davon abhängt, dass die Stäubchen unregelmässig vertheilt sind, und auch, wie leicht zu sehen, für eine einzige Bestäubung (ohne Spiegelbild) gilt und in diesem Falle insbesondere für kugelförmige Stäubchen schon von Verdet[1] bewiesen wurde (Theorie der Höfe), wird durch einen Versuch bestätigt, welcher die Incohärenz der durch verschiedene Stellen der Bestäubung hervorgebrachten Erscheinungen unmittelbar vor Augen führt.[2]

Es soll nun zunächst die Intensitätsgleichung für den Fall der Parallellage der Bestäubungsebene abgeleitet werden.

Bedeutet i_1 die einem einzigen Stäubchen (ohne sein Spiegelbild) entsprechende Intensität, γ den Winkel der einfallenden Strahlen mit der Spiegelnormale, φ den Winkel der gebeugten Strahlen mit der Spiegelnormale, so folgt aus Gl. (B) unmittelbar[3]:

$$J' = \Sigma\left(2\,i_1\left(1 + \cos 2\pi\,\frac{2\,e\,(\cos\gamma - \cos\varphi)}{\lambda}\right)\right) \qquad \text{oder:}$$

(C)
$$J' = 2\,\Sigma\,(i_1)\cdot\left(1 + \cos 2\pi\,\frac{2\,e\,(\cos\gamma - \cos\varphi)}{\lambda}\right)$$

1) Verdet, Ann. de chim. et de phys. (3) **34.** p. 129. 1852.

2) Exner, Wied. Ann. **9.** p. 258. 1880.

3) Ueber Interferenzstreifen, welche durch zwei getrübte Flächen erzeugt werden. Wien. Ber. **72.** 1875.

als Intensitätsgleichung für die Parallellage der Bestäubungsfläche, oder, wenn:

$$\frac{2\pi}{\lambda}(\cos\gamma - \cos\varphi) = s$$

gesetzt wird:

$$J' = 2 \cdot \Sigma(i_1) \cdot (1 + \cos 2es).$$

Die von Hrn. Lommel für diesen Fall aufgestellte
Formel lautet[1]):

(C') $$J = \tfrac{1}{2} n^2 N^2 (1 + \cos 2es),$$

wo $n^2 N^2$ die Intensität bedeutet, welche der beugende
Schirm allein hervorbringen würde. Die letztere Formel ist
zunächst in einem Punkte richtig zu stellen. Wenn zwei
gleiche Strahlen interferiren, und die Phasendifferenz Null
ist, so geben sie die vierfache Intensität. Setzt man daher
in (C) oder in (C') den daselbst vorkommenden Cosinus der
Einheit gleich, so muss, wenn die Gleichungen richtig sein
sollen, sich aus (C) ergeben: $J' = 4 \cdot \Sigma(i_1)$ und aus (C'):
$J = 4 n^2 N^2$. Ersteres trifft zu, letzteres nicht. Es muss also
in der Gleichung des Hrn. Lommel statt des Factors $\tfrac{1}{2}$ der
Factor 2 stehen, welcher Umstand auf einem Versehen auf
p. 208 der Abhandlung des Hrn. Lommel beruht.

Dies vorausgesetzt, besteht kein Widerspruch mehr zwischen den beiden Gleichungen. Es wird sich jedoch zeigen,
dass die sich aus der richtigen Theorie für den allgemeineren Fall der schiefen Lage der Bestäubungsfläche ergebende
Intensitätsgleichung von der entsprechenden des Hrn. Lommel vollkommen verschieden ist.

Für eine Lycopodiumbestäubung ergibt sich insbesondere die vollständige Intensitätsgleichung:

(D) $$\begin{cases} J' = 2n\pi^2 r^4 \left(1 - \frac{m^2}{2} + \frac{m^4}{(1.2)^2 \cdot 3} - \cdots\right)^2 (1 + \cos 2es), \\ \text{wo} \quad m = \frac{\pi r \sin\theta}{\lambda}. \end{cases}$$

Hier bedeutet r den Radius eines Stäubchens und θ
den Winkel der gebeugten Strahlen mit den directen oder
den Beugungswinkel. In der ersten Klammer des Ausdrucks

---

1) Lommel, Wied. Ann. 8. p. 280. 1879.

(D). befindet sich die bekannte, bei der Berechnung der kreisförmigen Beugungsöffnung vorkommende Reihe.[1]

Es soll nun die Intensitätsgleichung für den allgemeineren Fall berechnet werden, wo die Bestäubungsebene gegen die Spiegelfläche schief steht.

Seien (Taf. III Fig. 1) ab eine Beugungsöffnung, $cdef$ das einfallende Strahlenbündel, $abgh$ das in irgend einer Richtung gebeugte Strahlenbündel, i ein Punkt, beispielsweise der Schwerpunkt der Oeffnung, jk die durch i gehende Projection der Oeffnung in der Richtung der directen Strahlen. Eine mit jk zusammenfallende Oeffnung würde in der Richtung ag ein gebeugtes Strahlenbündel $jlkm$ liefern, und es würde jedem durch die Oeffnung ab in der Richtung ag gebeugten Strahle qr ein vom selben einfallenden Strahle abzweigender, durch die Oeffnung jk gebeugter Strahl op entsprechen. Seien jl und ag die homologen gebeugten Strahlen, welchen die grösste gegenseitige Wegdifferenz zukommt. Dieselbe ist:

$$\varDelta = ja - an = ja\,(1 - \cos\theta) = i\,a\,.\,\sin\alpha\,.\,\frac{\sin^2\theta}{2}\,.$$

Die beiden Oeffnungen werden merklich dasselbe Beugungsphänomen geben, so lange diese Wegdifferenz gegen eine Wellenlänge klein bleibt. Hat beispielsweise die Oeffnung die Gestalt und Grösse des Querschnittes eines Lycopodiumsporens, so hat man[2]):

$$\varDelta = 0{,}0075 \text{ mm } \sin\alpha \, \sin^2\theta$$

und für $\alpha = 60^0$:

$$\varDelta = 0{,}0075 \text{ mm} \,.\, 0{,}866\,.\,\sin^2\theta = 0{,}006\,495 \sin^2\theta.$$

Ist ferner $\lambda = 0{,}0006$ mm, so ergibt sich für wachsende Beugungswinkel:

$$\theta = 30' \quad \varDelta = 0{,}000\,000\,48 = 0{,}0008\,\lambda$$
$$\theta = 1^0 \quad \varDelta = 0{,}000\,002 \quad\ \ = 0{,}003\,\lambda$$
$$\theta = 2^0 \quad \varDelta = 0{,}000\,007\,9 = 0{,}01\,\lambda$$
$$\theta = 5^0 \quad \varDelta = 0{,}000\,048 \quad\ = 0{,}08\,\lambda\,.$$

Es folgt:

---

1) Verdet, Optik. I. p. 301.
2) Exner, Pogg. Ann. Ergbd. **8.** p. 488. 1876.

Eine sehr kleine Beugungsöffnung, welche schief gegen die einfallenden Strahlen steht, bringt merklich dasselbe Phänomen hervor wie eine mit der Projection der Oeffnung in der Richtung der directen Strahlen zusammenfallende Oeffnung.

Es ist dies der Grund, aus welchem kleine Unebenheiten der Stanniolgitter, auch wenn dieselben gegen eine Wellenlänge gross sind, das Beugungsphänomen nur unmerklich verändern, und ferner der Grund, aus welchem die durch Scheibchen oder Oeffnungen hervorgebrachten Höfe bei schiefer Stellung des Gitters elliptisch erscheinen.

Es folgt insbesondere:

Ist i_2 die dem Spiegelbilde eines Stäubchens für sich entsprechende Intensität, so ist, wenn die Stäubchen nicht grösser sind als beispielsweise Lycopodiumsporen, näherungsweise:

$$i_1 = i_2.$$

Sind ferner J_1' und J_2' die der Bestäubung für sich und dem Spiegelbilde derselben für sich entsprechenden Intensitäten, so folgt in analoger Weise wie (B):

(E) $$J_1' = \Sigma(i_1), \qquad J_2' = \Sigma(i_2),$$

und schliesslich:

(F) $$J_1' = J_2', \qquad\qquad \text{d. h:}$$

bei Bestäubungen, wie sie bei den in Rede stehenden Versuchen bisher angewendet worden sind, also wenn die Stäubchen eine gewisse Grösse nicht überschreiten, haben die in irgend einer Richtung resultirenden gebeugten Strahlen, welche von der Bestäubung für sich und dem Spiegelbilde derselben für sich herrühren, merklich dieselben Intensitäten. Besteht überdies die Bestäubung aus kugelförmigen Theilchen, wie Lycopodiumsporen, so folgt aus (E), dass diese Intensitäten nicht nur in einem sehr hohen Grade der Annäherung, sondern genau gleich gross sind.

Ich hebe diesen Umstand besonders hervor, weil Hr. Lommel aus der „selbstverständlichen" Ungleichheit dieser beiden Intensitäten das Verschwinden der Ringe bei der schiefen Stellung der Bestäubungsebene erklären zu können glaubte, dessen wahre Ursache das Auseinandergehen der elementaren durch die einzelnen Stäubchen hervorgebrachten Beugungsringe ist, wie aus Gl. (B) und meinen früheren Auseinandersetzungen[1]) hervorgeht.

Es ist nun leicht, die gesuchte Intensitätsgleichung zu erhalten.

Nach (B) ist $J' = \Sigma(i).$
Ferner ist:

$$i = 2\,i_1\left(1 + \cos 2\pi \,\frac{2e\,(\cos\gamma - \cos\varphi)}{\lambda}\right) = 2\,i_1\,(1 + \cos 2es)$$

und $J' = \Sigma\big(2\,i_1\,(1 + \cos 2es)\big).$

Die Wirkung wird offenbar nicht merklich geändert, wenn die Stäubchen kleine Verschiebungen erfahren, sodass sie auf einer Schar zur Spiegelebene paralleler Gerader liegen. Dies vorausgesetzt wird:

$$J' = \Sigma''\Big(\Sigma'\big(2\,i_1\,(1 + \cos 2es)\big)\Big),$$

wo sich Σ' auf die Stäubchen einer Geraden und Σ''' auf sämmtliche Gerade bezieht. Es ist dann weiter:

$$J' = \Sigma''\big((1 + \cos 2es)\,\Sigma'(2\,i_1)\big).$$

Ist j die Summe der von den Stäubchen einer Flächeneinheit der Bestäubung (ohne Spiegelbild) kommenden Intensitäten, $\frac{1}{p}$ der Abstand zweier aufeinander folgender der obgedachten Geraden, $l = f(e)$ die Länge einer solchen, so ist weiter:

$$J' = \Sigma''\left((1 + \cos 2es)\,\frac{2j}{p}\,f(e)\right)$$
$$= \frac{2j}{p\,\Delta e}\,\Sigma''\big((1 + \cos 2es)\,f(e)\,\Delta e\big),$$

wenn sich Δe auf den Uebergang von einer Geraden zur nächsten bezieht. Indem nun sehr kleine Grössen als Differentiale behandelt werden, folgt:

$$J' = \frac{2j}{p\,\Delta e}\int_{e_1}^{e_2}(1 + \cos 2es)\,f(e)\,de,$$

1) Exner, Wied. Ann. 4. p. 525. 1878.

und. schliesslich, wenn ψ der Neigungswinkel der Bestäubungsebene ist:

$$(G) \qquad J' = \frac{2j}{\sin \psi} \int_{e_1}^{e_2} (1 + \cos 2es)\, f(e)\, de$$

als Intensitätsgleichung für eine beliebig gestellte
Bestäubungsebene.

Verschieden gestalteten Bestäubungsebenen entsprechen
verschiedene Functionen $f(e)$ und demgemäss verschiedene
Phänomene, welche sich aus der letzten Gleichung berechnen lassen. Ich beschränke mich hier auf den Fall, wo die
Bestäubungsebene die Gestalt eines Rechtecks hat, dessen
zwei Seiten zur Spiegelebene parallel sind. Dann ist $f(e)$
constant:

$$f(e) = \frac{\Sigma(i_1) \sin \psi}{(e_2 - e_1)\cdot j}$$

und
$$J' = \frac{\Sigma(2\,i_1)}{e_2 - e_1} \int_{e_1}^{e_2} (1 + \cos 2es)\, de$$

$$= \Sigma(2\,i_1)\cdot\left(1 + \frac{\sin s\,(e_2 - e_1)}{s\,(e_2 - e_1)} \cos s\,(e_2 + e_1)\right).$$

Es ergibt sich sonach als Intensitätsgleichung für eine
rechteckige und gleichmässige Bestäubungsfläche, deren zwei
Seiten mit der Spiegelebene parallel sind:

$$\text{l)} \quad J = 2\,\Sigma(i_1)\cdot\left(1 + \frac{\sin 2\pi\frac{(e_2 - e_1)\,(\cos\gamma - \cos\varphi)}{\lambda}}{2\pi\frac{(e_2 - e_1)\,(\cos\gamma - \cos\varphi)}{\lambda}} \cos 2\pi\frac{(e_2 + e_1)\,(\cos\gamma - \cos}{\lambda}\right.$$

und zwar bedeutet $\Sigma(i_1)$ die Summe der durch die einzelnen
Stäubchen (ohne ihre Spiegelbilder) in der betrachteten Beugungsrichtung hervorgebrachten Intensitäten, e_1 und e_2 den
kleinsten und den grössten Abstand der Bestäubungsfläche
vom Spiegel, γ und φ den Winkel der einfallenden und der
gebeugten Strahlen mit der Spiegelnormale. $\Sigma(i_1)$ stellt eine
Function des Beugungswinkels θ dar, welchen die gebeugten
Strahlen mit den direct reflectirten Strahlen bilden $f(\theta)$. Besteht die Bestäubung aus völlig unregelmässig gestalteten
Stäubchen, so kann man annehmen, dass $f(\theta)$ mit θ conti-

15*

nuirlich abnehme. · Besteht die Bestäubung aus Lycopodiumsporen, welche annähernd kugelförmig sind, oder besteht der
beugende Schirm aus kreisrunden Scheibchen, und ist der
Winkel des Beugungsschirms mit dem Spiegel klein, so ist
insbesondere nach Verdet's Berechnungen[1]):

$$(J) \qquad \Sigma(i_1) = n\,\pi^2\,r^4 \left(1 - \frac{m^2}{2} + \frac{m^4}{(1.2)^2.3} - \cdots\right)^2.$$

Substituirt man (J) nach (H), so hat man die vollständige, numerisch berechenbare Intensitätsgleichung für die schiefe Lage einer rechteckigen Lycopodiumbestäubung.

Dass die Lycopodiumsporen nicht wie Scheibchen, son-
dern wie Kügelchen wirken, beweist der Umstand, dass die
Ringe, welche man bei senkrechtem Hindurchblicken durch
eine mit Lycopodium bestäubte Glasplatte nach einer Kerzen-
flamme wahrnimmt, bei einer Drehung der Platte um 60
Grad kaum merklich elliptisch werden, während, wenn die
Sporen als Scheibchen wirken würden, die grossen Axen der
Ellipsen doppelt so gross erscheinen müssten als die kleinen
Axen. Letzteres folgt aus dem eben gesagten und aus
der Theorie der Beugung durch eine elliptische Oeffnung.[2])
Unter dem Mikroskop konnte ich an Lycopodiumsporen,
welche in einer Flüssigkeit suspendirt waren, nur geringe
Abweichungen von der Kugelgestalt bemerken. Die Theil-
chen erscheinen überdies ´merklich gleich gross, und eine
Messung der Durchmesser ergab einen Werth, welcher mit
dem oben benutzten, von Mousson angegebenen Werthe
übereinstimmt.

Ist die Bestäubungsfläche der Spiegelebene parallel, so
wird $e_1 = e_2 = e$, die Gleichung (H) geht über in die Gleichung (C) und wird insbesondere für normale Incidenz zu:

$$(K) \qquad J' = 2f(\theta).\left(1 + \cos 2\pi\,\frac{e\theta^2}{\lambda}\right) \quad \text{oder} \quad J' = 2f(\theta).f_1(\theta).$$

Denkt man sich nun die zur Spiegelebene parallele rechteckige Bestäubungsfläche um eine durch ihre Mitte gehende,

----

1) l. c.
2) Verdet, Optik. 1. p. 319.

zur Spiegelebene parallele Gerade gedreht, bis eine ihrer Seiten an den Spiegel stösst, so wird im Ausdrucke (H) $e_1 = 0$, $e_2 = 2e$, und die Gleichung (H) geht über in:

$$J = 2f(\theta)\left(1 + \frac{\sin 2\pi \frac{4e(\cos \gamma - \cos \varphi)}{\lambda}}{2\pi \frac{4e(\cos \gamma - \cos \varphi)}{\lambda}}\right)$$

und wird insbesondere für normale Incidenz zu:

$$(L) \qquad J = 2f(\theta)\left(1 + \frac{\sin 2\pi \frac{2e\theta^2}{\lambda}}{2\pi \frac{2e\theta^2}{\lambda}}\right) \quad \text{oder} \quad J' = 2f(\theta) \cdot f_2(\theta).$$

Die Gleichungen (K) und (L) besagen, dass bei der Ueberführung der rechteckigen Bestäubungsfläche aus der Parallellage durch Drehung um eine durch den Schwerpunkt der Bestäubungsfläche gehende, zum Spiegel parallele Axe in die schiefste Lage, bei welcher eine Seite der Bestäubungsfläche den Spiegel berührt, charakteristische Veränderungen des Phänomens eintreten müssen, welche dazu dienen können, die gegebene Theorie gegen das Experiment zu halten, was zunächst geschehen soll.

Ich habe bei einer früheren Gelegenheit[1]) auf theoretischem Wege geschlossen, dass bei der Drehung der Bestäubungsebene aus der Parallellage heraus die Ringe von aussen nach innen verschwinden müssen, d. i. die Ringe höherer Ordnungszahl zuerst, und dass die Ringe hierbei „für kleine Winkel ψ" vor dem Verschwinden keine Dislocation erfahren, nämlich so lange der Drehungswinkel ψ so klein ist, dass nach der damaligen Bezeichnung $b \sin \psi$ neben a, nach der jetzigen $e_2 - e$ neben e vernachlässigt werden kann, d. h. also, dass die am schnellsten verschwindenden Ringe höherer Ordnungszahl merklich ohne vorhergegangene Dislocation verschwinden müssen. Dieses Resultat hat keine Anwendung auf den Fall der schiefsten Lage des Bestäubungsblättchens, für welche $e_2 - e = e$ ist. Auf diesen Fall bezieht sich jedoch die Gleichung (L).

---

1) **Exner**, Wied. Ann. 4. p. 543. 1878.

Um nun die Variationen der Ausdrücke (K) und (L)
mit dem Beugungswinkel θ zu übersehen, sind in Taf. III
Fig. 2 die Functionen $f_1(\theta)$ und $f_2(\theta)$ durch Curven dargestellt. Könnte man also $f(\theta)$ als constant ansehen, so
würde die Curve (K) das Phänomen für die Parallellage
der Bestäubungsebene darstellen und die Curve L für
die schiefste Lage, nachdem die Bestäubungsebene aus der
Parallellage um ihren Schwerpunkt gedreht worden ist, bis
zum Anstossen einer ihrer Seiten an den Spiegel. Was
den Einfluss des Factors $f(\theta)$ auf die Variationen der
Intensität mit dem Beugungswinkel betrifft, so muss unterschieden werden, ob die Stäubchen gleich grosse Kugeln
sind, wie bei einer Lycopodiumbestäubung, oder ob dieselben
völlig unregelmässig gestaltet sind. Im erstern Falle ist das
Phänomen durch die Formeln (H) und (J) vollständig gegeben und numerisch berechenbar. Im letztern Falle kann man
annehmen, dass $f(\theta)$ eine mit θ continuirlich und verhältnissmässig langsam abnehmende Grösse sei. Diesen Fall, d. i.
eine aus unregelmässig gestalteten Theilchen bestehende Bestäubung vorausgesetzt, wird der Einfluss des Factors $f(\theta)$
bezüglich der Lage der Maxima und Minima der Curve K,
Taf. III Fig. 2, darin bestehen, sämmtliche Maxima dem
Centrum der Erscheinung etwas zu nähern, während die Lage
der Minima ungeändert bleibt, und man sieht auch leicht,
dass der Einfluss des Factors $f(\theta)$ bezüglich der Lage der
Maxima und Minima der Curve L darin bestehen wird,
sämmtliche Maxima dem Centrum der Erscheinung etwas zu
nähern und sämmtliche Minima von demselben etwas zu entfernen, sodass das erste Minimum und das zweite Maximum,
das zweite Minimum und das dritte Maximum u. s. f. etwas
gegeneinander rücken. Erst wenn $f(\theta)$ so steil abfällt, dass
zwischen zwei aufeinander folgenden Nullwerthen von $\dfrac{\partial f_1(\theta)}{d\theta}$
nicht mehr numerisch:

$$f(\theta)\,\frac{\partial f_1(\theta)}{d\theta} > f_1(\theta)\,\frac{\partial f(\theta)}{d(\theta)}$$

wird, kann der Factor $f(\theta)$ ein Verschwinden aller oder
einiger Ringe verursachen. Man kann annehmen, dass bei

den gewöhnlichen Trübungen, welche bei den in Rede stehenden Versuchen angewendet werden, $f(\theta)$ hinreichend langsam abfällt, sodass die Lagen der Maxima und Minima der Ausdrücke (K) und (L) durch diejenigen der Curven K und L, Taf. III Fig. 2, annähernd gegeben erscheinen.

Die Curven in Taf. III Fig. 2 gestatten also die Consequenzen der Theorie mit dem Experiment zu vergleichen. Wie sich aus der Betrachtung derselben ergibt, sind die oben erwähnten charakteristischen Veränderungen des Phänomens, welche mit der Drehung des Bestäubungsblättchens aus der Parallellage heraus bis in die schiefste Lage verbunden sind, die folgenden:

Die Theorie verlangt beim Uebergange aus der Parallellage in die schiefste Lage:

1) dass die Ringe verschwinden bis auf einige wenige, dem Centrum der Erscheinung zunächst liegende, und dass auch der Glanz dieser Ringe beträchtlich vermindert erscheine;

2) dass die Radien der noch wahrnehmbaren Ringe reducirt erscheinen, und zwar so, dass, wenn unter dem ersten Ringe jener Theil der Erscheinung verstanden wird, welcher zwischen dem ersten und zweiten Minimum liegt, unter dem zweiten Ringe jener zwischen dem zweiten und dritten Minimum, u. s. w., angenähert der erste und zweite Ring an die Stelle des ersten, der dritte und vierte Ring an die Stelle des zweiten trete, und dass das erste Minimum sich um ein geringes gegen das Centrum verschiebt;

3) dass die eben beschriebenen Veränderungen genau in derselben Weise eintreffen, wie gross immer der ursprüngliche Abstand der Bestäubungsebene vom Spiegel oder der mittlere Abstand e genommen wird.

Um diese Consequenzen der Theorie zu prüfen, habe ich eine Reihe von Versuchen angestellt, welche zunächst beschrieben werden sollen.

Sonnenlicht, vom Heliostatenspiegel a (Taf. III Fig. 3) kommend, tritt durch eine Linse b, hierauf durch eine Linse von grösserer Brennweite c, durchmisst eine Strecke h gleich 10 m, geht durch einen Schirm d mit Spaltöffnung, durch eine gegen die Richtung der Strahlen geneigte planparallele

Glasplatte *e*, durch eine zweite Glasplatte *f*, welche auf der dem Heliostaten abgekehrten Seite getrübt ist, und wird von einem Silberspiegel *g* nach der Glasplatte *e* und von dieser nach dem Fernrohr *i* reflectirt. Der Schirm *d* ist drehbar um eine durch den Mittelpunkt der Spaltöffnung gehende, mit den einfallenden Strahlen parallele Axe. Wird die Spalt-öffnung in die zur Glasplatte *f* parallele Lage gebracht und hierauf um 90 Grad gedreht, so reicht die Projection der Spaltöffnung auf dem Silberspiegel *g* genau bis zur Berüh-rungslinie desselben mit dem Bestäubungsgläschen *f*. Das Gläschen *f* ist sehr gleichförmig mit Milchwasser getrübt und hat eine feste Lage.

Befindet sich (Taf. III Fig. 4) der Schirm *d* in der Lage *α*, sodass die Spaltöffnung der Bestäubungsfläche parallel ist, ich nenne diese Lage die Parallellage, so wirkt die Be-stäubungsfläche *f* nur soweit sie von den durch die Spalt-öffnung kommenden Strahlen getroffen wird, also wie eine Bestäubungsfläche, welche der Spiegelebene parallel ist und von ihr einen Abstand *e* hat gleich dem Abstande des be-leuchteten Streifens der Bestäubungsfläche vom Spiegel. Wird der Schirm *d* um 90 Grad gedreht, sodass die Spaltöffnung in die Lage *β* kommt, ich nenne diese Lage die schiefste Lage, so wirkt die Bestäubungsebene *f* wie eine gegen den Spiegel schief stehende Bestäubungsfläche, deren äusserste Abstände vom Spiegel sind: $e_1 = 0$ und $e_2 = 2e$. Die Drehung des Schirmes *d* um 90 Grad thut also dieselben Dienste wie die Drehung einer zur Spiegelebene parallelen Bestäu-bungsfläche bis in die schiefste Lage.

Die Beobachtungen wurden in der Art gemacht, dass die Spaltöffnung zuerst in die schiefste Lage gebracht und das Fadenkreuz auf irgend einen hellen oder dunkeln Ring eingestellt, danach die Spaltöffnung in die Parallellage über-führt und nachgesehen wurde, auf welchen Ring das Faden-kreuz nunmehr eingestellt erschien.

Der eben beschriebene Versuch wurde in mannichfaltiger Weise variirt. Es wurde die Linse *c* hinweggelassen oder die beiden Linsen *b* und *c*. Es wurde unter Hinweglassung

des Schirmes *d* an Stelle des fixen Bestäubungsgläschens *f*
ein drehbares gesetzt, es wurden verschiedene Trübungen
angewendet und unter Beseitigung des Fernrohres *i* das
Phänomen mittelst einer achromatischen Linse von 1,3 m
Brennweite auf einen Schirm projicirt, endlich die mittlere
Entfernung *e* der Bestäubungsfläche vom Spiegel innerhalb
der Grenzen 0,5 mm und 5 mm variirt.

Das Resultat der angestellten Beobachtungen
war eine vollkommene Uebereinstimmung mit den
oben aus der Theorie gezogenen Consequenzen.
Beim Uebergange von der Parallellage zur schiefsten Lage
verschwanden die Ringe bis auf einige wenige, im Maximum vier, dem Centrum zunächst liegende, und der
Glanz dieser Ringe erschien ungemein vermindert. Die
Durchmesser der bei der schiefsten Lage der Bestäubungsfläche noch sichtbaren Ringe erschienen verkleinert, und
zwar zeigte sich eine geringfügige Verschiebung des ersten
Minimums gegen das Centrum, während die zwei ersten
Ringe an die Stelle des ersten, der dritte und vierte Ring
an die Stelle des zweiten Ringes traten. Endlich erwiesen
sich alle diese Resultate als unabhängig von der mittleren
Entfernung der Bestäubungsfläche vom Spiegel.

Es soll nun die für die schiefe Lage der Bestäubungsfläche aufgestellte Intensitätsgleichung (H), deren Consequenzen soeben als mit den Resultaten des Experimentes in
Uebereinstimmung befindlich erkannt wurden, mit der analogen, von Hrn. Lommel gegebenen Formel verglichen werden. Dieselbe lautet:

$$(\text{H}') \qquad J = \tfrac{1}{4} n^2 \left(N_1{}^2 + N_2{}^2 + 2 N_1 N_2 \cos 2 s r \right),$$

und bedeutet *n* eine Constante, $N_1{}^2$ und $N_2{}^2$ die Intensitäten
der der betrachteten Beugungsrichtung entsprechenden, von
der Bestäubungsfläche für sich und dem Spiegelbilde derselben für sich herrührenden resultirenden gebeugten Strahlen.
Hrn. Lommel's Rechnungen geben keinen Aufschluss über
den Werth der Grössen N_1 und N_2. Es lässt sich also die
Formel für den allgemeinen Fall einer aus unregelmässigen

Stäubchen bestehenden Trübung nicht experimentell prüfen. In dem speciellen Falle einer Lycopodiumbestäubung jedoch sind die Werthe von N_1 und N_2 aus den Arbeiten Verdet's[1] bekannt. Es ist in diesem Falle:

$$N_1{}^2 = N_2{}^2 = n\,\pi^2\,r^4\left(1 - \frac{m^2}{2} + \frac{m^4}{(1.2)^2.3}\cdots\right)^2.$$

Für den Fall einer Lycopodiumbestäubung folgt also aus Hrn. Lommel's Intensitätsgleichung (H'), dass, wenn die Bestäubungsfläche in der oben beschriebenen Weise aus der Parallellage in die schiefste Lage überführt wird, das Phänomen einfach ungeändert bleiben müsste. Die oben beschriebenen Versuche lehren jedoch, dass die Deutlichkeit der Ringe bis zum Verschwinden fast sämmtlicher Ringe abnimmt, und dass die Radien der Ringe sich in dem Maasse verkleinern, dass auf denselben Raum nahezu die doppelte Zahl der Ringe kommt.

Hrn. Lommel's Intensitätsgleichung erfährt hierdurch neuerdings eine Widerlegung.

Hr. Lommel hat in seiner letzten Abhandlung über die in Rede stehenden Erscheinungen[2] einen neuen Beweis für die Beugungstheorie und gegen die Diffusionstheorie gebracht, dessen Besprechung ich mir anderen Ortes[3] vorbehielt.

Der Beweis ist kurz folgender. Hr. Lommel berechnet einerseits vom Standpunkte der Diffusionstheorie aus, andererseits von jenem der Beugungstheorie die Veränderungen des Phänomens bei der Ueberführung der Bestäubungsfläche aus der Parallellage in die schiefste Lage. Er findet, von der Diffusionstheorie ausgehend, dass die Ringe enger werden müssten bis nahe zur Verdoppelung der Zahl der Ringe im selben Raume, und, von der Beugungstheorie ausgehend, dass die Ringe ihre Dimensionen beibehalten müssen. Hr. Lommel gibt nun auf Grund seiner experimentellen Untersuchungen an, dass die Ringe ihre Dimensionen beibehalten,

---

1) l. c.
2) Lommel, Wied. Ann. **8.** p. 193. 1879.
3) Exner, Wied. Ann. **9.** p. 239. 1880.

und schliesst hieraus auf die Richtigkeit der Beugungstheorie und die Unrichtigkeit der Diffusionstheorie.

Ohne Zweifel ist die Beugungstheorie richtig, nicht aber der Beweis des Hrn. Lommel. Ich habe schon an anderem Orte[1]) nachgewiesen, dass die Rechnungen, durch welche Hr. Lommel zu dem Resultate gelangt, dass nach der Beugungstheorie die Ringe bei der Ueberführung der Bestäubungsfläche aus der Parallellage in die schiefste Lage ihre Positionen behalten müssen, vollkommen unrichtig sind, und habe oben nachgewiesen, dass nach der richtigen Beugungstheorie die Ringe dieselben Veränderungen erfahren müssen, welche sich auch aus der Diffusionstheorie ergeben. Die auf Grund seiner experimentellen Untersuchungen gemachten Angaben des Hrn. Lommel, nach welchen die Ringe ihre Positionen beibehalten, würden sonach nichts weniger beweisen, als dass sowohl die Diffusionstheorie als die Beugungstheorie unrichtig ist. Die oben beschriebenen Versuche, welche ergaben, dass beim Uebergange von der Parallelstellung der Bestäubungsfläche zur schiefsten Stellung sich die Ringe genau in der Weise zusammenziehen, wie es sowohl die Diffusionstheorie als die richtige Beugungstheorie verlangen, haben mich jedoch darüber belehrt, dass auch dieses von Hrn. Lommel angegebene Versuchsresultat gänzlich unrichtig ist.

Ich glaube, dass nunmehr die Theorie der Beugungserscheinungen, welche durch die Combination einer Bestäubungsfläche mit einem Spiegel oder nach Babinet durch eine doppelte Bestäubungsfläche hervorgebracht werden, völlig ins Klare gebracht ist. Es gehören diese Erscheinungen in eine Classe mit jenen, welche durch eine einzige Bestäubung hervorgebracht werden, also namentlich mit der Erscheinung der Höfe. Das Charakteristische der Erzeugungsweise liegt in der unregelmässigen Vertheilung und grossen Zahl der beugenden Körperchen. Die Erscheinungen selbst zeigen stets bei Anwendung einer punktförmigen Lichtquelle eine Granulation, welche das Ergebniss der Interferenz der durch

---

1) L. c.

die einzelnen Körperchen für sich hervorgebrachten elementaren Beugungserscheinungen ist. Die mittlere Intensität in der Nähe jeder Stelle eines solchen Phänomens ist jedoch nicht zufällig, sondern gleich der Summe der durch die einzelnen Körperchen hervorgebrachten Intensitäten.

Die vollständige Berechnung der Höfe wurde schon von Verdet gegeben, der Grundsatz der Summation der elementaren Intensitäten schon von Stokes stillschweigend seinen Berechnungen zu Grunde gelegt, später von Hrn. Lommel mit Unrecht bestritten. Ich glaube die Richtigkeit dieses Grundgesetzes ausser Zweifel gesetzt zu haben und verweise, was die Ausführung der Theorie betrifft, auf die obigen, vollständig numerisch berechenbaren Intensitätsgleichungen.

Was meine früheren Publicationen über denselben Gegenstand betrifft, und insbesondere meine Bemerkungen gegen die von Hrn. Lommel gegebene Theorie, sowie Hrn. Lommel's Gegenbemerkungen, so habe ich nach den eingehenderen Erörterungen dieser Abhandlung und jener, deren Fortsetzung sie ist, nichts zurückzunehmen oder zu modificiren und glaube die völlige Unrichtigkeit der Theorie des Hrn. Lommel dargethan zu haben. Insbesondere muss ich die folgenden von Hrn. Lommel aufgestellten Behauptungen für unrichtig erklären:

1. Es ist unrichtig, dass, wenn die ursprünglich dem Spiegel parallele rechteckige Bestäubungsfläche um ihren Schwerpunkt gedreht wird, bis eine ihrer Seiten auf die Ebene des Spiegels fällt, die alsdann noch wahrnehmbaren Ringe dieselben Radien zeigen wie vor der Drehung.

In Wirklichkeit ziehen sich die Ringe zusammen, sodass die im Maximum noch sichtbaren vier ersten hellen Ringe an die Stelle der zwei ersten hellen Ringe treten.

2. Es ist unrichtig, dass der durch eine Bestäubung in irgend einer Richtung gebeugte resultirende Strahl die nämliche Phase hat wie der durch den Mittelpunkt der Bestäubungsfläche gebeugte Elementarstrahl.

In Wirklichkeit hängt die Phase des resultirenden Strahles vom Zufalle, der zufälligen Vertheilung der Stäubchen, ab.

3. Es ist unrichtig, dass die an der Bestäubungsfläche vor und nach der Reflexion der directen Strahlen in irgend einer Richtung resultirenden gebeugten Strahlen bei der schiefen Stellung der Bestäubungsfläche merklich ungleiche Intensitäten haben, und dass aus diesem Grunde die Ringe mit zunehmender Schiefe der Bestäubungsfläche verschwinden.

Insbesondere sind diese Intensitäten bei Lycopodiumbestäubung, welche das Verschwinden der Ringe wie jede andere Bestäubung zeigt, absolut gleich.

4. Es ist unrichtig, dass das durch die Combination einer Bestäubungsfläche und eines Spiegels hervorgebrachte Phänomen durch die Intensitätsgleichung:

$$J = \tfrac{1}{4} n^2 (N_1{}^2 + N_2{}^2 + 2 N_1 N_2 \cos 2se)$$

gegeben ist.

Die richtige Intensitätsgleichung, welche von dieser, das Ergebniss der Theorie des Hrn. Lommel enthaltenden, völlig verschieden ist, habe ich oben entwickelt.

Wien, im Juni 1880.

IV. *Ueber die Berechnung der Temperaturcorrection bei calorimetrischen Messungen; von Prof. L. Pfaundler.*

Hr. Prof. A. Wüllner hat jüngst [1]), veranlasst durch eine private Mittheilung von meiner Seite, in welcher ich bezüglich der in seinem Lehrbuche angeführten und bei Münchhausen's Versuchen angewendeten Correctionsformel einen Einwurf erhoben und meine Formel vertreten hatte, die Correctionsrechnung nochmals revidirt und ist dabei zu dem Resultate gelangt, dass „beide Formeln nicht allgemein richtig sind, sondern nur gewissen Grenzfällen entsprechen, resp. dass für beide Formeln der Werth von $\Sigma \Delta t$ etwas anders bestimmt werden muss, wie Hr. Pfaundler und ich es gethan haben."

[1] Wüllner, Wied. Ann. 10. p. 284. 1880.

Hr. Wüllner leitet dann eine neue Formel ab, in welcher einerseits der von mir erhobene Einwurf berücksichtigt, andererseits weitere Correctionen hinzugefügt wurden, um dadurch ein paar andere Fehler zu beseitigen; von welchen Hr. Wüllner annimmt, dass sie bisher nicht vermieden worden seien.

Im Nachfolgenden will ich nun zu zeigen versuchen:

I. dass die neue, von Hrn. Wüllner berechnete Formel nicht einwurfsfrei sei, und dass gegen ihre Anwendung gerade in jenen Fällen Bedenken obwalten, für welche sie bestimmt ist;

II. dass dagegen das von mir in der neuen Auflage von Müller's Lehrbuch, 2, Abth. 2, p. 304 bis 305, Zeile 14 angegebene, von Regnault stammende Verfahren einwurfsfrei sei, sowohl bezüglich der von Hrn. Wüllner aufgefundenen Fehlerquelle als auch bezüglich jener Bedenken, welche ich gegen die neue Wüllner'sche Formel erheben muss.

Ad I. Der Einwurf des Hrn. Wüllner bezieht sich nicht auf das oben erwähnte allgemein anwendbare und richtige Verfahren Regnault's, sondern auf jene in der Mehrzahl der Fälle zulässige Vereinfachung dieses Verfahrens, welche ich 1866 mitgetheilt hatte.[1]

Bei diesem vereinfachten Verfahren wird die Temperaturcorrection aus Beobachtungen am Calorimeter vor und nach dem Mischungsversuche abgeleitet. Hr. Wüllner macht nun hier mit Recht darauf aufmerksam, dass das Calorimeter vor dem Eintauchen nicht allein einen andern Wasserwerth, sondern auch eine andere Grösse der strahlenden Oberfläche besitzt als nach dem Eintauchen. Um für letztern Umstand die Correction zu gewinnen, nimmt Hr. Wüllner für den Boden und die Seitenwände des Calorimeters, so weit sie vom Wasser benetzt sind, sowie für die Oberfläche der Flüssigkeit ein mittleres Emissionsvermögen E an und setzt dann die Wärmeabgaben des Calorimeters vor und nach dem Eintauchen proportional der Grösse der strahlenden Oberfläche, welche vor und nach dem Eintauchen vorhanden ist.

---

1) Pfaundler, Pogg. Ann. **129.** p. 102. 1866.

Dagegen wäre einmal einzuwenden, dass dieses mittlere Emissionsvermögen. *E* nicht dasselbe bleibt, da die innen benetzte äussere Metallfläche ein ganz anderes Emissionsvermögen hat als die Flüssigkeitsoberfläche und beim Mischversuche nicht beide Oberflächen in gleichem Verhältnisse vergrössert werden. Ich setze voraus, dass bei dem „Emissionsvermögen" der Flüssigkeitsoberfläche auch der abkühlende Einfluss der Verdampfung mitgerechnet werde. Bei Gelegenheit von Versuchen, die ich anstellte, um die günstigste Gestalt des Calorimetergefässes zu ermitteln[1]), konnte ich mich überzeugen, dass dieses Emissionsvermögen bei Wasser und insbesondere bei flüchtigeren Flüssigkeiten ein ganz anderes ist, als an der Metalloberfläche. Hierdurch kann es kommen, dass beim Auffüllen eines Calorimeters die Wärmeemission sogar das Zeichen wechselt.

Ist nämlich das Calorimeter nur theilweise gefüllt, so muss es eine gewisse Temperatur der Flüssigkeit nahe unterhalb der Umgebungstemperatur geben, wo Wärmeaufnahme an den Metallwänden und Wärmeabgabe an der verdampfenden Oberfläche sich compensiren. Bei geringerer Füllung überwiegt die Abgabe, bei stärkerer Füllung die Aufnahme von Wärme. Die mittlere Wärmeemission kann also gleich Null, negativ oder positiv, je nach der Höhe der Flüssigkeit, sein. Auch ändert sich dieselbe nicht proportional mit dem Temperaturüberschuss, sondern steigt bei der Flüssigkeitsoberfläche in rascherem Verhältnisse. Es ist also streng genommen nicht zulässig, die Correctionsrechnung auf die Annahme eines constanten mittleren Emissionsvermögens zu gründen. Dennoch könnte der dadurch begangene Fehler als ein solcher zweiter Ordnung betrachtet und in der Praxis vielleicht als ein zu vernachlässigender hingestellt werden, sodass also das von Hrn. Wüllner eingeführte Correctionsglied immerhin einen praktischen Werth behielte.

---

1) Als günstigste Gestalt wird jene der geringsten Wärmeverluste verstanden; dieselbe ist natürlich nur dann ein gleichseitiger Cylinder, wenn das Emissionsvermögen aller Flächen dasselbe ist. Die günstigste Gestalt wechselt daher mit der Temperatur und der Zusammensetzung der Flüssigkeit, eventuell mit dem Feuchtigkeitsgehalte der Luft.

Wichtiger ist dagegen folgender Einwand.

, Die von Hrn. Wüllner beigefügte Correction ist, wie von ihm selbst bemerkt wird, nur in jenem Falle von Bedeutung, wenn v, d. i. der Wärmeverlust per Zeitintervall, vor dem Mischversuche nicht = Null, sondern von erheblicher Grösse ist. Dann ist auch immer die Calorimetertemperatur ϑ_0 erheblich verschieden von der Umgebungstemperatur, die wir mit τ bezeichnen wollen. Ist nun das Calorimeter nur zum Theil gefüllt, so tritt uns die Frage entgegen: welche Temperatur hat dann der über dem Flüssigkeitsniveau stehende Theil des Calorimetergefässes, welcher mit dem benetzten Theile in gut leitender Verbindung steht, während das äussere Wärmeleitungsvermögen sehr klein ist? Da Hr. Wüllner nur den innen benetzten Theil der Aussenfläche zur strahlenden Oberfläche rechnet, so nimmt er damit an, dass der nicht benetzte Theil des Gefässes dieselbe oder doch keine erheblich verschiedene Temperatur habe als die Umgebung, also die Temperatur τ. Dann aber müsste jedenfalls eine sehr beachtenswerthe Correction hinzugefügt werden wegen der Wärmemenge, die dieser Theil des Gefässes braucht, um von τ auf ϑ_0 gebracht zu werden. Diese Correction fehlt in der Wüllner'schen Formel. Ihrer Aufnahme steht aber eben im Wege, dass man nicht annehmen darf, dass τ die Temperatur dieses Theiles des Calorimeters sei. Machte man die entgegengesetzte Annahme, dass die Temperatur dieses Theiles = ϑ_0 sei, so gehörte die Oberfläche dieses Theils nach aussen und nach innen mit zur strahlenden Oberfläche. Beim Steigen des Niveaus bliebe dann die äussere strahlende Oberfläche dieselbe, dagegen käme auf der Innenseite die strahlende Oberfläche in Abrechnung. Es käme also statt zu einer Vergrösserung zu einer Verkleinerung der strahlenden Oberfläche, wenn das Niveau steigt.

′ In Wirklichkeit wird die Temperatur des Gefässes über dem Flüssigkeitsniveau weder = τ noch = ϑ sein, sondern nach den Gesetzen der Wärmeleitung vom Flüssigkeitsniveau an eine Reihe von Temperaturen von ϑ_0 an gegen τ besitzen, sodass die Mitteltemperatur desselben jedenfalls zwischen ϑ_0 und τ liegen wird. Es wäre nun wohl denkbar, dass es

gelänge, diese Mitteltemperatur zu berechnen, wenn man das
innere und äussere Wärmeleitungsvermögen, den Querschnitt
und den Umfang des Gefässes kennen würde. Allein die
Correctionsformel würde. dadurch eine erschreckende und
unpraktische Complicirtheit annehmen. Wollten wir aber
zur Vereinfachung die angenäherte Annahme machen, dass
die Mitteltemperatur des Gefässes über dem Niveau $= \frac{\vartheta_0 + r}{2}$
sei, so würde sich herausstellen, dass jede Correction wegen
Aenderung der strahlenden Oberfläche fortzulassen ist. Beim
Ansteigen des Niveaus würde nämlich auf der Aussenseite
die Wärmeemission dieses Theils verdoppelt, da die Tem-
peraturdifferenz von $\frac{\vartheta_0 + r}{2} - r = \frac{\vartheta_0 - r}{2}$ auf $\vartheta_0 - r$, also aufs
Doppelte, steigt; dagegen wird auf der Innenseite die Wärme-
emission ganz aufgehoben. Diese Aenderungen compensiren
sich also. Die Wüllner'sche Correction hätte also wegzu-
fallen, und es wäre nur mehr jene Wärmemenge in Rechnung
zu bringen, welche den vorstehenden Theil des Calorimeter-
gefässes von der Temperatur $\frac{\vartheta_0 + r}{2}$ auf die Temperatur ϑ_0
bringt.

Aus diesen Betrachtungen ergibt sich jedenfalls so viel,
dass die Berechnung der Correction nach der Wüllner'schen
Formel eine sehr unsichere ist, und es müsste, bevor man
sich derselben bedient, von Fall zu Fall nachgewiesen werden, dass durch Anwendung derselben nicht mehr vernachlässigt wird, als die berechnete Correction beträgt. Zum
Glück ist der Fall, wo der Einfluss der Aenderung der strahlenden Oberfläche überhaupt in Betracht kommt, verhältnissmässig selten. Das Calorimeter ist bei den meisten Versuchen von Anfang an so nahe bis zum Rande voll, dass
insbesondere unter Mithülfe des Rührers, das ganze Gefäss
nahe genug auf die Anfangstemperatur ϑ_0 gebracht werden
kann. Wo dies aber nicht der Fall ist, wie z. B. bei
v. Münchhausen's Messungen, wird man es wohl stets
vorziehen, statt ein unsicheres Rechnungsverfahren einzu-
schlagen, den Versuch so einzurichten, dass ϑ_0 nahe $= r$,
also v sehr nahe $= 0$ wird, wobei dann sowohl die Aende-

rung der Oberfläche als auch der Wasserwerth des unbenetzten Theils des Calorimeters nicht weiter beobachtet zu werden brauchen.

Ad II. Hr. Wüllner hebt, wie erwähnt, mit Recht hervor, dass der Wasserwerth des Calorimeters sammt Inhalt vor dem Mischungsversuche nicht derselbe ist wie nach demselben. Bei dem von mir 1866 publicirten vereinfachten Verfahren wird zwar bezüglich des Hauptbetrages der übergeführten Wärmemenge dieser Umstand in Rechnung gebracht, indem für die Endtemperatur des erhitzten Körpers nicht die abgelesene, sondern die corrigirte Endtemperatur des Calorimeters angenommen wird. Dennoch bleibt bezüglich der Ausmittelung der Correction der Endtemperatur der Einfluss des geänderten Wasserwerthes bestehen, und ist demnach die damals von mir gegebene Rechnungsweise nicht streng richtig. Ich muss aber darauf hinweisen, dass ich dieses Verfahren, welches durch Vereinfachung des ganz streng richtigen Verfahrens Régnault's erhalten wurde, nur zur speciellen Verwendung in solchen Fällen herangezogen hatte, wo eben die dabei stattfindenden Vernachlässigungen durchaus zulässig waren.

Inzwischen habe ich an der oben citirten Stelle des von mir bearbeiteten Lehrbuchs auch das ursprüngliche Regnault'sche Correctionsverfahren dargestellt, welches von dem Einflusse des veränderten Wasserwerthes sowohl als auch der veränderten Oberfläche ganz frei ist und auch sonst das genaueste Verfahren bleibt, welches bei allen calorimetrischen Messungen anzuwenden ist. Diese Methode, welche von Regnault im Jahre 1864 in seinen Vorträgen besprochen und bei seinen Arbeiten, wie ich als Augenzeuge bestätigen kann, sehr oft in Anwendung gebracht wurde, welche daher Berthelot[1]) mit Unrecht als neu beschrieben hat, ist von grosser Einfachheit.

Nachdem in der bekannten Weise während des Mischprocesses durch von Intervall zu Intervall angestellte Ther-

---

1) **Berthelot**, Méthodes calorimétriques. Ann. de chim. et de phys. **29.** p. 158.

mometerablesungen die mittleren Temperaturüberschüsse des Calorimeters innerhalb der einzelnen Zeitintervalle ausgemittelt sind, wird nach Beendigung des Mischungsversuches das Calorimeter sammt eingetauchtem Körper auf die Anfangstemperatur zurückgebracht[1]) und nun für eine Reihe jener Temperaturüberschüsse, denen das Calorimeter während des Mischversuches ausgesetzt war, die zugehörigen Temperaturverluste per Zeitintervall ausgemittelt. Diese Werthe werden als Ordinaten auf einer Abscissenaxe aufgetragen, deren Punkte den Temperaturüberschüssen entsprechen, und so eine Verlustcurve construirt, aus welcher dann die Verluste für die einzelnen Zeitintervalle entnommen werden. Die Summirung dieser Temperaturverluste gibt die gesuchte Correction der Endtemperatur, welche natürlich auch durch blosse Rechnung an Stelle der graphischen Interpolation gefunden werden kann. Durch Anbringung dieser Correction wird die Endtemperatur genau auf jenen Stand gebracht, welchen dieselbe erreicht hätte, wenn gar kein Wärmeverkehr zwischen Calorimeter und Umgebung stattgefunden hätte. Ist demnach die abgelesene Endtemperatur t, die Correction $= \Sigma \Delta t$, so ist $t + \Sigma \Delta t$ jene Endtemperatur, welche sowohl das Calorimeterwasser als auch der eingetauchte Körper angenommen hätte, wenn der Versuch ohne Verlust oder Aufnahme von Seite der Umgebung ausgeführt wäre. Bedeuten also ausserdem Π den Wasserwerth des Calorimeters sammt Wasser und Zubehör, ϑ_0 die Anfangstemperatur desselben, T die Erhitzungstemperatur, p das Gewicht und c die specifische Wärme des eingetauchten Körper, so gilt:

$$c p \left[T - (t + \Sigma \Delta t) \right] = \Pi \left[t + \Sigma \Delta t - \vartheta_0 \right], \quad \text{also:}$$

$$c = \frac{\Pi (t - \vartheta_0 + \Sigma \Delta t)}{p (T - t - \Sigma \Delta t)}.$$

Man darf sich nicht irre machen lassen durch den Um-

---

1) Am einfachsten, indem man das erwärmte Wasser durch kaltes vertauscht und auf das frühere Gewicht bringt; bei manchen calorimetrischen Operationen vortheilhafter durch Abkühlen mittelst Kältemischung. Blosses Abkühlenlassen durch Abwarten würde zu lange dauern, da inzwischen Wasser verdampft.

stand, dass die Endtemperatur des eingetauchten Körpers factisch nicht $t + \Sigma \Delta t$, sondern t ist, folglich die von ihm übergeführte und factisch abgegebene Wärmemenge nicht $cp[T - (t + \Sigma \Delta t)]$, sondern $cp[T - t]$; denn auch mit Zugrundelegung der factischen Endtemperatur kommen wir auf obige Formel. Wir müssen dabei statt des Temperaturverlustes $\Sigma \Delta t$, welchen wir beim Wasserwerthe $\Pi + pc$ beobachtet haben, den andern Verlust $\Sigma' \Delta t$ einführen, welcher beim Wasserwerthe Π stattgefunden hätte, denn nur das Calorimeter sammt Wasser ohne den eingetauchten Körper ist in diesem Falle als Wärme abgebend zu betrachten.

Nun ist aber:

$$\Sigma' \Delta t = \frac{\Pi + pc}{\Pi} \cdot \Sigma \Delta t,$$

die Wärmegleichung lautet dann:

$$cp\,(T - t) = \Pi \left[t - \vartheta_0 + \frac{\Pi + pc}{\Pi} \cdot \Sigma \Delta t \right],$$

aus welcher für c derselbe Ausdruck erhalten wird wie oben.

Die oben dargestellte Methode ist offenbar frei von dem Einwurfe der veränderten Grösse der strahlenden Oberfläche und des veränderten Wasserwerthes, denn die Verluste werden unter ganz denselben Umständen ausgemittelt, welche während des Mischversuches geherrscht haben.

Die Unbequemlichkeit, welche damit verbunden ist, dass man das Calorimeter nach dem Mischversuche wieder auf die Anfangstemperatur abkühlen soll, legte den Gedanken nahe, die Verluste für die niedrigen Temperaturen v o r dem Eintauchen auszumitteln und aus der Ausführung dieses Gedankens ist jene v e r e i n f a c h t e Methode Regnault's hervorgegangen, welche ich zuerst 1866[1]) bekannt gemacht habe. Bei dieser vereinfachten Methode benutzt man dieselbe Formel wie oben, erlaubt sich aber bei der Ausmittelung der Correction $\Sigma \Delta t$ folgende Vernachlässigungen.

1) Man betrachtet die Verlustcurve als gerade Linie und leitet ihre Lage demnach nur aus zwei einzigen Ordinaten nahe den Enden ab, deren eine den Verlust v, welcher einer

---

1) Pfaundler, Pogg. Ann. **129.** p. 102. 1866.

der Anfangstemperatur nahen Temperatur angehört, deren
andere den Verlust v' nahe bei der Endtemperatur vorstellt.

2) Man ermittelt v bei einem geringeren Wasserwerthe
und bei etwas anderer Grösse der strahlenden Oberfläche
als während des Mischversuches herrschen. (Einwürfe des
Hrn. Wüllner).

3) Man vernachlässigt den Einfluss einer nicht gleich-
förmigen Aenderung der Umgebungstemperatur, indem man
statt der Temperaturüberschüsse die Temperaturen selbst in
Rechnung bringt.

Die Vernachlässigungen 1 und 3 haben bei gut geleiteten Versuchen wohl keine Bedeutung. Die Vernachlässigungen im Punkt 2 haben dann keine Bedeutung, wenn
Wasserwerth und Volumen des eingetauchten Körpers verhältnissmässig klein sind gegenüber dem Wasserwerthe und
dem Volumen der Calorimeterflüssigkeit. Ist dieses der Fall,
dann ist auch das Calorimetergefäss von Anfang an so nahe
bis zum Rande anzufüllen möglich, dass die Temperatur des
Calorimetergefässes über dem Flüssigkeitsniveau gleich der
Temperatur der Flüssigkeit gesetzt werden darf, und dann
entsteht auch kein Fehler dadurch, dass v nicht $=$ Null
oder nicht sehr klein ist.

Ist dagegen der Wasserwerth oder das Volumen des
eingetauchten Körpers verhältnissmässig gross gegen den
Wasserwerth, beziehungsweise das Volumen der Flüssigkeit,
so darf das vereinfachte Verfahren nicht angewendet werden,
sondern die Correction ist in diesem Falle nach der ursprünglichen allgemeinen Regnault'schen Methode auszumitteln. Ist
dabei am Anfang ein verhältnissmässig grosser Theil des
Calorimetergefässes unbenetzt, der am Ende benetzt wird, so
ist überdies dafür zu sorgen, dass v sehr klein, also die Anfangstemperatur des Calorimeters nahe gleich der Umgebungstemperatur liegt.

Ich fasse den Inhalt dieser Abhandlung in Folgendem zusammen:

Ich anerkenne vollständig die theoretische Richtigkeit
und in gewissen Fällen auch die praktische Bedeutung der
Einwürfe, welche Hr. Wüllner gegen das von mir 1866

publicirte vereinfachte Régnault'sche Correctionsverfahren erhoben hat, welche Einwürfe sich auf die Verschiedenheit des Wasserwerthes und der strahlenden Oberfläche vor und nach dem Versuche stützen. Ich weise jedoch darauf hin, dass das später von mir mitgetheilte allgemeine Régnault'sche Verfahren von diesen Einwürfen frei ist. Der von Hrn. Wüllner vorgeschlagenen Correctionsformel kann ich nicht beistimmen, da ich sie theoretisch für unvollständig, und, wenn ergänzt, für zu complicirt halte, als dass eine allgemeine praktische Anwendung derselben zu erwarten wäre.

V. *Chemische Energie und electromotorische Kraft verschiedener galvanischer Combinationen;* von *Julius Thomsen.*

Die Abhängigkeit der electromotorischen Kraft einer galvanischen Combination von der durch den stattfindenden chemischen Process entwickelten Energie ist schon lange erkannt; dagegen war es bis jetzt schwierig zu entscheiden, ob die ganze durch den chemischen Process entwickelte Energie oder nur ein Theil derselben als Electricität auftritt. Es fehlten nämlich bis jetzt hinlänglich genaue Messungen der den fraglichen chemischen Processen entsprechenden Wärmetönungen; aber meine jetzt publicirten thermochemischen Untersuchungen über die Metalle werden hoffentlich die Lücke ausgefüllt haben. Es ist nun der Zweck der vorliegenden Abhandlung, das Material in der Art zurecht legen und zu ergänzen, dass eine Entscheidung dieser Frage erleichtert wird.

Damit die chemische Energie einer bestimmten galvanischen Combination vollständig als strömende Electricität auftreten kann, muss jedenfalls die folgende Bedingung erfüllt sein: In der galvanischen Combination darf keine chemische Reaction stattfinden können, wenn der Kreis offen ist. Erst wenn der Kreis geschlossen wird,

treten alsdann gleichzeitig die chemische Reaction und der
electrische Strom als gegenseitige Ursache und Wirkung in
Thätigkeit.

Die gewöhnlich benutzten Combinationen gestatten diese
Bedingung zu erfüllen, obgleich es oft mit Schwierigkeiten
verbunden ist, der chemischen Reaction in der offenen Combination völlig zu entgehen. Einige Beispiele werden genügen, um die Sachlage zu erklären.

In der Gasbatterie mit Sauerstoff und Wasserstoff ist
die Anordnung die folgende:

Wasserstoff

Platin   Schwefelsäure

. Sauerstoff.

Die beiden Körper, welche aufeinander chemisch reagiren können, Sauerstoff und Wasserstoff, sind durch Platin
und Schwefelsäure, die gegen die beiden erstgenannten Körper
inactiv sind, völlig getrennt.

Die Daniell'sche Combination zeigt eine ähnliche Reihenfolge ihrer vier Elemente, nämlich:

Zink

Kupfer   Schwefelsäure

Kupfersulfat.

Zink reagirt bekanntlich nicht auf verdünnte Schwefelsäure, wenn das Metall rein ist, und in der That verhindert
man die Reaction des unreinen Zinks durch Amalgamation.
Dagegen würde Zink auf Kupfersulfatlösung reagiren können, ist aber von derselben einerseits durch Kupfer, andererseits
durch Schwefelsäurelösung getrennt, und diese beiden Körper
sind inactiv gegen die beiden anderen.

In der Bunsen'schen Combination haben wir ein ferneres
Beispiel:

Zink

Kohle   Schwefelsäure

Salpetersäure.

Auch hier sind die beiden Körper, Zink und Salpetersäure,
die aufeinander reagiren können, durch die inactiven Körper,
Kohle und Schwefelsäure, getrennt.

Noch deutlicher tritt die Erfüllung der besprochenen
Bedingung in der von mir[1]) beschriebenen Combination:

Kupfer

Kohle   Schwefelsäure

Salpetersäure.

hervor; denn in dieser Combination ist jede chemische Reaction zwischen den sich berührenden Körpern unmöglich,
indem das Kupfer in keinem Falle die verdünnte Schwefelsäure zu zersetzen vermag. Sobald aber der Kreis geschlossen wird, reagiren die beiden, durch inactive Glieder
getrennten Körper, Kupfer und Salpetersäure, mit voller
Stärke aufeinander.

Wenn es überhaupt Combinationen gibt, durch welche
die ganze entbundene chemische Energie als strömende Electricität auftreten kann, so ist zu erwarten, dass die besprochenen oder ähnliche Combinationen diese Forderung erfüllen.
Während bei den allgemeinen chemischen Reactionen eine
innige Berührung der reagirenden Körper erforderlich ist,
werden in den galvanischen Apparaten dieselben Körper
voneinander getrennt, einerseits durch einen direct leitenden, andererseits durch einen electrolytisch leitenden Körper.
Wir werden die Aufgabe jetzt näher untersuchen.

Die Untersuchung zerfällt in drei Haupttheile, nämlich:

1) Messung der totalen, durch den electrischen Strom
einer bestimmten galvanischen Combination entwickelten
Wärmemenge;

2) Messung der relativen electromotorischen Kraft verschiedener Combinationen;

3) Messung der chemischen Wärmeentwickelung, welche
den einzelnen Combinationen entspricht.

Die dritte Aufgabe ist durch die Resultate meiner thermochemischen Untersuchungen über die Metalle beantwortet;
zur Beantwortung der zweiten Aufgabe liegen schon viele
Untersuchungen vor, und ich werde mich deshalb auf einige
ergänzende Untersuchungen beschränken. Dagegen fordert

---

1) Thomsen, Pogg. Ann. **111.** p. 192. 1860.

die erste Aufgabe eine besondere experimentelle Untersuchung, obgleich auch in dieser Richtung schon einige Daten vorliegen.

A. Messung der totalen, im Kreise des Daniell'schen Elementes durch den electrischen Strom hervortretenden Wärmeentwickelung.

Schon vor 25 Jahren habe ich die Lösung dieser Aufgabe versucht, und im Jahre 1856 wurden die Resultate meiner Untersuchung der Naturforscherversammlung in Christiania mitgetheilt; sie sind später im Jahre 1858 in den Schriften der Gesellschaft der Wissenschaften zu Kopenhagen (5) 5. p. 153 publicirt worden. Etwa 10 Jahre später wurde eine ähnliche Untersuchung von R a o u l t [1]) durchgeführt, welche Untersuchung ebenso wie die meinige die Wahrscheinlichkeit der völligen Ueberführung der chemischen Energie in strömende Electricität darlegte.

Da aber meine vor vielen Jahren angestellte Untersuchung mit weniger vollkommenen Apparaten als diejenigen, welche mir jetzt zu Gebote stehen, und unter weniger günstigen Umständen ausgeführt war, da ferner die Untersuchung Raoult's mittelst des Quecksilbercalorimeters angestellt ist und deshalb nicht auf grosse Genauigkeit Anspruch machen kann, schien es mir wünschenswerth, die Untersuchung mit meinen jetzigen vollkommeneren Calorimetern und Messapparaten zu wiederholen.

Die Untersuchung erfordert eine Bestimmung der folgenden Einzelwerthe:

a) Messung der Wärme, welche durch einen galvanischen Strom von willkürlicher Intensität in einem willkürlichen Widerstande in der Zeiteinheit entwickelt wird.

b) Messung der benutzten Stromintensität in absoluten Einheiten.

e) Messung der electromotorischen Kraft des Daniell'schen Elementes, auf die benutzte Stromintensität und den benutzten Widerstand bezogen.

Diese dreifache Untersuchung wurde nun in der folgenden Art ausgeführt.

---

1) Raoult, Ann. de chim. et de phys. (4) 4. p. 892.

a. Messung der galvanischen Wärmeentwicke-lung. Das Calorimeter war ein Platincylinder von 1000 ccm Inhalt, der mit 900 g Wasser gefüllt wurde. In das Wasser des Calorimeters tauchte, an einer dünnen Ebonitplatte befestigt, ein System von vier Spiralen von Platindraht, die

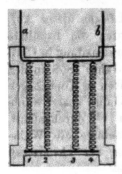 zusammen eine Drahtlänge von etwa 4,5 m und ein Gewicht von 20 g hatten. Sie waren in der Art miteinander · verbunden, wie es in der beistehenden Figur angedeutet ist, sodass der von *a* kommende Strom erst gleichzeitig die beiden Spiralen 1 und 2, dann ebenfalls gleichzeitig 3 und 4 durchfliesst, um bei *b* aus dem Calorimeter auszutreten. Der Widerstand sämmtlicher vier Spiralen wird durch diese Vorrichtung etwa derjenigen einer einzelnen derselben gleich, während die Oberfläche, durch welche die Wärme ans Wasser abzugeben ist, etwa die vierfache derjenigen einer einzelnen Spirale wird.

Die etwaige Aenderung des Widerstandes im Drahte durch die von dem galvanischen Strome erzeugte Wärme wird durch diese Aenderung auf ein Minimum reducirt. Das Platingefäss war wie gewöhnlich bei meinen Untersuchungen von einem doppelten Cylinder von Messingblech umgeben und mit einem ganz dünnen Pappdeckel versehen. Durch eine besondere Heizvorrichtung kann die Temperatur meines Arbeitslocals stundenlang constant gehalten werden, sodass die Temperatur desselben kaum um $1/_{10}$ Grad variirt. Das Calorimeter war wie gewöhnlich mit einer Rührvorrichtung versehen, welche durch eine kleine electromagnetische Maschine in Bewegung gehalten wurde.[1]

Bussole. Zur Controle für die Stromstärke wurde eine Oertling'sche Sinusbussole benutzt, welche halbe Minuten abzulesen erlaubte. Um den Zweigstrom der Bussole dem Hauptstrome so nahe wie möglich proportional zu erhalten, wurde ein etwa $3^1/_2$ m langer, 4 mm dicker Kupferdraht in die Hauptleitung eingeschaltet und die Enden desselben mit

---

1) Vgl. Pogg. Ann. **138.** Taf. I. 1869.

der Drahtleitung der Bussole verbunden. Da in dem 4 mm dicken Drahte selbst bei starken Strömen nur eine ganz verschwindende Temperaturerhöhung eintritt, wird auch der Zweigstrom dem Hauptstrome sehr nahe proportional (siehe unten). Bei den Versuchen wurde . eine Stromstärke von sin 40° benutzt. Der Strom ging vor dem Beginn des Versuches durch eine ausserhalb des Calorimeters befindliche Platinspirale, welche denselben Widerstand wie diejenige des Calorimeters darbot, wodurch es möglich wurde, den Strom vor dem Beginn des Versuchs auf sin 40° zu bringen und später durch eine einfache Umschaltung den Strom durch das Calorimeter zu senden. Während der Dauer der Versuche wurde die Stromstärke durch einen Regulator genau auf dieser Stärke erhalten.

Das Detail der Versuche ist in der folgenden Tafel enthalten, und zwar bezeichnet:

T die Temperatur der Luft;

t_a diejenige des Calorimeters beim Anfange des Versuchs;

t_n diejenige n Minuten nach dem Beginne des Versuchs. Die erste derselben ist die bei der Unterbrechung des Stromes beobachtete Temperatur; aus den beiden folgenden berechnet man:

t_b oder die wahre Temperatur beim Abschluss der Erwärmung;

v' die Temperaturerhöhung des Calorimeters durch den Strom während des Versuchs;

n die Dauer der Erwärmung in Minuten;

v die Erwärmung des Calorimeters in der Minute bei einer Stromstärke von sin 40°.

Tafel 1.

Wärmeentwickelung des electrischen Stromes.

T		18,4°		18,2°		18,1°		18,1°
t_a		16,912		17,055		17,040		16,412
	t_{17}	19,860	t_{13}	19,325	t_{13}	19,300	t_{20}	19,885
	t_{21}	850	t_{16}	310	t_{16}	300	t_{24}	875
	t_{27}	805	t_{24}	280	t_{31}	265	t_{30}	830
t_b		19,879		19,357		19,313		19,904
v'		2,967		2,282		2,273		3,492
n		17 Min.		13 Min.		13 Min.		20 Min.
v		0,1745		0,1755		0,1749		0,1746

Die Erwärmung des Calorimeters in der Minute bei der Stromstärke von sin 40° beträgt demnach als Mittelwerth der vier Messungen:

$$\nu = 0{,}1749^0.$$

Da das Calorimeter mit 900'g Wasser beschickt war, und da die übrigen Theile des Calorimeters einer Wassermenge von 14,7 g entsprechen, wird die Wärmeentwickelung des electrischen Stromes für den benutzten Widerstand und für eine Stromstärke von 1 in der Minute:

$$C = \frac{\nu}{(\sin 40^0)^2} \cdot 914{,}7 = 387{,}2 \text{ Wärmeeinheiten;}$$

d. h. gleich der Erwärmung von 387,2 g Wasser um 1° C.

b. **Messung der Stromeinheit in absoluten Einheiten.** Um die absolute Grösse der benutzten Stromeinheit zu finden, wurde die durch den Strom bei der Intensität von sin 40° in der Minute entwickelte Knallgasmenge gemessen. Ebenso wie in den vorhergehenden Versuchen wurde die Intensität des Stromes während des Versuchs mittelst eines Regulators genau auf sin 40° gehalten. In jedem Versuche wurden etwa 200 ccm entwickelt. Um möglichen Unregelmässigkeiten zu entgehen, wurde der durch das Voltameter gehende Strom während der ganzen Versuchsreihe nicht unterbrochen; die Entwickelung war demnach eine permanente, und von Zeit zu Zeit wurde das Gas in Messapparaten aufgefangen.

Das Detail der Versuche ist in der folgenden Tafel enthalten, und zwar bezeichnet:

s die Dauer der Gasentwickelung in Secunden;

t die Temperatur des Gases;

B den Luftdruck;

v das unmittelbar beobachtete Volumen in Cubikcentimetern;

v_0 das in der Secunde entwickelte Volumen trockenes Gas, auf 0° und 760 mm Druck reducirt und bei der Stromstärke 1.

Letzterer Werth wird bekanntlich nach der Formel:

$$v_0 = \frac{B - b}{760} \cdot \frac{1}{1 + at} \cdot \frac{v}{s} \cdot \frac{1}{(\sin 40^0)^2}$$

berechnet, wo b die Spannung des Wasserdampfes bei der Temperatur t, und a den Ausdehnungscoëfficienten der Luft bezeichnet.

Tafel 2.
Absolute Grösse der galvanischen Stromeinheit.

s	t	B	v	v_0
Sec.			ccm	ccm
387	18,8	755,7	201,0	0,7356
387	18,8	755,7	201,1	0,7360
387	18,8	755,7	200,8	0,7349
387	18,8	755,7	201,0	0,7357
387	18,8	755,7	201,1	0,7360

In der Secunde entwickelt demnach die Einheit der Stromstärke 0,73564, in der Minute 44,138 ccm trockenes Knallgas bei 0^0 und 760 mm Druck; die Stromeinheit ist demnach:

$$V = 44,138 \text{ ccm pr. Minute}$$

zu setzen. Ich benutzte die Gelegenheit, zu untersuchen, inwiefern der durch die Sinusbussole abgeleitete Strom dem Hauptstrome proportional sei, und bestimmte die Knallgasmenge eines Stromes von sin 60^0. Wenn aus dieser Grösse diejenige für die Einheit der Stromstärke berechnet wird, erhält man den Werth von 44,382 ccm in der Minute; d. h. einen etwa $^1/_2$ Proc. höheren Werth. Da die Wärmeentwickelung bei 60^0 etwa 1,8 mal so stark ist wie bei 40^0, ist eine Abweichung von $^1/_2$ Proc. nicht bedeutend, aber es ist natürlicherweise zweckmässig, die Zersetzung im Voltameter bei derselben Stromstärke zu messen, welche für die Wärmeentwickelung im Calorimeter benutzt wird, d. h. bei sin 40^0.

c. **Electromotorische Kraft des Daniell'schen Elements.** Die electromotorische Kraft wurde nach der Ohm'schen Methode gemessen; es ist nämlich durchaus nothwendig, dieselbe für das Element in voller Thätigkeit zu messen, um den vollen Einfluss der chemischen Reactionen zu erhalten. Zwei verschiedene Apparate wurden benutzt; der eine Apparat hatte Elemente von rectangulärer Form, eine innere Kupferplatte von etwa 580 qdcm wirksamer Oberfläche, und zwei Zinkplatten mit zusammen 640 qdcm wirksamer Oberfläche (die äussere Fläche nicht einbegriffen); der andere Apparat hatte Elemente mit kreisförmigen Behältern, eine innere Zinkplatte mit 170 qcm Oberfläche und einen äusseren Kupfercylinder mit 350 qcm wirksamer Oberfläche. Die benutzte Säure war im ersten Falle $H_2SO_4 + 200H_2O$, im zweiten $H_2SO_4 + 100H_2O$. Sie enthielt demnach für 1 Theil Schwefelsäurehydrat beziehungsweise 36 und 18 Theile Wasser. Die Kupfersulfatlösung war concentrirt, und die Temperatur der Flüssigkeiten war etwa 18°.

Als Einheit des Wiederstandes wurde die Spirale des Calorimeters benutzt, und zwar war sie wie in den calorimetrischen Versuchen in Wasser von etwa 18° C. getaucht, d. h. sie hatte dieselbe Temperatur, wie bei den letztgenannten Versuchen. Die zur Verbindung der Elemente mit der Spirale nöthigen Leitungsdrähte waren von bedeutender Dicke ($2^1/_2$—2 mm Durchmesser), um einer bemerkbaren Aenderung des Widerstandes derselben bei der wechselnden Stromstärke zu entgehen. Da die Stromstärke des galvanischen Elements sich ununterbrochen ändert, wurden mehrere Ablesungen der Stromstärke ohne und mit eingeschaltetem Widerstande wechselweise abgelesen und die mittleren Werthe berechnet, z. B.:

s	s_1	s	s_1	$\dfrac{\sin s \cdot \sin s_1}{\sin s - \sin s_1}$
27° 40′	11° 26′			
27 39	11 23	27° 37′	11° 24′	0,3446
27 35	11 23			
27 35				

Um die Abhandlung nicht mit zu vielen Zahlen zu beschweren, gebe ich in der folgenden Tafel nur die berechneten Mittelwerthe für s und s_1 und die daraus berechnete electromotorische Kraft. Zur Erregung des Stromes wurden zwei Daniell'sche Elemente benutzt; die in der letzten Spalte enthaltene electromotorische Kraft ist für ein Element berechnet.

Tafel 3.
Electromotorische Kraft des Daniell'schen Elements.

	s	s_1	$\dfrac{\sin s \cdot \sin s_1}{\sin s - \sin s_1}$	E
Grössere Elemente	27° 37′	11° 24′	0,34458	0,1723
	27 18	11 22	0,34559	0,1728
	26 23	11 13,5	0,34642	0,1732
	26 6	11 9	0,34504	0,1725
	25 2	10 59	0,34657	0,1733
	24 57	10 56,5	0,34509	0,1725
Kleinere Elemente	35° 46′	12° 30,5′	0,34408	0,1720
	36 9	12 34,5	0,34508	0,1725
	36 9	12 32,5	0,34365	0,1718
	85 54	12 31	0,34380	0,1719
	32 54	12 10	0,34440	0,1722
	33 42	12 16,5	0,34467	0,1723
	84 4	12 18	0,34376	0,1719
	84 27	12 21	0,34420	0,1721

Als Mittelwerth der beiden Versuchsreihen resultirt:

Zinkfläche	Kupferfläche	Säurestärke	Electr. Kraft
640 qcm	580 qcm	$H_2SO_4 + 200\,H_2O$	0,1728
170 „	850 „	$H_2SO_4 + 100\,H_2O$	0,1721

Die Temperatur der Flüssigkeiten war etwa 18°C. und die Kupfersulfatlösung annäherd concentrirt bei dieser Temperatur. Als Mittelwerth ergibt sich die electromotorische Kraft des Daniell'schen Elements als 0,17245, auf die Stromeinheit der Bussole und auf den Widerstand der Calorimeterspirale bezogen.

Der erhaltene Werth kann aber nicht unmittelbar mit den unter *a* und *b* gefundenen combinirt werden, denn er bezieht sich auf den Widerstand der benutzten Einheit (die Platinspiralen) bei einer Stromstärke von etwa sin 12°, während die Wärmeentwickelung in den Platinspiralen bei sin 40° gemessen, d. h. auf den etwas grössern Widerstand bezogen ist, welchen die Spiralen bei stärkerer Stromstärke und der daraus entspringenden etwas erhöhten Temperatur darbieten. Da man nicht zweckmässig bei höheren Stromstärken als sin 75° mit der Sinusbussole arbeiten kann, und da die Stromstärke nach Einschaltung des Widerstandes

sin 40° betragen sollte, würde eine Anzahl von 12 bis 15
grossen Daniell'schen Elementen erforderlich sein, und es
schien mir demnach zweckmässiger, die Aenderung des
Widerstandes der Spiralen direct zu messen. Zu diesem
Zwecke wurden acht Bunsen'sche Elemente in der Art beschickt, dass sie nach Einschaltung des Widerstandes eine
Stromstärke von sin 40° gaben, während dieselbe ohne eingeschalteten Widerstand etwa sin 70° betrug. Die Zink-
cylinder waren bei diesen Versuchen in Wasser getaucht,
welches einige Procente Zinksulfat und nur etwa ein Procent
Schwefelsäure enthielt; dadurch wurde ein hinlänglicher Widerstand in den Apparaten selbst erreicht, sodass der äussere
Widerstand auf ein Minimum reducirt werden konnte. Der
äussere Widerstand, d. h. derjenige der Leitungsdrähte, war
sehr gering, indem Drähte von grossem Querschnitt benutzt
wurden, und eine Aenderung des Widerstandes bei verschiedener Stromstärke war demnach in den constanten Theilen
des Apparates verschwindend klein.

Es wurde nun erst die electromotorische Kraft der
Säule von 8 Elementen, auf die Platinspiralen bezogen,
bei 18° C. gemessen, wobei die Stromstärke nach Einschaltung der Spiralen etwa sin 40° betrug. Alsdann wurde die
electromotorische Kraft jeder 2 Elemente gemessen, bei welchen Versuchen die Stromstärke nach Einschaltung der Spiralen etwa sin 16° betrug. Schliesslich wurde die Messung
der electromotorischen Kraft sämmtlicher 8 Elemente wiederholt, um eine mögliche Aenderung zu beobachten. Das
Resultat war folgendes:

	s		s_1		E	
8 Elemente . . . $\{$	76°	7′	42°	7′	2,1691	$\}$ 2,1681
	68	31	40	37	2,1671	
	38	12	16	53	0,5476	
2 Elemente . . . $\{$	33	13	15	50	0,5435	$\}$ 2,1848
	32	47	15	48	0,5477	
	40	40	17	17	0,5460	
8 Elemente . . . $\{$	64	9	39	29	2,1668	$\}$ 2,1661
	60	54	38	30	2,1654	

Die electromotorische Kraft der 8 Elemente bei einer
niederen Stromstärke von etwa sin 40° gemessen, war dem-

nach beim Anfang und Schluss der Messungen 2,1681 und 2,1661; durchschnittlich 2,1671. Die Summe der electromotorischen Kraft derselben Elemente bei einer niederen Stromstärke war etwas in 16°, und für jede 2 Elemente gemessen betrug sie dagegen 2,1848. Das Verhältniss dieser beiden Grössen:

$$\frac{2,1848}{2,1671} = 1,0082$$

zeigt das Verhältniss des Widerstandes der Spiralen bei sin 40° und sin 16°.

Die für das Daniell'sche Element gefundene electromotorische Kraft 0,17245 muss demnach mit 1,0082 dividirt werden, um auf den Widerstand bezogen zu sein, bei welchem die Wärmeentwickelung oben gemessen wurde. Die electromotorische Kraft des Daniell'schen Elements wird demnach:

$$E = 0,17105.$$

Da der Widerstand des galvanischen Elements bei der Einheit der Stromstärke dem Werthe der electromotorischen Kraft gleich wird, bezeichnet 0,17105 ebenfalls den Widerstand in einem Daniell'schen Elemente, welches in der Minute die oben gefundene Quantität 44,138 ccm Knallgas entwickelt.

Die totale, durch den galvanischen Strom eines Daniell'schen Elements entwickelte Wärmemenge lässt sich aus den oben gefundenen drei Werthen berechnen. Erstens fanden wir:

$$C = 387,2°,$$

d. h. in der Einheit des Widerstandes (in der calorimetrischen Platinspirale) entwickelt die Einheit der Stromstärke in der Minute 387,2 Wärmeeinheiten, oder eine Wärmemenge, die 387,2 g Wasser um 1° C. zu erwärmen vermag. Ferner fanden wir:

$$E = 0,17105,$$

d. h. der totale Widerstand in einem Daniell'schen Element, welches die Einheit der Stromstärke gibt, ist 0,17105 mal grösser als der, in welchem die Einheit der Stromstärke in der Minute 387,2° entwickelt. Das Product:

$$`E.\, C = 0,17105 . 387,2°$$

gibt demnach die totale Wärmemenge, welche durch den
galvanischen Strom eines Daniell'schen Elements in allen
Theilen desselben in der Minute entwickelt wird, wenn das
Element die Einheit der Stromstärke gibt. Schliesslich fanden wir:
$$V = 44{,}138 \text{ ccm},$$

d. h. bei der benutzten Stromeinheit entwickelt ein
galvanischer Strom in der Minute 44,138 ccm Knallgas bei 0° und 760 mm Druck. Da ein Molecül oder
18 g Wasser bei der Zersetzung 33515 ccm Knallgas gibt,
wird:
$$T = \frac{33515}{44{,}138}$$

die Anzahl Minuten, in welchen bei der Einheit der Stromstärke ein Molecül Wasser zersetzt wird. In derselben Zeit
wird aber die Einheit der Stromstärke, zufolge der Aequivalenz der chemischen Reactionen des galvanischen Stromes,
auch 1 Atom Kupfer aus einer Kupfersulfatlösung reduciren können. Da $E.C$ die totale, durch den galvanischen
Strom bei der Stromeinheit im Daniell'schen Apparate in
der Minute entwickelten Wärme ausdrückt, wird $E.C.T$ die
totale galvanische Wärmeentwickelung in der Zeit, in welcher 1 Atom Kupfer reducirt wird:
$$E.C.T = 0{,}17105 \cdot 387{,}2\,c \cdot \frac{33515}{44{,}138} = 50292°;$$

d. h. die totale galvanische Wärmeentwickelung in
allen Theilen des Daniell'schen Elements beträgt
50292 Wärmeeinheiten in der Zeit, in welcher 1 Molecül Kupfersulfat ($CuSO_4$) zersetzt wird.

Der chemische Process im Daniell'schen Apparate besteht aus der Bildung von Zinksulfat und einer äquivalenten Zersetzung von Kupfersulfat in wässeriger Lösung. Nach
meinen früher publicirten Untersuchungen über die Bil-
dungswärme der Sulfate beträgt die Wärmetönung bei der
Bildung derselben aus Metall, Sauerstoff und stark verdünnter Schwefelsäure:

$(Zn, O, SO^3 Aq) = 106\,090^{c}$ [1]) $(Cu, O, SO^3 Aq) = 55960^{c}$ [2])

---

1) J. Thomsen, Journ. f. prakt. Chemie (2) **11.** p. 412. 1875.
2) ibid. (2) **12.** p. 271.

Die Differenz dieser beiden Werthe gibt demnach die totale, durch den chemischen Process im Daniell'schen Elemente entwickelte Energie, oder:

$$(Zn, O, SO^3Aq) - (Cu, O, SO^3Aq) = 50130^c$$

Dieser Werth fällt mit der oben als galvanische Wärmeentwickelung gefundenen Grösse von 50290° so nahe zusammen, (die Differenz beträgt nur 160 Wärmeeinheiten oder etwa 3 pro Mille), dass man berechtigt ist, den folgenden Schluss zu ziehen:

In der geschlossenen Daniell'schen Kette wird die totale, durch den normalen chemischen Process entbundene Energie zur Bildung des electrischen Stromes verwendet, und die galvanische Wärmeentwickelung in der Kette wird demnach der entbundenen chemischen Energie äquivalent.

In der Daniell'schen Kette ist die chemische Reaction und die Stromentwickelung so genau miteinander als gegenseitige Ursache und Wirkung verknüpft, dass eine totale Umänderung der chemischen Energie in strömende Electricität stattfindet. Kleine Abweichungen können in der der chemischen Energie entsprechenden Grösse 50130° dadurch entstehen, dass die Concentration der benutzten Flüssigkeiten geändert wird, aber dadurch wird auch sicherlich die galvanische Wärmeentwickelung sich in ähnlicher Art ändern. Auch muss daran erinnert werden, dass jede chemische Reaction, welche in der offenen Kette stattfindet, ohne Einfluss auf den in der geschlossenen Kette erregbaren Strom wird und deshalb als unnütz verloren ist, und ebenfalls können chemische Nebenwirkungen, die zwischen den ursprünglichen und den durch den Strom gebildeten Körpern stattfinden, den galvanischen Strom nicht verstärken, wohl aber schwächen.

B. Chemische Energie und electromotorische Kraft verschiedener galvanischer Combinationen.

Die Frage, ob das bei dem Daniell'schen Element beobachtete Phänomen, die vollständige Ueberführung der durch den chemischen Process entbundenen Energie in strömende

17*

Electricität, auch bei anderen galvanischen Combinationen
eintritt, lässt sich durch eine Vergleichung der chemischen
Energie verschieder galvanischer Combinationen mit der
ihnen entsprechenden electromotorischen Kraft entscheiden.
In der folgenden Tabelle habe ich die chemische Energie
einiger häufig vorkommender galvanischer Combinationen
zusammengestellt; die einzelnen Werthe sind aus meinen
thermochemischen Untersuchungen entlehnt. Eine grössere
tabellarische Zusammenstellung dieser Werthe habe ich in
dem Journal für praktische Chemie (2) 21. p. 46—77 gegeben; sie umfasst wesentlich die Affinitätsphänomene der
Metalle; eine andere befindet sich in den Berichten der deutschen chemischen Gesellschaft zu Berlin, p. 1533, 1873, welche
wesentlich die Affinitätsverhältnisse der Metalloide enthält.

Galvanische Combination	Chemische Reactionen derselben	Entsprechende Wärmetönung	Energie der Combination	
			absolute	auf diejenige des Daniell'schen Elements als Einheit bezogen
1. { Zink Schwefelsäure Kupfersulfat Kupfer	+ (Zn, O, SO³ Aq) — (Cu, O, SO³ Aq)	+ 106 090° — 55 960	50130°	1,00
2. { Zink Schwefelsäure Cadmiumsulfat Cadmium	+ (Zn, O, SO³ Aq) — (Cd, O, SO³ Aq)	+ 106 090 — 89 500	16590	0,33
3. { Zink Chlorwasserstoffsäure Chlorsilber Silber	+ (Zn, Cl², Aq) — (Ag², Cl²)	+ 112 840 — 58 760	54080	1,08
4. { Zink Schwefelsäure Salpetersäurehydrat Kohle	+ (Zn, O, SO³ Aq) — (N²O⁴, O, H²O)	+ 106 090 — 10 010¹)	96080	1,92

    1) Der Werth 10010° gilt für die Reaction, wenn die gebildete Unter-
salpetersäure von der Salpetersäure zurückgehalten wird und demnach
keine Gasentwickelung stattfindet.

Galvanische Combination	Chemische Reactionen derselben	Entsprechende Wärmetönung	Energie der Combination	
			absolute	auf diejenige des Daniell'schen Elementes als Einheit bezogen
5. Zink Schwefelsäure Verdünnte Salpetersäure spec. Gew. 1,33 Kohle	$+ (Zn, O, SO^3 Aq)$ $- \frac{1}{3}(N^2O^3, O^3, 7H^2O)$	$+106\,090°$ $-23\,280$	82810	1,65
6. Zink Schwefelsäure Chromsäure Kohle	$+ (Zn, O, SO^3 Aq)$ $- \frac{1}{3}(Cr^2O^3, O^3, Aq)$	$+106\,090$ $-6\,300$	99790	1,99
7. Kupfer Schwefelsäure Salpetersäurehydrat Kohle	$+ (Cu, O, SO^3 Aq)$ $- (N^2O^4, O, H^2O)$	$+55\,960$ $-10\,010$ [1]	45950	0,92
8. Eisen Chlorwasserstoffsäure Eisenchlorid Kohle	$+ (Fe^2, Cl^2, Aq)$ $- (Fe^2Cl^4Aq, Cl^2)$	$+99\,950$ $-55\,520$	44430	0,89
9. Zink Schwefelsäure Platin	$+ (Zn, O, SO^3 Aq)$ $- (H^2, O)$	$+106\,090$ $-68\,360$	37730	0,75

Die hier besprochenen Combinationen gehören alle, mit Ausnahme der letzten, zu denjenigen, welche für die sogenannten constanten Apparate benutzt werden. Die erste Combination ist die Daniell'sche Kette, die zweite die von Regnauld benutzte Zinkcadmiumkette, welche der Daniell'schen ganz analog, aber schwächer als diese ist; die dritte ist die Pincus'sche, für geringere Stromstärken stark benutzte Chlorsilberkette; die vierte und fünfte bilden die

---

1) Siehe Anmerkung auf p. 260.

Bunsen'schen Elemente mit Salpetersäure von verschiedener Concentration; die sechste ist die Bunsen'sche Chromsäurekette; die siebente ist die von mir[1]) beschriebene Combination, in welcher das Zink der Bunsen'schen Kette durch Kupfer ersetzt ist, eine Combination, die in theoretischer Beziehung Bedeutung hat, indem sie jede directe chemische Wirkung zwischen den sich berührenden Körpern ausschliesst und demungeachtet für starke Ströme brauchbar ist; die achte ist die von Ponci beschriebene Eisen-Eisenchloridkette. Alle diese Ketten gehören zur Gruppe der constanten Ketten; dagegen bildet die neunte Combination (Zink, verdünnte Säure und Metall) die sogenannte inconstante Wollaston'sche oder Siemens'sche Kette.

Ehe ich die chemische Energie dieser Combinationen mit der electromotorischen Kraft derselben vergleiche, werde ich einige von mir angestellte Messungen der electromotorischen Kraft einiger dieser Combinationen mittheilen; die Messungen wurden mit denselben Apparaten, welche bei der vorhergehenden Untersuchung benutzt waren, durchgeführt, und zwar nach der Ohm'schen Methode. Die in der folgenden Tafel enthaltenen beiden Stromstärken s und s' sind Mittelwerthe aus mehreren abwechselnd gemachten Ablesungen, wie ich es oben unter A, c näher besprochen habe. Die Temperatur der Flüssigkeiten war 18° C.

Combination	s	s'	Electromotor. Kraft	
			directe	auf diejenige d. Daniell'schen Apparats $= 0{,}1725$ als Einh. bezogen
Nr. 4. Zink $H_2 SO_4 + 100 H_2O$ rauchende Salpetersäure Kohle	44° 49'' 46 43 46 47	12° 44'' 12 53,5 12 52,5	0,3207 0,3217 0,3210	1,86
Nr. 5. Zink $H_2 SO_4 + 100 H_2O$ $HNO_3 + 7 H_2O$ Kohle	46 20 46 13 46 3	11 58 11 58 11 57,5	0,2907 0,2909 0,2909	1,69

1) Thomsen, Pogg. Ann. **111.** p. 192. 1860.

Combination	s	s'	Electromotor. Kraft	
			directe	auf diejenige d. Daniell'schen Apparate = 0,1725 als Einh. bezogen
Nr. 6. 150 Chromsäure	31° 37''	11° 26''	0,3188	
100 Schwefelsäure	33 17	11 41,5	0,3213	1,85
1000 Wasser	32 52	11 33	0,3173	
Nr. 7. 2 Elemente	34 48	11 26	0,1519	
$H_2SO_4 + 100 H_2O$	35 1	11 24,5	0,1509	0,88
rauch. Salpetersäure	35 21	11 27	0,1511	
Nr. 7^b wie Nr. 7	32 6	9 50	0,1258	
aber die Säure	32 43	9 50,5	0,1250	0,73
$HNO_3 + 7H_2O$	33 31	9 55	0,1251	

Die letzte Spalte enthält die electromotorische Kraft der Combination auf diejenige des Daniell'schen Elementes als Einheit bezogen, und zwar ist die letztere zu 0,1725 angenommen, übereinstimmend mit den directen Messungen, in welchen *s* etwa 12° beträgt.

Die Combination Nr. 4 und 5 umfasst die Bunsen'sche Kette; viele Untersuchungen über die electromotorische Kraft derselben liegen schon vor; es schien mir aber doch wünschenswerth, dieselbe für eine bestimmte Säurestärke zu untersuchen, um eine genauere Vergleichung der Werthe mit der entsprechenden chemischen Energie durchführen zu können. Der chemische Process ändert sich nämlich mit der Concentration der Salpetersäure und damit auch die entsprechende Energie. Wenn Salpetersäurehydrat benutzt wird, findet eine Reduction desselben zu Untersalpetersäure statt, welche sich im Hydrat löst; es findet demnach keine Gasentwickelung statt. Bei stärkerer Verdünnung der Salpetersäure tritt allmählich die Reaction in eine andere Phase ein, indem das Reductionsproduct Stickoxyd wird, welche Verbindung sich in desto grösserem Grade gasförmig entwickelt, je verdünnter die Säure ist. Für rauchende Salpetersäure fanden wir die electromotorische Kraft 1,86, für stärker verdünnte Säure den Werth 1,69. Vergleichen wir hiermit die in der obenstehenden Tabelle enthaltenen Werthe der chemischen Energie, auf dieselbe Einheit bezogen, nämlich bezugsweise

1,92 und 1,65, so findet man eine grosse Annäherung zwischen den entsprechenden Werthen. Zwar fällt die electromotorische Kraft für die concentrirte Säure um 0,06 geringer, diejenige der verdünnten um 0,04 höher aus als die aus der chemischen Energie berechnete; die Abweichung ist aber leicht erklärlich, denn die concentrirte Säure ist nicht das Hydrat HNO_3, und bei der verdünnten Säure HNO_3 $+ 7H_2O$ wird noch immer etwas NO zurückgehalten, deshalb muss auch im ersten Falle die electromotorische Kraft etwas kleiner, im letzten etwas grösser als der berechnete Werth ausfallen.

Nr. 7 ist die galvanische Combination von Kupfer als positivem Metall in verdünnter Schwefelsäure und Kohle in Salpetersäure, und zwar ist die Concentration der Salpetersäure in den beiden Combinationen 7 und 7b dieselbe wie in den Bunsen'schen Elementen 4 und 5. Die Differenz der electromotorischen Kraft der Zinkkohlen- und der Kupferkohlenkette ist nach den angegebenen Messungen:

$$\text{concentrirte Säure} \quad 1,86 - 0,88 = 0,98$$
$$\text{verdünnte Säure} \quad . \quad 1,69 - 0,73 = 0,96 \, .$$

Die Differenz der chemischen Energie dieser beiden Ketten ist nach der Energietabelle gleich 1; denn:

$$E_1 = (Zn, O, SO^3Aq) - (N^2O^4, O, H^2O)$$
$$E_2 = (Cu, O, SO^3Aq) - (N^2O^4, O, H^2O)$$
$$E_1 - E_2 = (Zn, O, SO^3Aq) - (Cu, O, SO^3Aq) = 1 \, .$$

Dass die beobachtete Differenz um 0,02 bis 0,04 kleiner als die Einheit ausfällt, ist darin begründet, dass die Kupferplatten nicht aus chemisch reinem Kupfer bestehen, sondern stets etwas Eisen enthalten, welches die electromotorische Kraft des Kupferkohlenelements erhöht und demnach die besprochene Differenz vermindert.

In der folgenden Tabelle habe ich die Grösse der chemischen Energie und der electromotorischen Kraft der besprochenen galvanischen Combinationen zusammengestellt, und zwar enthält die erste Spalte die Bestandtheile der galvanischen Combination, die zweite Spalte die der Combination entsprechende absolute chemische Energie, die dritte die relative Energie auf diejenige des Daniell'schen Elementes als Einheit bezogen und die vierte Spalte die relative electromotorische Kraft.

Combination	Chemische Energie		Electromotor. Kraft	
	absolute	relative		
1. {Zn — H$_2$SO$_4$ + 100 H$_2$O} {Cu — conc. CuSO$_4$Aq}	50130^c	1	1	
2. {Zn — H$_2$SO$_4$Aq} {Cd — conc. CdSO$_4$Aq}	16590	0,33	0,33	Ann. de Chem. et d. Phys. (3) 44. p. 453. 1855.
3. {Zn — HClAq} {Ag — AgCl}	54080	1,08	1,065	Beibl. 2. p. 565. 1878.
4. {Zn — H$_2$SO$_4$ + 100 H$_2$O} {Kohle — HNO$_3$}	96080	1,92	1,86	
5. {Zn — H$_2$SO$_4$ + 100 H$_2$O} {Kohle — HNO$_3$ + 7H$_2$O}	82810	1,65	1,69	
6. {Cu — H$_2$SO$_4$ + 100 H$_2$O} {Kohle — CrO$_3$, SO$_3$Aq}	99790	1,99	1,85	siehe oben.
7. {Zn — H$_2$SO$_4$ + 100 H$_2$O} {Kohle — HNO$_3$}	45950	0,92	0,88	
7b. {Cu — H$_2$SO$_4$ + 100 H$_2$O} {Kohle — HNO$_3$ + 7H$_2$O}	32680	0,65	0,73	
8. {Fe — FeCl$_2$Aq} {Kohle — Fe$_2$Cl$_6$Aq}	44480	0,89	0,90	Beibl. 2. p. 42. 1878.

Die geringen Abweichungen zwischen der relativen chemischen Energie und der electromotorischen Kraft der Combinationen 4, 5, 7 und 7b habe ich schon oben erklärt; die noch geringere Abweichung in der Combination 3 erklärt sich dadurch, dass die electromotorische Kraft der Chlorsilberkette für eine Lösung von Salmiak und nicht, wie vorausgesetzt, für Chlorwasserstoffsäure gemessen ist, was einen etwas geringeren Werth gibt. Die Chromsäurekette (6) ist für anhaltende starke Ströme nicht constant, die electromotorische Kraft wird deshalb stets geringer als die berechnete.

Die grössere oder geringere Uebereinstimmung der Zahlen der beiden letzten Spalten zeigt, in wie weit die totale, dem normalen chemischen Processe der Combination entsprechende Energie das Stadium als strömende Electri-

cität durchläuft, bevor es als galvanische Wärmeentwickelung
in allen Theilen des Apparats hervortritt. Eine totale
Ueberführung von chemischer Energie in Electricität findet in der Daniell'schen Kette statt, denn die gemessenen Werthe derselben, beziehungsweise 50180 und 50290°,
sind als identisch anzusehen. Eine ähnliche totale Ueberführung von chemischer Energie in Electricität findet in der
Zinkcadmium- und in der Chlorsilberkette statt, d. h. in den
galvanischen Combinationen, wo die metallische Oberfläche der
negativen Electrode nicht durch den electrolytischen Process
geändert wird. Annähernd ist dasselbe der Fall in den Combinationen, wo Salpetersäure als Electrolyt benutzt wird,
aber die Aenderung der Flüssigkeit durch Aufnahme der
Reductionsproducte bringt hier eine leichte Abweichung hervor, die bei fortgesetzter Benutzung derselben Flüssigkeit
wegen der entstehenden Gasentwickelung bedeutend werden
kann.

Aeltere Untersuchungen.

Oben habe ich mitgetheilt, dass die behandelte Frage schon
vor Jahren untersucht worden ist. Meine im Jahre 1856 mitgetheilten älteren Versuche, welche mit weniger vollkommenen Apparaten durchgeführt wurden, gaben für die galvanische Wärmeentwickelung den Werth 53200°; die im Jahre
1865 von Raoult mitgetheilten, mit dem Quecksilbercalori-
meter durchgeführten Versuche geben den Werth 47800°;
der erste Werth fällt demnach höher, der letzte geringer als
der oben gefundene 50290°. Auch aus den bekannten Versuchen von Lenz über die galvanische Wärmeentwickelung [1]),
welche im Jahre 1844 publicirt wurden, lässt sich der fragliche Werth berechnen. Lenz findet nämlich l. c., dass
seine Stromeinheit in 4748,3 Minuten in seiner Widerstandseinheit eine Wärmemenge entwickelt, die 118 g Alkohol um
1° R. zu erwärmen vermag. Die electromotorische Kraft
eines Daniell'schen Elementes ist in seinen Einheiten ausgedrückt 47,16 [2]), und seine Stromeinheit gibt 0,686 ccm

---

1) Lenz, Pogg. Ann. **61.** p. 43. 1844.
2) Lenz, Pogg. Ann. **59.** p. 226. 1848.

Knallgas in der Minute.[1] Ferner gibt er als specifische Wärme des benutzten Alkohols 0,70[2]), und aus diesen Daten kann man die galvanische Wärmeentwickelung des Daniell'schen Elements für jedes ausgeschiedene Atom Kupfer in den üblichen Einheiten (1 g Wasser um 1° C. erwärmt) berechnen, sie wird nämlich:

$$118 \cdot 0{,}7 \cdot 1{,}25 \cdot \frac{33515}{0{,}686 \cdot 4748{,}3} \cdot 47{,}16 = 50330°.$$

Das Resultat kann selbstverständlich nicht auf grosse Genauigkeit Anspruch machen, weil die Messung der specifischen Wärme des Alkohols nur als ganz approximativ zu betrachten ist, und Lenz hat auch nicht diese Anwendung seiner Zahlenwerthe versucht; die genaue Uebereinstimmung des Werthes 50330° mit dem von mir oben gefundenen 50290° ist demnach wohl zufällig, zeigt aber, dass man bei der Durchführung einer solchen Berechnung der Versuche von Lenz schon vor 36 Jahren die richtigen Werthe würde erhalten haben. Die vier Resultate sind demnach die folgenden:

1844	Lenz	. . . . .	50330	⎫
1856	Thomsen	. .	53200	⎪ galvanische
1865	Raoult	. . .	47800	⎬ Wärmeentwickelung.
1880	Thomsen	. .	50290	⎭
1875	Thomsen	. .	50130	Chemische Energie.

Die Ursache, dass eine solche Berechnung der Versuche von Lenz nicht früher durchgeführt worden ist, ist sehr wahrscheinlich in dem Umstande zu suchen, dass sich in der Lenz'schen Abhandlung, wahrscheinlich durch einen Schreibfehler im Manuscript, ein sehr bedeutender Irrthum eingeschlichen hat, der in vielen Referaten und Excerpten der Abhandlung bis jetzt beibehalten ist. In derselben[3]), wo die Resultate resumirt werden, steht nämlich: „Setzen wir die Masse des erwärmten Spiritus nach Obigem = 118 g, seine Wärmecapacität = 0,7

---

1) Lenz, Pogg. Ann. **59.** p. 224. 1843.
2) Lenz, Pogg. Ann. **61.** p. 36. 1844.
3) Lenz, Pogg. Ann. **61.** p. 43. 1844.

gegen Wasser, so würde die Zeit zur Erwärmung von 1 g
Wasser auf 1° R. bei dem Strome = 1 und dem Widerstande = 1 sich ergeben = $5^3/_4$ Secunden." Anstatt dieses
letzten Werthes $5^3/_4$ (5,75) Secunden, sollte hier stehen 57,5
Minuten, d. h. das 600fache. Aber auch ein anderer Irrthum muss sich in der genannten Abhandlung eingeschlichen
haben. Denn nach den oben citirten Angaben sind die von
Lenz benutzten Constanten für die Einheit der Stromstärke
0,686 ccm Knallgas in der Minute und eine electromotorische
Kraft des Daniell'schen Elements gleich 47,16 auf die von
Lenz benutzte Stromeinheit und Widerstandseinheit bezogen; nun ist aber sein Widerstand ein Kupferdraht von
6,358 Fuss Länge und 0,3048 Zoll (englisch) Durchmesser[1]),
und berechnet man aus diesen Angaben die electromotorische
Kraft eines Daniell'schen Elements für die Einheit der Stromstärke gleich 1 ccm Knallgas pr. Minute und der Widerstandseinheit eines 1 m langen Kupferdrahtes von 1 mm
Durchmesser, so erhält man den Werth 86, während die electromotorische Kraft des Daniell'schen Elements in diesen
Einheiten etwa 470 beträgt. Deshalb erhält auch J. Müller
bei der Benutzung von Lenz's Angaben[2]) für die Wärmeentwickelung des Stromes in Metalldrähten einen mehr als
fünfmal zu hohen Werth.

Die Wärmeentwickelung, welche ein Strom von der Intensität i in dem Widerstande r während der Zeit t hervorbringt, ist bekanntlich:

$$c = r \cdot i^2 t \cdot q,$$

wo q eine Constante, deren Grösse leicht berechnet werden
kann, wenn es durch die mitgetheilten Versuche bewiesen
ist, dass im Daniell'schen Elemente die chemische Energie
vollständig als galvanische Wärme auftritt.

Wird als Einheit der Stromstärke diejenige gewählt,
die 1 ccm Knallgas (0° und 760 mm) in der Minute gibt,
dann wird die Constante:

$$q = \frac{1}{33515} \cdot \frac{C}{E},$$

---

1) Lenz, Pogg. Ann. **59.** p. 226. 1843.
2) J. Müller, Fortschritte der Physik. **1.** p. 381.

wo 33515 die einem Molecül Wasser (18 g) entsprechende
Anzahl Cubikcentimeter Knallgas, C die chemische Energie
des galvanischen Elements und E seine electromotorische Kraft
ist. Wählen wir als Einheit des Widerstandes denjenigen eines Kupferdrahtes von 1 m Länge und 1 mm Durchmesser und als Element die Daniell'sche Combination, dann ist:

$$C = 50130°$$
$$E = 470,$$

und man erhält alsdann:

$$q = 0,00319°,$$

d. h. die Einheit der Stromstärke gibt in einer Minute in der Widerstandseinheit eine Wärmeentwickelung von 0,00319 Wärmeeinheiten (1 g Wasser
um einen Centesimalgrad erwärmt) oder eine Wärmeeinheit in
313 Minuten. Die galvanische Wärmeentwickelung wird
demnach $\quad c = 0,00319 . r . i^2 . t$
in t Minuten für den Widerstand r und die Stromstärke i.

Universitätslaboratorium zu Kopenhagen, April 1880.

VI. *Ueber die photo- und thermoelectrischen Eigen-schaften des Flussspathes; von W. Hankel.*

(Aus den Berichten der math.-phys. Classe der Kgl. Sächs. Ges. d. Wiss.
Sitzung vom 3. März 1879; mitgetheilt vom Hrn. Verf.)

In der Sitzung vom 23. April 1877 habe ich eine kurze
vorläufige Mittheilung über die von mir auf gefärbten Flussspäthen durch die Einwirkung des Lichtes erzeugten electrischen Spannungen gemacht. Die Veranlassung zu der
Entdeckung dieser photoelectrischen Erregbarkeit des Fluss-
spaths gab mir, wie ich damals erwähnt habe, die Wahrnehmung, dass auf der Oberfläche der violblau erscheinenden
Flussspathkrystalle von Weardale durch Temperaturänderungen electrische Spannungen entstanden. Die Untersuchung
der durch die Einwirkungen des Lichtes hervorgerufenen
electrischen Spannungen nahm jedoch bis zu jener Sitzung

mein Interesse so vollständig in Anspruch, dass ich in der
oben erwähnten Mittheilung hinzufügte, ich hätte bis dahin
nicht Zeit gehabt, die infolge von Temperaturänderungen
auftretenden electrischen Spannungen ihrer Entstehung und
Bedeutung nach näher zu erforschen.

Nachdem ich dann theils durch Kauf, theils durch die
freundliche Unterstützung der Herren Professoren Zirkel
und Weisbach eine grössere Anzahl farbiger Flussspathkrystalle erlangt, habe ich die Untersuchung von Neuem aufgenommen, und beide Erregungsweisen, sowohl die photoelectrische als auch die thermoelectrische, einer sorgfältigen
und umfassenden Prüfung unterworfen.

Die Ergebnisse derselben sind in der unten bezeichneten
Abhandlung[1]) zusammengestellt.

In dem ersten Theile dieser Abhandlung ist das bei den
Versuchen angewandte Verfahren ausführlich erläutert, während der zweite Theil die Beobachtungen der photoelectrischen und thermoelectrischen Spannungen auf der Oberfläche
von 24 Flussspathkrystallen darlegt, und zwar mit Zuhülfenahme von drei Tafeln, auf welchen die einzelnen Flächen
der untersuchten Krystalle abgebildet sind. In diese Zeichnungen habe ich die an den verschiedenen Punkten der
Oberfläche gemessenen Werthe der electrischen Spannungen
eingetragen und zur leichteren Uebersicht die positiven und
negativen Flächenstücke durch verschiedene Farben kennt-
lich gemacht.

Bei diesen Untersuchungen wurden die Krystalle bis auf
die zu prüfende Fläche (Kante, Ecke) in Kupferfeilicht eingesetzt und dann die freie Fläche der Bestrahlung durch
das zerstreute Tageslicht oder durch das directe Sonnenlicht, oder durch das electrische Kohlenlicht unterworfen.

Es wurden untersucht: 1) grüne Flussspäthe von Weardale und Alston Moor; 2) im reflectirten Lichte violblau
erscheinende Krystalle derselben Fundorte; 3) ein blauer
Flussspath vom Churprinz bei Freiberg; 4) im reflectirten

---

1) Electrische Untersuchungen. 14. Abhandlung. Photo- und thermoelectrische Eigenschaften des Flussspathes. Bd. 20. der Abh. der Kgl.
Sächs. Ges. der Wiss. oder Bd. 12. der math.-phys. Classe. Mit drei Tafeln.

Lichte schwach bräunlich erscheinende Krystalle von Weardale; 5) ein braunweisser Flussspath aus England; 6) ein
grünlichweisser Flussspath aus Cornwall; und 7) fast farblose
Flussspathkrystalle von Stolberg am Harz.

Die violblau aussehenden Krystalle von Weardale und
Alston Moor zeigen diese Farbe nur im reflectirten Lichte;
im durchgehenden erscheinen sie grünlich, doch ist diese
grünliche Färbung meistens nur schwach und geht öfter ins
Grauliche über; auch wechseln bisweilen grüne Schichten mit
rothen ab. Anders verhält sich der blaue Flussspath vom
Churprinz; seine Substanz ist nicht durchsichtig, vielmehr
meistens so trübe, dass sie fast undurchsichtig wird und nur
an reineren Stellen sich durchscheinend zeigt. Das durch
sie hindurch gegangene Licht erscheint hellblau, während
das reflectirte eine viel dunklere blaue Nüance darbietet.

In dem dritten Theile der Abhandlung sind sodann die
aus den Beobachtungen sich ergebenden allgemeinen Resultate zusammengestellt worden.

Da es nicht möglich ist, in diesem Berichte auf die
Beobachtungen an den einzelnen Krystallen näher einzugehen, so beschränke ich mich auf eine Angabe der allgemeinen Resultate.

Photoelectricität. — Die Mitten der Würfelflächen
der Flussspathkrystalle werden durch die Belichtung negativ;
die Intensität dieser negativen Spannungen nimmt nach den
Rändern und besonders nach den Ecken hin ab; auf manchen Flächen erstreckt sich dieselbe bis zu den Rändern
und Ecken.

Bei den meisten, namentlich grösseren Krystallen, zeigen
jedoch die Ecken und zum Theil auch die seitlichen Ränder
der Flächen die entgegengesetzte, also positive Polarität.
Gewöhnlich ist dieselbe aber auf einen kleineren Flächen-
raum beschränkt, als die in dem mittleren Theile herrschende
negative. Liegt daher die ganze Würfelfläche (oder die an
ihrer Stelle befindlichen Flächen des häufig vorhandenen,
sehr stumpfen Pyramidenwürfels) frei, so wird die positive
Electricität der Ecken und Ränder in ihrer Vertheilungs-

wirkung auf den zur Prüfung angenäherten und mit dem Goldblättchen 'des Electrometers verbundenen Platindraht leicht durch die stärkere negative Electricität der mittleren Theile unterdrückt und kommt nicht zur Erscheinung; sie kann aber durch Bedecken der mittleren Theile mit zur Erde abgeleitetem Kupferfeilicht in ihrer Wirkung sichtbar gemacht werden.

Die Grenzen zwischen dem positiven und negativen Bereiche einer Krystallfläche, und ebenso die Verhältnisse der Intensitäten, welche die beiden Electricitäten auf einer solchen Fläche zeigen, lassen sich durch die Art der Bestrahlung, namentlich wenn auch noch mehr oder weniger grosse Stücke der seitlich anliegenden Würfelflächen dem Lichte gleichzeitig mit ausgesetzt werden, etwas verschieben und ändern.

Auf das Hervortreten der positiven Polarität an den Ecken und besonders auch an den Rändern ist ferner die Art, wie die Krystalle sich gebildet haben, von Einfluss. Auf der der Anwachsungsstelle gerade gegenüberliegenden Würfelfläche erscheint vorzugsweise negative Electricität; dagegen zeigen die Bruchstücke derjenigen Flächen, welche zwischen dieser vollständig ausgebildeten Fläche und der Anwachsungsstelle liegen, an ihren ausgebildeten Rändern stärkere und ausgedehntere positive Spannungen, deren Intensität jedoch von dem Rande nach dem mittleren und dem verbrochenen Theile hin abnimmt. Diese Bruchstücke stellen mehr oder weniger nur den gegen die vollständig ausgebildete Fläche hin gelegenen Rand der betreffenden Würfelflächen dar.

Die Bruchflächen, welche durch das Abbrechen des Krystalles von anderen Krystallen oder von fremdem Gesteine entstanden sind und also an und in der Umgebung der ehemaligen Anwachsungsstelle liegen, werden durch Belichten positiv.

Diese positive Polarität der Bruchflächen besitzt meistens eine nicht unbeträchtliche Stärke; bei vielen Krystallen übertrifft sie, namentlich wenn den Bruchflächen der Farbestoff nicht fehlt, in ihrer Intensität die auf der Mitte der vorhandenen Krystallflächen erregte negative Spannung.

Eben dies gilt auch von den Stücken der ebenen Durchgangsflächen, welche zwischen und neben den Bruchflächen an dem verbrochenen Ende auftreten.

Das Verhalten von Durchgangsflächen, welche an dem frei ausgebildeten Ende der Würfel durch Anschlagen entstehen, habe ich wegen Mangels an geeignetem Material noch nicht ermitteln können.

Die im Vorstehenden charakterisirte Wirkung des Lichtes auf die Flussspathkrystalle geht hauptsächlich von den chemisch wirkenden Strahlen aus; sowohl hinter einem mit Kupferoxydul roth gefärbten Glase, als auch hinter einer Schicht einer klaren Lösung von schwefelsaurem Chinin ist die Erregung der Electricität nur äusserst gering, während sie durch Einschaltung einer Schicht Wasser oder Alaunlösung in den Weg der Strahlen nicht wesentlich vermindert wird.

Bei sehr empfindlichen Krystallen genügt schon ein kurzes Aussetzen an das Tageslicht, um merkliche electrische Spannungen zu erhalten; durch längeres Belichten steigt die Intensität derselben.

Die directen Strahlen der Sonne wirken viel kräftiger als das zerstreute Tageslicht.

Noch stärker erregend als das Sonnenlicht zeigt sich das electrische Kohlenlicht, sodass durch letzteres selbst auf Krystallen, welche durch längeres Aussetzen an das zerstreute oder directe Sonnenlicht keine merklichen electrischen Spannungen annehmen, solche, bisweilen sogar in ziemlicher Stärke, hervorgerufen werden können.

Auch durch das Licht der Entladungsfunken zwischen zwei Leydener Flaschen lassen sich photoelectrische Spannungen auf den Flussspathkrystallen erzeugen, während das Licht einer Geissler'schen Röhre ungenügend erscheint.

Am stärksten photoelectrisch erregbar sind die grünen Krystalle von Weardale, und es nimmt die Intensität der durch eine gleiche Bestrahlung erregten electrischen Spannungen im Allgemeinen mit der Tiefe der Färbung zu.

Weniger erregbar sind die in ihrer Masse schwachgrünlich
oder graugrünlich gefärbten, aber durch Fluorescenz präch-
tig violblau erscheinenden Flussspäthe von Weardale und
Alston Moor, sowie die entenblauen vom Churprinz bei
Freiberg. Die durchsichtigen, braunroth fluorescirenden
Flussspathkrystalle von Weardale werden meistens durch
das Tageslicht, und zum Theil selbst durch das Sonnenlicht
nicht electrisch, wohl aber durch das electrische Kohlenlicht.
Die weisslichgrünen Flussspäthe von Cornwall zeigen sich
nur schwach electrisch; eben dies gilt auch von den fast
farblosen Krystallen von Stolberg am Harz, bei denen der
eigenthümliche Fall vorkam, dass auf einem sehr schönen,
grossen Krystalle beim Belichten blos die der am reinsten
ausgebildeten Ecke entsprechende positive Polarität auftrat,
während die negative auf den Mitten der Flächen sich nicht
hervorrufen liess, selbst nicht durch das electrische Kohlenlicht. Auf den gelben Annaberger Krystallen konnte weder
durch Tages- und Sonnenlicht, noch auch durch das electrische Kohlenlicht eine electrische Spannung erzeugt werden.

Die auf den Flussspathkrystallen durch Belichtung hervorgerufenen Spannungen haben das Eigenthümliche, dass
sie beim Stehen im Dunkeln nicht in die ihnen polar entgegengesetzten übergehen. Wird die Fläche eines durch
Belichtung stark electrisirten Flussspathes mittelst Ueber-
streichens mit einer Alkoholflamme von der auf ihr vorhandenen Electricität befreit, so bleibt sie, ins Dunkle gestellt,
unelectrisch, oder es erscheint noch ein kleiner Rest der
vorherigen Ladung, die also nicht vollständig hinweggenom-
men war.

Die Erregung der Electricität durch das Licht erfolgt
durch einen Vorgang, bei welchem der Farbstoff der Krystalle betheiligt ist. Durch sehr langes und starkes Belichten lässt sich die Erregbarkeit der Flächen beträchtlich
schwächen, und die geringen Spannungen, welche öfter gerade
auf den am vollkommensten ausgebildeten Flächen mancher
Krystalle auftreten, während die umliegenden Flächen stärkere Spannungen zeigen, sind wohl meist eine Folge davon,
dass diese Krystalle in den Schaukästen der Museen so ge-

legen haben, dass eben jene vollkommenen Flächen dem Beschauer und somit dem Lichte zugekehrt gewesen und dadurch in ihrer Erregbarkeit geschwächt worden sind. Auf einer absichtlich durch zu langes und starkes Bestrahlen geschwächten Fläche stellt sich selbst durch jahrelanges Aufbewahren im Dunkeln die frühere Empfindlichkeit nicht wieder her.

Mit der Betheiligung des Farbstoffes bei der Erregung der Electricität steht auch der vorhin angeführte Umstand, dass nach dem Entfernen der durch Belichtung erzeugten Electricität beim Stehen im Dunkeln keine Umkehrung in die entgegengesetzte Polarität eintritt, in Verbindung.

Durch eine mässige Erhitzung der Flussspathkrystalle wird die photoelectrische Erregbarkeit derselben erhöht. Bereits eine Erhitzung bis 80° C. wirkt in dieser Beziehung günstig, noch mehr eine Erhitzung bis 130 oder 150° C. Eine sehr viel höhere Temperatur muss selbstverständlich die photoelectrische Eigenschaft zerstören; es wäre selbst möglich, dass schon bei der öfter von mir angewandten Temperatur von 180° C. die Grenze, bei welcher die Erregbarkeit am meisten erhöht wird, bereits etwas überschritten ist.

Dabei bleibt es fraglich, ob auch bei frisch aus der Grube genommenen, dem Lichte noch nicht preisgegebenen und dadurch in ihrer photoelectrischen Eigenschaft noch nicht geschwächten Flussspathkrystallen eine Erhitzung bis 150° ebenfalls die Erregbarkeit durch das Licht zu erhöhen vermag, oder ob nur auf bereits geschwächten Krystallflächen der Zustand mehr oder weniger angenähert wiederhergestellt wird, wie er ursprünglich auf dieser Fläche bestand. Es hat mir wenigstens den Eindruck gemacht, als ob auf frischen Bruchflächen durch eine Erhitzung die photoelectrische Erregbarkeit nicht wesentlich erhöht wird.

Die Masse der Flussspathkrystalle und ebenso ihre Oberfläche isolirt vortrefflich und hält die electrische Ladung ungemein lange. Dieses Verhalten der Oberfläche hängt wohl mit dem Umstande zusammen, dass dieselbe vom Wasser nicht benetzt wird.

Thermoelectricität. — Durch die Verschiedenheit zwischen den Ecken- und Flächenaxen der Flussspathkrystalle ist die Möglichkeit gegeben, dass auf ihrer Oberfläche durch Temperaturänderungen electrische Spannungen auftreten, und zwar folgen diese electrischen Vorgänge dem bei allen thermoelectrischen Krystallen ausnahmslos bewahrheiteten Gesetze, dass die Polaritäten bei sinkender Temperatur gerade die entgegengesetzten sind als bei steigender.

Beim Steigen der Temperatur stimmen nun die auf der Oberfläche der Flussspathkrystalle entstehenden electrischen Spannungen in ihrem Vorzeichen mit den durch die Belichtung hervorgerufenen überein.

Beim Sinken der Temperatur verwandeln sich die von der Erhitzung erzeugten Electricitäten in die entgegengesetzten; die beim Erkalten auftretenden Spannungen sind also sowohl den durch die Steigerung der Temperatur als auch den durch die Belichtung entstehenden entgegengesetzt.

Obwohl nun die durch die Belichtung und die durch Erhöhung der Temperatur hervorgerufenen electrischen Spannungen in ihrem Vorzeichen übereinstimmen, so muss ihre Entstehung doch auf verschiedenen Vorgängen beruhen, oder wenn sie durch denselben Vorgang erzeugt werden, so muss solcher durch die Belichtung einen vollständigen Abschluss finden, während derselbe, wenn er durch eine mässige Steigerung der Temperatur entstanden ist, nicht abschliesst, sondern bei dem Sinken derselben wieder zurückgeht; denn die bei steigender Temperatur auftretenden Polaritäten kehren sich bei dem Erkalten um, während nach der Belichtung die entgegengesetzten Electricitäten im Dunkeln nicht auftreten.

Bei den durch das Licht stark erregbaren Flussspäthen ruft auch die Temperaturänderung eine ziemlich starke electrische Polarität hervor; sie ist bei diesen Krystallen jedoch stets schwächer als die durch das Licht erzeugbare.

Bei manchen durch das Licht weniger erregbaren Krystallen sind dagegen die thermoelectrischen Spannungen grösser als die photoelectrischen; dies tritt ein bei manchen Flächen der grünen und violblauen Krystalle, bei denen jedoch wahrscheinlich die Empfindlichkeit gegen das Licht durch vorhergegangene schädigende Einwirkungen geschwächt worden ist. Durchweg die photoelectrischen an Stärke übertreffend zeigen sich aber die thermoelectrischen Spannungen auf den braunröthlichen oder braunvioletten Krystallen, welche im Sonnenlichte gar nicht und nur durch das electrische Kohlenlicht einigermassen electrisch werden. Auch bei den fast farblosen Krystallen von Stolberg am Harz sind öfter die thermoelectrischen Spannungen stärker als die photoelectrischen.

Aus dem Vorstehenden ergibt sich nun sofort die Vertheilung der thermoelectrischen Polaritäten auf der Oberfläche der Flussspathkrystalle.

Bei steigender Temperatur sind ebenso wie beim Belichten die Mitten der Würfelflächen negativ; diese negative Spannung nimmt von hier aus nach den Rändern und namentlich nach den Ecken hin ab. Sehr oft zeigt die ganze Fläche negative Polarität.

Auf anderen, namentlich grösseren Krystallen treten, entsprechend den Vorgängen beim Belichten, an den Ecken und wohl auch noch an den Rändern positive Spannungen hervor.

Beim Erkalten sind die Polaritäten die gerade entgegengesetzten; die Mitten der Flächen zeigen positive Electricität, abnehmend nach den Rändern und den Ecken. Letztere zeigen entweder noch schwache positive Electricität oder tragen negative Spannungen. Diese negativen Spannungen sind oft zu schwach, um bei ganzer freier Fläche wahrgenommen zu werden; durch Bedecken der mittleren positiven Theile mit zur Erde abgeleitetem Kupferfeilicht können sie sichtbar gemacht werden.

Wenn die Grenzen zwischen den positiven und negativen Bereichen auf den Flächen bei der Belichtung öfter etwas anders verlaufen als bei der Abkühlung, oder die Verhältnisse zwischen den Intensitäten in beiden Fällen nicht genau dieselben sind, so wird diese Abweichung dadurch bedingt, dass die Belichtung den Krystall in anderer Weise trifft als die Abkühlung, wie ja solche Schwankungen selbst bei verschiedenen Bestrahlungen vorkommen.

Auf den Flächen, welche durch Abbrechen der Krystalle von ihrer Unterlage entstanden sind, mögen sie unregelmässig verlaufende Bruchflächen oder Stücke von ebenen Durchgängen sein, erscheint bei steigender Temperatur positive, bei sinkender negative Polarität.

Die beim Erkalten hervortretenden electrischen Spannungen werden stärker, wenn die vorhergehende Temperatursteigerung eine höhere war, wenigstens innerhalb der Grenze bis 150° C.

VII. *Ueber die electrischen Elementargesetze; von Eduard Riecke.* [1]

I. Das Ampère'sche Gesetz.

Bei dem Beweise des Ampère'schen Gesetzes pflegt man in der Regel einen synthetischen Weg zu verfolgen, indem man ausgeht von einer Reihe von Sätzen, welche zum Theil rein hypothetischer Natur, zum Theil der Ausdruck gewisser durch Beobachtung festgestellter Thatsachen sind. Es scheint für die Kenntniss des Ampère'schen Gesetzes und die erfahrungsmässige Begründung desselben nicht ohne Vortheil zu sein, den umgekehrten Weg zu verfolgen, d. h. von dem gegebenen Ausdrucke des Gesetzes auszugehen und dasselbe in einfachere Wirkungen aufzulösen, als deren Resultante

---

1) Die folgende Arbeit bildet im wesentlichen einen Auszug aus zwei Abhandlungen, welche der Verfasser im **20.** und **25.** Bande der Abhandlungen der k. Ges. d. Wiss. zu Göttingen veröffentlicht hat. Die drei ersten Abschnitte, I. das Ampère'sche Gesetz, II. das Potentialgesetz von Helmholtz in seiner Beziehung zum Ampère'schen Gesetz, III. das Helmholtz'sche Potential in seiner Beziehung zum Weber'schen Grundgesetze, sind der zweiten Abhandlung, der IV. Abschnitt, das electromotorische Elementargesetz und das Princip der Erhaltung der Energie ist der erstgenannten Abhandlung entnommen. Neu hinzugefügt ist der V. Abschnitt, das Weber'sche Gesetz der elementaren electromotorischen Kraft und das Potentialgesetz, während der VI. Abschnitt, über das Gesetz von Clausius, wieder der zweiten Abhandlung angehört.

die durch das Ampère'sche Gesetz gegebene Kraft aufgefasst werden kann. Eine solche Betrachtungsweise führt einerseits zu einer Reihe von Formen des Gesetzes, welche für die Lösung specieller Probleme electrodynamischer Wechselwirkung besonders geeignet erscheinen, andererseits zu einer Uebersicht über diejenigen Erfahrungsthatsachen, durch deren Combination der Nachweis geliefert werden kann, dass das Ampère'sche Gesetz als der Ausdruck einer in der Natur wirklich vorhandenen Wechselwirkung zu betrachten ist.

Es seien $J Ds$ und $J_1 Ds_1$ die beiden aufeinander wirkenden Stromelemente, x, y, z und x_1, y_1, z_1 die rechtwinkligen Coordinaten ihrer Anfangspunkte, ϑ und ϑ_1 die Winkel, unter welchen die Elemente Ds und Ds_1 gegen die Richtung der Entfernung r ($Ds_1 \longrightarrow Ds$) geneigt sind. ε sei der Winkel, welchen die beiden Elemente miteinander bilden; ferner werde gesetzt:

$$\sqrt{r} = \psi.$$

Die X-Componente der Kraft, welche unter diesen Umständen von dem Elemente $J_1 Ds_1$ auf $J Ds$ ausgeübt wird, ist nach dem Ampère'schen Gesetz gegeben durch den Ausdruck:

$$X = 8 A^2 J Ds \cdot J_1 Ds_1 \cdot \frac{\partial \psi}{\partial x} \cdot \frac{\partial^2 \psi}{\partial s \, \partial s_1},$$

welcher in die drei im Folgenden aufgeführten Formen transformirt werden kann, in welchen E und E_1 die Dichtigkeiten der freien Electricität in den Elementen Ds und Ds_1 bezeichnen:

$$(I) \quad X = \begin{cases} -\dfrac{\partial}{\partial x}\left(4 A^2 J Ds \cdot J_1 Ds_1 \dfrac{\partial \psi}{\partial s} \cdot \dfrac{\partial \psi}{\partial s_1} \right) \\[2mm] + 4 A^2 \dfrac{\partial}{\partial s}\left(J J_1 \dfrac{\partial \psi}{\partial x} \cdot \dfrac{\partial \psi}{\partial s_1} \right) Ds \, Ds_1 \\[2mm] + 4 A^2 \dfrac{\partial}{\partial s_1}\left(J J_1 \dfrac{\partial \psi}{\partial x} \cdot \dfrac{\partial \psi}{\partial s} \right) Ds \, Ds_1 \\[2mm] + 4 A^2 J_1 \dfrac{dE}{dt} \dfrac{\partial \psi}{\partial x} \cdot \dfrac{\partial \psi}{\partial s_1} \cdot Ds \, Ds_1 \\[2mm] + 4 A^2 J \dfrac{dE_1}{dt} \cdot \dfrac{\partial \psi}{\partial x} \cdot \dfrac{\partial \psi}{\partial s} \cdot Ds \, Ds_1 \end{cases}$$

(II) $$X = \varXi + 4A^2 \frac{\partial}{\partial s_1}\left(JJ_1 \frac{\partial \psi}{\partial x} \cdot \frac{\partial \psi}{\partial s}\right) Ds\, Ds_1,$$

$$+ 4A^2 J \frac{dE_1}{dt} \cdot \frac{\partial \psi}{\partial x} \cdot \frac{\partial \psi}{\partial s} \cdot Ds\, Ds_1, \quad \text{wo:}$$

(II′) $$\varXi = 4A^2 J \frac{dy}{ds}\left\{\frac{\partial \psi}{\partial x} \cdot \frac{\partial}{\partial y}\left(J_1 \frac{\partial \psi}{\partial s_1}\right) - \frac{\partial \psi}{\partial y} \cdot \frac{\partial}{\partial x}\left(J_1 \frac{\partial \psi}{\partial s_1}\right)\right\} Ds\, Ds_1$$

$$+ 4A^2 J \cdot \frac{dz}{ds}\left\{\frac{\partial \psi}{\partial x} \cdot \frac{\partial}{\partial z}\left(J_1 \frac{\partial \psi}{\partial s_1}\right) - \frac{\partial \psi}{\partial z} \cdot \frac{\partial}{\partial x}\left(J_1 \frac{\partial \psi}{\partial s_1}\right)\right\} Ds\, Ds_1.$$

(III) $$X = -\frac{\partial}{\partial x}\left(-A^2 J Ds\, J_1\, Ds_1\, \frac{\cos \varepsilon}{r}\right)$$

$$- A^2 \frac{\partial}{\partial s}\left(\frac{JJ_1}{r} \cdot \frac{dx_1}{ds_1}\right) Ds\, Ds_1 - A^2 \frac{dE}{dt} \cdot \frac{J_1}{r}\frac{dx_1}{ds_1}\, Ds\, Ds_1$$

$$+ 4A^2 \frac{\partial}{\partial s_1}\left(JJ_1 \frac{\partial \psi}{\partial x} \cdot \frac{\partial \psi}{\partial s}\right) Ds\, Ds_1 + 4A^2 J \frac{dE_1}{dt} \cdot \frac{\partial \psi}{\partial x} \cdot \frac{\partial \psi}{\partial s} \cdot Ds\, Ds_1.$$

Die erste und dritte dieser Formen sind dadurch ausgezeichnet, dass bei beiden ein Term sich absondert, welcher durch ein zwischen den beiden Elementen vorhandenes Potential bestimmt wird. Dieses Potential ist bei der ersten Form gegeben durch:

$$- A^2 J Ds\, J_1\, Ds_1\, \frac{\cos \vartheta \cos \vartheta_1}{r},$$

bei der dritten durch:

$$- A^2 J Ds\, J_1\, Ds_1\, \frac{\cos \varepsilon}{r}.$$

Beschränken wir uns nun auf den Fall, dass die in den Elementen Ds und Ds_1 vorhandenen Ströme gleichförmig sind, so verschwinden die Differentialquotienten $\frac{dE}{dt}$ und $\frac{dE_1}{dt}$, und wir können dann die in den vorhergehenden Formeln enthaltenen Sätze in folgender Weise aussprechen. Hierbei sind die Endpunkte der beiden Elemente bezeichnet durch α, β und α_1, β_1, und zwar so, dass unter α und α_1 diejenigen Enden zu verstehen sind, gegen welche die positive Electricität hinströmt.

Erste Zerlegung. Die Gleichung (I) gibt die folgenden Componenten der Ampère'schen Wirkung.

I, 1. Eine von Ds_1 auf Ds ausgeübte Kraft, welche bestimmt ist durch den negativen Differentialquotienten des Potentials:

$$4\,A^2 JDs\,J_1\,Ds_1\,\frac{\partial\psi}{\partial s}\cdot\frac{\partial\psi}{\partial s_1}.$$

I, 2. Zwei abstossende Kräfte, welche von dem Elemente $J_1\,Ds_1$ ausgeübt werden auf die Endpunkte α und β von JDs; und zwar hat die auf α ausgeübte Repulsivkraft den Werth:

$$-\frac{A^2\,JJ_1\,\cos\vartheta_1\,Ds_1}{r_\alpha}.$$

Die auf β ausgeübte ist gleich:

$$A^2\,JJ_1\,\frac{\cos\vartheta_1\,Ds_1}{r_\beta}.$$

I, 3. Zwei ebensolche Kräfte, welche von den Endpunkten des Elementes Ds_1 ausgeübt werden auf das Element Ds. Die von α_1 ausgehende Repulsivkraft hat den Werth:

$$A^2\,JJ_1\,\frac{\cos\vartheta\,Ds}{r_{\alpha_1}},$$

die von β_1 ausgehende den Werth:

$$-A^2\,JJ_1\,\frac{\cos\vartheta\,Ds}{r_{\beta_1}}.$$

Zweite Zerlegung. Entsprechend den Gleichungen (II) und (II′) ergibt dieselbe die folgenden Kräfte.

II, 1. Eine auf der Richtung des Elementes Ds senkrechte Kraft, welche identisch ist mit der von Grassmann angenommenen und aus dem Gesetze von Clausius sich ergebenden Wirkung.

II, 2. Zwei von den Enden von $J_1\,Ds_1$ auf JDs ausgeübte Repulsivkräfte, welche identisch sind mit den bei der vorhergehenden Zerlegung unter I, 3 genannten.

Dritte Zerlegung. Der Gleichung (III) entsprechen die folgenden Kräfte:

III, 1. Eine von dem Elemente J_1Ds_1 auf JDs ausgeübte Wirkung, deren Componenten bestimmt sind durch das Potential:

$$-A^2\,JDs\,.\,J_1\,Ds_1\,\frac{\cos\varepsilon}{r}.$$

III, 2. Ein von $J_1 Ds_1$ auf die Endpunkte von JDs ausgeübtes Kräftepaar, welches das Element Ds dem Elemente Ds_1 entgegengesetzt parallel zu stellen, beziehungsweise in der Richtung des letzteren zu verschieben sucht. Die auf α ausgeübte Kraft ist dem Elemente $J_1 Ds_1$ entgegengesetzt gerichtet und hat den Werth:

$$A^2 \frac{JJ_1 Ds_1}{r_\alpha} .$$

Die auf β ausgeübte ist dem Elemente $J_1 Ds_1$ gleich gerichtet und hat den Werth:

$$A^2 \frac{JJ_1 Ds_1}{r_\beta} .$$

III, 3. Die noch übrigen Componenten sind dieselben wie die bei den vorhergehenden Zerlegungen unter I, 3 und II, 2 genannten.

An die im Vorhergehenden gegebenen Zerlegungen des Ampère'schen Gesetzes knüpft sich nun die Frage, in wie weit den einzelnen hierbei auftretenden Componenten messbare electrodynamische Wirkungen entsprechen, in wie weit also die Vergleichung dieser Zerlegungen mit den vorliegenden experimentellen Thatsachen zum Beweise des Ampère'schen Gesetzes hinreichend erscheint.

Die Existenz eines electrodynamischen Potentials wird durch die Versuche über die Wechselwirkung geschlossener Ströme bewiesen. Dem Potential zweier solcher Ströme entspricht ein elementares Potential, von welchem aber unentschieden bleibt, ob es die durch I, 1 oder die durch III, 1 gegebene Form besitzt.

Die von einem Potential unabhängigen Componenten des Ampère'schen Gesetzes kommen zur Geltung bei den electrodynamischen Rotationserscheinungen, deren quantitative Untersuchung somit über die Frage der Existenz der Componenten I, 2 oder III, 2 entscheiden würde unter der Voraussetzung wenigstens, dass die wirksamen Kräfte in den Elementen des rotirenden Bügels ihre Angriffspunkte haben.

Die zweite der von uns angegebenen Zerlegungen des Ampère'schen Gesetzes ist dadurch ausgezeichnet, dass bei

derselben alle Kräfte zu einer einzigen Resultante vereinigt sind, welche bei der Wirkung eines geschlossenen
Stromes auf ein Stromelement in Betracht kommen. Die
ganze auf ein Stromelement ausgeübte Kraft kommt aber
nur dann zur Geltung, wenn dasselbe unabhängig von den
Nachbarelementen beweglich ist. Einem aus lauter beweglichen Elementen zusammengesetzten Leiter kann jedoch nur
dann eine gewisse Beständigkeit zukommen, wenn die auf
die einzelnen Elemente wirkenden Kräfte gleich Null sind,
oder bei nicht vollkommen freier Beweglichkeit, wenn wenigstens die wirksamen Componenten verschwinden. Der erste
Fall tritt ein, wenn die Elemente des Leiters einer magnetischen Kraftlinie angehören, der zweite, wenn die Elemente
des Leiters, an eine gegebene Fläche gebunden, einer auf
dieser verlaufenden, sogenannten epibolisch magnetischen
Curve angehören. Da nun nach den Untersuchungen von
Plücker über die Einwirkung magnetischer Kräfte auf die
electrische Entladung in Geissler'schen Röhren die genannten Curven in der That Gleichgewichtscurven der positiven
Entladung sind, so scheint die zu Grunde liegende Vorstellung auf diese Entladung Anwendung zu finden; es würde
somit durch die Plücker'schen Versuche bewiesen werden,
dass die von einem geschlossenen Strome auf ein Stromelement ausgeübte Wirkung durch die unter II, 1 angegebene
Componente bestimmt ist.

Zum Beweise des Ampère'schen Gesetzes nun sind die
im Vorhergehenden angeführten experimentellen Thatsachen
für sich allein nicht genügend; es müssen vielmehr noch die
beiden Annahmen hinzugefügt werden.

I. Die Wirkung zweier Stromelemente aufeinander ist
eine rein translatorische.

II. Dieselbe genügt dem Principe der Gleichheit von
Action und Reaction.

Nehmen wir dann noch hinzu:

III. das Gesetz des electrodynamischen Potentials und

IVa. das Gesetz der electrodynamischen Rotationen;
oder:

IVb. die Plücker'schen Gesetze über die Einwirkung

des Magnetismus auf die positive Entladung der Electricität in Geissler'schen Röhren,

so führt die Verbindung der Sätze I, II, III und IVa oder auch I, II, III und IVb zu dem Ampère'schen Gesetze hin.

Wenn wir aus den vorhergehenden Betrachtungen die Berechtigung schöpfen, das Ampère'sche Gesetz als den Ausdruck einer wirklich vorhandenen Wechselwirkung zweier Stromelemente aufzufassen, so ist damit die weitere Frage nicht entschieden, ob nicht noch andere in demselben nicht enthaltene electrodynamische Wechselwirkungen existiren. Mit Bezug hierauf können wir bemerken, dass das Ampère'sche Gesetz scheinbar Wirkungen in sich schliesst, die von Sammelstellen freier Electricität auf Stromelemente ausgeübt werden. Ob nicht ganz unabhängig vom Ampère'schen Gesetze derartige Wirkungen in der That existiren, darüber geben die vorliegenden experimentellen Thatsachen keinen Aufschluss. Die Annahme solcher Wirkungen noch neben den Ampère'schen Kräften steht daher frei.

II. **Das Potentialgesetz von Helmholtz in seiner Beziehung zum Ampère'schen Gesetz.**

Aus den im vorhergehenden Abschnitte enthaltenen Formeln ergibt sich, dass bei der Bewegung zweier von geschlossenen Strömen durchflossener Leiter die nach dem Ampère'schen Gesetz geleistete Arbeit durch die Aenderung des electrodynamischen Potentials dargestellt wird, nicht blos dann, wenn die Ströme in starren Leitern circuliren, sondern auch, wenn jene Leiter infolge ihrer Biegsamkeit irgend welchen Deformationen unterworfen oder die Strombahnen mit beliebigen Gleitstellen behaftet sind. Alle Wechselwirkungen geschlossener Ströme verhalten sich somit gerade so, wie wenn nur die durch das Potentialgesetz bestimmten Componenten der Ampère'schen Kraft existirten. Es liegt daher die Vermuthung nahe, dass das Potentialgesetz nicht blos einen Theil der ponderomotorischen Wechselwirkung zweier Stromelemente repräsentire, sondern dass die ganze elementare Wechselwirkung durch dasselbe bestimmt sei. Von dieser Vermuthung geleitet hat Helmholtz das elementare Potentialgesetz zu einem Grundgesetze der Electrodynamik erhoben.

Der fundamentale Unterschied der von Helmholtz vorgeschlagenen Theorie von den von Ampère, Stefan, Clausius aufgestellten Gesetzen beruht einmal darin, dass die Theorie des elementaren Potentials zwischen zwei Stromelementen nicht allein translatorische, sondern auch rotatorische Wirkungen annimmt, ferner darin, dass dem Potentialgesetz zufolge die Entstehung eines neuen, beziehungsweise die Verlängerung eines schon vorhandenen Stromelementes eine Arbeit consumirt, welche gleich dem negativen Zuwachs des Potentials ist. Hiernach hebt also das Potentialgesetz die erste derjenigen Annahmen, welche wir bei den im Vorhergehenden gegebenen Beweisen des Ampère'schen Gesetzes gemacht haben, auf und ersetzt dieselbe durch den folgenden Satz:

Zwei Stromelemente üben aufeinander translatorische und rotatorische Kräfte aus, welche bestimmt sind durch die negativen Differentialquotienten eines Potentials; dieses Potential kann dargestellt werden durch einen der beiden Ausdrücke:

$$ - A^2 J Ds\, J_1\, Ds_1\, \frac{\cos \vartheta \cos \vartheta_1}{r}, \qquad \text{oder:} $$

$$ - A^2 J Ds\,.\, J_1\, Ds_1\, \frac{\cos \varepsilon}{r}\,. $$

Da die rotatorische Wirkung zweier Stromelemente aufeinander jederzeit durch ein in den Endpunkten derselben angreifendes Paar von Kräften erzeugt werden kann, so ergibt sich, dass die dem Potentialgesetz entsprechende Wirkung aufgelöst werden kann in eine in der Mitte des Elements angreifende, rein translatorische Kraft und ein in den Endpunkten angreifendes Kräftepaar, dem gleichzeitig eine translatorische und eine rotatorische Wirkung zukommt. Die Bestimmung dieser Einzelwirkungen wird wieder durch die analytische Zerlegung des aus dem Potentialgesetze unmittelbar sich ergebenden Ausdruckes der Kraftcomponenten zu erreichen sein. Dabei tritt aber dem Am-

père'schen Gesetze gegenüber der wesentliche Unterschied
ein, dass bei der Zerlegung des Potentialgesetzes von vornherein nicht blos translatorische, sondern auch rotatorische
Kräfte in Betracht zu ziehen sind. Wir werden dann die
Anforderung stellen, dass sowohl die Zerlegung der
rotatorischen wie die der translatorischen Componenten zu demselben System einzelner in dem Potentialgesetz enthaltener Wirkungen hinführt. Der
Nachweis, dass das Potentialgesetz dieser Bedingung in der
That genügt, erscheint um so weniger überflüssig, als die
zu diesem Zwecke anzustellenden Betrachtungen auch für
die Theorie des Ampère'schen Gesetzes von Interesse sind.
Es tritt nämlich bei der ersten und dritten der für dieses
Gesetz gegebenen Zerlegungen der eigenthümliche Umstand
ein, dass wir auf der einen Seite die Ampère'sche, rein translatorische Wirkung haben, auf der anderen Seite gewisse in
den Endpunkten der Elemente angreifende Kräfte, denen
unzweifelhaft eine rotatorische Wirkung zukommt. Nun tritt
aber zu jenen Kräften noch hinzu die von dem Potential
abhängende Wirkung, und diese ist, da das Potential von
den Winkeln ϑ und ε abhängt, ebensowohl eine translatorische als eine rotatorische. Die vollkommene Congruenz
der beiderseitigen Wirkungen muss also dadurch gewahrt
sein, dass die jenen Endkräften entsprechende rotatorische
Wirkung gerade aufgehoben wird durch ein entgegengesetz-
tes, aus dem Potential entspringendes Drehungsmoment.
Dass dies in der That der Fall ist, ergibt sich, wenn wir
die folgenden Betrachtungen über das Gesetz des elementaren Potentials auf die Theorie des Ampère'schen Gesetzes
in Anwendung bringen.

Was zunächst die erste Form des elementaren Potentials:

$$-A^2 J Ds \, . \, J_1 \, D s_1 \frac{\cos \vartheta \cos \vartheta_1}{r}$$

und zwar die aus demselben entspringende translatorische
Wirkung anbetrifft, so ergibt sich eine Zerlegung derselben
in einzelne Componenten durch Umkehrung der entsprechenden Zerlegung des Ampère'schen Gesetzes. Man erhält daher
die folgenden Componenten des Potentialgesetzes:

1. Die durch das Ampère'sche Gesetz gegebene translatorische Kraft.

2. Ein von $J_1 Ds_1$ auf die Endpunkte von JDs ausgeübtes Kräftepaar, welches das Element Ds der Richtung der Entfernung $Ds_1 \longrightarrow Ds$ parallel zu stellen sucht. Die auf das Ende α ausgeübte Repulsivkraft ist gleich $A^2 JJ_1 Ds_1 \dfrac{\cos \vartheta_1}{r_a}$, die auf β ausgeübte gleich $-A^2 JJ_1 Ds_1 \dfrac{\cos \vartheta_1}{r_\beta}$.

3. Zwei analoge Kräfte, welche von den Endpunkten von $J_1 Ds_1$ ausgeübt werden auf die Mitte von JDs. Diese Kräfte sind entgegengesetzt gleich den bei der Zerlegung des Ampère'schen Gesetzes unter I, 3 angeführten.

Um die rotatorische Wirkung zu bestimmen, welche das Element $J_1 Ds_1$ auf das Element JDs ausübt, legen wir durch den Anfangspunkt von Ds ein Hülfscoordinatensystem ξ, η. ζ, dessen Axen parallel sind den Axen x, y, z. Wir bezeichnen die Projectionen des Elements Ds auf jene Hülfsaxen durch Dx, Dy, Dz, die Drehungsmomente um die Axen ξ, η, ζ mit M_ξ, M_η, M_ζ. Die Drehung um die Axe ξ werde als positiv bezeichnet, wenn sie von der Axe η gegen die Axe ζ gerichtet ist. Bezeichnen wir unter diesen Umständen den Drehungswinkel, gerechnet von der Axe η ab durch φ, so ergibt sich:

$$M_\xi = A^2 JJ_1 Ds_1 \frac{\cos \vartheta_1}{r} \frac{d (\cos \vartheta \, Ds)}{d\varphi}$$

$$= A^2 JJ_1 Ds_1 \frac{\cos \vartheta_1}{r} \left\{ \frac{z - z_1}{r} Dy - \frac{y - y_1}{r} Dz \right\}.$$

Wenn wir noch die entsprechenden Ausdrücke für die Momente M_η und M_ζ aufstellen, so ergibt sich, dass die Axe des ganzen, von dem Elemente $J_1 Ds_1$ und JDs ausgeübten Koppelmomentes gegen die durch Ds und r gelegte Ebene senkrecht steht. Die Drehung findet in der Richtung von Ds gegen die Richtung r ($Ds_1 \longrightarrow Ds$) hin statt, und die Grösse des in diesem Sinne ausgeübten Drehungsmomentes ist:

$$A^2 JDs \, J_1 Ds_1 \frac{\cos \vartheta_1 \sin \vartheta}{r}.$$

Man sieht aber leicht, dass ein Drehungsmoment von ganz derselben Richtung und Grösse auch ausgeübt wird durch das bei der Zerlegung der translatorischen Wirkung gefundene Kräftepaar. Es herrscht somit die geforderte Uebereinstimmung zwischen den translatorischen und rotatorischen Wirkungen.

Dasselbe ergibt sich nun auch für die zweite Form des Potentials:

$$- A^2 \, JDs \; J_1 \, Ds_1 \, \frac{\cos \varepsilon}{r} \cdot$$

Die Zerlegung der translatorischen Wirkung ergibt sich durch eine Combination der Gleichungen (III) und (II') des vorhergehenden Abschnittes. Wir erhalten folgende Kräfte zwischen den beiden Stromelementen.

1. Eine auf dem Elemente Ds senkrechte Kraft, welche gegeben ist durch den Grassmann'schen Ausdruck.

2. Ein von $J_1 \, Ds_1$ auf die Endpunkte α und β des Elements JDs ausgeübtes Kräftepaar, welches das Element Ds dem Elemente Ds_1 parallel zu stellen sucht. Die auf α ausgeübte Kraft ist dem Elemente Ds_1 parallel und hat den Werth $A^2 \, \frac{JJ_1 \, Ds_1}{r_\alpha}$, die auf β ausgeübte ist dem Elemente Ds_1 entgegengesetzt und hat den Werth $- \frac{A^2 JJ_1 \, Ds_1}{r_\beta}$.

Die Bestimmung des elementaren Drehungsmoments ergibt sich ganz in derselben Weise wie in dem vorhergehenden Falle. Führen wir wieder die Hülfsaxen ξ, η, ζ ein, so ergibt sich für das Drehungsmoment um die Axe ξ:

$$M_\xi = A^2 \, JJ_1 \, \frac{Ds_1 \, Dy - Dy_1 \, Dz}{r} \cdot$$

Es ergibt sich hieraus ein von $J_1 \, Ds_1$ auf JDs ausgeübtes Drehungsmoment, welches das Element Ds mit Ds_1 parallel zu stellen sucht, und welches den Werth hat:

$$A^2 \, JDs \, J_1 \, Ds_1 \, \frac{\sin \varepsilon}{r} \cdot$$

Ein ganz ebensolches Drehungsmoment wird aber auch ausgeübt durch das bei der Zerlegung der translatorischen Wirkung gefundene Kräftepaar, sodass also auch bei der

zweiten Form des Potentials vollkommene Harmonie zwischen
den beiden Arten von Wirkungen vorhanden ist.

Wir haben ferner bemerkt, dass nach dem Gesetz des
elementaren Potentials auch dann eine gewisse Arbeit geleistet wird, wenn ein ausdehnsames Stromelement unter der
Wirkung eines unveränderlichen Elementes eine Verlängerung
erleidet, und dass auch diese Arbeit durch den negativen Zuwachs des electrodynamischen Potentials gegeben wird. Bezeichnen wir also durch Δs die Verlängerung des Elements
Ds, so ist die geleistete Arbeit, je nachdem wir von der
einen oder andern Form des electrodynamischen Potentials
ausgehen, gleich:

$$A^2 J \Delta s\, J_1\, D s_1\, \frac{\cos \vartheta \cos \vartheta_1}{r},$$

oder gleich:

$$A^2 J \Delta s \,.\, J_1\, D s_1 \,.\, \frac{\cos \varepsilon}{r}.$$

Beide Ausdrücke repräsentiren aber gleichzeitig diejenige
Arbeit, welche bei einer Verlängerung des Elements durch
die der einen und andern Form des Potentials entsprechenden Endkräfte geleistet wird.

Nachdem hierdurch gezeigt ist, dass das Potentialgesetz ein in sich vollkommen widerspruchsfreies
System electrodynamischer Wirkungen darstellt,
wenden wir uns zu der Frage, ob dasselbe auch mit den
experimentell vorliegenden Thatsachen in Uebereinstimmung zu bringen ist. Dass für den Fall geschlossener Ströme, welche in starren oder biegsamen
Leitern circuliren, die wirksamen Kräfte nach dem Potentialgesetze dieselben sind, wie nach dem Ampère'schen, ergibt
sich unmittelbar aus den für beide Gesetze gegebenen Formeln. Etwas anders gestalten sich die Verhältnisse, wenn
die Stromringe mit Gleitstellen behaftet sind. Zwar ist
auch in diesem Falle die bei einer beliebigen Verschiebung
derselben geleistete Gesammtarbeit dieselbe nach beiden Gesetzen, aber sie vertheilt sich in ganz verschiedener Weise
auf die einzelnen Elemente. Diese Verschiedenheit der
Stellen, welche den eigentlichen Sitz der geleisteten Arbeit

bilden, tritt in besonders eigenthümlicher Weise hervor bei den electrodynamischen Rotationen.

Es möge zuerst der folgende Fall betrachtet werden: der eine der beiden Stromkreise sei gegeben durch eine in verticaler Richtung fest aufgestellte Spirale, deren positives Ende, α, nach oben gerichtet ist. Der zweite Stromring enthalte einen um die Axe der Spirale drehbaren Bügel, dessen eines Ende in der Drehungsaxe liege, während das andere Ende in eine mit leitender Flüssigkeit gefüllte Schale tauche, durch welche die positive Electricität dem Bügel zugeführt werden soll. Der Flüssigkeitsfaden, in welchem der Strom der Electricität sich bewegt, besitze die Form eines mit der Spirale concentrischen Kreisbogens; bezeichnen wir das Ende des Stromfadens durch β, so fällt dieser Punkt, räumlich genommen, zusammen mit dem Punkte α, durch welchen das Ende des rotirenden Bügels bezeichnet wurde.

Nach dem Ampère'schen Gesetze ergibt sich in diesem Falle die Theorie der Rotation des Bügels. in folgender Weise. Die auf die Elemente des flüssigen Stromfadens ausgeübten Kräfte sind vertical gerichtet, können also eine Rotation des Bügels nicht hervorrufen. Wirksam sind allein die auf die Elemente des starren Bügels ausgeübten Kräfte, und diese setzen sich, wie aus der dritten Zerlegung hervorgeht, zusammen zu einer in dem unteren Endpunkte α des Bügels angreifenden Resultante, welche, gegen den nach α gerichteten Radius Vector senkrecht gerichtet, den Bügel in demselben Sinne zu drehen sucht, in welchem die Spirale von dem Strome durchflossen wird.

Was die Theorie der betrachteten Rotation vom Standpunkte der Potentialtheorie aus anbelangt, so können wir bemerken, dass wir, sobald es sich um die Wirkung eines geschlossenen Stromes auf ein Stromelement handelt, ebenso gut die zweite wie die erste Form des elementaren Potentials benutzen können, da beide sich nur durch Glieder unterscheiden, welche bei der Integration über einen geschlossenen Stromring verschwinden. Bei der Rotation eines Bügels um die Axe eines Solenoides sind nun die auf die Elemente des Bügels ausgeübten Kräfte nach dem Potential-

gesetze jedenfalls gleich Null; es kann also die Rotation nur
hervorgebracht werden durch Kräfte, welche auf die Elemente *Ds* des flüssigen Stromfadens wirken. Die auf eines
dieser Elemente *Ds* ausgeübte Wirkung zerfällt aber nach
der für die zweite Form des Potentiales gegebenen Zerlegung in zwei Theile. Der erste Theil ist gegeben durch
die dem Grassmann'schen Gesetze entsprechende Kraft, welche,
gegen *Ds* senkrecht gerichtet, auf die Rotation von keinem
Einfluss sein kann. Der zweite Theil rührt her von den
Kräftepaaren, welche die Elemente *Ds*$_1$ des Solenoides auf
Ds ausüben. Diese Kräftepaare setzen sich zusammen zu
einer Resultante, d. h. zu einem einzigen Kräftepaare, dessen
Angriffspunkte in den Endpunkten von *Ds* gelegen sind, und
welches mit Bezug auf das Element *Ds* eine longitudinale
Richtung besitzt. Die auf das Ende von *Ds* ausgeübte Kraft
hat dieselbe Richtung wie der Strom in den benachbarten
Theilen der Spirale, die auf den Anfangspunkt ausgeübte die,
entgegengesetzte. Betrachten wir nun die Kräftepaare, welche
auf die Endpunkte der aufeinanderfolgenden Elemente des
flüssigen Bogens wirken, so werden sich alle auf die inneren
Elemente ausgeübten Einzelkräfte gegeneinander aufheben,
sodass nur die auf das Ende β des Bogens ausgeübte Kraft
übrig bleibt. Nehmen wir an, dass das Ende β des flüssigen Bogens infolge molecularer Adhäsionskräfte an dem
Ende α des Bügels festhaftet, so wird sich die unmittelbar
um β ausgeübte Kraft auf den Bügel übertragen und diesen
in Rotation versetzen. Die hierdurch bestimmte Rotationsrichtung ist dieselbe wie nach dem Ampère'schen Gesetz;
überdies aber ist die auf β ausgeübte Kraft ebenso gross
wie die nach dem Ampère'schen Gesetz auf den rotirenden
Bügel ausgeübte, sodass also auch in quantitativer Hinsicht
Uebereinstimmung zwischen den beiden Gesetzen vorhanden ist.

Grössere Schwierigkeiten bietet für die Erklärung durch
das Potentialgesetz der Fall, dass auch der Bogen, durch
welchen der Strom in das untere Ende des Bügels eintritt,
aus einem vollkommen starren Leiter besteht, ein Fall, welcher von Zöllner in dem einen seiner Versuche verwirklicht

worden ist. Das Potentialgesetz kann auf denselben nur
dann Anwendung finden, wenn der Uebergang der Electricität durch einen flüssigen Bogen vermittelt wird, wie er
durch glühende Metalldämpfe an der Uebergangsstelle erzeugt werden kann. Die Erklärung der Rotation durch das
Potentialgesetz würde aber noch die weitere Hypothese nothwendig machen, dass das Ende jenes von leitenden Dämpfen
gebildeten Bogens an dem unteren Ende des rotirenden Bügels fest hafte, sodass die auf das Ende jenes Bogens ausgeübte Kraft sich auf das untere Ende des Bügels überträgt,
ganz ebenso wie dies im vorhergehenden Falle für das Ende
des flüssigen Zuleitungsbogens angenommen wurde. Die übrigen von Zöllner zur Widerlegung des Potentialgesetzes
ausgeführten Versuche mit modificirten Gleitstellen legen,
wie sich aus den vorhergehenden Betrachtungen ergibt, der
Erklärung durch dieses Gesetz keine weiteren Schwierigkeiten in den Weg.

Als Resultat der Untersuchung ergibt sich somit, dass
die Versuche über electrodynamische Rotationen sich mit
dem Potentialgesetz in Uebereinstimmung bringen lassen,
wenngleich darüber kaum ein Zweifel bestehen kann, dass
principiell die Erklärung derselben vom Standpunkte des
Ampère'schen Gesetzes aus eine einfachere ist. Dagegen
ist die letzte Gruppe der schon im vorhergehenden Abschnitt betrachteten Erscheinungen, welche durch die Einwirkung des Magnetismus auf die positive Entladung in
Geissler'schen Röhren gebildet wird, mit dem Potentialgesetz
unvereinbar, sodass durch die von Plücker für diese
Erscheinungen aufgestellten Gesetze die Alternative zwischen den beiden Gesetzen zu Gunsten des
Ampère'schen entschieden wird.

Der vorhergehenden Untersuchung liegt durchweg die
Anschauung zu Grunde, dass durch das Potentialgesetz
eine in gewissem Sinne einheitliche Wirkung zweier
Stromelemente aufeinander repräsentirt werde,
dass der Charakter dieses Gesetzes vollkommen
derselbe sein soll, wie der des Ampère'schen. Die
Bemerkungen, welche wir am Schlusse des vorhergehenden

Abschnittes hinzugefügt haben, enthalten nun aber die Möglichkeit einer ganz anderen Auffassung des Potentialgesetzes. Wir haben gesehen, dass der Annahme von
Wirkungen, welche ihren Ausgangspunkt in den Sammelstellen freier Electricität haben, von experimenteller Seite
kein Hinderniss in den Weg zu legen ist. Es könnten also
solche Wirkungen existiren, und sie könnten ihrer Richtung
und Grösse nach genau entgegengesetzt sein denjenigen,
welche im Ampère'schen Gesetz nach den von uns gegebenen
Zerlegungen scheinbar enthalten sind. Unter diesen Umständen würde die bei der Bewegung zweier, von galvanischen Strömen durchflossener Leiter geleistete Arbeit unter
allen Umständen durch die Aenderung des electrodynamischen
Potentials bestimmt sein, einerlei ob jene Ströme geschlossen
wären oder nicht. Das Potentialgesetz würde aber in diesem
Falle gar nicht die zwischen zwei Stromelementen vorhandene Wechselwirkung darstellen, sondern es wäre nur ein
äusserliches Band, durch welches zwei ganz verschiedenartige
Wirkungen vereinigt würden, die zwischen den Stromelementen wirkende Ampère'sche Kraft und jene singulären Kräfte,
welche zwischen den Stromelementen und den Sammelstellen freier Electricität ausserdem noch anzunehmen wären.
Natürlich würden einer solchen Auffassung des Potentialgesetzes gegenüber die im Vorhergehenden angestellten Betrachtungen ihre Bedeutung verlieren.

III. Das Helmholtz'sche Potential in seiner Beziehung zum Weber'schen Grundgesetz.

Unsere Betrachtungen beziehen sich wieder auf die
Wechselwirkung zweier Stromelemente JDs und $J_1 Ds_1$; die
Menge der positiven Electricität, welche sich in dem Elemente Ds mit der Geschwindigkeit $\frac{ds}{dt}$ bewegt, sei eDs, die
Menge der negativen Electricität $e'Ds = -eDs$, und $\frac{ds'}{dt}$
$= -\frac{ds}{dt}$ ihre Geschwindigkeit. Für das Element Ds werden die entsprechenden Grössen bezeichnet durch $e_1 Ds_1$,
$\frac{ds_1}{dt}$, $e_1' Ds_1 = -e_1 Ds_1$ und $\frac{ds_1'}{dt} = -\frac{ds_1}{dt}$.

Nach dem von Carl Neumann aufgestellten Potentialgesetze kann die von $e_1 Ds_1$ auf $e Ds$ ausgeübte Wirkung dargestellt werden durch die negativen Variationscoëfficienten
des Ausdrucks:

$$w = e Ds \cdot e_1 Ds_1 \{\varphi + \tilde{\omega}\},$$

in welchem zur Abkürzung gesetzt ist:

$$\varphi = \frac{1}{r} \quad \text{und} \quad \tilde{\omega} = 2 A^2 \left(\frac{d\psi}{dt}\right)^2,$$
$$\psi = \sqrt{r}.$$

Für die X-Componente der betrachteten Wirkung ergibt
sich daher die folgende Gleichung:

$$X(e_1 Ds_1 \to e Ds) = -\frac{\partial w}{\partial x} + \frac{d}{dt} \cdot \frac{\partial w}{\partial x'},$$

eine Gleichung, welche mit Rücksicht darauf, dass φ und $\tilde{\omega}$
lediglich Functionen der relativen Coordinaten $x - x_1$, $y - y_1$,
$z - z_1$ sind, auch so geschrieben werden kann:

$$X = -\frac{\partial w}{\partial (x - x_1)} + \frac{d}{dt} \frac{\partial w}{\partial \frac{d(x - x_1)}{dt}}.$$

Nun ergibt sich zunächst für die Function $\tilde{\omega}$ die Gleichung:

$$\frac{d}{dt} \cdot \frac{\partial \tilde{\omega}}{\partial \frac{d(x - x_1)}{dt}} = \frac{\partial}{\partial s} \frac{\partial \tilde{\omega}}{\partial \frac{\partial(x - x_1)}{\partial s}} + \frac{\partial}{\partial s_1} \frac{\partial \tilde{\omega}}{\partial \frac{\partial(x - x_1)}{\partial s_1}}.$$

Dieselbe Gleichung gilt daher auch für:

$$w = e Ds \cdot e_1 Ds_1 \{\varphi + \tilde{\omega}\},$$

da φ von den Differentialquotienten der relativen Coordinaten unabhängig ist. Der Ausdruck für die X-Componente
kann daher auf folgende Form gebracht werden:

$$X(e_1 Ds_1 \to e Ds) = -\frac{\partial w}{\partial (x - x_1)} + \frac{\partial}{\partial s} \cdot \frac{\partial w}{\partial \frac{\partial(x - x_1)}{\partial s}} + \frac{\partial}{\partial s_1} \frac{\partial w}{\partial \frac{\partial(x - x_1)}{\partial s_1}}.$$

Es wird somit die von $e_1 Ds_1$ auf $e Ds$ ausgeübte X-Com-
ponente dargestellt durch den negativen Variationscoëfficienten des Potentials w nach der relativen x-Coordinate des
Elementes Ds mit Bezug auf Ds_1. Dabei ist das Potential
w jetzt aufzufassen als eine Function der drei relativen
Coordinaten: $\quad x - x_1, \quad y - y_1, \quad z - z_1$

und der sechs Differentialquotienten:

$$\frac{\partial\,(x-x_1)}{\partial s}, \qquad \frac{\partial\,(y-y_1)}{\partial s}, \qquad \frac{\partial\,(z-z_1)}{\partial s},$$

$$\frac{\partial\,(x-x_1)}{\partial s_1}, \qquad \frac{\partial\,(y-y_1)}{\partial s_1}, \qquad \frac{\partial\,(z-z_1)}{\partial s_1},$$

und ist die Variation dieser Abhängigkeit entsprechend auszuführen. Das den beiden Electricitätsmengen $e\,Ds$ und $e_1\,Ds_1$
zugehörende Potential w setzt sich zusammen aus dem electrostatischen Theil $e\,Ds \cdot e_1\,Ds_1 \cdot \varphi$ und dem electrodynamischen
Theil $e\,Ds \cdot e_1\,Ds_1 \cdot 2\,A^2\left(\dfrac{d\,\psi}{d\,t}\right)^2$. Sind die beiden Elemente Ds
und Ds_1 selbst in irgend welcher Bewegung begriffen, und
ist p ein von der Zeit abhängender Parameter, durch welchen ihre augenblickliche Lage bestimmt wird, so ergibt sich:

$$\left(\frac{d\,\psi}{d\,t}\right)^2 = \left(\frac{\partial\,\psi}{\partial s}\right)^2 \cdot \left(\frac{d\,s}{d\,t}\right)^2 + \left(\frac{\partial\,\psi}{\partial s_1}\right)^2 \cdot \left(\frac{d\,s_1}{d\,t}\right)^2 + \left(\frac{\partial\,\psi}{\partial p}\right)^2 \cdot \left(\frac{d\,p}{d\,t}\right)^2$$

$$+\; 2\,\frac{\partial\,\psi}{\partial s}\cdot\frac{\partial\,\psi}{\partial s_1}\cdot\frac{d\,s}{d\,t}\cdot\frac{d\,s_1}{d\,t}$$

$$+\; 2\,\frac{\partial\,\psi}{\partial s}\cdot\frac{\partial\,\psi}{\partial p}\cdot\frac{d\,s}{d\,t}\cdot\frac{d\,p}{d\,t} + 2\,\frac{\partial\,\psi}{\partial s_1}\cdot\frac{\partial\,\psi}{\partial p}\cdot\frac{d\,s_1}{d\,t}\cdot\frac{d\,p}{d\,t}.$$

Ganz in derselben Weise wird sich nun auch die Wirkung darstellen, welche von der negativ electrischen Masse
$e_1'\,Ds_1$ des Elements Ds_1 auf $e\,Ds$ ausgeübt wird. Wir werden nur in dem für w gegebenen Ausdrucke $e_1\,Ds_1$ zu ver-
tauschen haben mit $e_1'\,Ds_1$, $\dfrac{d\,s_1}{d\,t}$ mit $\dfrac{d\,s_1'}{d\,t}$. Für die ganze von
dem Stromelement Ds_1 auf die positive Electricität des Ele-
ments Ds ausgeübte X-Componente ergibt sich daher:

$$X_p = -\frac{\partial\,w_p}{\partial\,(x-x_1)} + \frac{\partial}{\partial s}\frac{\partial\,w_p}{\partial\frac{\partial\,(x-x_1)}{\partial s}} + \frac{\partial}{\partial s_1}\cdot\frac{\partial\,w_p}{\partial\frac{\partial\,(x-x_1)}{\partial s_1}}, \qquad \text{wo:}$$

$$w_p = 8\,A^2\,e\,Ds \cdot e_1\,Ds_1 \left\{ \frac{\partial\,\psi}{\partial s}\cdot\frac{\partial\,\psi}{\partial s_1}\cdot\frac{d\,s}{d\,t}\cdot\frac{d\,s_1}{d\,t} + \frac{\partial\,\psi}{\partial s_1}\cdot\frac{\partial\,\psi}{\partial p}\cdot\frac{d\,s_1}{d\,t}\cdot\frac{d\,p}{d\,t} \right\}.$$

Aus dem für X_p gegebenen Ausdrucke ergibt sich dann
die auf die negative Masse $e'\,Ds$ des Elements Ds ausgeübte
X-Componente durch Vertauschung von $e\,Ds$ mit $e'\,Ds$, von
$\dfrac{d\,s}{d\,t}$ mit $\dfrac{d\,s'}{d\,t}$. Endlich ergibt sich daher für die ganze, von

dem Elemente Ds_1 auf das Element Ds ausgeübte X-Componente der Ausdruck:

$$X = - \frac{\partial w}{\partial (x - x_1)} + \frac{\partial}{\partial s} \cdot \frac{\partial w}{\partial \frac{\partial (x - x_1)}{\partial s}} + \frac{\partial}{\partial s_1} \cdot \frac{\partial w}{\partial \frac{\partial (x - x_1)}{\partial s_1}},$$

wo das Potential:

$$w = 16 A^2 e\, Ds \cdot e_1\, Ds_1 \frac{\partial \psi}{\partial s} \cdot \frac{\partial \psi}{\partial s_1} \cdot \frac{ds}{dt} \cdot \frac{ds_1}{dt},$$

oder, da:

$$2 e \frac{ds}{dt} = J, \qquad 2 e_1 \frac{ds_1}{dt} = J_1,$$

$$w = 4 A^2 J\, Ds \cdot J_1\, Ds_1 \cdot \frac{\partial \psi}{\partial s} \cdot \frac{\partial \psi}{\partial s_1}.$$

Wir sind somit zu dem folgenden, mit dem Ampère'schen Gesetze äquivalenten Satze gelangt[1]):

Die Componenten der Wirkung, welche ein Stromelement $J_1 Ds_1$ auf ein anderes Element $J Ds$ ausübt, lassen sich darstellen durch die negativen Variationscoëfficienten einer und derselben Function nach den relativen Coordinaten des Elementes Ds mit Bezug auf das Element Ds_1. Diese Function, welche wir als das Potential der beiden Stromelemente aufeinander bezeichnen können, hat den Werth:

$$4 A^2 J\, Ds \cdot J_1\, Ds_1 \frac{\partial \psi}{\partial s} \cdot \frac{\partial \psi}{\partial s_1}.$$

Das Weber'sche Gesetz führt somit zu einem Potential zweier Stromelemente, welches identisch

---

1) Wie ich erst nach dem Abschlusse der vorliegenden Untersuchungen bemerkt habe, ist der im Vorhergehenden bewiesene Satz von Carl Neumann in seiner Abhandlung „Die Principien der Electrodynamik" (Programm der Tübinger Universität 1868) ausgesprochen worden. Die betreffende Stelle seiner Abhandlung lautet:

1. Ist W das effective Potential der beiden Stromelemente aufeinander und r ihre Entfernung, so wird jederzeit:

$$W = \frac{(2n)^2\, ds \cdot d\sigma \cdot e s' \cdot \eta\, \sigma'}{2} \cdot \frac{\partial \psi}{\partial s} \cdot \frac{\partial \psi}{\partial \sigma}$$

sein. . . . .

2. Die repulsive Kraft R, mit welcher die beiden Stromelemente aufeinander einwirken, ist jederzeit gleich dem negativen Variationscoëfficienten des Potentiales W nach r.

ist mit der ersten Form des Helmholtz'schen Potentials; aber es ergibt sich gleichzeitig, dass nach dem Weber'schen Grundgesetze die Componenten der wirkenden Kraft aus diesem Potential nicht durch eine Differentiation abgeleitet werden dürfen, sondern durch eine Variation.

Lenken wir nun unsere Betrachtung für einen Augenblick zurück zu dem Helmholtz'schen Potentialgesetze, so geht aus der ganzen Untersuchung des vorhergehenden Abschnittes hervor, dass dasselbe in einer sehr nahen Verwandtschaft zu dem Ampère'schen Gesetz steht, und daraus ergibt sich, dass das Helmholtz'sche Potentialgesetz so wenig wie das Ampère'sche Gesetz den Charakter eines nicht weiter reducirbaren Grundgesetzes besitzt. Es würde somit an das Potentialgesetz, selbst wenn es mit den experimentellen Thatsachen in Uebereinstimmung sich befände, doch die weitere Forderung herantreten, die complicirte Gesammtwirkung, für welche es den Ausdruck bildet, aufzulösen in die wahren Grundkräfte, welche zwischen den in galvanischer Strömung begriffenen Theilchen ausgeübt werden. Nur durch eine solche Zurückführung würde der formale Zusammenhang, welchen das Potentialgesetz zwischen den verschiedenen Arten electrodynamischer Wirkungen herstellte, ersetzt durch einen innern Zusammenhang, welcher auf die Natur der electrischen Theilchen und die verschiedenen Zustände der Bewegung, in welchen sie sich befinden, begründet wäre. Die für das Potentialgesetz noch zu lösende Aufgabe wäre die, ein Grundgesetz der electrischen Wechselwirkung zu entdecken, aus welchem dasselbe ebenso abgeleitet werden könnte wie das Ampére'sche Gesetz aus dem Weber'schen Grundgesetze.

Mit Bezug auf den im Vorhergehenden entwickelten Satz kann man nun sagen, dass dieses gesuchte Grundgesetz kein anderes sei als das Weber'sche Grundgesetz selbst; dieses führt nämlich in der That hin zu dem Helmholtz'schen Potentialgesetze, aber es folgt aus dem Weber'schen Gesetz überdiess noch eine bestimmte Regel, nach welcher die wirkende Kraft unter allen Umständen in Uebereinstimmung mit dem Grundgesetz aus dem Potential abzuleiten ist, eine Regel, welche nicht

etwa aus der Form des Potentials errathen, sondern nur
durch die Ableitung des Potentials aus dem Grundgesetze
gefunden werden kann. Die Nichtbeachtung dieser Regel
führt zu den Schwierigkeiten, welche bei der Anwendung
des Potentials hervortreten, und zu dem von uns hervorgehobenen Widerspruch mit den von Plücker beobachteten
Thatsachen.

IV. Das electromotorische Elementargesetz und das Princip der Erhaltung der Energie.

Der Uebergang von der ponderomotorischen Wirkung
der Electrodynamik zu der electromotorischen kann auf zwei
verschiedenen Wegen bewerkstelligt werden. Der eine dieser
Wege besteht darin, dass man, ausgehend von gewissen Vorstellungen über das Wesen der galvanischen Strömung, die
ponderomotorische Wirkung auflöst in die zwischen den einzelnen bewegten Theilchen bestehenden Grundkräfte, und
dass man dann mit Hülfe dieser letzteren die complicirteren
Wirkungen bestimmt, wie sie von bewegten Elementen mit
veränderlicher Stromstärke ausgehen. Der andere Weg ist
völlig unabhängig von jeder speciellen Vorstellung über die
Natur der galvanischen Strömung, und sucht den Zusammenhang zwischen jenen beiden Gebieten electrodynamischer
Wirkungen lediglich durch die allgemeinen Principien der
Mechanik, insbesondere also das Princip der Erhaltung der
Energie zu begründen. Der eine dieser beiden Wege ist
derjenige, welchen Weber in seiner Theorie der Electrodynamik verfolgt hat, der andere wurde von Carl Neumann
benutzt, um von dem Ampère'schen Gesetze der ponderomotorischen Wirkung zu dem Elementargesetze der electromotorischen Wirkung zu gelangen. Nun ist aber das von Neumann gefundene Gesetz, von welchem er durch eine sehr
umfassende Analyse gezeigt hat, dass es das einzige ist, welches in Verbindung mit dem Ampère'schen Gesetze dem
Principe der Erhaltung der Energie genügt, mit dem von
Weber gegebenen nicht identisch. Die Neumann'sche Untersuchung hat daher auf jeden Fall eine in der Weber'schen
Theorie enthaltene und zur Zeit noch nicht ausgefüllte Lücke

aufgedeckt, und für eine oberflächliche Betrachtung würde
die Vermuthung nahe liegen, dass diese Lücke in der Ableitung des electromotorischen Elementargesetzes zu suchen
sei. Dass diese Vermuthung, soweit sie sich allein auf die
Neumann'sche Untersuchung gründet, eine irrige ist, wird
die folgende Untersuchung zeigen, aus welcher sich ergibt,
dass der Fehler ebensowohl in dem Ampère'schen Gesetze
gesucht werden kann wie in dem Elementargesetze der Induction.

Wir geben zunächst eine möglichst einfache Herleitung
des C. Neumann'schen Inductionsgesetzes, durch welche gleichzeitig seine Beziehung zu den Inductionsgesetzen von Weber
und F. Neumann klar gelegt wird.

Es seien gegeben zwei Stromelemente JDs und $J_1 Ds_1$,
welche in irgend welcher Bewegung begriffen, in welchen die
Stromstärken zwar gleichförmig, aber beliebigen zeitlichen
Veränderungen unterworfen sein mögen. Bezeichnen wir die
Entfernung der Elemente wie früher durch r, und setzen
wir $\sqrt{r} = \psi$, so kann diejenige electromotorische Kraft, welche
in dem Elemente Ds durch seine relative Bewegung gegen
das Element Ds_1 inducirt wird, nach dem Weber'schen Gesetz dargestellt werden durch den Ausdruck:

$$E = 8 A^2 J_1 \frac{\partial \psi}{\partial s} \cdot \frac{\partial^2 \psi}{\partial s_1 \partial \tau} \cdot Ds \, Ds_1,$$

wo τ die Zeit bezeichnet, insofern die räumliche Lage der
beiden Elemente von derselben abhängt.

In ähnlicher Weise wie das Ampère'sche Gesetz kann
auch dieser Ausdruck transformirt werden, und es ergibt
sich so die folgende Gleichung für die electromotorische Kraft:

$$E = 4 A^2 J_1 \frac{\partial}{\partial \tau} \left(\frac{\partial \psi}{\partial s} \cdot \frac{\partial \psi}{\partial s_1} \right) Ds \, Ds_1,$$

$$- 4 A^2 J_1 \frac{\partial}{\partial s} \left(\frac{\partial \psi}{\partial \tau} \cdot \frac{\partial \psi}{\partial s_1} \right) Ds \, Ds_1,$$

$$+ 4 A^2 J_1 \frac{\partial}{\partial s_1} \left(\frac{\partial \psi}{\partial \tau} \cdot \frac{\partial \psi}{\partial s} \right) Ds \, Ds_1.$$

Eine zweite electromotorische Kraft wird in dem Elemente Ds inducirt durch die Aenderung der Stromstärke in

dem Elemente Ds_1. Bezeichnen wir die Zeit, insofern die Stärke des Stromes J_1 von derselben abhängt, durch T_1, so ist diese electromotorische Kraft nach dem Weber'schen Gesetze gegeben durch:

$$E' = 4 A^2 \frac{\partial \psi}{\partial s} \cdot \frac{\partial \psi}{\partial s_1} \cdot \frac{d J_1}{d T_1} \cdot Ds\, Ds_1.$$

Die ganze in dem Elemente Ds inducirte electromotorische Kraft ist somit nach dem Weber'schen Gesetze:

$$E = 4 A^2 J_1 \frac{\partial}{\partial \tau} \left(\frac{\partial \psi}{\partial s} \cdot \frac{\partial \psi}{\partial s_1} \right) Ds\, Ds_1 + 4 A^2 \frac{\partial \psi}{\partial s} \cdot \frac{\partial \psi}{\partial s_1} \cdot \frac{d J_1}{d T_1} \cdot Ds\, Ds_1$$

$$- 4 A^2 J_1 \frac{\partial}{\partial s} \left(\frac{\partial \psi}{\partial \tau} \cdot \frac{\partial \psi}{\partial s_1} \right) Ds\, Ds_1 + 4 A^2 J_1 \frac{\partial}{\partial s} \left(\frac{\partial \psi}{\partial \tau} \cdot \frac{\partial \psi}{\partial s} \right) Ds\, Ds_1.$$

Wir ersetzen diesen Ausdruck durch den folgenden allgemeineren, welcher gleichzeitig auch die von F. Neumann aufgestellten Gesetze als specielle Fälle umfasst:

$$E = 4 A^2 J_1 \frac{\partial}{\partial \tau} \left(\frac{\partial \psi}{\partial s} \cdot \frac{\partial \psi}{\partial s_1} \right) Ds\, Ds_1 + 4 A^2 \frac{\partial \psi}{\partial s} \cdot \frac{\partial \psi}{\partial s_1} \cdot \frac{d J_1}{d T_1} Ds\, Ds_1$$

$$- 4 A^2 J_1 \frac{\partial}{\partial s} \left(\frac{\partial \psi}{\partial \tau} \cdot \frac{\partial \psi}{\partial s_1} \right) Ds\, Ds_1.$$

$$+ 4 p\, A^2 J_1 \frac{\partial}{\partial s_1} \left(\frac{\partial \psi}{\partial \tau} \cdot \frac{\partial \psi}{\partial s} \right) Ds\, Ds_1 + q\, A^2 \frac{\partial^2 \psi^2}{\partial s\, \partial s_1} \cdot \frac{d J_1}{d T_1} Ds\, Ds_1,$$

ein Ausdruck, welcher für $p = -1$ und $q = 1$ die von F. Neumann aufgestellten Elementargesetze gibt. Bezeichnen wir die Wärmemenge, welche während der kleinen Zeit dt durch die galvanische Strömung in den Elementen Ds und Ds_1 producirt wird, durch dQ, so ist:

$$dQ = (E . J + E_1 J_1)\, dt,$$

wo unter E_1 die auf das Element Ds_1 wirkende electromotorische Kraft zu verstehen ist. Substituiren wir hier für E und E_1 die aus dem Vorhergehenden sich ergebenden Werthe, und setzen wir:

$$\frac{d}{dt} = \frac{\partial}{\partial \tau} + \frac{\partial}{\partial T} + \frac{\partial}{\partial T_1}$$

$$\frac{d}{dT} = \frac{\partial}{\partial T} + \frac{\partial}{\partial T_1},$$

so ergibt sich:

$$\frac{dQ}{dt} = \frac{d}{dt}\left\{ 4\,A^2 JJ_1\,\frac{\partial\psi}{\partial s}\cdot\frac{\partial\psi}{\partial s_1}\cdot Ds\,Ds_1\right\}$$

$$+ \frac{d}{d\tau}\left\{ 4\,A^2 JJ_1\,\frac{\partial\psi}{\partial s}\cdot\frac{\partial\psi}{\partial s_1}\cdot Ds\,Ds_1\right\}$$

$$- 4\,(1-p)\,A^2 JJ_1\left\{ \frac{\partial}{\partial s}\left(\frac{\partial\psi}{\partial\tau}\cdot\frac{\partial\psi}{\partial s_1}\right) + \frac{\partial}{\partial s_1}\left(\frac{\partial\psi}{\partial\tau}\cdot\frac{\partial\psi}{\partial s}\right)\right\} Ds\,Ds_1$$

$$+ q\,A^2\,\frac{\partial}{\partial T}\left\{ JJ_1\,\frac{\partial^2\psi^2}{\partial s\,\partial s_1}\,Ds\,Ds_1\right\}.$$

Andererseits gilt für die ponderomotorische Arbeit dL, welche von den electrodynamischen Kräften während der Zeit dt geleistet wird, nach dem Ampère'schen Gesetze die Gleichung:

$$\frac{dL}{dt} = - \frac{\partial}{\partial\tau}\left\{ 4\,A^2\,JJ_1\,\frac{\partial\psi}{\partial s}\cdot\frac{\partial\psi}{\partial s_1}\cdot Ds\,Ds_1\right\}$$

$$+ 4\,A^2 JJ_1\left\{ \frac{\partial}{\partial s}\left(\frac{\partial\psi}{\partial\tau}\cdot\frac{\partial\psi}{\partial s_1}\right) + \frac{\partial}{\partial s_1}\left(\frac{\partial\psi}{\partial\tau}\cdot\frac{\partial\psi}{\partial s}\right)\right\} Ds\,Ds_1.$$

Setzen wir:

$$P = 4\,A^2 JJ_1\,\frac{\partial\psi}{\partial s}\cdot\frac{\partial\psi}{\partial s_1}\cdot Ds\,Ds_1,$$

so wird:

$$dL+dQ = dP + 4p A^2 JJ_1\left\{ \frac{\partial}{\partial s}\left(\frac{\partial\psi}{\partial\tau}\cdot\frac{\partial\psi}{\partial s_1}\right) + \frac{\partial}{\partial s_1}\left(\frac{\partial\psi}{\partial\tau}\cdot\frac{\partial\psi}{\partial s}\right)\right\} Ds\,Ds_1.dt$$

$$+ q\,A^2\,\frac{\partial}{\partial T}\left\{ JJ_1\,\frac{\partial^2\psi^2}{\partial s\,\partial s_1}\,Ds\,Ds_1\right\} dt.$$

Dem von Carl Neumann in seinem Werke „die electrischen Kräfte" aufgestellten Princip zufolge muss aber in jedem sich selbst überlassenen Systeme die Summe der ponderomotorischen und electromotorischen Arbeiten electrodynamischen Ursprungs für sich allein gleich einem vollständigen Differentiale sein. Diese aus dem Princip der Erhaltung der Energie fliessende Forderung kann durch den vorhergehenden Werth von $dL + dQ$ nur erfüllt werden, wenn p und q gleich Null sind, sodass das electromotorische Elementargesetz die folgende Gestalt annimmt:

$$E = 4\,A^2 J_1\,\frac{\partial}{\partial\tau}\left(\frac{\partial\psi}{\partial s}\cdot\frac{\partial\psi}{\partial s_1}\right) Ds\,Ds_1 + 4\,A^2\frac{\partial\psi}{\partial s}\cdot\frac{\partial\psi}{\partial s_1}\cdot\frac{dJ_1}{d\,T_1}\,Ds\,Ds_1$$

$$- 4\,A^2 J_1\,\frac{\partial}{\partial s}\left(\frac{\partial\psi}{\partial\tau}\cdot\frac{\partial\psi}{\partial s_1}\right) Ds\,Ds_1,$$

ein Ausdruck, welcher mit dem von Carl Neumann aufgestellten vollkommen identisch ist.

Um nun zu untersuchen, inwieweit durch das Resultat
der vorhergehenden Rechnung die Gültigkeit des von Weber
aus seiner Theorie abgeleiteten Inductionsgesetzes erschüttert
wird, bringen wir das Carl Neumann'sche Gesetz auf die
Form:

$$E = 8\,A^2 J_1 \frac{\partial \psi}{\partial s} \cdot \frac{\partial^2 \psi'}{\partial s_1 \partial \tau}\, Ds\, Ds_1 + 4\,A^2 \frac{\partial \psi}{\partial s} \cdot \frac{\partial \psi}{\partial s_1} \cdot \frac{dJ_1}{dT_1}\, Ds\, Ds_1$$

$$- 4\,A^2 J_1 \frac{\partial}{\partial s_1} \left\{ \frac{\partial \psi}{\partial \tau} \cdot \frac{\partial \psi}{\partial s} \right\} Ds\, Ds_1 .$$

Hiernach setzt sich die nach dem Neumann'schen Gesetze stattfindende electromotorische Gesammtwirkung zusammen aus zwei Componenten, von welchen die eine identisch ist mit dem von Weber gegebenen Ausdrucke, während
die andere den Werth besitzt:

$$H = - 4\,A^2 J_1 \frac{\partial}{\partial s_1} \left(\frac{\partial \psi}{\partial \tau} \cdot \frac{\partial \psi}{\partial s} \right) Ds\, Ds_1 ,$$

welchen wir für den Fall gleichförmiger Strömung ersetzen
können durch den folgenden:

$$H = - \frac{\partial}{\partial s_1} \left\{ 4\,A^2 J_1 \frac{\partial \psi}{\partial \tau} \cdot \frac{\partial \psi}{\partial s} \cdot Ds \right\} Ds_1 .$$

Bezeichnen wir durch α_1 und β_1 die Enden des Elementes Ds_1, und zwar durch α_1 dasjenige, gegen welches der
Strom der positiven Electricität gerichtet ist, so ergibt sich
für die zu dem Weber'schen Gesetz noch hinzutretende electromotorische Kraft der Werth:

$$H = - 4\,A^2 J_1 \left[\frac{\partial \psi}{\partial \tau} \cdot \frac{\partial \psi}{\partial s} \right]_{\alpha_1} Ds + 4\,A^2 J_1 \left[\frac{\partial \psi}{\partial \tau} \cdot \frac{\partial \psi}{\partial s} \right]_{\beta_1} Ds .$$

Denken wir uns das Element Ds_1 isolirt, so wird infolge der
Strömung an seinen Enden freie Electricität sich anhäufen,
und zwar werden, wenn wir diese freien Electricitäten beziehungsweise mit e_{α_1} und e_{β_1} bezeichnen, die Beziehungen
stattfinden:

$$\frac{de_{\alpha_1}}{dt} = J_1 , \qquad \frac{de_{\beta_1}}{dt} = - J_1 ,$$

mit Hülfe deren die Neumann'sche Zusatzkraft in die Form
gebracht werden kann:

$$H = - 4\,A^2 \frac{de_{\alpha_1}}{dt} \left[\frac{\partial \psi}{\partial \tau} \cdot \frac{\partial \psi}{\partial s} \right]_{\alpha_1} Ds - 4\,A^2 \frac{de_{\beta_1}}{dt} \left[\frac{\partial \psi}{\partial \tau} \cdot \frac{\partial \psi}{\partial s} \right]_{\beta_1} Ds.$$

Nun muss das Princip der Erhaltung der Energie für
ein einzelnes Paar von Stromelementen nur dann erfüllt
sein, wenn dieselben isolirt sind, d. h. rings umgeben von
nichtleitender Substanz. In diesem Falle ist aber eine Strömung der Electricität in den beiden Elementen nur denkbar,
wenn gleichzeitig eine Anhäufung von freier Electricität an
den Enden derselben sich bildet, und das Princip der Erhaltung der Energie kann dann dadurch gewahrt werden, dass
zu der Weber'schen Kraft, durch welche die electromotorische Wirkung der Elemente selbst bestimmt wird, noch je
zwei Kräfte hinzugefügt werden, welche von den Enden der
Elemente, den Sammelstellen der freien Electricität ausgehen.
Für die von den Enden des Stromelementes Ds_1 ausgeübten
Kräfte sind dann diejenigen Ausdrücke zu setzen, welche
wir oben aus dem Carl Neumann'schen Gesetze abgeschieden
haben, nämlich:

$$H_{\alpha_1} = - 4\,A^2 \frac{de_{\alpha_1}}{dt} \left[\frac{\partial \psi}{\partial \tau} \cdot \frac{\partial \psi}{\partial s} \right]_{\alpha_1} Ds$$

$$H_{\beta_1} = - 4\,A^2 \frac{de_{\beta_1}}{dt} \left[\frac{\partial \psi}{\partial \tau} \cdot \frac{\partial \psi}{\partial s} \right]_{\beta_1} Ds.$$

Das Resultat der Neumann'schen Untersuchung kann
somit dahin ausgesprochen werden, dass bei Zugrundelegung des Ampère'schen Gesetzes das Princip der
Erhaltung der Energie gewahrt wird durch eine
Zusatzkraft zu dem Weber'schen electromotorischen Elementargesetz, welche ausgeht von den Sammelstellen freier Electricität. Umgekehrt kann man
aber auch das Ampère'sche Gesetz als den vollständigen Ausdruck der ponderomotorischen Wirkung fallen lassen und
das Weber'sche Gesetz als den vollständigen Ausdruck der
electromotorischen Wirkungen adoptiren; das Princip der Erhaltung der Energie wird dann gewahrt durch eine Zusatzkraft zu dem Ampère'schen Gesetz, welche ebenfalls in den

Sammelpunkten freier Electricität ihren Sitz hat. Bezeichnen wir durch dQ_w diejenige Wärmemenge, welche in der Zeit dt durch die Arbeit der electromotorischen Kräfte erzeugt wird bei Zugrundelegung des Weber'schen Gesetzes, so ist:

$$dQ_w = dP + \frac{\partial P}{\partial \tau} \cdot dt.$$

Soll diese Wärmemenge zusammen mit der Arbeit der ponderomotorischen Kräfte electrodynamischen Ursprungs ein vollständiges Differential sein, so muss diese letztere Arbeit:

$$dT = - \frac{\partial P}{\partial \tau} \cdot dt$$

sein; d. h. die ponderomotorische Arbeit ist dann bestimmt durch den aus dem Helmholtz'schen Potentialgesetz sich ergebenden Ausdruck. **Dem Principe der Erhaltung der Energie wird somit genügt durch die Combination des Weber'schen Inductionsgesetzes mit dem Helmholtz'schen Potentialgesetz der ponderomotorischen Wirkung.** Dabei werden wir dann an der zweiten Auffassung, welche sich uns für dieses Gesetz dargeboten hat, festhalten, der zufolge dasselbe nicht als ein einfaches Elementargesetz zu betrachten ist, sondern als eine Vereinigung des Ampère'schen Gesetzes mit gewissen, von Sammelstellen freier Electricität ausgehenden ponderomotorischen Wirkungen. Wenn wir aber das Potentialgesetz in dieser, nach den früheren Untersuchungen allein möglichen Bedeutung als Ausdruck der ponderomotorischen Wirkungen annehmen, so ergibt sich weiter, dass das **Weber'sche Inductionsgesetz nicht das einzige ist**, welches mit dem Potentialgesetz zusammen dem Princip der Erhaltung der Energie genügt. Es bleibt dieses auch dann erfüllt, wenn wir in dem Weber'schen Inductionsgesetze nur die beiden ersten Terme beibehalten, sodass die in dem Elemente Ds inducirte electromotorische Kraft dargestellt wird durch:

$$E = 4\,A^2 J_1 \frac{\partial}{\partial t}\left(\frac{\partial \psi}{\partial s} \cdot \frac{\partial \psi}{\partial s_1} \right) Ds\,Ds_1 + 4\,A^2 \frac{\partial \psi}{\partial s} \cdot \frac{\partial \psi}{\partial s_1} \cdot \frac{dJ_1}{dT_1}\, Ds\,Ds_1 ,$$

ein Ausdruck, den wir auch in folgende Form bringen können:

$$E = \frac{d}{dt}\frac{\partial}{\partial J}\left\{ 4\,A^2\,JJ_1\frac{\partial\psi}{\partial s}\cdot\frac{\partial\psi}{\partial s_1}\,Ds\,Ds_1\right\}\quad\text{oder}\quad E = \frac{d}{dt}\cdot\frac{\partial P}{\partial J}.$$

Dieser Ausdruck ist aber identisch mit dem von Helm-holtz in der Theorie des elementaren Potentials für die electromotorische Wirkung angenommenen, und wir bezeich-nen das in demselben ausgesprochene Gesetz dementsprechend als das Potentialgesetz der elementaren electromotorischen Kraft. Als das Resultat unserer Untersuchung ergibt sich somit der Satz:

Durch das Princip der Erhaltung der Energie sind folgende Elementargesetze der ponderomoto-rischen und electromotorischen Wirkungen mitein-ander verbunden:

Ponderomotorische	Electromotorische
Wirkungen.	
Ampère'sches Gesetz und	Gesetz von Carl Neumann
Potentialgesetz und	{ Potentialgesetz oder Weber'sches Gesetz.

Welche dieser Combinationen aber mit den in Wirk-lichkeit vorhandenen electrodynamischen. Kräften überein-stimmt, bleibt durch die vorhergehenden Untersuchungen völlig unentschieden, vorausgesetzt nur, dass wir bei dem Gesetz des elementaren Potentials an der zuletzt besproche-nen Auffassung derselben festhalten.

V. Das Weber'sche Gesetz der elementaren electromoto-rischen Kraft und das Potentialgesetz.

Wir werden im Folgenden unsere Betrachtung einschrän-ken auf den Fall, dass das Element $J_1\,Ds_1$ einem geschlosse-nen Stromkreise von unveränderlicher Lage und constanter Stromstärke angehört. Unter diesen Umständen fallen die Differenzen der drei Gesetze, welche wir durch die verschie-denen Werthe der von uns eingeführten Constanten p und q unterschieden hatten, fort, und es bleibt nur noch die Diffe-renz zwischen dem Weber'schen Gesetz und dem Potential-gesetz bestehen; wir werden uns daher im Folgenden nur noch mit der Untersuchung dieser beiden Gesetze zu be-schäftigen haben.

Wir betrachten zuerst das von **Weber** für die electromotorische Wirkung eines ruhenden Stromelements auf ein bewegtes Leiterelement gegebene Gesetz, welches wir auf die folgende Form gebracht hatten:

$$E = 4\,A^2\,J_1\,\frac{d}{dt}\left(\frac{\partial\psi}{\partial s}\cdot\frac{\partial\psi}{\partial s_1}\right)Ds\,Ds_1 - 4\,A^2\,J_1\,\frac{\partial}{\partial s}\left(\frac{\partial\psi}{\partial t}\cdot\frac{\partial\psi}{\partial s_1}\right)Ds\,Ds_1$$

$$+ 4\,A^2\,J_1\,\frac{\partial}{\partial s_1}\left(\frac{\partial\psi}{\partial t}\cdot\frac{\partial\psi}{\partial s}\right)Ds\,Ds_1.$$

Eine zweite Form dieses Ausdrucks ergibt sich mit Hülfe der Gleichung:

$$4\,\frac{\partial\psi}{\partial s_1}\cdot\frac{\partial\psi}{\partial p} = -\,\frac{\partial}{\partial s_1}\frac{\partial\psi^2}{\partial p} - \frac{1}{r}\left\{\frac{dx_1}{ds_1}\cdot\frac{dx}{dp} + \frac{dy_1}{ds_1}\cdot\frac{dy}{dp} + \frac{dz_1}{ds_1}\cdot\frac{dz}{dp}\right\},$$

in welcher unter p die Bewegungsrichtung des Elementes Ds zu verstehen ist. Wird ferner der Winkel, welchen jene Richtung p mit dem Elemente Ds_1 einschliesst, durch η bezeichnet, so ist:

$$\frac{dx_1}{ds_1}\cdot\frac{dx}{dp} + \frac{dy_1}{ds_1}\cdot\frac{dy}{dp} + \frac{dz_1}{ds_1}\cdot\frac{dz}{dp} = \cos\eta,$$

und wir erhalten:

$$4\cdot\frac{\partial\psi}{\partial s_1}\cdot\frac{\partial\psi}{\partial t} = -\,\frac{\partial}{\partial s_1}\cdot\frac{\partial\psi^2}{\partial t} - \frac{\cos\eta}{r}\cdot\frac{dp}{dt}.$$

Substituiren wir endlich diesen Werth in der für die electromotorische Kraft gegebenen Formel, so wird:

$$E = -\,A^2\,J_1\,\frac{d}{dt}\left(\frac{\cos\varepsilon}{r}\right)Ds\,Ds + A^2\,J_1\,\frac{\partial}{\partial s}\left(\frac{\cos\eta}{r}\cdot\frac{dp}{dt}\right)Ds\,Ds_1$$

$$+ 4\,A^2\,J_1\,\frac{\partial}{\partial s_1}\left(\frac{\partial\psi}{\partial t}\cdot\frac{\partial\psi}{\partial s}\right)Ds\,Ds_1.$$

Berücksichtigen wir nur diejenigen Glieder, welche bei der Wirkung eines geschlossenen Stromes auf ein bewegtes Stromelement in Betracht kommen, so ergeben sich demnach die beiden folgenden Formen des Weber'schen Gesetzes:

(I) $$E = -\,A^2\,J_1\,\frac{d}{dt}\left(\frac{\cos\vartheta\,\cos\vartheta_1}{r}\right)Ds\,Ds_1$$

$$-\,4\,A^2\,J_1\,\frac{\partial}{\partial s}\left(\frac{\partial\psi}{\partial p}\cdot\frac{\partial\psi}{\partial s_1}\cdot\frac{dp}{dt}\right)Ds\,Ds_1, \quad \text{und:}$$

$$\text{(II)} \qquad E = - A^2 J_1 \frac{d}{dt}\left(\frac{\cos \varepsilon}{r}\right) Ds\, Ds_1$$

$$+ A^2 J_1 \frac{\partial}{\partial s}\left(\frac{\cos \eta}{r} \cdot \frac{dp}{dt}\right) Ds\, Ds_1.$$

Diese Formeln geben Veranlassung zu einer Bemerkung, welche wir früher in ganz analoger Weise bei der Zerlegung des Ampère'schen Gesetzes zu machen hatten. Nach dem Weber'schen Gesetze entspricht einer Drehung des Elements Ds um einen ihm selbst angehörenden Punkt keine besondere electromotorische Kraft; dagegen sieht man leicht, dass jede der Componenten, in welche die Weber'sche Kraft durch die obigen Formeln zerlegt wird, für sich allein genommen auch bei einer solchen Drehung eine wirksame electromotorische Kraft liefert. Soll also vollkommene Aequivalenz zwischen der rechten und linken Seite der obigen Gleichungen stattfinden, so müssen sich die Wirkungen der in Gleichung (I) und Gleichung (II) enthaltenen Componenten gerade compensiren, wenn das Element Ds um einen seiner Punkte in beliebigem Sinne gedreht wird.

Dass diese Bedingung in der That erfüllt ist, ergibt sich für die erste der beiden Zerlegungen in folgender Weise.

Die Drehung möge stattfinden um eine durch den Anfangspunkt des Elements hindurchgehende Axe, welche senkrecht gerichtet ist gegen die Entfernung r und gegen das Stromelement Ds. Der Drehungswinkel ist dann gleich ϑ, und wenn die Drehung so erfolgt, dass dieser Winkel zunimmt, ergibt sich:

$$\frac{d}{dt}\left(\frac{\cos \vartheta \cos \vartheta_1}{r}\right) = - \frac{\cos \vartheta_1}{r} \cdot \sin \vartheta \, \frac{d\vartheta}{dt}.$$

Der dem Potential:

$$- A^2 J_1 \frac{\cos \vartheta \cos \vartheta_1}{r} Ds\, Ds_1$$

entsprechende Antheil der electromotorischen Kraft ist somit gleich:

$$+ A^2 J_1 \frac{\cos \vartheta_1 \sin \vartheta}{r} \frac{d\vartheta}{dt} \cdot Ds\, Ds_1.$$

Für die zweite Componente der electromotorischen Kraft ergibt sich:

20*

$$+ A^2 J_1 \frac{\partial}{\partial s} \left\{ \frac{\cos \vartheta_1}{r} \cdot \frac{dr}{d\vartheta} \cdot \frac{d\vartheta}{dt} \right\} Ds\, Ds_1 .$$

Bei der angenommenen Drehung des Elements ist die Aenderung der Entfernung dr für den Anfangspunkt desselben gleich Null, es wird also die electromotorische Kraft gleich:

$$A^2 J_1 \frac{\cos \vartheta_1}{r} \cdot \frac{dr}{d\vartheta} \cdot \frac{d\vartheta}{dt} \cdot Ds_1 .$$

wo für dr derjenige Werth zu setzen ist, welcher dem Endpunkte des Elements entspricht, d. h.:

$$dr = - \sin \vartheta \, Ds \, d\vartheta .$$

Damit wird aber die electromotorische Kraft gleich:

$$- A^2 J_1 \frac{\cos \vartheta_1 \sin \vartheta}{r} \frac{d\vartheta}{dt} \cdot Ds \, Ds_1 ,$$

also in der That entgegengesetzt gleich der aus dem Potential entspringenden.

Um denselben Beweis auch für die zweite Zerlegung des Weber'schen Gesetzes zu liefern, betrachten wir eine Drehung des Elements Ds um eine Axe, welche durch den Anfangspunkt desselben senkrecht gegen die Richtungen der beiden Elemente hindurch geht. Erfolgt die Drehung im Sinne einer Zunahme des Winkels ε, so ist der aus dem Potential entspringende Theil der electromotorischen Kraft gegeben durch:

$$A^2 J_1 \frac{\sin \varepsilon}{r} \cdot \frac{d\varepsilon}{dt} \cdot Ds \, Ds_1 .$$

Für den zweiten Theil der electromotorischen Kraft ergibt sich, wenn wir berücksichtigen, dass nur der Endpunkt des Elements Ds bei der Drehung einen kleinen Weg dp durchläuft, der Werth:

$$A^2 J_1 \frac{\cos \eta}{r} \cdot \frac{dp}{dt} \cdot Ds_1 .$$

Aber: $\qquad dp = d\varepsilon . Ds, \qquad \cos \eta = - \sin \varepsilon .$

In der That also ist wiederum dieser zweite Theil der electromotorischen Kraft dem ersten gerade entgegengesetzt und somit die gesammte Induction bei der Drehung gleich Null.

Gehen wir nun über zu der Untersuchung des Potentialgesetzes der elementaren electromotorischen Kraft, so wird nach diesem die von einem ruhenden Stromelement auf ein bewegtes Leiterelement ausgeübte Kraft dargestellt durch den nach der Zeit genommenen Differentialquotienten eines der beiden folgenden Ausdrücke:

$$- A^2 J_1 \frac{\cos \vartheta \, \cos \vartheta_1}{r} \, Ds \, Ds_1 \qquad \text{oder} \qquad - A^2 J_1 \frac{\cos \varepsilon}{r} \, Ds \, Ds_1 .$$

Da nun diese beiden Potentialwerthe sich nicht allein bei einer translatorischen Bewegung des Elements Ds ändern, sondern auch bei einer Rotation oder einer blossen Verlängerung desselben, so ergibt sich, dass nach dem Potentialgesetze auch diesen letzten Veränderungen besondere electromotorische Kräfte entsprechen. Die Betrachtung der im Vorhergehenden für das Weber'sche Gesetz gegebenen Formeln zeigt, dass die beiden Formen des electromotorischen Potentialgesetzes einer solchen Zerlegung fähig sind, dass die bei einer translatorischen Bewegung wirksame Kraft von der bei der Rotation oder Verlängerung wirksamen getrennt erscheint.

Für die erste Form des Potentials ergeben sich aus der ersten der für das Weber'sche Gesetz aufgestellten Gleichungen die folgenden Componenten.

I, 1. Eine dem Weber'schen Gesetze entsprechende und nur bei einer Translation wirksame Kraft.

I, 2. Zwei electromotorische Kräfte, welche auf die Endpunkte des Elements Ds wirkend die Werthe besitzen:

$$- A^2 J_1 Ds_1 \frac{\cos \vartheta_1}{r_\alpha} \cdot \frac{dr_\alpha}{dp_\alpha} \cdot \frac{dp_\alpha}{dt} \qquad \text{und} \qquad A^2 J_1 Ds_1 \frac{\cos \vartheta_1}{r_\beta} \cdot \frac{dr_\beta}{dp_\beta} \cdot \frac{dp_\beta}{dt} ,$$

wo der Index α dem Endpunkte, β dem Anfangspunkte des Elements Ds entspricht.

Bei einer Rotation oder Verlängerung des Elements Ds können nur die unter I, 2 genannten Kräfte zur Wirkung kommen, welche somit in diesem Falle die ganze Aenderung des Potentials repräsentiren müssen. Dass diese Bedingung für die rotatorische Bewegung des Elements Ds um seinen Anfangspunkt erfüllt ist, ergibt sich aus den im Vorhergehenden für das Weber'sche Gesetz ausgeführten Rechnungen.

Wenn hingegen die Aenderung des Elements Ds lediglich
in einer Verlängerung desselben um das Stück $\varDelta s$ besteht,
so ist die Verschiebung seines Anfangspunktes gleich Null,
während sein Endpunkt eine Verschiebung:

$$dp_\alpha = \varDelta s$$

in der Richtung s erleidet. Somit wird auf diesen Endpunkt
eine electromotorische Kraft ausgeübt, welche gleich ist:

$$- A^2 J_1 Ds_1 \frac{\cos \vartheta_1}{r} \frac{\partial r}{\partial s} \cdot \frac{\varDelta s}{dt}$$

oder gleich: $$- A^2 J_1 Ds_1 \frac{\cos \vartheta_1 \cos \vartheta}{r} \cdot \frac{\varDelta s}{dt},$$

d. h. gleich dem durch dt dividirten Zuwachs, welchen das
elementare Potential bei der Verlängerung erleidet. Für die
zweite Form des Potentials:

$$- A^2 J_1 \frac{\cos \varepsilon}{r} \cdot Ds \, Ds_1,$$

welche für die Wirkung eines geschlossenen Stromes von
unveränderlicher Lage und Gestalt mit der ersten vollkommen gleichwerthig ist, ergibt sich aus Gl. (II) der folgenden
Zerlegung:

II, 1. Die dem Weber'schen Gesetze entsprechende Kraft.

II, 2. Zwei auf die Enden des Elements Ds wirkenden
Kräfte:

$$- A^2 J_1 \frac{\cos \eta}{r_\alpha} \cdot \frac{dp_\alpha}{dt} \cdot Ds_1 \quad \text{und} \quad + A^2 J_1 \frac{\cos \eta}{r_\beta} \cdot \frac{dp_\beta}{dt} \cdot Ds_1.$$

Dass sich bei einer Rotation des Elements Ds um einen
seiner eigenen Punkte die gesammte Aenderung des Potentials auf den durch die beiden letzteren Ausdrücke gegebenen
Werth reducirt, ergibt sich wieder aus den früheren Bemerkungen über das Weber'sche Gesetz. Bei einer Verlängerung
des Elements ist die auf den Endpunkt desselben ausgeübte
Kraft gleich:

$$- A^2 J_1 \frac{\cos \varepsilon}{r} \cdot \frac{\varDelta s}{dt} \cdot Ds_1.$$

d. h. gleich dem durch dt dividirten Zuwachs des Potentials.

Damit ist also für beide Formen des Potentials bewiesen, dass die dem Potentialgesetz entsprechende electromotorische Kraft für alle mög-

lichen Aenderungen des inducirten Elements ersetzt
werden kann durch eine auf das Innere desselben
wirkende, mit der Weber'schen identische Kraft und
durch zwei auf die Enden des Elements wirkende
Kräfte, welche für die beiden Formen des Potentials
durch die Ausdrücke I, 2 und II, 2 gegeben sind.

Was nun die Anwendung der beiden Gesetze, des Weber'-
schen und des Potentialgesetzes, auf die Erscheinungen der
Voltainduction anbelangt, so sieht man leicht, dass dieselben
zu vollkommen übereinstimmenden Resultaten führen, wenn
nicht blos der inducirende Strom einen geschlossenen
unveränderlichen Kreis bildet, sondern auch der inducirte Leiterring aus unausdehnsamen nicht durch Gleitstellen verbundenen Drähten besteht. Wenn hingegen der inducirte Leiterring mit Gleitstellen behaftet ist, so führen
zwar die beiden Gesetze immer noch zu demselben Werthe
der inducirten electromotorischen Kraft, aber die electromo-
torisch wirksamen Stellen sind wesentlich verschieden. Betrachten wir den Fall eines um die Axe einer fest aufgestellten galvanischen Spirale rotirenden Bügels, welcher durch
einen flüssigen Bogen mit dem festliegenden Theile der Leitung verbunden ist, so findet nach dem Weber'schen Gesetze
die Induction in den bewegten Elementen des Bügels statt,
nach dem Potentialgesetz dagegen wird in dem letzteren gar
keine electromotorische Kraft inducirt, sondern die ganze
Wirkung reducirt sich auf eine Kraft, welche auf dem Endpunkt jenes flüssigen Zuleitungsbogens ausgeübt wird. Die
quantitative Uebereinstimmung dieser so verschiedenartigen
Wirkungen ergibt sich aus den im Vorhergehenden betrachteten Zerlegungen in ganz derselben Weise wie die Uebereinstimmung der dem Ampère'schen Gesetze und dem Potentialgesetze entsprechenden Drehungsmomente für den Fall
der electrodynamischen Rotationen.

Für das Gebiet der ponderomotorischen Wirkungen
war es uns gelungen, eine gewisse Uebereinstimmung zwischen
dem Potentialgesetz und dem Ampère'schen Gesetz zu erzielen, indem wir bemerkten, dass das Ampère'sche Gesetz
sich durch den negativen Variationscoëfficienten des Potentials:

$$4 A^2 J Ds J_1 Ds_1 \frac{\partial \psi}{\partial s} \cdot \frac{\partial \psi}{\partial s_1}$$

darstellen lässt. Es fragt sich, ob ein ähnlicher Zusammenhang auch für das Gebiet der electromotorischen Wirkungen besteht, ob wir also das Weber'sche electromotorische Gesetz erhalten, wenn wir an Stelle einer Differentiation des Potentials nach der Zeit eine Variation treten lassen. Man überzeugt sich aber leicht, dass man durch diese Operation nicht zu dem Weber'schen electromotorischen Gesetz geführt wird, sondern zu dem von F. Neumann. Dass aber auch der Weber'sche Ausdruck in die Form eines Variationscoëfficienten gebracht werden kann, ergibt sich aus unserer früheren Betrachtung über die Wechselwirkung zweier electrischer Theilchen. Die zu variirende Function ist gleich:

$$4 A^2 J_1 \frac{\partial \psi}{\partial p} \cdot \frac{\partial \psi}{\partial s_1} \cdot \frac{dp}{dt} \cdot Ds \, Ds_1,$$

und die Variation ist zu nehmen nach der Richtung des Elementes *Ds*.

VI. Ueber das Gesetz von Clausius.

Bei den auf das Ampère'sche und Weber'sche Gesetz einerseits, das Gesetz des elementaren Potentials andererseits sich beziehenden Untersuchungen trat ein wesentlicher Unterschied zwischen diesen Gesetzen hervor in der Theorie der electrodynamischen Rotationen, sowie der Induction rotirender Leiter. Es scheint daher nicht ohne Interesse, auch das Gesetz von Clausius auf die Theorie dieser Erscheinungen hin zu prüfen.

Die *X*-Componente der ponderomotorischen Wirkung. welche von einem Stromelement $J_1 Ds_1$ auf ein Element $J Ds$ ausgeübt wird, kann nach dem Gesetz von Clausius in folgender Weise dargestellt werden:

$$X = k J Ds J_1 Ds_1 \left\{ \frac{\partial}{\partial x} \left(\frac{\cos \varepsilon}{r} \right) - \frac{1}{r} \frac{\partial \cos \varepsilon}{\partial x} - \frac{\partial}{\partial s} \left(\frac{1}{r} \cdot \frac{d x_1}{d s_1} \right) \right\}.$$

Ist das Element $J Ds$ drehbar um die *Z*-Axe, so ergibt sich für das auf dasselbe ausgeübte Drehungsmoment der Werth:

$$\Delta = Y x - X y.$$

Substituiren wir hier den Werth der Componente X und den entsprechenden Ausdruck für Y, so ergibt sich nach einigen Umformungen:

$$\Delta = k\,J\,Ds\,.\,J_1\,Ds_1\,\frac{\partial}{\partial\varphi}\left(\frac{\cos\varepsilon}{r}\right) + k\,J\,Ds\,.\,J_1\,Ds_1\,\frac{\partial^2}{\partial s\,\partial s_1}\frac{\partial\psi^2}{\partial\varphi}$$

$$+\,4k\,.\,J\,Ds\,.\,J_1\,Ds_1\,\frac{\partial}{\partial s}\left(\frac{\partial\psi}{\partial s_1}\cdot\frac{\partial\varphi}{\partial\varphi}\right).$$

Dagegen führt das Gesetz von Ampère für dasselbe Drehungsmoment zu dem folgenden Ausdruck:

$$\Delta = -\,4\,A^2\,J\,Ds\,J_1\,Ds_1\,\frac{\partial}{\partial\varphi}\left(\frac{\partial\psi}{\partial s}\cdot\frac{\partial\psi}{\partial s_1}\right)$$

$$+\,4\,A^2\,J\,Ds\,J_1\,Ds_1\,\frac{\partial}{\partial s}\left(\frac{\partial\psi}{\partial\varphi}\cdot\frac{\partial\psi}{\partial s_1}\right)$$

$$+\,4\,A^2\,J\,Ds\,J_1\,Ds_1\,\frac{\partial}{\partial s_1}\left(\frac{\partial\psi}{\partial\varphi}\cdot\frac{\partial\psi}{\partial s}\right).$$

Uebereinstimmung findet zwischen den beiden Gesetzen statt, wenn es sich um die Wirkung eines geschlossenen Stromes auf ein Stromelement handelt, also auch in dem speciellen Falle der Rotation eines von einem Strome durchflossenen Bügels um die Axe eines fest aufgestellten Solenoides. Zu ganz verschiedenen Resultaten dagegen führen die beiden Gesetze für das Drehungsmoment, welches von dem Bügel umgekehrt auf das Solenoid ausgeübt wird, wenn wir uns dabei das Solenoid drehbar, den Bügel festgehalten denken. Da das Ampère'sche Gesetz dem Principe der Gleichheit von Action und Reaction genügt, so muss für dieses das Drehungsmoment des Bügels auf das Solenoid dem Drehungsmoment des Solenoides auf den Bügel umgekehrt gleich sein. Dagegen ist nach dem Gesetze von Clausius das Drehungsmoment, welches ein Element $J_1\,Ds_1$ des Bügels auf das Solenoid ausübt, gegeben durch:

$$k\,J\,J_1\,Ds_1\,\frac{\partial}{\partial\varphi}\int\frac{\cos\varepsilon\;Ds}{r}.$$

Wenn die Rotationsaxe des Solenoids mit seiner galvanischen Axe zusammenfällt, so wird durch die Rotation desselben der Werth des Integrals $\int\frac{\cos\varepsilon\;Ds}{r}$ nicht geändert, es ist also in diesem Falle auch das von dem Element Ds_1 auf die

Spirale ausgeübte Drehungsmoment gleich Null. Hieraus
ergibt sich, dass die Theorie der electrodynamischen Rotationen nach beiden Gesetzen dieselbe ist, wenn es sich um
die Rotation eines Bügels um eine feststehende Spirale handelt; wenn dagegen umgekehrt die Spirale drehbar ist, so
tritt zwischen den beiden Gesetzen ein fundamentaler Unterschied ein. Besteht der ausser der Spirale gegebene Stromring aus zwei Theilen A und B, welche durch Gleitstellen
verbunden, unabhängig voneinander in Drehung versetzt
werden können, so tritt eine Rotation des Solenoides nicht
ein, wenn A und B festgehalten werden, aber nach beiden
Gesetzen aus wesentlich verschiedenen Ursachen; nach dem
Gesetz von Clausius nicht, weil die beiden Theile A und B
überhaupt kein Drehungsmoment auf die Spirale ausüben,
nach dem Gesetz von Ampère nicht, weil die beiden von
A und B ausgehenden Drehungsmomente sich gegenseitig
zerstören. Wenn ferner einer der beiden Leitertheile, etwa
A, mit dem Solenoid fest verbunden wird, sodass er mit
diesem zusammen um die Axe rotiren kann, so wird nach
dem Ampère'schen Gesetz die Drehung hervorgerufen durch
die von B auf das Solenoid ausgeübte Wirkung, während
nach dem Gesetz von Clausius die Drehung bewirkt wird
durch das einseitige Drehungsmoments des Solenoids auf den
damit verbundenen Leitertheil A. Das Solenoid mit A zu-
sammengenommen stellt somit nach dem Gesetze von Clausius einen Körper dar, welcher unter der Wirkung eines
innern Drehungsmomentes in Rotation geräth.

Es ergibt sich hieraus, dass die von dem Clausius'-
schen Gesetze ausgehende Theorie der electrodynamischen Rotationen im wesentlichen identisch ist
mit derjenigen Theorie, welche sich für die electromagnetischen Rotationen ergibt, auf Grund der
Vorstellung einer realen Existenz der magnetischen
Flüssigkeiten und der Annahme des Biot-Savart'-
schen Gesetzes für die Wechselwirkung der electrischen und magnetischen Theilchen. Dass diese Uebereinstimmung sich auch auf das Gebiet der electromotorischen
Wirkungen erstreckt, wurde von Lorberg bewiesen, indem

er die aus der Clausius'schen Theorie fliessenden Folgerungen verglich mit denjenigen, welche von mir aus dem Grundgesetz der electromagnetischen Wechselwirkung gezogen worden waren. Hieraus ergibt sich, dass die gegen die Annahme der gesonderten Existenz der magnetischen Flüssigkeiten zu erhebenden Einwände gleichzeitig auch gegen das Gesetz von Clausius zu richten sind.

Wenn wir gegenwärtig die Vorstellung von der Existenz der magnetischen Flüssigkeiten unter die idealen Vorstellungen verweisen und allein den electrischen Flüssigkeiten reale Existenz zuschreiben, so liegt die Möglichkeit für diese Vereinfachung unserer Vorstellungen zunächst in der Ersetzbarkeit der Magnete durch geschlossene Ströme; einen Beweis für die Nothwendigkeit derselben hat Weber in seiner Theorie des Diamagnetismus zu geben versucht. Abgesehen von allen experimentellen Thatsachen können wir einen Beweis für dieselbe in dem Umstande erblicken, dass die Annahme der transversalen Kräfte zwischen den electrischen und magnetischen Theilchen einer strengen Fassung des Princips der Gleichheit der Action und Reaction ebenso widerspricht, wie dies nach dem Vorhergehenden bei der von Clausius angenommenen electrodynamischen Wirkung der Fall ist. Wenn wir ferner unsere Aufmerksamkeit auf die Erscheinungen der Rotationsinduction wenden, so leuchtet ein, dass ein magnetisches Theilchen, welches um eine durch dasselbe hindurchgehende Axe gedreht wird, keine inducirende Wirkung hervorbringen kann, während ein um seine Axe gedrehter Molecularstrom auf einen benachbarten Leiter eine vertheilende Wirkung ausübt, auf welche ich zuerst in einem Aufsatze in den Göttinger Nachrichten 1873, p. 536, aufmerksam gemacht habe. Der Nachweis der Existenz einer solchen vertheilenden Wirkung würde nicht allein die Alternative zwischen der unitarischen und dualistischen Hypothese auf dem Gebiete der reinen Electricitätslehre entscheiden, sondern er würde auch einen experimentellen Beweis für die Nothwendigkeit der Annahme von Molecularströmen an Stelle von Molecularmagneten liefern.

Göttingen, im April 1880.

VIII. *Bemerkungen über einige neuere electro-capillare Versuche; von G. Lippmann.*

1. Die electrocapillarén Versuche, die ich in Pogg. Ann. für 1873 veröffentlicht, und deren Resultate seitdem in den Beobachtungen anderer eine Bestätigung gefunden haben, sind neulich von Hrn. L. Grätz[1]) wiederholt worden, aber mit negativem Erfolg, indem die von ihm erhaltenen Depressionen unregelmässig verlaufen. Diese Unregelmässigkeiten rühren von einer Fehlerquelle her, die der Hr. Verfasser übersehen zu haben scheint, obgleich ich dieselbe nicht allein vermieden, sondern schon im voraus bezeichnet und hervorgehoben hatte.[2]) Bekanntlich muss bei allen Capillaritätsmessungen nach der Röhrenmethode für vollständige Benetzung der Glaswand gesorgt werden, damit der Randwinkel constant gleich Null bleibe. Diese nothwendige Bedingung der vollständigen Benetzung hat Hr. Grätz nicht hinreichend beachtet. Es müsste folglich jede der von ihm erhaltenen Depressionen mit dem Cosinus des gleichzeitig stattfindenden Randwinkels dividirt werden, dann würden die so erhaltenen Quotienten der Capillarconstante proportional sein, während Hr. Grätz die Depressionen selbst als Maass dieser Constante nimmt. — Deswegen habe ich concentrirte Schwefelsäure angewendet ($\frac{1}{11}$ bis $\frac{1}{8}$ Vol. Säure, also bis fast $\frac{1}{3}$ Gewicht SO_4H_2) weil nur starke Säure das Glas sicher benetzt. — Bei der Füllung seines Apparates erwähnt zwar Hr. Grätz, er habe durch einmalige Senkung des Quecksilbers für Benetzung der Glaswand gesorgt; von Benetzung, wie von Concentration der Säure wird weiter nichts gesagt. Dass hier die Fehlerquelle liege, dass man es mit unregelmässiger Benetzung und nicht mit Variationen der Capillarconstante zu thun habe, schliesse ich übrigens nicht aus dem Schweigen des Hrn. Verfassers über diesen Punkt. sondern aus dem Gange der von ihm ganz richtig beschriebenen Unregelmässigkeiten. Ich werde dies jetzt etwas mehr im einzelnen zeigen.

---

1) Beiblätter **8.** p. 633. 1879.
2) Lippmann, Ann. de chim. et de phys. (5) **5.** p. 494. 1875.

Hr. Grätz beobachtet erstens, dass der Werth von M_0 (i. e. der Depression, wenn die electromotorische Kraft der Polarisation am Meniscus p gleich Null ist) jedesmal grösser ausfällt, wenn unmittelbar vorher ein anderer Werth von M, also eine grössere Depression beobachtet worden ist. Der Grund hiervon ist einfach: während der tieferen Depression dringt die verdünnte Säure tiefer in die Glasröhre, benetzt also dieselbe um eine Strecke tiefer; kehrt man nun zu $p=0$ zurück, so steigt der Meniscus wieder in die Höhe und trifft die neulich benetzte Glaswand; wegen der frischeren Benetzung ist nun aber der Randwinkel daselbst näher an Null, also kleiner geworden, daher ist die Depression grösser als vorher. Dieselbe Nachwirkung und folglich dieselbe Erscheinung könnte man durch einfaches Saugen statt auf electrischem Wege erzielen. Aus demselben Grunde findet man, dass der Stand einer Capillarsäule destillirten Wassers an der Luft durch blosses Saugen höher wird, wenn die Benetzung zuvor keine genügende war.

Was von M_0 eben gesagt worden, gilt ohne Weiteres von der Depression M, welche für irgend einen beliebig gegebenen Werth von p beobachtet wird. Die Capillarconstante hat jedesmal einen entsprechenden, völlig unveränderlichen Werth; die Depression aber ist veränderlich, weil die Benetzung durch jede Bewegung des Schwefelsäurefadens nach unten erneuert und verbessert wird. Je tiefer, häufiger und länger dauernd die erzeugten Depressionen gewesen sind, um so tiefer, bemerkt Hr. Grätz, fallen die folgenden Werthe von M_0 und M aus; diese Umstände verbessern sämmtlich die Benetzung. Am deutlichsten ist die Wirkung der Bewegung in der längsten der Beobachtungsreihen zu bemerken [1]; hier wird die Grenze der Benetzung immer weiter nach unten verrückt; die Werthe von M_0 wachsen beständig bis zu 911; die Werthe von M wachsen ebenfalls aus demselben Grunde. Da die Bewegungen durch zuerst wachsende, dann abnehmende Polarisationen hervorgebracht worden sind, meint der Hr. Verfasser, dass auch abnehmende Polarisationen

---

[1] Beiblätter **8.** p. 635. 1879.

wachsende Werthe der Depression bedingen. Die in dieser Reihe enthaltenen Zahlen zeigen nur, dass die Benetzung sich durch die Versuche selbst immer weiter nach unten erstreckt hat, und dass bei correcter Manipulation, i. e. bei einer von Anfang an maximalen Benetzung, sämmtliche Depressionen grösser als jene Zahl 911 ausgefallen wären.

Weiter macht Hr. Grätz die Bemerkung, dass, wenn man den Stand des Meniscus ohne sonstige Manipulation beobachtet, man denselben langsam in die Höhe steigen sieht, zuweilen continuirlich, zuweilen aber auch ruckweise. Die Beobachtung ist ganz richtig; jedesmal, wo ein Stück des Randes der an der Glaswand haftenden, sich mit der Zeit ab- und zerreissenden Wasserschicht den Meniscus erreicht, findet eine locale Veränderung des Randwinkels und folglich eine plötzliche Veränderung der 'Depression statt. Jene ruckweise Bewegung steht aber mit der von Hrn. Grätz angenommenen Erklärung wenig in Einklang: die Diffusion ist ja kein ruckweiser Vorgang.

Die von Hrn. Grätz angenommene Wasserstoffhypothese scheint mir geeignet, auf die Existenz eines electrocapillaren Gesetzes direct schliessen zu lassen, vorausgesetzt, dass man auf eine andere Weise davon Gebrauch macht, als es Hr. Grätz gethan. — Nimmt man nämlich an, dass die electromotorische Kraft durch die Menge des an der Oberfläche haftenden Wasserstoffs bedingt ist; dass andererseits die Capillarconstante ebenfalls eine Function jener Wasserstoffmenge ist, so scheint der Schluss gerechtfertigt, dass beide Grössen, electromotorische Kraft und Capillarconstante, im Versuche als Functionen voneinander erscheinen müssen, weil beide Grössen Functionen derselben Variabel sind, nämlich der Wasserstoffmenge. Die Diffusion dürfte unter Umständen die Werthe dieser letzteren Grösse abändern, aber den genannten Zusammenhang nicht stören; freilich ist ein Zusammenhang nur zwischen den gleichzeitigen Werthen denkbar; dass die Capillarconstante von dem sonstigen Zustande, den die Fläche etwa eine Stunde früher oder später annimmt, abhängen sollte, wie der Hr. Verfasser das anzunehmen scheint, ist a priori kaum wahrscheinlich.

Statt jener Wasserstoffschicht kann man sich übrigens mit demselben Erfolg irgend einen Vorgang denken (Umlagerung der Theilchen etc.), welcher gleichzeitig die electrischen und capillaren Eigenschaften der Oberfläche bestimmen würde. Gegen die Wasserstoffhypothese sind anderweitige Einwände zu erheben, auf deren Discussion ich aber vorläufig nicht weiter eingehen will. Es handelt sich nämlich nicht um die Erklärung, sondern um die Existenz einer Thatsache. Was ich behauptet habe, und zwar mit möglichstem Nachdruck, ist, dass sich unter den angegebenen Umständen ein Quecksilbermeniscus immer wieder genau auf demselben Theilstriche einstellt. Diese Thatsache, welche von Hrn. Grätz wie früher von Hrn. G. Quincke bestritten worden ist, lässt sich nicht durch die Theorie, sondern nur durch exacte Beobachtung constatiren.

Der Unterschied zwischen unseren Versuchen rührt auch nicht von dem Umstande her, wie es Hr. Grätz vermuthet, dass ich durch Bewegen oder Herauspressen des Quecksilbers dessen Oberfläche jedesmal erneuert hätte. Das Herausspritzen habe ich sorgfältig vermieden und übrigens zum Theil mit demselben Apparate gearbeitet wie der Hr. Verfasser, nur mit guter Benetzung.

2. Im Jahre 1874 hat Hr. G. Quincke[1]) über denselben Gegenstand eine ausgedehnte Untersuchung veröffentlicht, die ich mir erlauben möchte, bei dieser Gelegenheit theilweise zu besprechen.

Zuerst behandelt der Hr. Verfasser die von mir aufgestellte Beziehung zwischen der Capillarconstante und dem an derselben Quecksilberfläche stattfindenden Werthe p der *E. K. P.* (electromotorischen Kraft der Polarisation). Dazu sollte also p bestimmt, und gleichzeitig die Capillarconstante auf ihre Constanz und ihren Werth geprüft werden. Erstere Aufgabe aber, die Bestimmung von p, hat Hr. Quincke nicht erfüllt, sondern er hat an die Stelle von p eine andere, oder vielmehr verschiedene andere complicirtere Grössen bestimmt. In seiner ersten Versuchsreihe (p. 193

---

1) Quincke, Pogg. Ann. **158.** p. 161. 1874.

bis 195) leitet er den Strom einer mehr oder weniger kräftigen Säule durch ein Quecksilbervoltameter und verbindet
zugleich die beiden Quecksilberelectroden mit den Polen
eines graduirten Quadrantenelectrometers. Auf diese Weise
werden die in der Tabelle XIV p. 195 unter der Rubrik
„Electromotorische Kraft" aufgezeichneten Zahlen erhalten,
Zahlen, welche bis zu dem Werthe 708,4 (1 Daniell = 100)
aufsteigen, also bis zu sieben Daniell! — ein unmöglicher
Werth für die *E.K.P.* an Quecksilber. In der That erhellt
aus der gebrauchten Methode, dass sich jene electromotorische Kraft aus drei Theilen zusammensetzt; es entsteht 1)
am Meniscus die *E.K.P. p*, 2) an der breiten Quecksilber-
electrode die *E.K.P. p'*, und 3) während des Stromdurch-
ganges findet das Ohm'sche Potentialgefälle $X = \dfrac{W}{W+w} E$
statt, wobei E die electromotorische Kraft der benutzten
Säule, W den Widerstand des Voltameters und w den der
übrigen Schliessung bedeutet. Hr. Quincke hat also die
Summe $p+p'+X$ gemessen, während p allein zu bestimmen
war. Denn von p allein hängt die Capillarconstante am
Meniscus ab; von der *E.K.P. p'*, welche an der anderen
Electrode stattfindet, hängt die Capillarconstante daselbst
ab. Endlich kommt X als völlig fremdes Element hinzu,
welches übrigens in den weiteren Versuchen des Hrn. Verfassers wegfällt. Da dieser Theil X mit E proportional
ist, so hätte durch Benutzung kräftigerer Säulen der
Hr. Verfasser electromotorische Kräfte bis zu jeder beliebigen Grösse erreichen und in seine Tabelle einführen
können.

In den nächstfolgenden Versuchen fällt der Ausdruck
X weg, da hier electromotorische Kräfte nur bis zu einem
Daniell benutzt werden, und also jedesmal electrisches Gleichgewicht sich herstellt. Aber auch hier entsteht die *E.K.P.*
p' an der grossen Electrode, sodass hier $p+p'$ anstatt p bestimmt wird. Die grosse Electrode polarisirt sich dadurch,
dass der Meniscus als Anode sowohl wie als Kathode gedient hat, was nicht hätte sein dürfen. Als Kathode nämlich erreicht der Meniscus electromotorische Kräfte, deren

Maximum über einem Daniell liegt, die also genügen, um
den Strom zu hemmen, ehe die andere, zu diesem Zwecke
von mir unendlich gross gewählte Electrode merklich polarisirt ist. Hr. Quincke hat zwar jene grosse Electrode beibehalten, leider aber den Versuch dahin variirt, dass er den
Meniscus auch als Anode gebraucht hat. Nun erreicht aber
eine Quecksilberanode in Schwefelsäure electromotorische
Kräfte, deren Maximum sehr gering ist; wird dieses überschritten, so geht der Strom weiter hindurch und·polarisirt
auch die grosse Electrode; so entsteht jene *E. K. P. p'*,
welche sämmtliche Bestimmungen von *p* illusorisch macht.
Dass Hr. Quincke das Wachsen der Capillarconstante mit
p dennoch beobachten konnte, war nur dadurch möglich, dass
die Werthe von *p'* nicht allzugross ausgefallen sind; dass aber
jenes Wachsen ein sehr regelmässiges ist, wie ich behauptet
hatte, musste ihm nothwendig entgehen.

Ich gehe nun über zu den Versuchen, die derselbe Physiker über mein zweites Gesetz angestellt hat, nach welchem
eine durch mechanische Kräfte vergrösserte Quecksilberfläche
sich negativ ladet, und positiv, wenn die Fläche sich zusammenzieht. Er hat dieses Gesetz mit denselben Apparaten wie
ich geprüft und bestätigt. Zu dem Trichterversuche lieferte
Hr. Quincke den interessanten Beitrag, dahin, dass sich derselbe mit gleichem Erfolge wiederholen lässt, einerlei ob man
dazu statt der Schwefelsäure andere Säuren benutzt, oder auch
Basen oder indifferente Flüssigkeiten, oder endlich reines und
kochendes, also gasfreies, destillirtes Wasser, von dem nicht an-
nommen werden kann, dass es das Quecksilber angreift.[1]) Die
Prüfung des Proportionalitätsgesetzes zwischen der Oberflächen-

---

1) Jenachdem die Quecksilberfläche sich ausdehnt oder zusämmen-
zieht, findet der Hr. Verfasser richtig entgegengesetzte Ausschläge am
Galvanometer, und im ersteren Falle einen entsprechenden Ausschlag am
Electrometer, im zweiten Falle aber nicht. Dies dürfte auf einem Irrthum beruhen, denn hat man einmal entgegengesetzte Galvanometerausschläge constatirt, so müssen, kraft des Ohm'schen Gesetzes, entgegengesetzte electrische Gefälle an den Enden des Galvanometerdrahtes stattgefunden haben. -

vergrösserung und der entladenen Electricitätsmenge hat er
aber nicht richtig angestellt, indem er eine Vorsichtsmaass-
regel zu wenig beachtet, die ich bereits früher angegeben
und auch befolgt habe. Die Oberflächenveränderung wird
dadurch hervorgebracht, dass man eine Quecksilbersäule in
einem Glasrohre um gemessene Strecken hebt oder sinken
lässt; nur dürfen jene Strecken nicht so lang sein, dass die
Dauer der Entladung merklich gross wird. Es können
sich jene Theile der Quecksilberfläche, die an das Glas zu
liegen kommen, nur durch die Flüssigkeitsschicht entladen,
welche zwischen Quecksilber und Glas liegt. Eine Flüssigkeitsschicht von unmerklicher Dicke bietet einen ungeheuren
Widerstand, welcher die Entladung merklich verlangsamen
kann, namentlich wenn ihre Länge zugleich eine gewisse
Grenze übersteigt. Ist aber die Dauer der Entladung nicht
mehr verschwindend klein gegen die Schwingungsdauer der
Galvanometernadel, so ist auch der Galvanometerausschlag
nicht mehr proportional mit der entladenen Electricitätsmenge; ausserdem wird diese Electricitätsmenge vermindert
durch das Sinken der Ladung an der Quecksilberfläche (Verschwinden der *E. K. P.* mit der Zeit.) Der Hr. Verfasser
benutzt übergrosse Verschiebungen bis über 90 mm. Seine
Tabelle XIII (p. 187) zeigt, dass von den sieben angeführten
Versuchen die drei ersten Galvanometerausschläge liefern,
die zu klein sind, aber mit abnehmender Verschiebung dem
richtigen Werthe sich nähern; die vier letzten, innerhalb
deren die Quecksilberfläche um ein Zehnfaches verändert wird,
gaben dagegen eine, ich möchte kaum sagen leidliche, aber
doch deutliche Bestätigung des von dem Hrn. Verf. negirten
Proportionalitätsgesetzes. Um jenen Fehlerquellen zu entgehen, habe ich die Verschiebung auf etwa 25 mm beschränkt
und dabei, um doch ein grosses Feld der Variationen zu
behalten, auch den Durchmesser des Glasrohres variirt.

———

Hr. Quincke glaubt sich gegen meine Bemerkung vertheidigen zu müssen, dass man bei zweckmässiger electrischer
Schliessung einen vollkommen constanten Werth der Capillarconstante findet, während er, mit grösster Sorgfalt und Rein-

lichkeit arbeitend, aber ohne electrische Schliessung (1870) immer jene Schwankungen der Capillarconstante beobachtet hat, die er als Störungen aufgefasst und durch Einwirkung sogenannter Sonnenstäubchen erklärt.[1]) Jene Schwankungen sind aber keine Störungen und Zufälligkeiten; sie sind die regelrechte Aenderung der Capillarconstante, die stattfinden muss, wenn die Grösse der Oberfläche „adiabatisch" (d. h. ohne electrische Ableitung) verändert wird. Jenachdem die Oberfläche vergrössert oder verkleinert wird, ladet sich dieselbe negativ oder positiv, wie wenn sie als Kathode, resp. als Anode gedient hätte, und infolge dessen wird die Capillarconstante im ersten Falle grösser, im zweiten kleiner. So erscheint auch die Spannung eines gesättigten Dampfes veränderlich, wenn man sein Volumen adiabatisch verändert; nur wenn man durch Ableitung der entwickelten Wärme für die Constanz der Temperatur sorgt, findet man die Spannung constant. Ebenso muss man hier für Constanz der electrischen Differenz durch Ableitung vermittelst einer zweckmässigen electrischen Schliessung sorgen; dann aber wird die Capillarconstante vollständig constant. — Jene Electricitätsentwickelung ist übrigens keine Hypothese; es ist ja jene oben besprochene electrische Erscheinung, die der Hr. Verfasser so wie ich am Electrometer und Galvanometer constatirt hat.[2])

---

1) Quincke, Pogg. Ann. **158.** p. 198. 1874.

2) Die Hypothese einer Wasserstoffschicht, welche Hr. Quincke an Stelle der electromotorischen Kraft setzt, habe ich weder gebraucht, noch erwähnt, obgleich Hrn. Quincke's Prioritätsreclamation darauf basirt. Sondern habe ich meine zwei Gesetze direct durch den Versuch und unabhängig voneinander bewiesen. — Will man den Zusammenhang zwischen beiden erblicken, so kann dies ohne Hypothese geschehen, indem man den Satz der Erhaltung der Kraft auf einen zweckmässig gewählten geschlossenen Kreis anwendet; was jede Molecularhypothese überflüssig macht. Man erhält dann das zweite Gesetz auf ähnliche Weise und in ähnlicher Form wie das Lenz'sche Gesetz. — Ein analoges Problem hat Sir W. Thomson gelöst, indem er den Zusammenhang zwischen den zwei folgenden Gesetzen ableitet: 1) die Capillarconstante nimmt mit wachsender Temperatur ab; 2) durch Ausdehnen, resp. Zusammenziehen einer Wasserfläche nimmt dessen Temperatur ab oder zu. (cfr. Ann. de chim. et de phys. a. a. O. — Maxwell, Theory of Heat p. 271.)

Schliesslich sei mir erlaubt, zu bemerken, dass die Präcision meines ersten Gesetzes an der Präcision des Capillar-
electrometers zu prüfen ist, und dass ich bei dieser Prüfung
heute nicht mehr allein stehe, sondern mehrere Physiker die
Gelegenheit genommen haben, dieselbe zu wiederholen. Von
darauf bezüglichen Zahlen will ich nur folgende citiren. Hr. Dewar[1]) gibt an, dass man mit einem Capillarelectrometer
seiner Construction $\frac{1}{10000}$ Daniell messen könne. In seiner
Arbeit über Polarisation des Platins gibt Hr. Root[2]) Zahlen
mit zwei Decimalen, und zwar Zahlen, deren Einheit gleich
$\frac{1}{300}$ Daniell ist, deren letzte Decimale also $\frac{1}{30000}$ Daniell bedeutet.

IX. *Experimentelle Untersuchung über schwach magnetische Körper; von P. Silow,*

Professor an der k. technischen Hochschule in Moskau.

(Dritter Theil.[3])

Um die Resultate, zu welchen ich früher bei der Untersuchung über das Verhalten der magnetischen Flüssigkeiten
gekommen bin, noch einmal und auf einem sichereren Wege
zu verificiren, habe ich jetzt die Methode der inducirten
Ströme angewandt. Die Resultate, welche ich bis jetzt erhalten habe, stehen in guter Uebereinstimmung mit den
früheren.

§ 1. Beschreibung der Apparate. Eine lange und
weite Glasröhre *R* (Taf. III Fig. 5), und ein Holzcylinder von
denselben Dimensionen, *R'*, waren mit Draht umwickelt, der so
zwei Rollen bildet. In Verbindung mit einer Tangentenbussole

---

1) Dewar, Proc. Roy. Phys. Soc. London 16. Dec. 1876. Nature,
4. Januar 1877.

2) H. Helmholtz, Bericht über die Versuche des Hrn. Dr. Root.
Berl. Monatsber. 16. März 1876; Pogg. Ann. **159.** p. 416. 1876. Der Hr.
Referent bezeichnet das Capillarelectrometer als „sehr brauchbar" (p. 417).

3) S. Wied. Ann. **1.** p. 481. 1877 und Beibl. **3.** p. 810. 1879.

W und einer Kette *B* stellten sie den inducirenden Kreis dar. Damit die Rollen keine Wirkung aufeinander ausübten, war die erste vertical, die zweite horizontal aufgestellt.

Der Inductionskreis bestand aus zwei Rollen *r* und *r′*, und einem empfindlichen Galvanometer *T.*

Der Versuch wurde in folgender Weise ausgeführt. Ich suchte zuerst solche Stellen für *r* und *r′* auf, dass die inducirten Ströme, welche entgegengesetzt gerichtet waren, sich gänzlich aufheben, sodass die Nadel des Galvanometers keine Ablenkung erfährt. Wenn aber die Röhre *R* mit der magnetischen Flüssigkeit gefüllt ist, so verstärkt sich der inducirte Strom in *r*, und die Nadel des Galvanometers zeigt sogleich eine Ablenkung. Da man von einer Magnetisirung oder Entmagnetisirung (bei Anwendung von schwachen Scheidungskräften) keine merkliche Ablenkung der Nadel erwarten konnte, so war in *c* und *c′* ein rotirender Commutator eingeführt.

Die Glasröhre *R* hatte 700 mm Länge und 26,4 mm im inneren Halbmesser; auf die Röhre war ein dicker Draht aufgewickelt, sodass auf 1 mm Länge $n = 0{,}5817$ Windungen desselben kamen.

Die Inductionsrollen *r* und *r′* wurden aus vier Galvanometerrollen gebildet; diese Rollen, welche ich durch römische Ziffern unterscheide, trugen je 30000 Windungen und hatten folgende Widerstände:

I) 25164   II) 23948   III) 24488   IV) 25643 S.-E.

Die Rollen I und IV, nebeneinander verbunden, bildeten die Inductionsrolle *r*, II und III ebenso verbunden, die Compensationsrolle *r′*.

Um den inducirenden Strom zu messen, diente eine Tangentenbussole, welche aus einem dünnen Messingringe $\left(\text{von } \dfrac{1905}{\pi} \text{ mm im Durchmesser}\right)$ bestand; in seinem Mittelpunkte hing ein Magnet; der Abstand des Spiegels von der Scala war 2337 mm; sodass die Stromintensität nach der Formel:

$$\gamma = \frac{1905}{4\pi^2}\frac{1}{2.2337}(s - s_0)\,.\,H \quad \text{oder kürzer} \quad \gamma = C(s - s_0)$$

berechnet wurde, wo H die horizontale Componente des Erdmagnetismus (1,8), s und s_0 die Ablenkungen des **Magnets** (in Scalentheilen) bedeuten.

Zur Messung der Inductionsströme benutzte ich ein empfindliches Thomson'schen Galvanometer (Nr. 295 von Elliot Brothers) dessen Widerstand:

$$G = 5264 \text{ Ohmads}$$

war. Um absolute Messungen mit diesem Galvanometer auszuführen, schickte ich einen bestimmten Strom durch dasselbe und bestimmte die entsprechende Ablenkung der Nadel, und daraus berechnete ich die Stromintensität, welche nöthig ist, um die Nadel um einen Scalentheil abzulenken. Diese Stromintensität werde ich Empfindlichkeitscoëfficient des Galvanometers nennen. Da der Ablenkungswinkel immer sehr klein ist, so kann man durch Multiplication des Empfindlichkeitscoëfficienten mit der beobachteten Ablenkung die Intensität des entsprechenden Stromes in absolutem Maasse bestimmen.

In einem Kreise von dem Widerstande R war ein Daniell'sches Element und das Thomson'sche Galvanometer mit einer Brücke von $\frac{1}{999}$ seines Widerstandes G eingeführt, sodass die Stromintensität im Galvanometer war:

$$i = A \cdot \varphi = \frac{E}{R \cdot 1000 + G}.$$

Hier ist E die electromotorische Kraft eines Daniell, welche ich $= 1{,}13$ Volt. angenommen habe; A ist der Empfindlichkeitscoëfficient und φ die beobachtete Ablenkung der Galvanometernadel. So wurden z. B. zwei Beobachtungen gemacht.

R	φ		$\log A$
40643 S.-E.	$+191{,}5$	$-199{,}0$	$1{,}1737$ [10]
37643 „	$+208{,}0$	$-215{,}0$	$1{,}1720 - 10$
			$1{,}1729 - 10$

Dabei bemerke ich, dass 1 S.-E. $= 0{,}955$ Ohmads angenommen ist. Die Bestimmung des Empfindlichkeitscoëfficienten wurde von Zeit zu Zeit wiederholt.

Der rotirende Commutator bestand aus vier kupfernen, kreisförmigen Scheiben A, B, C und D (Taf. III Fig. 6),

welche auf eine Hartgummiaxe *ef* aufgesetzt und paarweise
metallisch verbunden waren; die Scheiben hatten je drei Vor-
sprünge (Taf. III Fig. 7), welche bei der Rotation in Quecksilbernäpfchen *a, b, c* und *d* eintauchten und somit die Stromkreise schlossen. Bei der Rotation eines Scheibenpaares durch
die entsprechenden Quecksilbernäpfchen trat die eine etwas
früher ein als die andere aus, sodass ein Stromkreis immer
etwas früher geschlossen und geöffnet wurde als der andere,
damit im Inductionskreise Ströme einer Richtung vorhanden
seien. Der Commutator wurde mittelst einer electromagnetischen Maschine von Helmholtz in Rotation gesetzt.

Die Axe trug noch eine Blockrolle *g* mit dem Faden,
welcher den Commutator mit der electromagnetischen Maschine in Verbindung setzte. Durch die Blockrolle ging ein
U-förmig gebogener Draht *h*, dessen Ende bei jeder Umdrehung in die Quecksilbernäpfchen *m* und *n* eintauchte
und den Stromkreis zu einem Chronograph schloss; bei
jeder Schliessung dieses Kreises machte die Feder des Chro-
nographen eine Marke auf den rotirenden Cylinder; neben
dieser markirte ich mit einer andern Feder alle fünf Secunden; ähnliche Beobachtungen wiederholte ich im Laufe einer
Versuchsreihe von Zeit zu Zeit, um möglichst genau die
Rotationsgeschwindigkeit des Commutators zu bestimmen.

Die ganze Beobachtungsmethode ist ähnlich der von
Töpler und v. Ettingshausen.[1]) Nur war sie durch die
Bestimmung der Rotationsgeschwindigkeit des Commutators
vervollständigt, was mich in den Stand setzte, den absoluten
Werth des Magnetisirungscoëfficienten der Flüssigkeit zu
berechnen.

§ 2. Die Beobachtungsmethode. Der Einfachheit
wegen wollen wir die Rolle *R* als eine unendliche annehmen;
dann wird die electromotorische Kraft des Stromes, welcher
in der Rolle *r* durch eine Magnetisirung oder Entmagnetisirung des flüssigen Cylinders *R* hervorgerufen ist, durch
folgende Formel ausgedrückt:

$$JW = 4\pi k . F. S. N,$$

1) Töpler und v. Ettingshausen, Pogg. Ann. **160.** p. 1. 1877.

wo J die Intensität des inducirten Stromes,
   W den Widerstand des inducirten Stromkreises,
   k den Magnetisirungscoëfficienten der Flüssigkeit,
   F die Scheidungskraft,
   S den Querschnitt des flüssigen Cylinders,
   N die Windungszahl der Rolle r bedeutet.

J bedeutet hier den Integralstrom, d. h. die Electricitätsmenge, welche in dem inducirten Stromkreise durch eine
Magnetisirung hervorgerufen ist; aber, wie gesagt, ähnliche
Ströme folgten regelmässig einer nach dem andern, sodass
durch das Galvanometer solche Ströme so oft in einer Zeiteinheit gingen, als der Stromkreis geschlossen wurde; wenn
wir ν die Zahl der Schliessungen in der Secunde nennen, so fliesst durch das Galvanometer ein constanter
Strom, dessen Intensität:

$$i = \nu J$$

ist. Nennen wir φ die Ablenkung der Nadel des Galvanometers, wenn die Röhre R leer, und φ' diese Ablenkung,
wenn die Röhre mit Flüssigkeit gefüllt ist, so wird:

$$i = A (\varphi' - \varphi).$$

wo A der Empfindlichkeitscoëfficient des Galvanometers
ist, und:

$$J = \frac{A}{\nu} (\varphi' - \varphi),$$

sodass:

$$k = \frac{A (\varphi' - \varphi)\, W}{4\pi F . \nu . N . S}.$$

Ein Stromunterbrecher p (Taf.III Fig.5) diente um den inducirten Stromkreis zu schliessen, als die Beobachtungen an-
fingen. Bei der Bestimmung von φ und φ' benutzte ich eine der
folgenden zwei Methoden: 1) Die beiden inducirten Ströme
(in r und r') wurden bei der leeren Röhre R möglichst genau
compensirt (was durch Bewegung der Rolle r mittelst einer
Schraube geschah); doch war eine kleine Ablenkung (φ)
immer vorhanden; nach der Füllung der Röhre R hingegen
eine grössere Ablenkung (φ'); durch den Commutator P multipli-
cirte ich den Strom und beobachtete die Grenzelongationen

Φ für die leere, und Φ' für die gefüllte Röhre; die Differenz $\varphi' - \varphi$ wurde nach der Formel:

$$\varphi' - \varphi = (\Phi' - \Phi) \frac{\varrho - 1}{\varrho + 1}$$

berechnet, wo ϱ das Verhältniss zweier aufeinander folgenden Elongationen bedeutet, d. h. wenn x_1, x_2 und x_3 drei aufeinanderfolgende Scalenablesungen sind:

$$\varrho = \frac{x_1 - x_2}{x_3 - x_2}.$$

2) Später habe ich es bequemer gefunden, die Ströme beider Rollen r und r' nicht ganz zu compensiren und somit grössere Elongationen zu beobachten; die Ablenkungen φ und φ' wurden aus drei Scalenablesungen x_1, x_2 und x_3; welche man nach der Schliessung des Unterbrechers p oder nach der Umlegung des Commutators P gemacht hat, berechnet, wozu die folgende Formel diente:

$$\varphi = \frac{x_1 x_3 - x_2{}^2}{x_1 + x_3 - 2 x_2}.$$

Was die Scheidungskraft anbetrifft, so ist dieselbe durch die Gleichung:

$$F = 4 \pi n . \gamma$$

bestimmt, wo n $(= 0{,}5817)$ die Windungszahl auf 1 m Länge der Röhre R und γ die Intensität des inducirenden Stromes bedeuten. Um γ zu messen, wurde die Rotation des Commutators aufgehalten, so aber, dass der inducirende Stromkreis geschlossen blieb; der Strom γ wurde alsdann mit der Tangentenbussole W gemessen.

§ 3. Zwei Beobachtungsreihen. Nach der oben beschriebenen Methode wurden Versuche mit einer wässerigen Lösung von Eisenchlorid (Dichtigkeit $= 1{,}52$) ausgeführt. Ich theile zunächst zwei Beobachtungsreihen mit.

Nr. 6. Die Ablenkungen φ und φ' wurden nach der Multiplicationsmethode bestimmt; $\varrho = 3{,}06$, sodass $\log \frac{\varrho - 1}{\varrho + 1}$ $= 9{,}7054^{-10}$; $\gamma = C(s - s_0)$, wo $\log C = 8{,}2692^{-10}$:

Φ'		Φ		
+88	−89	+48	−46	$s - s_0 = 167,1$
+90	−90	+46	−47	

$\Phi' - \Phi = \frac{1}{4}.85$; $\log (\Phi' - \Phi) \frac{\varrho - 1}{\varrho + 1} = 1,3333$; $\log \nu = 0,9604$;

$W = 28954 . 10^{10}$; $n = 0,5817$; $N = 30000$; $S = \pi.(26,4)^3$;

$\log A = 1,1721^{-10}$; $k = 0,000055$; $F = 12,6 . H.$

Nr. 12. Die Ablenkungen φ und φ' sind aus drei Elongationen bestimmt. $\log A = 1,1897^{-10}$; $\log \nu = 0,9619$.

1) Bestimmung von φ':

+289	−274	+265	−274	+264
110	127	119	130	120
176	180	172	177	172
+157,7	−165,9	+157,8	−165,4	+157,2

Im Mittel $\varphi' = 161,6$ für $s - s_0 = 24,1.$

2) Bestimmung von φ für $s - s_0 = 31,4$:

−301	+294	−280
184	188	204
254	229	233
−227	+215,5	−225,0

Im Mittel $\varphi = 220,8$ und für $s - s_0 = 24,1.$ $\varphi = 220,8 . \frac{24,1}{31,4} = 169,4.$

Also: $k = 0,000 142$; $F = 1,8 . H.$

§ 4. **Resultate der Beobachtungen.** Ich will jetzt die Resultate sämmtlicher Beobachtungen zusammenstellen; als Einheit für F ist hier die Horizontalcomponente des Erdmagnetismus gewählt.

I. (20. Oct. 1879.)			II. (26. Oct.)			III. (29. Oct.)		
Nr.	F	k	Nr.	F	k	Nr.	F	k
1.	3,73	0,000 070	7.	1,15	0,000 096	11.	1,70	0,000 131
2.	5,83	0,000 069	8.	1,85	0,000 104	12.	1,81	0,000 142
3.	6,54	0,000 065	9.	1,60	0,000 131	13.	1,96	0,000 131
4.	7,00	0,000 062	10.	2,45	0,000 104	14.	2,13	0,000 111
5.	10,00	0,000 060				15.	2,40	0,000 099
6.	12,60	0,000 055						

IV. (3. Nov.)		
Nr.	F	k
16.	1,90	0,000141
17.	5,35	0,000068

§. 5. Schlussfolgerungen. Diese Resultate geben mir noch einmal Gelegenheit, meine früheren Behauptungen zu wiederholen. Der Magnetisirungscoëfficient der Eisenchloridlösung ist keine Constante, sondern eine Function der Scheidungskraft. Nimmt die Scheidungskraft allmählich immer zu, so wächst zuerst der Magnetisirungscoëfficient, und zwar relativ schnell; bei einem gewissen Werthe der Scheidungskraft erreicht er ein Maximum, dann fängt er an, zuerst schneller, dann langsamer abzunehmen.

Es gehört also die von mir untersuchte Flüssigkeit in dieselbe Classe von magnetischen Körpern wie Eisen, Stahl und Nickel, bei welchen ein ähnlicher Verlauf von k bewiesen ist. Es liegt nahe, zu vermuthen, dass ein derartiges Wachsen und Sinken von k bei allen magnetischen Körpern stattfindet.

Was die Uebereinstimmung der oben angeführten Zahlen mit denjenigen, welche ich für denselben Magnetisirungscoëfficienten früher gefunden habe, anbetrifft, so will ich bemerken, dass diese keine vollständige ist. Die jetzigen Zahlen sind alle etwas kleiner; aber das Gesetz, nach welchem diese Zahlen sich ändern, ist ganz dasselbe das ich früher beobachtete. Das Maximum von k tritt fast bei derselben Stelle ein. Ich glaube, dass die eben beschriebene Methode viel sicherer ist als die frühere; ich bin mehrmals zu denselben Scheidungskräften zurückgekehrt und habe immer denselben Werth für den Magnetisirungscoëfficienten gefunden. So z. B. bei den Nrn. 2 und 17, 12 und 16, 10 und 15, 9 und 11.

Die Untersuchung wurde im Physikalischen Universitätslaboratorium des Hrn. Prof. Stoletow ausgeführt.

Moskau, November 1879.

X. *Untersuchungen über die Höhe der Atmosphäre und die Constitution gasförmiger Weltkörper; von A. Ritter in Aachen.*

Achte Abtheilung.

§ 30. Allgemeine Differentialgleichung der Zustandslinie eines gasförmigen Weltkörpers.

Die in den vorigen Paragraphen für die Dispersionstemperatur gefundenen Gleichungen sind nur dann als gültig
zu betrachten, wenn die Masse der Atmosphäre so klein ist,
dass die von der Atmosphäre selbst ausgeübte Gravitationswirkung als verschwindend klein gegen die von dem festen
Weltkörper ausgeübte Gravitationswirkung vernachlässigt
werden darf.

Um zu einer vollständigen und allgemein gültigen Lösung des Problems zu gelangen, wird es erforderlich sein:
der in § 12 gefundenen Differentialgleichung der Zustandslinie eines vollkommen gasförmigen Weltkörpers zuvor eine
derartig verallgemeinerte Form zu geben, dass diese Differentialgleichung nicht nur auf ein Gas von beliebig gegebener
Beschaffenheit, sondern auch auf einen gasförmigen Weltkörper mit festem kugelförmigen Kerne angewendet werden
kann.

Zu einer solchen verallgemeinerten Form jener Differentialgleichung kann man auf einem von der Wärmetheorie
ganz unabhängigen Wege gelangen, indem man den Quotienten:

$$(282) \qquad \frac{p}{\gamma} = \tau,$$

welcher für den speciellen Fall eines dem Mariotte'schen
Gesetze unterworfenen Gases die Bedeutung einer dem Werthe
der absoluten Temperatur proportionalen Grösse annimmt,
als eine lediglich zur Vereinfachung der Rechnung eingeführte Hülfsgrösse behandelt, und indem man sich alsdann
die Aufgabe stellt: dasjenige Gesetz aufzufinden, nach welchem die Masse um den festen, kugelförmigen Kern herum
vertheilt sein müsste, wenn ausserhalb desselben die Bedingungsgleichung:

(283) $$\frac{p}{\gamma^k} = \text{Const.}$$

überall erfüllt sein soll, in welcher der Exponent k eine beliebige, zwischen den Grenzen $+1$ und $+\infty$ liegende constante Zahl bedeutet.

Wenn durch den Index „Null" diejenigen Werthe charakterisirt werden, welche die veränderlichen Grössen an der Oberfläche des festen kugelförmigen Kernes annehmen, so kann man den obigen beiden Gleichungen auch die folgenden Formen geben:

(284) $$\frac{p}{p_0} = \left(\frac{\gamma}{\gamma_0}\right)^k = \left(\frac{\mathfrak{r}}{\mathfrak{r}_0}\right)^{\frac{k}{k-1}}.$$

Die Ableitung jener allgemeinen Differentialgleichung kann man nunmehr auf ähnliche Weise wie in § 12 ausführen mittelst der folgenden Gleichungen, in welchen E die Erdmasse, r den Erdhalbmesser, λr den ganzen Halbmesser des Weltkörpers, $a = \alpha\lambda r$ den Halbmesser des festen kugelförmigen Kerns, M die in der Kugel vom Halbmesser ϱ enthaltene Masse, S die ganze Masse des Weltkörpers, q die mittlere Dichtigkeit desselben, $\mathfrak{v}g$ die Gravitationsbeschleunigung im Abstande ϱ vom Mittelpunkte, und $\mathfrak{v}_1 g$ die Gravitationsbeschleunigung (an der äusseren Oberfläche der atmosphärischen Hülle oder) im Abstande λr vom Mittelpunkte bedeutet.

Ausserhalb des festen, kugelförmigen Kernes gilt für den Druck überall die Differentialgleichung:

(285) $$dp = -\mathfrak{v}\gamma\,d\varrho,$$

welcher man nach Substitution der aus Gleichung (284), resp. für dp und γ zu entnehmenden Werthe auch die folgende Form geben kann:

(286) $$\mathfrak{v} = -\left(\frac{k}{k-1}\right)\frac{d\mathfrak{r}}{d\varrho}.$$

Wenn als Masseneinheit diejenige Masse gewählt wird, welche an der Erdoberfläche 1 kg wiegt, so ergibt sich für die zwischen den Kugelflächen von den Halbmessern ϱ und $\varrho + d\varrho$ befindliche Masse die Gleichung:

(287) $$dM = 4\pi\varrho^2\,d\varrho\,\gamma,$$

aus welcher man für den Differentialquotienten $\frac{dM}{d\varrho}$, nach Substitution des aus der Gleichung (284) für γ zu entnehmenden Werthes, den folgenden Ausdruck erhält:

$$(288) \qquad \frac{dM}{d\varrho} = 4\pi\gamma_0\varrho^2\left(\frac{\tau}{\tau_0}\right)^{\frac{1}{k-1}}.$$

Einen zweiten Ausdruck für diesen Differentialquotienten kann man aus der Newton'schen Gravitationsgleichung:

$$(289) \qquad \mathfrak{v} = \frac{M}{E}\cdot\frac{r^2}{\varrho^2}$$

ableiten, indem man dieselbe für M auflöst und nachher differentiirt; man erhält dann die Gleichung:

$$(290) \qquad \frac{dM}{d\varrho} = \frac{E}{r^2}\left(\varrho^2\frac{d\mathfrak{v}}{d\varrho} + 2\mathfrak{v}\varrho\right),$$

welcher man mit Benutzung des in Gleichung (286) für $\mathfrak{v}$ gefundenen Werthes die folgende Form geben kann:

$$(291) \qquad \frac{dM}{d\varrho} = -\frac{kE}{(k-1)r^2}\left(\varrho^2\frac{d^2\tau}{d\varrho^2} + 2\varrho\frac{d\tau}{d\varrho}\right).$$

Durch Gleichsetzung der beiden für den Differentialquotienten $\frac{dM}{d\varrho}$ gefundenen Ausdrücke gelangt man nunmehr, indem man zugleich $\frac{\varrho}{\lambda r} = x$ und $\frac{\tau}{\tau_0} = y$ setzt, zu der folgenden Gleichung:

$$(292) \qquad \frac{d^2y}{dx^2} + \frac{2}{x}\frac{dy}{dx} + \left[\frac{4\pi(k-1)\lambda^2r^4\gamma_0}{kE\tau_0}\right]y^{\frac{1}{k-1}} = 0.$$

Da der eingeklammerte constante Coëfficient des dritten Gliedes stets positiv ist, so kann abkürzungsweise:

$$(293) \qquad \frac{4\pi(k-1)\lambda^2r^4}{kE\tau_0}\gamma_0 = m^2$$

gesetzt werden, und wenn man zugleich den constanten Exponenten:

$$(294) \qquad \frac{1}{k-1} = n$$

setzt, so erhält man für jene allgemeine Differentialgleichung die folgende Form:

$$(295) \qquad \frac{d^2y}{dx^2} + \frac{2}{x}\frac{dy}{dx} + m^2y^n = 0.$$

Dem Ausdrucke für die Constante m^2 kann man eine etwas übersichtlichere Form geben, indem man zunächst die Constante τ_0 durch eine andere Constante:

$$(296) \qquad F = \frac{k\,\tau_0}{(k-1)\,\lambda\,r\,\mathfrak{v}_1}$$

ausdrückt, deren Bedeutung auf folgende Weise sich ergibt. An der äusseren Oberfläche der gasförmigen Hülle ist $p=0$, folglich auch $\tau = 0$. Nach Gleichung (286) kann also:

$$(297) \qquad \int_a^{\lambda r} \mathfrak{v}\,d\varrho = -\left(\frac{k}{k-1}\right)\int_{\tau_0}^{0} d\tau, \quad \text{oder:}$$

$$(298) \qquad \frac{k\,\tau_0}{k-1} = \int_a^{\lambda r} \mathfrak{v}\,d\varrho$$

gesetzt werden, und wenn man diese letztere Gleichung durch das Product $\mathfrak{v}_1\,\lambda r$ dividirt, so erhält man für die oben mit F bezeichnete Constante den folgenden Ausdruck:

$$(299) \qquad F = \int_a^{1}\left(\frac{\mathfrak{v}}{\mathfrak{v}_1}\right)dx.$$

Die Grösse F kann daher definirt werden als Inhalt einer Fläche, deren obere Begrenzungslinie man erhält, indem man das Gesetz, nach welchem (zwischen den Grenzwerthen $x = \alpha$ und $x = 1$) die Verhältnisszahl $\frac{\mathfrak{v}}{\mathfrak{v}_1}$ mit x sich ändert durch eine Curve geometrisch darstellt.

Der oben eingeführten Bezeichnungsweise gemäss würde nach Gleichung (293) die Constante:

$$(300) \qquad m^2 = \frac{4\pi\,\lambda\,r^3\,\gamma_0}{F\,E\,\mathfrak{v}_1}$$

gesetzt werden können, und wenn man hierin nach der Newton'schen Gravitationsgleichung:

$$(301) \qquad \mathfrak{v}_1 = \frac{S}{E\lambda^2}, \quad \text{oder:} \quad \mathfrak{v}_1\,E = \tfrac{1}{3}\,\pi\,\lambda\,r^3\,q$$

setzt, so erhält man für jene Constante nunmehr die folgende einfachere Gleichung:

$$(302) \qquad m^2 = \frac{3\,\gamma_0}{F\,q},$$

aus welcher die Grösse m berechnet werden kann, sobald die Werthe der beiden Constanten F und $\frac{\gamma_0}{q}$ bekannt sind.

§ 31. Integration der Differentialgleichung für den Fall eines Weltkörpers, dessen ganze Masse im gasförmigen Aggregatzustande sich befindet.

Die im vorigen Paragraphen gefundene allgemeine Differentialgleichung bleibt auch dann noch gültig, wenn der Halbmesser und die Masse des festen, kugelförmigen Kerns gleich Null gesetzt werden. In diesem Falle bedeuten die mit dem Index „Null" bezeichneten Grössen diejenigen Werthe, welche die veränderlichen Grössen im Mittelpunkte des Weltkörpers annehmen. Wenn die Verhältnisszahl:

$$(303) \qquad \frac{\mathfrak{v}}{\mathfrak{v}_1} = z$$

gesetzt wird, so können die beiden F und $\frac{\gamma_0}{q}$ berechnet werden aus den Gleichungen:

$$(304) \qquad F = \int_0^1 z \, dx, \qquad\qquad (305) \qquad \frac{\gamma_0}{q} = \left(\frac{dz}{dx}\right)_0 .$$

Die Bedeutungen dieser beiden Constanten kann man sich auf die in Fig. 7 angedeutete Weise veranschaulichen,

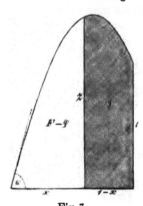

Fig. 7.

indem man sich das Gesetz, nach welchem z mit x sich ändert, durch eine Curve geometrisch dargestellt denkt. Die Constante F wird durch den Flächeninhalt der ganzen Figur repräsentirt und die Constante $\frac{\gamma_0}{q}$ durch die Tangentenzahl des Winkels ω, welchen die durch den Anfangspunkt der Curve an dieselbe gelegte Tangentenlinie mit der Abscissenaxe einschliesst, insofern diese geradlinige Tangente als graphische Darstellung der Werthe von z in dem Falle zu betrachten sein würde, wenn das Wachsen von z gleichförmig stattfände, d. h. wenn die Dichtigkeit überall die Grösse γ_0 hätte, in welchem Falle die Gravitationsbeschleunigung an der Oberfläche im Verhältniss $\gamma_0 : q$ sich vergrössern würde.

Mit Benutzung der Gleichungen (286) und (298), welche letztere auch dann noch gültig bleibt, wenn darin τ statt τ_0 und zugleich ϱ statt a gesetzt wird, erhält man nunmehr aus der obigen Figur für die Grösse y und ihre beiden Differentialquotienten die folgenden Gleichungen:

$$(306) \quad y = \frac{\varphi}{F}, \qquad (307) \quad \frac{dy}{dx} = -\frac{z}{F}, \qquad (308) \quad \frac{d^2y}{dx^2} = -\frac{1}{F}\frac{ds}{dx}.$$

Indem man die Form der in Fig. 7 dargestellten Curve so zu bestimmen sucht, dass die obigen Grössen der allgemeinen Differentialgleichung für jeden Werth von x Genüge leisten (wobei als Hülfscurve die graphische Darstellung der Werthe von $\frac{dz}{dx}$ benutzt werden kann), findet man zunächst das Gesetz, nach welchem y mit x sich ändert, worauf dann mittelst der Gleichung:

$$(309) \qquad \frac{\gamma}{\gamma_0} = y^n$$

für jeden Werth von y der zugehörige Werth von γ berechnet werden kann.

Durch Anwendung dieses Verfahrens findet man für die in den obigen Gleichungen vorkommenden Constanten die nachfolgenden zusammengehörigen Zahlenwerthe:

$n =$	0	1	1,5	2	2,44	3	4	5
$k =$	∞	2	$\frac{2}{3}$	$\frac{1}{2}$	1,41	$\frac{1}{3}$	$\frac{1}{4}$	$\frac{1}{5}$
$F =$	0,5	1	1,35	1,8	2,4	3,5	7,9	∞
$\frac{\gamma_0}{q} =$	1	$\frac{\pi^2}{3}$	6	11,4	22	57	520	∞
$m =$	$\sqrt{6}$	π	3,65	4,35	5,2	7	14	∞

Die oben beschriebene Untersuchungsmethode kann man sich verdeutlichen, indem man dieselbe zunächst auf diejenigen Fälle anwendet, in welchen das Resultat der (auf directem Wege ausführbaren) Integration durch einen geschlossenen mathematischen Ausdruck sich darstellen lässt.

Der Werth $n = 0$ (oder $k = \infty$) entspricht dem Falle einer Gaskugel von constanter Dichtigkeit. Die in Fig. 7 dargestellte Curve geht für diesen Fall in eine gerade Linie über. Für die Constanten erhält man nach Fig. 8 die Werthe:

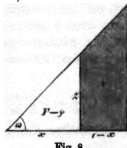

$$F = 0,5, \qquad \frac{\gamma_0}{q} = 1, \qquad m^2 = 6,$$

und nach Gleichung (306) kann das Resultat der Integration in diesem Falle dargestellt werden durch die Gleichung:

$$(310) \qquad y = 1 - x^2,$$

Auch für den Fall $n = 1$ (oder $k = 2$) lässt sich das Resultat der Integration durch einen geschlossenen

Fig. 8.

Ausdruck darstellen. Die allgemeine Differentialgleichung nimmt für diesen Fall die folgende Form an:

$$(311) \qquad \frac{d^2y}{dx^2} + \frac{2}{x}\frac{dy}{dx} + m^2 y = 0.$$

Mit Berücksichtigung der für die Werthe $x = 0$ und $x = 1$ gegebenen Grenzbedingungen erhält man hieraus durch directe Ausführung der Integration die Gleichung:

$$(312) \qquad y = \frac{\sin(\pi x)}{\pi x},$$

welche zeigt, dass in diesem Falle die Constante $m = \pi$ wird. Nach Gleichung (307) erhält man alsdann, indem man $x = 1$ setzt, den Werth $F = 1$, worauf aus Gleichung (302) der Werth $\frac{\gamma_0}{q} = \frac{\pi^2}{3}$ sich ergibt.

Für die übrigen Fälle findet man durch Anwendung der oben erklärten graphischen Integrationsmethode die in der nachfolgenden Tabelle zusammengestellten Zahlenwerthe.

$x =$		0,1	0,2	0,3	0,4	0,5	0,6	0,7	0,8	0,9
$n = 1,5$	$z =$	0,6	1,12	1,51	1,76	1,84	1,80	1,65	1,44	1,22
	$y =$	0,978	0,915	0,816	0,694	0,560	0,424	0,296	0,181	0,082
$n = 2$	$z =$	1,14	1,99	2,46	2,61	2,48	2,19	1,85	1,52	1,23
	$y =$	0,969	0,882	0,758	0,615	0,474	0,343	0,232	0,139	0,0625
$n = 2,44$	$z =$	2,02	3,43	3,82	3,58	3,04	2,47	1,96	1,54	1,23
	$y =$	0,956	0,841	0,686	0,528	0,387	0,271	0,178	0,104	0,047
$n = 3$	$z =$	5,0	6,6	6,05	4,76	8,58	2,67	2,01	1,56	1,23
	$y =$	0,921	0,741	0,556	0,398	0,278	0,190	0,124	0,072	0,032
$n = 4$	$z =$	28,2	18,0	10,1	6,1	4,0	2,78	2,02	1,56	1,23
	$y =$	0,763	0,462	0,288	0,190	0,126	0,084	0,054	0,032	0,014

$$n = 5 \begin{cases} x = \\ z = \\ y = \end{cases} \quad \begin{array}{c|c|c|c} 0 & \frac{1}{10} & \frac{1}{2} & 1 \\ \infty & 100 & \frac{1}{4} & 1 \\ 1 & 0 & 0 & 0 \end{array}$$

Der leichtern Uebersicht wegen sind in der obigen Tabelle ausser den Werthen von z nur die Werthe von y angegeben, aus welchen letzteren die zugehörigen Werthe der
Grösse $\frac{\chi}{\gamma_0}$ mittelst der Gleichung (309) jederzeit leicht berechnet werden können. Die Werthe von z sind auf Taf. III
Fig. 8 graphisch dargestellt durch Curven, welche zugleich
als graphische Darstellungen der Gravitationskräfte gelten
können. Der Werth $n = 5$ entspricht dem Grenzfalle, für
welchen die betreffende Curve übergeht in diejenige Curve,
durch welche nach dem Newton'schen Gesetze die von einem
materiellen Punkte ausgeübte Gravitationskraft darzustellen sein würde. Für diesen Fall wird die Dichtigkeit
ausserhalb des Mittelpunktes überall gleich Null, im Mittelpunkte selbst aber unendlich.

Wenn n grösser als 5 (oder k kleiner als $\frac{6}{5}$) ist, so gibt
es überhaupt keine Art der Massenvertheilung mehr, durch
welche den Bedingungsgleichungen (283) und (295) Genüge
geleistet werden könnte, und da dem adiabatischen Gleichgewichtszustande der Werth $k = \frac{c_p}{c_v}$ entspricht, so gilt für
ein dem Mariotte-Gay-Lussac'schen Gesetze unterworfenes
Gas der folgende Satz:

Ein adiabatischer Gleichgewichtszustand des
gasförmigen Weltkörpers kann überhaupt nur dann
existiren, wenn das Verhältniss der beiden specifischen Wärmen des Gases grösser als $\frac{6}{5}$ ist.

Zur theoretischen Begründung dieses Satzes führen die
Untersuchungen des folgenden Paragraphen.

§ 32. Potential des gasförmigen Weltkörpers.

Für ein dem Mariotte-Gay-Lussac'schen Gesetze unterworfenes Gas ist die in Gleichung (283) mit τ bezeichnete
Grösse gleich RT zu setzen, und aus Gleichung (286) erhält
man hiernach für dT den Ausdruck:

22*

(313)
$$dT = -\frac{(k-1)\,v\,d\varrho}{k\,R},$$

welchem man mit Benutzung der in den Gleichungen (252) und (289) resp. für die Grössen c_p und v angegebenen Werthe auch die folgenden Formen geben kann:

(314)
$$dT = -\frac{A\,v\,d\varrho}{c_p} = -\frac{A\,r^2\,M\,d\varrho}{c_p\,E\,\varrho^2}.$$

Zur Berechnung des mechanischen Aequivalents der innern Wärme des gasförmigen Weltkörpers kann man die Gleichung:

(315)
$$U = \frac{c_v}{A}\int_{\varrho=0}^{\varrho=\lambda r} T\,dM$$

benutzen, aus welcher man durch partielle Integration (mit Berücksichtigung des Umstandes, dass sowohl für $\varrho = 0$ als auch für $\varrho = \lambda r$ das Product TM den Werth Null annimmt) die folgende Gleichung ableiten kann:

(316)
$$U = \frac{c_v}{A}\left\{0 - \int_{T_0}^{0} M\,dT\right\}.$$

Wenn man hierin für dT den oben gefundenen Werth einsetzt, so erhält man die Gleichung:

(317)
$$U = \frac{r^2}{k\,E}\int_{0}^{\lambda r} \frac{M^2\,d\varrho}{\varrho^2},$$

aus welcher man durch abermalige partielle Integration die folgende Gleichung ableiten kann:

(318)
$$U = \frac{r^2}{k\,E}\left\{-\frac{S^2}{\lambda r} + 2\int_{\varrho=0}^{\varrho=\lambda r} \frac{M\,dM}{\varrho}\right\}.$$

Das Potential einer Gaskugel, oder diejenige Arbeit, welche beim Uebergange aus dem unendlich verdünnten Zustande in den gegebenen gegenwärtigen Zustand von den Gravitationskräften verrichtet worden wäre, ist nach § 20 zu berechnen aus der Gleichung:

(319)
$$\mathfrak{A} = \int_{\varrho=0}^{\varrho=\lambda r} v\,\varrho\,dM,$$

welche nach Substitution des in Gleichung (289) für $\mathfrak{v}$ angegebenen Werthes die folgende Form annimmt:

$$(320) \qquad \mathfrak{A} = \frac{r^2}{E} \int_{\varrho=0}^{\varrho=\lambda r} \frac{M\,dM}{\varrho}.$$

Wenn man den hieraus für das obige Integral zu entnehmenden Ausdruck in Gleichung (318) einsetzt, so erhält
man für U die Gleichung:

$$(321) \qquad U = -\frac{S^2 r}{k\,E\lambda} + \frac{2\mathfrak{A}}{k}.$$

Die Beziehung zwischen den beiden Grössen $\mathfrak{A}$ und U
kann nach §20 auch ausgedrückt werden durch die Gleichung:

$$(322) \qquad U = \frac{\mathfrak{A}}{3\,(k-1)},$$

und wenn man nunmehr die obigen beiden Ausdrücke einander gleich setzt, so erhält man eine Gleichung, welche für
$\mathfrak{A}$ aufgelöst die folgende Form annimmt:

$$(323) \qquad \mathfrak{A} = \frac{3\,(k-1)\,S^2 r}{(5\,k-6)\,E\lambda}.$$

Die letztere (in anderer Form bereits von Betti[1]) ab-
geleitete) Gleichung zeigt, dass $\mathfrak{A} = \infty$ wird, wenn $k = \frac{6}{5}$ ist,
und bestätigt den am Schlusse des vorigen Paragraphen ge-
fundenen Satz, nach welchem die im adiabatischen Gleichgewichtszustande befindliche Gaskugel für jenen Grenzfall in
einen materiellen Punkt übergehen würde.

Da der Werth des Potentials nur von der Massenvertheilung abhängen kann, so ist die Gültigkeit der obigen
Gleichung, welcher man mit Benutzung des in Gleichung
(301) für $\mathfrak{v}_1$ angegebenen Werthes auch die folgende Form
geben kann:

$$(324) \qquad \frac{\mathfrak{A}}{\mathfrak{v}_1\,\lambda\,r\,S} = \frac{3\,(k-1)}{5\,k-6} = \frac{3}{5-n},$$

ganz unabhängig von der dem Buchstaben k beigelegten Bedeutung; dieselbe gilt vielmehr für jeden beliebigen Gleichgewichtszustand, welcher der Bedingungsgleichung $\frac{p}{r^k} = \text{Const.}$

---

1) E. Betti, N. Cim. 1880.

entspricht, wobei jedoch zu berücksichtigen ist, dass ein solcher Gleichgewichtszustand überhaupt nur möglich ist, so lange der Werth des Exponenten k zwischen den Grenzen $+\tfrac{4}{3}$ und $+\infty$ liegt.

In Bezug auf die im vorigen Paragraphen untersuchten Fälle erhält man aus obiger Gleichung für den numerischen Potentialcoëfficienten die folgenden Werthe:

n =	0	1	1,5	2	2,44	3	4	5
k =	∞	2	$\tfrac{5}{3}$	$\tfrac{3}{2}$	1,41	$\tfrac{4}{3}$	$\tfrac{5}{4}$	$\tfrac{6}{5}$
$\dfrac{\mathfrak{A}}{b_1\,\lambda\,r\,S}$ =	$\tfrac{3}{5}$	$\tfrac{3}{4}$	$\tfrac{6}{7}$	1	1,17	$\tfrac{3}{2}$	3	∞

§ 33. Grenzfälle des adiabatischen und indifferenten Gleichgewichts.

Wenn das Verhältniss der beiden specifischen Wärmen gleich $\tfrac{4}{3}$ ist, so wird nach Gleichung (322):

$$\mathfrak{A} = U \quad \text{und} \quad \mathfrak{A} + d\mathfrak{A} = U + dU.$$

. In diesem Falle wird die bei einer Contraction der Gaskugel von der Gravitationsarbeit erzeugte Wärme gerade ausreichen, um die innere Wärme so weit zu vergrössern, wie es zur Erhaltung des Gleichgewichtszustandes erforderlich ist. Wenn dagegen $k < \tfrac{4}{3}$ ist, so wird:

$$\mathfrak{A} < U \quad \text{und} \quad \mathfrak{A} + d\mathfrak{A} < U + dU.$$

Im letzteren Falle wird die von der Gravitationsarbeit erzeugte Wärme zur Erhaltung des Gleichgewichts zwischen Gravitationskraft und innerer Wärme nicht mehr ausreichen. Die einmal vorhandene Contractionsbewegung wird daher in diesem Falle mit Beschleunigung sich fortsetzen. Ebenso würde auch eine beginnende Expansionsbewegung der sich selbst überlassenen Gaskugel in diesem Falle mit Beschleunigung sich fortsetzen; denn während der Ausdehnung vermindert sich die innere Wärme stets nur um den in Gravitationsarbeit umgewandelten Theil, und die wirklich vorhandene innere Wärme wird infolge dessen stets grösser sein als diejenige, welche der Gravitationskraft das Gleichgewicht halten würde. Hieraus folgt, dass der Gleichgewichtszustand eines gasförmigen Weltkörpers stets ein labiler

Gleichgewichtszustand ist, wenn das Verhältniss der beiden specifischen Wärmen kleiner als $\frac{4}{3}$ ist.

Zu demselben Resultate führen auch die in § 25 gefundenen Gleichungen, insofern dieselben zeigen, dass eine pulsirende Bewegung nur dann stattfinden kann, wenn $k > \frac{4}{3}$ ist. Denn nach Gleichung (241) wird die Pulsationsdauer für $k = \frac{4}{3}$ unendlich gross und für $k < \frac{4}{3}$ imaginär, woraus folgt, dass in den letzteren Fällen niemals eine Umkehr von Expansionsbewegung zu Contractionsbewegung oder von letzterer zu ersterer eintreten kann.

Der Werth $k = 1$ ist jedenfalls als unterer Grenzwerth für das Verhältniss der beiden specifischen Wärmen zu betrachten, insofern die specifische Wärme bei constantem Drucke niemals kleiner sein kann als die specifische Wärme bei constantem Volumen, und da nach der kinetischen Gastheorie der Werth $k = \frac{5}{3}$ den oberen Grenzwerth für jene Verhältnisszahl bildet, so ergeben sich hieraus die folgenden Sätze:

Wenn die Grösse k zwischen den Grenzwerthen $\frac{4}{3}$ und $\frac{4}{3}$ liegt, so ist der adiabatische Gleichgewichtszustand zugleich ein indifferenter Gleichgewichtszustand.

Wenn die Grösse k zwischen den Grenzwerthen $\frac{4}{3}$ und $\frac{5}{3}$ liegt, so ist der adiabatische Gleichgewichtszustand stets ein labiler Gleichgewichtszustand.

Wenn die Grösse k zwischen den Grenzwerthen $\frac{5}{3}$ und 1 liegt, so gibt es weder einen adiabatischen, noch einen indifferenten Gleichgewichtszustand.

Nach § 8 bewirkt jede Wärmezuführung eine mit Abkühlung verbundene Ausdehnung des gasförmigen Weltkörpers, und bei fortgesetzter Wärmezuführung wird derselbe schliesslich in den Zustand des gesättigten Dampfes übergehen müssen.

Nach § 27 kann man sich das Verhalten des gesättigten Wasserdampfes bei niedrigen Temperaturen (so weit es sich um adiabatische Zustandsänderungen handelt) annäherungsweise veranschaulichen, indem man denselben als ein ideales Gas betrachtet, für dessen Constanten die folgenden Werthe anzunehmen sein würden:

$$R = 47, \qquad c_p = 8,015, \qquad k = 1,038, \qquad c_v = 2,9.$$

Der Uebergang eines Stoffes aus dem gasförmigen Zustande in den Zustand des gesättigten Dampfes bedingt (wie das Beispiel des Wasserdampfes zeigt) stets eine plötzliche Formänderung der adiabatischen Curve und hat in dieser Beziehung dieselbe Wirkung, wie wenn bei jenem Uebergange plötzlich eine beträchtliche Vergrösserung der specifischen Wärme und eine beträchtliche Verkleinerung des Verhältnisses der beiden specifischen Wärmen stattfände.

Wenn es erlaubt wäre, nach dem Verhalten des Wasserdampfes auf das Verhalten anderer Stoffe zu schliessen, und anzunehmen, dass der Exponent der adiabatischen Gleichung bei Ueberschreitung der Dampfgrenze stets einen Werth annimmt, welcher kleiner als $\frac{4}{3}$ ist, so würde hieraus der folgende Satz sich ergeben:

Für jeden gasförmigen Weltkörper gibt es eine obere Volumengrenze, bei deren Ueberschreitung die Masse desselben im unendlichen Raume sich zerstreuen würde.

Die Zustandsänderung der Sonne ist jedenfalls mit Wärmeabgabe verbunden. Wenn man also die Zustandsänderung der Sonnenmasse rückwärts verfolgt, so müsste man nach obigem Satze schliesslich zu einer Grenze gelangen, jenseits welcher ein dauerndes Gleichgewicht nicht mehr möglich sein würde. Von einer numerischen Bestimmung dieses Grenzvolumens kann zwar vor der Hand noch keine Rede sein, ebenso wenig wie von einer definitiven Beantwortung der Frage: wie weit die Kant-Laplace'sche Theorie mit dem obigen Satze in Einklang zu bringen sein würde. Indessen wird man bei weiterer Ausbildung jener Theorie wohl kaum vermeiden können, die Frage der allgemeinen Gültigkeit des obigen Satzes in Erwägung zu ziehen, insofern die Annahme eines beliebig grossen Volumens für den Anfangszustand nach obigem Satze keineswegs als unbedingt zulässig zu betrachten sein würde.

XI. *Entgegnung auf die im Augustheft dieser Annalen enthaltene Bemerkung des Hrn. Herwig: „Ueber das Wärmeleitungsvermögen des Quecksilbers"; von H. F. Weber.*

In meinen Untersuchungen über die Wärmeleitung in Flüssigkeiten[1] war ich bezüglich der Wärmeleitung in Quecksilber zu einem andern Resultate gelangt, als Hr. Herwig in einer früheren Arbeit[2] gefunden hatte. Ich zeigte jedoch, dass Hr. Herwig seine Versuchsresultate fehlerhaft interpretirt hatte, und dass eine exactere Behandlung derselben zu einem Ergebniss führt, das qualitativ und quantitativ in guter Uebereinstimmung mit der von mir gefundenen Thatsache steht. Das Fehlerhafte der von Hrn. Herwig gegebenen Interpretation bestand darin, dass er erstens die Abhängigkeit der inneren Wärmeleitungsfähigkeit von der Temperatur in unrichtiger Weise in die der Berechnung seiner Versuche zu Grunde liegende Differentialgleichung einführte, und dass er zweitens die Thatsache, dass die äussere Wärmeleitungsfähigkeit mit steigender Temperatur zunimmt, ausser Acht liess.

In dem letzten Hefte dieser Annalen, p. 662, kommt Hr. Herwig in der „Bemerkung über das Wärmeleitungsvermögen des Quecksilbers" auf diesen Gegenstand zurück und gibt zu, dass er die Variation des innern Wärmeleitungsvermögens in unrichtiger Weise in die den Berechnungen zu Grunde liegende Differentialgleichung eingeführt habe, gibt ferner zu, dass er einen Fehler beging, indem er das äussere Wärmeleitungsvermögen als constant annahm, und erkennt endlich an, dass er infolge dessen zu einer falschen Formulirung seines Schlussresultates geführt worden ist.

Hr. Herwig bestätigt also vollkommen, dass die von mir gemachten principiellen Einwendungen gegen die Zulässigkeit seiner Behandlungsweise völlig begründet sind.

---

1) Weber, Wied. Ann. **10.** p. 103—130, p. 304—320, p. 472—500. 1880.
2) Herwig, Pogg. Ann. **151.** p. 177. 1874.

Damit, sollte man meinen, erklärt er die von mir gegebene Behandlungsweise des besprochenen Gegenstandes für im wesentlichen richtig. Trotzdem sagt er: „Diese [Ausstellungen des Hrn. Weber] sind zwar im Princip berechtigt, haben aber zum Theil für die Anwendung, worauf es in dem vorliegenden Falle doch allein ankommt, nach meinem Dafürhalten keine eigentliche Bedeutung und sind anderntheils durch die mangelhafte Berechnung, welche Hr. Weber an Stelle der meinen einführt, ungenügend beleuchtet." An anderen Stellen seiner Bemerkung nennt er die von mir gegebene Berechnungsweise wiederholt „unexact."

Ich weise diese Behauptung des Hrn. Herwig, dass ich an die Stelle seiner Rechnung eine „mangelhafte", „unexacte" Berechnungsweise eingeführt habe, als eine völlig unrichtige zurück. Obschon jeder Leser meiner Abhandlung sofort herausfinden wird, dass sich die Sache genau umgekehrt verhält, will ich doch an dieser Stelle mein Verhältniss zu Hrn. Herwig mit wenigen Worten ein für allemal darlegen.

Hr. Herwig hat in seiner Arbeit vom Jahre 1874 die Theorie der von ihm ausgeführten Versuche principiell falsch entwickelt; die daraus gezogenen Folgerungen mussten also unrichtig sein. Ich habe sodann in meinen Untersuchungen über die Wärmeleitung in Flüssigkeiten die von Hrn. Herwig begangenen principiellen Fehler verbessert und habe auf Grund einer bis zu einer bestimmten Annäherung getriebenen Rechnung gezeigt, wie die Versuchsresultate des Hrn. Herwig ausgelegt werden müssen. In seiner Bemerkung erkennt nun Hr. Herwig seine frühere Behandlungsweise als völlig fehlerhaft an und acceptirt vollständig die von mir gegebene Differentialgleichung, welche die Thatsachen der innern und äussern Wärmeleitung in richtiger Weise formulirt enthält. Auf Grund dieser Gleichung führt er aber die Rechnung nicht wie ich bis zu einem bestimmten Grade der Annäherung, sondern vollständig aus und hält sich daraufhin für berechtigt, die von mir gegebene Behandlungsweise der Sache als „unexact" bezeichnen zu dürfen.

Diesem Verfahren gegenüber will ich nichts weiter als das Folgende sagen: Nach meiner Auffassung ist eine an-

genäherte Rechnung nie unexact, sondern immer exact,
sobald nur angegeben ist, wie weit die Annäherung geht;
und dieses ist in der von mir ausgeführten Rechnung deutlich gesagt. Ich habe kein Interesse gehabt, die Berechnung
der Versuche des Hrn. Herwig völlig streng durchzuführen;
meine Absicht war nur, auf das Unrichtige der früheren
Behandlungsweise des Hrn. Herwig hinzuweisen, das Unrichtige zu verbessern und sodann mittelst einer angenäherten Integration zu zeigen, dass die auf Grund der verbesser-
ten Theorie ausgelegten Versuchsresultate des Hrn. Herwig in Uebereinstimmung mit meinen Versuchsergebnissen stehen. Diese Absicht glaube ich erreicht zu haben.

Zürich, 9. August 1880.

XII. *Entgegnung auf die im Augusthefte dieser Annalen enthaltenen Bemerkungen des Hrn. A. Winkelmann; von H. F. Weber.*

Meine Untersuchungen über die Wärmeleitung in Flüssigkeiten haben mich zu Resultaten geführt, die ganz ausserordentlich stark von denen abweichen, die Hr. Winkelmann nach der Stefan'schen Methode im Jahre 1874 gewonnen hat. Ich habe gezeigt, dass der Grund dieser grossen
Abweichung in der falschen Auslegung zu suchen ist, die
Hr. Winkelmann auf seine Versuchsresultate angewandt
hat, und habe ferner hervorgehoben, dass diese Abweichungen
verschwinden, sobald die Winkelmann'schen Versuche richtig
ausgelegt werden. Nach meiner Auffassung mussten Strömungen in den Versuchsapparaten des Hrn. Winkelmann
eintreten, die zur Folge hatten, dass die beobachtete Wärmeleitungsfähigkeit viel zu gross gefunden wurde, und zwar um
so grösser, je dicker die wärmeleitende Schicht war. Hr.
Winkelmann hat diese Strömungen nicht beachtet, hat
deswegen die Wirkungen dieser Strömungen falsch gedeutet,

und hat infolge davon seine Versuchsresultate irrig corrigirt. Ich machte darauf aufmerksam, dass die Versuchsresultate des Hrn. Winkelmann sofort erkennen lassen, dass in der That Strömungen in den Versuchsapparaten stattgefunden haben, und dass die beobachteten Werthe selbst dafür sprechen, dass die wahre Wärmeleitungsfähigkeit in einer anderen Weise berechnet werden muss, als nach der von Hrn. Winkelmann benutzten Correctionsformel.

In den im letzten Hefte dieser Annalen (p. 688 bis 676) enthaltenen Bemerkungen bemüht sich Hr. Winkelmann, die Unrichtigkeit meiner Anschauungsweise darzulegen.

Zunächst bestreitet er, dass aus seinen Versuchsresultaten gefolgert werden müsste, dass Strömungen im Versuchsapparate stattgefunden haben, weil die Wirkungen dieser Strömungen durchaus nicht mit Sicherheit erkannt werden könnten.

	Apparat I Dicke der Flüssigkeitsschicht 0,20 cm $k =$	Apparat II Dicke der Flüssigkeitsschicht 0,26 cm $k =$	Apparat III Dicke der Flüssigkeitsschicht 0,50 cm $k =$
Wasser	0,0624	0,0697	0,0850
Chlornatriumlösung .	0,0648	0,0719	0,1261
Chlorkaliumlösung . .	0,0669	0,0741	0,1048
Alkohol	0,0294	0,0359	0,0650
Schwefelkohlenstoff .	0,0357	0,0446	0,0826
Glycerin	0,0404	0,0413	0,0435

Nach Anführung der obigen Werthe der Wärmeleitungsfähigkeit k, die Hr. Winkelmann mittelst seiner drei verschiedenen Apparate direct erhalten hatte, sagte ich in meiner Abhandlung: „Eine aufmerksame Durchmusterung der von Hrn. Winkelmann an den drei Apparaten erhaltenen Resultate lässt die Richtigkeit der Annahme [dass Strömungen stattgefunden haben] sofort in die Augen springen. Für jede der benutzten Flüssigkeiten wächst das beobachtete (scheinbare) Wärmeleitungsvermögen in beschleunigter Weise mit wachsender Dicke der Flüssigkeitsschicht, weil sich die Flüssigkeitsströmungen mit zunehmender Dicke der Flüssigkeitslamelle in intensiverer und intensiverer Weise entwickeln

können. Die Intensität der bei gegebenen Temperaturunter-
schieden in engbegrenzten Räumen entstehenden Flüssigkeitsströmungen hängt in strengster Weise von der Grösse der
inneren Reibung der Flüssigkeit ab; sie ist dieser letzteren
Grösse umgekehrt proportional. Die Zunahme, welche Hr.
Winkelmann für die beobachteten Wärmeleitungsfähigkeiten bei wachsender Dicke der Flüssigkeitsschicht gefunden hat, müssen also bei der leichtflüssigsten der obigen
Flüssigkeiten, bei dem Schwefelkohlenstoff, am grössten und
bei der allerzähesten der Flüssigkeiten, beim Glycerin, kaum
bemerkbar sein. Die für Schwefelkohlenstoff und für Glycerin in der oben stehenden Tabelle gegebenen Zahlenwerthe
bestätigen diese Folgerungen in der befriedigendsten Weise."
      Hr. Winkelmann entwickelt nun in seinen Bemer-
kungen eine wesentlich andere Ansicht. Er sagt: „Ich selbst
komme mit Rücksicht auf den Satz über die innere Reibung
nicht zu dem gleichen Resultate, da ich nicht blos zwei,
sondern alle Flüssigkeiten, also sechs, bei dieser Frage berücksichtigt habe. Bezeichnet man bei jeder Flüssigkeit das
Wärmeleitungsvermögen, welches bei der kleinsten Schichtdicke berechnet wurde, mit 1, so wurden bei der grössten
Schichtdicke folgende Werthe für die Flüssigkeiten erhalten:

Glycerin	1,08	Chlornatriumlösung	1,93
Wasser	1,36	Alkohol	2,21
Chlorkaliumlösung .	1,51	Schwefelkohlenstoff	2,31

      Vergleicht man Wasser und Chlornatriumlösung mit-
einander, so hat man beim Wasser eine Zunahme von 36 Proc.,
bei der Lösung dagegen eine solche von 93 Proc. Darnach
müsste diese Lösung eine bedeutend kleinere innere Reibung als das Wasser besitzen, sollte die Folgerung des Hrn.
Weber richtig sein. Der Alkohol hat einen Zuwachs von
121 Proc., und doch ist nach übereinstimmenden Versuchen
die Reibung beim Alkohol nicht kleiner, sondern etwas
grösser als beim Wasser. Obwohl der Schwefelkohlenstoff
viel leichtflüssiger als der Alkohol ist, ist die Zunahme beim
Schwefelkohlenstoff (131 Proc.) nur um etwas grösser als
jene beim Alkohol (121 Proc.). Endlich wäre auch zu er-

wähnen, dass das Chlorkalium einen stärkeren Zuwachs als
das Wasser zeigt. Sobald man also nicht bei zweien von
den sechs untersuchten Flüssigkeiten stehen bleibt, sondern
sie alle aufmerksam durchmustert, findet man, dass „die
Richtigkeit der (von Hrn. Weber gemachten) Annahme"
durchaus nicht „in die Augen springt", sondern
dass dieselbe vielmehr mit den beobachteten Werthen ebenso häufig in Widerspruch tritt, wie mit
denselben übereinstimmt."

Diese Argumentation des Hrn. Winkelmann
halte ich für völlig unrichtig; ich wiederhole, dass
auf Grund der Versuchsresultate des Hrn. Winkelmann mit voller Sicherheit geschlossen werden
kann, dass Strömungen in seinen Apparaten stattgefunden haben, und dass alle diese Versuchsresultate, ohne Ausnahme, in evidenter Weise darlegen,
dass ganz beträchtliche Quantitäten von Wärme
durch strömende Flüssigkeit von dem innern Cylinder auf den äussern übertragen worden sind.

Die Basis der oben angeführten Schlussweise des Hrn.
Winkelmann ist die Annahme: dass die Intensität der in
seinem Versuchsapparate eingetretenen Strömungen nur von
der Grösse der innern Reibung der benutzten Flüssigkeit abhängt, und zwar so, dass die Strömungsinten-
sität mit wachsender innerer Reibung abnimmt. Diese
Annahme ist unrichtig. Durch einfache Betrachtungen
kann abgeleitet werden, dass die Wärmemenge, welche bei
Flüssigkeitsströmungen in engbegrenzten Räumen durch die
strömenden Flüssigkeitsmassen fortgeführt wird, nicht allein
von der Grösse der innern Reibung, sondern von einer Reihe
verschiedener Eigenschaften der Flüssigkeit abhängt, nämlich von dem thermischen Ausdehnungscoëfficienten, von der
Dichte, von der specifischen Wärme der Volumeneinheit und
von der Grösse der innern Reibung. Die durch Flüssigkeitsströmungen fortgeführte Wärme wächst mit dem Ausdehnungscoëfficienten, wächst mit der Dichte, wächst mit der
specifischen Wärme der Volumeneinheit und nimmt mit zunehmender innerer Reibung ab. Aus diesem Zusammenhange

wird aber sofort klar, dass die in Chlornatriumlösung (und
ebenso in Chlorkaliumlösung) fortgeführte Wärmemenge bei
weitem grösser sein muss als die unter gleichen Umständen
in Wasser fortgeführte Wärme, weil der Ausdehnungscoëfficient dieser Salzlösung (bei ca. +10°) nahezu sechsmal so
gross ist als der des Wassers, während die innere Reibung
und die übrigen in Betracht kommenden Grössen für beide
Flüssigkeiten nahezu die gleichen sind. Dieselbe Bemerkung
gilt für das Verhältniss der beiden Flüssigkeiten, Wasser
und Alkohol: da der Ausdehnungscoëfficient des Alkohols
circa vierzehnmal so gross ist (bei +10°) als der des
Wassers, die Coëfficienten der innern Reibung für beide
Flüssigkeiten aber nahezu denselben Werth besitzen, so muss
die durch Strömung fortgeführte Wärme für Alkohol bedeutend grösser sein als für Wasser. Hrn. Winkelmann's Versuche bestätigen diese Folgerungen in der schönsten Weise.

Alle Versuchsresultate des Hrn. Winkelmann legen
also auf das Ueberzeugendste dar, dass Strömungen innerhalb
seiner Versuchsapparate stattgefunden haben.

Bei dieser Lage der Sache wäre es eigentlich nicht
nothwendig, auf die vermeintliche Widerlegung einzugehen,
welche Hr. Winkelmann meiner zweiten Behauptung: „dass
die beobachteten Werthe selbst dafür sprechen, dass die
wahre Wärmeleitungsfähigkeit in einer andern Weise berechnet werden muss, als nach der von Hrn. Winkelmann
angegebenen Correctionsformel" entgegen bringt. Denn ist
es sicher, dass Strömungen stattgefunden haben, so ist es
sicher, dass die Form der von Hrn. Winkelmann benutzten Correctionsformel falsch ist, und ist es endlich gewiss,
dass die Beobachtungen die Unrichtigkeit dieser Correction
erkennen lassen müssen. Da aber Hr. Winkelmann auf
das Bestimmteste hervorhebt, dass auch diese zweite Behauptung irrig sei, halte ich es für angemessen, diesen Punkt
hier noch einmal mit wenigen Worten zu berühren.

Um zu zeigen, dass die Beobachtungen des Hrn. Winkelmann selbst dafür sprechen, dass die von ihm angewandte
Herleitung des wahren Werthes der Wärmeleitungsfähigkeit
unmöglich richtig sein kann, will ich annehmen, Hr. Win-

kelmann habe nicht mit drei verschiedenen Apparaten, sondern nur mit den Apparaten I und II beobachtet (was ja ganz wohl hätte der Fall sein können). Nach der von ihm benutzten Formel zur Bestimmung des wahren Werthes K der Wärmeleitungsfähigkeit aus dem beobachteten (scheinbaren) Werthe k dieser Grösse:

$$K = k + n.p.v$$

würde er dann für die sechs untersuchten Flüssigkeiten diejenigen Werthe von K erhalten haben, die in in der ersten Zahlenreihe der folgenden kleinen Tabelle stehen.

	Apparat I u. II	Apparat I, II u. III
Wasser	$K = 0,0969$	$K = 0,0912$
Chlornatriumlösung . .	0,1187	0,1586
Chlorkaliumlösung . . .	0,1092	0,1133
Alkohol	0,0809	0,0893
Schwefelkohlenstoff . .	0,1183	0,1187
Glycerin	0,0437	0,0442

Wäre die angenommene Berechnungsweise der wahren Wärmeleitungsfähigkeit richtig, so müssten diese Werthe mit denjenigen übereinstimmen, die Hr. Winkelmann aus allen mittelst der drei Apparate angestellten Beobachtungen ermittelt hat. Die zweite Zahlenreihe enthält diese letzteren Werthe. Eine Vergleichung der beiden Zahlenreihen lässt erkennen, wie viel an einer genügenden Uebereinstimmung derselben fehlt. Nach meiner Auffassung zeigen diese beiden Zahlenreihen mit hinreichender Deutlichkeit, dass die von Hrn. Winkelmann benutzte Herleitung der wahren Werthe der Wärmeleitungsfähigkeiten nicht die richtige ist.

Zürich, 14. August 1880.

Druck von Metzger & Wittig in Leipzig.

1880. **A N N A L E N** № 11.

DER PHYSIK UND CHEMIE.

NEUE FOLGE. BAND XI.

I. *Magnetische Untersuchungen;*
von Felix Auerbach.

— —

Erste Abhandlung: Ueber den temporären Magnetismus.

Einleitung. Der Einfluss der Grösse und der Gestalt,
der Masse und der inneren Beschaffenheit magnetisirbarer
Körper auf den temporären Magnetismus, welchen dieselben
unter der Einwirkung einer äusseren Kraft annehmen, ist
nach den zahlreichen, darüber vorliegenden Untersuchungen
ein sehr verwickelter. Es hat das, wie man zu sagen pflegt,
seinen Grund in dem Umstande, dass die Vertheilung des
Magnetismus in solchen Körpern eine ungleichförmige ist.
Geht man aber näher hierauf ein, so sieht man, dass auch
die ungleichförmige Vertheilung, sei es nun, dass dieselbe als
eine Vertheilung zweier Fluida oder als eine Richtungsver-
theilung drehbarer Molecularmagnete gedacht wird, nur eine
Folge der Begrenztheit des Körpers ist. Man wird also
richtiger sagen, sowohl die Grösse des temporären Magnetismus als auch die Art seiner Vertheilung sind eine Folge
der geometrischen und physikalischen Verhältnisse des Magnetisirungskörpers. Die Schwierigkeit liegt nur darin, die
verschiedenen Einflüsse dieser Art, also, wenn es sich etwa
um Körper von der Gestalt eines Kreiscylinders handelt,
die Einflüsse der Länge, der Dicke, der Masse, der Dichtigkeit u. s. w. voneinander zu trennen; gerade hierauf ist bisher nicht genügend Bedacht genommen worden. Auf directem Wege ist diese Trennung überhaupt nicht erreichbar;
zwei Stäbe z. B., welche bei gleicher Länge verschiedene
Dicke haben, haben entweder verschiedene Masse oder verschiedene Dichtigkeit. Es ist daher erforderlich, durch paar-

weise Combination je zweier Einflüsse in direct dieselben zu
ermitteln.

Demgemäss habe ich mir im Folgenden zunächst die
Aufgabe gestellt, zu ermitteln, welchen Einfluss eine
jede der Grössen: Masse, Länge, Dicke, Dichtigkeit, chemische Natur, auf den temporären Magnetismus ausüben würde, wenn die übrigen constant
wären. Es ist klar, dass in Bezug auf eine dieser Grössen
eine willkürliche Festsetzung des Einflusses gestattet ist; es
soll im Folgenden festgesetzt werden: der Magnetismus
ist der Masse proportional; alle scheinbaren Abweichungen von diesem Satze müssen und können dann auf
Rechnung der übrigen Grössen gesetzt werden. Im ersten
Abschnitte betrachte ich dann zunächst die Einflüsse von
Länge und Dicke, indem ich mich dabei auf die zahlreichen
bereits vorliegenden Angaben stütze. Ein interessanter Satz
ist das allgemeinste Resultat dieser Betrachtung. Weniger
befriedigend ist das, was man über den Einfluss der Dichtigkeit weiss; die Angaben, welche ich hierüber im zweiten
Abschnitte machen werde, sind höchst schwankend und einander widersprechend. Ich habe daher ausgedehnte Versuchsreihen, besonders mit Metallpulvern, angestellt, deren
Besprechung die zweite Hälfte dieses Abschnittes gewidmet
ist; ausser Eisen wird dabei auch Nickel in Betracht gezogen.
Damit ist die Grundlage für die theoretischen Betrachtungen
des dritten Abschnittes wenigstens theilweise gewonnen; das
Weitere muss aus den Erscheinungen des remanenten Magnetismus, der magnetischen Nachwirkung und den Beziehungen
des Magnetismus zur Bewegung und zur Wärme geschöpft.
und darum späterer Mittheilung vorbehalten werden.

1) Einfluss der Länge und Dicke.

Was zunächst den Einfluss der Länge cylindrischer Stäbe
auf ihren temporären Magnetismus betrifft, so ist derselbe nach
dem Obigen nur aus Versuchen zu ermitteln, bei welchen alle
übrigen Einflüsse, abgesehen von demjenigen der Masse, ausgeschlossen sind. Bei den zahlreichen vorliegenden Versuchen
ist das nicht streng der Fall. Zwar wurde die Dicke stets

constant gehalten; aber erstens scheint die Constanz der
Dichtigkeiten nicht immer festgestellt worden zu sein, und
zweitens kann auch eine constante Dicke einen Einfluss auf
die Beziehung zwischen Länge und Magnetismus ausüben.
Nach den Ergebnissen der Versuche ist das letztere thatsächlich der Fall. Um diesen Uebelstand zu beseitigen,
müsste man entweder mit sehr dicken oder sehr dünnen
Stäben operiren, bei welchen der Einfluss der Endlichkeit
der Dicke verschwindet, oder, da dies Nachtheile anderer
Art im Gefolge haben würde, aus zahlreichen, bei verschiedenen Dicken angestellten Versuchsreihen durch Extrapola-
tion die Beziehung zwischen Länge und Magnetismus berechnen, welche bei unendlicher, d. h. einflussloser Dicke
stattfinden würde. Dazu kommt noch ein zweites Bedenken,
welches sich auf die Constanz der magnetisirenden Kraft
bezieht. Zur Erzielung vergleichbarer Resultate ist dieselbe
durchaus erforderlich; um sie zu erreichen, genügt es aber
nicht, wie dies meist geschehen ist, stets dieselbe Stromstärke
und dieselbe Spirale anzuwenden; man muss vielmehr, je
nachdem der untersuchte Stab kürzer oder länger ist, entweder die Stromstärke oder die Spirale ändern; auch darauf,
dass die letztere stets länger sein muss, als der Stab, ist nicht
immer geachtet worden. Endlich entsteht eine wesentliche
Fehlerquelle bei diesen Versuchen durch die verschiedene
Entfernung der zu vergleichenden Stäbe von dem Apparate,
durch welchen der inducirte Magnetismus gemessen wird.
Wie dem abzuhelfen sei, darauf werde ich weiter unten zurückkommen.

Inzwischen muss es genügen, näherungsweise den Einfluss der Länge auf den Magnetismus festzustellen. Dazu
können die Versuche von Lenz und Jacobi, Dub und anderen[1]) dienen. Aus den ersteren z. B. folgt, dass der Magnetismus einer zwischen 2 und § gelegenen Potenz der Länge
proportional ist; dabei ist die Dicke $d = 1\frac{1}{4}$ Zoll und die
Masse vermuthlich mit der Länge l proportional. Am besten
scheint mir in den meisten Fällen die Formel $m \sim l^{\frac{4}{3}}$ die
Beobachtungen darzustellen, wie z. B. folgende Tabelle zeigt,

---

1) Vgl. G. Wiedemannn, Galv. (2) **2.** p. 446.

welche einige Versuche von Dub[1]) darstellt, und in welcher
ausser der Länge $2l$ der Stäbe die Quotienten angegeben
sind, welche man erhält, wenn man den Magnetismus m
dividirt 1) durch l^3, 2) durch $l^3 \sqrt{l}$, 3) durch $l^2 \sqrt{l}$.

Tabelle 1.

$2l$	$c\,\dfrac{m}{l^3}$	$c\,\dfrac{m}{l^3\sqrt{l}}$	$c\,\dfrac{m}{l^2\sqrt{l}}$
6"	100	100	100
12	119	84	95
18	132	76,5	92
24	130?	65,3?	82?

Das wesentliche Ergebniss ist, dass für den Magnetismus
gleich dicker und dichter, aber verschieden langer Stäbe die
Proportionalität:　　　$[m \sim l^{2+k}]$
gilt, in welcher $0 < k < \frac{1}{2}$ ist. Diese Formel stellt aber,
weil die Masse P der Stäbe nach der Formel $P \sim l$ variirte,
noch nicht den reinen Einfluss der Länge dar; man muss
vielmehr beiderseits durch l dividiren und erhält definitiv[2]):

(1)　　　　　　　　$\mu \sim l^{1+k}$.

Ganz analog verhält es sich mit dem Einflusse der Dicke.
Auch dieser Einfluss ist, je nach der Länge der benutzten
Stäbe, ein etwas schwankender; am besten scheint mir hier
die Potenz $\frac{3}{2}$ der Dicke die Beobachtungen darzustellen; so
ergeben die Versuche von v. Waltenhofen[3]) mit Stäben
von 103 mm Länge die folgenden Zahlen:

Tabelle 2.

d (mm)	1,108	2,071	3,015	5,978	11,823	19,824	28,292
$\dfrac{M}{d}$	0,660	0,530	0,455	0,380	0,277	0,248	0,228
$\dfrac{M}{\sqrt{d}}$	0,695	0,763	0,790	0,928	0,951	1,106	1,213
$\dfrac{M}{d^{\frac{3}{2}}}$	0,683	0,676	0,657	0,689	0,631	0,608	0,695

---

1) Dub, Pogg. Ann. **102.** p. 208. 1857.

2) Unter μ soll stets der Magnetismus, reducirt auf gleiche übrige
Umstände, verstanden werden.

3) v. Waltenhofen, Wien. Ber. **52.** p. 87. 1865.

Während hier $\frac{M}{d}$ mit wachsendem d abnimmt, $\frac{M}{\sqrt{d}}$ zunimmt, bleibt $\frac{M}{d^{\frac{3}{2}}}$ im Durchschnitt constant. Ferner fand Wiedemann[1]) bei einer Länge von 250 mm folgende entsprechende Werthepaare:

Tabelle 3.

d (mm)	10,5	20	30	60	90
$c\,\dfrac{M}{\sqrt{d}}$	1000	1026	1067	1207	1339

während sich weiter ergibt:

$c\,\dfrac{M}{d^{\frac{3}{2}}}$	1000	924	896	903	936

Werthe, welche ausser dem ersten als constant zu bezeichnen sind. Endlich ergeben die einwurfsfreiesten unter den Versuchen von Lenz und Jacobi[2]) für $\frac{m}{d}$ abnehmende, für $\frac{m}{\sqrt{d}}$ zunehmende, dagegen für $\frac{m}{d^{\frac{3}{2}}}$ Zahlen, welche, abgesehen von der ersten, für $d = \frac{1}{8}$ Zoll gültigen, im Durchschnitt constant sind.

Es ist jedoch zu beachten, dass alle diese Versuche bei kleinen Längen angestellt worden sind. Bei verschiedenen, zum Theil sehr grossen Längen hat Dub[3]) den Einfluss der Dicke untersucht; dabei zeigt sich dann, dass zwar für kleine Längen auch hier die Potenz $\frac{3}{2}$ der Dicke, für grössere jedoch die Potenz $\frac{1}{2}$ den Beobachtungen besser genügt. Bezeichnet k' wie k eine Zahl, für welche $0 < k' < \frac{1}{2}$ ist, so kann man jedenfalls sagen, dass die Proportionalität:

$$[m \sim d^{1-k'}]$$

besteht; da hierbei aber ausser d auch noch die Masse μ nach der Formel $\mu \sim d^2$ variirend gedacht werden muss, so

1) G. Wiedemann, Pogg. Ann. **117.** p. 236. 1862.
2) Lenz u. Jacobi, Pogg. Ann. **47.** p. 235. 1839. **61.** p. 255. 1844.
3) Dub, Pogg. Ann. **90.** p. 250. 1853; **94.** p. 580. 1855; **120.** p. 573. 1863 u. a. a. O.

folgt als Ausdruck des reinen Einflusses der Dichtigkeit auf
den Magnetismus die Formel:

(2) $$\mu \sim d^{-(1+k')}.$$

Der temporäre Magnetismus nimmt also ceteris
paribus mit der Länge zu, mit zunehmender Dicke dagegen ab. Nach den Formeln (1) und (2) würde überdies sowohl jene Zunahme als auch diese Abnahme für verschiedene
Längen, resp. Dicken, eine relativ gleichmässige sein; das ist
jedoch nicht genau der Fall; vielmehr zeigen die Versuche
ganz deutlich, dass sowohl mit wachsender Länge die
Zunahme, als auch mit wachsender Dicke die Abnahme des Magnetismus eine langsamere wird. Setzt
man speciell, was der Wahrheit sehr nahe kommt, $k' = k$, so
findet man:

(8) $$\mu \sim \left(\frac{l}{d}\right)^{1+k}, \quad 0 < k < \tfrac{1}{2},$$

in Worten: Der temporäre Magnetismus eines cylindrischen Stabes ist, abgesehen von dem Einflusse
der Masse, nur von seiner Gestalt, nicht aber von
seiner Grösse abhängig.

Das besprochene Verhalten weicher Magnetisirungskörper
legt eine Anschauung nahe, welche bisher nur zur Beschreibung anderer magnetischer Erscheinungen, insbesondere zur
Erklärung der Beziehungen zwischen magnetisirender Kraft
und erzeugtem Magnetismus benutzt worden ist. Denkt man
sich nämlich einen Magnetisirungskörper als ein System
magnetischer Molecüle, welche ausser einer äussern Kraft,
auch gegenseitigen Einflüssen unterworfen sind, so kommt
man nothwendig zu dem Schlusse, dass die der Oberfläche
nahe liegenden Theile eines Magnetisirungskörpers sich anders
verhalten müssen, als die im Innern gelegenen, weil die
Wechselwirkung bei ihnen eine andere sein muss. Es liegt
also nahe, den constatirten Einfluss von Länge und Dicke
auf einen Einfluss der magnetischen Wechselwirkung der
Molecüle zurückzuführen. Ehe dieser Versuch gemacht werden wird, soll seine Berechtigung einer weiteren experimentellen Probe unterworfen werden. Macht sich nämlich die
magnetische Wechselwirkung wirklich bei den Erscheinungen

des Magnetismus geltend, so muss sie dies auch thun, wenn man
sie künstlich im Innern variiren lässt, es muss also z. B. der
temporäre Magnetismus eines Stabes, ceteris paribus, von
seiner Dichtigkeit abhängen.

2) Versuche über den temporären Magnetismus von Metallpulvern.

a. Frühere Versuche. Da consistente Magnetisirungskörper eine zu geringe Variation der Dichtigkeit gestatten,
muss man zur Untersuchung des in Rede stehenden Einflusses Metallpulver anwenden. Schon Coulomb[1]) schlug
diesen Weg ein. Er mengte Eisenfeilspäne mit Wachs
derartig, dass die Entfernungen der Eisentheilchen recht
erhebliche waren, und fand, dass in diesem Falle nicht
nur die Grösse, sondern auch die Gestalt des Körpers ohne
Einfluss auf seinen Magnetismus war. Aus neuerer Zeit
liegen Versuche über Metallpulver von Boernstein, von
Toepler und v. Ettingshausen[2]), und von v. Waltenhofen vor. Von diesen Versuchen waren die an zweiter
Stelle genannten gelegentliche. Es wurden aus Eisenpulver
und Fett Gemische hergestellt, von denen das eine 0,920 g,
das andere 0,5644 g Eisen auf je 35 g Fett enthielt. Die
Gemische wurden in cylindrische Formen gebracht und durch
Kräfte magnetisirt, welche von 1 bis 9 Bunsen'schen Elementen herrührten. Das Verhältniss der in ihnen inducirten
temporären Magnetismen ergab sich ziemlich constant gleich
0,571, während das Verhältniss der Eisenmengen gleich 0,613
ist. Hieraus ergibt sich, dass der Magnetismus mit abnehmender Dichtigkeit ebenfalls abnimmt. Könnte
man annehmen, dass die Gesammtdichtigkeit der Gemenge
dieselbe war (dieselbe hängt beträchtlich von der Art der
Füllung ab), so würde 0,613 auch das Verhältniss der Dichtigkeiten des Eisens in den beiden Gemengen sein, und man
würde das Resultat erhalten, dass, wenn unter sonst gleichen
Umständen, also auch bei gleichen Massen, die Dichtigkeiten sich wie 1:0,613 verhalten, die Magnetismen sich wie

---

1) Vgl. G. Wiedemann, Galv. (2) **2.** p. 420.
2) Toepler und v. Ettingshausen, Pogg. Ann. **160.** p. 1. 1877.

0,613 : 0,571 oder wie 1 : 0,932 verhalten. Der Einfluss der Dichtigkeit wäre hiernach ein ziemlich schwacher.

Für die beiden anderen oben erwähnten Untersuchungen bildete das Verhalten des pulverförmigen Eisens den eigentlichen Gegenstand. Boernstein[1]) setzte zu Lösungen der metallischen Salze Alaunlösung hinzu, fällte hieraus die Oxyde im Gemenge mit Thonerde und reducirte schliesslich im Wasserstoffstrome. So gelangte er zu staubförmigen Gemengen von Eisen, Nickel, Kobalt mit Thonerde, welche er nun in Bezug auf ihr magnetisches Verhalten mit analog, aber ohne Zusatz von Alaunlösung erhaltenen reinen Metallpulvern verglich. Zur Bestimmung des Einflusses der Dichtigkeit sind indess von diesen Versuchsreihen nur zwei zu verwenden, weil bei den anderen die Gewichtsverhältnisse nicht angegeben sind. Bei dem einen Versuche verhielten sich die in dem reinen Metallpulver und in dem Gemenge enthaltenen Eisenmengen wie 7 : 3, und es ergaben sich die durch gleiche äussere Kräfte in gleichen Massen erzeugten Magnetismen, so lange jene klein waren, im Verhältnisse von 73 : 189, für grössere Kräfte im Verhältnisse von 84 : 132. An diesen Zahlenverhältnissen muss jedoch, was von Boernstein's Seite nicht geschieht, eine Correction angebracht werden. Die verglichenen Pulver waren nämlich verschieden lang (142 resp. 185 mm), und die Länge l hat nach dem Obigen, unabhängig von der Masse, noch einen Einfluss, der sich durch Gleichung (1) darstellt. Setzt man in ihr $k = \frac{1}{3}$, und dividirt man demgemäss die zweite Verhältnisszahl durch $\left(\frac{185}{142}\right)^{\frac{1}{3}}$, so erhält man als corrigirtes Verhältniss der Magnetismen 1 : 1,85 für kleine, und 1 : 1,12 für grosse Kräfte. Das Resultat Boernstein's, dass der Magnetismus mit abnehmender Dichtigkeit zunehme, wird also durch die angebrachte Correction nicht alterirt. Eine Bestätigung hierfür liefert die andere brauchbare Versuchsreihe (Pulver VIII: Eisen, und Pulver IX: Gemenge). Dem ersteren Pulver ent-

---

1) Boernstein, Ber. d. k. sächs. Ges. d. Wiss. 1874. Pogg. Ann. **154.** p. 336. 1875.

spricht nämlich eine 1,7 mal so grosse Dichtigkeit und trotzdem (nach Reduction auf gleiche Massen und Längen) nur
ein etwas mehr als halb so grosser Magnetismus. Eine ähnliche Vergleichung der für Kobalt- und Nickelpulver geltenden Versuchsreihen (X und XI) würde, unter der Voraussetzung, dass kein erheblicher specifischer Unterschied zwischen
den Magnetismen beider Metalle besteht, freilich zu einem
ganz anderen Ergebnisse führen. Allein diese Versuche
scheinen überhaupt keine allgemeinere Bedeutung zu haben,
da die in verschiedenen Fällen für Kobalt und Nickel von
Boernstein erhaltenen Zahlen in grellem Widerspruche
miteinander stehen (vgl. die Reihen V, VII, X, XI). Es
bleibt also dabei, dass nach Boernstein der Magnetismus mit abnehmender Dichtigkeit wächst.

Boernstein hat auch die bei Eisen, Nickel, Kobalt
und ihren Gemengen mit Thonerde stattfindenden Beziehungen
zwischen der magnetisirenden Kraft und dem erzeugten Magnetismus untersucht. Allein gegen diese Versuche können zwei
Einwände erhoben werden; erstens wird auch hier von dem
Einflusse der Länge gänzlich abgesehen, sodann aber wird
auch auf die Verschiedenheit der absoluten Dichtigkeiten,
welche jedenfalls sehr beträchtlich war, keine Rücksicht genommen. Die Berücksichtigung des ersteren Umstandes
macht z. B. das Resultat, dass die Magnetisirungscurve des
Nickelpulvers diejenige des Kobaltpulvers schneide, hinfällig;
letzteres ist vielmehr von Anfang an schwächer magnetisch.
Immerhin folgt aus den Versuchen, dass der Magnetismus,
besonders für grössere Kräfte, desto langsamer mit der Kraft
wächst, je geringere Dichtigkeit das Metall besitzt, und dass
Nickel wie verdünntes Eisen, Kobalt wie verdünntes Nickel
oder wie stark verdünntes Eisen in magnetischer Hinsicht
sich verhält.

Im Einklange mit den Versuchen von Toepler und
v. Ettingshausen, und im Widerspruche mit den bezüglichen von Boernstein stehen, was den Hauptpunkt betrifft, die Resultate von v. Waltenhofen.[1]) Auch dieser

---

1) v. Waltenhofen, Wien. Ber. **79.** (3) Jan. 1879.

Physiker arbeitete mit chemisch reducirtem, sehr feinem
Eisenpulver. Von den Füllungen der beiden Röhren A_1 und
C_1 (von der Röhre B_1 möge hier abgesehen werden) war die
erstere durch Zusammenklopfen verdichtet, die andere nicht;
beide hatten 10 mm Durchmesser, die erstere war 99 mm
lang und 7,1503 g -schwer, die letztere 97 mm lang und
11,0944 g schwer. Diese Angaben würden miteinander im
Widerspruche stehen, insofern das zusammengeklopfte Pulver
weniger dicht ist als das andere, wenn nicht die Bemerkung
hinzügefügt wäre, dass A_1 abgesiebtes Pulver, B_1 der zer-
riebene und abgesiebte Rest war. Immerhin bleibt dieser
Sachverhalt einigermassen undeutlich. Jede dieser beiden
Röhren wurde nun mit einem Stabe aus weichem Eisen von
gleicher Länge und nahezu gleicher Masse verglichen. Es
wog nämlich der Stab A_3 7,1206 g, der Stab C_3 11,1107 g.
Da nun das Pulver A_1 eine Dichtigkeit, $\delta = 0,919$, A_3 dagegen als consistentes Eisen etwa eine solche $\delta = 7,788$ besass, so folgt, dass der Stab im Verhältniss von $\sqrt{\frac{0,919}{7,788}} : 1$
dünner war als das Pulver, d. h. 2,91 mal so dünn; ebenso
kann der Durchmesser des Stabes A_3 nur $\frac{1}{2,31}$ von derjenigen
des Pulvers C_1, dessen Dichtigkeit $\delta = 1,456$ war, betragen
haben. Aus der von v. Waltenhofen durchgeführten Vergleichung darf daher aus doppeltem Grunde kein Schluss
gezogen werden: einmal, weil die Entfernung der Metall-
theilchen von der Spirale in beiden Fällen eine verschiedene
war, sodann, weil die Dicke, unabhängig von der Masse,
einen Einfluss auf den Magnetismus ausübt. Um wenigstens
diesen letzteren zu eliminiren, muss man nach Gleichung (2),
indem man etwa $k = \frac{1}{3}$ setzt, die für die Stäbe gültigen Zahlen
mit $(2,91)^{\frac{1}{3}}$ dividiren, d. h. mit 4,15. Die folgende Tabelle
enthält die verschiedenen äusseren Kräften i entsprechenden
Verhältnisse der Magnetismen der Metallkörper A_3 und A_1,
zuerst nach v. Waltenhofen's Angabe, sodann mit der
von mir angebrachten Correction.

Tabelle 4.

i	10	20	30	40	45
$\frac{A_2}{A_1}$	7,72	6,32	5,94	4,59	4,31
$\frac{A_3}{A_1}'$	1,86	1,52	1,43	1,11	1,04

Entsprechend ergibt sich für das Vergleichspaar C_3 und C_1, indem $C_3' = \dfrac{C_3}{(2,31)^{\frac{1}{3}}}$ gesetzt wird:

Tabelle 5.

i	10	20	30	40	45	50
$\frac{C_3}{C_1}$	9,24	8,22	6,35	5,21	5,18	4,90
$\frac{C_3}{C_1}'$	3,03	2,69	2,08	1,71	1,70	1,61

Die angebrachte Correction lässt mithin qualitativ das von v. Waltenhofen gefundene Resultat bestehen, dass der Magnetismus des consistenten Eisens ceteris paribus stärker ist als derjenige pulverförmigen Eisens, quantitativ aber wird das Ergebniss infolge jener Correction erheblich modificirt: die Abhängigkeit des Magnetismus von der Consistenz ist bei weitem nicht so stark wie es nach den Zahlen von v. Waltenhofen den Anschein hat. Auch ist Folgendes zu beachten. Der Umstand, dass pulverförmiges Eisen schwächer magnetisch wird als consistentes, lässt erwarten, dass weiter das pulverförmige Eisen desto schwächer magnetisch werde, je weniger dicht es ist. Gerade das Gegentheil ergeben aber die Versuche von v. Waltenhofen. Rechnet man nämlich die für Pulver C_1 gefundenen Magnetismen auf die Länge und Masse des Pulvers A_1 um, indem man mit $\dfrac{7,1503}{11,0944} \times \left(\dfrac{99}{97}\right)^{1,33}$ multiplicirt (die Querschnitte sind ohnedies gleich), so erhält man durch graphische Interpolation als Verhältnisse der Magnetismen von C_1 und A_1, erzeugt durch die Kraft i, folgende Zahlen:

Tabelle 6.

i	10	20	30	40	45
$\left(\dfrac{C_1}{A_1}\right)$	0,89	0,91	0,94	0,90	0,88

also lauter echte Brüche; das dichtere Pulver C_1 ist also schwächer magnetisch.[1])

b. **Eigene Versuche.** Unter diesen Umständen schien es mir geboten, durch neue Beobachtungen die Frage der Beziehung zwischen Dichtigkeit und Magnetismus wieder aufzunehmen.

Das Material, mit welchem ich arbeitete, war sehr feines, chemisch reducirtes Eisenpulver. Zum Zwecke der Verdünnung wurde es mit sehr feinem Holzpulver gemengt, dessen Magnetismus entweder, wie sich ergab, verschwindend klein war oder bei einigen Versuchsreihen, bei welchen die Empfindlichkeit des Apparates sehr gross war, eliminirt wurde. Die Vermengung wurde zunächst vor der Herstellung der Magnetisirungskörper möglichst sorgfältig gemacht und nach der Füllung in cylindrische Glasröhren wiederholt. Es zeigte sich nämlich einerseits, dass beim Füllen infolge der Wirkung der Schwere die Mischung an Gleichmässigkeit beträchtlich einbüsste; andererseits aber stellte sich heraus, dass diese Gleichmässigkeit ein ganz wesentliches Erforderniss für die Brauchbarkeit der Versuche ist. Eine einfache, auch für das spätere nützliche, theoretische Betrachtung macht dies Verhalten erklärlich. Es soll der Einfluss der Dichtigkeit ermittelt werden; vom Standpunkte der Molecularhypothese aus heisst das: es soll der Einfluss des Molecularabstandes untersucht werden; oder es sollen die Magne-

---

1) Nach des Hrn. Verfassers gefälliger Privatmittheilung können die von mir an seine Zahlen angeknüpften Betrachtungen deshalb keinen Anspruch auf Genauigkeit machen, weil die Dicke der verglichenen Röhren nur im Durchschnitt 10 mm betrug, während die Abweichungen hiervon auf einige Zehntelmillimeter sich beliefen, und weil der Einfluss der Dicke von der Weite der Spirale abhängt. Das Wesentliche der obigen Schlüsse bleibt aber trotzdem richtig.

tismen der beiden durch die Schemata 1 und 2 dargestellten Körper verglichen werden.

1) . . . . Fig. 1.

2) . . . . Fig. 2.

Aeussere Gründe gestatten das nicht in genügender Weise; man muss vielmehr, indem man neben consistenten Körpern Pulver benutzt, mit dem Körper 1) den durch das Schema 3 dargestellten Körper vergleichen;

3) . . . . Fig. 3.

d. h. mit einem Körper, dessen Molecularabstand nicht absolut, sondern nur im Durchschnitt constant ist. Es ist ein Fall denkbar, in welchem die für 3) erhaltenen Resultate unmittelbar und ungeändert auf 2) übertragen werden dürfen; es ist dies der Fall, wenn sich herausstellen sollte, dass zwischen dem Molecularabstande und dem Magnetismus eine lineare Beziehung besteht. Es wird sich zeigen, dass dies nicht der Wirklichkeit entspricht. In allen anderen Fällen darf man die Ergebnisse für Pulver nicht auf Molecularsysteme übertragen. Wenn aber (und das ist, wie sich ergeben wird, der Fall) die Abhängigkeit des Magnetismus vom Molecularabstande eine stärkere ist, als sie nach dem linearen Gesetze sein würde, so ist wenigstens der Schluss zu ziehen, dass das für ein Pulver (3) gefundene Ergebniss zwischen dem für (1) erhaltenen und demjenigen liegen muss, welches bei gleichem mittleren Molecularabstande wie bei (3) für (2) gefunden werden würde. Die ganze Betrachtung setzt aber eins voraus: dass schon in sehr kleinen Theilen der untersuchten Pulver die mittlere Dichtigkeit dieselbe sei. Deshalb eben ist es erforderlich, einmal die Mischung des magnetischen mit dem nichtmagnetischen Bestandtheile möglichst gleichmässig zu machen, und sodann die Gesammtdichtigkeit der Mischung selbst nicht zu gering zu machen. Ich vermuthe, dass der erstere Umstand in Bezug auf Boernstein's, der zweite, in Bezug auf v. Waltenhofen's Resultate nicht ohne Einfluss gewesen sei.

Boernstein hat noch eine andere Rücksicht ausser Acht gelassen, welche auch ich anfangs glaubte nicht nehmen

zu müssen. Ich legte anfangs kein Gewicht darauf, den zu
vergleichenden Pulvern genau die gleiche Länge zu geben,
weil ich meinte, es werde genügen, die durch die Formel (1)
angegebene Correction anzubringen. Es ist jedoch zu bedenken, dass die **Wirkung verschieden langer Körper
auf den Messapparat** (bei Boernstein ein Magnetspiegel)
eine verschiedene ist, selbst wenn die Mitten der Körper
gleichen Abstand von jenem haben. Es rührt dies daher,
dass die magnetische Fernwirkung mit einer höheren als der
ersten Potenz der Entfernung umgekehrt proportional ist.
Infolge dessen muss z. B. in den Figuren 1 u. 2 Taf. IV
die Wirkung des Stabes AB, reducirt auf die Masse und
Dimensionen des Stabes CD, eine grössere sein als diejenige
des Stabes CD. Bei Boernstein musste daher die Wirkung des Pulvers II (l. c. p. 338) ceteris paribus grösser
ausfallen als diejenige des Pulvers III; ein Einfluss, welcher
bei der grossen Nähe des Apparates und der grossen Längendifferenz der Pulver (ca. 30 Proc.) sich sehr bedeutend und
zwar in dem Sinne geäussert haben muss, dass der Magnetismus von II im Vergleich zu dem von III zu gross
erscheint. Um diese Fehlerquelle zu beseitigen, muss man
entweder gleich lange Pulver benutzen oder bei verschieden
langen Pulvern nicht dem Mittelpunkte eine constante Entfernung vom Messapparate geben, d. h. nicht dem Punkte,
für welchen r_0 der Mittelwerth aller Werthe r ist (r gleich
Entfernung der Pulvertheilchen vom Messapparate), sondern
demjenigen Punkte, für welchen $\frac{1}{r_0{}^3}$ der Mittelwerth aller
Werthe $\frac{1}{r^3}$ ist. Ich habe meist den ersten Weg eingeschlagen.

Ferner habe ich den zu vergleichenden Pulvern stets
die gleiche Dicke gegeben, um die Dickencorrection (Formel 2) vermeiden und ferner die magnetisirende Kraft als
gleich ansehen zu dürfen; bei den verschiedenen Versuchsreihen war diese Dicke verschieden; es scheinen mir aber
die Ergebnisse derjenigen Versuche am zuverlässigsten, bei
welchen die magnetisirende Spirale die Röhren dicht umschloss.

Bezüglich der von der üblichen wenig abweichenden Versuchsmethode kann ich mich kurz fassen. Die die Pulver, enthaltenden Glasröhren wurden in die Magnetisirungsspirale so eingeschoben, dass die Mittelpunkte von Pulver und Spirale zusammenfielen. Die Spirale selbst enthielt fünf Lagen 1,78 mm dicken Kupferdrahtes, jede zu 53 Windungen; der Durchmesser der innersten Lage mass 20 mm, derjenige der äussersten 41 mm; die Länge der Spirale betrug 127 mm; ihre Richtung fiel mit der Ostwest-Richtung zusammen.

In einer bei den verschiedenen Versuchsreihen verschiedenen Entfernung von ihr, je nach der erforderten Empfindlichkeit, hing westlich eine Magnetnadel, deren Mittelpunkt in Verlängerung der Spiralenaxe fiel, und deren Ablenkungen mit Spiegel, Fernrohr und Scala beobachtet wurden. Die Ablenkungen rührten fast ausschliesslich vom Magnetismus der Pulver her, da die Stromwirkung durch passende Fortführung der Stromleitung im Westen der Magnetnadel bei Beginn jeder Versuchsreihe auf Null gebracht wurde und während der Dauer einer Reihe nur um sehr geringe, in Rücksicht gezogene Beträge von diesem Werthe sich entfernte. Auch die magnetische Wirkung von Glas, Stöpsel und Holz wurde nicht ausser Acht gelassen; sie war meist verschwindend klein. Der Strom ging noch durch eine Siemens'sche Widerstandsscala und durch ein Wiedemann'sches Galvanometer, dessen dickste Rollen weit von dem Magnetspiegel entfernt und so verbunden waren, dass nur die Differenz der Wirkungen zur Geltung kam. Sowohl der Magnetismus als die magnetisirende Kraft wurden den Tangenten der bezüglichen Ablenkungswinkel proportional gesetzt; dies Verfahren rechtfertigte sich in beiden Fällen durch die zwischen der Grösse der schwingenden Magnete und der Grösse ihrer Drehung stattfindenden numerischen Beziehungen. Bei sehr starken Magnetisirungen übte der Magnetismus einen sehr kleinen, directen Einfluss auf die Galvanometernadel aus, derselbe liess sich aber leicht ermitteln und eliminiren. Erzeugt wurde der Strom durch 1 bis 5 Bunsen'sche Elemente.

Grosse Meinungsverschiedenheit herrscht unter den Be-

obachtern in Bezug auf das zweckmässigste Verfahren bei
der Reihenfolge der Manipulationen. Während die einen
behaupten, ein klares Bild der Erscheinungen sei nur zu
gewinnen, wenn man, während der Magnetisirungskörper in
der Spirale sich befindet, den Strom weder schliesse, noch
öffne, ja überhaupt weder verstärke noch schwäche, meinen
die anderen, man müsse den Stab während der ganzen Versuchsreihe, einschliesslich des ersten Schliessens und des
letzten Oeffnens, in der Spirale liegen lassen. Ich habe stets
das letztere Verfahren angewendet; übrigens gab das gelegentlich benutzte andere Verfahren nur da verschiedene Resultate, wo es sich um die Magnetisirung durch verschiedene
ansteigende Kräfte handelte.

Aus den Versuchsergebnissen wähle ich einige aus, welche
von den oben angeführten Fehlern am freiesten sind. Die
Tabellen enthalten die Nummer, die Länge l und die Dicke
d der Pulver in Millimetern, ihren Gehalt an Eisen Pc,
dessen Gewicht g in Grammen, und dessen Dichtigkeit δ;
ferner den Magnetismus m, eventuell corrigirt in Bezug auf
die Länge l, endlich die auf gleiche Massen reducirten Magnetismen, d. h. die Quotienten $\mu = \frac{m}{g}$; diese Quotienten sind
die gesuchten Functionen von δ. Die magnetisirende Kraft
war bei jeder Versuchsreihe streng constant und bei den
hier zunächst angegebenen Tabellen ziemlich gross; in absolutem Maasse habe ich sie nicht gemessen. Auch das Maass
des Magnetismus ist ein relatives, und in den verschiedenen
Tabellen im allgemeinen nicht dasselbe.

Tabelle 7.				Tabelle 8.			

$d = 7,4$ mm				$d = 7,4$ mm			
N	1	2	3	4	N	21	22	23	24
l	150	154	152	155	l	137	159	151	150
Pc	50	71,4	83,3	100	Pc	50	71,4	83,3	100
g	2,085	4,805	8,005	2,006	g	1,350	391	6,20	1902
δ	0,3231	0,7254	1,2244	3,009	δ	0,229	0,571	0,954	2,948
m $(l=150)$	596	1994	4370	16150	m	229	984	1765	7530
μ	285	415	546	807	μ	169	252	289	396

Tabelle 9.

N	d	l	Pc	g	δ	m	μ
36	10,1	155	5,4	0,197	0,0159	33	167
37	10,1	154	20	0,984	0,0797	186	189

Tabelle 10.

$d = 7,4$ mm

N	71	72	73	74	75	77	78
l	147	157	149	159?	159	154	155
Pc	12,5	20,0	33,3	50,0	71,0	91,0	100
g	0,267	0,576	0,973	1,91	5,08	9,93	18,14
δ	0,0423	0,0853	0,151	0,279	0,742	1,500	2,72
m	79	206	343	685	2610	6820	16800
μ	296	358	352	356	514	687	927

Tabelle 11.

$l = 148,$ $d = 7,4$ mm

N	81	82	83	84	N	81	82	83	84
Pc	5,4	20	50	100	m	6,5	58	174	3916
g	0,112	0,598	1,835	18,99	μ	58	97	95	206
δ	0,0176	0,0939	0,288	2,98					

Tabelle 12.

$l = 100$ mm, $d = 10,1$ mm

N	98	99	100	101	102	103
Pc	12,5	33,3	71	83	91	100
g	0,366	1,33	5,34	9,47	14,12	28,94
δ	0,0457	0,166	0,666	1,182	1,762	3,612
m	82	336	1813	4263	6680	24700
μ	224	252	339	438	470	853

Was diese Zahlen zunächst zeigen, ist, dass im grossen ganzen μ stark mit δ wächst. Der temporäre Magnetismus von Eisenpulvern nimmt also mit ihrer Dichtigkeit unter sonst gleichen Umständen stark zu. Die äussersten Dichtigkeiten, welche oben vorkommen, sind $\delta = 0,0176$ und $\delta = 3,612$, d. h. etwa $\frac{1}{16}$, resp. $\frac{1}{2,2}$ von der Dichtigkeit des cohärenten Eisens. Diesen Grenzwerthen entsprechen Magnetismen, welche sich etwa wie 1:4 ver-

halten. Weiter zu gehen, gelang mir weder nach der Seite
der stärkern Verdichtung, noch nach der Seite der stärkern
Verdünnung; nach jener nicht, weil die Röhren sprangen,
nach dieser nicht, weil bei der Schwäche der Magnetismen
so fein vertheilten Eisens die Spirale dem Messapparate in
eine Nähe gebracht werden musste, welche die Beobachtung
unsicher und die Rechnung allzu complicirt machte.

Die obigen Zahlen lehren ferner, dass die Zunahme des
Magnetismus mit der Dichtigkeit durchaus keine gleichförmige ist; vielmehr nimmt der Magnetismus für kleine
Dichtigkeiten stark, für mittlere schwach und für
grosse wiederum stark zu. Dass weiterhin auch noch
vom möglichst dichten, pulverförmigen bis zum consistenten
Zustande eine starke Zunahme des Magnetismus stattfindet,
ergaben vergleichende Beobachtungen an dichten, reinen
Eisenpulvern und an mit ihnen gleich langen und nahezu
gleich dicken Stäben weichen Eisens. Auch hier genüge es,
einige Zahlen anzugeben.

Tabelle 13.

	l	d	g	δ	m	$m : g$
Pulver	99	10,2	29,51	3,65	1824	62
Stab 1	99	10,75	70,21	7,87	8320	119

Die grössere Dicke des Stabes hätte, streng genommen,
eine kleine Correction erfordert; dieselbe wurde unterlassen,
weil hier andererseits, eben infolge der grösseren Dicke, die
magnetisirende Kraft etwas grösser ist.

Ferner für verschiedene magnetisirende Kräfte:

Tabelle 14.
Pulver: $\delta = 8,37$.   Stab 3: $\delta = 7,8$.

i	12	32,5	58,5	114	166	315
$m \cdot g = \mu$ (Stab)	90	253	455	870	1237	1956
$m' : g' = \mu'$ (Pulver)	29	84	160	338	508	933
$\mu : \mu'$	3,1	3,0	2,7	2,6	2,4	2,1

Tabelle 15.

Pulver: $\delta = 3{,}12$.　Stab 3: $\delta = 7{,}8$.

i	16,5	44,5	78	148	214	398
μ	216	619	1076	2127	3023	5564
μ'	53	158	304	656	1002	1928
$\mu : \mu'$	4,1	3,9	3,5	3,2	3,0	2,9

Wie man sieht, schwankt das Verhältniss der Magnetismen des consistenten Eisens und des Eisenpulvers zwischen den Grenzen 2 und 4, je nach der Dichtigkeit des Pulvers (je grösser dieselbe, desto kleiner ist natürlich das Verhältniss) und je nach der Grösse der Kraft (für grosse Kräfte ist es kleiner als für geringe); theilweise stimmt dies Ergebniss recht gut mit demjenigen von v. Waltenhofen (p. 363). Im ganzen ergibt sich somit, dass der Magnetismus consistenten Eisens unter sonst gleichen Umständen etwa acht- bis zwölfmal so stark ist wie derjenige des äusserst verdünnten Eisens.

Im übrigen bieten die Tabellen 9 bis 12 ziemlich grosse Verschiedenheiten dar; so fällt z. B. die langsame Zunahme des Magnetismus nicht stets auf dieselben Dichtigkeitswerthe; einige Zahlen deuten sogar auf eine kurz andauernde Verminderung des Magnetismus (Tab. 10 zwischen $\delta = 0{,}0853$ und $\delta = 0{,}279$; Tab. 11 zwischen $\delta = 0{,}0939$ und $\delta = 0{,}288$); theilweise mögen diese Verschiedenheiten auf Rechnung der übrigen, von Reihe zu Reihe variirenden Grössen, als Dicke, Länge und Kraft kommen; theilweise rühren sie aber jedenfalls von unberechenbaren, mit der schwankenden Natur pulverförmiger Körper zusammenhängenden Einflüssen her. Es soll daher vorläufig auf dieselben nicht des Näheren eingegangen und nur betont werden, dass die Zahlen der Tabelle 12 als die zuverlässigsten und von Fehlern freiesten zu betrachten sind.

Die Resultate meiner Versuche bestätigen qualitativ diejenigen von Toepler und v. Ettingshausen, zum Theil auch die von v. Waltenhofen, stehen aber mit denen von

Boernstein im Widerspruch. Eine quantitative Vergleichung ist nicht ausführbar, weil bei jenen älteren Versuchen
die Angaben über die absolute Dichtigkeit der benutzten
Pulver fehlen.

Mit der Frage der Abhängigkeit des Magnetismus von
der Dichtigkeit hat E. Becquerel[1]) eine andere in Verbindung gebracht, indem er die Vermuthung aussprach, dass
die Verschiedenheit der Magnetismen von Eisen, Nickel und
Kobalt nur eine Folge ihrer Dichtigkeitsunterschiede sein
möchte. Theils um diese Frage zu entscheiden, theils um
überhaupt das Verhalten des Nickels kennen zu lernen, habe
ich auch Nickelpulver in den Kreis meiner Beobachtungen
gezogen. Dasselbe war freilich nicht direct auf chemischem
Wege, sondern mit der Feile hergestellt; es war aber trotzdem nicht sehr grobkörnig, und sein Gehalt an Eisen lag,
wenn überhaupt vorhanden, jedenfalls unter einem Tausend-
theil. Die Mischung mit Holz und die Einfüllung in Röhren
geschah hier genau wie beim Eisen; nur musste wegen der
geringen Adhäsion auf die gleichmässige Vertheilung noch
grössere Sorgfalt verwendet werden. Einige der zuverlässigsten Versuchsergebnisse sind im Folgenden zusammengestellt.
Die magnetisirende Kraft war meist erheblich, die Einheit
des Magnetismus ist in den verschiedenen Reihen nicht dieselbe; g bedeutet das Gewicht des in dem Gemenge enthaltenen Nickels, die übrigen Zeichen haben die frühere Bedeutung.

Tabelle 16.

$d = 7{,}4$ mm.

Nr.	42	43	44	45	46
l	163	152	150	154	146
Pc	33,3	50	67,3	90,5	100
g	0,94	2,34	3,01	9,16	18,47
δ	0,134	0,358	0,465	1,383	2,902
m	69,5	305	346	1368	3183
μ	74	110	115	149	172

---

1) E. Becquerel, Compt. rend. **20.** p. 1708. 1845.

Tabelle 17.

$d = 7,4$ mm.

Nr.	61	62	63	64	65
l	148	155	152	157	156
Pc	18,6	33,3	65,2	90,5	100
g	0,413	1,027	3,605	11,611	24,89
δ	0,065	0,154	0,551	1,72	3,72
m	64	178	786	3320	7700
μ	155	173	218	286	306

Tabelle 18.[1])

$l = 100$ mm, $d = 10,1$ mm.

Nr.	104	105	106	107	108	109	110
Pc	18,4	33,3	66,6	90	100	100	100
g	0,548	1,383	4,714	14,64	27,75	31,36	33,06
δ	0,0684	0,1726	0,5884	1,828	3,464	3,914	4,126
m	61	169	672	2536	5355	7541	8550
μ	111	123	145	173	193	241	259

Aus diesen Tabellen folgt, dass auch verschiedene
Nickelpulver temporäre Magnetismen zeigen, welche
unter sonst gleichen Umständen desto grösser sind,
je grösser die Dichtigkeit ist. Auch erkennt man in
allen drei Versuchsreihen die beiden ersten von den drei
beim Eisen unterschiedenen Gebiete wieder, nämlich das
Gebiet starken Ansteigens für kleine, und das Gebiet
schwachen Ansteigens für grössere Dichtigkeiten; dagegen
fehlt bei den beiden ersten Reihen das letzte Gebiet, das
des erneuten starken Ansteigens für grosse Dichtigkeiten;
um so deutlicher zeigt die dritte Reihe dasselbe, indem sie
zugleich erkennen lässt, warum bei den übrigen dieses Gebiet fehlt. Es ist dazu nämlich eine viel grössere Dichtigkeit
erforderlich, als beim Eisen; eine Dichtigkeit, welche der
halben Dichte des consistenten Metalles sich nähert, und
die den Pulvern 108, 109, 110 (Tab. 18) nur durch starke
Pressung gegeben werden konnte. Diese und die übrigen

---

1) Die magnetisirende Kraft sowie die Einheit des Magnetismus ist
hier dieselbe wie in Tab. 12.

besprochenen und noch zu besprechenden Verhältnisse werden in sehr deutlicher Weise durch die Fig. 3 Taf. IV veranschaulicht, welche in den Curven I und II die Abhängigkeit der Magnetismen von Eisen und Nickel von der Dichtigkeit gemäss den Tabellen 12 und 18 darstellt, letztere der bequemeren Vergleichung halber in doppeltem Massstabe.

Hat sich somit ein Unterschied in dem Verhalten von Nickel und Eisen ergeben, welcher sich so zu sagen auf den zweiten Differentialquotienten des Magnetismus nach der Dichtigkeit, d. h. auf die Krümmung der die Functionalabhängigkeit darstellenden Curve bezieht, so sind diesem Unterschiede zwei weitere auf den ersten Differentialquotienten und den Functionalwerth selbst, d. h. auf die Steigung und die Höhe der Curve bezügliche hinzuzufügen. Erstens nämlich steigt der Magnetismus des Nickelpulvers vom Zustande grösster Zerstreuung bis zum Zustande grösster Verdichtung ($\delta = 0{,}06$ bis $\delta = 4{,}13$) nur auf das zwei- bis dreifache (beim Eisen auf das vierfache) seines Werthes, wobei allerdings zu bedenken ist, dass in der Zerstreuung hier nicht so weit gegangen worden ist wie beim Eisen. Zweitens aber, und das führt uns auf den Ausgangspunkt der Betrachtung des Nickels zurück, ist der Magnetismus dieses Metalls, seinem absoluten Betrage nach, für alle untersuchten Dichtigkeiten kleiner als derjenige des Eisens. Es ergibt sich dies aus einer Vergleichung der Tabellen 12 und 18, in welchen die Einheit des Magnetismus die nämliche ist. Man erhält nämlich durch graphische Interpolation mit Hülfe der Fig. 3 Taf. IV für das Verhältniss der gleichen Dichtigkeiten entsprechenden Magnetismen die Werthe $\mu\,(ni) : \mu\,(fe)$, welche in der folgenden Tabelle angegeben sind.

Tabelle 19.

δ	0,05	0,1	0,5	1	2	4
$\dfrac{\mu\,(ni)}{\mu\,(fe)}$	0,49	0,49	0,45	0,39	0,35	0,24

Nickelpulver zeigt also bei keiner Dichtigkeit mehr als halb so starken Magnetismus wie das

gleich dichte Eisen; für sehr kleine Dichtigkeiten
ist er gerade halb so stark; mit steigender Dichtigkeit nimmt dann dieses Verhältniss stetig ab und
ist bei der halben natürlichen Dichtigkeit nur noch
ein Viertel. Es holt jedoch das Nickel weiterhin
dieses Zurückbleiben wieder ein; zahlreiche Versuche
von älteren und neueren Physikern[1]) haben nämlich für die
cohärenten Metalle das Verhältniss $\mu(ni):\mu(fe)$ wieder
nahezu gleich ¼ ergeben. Da nun nicht anzunehmen ist, dass
die Dichtigkeit, welche bei Pulvern den oben angegebenen
mässigen Einfluss auf den Magnetismus ausübt, bei festen
Metallen einen so gewaltigen Einfluss habe, dass sie beim
Ansteigen von 7,8 auf 8,5 (Dichtigkeiten von Eisen und
Nickel) den Magnetismus des Eisens um 100 Proc. veränderte, da ferner diese Veränderung, entgegen den obigen
Ergebnissen, in einer Abnahme bestehen müsste, da endlich
es mindestens sehr unwahrscheinlich ist, dass Eisen und
Nickel bei einer gleichen Dichtigkeit gleichen, bei allen
anderen gleichen Dichtigkeiten wesentlich verschiedenen
Magnetismus besitzen, so ist zu schliessen, dass die Behaup-
tung Becquerel's der Wirklichkeit nicht entspricht. Das
Verhältniss der Magnetismen von Nickel und Eisen für verschiedene Dichtigkeiten (und grosse Kräfte) ist in Taf. IV
Fig. 4 graphisch dargestellt.

Will man der zwischen Dichtigkeit und Magnetismus
bestehenden Functionalbeziehung auch eine mathematische
Form geben, etwa die einer Potenzreihe in δ, so muss man
die letztere mit einem von δ unabhängigen Gliede beginnen.
Dasselbe stellt den Magnetismus eines unendlich
zerstreuten Eisen- oder Nickelpulvers dar und beträgt etwa ein Zehntel der ganzen Summe. Als
zweites Glied muss man sodann ein mit δ proportionales,
und zwar mit einem positiven Coëfficienten behaftetes setzen.
Da weiterhin die Zunahme des Magnetismus erst schwächer,

---

1) Vergleiche über die älteren Wied. Galv. (2) **2.** p. 360. Von neueren fand namentlich Hankel (Wied. Ann. **1.** p. 285. 1877) für grosse
magnetisirende Kräfte und gleiche Volumina das Verhältniss der Magnetismen von Nickel und Eisen gleich 133 : 239.

dann wiederum stärker wird, so müssen nunmehr zwei Glieder mit höheren Potenzen von δ folgen, deren erstes einen negativen, deren zweites einen positiven Coëfficienten besitzt. Welche Exponenten man wählt, ist natürlich vom Standpunkte rein empirischer Darstellung gleichgültig; aus theoretischen Gründen habe ich:

(4) $$\mu = a + b\delta - c\delta^{\frac{5}{3}} + d\delta^{\frac{7}{3}} - \cdots$$

gesetzt; diese Reihe ist nämlich unter gewissen Annahmen mit der Reihe:

(5) $$\mu = a + \frac{b}{\varrho^3} - \frac{c}{\varrho^5} + \frac{d}{\varrho^7} - \cdots$$

identisch, in welcher ϱ den mittlern Molecularabstand bedeutet, und an welche unten angeknüpft werden wird.

Die numerische Bestimmung der Coëfficienten ist natürlich bei der Schwierigkeit der Versuche nicht mit ausreichender Sicherheit zu leisten; um aber wenigstens ein Bild von der Grössenordnung derselben zu erhalten, habe ich die Zahlen der beiden besten Versuchsreihen, Tab. 12 für Eisen und Tab. 18 für Nickel, berechnet. Für Eisen ergibt die Benutzung der vier Pulver 98, 100, 102 und 103, die Gleichung:

(6) $$\mu\,(fe) = 211\,(1 + 1{,}5\,\delta - 1{,}0\,\delta^{\frac{5}{3}} + 0{,}3\,\delta^{\frac{7}{3}}).$$

für Nickel die Benutzung der vier Pulver 104, 106, 108. 110 die Gleichung:

(7) $$\mu\,(ni) = 100\,(1 + 1{,}5\,\delta - 1{,}4\,\delta^{\frac{5}{3}} + 0{,}4\,\delta^{\frac{7}{3}}).$$

Diese Gleichungen zeigen im wesentlichen, dass die Coëfficienten der von δ abhängigen Glieder durchaus nicht klein sind gegen das constante Glied; die beiden Coëfficienten von δ und $-\delta^{\frac{5}{3}}$ sind sogar grösser als jenes. Dass übrigens die Formeln auch zahlenmässig nicht ohne jede Zuverlässigkeit sind, lehrt der Umstand, dass sie auch für andere Werthepaare von δ und μ als die zur Berechnung benutzten, zum Theil in sehr befriedigender Weise stimmen. Auch ergeben sie, über die durch die Berechnung gesteckten Grenzen hinaus, auf die consistenten Metalle angewendet (etwa $\delta = 8$) deren Magnetismen im richtigen Verhältnisse von etwas über 2. Jeden einzelnen dieser Magnetismen freilich liefern sie viel zu gross, nämlich etwa 15 mal so gross wie für sehr kleine δ, während er nach dem Obigen nur etwa 10 mal so gross ist; daraus ist jedoch nur zu schliessen, dass für consistente Metalle mindestens ein weiteres Glied von der Form $-e\delta^{\frac{3}{2}}$ hinzugefügt werden muss; dabei brauchte der Coëfficient e, da für $\delta = 8$ $\delta^{\frac{3}{2}} = 512$ ist, nur den sehr kleinen Werth $e = 0,015$ zu erhalten.

Es bleibt mir noch übrig, die Versuche zu besprechen, welche ich über den Einfluss der magnetisirenden Kraft auf den temporären Magnetismus der Pulver anstellte.

Bei diesen Versuchen fing ich stets mit der kleinsten Kraft an und hörte mit der grössten auf; bei dem starken remanenten Magnetismus, welchen pulverförmige Magnetisirungskörper auffälligerweise zeigen, ist diese Reihenfolge durchaus erforderlich. Ferner ging ich von dem schwächern zum stärkern Strome (die Spirale war stets dieselbe) stets über, ohne den Strom zu öffnen; die Benutzung einer Siemens'schen Widerstandsscala gestattete dies Verfahren. Dadurch wurde eine gewisse beträchtliche Fehlerquelle, wenn auch nicht ganz beseitigt, so doch bedeutend geschwächt; bezügliche Versuche ergaben nämlich, dass, wenn man dasselbe Pulver zweimal hintereinander durch dieselbe Kraft magnetisirt, der Magetismus beim zweiten Versuche beträchtlich grösser ausfällt, dass also die Magnetisirbarkeit der Pulver durch ihre Magnetisirung zunimmt. Bei den bisher besprochenen Versuchen wurden daher ausschliesslich frisch gefällte Pulver benutzt; bei den nun anzuführenden war dies offenbar nicht möglich. Die erhaltene Zunahme des Magnetismus mit der äussern Kraft muss daher als zu gross, und die Zahlen selbst dürfen mithin nur als obere Grenzwerthe angesehen werden.

Wird hierdurch der Werth dieser Versuche erheblich beeinträchtigt, so geschieht dies noch mehr durch die grosse Unregelmässigkeit der auftretenden Resultate; eine Unregelmässigkeit, welche auch die bezüglichen Versuche Boernstein's aufweisen, und welche nur wenige sichere Schlüsse gestattet. Ueber die Ursache dieser Ungesetzmässigkeit habe

ich, ausser dem bereits angeführten, nur die Vermuthung,
dass die äussere Kraft ausser der Magnetisirungsarbeit noch
andere Arbeit, insbesondere bei nicht genügend verdichteten
Pulvern mechanische Arbeit leiste, was auf die erstere nicht
ohne erheblichen Einfluss sein kann; in ähnlicher Weise übt
bekanntlich bei consistenten Körpern die Härte einen sehr
starken Einfluss auf das Ansteigen des Magnetismus aus, ja
Riecke[1]) fand sogar bei einem und demselben Stück Eisen
innerhalb zweier Jahre ganz verschiedene Resultate.

    **Wie bei den consistenten, so auch bei den pul-
verförmigen Körpern wächst der Magnetismus für
sehr kleine Kräfte proportional mit diesen, für
grössere schneller als diese und für noch grössere
langsamer.** Mit anderen Worten: Das Verhältniss k des
Magnetismus m zur Kraft i ist im ersten Theile der Magnetisirungscurve constant, im zweiten nimmt es zu, im dritten
ab. **Der zweite dieser drei Theile scheint jedoch
bei sehr zerstreutem Eisenpulver zu fehlen; hier
nimmt k schon für sehr kleine Kräfte ab.** Das zeigt z. B.
die folgende Tabelle.

Tabelle 20.

Pulver 115, bestehend aus 12,5 Proc. Fe und 87,5 Proc. Holz.

$\delta (fe) = 0,052. \quad l = 97. \quad d = 10,2.$

i	13	35,5	63	117	165	275
m	14	38	67	118	162	254
const × k	100	99	98	96	91	86

Dagegen zeigen die beiden folgenden Tabellen schon eine,
wenn auch schwache anfängliche Zunahme von k.

Tabelle 21.

Nr 116. 45 Proc. Fe $\delta = 0,232. \quad l = 98. \quad d = 10,2.$

i	13	34,5	60,5	112	159	265
m	47	129	225	404	568	892
const. × k	100	101	101	100	99	94

---

1) Riecke, Pogg. Ann. **149.** p. 483. 1873.

Tabelle 22.

Nr. 117. 88 Proc. Fe $\delta = 1,404$. $l = 99$. $d = 10,2$.

i	13	34,5	60,5	111,5	156	260
m	520	1431	2525	4703	6157	9960
k	100	104	104	106	99	96

Bei reinem Eisenpulver ist endlich die Zunahme von k noch beträchtlicher, und hält überdies länger an.

Tabelle 23.

Nr. 119. Eisenpulver. $\delta = 3,37$. $l = 95$. $d = 10,2$.

i	12	33	59	116	170	326
m	70	203	388	817	1228	2257
k	100	103	112	119	123	118

Ein Theil dieser Zunahme von k scheint jedoch auf die oben angedeuteten fremden Einflüsse abgerechnet werden zu müssen; eine andere Versuchsreihe mit reinem Eisenpulver z. B., nicht minder sorgfältig ausgeführt, ergab nämlich eine viel kleinere Zunahme.

Tabelle 24.

Nr. 132. $\delta = 3,5$. $l = 90$. $d = 10,2$.

i	26	49	101	156	375
m	121	232	502	798	1811
k	100	103	108	110	105

So verschiedene Werthe von k diese beiden Tabellen auch ergeben, in einem Punkte stimmen sie überein: das Maximum von k tritt bei derselben Stromstärke ein. Dies zeigte sich bei gleicher Dichtigkeit ganz allgemein, und ferner, dass dieser sogenannte Wendepunkt bei einer desto geringeren Kraft eintritt, je zerstreuter das Pulver ist. Diese Verhältnisse werden durch die Fig. 5 Taf. IV in deutlicher Weise veranschaulicht; die dem Pulver 119 entsprechende Curve ist daselbst punktirt, die Wendepunkte sind mit W bezeichnet.

Aehnliche Resultate ergeben analoge Versuche mit reinem oder mit Holz gemengtem Nickelpulver.

Tabelle 25.

Nr. 120. 33,8 Proc. Ni. $\delta = 0,179$. $l = 90$. $d = 10,2$.

i	11	32	56	108	156	278
m	11	32	55	105	154	276
const. $\times k$	100	100	98	97	99	99

Tabelle 26.

Nr. 136. 90,5 Proc. Ni. $\delta = 1,75$ etwa. $d = 10,2$.

i	20,5	37	78	124	301
m	30	58	134	232	579
k	100	108	118	127	131

Tabelle 27.

Nr. 133. Reines Nickelpulver. δ etwa $= 3,8$.

i	20,5	38	78	123	297
m	50	98	233	412	1056
k	100	105	126	137	146

Je dichter das Nickel vertheilt ist, desto stärker nimmt also k zu. Darauf, dass es bei den beiden letzten der hier mitgetheilten Reihen überhaupt stärker zunimmt, als beim Eisen, ist kein Gewicht zu legen, weil das Nickelpulver gröber als das Eisenpulver und nicht wie dieses chemisch, sondern mechanisch hergestellt war, sodass jener Umstand sehr wohl fremden Einflüssen zugeschrieben werden kann.

Ein Zustand, welchen ich bei diesen Versuchen nicht nur nie erreichte, sondern dem ich auch, trotz Anwendung grosser magnetisirender Kräfte und sehr schwacher Magnetisirungskörper, niemals sehr nahe kam, ist der Zustand der sogenannten magnetischen Sättigung. Während nämlich dieser Zustand durch die Constanz der Werthe von m charakterisirt ist, nahm bei meinen Versuchen m, selbst wenn es bereits stark zugenommen hatte, unbegrenzt, wenn auch mit abnehmender Geschwindigkeit, weiter zu.

Was endlich den Vergleich der Pulver mit consistenten Stäben von gleichen Dimensionen hinsichtlich des Ansteisteigens des Magnetismus betrifft, so ist derselbe wegen des

Einflusses der Härte schwer durchzuführen. Jedoch lässt
sich, wie ich fand, so viel sagen, dass das Ansteigen des
Magnetismus mit der äussern Kraft bei Pulvern ein
schwächeres ist als bei Stäben, welche sich in anderer Beziehung ebenso verhalten, welche insbesondere einen verhältnissmässig ebenso starken remanenten Magnetismus zeigen. Dazu ist ein ganz bestimmter Härtegrad, und zwar ein gar nicht sehr geringer,
erforderlich.[1]) Andererseits aber zeigen Stäbe, welche so
weich sind, dass sie so gut wie gar keinen Magnetismus nach
dem Aufhören der äussern Kraft zurückbehalten, ein erheblich
geringeres Ansteigen von k, als die dichteren Pulver. So
ergaben zwei Stäbe aus schwedischem Eisen, deren Dimensionen mit den obigen Pulvern etwa übereinstimmten, folgende Zahlen.

Tabelle 28.

Stab 4. $\delta = 7{,}8$.

i	15,5	44	80	151	213	404
m	124	353	649	1232	1740	3075
k	100	100	101	102	102	95

Tabelle 29.

Stab 5. $\delta = 7{,}8$.

i	16	44	77	144	211	388
m	122	342	602	1148	1652	2586
k	100	102	103	105	103	95

Aus dem Angeführten geht hervor, dass die Erscheinung des Ansteigens des temporären Magnetismus mit der
äussern Kraft in nahem Zusammenhange steht mit den Erscheinungen des remanenten Magnetismus und der magnetischen Nachwirkung: ich beabsichtige, demgemäss in einer
späteren Arbeit hierauf zurückzukommen.

---

1) Ich führe meine hierher gehörigen Versuche nicht an, weil sie mit
den von Ruths in seiner Schrift: „Ueber den Magnetismus weicher
Eisencylinder und verschieden harter Stahlsorten", Dortmund 1876, mitgetheilten völlig übereinstimmen.

Für jetzt stelle ich die wesentlichsten Ergebnisse der Untersuchung wie folgt zusammen:

Der temporäre Magnetismus cylindrischer Körper ist unter übrigens gleichen Umständen:

1) mit der Masse proportional;

2) desto grösser, je grösser die Länge ist;

3) desto grösser, je kleiner die Dicke ist;

4) nur von der Gestalt, nicht aber von der Grösse abhängig;

5) desto grösser, je grösser die Dichtigkeit ist (von einer Einschränkung dieses Satzes wird noch die Rede sein);

6) bei Nickel, je nach der Dichtigkeit und Kraft, ein Viertel bis halb so gross wie beim Eisen;

7) er wächst mit der magnetisirenden Kraft, zuerst proportional, dann (ausser bei sehr geringer Dichtigkeit) schneller, zuletzt langsamer als jene;

8) das raschere Ansteigen ist desto stärker, je dichter der Körper ist;

9) der Wendepunkt liegt bei gleicher Dichtigkeit an derselben Stelle; aber bei desto grösseren Kräften, je grösser die Dichtigkeit ist;

10) zur magnetischen Sättigung von Pulvern sind ausserordentlich grosse Kräfte erforderlich.

3) Theoretisches.

Man hat zur Beschreibung der magnetischen Erscheinungen eine ganze Reihe von Theorien aufgestellt; nur zwei von ihnen sind aber bisher im Hinblick auf die hier behandelten Gesetze der Induction des temporären Magnetismus ausgeführt worden, nämlich die Theorie der magnetischen Fluida zur Beschreibung des Einflusses von Grösse und Gestalt (Kugel, Ellipsoid u. s. w.) und die Theorie der drehbaren Molecularmagnete zur Beschreibung des Einflusses der äussern magnetisirenden Kraft. Hier soll, unter Vorbehalt der weitern Ausführung, nur angedeutet werden, wie alle zugehörigen Erscheinungen vom Standpunkte der letzteren Theorie aus aufgefasst werden können.

Die fundamentale Thatsache im Gebiete der magneti-

schen Induction ist die, dass eine endliche Kraft im
allgemeinen nur eine unvollständige Magnetisirung
zu Stande bringt. Dadurch wird man gezwungen, zu der
gegebenen äusseren Kraft innere Kräfte in Gedanken hinzuzufügen. Durch das Gleichgewicht der inneren und äusseren
Kräfte ist dann der temporäre magnetische Zustand bestimmt. Der Begründer der in Rede stehenden Theorie,
Wilhelm Weber[1]), nannte die innere Kraft, welche auf
jeden Molecularmagnet wirkt, seine Directionskraft, und
verlegte sie in die Richtung seiner ursprünglichen Axe.
Diese Annahme führt in Bezug auf den Einfluss der äussern
Kraft, der hier zunächst betrachtet werden möge, zu dem
Resultate, dass der Magnetismus anfangs proportional mit
der äussern Kraft, später aber langsamer als diese wächst
und schliesslich einem Maximum (Sättigungspunkt) sich nähert.
Mit der Erfahrung stimmt dieses Ergebniss nur in roher
Annäherung überein; die Erscheinung namentlich, dass zwischen den Gebieten der Proportionalität und der langsame-
ren Zunahme im allgemeinen ein solches rascherer Zunahme
liegt[2]), bleibt gänzlich· unbeschrieben. Man muss also die
Theorie in irgend einer Weise modificiren.

Verschiedene Forscher haben dies gethan, indem sie auf
den von Weber gänzlich unbestimmt gelassenen Begriff der
Directionskaft näher eingingen; es sind das namentlich
G. Wiedemann, Stefan[3]), Boernstein, Ohwolson und
v. Waltenhofen. Zwei wesentliche Bestandtheile der Directionskraft lassen sich ohne weiteres angeben, nämlich die
gravitirende Wechselwirkung der Molecüle und ihre magnetische Wechselwirkung. Ueber die Natur der letztern sind
jedoch die Ansichten gänzlich getheilt. Während nämlich
Boernstein, um die von ihm gefundene Abnahme des Magnetismus mit wachsender Dichtigkeit zu erklären, die Wechselwirkung der äussern Kraft entgegenwirken lässt, lässt v. Wal-

---

1) W. Weber, Abh. d. math.-phys. Cl. d. k. Sächs. Ges. d. Wiss.
1. p. 570. 1852.

2) G. Wiedemann, Pogg. Ann. 100. p. 235. 1857; 106. p. 161. 1859.
117. p. 194. 1862.

3) Stefan, Wien. Ber. 69. (2) p. 196. 1874.

tenhofen, der eine Zunahme des Magnetismus mit der Dichtigkeit fand, die Wechselwirkung die äussere Kraft unterstützen. Es hat dies jedoch den Nachtheil, dass die Nothwendigkeit eintritt, andere Kräfte hinzuzufügen, welche den beiden bisherigen entgegenwirken; das können nur Gravitations- oder, wie v. Waltenhofen sie nennt, Cohäsionskräfte sein; es ist aber nicht zweckmässig, derartige Kräfte in die Betrachtung einzuführen, da erfahrungsmässig eine in quantitativer Hinsicht wesentliche Beziehung zwischen den mechanischen und den magnetischen Erscheinungen nicht besteht; der Einfluss von Dehnung, Biegung und Drillung auf den Magnetismus und umgekehrt ist zwar ein sehr regelmässiger und interessanter, aber numerisch höchst schwacher. Ich meine also: zur Beschreibung rein magnetischer Erscheinungen mechanische Kräfte zu Hülfe zu nehmen, ist nicht zweckmässig. In der That lässt Boernstein[1]), welcher ihrer nicht bedarf, dieselben für die temporär magnetischen Erscheinungen gänzlich ausser Betracht.

In der folgerichtigsten Weise hat Chwolson[2]) die Weber'sche Theorie modificirt. Er definirt die Directionskraft einfach als die magnetische Wechselwirkung der Molecüle, lässt sie der äussern Kraft entgegenwirken, setzt sie aber mit zunehmender äusserer Kraft der Richtung und Grösse nach variabel; eine Annahme, auf deren Nothwendigkeit schon G. Wiedemann hingewiesen hatte. Denken wir uns, um die Bedeutung dieser Annahme zu verstehen, ein im unmagnetischen Zustande befindliches System magnetischer Molecüle; im gesammten System wird keine Richtung über die anderen überwiegen; aber, nach der Natur der Wechselwirkung, die Richtungen der Molecüle werden sich nicht sprungweise, sondern continuirlich ändern; ein Magnet wird also die in Taf. IV Fig. 6, nicht die in Taf. IV Fig. 7 dargestellte Constitution besitzen.[3]) Greifen wir daher eine

---

1) Boernstein, l. c. p. 350 ff.

2) Chwolson, Pogg. Ann. Ergbd. 7. p. 53. 1876.

3) Eine ähnliche Vorstellung hat schon Chwolson entwickelt; jedoch sind die Betrachtungen, welche er zu ihrer Begründung anführt, im allgemeinen nicht stichhaltig. Denn wenn er sagt, in der Umgebung eines

kleine Gruppe von Molecülen heraus, so haben sie sämmtlich nahezu gleiche Richtung. In diesem Zustande wirkt
also die Wechselwirkung in der Richtung des betrachteten
Centralmolecüls; wirkt nunmehr aber die äussere Kraft, so
wirkt sie einmal auf das Centralmolecül, sodann aber auch
auf die ganze umgebende Gruppe; sie ändert somit die
Wechselwirkung der Grösse und Richtung nach. Chwolson
zeigt nun, dass dadurch das Moment der Wechselwirkung
für kleine Kräfte verringert wird; der Magnetismus muss
also mit wachsender Kraft rascher als diese zunehmen.

Weiter ergibt sich die von Boernstein und mir constatirte Thatsache, dass jenes raschere Ansteigen desto mehr
hervortritt, je dichter der Magnetisirungskörper ist, unmittelbar. Denn mit abnehmender Dichtigkeit nimmt die Wechselwirkung ab, also auch ihre Aenderung durch die äussere
Kraft. Ist die Dichtigkeit und somit die Wechselwirkung
sehr gering, so wächst das Verhältniss $m : i$ überhaupt nicht,
die Weber'sche Theorie gilt dann also streng.

Zur Beschreibung des Einflusses der Dichtigkeit selbst ist
dagegen Weber's Theorie auch näherungsweise nicht geeignet. Denn nach ihr müsste, gemäss den Formeln:

$$m \backsim \tfrac{1}{3} \frac{i}{w}\,(i < w) \quad \text{und} \quad m \backsim 1 - \tfrac{1}{3}\left(\frac{w}{i}\right)^2 (i > w),$$

in welchen m den Magnetismus, i die äussere Kraft und w

---

die Richtung α innehaltenden Molecüls müsse eine „Tendenz nach der
Richtung α" vorhanden sein, weil doch eben die Umgebung eine Resultante in der Richtung α ausübe, so gilt das nur unter der Voraussetzung,
dass jedes Molecül nur von seinen Nachbarmolecülen beeinflusst werde.
Es wird aber, wie wir sehen werden, bei nicht zu grossen Körpern von
sämmtlichen übrigen Molecülen beeinflusst. Trotzdem muss die Richtung
eine continuirliche Function des Ortes sein, und zwar aus folgendem
Grunde: Die Richtung eines Molecüls ist bestimmt durch die Resultante
der Einwirkung aller anderen; für das benachbarte Molecül ist aber
diese Resultante nahezu dieselbe, weil alle Entfernungen sich nur unendlich wenig geändert haben, die Zahl der Molecüle dieselbe geblieben ist
und nur an die Stelle eines sehr kleinen Bruchtheils derselben ebenso
viele andere getreten sind. Die Nachbarmolecüle müssen daher nahezu
dieselbe Richtung haben. Auf die interessanten Schlüsse, welche sich
hieran über die Richtung und den Gleichgewichtszustand der Oberflächen-
molecüle knüpfen lassen, kann ich hier nicht eingehen.

die Directionskraft bezeichnet, *m* wachsen, wenn *w* abnimmt,
gleichviel wie gross *i* ist; was zwar mit den Resultaten der
Versuche Boernstein's im Einklange, dagegen mit denen
von Toepler, v. Waltenhofen und mir im Widerspruche
steht. Am nächsten liegt es daher in der That, anzunehmen (wie dies v. Waltenhofen thut), die Wechselwirkung
unterstütze die äussere Kraft. Dass einer der beiden Bestandtheile, in welcher die magnetische Wechselwirkung sich
zerlegen lässt, nämlich die Wirkung von in der Richtung
der äussern Kraft benachbarter Molecüle aufeinander, d. h.
die Längswirkung die magnetisirende Kraft unterstützen
muss, lässt sich durch einen von v. Waltenhofen angeführten Versuch veranschaulichen, wonach eine schwingende
Magnetnadel durch einen in der Meridianrichtung von ihr
aus befindlichen, senkrecht zu diesem gelegenen Magnetstab
stärker abgelenkt wird, wenn rechts und links von ihr zwei
andere Nadeln aufgestellt sind, als wenn letztere fehlen.
(Taf. IV Fig. 8). Diesem Versuche steht aber ein anderer
gegenüber, bei welchem die zweite und dritte Nadel vor und
hinter der ersten aufgestellt sind, und wo die Ablenkung
durch deren Wirkung verringert wird (Taf. IV Fig. 9). Die
Querwirkung schädigt also die äussere Kraft. v. Waltenhofen berücksichtigt diesen Fall nicht, weil ihm die Querwirkung bei Stäben so gering zu sein scheint, dass sie vernachlässigt werden darf. Gerade umgekehrt schliesst Boernstein aus seinen Betrachtungen, die Querwirkung müsse
überwiegen. Von vornherein lässt sich, wie ich meine, hierüber überhaupt nichts sagen. Denn wenn auch bei Stäben
die Länge über die Dicke überwiegt, so ist andererseits die
Längswirkung nur eine lineare, die Querwirkung aber eine
flächenhafte. Dazu kommt, dass durchaus nicht der Molecularabstand, welcher die Grösse der Wechselwirkung im
wesentlichen bestimmt, in der Querrichtung ebenso gross
sein muss wie in der Längsrichtung; verschiedene Erscheinungen sprechen sogar dafür, dass er in der Querrichtung
kleiner sei.

Lässt sich somit die Frage, ob die der äussern Kraft
günstige Längswirkung oder die ihr ungünstige Querwirkung

überwiege, von vornherein nicht entscheiden, so scheint es, als ob die Thatsache der Abnahme des Magnetismus mit der Dichtigkeit in zwingender Weise für die erstere Alternative spräche. Aber auch dies ist nicht der Fall. Es lässt sich nämlich zeigen, dass jene Thatsache mit der Annahme, die Wechselwirkung wirke der äussern Kraft entgegen, durchaus nicht nothwendigerweise im Widerspruche steht. Denken wir uns nämlich diese Annahme als richtig, und fassen wir zwei Fälle (Taf. IV Fig. 10 u. 11) in's Auge, in welchen die Dichtigkeit verschieden, sonst aber alles gleich ist. $MA = ma$ sei die äussere Kraft der Richtung und Grösse nach, MB, resp. mb das Molecül in seiner ursprünglichen Richtung; im ersten Falle sei seine Endlage MC, im zweiten, welchem eine geringere Dichtigkeit entsprechen möge, sei dieselbe mc, sodass $bmc < BMC$ ist. Die Wechselwirkung sei durch MD, resp. md dargestellt, sodass $MD < md$ ist. Dann müssen im ersten Falle die Momente der Kräfte MA und MD, und im zweiten die Momente der Kräfte ma und md gleich sein. Das Moment von ma ist grösser als das von MA, weil $ma = MA$, aber der Winkel $cma > CMA$ ist; also muss auch das Moment von md grösser sein als das Moment von MD, mithin, da $md = MD$, in höherem Grade der Winkel $dmc > DMC$ sein. Das ist das einzige, was erforderlich ist, damit unsere theoretische Annahme mit unserer beobachteten Thatsache im Einklang sei. Nun hat Chwolson bereits gezeigt, dass „die Drehung des Momentes der Umgebung", wie er sich treffend ausdrückt, hinter der Drehung des Molecüls selbst zurückbleibt; und es lässt sich weiter zeigen, dass dies in um so höherem Grade der Fall ist, je geringer die Grösse w der Wechselwirkung ist. Der Winkel dmc wird also grösser sein als DMC, und es ist sehr wohl möglich, dass er es in dem erforderlichen Maasse st; wenigstens für Werthe von w, welche eine gewisse Grösse nicht überschreiten. Zum Beweise, dass es sich wirklich so verhalte, ist die Chwolson'sche Formel nicht anwendbar; vielmehr müsste man, da es sich um unabhängige Variation von w und i handelt, die beiden Weber'schen Formeln unter Berücksichtigung der Drehung des Momentes

25 *

der Umgebung in eine neue umgestalten. Diese Umgestaltung erweist sich jedoch als äusserst schwierig.

Gleichzeitig lässt sich die Folgerung ziehen, dass die Zunahme des Magnetismus mit der Dichtigkeit eine desto stärkere sein muss, je grösser die äussere Kraft ist; eine Forderung, welche identisch ist mit der, dass bei dichteren Körpern die Zunahme des Magnetismus mit der Kraft eine stärkere sein müsse als bei weniger dichten; das ist aber nach meinen Versuchen in der That der Fall.

Bisher war von dem Gesetze der Wechselwirkung selbst noch nicht die Rede; es liegt aber kein Grund vor, warum auf diese moleculare Wechselwirkung nicht einfach die für die Fernwirkung endlicher Systeme beobachteten Verhältnisse übertragen werden sollten; was also den Einfluss der Entfernung betrifft, so ist anzunehmen, dass die Wechselwirkung mit der dritten Potenz des Molecularabstandes in erster Annäherung umgekehrt proportional sei. Streng würde dies der Fall sein, wenn die Grösse, oder, unter der Voraussetzung linearer Gestalt, die Länge der Molecüle sehr klein gegen ihre Abstände wäre. Nun geben die Versuche mit Pulvern, wie oben ausgeführt, Resultate, welche jedenfalls qualitativ auf Molecularsysteme übertragen werden dürfen; ferner ist die der Beobachtung zugängliche Dichtigkeit für einen und denselben Stoff mit der dritten Potenz des Molecularabstandes umgekehrt proportional; für sehr zerstreute Pulver müsste sich also Proportionalität der Wechselwirkung mit der Dichtigkeit ergeben, oder, mit Hinzufügung eines, den directen Einfluss der äussern Kraft darstellenden constanten Gliedes, der gesammte Magnetismus muss in diesem Falle eine lineare Function der Dichtigkeit sein. In der That ergibt die Gleichung (4), durch welche ich meine Versuche dargestellt habe, für sehr kleine δ:

$$\mu = a + b\,\delta,$$

zugleich lehrt aber die entsprechende, mit den numerischen Werthen der Coëfficienten versehene Gleichung (6), welche für Eisen, und ebenso Gl. (7), welche für Nickel gilt, dass schon für Werthe von δ, welche immer noch sehr klein sind,

höhere Potenzen von δ berücksichtigt werden müssen; daraus
ist zu schliessen, dass schon bei mässig verdünnten Ei-
sen- und Nickelpulvern die Länge der Molecüle nicht
gegen ihren mittleren Abstand zu vernachlässigen
ist; bei dichten Pulvern aber, und besonders beim consistenten Eisen kann die Länge der Molecüle gegen
ihren Abstand überhaupt nicht klein, sondern muss
von derselben Grössenordnung sein.

Uebrigens ist, da die Wechselwirkung aus zwei ganz
verschiedenen Theilen, der Längswirkung und der Querwirkung sich zusammensetzt, die angedeutete Functionalbeziehung
auf solche Körper zu beschränken, bei welchen der Molecularabstand oder wenigstens sein durchschnittlicher Werth
(vgl. oben p. 365) constant ist, und zwar nicht nur von Ort zu
Ort, sondern auch von Richtung zu Richtung. Ausgeschlossen
sind „anisotrope Körper", d. h. Körper, deren Längsdichtigkeit
von der Querdichtigkeit verschieden ist. Solche Körper müssen, wenn die Theorie richtig ist, einen andern Magnetismus
zeigen, als ihnen nach ihrer Gesammtdichtigkeit gemäss der
gefundenen Formel zukommt, und zwar einen grössern,
wenn die Längsdichtigkeit über die Querdichtigkeit überwiegt, einen geringeren, wenn umgekehrt die Querdichtigkeit
über die Längsdichtigkeit überwiegt. Dies haben einige von
mir angestellte Versuche ergeben, welche ich erst hier mittheile, weil vom rein empirischen Standpunkte ihre Nütz-
lichkeit nicht hätte dargethan werden können.

Die Anisotropie wurde auf die roheste Weise erzeugt;
einerseits nämlich wurden zur Herstellung von Körpern mit
überwiegender Querdichtigkeit abwechselnde Schichten von
Eisen oder Nickel und Holz in Glasröhren gefüllt, und diese
Körper in Bezug auf ihre Magnetismen mit anderen isotropen, womöglich von derselben Gesammtdichtigkeit verglichen. In der That zeigten die ersteren Körper nach
Reduction auf gleiche Verhältnisse stets einen beträchtlich
geringeren Magnetismus. So ergab eine Röhre Nr. 5, zusammengesetzt aus Eisen- und Holzschichten von je 2 mm
Höhe, verglichen einmal mit dem isotropen Pulver Nr. 4 von
gleicher Querdichtigkeit und zweitens mit dem durch Mischung

der Schichten von Nr. 5 entstandenen, ebenfalls isotropen
Pulver Nr. 6 folgende Resultate.

Tabelle 30.

Nr.	l	d	δ	μ (i klein)	μ (i gross)
4	155	7,4	3,009	142	807
5	156	„	1,59	66	303
6	153	„	1,56	103	604

μ ist hier der auf gleiche Gewichte und Längen reducirte
Magnetismus. Auch ergab sich, dass das Ansteigen des
Magnetismus mit der äussern Kraft bei Pulvern, deren
Längsdichtigkeit gegen die Querdichtigkeit zurücktritt, eben-
falls bedeutend geringer ist als bei im ganzen gleich dichten
isotropen Pulvern. Es fand sich nämlich:

Tabelle 31.

i	158	293	451	610	924	2205
Röhre 5						
m	158	288	432	563	827	1708
k	100	98	95	92	89	77
Röhre 6						
m	158	295	469	627	980	2232
k	100	101	104	105	106	101

Hier ist der Magnetismus m für die kleinste äussere
Kraft i dieser gleich und sodann $k = 100\,\frac{m}{i}$ gesetzt worden.
Man sieht, während k bei dem isotropen Pulver 6 seiner
schon ziemlich beträchtlichen Dichtigkeit gemäss anfangs mit
i wächst und erst für grosse i wiederum abnimmt, nimmt k
bei dem anisotropen Pulver 5 von vornherein ab, und schliesslich für grosse i sehr stark. Es verhält sich also ein ani-
sotropes Pulver der betrachteten ersten Gattung wie ein
viel dünneres, isotropes, sowohl hinsichtlich des Ansteigens
des Magnetismus als auch in Bezug auf dessen Stärke selbst.
Aehnlich verhält sich aber, worauf schon Boernstein aufmerksam gemacht hat, Nickel und in noch höherem Grade
Kobalt. Vielleicht ist diese Uebereinstimmung keine zu-

fällige, sondern eine Folge der eigenthümlichen Molecularconstitution der magnetischen Metalle, auf welche schon oben
(p. 384) hingewiesen wurde.

Anisotrope Körper zweiter Gattung, d. h. Körper, deren
Längsdichtigkeit über die Querdichtigkeit überwiegt, sind
schon vielfach untersucht worden. Hierher gehören namentlich die vergleichenden Messungen des Magnetismus von Stäben
und gleich schweren Nadelbündeln oder hohlen Röhren; bei
denjenigen unter diesen Versuchen, bei welchen am sorgfältigsten fremde Einflüsse, insbesondere der grössern Härte
der Nadeln, eliminirt wurden, ergab sich, dass Bündel und
Röhren verhältnissmässig stärker temporär magnetisch werden als Stäbe, und einige Versuche, welche ich mit Pulvern
anstellte, deren Masse der Länge nach durch unmagnetische
Stäbchen unterbrochen waren, bestätigen diese Resultate.

Die letzten Betrachtungen führen naturgemäss auf den
Einfluss der Grösse und Gestalt auf den temporären Magnetismus. Lehrt schon der starke Einfluss der Dichtigkeit, dass die magnetische Wechselwirkung in
weite Entfernungen merklich sein müsse, so folgt
dies noch sicherer aus dem Einflusse von Grösse und Gestalt, und insbesondere bei kreiscylindrischen Körpern, aus
dem Einflusse von Länge und Dicke. Was den erstern
betrifft, so kann man sich nämlich einen linearen Magnetisirungskörper in drei Theile zerlegt denken; in einen mittleren, in welchem die volle Wechselwirkung zur Geltung
kommt, und in je ein Endstück an jeder Seite, in welchem
die Wechselwirkung continuirlich von ihrem vollen Werthe
bis zu einem Minimum abnimmt. Sei l die Länge, λ der
lineare Bereich der Längswechselwirkung, sei ferner m_0 der
in der Längeneinheit direct, m_1 der mit Hülfe der vollen
Längswirkung in ihr erregte Magnetismus, sei endlich α ein
echter Bruch, so ist der gesammte Magnetismus:

(8)
$$M \sim l\,m_0 + (l - 2\lambda)\,m_1 + 2\lambda\,\alpha\,m_1,$$

oder, wenn $m_1 = \beta\,m_0$, $l = \gamma\,\lambda$ gesetzt wird:

$$M \sim \lambda\,m_0\,(\gamma + \beta\,\{\gamma + 2\alpha - 2\}).$$

Nimmt man etwa an, es sei $\alpha = \tfrac{1}{2}$, so findet man:

$$\text{für } \gamma = 2 : M \sim \lambda\, m_0\, (2 + \beta)$$
$$\text{„ } \gamma = 3 : M \sim \lambda\, m_0\, (3 + 2\beta),$$

oder für gleiche Massen:

$$\text{für } \gamma = 2 : \mu \sim \lambda\, m_0 \left(1 + \frac{\beta}{2}\right)$$
$$\text{„ } \gamma = 3 : \mu \sim \lambda\, m_0\, (1 + \tfrac{2}{3}\beta).$$

. . . .

Der Magnetismus muss also mit der Länge, unabhängig von der Masse, steigen, und zwar, in Uebereinstimmung mit der Erfahrung (p. 358) immer langsamer,
je mehr γ zunimmt; setzt man den oben mitgetheilten
Versuchen gemäss etwa $\beta = 10$, so bilden die Verhältnisse
von μ die Reihe $6 : 7\tfrac{2}{3} : 8\tfrac{1}{2}$, wenn die Verhältnisse von γ,
also auch von l die Reihe $2 : 3 : 4$ bilden. Die Magnetismen
wachsen also für solche Längen langsamer als diese, während
sie factisch nach Formel (1) schneller wachsen, und auch
für grössere β wäre dies noch der Fall. Daraus ist zu
schliessen, dass für die bisher zu Beobachtungen benutz-
ten Magnete $\gamma < 2$ ist, also $\lambda > \dfrac{l}{2}$. Bei allen diesen Magneten ist also die volle Wechselwirkung nirgends, selbst in
der Mitte nicht zur Geltung gekommen. Für solche Stäbe
müssen an der obigen Betrachtung zwei Aenderungen vorgenommen werden: das mittlere Stück, und folglich auch das
zweite Glied rechts in der Formel (8) fällt fort, und ferner
wird α kleiner als vorhin, also jedenfalls $\alpha < \tfrac{1}{3}$, im übrigen
aber von γ abhängig. Es wird dann in der That der Magnetismus von der Länge stärker abhängig als bei grösseren
Werthen von γ, und zwar genügt es schon, γ zwischen 1
und 2 zu wählen, um die Formel (1) annähernd zu befriedigen; dass sie aber mit irgend welcher Genauigkeit überhaupt
nicht erfüllt wird, habe ich schon bei Anführung der bezüglichen Beobachtungen hervorgehoben, und insbesondere bemerkt, dass in der That, wie die Theorie es nunmehr als
erforderlich herausstellt, mit wachsender Länge die Zunahme
des Magnetismus sich verlangsamt. Hiernach übertrifft
der lineare Bereich der magnetischen Längswech-

selwirkung die Grösse der bisher benutzten Stäbe
(die längsten waren etwa 1 m lang).

Bei der Analogie der Betrachtungen, welche ich über
die Beschreibung des Einflusses der Dicke anzustellen hätte,
mit den eben durchgeführten will ich mich auf das Resultat
desselben beschränken. Die Dicke hat deshalb unter
sonst gleichen Umständen einen schädlichen Einfluss auf den Magnetismus, weil die Querwechsel-
wirkung, welche der äussern Kraft entgegenwirkt,
desto vollständiger zur Geltung kommt, je dicker
der Stab ist. Ist der Querschnitt kein Kreis, so muss
nothwendig der Magnetismus stärker ausfallen, weil die
Kreisfläche von allen Flächen gleichen Inhalts die gedrun-
genste ist. Indess hat v. Waltenhofen[1]) bei prismatischen
Stäben von weichem Eisen diesen Unterschied nicht beobachten können.

Uebrigens bleibt weder die Längswirkung noch die Querwirkung bei steigender äusserer Kraft unverändert; vielmehr
ergibt eine einfache Betrachtung, auf welche auch Boernstein aufmerksam macht, dass die Längswirkung zunimmt,
die Querwirkung abnimmt; vielleicht erklärt sich das negative Ergebniss v. Waltenhofen's aus diesem Umstande.

Schliesslich ist ersichtlich, dass, wenigstens für kleine
Kräfte, die Vergrösserung der Querwirkung durch Vergrösserung des Querschnittes demselben Gesetze unterworfen sein
muss wie die Vergrösserung der Längswirkung durch Vergrösserung der Länge. Denn in einem unmagnetischen
Stabe hat der Begriff der Längs- resp. Querrichtung des
Stabes durchaus nichts mit der Längs-, resp. Querrichtung
der Molecüle zu thun, wie die Fig. 6 Taf. IV lehrt; von
der letztern hängt aber ausschliesslich jenes Gesetz ab. Es
folgt hieraus der in der That durch die Erfahrung bestätigte und p. 358 hervorgehobene Satz, dass der temporäre
Magnetismus cylindrischer Stäbe gleicher Gestalt von ihrer
Grösse nicht abhängt. Bei fortschreitender Magnetisirung
freilich muss, vom theoretischen Gesichtspunkte aus, ein sol-

---

1) v. Waltenhofen, Pogg. Ann. **121.** p. 450. 1864.

cher Einfluss sich geltend, machen; denn mehr und mehr
werden dann die in der Längsrichtung des Stabes benachbarten Molecüle einer bestimmten, und die in der Querrichtung des Stabes benachbarten Molecüle einer andern bestimmten gegenseitigen Lage sich nähern; und für diese beiden
Lagen ist das Gesetz der Wechselwirkung ein ganz verschiedenes; jedoch lassen die Beobachtungen nicht erkennen,
ob wirklich jener Satz desto genauer zutrifft, je geringer die
Magnetisirungen sind.

Zu weiterer Aufklärung über die Theorie der drehbaren
Molecularmagnete halte ich, neben den Beziehungen zwischen
magnetischen, mechanischen und thermischen Erscheinungen
die Gesetze des remanenten Magnetismus für geeignet, insbesondere aber werde ich meine Aufmerksamkeit auf den
noch sehr wenig beachteten Vorgang der magnetischen Nachwirkung unter den einfachsten Bedingungen richten und
über die Ergebnisse demnächst Bericht erstatten.

Breslau, 12. Juli 1880.

II. *Neue Untersuchungen über den Magnetismus;
von C. Baur.*

Einleitung.

Man habe irgend ein homogenes magnetisches Feld und
bringe in dasselbe eine magnetisirbare Masse vom Volumen
V. Ist X die Grösse der magnetisirenden Kraft in jedem
Punkte des Feldes, M das in der Masse V erzeugte magnetische Moment, so setzt man $M = kVX$, oder, wenn $V = 1$,
$M = kX$. k ist eine Zahl und wird die Magnetisirungsfunction genannt. Diese ist also der Quotient aus dem in
der Masse erzeugten magnetischen Moment M durch die
magnetisirende Kraft X, die dieses Moment erzeugt.

Die Magnetisirungsfunction war der Gegenstand einer
sehr eingehenden Untersuchung, und es liegen über sie eine
Reihe von Abhandlungen vor von W. Weber, G. Wiedemann, Quintus Icilius, Kirchhoff, Stoletow etc.

Im Sommer 1878 machte ich eine neue Bestimmung der Magnetisirungsfunction mit einem Eisenringe, wie Stoletow, und erhielt eine ähnliche Reihe wie dieser. Als ich die Bestimmungen der verschiedenen Beobachter miteinander verglich, fiel mir das Folgende auf: Bei dem Maximum von k war das Moment erhalten mit zwei Ellipsoiden von v. Quintus Icilius $m = 5500$ und $m = 5400$, mit einem Ringe von Stoletow $m = 5500$ und mit meinem Ringe $m = 5400$. Es scheint also das magnetische Moment bei dem Maximum von k für alle Eisensorten dasselbe zu sein.

Sämmtliche frühere Arbeiten erstrecken sich nur über einen kleinen Bereich hinsichtlich der Grösse der magnetisirenden Kraft. Mit sehr kleinen Kräften hat nur Riecke[1] experimentirt, aber keine Resultate erhalten.

Es war daher wünschenswerth, für ganz kleine magnetisirende Kräfte den Werth der Magnetisirungsfunction zu bestimmen, und dies ist im ersten Theile der vorliegenden Untersuchung geschehen.

Ebenso war es wünschenswerth, den Einfluss der Temperatur auf den Verlauf der Magnetisirungsfunction zu untersuchen, worüber noch gar nichts systematisch und planmässig gearbeitet worden ist. Der zweite Theil dieser Arbeit vervollständigt die Kenntniss der Natur der Magnetisirungsfunction auch in dieser Hinsicht.

Ueber die Abhängigkeit des temporären Magnetismus von der Temperatur liegen überhaupt nur einige sich widersprechende Angaben vor.

Nach Kupffer[2] ist das temporäre magnetische Moment bei höheren Temperaturen grösser als bei kleineren. Nach Faraday[3] zeigt weiches Eisen, von $0°$ auf $140°$ erwärmt, kaum eine Abnahme des temporären magnetischen Moments, Nickel eine bedeutende Abnahme, während Kobalt eine deutliche Zunahme zeigt. Beide Beobachter benutzten den Erdmagnetismus als magnetisirende Kraft.

---

1) Riecke, Pogg. Ann. **141**. p. 433. 1870; **149**. p. 453. 1873.
2) Kupffer, Kastner's Archiv **6**. 1825.
3) Faraday, Exp. Res. Ser. **30**. § 3424. 1855.

Diesen Angaben widersprechen die von G. Wiedemann.[1])
Er findet nämlich, dass immer bei der ersten Temperaturänderung, gleichviel ob diese in einer Erwärmung oder einer
Abkühlung besteht, der temporäre Magnetismus der Eisenstäbe zunimmt.

Die Magnetisirungsform wird am einfachsten nach der
von Kirchhoff[2]) angegebenen Methode bestimmt, indem
man einen Eisenring von kreisförmigem Querschnitt mit
Draht umwickelt und magnetisirt. Dabei ist die ·magneti-
sirende Kraft zu berechnen aus:

$$X = \frac{2 m_1 I L}{r^2 \pi},$$

wo m_1 die Zahl der Drahtwindungen im Magnetisirungskreise
bedeutet, I die Stromstärke, r den Radius des Querschnittes
des Eisenringes und $L = \int \frac{df}{r} = 2 \pi \left(\varrho_0 - \sqrt{\varrho_0^2 - r^2} \right)$, wo ϱ_0
der Radius der kreisförmigen Axe des Eisenringes bedeutet.
    Eine zweite Strombahn mit einer anderen Windungslage
und einem Galvanometer dient als inducirte Strombahn.
Durch Umwenden des magnetisirenden Stromes werden in
dieser Bahn Inductionsströme erzeugt, die man zu messen hat.
    Dann ist die Magnetisirungsfunction zu berechnen nach
der Formel:

$$k = \frac{w}{16 \, m_1 \, m_2 \, L \pi} \cdot \frac{j}{I} - \frac{L_1}{4 \pi L}$$

wo bedeuten:
    w den Widerstand in der inducirten Strombahn,
    m_2 die Zahl der Windungen in eben derselben,
    j die Stromstärke des Integralstromes und

L das Integral $\int \frac{df}{\varrho}$, zu erstrecken über den Querschnitt
einer inducirten Windung.

Der inducirende Stromkreis geht von den Elementen
nach einer Wippe (1), über den Ring nach (1) zurück, sodass
man mit (1) den Strom im Ringe umkehren kann, von (1)

1) Wiedemann, Galv. **2.** p. 604, 606, 607. 1873.
2) Kirchhoff, Pogg. Ann. Ergbd. **5.** p. 1. 1870.

weiter zur Wippe (2), über das Galvanometer nach (2) zurück, sodass durch Umlegen von (2) der Strom im Galvanometer umgekehrt werden kann, und endlich von da nach den Elementen zurück. Der inducirte Kreis ist weit einfacher; er enthält nur den Ring und das Galvanometer.

Dasselbe besteht aus zwei Rollen mit 370 Windungen, die parallel dem magnetischen Meridian zu einem Multiplicator zusammengestellt sind. In ihrem Mittelpunkt hängt an einem Coconfaden ein Magnet mit Spiegel. Die Stromstärke wird mit nur einer Windung gemessen, die zwischen den beiden Rollen liegt, während der Integralstrom mit diesen beiden Rollen gemessen wird. Für das Galvanometer ist der mittlere Radius $R = 163,2$ mm, die Galvanometerconstante $G = 13,96$, die Schwingungsdauer des Magnets $T = 4,9412^{\infty}$, die halbe Länge des Magnets $l = 21,0$ mm, die Horizontalcomponente des Erdmagnetismus $H = 1,98$ und das log. Decrement $\lambda = 0,002\,973$.

Die Ablesungen wurden mit Fernrohr und Scala gemacht. Diese wurden so aufgestellt, dass 500 die Ruhelage war. Dann erzeugte man eine Stromstärke, z. B. von 20 mm Ausschlag, so dass das Fadenkreuz auf 520 stand. Wurde die Wippe (1) plötzlich umgelegt, so entstand ein Integralstrom. Las man für diesen den ersten Ausschlag, z. B. bei 600 ab, so war der Integralausschlag also = 80 mm. Nachdem der Magnet auf 520 wieder zur Ruhe gekommen war, legte man (1) auf die andere Seite um und las den ersten Ausschlag, z. B. bei 441 ab, sodass der Integralausschlag 79 mm war. Hierauf wurde die Wippe (2) umgelegt, worauf die Ruhelage bei 480,5 war, worauf man dann auf die eben beschriebene Art die Wippe (1) zweimal umlegte. So hatte man 4 Ablesungen für den ersten Ausschlag des Integralstromes, und die Fehler, die von der Aufstellung herrühren, sind so gut wie möglich eliminirt. Diese Gruppe von Beobachtungen wurde dann mehrere mal wiederholt und aus sämmtlichen Ablesungen das Mittel genommen. Bezeichnet man mit u den Winkel, der dem ersten Ausschlag des Integralstromes entspricht, mit U denjenigen, der dem Ausschlage der Stromstärke entspricht, so ist:

$$j = \frac{TH}{G\pi} (1 + q)\left(1 + \frac{\lambda}{2}\right) \cdot 2 \sin \frac{u}{2},$$

wo q der Quotient aus der Torsionsconstante durch MH ist
und:

$$I = \frac{RH}{2\pi} (1 + q)\left(1 - \frac{3}{4} \frac{l^2}{R^2}\right) \cdot \operatorname{tg} U.$$

Die Widerstände wurden mit der Wheatstone'schen
Brückenmethode gemessen und auf absolute Einheiten reducirt. Dabei wurde nach Hrn. Prof. H. F. Weber's neuester
Bestimmung des Werthes der Siemens'schen Quecksilbereinheit in absolutem Maasse [1]) angenommen:

$$1 \,(S.Q.E) = 0{,}9550 . 10^{10} \left(\tfrac{\text{mm}}{\text{sec}}\right)$$

.—. Um sehr starke Ströme noch messen zu können,
war man genöthigt, vor das Galvanometer eine Brücke zu
legen. Ist w_1 der Widerstand in dieser, w_2 der Widerstand
der inducirenden Leitung von einem Ende der Brücke über
das Galvanometer zum andern, I die Stärke des ganzen
Stromes, I_2 die Stärke desjenigen Theiles, der durch's Galvanometer geht, so erhält man I nach der Formel:

$$I = \left(1 + \frac{w_2}{w_1}\right) I_2.$$

I. Ueber den Verlauf der Magnetisirungsfunction für sehr kleine magnetisirende Kräfte.

Für den Ring war $r = 10{,}13$ mm und $\varrho_0 = 94{,}32$ mm,
für die erste Windungslage $m_1 = 318$ und $r = 11{,}61$, für die
zweite $m_1 = 300$ und $r = 12{,}99$; die dritte hatte Gruppen
von 100, 50, 50, 30 und 10 Windungen, und es war für sie
$r = 14{,}42$.

Es wurde experimentirt mit $m_1 = 318$ und $w = 6{,}0468$
$. 10^{10} \left(\tfrac{\text{mm}}{\text{sec}}\right)$. Dabei war $L_1 = 3{,}5844$ und $L = 4{,}5238$. Die
k und X wurden berechnet nach den Formeln (die eingeklammerten Zahlen sind Logarithmen):

$$k = [1{,}08095] . \frac{2 \sin \frac{u}{2}}{\operatorname{tg} U} - 0{,}10 \quad \text{und} \quad X = [2{.}53655] . \operatorname{tg} U.$$

---

1) Weber, Vierteljahrsschrift d. Züricher nat. Ges. **3.** p. 1. 1877.

Es wurde die folgende Reihe gefunden:

I	j	m_1	X	k	m
3,03	4,17		0,1580	16,46	2,63
4,79	7,07		0,3081	17,65	5,47
9,49	18,21	500	0,7083	23,00	16,33
16,67	40,17		1,3188	28,90	38,15
26,92	84,36		2,3011	39,81	91,56
46,30	45,10	100	2,8422	58,56	224,87

Dabei sind I und j die unmittelbar abgelesenen Ausschläge
für die Stromstärke und den Integralstrom.

. Um möglichst sichere Resultate zu erhalten, wurde
diese Reihe noch einmal wiederholt und das Folgende gefunden:

I	j	m_2	X	k
1,55	2,30		0,130	15,50
10,07	15,44		0,847	18,38
11,24	19,21	500	0,946	20,49
22,15	46,29		1,864	25,07
34,50	98,01		2,903	32,40
40,40	118,44		3,397	35,20

Beide Reihen stimmen ziemlich gut mit einander überein.
Stellt man sie graphisch dar, indem man die X als Abscissen, die k als Ordinaten aufträgt, so erhält man eine
Linie, die ziemlich gerade ist. Verlängert man sie nach
rückwärts, bis sie die Ordinatenaxe trifft, so erhält man
auf dieser die Ordinate für die Abscisse $X = 0$. Aus beiden Reihen erhält man für diese Ordinate den Werth
$k = 15,0$. Man hat also gefunden, dass für die magnetisirende Kraft $X = 0$ die Magnetisirungsfunction
einen **positiven** Werth hat.

Der Zusammenhang zwischen X und k ist für diese
kleinen Werthe der magnetisirenden Kraft ein sehr einfacher, nämlich:

$$k = 15,0 + 10,0 \cdot X,$$

somit der zwischen X und M:

$$M = 15,0 \cdot X + 10,0 \cdot X^2,$$

d. h. die Curve für das Moment beginnt mit einem
Parabelbogen.

II. Einfluss der Temperatur auf den Verlauf der Magnetisirungsfunction.

Der Ring wurde in einem doppelwandigen Eisengefässe aufgehängt, das man mit einem Bunsen'schen Brenner erbitzen konnte. So war es möglich, die Temperatur der den Ring umgebenden Luft bis auf 150⁰ zu steigern und stundenlang beinahe constant zu erhalten.

Ring und Beobachtungsmethode waren dieselben wie in der vorhergehenden Untersuchung. Die unveränderliche Distanz von Spiegelrohr und Scala betrug 2130 mm. Bei jeder Temperatur wurden 20 Integralströme abgelesen und dabei die Temperatur so constant gehalten, dass sie sich nur um Zehntelgrade veränderte. Es wurde jedesmal mit Zimmertemperatur begonnen, dann auf 50⁰ erhitzt, dann auf 100⁰ und 150⁰. Es genügte, bei einer bestimmten Temperatur $1/_2$ Stunde zu warten, bis der Ring durch seine ganze Masse hindurch diese Temperatur angenommen hatte. Zur Ablesung war ebenfalls $1/_2$ Stunde nöthig.

Eine sehr ausgedehnte Untersuchung wurde vorgenommen bei der magnetisirenden Kraft, welche der Stromstärke mit dem Ausschlag an der Scala von $I = 60$ mm entspricht. Es wurden 20 Reihen gemacht, für je 4 Temperaturen: 16⁰, 50⁰, 100⁰ und 150⁰. Dann wurden verschiedene andere Beobachtungsreihen gemacht bei verschiedenen magnetisirenden Kräften. In der folgenden Tafel ist für $I = 60$ das Mittel sämmtlicher 20 Beobachtungen und für jede andere magnetisirende Kraft jede einzelne Beobachtung angeführt.

I	m_2	t	j	t	j	t	j	t	j
60	200	15,8⁰	362,7	52,5⁰	396,1	100,4⁰	430,2	147,0⁰	457,5
100	30	17,0	263,1	53,0	275,4	101,0	297,6	—	—
300	20	14,4	418,1	51,3	420,1	100,8	421,8	149,4	422,3
200	20	22,0	343,3	52,4	352,7	100,3	361,5	143,0	366,9
100	20	14,6	180,1	52,5	184,7	100,4	194,6	149,8	211,9
10	500	15,4	30,26	49,8	32,00	100,5	33,30	151,5	34,44
20	500	14,6	111,9	53,0	130,8	98,2	139,6	—	—
25	500	14,8	202,5	53,0	207,7	100,5	221,7	—	—
20	500	—	—	53,0	134,7	100,4	138,6	130,0	142,6
100	20	16,6	180,4	50,4	183,0	101,0	191,7	150,0	206,6

I	m_2	t	j	t	j	t	j	t	j
200	20	16,1°	325,5	50,8°	332,3	100,6°	345,3	121,2°	345,0
300	10	17,6	197,1	52,6	197,5	102,2	198,5	140,0	199,5
500	20	15,4	437,4	50,3	437,5	100,7	435,3	148,1	432,5
500	20	15,1	438,3	50,5	437,0	100,7	434,7	161,1	429,8
400	20	18,8	420,5	50,9	420,5	100,0	419,5	148,0	417,5
500	20	16,0	438,0	50,3	436,0	99,6	432,0	153,0	428,5
500	20	15,5	441,0	54,0	438,0	101,5	433,0	151,2	428,0
800	20	15,0	462,0	49,8	459,0	100,2	452,0	151,0	446,0
800	20	17,0	462,0	52,0	458,5	100,1	454,0	150,1	448,0
800	20	15,8	461,5	50,2	458,5	99,5	453,5	145,1	449,5
400	20	20,2	483,0	52,1	481,0	100,2	476,0	147,5	471,0
400	20	17,8	495,0	52,0	492,5	100,0	489,0	146,3	484,5
500	20	18,4	526,0	49,5	525,0	100,2	521,0	152,1	515,0
500	20	16,0	521,0	52,2	518,1	100,3	514,2	150,1	508,1

Bei den 4 letzten Beobachtungen war vor das Galvanometer eine Brücke gelegt, für welche $1 + \frac{w_2}{w_1} = 4,2553$ war, und bei den zwei letzten war $m_1 = 618$.

Für jedes m_2 waren die Widerstände der inducirten Leitung bei Zimmertemperatur und 100° nach der Wheatstone'schen Brückenmethode bestimmt worden und für 50° und 150° deren Werthe durch Interpolation gesucht.

Es wurden dann alle einzelnen Beobachtungen für jede einzelne magnetisirende Kraft zusammengestellt und das Mittel aus allen Ablesungen bei Zimmertemperatur, 50° u. s. w., sowie aus den zugehörigen Integralausschlägen genommen und nach den Formeln:

$$k = [2,865\ 9676] \cdot \frac{1}{m_2\ \text{tg}\ U} \cdot 2\,w \sin \frac{u}{2} - 0,10$$

und:

$$X = [2,53655] \cdot \text{tg}\ U$$

die Magnetisirungsfunction k für jede Temperatur, sowie die zugehörende magnetisirende Kraft X berechnet.

Die Resultate, geordnet nach der Grösse der Kraft X, sind in der nachfolgenden Tafel zusammengestellt.

Betrachtet man die Werthe von k für jede einzelne magnetisirende Kraft, wie sie bei den verschiedenen Temperaturen, Zimmertemperatur, 50°, 100° und 150° gefunden wurden, so sieht man, dass bis zu $X = 24,106$. die k mit steigender Temperatur zunehmen, der Zuwachs pro 1° Temperaturerhöhung mit wachsendem X immer kleiner wird.

I	m_2	t	j	w	k	x
10	500	15,4°	30,26	6,3947	28,3216	0,8072
		49,8	32,00	6,4158	30,0000	
		100,5	33,30	6,7879	32,8640	
		151,5	34,40	6,9438	35,0030	
20	500	14,6	119,0	6,3907	55,72	1,614
		53,0	132,8	6,5483	63,72	
		99,2	139,0	6,7838	68,78	
		130,0	142,6	6,8590	71,97	
25	500	14,8	202,5	6,3915	75,82	2,015
		53,0	207,7	6,5483	79,72	
		100,5	221,7	6,7379	87,52	
		—	—			
60	200	15,8	362,7	5,8942	129,47	4,846
		52,5	396,1	5,9410	142,28	
		100,4	430,2	6,0043	155,87	
		147,0	457,5	6,0648	167,15	
100	20	15,4	180,0	5,5252	364,38	8,072
		51,5	183,3	5,5390	371,96	
		100,5	194,2	5,5586	395,37	
		139,0	205,6	5,5734	419,55	
200	20	19,0	334,4	5,5267	337,13	16,114
		51,1	342,5	5,5390	345,99	
		100,4	353,4	5,5586	358,13	
		181,0	356,0	5,5703	361,47	
300	20	16,0	406,1	5,5254	273,80	24,106
		51,9	407,6	5,5392	275,33	
		101,5	409,4	5,5590	277,68	
		144,7	410,6	5,5752	279,30	
400	20	18,8	420,5	5,5260	212,35	32,02
		50,9	420,5	5,5386	212,62	
		100,0	419,5	5,5580	213,10	
		148,0	417,5	5,5770	212,84	
500	20	15,5	438,8	5,5252	177,90	39,84
		51,2	437,2	5,5388	177,70	
		100,7	434,0	5,5588	177,06	
		152,6	430,2	5,5786	176,29	
800	20	16,0	461,8	5,5254	119,18	62,47
		51,0	458,6	5,5390	118,66	
		100,0	453,2	5,5584	117,72	
		150,0	447,7	5,5777	116,79	
*400	20	19,0	489,0	5,5260	57,70	136,25
		52,1	486,7	5,5392	57,58	
		100,2	482,5	5,5586	57,31	
		146,7	477,7	5,5769	56,94	
*500	20	17,2	523,5	5,5258	25,486	328,77
		50,8	521,5	5,5385	25,448	
		100,1	519,0	5,5586	25,423	
		151,2	511,5	5,5783	25,157	

Bei $X = 32{,}02$ wächst k ganz wenig von $18{,}8^0$ bis $100{,}0^0$ und nimmt dann ab, sodass es bei $148{,}0^0$ kleiner ist als bei $100{,}0^0$. Geht man zu der nächstfolgenden Gruppe mit $X = 39{,}84$, so sieht man, wie von $15{,}5^0$ an die Magnetisirungsfunction stetig abnimmt. Für noch grössere magnetisirende Kräfte nimmt mit steigender Temperatur k ebenfalls ab.

Aus diesen Beobachtungen erhält man also die interessanten Resultate:

1) Der Temperatureinfluss auf die Grösse und den Verlauf der Magnetisirungsfunction ist abhängig von der Grösse der magnetisirenden Kraft.

2) Bis zu einer gewissen magnetisirenden Kraft wird mit wachsender Temperatur bei derselben magnetisirenden Kraft die Magnetisirungsfunction grösser. Bei noch grössern magnetisirenden Kräften nimmt sie dann mit wachsender Temperatur ab.

3) Je kleiner die magnetisirende Kraft ist, desto grösser ist der Einfluss der Temperatur auf die Magnetisirungsfunction.

Es wurde nun versucht, die Magnetisirungsfunction k bei irgend einer Temperatur t_2 durch den Werth k_1 bei irgend einer andern Temperatur t_1 und eine Function der Temperaturdifferenz $t = t_1 - t_2$ darzustellen. Als eine solche Function wurde genommen:

$$k = k_1 (1 + q_1 t + q_2 t^2).$$

Bei jeder magnetisirenden Kraft waren nun 4 Werthe von k bei den 4 verschiedenen Temperaturen beobachtet worden. Daraus wurden nach dieser Form 6 Gleichungen aufgestellt und nach der Methode der kleinsten Quadrate aus diesen die Coëfficienten q_1 und q_2 berechnet. Die nachfolgende Tabelle enthält in der ersten Spalte die X und in den folgenden die zu jedem X gehörenden Coëfficienten q_1 und q_2.

X	$10^6 q_1$	$10^7 q_2$	X	$10^6 q_1$	$10^7 q_2$
1,607	+2400	+44	32,02	+ 22	+05
4,84	+1944	+20	39,84	− 65	+04
8,07	+1167	+057	62,47	−150	+02
16,11	+ 651	+025	136,25	−100	+0
24,10	+ 158	+012	328,77	− 85	+0

Der Coëfficient q_1 nimmt also mit wachsendem X immer
ab und wird gleich Null ungefähr bei $X = 36$ und dann
negativ. Bei ungefähr $X = 62$ erreicht er ein Minimum,
um dann der Null oder einem Grenzwerthe zuzustreben.
Der Werth q_2 hingegen bleibt immer positiv.

Es wurde nun versucht, zwischen den beiden Coëfficienten q_1 und q_2 und der magnetisirenden Kraft X eine
Beziehung aufzustellen. Für q_1 war die der Wahrheit am
nächsten kommende $a - bX = q_1 X$. Die Werthe von X
und die zugehörigen q_1 wurden in diese Form eingesetzt
und aus den entstehenden Gleichungen a und b nach der
Methode der kleinsten Quadrate bestimmt. So fand man
$a = 0{,}005\,685$ und $b = 0{,}000\,112\,2$.

Als passendste Form für q_2 wurde gefunden $q_2 c = X$,
wo $c = 0{,}000\,007\,2$. Berechnet man umgekehrt aus a, b und
X die q_1, so sind diese nicht wesentlich verschieden von
denen der Tafel. Nur tritt der Zeichenwechsel erst ein
bei $X = 50$. Ebenso sind die aus c und X berechneten q_2
nicht wesentlich von denen der Tafel verschieden. Die so
berechneten q_1 sind etwas kleiner, die q_2 etwas grösser als
die q_1, resp. q_2 der Tafel, sodass der eine Fehler den andern vermindert.

Somit ist der Zusammenhang zwischen k, X und
t der folgende:

$$k = k_1 \left(1 + \frac{a - bX}{X} \cdot t + \frac{c}{X} \cdot t^2\right),$$

wobei $a = 0{,}005\,685$, $b = 0{,}000\,112\,2$ und $c = 0{,}000\,007\,2$.

Hat man also bei irgend einer magnetisirenden Kraft
die Function k_1 bei der Temperatur t_1 bestimmt, so kann
man nach dieser Formel die Magnetisirungsfunction k bei
derselben magnetisirenden Kraft X und irgend einer andern
Temperatur t_2 aus k_1, X und der Temperaturdifferenz
$t_1 - t_2 = t$ annähernd berechnen.

III. Magnetisirbarkeit des Eisens bei sehr hohen Temperaturen.

Ueber diesen Gegenstand liegen verschiedene Angaben
vor, meistens von älteren Physikern, die glühende Eisen-
stangen dem Erdmagnetismus aussetzten. So kannten sie

э folgenden Eigenschaften der Magnete: 1) Die Magnete
rlieren ihre Kraft im Feuer [1]); 2) Magnetische Eisen- und
:ahlstäbe werden, wenn sie weissglühend sind, vom Mag-
.t nicht angezogen und wirken nicht auf die Magnet-
.del [2]); 3) Wenn die Gluth etwas nachlässt, so treten die
agnetischen Wirkungen auf (nach **Brugmans** und **Ca-**
.llo erst, wenn der Stab aufhört, im Tageslichte roth-
ühend zu sein). Der Stab erhält während des Abkühlens
agnetismus der Lage. In der Richtung des magnetischen
equators abgekühlt, erhält der Stab keinen Magnetismus. [3])

Scoresby [4]) fand diese Thatsachen von neuem und
igte, dass heisse Eisenstäbe durch den Erdmagnetismus
ärker magnetisch werden als kalte. **Seebeck** [5]) gibt an,
.ss weissglühendes Eisen des Magnetismus unfähig sei, und
eser erst bei Rothgluth auftrete. Aehnliche Angaben
achen **Fox, Faraday, Matteuci** u. a. **Mauritius** [6])
sst einen weissglühenden Eisenstab in einer Magnetisirungs-
irale sich abkühlen und beobachtet die Ablenkung eines
agnetischen Spiegels, die ihm ein Maass des Magnetismus
bt. So findet er, dass das Eisen bei Rothgluth plötzlich
agnetisch wird, was schon **Fox** [7]) angibt.

Diese Angaben sind deswegen unvollständig, weil die
rösse der magnetischen Kraft nicht in Rechnung gezogen
irde, wie meine nachfolgende Untersuchung zeigen wird.

Diese wurde genau in derselben Weise und mit dem-
lben Galvanometer ausgeführt wie die Bestimmung der
agnetisirungsfunction, nur dass an Stelle des umwickelten

---

1) **Gilbert,** de magnete, p. 66. London 1600; **Servington Sa-**
.ry, Phil. Trans. Nr. 214. p. 314. 1730; **Boyle** u. **Lemmery,** Mém.
l'Acad. de Paris. p. 131. 1706.

2) **Brugmans** phil. Versuche über die magn. Materie, übersetzt v.
.chenbach, Leipz. 1784. **Cavallo,** Abh. v. Magneten. p. 191. Leipz.
88.

3) **Du Fay,** Mem. de l'Acad. p. 361; **Servington Savery.**

4) **Scoresby,** Trans. of the Roy. Soc. of Edinb. **9.** p. 254.

5) **Seebeck,** Pogg. Ann. **10.** p. 47. 1827.

6) **Mauritius,** Pogg. Ann. **120.** p. 385. 1863.

7) **Fox,** Phil. Trans. **7.** 1835.

Eisenringes ein Eisenstab und eine Magnetisirungsspirale
genommen wurden. Die Stäbe hatten eine Länge von
300 mm und eine Dicke von etwa 8 mm, die sich aber
durch fortwährendes Glühen beträchtlich verminderte. Sie
wurden an einem Platindraht in eine verticalstehende Magnetisirungsspirale von 500 mm Länge gehängt, sodass diese
sie oben und unten um 100 mm überragte und sie einem
nahezu homogenen Kraftfelde ausgesetzt waren. Die Spirale
hatte 6 Windungslagen von je 236 Windungen. Die 4
innern wurden als inducirende, die 2 äussern als inducirte
genommen. Der Stab wurde weissglühend in die Magnetisirungsspirale gehängt. Während er sich dann rasch ab-
kühlte, wurden durch Umkehren des inducirenden Stromes so
rasch hintereinander als möglich Integralströme beobachtet.
Diese gaben dann ein relatives Maass des magnetisirenden
Momentes im Momente des Umkehrens oder bei einer bestimmten Temperatur. Von jedem abgelesenen Integralstrom
musste noch die Wirkung der inducirenden Windungen
auf die inducirten abgezogen werden, um den reinen Effect
des temporären Magnetismus zu bekommen.

Die Stäbe wurden in einem Kohlenbecken erwärmt.
Ein Windflügel wurde durch einen Schmid'schen Motor in
Bewegung gesetzt. Der entstehende Luftstrom wurde in
eine Röhre geleitet, die mit Löchern versehen war, die auf
eben solche im Kohlenbecken passten. Auf diese Weise
war es leicht, die Stäbe in Weissgluth, ja bis zum Schmelzen
zu bringen.

Von einer grossen Anzahl gemachter Beobachtungen
führe ich nur einige wenige an. Zuerst wurde mit einer
kleinen magnetisirenden Kraft, nämlich derjenigen, die von
einem Daniell'schen Element in der Spirale hervorgebracht
wurde, experimentirt. Ich führe zwei Reihen an, die mit
demselben Stabe gemacht wurden.

$$z = \quad ^1/_4 \, m \quad ^1/_2 \, m \quad 1 \, m \quad 5 \, m \quad 15 \, m$$

Reihe I. $j = 0, 0, 3; \quad 13, 13; \quad 12, 10, 10, 10; \quad 9, 9; \quad 9, 9.$

$$z = \quad ^1/_4 \, m \quad \qquad 1 \, m \qquad \qquad 15 \, m$$

Reihe II. $j = 0, 0, 2; \quad 12, 12, 12, 11, 11; \quad 10, 10, 9, 9, 9.$

Hiebei bedeutet *j* den Integralausschlag, resp. den relativen Werth des Magnetismus, und *z* die Zeitdifferenz zwischen je zwei aufeinander folgenden Ablesungen. Die *j* sind in verschiedene Gruppen zusammengefasst, über welchen jedesmal ein Werth von *z* steht, welcher die Zeitdifferenz für je zwei aufeinanderfolgende *j* dieser Gruppe bedeutet. Aus der Zeit der Ablesung kann man dann einen Rückschluss auf die Temperatur machen.

Bei der ersten Reihe z. B. ist der erste, bei der höchsten Temperatur abgelesene Integralstrom gleich Null. $^1/_4$ m später, also bei einer etwas tiefern Temperatur, wurde der zweite $i = 0$ abgelesen, und wieder $^1/_4$ m später $j = 3$; dann $^1/_2$ m später $j = 13$ und noch $^1/_2$ m später $j = 13$ u. s. w.

Man sieht also, dass bei der höchsten Temperatur der Magnetismus gleich Null ist, mit sinkender Temperatur aber sehr schnell wächst und dann bei kleineren Temperaturen wieder abnimmt. Kehrt man dies um, so hat man den Satz:

Für kleine magnetisirende Kräfte **nimmt** das temporäre magnetische Moment mit steigender Temperatur **rasch zu,** erreicht bei Rothgluth ein Maximum und sinkt dann plötzlich auf Null herab.

Bei Anwendung grösserer magnetisirender Kräfte war es nicht möglich, den ersten abgelesenen Integralausschlag $i = 0$ zu bekommen. Mit einer magnetisirenden Kraft in derselben Spirale durch 10 Bunsen'sche Elemente hergestellt, erhielt ich die folgenden Reihen:

$$z = \; ^1/_4 \, m \quad ^3/_4 \, m \quad 1 \, m \quad 5 \, m \quad 10 \, m$$
Reihe I. $j = 7, 120; \quad 285; \quad 293, 296; \quad 303; \quad 303, 303, 303.$

$$z = \; ^1/_4 \, m \quad 1 \, m \quad 5 \, m \quad 20 \, m$$
Reihe II. $j = 7, 30; \quad 282, 288, 288, 282; \quad 294; \quad 296, 297, 297.$

Diese Reihen ergeben den Satz:

Für grosse magnetisirende Kräfte **nimmt** das temporäre magnetische Moment mit wachsender Temperatur **allmählich** ab und fällt bei Rothgluth plötzlich auf einen sehr kleinen Werth herunter.

Wahrscheinlich verschwindet bei noch stärkerer Gluth der Magnetismus vollständig.

Aus einer grossen Anzahl von Versuchen wurde das erste Auftreten des temporären Magnetismus bei **sehr heller Rothgluth** bestimmt, und zwar war diese bei Anwendung **grösserer** magnetisirender Kräfte **eine hellere** als bei **kleinern.**

Wie plötzlich die Zunahme des temporären Magnetismus bei der hellen Rothgluth erfolgt, zeigte z. B. die letzte Reihe II. Der erste Integralausschlag war $j = 7$, der $^1/_4$ m später abgelesene $j = 30$. Als nach der Dauer einer Schwingungszeit das Fadenkreuz auf den Nullpunkt zurückgekommen war, um nach der andern Seite zu gehen, sollte der Magnet durch einen entgegengesetzten Integralstrom plötzlich zur Ruhe gebracht werden. Statt dessen wurde er aber weit zurückgeschleudert, was beweist, dass dieser Integralausschlag, der 5ᵉᶜ nach dem zweiten erfolgte, bedeutend grösser als dieser war, den er aufheben sollte. Der Punkt, wo dasselbe geschah, ist in den folgenden Reihen mit einem Sternchen bezeichnet.

$$z = \quad ^1/_4 \text{ m} \qquad ^1/_2 \text{ m} \qquad 1 \text{ m} \qquad 15 \text{ m}$$
Reihe I. $j = 0, 0, 21, *; 132, 132, 133; 134, 135; 138. 138.$

$$z = {}^1/_4 \text{ m} \qquad 1 \text{ m} \qquad 15 \text{ m}$$
Reihe II. $j = 0, 1, *; 130, 132. 132. 132: 132. 132.$

$$z = \quad ^1/_4 \text{ m} \qquad 2 \text{ m} \qquad 5 \text{ m}$$
Reihe III. $j = 0, 0, 47, *; 132. 133; 135, 135.$

IV. Das Gore'sche Phänomen.

G. Gore[1] theilt mit, dass, wenn ein Eisendraht erhitzt wird, er sich bei mittlerer Rothgluth plötzlich verlängert, und dass, wenn ein glühender Stab sich abkühlt, er sich bei derselben Rothgluth plötzlich zusammenzieht. Diese Erscheinung stimmt überein mit einer andern, die er im Phil. Mag. 40, p. 170—171, 1870 mittheilt, und die ich das Gore'sche Phänomen nennen will.

---

1) G. Gore, Phil. Mag. **88.** p. 59. 1869.

Er schob an das eine Ende eines Eisenstabes eine Magnetisirungsspirale, an das andere Ende eine Inductionsrolle und erhitzte ihn in der Mitte. Nimmt dann der Stab Rothgluth an, so verliert er plötzlich einen Theil seines temporären Magnetismus, was die Nadel des Galvanometers im Inductionskreise durch plötzliche Stösse anzeigt. Ist der Stab glühend, und lässt man ihn abkühlen, so nimmt er bei derselben Temperatur plötzlich einen beträchtlichen Magnetismus an, was die Nadel durch entgegengesetzte Stösse anzeigt.

Es ist von Interesse, zu untersuchen, ob das Phänomen von der Grösse der magnetisirenden Kraft abhängig ist, da Gore dies nicht gethan hat.

Der Eisenstab wurde weissglühend in dieselbe Magnetisirungsspirale gehängt, die im vorigen Versuch angewendet wurde. Inducirende und inducirte Leitung waren dauernd geschlossen.. Als Galvanometer wurde ein Wiedemann'sches genommen, dessen Magnet aperiodisch gestellt wurde. Von einer grossen Anzahl von Versuchen führe ich nur einige wenige an.

Zuerst wurde mit einer kleinen magnetisirenden Kraft, erzeugt in der Magnetisirungsspirale durch ein Daniell'sches Element, experimentirt. Wegen der grossen Schwingungsdauer des Magnets war es unmöglich, die von Gore beobachteten Stösse von einander zu trennen und ihre Grösse einzeln zu bestimmen. Dagegen wurde ihre Summe, der grösste Ausschlag und die Art der Bewegung ganz genau bestimmt. In der folgenden Tafel sind für diese kleine Kraft zwei Beobachtungen aufgeführt. Die erste Spalte gibt jedesmal den Stand des Fadenkreuzes auf der Scala, die zweite die zugehörige Zeit. Dadurch ist die Bewegung vollständig bestimmt. Ein Sternchen bezeichnet einen Stoss.

Wie die Tafel zeigt, beginnt die Bewegung sehr langsam bei 950, wird dann rascher, einige mal stossweise, und in 15 ^{sec} ist bei 520 der grösste Ausschlag von 430 mm erreicht. Dann geht das Fadenkreuz rasch bis auf etwa 10 mm Entfernung von der Ruhelage zurück, um diese letzte Strecke noch langsam zurückzulegen. Ganze Zeitdauer = 42 ^{sec}.

C. Baur.

Kleine magnetisirende Kraft				Grosse magnetisirende Kraft			
950	16 m 45 sec	950	19 m 0 sec	990	27 m 55 sec	970	31 m 40 sec
940	—	940	—	980	—	960	49
♦	—	♦	—	960	8	930	
♦	—	♦	—	900	—	900	—
520	17 0	♦	—	800	14	800	32 1
700	—	520	15	600	—	600	
800	10	700		430	22	425	10
900	12	800	23	600	28	600	—
935	19	900	27	700	32	700	18
945	21	940	32	800	38	800	27
950	30	950	42	850	46	850	37
				900	58	900	49
				935	28 7	930	33 0
				955	24	950	25
				965	34	960	45
				985	29 15	965	34 5
				990	30 0	970	35

Darauf wurde eine grössere magnetisirende Kraft, von 10 Bunsen'schen Elementen, in der Magnetisirungsspirale erzeugt, angewendet. Auf dem zweiten Theile der obigen Tabelle sind zwei Beobachtungen für diesen Fall mitgetheilt

Wie man sieht, bewegt sich das Fadenkreuz anfangs längere Zeit sehr langsam, erreicht ohne Stösse in 24 und 30^{sec} den Umkehrpunkt, geht dann rasch wieder zurück und legt die letzte Strecke sehr langsam zurück. Die grössten Ausschläge sind 560 und 545, und die Zeit von Anfang bis Ende 2^m 2^{sec} und 2^m 55^{sec}. Die Reihen stimmen deswegen nicht genau mit einander überein, weil am Anfang und am Ende die Bewegung so langsam ist, dass man sie kaum constatiren kann.

Aus diesen Versuchen folgt nun:

1) Mit wachsender magnetisirender Kraft wird das Gore'sche Phänomen intensiver.

2) Seine Zeitdauer wird grösser.

Nebenbei wurde beobachtet, dass:

3) es bei grösserer magnetisirender Kraft bei einer höhern Gluth auftritt.

Darauf wurde bestimmt, bei welcher Gluth das Phänomen beginne und aufhöre und Folgendes constatirt:

4) Das Gore'sche Phänomen tritt bei kleinen

magnetisirenden Kräften bei heller Rothgluth auf
und endet mit endendem Glühen.

5) Das Gore'sche Phänomen tritt bei grossen
magnetisirenden Kräften bei sehr heller Rothgluth
auf und endet, wenn der Stab schon dunkel geworden ist.

Letzterer Versuch führte auf eine Methode, das Eintreten der Magnetisirbarkeit bei höheren Temperaturen zu
bestimmen. Die Anordnung war ganz dieselbe, nur dass
der Stab abwechselnd in die Spirale eingeschoben und
herausgezogen wurde. War er so weit abgekühlt, dass er
magnetisch wurde, so zeigte sich im Galvanometer ein Ausschlag, entweder beim Herausziehen oder beim Herein-
schieben. Gewöhnlich war der erste beobachtete Ausschlag
= 2 mm und der zweite, etwa $^1/_2$ sec später beobachtete,
20—30 mm. Also nimmt der Magnetismus mit sinkender Temperatur bei seinem ersten Auftreten
sehr rasch zu. Es bestätigte sich ebenso, dass bei grösseren magnetisirenden Kräften die Magnetisirbarkeit
bei einer etwas höheren Temperatur eintritt als bei
kleinerern.

Diese Methode ist sehr scharf, da das Galvanometer so
empfindlich gemacht werden kann, dass es die geringsten
Spuren von Magnetismus anzeigt.

V. Die Magnetisirungsfunction für electrolytisches Eisen, Eisenfeilspäne und Eisendraht.

Man bediente sich bei dieser Untersuchung derselben
Magnetisirungsspirale und desselben Galvanometers wie bei
den vorhergehenden Untersuchungen.

Das electrolytische Eisen war ein cylindrisches Stäbchen
von 270 mm Länge, einem Durchmesser von 4,0 mm, einem
Gewicht von 7,70 g und einem spec. Gewicht von 5,00. Es
wurde durch einen ziemlich schwachen Strom während fünf
Tagen aus einer Lösung von Eisenvitriol dargestellt. Ein
sehr dünner Kupferdraht diente als Kathode.

Die Eisenfeilen war sehr fein. Man schüttete sie in ein
Glasrohr, sodass sie ein cylindrisches Stäbchen von 260 mm

Länge, einem Durchmesser von 7 mm und einem Gewicht von 31,30 g bildeten.

Der Eisendraht war aus einem Stück sehr weichem Gärtnerdraht herausgeschnitten, hatte eine Länge von 87 mm, einen Durchmesser von 0,6 mm und einem Gewicht von 0,22 g.

Brachte man diese Stäbchen in eine Magnetisirungsspirale, sodass ihre Axen mit der Axe derselben zusammenfielen, und der Mittelpunkt von Stäbchen und Axe derselbe war, so lagen sie in einem nahezu homogenen magnetischen Kraftfelde von der magnetisirenden Kraft $X = 4\pi I\delta$, wo δ die Dichte der Windungslagen bedeutet und I die Stromstärke.

Als Maass für das in den Stäbchen erzeugte Moment wurde der am Galvanometer abgelesene Ausschlag genommen und dann die Magnetisirungsfunction bestimmt als Quotient vom magnetischen Moment durch die magnetisirende Kraft X. So erhielt man aus den Beobachtungen die folgenden Resultate.

X	Magnetisirungsfunction			X	Magnetisirungsfunction		
	E. F.	*E. D.*	*E. F.*		*E. F.*	*E. D.*	*E. F.*
7,29	1,164	0,545	2,466	64,87	1,479	1,279	3,092
14,00	1,215	1,357	2,500	124,75	1,724	0,700	3,000
20,48	1,243	1,756	2,683	336,76	0,979	0,267	1,498
34,82	1,293	1,900	2,914	442,90	0,824	0,198	1,489

Die erste Columne enthält die magnetisirenden Kräfte X, die folgenden die Werthe der Magnetisirungsfunction (in relativem Maass) für electrolytisches Eisen, Eisendraht und Eisenfeilspäne.

Das Maximum der Magnetisirungsfunction für diese drei Eisensorten wird erreicht bei $X = 124$, resp. 34 und 64. Daraus ergibt sich, dass in gewöhnlichem Eisen sehr rasch das Maximum der Magnetisirungsfunction erreicht wird, in Eisenfeilen etwas später und in electrolytischem Eisen sehr spät.

Dies ist das wesentlichste Resultat, das diese Untersuchung ergibt. Man könnte, wie dies oft geschieht, das Moment pro Gewichtseinheit der drei Eisenmassen bestim-

men, um dadurch einen Anhaltspunkt über die Magnetisirbarkeit derselben zu gewinnen. Dies ist aber nicht streng
richtig, denn das magnetische Moment hängt nicht nur von
der Masse, sondern auch von den Dimensionen des Eisen-
stückes ab.

— — — — —

III. *Ueber die sogenannte unipolare Induction;*
von Eduard Riecke.

— — —

I. Einleitung.

Wilhelm Weber hat sich im Jahre 1839, zu einer
Zeit, in welcher die Zurückführung der electrischen Erscheinungen auf ein gemeinsames Grundgesetz noch nicht
vollzogen, die Gesetze der Voltainduction noch nicht bekannt
waren, mit einer eigenthümlichen Classe von Inductionserscheinungen beschäftigt, welche er als unipolare Induction
bezeichnet hat. Die Grundlage seiner Betrachtung ist in
den folgenden Sätzen enthalten, welche ich wörtlich seiner
wohl nicht allgemein zugänglichen Abhandlung [1] entnehme.

„Es wird die Existenz zweier magnetischer Fluida vorausgesetzt, eines nördlichen und eines südlichen, welche in den
Moleculen des Magnets ·in gleicher Menge vorhanden, aber von
einander geschieden sind. Wird ein solcher Magnet bewegt,
so wird in einem benachbarten Leiter ein galvanischer Strom
nach bekannten Gesetzen inducirt. Dieser Strom ist so beschaffen, dass er in zwei Ströme zerlegt werden kann, von
denen der eine durch die Bewegung des nördlichen Fluidums
der andere durch die Bewegung des südlichen Fluidums
entsteht. Diese Induction zweier Ströme durch die Bewegung
beider magnetischer Fluida heisse im allgemeinen eine bi-
polare Induction. Es ist aber auch eine Induction denkbar, wobei entweder blos ein magnetisches Fluidum bewegt

---

1) Resultate aus den' Beobachtungen des magnetischen Vereins im
J. 1839, p. 64.

wird, und also der von dem andern Fluidum inducirte Strom
stets Null ist oder das andere Fluidum bald positive, bald
negative Ströme inducirt, deren Summe Null ist, sodass auch
hier blos derjenige Strom bleibt, welcher von dem ersteren
Fluidum inducirt wird. Diese Induction eines Stroms durch
die Bewegung eines magnetischen Fluidums heisse eine
unipolare Induction."

Denkt man sich nun einen Leiter, welcher die Gestalt
eines horizontalen Ringes hat, und bewegt man ein magnetisches Molecül so, „dass es durch den Ring weder ganz,
noch gar nicht, sondern halb durch ihn hindurch geht,
halb ausser ihm bleibt, z. B. dass diejenige Hälfte, welche
nördliches Fluidum enthält, abwärts durch den Ring, aufwärts aussen herum geht, die andere Hälfte aber, welche
südliches enthält, immer aussen bleibt," so ist die Wirkung
im ganzen nicht Null, da das eine Fluidum, welches durch
den Ring geht, einen Strom inducirt, welcher durch die Bewegung des anderen Fluidums nicht aufgehoben wird. In
der That also erhält man in diesem Falle eine durch die
Bewegung nur eines Magnetpoles hervorgerufene, eine unipolare Induction Um die dabei gemachten Annahmen zu
realisiren, kann man einen Stahlcylinder so magnetisiren,
dass seine magnetische Axe mit seiner geometrischen zusammenfällt; er wird dann um diese letztere gedreht, während das eine Ende eines Leitungsdrahtes mit seiner Axe,
das andere mit seiner Peripherie in Verbindung gebracht
wird. Der Leitungsdraht mit dem Cylinder zusammen wird
dann einen stets geschlossenen Ring bilden, mit Bezug auf
welchen die magnetischen Molecüle die verlangte Bewegung
besitzen.

Die Gesetze dieser unipolaren Induction, deren Möglichkeit natürlich an die wirkliche Existenz der magnetischen
Flüssigkeiten und ihre räumliche Scheidung in den Molecülen des Magnets gebunden ist, wurden von Weber mit
Hülfe des Grundgesetzes der Magnetinduction entwickelt,
welches aus dem Biot-Savart'schen Gesetze in folgender
Weise abgeleitet werden kann.

Die Kraft, welche ein Stromelement JDs auf einen in

der Entfernung r gelegenen Magnetpol von der Masse $+ \mu$ ausübt, ist gegeben durch:

$$P = \frac{\mu J \, Ds}{r^2} \sin (r, \, Ds),$$

oder wenn wir an Stelle des magnetischen Strommaasses das mechanische einführen und dabei die in der Längeneinheit des Leiters enthaltenen Mengen von positiver und negativer Electricität durch e_p und e_n, ihre Geschwindigkeiten durch u_p und u_n bezeichnen:

$$P = \frac{\sqrt{2}}{c} \cdot \frac{e_p \, u_p + e_n \, u_n}{r^2} \, \mu \, \sin (r, \, Ds) . \, Ds.$$

Hieraus ergibt sich die Kraft Π, welche der Pol μ auf die mit der Geschwindigkeit u_p in der Richtung Ds sich bewegende Electricitätsmenge $e_p \, Ds$ ausübt:

$$\Pi = \frac{\sqrt{2}}{c} \cdot \frac{\mu \, e_p \, Ds \cdot u_p}{r^2} \sin (r, \, Ds).$$

Dieser Ausdruck würde also die von einem ruhenden magnetischen Theilchen auf ein bewegtes electrisches Theilchen ausgeübte Grundkraft darstellen, wenn den magnetischen Flüssigkeiten eine wirkliche, von den electrischen Theilchen unabhängige Existenz zuzuschreiben sein würde. Gleichzeitig würde dann der Ausdruck:

$$E = \frac{\sqrt{2}}{c} \cdot \frac{\mu \cdot u_p}{r^2} \sin (r, \, u_p)$$

die electromotorische Kraft repräsentiren, welche ein ruhender Magnetpol in einem mit der Geschwindigkeit u_p sich bewegenden Leiterelement, oder auch umgekehrt ein in entgegengesetzter Richtung bewegter Pol in einem ruhenden Element inducirte.

Dieser Entwicklung entsprechend, besteht die zwischen einem **electrischen** und einem **magnetischen Theilchen** anzunehmende **Grundkraft** in einem **Kräftepaare**, dessen Angriffspunkte in die beiden auf einander wirkenden Theilchen zu verlegen sind. Die Richtung der Kräfte ist eine transversale, senkrecht zu der Entfernung und der relativen Bewegungsrichtung der beiden Theilchen liegende. Daraus

ergibt sich, dass diese Kräfte mit dem Princip der
Gleichheit von Action und Reaction nur für translatorische Verschiebungen in Uebereinstimmung
sich befinden, nicht für rotatorische.

Die Theorie, welche Weber für die Erscheinungen der
unipolaren Induction auf Grund des angegebenen electromotorischen Gesetzes entwickelt hat, schliesst die Vorstellung
in sich, dass die im Innern des Magnets befindlichen electrischen Flüssigkeiten an der Rotation desselben keinen Antheil nehmen. Man kann diese Annahme fallen lassen und
erhält dann ausser den unipolaren Wirkungen der Weber'schen Theorie noch diejenigen electromotorischen Wirkungen, welche durch die Bewegung der electrischen
Flüssigkeiten hervorgerufen werden. Eine Theorie der
unipolaren Induction sowie der damit zusammenhängenden
Plücker'schen Versuche auf dieser von der Weber'schen abweichenden Grundlage wurde von mir in einem Aufsatze:
„Zur Theorie der unipolaren Induction und der Plücker'schen
Versuche" [1] mitgetheilt. Diese Theorie führt für die Plücker-
schen Versuche zu Resultaten, welche mit den experimentell
beobachteten Thatsachen in vollkommener Uebereinstimmung
sich befinden, dagegen führt sie zu gewissen Folgerungen,
welche in Widerspruch stehen mit dem Grundsatz, dass eine
electromotorische Wirkung auf einen Leiter nur dann ausgeübt werden kann, wenn eine relative Bewegung desselben
gegen den Inducenten vorhanden ist.

Zur Prüfung seiner Theorie der unipolaren Induction
hat Weber eine Reihe von Versuchen ausgeführt; obwohl
zwischen den Resultaten der Beobachtung und der Theorie
nicht unbeträchtliche Differenzen auftraten, glaubte Weber,
doch auf Grund seiner Versuche zu dem Schlusse berechtigt
zu sein, dass durch die Erscheinungen der unipolaren Induction die Alternative zwischen der Theorie der magnetischen Flüssigkeiten und der Ampère'schen Theorie des
Magnetismus zu Gunsten der ersteren entschieden werde,
eine Auffassung, welcher er in den folgenden Stellen seiner
Abhandlung Ausdruck gegeben hat.

---

1) E. Riecke, Wied. Ann. 1. p. 110. 1877.

„Die Erscheinungen der unipolaren Induction finden zunächst eine interessante Anwendung auf Ampère's electrodynamische Theorie der magnetischen Erscheinungen, oder auf die Frage, ob den beiden magnetischen Fluidis physische Existenz zugeschrieben werden müsse, oder ob überall statt ihrer die Annahme fortdauernder galvanischer Ströme im Innern der Magnete zur Erklärung der Erscheinungen genüge. Zur Erklärung der unipolaren Induction scheint die letztere Annahme nicht zu genügen, während die Annahme von der physischen Existenz zweier magnetischer Fluida nicht allein jene Erklärung zu geben scheint, sondern auch zuerst auf die Betrachtung dieser Erscheinungen geführt hat."

„Es scheint hiernach vergeblich zu sein, eine Erklärung der unipolaren Induction in Ampère's electrodynamischer Theorie zu suchen, so lange wenigstens, als man bei der Zerlegung galvanischer Ströme in solche Elemente stehen bleibt, die einander in der sie verbindenden geraden Linie anziehen oder abstossen."

Die Entdeckung der Gesetze der Voltainduction und die im Zusammenhange damit begründeten Vorstellungen über die Natur der galvanischen Strömung führten aber später zu einer rein electrodynamischen Theorie jener unipolaren Induction, und in der dritten Abhandlung über electrodynamische Maassbestimmungen äussert sich daher Weber über die fraglichen Erscheinungen in folgender Weise.

„Ich habe früher in den „Resultaten aus den Beobachtungen des magnetischen Vereins im J. 1839" die Vermuthung zu begründen gesucht, dass die daselbst unter dem Namen der „unipolaren Induction" beschriebenen Erscheinungen zu einer solchen Entscheidung führen könnten. Dies ist aber nicht der Fall, weil eine andere Erklärung von den dort beschriebenen Erscheinungen sich geben lässt, sobald zwischen den im Innern der Conductoren sich bewegenden electrischen Fluidis und den ponderabeln Theilen der Conductoren eine solche Verbindung stattfindet, dass jede auf die electrischen Fluida wirkende Kraft ganz oder fast

ganz auf die ponderabeln Theile übertragen wird, wie ich
dies in den „electrodynamischen Maassbestimmungen" [1]) näher
erörtert habe."

Weber hat indess diese electrodynamische Theorie der
unipolaren Induction nicht weiter verfolgt, er hat insbesondere die Frage offen gelassen, in wie weit die aus derselben sich ergebenden Gesetze mit denjenigen übereinstimmen, welche er auf Grund der Annahme der Existenz
der magnetischen Flüssigkeiten abgeleitet, und von welchen
er gezeigt hatte, dass sie wenigstens näherungsweise die Erscheinungen darzustellen geeignet sind. Ich habe daher in
dem angeführten Aufsatze, dessen Grundlage ebenfalls durch
das Gesetz der Magnetinduction gebildet wurde, bemerkt,
dass die in demselben enthaltenen Betrachtungen zu ergänzen
sind durch eine auf die Gesetze der Electrodynamik zurückgehende Untersuchung, bei welcher die magnetischen Molecüle durch Ampère'sche Molecularströme, die unipolare Induction durch eine Durchbrechung der Leiterbahn durch die
Bahn der Ampère'schen Molecularströme zu ersetzen sein
würde. Diese Aufgabe ist inzwischen in ihrem wesentlichen
Theile durch Lorberg [2]) gelöst worden; durch die folgenden Bemerkungen soll einerseits seine Untersuchung in
einigen Punkten ergänzt, andererseits die Verbindung zwischen
zwei von mir in früheren Arbeiten angewandten verschiedenen
Betrachtungsweisen hergestellt werden.

II. Theorie zweier rotirender Stromelemente.

Weber hat in den electrodynamischen Maassbestimmungen [3]) die allgemeine Theorie zweier Stromelemente entwickelt. Seiner Rechnung liegt die Annahme zu Grunde,
dass die Geschwindigkeit des bewegten Stromelementes von
der besonderen Stelle, welche dasselbe in dem ganzen
Leiter einnimmt, unabhängig ist. Diese Annahme ist nur
zutreffend, so lange es sich um translatorische Verschiebungen

---

1) Abh. bei Begründung der k. sächs. Ges. d. Wiss., herausgegeben
von d. F. Jabl. Ges. Art. 19. p. 309.

2) Lorberg, Pogg. Ann. Ergbd. 8. p. 581. 1878.

3) Weber, I. Abh. Art. 30. p. 362. 1846.

handelt, sie ist unrichtig für rotatorische Bewegungen der Leiter.

Im Folgenden soll nun die Theorie zweier Stromelemente auf **eine beliebige rotatorische Bewegung** der beiden Stromleiter ausgedehnt werden. Die beiden Stromelemente seien JDs und $J_1 Ds_1$, die in der Längeneinheit derselben enthaltenen Mengen bewegter positiver und negativer Electricität seien e_p, e_n und e_{p1}, e_{n1}; die Geschwindigkeiten, mit welchen sich diese Electricitäten bewegen:

$$\frac{ds_p}{dt}, \qquad \frac{ds_n}{dt} = -\frac{ds_p}{dt}, \qquad \frac{ds_{p_1}}{dt}, \qquad \frac{ds_{n_1}}{dt} = -\frac{ds_{p_1}}{dt}.$$

Die räumliche Lage der beiden, in rotatorischer Bewegung begriffenen Elemente kann als abhängig betrachtet werden von zwei Parametern π und π_1, deren Werthe wiederum abhängig sind von der Zeit. Betrachten wir die in den beiden Elementen sich bewegenden Mengen positiver Electricität, so wird ihre Entfernung $r(p, p_1)$ in vierfacher Beziehung eine Function der Zeit sein; einmal, weil diese Electricitäten in ihren Leitungsbahnen s und s_1 in Bewegung begriffen sind, ausserdem aber, weil sie an der rotatorischen Bewegung dieser letzteren Antheil nehmen. Somit ergibt sich:

$$\frac{dr(pp_1)}{dt} = \frac{\partial r}{\partial s}\cdot\frac{ds_p}{dt} + \frac{\partial r}{\partial s_1}\cdot\frac{ds_{p_1}}{dt} + \frac{\partial r}{\partial \pi}\cdot\frac{d\pi}{dt} + \frac{\partial r}{\partial \pi_1}\cdot\frac{d\pi_1}{dt},$$

$$\frac{d^2 r(pp_1)}{dt^2} = \frac{\partial^2 r}{\partial s^2}\left(\frac{ds_p}{dt}\right)^2 + \frac{\partial^2 r}{\partial s_1{}^2}\left(\frac{ds_{p_1}}{dt}\right)^2 + 2\frac{\partial^2 r}{\partial s\,\partial s_1}\frac{ds_p}{dt}\cdot\frac{ds_{p_1}}{dt}$$

$$+ \frac{\partial^2 r}{\partial \pi^2}\left(\frac{d\pi}{dt}\right)^2 + \frac{\partial^2 r}{\partial \pi_1{}^2}\left(\frac{d\pi_1}{dt}\right)^2 + 2\frac{\partial^2 r}{\partial \pi\,\partial \pi_1}\cdot\frac{d\pi}{dt}\cdot\frac{d\pi_1}{dt}$$

$$+ 2\frac{\partial^2 r}{\partial s\,\partial \pi_1}\frac{ds_p}{dt}\cdot\frac{d\pi_1}{dt} + 2\frac{\partial^2 r}{\partial s_1\,\partial \pi}\cdot\frac{ds_{p_1}}{dt}\cdot\frac{d\pi}{dt}$$

$$+ \frac{\partial}{\partial s}\left(\frac{\partial r}{\partial \pi}\cdot\frac{d\pi}{dt}\right)\frac{ds_p}{dt} + \frac{\partial}{\partial s_1}\left(\frac{\partial r}{\partial \pi_1}\cdot\frac{d\pi_1}{dt}\right)\frac{ds_{p_1}}{dt}$$

$$+ \frac{\partial}{\partial \pi}\left(\frac{\partial r}{\partial s}\cdot\frac{ds_p}{dt}\right)\frac{d\pi}{dt} + \frac{\partial}{\partial \pi_1}\left(\frac{\partial r}{\partial s_1}\cdot\frac{ds_{p_1}}{dt}\right)\frac{d\pi_1}{dt}.$$

Stellen wir die entsprechenden Ausdrücke auf für die Differentialquotienten von $r(p, n_1)$, der Entfernung der positiven

Electricität des Elementes Ds von der negativen des Elementes Ds_1, so ergibt sich nach dem Weber'schen Gesetz für die Gesammtwirkung, welche von $J_1 Ds_1$ auf die positive Electricität des Elementes Ds ausgeübt wird, der Werth:

$$\frac{\sqrt{2}}{c} \cdot e_p \, Ds \cdot \frac{J_1 \, Ds_1}{r^3} \left\{ \begin{array}{l} 2\,r\,\dfrac{\partial^2 r}{\partial s\,\partial s_1} \cdot \dfrac{d s_p}{d t} - \dfrac{\partial r}{\partial s} \cdot \dfrac{\partial r}{\partial s_1} \cdot \dfrac{d s_p}{d t} \\[2mm] +2\,r\,\dfrac{\partial^2 r}{\partial s_1\,\partial \pi} \dfrac{d\pi}{d t} - \dfrac{\partial r}{\partial s_1} \cdot \dfrac{\partial r}{\partial \pi} \dfrac{d\pi}{d t} \\[2mm] + r\,\dfrac{\partial}{\partial s_1}\left(\dfrac{\partial r}{\partial \pi_1} \cdot \dfrac{d\pi_1}{d t}\right) + r\,\dfrac{\partial}{\partial \pi_1}\left(\dfrac{\partial r}{\partial s_1}\right)\dfrac{d\pi_1}{d t} \\[2mm] - \dfrac{\partial r}{\partial s_1} \cdot \dfrac{\partial r}{\partial \pi_1} \cdot \dfrac{d\pi_1}{d t} \end{array} \right\}.$$

Vertauschen wir in diesem Ausdruck e_p mit e_n, $\frac{d s_p}{d t}$ mit $\frac{d s_n}{d t}$, so erhalten wir die auf die negative Electricität des Elementes Ds von $J_1 Ds_1$ ausgeübte Wirkung. Durch Addition der beiden Kräfte ergibt sich die von $J_1 Ds_1$ auf JDs ausgeübte ponderomotorische Wirkung, welche bestimmt ist durch das Ampère'sche Gesetz. Bilden wir dagegen die Differenz der auf die positive und negative Electricität des Elementes Ds ausgeübten Kräfte, und setzen wir $e_p = -e_n = 1$, so erhalten wir die von dem Element $J_1 Ds_1$ in dem Element Ds inducirte electromotorische Kraft:

$$E = \frac{2\sqrt{2}}{c} \cdot \frac{J_1 \, Ds_1 \, Ds}{r^2} \left\{ \begin{array}{l} 2\,r\,\dfrac{\partial^2 r}{\partial s_1\,\partial \pi} \dfrac{d\pi}{d t} - \dfrac{\partial r}{\partial s_1} \cdot \dfrac{\partial r}{\partial \pi} \cdot \dfrac{d\pi}{d t} \\[2mm] + r\,\dfrac{\partial}{\partial s_1}\left(\dfrac{\partial r}{\partial \pi_1} \cdot \dfrac{d\pi_1}{d t}\right) + r\,\dfrac{\partial}{\partial \pi_1}\left(\dfrac{\partial r}{\partial s_1}\right)\dfrac{d\pi_1}{d t} \\[2mm] - \dfrac{\partial r}{\partial s_1} \cdot \dfrac{\partial r}{\partial \pi_1} \cdot \dfrac{d\pi_1}{d t} \end{array} \right\}.$$

Nun ist:

$$\frac{\partial r}{\partial \pi_1} = \frac{\partial r}{\partial x_1} \cdot \frac{\partial x_1}{\partial \pi_1} + \frac{\partial r}{\partial y_1} \cdot \frac{\partial y_1}{\partial \pi_1} + \frac{\partial r}{\partial z_1} \cdot \frac{\partial z_1}{\partial \pi_1}$$

$$\frac{\partial}{\partial s_1}\left(\frac{\partial r}{\partial \pi_1} \cdot \frac{d\pi_1}{d t}\right) = \left(\frac{\partial^2 r}{\partial s_1 \partial x_1} \cdot \frac{\partial x_1}{\partial \pi_1} + \frac{\partial^2 r}{\partial s_1 \partial y_1} \cdot \frac{\partial y_1}{\partial \pi_1} + \frac{\partial^2 r}{\partial s_1 \partial z_1} \cdot \frac{\partial z_1}{\partial \pi_1}\right)\frac{d\pi_1}{d t}$$

$$+ \frac{\partial r}{\partial x_1} \cdot \frac{\partial}{\partial s_1}\left(\frac{\partial x_1}{\partial \pi_1} \cdot \frac{d\pi_1}{d t}\right) + \frac{\partial r}{\partial y_1} \cdot \frac{\partial}{\partial s_1}\left(\frac{\partial y_1}{\partial \pi_1} \cdot \frac{d\pi_1}{d t}\right) + \frac{\partial r}{\partial z_1} \cdot \frac{\partial}{\partial s_1}\left(\frac{\partial z_1}{\partial \pi_1} \cdot \frac{d\pi_1}{d t}\right).$$

Andererseits:

$$\frac{\partial r}{\partial s_1} = \frac{\partial r}{\partial x_1} \cdot \frac{\partial x_1}{\partial s_1} + \frac{\partial r}{\partial y_1} \cdot \frac{\partial y_1}{\partial s_1} + \frac{\partial r}{\partial z_1} \frac{\partial z_1}{\partial s_1}.$$

$$\frac{\partial}{\partial \pi_1}\left(\frac{\partial r}{\partial s_1}\right)\frac{d\pi_1}{dt} = \left(\frac{\partial^2 r}{\partial \pi_1 \partial x_1} \cdot \frac{\partial x_1}{\partial s_1} + \frac{\partial^2 r}{\partial \pi_1 \partial y_1} \cdot \frac{\partial y_1}{\partial s_1} + \frac{\partial^2 r}{\partial \pi_1 \partial z_1} \cdot \frac{\partial z_1}{\partial s_1}\right)\frac{d\pi_1}{dt}$$

$$+ \frac{\partial r}{\partial x_1} \cdot \frac{\partial}{\partial \pi_1}\left(\frac{\partial x_1}{\partial s_1}\right)\frac{d\pi_1}{dt} + \frac{\partial r}{\partial y_1} \cdot \frac{\partial}{\partial \pi_1}\left(\frac{\partial y_1}{\partial s_1}\right)\frac{d\pi_1}{dt} + \frac{\partial r}{\partial z_1} \frac{\partial}{\partial \pi_1}\left(\frac{\partial z_1}{\partial s_1}\right) \cdot \frac{d\pi_1}{dt}.$$

Aus der Vergleichung der auf der rechten Seite stehenden Ausdrücke ergibt sich:

$$\frac{\partial}{\partial s_1}\left(\frac{\partial r}{\partial \pi_1} \cdot \frac{d\pi_1}{dt}\right) = \frac{\partial}{\partial \pi_1}\left(\frac{\partial r}{\partial s_1}\right)\frac{d\pi_1}{dt}.$$

·Somit erhält man für die von dem Element $J_1 Ds_1$ ausgeübte electromotorische Kraft den Werth:

$$E = \frac{2\sqrt{2}}{c} \cdot \frac{J_1\,Ds_1}{r^2} \cdot Ds \left\{ \begin{array}{l} 2r\dfrac{\partial^2 r}{\partial s_1 \partial \pi} \cdot \dfrac{d\pi}{dt} - \dfrac{\partial r}{\partial s_1} \cdot \dfrac{\partial r}{\partial \pi} \cdot \dfrac{d\pi}{dt} \\[2mm] +2r\dfrac{\partial}{\partial s_1}\left(\dfrac{\partial r}{\partial \pi_1} \cdot \dfrac{d\pi_1}{dt}\right) - \dfrac{\partial r}{\partial s_1} \cdot \dfrac{\partial r}{\partial \pi_1} \cdot \dfrac{d\pi_1}{dt} \end{array} \right\}.$$

Rotiren die beiden Elemente gemeinsam um dieselbe Axe, so ist:

$$\frac{\partial r}{\partial \pi} \cdot \frac{d\pi}{dt} + \frac{\partial r}{\partial \pi_1} \cdot \frac{d\pi_1}{dt} = 0,$$

und daher auch die electromotorische Kraft gleich Null.

Ist die Bewegung des Leiters s_1 eine rein translatorische, so ist $\frac{d\pi_1}{dt}$ unabhängig von s_1, und dann ergibt sich für den von der Bewegung dieses Leiters herrührenden Theil der electromotorischen Kraft der Ausdruck:

$$\frac{2\sqrt{2}}{c} \cdot \frac{J_1\,Ds_1}{r^2} \cdot Ds \left\{ 2r\frac{\partial^2 r}{\partial s_1 \partial \pi_1} \cdot \frac{d\pi_1}{dt} - \frac{\partial r}{\partial s_1} \cdot \frac{\partial r}{\partial \pi_1} \cdot \frac{d\pi_1}{dt} \right\},$$

welcher identisch ist mit dem von Weber abgeleiteten, aber **nicht anwendbar auf den Fall einer rotatorischen Bewegung.**

III. Induction eines um eine gegebene Axe rotirenden Solenoides.

Die Rotationsaxe möge durch den Anfangspunkt des Coordinatensystems hindurchgehen, ihre Richtungscosinus durch α, β, γ, die Winkelgeschwindigkeit durch ω_1 bezeichnet werden. Sind dann x_1, y_1, z_1 die Coordinaten des Anfangspunktes irgend eines dem Solenoid angehörenden Elementes Ds_1, so sind die Geschwindigkeitscomponenten desselben:

$$(\gamma y_1 - \beta z_1)\,\omega_1, \qquad (\alpha z_1 - \gamma x_1)\,\omega_1', \qquad (\beta x_1 - \alpha y_1)\,\omega_1.$$

Es soll nun die electromotorische Kraft bestimmt werden, welche durch die Rotation des Solenoides in einem ruhenden Leiterelement Ds inducirt wird. Beschränken wir uns auf die Untersuchung der von einem einzelnen, dem Solenoid angehörenden Ringe ausgeübten Wirkung, so ergibt sich aus dem Vorhergehenden für die X-Componente der von demselben ausgeübten electromotorischen Kraft:

$$X = \frac{4\sqrt{2}}{c}\,J_1\,Ds\int \frac{x-x_1}{r\sqrt{r}}\,\frac{\partial}{\partial s_1}\left(\frac{1}{\sqrt{r}}\,\frac{\partial r}{\partial \pi_1}\cdot\frac{d\pi_1}{dt}\right)Ds_1$$

$$= \frac{2\sqrt{2}}{c}\,J_1\,Ds\int \frac{(x-x_1)^2}{r^3}\cdot\frac{\partial}{\partial s_1}\left(\frac{r}{x-x_1}\,\frac{\partial r}{\partial \pi_1}\cdot\frac{d\pi_1}{dt}\right)Ds_1$$

$$= \frac{2\sqrt{2}}{c}\,\omega_1\,J_1\,Ds\left\{\begin{array}{l}(\beta x - \alpha y)\displaystyle\int \frac{(x-x_1)\,Ds_1 - (z-z_1)\,Dx_1}{r^3} - \\[2mm] (\alpha z - \gamma x)\displaystyle\int \frac{(y-y_1)\,Dx_1 - (x-x_1)\,Dy_1}{r^3}\end{array}\right\}.$$

Die in dem letzten dieser Ausdrücke enthaltenen Integrale lassen sich in bekannter Weise berechnen, wenn der Ring, welchem die Elemente Ds_1 angehören, unendlich klein ist. Bezeichnen wir durch λ_1 die Stromfläche, durch n die Normale des Ringes, und verstehen wir jetzt unter x_1, y_1, z_1 die Coordinaten des Ringmittelpunktes, unter R die Entfernung desselben von dem Elemente Ds, so ergibt sich:

$$X = \frac{d}{dn}\left\{\frac{2\sqrt{2}}{c}\,\omega_1\,Ds\,J_1\,\lambda_1\left[(\beta x - \alpha y)\frac{y-y_1}{R^3} - (\alpha z - \gamma x)\frac{z-z_1}{R^3}\right]\right\},$$

oder auch:

$$X = \frac{d}{dn}\left\{\frac{2\sqrt{2}}{c}\cdot\omega_1\,Ds\,J_1\,\lambda_1\left[(\beta x_1 - \alpha y_1)\frac{y-y_1}{R^3} - (\alpha z_1 - \gamma x_1)\frac{z-z_1}{R^3}\right]\right\}$$

$$+ \frac{d}{dn}\left\{\frac{2\sqrt{2}}{c}\cdot\omega_1\,Ds\,J_1\,\lambda_1\,\frac{\partial}{\partial x}\left[\frac{\alpha\,(x-x_1) + \beta\,(y-y_1) + \gamma\,(z-z_1)}{R}\right]\right\}.$$

Es ergeben sich aus diesen Formeln die folgenden Sätze.

1. Die electromotorische Wirkung, welche ein rotirendes Solenoid auf ein ruhendes Leiterelement ausübt, ist gleich der Wirkung des ruhenden Solenoides auf das mit derselben Winkelgeschwindigkeit rückwärts rotirende Element.

2. Die Wirkung eines ruhenden Solenoides auf ein rotirendes Leiterelement kann ersetzt werden durch die Wirkung zweier in den Endpunkten seiner Axe liegender Magnetpole von der Stärke $+ J_1 \lambda_1$ und $- J_1 \lambda_1$.

3. Wenn die Endpunkte der Axe eines rotirenden Solenoides auf der Rotationsaxe selber liegen, so können die Componenten der von demselben auf ein Leiterelement Ds ausgeübten electromotorischen Kraft dargestellt werden durch die Differentialquotienten eines und desselben Ausdruckes nach den Coordinaten des Elementes. Dieser Ausdruck hat den Werth:

$$\frac{d}{dn} \left\{ \frac{2\sqrt{2}}{c} \; \omega_1 \, Ds \, J_1 \, \lambda_1 \; \frac{\alpha\,(x - x_1) + \beta\,(y - y_1) + \gamma\,(z - z_1)}{R} \right\} .$$

Dieser letztere Satz findet natürlich auch dann Anwendung, wenn die Rotationsaxe ganz mit der Axe des Solenoides zusammenfällt. In diesem Falle kann man aber die Wirkung des Solenoides auch von einem ganz anderen Gesichtspunkte aus behandeln, zu welchem die folgende Betrachtung hinführt. Wenn die Axe des Solenoides mit der Rotationsaxe zusammenfällt, so werden die einzelnen Ringe des Solenoides sich in sich selbst verschieben, und infolge dieser Bewegung werden die Geschwindigkeiten der in galvanischer Strömung begriffenen Electricitäten je nach der Rotationsrichtung eine Vermehrung oder eine Verminderung erleiden. Nehmen wir an, die Richtung der Rotation falle zusammen mit der Richtung des positiven Stromes, und die Drehungsgeschwindigkeit sei gleich w; bezeichnen wir ferner durch e_p und e_n die in der Längeneinheit des Rings enthaltenen Mengen strömender positiver und negativer Electricität, durch u_p und u_n die Geschwindigkeiten der galvanischen Strömung, so sind die infolge der Rotation des Rings auftretenden wirklichen Geschwindigkeiten:

für e_p gleich $u_p + w$,   für e_n gleich $u_p - w$.

Nach einem Satze, welchen ich in einer früheren Arbeit [1]) bewiesen habe, kann die electromotorische Kraft, welche durch die beiden in dem Ringe sich bewegenden electrischen Flüssigkeiten ausgeübt wird, dargestellt werden mit Hülfe des Potentiales:

$$- \frac{8}{c^2} \cdot e_p \, (u_p + w)^2 \int \left(\frac{\partial \sqrt{r}}{\partial s_1} \right)^2 D s_1$$

$$- \frac{8}{c^2} \cdot e_n \, (u_n - w)^2 \int \left(\frac{\partial \sqrt{r}}{\partial s_1} \right)^2 D s_1$$

$$= - \frac{16}{c^2} \, (e_p \, u_p + e_n \, u_n) w \int \left(\frac{\partial \sqrt{r}}{\partial s_1} \right)^2 D s_1 \, .$$

Es ist aber $\frac{\sqrt{2}}{c} (e_p \, u_p + e_n \, u_n)$ gleich der Stromstärke des Rings nach magnetischem Maasse, somit ergibt sich für das Potential des Rings der Werth:

$$- \frac{8 \sqrt{2}}{c} J_1 \, w \int \left(\frac{\partial \sqrt{r}}{\partial s_1} \right)^2 D s_1 = - \frac{2 \sqrt{2}}{c} J_1 \, w \int \frac{1}{r} \frac{\partial r}{\partial s_1} \cdot \frac{\partial r}{\partial s_1} D s_1 \, .$$

Nun ist:

$$\frac{\partial r}{\partial s_1} \cdot D s_1 = - \frac{x - x_1}{r} D x_1 - \frac{y - y_1}{r} D y_1 - \frac{z - z_1}{r} D z_1 \, ,$$

$$\frac{\partial r}{\partial s_1} = - \frac{x - x_1}{r} \frac{d x_1}{d s_1} - \frac{y - y_1}{r} \frac{d y_1}{d s_1} - \frac{z - z_1}{r} \cdot \frac{d z_1}{d s_1} \, .$$

Substituiren wir in dem letzteren Ausdruck an Stelle von $\frac{d x_1}{d s_1}, \; \frac{d y_1}{d s_1}, \; \frac{d z_1}{d s_1}$ die Werthe:

$$\frac{d x_1}{d s_1} = \frac{\omega_1}{w} (\gamma y_1 - \beta z_1), \; \frac{d y_1}{d s_1} = \frac{\omega_1}{w} (\alpha z_1 - \gamma x_1),$$

$$\frac{d z_1}{d s_1} = \frac{\omega_1}{w} (\beta x_1 - \alpha y_1).$$

so erhalten wir für das Potential den Ausdruck:

$$- \frac{2 \sqrt{2}}{c} J_1 \, \omega_1 \int \frac{1}{r^3} \Big\{ x (\gamma y_1 - \beta z_1) + y (\alpha z_1 - \gamma x_1)$$
$$+ z (\beta x_1 - \alpha y_1) \Big\}$$
$$\Big\{ (x - x_1) D x_1 + (y - y_1) D y_1 + (z - z_1) D z_1 \Big\} \, .$$

Wir haben nun die Bedingung einzuführen, dass die Dimensionen des Rings, dessen Potential durch den vorstehenden Ausdruck dargestellt ist, unendlich klein sind

1) E. Riecke, Götting. Nachr. p. 536. 1873.

gegen die Entfernung desselben von dem Element Ds. Verstehen wir jetzt unter $x_1 y_1 z_1$ die Coordinaten des Mittelpunktes des Ringes, und bezeichnen wir die Coordinaten des Anfangspunktes irgend eines Elementes Ds_1 durch $x_1 + \xi_1$, $y_1 + \eta_1$, $z_1 + \zeta_1$, so ist, da die Axe des Ringes mit der Drehungsaxe zusammenfällt:

$$\alpha : \beta : \gamma = x_1 : y_1 : z_1,$$

somit ergibt sich für das Potential:

$$-\frac{2\sqrt{2}}{c} J_1 \omega_1 \int \frac{1}{R^3} \left\{ r \left(\gamma \eta_1 - \beta \zeta_1 \right) + y \left(\alpha \zeta_1 - \gamma \xi_1 \right) \right.$$
$$\left. + z \left(\beta \xi_1 - \alpha \eta_1 \right) \right\}$$
$$\left\{ (x - x_1) D\xi_1 + (y - y_1) D\eta_1 + (z - z_1) D\zeta_1 \right\},$$

wo R die Entfernung des Ringmittelpunktes von dem Element Ds bezeichnet. Die Ausführung der Integration führt mit Rücksicht darauf, dass unter den angenommenen Verhältnissen die Richtung der positiven Normale des Stroms der Richtung der Drehungsaxe entgegengesetzt ist, zu dem Ausdruck:

$$-\frac{2\sqrt{2}}{c} J_1 \lambda_1 \omega_1 \frac{1}{R^3} \left\{ R^2 - \left[\alpha (x - x_1) + \beta (y - y_1) + \gamma (z - z_1) \right]^2 \right\},$$

oder:
$$\frac{d}{dn} \left\{ \frac{2\sqrt{2}}{c} \lambda_1 J_1 \omega_1 \frac{\alpha (x - x_1) + \beta (y - y_1) + \gamma (z - z_1)}{R} \right\},$$

d. h. zu demselben Ausdruck, den wir oben auf einem ganz andern Wege erhalten hatten.

IV. Induction eines um seine Axe rotirenden Kreisringes.

Es möge im Folgenden die Induction eines Kreisringes von beliebigem Durchmesser betrachtet werden, welcher um seine Axe in Rotation versetzt wird. Die X-Componente der von demselben ausgeübten electromotorischen Wirkung ist gegeben durch den allgemein gültigen Ausdruck:

$$X = \frac{4\sqrt{2}}{c} J_1 Ds \int \frac{x - x_1}{r \sqrt{r}} \frac{\partial}{\partial s_1} \left(\frac{1}{\sqrt{r}} \cdot \frac{\partial r}{\partial \pi_1} \cdot \frac{d\pi_1}{dt} \right) Ds_1.$$

Verstehen wir unter π_1 die mit s_1 übereinstimmende Richtung, in welcher sich die Elemente Ds_1 des Ringes bewegen,

so stellt $\frac{d\pi_1}{dt}$ die gemeinsame Drehungsgeschwindigkeit derselben vor; es ergibt sich demnach:

$$X = \frac{16 \cdot \sqrt{2}}{c} J_1 \frac{d\pi_1}{dt} Ds \int \frac{\partial \sqrt{r}}{\partial x} \cdot \frac{\partial^2 \sqrt{r}}{\partial s_1 \, \partial \pi_1} Ds_1 ,$$

oder, da:

$$2 \frac{\partial \sqrt{r}}{\partial x} \cdot \frac{\partial^2 \sqrt{r}}{\partial s_1 \, \partial \pi_1} = - \frac{\partial}{\partial x} \left(\frac{\partial \sqrt{r}}{\partial s_1} \cdot \frac{\partial \sqrt{r}}{\partial \pi_1} \right) + \frac{\partial}{\partial s_1} \left(\frac{\partial \sqrt{r}}{\partial \pi_1} \cdot \frac{\partial \sqrt{r}}{\partial x} \right)$$
$$+ \frac{\partial}{\partial \pi_1} \left(\frac{\partial \sqrt{r}}{\partial s_1} \cdot \frac{\partial \sqrt{r}}{\partial x} \right),$$

und die Integration nach s_1 oder π_1 über eine geschlossene
Curve hin zu erstrecken ist:

$$X = - \frac{\partial}{\partial x} \left\{ \frac{8 \sqrt{2}}{c} J_1 \frac{d\pi_1}{dt} Ds \int \frac{\partial \sqrt{r}}{\partial s_1} \cdot \frac{\partial \sqrt{r}}{\partial \pi_1} \right\} Ds_1$$

$$= - \frac{\partial}{\partial x} \left\{ \frac{8 \sqrt{2}}{c} J_1 \frac{d\pi_1}{dt} \cdot Ds \int \left(\frac{\partial \sqrt{r}}{\partial s_1} \right)^2 Ds_1 \right\}.$$

Es ergibt sich somit auch für diesen Fall die **Existenz
eines electromotorischen Potentiales**, welches mit dem aus
dem angeführten Satze sich ergebenden vollkommen identisch ist.

V. Theorie der unipolaren Induction.

Bei den Erscheinungen der unipolaren Induction kann
die ganze Leiterbahn zerlegt werden in zwei Theile, von
welchen der eine M mit dem Magnet zusammen rotirt, der
andere J eine im Raume unveränderliche Lage besitzt.
Nach dem Vorhergehenden ist die von dem rotirenden Magnet
auf J ausgeübte electromotorische Kraft dieselbe wie diejenige, welche von dem festliegenden Magnet auf den mit
derselben Winkelgeschwindigkeit rückwärts rotirenden Leitertheil J ausgeübt wird. Daraus ergibt sich, dass auf
die Erscheinungen der unipolaren Induction diejenigen
Formeln unmittelbar anwendbar sind, welche ich in dem
zweiten Abschnitte des bereits angeführten Aufsatzes[1] mitgetheilt habe; danach ist die X-Componente der electromotorischen Kraft, welche ein ruhender Magnetpol μ, dessen

---

1) E. Riecke, Wied. Ann. **1.** p. 117. 1877.

rechtwinkelige Coordinaten gleich x_1, y_1, z_1 sind, auf ein in Rotation begriffenes Leiterelement Ds mit den Coordinaten x, y, z ausübt, gegeben durch den Ausdruck:

$$\Xi = \frac{2\sqrt{2}}{c} \frac{\mu\,\omega\,Ds}{r^3} \left\{ (y - y_1)(\alpha y - \beta x) - (z - z_1)(\gamma x - \alpha z) \right\},$$

wo unter α, β, γ die Richtungscosinus der durch den Coordinatenanfangspunkt gehenden Rotationsaxe, unter ω die Winkelgeschwindigkeit zu verstehen ist. Wenn es sich nun nicht um die Induction eines einzelnen Magnetpoles, sondern wie bei den Versuchen von Weber um die Induction eines cylindrischen Magnets handelt, so kann dieser jedenfalls ersetzt werden durch die äquivalente Belegung seiner Oberfläche mit magnetischen Massen. Diese Oberflächenbelegung wird aber so beschaffen sein, dass längs der Peripherie eines zur Cylinderaxe senkrechten Kreises die Dichtigkeit constant ist. Für die von einem solchen Kreise auf das rotirende Element Ds ausgeübte electromotorische Kraft ergibt sich somit der folgende Werth der X-Componente:

$$\Xi = \frac{2\sqrt{2}}{c}\,\omega\,Ds \left\{ \begin{array}{l} (\alpha y - \beta x)\displaystyle\int \frac{y - y_1}{r^3}\,\mu\,D\sigma_1 \\ -\,(\gamma x - \alpha z)\displaystyle\int \frac{z - z_1}{r^3}\,\mu\,D\sigma_1 \end{array} \right\},$$

wo jetzt unter μ die Dichtigkeit der magnetischen Belegung jener Kreisperipherie, unter $D\sigma$ ein Element derselben verstanden ist.

Bei der weitern Behandlung dieses Ausdruckes beschränken wir uns auf den Fall, dass der Halbmesser des cylindrischen Magnets sehr klein ist im Vergleich zu der Entfernung des Elementes Ds von den Punkten seiner Oberfläche. Verstehen wir dann unter x_1, y_1, z_1 die Coordinaten des Mittelpunktes des von uns betrachteten Kreises, unter R die Entfernung desselben von dem Element Ds, und bezeichnen wir die Coordinaten eines beliebigen Punktes der Kreisperipherie durch $x_1 + \xi_1$, $y + \eta_1$, $z_1 + \zeta_1$, so ergibt sich:

$$\frac{1}{r^3} = \frac{1}{R^3} - 3\,\frac{(x - x_1)\xi_1 + (y - y_1)\eta_1 + (z - z_1)\zeta_1}{R^5}\,..$$

Da aber ausserdem:

$$\int \xi \mu \, D\sigma = \int \eta \mu \, D\sigma = \int \zeta \mu \, D\sigma = 0,$$

so reducirt sich der Werth der X-Componente auf:

$$\Xi = \frac{2\sqrt{2}}{c} \,\omega\, Ds \left\{ \begin{array}{l} (\alpha y - \beta x)\frac{y-y_1}{R^3}\int \mu \, D\sigma \\[2mm] - (\gamma x - \alpha z)\frac{z-z_1}{R^3}\int \mu \, D\sigma \end{array} \right\},$$

d. h. wenn man die zweite Potenz des Kreishalbmessers vernachlässigt gegen die entsprechende Potenz der Entfernung von dem Elemente Ds, so kann die ganze auf der Peripherie des betrachteten Kreises vertheilte magnetische Masse, in seinem Mittelpunkte concentrirt, die äquivalente Oberflächenbelegung also ersetzt werden durch eine Vertheilung magnetischer Massen in der Axe des cylindrischen Magnets.

Mit Rücksicht darauf, dass bei den Versuchen über unipolare Induction die Axe des Magnets mit der Rotationsaxe zusammenfällt, und dass also:

$$x_1 : y_1 : z_1 = \alpha : \beta : \gamma,$$

ist der Ausdruck für die in dem Elemente Ds inducirte electromotorische Kraft noch einer weitern Umformung fähig. Bezeichnen wir durch dm die ganze auf der Peripherie des von uns betrachteten Kreises vertheilte magnetische Masse, so ergibt sich zunächst für die von demselben herrührende X-Componente der electromotorischen Kraft der Werth:

$$\Xi = \frac{2\sqrt{2}}{c}\, dm \,.\, \omega \,.\, Ds \cdot \left\{ \frac{\alpha}{R} - (x-x_1)\frac{\alpha\,(x-x_1) + \beta(y-y_1) + \gamma(z-z_1)}{R^3} \right\},$$

oder:

$$\Xi = \frac{2\sqrt{2}}{c}\, dm\, \omega\, Ds\, \frac{\partial}{\partial x} \left\{ \frac{\alpha\,(x-x_1) + \beta\,(y-y_1) + \gamma\,(z-z_1)}{R} \right\}.$$

Der in der Klammer enthaltene Ausdruck ist nichts anderes als der Cosinus des Winkels, welchen die Rotationsaxe einschliesst mit der Entfernung von dem Mittelpunkte des betrachteten Kreises bis zu dem Elemente Ds. Bezeichnen wir diesen Cosinus durch Θ, so ergibt sich für die X-Componente der electromotorischen Kraft der Werth:

$$\Xi = \frac{2\sqrt{2}}{c}\, dm\, \omega\, Ds\, \frac{\partial \Theta}{\partial x}.$$

Die wirksame, mit der Richtung des Elementes Ds zusammenfallende Componente der electromotorischen Kraft wird daher:

$$\Sigma = \frac{2\sqrt{2}}{c} \, dm \, . \, \omega \, . \, Ds \, \frac{\partial \Theta}{\partial s} \, .$$

Für die auf den ganzen Leitertheil J, welchem das Element Ds angehört, ausgeübte electromotorische Kraft ergibt sich somit:

$$S = \frac{2\sqrt{2}}{c} \, dm \, \omega \, (\Theta_1 - \Theta_0),$$

wo unter Θ_1 und Θ_0 die Werthe zu verstehen sind, welche Θ im Endpunkt und im Anfangspunkt des Leitertheiles J besitzt. Diese electromotorische Kraft rührt her von der magnetischen Masse, welche irgend einem der auf der Oberfläche des Magnets gezogenen Kreise angehört, und zwar konnte bei der Berechnung von S die ganze Masse im Mittelpunkt des Kreises concentrirt gedacht werden. Wenn wir nun in dieser Weise das ganze System der die Oberfläche des Magnets bedeckenden und mit magnetischer Masse belegten Parallelkreise ersetzen durch die entsprechenden, in ihren Mittelpunkten vereinigten Massen, so tritt an Stelle der äquivalenten Oberflächenbelegung eine Vertheilung magnetischer Massen in der Axe des Magnets. Für die von derselben auf den Leitertheil J ausgeübte electromotorische Kraft ergibt sich der Ausdruck:

$$e = \frac{2\sqrt{2}}{c} \, \omega \int (\Theta_1 - \Theta_0) \, dm,$$

wo das Integral über die ganze Axe des Magnets zu erstrecken, und dabei zu beachten ist, dass in den Endpunkten derselben zwei singuläre Massen von ungewöhnlicher Grösse sich befinden werden, entsprechend den auf den Endflächen des Cylinders vorhandenen Oberflächenbelegungen. Man überzeugt sich leicht, dass auch für den Fall der hier betrachteten Inductionserscheinungen eine Ersetzung des Magnets durch zwei äquivalente Pole möglich ist, d. h., dass sich zwei symmetrisch gegen die Mitte der Axe gelegene Pole von entgegengesetzt gleichem Magnetismus bestimmen lassen, deren magnetisches Moment gleich ist dem Moment des gegebenen Magnets, und welche auf den Leitertheil J dieselbe electromotorische Kraft ausüben wie dieser..

Lassen wir nun diese Ersetzung des Magnets durch zwei Pole eintreten, und bezeichnen wir die Menge des in denselben concentrirten nördlichen und südlichen Magnetismus durch m, so ergibt sich für die in dem Leitertheil J inducirte electromotorische Kraft:

$$ e = \frac{2\sqrt{2}}{c}\, w\, m\, (\Theta_{1n} - \Theta_{0n} - \Theta_{1s} + \Theta_{0s}). $$

Hier sind durch den Index n die dem Nordpol, durch den Index s die dem Südpol entsprechenden Werthe von Θ bezeichnet. Der Integralwerth der electromotorischen Kraft, welcher einer ganzen Umdrehung des Leitertheils J, oder einer umgekehrten Drehung des Magnets zusammen mit dem Leitertheil M entspricht, wird, da der Werth von Θ durch die Drehung keine Aenderung erleidet:

$$ E = \frac{2\sqrt{2}}{c} \cdot 2\pi m (\Theta_{1n} - \Theta_{0n} - \Theta_{1s} + \Theta_{0s}). $$

Liegt insbesondere der Anfangspunkt des Leitertheils J auf der Drehungsaxe, aber ausserhalb der Axe des Magnets, so ist:

$$ \Theta_{0n} = \Theta_{0s} = 1, $$

und somit reducirt sich die electromotorische Kraft auf:

$$ E = \frac{2\sqrt{2}}{c} \cdot 2\pi m (\Theta_{1n} - \Theta_{1s}). $$

Liegt ferner der Endpunkt des Leitertheils J in derjenigen Ebene, durch welche die Axe des Magnets senkrecht halbirt wird, so ist:

$$ \Theta_{1n} = - \Theta_{1s} = - \Theta, $$

und somit　　　　　$$ E = - \frac{2\sqrt{2}}{c} \cdot 4\pi m\, \Theta, $$

wo Θ der Cosinus des Winkels ist, welchen die Axe mit der von dem Südpol nach dem Endpunkt des Leiters hingebenden Linie einschliesst. Der Werth dieses Cosinus nähert sich um so mehr der Einheit, je näher der Endpunkt von J der Axe des Magnets rückt, und er würde der Einheit gleich, wenn jener Endpunkt auf die Axe fallen würde. In

diesem idealen Falle würde also der Ausdruck der electromotorischen Kraft:

$$E = - \frac{2\sqrt{2}}{c} \cdot 4\pi m,$$

d. h. identisch mit demjenigen, welchen Weber aus
seiner Theorie entwickelt hat.

Allgemein können wir für die zuletzt betrachteten Verhältnisse den gefundenen Ausdruck so schreiben:

$$E = - \frac{2\sqrt{2}}{c} 4\pi m + \frac{2\sqrt{2}}{c} 4\pi m (1 - \Theta).$$

Dann ist der erste Theil dieses Ausdruckes wiederum
identisch mit der von Weber angenommenen electromotorischen Kraft; der zweite Theil ist nichts anderes,
als diejenige electromotorische Kraft, welche auf
den mit dem Magnet verbundenen Leitertheil *M*
ausgeübt wird, wenn dieser aus seiner Verbindung
mit dem Magnet gelöst und bei festgehaltenem
Magnet in rückläufige Rotation versetzt wird. Dieser
zweite Theil der electromotorischen Kraft ist somit identisch
mit derjenigen Kraft, welche bei der von mir entwickelten
electromagnetischen Theorie der unipolaren Induction zu der
von Weber angenommenen noch hinzutritt. Wir kommen
also schliesslich zu dem überraschenden Resultate, dass die
electromagnetische Theorie, wenn sie in der von
mir in dem früheren Aufsatze über unipolare Induction angegebenen Weise ergänzt wird, zu ganz
demselben Werthe der electromotorischen Kraft
führt, wie die im Vorhergehenden enthaltene electrodynamische Theorie, wenigstens innerhalb derjenigen
Grenzen, welche wir unserer Betrachtung von Anfang an
gezogen haben. Die Erscheinungen der unipolaren Induction
dürften daher nicht geeignet sein, eine experimentelle Entscheidung zwischen der Theorie der magnetischen Flüssigkeiten und der Ampère'schen Theorie des Magnetismus zu
liefern, vielmehr erstreckt sich auch auf diese Erscheinungen
wenigstens in erster Annäherung die Aequivalenz der beiden Vorstellungskreise. Obwohl also keine Erscheinungen
bekannt sind, durch welche die Alternative zwischen den

beiden Theorien in unzweideutiger Weise und auf rein **expe-**
rimentellem Wege zu Gunsten der Ampère'schen **Theorie**
entschieden würde, sind doch die auf theoretischer Seite **zu**
Gunsten der letzteren Annahme sprechenden Gründe **von**
solchem Gewicht, dass man ihnen gegenüber die **Vorstellung**
von der reellen Existenz der magnetischen **Flüssigkeiten**
gegenwärtig nicht wird aufrecht erhalten wollen. **Damit**
hört aber auch die Bezeichnung der im Vorhergehenden
betrachteten Erscheinungen als „unipolare Induction"
auf, einem wirklichen Vorgange zu entsprechen. Mit **Rück-**
sicht hierauf dürfte es sich vielleicht empfehlen, diesen **Namen**
fallen zu lassen, und man könnte dann an Stelle desselben
die Bezeichnung „magnetelectrische Rotationserscheinungen" in Vorschlag bringen. Unter diesem Namen **wür-**
den gleichzeitig die Plücker'schen Versuche zu **begreifen**
sein, welche vom electrodynamischen Standpunkt aus mit **den**
Weber'schen wesentlich identisch sind, während dieselben
von dem Namen „unipolare Induction" selbst dann **nicht**
getroffen werden, wenn man sich auf den Standpunkt **der**
electromagnetischen Theorie stellt.

Göttingen, im April 1880.

IV. *Bestimmung der absoluten Geschwindigkeit fliessender Electricität aus dem Hall'schen Phänomen; von Albert v. Ettingshausen.*

(Aus den Sitzungsber. d. k. Acad. d. Wiss. in Wien vom 4. März 1880 vom Verf. mitgetheilt.)

Die Erscheinung, welche E. H. Hall[1]) in Baltimore
kürzlich beobachtete, besteht darin, dass in einer von einem
constanten galvanischen Strome durchflossenen, sehr dünnen
Goldplatte durch die Wirkung eines starken Magnets, dessen

---

1) **Hall**, American Journal of Mathematics, **2**. p. 287. 1879.

Kraftlinien die Ebene der Platte durchschneiden, die Aequipotentiallinien eine Verschiebung erfahren.

Es sind bereits früher mehrfach Versuche gemacht worden, eine derartige Einwirkung eines Magnets auf die Stromlinien nachzuweisen, jedoch mit negativem Resultate.[1]) Hall verfahr in der Weise, dass er auf der zwischen den Polen eines Electromagnets befindlichen und vom Strome durchflossenen Goldplatte zwei Punkte von nahe gleichem Potentialwerthe mit Hülfe eines empfindlichen Galvanometers aufsuchte, sodann den magnetisirenden Strom umkehrte und die Aenderung des Galvanometerstandes beobachtete. Die Goldplatte hatte die Gestalt eines Rechteckes, und der dieselbe durchfliessende Strom wurde mittelst zweier Messingstücke, welche auf beide Enden der Platte fest aufgedrückt waren, zugeleitet, sodass die Stromcurven gerade, der längeren Seite des Rechteckes parallele Linien sind.

Boltzmann[2]) hat darauf aufmerksam gemacht, dass unter gewissen vereinfachenden Annahmen aus dem erwähnten Phänomen sich die absolute Geschwindigkeit, mit der die Electricität die Goldplatte durchfliesst, berechnen lässt. Bedeutet nämlich m die Intensität des als homogen vorausgesetzten magnetischen Feldes, i die am Galvanometer beobachtete Stromstärke, w den gesammten Widerstand der Galvanometerleitung, sämmtliche Grössen in dem absoluten Gauss'schen Maasse gemessen, ist ferner b der Abstand der beiden Punkte der Goldplatte, welche mit dem Galvanometer verbunden sind, so ist die Geschwindigkeit c der die Platte der Länge nach durchfliessenden Electricität (die Geschwindigkeit im Strome J).

$$c = \frac{i\,w}{m\,b}\,.$$

Ist auch J im obigen Maasse gemessen worden, so ist die Geschwindigkeit im Strome 1 nach magnetischem Maasse:

$$c_1 = \frac{c}{J} = \frac{i\,w}{m\,b\,J}\,.$$

---

1) Wiedemann, Galv. **2.** (1) p. 174; auch Rowland hat solche Versuche angestellt. (Hall, l. c. p. 289.)

2) Boltzmann, Wien. Anz. Nr. **2.** 15. Jan. 1880.

Wie mir Prof. Boltzmann mündlich mittheilte, hat
derselbe weiter gefunden, dass sich die besprochene Erscheinung auffassen lässt als eine Ablenkung, welche die
Stromlinien in der Platte von ihrer ursprünglichen Richtung
erfahren, jedoch so, dass dadurch keine Verdichtung, resp.
Verdünnung der Stromlinien an der einen oder andern Seite
der Platte eintritt. Sind die Seiten der Platte nicht mit
einander durch eine äussere Leitung verbunden, so kann
diese Ablenkung nur im ersten Momente der Einwirkung
des Magnets eintreten, sogleich wird aber an den Rändern
der Platte eine Potentialdifferenz entstehen, welche sich mit
der schon vorhandenen zusammensetzt und die Stromlinien
wieder in die frühere Richtung drängt. Werden jedoch
Punkte der Platte, welche anfänglich gleiche Potentialwerthe
besassen, durch eine Galvanometerleitung mit einander verbunden, so veranlasst die zwischen diesen Punkten neu entstandene Potentialdifferenz den Strom i.

Die Ermittelung der Grösse c_1 nach den von Hall mitgetheilten quantitativen Bestimmungen ist nur ganz roh
schätzungsweise möglich (s. w. u.); es schien deshalb von
Interesse, die Versuche zu wiederholen und eine Bestimmung
von c_1 auszuführen. Zuerst benutzte ich eine auf eine Glasplatte aufgezogene, rechteckige Goldplatte D (Taf. IV Fig. 12)
von 56 mm Länge und 52 mm Breite, bei welcher die Strom-
zuleitung durch etwa 2 mm breite Stanniolstreifen s_1, s_2 besorgt wurde, die über die Mitte der kurzen Seiten des Rechteckes geklebt waren.

Die mit dem Galvanometer verbundenen Contacte g_1, g_2
sind vergoldete Messingkügelchen (2 mm Durchmesser), an
denen eine kleine Fläche eben polirt ist, mit der dieselben
auf die Goldplatte aufgesetzt werden. Die Contactkügelchen
sind an schwachen Federn f_1, f_2 befestigt, welche sie auf die
Platte niederdrücken. Der eine Contact g_1 ist durch die
Schraube S verstellbar. Die in dem Holzrahmen H befestigte Glasplatte wurde vertical zwischen die abgeflachten
Pole eines kräftigen Electromagnets gestellt, dessen Pol-
flächen eine Distanz von beiläufig 12 mm hatten, und der
durch 6, 12 oder 18 grosse Bunsen'sche Elemente erregt

wurde. Zur Bestimmung der Intensität des Magnetfeldes dienten einige zwischen die Pole parallel mit deren Flächen gestellte, kreisförmige Drahtwindungen, die mit einem Spiegelgalvanometer verbunden sind; es wurde stets die Aenderung *m* des Magnetfeldes bei Umkehrung des magnetisirenden Stromes bestimmt. Die Messung des Stromes *i* geschieht mit demselben Galvanometer, und wird auch hierbei die der Veränderung des Magnetfeldes bei Umkehrung der magnetischen Polarität entsprechende Stärke des Stromes *i* ermittelt. Bei der Umkehrung des magnetisirenden Stromes erhält man zuerst einen starken Ausschlag der Galvanometernadel infolge des in der Goldplatte inducirten Stromes, worauf die Nadel um ihre neue Ruhelage schwingt, die aus Umkehrpunkten bestimmt wird. Um nicht zu starke Schwingungen zu erhalten, wurde die Galvanometerleitung während der Umkehrung der Polarität des Electromagnets geöffnet. Das Galvanometer stand in einem entfernten Zimmer, sodass auch nicht die geringste directe Einwirkung des Magnets auf dasselbe bemerkbar war.

Die dauernden Verschiebungen der Ruhelage durch den Strom *i* ergaben sich meist sehr regelmässig, und wurden die Beobachtungen 8—10 mal hinter einander wiederholt; ich führe zunächst eine Beobachtung der Galvanometerstände vollständig an: unter *A* und *B* sind die Ruhelagen der Nadel verstanden, wie sie bei entgegengesetzter Polarität des Electromagnets an der Scala beobachtet sind, und zwar ist bei *A* der auf der Seite der Goldplatte befindliche Pol ein Südpol (s. Taf. IV Fig. 12).

Distanz des Spiegels von der Scala $d = 3757$ mm.

A	601,5	30,5		*A*	571,5	30,5	
B	571,0	30,0		*A*	602,0	31,5	Mittel 30,3.
A	601,0	30,0		*B*	570,5	30,5	
B	571,0	30,5		*A*	601,0	29,5	
A	601,5	30,0		*B*	571,5		
B	571,5						

Die Intensität des die Goldplatte durchfliessenden Stromes *J*, der von ein oder zwei Daniell'schen Elementen geliefert wurde, kann an einer Tangentenbussole mit Spiegelablesung nach absolutem Maasse gemessen werden.

28*

Die folgenden Tabellen enthalten die Resultate einer Reihe von Beobachtungen. Die zu Grunde gelegten Einheiten sind Millimeter, Milligramm, Secunde; bei der Bestimmung des Widerstandes der Galvanometerleitung wurde die Siemens-Einheit zu $0,955 \times 10^{10}$ absoluten Einheiten angenommen, entsprechend den neuen Messungen von H. F. Weber.[1]) Die Schwingungsdauer der Galvanometernadel ist $T = 4,635$, das Dämpfungsverhältniss der Schwingungen $k = 1,358$, der Reductionsfactor auf magnetisches Strommaass $G = 0,00609$.

$$b = 44, \quad w = 57,3 \times 10^{10}.$$

Nr.	J	m	i	$\dfrac{i}{Jm}$	
1	1,70	85 900	$12,2 \times 10^{-6}$	$0,835 \times 10^{-10}$	
2	2,91	85 900	20,3	812	
3	2,91	106 500	24,6	794	Mittel
4	5,42	54 700	24,9	840	$0,823 \times 10^{-10}$
5	5,51	85 900	39,1	826	
6	5,51	106 500	48,8	832	

Es folgt hiernach $c_1 = 1,07$.

$$b = 31,5, \quad w = 55,2 \times 10^{10}.$$

Nr.	J	m	i	$\dfrac{i}{Jm}$	
7	2,90	55 960	$11,3 \times 10^{-6}$	$0,697 \times 10^{-10}$	Mittel
8	5,51	57 680	22,3	703	$0,700 \times 10^{-10}$

demnach $c_1 = 1,23$.

$$b = 22,4, \quad w = 54,3 \times 10^{10}.$$

9	2,90	56 790	$8,95 \times 10^{-6}$	$0,542 \times 10^{-10}$

daraus $c_1 = 1,31$.

Es wäre demnach die absolute Geschwindigkeit, mit der die Electricität im Strome 1 das untersuchte Goldblatt durchfliesst, etwa 1,2 mm. Die kleine Zunahme, welche c_1 mit abnehmendem b zeigt, hat vermuthlich ihren Grund in der nur unvollkommenen Homogeneität des magnetischen Feldes, von der ich mich auch durch Versuche mit einigen sehr kleinen Drahtwindungen, die an verschiedene Stellen des Feldes gebracht wurden, überzeugte. Zur Bestimmung von m dienten entweder drei Windungen von 38,2 mm Durch-

---

1) Absolute electromagnetische und calorimetrische Messungen p. 46. 1877.

messer oder zwei Windungen von 30,6 mm Durchmesser;
die kleineren Windungen gaben um etwa 2 Proc. grössere
Werthe für *m*. Durch diese Bestimmungen erhält man
aber nur die Mittelwerthe der Aenderung des Magnetfeldes
innerhalb der von den Drahtwindungen eingeschlossenen
Flächen. Ein unhomogenes Magnetfeld beeinträchtigt aber
auch insofern die Richtigkeit der Messungen, als dann ein
Theil des Stromes *i* statt durch die Galvanometerleitung
durch die Goldplatte selbst fliessen kann, wie eine einfache
Ueberlegung zeigt; es ist namentlich eine (dem Magnetfeld
gegenüber) grössere Ausdehnung der Goldplatte in der Richtung des Stromes *J* den Messungen ungünstig.

Die Goldplatte, welche durch die Versuche etwas ge-
litten hatte, wurde sodann durch eine neue, sehr schöne
Platte ersetzt; bei dieser trat der Strom in der ganzen
Breite der Platte ein und aus, da die Platte an den Rändern beiderseits mit Stanniol überklebt war. Der von Stanniol
unbedeckte Theil hatte eine Länge von 53,4, und eine Breite
von 28 mm, der Widerstand war 2,85 S.-E. (Hall gibt für
seine Platte an: Länge etwa 55, Breite 20 mm, Widerstand
nahe 2 Ohm = 2,1 S.-E.). Aus zwei gut übereinstimmenden
Versuchsreihen ergab sich:

Nr.	J	m	i
10	3,41	87 900	$27,5 \times 10^{-6}$;

dabei war die Distanz der Galvanometercontacte $b = 20,6$,
der Widerstand der Galvanometerleitung $w = 54,9 \times 10^{10}$; es
folgt $c_1 = 2,24$ mm.

Ich habe versucht, die Dicke der Goldplatten angenähert
zu bestimmen; die beim Versuch 10 benutzte Platte war
nämlich, bevor sie auf die Glasplatte aufgezogen wurde,
sorgfältig gewogen worden, und ergab sich aus der Wägung
ihre Dicke zu 56 Milliontel Millimeter. Aus dem Widerstande der Platte folgt dagegen unter der Voraussetzung,
dass keine merklichen Sprünge oder Risse vorhanden sind,
die Dicke zu 14 Milliontel Millimetern, also 4mal so klein.
Ein ähnliches Resultat zeigte sich auch bei einer anderen
Goldplatte. Für die Platte, welche bei den Versuchen 1—9
gedient hatte, ergab die Wägung eine mehr als 10mal so

grosse Dicke, als aus dem Widerstande der (beiderseits mit
Stanniolrändern versehenen) Platte folgte; indess war diese
Platte bereits schadhaft, sie scheint jedenfalls dicker gewesen
zu sein, als die beim Versuch 10 gebrauchte.

Zur Controle der Richtigkeit der Messungen habe ich
mit dem Galvanometer die Scheidekraft im Inneren einer
Spirale, die von einem constanten Strome durchflossen war,
bestimmt und das so erhaltene Resultat mit dem aus den
Dimensionen der Spirale und der Stromstärke berechneten
verglichen, was eine ganz befriedigende Uebereinstimmung
gab; ausserdem wurde noch eine Prüfung vorgenommen, die
auf Folgendem beruht. Aus der Gleichung:

$$c = c_1 J = \frac{iw}{mb}$$

folgt, dass die Geschwindigkeit im Strome J gleich ist der
Geschwindigkeit, mit welcher ein Draht von der Länge b
senkrecht zu sich selbst durch ein magnetisches Feld m bewegt werden muss, damit in ihm eine electromotorische
Kraft erzeugt werde, die in einer Leitung vom Widerstande
w den Strom i liefert.[1]) Ein flacher Kupferring K (Taf. IV
Fig. 13) ist auf eine Kammmassescheibe aufgesetzt, die in
Rotation versetzt werden kann. An den Ring sind radial
stehende, an den Enden amalgamirte Drähte b angelöthet,
welche bei der Rotation durch das Quecksilber der Rinne R
schlagen. An dem Kupferringe schleift eine Contactfeder,
die mit dem Galvanometer in Verbindung steht, andererseits
ist dieses mit der Rinne leitend verbunden. Stellt man die
Scheibe so auf, dass die Speichen bei der Rotation durch
das Magnetfeld hindurchgehen und gleichzeitig ins Quecksilber tauchen, so erhält man bei der Aenderung m des
Magnetfeldes am Galvanometer eine dauernde Aenderung
der Ruhelage α, aus der sich die Geschwindigkeit c, mit der
sich die Speichen bewegen, berechnen lässt; es ist:

$$c = \frac{G}{2d} \frac{w}{mb} \frac{T}{z\vartheta} \alpha .$$

Darin haben G, d, T die frühere Bedeutung, w ist der
Widerstand der Leitung, b die Länge der Speichen, ϑ die

---

1) Boltzmann l. c.

Zeit, während welcher eine Speiche durch das Quecksilber schlägt, z die Anzahl der auf eine Galvanometerschwingung entfallenden Inductionsstösse: folgen diese Stösse unmittelbar aufeinander, sodass eine Speiche das Quecksilber verlässt in dem Augenblicke, wo die nächste eintaucht, so ist $z\vartheta = T$. Wird nun die Intensitätsänderung m des Magnetfeldes auf die oben angegebene Weise mit Drahtwindungen von der Fläche f bestimmt, und ist β der Ausschlag der Galvanometernadel, so hat man:

$$m = \frac{1}{f}\frac{G}{2d} \cdot \frac{1}{\pi}\sqrt{k} \cdot w_1\,\beta;$$

w_1 ist der Widerstand der Leitung im letztern Falle. Dann ist also:

$$c = \frac{w}{w_1} \cdot \frac{f}{b} \cdot \frac{\pi}{\sqrt{k}} \cdot \frac{1}{z\vartheta} \cdot \frac{\alpha}{\beta} \cdot$$

Ein Versuch mit 24 Speichen von der Länge $b = 45$ mm, die in unmittelbarer Aufeinanderfolge durchs Quecksilber schlugen, gab $c = 224$ mm. Die rotirende Scheibe ward in constanter Rotation erhalten durch einen Helmholtz'schen Motor mit Schwungscheibe, und es konnte die Umdrehungsgeschwindigkeit der Scheibe auch direct bestimmt werden; die Dauer einer Umdrehung beim Versuche war $\tau = 2{,}64$ Sec., woraus folgt, da die Speichenmitten einen Abstand $r = 98$ mm von der Axe hatten, $c = \frac{2r\pi}{\tau} = 233$ mm, was mit dem obigen Werthe genügend übereinstimmt. Die Unhomogeneität des Magnetfeldes ist bei der Berechnung angenähert berücksichtigt worden.

Eine etwas andere Art der Prüfung besteht darin, dass man die Speichen nicht in unmittelbarer Aufeinanderfolge durchs Quecksilber gehen, sondern eine Reihe von getrennten Inductionsstössen zum Galvanometer gelangen lässt. Ein an der Scheibe befestigter Gradbogen gestattet den Winkel zu bestimmen, den im Mittel eine Speiche ins Quecksilber tauchend durchläuft; dieser Winkel φ lässt sich aber auch leicht berechnen, und zwar ist:

$$\varphi^0 = \frac{180}{n}\frac{w}{w_1} \cdot \frac{f}{rb}\frac{1}{\sqrt{k}}\frac{\tau}{T}\frac{\alpha}{\beta} \cdot$$

α ist wieder die dauernde Veränderung des Standes der
Galvanometernadel, entsprechend der Intensitätsänderung m,
n die Anzahl der Speichen; die übrigen Buchstaben haben
die alte Bedeutung. Aus zwei Versuchen mit verschiedener
Rotationsgeschwindigkeit, wobei zwölf Speichen sich am Ringe
befanden, folgte $\varphi = 12,9°$, während $\varphi = 13,1°$ durch directe
Bestimmung gefunden worden war.

Es sei noch bemerkt, dass sich auch nach Hall's Messungen eine beiläufige Schätzung der Geschwindigkeit · der
Electricitätsbewegung vornehmen lässt. Bezeichnet man mit
E' die Potentialdifferenz zweier um die Längeneinheit voneinander in der Richtung der Breite entfernter Punkte der
Goldplatte, mit E die Potentialdifferenz zweier in der Längsrichtung um die Einheit voneinander abstehender Punkte, so
gibt Hall an, dass das Verhältniss $\frac{E}{E'}$ bei seinen Versuchen
etwa zwischen den Grenzen 3000 und 6500 variirte.[1]

Hieraus, sowie aus dem Widerstande und der Grösse
der Goldplatte, ferner aus der angegebenen Intensität des
Magnetfeldes[2] konnte ich einen Schluss auf die Grösse von
c_1 ziehen. Es genügt, zu erwähnen, dass die so erhaltenen
Werthe von c_1, die natürlich nur Grenzwerthe sind, der
Grössenordnung nach mit den aus meinen Versuchen berechneten übereinstimmen. Die aus Hall's Angaben bestimmten Grenzwerthe für c_1 schliessen die von mir gefundenen
Werthe ein.

Die geringe Geschwindigkeit, die für die Electricitätsbewegung aus den mitgetheilten Versuchsresultaten hervorgeht, steht natürlich durchaus nicht im Widerspruch mit der

---

1) Bei meinem Versuche (9) ist das Verhältniss $\frac{E}{E'} = 7700$, beim
Versuche (10) ist es 2500.

2) Hall gibt die Einheiten, die seinen Messungen zu Grunde
liegen, nicht an; indess ist es zweifellos, dass es Centimeter, Gramm,
Secunde sind; die Intensität des Magnetfeldes wird in Vielfachen der
Horizontalcomponente des Erdmagnetismus angegeben, und für diese heisst
es, dass sie gleich sei 0,19 (approximately). Ebenso sprechen dafür die
von Hall mitgetheilten Werthe für die Stärke des Stromes J, der durch
die Goldplatte (von 2,1 S.-E. Widerstand) hindurchfloss; diese liegen
zwischen 0,06 und 0,025, der Strom war durch einen Bunsen'schen Becher
geliefert.

ungeheuren Geschwindigkeit, mit der sich electrische Impulse fortpflanzen. Es scheint dies ähnlich zu sein, wie etwa die Fortpflanzung eines Impulses in einer unausdehnsamen Röhre, die mit einer sehr leicht beweglichen Flüssigkeit erfüllt ist; während sich der Impuls zur Bewegung mit sehr grosser Geschwindigkeit in der Flüssigkeit fortpflanzt, kann die Progressivbewegung der Flüssigkeitstheilchen selbst sehr langsam sein.

Was die Richtung des durch die magnetische Einwirkung auf die Goldplatte hervorgerufenen Stromes *i* in ihrer Abhängigkeit von der Polarität des Magnets und von der Stromrichtung *J* in der Platte selbst betrifft, so macht Hall darüber (p. 290) folgende Bemerkung: „If we regard an electric current as a single stream flowing from the positive to the negative pole, i. e. from the carbon pole of the battery throug the circuit to the zinc pole, in this case the phenomena observed indicate that two *currents*, parallel and in the same direction, tend to repel each other. If on the other hand, we regard the electric current as a stream flowing from the negative to the positive pole, in this case the phenomena observed indicate that two *currents* parallel and in the same direction tend to attract each other.

It is of course perfectly well known, that two *conductors*, bearing currents parallel and in the same direction, are drawn toward each other."

Hat nämlich der positive, d. h. der beim Kupfer (Kohle) aus dem Element herauskommende Strom *J* die Richtung des gefiederten Pfeiles *P* (Taf. IV Fig. 14), so ist die Richtung des durch die Magnetwirkung zu Stande gekommenen Stromes *i* die durch die Pfeile *p* bezeichnete, d. h. der Strom *i* fliesst so, als ob die Goldplatte ein Element geworden wäre, wobei *k* den Kupferpol, *h* den Zinkpol und *f* die Flüssigkeit vorstellte. Dabei befindet sich der Südpol des Electromagnets vor der Platte, der Nordpol hinter derselben.

Man erkennt sofort, dass diese Richtung des Stromes *i* mit der sogenannten Ampère'schen Regel nicht in Uebereinstimmung steht, dass nach letzterer vielmehr der Strom die entgegengesetzte Richtung haben müsste. Nimmt man hingegen an, dass die Electricität beim Zinkpole aus dem Element

herausfliesse, dass also in der Fig. 12 Taf. IV die Richtungen
aller Pfeile und die Vorzeichen umgekehrt werden, so muss die
Richtung des Stromes i so werden, wie sie die Beobachtung in
der That ergibt, dass nämlich h den Zinkpol, k den Kupferpol
eines Elementes vorstellt. Es bleibt dann die Ampère'sche
Regel bestehen; schwimmt die Figur nach jener Richtung,
nach welcher gemäss der bisherigen Anschauung der positive
Strom (der beim Kupfer aus dem Element herauskommende)
fliesst, so wird der Nordpol wieder zur Linken abgelenkt: da jedoch nach dem Obigen die Richtung des negativen Stromes die thatsächliche Bewegungsrichtung der Electricität zu sein scheint, so dürfte es zweckmässiger sein, die
Figur in der Richtung des negativen Stromes schwim-
men zu lassen, mit dem Gesicht der Nadel zugewandt, in
welchem Falle dann der Südpol zur Linken der Figur
abgelenkt würde. — Hall sagt zwar im Anschlusse an seine
oben angeführten Worte: „Whether this fact, taken in con-
nection with what has been said above, has any bearing
upon the question of the absolute direction of the electric
current, it is perhaps too early to decide", indess scheinen
die Beobachtungen doch die früher ausgesprochene Annahme
bezüglich der Stromrichtung zu fordern. Unabhängig von
der Annahme der Stromrichtung gilt für unser Phänomen
die Regel, dass man, vom Südpole aus gesehen, von
der Eintrittsstelle des Stromes J in die Platte zur
Eintrittstelle des Stromes i durch eine Bewegung
entgegengesetzt jener des Uhrzeigers gelangt; das
Gleiche gilt bezüglich der Austrittsstellen der
Ströme J und i aus der Platte.

Zum Schlusse muss ich erwähnen, dass ich auch, jedoch
bisher vergeblich, die Geschwindigkeit der Electricitätsbewegung in einer Aluminiumplatte zu bestimmen versuchte. Es
gelang mir nämlich nicht, einen constanten Strom durch
die Platte hindurchzusenden; dies mag wohl in der eigenthümlich flockigen Beschaffenheit, welche dünne Plättchen
dieses Metalles zeigen, seinen Grund haben. Von höchstem
Interesse aber wäre es, wenn Versuche mit sehr dünnen
Flüssigkeitsschichten sich erfolgreich anstellen liessen.

V. *Methode für die Calibrirung eines zu galvanischen Messungen bestimmten Drahtes; beschrieben von W. Giese.*

Der im vorigen Hefte der Annalen enthaltene Aufsatz der Herren Strouhal und Barus über galvanische Calibrirung eines Drahtes hat Herrn Geheimrath Helmholtz veranlasst, mich mit Veröffentlichung der Methode zu beauftragen, welche nach einem von ihm angegebenen Plane in neuester Zeit zu dem gleichen Zweck im hiesigen physikalischen Institut angewendet worden ist. Das Verfahren hat vielleicht noch nicht denjenigen Grad von Verfeinerung erreicht, den es erreichen könnte. Nachdem aber die Frage nach einer einfachen, von vorausgegangenen anderweitigen Messungen unabhängigen Calibrirungsmethode einmal von neuem[1]) angeregt worden ist, soll in Kürze die Methode in der Form, zu der sie bis jetzt entwickelt worden ist, mitgetheilt werden.

Folgende Betrachtungen liegen dem Verfahren zu Grunde: Bei der in Taf. IV Fig. 13 dargestellten Drahtverbindung mögen sich in E und e zwei Elemente befinden, sodass, wenn die Drähte Aa und Bb entfernt würden, zwei von einander unabhängige vollständige Stromkreise I und II übrig bleiben würden. Sind die electromotorischen Kräfte und die Widerstände in allen Zweigen der Drahtcombination gegeben, so sind dadurch die Stromintensitäten bestimmt, speciell auch die im Zweige Bb, sie möge mit i bezeichnet werden. Umgekehrt wird man, wenn die Punkte A und B auf I verschoben werden, etwa nach A', B', und dabei i ungeändert bleibt, schliessen dürfen, dass der Widerstand zwischen A' und B' gleich jenem zwischen A und B sei. Fällt insbesondere A' mit B zusammen, so wird durch diesen Punkt der Widerstand auf der Strecke AB' halbirt. Somit ist man im Stande, durch Vergleichung zweier Stromintensitäten einen gegebenen Widerstand zu halbiren. Indem man auf die gewonnenen Hälften fortgesetzt dasselbe Verfahren anwendet, kommt man zu einem Calibrirungsverfahren, welches

---

1) Dehms, Brix Z. S. **15.** p. 270, hat schon 1866 die Grundzüge einer derartigen Methode gegeben.

dem von Rudberg[1]) für Thermometer angegebenen analog
ist, insofern aber unmittelbarer zum Ziel führt, als die gesuchten Punkte, welche den Widerstand in 2, 4, 8 .... gleiche
Stücke theilen, hier unmittelbar abgelesen werden, während
sie bei der Calibrirung von Thermometern erst berechnet
werden müssen, nachdem durch die Messungen selbst ermittelt ist, wie weit der benutzte Quecksilberfaden von der
gewünschten Länge abweicht. In der That ist auch bei
Herausbildung der Methode die Analogie mit der Thermo-
metercalibrirung und besonders mit dem Rudberg'schen Verfahren der leitende Gedanke gewesen.

Für die praktische Ausführung werden die einzelnen
Theile in der durch Taf. IV Fig. 16 dargestellten Weise
angeordnet: Im Stromkreise I ist zwischen P und Q der zu
calibrirende Draht ausgespannt, im Kreise II zwischen a
und c ein beliebiger Hülfsdraht; dessen eines Ende a und
ein passend zu wählender Punkt b sind mit den Näpfen 1,
resp. 2 einer Pohl'schen Wippe verbunden, in der Leitung $b2$
befinden sich ein Galvanometer G und ein Stromschlüssel σ.
Soll nun auf dem Draht PQ der Widerstand AB' halbirt
werden. so hat man A mit Napf 3, B' mit Napf 6 der Wippe
zu verbinden, die Näpfe 4 und 5 aber mit einem auf PQ
verschiebbaren Contact M. Denkt man zunächst durch die
Wippe die Verbindungen 13 und 24 hergestellt, d. h. aA
und bM, so kann b leicht so eingestellt werden, dass die
Ablenkung in G, wenn σ geschlossen wird, eine sehr geringe
ist. Wird nun die Wippe umgelegt und dadurch a mit M,

---

1) Rudberg, Pogg. Ann. **40.** p. 567. 1837. Rudberg gibt zwei Schemata,
nach denen verfahren werden kann; hier ist auf das zweite Bezug genommen. Will man aus irgend welchem Grunde den Widerstand gerade in drei
gleiche Stücke theilen, so kann man das nach dem obigen Principe auch.
Sollte z. B. ein 1000 mm langer Draht calibrirt werden, so würde man
von der Strecke 0 bis 333,3 ausgehend, die Strecke 333,3 bis x_1 zu suchen
haben, deren Widerstand dem der ersteren gleich ist, und ebenso die entsprechende Strecke x_2 bis 1000. Aus der Differenz $x_1 - x_2$ ergibt sich,
um wie viel die erste Strecke zu kurz war, und darnach werden durch
einen neuen Versuch oder Rechnung, ganz wie bei Thermometern, die
Punkte $^1/_3$ und $^2/_3$ gefunden.

b mit *B'* verbunden, so entspricht das der Verschiebung der Punkte *A B* nach *A' B'* in Taf. IV Fig. 15, d. h. es wird die Galvanometernadel nur dann in ihrer früheren Stellung bleiben, wenn die Widerstände *A M* und *M B'* gleich sind, vorausgesetzt, dass die Summen der Widerstände *a* 13 *A* + *M* 42 *b* und *a* 15 *M* + *B'* 62 *b* nicht verschieden sind. Bei schwachem Strom und grossem Widerstand im Galvanometerzweige werden indessen kleine Unterschiede unschädlich sein. Man hat also den Contact *M* zwischen *A* und *B'* so einzustellen, dass das Umlegen der Wippe keine Wirkung auf das Galvanometer ausübt.

Stillschweigend ist im Vorigen die Annahme gemacht, dass die electromotorischen Kräfte bei *E* und *e* constant seien. Diese Voraussetzung lässt sich in Wirklichkeit nicht erfüllen, es werden sich daher die Stromintensitäten in den zwei Kreisen mit der Zeit etwas ändern, also auch der durch den Galvanometerzweig fliessende Strom *i*. Diese Schwankungen beeinträchtigen aber die Sicherheit im Einstellen von *M* durchaus nicht, wofern sie nur nicht so gross und unregelmässig werden, dass sie die durch Umlegen der Wippe auf die Galvanometernadel ausgeübten Stösse verdecken. Wenn nicht ganz besonders hohe Anforderungen an die Feinheit der Calibrirung gestellt werden, dürften schon gewöhnliche Daniell'sche Elemente ausreichend constante Ströme liefern.

Es könnte gegen das beschriebene Verfahren eingewendet werden, dass es die Anwendung dauernder Ströme bedinge, welche den Draht erwärmten und zwar ungleichmässig, da in mehr Widerstand bietenden Stellen mehr Wärme entwickelt werde, und da, was grösseren Einfluss haben könnte, an den Contactstellen und dort, wo der Draht befestigt sei, mehr von dieser Wärme durch fremde Körper abgeleitet werden würde, als an freiliegenden. Am einfachsten war es, hierüber durch den Versuch zu entscheiden: Die etwa vorhandenen Temperaturdifferenzen müssten dem Quadrat der Stromstärke proportional, und daher die durch sie verursachten Fehler bei stärkeren Strömen viel grösser sein. Gibt aber die Calibrirung für zwei Ströme sehr verschiedener

Stärke merklich gleiche Resultate, so ist die fragliche Fehlerquelle ohne Einfluss gewesen.

Nachdem Versuche an Drähten von 1000 mm Länge keine Abhängigkeit der Calibrirung von der Stromstärke hatten erkennen lassen, wurde der Versuch an einem ungefähr 2900 mm langen Neusilberdraht wiederholt, der aus 3 Stücken bestand, einem mittleren von 1500 und zwei seitlichen von 700 mm Länge. Die drei Theile waren unter einander und mit den Zuleitungsdrähten durch auf einem starken Brett befestigte Neusilberklötze verbunden, um thermoelectromotorische Kräfte wenigstens innerhalb des zu untersuchenden Leiters selbst ganz auszuschliessen; die Drahtstücke waren mit den Klötzen verlöthet. Unter dem mittleren Theil, der allein calibrirt werden sollte, war auf dem Brett eine Millimeterscala aufgeklebt, auf der von einem Ende angefangen bis zum andern durchgezählt wurde, von 0 bis 1500. Die auf ihr abgelesenen Zahlen werden als abgelesene Scalentheile bezeichnet.

Die Contacte bei A, M, B' bestanden in 0,25 mm dicken Neusilberdrähten, welche den ausgespannten kreuzten. Sie waren an 4 cm breiten, 9 cm langen, mit Bleigewichten von $1\frac{1}{2}$ Pfund beschwerten Rahmen aus Holzbrettchen ausgespannt, sodass ihre Stellung gegen die Scala von oben durch eine auf die Bleigewichte gekittete Convexlinse von 2 Zoll Brennweite abgelesen werden konnte, während die Beleuchtung von vorn durch einen kleinen in der Mitte durchbrochenen Spiegel unter der Linse bewirkt wurde, der um 45° gegen die Verticale geneigt war. Taf. IV Fig. 17 zeigt solchen Contactschlitten von vorn gesehen, bei D den am Rahmen K befestigten Draht, bei B die Bleiklötze, Spiegel und Linse bei S und L. So liess sich die Ablesung mit ziemlicher Sicherheit auf 0,05 mm treiben, die Empfindlichkeit des Galvanometers würde noch genauere Einstellung erlaubt haben.[1] Die Contactdrähte D waren weiterhin mit

---

[1] Damit durch die Benutzung von drei Schlitten nicht Irrthümer entstehen, muss man sich überzeugen, dass sie, wenn sie an derselben Stelle berühren, auch gleiche Ablesung ergeben. Für die Mitte des

langen stärkeren Neusilberdrähten verlöthet, welche zur Verbindung mit den Kupferdrähten der übrigen Leitung dienten. Die Berührungsstellen von Neusilber und Kupfer lassen sich so besser vor Wärmestrahlung schützen, als wenn sie dicht an dem Schlitten selbst liegen. Der Widerstand in der Galvanometerleitung betrug nie weniger als 100 S.-E., sodass ein Einfluss von Unregelmässigkeiten in den verschiebbaren Contacten auf die Stromstärke im Galvanometer nicht zu befürchten war; übrigens wurde dafür gesorgt, dass bei der letzten, feinen Einstellung der Schlitten die mit Fernrohr und Spiegel beobachtete Ablenkung nur wenige Scalentheile betrug.

Mit diesem Apparat wurden zwei Calibrirungen des mittleren Drahtstückes vorgenommen, wobei dasselbe in Abschnitte, die $\frac{1}{16}$ des Gesammtwiderstandes gleich kamen, getheilt wurde. Bei beiden Versuchen wurde im Kreise I dasselbe Element benutzt, der Widerstand betrug im ersten Falle 91,4 S.-E., im zweiten 11,4, sodass die Stromintensitäten sich wie 1:8 verhielten, und die von der Stromwärme herrührenden Temperaturdifferenzen auf dem Neusilberdraht sammt den durch sie verursachten Fehlern im zweiten Falle 64mal so gross wie im ersten sein mussten. Die folgende Tafel giebt in der 2. und 3. Columne die abgelesenen Scalentheile, welche den Draht in der durch Columne 1 gekennzeichneten Weise theilen. Nimmt man an, der Draht sei genau 2936 mm lang gewesen, wovon auf die Strecke vom Anfang des Drahtes bis zum 0.-Punkt der Scala unter dem mittleren Stück 721 mm kommen mögen, so wäre 721 zu den abgelesenen Scalentheilen zu addiren, um den Abstand vom Anfang des Drahtes zu erhalten, wie das in Columne 4 für die Zahlen des zweiten Versuchs geschehen ist, während die Werthe bei einem gleichmässigen Draht die in Columne 5 sein müssten. Die letzteren wären also die berichtigten Scalentheile, sie werden aus den abgelesenen

Drahtes gaben Schlitten 1: 745,9, Schlitten 2: 745,9, Schlitten 3: 745,95, in den beiden ersten Fällen entstand aber Zweifel, ob nicht 745,95 abzulesen gewesen wäre.

erhalten, wenn man zu diesen 721 und die in Columne 6 gegebenen Correctionen addirt.

Widerstand v. Anfang bis zum Schlitten	abgelesene Scalentheile		Abstand vom Anfang	berichtigte Scalentheile	Correction
	1. Versuch	2. Versuch			
$\frac{1}{4}$ *W*	18,05	18,0	784	784	±0
$\frac{5}{16}$	197,2	197,2	918,2	917,5	−0,7
$\frac{3}{8}$	879,9	879,95	1100,95	1101	+0,05
$\frac{7}{16}$	561,8	561,9	1282,9	1284,5	+1,6
$\frac{1}{2}$	745,95	745,95	1466,95	1468	+1,05
$\frac{9}{16}$	929,8	929,8	1650,80	1651,5	+0,7
$\frac{5}{8}$	1114,0	1114,0	1835	1835	±0
$\frac{11}{16}$	1297,85	1297,95	2018,95	2018,5	−0,45
$\frac{3}{4}$	1480,1	1480,2	2201,2	2202	+0,8

Die Uebereinstimmung zwischen den Einstellungen der zwei Versuchsreihen reicht aus, um alle Bedenken gegen Anwendung permanenter Ströme zu beseitigen, mindestens für Ströme wie den im ersten Versuch benutzten. Wahrscheinlich ist aber die zweite Reihe zuverlässiger, weil bei geringerer Stromstärke die thermoelectrischen Kräfte, welche in den Zweigen 8 *A*, 45 *M*, 6 *B'* (Taf. IV Fig. 16) etwa ihren Sitz haben, mehr ins Gewicht fallen. Dass solche vorhanden waren, liess sich durch Oeffnen der Schlüssel bei *s* und *S* feststellen. Dann wirkten die Thermoströme allein auf das Galvanometer, und durch Umlegen der Wippe wurde bestimmt, welchen Einfluss sie etwa auf die Einstellung von *M* gehabt haben könnten. Uebersteig der Ausschlag beim Umlegen den Betrag, welcher einer Verschiebung von *M* um 0,1 mm entsprach, so wurde gewartet, bis die Thermoströme verschwunden waren, und von neuem eingestellt. Indem man die drei Berührungsstellen von Neusilber und Kupfer in den oben genannten Zweigen durch eine gemeinsame Hülle gegen Strahlung schützte, liesse sich auch diese Fehlerquelle ganz beseitigen.

Um die Calibrirung noch auf andere Art zu prüfen, wurde nun der Draht zu zwei Widerstandsmessungen mit der Kirchhoff-Wheatstone'schen Drahtcombination benutzt, bei der ersten verhielten sich die zu vergleichenden Widerstände wie 1 : 3 ungefähr, bei der zweiten wie 3 : 5; die Messungen wurden mit momentanen Strömen ausgeführt.

Je nachdem der kleinere Widerstand mit dem einen oder anderen Ende des Drahtes verbunden wird, erhält man verschiedene Einstellungen. Diese waren:

| Widerstände 1 : 3 | 1479,55 | Widerstände 3 : 5 | 1113,8 |
| | 13,6 | | 380,1 |

Indem man die Correctionen nach der Tafel anbringt, erhält man die berichtigten Scalentheile:

2201,35	1834,8
734,6	1101,15
2935,95	2935,95

Die Summe der zusammengehörigen berichtigten Scalentheile hätte gleich der berichtigten Gesammtlänge 2936 des Drahtes sein sollen.

Berlin, 7. Juli 1880.

VI. *Ueber die Wirkung von Gasen und Dämpfen auf die optischen Eigenschaften reflectirender Flächen; von P. Glan.*

Dass Gase und Dämpfe die physikalischen Eigenschaften der Oberflächen fester Körper ändern können, auch wenn sie nicht augenscheinlich chemisch auf sie einwirken, ist vielfach beobachtet worden. Man führt ihren Einfluss einmal darauf zurück, dass sie sich an den ihnen zugänglichen Theilen der Oberfläche verdichten und so die Körper mit einer Schicht dichteren Gases bedecken, die an ihnen haftet, auch unter Druck- und Temperaturverhältnissen, unter denen sich die Gase und Dämpfe sonst nicht niederzuschlagen pflegen, und nimmt als Grund dieser Verdichtung Molecularkräfte an, die nur in unmittelbarer Nähe der Oberfläche zwischen den Theilen des festen Körpers und denen der Gase und Dämpfe thätig sein sollen. Ihre Hauptstütze findet diese Annahme in der Entstehung der Hauchbilder und der Erklärung, die Waidele ihnen gegeben hat. Wir kennen indessen auch andere Einwirkungen zwischen Gasen und Dämpfen und festen Körpern; einmal findet ein wirkliches Eindringen derselben

auch in Körper statt, die nicht augenscheinlich porös sind,
und dann haben chemische Einwirkungen statt. Die letzteren
brauchen hierbei nicht sogleich bemerkbar zu sein, können
aber doch mit der Zeit die Körper von der Oberfläche aus
langsam verändern. Hierher sind wohl die allmählichen Aenderungen der Brechungsexponenten der Oberflächenschichten
einiger festen Körper zu zählen, Aenderungen, die verschwinden, wenn man die Oberflächenschichten fortschleift,
sodass neue, nicht mit der Luft in Berührung gewesene
Schichten die Oberfläche bilden. So gibt es wenigstens
Quincke für Quarzplatten, die 20 Jahre gelegen hatten, und
für Glasplatten an. Die Art des Anschleifens muss hierbei
wohl stets dieselbe sein, sollen frischgeschliffene Flächen von
ein und demselben Stück immer den gleichen Werth des
Brechungsexponenten ergeben. Wenigstens erwähnt Seebeck,
dass er den Brechungsexponenten eines Glases, wie er sich
aus der Beobachtung des Polarisationswinkels ergab, nach
sechs und vierzehn Wochen unverändert gefunden habe, dagegen merklich anders, und zwar bald grösser, bald kleiner,
wenn er dasselbe Glas mehrmals vom Mechaniker anschleifen
liess. Auch Seebeck führt ein Beispiel an, dass frische Spal-
tungsflächen der Zinkblende andere Brechungsexponenten,
wie sie sich aus dem Polarisationswinkeln ergeben, haben,
als alte Flächen.

Der Einfluss der Politur auf die optische Beschaffenheit der Oberfläche ist für uns von Wichtigkeit, insofern er
uns zeigt, dass wir gleiche optische Eigenschaften bei Oberflächen derselben Substanz nur dann erwarten können, wenn
sie bei der Herstellung in völlig gleicher Weise mechanisch
behandelt worden sind. Will man optisch gleiche Flächen
haben, so ist es daher wohl am besten, eine Herstellungsart
zu wählen, bei der eine starke mechanische Einwirkung auf
die Substanz des Körpers überhaupt nicht stattfindet. Dieser
Einfluss der Politur erklärt sich wohl daraus, dass während
des Polirens in der Oberfläche Dilatationen entstehen, die die
Elasticitätsgrenze überschritten haben und daher dauernde
Dichtigkeitsänderungen zurücklassen; je nachdem hierbei der
normale Druck oder tangentiale Zug der stärkere gewesen ist,

mögen dauernde Verdichtungen oder Verdünnungen zurückbleiben. Interessant wäre es, zu beachten, ob Körper, die
geringe dauernde elastische Nachwirkung zeigen und diese
nur nach der Einwirkung grosser Kräfte, weniger abhängig
von der Art der Politur in Bezug auf die optischen Eigenschaften ihrer Oberflächen sind.

Die Versuche, welche die Aenderungen der Eigenschaften der Oberflächen der Körper unter der Einwirkung
von Gasen oder Dämpfen darthun, seien nun diese Aenderungen die Folge einer wirklichen Absorption oder des An-
haftens einer condensirten Gasschicht oder die Folge von
schwer nachweisbaren chemischen Einwirkungen, stimmen
darin überein, dass Körper, die diese Einwirkungen erfahren
haben, lange in ihrem veränderten Zustande beharren und
nur durch besondere Mittel wieder von ihm befreit werden
können. Nehmen wir also condensirte Gasschichten an ihren
Oberflächen an, so müssen wir uns vorstellen, dass sie, einmal
entstanden, lange an ihnen haften. In dieser Arbeit habe ich
mir nun zunächst die Aufgabe gestellt, zu untersuchen, ob Körper, die künstlich mit einer Atmosphäre von Kohlensäure umgeben wurden, sich optisch anders verhalten als solche, die
nur der Luft ausgesetzt waren. Und zwar habe ich speciell
untersucht, ob Silberplatten, mit einer Schicht Kohlensäure
bedeckt, andere Phasenunterschiede bei der Reflexion erzeugen
als Platten, die nur in der Luft gelegen hatten, und die
man daher mit einer dichteren Luftschicht bedeckt denken muss.

• Die Frage ist von Interesse für die Optik; der Nachweis eines solchen Einflusses würde nöthig machen, dass
man bei der Bestimmung der Reflexionsconstanten besonders darauf achtet, welchen Gasen und Dämpfen die untersuchten Flächen seit ihrer Herstellung überhaupt ausgesetzt
waren. Und auch die Theorie der Reflexion des Lichtes
müsste einen allmählichen Uebergang aus dem einen Medium
in das andere in Rechnung ziehen, wie es ja auch schon von
Green angefangen und von Lorenz und v. d. Mühll in
weiterem Umfange versucht worden ist.

Zunächst galt es, überhaupt festzustellen, wie weit sich
aus demselben Material Flächen mit gleichen optischen Eigen-

schaften herstellen lassen ohne die verschiedene Einwirkung verschiedener Gase. Einmal musste hierbei die Politur ausgeschlossen werden, denn die Beobachtungen Seebeck's zeigen mit Sicherheit, dass verschiedener Druck bei derselben optisch verschiedene Flächen erzeugt. Ferner mussten die äusseren Bedingungen, unter denen die auf chemischem Wege nach dem Martin'schen Verfahren erzeugten Silberspiegel hergestellt wurden, möglichst gleich sein, denn Aenderungen der Temperatur und chemischen Beschaffenheit der Niederschlagsflüssigkeit ändern auch die Spiegel. Wenn man sich daher mehrere Spiegel auf Glasstücken aus derselben Platte zugleich in derselben Niederschlagsflüssigkeit bilden liess und den Silberniederschlag so regelte, dass man ohne weiteres spiegelnde Flächen erhielt, die nicht polirt zu werden brauchten, so durfte man hoffen, Silberspiegel von möglichst gleicher optischer Beschaffenheit zu erhalten. Ich verfuhr danach folgendermassen:

Es wurden vier Glasplatten von etwa 1 qcm Oberfläche und 5—6 mm Dicke sorgfältig mit Salpetersäure gereinigt, mit destillirtem Wasser abgespült und zugleich in ein Gefäss getaucht, das mit Martin'scher Versilberungsflüssigkeit angefüllt war. Die Glasplatten wurden entweder auf ein Brett gekittet, das mit einem Stiel versehen war und an einem Statif befestigt werden konnte, oder auf den Boden des Gefässes gelegt. Im ersteren Falle wurden die Glasplatten von oben her so weit in die Flüssigkeit getaucht, dass die zu versilbernden Flächen etwa 2—3 mm unter der Flüssigkeitsoberfläche lagen, im zweiten Falle stand ·die Flüssigkeit ebenfalls 2—3 mm über ihnen. Nachdem sich die Silberspiegel durch Niederschlag aus der Flüssigkeit gehörig ausgebildet hatten, wurden zwei von ihnen herausgenommen, mit destillirtem Wasser abgespült und an der Luft getrocknet. Untersucht wurden sie auf den Phasenunterschied, den sie bei der Reflexion zwischen den beiden Hauptcomponenten erzeugten, und zwar in bekannter Weise mit dem Jamin'schen Compensator. Die Versuchsanordnung war folgende. Das Collimatorrohr eines kleinen Goniometers mit verticalem Theilkreis und Ablesungen auf halbe Minuten trug am vorderen Ende einen Nicol mit Theilkreis. Aus dem

Beobachtungsfernrohr waren die Linsen herausgenommen, und auf sein inneres Ende der Compensator aufgesetzt, auf sein äusseres gleichfalls ein Nicol mit Theilkreis. Die Einstellung des Compensators und der Nullpunkt des Nicols geschah durch Beobachtung im reflectirten Licht einer Glasplatte, die parallel zur Drehungsaxse des Apparates eingestellt war. Beobachtet wurde im weissen Licht einer Gaslampe. Die Glasplatte wurde durch die Backen einer kleinen schraubstockartigen Vorrichtung gehalten, die auf der Mitte des Tischchens befestigt war; an ihre Stelle wurden die Silberspiegel gesetzt, die somit dieselbe Lage wie jene hatten. Bei verschiedenen Einfallswinkeln wurden die beiden Röhren in entsprechender Weise im Theilkreis eingestellt und die Spiegel so gedreht, dass die Interferenzstreifen des Compensators in grösster Deutlichkeit erschienen. Die Lage des Interferenzstreifens wurde bei jedem Einfallswinkel durch vier, mitunter auch sechs Einstellungen am Compensator festgestellt. Wenn ich so denselben Silberspiegel mehrmals in der beschriebenen Weise auf denselben Einfallswinkel einstellte, erhielt ich im Mittel als Gangunterschied in Tausentel Wellenlängen:

.	i	30°	35°	40°
Erste Einstellung		0,032	0,088	0,059
Zweite Einstellung		0,032	0,088	0,061

Danach kann man die Unterschiede beurtheilen, die durch verschiedenartige Einstellung des Silberspiegels entstehen können. Wenn ich so je zwei Spiegel verglich, die in gleicher Weise und zu gleicher Zeit hergestellt waren, erhielt ich als Unterschied zwischen ihnen im Mittel aus sieben Versuchen, und als Maximal- und Minimalunterschied in Tausentel Wellenlängen:

i	Mittel	Max.	Min.	i	Mittel	Max.	Min.
30°	6	10	0	60°	15	30	2
35°	8	14	3	65°	19	48	5
40°	7	14	2	70°	16	38	8
45°	9	18	1	75°	16	36	4
50°	12	28	2	80°	11	25	6
55°	16	25	5	85°	18	18	18

Bei dem benutzten Compensator entsprachen einem Gangunterschied von einer Wellenlänge eine Drehung der Schraube des Compensators um 400 Scalentheile. Hervorheben will ich noch, dass der zweite Spiegel meist einen Tag später als der erste untersucht wurde und daher länger dem Einfluss der Luft ausgesetzt war. Ich fand wohl den Gangunterschied an ihm öfter grösser als kleiner, als an dem zuerst untersuchten, aber doch nicht in so überwiegender Mehrzahl, dass ich daraus auf einen veränderten Einfluss der Luft im Laufe eines Tages hätte schliessen können. Die Dicke der Spiegel, die für zu verschiedener Zeit bereitete Spiegel verschieden war, und die durch Aufdrücken einer Glaslinse auf die nach der Untersuchung des Phasenunterschiedes zur Hälfte von Silber befreiten Spiegel aus den dann gleichzeitig auf Silber und Glas sichtbaren Newton'schen Ringen bestimmt wurde, war stets grösser als $0,1 \lambda_D$, also grösser als die Dicke, bis zu der sich nach Quincke Polarisationswinkel und Hauptazimuth mit der Dicke ändern. Sie schwankte bei verschiedenen Spiegeln zwischen $0,2 \lambda_D$ und $1,7 \lambda_D$, für die zu gleicher Zeit bereiteten Spiegel war sie meist wenig verschieden.

Diejenigen Versuche, aus denen man geglaubt hat, auf das Vorhandensein einer verdichteten Gasschicht an der Oberfläche der Körper schliessen zu können, stimmen darin überein, dass eine solche, einmal entstanden, lange an den Körpern haftet, auch wenn sie in eine Atmosphäre gebracht werden, die von derjenigen verschieden ist, in der sich die Schicht gebildet hat. Und die Untersuchungen von Waidele über die Entstehung der Hauchbilder auf Silberplatten zeigen, dass die Bedeckung einer frisch polirten Platte mit kohlensäurehaltigem Kohlepulver in dem Zeitraum von 1 bis 2 Minuten genügt, um die Eigenschaften ihrer Oberfläche zu ändern, also sie, im Sinne der Waidele'schen Erklärung, mit einer Schicht verdichteter Kohlensäure zu bedecken.

Danach stellte ich meine Versuche in folgender Weise an. Vier Glasplatten wurden in der vorher beschriebenen Weise zugleich, nach sorgfältiger Reinigung mit Salpetersäure in ein Gefäss mit Versilberungsflüssigkeit getaucht und versilbert. ·

Zwei von ihnen wurden herausgenommen, mit destillirtem Wasser abgespült,· und so, dass die versilberten Flächen vertical standen, auf Fliesspapier gesetzt und an der Luft getrocknet; die beiden anderen wurden unmittelbar darauf ebenso gereinigt und in derselben Weise mit ihren versilberten Flächen vertical auf den Boden eines grossen Becherglases gelegt, ebenfalls auf Fliesspapier. Dieses Becherglas war mit Kohlensäure gefüllt und mit einer Glasplatte bedeckt, die das Eindringen der Luft erschwerte; das Gefäss wurde von Zeit zu Zeit von neuem mit Kohlensäure gefüllt, sodass die Platten stets einige Stunden in Kohlensäure lagen. Die ersten Platten konnten sich danach mit einer verdichteten Luftschicht bedecken, die zweiten, die nach ihrer Versilberung mit Luft gar nicht in Berührung gewesen waren, mit einer Schicht verdichteter Kohlensäure, und es liess sich untersuchen, ob die Kohlensäureatmosphäre in der die letzteren getrocknet waren, ihre optischen Eigenschaften verändert hatte.

Von je zwei zugleich hergestellten Silberspiegeln, die in Kohlensäure gelegen hatten, wurde der eine oft einige Stunden, der andere einen, oder in einigen Fällen selbst zwei und drei Tage nach der Herstellung untersucht, aber ich habe auch nicht die Andeutung eines Einflusses der Zeit gefunden, wie er sich bei den an der Luft getrockneten Spiegeln vielleicht bemerkbar gemacht hatte, der erzeugte Phasenunterschied fand sich für gleiche Einfallswinkel ebenso oft beim ersten, als beim zweiten Spiegel etwas grösser.

Bei den ersten drei Versuchsreihen hatte ich die Kohlensäure, die aus weissem Marmor durch Chlorwasserstoffsäure entwickelt wurde, durch ein längeres Glasrohr aus dem Entwicklungsapparat unmittelbar auf den Boden des Becherglases geleitet und das Gas langsam aus dem Gasentwicklungsapparat austreten lassen, sodass ein Mitfortreissen der Flüssigkeit möglichst vermieden wurde. Ich erhielt dabei einmal stets ziemlich grosse Unterschiede der Phasendifferenz zwischen den beiden gleichzeitig bereiteten Spiegeln, die in

Kohlensäure gelegen hatten, und dann waren in allen drei
Versuchsreihen die Mittel der an diesen beiden Spiegeln erhaltenen Werthe grösser als diejenigen, welche an den beiden
gleichzeitig bereiteten, aber in der Luft getrockneten Spiegeln erhalten wurden. Ich hebe hervor, dass die beiden
ersteren im allgemeinen kein merklich anderes Aussehen
hatten; sie waren vielleicht etwas gelblicher als die an der
Luft getrockneten, aber kaum erheblich viel. Ich gebe hier
ein Beispiel: die Tabelle gibt die Werthe des erzeugten
Gangunterschiedes für die vorgesetzten Einfallswinkel für
weisses Licht. Sie enthält zugleich die Mittel aus den beiden Spiegeln in Kohlensäure und in Luft und in der letzten
Reihe die Differenzen dieser Mittel. Silber in Kohlensäure,
weniger Silber in Luft. Die Gangunterschiede sind in Wellenlängen angegeben:

Tabelle 1. Ag.

i	in CO_2	in CO_2	Mittel	in Luft	in Luft	Mittel	Δ
30°	0,034	0,048	0,041	0,025	0,032	0,028	+0,013
35°	0,053	0,070	0,061	0,044	0,055	0,049	+0,012
40°	0,068	0,093	0,080	0,060	0,068	0,064	+0,016
45°	0,090	0,122	0,106	0,080	0,090	0,085	+0,021
50°	0,120	0,158	0,139	0,104	0,117	0,110	+0,019
55°	0,153	0,205	0,179	0,135	0,152	0,142	+0,037
60°	0,180	0,245	0,212	0,164	0,180	0,172	+0,040
65°	0,219	0,292	0,255	0,202	0,214	0,208	+0,047
70°	0,270	0,332	0,301	0,252	0,265	0,258	+0,043
75°	0,328	0,387	0,357	0,302	0,317	0,309	+0,048
80°	0,394	0,424	0,409	0,370	0,376	0,373	+0,036
85°	0,443	0,456	0,449	0,434	0,452	0,443	+0,006

Da indessen die geringen Mengen Chlorwasserstoffsäure,
die die Kohlensäure bei diesen Versuchen vielleicht erhalten
hatte, die Oberflächen der Silberspiegel chemisch verändert
haben konnten und hierdurch möglicher Weise der Unterschied
des erzeugten Gangunterschiedes entstanden war, so liess ich
in den folgenden Versuchen das entwickelte Gas erst langsam
durch eine mit Wasser gefüllte Waschflasche gehen, um es
von der Chlorwasserstoffsäure zu befreien. Ich stellte in
dieser Weise sechs Versuchsreihen an. Bei allen wurden
vier Silberspiegel zugleich hergestellt, zwei von ihnen an der
Luft getrocknet und zwei in einer Atmosphäre von Kohlen-

säure, die von Chlorwasserstoffsäure frei war. Diese Spiegel wurden dann in der angegebenen Art und Weise mit dem Compensator untersucht. Hierbei zeigte sich kein Unterschied mehr zwischen dem an der Luft und den in reiner Kohlensäure getrockneten Spiegeln. Ich theile hierfür zwei Beispiele mit.

Tabelle 2. Ag.

i	in CO_2	in CO_2	Mittel	in Luft	in Luft	Mittel	Δ
30°	0,026	0,025	0,025	0,025	0,030	0,027	−0,002
35°	0,039	0,039	0,039	0,036	0,039	0,037	+0,001
40°	0,059	0,057	0,058	0,047	0,057	0,052	+0,006
45°	0,078	0,074	0,076	0,076	0,077	0,076	±0,000
50°	0,106	0,097	0,101	0,095	0,102	0,098	+0,003
55°	0,132	0,123	0,127	0,137	0,132	0,134	−0,007
60°	0,168	0,163	0,165	0,167	0,165	0,166	±0,000
65°	0,203	0,195	0,199	0,199	0,194	0,196	+0,002
70°	0,258	0,247	0,252	0,254	0,247	0,250	+0,002
75°	0,310	0,297	0,303	0,294	0,298	0,296	+0,007
80°	0,365	0,352	0,358	0,356	0,362	0,359	−0,001

Tabelle 3. Ag.

i	in CO_2	in CO_2	Mittel	in Luft	in Luft	Mittel	Δ
30°	0,043	0,043	0,043	0,040	0,049	0,044	−0,001
35°	0,057	0,057	0,057	0,049	0,063	0,056	+0,001
40°	0,076	0,073	0,074	0,071	0,085	0,078	−0,004
45°	0,104	0,095	0,099	0,092	0,110	0,101	−0,002
50°	0,136	0,131	0,133	0,115	0,141	0,128	+0,005
55°	0,163	0,157	0,160	0,145	0,170	0,157	+0,003
60°	0,201	0,191	0,196	0,180	0,210	0,195	+0,001
65°	0,234	0,227	0,230	0,208	0,256	0,232	−0,002
70°	0,277	0,278	0,277	0,204	0,302	0,283	−0,006
75°	0,323	0,323	0,323	0,310	0,346	0,328	−0,005
80°	0,380	0,383	0,381	0,375	0,400	0,387	−0,006

Danach wurden also die frisch bereiteten Silberspiegel durch reine Kohlensäure nicht verändert, soweit es sich um den bei der Reflexion an ihnen erzeugten Phasenunterschied zwischen den beiden Hauptcomponenten eines Lichtstrahles handelt, dagegen scheint nach den ersten Versuchen eine Aenderung einzutreten, wenn sie einer Atmosphäre ausgesetzt werden, die Dämpfe enthält, welche chemisch auf sie einwirken. Diese Einwirkungen können übrigens sehr geringe sein.

Um weiter zu verfolgen, ob der Aufenthalt einer Platte in Dämpfen, die nicht chemisch auf sie einwirken, ihre optischen Eigenschaften, soweit sie sich in der Erzeugung eines Phasenunterschiedes zwischen den beiden Hauptcomponenten bei der Reflexion äussern, nicht ändert, stellte ich folgenden Versuch an:

Eine Glasplatte wurde versilbert und unmittelbar aus der Versilberungsflüssigkeit heraus in eine Atmosphäre von reiner Kohlensäure in einem Becherglase gebracht und dort getrocknet. Achtzehn Stunden nach der Versilberung untersucht, gab sie folgende Gangunterschiede:

$$30^0 \quad 0{,}043 \qquad 60^0 \quad 0{,}179 \qquad 70^0 \quad 0{,}268.$$

Darauf liess ich sie frei an der Luft liegen und untersuchte sie nach zwei Tagen wieder. Ich erhielt:

$$60^0 \quad 0{,}175 \qquad 70^0 \quad 0{,}264,$$

kaum andere Werthe wie vorher. Darauf bespülte ich sie mit destillirtem Wasser, ohne sie vom Messapparat zu nehmen, in horizontaler Lage, sodass die Wassertropfen auf ihr stehen blieben, und liess sie dann trocknen. Wieder untersucht ergab sie:

$$60^0 \quad 0{,}188 \qquad 70^0 \quad 0{,}272,$$

Werthe, die sich von den vorigen um wenig mehr als die möglichen Fehler der Messung unterscheiden. Hierbei waren die Bedingungen für die Bildung einer anhaftenden Schicht verdichteten Wasserdampfes besonders günstig. Als ich sie dagegen den Dämpfen wässeriger Chlorwasserstoffsäure aussetzte, sodass ihre Oberfläche mit einer sichtbaren Schicht Chlorsilber bedeckt war, zeigte sich eine merkliche Veränderung. Ich erhielt:

$$30^0 \quad 0{,}059 \qquad 60^0 \quad 0{,}252 \qquad 70^0 \quad 0{,}328.$$

In Uebereinstimmung mit Früherem wird hier mit der chemischen Einwirkung der Chlorwasserstoffsäure auf die Oberfläche des Silbers der bei der Reflexion erzeugte Phasenunterschied grösser. Endlich habe ich auch noch in einer Versuchsreihe sowohl die Reflexion in Luft an Silber als in Glas an Silber untersucht. Wenn nämlich eine merkliche Absorption der Kohlensäure in das Silber hinein stattgefunden hätte, so konnten sich vielleicht bei der Reflexion in Glas an Silber, das Kohlensäure enthielt, andere Werthe des Phasenunter-

schiedes ergeben, als bei der Reflexion an lufthaltigem Silber.
Auch das zeigte sich nicht. Die vier zugleich bereiteten
Spiegel zeigten bei der Reflexion in Luft keinen Unterschied,
und bei der in Glas ergaben sie Folgendes:

Tabelle 4.

i in Luft	i' in Glas	in CO_2	in CO_2	Mittel	in Luft	Δ
30°	19° 12′	0,008	0,008	0,008	0,010	−0,002
35°	22° 10′	0,011	0,015	0,013	0,012	+0,001
40°	25° 1′	0,013	0,017	0,015	0,019	− 0,004
45°	27° 43′	0,025	0,026	0,025	0,032	−0,006
50°	30° 16′	0,031	0,032	0,031	0,036	−0,005
55°	32° 37′	0,039	0,04₀	0,039	0,047	−0,007
60°	34° 44′	0,049	0,047	0,048	0,057	−0,009
65°	36° 36′	0,056	0,056	0,056	0,079	−0,023

Wenn auch hier die Differenzen meist negativ sind, so sind
sie doch zu klein, um aus ihnen auf das Vorhandensein
eines wirklichen Unterschiedes zu schliessen. Bemerkt mag
noch werden, dass die Dicke der drei Silberspiegel eine halbe
Wellenlänge des Natronlichtes in der Luft betrug.

Erstrecken sich die vorigen Untersuchungen allein auf
den Einfluss von Gasen und Dämpfen auf die Grösse des
Phasenunterschiedes der beiden Hauptcomponenten eines
Lichtstrahles bei der Reflexion, so theile ich jetzt noch
einige Beobachtungen mit, die einen Einfluss auf die Phasenänderung der einzelnen Componente zeigen könnten. Es wäre
vielleicht zu erwarten, dass sich auf diesem Wege ein Einfluss nachweisen liesse, der bei der Untersuchung mit der
vorigen Methode nicht bemerkbar wurde, denn die Anlagerung einer condensirten Gasschicht erhöht die erste optisch
wirksame Fläche, an der die Reflexion stattfindet, und könnte
so die Phasenänderung bei der Reflexion beeinflussen, während die vorige Methode nur den Unterschied der Wirkung
zu beobachten gestattet, den diese Gasschicht auf die beiden
Hauptcomponenten ausübt.

Zuerst untersuchte ich den Einfluss eines längeren Lie-
gens an der Luft. Platten verschiedener Substanzen wurden
mit Alkohol gereinigt, mit reiner Leinewand getrocknet und
mit einer gleichfalls gereinigten Glaslinse belegt. Gleich
darauf mass ich den ersten, zweiten, mitunter auch den

dritten Ringdurchmesser, liess dann die Platten längere Zeit
liegen und mass die Ringdurchmesser wieder; die Anlagerung
einer Gasschicht oder eine Aenderung ihrer Dicke mit der
Zeit hätte sich hierbei durch eine entsprechende Veränderung
der Ringdurchmesser bemerkbar machen müssen. Ich erhielt
folgende Resultate:

Tabelle 5.

Substanz	d_1	Δ_1	d_2	Δ_2	d_3	Δ_3	t
Glas . . .	1116 —1106	10	1582 —1576	— 6	—	—	1
„	866,5— 879	12,5	1212 —1239	27	—	—	1
„	471 — 468	—.8	649 — 643,4	— 5,6	787 — 788	1	1
„	444,5— 442,5	— 2	325 — 322,5	— 2,5	—	—	1
Diamant .	977 — 986,3	9,3	1371 —1382,4	11,4	—	—	1
Stahl . . .	484 — 486,5	2,5	691,5— 691	— 0,5	846,5— 842,5	—4	1
Eisenglanz	786,5— 780,3	— 6,2	1019,5—1013,8	— 5,7	1236,5—1240,6	4,1	½
„	350,5— 351	0,5	495 — 499,5	4,5	—	—	1
Fuchsin .	560 — 586	26	816 — 838	22	—	—	1
„	293 — 296	3	446 — 460	14	—	—	½
„	296 — 296,5	0,5	460 — 460	0	—	—	1
„	345 — 330,5	— 5,5	520,5— 514,6	— 5,9	—	—	1
„	499 — 502	3					1

In dieser Tabelle ist die Zeit in Tagen angegeben, die
Ringdurchmesser in Scalentheilen der Trommel der Mikrometerschraube des Beobachtungsmikroskops; die einzelnen
Beobachtungen sind mit diesen von verschiedenem Radius
und unter verschiedenen Einfallswinkeln angestellt und miteinander nicht vergleichbar; die Beobachtungen fanden im
Natronlicht oder dem einer Petroleumlampe statt, das durch
rothes Glas gegangen war. Sie zeigen keinen merklichen
Einfluss der Zeit, in der die Platten der Luft ausgesetzt
waren, auf die Grösse der Phasenänderung bei der Reflexion;
die Einstellungsfehler der mikroskopischen Messung für einen
Ringdurchmesser gingen bis zu 4 und 6 Scalentheilen, und
die meisten Beobachtungen bleiben unterhalb dieser Grenze.
Die zweite Beobachtung am Glas und die erste am Fuchsin
weichen allein erheblich ab. Die ihnen entsprechenden Werthe
der Phasenänderung lassen sich in folgender Weise berechnen.
Sind ϱ, ϱ', ψ, ψ', ι die Ringradien, Phasenänderungen und

Einfallswinkel zweier zusammengehöriger Messungen desselben dunklen Ringes, so hat man:

$$\frac{\varrho^2}{r}\cos i + \psi = (2n+1)\frac{\lambda}{2}, \qquad \frac{\varrho'^2}{r}\cos i + \psi' = (2n+1)\frac{\lambda}{2},$$

und daraus:
$$\alpha = \left(1 - \frac{\varrho'^2}{\varrho^2}\right)\left(\frac{(2n+1)\frac{\lambda}{2} - \psi}{\lambda}\right),$$

wenn man:
$$\psi' = \psi + \alpha\lambda$$

setzt. Für ψ kann man die Werthe setzen, die ich in einer früheren Arbeit [1]) angegeben habe, und erhält dann für Glas mit den Beobachtungen am ersten Ring:

$$\psi' - \psi = -\tfrac{1}{14}\lambda,$$

und aus denen am zweiten:

$$\psi' - \psi = -\tfrac{1}{11}\lambda;$$

entsprechend für Fuchsin:

$$\psi' - \psi = -\tfrac{1}{11}\lambda \quad \text{und} \quad \psi' - \psi = -\tfrac{1}{10}\lambda.$$

Hervorheben will ich übrigens, dass sich in allen diesen Messungen die Linse zwischen zwei zusammengehörigen Beobachtungen nicht verschoben hatte.

Bei diesen Beobachtungen könnte man einwerfen, dass der Einfluss einer Anlagerung einer verdichteten Luftschicht nicht zu erwarten war, da sie von vornherein mit einer solchen bedeckt gewesen waren, und die Reinigung durch Alkohol und das Abreiben mit reiner Leinewand sie nicht zu entfernen vermochte. Wenn man dagegen die Platten stark erhitzt, so muss man annehmen, dass sich die anhaftende Luftschicht entweder ganz oder doch theilweise entfernt. Die Versuche von Magnus über die scheinbare Zunahme der Ausdehnungscoëfficienten bei seiner Bestimmung aus Gefässen mit grosser Oberfläche, gegenüber der aus Gefässen mit kleiner Oberfläche, sprechen geradezu dafür, dass die Körper bei höherer Temperatur einen Theil der in ihnen enthaltenen Gase abgeben, mögen sie nun dieselben in sich aufgenommen oder an ihrer Oberfläche verdichtet haben. Wenn man daher eine Glasplatte und Linse stark erwärmt,

---

1) Glan, Wied. Ann. 7. p. 640. 1879.

noch warm aufeinanderlegt, sogleich die Durchmesser misst
und einige Zeit nach der Abkühlung wieder, so müsste sich
im zweiten Falle eine Luftverdichtung bemerkbar machen,
wenn sie überhaupt von optischem Einfluss ist. Ich theile
hier einige solche Beobachtungen mit; die Gläser wurden
auf einem Zinkblech, die reflectirenden Flächen in senkrechter Stellung stark erwärmt durch eine untergesetzte
Spiritusflamme, dann noch heiss auf einander gelegt und sogleich der Durchmesser des ersten dunklen Ringes gemessen.
Sie lagen hierbei auf einer horizontalen Unterlage, und die
Beobachtung geschah im reflectirten Himmelslicht, während
vor das Ocular des Mikroskops eines Ablesemikroskops von
einem Goniometer mit Mikrometerbewegung ein rothes Glas
gehalten wurde. Die Gläser wurden vor dem Erwärmen gut
gereinigt und sorgfältig von Staub befreit, sodass sich gleich
beim Auflegen der Linse auf die Gläsfläche der schwarze
Fleck in der Mitte der Ringe zeigte. Die Gläser waren daher gleich von Anfang der Beobachtung an in Berührung,
konnten sich daher im Laufe der Zeit nicht nähern, und es
war eine Erweiterung der Ringe mit der Zeit wegen feh-
lender anfänglicher Berührung nicht zu befürchten. Ich theile
im Folgenden die Zeit der ersten und zweiten Beobachtung
und die zugehörigen Ringdurchmesser mit:

$$10^h\,55^m \quad 1000,4 \quad | \quad 1^h\,38^m \quad 1036$$
$$11 \quad 26 \quad\quad 998,8 \quad\;\;\; 3 \quad 52 \quad\quad 1035,9\,.$$

Es zeigte sich in beiden Beobachtungen keine merkliche
Aenderung der Ringdurchmesser nach der Abkühlung und
längerem Liegen an der Luft.

Auch wenn ich bei Wiederholung des Versuchs gleich
nach der ersten Messung Schalen mit Wasser neben den
Apparat setzte, sodass die Gläser beständig mit einer Atmosphäre von Wasserdampf umgeben waren, konnte ich selbst
in Versuchsreihen, die sich über einen ganzen Tag erstreck-
ten, keine höhere Zunahme der Ringdurchmesser mit der
Zeit constatiren. Als Beispiel mögen hier einige Versuchsreihen mitgetheilt werden; sie enthalten ausser der Beob-
achtungszeit und den Ringdurchmessern das Datum der Beobachtung zur richtigen Beurtheilung der Zeitangaben.

Tabelle 6. Glas.

t	d_1	—	t	d_1	—	t	d_1	—
9^h 50^m	995,4	24/6.	11^h 15^m	1015,8	25/6.	11^h 26^m	998,8	29/6.
12 56	998,4	—	11 36	1051,3	—	11 45	1000,8	
6 57	1011,7	—	3 21	1053,4	—	5 —	1012,75	
			6 45	1024,7	26/6.	7 —	1017,8	
						9 37	1010	30/6.

Auch als ich in einem Versuch statt des Wassers eine Schale mit Petroleum neben den Apparat setzte, konnte ich keinen Einfluss bemerken. Ich erhielt:

$$3^h\ 52^m\quad 1035,9\quad 1/7.,\qquad 8^h\ {-}^m\quad 1032,6\quad 2/7.$$

Und endlich gab auch eine Stahlplatte, in derselben Weise untersucht, kein anderes Resultat.

Tabelle 7. Stahl.

t	d_1	—	t	d_1	—	t	d_1	—
10^h 35^m	930,4	5/7.	4^h 26^m	890,3		8^h 52,5^m	942,5	19./7.
4 12,5	918		8 19	916,1	12/7.	9 34	940,4	2./8.
9 21	930,5	6/7.	9 22	892,8	18/7.	7 25	960,9	3./8.
12 1	892,9	11/7.	4 12	933,5		9 26	976,6	

Die drei ersten Versuchsreihen sind mit Wasser angestellt, die letzte mit absolutem Alkohol; in letzterem Falle wurde der Alkohol des raschen Verdampfens wegen mehrmals erneuert, doch nicht so rasch, dass nicht die Platte stundenlang ohne Alkoholdämpfe in der sie umgebenden Atmosphäre gewesen wäre. Hervorheben will ich übrigens, dass in den beiden letzten Versuchsreihen am Glas und Stahl zwischen zwei Messungen Verrückungen der Linse auf den Platten vorkamen, doch bis auf eine Ausnahme waren sie so klein, dass die Ringe stets im Gesichtsfelde des Mikroskops blieben. Diese Verrückungen waren zum Theil wohl eine Folge von Erschütterungen, die sich bei den mir zu Gebote stehenden Beobachtungsräumen im Laufe eines Tages nicht vermeiden liessen, zum Theil waren sie eine Folge der Temperaturverschiedenheiten, die die Seitenflächen der aus Metall bestehenden Unterlage der Linse und Platte durch die abkühlende Wirkung der neben dem Apparat stehenden Scha-

len mit verdunstender Flüssigkeit erfuhren. Bei den Beobachtungen, von denen ich hier nur einige mitgetheilt habe,
fand ich ebenso oft eine Abnahme als eine Zunahme der
Ringdurchmesser mit der Zeit, Aenderungen, die wohl durch
die geringen Verrückungen der Linse hervorgerufen sein
konnten. Den Nachweis einer Abnahme der Dicke der
Luftschicht zwischen Linse und Platte infolge einer Condensation von Dämpfen auf ihren Oberflächen, obwohl sie
sich hier in doppelter Weise sowohl als Verdichtung auf
der Linse als auf der Platte bemerkbar machen konnte,
liefern auch diese Beobachtungen nicht. Quincke beschreibt
in seinen optischen Untersuchungen mehrfach Erscheinungen,
die er als eine Folge des verschieden starken Niederschlags
von Dämpfen aus der Atmosphäre auf die verschiedenen
Theile seiner Apparate ansieht. Sie bestehen in Verschiebungen der Interferenzstreifen, die einer Aenderung der Gangunterschiede um eine halbe Wellenlänge und mehr entsprechen, durch den Windstoss einer schnell geöffneten Thür,
einen hastigen Athemzug des Beobachters entstehen und
oft mit der Zeit wieder verschwinden. Diese Verschiebungen
könnten ihren Grund sehr wohl auch in den Temperaturänderungen und den sie begleitenden Verschiebungen der
Apparattheile gegeneinander haben, die durch den Luftzug
hervorgerufen werden; mit ihrem Verschwinden würden sie
gleichfalls aufhören oder, wenn sie andauern, dauernd bestehen bleiben.

Die vorliegende Untersuchung würde jedenfalls dafür
sprechen, dass ein Einfluss von Gasen und Dämpfen auf die
optischen Eigenschaften reflectirender Flächen, soweit sie sich
in der Phasenänderung bei der Reflexion äussern, nicht stattfindet, wenn nicht Gase und Dämpfe chemisch auf sie einwirken oder sich in sichtbarer Menge niederschlagen, wie es
unterhalb der Thaupunktstemperatur geschieht.

Berlin, den 22. Juli 1880.

VII. *Ueber ein neues Interferenzphotometer;* *von Dr. Fr. Fuchs,*

Privatdocenten für medicinische Physik in Bonn.

Bei Gelegenheit einer physiologisch-optischen Untersuchung bin ich zur Construction eines Photometers gelangt, bei welchem das Kriterium für die Gleichheit der
Lichtstärken, wie bei dem Wild'schen Instrumente, durch
das Verschwinden von Interferenzstreifen geliefert wird, ohne
dass es indessen nöthig wäre, die Strahlen der beiden Lichtquellen senkrecht zu einander zu polarisiren.

Die Vorrichtung besteht einfach aus zwei einander gleichen,
gleichschenkligen Glasprismen ABZ, ABZ', Taf. IV Fig. 18,
welche mit den Grundflächen AB aneinander gelegt werden.

Der horizontale Querschnitt des Doppelprismas ist also
ein Rhombus $AZBZ'$. Den Prismenflächen AZ und AZ'
parallel stehen die hinsichtlich ihrer Lichtstärke zu vergleichenden weissen Flächen bz und $b'z'$, welche verlängert
sich in der verticalen, in der Fortsetzung der Ebene AB
liegenden Kante a schneiden. aA ist ein Diaphragma, welches die gegenseitige Bestrahlung der Flächen bz und $b'z'$
verhindert. k ist der Knotenpunkt des beobachtenden Auges.
Zwischen den Prismenflächen AB ist eine dünne Luftschicht
eingeschlossen, deren Dicke sich durch einen auf die gegenüber stehenden Kanten ZZ' ausgeübten Druck noch weiter
vermindern lässt.

Der leichteren Orientirung wegen werde die Dicke der
Luftschicht AB zunächst als so gross vorausgesetzt, dass
das von den Flächen bz und $b'z'$ kommende Licht keine
Interferenzerscheinung hervorruft. Das bei k befindliche Auge
sieht nun die Fläche bz direct und die Fläche $b'z'$ infolge
der an der Luftschicht AB stattfindenden Reflexion. Es
seien $rtsuk$, lk, $bvwk$ diejenigen der von den Punkten r, l, b
ausgehenden Strahlen, welche nach dem Durchgange durch
das Prisma durch den Knotenpunkt k des Auges gehen.
Aus der Figur ist unmittelbar ersichtlich, dass der Punkt

l, dessen Richtungsstrahl die Prismenflächen AZ, $Z'B$
senkrecht durchsetzt, in seiner wahren Lage gesehen wird,
dass dagegen die rechts von l liegenden Punkte, wie n, p, r
nach rechts und die links von l liegenden Punkte, wie b,
nach links verschoben erscheinen. Bei der Construction der
Strahlen ist übrigens zunächst keine Rücksicht darauf genommen, dass ein Strahl wie $bvwk$ im allgemeinen an der
Luftschicht total reflectirt wird.

Die erwähnte Verschiebung ist in der Linie $\beta\zeta$ angedeutet, welche man indessen so auf die Linie bz gelegt denken
muss, dass der Punkt λ mit dem Punkte l zusammenfällt.

Construirt man nun ferner den von der Fläche $b'z'$ ausgehenden Strahl $r't's$, welcher nach der Reflexion an AB
in der Richtung suk fortschreitet, so gelangt man zu dem
Punkte r', dessen Bild auf die gleiche Netzhautstelle fällt,
wie das des Punktes r. Es ist nun leicht nachzuweisen, dass
die homologen Punkte r, r', sowie auch die Strahlen rts,
$r't's$ symmetrisch zu der Linie AB liegen. Denkt man den
Strahl $r't's$ um die Linie AB als Axe gedreht, so kommt
der Punkt t' mit dem Punkte t und r' mit r zur Deckung.

Hierbei kann füglich von der kleinen parallelen Verschiebung, welche der Strahl ts beim Durchgange durch die
Luftschicht erleidet, abgesehen werden, da diese Verrückung
wegen der geringen Dicke der Schicht zu klein ist, als das
sich dadurch das Netzhautbild des Punktes r um die Breite
eines Zapfens verschieben könnte.

Die homologen, von dem Punkte a gleich weit abstehen-
den Punktpaare rr', pp', nn', ll', bb' erscheinen also im
Gesichtsfelde sich deckend bei $\varrho, \pi, \nu, \lambda, \beta$.

Die Einfallswinkel, unter denen die homologen Strahlen
rt, $r't'$ auf die Prismenflächen AZ und AZ' fallen, sind
von gleicher Grösse. Beide Strahlen werden somit beim
Eintritte in das Prisma infolge der an AZ und AZ' stattfindenden Reflexion um den gleichen Bruchtheil ihrer Intensität geschwächt. Haben die Strahlen also vor dem Eintritte in das Prisma die gleiche Intensität, so ist dasselbe
nach dem Eintritte ebenfalls noch der Fall.

Die Einfallswinkel tsq, $t'sq'$, unter denen die Strahlen

r t s, *r′ t′ s* auf die ihnen zugekehrte Seite der Luftschicht
A B fallen, sind ebenfalls einander gleich.

Das Licht des Strahles *t s* zerfällt in zwei Theile; der
eine derselben schreitet nach dem Durchgange durch die
Luftschicht in der Richtung *s u* fort, und der andere Theil
wird infolge der an beiden Seiten der Luftschicht stattfindenden Reflexion in der Richtung *s g* zurückgeworfen.

Das Licht des Strahles *t′ s* wird ebenfalls in zwei Theile
zerlegt, von welchen der erste in der Richtung *s u* reflectirt
wird, und der andere in der Richtung *s g* durchgeht.

Sind nun *i* und *i′* die Intensitäten einer homogenen, in
den Richtungen *t s* und *t′ s* fortschreitenden Lichtart, so wird
von *i* das Quantum αi in der Richtung *s u* durchgelassen
und das Quantum $(1 - \alpha) i$ wird in der Richtung *s g* reflectirt;
von *i′* wird das Quantum $\alpha i′$ in der Richtung *s g* durchgelassen, und das Quantum $(1 - \alpha) i′$ wird in der Richtung
s u reflectirt. Die Intensität *x* des Strahles *s u* ist also:

$$x = \alpha i + (1 - \alpha) i'.$$

Ist nun $i = i'$, so wird:

$$x = i.$$

Sind also die Intensitäten zweier homogenen Strahlen
t s, *t′ s* einander gleich, so ist auch die Intensität des Strahles
s u gleich der der Strahlen *t s*, *t′ s*.

Das gewöhnliche weisse Licht besteht aus einer grossen
Zahl von homogenen Lichtarten. Auf eine jede derselben
lässt sich die vorstehende Betrachtung anwenden. Hat demnach ein weisser Strahl *t s* dieselbe Gesammtintensität und
dieselbe Zusammensetzung wie der homologe Strahl *t′ s*, so
ist auch die Gesammtintensität und die Zusammensetzung
des Strahles *s u* gleich der der Strahlen *t s*, *t′ s*. In diesem
Falle ist also der Strahl *s u* rein weiss, wenn auch ein jeder
der im Strahle *s u* sich fortpflanzenden Antheile der Strahlen
t s, *t′ s* für sich infolge einer für einzelne Lichtarten eingetretenen totalen Reflexion oder infolge von Interferenz
farbig erscheinen würde.

Da dieses die eigentliche Thatsache ist, auf welche die
zu besprechende photometrische Methode sich gründet, so
mag noch hervorgehoben werden, dass die eben ausge-

sprochene Behauptung auch für die Strahlen gilt, welche nicht in der Horizontalebene verlaufen. Denn ein jeder Strahl, welcher von der dem Auge zugewendeten Seite der Luftschicht an gerechnet das Prisma in irgend einer Richtung durchläuft, besteht aus zwei Theilen, von welchen der eine von einem Punkte der Fläche bz, und der zweite von einem homologen Punkte der Fläche $b'z'$ herstammt, und welche beide unter demselben Einfallswinkel auf die ihnen zugewendete Seite der Luftschicht AB gefallen sind. Diese beiden Theile sind daher genau complementär, sofern die von den beiden Flächen herkommenden Strahlen ursprünglich dieselbe Zusammensetzung hatten.

Wirft man nochmals einen Blick auf die Taf. IV Fig. 18, so bemerkt man, dass die Einfallswinkel, unter denen die von den homologen Punkten rr', pp' ... ausgehenden Richtungsstrahlen auf die Luftschicht AB treffen, um so grösser werden, je näher die Punkte dem Punkte a liegen. Nun tritt bei einem gewissen von dem Brechungsexponenten der Glassorte abhängigen Einfallswinkel die totale Reflexion der Strahlen ein.

Der Einfallswinkel der totalen Reflexion ist aber für die einzelnen homogenen Lichtarten verschieden; er ist um so grösser, je grösser die Wellenlänge der betreffenden Strahlengattung ist. Es seien pp' die homologen Punkte der Flächen bz, $b'z'$, für welche die zum Auge gelangenden Lichtstrahlen kleinster Wellenlänge, und nn' seien die homologen Punkte, für welche die Strahlen grösster Wellenlänge totale Reflexion erleiden.

Der Leser wird jetzt leicht die Erscheinungen deuten können, welche sich dem bei k befindlichen Auge darbieten.

Wird die Prismenfläche AZ verdeckt, so sieht man die Fläche $b'z'$ in der durch die Linie $\beta\zeta$ angedeuteten Lage, wobei nochmals daran erinnert werden mag, dass die Linie $\beta\zeta$ in die Linie bz zu verlegen ist, und zwar derartig, dass der Punkt λ mit dem Punkte l coincidirt. Das links von dem Punkte ν liegende Feld ercheint wegen der hier stattfindenden totalen Reflexion ganzhell; das rechts von π liegende Feld ist halbhell. Zwischen beiden Gebieten läuft

in dem Bezirke $\nu\pi$ in der Richtung von oben nach unten
ein etwas gekrümmter Streifen von vorwiegend grünblauer
Farbe, deren Sättigung in der Richtung von π nach ν abnimmt.

Wird dagegen die Fläche AZ' verdeckt, so sieht man
die Fläche bz wiederum in der Lage $\beta\zeta$, jedoch in geringerer Ausdehnung wie die vorige Fläche. Das Gesichtsfeld ist links von ν vollständig dunkel und rechts von π
halbhell. Zwischen beiden Gebieten läuft ein vorwiegend
rother Streifen $\nu\pi$, dessen Sättigung in der Richtung von
π nach ν zunimmt.

Sind beide Prismenflächen unbedeckt, so erscheint links
von ν das ganzhelle Feld der Fläche $b'z'$ und rechts von π
superponiren sich die halbhellen Felder der beiden Flächen
bz und $b'z'$. In dem Bezirke $\nu\pi$ decken sich die beiden
farbigen Grenzen der totalen Reflexion.

Ist nun die eine der beiden Flächen bz, $b'z'$ lichtstärker
als die andere, so ist der Streifen $\nu\pi$ gefärbt, und die nach
rechts und links angrenzenden Felder sind verschieden hell.
Wird dagegen die Lichtstärke der beiden Felder einander
gleich gemacht, so verschwindet der Streifen, und das ganze
Feld erscheint in gleichmässiger Helligkeit.

Man würde also schon das Verschwinden der farbigen
Grenze als Kriterium für die Gleichheit der Lichtstärken
benutzen können. Man gibt der Vorrichtung jedoch eine
weit grössere Empfindlichkeit, wenn man die Dicke der
Luftschicht AB durch leises Aneinanderpressen der Flächen
soweit verkleinert, dass das von den Flächen bz, $b'z'$ kommende Licht infolge der an der Zwischenschicht stattfindenden Reflexionen in wahrnehmbarer Weise interferirt. Man
kann die Interferenzerscheinung schon leicht durch Anziehen
einer um das Doppelprisma geschlungenen Schnur hervorrufen. Verdeckt man dann die Prismenfläche AZ, so sieht
man in dem Bezirke $\nu\zeta$ ein schönes System von stark gesättigten farbigen Streifen, welche mit leichter Krümmung
in der Richtung von oben nach unten verlaufen.

In dem Gebiete der totalen Reflexion fehlen die Streifen
selbstverständlicher Weise, da das Licht hier keine doppelte

Reflexion erleidet, und folglich auch kein Gangunterschied
der Strahlen entstehen kann.

Verdeckt man dagegen die Prismenfläche AZ', so bemerkt man — wiederum in dem Felde $v\zeta$ — ein zweites
System von Interferenzstreifen, deren Farben indessen weniger gesättigt sind.

Durch abwechselnde oder theilweise Verdeckung der Prismenflächen kann man sich leicht überzeugen, dass beide Streifensysteme genau coincidiren und complementäre Färbung haben.

Lässt man beide Prismenflächen unbedeckt, so superponiren sich die beiden Streifensysteme.

Ist nun die Lichtstärke der einen der Flächen bz, $b'z'$
grösser als die der anderen, so kommt das ihr angehörige
Streifensystem, wenn auch mit geringerer Sättigung der
Farben, zur Erscheinung.

Wird aber das von der stärker leuchtenden Fläche ausgehende Licht durch eine der üblichen Methoden soweit
geschwächt, dass die Lichtstärke der beiden Flächen die
gleiche ist, so verschwinden die Streifen, und man hat dann
ein vollkommen homogenes weisses Feld vor sich. Die
Helligkeit des Gesichtsfeldes ist in diesem Falle eine derartige, als wenn man die Fläche bz durch den compacten
Glaskörper $AZBZ'$ ohne Vorhandensein der Zwischenschicht betrachtete.

Muss die Lichtstärke der helleren Fläche auf den $n$ten
Theil ihres Werthes reducirt werden, damit die Streifen sich
der Wahrnehmung entziehen, so ist dieselbe $n$mal grösser
als die der schwächer leuchtenden Fläche.

Die Indicationen für die Anwendung der Vorrichtung
sind dieselben wie bei dem Wild'schen Photometer. Sie
kann benutzt werden erstens, um monochromatische Flächen
gleicher Farbe und zweitens, um weisse Flächen, welche
Licht von ähnlicher Zusammensetzung ausgeben, hinsichtlich der Lichtstärken miteinander zu vergleichen. Die Vorrichtung würde beispielsweise nicht anwendbar sein, wenn
das Weiss der einen Fläche aus monochromatischem Roth
und Grünblau, und das der anderen aus Gelb und Blau
zusammengesetzt wäre. Im concreten Falle wird es sich

immer bald entscheiden lassen, ob die zu prüfenden Lichter die geeignete Zusammensetzung haben, da man sich ja ohne Schwierigkeit davon überzeugen kann, ob die Interferenzstreifen zum Verschwinden gebracht werden können oder nicht.

Da man die beschriebene Vorrichtung mit den in einem jeden Laboratorium vorhandenen Hülfsmitteln sofort zusammenstellen und die Brauchbarkeit derselben einer Prüfung unterwerfen kann, so glaube ich mir eine weitere Empfehlung des Verfahrens erlassen zu können. Ich möchte mir jedoch erlauben, noch einige, die Ausführung des Apparates betreffende Vorschläge zu machen mit dem Wunsche, dass sich irgend ein mit grösseren Mitteln arbeitender Optiker für die Construction des Apparates zu technischen Zwecken interessiren möge.

Soll die Vorrichtung benutzt werden, um die Leuchtkraft von Flammen zu vergleichen, so kann man ihr etwa die folgende Einrichtung geben.

Die Prismen stehen in einem geschlossenen, inwendig geschwärzten Kasten, welcher bei k in unmittelbarer Nähe der Prismenfläche $Z'B$ eine Oeffnung für das Auge des Beobachters hat.

In zwei grösseren Oeffnungen sind zwei gleichförmig bearbeitete Platten von Glas oder Milchglas eingesetzt, deren äussere Seite matt geschliffen ist. Diese Platten haben die Stellung der Flächen bz, $b'z'$. Ihre Entfernung von dem Prisma muss eine derartige sein, dass sich das Auge bequem für dieselben accomodiren kann. Ein Diaphragma aA schützt die Platten vor der gegenseitigen Bestrahlung.

Es ist zweckmässig, die Winkel an den Grundflächen der gleichschenkligen Prismen nach Maassgabe des Brechungsexponenten der verwendeten Glassorte derartig zu wählen, dass der Strahl lck, welcher, die Prismenflächen AZ, $Z'B$ senkrecht schneidend, zu dem Mittelpunkte der für das Auge bestimmten Oeffnung geht, unter dem Einfallswinkel der totalen Reflexion auf die Luftschicht AB fällt.

Damit aber dieser Forderung genügt sei, müssen die Winkel ZAB, ZBA, $Z'AB$, $Z'BA$ gleich sein dem Einfallswinkel, für welchen die Strahlen mittlerer Brechbarkeit

beim Uebergang von Glas in Luft totale Reflexion erleiden.
Denn der Winkel ZAB ist ja gleich dem Einfallswinkel $d\,c\,l$.
Ist nun n der Brechungsexponent der betreffenden Glassorte für die Linie D, so ist der in Rede stehende Einfallswinkel α bestimmt durch die Gleichung:

$$\sin \alpha = \frac{1}{n} \cdot$$

In der folgenden Tabelle sind eine Reihe von zusammengehörigen Werthen von n und α zusammengestellt.

α	35°	36°	37°	38°	39°	40°	41°	42°	43°	44°	45°
n	1,748	1,701	1,662	1,624	1,589	1,556	1,524	1,495	1,466	1,440	1,414

Ist also beispielsweise der Brechungsexponent der zu
verwendenden Glassorte für die Linie D gleich 1,524, so
macht man zweckmässiger Weise die Winkel an den Grundflächen der Prismen gleich 41°. Alsdann erscheint dem
gerade durch das Doppelprisma hindurchsehenden Auge der
erste Interferenzstreifen bei dem Punkte l.

Bei Benutzung der gangbaren Glassorten, deren Brechungsexponent zwischen 1,7 und 1,5 liegt, ist der Winkel an der
Basis der Prismen unter den günstigsten Versuchsbedingungen
kleiner als 45°. Mithin werden alsdann die Winkel $Z'AZ$
und $z'az$ spitze sein. In der Figur sind diese Winkel als
stumpfe gezeichnet worden, weil bei den angestellten Versuchen gleichseitige Flintglasprismen verwendet wurden.
Unter diesen Umständen lag der erste Interferenzstreifen
rechts vom Punkte l.

Möglicher Weise könnte man auch statt der Glasprismen
mit Vortheil rechtwinklige Flüssigkeitsprismen mit plan-
parallelen Glaswänden wählen. Der Brechungsexponent der
Flüssigkeit müsste dann gleich 1,414 sein.

Wollte man statt der Luft irgend einen anderen Körper
als Zwischenschicht benutzen, so wäre der Winkel α nach
der Formel:

$$\sin \alpha = \frac{r}{n}$$

zu berechnen, worin r den Brechungsexponenten des betreffenden Körpers für die Linie D bedeutet.

Das die Prismen enthaltende Gehäuse wird auf einem Stativ befestigt, von welchem zwei mit Millimeterscalen versehene Arme rechtwinkelig zu den matten Glastafeln bz, $b'z'$ auslaufen. Auf diesen Armen werden die Träger der zu vergleichenden Lichtquellen verschiebbar angebracht, und zwar derartig, dass die Linie kcl und die correspondirende cl' in ihrer Verlängerung ungefähr durch die Mitte der Flammen hindurchgeht.

Die Untersuchung geschieht dann in der Weise, dass man der einen der Flammen eine feste Stellung gibt und die andere so lange verschiebt, bis die Interferenzstreifen verschwinden. Man kann natürlich auch die zu untersuchenden Flammen nach einander auf demselben Arme verrücken, während der anderen Platte eine dritte Lichtquelle gegenüber steht. Das erstere Verfahren ist vorzuziehen, wenn die matten Glastafeln von gleicher Beschaffenheit sind, wovon man sich leicht überzeugen kann. Stellt man nämlich ein Licht in der Verlängerung der Linie AB auf, so werden beide Platten in gleicher Weise beleuchtet. Unter diesen Umständen zeigt demnach das Fehlen oder Vorhandensein der Interferenzstreifen die Gleichheit oder Ungleichheit der Platten an.

Bringt man der Prismenfläche ZB gegenüber noch eine zweite Oeffnung an, so können gleichzeitig zwei Personen beobachten, welche dann natürlich complementäre Erscheinungen wahrnehmen werden.

Zum Schlusse erlaube ich mir, meinem verehrten Freunde Dr. Gieseler, Docenten an der landwirthschaftlichen Akademie in Poppelsdorf, meinen Dank für die bereitwillige Gewährung der zur Arbeit erforderlichen experimentellen Hülfsmittel auszusprechen.

VIII. *Ueber den Einfluss der Dichte der Gase auf die Wärmeleitung derselben;* von A. Winkelmann.

Es ist schon vielfach darauf hingewiesen, dass die Werthe, welche die Beobachtung für die Wärmeleitung der Gase liefert, nicht unbeträchtlich von den Werthen abweichen, die sich aus der kinetischen Theorie der Gase ergeben.

Einen Grund für diese Nichtübereinstimmung konnte man besonders für die mehratomigen Gase, dessen specifische Wärme nicht unabhänig von der Temperatur ist, in dem Umstande erblicken, dass die zu vergleichenden Werthe sich nicht auf die gleiche Temperatur beziehen. Die Berechnung nach der Formel:

$$K = A . \eta . c,$$

in welcher A einen constanten Factor, η den Reibungscoëfficienten und c die specifische Wärme des Gases bei constantem Volumen bedeutet, setzt die Kenntniss der beiden letzten Grössen η und c in ihrer Abhängigkeit von der Temperatur voraus, oder wenigstens die Kenntniss dieser Werthe bei jener Temperatur, für welche die Wärmeleitung des Gases berechnet werden soll.

Da sich die specifische Wärme der Gase bei constantem Volumen nur indirect bestimmen lässt, kann man auch die Aenderung derselben mit der Temperatur nur auf einem indirecten Wege erfahren. Einen dieser Wege habe ich dadurch betreten, dass ich festzustellen suchte, in welcher Weise sich die Abweichung der Gase vom Boyle'schen Gesetze mit der Temperatur ändert.[1]) Einen andern Weg, um zu den gleichen Ziele zu gelangen, hat Wüllner[2]) verfolgt, indem er das Verhältniss der beiden specifischen Wärmen bei verschiedenen Temperaturen (0° und 100°) bestimmte. In beiden Fällen hat man mit dem gewonnenen Resultate die Werthe

---

1) Winkelmann, Wied. Ann. 5. p. 92. 1878.
2) Wüllner, Wied. Ann. 4. p. 321. 1878.

bei constantem Drucke zu combiniren, um die Aenderung der specifischen Wärme bei constantem Volumen mit wachsender Temperatur zu erfahren.

Aus der Zusammenstellung, welche Wüllner am Schlusse seiner Arbeit für die beobachteten und berechneten Werthe der Wärmeleitung macht, zieht derselbe den Schluss, dass bei den mehratomigen Gasen (mehr als 2 atomig) zwischen Beobachtung und Berechnung eine vortreffliche Uebereinstimmung bestehe. Bei den zweiatomigen Gasen (es werden Luft und Kohlenoxyd angeführt) ist indess die fragliche Uebereinstimmung nicht mehr vorhanden. Zwar bemerkt Wüllner, dass der Werth für die Wärmeleitung der Luft, der sich mit Hülfe des durch O. E. Meyer bestimmten Reibungscoëfficienten berechnet, sehr nahe mit dem von Kundt und Warburg experimentell gefundenen Werthe der Wärmeleitung übereinstimmt. Bedenkt man aber, dass Kundt und Warburg in Hinsicht der Abweichung ihres Werthes für die Wärmeleitung der Luft von dem durch Stefan erhaltenen Resultate selbst erklären, dass sie dieser Abweichung wegen der Unsicherheit in der Bestimmung des calorimetrischen Werthes ihres Thermometers keine Bedeutung beilegen, so wird man auch der von Wüllner erwähnten Uebereinstimmung eine Bedeutung nicht zusprechen können, und es bleibt dann das Resultat übrig, dass, während die mehratomigen Gase mit den theoretisch berechneten Werthen eine gute Uebereinstimmung zeigen, diese bei den zweiatomigen fehlt. Es ist dies insofern eigenthümlich, als die mehratomigen Gase ein viel ungleichmässigeres Verhalten gegenüber anderen physikalische Eigenschaften zeigen, als die zweiatomigen Gase dies thun, und darum hätte man eigentlich das umgekehrte Resultat erwarten sollen, nämlich dieses, dass die grösste Uebereinstimmung zwischen Beobachtung und Rechnung bei den zweiatomigen Gasen vorhanden sei. In einer Hinsicht ist dieses nun auch in der That der Fall; betrachtet man die Temperaturcoëfficienten oder das Verhältniss der Wärmeleitung bei 100° zu jener bei 0°, so findet fast vollständige Uebereinstimmung bei Luft statt, während die anderen Gase mehr

oder weniger grosse Abweichungen zeigen, wie die folgende
Tabelle von Wüllner zeigt.

$$\frac{k_{100}}{k_0}$$

	beobachtet	berechnet
Luft	1,2747	1,2770
Kohlensäure	1,5106	1,5800
Stickoxydul	1,5413	1,4468
Aethylen	1,7668	1,6110

Berechnet man ferner die relative Wärmeleitung bezogen
auf Luft als Einheit, so zeigen wieder die zweiatomigen Gase
eine nahe Uebereinstimmung zwischen Beobachtung und Berechnung[1]); dagegen haben die mehratomigen Gase
bei allen Beobachtern kleinere Werthe geliefert,
als die theoretische Berechnung sie ergab.[2])

Aus diesem Grunde ist von Stefan, Boltzmann und
O. E. Meyer die Annahme gemacht, dass die beiden Arten
von Energie, die Atom- und Molecularenergie, um deren
Uebertragung es sich bei der Wärmeleitung handelt, in ver-
schiedener Stärke zur Geltung kommen. Während aber
Boltzmann die oben ausgesprochene Annahme für alle
Gase eintreten lässt, beschränkt Meyer dieselbe auf jene
Gase, welche mehr als zwei Gase in dem Molecül enthalten,
sodass letzterer zwei verschiedene Formeln zur Be-
rechnung der Wärmeleitung anwendet.

Es schien hier nun für die vorliegende Frage wünschenswerth, einen Punkt noch näher aufzuklären, welcher auch
dazu beitragen konnte, eine Differenz zwischen Beobachtung
und Berechnung hervorzubringen, auf welchen, so viel ich
weiss, die Aufmerksamkeit bisher nicht gelenkt wurde. Nach
der Theorie ist die Wärmeleitung der Gase unabhängig vom
Drucke, und ist diese Forderung für Luft innerhalb weiter
Grenzen bestätigt. Für andere Gase ist die Unabhängigkeit
der Wärmeleitung vom Drucke nicht experimentell nachgewiesen, und es ist daher für jene Gase, welche vom Boyle'-

---

1) Mit Ausnahme von Wasserstoff.

2) Siehe die Zusammenstellung von O. E. Meyer, p. 194, wo die
Werthe von Stefan, Plank, Kundt und Warburg und mir angegeben sind.

schen Gesetze abweichen, jedenfalls noch zweifelhaft, ob sie
dem gedachten Gesetze genügen.

Was ferner die Aenderung der Wärmeleitung mit der
Temperatur angeht, so ist dieselbe von Wüllner für den
Druck von 1 Atmosphäre berechnet, indem die Versuche zur
Bestimmung des Verhältnisses der specifischen Wärme bei
diesem Drucke ausgeführt wurden. Die von mir beobachteten Werthe, welche in der mitgetheilten Zusammenstellung
von Wüllner zur Vergleichung aufgeführt sind, wurden aber
bei sehr kleinen Drucken erhalten; bei Luft und Kohlensäure
war der Druck nicht grösser als 100 mm, während er bei den
andern Gasen Stickoxydul und Aethylen nur 5 mm erreichte.

Ich habe daher die Wärmeleitung desselben Gases bei
dem Drucke einer Atmosphäre mit jener bei dem Drucke
von 10 mm verglichen und ebenso die Aenderung der Wärmeleitung mit wachsender Temperatur für diese beiden Drucke
untersucht. Als Resultat dieser Untersuchung hat sich er-
ergeben, dass die Wärmeleitung eines Gases, welches vom
Boyle'schen Gesetze abweicht, nicht ganz unabängig vom
Drucke ist, sondern vielmehr mit wachsendem Drucke in
geringem Masse abnimmt. Am Schlusse der Arbeit habe
ich eine Erklärung dieser Erscheinung aus der Theorie der
Gase zu geben versucht.

§ 1.

Da der Vorgang der Wärmeleitung durch Strömungen,
welche infolge von Dichtigkeitsunterschieden eintreten, im
allgemeinen modificirt wird, kam es zunächst darauf an, diese
Strömungen für die vorliegenden Versuche auszuschliessen.
Zu diesem Zwecke habe ich einen Glasapparat von derselben
Form angewandt, wie solche schon früher bei der Untersuchung
der Abhängigkeit der Wärmeleitung von der Temperatur von
mir benutzt wurden. Wie sich aus den früheren Versuchen
ergibt, werden die Strömungen um so schwächer, je dünner die
Gasschicht ist, durch welche die Wärmeleitung vor sich geht[1];
so wurde für einen Apparat, bei dem die Dicke der Gasschicht 0,318 cm betrug, angegeben, dass die Abkühlungs-

---

1) Winkelmann, Pogg. Ann. **156.** p. 513. 1875 u. **157** p. 510. 1876.

geschwindigkeit der Luft bei Atmosphärendruck 0,000 488 0,
bei dem Drucke von 2 mm dagegen 0,000 432 8 beträgt. Da
nach diesen Werthen der Antheil, welchen die Strömung an
der Abkühlung besitzt, weniger als 2 Proc. beträgt, so liess
sich erwarten, dass bei einer noch kleineren Schichtdecke
die Strömung bis auf ein Minimum reducirbar ist.

Der von mir jetzt benutzte Apparat, in seinen Dimensionen nicht genau gemessen, hatte eine Schichtdicke von
etwa 0,15 cm, die Kugel des Thermometers hatte einen Radius von etwa 2 cm.

Es folgen zunächst die Versuche mit Luft, um zu zeigen,
dass der Druck hier keinen merklichen Einfluss auf die
Wärmeleitung ausübt.

Die bei den einzelnen Temperaturen unmittelbar beobachteten Zeiten sind in Secunden angegeben, und ist am Schlusse
jeder Beobachtungsreihe die Summe der beobachteten Zeiten mitgetheilt.

Luft. Druck 10 mm.
A. Abkühlung in schmelzendem Eise.

Temp.	Nr. des Versuchs Zeiten								
	1	2	3	4	5	6	7	8	9
19,13°	0	0	0	0	0	0	0	0	0
18,13	31	31	31	31	31	31	31	31,5	31
17,13	64	64	64	65	64,5	64,5	64	64,5	64,5
16,13	98,5	99	99	100	99,5	99,5	99	99,5	99,5
15,13	137	136,5	137	137	137,5	137	137	137,5	137
14,13	177	177	177	177	177,5	177	178	178	178
13,13	220	219,5	220	220	220,5	220	221	220	220
12,13	266,5	266,5	267	267	266	266,5	268	267	267
11,13	317	317	317,5	317	318	317	318	318	318
10,13	372,5	372,5	373	371,5	373	371,5	373	373	372
Summa	1683,5	1683,0	1685,5	1684,5	1688,5	1684,0	1689	1689	1687

B. Abkühlung in siedendem Wasser. Temp. 98,79°.

Temp.	Nr. des Versuchs Zeiten		Temp.	Nr. des Versuchs Zeiten	
	13	14		13	14
119,73°	0	0	114,73°	105	104,5
118,73	19	18,5	113,73	130	130
117,73	38	38	112,73	157	156,5
116,73	59	58,5	111,73	186,5	186
115,73	82	81,5	110,73	217,5	217,0
			Summa	994,0	990,5

Druck.[1])   740 mm.

A. Abkühlung in schmelzendem Eise.			
Temp.	Nr. des Versuchs Zeiten		
	10	11	12
19,13	0	0	0
18,13	31	31	31
17,13	64,5	64	64
16,13	99,5	99	99,5
15,13	137,5	137	137
14,13	178	177,5	177,5
13,13	220,5	220	220,5
12,13	267	266,5	267
11,13	317,5	317,5	318
10,13	372,5	372	373
Summa	1688,0	1684,5	1687,5

B. Abkühlung in siedendem Wasser. Temp. 98,73°.		
Temp.	Nr. des Versuchs Zeiten	
	15	16
119,73	0	0
118,73	18	18,5
117,73	37,5	38,5
116,73	58,5	58,5
115,73	80,5	81
114,73	104,5	105
113,73	130	130,5
112,73	157	157,5
111,73	186	186
110,73	217,5	218
Summa	989,5	993,5

§ 2.

Wie die vorstehenden Mittheilungen zeigen, sind die
Werthe, welche sich auf den geringeren Druck (10 mm) beziehen, fast vollständig jenen Werthen gleich, welche dem
höheren Drucke (740 mm) zukommen. Vergleicht man nämlich die Versuche Nr. 1 bis 9 mit den Versuchen Nr. 10
bis 12, so ist der Unterschied sehr unbedeutend, wie sich
schon daraus ergibt, dass die Summen der Zeiten, welche am
Schlusse eines jeden Versuchs mitgetheilt sind, sich nur um
Bruchtheile von 1 Procent unterscheiden. Hierin liegt der
Beweis, dass bei dem benutzten Apparate auch bei dem Drucke
von einer Atmosphäre Strömungen sich nicht merklich geltend
machen, wenn die Wärmeleitung der Luft zwischen den Tem-
peraturgrenzen 0° und 20° untersucht wurde.

Für die höhere Temperatur innerhalb 100° bis 120°
folgt das gleiche Resultat aus den Versuchen 13 und 14 einerseits und den Versuchen 15 und 16 andererseits. Da die
Temperatur der Hülle bei den Versuchen in siedendem
Wasser nicht immer die gleiche ist, so sind auch die Werthe
der beobachteten Abkühlungszeiten nicht vollkommen ver-

---

1) Den Druck von 740 mm hatte das Gas bei der Temperatur von
120°. Bei dieser Temperatur wurde der Apparat an der Quecksilberluftpumpe unter dem genannten Drucke gefüllt.

gleichbar.[1]) Um vollkommen vergleichbare Werthe zu erhalten, ist es nothwendig, die Abkühlungsgeschwindigkeit v nach der Formel:

$$v = \log\left\{\frac{\tau_0 - \vartheta}{\tau_1 - \vartheta}\right\} \frac{1}{\log e} \cdot \frac{t}{t_1}$$

zu berechnen, in welcher:

ϑ die constante Temperatur der Hülle,

τ_0 die Temperatur des Thermometers zur Zeit 0,

τ_1 „ „ „ „ „ „ „ „ t_1

bezeichnet.

Wie in meiner früheren Arbeit bemerkt wurde, nehmen die nach obiger Formel berechneten Werthe der Abkühlungsgeschwindigkeit v in derselben Beobachtungsweise mit abnehmender Temperatur meistens stetig ab, weil das Wärmeleitungsvermögen und die Strahlung selbst mit der Temperatur abnehmen. Es wurde nun früher der Mittelwerth sämmtlicher Werthe von v bestimmt und gezeigt, für welche Temperatur der so berechnete Mittelwerth gilt. Dieser endgültige Werth gibt, wie im Folgenden gezeigt werden soll, die Beobachtungen nicht mit der grössten Genauigkeit wieder, welche dieselben erreichen lassen.

Der Werth von v hängt von der beobachteten Abkühlungszeit t_1 ab, ein Fehler in dieser Zeitbestimmung wird einen um so grössern Einfluss auf v ausüben, je kleiner die Zeit ist. Nimmt man daher das arithmetische Mittel aus den Werthen v, so haben die Fehler, welche bei den kleinen Abkühlungszeiten gemacht wurden, einen viel grössern Einfluss auf das Endresultat, als jene Fehler, welche bei Beobachtung der grössern Zeiten begangen sind. Um von diesem Uebelstande den endgültigen Werth zu befreien und ihn dadurch genauer zu machen, muss man jedem Werthe von v ein bestimmtes Gewicht beilegen, welches proportional der für ihn beobachteten Abkühlungszeit t ist, und diesen Gewichten entsprechend den Mittelwerth bilden.

Bezeichnet man mit:

---

1 Bei dem später untersuchten Aethylen ist die Differenz der Temperaturen grösser, als es bei Luft der Fall war.

τ_0 die Temperatur des Thermometers zur Zeit 0

τ_1 „ „ „ „ „ „ t_1

$\vdots$

τ_n „ „ „ „ „ „ t_n

und mit ϑ die constante Temperatur der Hülle, so ist:

$$v_1 = \log\left\{\frac{\tau_0 - \vartheta}{\tau_1 - \vartheta}\right\}\cdot\frac{1}{\log e}\cdot\frac{1}{t_1}$$
$$\vdots$$
$$v_n = \log\left\{\frac{\tau_0 - \vartheta}{\tau_n - \vartheta}\right\}\cdot\frac{1}{\log e}\cdot\frac{1}{t_n}.$$

Der Mittelwerth V, nach den obigen Bemerkungen berechnet, ist dann:

(I) $$V = \frac{v_1 t_1 + v_2 t_2 + \dots v_n\cdot t_n}{t_1 + t_2 + \dots + t_n},$$

während der früher berechnete Mittelwerth ohne Rücksicht auf die verschiedenen Gewichte:

$$\frac{v_1 + v_2 + \dots v_n}{n}\ \text{war.}$$

Um nach Gleichung (I) den Werth V zu berechnen, ist es nicht nothwendig, die einzelnen Werthe $v_1 \dots v_2$ zu bestimmen, sondern man hat einfacher:

(II) $$V = \frac{n.\log(\tau_0 - \vartheta) - \{\log(\tau_1 - \vartheta) + \log(\tau_2 - \vartheta) + \dots + \log(\tau_n - \vartheta)\}}{t_1 + t_2 + \dots + t_n}\frac{1}{\log e}.$$

Es bleibt nun noch die Frage zu beantworten, auf welche Temperatur sich dieser Werth V bezieht.

In meiner früheren Arbeit[1]) habe ich gezeigt, dass sich der Werth v_1 bezieht auf die Temperatur[2]):

$$\vartheta_{1,0} = \frac{\tau_0 + \tau_1 + 2\vartheta}{4}.$$

Bezeichnet man die Temperatur, auf welche sich der Werth v_n bezieht, mit $\vartheta_{0,n}$, so hat man:

$$\vartheta_{0,n} = \frac{\tau_0 + \tau_n + 2\vartheta}{4}.$$

Der Werth V bezieht sich daher auf eine Temperatur T, welche nach der Gleichung:

$$T = \frac{\vartheta_{0,1}\cdot t_1 + \vartheta_{0,2}\cdot t_2 + \dots + \vartheta_{0,n}\cdot t_n}{t_1 + t_2 + \dots + t_n}$$

---

1) l. c. p. 514.

2) Nur war damals die Temperatur ϑ gleich 0 gesetzt.

zu bestimmen ist, oder:

$$T = \frac{\tau_0 + 2\vartheta}{4} + \frac{\tau_1 \cdot t_1 + \tau_2 t_2 + \ldots + \tau_n \cdot t_n}{4(t_1 + t_2 + \ldots + t_n)}.$$

Macht man die Annahme, welche bei den Versuchen erfüllt ist, dass:

$$\tau_1 = \tau_0 - 1$$
$$\tau_2 = \tau_0 - 2$$
$$\tau_n = \tau_0 - n,$$

so hat man:

(III) $$T = \frac{\tau_0 + \vartheta}{2} - \frac{t_1 + 2t_2 + 3t_3 + \ldots + nt_n}{4(t_1 + t_2 + \ldots + t_n)}.$$

Berechnet man nach den Formeln (II) u. (III) die Beobachtungen für Luft, so erhält man folgende Werthe:

Luft.

Nr. des Vers.	10 mm Druck $V \cdot \log e$		Nr. des Vers.	740 mm Druck $V \cdot \log e$
1	0,00074333		10	0,00074135
2	355		11	288
3	242		12	178
4	288			Mittel 0,00074200
5	112			mit einer mittleren Abweichung
6	310			von $0,000\,000\,58 = 0,08$ Proc.
7	090			Temp. 7,93°.
8	090			
9	160			

Mittel 0,00074220

mit einer mittleren Abweichung von $0,000\,000\,95 = 0,13$ Proc. Temp. 7,93°.

Nr. des Vers.	$V \cdot \log e$		Nr. des Vers.	$V \cdot \log e$
13	0,0011257		15	0,0011268
14	297		16	223
	Mittel 0,0011277			Mittel 0,0011245

mit einer mittleren Abweichung von $0,000\,002\,0 = 0,2$ Proc. Temp. 107,64°.

mit einer mittleren Abweichung von $0,000\,002\,3 = 0,2$ Proc. Temp. $= 107,61°$.

Die beiden Mittelwerthe, welche bei verschiedenen Drucken gefunden sind, unterscheiden sich bei der niedrigen Temperatur um weniger als 0,1 Proc.; bei der höheren Temperatur beträgt die Differenz 0,3 Proc., sodass der kleinere

Druck den grösseren Werth ergeben hat; auch diese Differenz kann man als innerhalb der Beobachtungsfehler liegend betrachten. Der geringe Temperaturunterschied von 0,03° hat keinen Einfluss auf das Resultat.

Die vorliegenden Versuche beweisen, dass der Apparat den Strömungen keinen messbaren Antheil an der Wärmeleitung gestattet, und dass derselbe daher benutzt werden kann, um den Einfluss des Druckes bei anderen Gasen zu untersuchen.

§ 3. Aethylen.

Das Gas wurde durch Erhitzen von Schwefelsäure und Alkohol entwickelt und durch Schwefelsäure und Kalilauge gewaschen. Dasselbe wurde deshalb zu den folgenden Versuchen gewählt, weil es sich nach meiner früheren Untersuchung durch eine starke Zunahme der Wärmeleitung mit wachsender Temperatur auszeichnete.

Es folgen zunächst die directen Beobachtungen der Abkühlungszeiten, in derselben Weise angeordnet wie früher bei den Versuchen mit Luft. Die Versuche sind so angestellt, dass zuerst in schmelzendem Eise und dann in siedendem Wasser die Abkühlungsgeschwindigkeit bestimmt wurde, und dass schliesslich die Versuche in schmelzendem Eise nochmals wiederholt wurden, um so zu beweisen, dass der Apparat keine Aenderung erlitten hatte.

Aethylen. Druck 10 mm.
A. Abkühlung in schmelzendem Eise.

Temp.	Nr. des Versuchs Zeiten					
	1	2	3	4	5	9
19,49°	0	0	0	0	0	0
18,49	36,5	36,5	36,5	36,5	36,5	36,5
17,49	75	75,5	75	75	75	75,5
16,49	116	116	116	116	116,5	116,5
15,49	160,5	160,5	160,5	160,5	160,5	160,5
14,49	207	207	207	207,5	207	207
13,49	257	257	258	258	257,5	257,5
12,49	312	312	313	312,5	311,5	312,5
11,49	371	371	372	372	370,5	371,5
10,49	435	436	437	437	435	435,5
Summa	1970,0	1971,5	1975,0	1975,0	1970,0	1972,5

31*

B. Abkühlung in siedendem Wasser.[1]

Temp.	Nr. des Versuchs Zeiten					
	6	7	8	23	24	25
120,09°	0	0	0	0	0	0
119,09	18,5	18,5	18,5	18,5	18	18
118,09	38	38,5	38	38	38	38
117,09	59	59	59	59	58,5	58,5
116,09	81,5	81	81	81,5	81	80,5
115,09	105	104	104,5	105	104	104
114,09	129,5	·129	129	129,5	128,5	128,5
113,09	156,5	156	156	156	155	155
112,09	185,5	184,5	185	185	184	·184,5
111,09	216	215	215,5	215	214	214,5
Summa	989,5	985,5	986,5	987,5	981,0	982,5

Druck[2]) 740 mm.
A. Abkühlung in schmelzendem Eise.

Temp.	Nr. des Versuchs Zeiten			Temp.	Nr. des Versuchs Zeiten		
	10	11	12		10	11	12
19,49°	0	0	0	14,49	208	207,5	208
18,49	36,5	36,5	36,5	13,49	258	258	258,5
17,49	75,5	75,5	75,5	12,49	313,5	313,5	313
16,49	116,5	116,5	117	11,49	373	372,5	372,5
15,49	160	160,5	161,5	10,49	438,5	437,0	437,5
				Summa	1979,5	1977,5	1980,0

B. Abkühlung in siedendem Wasser.[3]

Temp.	Nr. des Versuchs Zeiten									
	13	14	15	16	17	18	19	20	21	22
120,09°	0	0	0	0	0	0	0	0	0	0
119,09	19,5	19	19	18,5	18,5	18,5	19,5	19,5	18,5	18,3
118,09	39	39	39	38	38	38	39,5	39,5	38,5	38,5
117,09	60	60	60	59	58,5	59	61	61	59,5	60
116,09	82,5	82,5	82,5	81	81	81	83,5	84	82	82
115,09	106,5	106.5	106	104	103,5	104	108	108	106	106
114,09	132	131,5	131,5	128,5	128,5	129	134	133,5	131,5	131
113,09	159	159	159	155	155,5	155,5	161,5	161,5	159	158,5
112,09	189	189	188,5	184	184	184,5	191,5	191,5	188	188
111,09	220	220	220	214	214,5	214,5	224	223,5	220	219,5
Summa	1008,5	1006,5	1005,5	982,0	982,0	984,0	1022,5	1022,0	1003,0	1002,0

1) Bei den Versuchen Nr. 6, 7, 8 war die Temperatur des siedenden Wasser 98,64°; bei den folgenden Versuchen 98.52.

2) Siehe die Bemerkung bei Luft.

3) Bei den Versuchen Nr. 13, 14, 15 war die Temperatur des siedenden Wassers gleich 98,80°; bei Nr. 16, 17, 18 gleich 98,43°: bei Nr. 19, 20 gleich 98,98°; bei Nr. 21, 22 gleich 98,82°.

Berechnet man in gleicher Weise, wie bei Luft, den Mittelwerth der Abkühlungsgeschwindigkeiten und der Temperaturen, für welche die Versuche gelten, so erhält man folgende Resultate.

Aethylen.

<table>
<tr><th colspan="2">10 mm Druck.</th><th colspan="2">740 mm Druck.</th></tr>
<tr><td>Nr. des Vers.</td><td>$V . \log e$</td><td>Nr. des Vers.</td><td>$V . \log e$</td></tr>
<tr><td>1</td><td>0,000 620 57</td><td>10</td><td>0,000 617 59</td></tr>
<tr><td>2</td><td>20 10</td><td>11</td><td>8 22</td></tr>
<tr><td>3</td><td>19 00</td><td>12</td><td>7 46</td></tr>
<tr><td>4</td><td>19 00</td><td colspan="2">Mittel 0,000 617 76</td></tr>
<tr><td>5</td><td>20 57</td><td colspan="2"></td></tr>
<tr><td>9</td><td>19 78</td><td colspan="2">mit einer mittleren Abweichung von</td></tr>
<tr><td colspan="2">Mittel 0,000 619 84</td><td colspan="2">0,000 000 31 = 0,05 Proc.</td></tr>
</table>

mit einer mittleren Abweichung von
0,000 000 58 = 0,09 Proc.
Temp. 8,10°.

(rechts:) Temp. 8,10°.

<table>
<tr><th>Nr. d. Vers.</th><th>$V . \log e$</th><th>Temp. des sied. Wassers</th><th>Nr. d. Vers.</th><th>$V . \log e$</th><th>Temp. des sied. Wassers</th></tr>
<tr><td>6</td><td>0,001 097 1</td><td rowspan="3">98,64°</td><td>13</td><td>0,001 087 4</td><td rowspan="3">98,80°</td></tr>
<tr><td>7</td><td>102 4</td><td>14</td><td>89 6</td></tr>
<tr><td>8</td><td>101 4</td><td>15</td><td>90 6</td></tr>
<tr><td>22</td><td>093 0</td><td rowspan="2">98,52</td><td>16</td><td>93 4</td><td rowspan="3">98,43</td></tr>
<tr><td>24</td><td>100 2</td><td>17</td><td>93 4</td></tr>
<tr><td>25</td><td>198 6</td><td></td><td>18</td><td>91 2</td></tr>
<tr><td colspan="2">Mittel 0,001 098 8</td><td></td><td>19</td><td>84 5</td><td rowspan="2">98,98</td></tr>
<tr><td colspan="3"></td><td>20</td><td>85 1</td></tr>
<tr><td colspan="3">mit einer mittleren Abweichung von</td><td>21</td><td>94 4</td><td rowspan="2">98,82</td></tr>
<tr><td colspan="3">0,000 002 5 = 0,2 Proc.</td><td>22</td><td>95 5</td></tr>
<tr><td colspan="3">Temp. 107,69°.</td><td colspan="2">Mittel 0,001 090 5</td><td></td></tr>
</table>

mit einer mittleren Abweichung von
0,000 003 1 = 0,3 Proc.
Temp. 107,78°.

Uebersieht man die obigen Werthe, so erkennt man, dass die Versuche in schmelzendem Eise eine grössere Uebereinstimmung unter einander zeigen, als jene, welche in siedendem Wasser ausgeführt wurden, denn während die ersten eine mittlere Abweichung von 0,1 Proc. zeigen, geht bei den letztern diese bis zu 0,3 Proc. Eine nähere Betrachtung der letzteren Werthe lässt aber weiter erkennen, dass die Versuchsgruppen, welche bei gleicher Temperatur des siedenden Wassers angestellt wurden, meistens eine gute Uebereinstimmung zeigen. Ich halte es daher für wahrscheinlich, dass die grösseren Differenzen, welche sich in den Versuchen bei der höhern Temperatur vorfinden, von einer Unsicherheit in der Bestimmung der Temperatur des siedenden Wassers herrühren. Ein Fehler von 0,1° in der Temperatur des siedenden Wassers hat einen Fehler von 0,7 Proc. in der Abkühlungsgeschwindigkeit zur Folge. Da es nicht erlaubt ist, die Temperatur des siedenden Wassers jener der siedenden Dämpfe gleich zu setzen, so kann man die erstere auch nicht aus dem Barometerstand berechnen, sondern hat sie durch ein Thermometer zu bestimmen. Die Angaben des Thermometers in siedendem Wasser sind aber nicht völlig constant, vielmehr treten Schwankungen bis zu 0,1° vielfach ein, sodass der mittlere Werth der Temperaturbestimmung eine Unsicherheit von 0,05° sehr leicht erfährt. Ich glaube, dass hierdurch die grössere Genauigkeit der Versuche in schmelzendem Eise genügend erklärt ist.

Eine Vergleichung der Werthe bei hohem und niedrigem Drucke zeigt, dass bei beiden Temperaturen die Abkühlungsgeschwindigkeit grösser war, wenn das Gas unter niedrigem Drucke stand. Bei der Temperatur 8,10° beträgt der Unterschied 0,33 Proc., bei der höheren Temperatur aber 0,76 Proc. Bei dieser letzten Temperatur sind die Werthe nicht vollkommen vergleichbar, weil die Temperaturen für die verschiedenen Drucke nicht ganz gleich sind. Um die Werthe auf diese Temperatur zu reduciren, ist die Annahme gestattet, dass die Abkühlungsgeschwindigkeit sich proportional der Temperatur ändert; man erhält alsdann statt des Werthes 0,001 0905 für die Temperatur 107,78°, den Werth 0,001 0901 bezogen auf die Temperatur 107,69°. Das Resultat der Versuche ist daher folgendes:

$$V . \log e \text{ für Aethylen.}$$

Temperatur	10 mm Druck	740 mm Druck	Differenz in Proc.
8,10°	0,000 619 84	0,000 617 76	0,33
107,69	0,001 098 8	0,001 090 1	0,80

Jedenfalls geht aus diesen Werthen hervor. dass der Einfluss, welchen der Druck auf die Wärmeleitung des Aethylens ausübt, ein sehr geringer ist. Hieraus folgt dann weiter, dass die Unterschiede zwischen Theorie und

Erfahrung, welche früher erwähnt wurden, nicht ihre Begründung darin finden können, dass die Beobachtungen, welche bei der Berechnung combinirt sind, verschiedenen Drucken der Gase entsprechen.

§ 4.

Man könnte glauben, dass die beobachteten Unterschiede in der Wärmeleitung, wie sie sich aus der letzten Zusammenstellung von $V . \log . e$ ergeben, von Beobachtungsfehlern herrühren. Ich halte es indessen für wahrscheinlicher, dass die beobachteten Differenzen wenigstens dem Sinne nach wirklich vorhanden sind. Das Resultat der Versuche, nach welchem das Gas unter niedrigem Drucke besser die Wärme leitet, als unter erhöhtem Drucke, hatte ich nicht erwartet, vielmehr glaubte ich anfangs, dass, wenn überhaupt eine Differenz sich finden sollte, dieselbe das Gegentheil zeigen würde. Ich habe daher die ersten Versuche mit Misstrauen aufgenommen und dieselben mehrfach wiederholt, indem ich den Apparat entleerte und von neuem füllte. Es haben indessen diese Beobachtungen das erste Resultat durchweg bestätigt, und da die fragliche Differenz entschieden grösser als der mittlere Fehler der Beobachtungen ist, so glaube ich mit besonderer Rücksicht auf die Versuche in schmelzendem Eise, den Beobachtungsfehlern die Differenz nicht zuschreiben zu dürfen.

Eine Erklärung der vorliegenden Erscheinung, dass die Wärmeleitung mit wachsendem Drucke abnimmt, lässt sich in doppelter Weise versuchen.

Erstens kann man annehmen, dass die specifische Wärme des Aethylens bei constantem Volumen nicht unabhängig vom Drucke ist, dass dieselbe vielmehr mit wachsendem Drucke abnimmt. Diese Annahme steht mit den Untersuchungen Regnault's, nach welchem die specifische Wärme der Gase als unabhängig vom Drucke beobachtet wird, nicht in Widerspruch. Wie Schröder van der Kolk[1]) gezeigt hat, wächst die Differenz der specifischen Wärme bei constantem Druck und bei constantem Volumen $(c_p - c_v)$ mit wachsendem Drucke

---

1) Schröder van der Kolk, Pogg. Ann. **126.** p. 853. 1865.

für die von ihm untersuchten Gase Wasserstoff, Luft und Kohlensäure. Wenn man daher nach Regnault's Untersuchungen annimmt, dass die specifische Wärme bei constantem Druck unabhängig vom Drucke ist, so muss die specifische Wärme bei constantem Volumen mit wachsendem Drucke abnehmen. Indessen hat die Untersuchung Regnault's die Frage, ob die specifische Wärme der Kohlensäure (mit diesem Gase ist das oben untersuchte Aethylen wohl am ersten vergleichbar) unabhängig vom Drucke sei, nicht endgültig entschieden, vielmehr erkennt Regnault selbst an, dass die Möglichkeit einer Aenderung nicht ausgeschlossen sei. Daher ist denn auch die Annahme, dass die spec. Wärme bei constantem Volumen mit wachsendem Drucke abnehme, durch die Regnault'schen Bestimmungen nicht erwiesen, wenn sie auch mit denselben, wie schon erwähnt, übereinstimmt.

Zweitens kann man (und diese Erklärung ist der ersteren vorzuziehen) die Abweichung des Aethylens vom Boyle'schen Gesetze zu Erklärung der fraglichen Erscheinung verwerthen. Aus dieser Abweichung, nach welcher die Compression des Gases bei wachsendem Drucke stärker ist, als sie nach dem Boyle'schen Gesetze sein sollte, geht hervor, dass zwischen den Molecülen Cohäsionskräfte thätig sind. Den Einfluss dieser Cohäsionskräfte kann man so ansehen, dass durch denselben bei jedem Zusammenstoss zweier Molecüle eine zeitliche Verzögerung der geradlinigen Bewegungen eintritt.[1] Je grösser nun die Zahl der Zusammenstösse in der Zeiteinheit ist, um so häufiger wird auch die genannte Verzögerung eintreten. Diese Verzögerung wird daher mit wachsender Stosszahl, oder dem entsprechend mit wachsender Dichte des Gases, einen zunehmenden Einfluss auf die Geschwindigkeit erlangen, mit der zwei sich begrenzende Gasschichten von verschiedener Temperatur die Energie ihrer Bewegungen austauschen. Hiernach ist die Erscheinung, dass die Wärmeleitung eines Gases, bei welchem Cohäsionskräfte thätig sind, mit wachsen-

---

1) Recknagel, Pogg. Ann. Ergbd. 5. p. 565. 1871. O. E. Meyer, Kinetische Theorie der Gase, p. 66.

dem Drucke abnimmt, nicht mehr auffallend, sondern ganz
verständlich. Es müsste dann diese Abnahme um so grösser
sein, je grösser die Cohäsionskräfte sind. Die letzteren nehmen mit wachsender Temperatur ab, und daher müsste der
Einfluss einer gleichen Druckänderung bei hoher Temperatur
kleiner, als bei niedriger Temperatur sein. Da meine Versuche bei der tiefen Temperatur auch einem kleinern Drucke
entsprechen (statt 740 mm etwa 540 mm), so lassen dieselben
diese Consequenz nicht unmittelbar erproben; es ist aber
auch zweifelhaft, ob die Genauigkeit hierfür ausreichen würde.

Hohenheim, Juli 1880.

IX. *Strömungen von Flüssigkeiten infolge ungleicher Temperatur innerhalb derselben; von A. Oberbeck.*

1. In éiner vor kurzem in diesen Annalen veröffentlichten Abhandlung[1]) habe ich gezeigt, dass unter gewissen,
besonders einfachen Umständen die stationären Strömungen
von Flüssigkeiten infolge innerer Temperaturdifferenzen sich
berechnen lassen, und dass sich angeben lässt, in welcher
Weise die Wärmeverbreitung in der Flüssigkeit dadurch
verändert wird. Die hierbei in Betracht kommenden Grössen:
Temperatur, Druck und Stromcomponenten lassen sich in
einzelnen Fällen in Reihen entwickeln, deren Convergenz
allerdings jedesmal besonders zu untersuchen ist. Ich habe
schon damals darauf hingewiesen, dass man auf eine schnelle
Convergenz derselben rechnen darf, wenn die ursprüngliche
Temperaturvertheilung in der Flüssigkeit nur sehr wenig von
derjenigen abweicht, bei welcher stabiles Gleichgewicht besteht. In diesem Fall ist es immer möglich, die ersten
Glieder in der Reihe der Stromcomponenten und des Druckes
zu berechnen, wenn die Temperaturvertheilung in der Flüssigkeit gegeben ist. Wenigstens kann man stets ein System

---

1) Oberbeck, Wied. Ann. **7.** p. 271—292. 1879.

particulärer Lösungen angeben, welches den gegebenen Differentialgleichungen genügt. Um auch die Grenzbedingungen zu erfüllen, hat man dann noch weitere Glieder hinzuzufügen. Letztere lassen sich natürlich nicht allgemein angeben, da sie von der Gestalt der Grenzflächen wesentlich abhängen. Nach Aufstellung jener allgemeinen Lösungen habe ich die Rechnung an einem Beispiel durchgeführt, bei welchem angenommen ist, dass die in einer Hohlkugel eingeschlossene Flüssigkeit von aussen erwärmt wird, dass bereits ein stationärer Zustand eingetreten ist, und dass die Temperaturvertheilung in der Flüssigkeit nur wenig abweicht von einer gleichmässigen Abnahme von unten nach oben.

2. Für die ersten Glieder in den Reihen für den Druck und die Stromcomponenten gelten die folgenden Differentialgleichungen, welche den Nummern (11a), (12a), (13a), (14a) der oben citirten, früheren Abhandlung entsprechen, wobei hier die dort stehenden Indices fortgelassen werden konnten, da es sich jetzt nur um die Berechnung der ersten Glieder handeln soll:

(1) $$\Delta \vartheta = 0,$$

(2) $$\Delta u = \frac{dp}{dx}, \quad \Delta v = \frac{dp}{dy}, \quad \Delta w = \frac{dp}{dz} - \beta \vartheta\,^1),$$

(3) $$\frac{du}{dx} + \frac{dv}{dy} + \frac{dw}{dz} = 0.$$

Hier bedeuten, wie früher, ϑ die Temperatur, p den Druck, u, v, w die Stromcomponenten nach den drei Axen eines Punktes, x, y, z der Flüssigkeit, während:

$$\beta = \frac{\varrho_0\,G}{\mu},$$

wo ϱ_0 die Dichtigkeit bei 0^0, μ den Reibungscoëfficienten der Flüssigkeit, G die Constante der Schwere repräsentiren.

Zu diesen Gleichungen kommen noch die Bedingungen, dass an den festen Wänden der Flüssigkeit ϑ gegebene, unveränderliche Werthe hat, während u, v, w an denselben verschwinden müssen, da die Flüssigkeit als haftend vorausgesetzt wird.

----

1) In der Gl. (12a) der früheren Abhandlung steht infolge eines Druckfehlers $+ \beta \vartheta$.

In dem gegebenen Gleichungssystem kann zunächst ϑ durch die Gleichung (1) und die Grenzbedingungen nach bekannten Methoden berechnet werden, sodass wir diese Function als eine gegebene ansehen. Um sodann u, v, w zu bestimmen, kann man annehmen, dass dieselben sich in folgender Weise darstellen lassen:

$$(4) \qquad u = \frac{d^2 f}{dx \cdot dz}, \quad v = \frac{d^2 f}{dy \cdot dz}, \quad w = \frac{d^2 f}{dz^2} + F;$$

wo f und F noch weiter zu bestimmende Functionen sind. Setzt man diese Werthe in die Gleichungen (2) ein, so erhält man:

$$(5) \qquad \begin{cases} \dfrac{d}{dx}\left\{ \varDelta \dfrac{df}{dz} \right\} = \dfrac{dp}{dx}, \quad \dfrac{d}{dy}\left\{ \varDelta \dfrac{df}{dz} \right\} = \dfrac{dp}{dy}, \\[2mm] \dfrac{d}{dz}\left\{ \varDelta \dfrac{df}{dz} \right\} + \varDelta F = \dfrac{dp}{dz} - \beta \cdot \vartheta. \end{cases}$$

Man kann dieselben befriedigen, indem man setzt:

$$(6) \qquad \varDelta \left(\frac{df}{dz} \right) = p + \text{Const.}$$

$$(7) \qquad \varDelta F = - \beta \cdot \vartheta.$$

Gleichung (3) endlich erfordert, dass:

$$(8) \qquad \frac{d}{dz}\left\{ \varDelta f + F \right\} = 0.$$

In vielen Fällen genügt es, zu setzen:

$$(9) \qquad \varDelta f = - F.$$

Aus Gleichung (7) kann man zunächst F durch ϑ, ferner nach (9) f durch F berechnen.

Bezeichnet man mit F_1 eine Function, für welche:

$$\varDelta F_1 = - \beta \cdot \vartheta,$$

mit F_2 eine solche, für welche:

$$\varDelta F_2 = 0,$$

bezeichnet man ferner mit f_1, f_2, f_3 Functionen, für welche:

$$\varDelta f_1 = - F_1, \quad \varDelta f_2 = - F_2, \quad \varDelta f_3 = 0,$$

so sind:

$$(10) \qquad F = F_1 + F_2, \quad f = f_1 + f_2 + f_3$$

die gesuchten Functionen.

Die in den Gleichungen (4), (7), (9), (10) enthaltenen Lösungen können immer noch particulär sein, und ist es gestattet, weitere resp. Werthe: u', v', w' hinzuzuaddiren, welche den Gleichungen:

(11)
$$\left\{ \begin{array}{c} \varDelta u' = \frac{dp'}{dx}, \qquad \varDelta v' = \frac{dp'}{dy}, \qquad \varDelta w' = \frac{dp'}{dz}, \\[2mm] \frac{du'}{dx} + \frac{dv'}{dy} + \frac{dw'}{dz} = 0, \qquad \varDelta p' = 0. \end{array} \right.$$

genügen.

3. Um die Anwendbarkeit der allgemeinen Lösungen zu zeigen, habe ich die Rechnung für das folgende Beispiel durchgeführt. Eine Hohlkugel vom Radius R sei vollständig mit Flüssigkeit erfüllt. Dieselbe werde von aussen her so lange erwärmt, bis sich eine stationäre Temperaturvertheilung hergestellt hat. Doch soll dieselbe nur wenig abweichen von einer solchen Vertheilung, bei welcher die Flüssigkeit im stabilen Gleichgewicht bleiben würde, d. h. also die Temperatur im Innern der Kugel soll nur wenig verschieden sein von einem überall constanten oder linear von unten nach oben abnehmenden Werth.

Da die Temperatur der Bedingung:
$$\varDelta \vartheta = 0$$
zu genügen hat, so kann man ϑ, nach Einführung von Polarcoordinaten, in eine Reihe nach Kugelfunctionen entwickelt denken.

Es sei:
$$x = r.\sin\varphi.\cos\chi, \qquad y = r.\sin\varphi.\sin\chi, \qquad z = r.\cos\varphi.$$
Der Einfachheit wegen mag vorausgesetzt werden, dass die Temperatur um den verticalen Durchmesser (die z-Axe) herum symmetrisch vertheilt, d. h. dass ϑ von χ unabhängig ist. Dann kann man setzen:
$$\vartheta = \varSigma k_n.r^n.p_n(\cos\varphi),$$
wo p_n die $n$te Kugelfunction einer Veränderlichen bedeutet. Auch hier habe ich mich auf die drei ersten Glieder der Reihe beschränkt, sodass ich angenommen habe:
$$\vartheta = k_0 + k_1 r.\cos\varphi + k_2 r^2 (3\cos^2\varphi - 1),$$
$$= k_0 + k_1 z + k_2 (3z^2 - r^2).$$

Die Constanten k_0, k_1, k_2 kann man sich passend durch die folgenden Bedingungen bestimmt denken:

$$r = R, \left.\vphantom{\begin{matrix}a\\b\end{matrix}}\right\} \; \vartheta = 2\vartheta_0, \quad r = 0, \; \vartheta = (1 - \varkappa)\,\vartheta_0,$$
$$\varphi = 0$$

$$r = R, \left.\vphantom{\begin{matrix}a\\b\end{matrix}}\right\} \; \vartheta = 0.,$$
$$\varphi = 180^0,$$

wobei $\varkappa$ eine als klein anzusehende Constante bedeutet, welche die Abweichung der Flächen gleicher Temperatur von horizontalen Ebenen bewirkt. Es ist dann:

$$(12) \quad \begin{cases} \vartheta = \vartheta_0 \left\{ 1 - \varkappa + \dfrac{r\cos\varphi}{R} + \dfrac{\varkappa}{2}\dfrac{r^2}{R^2}(3\cos^2\varphi - 1) \right\}, \\ \text{oder auch:} \\ \vartheta = \vartheta_0 \left\{ 1 - \varkappa + \dfrac{z}{R} + \dfrac{\varkappa}{2R^2}(2z^2 - x^2 - y^2) \right\}. \end{cases}$$

Hat $\varkappa$ einen positiven Werth, so nimmt auf dem verticalen Durchmesser die Temperatur anfangs langsamer, später schneller zu, als bei der Vertheilung nach einer linearen Function stattfinden würde. In jeder Horizontalebene hat die Temperatur in der Axe ihren grössten Werth und nimmt nach der Grenzfläche zu ab. Für ein negatives $\varkappa$ ergeben sich die umgekehrten Folgerungen für die Temperaturvertheilung.

Die Flächen gleicher Temperaturen sind Rotationshyperboloïde, deren gemeinsame Axe die z Axe ist. Ist ϑ constant oder eine lineare Function von z, so entsteht keine Bewegung in der Flüssigkeit. In den Gleichungen (3) und (7) ist daher nur derjenige Theil von ϑ zu benutzen, welcher bei Bildung der Werthe von u, v, w wirklich in Betracht kommt, nämlich:

$$\vartheta_0 \frac{\varkappa}{2} \frac{r^2}{R^2}(3\cos^2\varphi - 1).$$

Da bei allen weiteren Rechnungen der Factor $\vartheta_0\dfrac{\beta\cdot\varkappa}{2R^2}$ überall gleichmässig auftritt, so mag derselbe vorläufig fortgelassen werden, und setzen wir daher in den Gleichungen (3) und (7) an Stelle von $\beta\cdot\vartheta$:

$$r^2(3\cos^2\varphi - 1) = 3z^2 - r^2.$$

4. Bei der Auflösung der folgenden partiellen Differentialgleichungen wurden die hinzuzufügenden, willkürlichen

Functionen nur insoweit hingeschrieben, als sie für das Endresultat in Betracht kommen. Hiernach gibt Gl. (7):

$$\Delta F = -(3z^2 - r^2),$$

die Lösung:

(13) $$F = -\frac{(3z^2 - r^2)}{14}\{r^2 + 14A\};$$

und Gl. (8) die Lösung:

(14) $$f = \frac{3z^2 - r^2}{504}\{r^4 + 36Ar^2 + 504B\},$$

wobei A und B willkürliche Constanten bedeuten.

Das erste particuläre Werthsystem ist daher gemäss
Gl. (4):

(15) $$\begin{cases} u = \frac{x \cdot z}{7}\left\{\frac{z^2}{3} + 2A\right\}, \quad v = \frac{yz}{7}\left\{\frac{z^2}{3} + 2A\right\}, \\ w = \frac{1}{7}\left\{\frac{z^4}{3} + \frac{r^4}{2} - r^2 \cdot z^2 + 2A(4r^2 - 5z^2) + 7B\right\}; \end{cases}$$

wozu der Werth für den Druck gehört:

(16) $$p = \frac{1}{7}\{3z^2 + 2r^2 + 4Az\}.$$

Die weitere Rechnung zeigt, dass hierzu, entsprechend
den Gl. (11), noch die Grössen hinzuzufügen sind:

(17) $$\begin{cases} u' = -Cxz\left\{\frac{r^2}{5} + \frac{z^2}{3}\right\} + 2D \cdot xz, \\ v' = -C \cdot yz\left\{\frac{r^2}{5} + \frac{z^2}{3}\right\} + 2Dyz, \\ w' = -C\left\{\frac{z^4}{3} - \frac{4r^2 \cdot z^2}{5} + \frac{r^4}{5}\right\} + D(r^2 - 3z^2), \\ p' = 4C\{z^3 - \frac{3}{2}zr^2\}, \end{cases}$$

wo C und D zwei neue, willkürliche Constanten repräsentiren.

Nimmt man die Summen der Lösungen (15) und (17)
und bestimmt die Constanten dadurch, dass:

$$r = R, \quad u = v = w = 0,$$

so erhält man:

(18) $$A = -\frac{R^2}{14}, \quad B = \frac{R^4}{70}, \quad C = \frac{1}{7}, \quad D = \frac{6R^2}{245}.$$

Auf diese Weise ergibt sich:

$$u = \frac{xz}{35}(R^2 - r^2), \quad v = \frac{yz}{35}(R^2 - r^2),$$

$$w = \frac{z^2}{35}(R^2 - r^2) + \frac{1}{70}\{3r^4 - 4R^2r^2 + R^4\},$$

oder auch:

$$w = \frac{z^2}{35}(R^2 - r^2) + \frac{1}{70}(r^2 - R^2)(3r^2 - R^2).$$

Fügt man endlich die zur Vereinfachung fortgelassenen Factoren hinzu und erinnert sich, dass die ersten Glieder der Stromcomponenten auch noch den Factor α (den Ausdehnungscoëfficienten der Flüssigkeit) haben, so ist schliesslich:

$$(19) \quad \begin{cases} u = \frac{\alpha.\beta.\varkappa.\vartheta_0}{70\,R^2} xz(R^2 - r^2), & v = \frac{\alpha.\beta.\varkappa.\vartheta_0}{70\,R^2} yz(R^2 - r^2), \\ w = \frac{\alpha.\beta.\varkappa.\vartheta_0}{70\,R^2}(R^2 - r^2)\{z^2 + \frac{1}{2}(R^2 - 3r^2)\}. \end{cases}$$

Hierdurch ist diejenige Strömung der Flüssigkeit ausgedrückt, welche eine Folge der stationären Temperaturvertheilung gemäss Gl. (12) ist. Die Bewegung ist leicht zu übersehen, und würde es nicht schwer halten, die entsprechenden Stromcurven zu zeichnen. Insbesondere strömt die Flüssigkeit durch die horizontale Mittelebene ($z = 0$) in verticaler Richtung mit der Geschwindigkeit:

$$\frac{\alpha.\beta.\varkappa.\vartheta_0}{140\,R^2}(R^2 - 3r^2)(R^2 - r^2).$$

In dem Kreise, dessen Radius:

$$R = r\sqrt{\tfrac{1}{3}},$$

ruht die Flüssigkeit; innerhalb desselben steigt sie auf, ausserhalb sinkt sie nieder. Man kann daher die Bewegung auch als eine Art von Wirbelbewegung um den beschriebenen Kreis herum auffassen.

Aus diesem einfachen Beispiel ist, wie ich denke, die Art der Anwendung der allgemeinen Lösungen leicht zu ersehen.

Sobald man sich die Flüssigkeit von einer Kugel oder zwei concentrischen Kugelschalen begrenzt denkt, werden sich die Rechnungen stets leicht ausführen lassen. Grössere Schwierigkeiten treten natürlich bei anderer Form der Grenzflächen ein.

Halle a. S., den 1. August 1880.

X. *Theorie der Interferenzerscheinung, welche senkrecht zur Axe geschliffene dichroitische Krystallplatten im polarisirten Lichte zeigen; von E. Ketteler.*

Die Farbenerscheinungen einer senkrecht zur Axe geschliffenen, dichroitischen Krystallplatte sind in jüngster Zeit mehrfach behandelt worden, so von den Herren Bertin, Bertrand, Cornu, Mallard[1]) und von Hrn. Lommel.[2]) Während die erstgenannten Physiker die Entstehung der Büschel entweder auf Interferenz oder Absorption zurückführen, erklärt sie Hr. Lommel als durch das Eintreten der Totalreflexion bedingt. Im Folgenden gebe ich im Anschluss an meine bisherigen Untersuchungen eine strenge Theorie der Erscheinung, beschränke mich indess der Einfachheit wegen auf monochromatisches Licht.

Seien $N_1 C$ und $N_2 C$ die Projectionen der Schwingungsebenen der beiden als vollkommen durchsichtig vorausgesetzten Nicol'schen Prismen des Polarisationsapparates, und beider Winkel heisse β. Irgend ein von einem oberhalb C gelegenen Punkte P ausgehender Strahl treffe die eingeschaltete Platte in einem Punkte der Linie EC, die mit $N_1 C$ einen Winkel ω bilde. Es wird dadurch EC ein sogenannter Hauptschnitt, und die in die Platte eintretenden extraordinären Schwingungen sind der Ebene ECP, die ordinären der darauf senkrechten OCP parallel.

Schreibt man das Schwingungsgesetz des eintretenden noch unzerlegten Lichtes:

$$\varrho = \cos 2\pi \frac{t}{T},$$

unter ϱ den Ausschlag zur laufenden Zeit t und unter T die Schwingungsdauer verstanden, so entfällt zunächst dem ordinären Strahle die Amplitude $\sin \omega$. Und da sich der Brechung desselben ein Schwächungscoëfficient $\mathfrak{D}_o$ und eine

---

1) Beibl. **8.** p. 793—799. 1879.
2) Lommel, Wied. Ann. **9.** p. 109. p. 1880.

Phasenänderung χ_0 zuordnet, so wird der Ausschlag nach dem Eintritt:

$$\varrho_0 = \mathfrak{D}_0 \sin \omega \cos\left(2\,\pi\,\frac{t}{T} - \chi_0\right).$$

Die Grösse desselben nimmt kraft des Extinctionscoëfficienten q_0 ab, und wenn der Strahl, nachdem er den auf die Dicke d kommenden Weg w_0 durchlaufen, die Hinterfläche erreicht, so möge ϱ_0 herabgesunken sein auf:

$$\varrho_0' = \mathfrak{D}_0\,e^{-\frac{2\pi}{\lambda}q_0 d} \sin \omega \cos\left[2\,\pi\left(\frac{t}{T} - \frac{\nu_0 w_0}{\lambda}\right) - \chi_0\right],$$

wo ν_0 das entsprechende Brechungsverhältniss bedeutet, und λ die Wellenlänge im Weltäther ist.

Abermals folgt Brechung und mit derselben eine zweite Phasenänderung, nach Ablauf deren sich für den in Betracht kommenden Antheil des austretenden Strahles schreiben lässt:

$$(1) \quad \left\{ \begin{aligned} &\varrho_0'' = \mathfrak{D}_0\,\mathfrak{D}_0'\,e^{-\frac{2\pi}{\lambda}q_0 d} \sin \omega \sin(\omega - \beta) \times \\ &\cos\left[2\,\pi\left(\frac{t}{T} - \frac{\nu_0 w_0 + w_0'}{\lambda}\right) - \chi_0 - \chi_0'\right], \end{aligned} \right.$$

sofern man nämlich auf die Schwingungsebene des zweiten Nicols zu reduciren hat, und zur inneren Wegstrecke w_0 eine äussere w_0' hinzutritt.

Aehnliches gilt vom durchgehenden extraordinären Strahl. Während indess die senkrecht auf der Einfallsebene stehenden ordinären Schwingungen bei allen Einfallswinkeln linear polarisirt bleiben, ist die in der Einfallsebene vor sich gehende extraordinäre Schwingungsbewegung eine longitudinal elliptische, deren Ellipticität vom Einfallswinkel abhängt. Beim Eintritt in den Krystall sind demnach senkrecht und parallel zum Loth die Schwächungscoëfficienten $\mathfrak{D}_x$, $\mathfrak{D}_z$ und Phasenänderungen χ_x, χ_z zu unterscheiden. Der Extinctionscoëfficient heisse q_e und der vom Strahl zurückgelegte innere Weg w_e. Wenn dann infolge der zweiten Brechung die longitudinal elliptischen Schwingungen sich wiederum in lineare zurückverwandeln, so habe man die neuen Schwächungscoëfficienten $\mathfrak{D}_x'$, $\mathfrak{D}_z'$ und Phasenänderungen χ_x', χ_z'.

Selbstverständlich lässt sich indess dem austretenden Strahle die Reihenfolge von Umwandlungen, die er erfahren, nicht mehr äusserlich ansehen, und so werden die Schwingungen desselben nach dem Gesetze erfolgen:

$$(2) \quad \begin{cases} \varrho''_e = \mathfrak{D}_e \, \mathfrak{D}'_e \, e^{-\frac{2\pi}{\lambda} q_e d} \cos \omega \cos (\omega - \beta) \times \\ \cos \left[2\pi \left(\frac{t}{T} - \frac{v_e w_e + w'_e}{\lambda} \right) - \chi_e - \chi'_e \right], \end{cases}$$

sofern man ja die innere longitudinal elliptische Bewegung durch eine äquivalente lineare von gleicher Schwingungsarbeit mit den Attributen $\mathfrak{D}_e$, χ_e; $\mathfrak{D}'_e$, χ'_e ersetzt denken kann. Dieselben stehen übrigens, wie ich früher[1]) für isotrope Mittel ausführlich nachgewiesen, in einem einfachen angebbaren Zusammenhang zu den oben erwähnten Grössen $\mathfrak{D}_a$, χ_a; $\mathfrak{D}_s$, χ_s ....

Sind so beide Strahlen auf gleiche Schwingungsebene zurückgeführt, und nennt man abkürzungsweise ihre resp. Amplituden A_o, A_e und ihre Anomalie Φ, so erhält man die resultirende Intensität mittelst des bekannten Ausdrucks:

$$(3) \quad \begin{cases} J = A_o{}^2 + A_e{}^2 + 2 A_o A_e \cos \Phi \\ = (A_o + A_e)^2 - 4 A_o A_e \sin^2 \tfrac{1}{2} \Phi. \end{cases}$$

Darin bedeuten sonach:

$$(4) \quad \begin{cases} A_o = \mathfrak{D}_o \, \mathfrak{D}'_o \, e^{-\frac{2\pi}{\lambda} q_o d} \sin \omega \sin (\omega - \beta) \\ A_e = \mathfrak{D}_e \, \mathfrak{D}'_e \, e^{-\frac{2\pi}{\lambda} q_e d} \cos \omega \cos (\omega - \beta) \end{cases} \qquad \text{und:}$$

$$\Phi = \left[(\chi_e + \chi'_e) - (\chi_o + \chi'_o) \right] + \tfrac{2\pi}{\lambda} \left[(v'_e w'_e - v_o w_o) + (w'_e - w'_o) \right]$$

$$= P + \frac{2\pi}{\lambda} G.$$

Das erste Glied dieses Ausdrucks lässt sich bezeichnen als der physische, das zweite als der geometrische Phasenunterschied. Und da der letztere sich auf die Strahlrichtung bezieht, so ist der Deutlichkeit wegen den Bezeichnungen v_e und w_e die Marke s angehängt.

---

1) Ketteler, Wied. Ann. **3.** 100 u. 291. 1878.

Was weiter den Unterschied der Wege (*G*) betrifft, so heisse *e* der Einfallswinkel, r_e^i der Brechungswinkel des extraordinären und r_o der des ordinären Strahles. Man erhält alsdann mit Zuhülfeziehung einer einfachen ebenen Figur leicht die folgende Bestimmung:

$$G = d\left[\frac{\nu_e^i}{\cos r_e^i} - \frac{\nu_o}{\cos r_o} - \sin e\,(\tang r_e^i - \tang r_o)\right]$$

$$= d\left(\frac{\nu_e^i - \sin e \sin r_e^i}{\cos r_e^i} - \frac{\nu_o - \sin e \sin r_o}{\cos r_o}\right).$$

Coordiniren wir jetzt den Attributen (ν_e^i, r_e^i oder kürzer) ν_s, r_s des Strahles die entsprechenden ν_n, r_n der Normalen und nennen den Winkel zwischen beiden δ. Alsdann bestehen bekanntlich die Beziehungen:

(5) $$\cos \delta = \frac{\nu_s}{\nu_n}, \quad \nu_n = \frac{\sin e}{\sin r_n}, \quad r_s - r_n = \delta.$$

Führt man dieselben in das erste Glied des vorstehenden Ausdrucks ein, so erhält man:

$$\frac{\nu_s - \sin e \sin r_s}{\cos r_s} = \frac{\nu_n - \sin e \sin r_n}{\cos r_n} = \nu_n \cos r_n.$$

Dieselbe Umwandlung gilt offenbar für das zweite Glied, und sonach wird:

$$G = d\,(\nu_e^n \cos r_e^n - \nu_o \cos r_o)$$
$$= d\,(p_e - p_o),$$

wenn wir nämlich für beide Wellen zur Abkürzung setzen:

(6) $$p = \nu \cos r = \sqrt{\nu^2 - \sin^2 e}.$$

Man hat folglich als die Gesammtanomalie der interferirenden Strahlen:

(7) $$\Phi = \left[(\chi_e + \chi_e') - (\chi_o + \chi_o')\right] + \tfrac{2\pi}{\lambda} d\,(p_e - p_o).$$

Dies vorausgesetzt, wird die entstehende Interferenzfigur durch den Einfallswinkel *e* als Radius vector und den zugehörigen Polarwinkel ω bestimmt sein, sobald man die Amplituden ($\mathfrak{D}\,\mathfrak{D}'$), die Verzögerungen ($\chi + \chi'$), sowie die Coëfficienten *p* und *q* als Functionen des Einfallswinkels *e* und der beiden axialen Charakteristiken a_1, b_1; a_2, b_2 (als

32*

der axialen Hauptrefractions- und Hauptextinctionscoëfficienten für senkrechten Einfall) zu bestimmen vermag.

Es sei nun die in Rede stehende einaxige Platte optisch
gegeben durch die Beziehungen [1]):

$$a_1{}^2 - b_1{}^2 - 1 = \sum \frac{D_1 \lambda^2{}_m (\lambda^2 - \lambda^2{}_m)}{(\lambda^2 - \lambda^2{}_m)^2 + g^2 \lambda^2}, \quad 2a_1 b_1 = \sum \frac{D_1 \lambda^2{}_m g\lambda}{(\lambda^2 - \lambda^2{}_m)^2 + g^2 \lambda^2},$$

$$= (N_1{}^2 - 1) \cos \varDelta_1, \qquad\qquad = (N_1{}^2 - 1) \sin \varDelta_1,$$

$$a_2{}^2 - b_2{}^2 - 1 = \sum \frac{D_2 \lambda^2{}_m (\lambda^2 - \lambda^2{}_m)}{(\lambda^2 - \lambda^2{}_m)^2 + g^2 \lambda^2}, \quad 2a_2 b_2 = \sum \frac{D_2 \lambda^2{}_m g\lambda}{(\lambda^2 - \lambda^2{}_m)^2 + g^2 \lambda^2},$$

$$= (N_2{}^2 - 1) \cos \varDelta_2, \qquad\qquad = (N_2{}^2 - 1) \sin \varDelta_2,$$

und möge dabei der Index 2 auf die mit dem Lothe zusammenfallende Richtung der optischen Axe als Fortpflan-
zungsrichtung, der Index 1 auf die dazu senkrechte Richtung
bezogen werden. D bedeutet die Dispersionsconstante als
Maass der Wechselwirkung zwischen Aether- und Körpermaterie, g die Reibungsconstante der letztern, λ_m die charakteristische Wellenlänge des zugehörigen Absorptionsstreifens,
und das Summenzeichen bezieht sich auf die Zahl derselben.
Ich definire ferner:

$$N^2 - 1 = \sqrt{(a^2 - b^2 - 1)^2 + 4a^2 b^2}, \quad \operatorname{tang} \varDelta = \frac{2ab}{a^2 - b^2 - 1}$$

als die (auf eine einzige Molecularqualität) reducirte brechende Kraft, resp. als den reducirten Phasenunterschied
zwischen Körper- und Aethertheilchen. Gelten diese De-
finitionen bei den Indices 1 und 2 zunächst für die Axen-
richtungen, für welche Strahl und Normale zusammenfallen,
so sollen für die intermediären Richtungen N_s, $\varDelta_s$; N_n, $\varDelta_n$
unterschieden werden. Für diese hat man:

$$(8) \begin{cases} N_s{}^2 = N_2{}^2 \cos^2 r_s + N_1{}^2 \sin^2 r_s, \quad \dfrac{1}{N_n{}^2} = \dfrac{\cos^2 r_n}{N_2{}^2} + \dfrac{\sin^2 r_n}{N_1{}^2}, \\[2mm] \qquad\qquad r_s - r_n = \delta \\[2mm] \operatorname{tg}\delta = \dfrac{N_2{}^2 - N_1{}^2}{N_s{}^2} \sin r_s \cos r_s = N_n{}^2\left(\dfrac{1}{N_1{}^2} - \dfrac{1}{N_2{}^2}\right) \sin r_n \cos r_n, \\[2mm] \operatorname{tg}\varDelta_n = \operatorname{tg}\varDelta_s = \dfrac{2a_2 b_2 \cos^2 r_s + 2a_1 b_1 \sin^2 r_s}{(a_2{}^2 - b_2{}^2 - 1)\cos^2 r_s + (a_1{}^2 - b_1{}^2 - 1)\sin^2 r_s}. [2]) \end{cases}$$

---

1) Ketteler, Berl. Monatsber. Nov. 1879. p. 879.

2) Für symmetrisch angeordnete Mittel ist der Phasenunterschied $\varDelta$
von der Orientirung unabhängig.

Von vorstehenden Ausdrücken benutzen wir die für N_n und $\varDelta_n$ und bilden daraus die weiteren:

(9) $\quad a_n{}^2 - b_n{}^2 - 1 = (N_n{}^2 - 1)\cos\varDelta_n, \quad 2a_n b_n = (N_n{}^2 - 1)\sin\varDelta_n.$

Alsdann ist:

(10) $\begin{cases} 2p_e{}^2 = a_n{}^2 - b_n{}^2 - \sin^2 e + \sqrt{(a_n{}^2 - b_n{}^2 - \sin^2 e)^2 + 4a_n{}^2 b_n{}^2}. \\[2mm] \qquad q_e = \dfrac{a_n b_n}{p_e} = \dfrac{a_n b_n}{\sqrt{\nu{}^2 - \sin^2 e}} \end{cases}$

und entsprechend:

(11) $\begin{cases} 2p_o = a_2{}^2 - b_2{}^2 - \sin^2 e + \sqrt{(a_2{}^2 - b_2{}^2 - \sin^2 e)^2 + 4a_2{}^2 b_2{}^2} \\[2mm] \qquad q_o = \dfrac{a_2 b_2}{p_o} = \dfrac{a_2 b_2}{\sqrt{\nu_o{}^2 - \sin^2 e}}. \end{cases}$

Mittelst dieser Werthe von p und q berechnen sich weiter die Schwächungscoëfficienten und Verzögerungen [1]:

(12) $\begin{cases} \mathfrak{D}_o \mathfrak{D}'_o = \dfrac{16\cos^2 e\,(p_o{}^2 + q_o{}^2)}{[(\cos e + p_o)^2 + q_o{}^2]^2} \\[3mm] \operatorname{tg}(\chi_o + \chi'_o) = \dfrac{[\cos^2 e - (p_o{}^2 + q_o{}^2)]\sin(\varepsilon_o + u_o)}{2\cos e\sqrt{p_o{}^2 + q_o{}^2} + [\cos^2 e + (p_o{}^2 + q_o{}^2)]\cos(\varepsilon_o + u_o)}, \end{cases}$

worin gesetzt ist:

(13) $\qquad\qquad \varepsilon_o + u_o = \operatorname{arc\,tg}\dfrac{q_o}{p_o}.$

Ferner:

(14) $\begin{cases} \mathfrak{D}_e \mathfrak{D}'_e = \dfrac{16\,a^2\cos^2 e\,(p_e{}^2 + q_e{}^2)(a_n{}^2 + b_n{}^2)^2}{[a^2(p_e{}^2 + q_e{}^2) + 2a p_e(\nu_e{}^2 + q_e{}^2)\cos e + (a_n{}^2 + b_n{}^2)^2\cos^2 e]^2}, \\[3mm] \operatorname{tg}(\chi_e + \chi'_e) = \\[3mm] \dfrac{[a^2(p_e{}^2 + q_e{}^2) - (a_n{}^2 + b_n{}^2)^2\cos^2 e]\sin(\varepsilon_e - u_e)}{2a\cos e\sqrt{p_e{}^2 + q_e{}^2}\,(a_n{}^2 + b_n{}^2) + [a^2(p_e{}^2 + q_e{}^2) + (a_n{}^2 + b_n{}^2)^2\cos^2 e]\cos(\varepsilon_e - u_e)}, \end{cases}$

(15) $\begin{cases} \text{wo:}\qquad a = 1 - \dfrac{\sin e\,\operatorname{tg}\delta}{p_e}, \\[3mm] \varepsilon_e - u_e = \operatorname{arc\,tg}\left(\dfrac{q_e}{p_e}\dfrac{p_e{}^2 + q_e{}^2 - \sin^2 e}{p_e{}^2 + q_e{}^2 + \sin^2 e}\right). \end{cases}$

Führt man dieselben in die Gleichungen (7), (4) und (3) ein, so erhält man die Intensität, welche irgend einem Einfallswinkel e bei dem beliebigen Polarwinkel ω zukommt, wenn das zweite Nicol mit dem ersten den willkürlichen

---

1) Vgl. Wied Ann. **8.** p. 294. 1878 und Berl. **Monatsber.** l. c. p. 916

Winkel β bildet. Hiermit ist dann die gestellte Aufgabe gelöst.

Die bisher gewonnenen Formeln sind freilich verwickelt und wenig übersichtlich. Um sie einigermassen zu vereinfachen, denken wir uns das Absorptionsvermögen der Platte so gering, dass bereits die zweiten Potenzen von $\varDelta$ und folglich von b und q vernachlässigt werden dürfen. Es werden dann die Refractionscoëfficienten N, ν, a identisch und für eine gegebene Normalrichtung vom Einfallswinkel unabhängig. Man hat daher z. B.:

$$(16)\begin{cases} a_0 = a_2, \qquad b_0 = b_2, \\[4pt] \dfrac{1}{a_n^3} = \dfrac{\cos^2 r_n}{a_2^2} + \dfrac{\sin^2 r_n}{a_1^2}, \\[6pt] 2a_0 b_0 = (a_2^2 - 1)\sin\varDelta_1, \quad 2a_n b_n = (a_n^2 - 1)\sin\varDelta_n, \\[6pt] p_0 = \sqrt{a_2^2 - \sin^2 e} = a_2 \cos r_0, \quad p_e = \sqrt{a_n^2 - \sin^2 e} = a_n \cos r_n, \\[6pt] q_0 = \dfrac{a_1 b_2}{\sqrt{a_2^2 - \sin^2 e}} = \dfrac{b_2}{\cos r_0}, \qquad q_e = \dfrac{a_n b_n}{\sqrt{a_n^2 - \sin^2 e}} = \dfrac{b_n}{\cos r_n}. \end{cases}$$

Der Wegunterschied wird jetzt zufolge Gl. (7):

$$(17) \qquad G = d a_2\left(\sqrt{1 - \frac{\sin^2 e}{a_1^2}} - \sqrt{1 - \frac{\sin^2 e}{a_2^2}}\right),$$

sofern nämlich noch das variable Brechungsverhältniss a_n durch die beiden festen axialen a_1, a_2 ausgedrückt wird.[1]

Die Schwächungscoëfficienten reduciren sich auf:

$$(18)\; \mathfrak{D}_0 \mathfrak{D}_0' = \frac{4 a_2 \cos e \cos r_0}{(a_2 \cos r_0 + \cos e)^2}, \qquad \mathfrak{D}_e \mathfrak{D}_e' = \frac{4 a_s \cos e \cos r_s}{(a_s \cos e + \cos r_s)^2},$$

worin:

$$r_s = r_n + \delta, \qquad a_s = a_n \cos\delta.$$

Endlich erhalten die Phasenänderungen die Werthe:

$$(19)\begin{cases} \chi_0 + \chi_n' = \dfrac{q_0}{p_e}\,\dfrac{1 - a_2^2}{(a_2 \cos r_0 + \cos e)^2} \\[8pt] \chi_e + \chi_e' = \dfrac{q_0}{p_e}\,\dfrac{\cos r_s - a_s \cos e}{\cos r_s + a_s \cos e}\cos 2 r_n, \end{cases}$$

---

1) Vgl. darüber die vollständigeren Lehrbücher.

welch letzterer für die Incidenz des Polarisationswinkels verschwindet.

Wäre überdies das vorausgesetzte Mittel bezüglich seiner Bestandtheile symmetrisch constituirt und damit zugleich $\varDelta$ von der Orientirung unabhängig, so entwickelt sich leicht:

$$(20) \qquad \frac{b_n}{a_n} = \frac{b_2}{a_1} \cos^2 r_n + \frac{b_1}{a_1} \sin^2 r_n.$$

Man könnte schliesslich in der Vereinfachung noch einen Schritt weiter gehen, nämlich die doppeltbrechende Platte als ausserordentlich dick, aber als nahezu durchsichtig voraussetzen. In diesem Falle würden die b, q und folglich auch χ zu vernachlässigen sein, dahingegen wären die Producte qd als endliche Grössen beizubehalten.

Dass übrigens die betreffende Interferenzerscheinung in der von Hrn. Lommel beschriebenen Weise verlaufen muss, dass nämlich bei parallelen Nicols die Mitte der Platte gleichförmig erhellt ist, und erst in einiger Entfernung von derselben die Büschel sich zeigen, ist ohne jede Rechnung einzusehen. Nach Hrn. Lommel's Meinung ist das Zustandekommen derselben an den Beginn der totalen Reflexion [1]) geknüpft, während nach der hier vorgetragenen Theorie nicht blos Refractions- und Absorptionscoëfficient, sondern auch die resp. Verschiedenheiten beider in aufeinander senkrechten Richtungen direct und in continuirlichem Verfluss von der Incidenz abhängig sind.

Auf eine nähere Kritik von Hrn. Lommel's Ansichten gehe ich hier nicht ein; vielleicht dürfte gerade der letztcitirte Aufsatz die, wie ich meine, dringlich gewordene Entscheidung herbeiführen.

Bonn, Ende April 1880.

---

1) Vgl. Carl's Repert. **16.** p. 261. 1880.

XI. *Ueber die Polarisation des gebeugten Lichts; von Dr. M. Réthy,*

Prof. a. d. Universität zu Klausenburg.

Die Fresnel'sche Erklärung der Beugungserscheinungen umfasst bekanntlich nur die Intensitätsverhältnisse. Eine Drehung der Polarisationsebene durch Beugung wurde zuerst beobachtet von Stokes,[1] der zur Erklärung seiner Versuche eine Theorie gab, welche bei der Fresnel'schen Voraussetzung, dass Schwingungs- und Polarisationsrichtung auf einander senkrecht stehen, zur Relation führte: $\operatorname{tg} \varphi = \operatorname{tg} \varphi_0 \cos \delta$; dabei bezeichnet φ das Polarisationsazimuth im unendlich weit entfernten Punkt eines Strahls, dessen Beugungswinkel ϑ ist; während φ_0 der Werth von φ ist, für $\delta = 0$. Die Beziehung stimmte mit den Versuchen überein, woraus Stokes folgerte, dass nur die Fresnel'sche Voraussetzung über Schwingungs- und Polarisationsvorrichtungen der Natur entsprechen kann. Indess ergaben sich auch Versuchsreihen, die das Stokes'sche Gesetz nicht befolgten, und es wurden neue Theorien der Erscheinung versucht. Die umfassendsten Versuche hat, soviel ich weiss, Quincke[2] angestellt; er konnte auf Grundlage derselben aussprechen, dass die gegenseitige Lage von Schwingungs- und Polarisationsrichtung beim gegenwärtigen Stand der Theorie nicht entschieden werden kann. Die Versuche von Quincke zeigten in der That das vor der Beugung unter dem Azimuth 45° polarisirte Licht nach der Beugung nicht nur elliptisch polarisirt, sondern die Phasendifferenz der parallel und senkrecht zur Beugungsebene polarisirten Hauptcomponenten, sowie auch das reducirte Polarisationsazimuth nahm bei wachsendem Beugungswinkel periodisch zu und ab; Erscheinungen, die sich aus keiner der aufgestellten Theorien voraussehen liessen.

Die letzten Versuche, die ich bezüglich der Polarisation

---

1) Stokes, Cambridge Trans. **9.** p. 1. 1850.

2) Quincke, Pogg. Ann. **149.** p. 273. 1873.

des gebeugten Lichtes kenne, rühren von Fröhlich[1]) her.
Er fand das unter dem Azimuth 45° polarisirte auf das
Furchengitter unter verschiedenen Winkeln einfallende Licht
nach Reflexion und Brechung — mit einem Nicol'schen
Prisma untersucht — merklich linear poralisirt; die Azimuthe der reflectirt gebeugten Strahlen wichen vom Stokes'-
schen Gesetze stark ab; trotzdem glaubte Fröhlich, durch
theoretische Betrachtungen geleitet, in seinen Versuchen eine
Bestätigung der Stokes'schen Schlussfolgerung erblicken zu
dürfen. Diese Arbeit veranlasste mich, die Anstellung neuer
Versuche mir zur Aufgabe zu machen. Indem ich zum Ausgangspunkt eine Darstellung der Beugungstheorie wählte, die
von Kirchhoff herrührt, und die ich im Sommersemester
1874 als Hörer an der Heidelberger Universität aus Vorträgen des genannten Physikers kennen gelernt habe, gelang
es mir leicht, eine Beziehung zwischen Beugungswinkel und
Vibrationsrichtung im gebeugten Strahl abzuleiten, welche bei
der Neumann'schen Annahme über Schwingungs- und Polari-
sationsrichtung das Stokes'sche Gesetz ($\operatorname{tg}\varphi = \operatorname{tg}\varphi_0 \cos \delta$)
als Specialfall umfasst und auch die Fröhlich'schen Versuche
genügend genau darstellt. Ich wurde zugleich zu allgemeineren
Aufstellungen geführt, welche zur Anbahnung einer Darstellung
der Versuche von Quincke geeignet schienen. Diese Untersuchungen wurden von mir der ungarischen Academie der
Wissenschaften am 15. März 1880 vorgelegt; nach dem Ideen-
gang dieser Abhandlung erscheint die Neumann'sche Polarisationshypothese als die wahrscheinlichere. Ich bekenne jedoch,
dass ich in dieser Schlussfolgerung voreilig war. Im Nachfolgenden soll eine gemeinsame Theorie der Versuche von
Stokes[2]), Holtzmann, Fröhlich und einiger Versuche
von Quincke gegeben werden in einer Darstellung, die den
Vortheil gewährt, dass sie ihre Gültigkeit behält, ob man
sich für die eine oder die andere Polarisationshypothese entscheidet; man wird daher in dieser Theorie eine Bestätigung
des Quincke'schen Ausspruchs erblicken.

1) Fröhlich, Wied. Ann. 1. p. 321. 1877.
2) M. Réthy, Magyar Tud. Acad. Ertek. 7. p. 16. 1880.
3) Holtzmann, Pogg. Ann. 99. p. 446. 1856.

I. Nach der Elasticitätstheorie des Lichts entsprechen die Lichtschwingungen im isotropen homogenen Aether den Differentialgleichungen:

$$(1) \quad \begin{cases} \dfrac{\partial^2 u}{\partial t^2} = a^2 \, \varDelta u, \quad \dfrac{\partial^2 v}{\partial t^2} = a^2 \, \varDelta v, \quad \dfrac{\partial^2 w}{\partial t^2} = a^2 \, \varDelta w, \\[2mm] \dfrac{\partial u}{\partial x} + \dfrac{\partial v}{\partial y} + \dfrac{\partial w}{\partial z} = 0; \end{cases}$$

in ihnen bezeichnen u, v, w die Componenten des Ausschlags aus der Ruhelage, bestimmt durch die Coordinaten x, y, z; a bezeichnet die Fortpflanzungsgeschwindigkeit des Lichts; t die Zeit; endlich ist abgekürzt geschrieben:

$$\varDelta . = \frac{\partial^2 .}{\partial x^2} + \frac{\partial^2 .}{\partial y^2} + \frac{\partial^2 .}{\partial z^2}.$$

Eine particuläre Lösung der Gleichungen bildet bekanntlich folgendes System von Gleichungen:

$$(1) \quad u = \frac{d\varphi}{dy}, \quad v = -\frac{d\varphi}{dx}, \quad w = 0, \quad \varphi = \frac{A}{r} \cos 2\pi \left(\frac{r}{\lambda} - \frac{t}{T} + \delta \right), \quad \frac{\lambda}{T} = a;$$

hier bezeichnen A, λ, T, δ constante Grössen, und es bezeichnet r die Entfernung des variablen Punktes x, y, z von einem bestimmten sonst willkürlich gewählten.

Eine zweite particuläre Lösung bildet, wie bekannt, auch das folgende System:

$$(2) \quad \begin{cases} u = \dfrac{dv'}{dz}, \quad v = -\dfrac{du'}{dz}, \quad w = -\dfrac{dv'}{dx} + \dfrac{du'}{dy}, \\[2mm] u' = \dfrac{d\varphi'}{dy}, \quad v' = -\dfrac{d\varphi'}{dx}, \quad \varphi' = \dfrac{A'}{r} \sin 2\pi \left(\dfrac{r}{\lambda} - \dfrac{t}{T} + \delta \right), \end{cases}$$

wo die neu eingeführte Grösse A' auch eine Constante bedeutet.

Durch beide Lösungen werden Wellen von der Länge λ und der Schwingungsdauer T dargestellt, die sich im Aether vom Anfangspunkte der r (Vibrationscentrum) ausgehend, nach allen Richtungen mit der Geschwindigkeit a fortpflanzen. Die Schwingungen stehen senkrecht auf dem Strahl r. Wir wollen im Fall der Lösung (2) Grössen von der Ordnung $\frac{A'}{\lambda}$ und A' im Vergleich zu solchen von der Ordnung $\frac{A'}{\lambda^2}$ vernachlässigen, was erlaubt ist, wenn λ die Wellenlänge des Lichts bedeutet. Dann ist als typischer Unterschied

zwischen den durch (1) und (2) dargestellten Wellen hervorzuheben, dass im ersten Fall die Vibrationen,
im zweiten aber die Normalen der Vibrationsebenen
senkrecht stehen auf einer bestimmten Richtung, —
der „Polaraxe" *z*; wir verstehen dabei unter Vibrations-
ebene eine solche, die parallel zum Strahl und zur Schwingungsrichtung geführt ist.

Die Wellen entsprechen in beiden Fällen linear polarisirten kugeligen Lichtwellen, die aus dem im Anfangspunkt
der *r* gelegenen leuchtenden Punkt nach allen Richtungen
mit der Geschwindigkeit *a* fortschreiten.

Nimmt man in den Lösungen (1) und (2) an Stelle von φ
und φ' je einen allgemeinen Ausdruck, welcher der Gleichung:

$$\frac{d^2\varphi}{dt^2} = a^2\, \Delta\,\varphi$$

entspricht, einen Ausdruck, dessen periodischer Factor eine
Function von $\frac{r}{\lambda} - \frac{t}{T}$ ist, so behalten die Wellen doch die
soeben auseinandergesetzten allgemeinen Charaktere.

Man kann durch additive Zusammenstellung solcher particulärer Lösungen neue herstellen, die ebenfalls dem von einem
Punkt ausgehenden linear polarisirten Licht entsprechen;
der Charakter solcher Wellen wird im allgemeinen verschieden sein von dem der soeben dargestellten.

II. Einen indirecten Weg zur Entscheidung, ob Lichtwellen von den soeben dargestellten Charakteren vorkommen können, bieten die Beugungserscheinungen, wo nach der Fresnel'-
schen Auffassungsweise leuchtende Flächen auftreten, deren
Elemente für sich kugelige Wellen aussenden, die durch
Interferenz die Erscheinung hervorbringen.

1) Wir wollen die Annahme machen, dass die einzelnen Elemente der durchsichtigen Stellen des Gitters
Kugelwellen aussenden vom Charakter der durch die Gleichungen (1) dargestellten, wir supponiren ferner, dass die
Polaraxen für sämmtliche Elementarwellen parallel sind.

Dann ist klar, dass die durch Zusammenwirkung sämmtlicher Wellen resultirenden Vibrationen in einem beliebigen
Punkte des Aethers den Polarisationszustand der Compo-

nenten bewahren, also senkrecht zur Polaraxe und in unendlich weit gelegenen Punkten ausserdem senkrecht zur entsprechenden Strahlenrichtung sind.

2) Nehmen wir an, dass die Flächenelemente Kugelwellen von der zweiten Art aussenden, und zwar wiederum so, dass die Polaraxen für alle parallel sind, so werden im Unendlichen die resultirenden Schwingungen auch hier· den speciellen gemeinsamen Charakter der einzelnen bewahren, also werden die Normalen der resultirenden Schwingungsebenen senkrecht stehen auf der Polaraxe und dem entsprechenden Strahl.

Wir können daher, gleichgültig ob die Polarisationsrichtung identisch ist mit der Schwingungsrichtung oder auf letzterer senkrecht steht, folgende Sätze aussprechen:

1) Es gibt möglicherweise Beugungsgitter, welche das einfallende linear polarisirte Licht derart beugen, dass die Polarisationsrichtungen in beliebigen (durchgehend, resp. reflectirt) gebeugten Strahlen senkrecht stehen auf einer und derselben Geraden. Wir wollen solche Gitter Gitter von der ersten Art, die Gerade Polaraxe nennen.

2) Es gibt möglicherweise Beugungsgitter, bei welchen die Normalen der Polarisationsebenen in beliebigen (durchgehend, resp. reflectirt) gebeugten Strahlen senkrecht stehen auf einer und derselben Geraden. Wir werden solche Gitter Gitter von der zweiten Art, die Gerade Polaraxe nennen.

Es leuchtet ein, dass das gebeugte Licht in beiden Fällen linear polarisirt ist.

Wir werden uns überzeugen, dass die Furchengitter von Stokes, Mascart[1]) und Fröhlich annähernd von der ersten Art, das Russgitter von Holtzmann von der zweiten Art waren.

Man bezeichne mit P die Normale der Polarisationsebene für einen gebeugten Strahl r; mit P_0 die im ungebeugten Strahl r_0; mit δ den Beugungswinkel; mit p die

---

1) Mascart, Compt. rend. **68.** p. 1005. 1866.

Polaraxe; mit *B* die Normale der Beugungsebene; mit *e* den Winkel zwischen *p* und r_0. Man führe durch einen beliebigen Punkt Parallelen zu allen diesen Richtungen und construire ein sphärisches Dreieck, dessen Ecken in die Geraden *P*, P_0 und *B* fallen.

Wir wollen zuerst ein Gitter von der zweiten Art voraussetzen. Dann ist *p* die Normale der Ebene (P_0, P). Ferner ist r_0 die Normale von (P_0, B). **Der Winkel (p, r_0) ist daher gleich dem an der Kante P_0 gelegenen sphärischen Winkel *e*.**

Da ferner r_0 normal steht auf der Ebene (P_0, B) und *r* auf (P, B), so ist der Winkel (r_0, r), d. i. der Beugungswinkel δ **gleich dem an der Kante *B* gelegenen sphärischen Winkel.**

Mit Rücksicht auf die hervorgehobenen Sätze erhält man bei Anwendung eines bekannten trigonometrischen Lehrsatzes:

(3) $\sin (P_0, B) \operatorname{ctg} (P, B) = \sin \delta \operatorname{ctg} e + \cos \delta \cos (P_0, B)$.

Nun sind aber die Winkel (P, B) und (P_0, B) die Polarisationsazimuthe φ, resp. φ_0 im gebeugten, resp. ungebeugten Strahl. Man hat daher:

(4) $\qquad \sin \varphi_0 \operatorname{ctg} \varphi = \sin \delta \operatorname{ctg} e + \cos \delta \cos \varphi_0$.

Wir sehen in dieser Gleichung die Relation vor uns, welche zwischen Azimuth und Beugungswinkel besteht bei Gittern von der zweiten Art. In ihr bezeichnen *e* und φ_0 Constanten, die von der Beschaffenheit des Gitters und auch vom Einfalls- und Polarisationswinkel des einfallenden Strahls abhängen; ist speciell $e = 90^0$, so hat man:

$$\operatorname{ctg} \varphi = \operatorname{ctg} \varphi_0 \cos \delta.$$

Dieses Gesetz befolgen mit rohen Annäherung, wie bekannt, die Versuche von Holtzmann.

Was die Beugungsgitter von der ersten Art anbelangt, so leuchtet ohne weiteres ein, dass die Gleichung (3) auch für sie Bestand hat, vorausgesetzt, dass man jetzt mit *P* und P_0 die Polarisationsrichtungen selbst bezeichnet; demgemäss ist hier statt (P, B) das Complement des Azimuthes zu setzen. Es besteht daher für Beugungsgitter erster Art die Relation:

(5) $$\cos \varphi_0 \, \mathrm{tg} \, \varphi = \sin \delta \, \mathrm{ctg} \, e + \cos \delta \sin \varphi_0 .$$

Wird speciell $e = 90^0$ gesetzt, so hat man:

$$\mathrm{tg} \, \varphi = \mathrm{tg} \, \varphi_0 \cos \delta .$$

Dieses Gesetz befolgen, wie bekannt, die Versuche von Stokes, und man kann sagen, auch die von Mascart.

III. Wir gehen zum hauptsächlichsten Gegenstand dieser Zeilen über, nämlich zum Nachweiss, dass die Versuche von Fröhlich durch die Formel (5) annähernd dargestellt werden. Dieses wird durch die nachfolgenden Tabellen nachgewiesen. In ihnen sind in der ersten Columne die Beugungswinkel, in der zweiten die beobachteten, in der dritten die gemäss der Formel (5) berechneten Azimuthe verzeichnet; in der vierten Columne steht die Differenz zwischen beobachteten und berechneten Azimuthen.

Es muss hier bemerkt werden, dass die Formel zum bequemeren Gebrauch erst in die Form gebracht wurde:

$$\mathrm{tg} \, \varphi = a \cos \delta + b \sin \delta ;$$

man berechnete dann aus den von Fröhlich mit dem breiteren Gitter (Furchenabstand 0,0579 mm) angestellten Versuchen die Constanten a und b nach der Methode der kleinsten Quadrate; man setzte nun:

$$\mathrm{tg} \, \varepsilon = \frac{a}{b}, \qquad c = \sqrt{a^2 + b^2},$$

und erhielt (mit i den Einfallswinkel bezeichnet):

für $i = 25^0$, $\varepsilon = 122^0 \, 8'$, $\log c = - \, 0{,}0419$,

„ $i = 55^0$, $\varepsilon = - \, 2^0 \, 44'$, $\log c = - \, 0{,}0878$,

„ $i = 85^0$, $\varepsilon = 45^0 \, 25'$, $\log c = \, 0{,}0579$.

So konnten dann die Azimuthe bequem berechnet werden mittelst der mit (5) äquivalenten Formel:

$$\mathrm{tg} \varphi = c \sin (\delta + \varepsilon).$$

Für das engere Gitter (Furchenabstand 0,00617 mm) wurden bei $i = 25^0$ und $i = 85^0$ dieselben numerischen Werthe von c und ε beibehalten. Bei $i = 55^0$ war hingegen, wenn man die oben angegebenen Werthe beibehielt, die Differenz zwischen beobachteten und berechneten Azimuthen viel zu gross; die Constanten wurden daher hier nach der auseinander gesetzten Methode separat berechnet; es ergab sich $\varepsilon = -2°46'$, $\log c = -0,1123$.

Engeres Gitter $i = 55°$.

δ	beob. φ	ber. φ	Diff.	δ	beob. φ	ber. φ	Diff.
26° 54'	16° 4'	17° 31'	+1° 27'	7° 15'	8° 11'	7° 39'	+ 42'
22 54	13 20	14 53	+1 23	7 48	8 14	8 6	+ 8
18 53	11 26	12 6	+ 40	8 41	8 45	8 43	+ 2
12 50	7 44	7 41	− 4	9 33	9 16	9 22	− 6
11 6	7 —	6 23	− 37	12 12	11 58	11 18	+ 40
9 55	6 19	5 29	− 50	13 37	12 55	12 18	+ 37
8 56	5 21	4 45	− 36	14 36	14 1	12 59	+1° 2
7 52	+4 53	+3 56	− 57	16 7	15 13	14 2	+1 11
0 —	−0 56	−2 8	−1 12	17 45	16 20	15 9	+1 11
6 28	7 56	7 4	+ 52				

Breiteres Gitter $i = 55°$.

δ	beob. φ	ber. φ	Diff.	δ	beob. φ	ber. φ	Diff.
21° 36'	13° 58'	14° 48'	+ 50'	1° —'	3° 9'	3° 8'	+ 6'
19 41	13 12	13 24	+ 12	2 —	3 47	3 52	− 5
17 51	11 59	12 3	+ 4	3 —	4 58	4 40	+ 18
16 6	10 58	10 42	− 16	4 —	5 44	5 28	+ 16
14 26	9 44	9 24	− 20	5 4	6 29	6 20	+ 9
12 51	8 8	8 10	+ 2	6 14	7 1	7 15	− 14
11 21	6 58	6 59	+ 1	7 29	7 43	8 15	− 32
9 56	6 3	5 51	− 12	8 49	8 29	9 17	− 48
8 36	5 6	4 46	− 20	10 14	9 51	10 23	− 32
7 21	3 50	3 46	− 4	11 44	11 16	11 30	− 14
6 11	2 55	2 49	− 6	13 19	12 41	12 44	− 3
5 6	1 50	1 56	+ 6	14 59	14 5	13 58	+ 7
4 3	+0 52	1 4	+ 12	16 44	15 37	15 14	+ 23
3 —	−0 6	+0 12	+ 18	18 34	16 50	16 32	+ 18
2 —	0 51	−0 36	+ 15	20 29	18 4	17 51	+ 13
1 —	1 13	1 25	− 12	22 29	19 55	19 12	+ 43
0 —	1 52	2 14	− 22				

Ein Blick zeigt, dass die Uebereinstimmung zwischen den beobachteten und berechneten Azimuthen bei fünf Beoachtungsreihen eine genügende ist, während die Differenz in der zuletzt angeführten Beobachtungsreihe ($i = 55°$, engeres Gitter) die Fehlergrenzen der Beobachtung in einigen Fällen weit überschreitet. Auch hier ist die wahrscheinliche Ursache leicht anzugeben. Man sieht nämlich, dass das direct reflectirte Licht sehr nahe in der Einfallsebene polarisirt war; das Azimuth der einfallenden Strahlen war aber 45°; daraus schliesst man, dass der Polarisationswinkel des Gitterglases nahe 55° ist. Es musste

Engeres Gitter i = 25°.

δ	beob. φ	ber. φ	Diff.
14° 28'	−32° 12'	−31° 58'	+14'
12 54	32 37	32 41	− 4
11 27	33 17	33 20	− 3
10 30	33 57	33 45	+12
9 12	34 29	34 18	+11
7 4	35 2	35 8	− 6
6 16	35 7	35 26	−19
5 32	35 25	35 43	−18
5 —	35 36	35 54	−18
4 32	36 8	36 4	+ 4
0 —	37 18	37 34	−16
4 20	38 43	38 46	− 3
5 —	39 9	38 57	+12
5 23	39 10	39 3	+ 7
5 52	39 11	39 10	+ 1
6 28	39 33	39 18	+15

Breiteres Gitter i = 25°.

δ	beob. φ	ber. φ	Diff.
21° 36'	−29° 18'	−28° 15'	+1° 3'
19 49	29 47	29 16	+ 31
17 51	30 14	30 17	+ 15
16 6	30 57	31 10	− 13
14 26	31 34	31 59	− 25
12 51	32 14	32 43	− 29
11 21	32 54	33 23	− 29
9 56	33 32	33 59	− 27
8 36	34 26	34 32	− 6
7 21	35 3	35 1	+ 2
6 11	35 32	35 28	+ 4
5 6	35 53	35 52	+ 1
4 3	36 9	36 14	− 5
3 —	36 29	36 36	− 7
2 —	36 44	36 56	− 12
1 —	37 —	37 15	− 15
0 —	37 1	37 34	− 33
1 —	37 36	37 52	− 16
2 —	38 14	38 9	+ 5
3 —	38 41	38 26	+ 15
4 —	38 55	38 41	+ 14
5 4	39 6	38 57	+ 9
6 14	39 38	39 15	+ 23

Breiteres Gitter i = 85°.

δ	beob. φ	ber. φ	Diff.
0° 0'	39° 32'	39° 9'	−23'
3 3	37 32	37 36	+ 4
4 12	36 54	36 58	+ 4
5 16	36 3	36 23	+20
6 22	35 23	35 45	+22
7 27	34 48	35 6	−18
8 43	34 10	34 20	+10
9 56	33 29	33 33	+ 4
11 14	32 30	32 42	+12
12 46	31 37	31 39	+ 2
14 19	30 44	30 33	−11
15 56	29 59	29 21	−38
17 29	28 30	28 10	−20
19 16	27 9	26 44	+35
21 12	25 49	25 7	−42
23 23	23 14	23 12	− 2
25 26	21 36	21 20	−16
27 36	18 24	19 16	+52
30 —	16 22	16 54	+32

Engeres Gitter i = 85°.

δ	beob. φ	ber. φ	Diff.
0° 0'	39° 37'	39° 9'	− 28'
17 6	28 19	28 29	+ 10
18 26	27 27	27 24	− 3
19 22	26 30	26 39	+ 9
20 45	25 37	25 30	− 7
22 10	24 40	24 17	− 13
26 6	20 24	20 42	+ 16
28 —	19 1	18 53	− 17
29 23	17 42	17 31	− 11
31 24	16 2	15 28	− 34
33 13	15 1	13 34	−1° 27

daher das direct reflectirte, umsomehr das reflectirt gebeugte Licht elliptisch polarisirt erscheinen. Es wäre leicht, Formeln zu gewinnen, die auch solche Erscheinungen umfassen. Da indess Fröhlich eine elliptische Polarisation wohl beobachtet hat, jedoch aus Mangel an geeigneten Hülfsmitteln nicht messend verfolgen konnte, so glaube ich, die Rechnung für jetzt unterlassen zu dürfen.

Klausenburg, Juli 1880.

XII. *Ueber die Veränderungen der Funken- und Büschelerscheinungen durch Umkleidungen der Electroden; von W. Holtz.*

Die Folgerungen, zu welchen Wiedemann und Rühlmann in ihren Untersuchungen: „Ueber den Durchgang der Electricität durch Gase"[1]) gelangten, veranlassten mich, einige Versuche anzustellen wieweit sich die bekannten Lichterscheinungen in der Luft durch verschiedene Umhüllungen der Electroden umgestalten liessen. Jene Autoren waren nämlich zu der Annahme gelangt, dass die polaren Unterschiede der Lichterscheinungen wohl zum Theil auf eine den Electroden mehr oder weniger anhaftende und mehr oder weniger condensirte Gasschicht beruhen möchten (p. 394). Hiernach mussten aber auch andere Umhüllungen, sei es, dass sie einer solchen Schicht analog wirkten, sei es, dass sie die Bildung einer solchen begünstigten, von wesentlichem Einflusse sein. Diese Erwartung bestätigte sich, wenigstens für die Lichterscheinungen in gewöhnlicher Luft, d. h. innerhalb der Grenzen der überhaupt angestellten Versuche. Ich fand, dass man die bekannten polaren Unterschiede durch entsprechende Umhüllungen der Electroden fast ganz verwischen könne.

Bei vollständiger Umhüllung.

Es ist bekannt, dass man sehr grosse Unterschiede in der Funkenlänge erhält, je nachdem bei ungleichen Electroden die positive oder die negative die grössere ist. So erhielt ich bei meiner Influenzmaschine, wenn ich einen Kegel von 60° einer Kugel von 24 mm Durchmesser gegenüberstellte, in einem Falle 5, im andern 15 mm lange Funken. Ganz anders aber stellte sich die Sache, als ich die Kegelelectrode ähnlich, wie es in nebenstehender Figur an einer Kugel veranschaulicht ist, mit einer mehr-

Fig. 1.

1) Wiedemann u. Rühlmann, Pogg. Ann. **145.** p. 235. 1872.

fachen Lage von Seidenzeug umgab. Ich erhielt nun in
beiden Fällen, 110 mm lange Funken, gleichviel ob der Kegel
oder die Kugel die positive Electrode war. Wurde die
Kugel umhüllt, so stellte sich freilich ein Unterschied wieder ein, denn die Schlagweite war 30 mm gross, wenn die
Kugel positiv, 20 mm, wenn sie negativ-electrisch war, immerhin war der Unterschied weniger gross, als wenn beiden
Electroden die Umhüllung fehlte. Aehnlich verhielt sich die
Sache, wenn einer 24 mm grossen Kugel eine andere, welche
87 mm gross war, gegenübergestellt wurde, insofern wenigstens, als ich auch hier den polaren Unterschied durch eine
entsprechende Bekleidung der einen oder anderen Electrode
fast ganz verwischen konnte. Waren beide Electroden gleich,
und gleichviel ob Kugeln oder Kegel, so wurden allemal
längere Funken gewonnen, wenn die positive und nicht die
negative Electrode bekleidet war. Nicht unter allen Umständen jedoch war die Funkenlänge eine grössere, als wenn
jede Verhüllung fehlte, sondern dies war vorwiegend nur bei
Kegeln und kleineren Kugeln der Fall. Hieraus kann
wohl geschlossen werden, dass die Wirkung der Umhüllung
nicht darauf allein basirte, dass sie die Ausströmung d. h.
die Büschelbildung erschwerte.

Es ist ferner bekannt, dass man bei gleichen Electroden,
namentlich kleineren Kugeln, an beiden Seiten ganz verschiedene Büschelerscheinungen erhält. An der positiven
tritt ein Gebilde auf, welches die Kugel in einem längeren
und meistentheils einem einzigen Stiele verlässt, während
der negative Büschel, von sonstigen Unterschieden abgesehen,
in vielen Stielen und meistentheils auch vielen Punkten aus
der Kugel tritt. Nur bei einer ganz bestimmten Grösse der
Electroden und ihrer Entfernung nimmt die Erscheinung die
bekannte eiförmige, nach beiden Seiten hin fast gleiche
Gestaltung an. Dieser Ausnahmefall aber wurde zur Regel,
sobald ich die positive Electrode mit einer mehrfachen Lage
von Seidenzeug umgab. Nur ausnahmsweise konnte jetzt
noch der positive Büschel mit einem einzigen längeren Stiele
erhalten werden. Für gewöhnlich brachen aus der ganzen
vorderen Hälfte der Kugel unzählige kleinere Büschel her-

vor. Eine ähnliche Erscheinung habe ich übrigens auch
ohne jene Umkleidung dadurch erhalten, dass ich die positive Electrode behauchte, oder auf andere Weise mit einer
dünnen Feuchtigkeitsschicht umgab. Aber auch der negative
Büschel lässt sich dem gewöhnlichen langgestielten positiven
Büschel mehr oder weniger ähnlich machen, wenn man die
negative Electrode mit der gedachten Umhüllung versieht,
und dies umsomehr, je dicker dieselbe ist, und umsomehr
auch, je grösser überhaupt beide Electroden sind. Der negative Büschel bleibt freilich immer viel kürzer und ärmer
an Verästelungen, als es der positive Büschel ist, aber er
gewinnt doch, was er sonst nie besitzt, einen einzigen längeren
Stiel, an welchem in verschiedenen Punkten seitliche Aeste
angesetzt sind. Dass man eine ähnliche Erscheinung übrigens
auch ohne Umhüllung erhalten kann, wenn man eine
sehr grosse negative Electrode einer noch grösseren positiven
gegenüberstellt, habe ich bereits an einer früheren Stelle
mitgetheilt.[1])

Bei unvollständiger Umhüllung.

Die unvollständige Umhüllung bestand darin, dass ich
einen Schirm in Gestalt eines Ebonitringes, welcher mit
Seidenzeug bespannt war, vor die eine oder die andere Electrode stellte (siehe die neben-
stehende Figur). Ich benutzte
diese Methode, weil es mir daran gelegen war, zugleich den
Einfluss der grösseren oder geringeren Entfernung der Umhüllung von gedachter Electrode
zu studiren. Uebrigens wandte
ich auch bedingungsweise zwei

Fig. 2.

solche Schirme an, wenn es sich um die gleichzeitige Umhüllung beider Electroden handelte.

Mit diesen Mitteln konnte ich nun in der That eine
sehr grosse Mannigfaltigkeit sowohl der Funken- als der
Büschelerscheinungen gewinnen, ich stehe jedoch davon ab,

---

1) W. Holtz, Pogg. Ann. **156.** p. 493. 1875.

dieselben zu beschreiben, weil sie sich schwer beschreiben lassen, und weil jeder, welcher sich dafür interessirt, dieselben leicht wiedergewinnen kann. Ich bemerke nur, dass sich der Hauptsache nach das frühere Ergebniss wiederholte, sowohl was die Funkenlänge, als was die Gestaltung der Büschel betraf, sofern nämlich ein Schirm vor die positive Electrode gerückt, vorzugsweise längere Funken und vielstielige positive Büschel lieferte. Auch bemerke ich nebenbei, dass ich bei Anwendung zugespitzter Electroden bei geeigneter Stellung der Schirme sogar längere Funken als sonst mit den geeignetsten Kugelelectroden erhalten konnte.

Statt der Umhüllungen von Seidenzeug habe ich übrigens mit mehr oder weniger ähnlichem Erfolge auch solche von etwas besser leitenden Stoffen, Leinen, Wollenzeug und Papier in Anwendung gebracht.

XIII. *Ueber atmosphärische Schallstrahlenbrechung; von A. Kneser.*

Die Thatsache, dass ein Schall von constanter Stärke in ruhiger Atmosphäre bis zu sehr verschiedenen Entfernungen hörbar sein kann, ist hauptsächlich durch Tyndall's Beobachtungen an den South-Foreland-Felsen[1] klargestellt; der Radius des Hörbarkeitskreises einer Kanone variirte hier zwischen 2 und 15 engl. Meilen, indem das Minimum bei völliger Windstille an einem klaren Julimorgen erreicht wurde. Reynolds[2] erklärt diese Thatsache aus einer Refraction der Schallstrahlen nach oben hin. In den höheren Schichten der Atmosphäre nimmt die Temperatur ab; die Dichtigkeit wächst, ohne dass die Elasticität sich wesentlich ändert. Dem Quotienten der letztern durch erstere ist nun das Quadrat der Schallgeschwindigkeit proportional; der Schall pflanzt sich also in den höheren Schichten langsamer

---

[1] Tyndall, Phil. Mag. (4) **50.** p. 74 ff.
[2] Reynolds, ibid. p. 71 ff.

als in den tieferen fort. Der obere Theil einer Schallwelle, welche die Atmosphäre in schräger oder horizontaler Richtung durchschneidet, wird gegen den unteren verzögert; der Schallstrahl wird also nach oben hin gebrochen und bildet eine gegen den Erdboden convexe Linie. Reynolds characterisirt a. a. O. diese Schallcurven als Kreise, die sich bei grösserer Erhebung parabolisch gestalten; seine Angaben ermangeln hierin also mathematischer Exactheit.

Es soll nun im Folgenden die Schallcurve genauer discutirt werden; die daraus folgenden einfachen Formeln werden eine befriedigende Uebereinstimmung mit Tyndall's Beobachtungen ergeben; zugleich soll nachgewiesen werden, dass infolge der Krümmung des Schallweges bei der experimentellen Bestimmung der Schallgeschwindigkeit in freier Luft ein messbarer Fehler entstehen kann, dessen Grösse an einem Beispiel demonstrirt werden soll.

Ein beliebiger der zweifach unendlich vielen, von einem Punkte der Atmosphäre ausgehenden Schallstrahlen möge die durch seinen Entstehungsort gehende Luftschicht unter dem Einfallswinkel i_1, zwei beliebige aufeinanderfolgende Schichten unter den unendlich wenig verschiedenen Einfallswinkeln i, $i + di$ durchschneiden; dann ist nach einem bekannten Gesetze der Wellentheorie:

$$\frac{\sin (i + di)}{\sin i} = \frac{r + dv}{r},$$

wenn v die Schallgeschwindigkeit in der betreffenden Schicht bedeutet; oder: $\sin i = C v.$

Hat der Ausgangspunkt des Schalles die Temperatur t_1, so ist die Schallgeschwindigkeit, wenn $t = 0,00367$:

$$v_1 = u \sqrt{1 + \alpha t_1},$$

also: $\sin i_1 = C u \sqrt{1 + \alpha t_1}.$

Nun ist allgemein $\sin i = C u \sqrt{1 + \alpha t}$, also:

$$(1) \qquad \sin i = \sqrt{\frac{1 + \alpha t}{1 + \alpha t_1}} \sin i_1.$$

Damit ist der Einfallswinkel des Schallstrahls in die Luftschicht von der Temperatur t oder seine Neigung gegen die durch den Ausgangspunkt gehende Verticale .gegeben.

Dringt der Schallstrahl in tiefere und wärmere Luftschichten ein, so wächst sin i und damit i beständig; es wird $i = 90°$, d. h. der Schallstrahl wird horizontal. für:

$$(2) \qquad 1 + \alpha t = \frac{1 + \alpha t_1}{\sin i_1{}^2} \qquad \text{oder} \qquad t = \frac{1 + \alpha t_1}{\alpha \sin i_1{}^2} - \frac{1}{\alpha} = t_2.$$

In der durch diese Temperatur t_2 definirten Luftschicht erreicht der Strahl seinen tiefsten Punkt, weil für alle $t > t_2$ der Werth sin $i > 1$ sein würde.

Ist t_2 gegeben und soll der Strahl i_1 in der hierdurch bestimmten Schicht seinen tiefsten Punkt erreichen, so ist:

$$(3) \qquad \sqrt{\frac{1 + \alpha t_2}{1 + \alpha t_1}} \sin i_1 = 1; \qquad \sin i_1 = \sqrt{\frac{1 + \alpha t_1}{1 + \alpha t_2}} = \sin i_2.$$

Die Schicht t_2 wird von keinem Strahl $i_1 > i_2$ getroffen; der Strahl i_2 trifft keine Schicht $t > t_3$.

Hat der Schallstrahl sich in seinem tiefsten Punkte horizontal gestellt, so wird er aufwärts gebrochen; der nach oben gerichtete Theil seiner Bahn muss offenbar dem abwärts gehenden vollkommen symmetrisch sein; i nimmt also in jeder Schicht das Supplement des früheren Werthes in derselben an. Man hat also auch hier die Gleichung (1).

Macht man, um hieraus die Differentialgleichung der Schallcurve zu gewinnen, das Schallcentrum zum Ursprung, die hindurchgehende Verticale zur x-Axe eines rechtwinkeligen Coordinatensystems, so ist:

$$\sin i = \frac{\frac{dy}{dx}}{\sqrt{1 + \left(\frac{dy}{dx}\right)^2}} = \sin i_1 \sqrt{\frac{1 + \alpha t}{1 + \alpha t_1}},$$

woraus folgt: $dy - \left\{ \dfrac{1 + \alpha t_1}{(1 + \alpha f(x)) \sin i_1{}^2} - 1 \right\}^{-\frac{1}{2}} dx = 0.$

Die Gleichung hat, weil exact, keine singuläre Lösung [1]), die dadurch repräsentirten Curven keine Umhüllungslinie; je zwei aufeinanderfolgende Schallstrahlen schneiden sich also nicht.

---

1) Boole, Treatise on diff. equations p. 177.

Ist nun t_2 die Temperatur der Erdoberfläche und wird letztere im Punkte $x_1\,y_1$ von dem Strahle i_2 berührt, so kann sie nur von den Strahlen $i_1 \leqq i_2$ getroffen werden. Dabei sind die Ordinaten y der letzteren Schnittpunkte nicht grösser als y_1; denn wäre $y > y_1$, so müsste (vgl. Taf. III Fig. 9) der zugehörige Schallstrahl wegen $i_1 < i_2$ zuerst links, dann wegen $y > y_1$ rechts von dem Strahl i_2 liegen, letztern also durchschneiden, was unmöglich ist. Alle Punkte der Erdoberfläche, deren Abstände von der durch das Schallcentrum gehenden Verticale $> y_1$ sind, sind also dem Schalle unzugänglich; y_1 ist also der Radius des Hörbarkeitskreises.

Nun ist:
$$y = \int_0^x \frac{dy}{dx}\, dx = \int_{i_1}^i \operatorname{tg} i \, \frac{dx}{di}\, di;$$

setzt man ferner eine gleichförmige Temperaturabnahme von $1°$ C. für h Meter voraus, so ist:
$$t = t_1 + \frac{x}{h},$$

also:
$$1 + \alpha t = 1 + \alpha t_1 + \alpha\,\frac{x}{h} = \left(\frac{\sin i}{\sin i_1}\right)^2 (1 + \alpha t_1).$$

Führt man hieraus x in die Gleichung y ein und integrirt, so wird:

$$(4)\qquad y = \frac{h\,(1 + \alpha\,t_1)}{\alpha \sin i_1{}^2}\Big\{ (2\,i - \sin 2\,i) - (2\,i_1 - \sin 2\,i_1) \Big\}.$$

Setzt man hierin $i = \frac{\pi}{2}$, so erhält man die Ordinate des tiefsten Punktes auf dem Strahle i_1:

$$y_1 = \frac{h\,(1 + \alpha\,t_1)}{\alpha \sin i_1{}^2}(\pi - 2\,i_1 + \sin 2\,i_1).$$

Nun soll t_2 die Temperatur der Erdoberfläche sein; also wird der Radius des Hörbarkeitskreises auf derselben:

$$y_2 = \frac{h\,(1 + \alpha\,t_1)}{2\,\alpha \sin i_2{}^2}(\pi - 2\,i_2 + \sin 2\,i_2),$$

oder mit Berücksichtigung von Gl. (3):

$$y_2 = \frac{h\,(1 + \alpha\,t_2)}{2\,\alpha}(\pi - 2\,i_2 + \sin 2\,i_2).$$

Diese Formel vereinfacht sich noch durch Reduction von t_2 auf den absoluten Nullpunkt; man erhält:

$$y_2 = \tfrac{1}{4} h \left(\tfrac{1}{a} + t_2 \right) (\pi - 2 i_2 + \sin 2 i_2),$$

oder, da $\qquad \dfrac{1}{a} = \dfrac{1}{0,00367} = 273 \qquad$ ist:

(5) $\qquad y_2 = \tfrac{1}{4} h \, T_2 (\pi - 2 i_2 + \sin 2 i_2),$

wo $T_2 = 273 + t_2$.

Hierin sind h und T_2 der Beobachtung zu entnehmen; die Berechnung von i_2 kann noch durch Einführung des Temperaturzuwachses $\tau = t_2 - t_1$ vereinfacht werden.

Bei Einführung derselben in Gl. (3) erhält man:

(6) $\qquad\qquad \cos i_2 = \sqrt{\dfrac{\tau}{T_1}}.$

Um nun auf Grund der Formeln (5) und (6) den numerischen Calcül für Tyndall's Beobachtung des Minimums der Hörbarkeitsweite durchzuführen, hat man zu berücksichtigen, dass die betreffende Beobachtung an einem warmen Julimorgen angestellt wurde; man hat also etwa (Angaben hierüber fehlen) die Temperatur auf der Erdoberfläche $t_2 = 15°$ C. oder $T_2 = 288$ zu setzen. Nach den von Reynolds citirten Angaben Glaisher's beträgt bei heiterem Himmel die Temperaturabnahme $0,5°$ F. für 100 Fuss, also in unserem Falle, da die Kanonen, deren Schallweite zu bestimmen ist, 235 Fuss = 70 m hoch standen, etwas über $1°$ F. oder etwa $0,6°$ C. $= \tau$; daraus folgt $h = 117$ m.

Man hat demnach $\cos i_2 = \sqrt{\dfrac{0,6}{288}}$ und dann nach Gl. (5):

$$y_2 = 3075 \text{ m}.$$

Nun ist eine engl. Meile etwa = 1800 m; $y_2 = 1\tfrac{3}{4}$ engl. Meile. Berücksichtigt man, dass nach Tyndall bei zwei Meilen Entfernung ein 18-Pfünder noch vollkommen unhörbar war, dass ferner durch Divergenz des Schalles der Hörbarkeitskreis ausgedehnt wird[1]), so wird man in unserem Resultat eine befriedigende Uebereinstimmung der Theorie mit der Erfahrung erblicken.

Durch Vernachlässigung der Krümmung des Schallweges kann bei der experimentellen Bestimmung der mittlern

---

1) Reynolds, a. a. O. p. 74.

Schallgeschwindigkeit in freier Luft ein Fehler entstehen, wenn die Beobachtungen an einem die Luft schräg durchschneidenden Strahl gemacht werden. Die Länge s des gekrümmten Schallweges wird jedenfalls grösser sein als die geradlinige Entfernung s' des Beobachtungsortes vom Entstehungsorte des Schalles. Hätte dieser nun zum Uebergang vom einen zum andern die Zeit t gebraucht, so würde man ohne Rücksicht auf die Krümmung des Schallweges die mittlere Geschwindigkeit bestimmen:

$$V = \frac{s'}{t}.$$

Die wahre Geschwindigkeit ist aber:

$$W = \frac{s}{t} = V \cdot \frac{s}{s'}.$$

Die ohne Rücksicht auf die Krümmung abgeleitete Geschwindigkeit ist also zu klein; der Correctionsfactor ist $\frac{s}{s'}$.

Statt um s abzuleiten, wie gewöhnlich aus der Differentialgleichung der Schallcurve das Längendifferential zu bilden, führt folgender Weg kürzer zum Ziele.

Man hat offenbar:

$$ds = \frac{dx}{\cos i}.$$

also für die Länge des ganzen Schallstrahls bis zur Erdoberfläche:

$$s = \int_0^x \frac{dx}{\cos i} = \int_{i_1}^i \frac{\frac{dx}{di}\,di}{\cos i},$$

wenn die obere Integrationsgrenze i den Einfallswinkel an der Erdoberfläche bedeutet. Bei Einführung von x wie bei Entwickelung von Gl, (4) folgt:

$$s = \frac{2h(1 + \alpha t_1)}{\alpha \sin i_1{}^2}(\cos i_1 - \cos i),$$

oder mit Berücksichtigung von Gl. (1) auch:

(7) $$s = \frac{2h\,T_2(\cos i_1 - \cos i)}{\sin i^2}.$$

Nimmt man, wie bei der oben behandelten Beobachtung Tyndall's, $i = 90^0$, $i_1 = 87^0\,23'\,2''$, $t_2 = 15^0$ C., $h = 117$ m an, so ist $s = 2h\,T_2 \cos i_1$, also:

$$\frac{u}{s} = 1,00035\,.$$

Hätte man also unter den vorliegenden Umständen in einer Entfernung von 3075 m die Schallgeschwindigkeit ohne Rücksicht auf die Krümmung des Schallweges z. B. zu 333 m bestimmt, so wäre die wahre Geschwindigkeit 333 . 1,00035 = 333,12, eine Differenz, die bei der Genauigkeit der neueren Schallgeschwindigkeitsangaben immerhin ins Gewicht fallen dürfte.

In Praxi werden freilich die Werthe i und i_1 nicht bekannt, sondern durch die Lösung der transcendenten Gleichungen (1) und (4) zu bestimmen sein.

Physikalisches Seminar zu Rostock, 1880.

XIV. *Doppeltwirkende Quecksilberluftpumpe ohne Hahn; von F. Neesen.*

Im Nachstehenden gebe ich den Plan zu einer Quecksilberluftpumpe, bei deren Construction mich folgende Gesichtspunkte leiteten.

Ich suchte eine einfache Anordnung einer doppelt wirkenden Quecksilberluftpumpe, bei welcher, während eine Glaskugel sich mit Quecksilber füllte, eine andere gleichzeitig evacuirt wurde, und zwar sollte dabei für beide Kugeln dieselbe Quecksilbermenge gebraucht werden. Hähne und Schliffstücke wollte ich möglichst vermeiden. Das Quecksilber sollte möglichst nur mit Glas in Berührung kommen. Der ganze Apparat muss einfach functioniren, und schliesslich sollte er möglichst wenig kostspielig sein.

Die vorstehenden Ziele glaube ich zu erreichen durch eine Verbindung von zwei hahnlosen Quecksilberpumpen nach der von mir im Jahre 1878 in diesen Annalen beschriebenen Construction (unter Benutzung einer von Toepler her-

rührenden Einrichtung [1]) mit einer doppelt wirkenden kleinen
Saug- und Druckpumpe, wie solche bei Glasmodellen für
Feuerspritzen verwandt wird.

In Taf. III Fig. 10 findet sich diese Einrichtung schematisch dargestellt. *A* und A_1 sind zwei Glaskugeln analog
den Quecksilberbehältern bei der gewöhnlichen Geissler'schen
Quecksilberpumpe. Dieselben endigen in zwei Glasröhren *H*
und H_1, durch welche das Quecksilber ein- resp. austritt.
Seitlich an *H* und H_1 sind die engen Glasröhren *C* und C_1
angesetzt, welche etwa 800 mm in die Höhe gehen, sich oben
vereinigen und in die Röhre *F* auslaufen, die zu dem evacuirenden Apparate führt. Letzterer kann mittelst Schliffstück angesetzt oder angeschmolzen werden. Manometerprobe
und Trockengefäss sind wie üblich einzuschalten.

Die Glasröhren *H* und H_1 führen zu einer Stahlplatte *a*,
in welche dieselben mit feinstem Siegellack eingekittet werden. Der Platte *a* gegenüber und von derselben durch eine
dritte gegen die beiden Platten *a* und *c* abgeschliffene dreh-
bare Platte *b* getrennt, steht fest eine Stahlplatte *c*. *a, b* und *c*
sind durch eine Schraube angezogen. In die Platte *c* sind
wieder zwei Glasröhren *J* und J_1 eingekittet, welche zu den
liegenden Glasröhren *M* und *N* führen. Letztere sind, wie
es die Figur zeigt, an zwei Glascylinder *M* und M_1 angeschmolzen. In den Röhren *M* und *N* befinden sich die vier
Glasventile e_1, *f* und f_1, von welchen sich *f* und f_1 nach
den Cylindern *O* und O_1 hin öffnen, während *e* und e_1 sich
umgekehrt nach der Röhre *M* hin öffnen. In den Glascylindern *O* und O_1 sind zwei Kolben *B* und B_1 entgegengesetzt beweglich, sodass *B* niedergeht, während B_1 aufwärts geht.

Die Glaskugeln *A* und A_1 haben weiter an ihren oberen
Enden die von Toepler angegebene Einrichtung, den Abschluss gegen die äussere Luft selbstthätig zu bewirken. Zu
diesem Zwecke enden dieselben oben in nach unten umge-

---

1) Es ist mir erst nach Einsendung dieser Arbeit durch den Aufsatz
des Hrn. E. Wiedemann (Wied. Ann. **10.** p. 202. 1880) bekannt geworden, dass die Grundidee zu dieser hahnlosen Pumpe schon von Toepler
m Jahre 1862 angegeben worden ist (Dingler Journ. **163.**)

bogene enge Röhren D und D_1 von 770—780 mm Länge.
Diese Röhren haben den wieder nach oben gebogenen weiteren Ansatz E, resp. E_1.

　　Die oben erwähnte mittlere Scheibe b hat die in Taf. III
Fig. 11 gezeichnete Einrichtung. Es befinden sich in derselben
die beiden gezeichneten Canäle, von denen jeder etwa einen
Winkel von 120° umspannt. α und α_1 bedeuten die Röhren-
mündungen H und H_1 in der Scheibe a; γ und γ' die der
Röhren J und J_1 in der Scheibe c. Bei der gezeichneten Stellung steht H mit J und H_1 mit J_1 in Verbindung. Wird
die Scheibe c um 90° gedreht, so tritt H in Verbindung mit
J_1 und H_1 mit J. Man sieht, dass die Figur 10 Taf. III
die erste Verbindung nur schematisch wiedergibt.

　　Der Apparat wird, soweit wie es die Schraffirung anzeigt, mit Quecksilber gefüllt; die Füllung kann durch Her-
ausnahme der Kolben B und B_1 geschehen.

　　Das Spiel der Pumpe ist nun folgendes: Wir denken
uns die Verbindungen hergestellt so wie es die Figur veranschaulicht. Es werde dann B in die Höhe gezogen, B_1
niedergedrückt. Der Quecksilberdruck in H_1 drückt das
Ventil f herauf; Quecksilber geht aus A_1 nach O über.
Durch das Niederdrücken von B_1 wird das in O_1 befindliche
Quecksilber durch das sich öffnende Ventil e_1 nach J und
weiter in A hinein getrieben. Die Ventile e und f_1 sind
geschlossen. Wird nun B niedergedrückt und B_1 empor-
gezogen, so öffnen sich die Ventile e und f_1, während e_1 und
f sich schliessen. Quecksilber steigt aus O in A hinein und
wird von O_1 aus A_1 herausgesaugt. In dieser Weise füllt
sich A allmählich, während A_1 evacuirt wird. Der Abschluss
der Kugel A_1 gegen die äussere Luft bewirkt selbstthätig
das aus E_1 vermöge des äussern Luftdrucks in D_1 hinein-
steigende Quecksilber. Die Verbindung der Kugel A_1 mit
dem zu evacuirenden Gefässe wird durch die Glasröhre C_1
hergestellt. Ist das Quecksilber unter die Mündung der
Verbindungsröhre G_1 gesunken, so geht die Luft aus dem zu
evacuirenden Gefässe in den oberen Theil von A_1. Die
Hinzufügung der Verbindungsröhre G_1 ist nothwendig, um
ein heftiges Stossen der aufsteigenden Luft zu vermeiden.

Der Abschluss der Kugel *A*, in welche Quecksilber hinein-
gedrängt wird, erfolgt wieder selbstthätig durch das in *C*
eindringende Quecksilber. Die aus *A* verdrängte Luft tritt
durch die enge Röhre *D* in die äussere Luft.

Ist auf diese Weise *A* gefüllt und A_1 von Quecksilber
leer, so dreht man die Scheibe *c* um 90°. Dann tauschen
die beiden Kugeln *A* und A_1 ihre Rollen.

Die Verbindung der beiden Glaskugeln *A* und A_1 durch
C und C_1 hat noch den Vortheil, dass dadurch ein Ueber-
steigen des Quecksilbers in den zu evacuirenden Apparat
unmöglich gemacht wird. Sollte etwa in *A* der Druck zu
stark werden, so fliesst das Quecksilber durch *C* und C_1 nach
A_1 zurück.

In betreff von Einzelheiten ist noch zu erwähnen, dass
das Spiel der Glasventile sehr sicher erfolgt, wie ich mich
bei der im Jahre 1878 angegebenen Construction, bei welcher an Stelle der von Toepler angegebenen Röhre *D*,
ebenfalls Ventile sich befanden, überzeugt habe. Um weiter
das Quecksilber nicht mit den von den Kolben *B* und B_1
berührten Cylinderwänden in Berührung treten zu lassen,
werden die Kolben *B* und B_1 nicht ganz bis auf den Boden
von *O*, resp. O_1 niedergedrückt. Der Gang der Kolben wird
so geregelt, dass von der gezeichneten symmetrischen Stellung aus der sich nach oben bewegende Kolben in gleicher
Zeit einen zwei- bis dreimal grösseren Weg zurücklegt wie
der niedergehende Kolben. Diese Regelung hat mechanisch
keine Schwierigkeit. Ich bemerke weiter, dass die Kolben
B und B_1 nicht so luftdicht zu schliessen brauchen, wie in
einer gewöhnlichen Luftpumpe, da sie nur möglich machen
sollen, Verdichtungen oder Verdünnungen hervorzurufen.

Für die Scheiben *a*, *b* und *c* schlage ich Stahl vor,
weil durchbohrte Glasscheiben beim Abschleifen gar zu leicht
springen. Die Dichtung zwischen diesen Scheiben braucht
im wesentlichen nur Quecksilberdicht zu sein, aus welchem
Grunde bei gut abgeschliffenen Scheiben Fett nicht verwandt
zu werden braucht.

Da ich augenblicklich keine Gelegenheit habe, eine derartige Pumpe herstellen zu lassen, kann ich über praktische

Ergebnisse, sowie über die genauen Herstellungskosten nichts mittheilen. Ich erwähne in betreff des letztern Punktes, dass Herr Glasbläser Müller hier, Kronenstrasse, den Glastheil, der die Hauptsache bildet (ohne Manometerprobe und Trockengefäss) auf 60 Mark veranschlagt' hat.

Berlin, 12. Juni 1880.

XV. *Abänderung des Absorptionshygrometers nach Rüdorff; von F. Neesen.*

Hr. Rüdorff hat in den Berichten der Berliner chemischen Gesellschaft 1880, p. 149 ein Absorptionshygrometer beschrieben, dem ich folgende, wie ich glaube, in einigen Punkten zweckmässigere Form gegeben habe.

A und A_1 (Taf. III Fig. 11) sind zwei gewöhnliche Kochflaschen, an deren Hälse Schliffstücke angeschmolzen sind. In diese passen hinein die kurzen Glasröhren D und D_1 mit a) oben einem zweiten Schliffstück C und C_1, b) den seitlichen, mit Hahn versehenen Röhren E und E_1 und c) den seitlichen, wie Figur zeigt, umgebogenen Röhren F und F_1. In die Schliffstücke C und C_1 passen die Glasröhrenfortsätze G und G_1 der Hahnbüretten B und B_1. G und G_1 ragen etwas aus dem Ende der Röhrenstücke D und D_1 heraus. Die beiden Apparate sind verbunden durch eine (etwa 4 mm im Durchmesser) Glasröhre H, die mit F und F_1 durch kurze Kautschukschläuche J und J_1 befestigt ist. In H befindet sich ein Index von Oel, zweckmässig nicht zu kurz, etwa 7—8 cm lang.

Vor dem Versuche werden zunächst A und A_1 durch Erwärmen und Hindurchblasen von Luft ausgetrocknet. Ebenso wird sorgfältig nachgesehen, ob sich in den einzusetzenden Glasstücken D, G etc. Feuchtigkeit oder, etwa von früheren Versuchen herrührend, Schwefelsäure ·befindet. Auch diese Stücke werden gereinigt. Ich komme später auf die Reinigung von G noch zurück. Die Luft, welche auf

ihren Feuchtigkeitsgehalt zu untersuchen ist, wird in A und
A_1 hineingeblasen und darauf das Glasstück D sowie die
Bürette B eingesetzt; ebenso D_1 und B_1. Die Hähne C und
C_1 werden nun geschlossen, dann wird gewartet, ob der Oel-
index in H ungeändert bleibt, eventuell kann man durch C und
C_1 neue Luft zulassen. Man füllt jetzt zunächst die eine
Bürette B mit concentrirter Schwefelsäure und lässt so viel
von derselben herausfliessen, bis der Index die frühere Stelle
wieder eingenommen hat. Die Bewegung des Oeltropfens
ist folgende: im ersten Momente bewegt er sich nach A_1 hin,
dann wird der Wasserdampf absorbirt von der einfliessenden
Schwefelsäure, der Index bewegt sich rasch nach A; bei
stärkerem Einfliessen der Schwefelsäure bleibt er etwas stehen,
und die Stellung des Hahnes an B wird nun so regulirt,
dass der Index stets ziemlich an der alten Stelle bleibt.
Nach etwa zwei Minuten war die Hauptmenge des Dampfes
in meinem Apparate absorbirt, ich überlasse nun den Apparat bei geschlossenem Hahne an B sich selbst; es wird
nachträglich noch etwas Dampf absorbirt, und infolge dessen
der Index sich langsam nach B bewegen. Von Zeit zu Zeit
wird wieder Schwefelsäure eingelassen, bis schliesslich nach
10—15 Minuten der constante Stand des Index zeigt, dass
aller Dampf absorbirt ist. Nun wird Schwefelsäure in B_1
eingefüllt und sofort ein zweiter Controlversuch mit dem
Apparate A_1 etc. vorgenommen.

Die Punkte, wegen deren diese Construction mir vor der
ursprünglichen von Rüdorff vorzuziehen zu sein scheint, sind
folgende: Erstens, und das ist der wichtigste Punkt, ist man
von Temperaturschwankungen unabhängig, da solche die Luft
in beiden Kolben treffen, ihre Wirkung auf den Index sich
also aufheben muss. Bei dem Apparate von Rüdorff kann
die Genauigkeit durch eine Aenderung der Temperatur beeinträchtigt werden, und eine solche Temperaturänderung
ist bei der wohl immer vorhandenen anfänglichen Differenz
der Temperaturen des Glases und der eingeschlossenen Luft
gewiss kaum zu vermeiden, namentlich, da der Versuch, wie
gesagt, eine ziemliche Zeit in Anspruch nimmt. Zweitens
ist der ganze Apparat sehr bequem zu reinigen. Durch die

Anwendbarkeit der Erhitzung geschieht die Trocknung ohne
Anwendung von Aether sehr rasch. Beide Kolben habe ich
stets in etwa fünf Minuten getrocknet. Drittens ist die Genauigkeit der Ablesung durch horizontale Verschiebung des
Index gewiss genauer wie bei dem von Rüdorff angewandten
Manometer. Mir hat bisher Oel stets gute Dienste gethan,
sodass ich die Anwendung der von Rüdorff empfohlenen
Mischung von Schwefelsäure und Wasser, die weder absorbirt, noch Dampf abgibt, nicht für nöthig halte. Viertens
hat man sofort einen Controlversuch. Und schliesslich wäre
auch wohl zu erwähnen, dass die Kosten dieses Doppel-
apparates noch etwas geringer sind wie die des einfachen
von Rüdorff. Herr Glasbläser Müller, Berlin, Kronenstrasse, hat meinen Apparat für 28 Mark angefertigt, den
von Rüdorff für 36 Mark.

In betreff des Gebrauchs füge ich noch einige Einzelheiten hinzu. Ich habe gefunden, dass sich an diejenigen
Wände der Kolben, welche nicht erhitzt werden können
(nahe am Schliffstück), leicht Feuchtigkeit ansetzt, welche
auch beim Hindurchblasen von heisser Luft haften bleibt.
Dieselbe würde natürlich das Resultat stören, daher trockne
ich, so weit ich kann, die Kolben noch mit Fliesspapier aus.
Einen sehr grossen Einfluss hat etwa zurückgebliebene
Schwefelsäure in G. Daher wird dieselbe sehr sorgfältig
entfernt. An einem Drahte befestigte ich ein Schwämmchen
oder Fliesspapier, feuchte dasselbe an und spüle damit zunächst G und G_1 aus. Darauf werden beide Röhren in
ähnlicher Weise getrocknet. Damit nicht etwa während des
Versuchs mit B Schwefelsäure in B_1, resp. G_1 sich hinein-
drängt durch den vielleicht nicht ganz dichten Hahn, fülle
ich jede einzelne Bürette erst direct vor dem Gebrauche
derselben. Hähne, die sonst sehr gut aussahen, lassen nämlich unter dem Drucke der über ihr stehenden Säule von
Schwefelsäure Spuren der letztern durch. Damit keine
Schwefelsäure mit dem Fette der Schliffstücke in Berührung,
und damit überhaupt in das Glasstück D keine Schwefelsäure eindringt, ist G etwas länger wie das untere Ende
von D. Man könnte das Schliffstück C auch vermeiden,

indem man B mit D zusammenschmilzt. Da sich dann aber in G bei C eine kleine Erweiterung bildet, so ist die Reinigung von G nicht so gut vorzunehmen.

Zum Schlusse gebe ich einige Bestimmungen. Das Volumen A war 859 ccm, das von A_1 824 ccm (die Volumina von D etc. eingeschlossen).

Bei der ersten Beobachtung (während eines heftigen Regens) wurden aus B ausgelassen 12,1 ccm Schwefelsäure, aus B_1 auch 12,1 ccm. Bei dem folgenden Versuche (es hatte sich aufgeklärt, und das Haarhygrometer zeigte weniger Feuchtigkeit an) gab B 11,85 ccm; B_1 konnte wegen eines Versehens nicht beobachtet werden. Bei einem dritten darauf folgenden Versuche (das Haarhygrometer zeigte weitere Abnahme des Feuchtigkeitsgehaltes) gab B 11,6 ccm. Indessen war dieses etwas zu viel, da der Index schliesslich etwas zu weit nach A_1 hin stand. B_1 gab dann, nachdem durch Luftaustritt der Index wieder in die richtige Lage gebracht war, 11,4 ccm. Die Temperatur betrug 22° C.

Berlin, 12. Juni 1880.

XVI. *Erwiderung auf die Notiz des Herrn O. E. Meyer: „Ueber eine veränderte Form" etc.[1]; von Ludwig Boltzmann in Graz.*

Meine ursprüngliche Behauptung[2] ging dahin, dass Hr. Meyer das Problem, welches er sich in seinem Buche: „Die kinetische Theorie der Gase", pag. 259 stellte, daselbst vollkommen unrichtig aufgelöst hat. Die im Titel citirte letzte Notiz gibt dies indirect insofern zu, als sich Hr. Meyer daselbst ein vollkommen anderes Problem stellt. In allen Punkten, auf welche sich meine Einwürfe bezogen, wird das Problem jetzt geändert.

1) Anstatt der Wahrscheinlichkeit, „dass unter den herausge-

----

1) O. E. Meyer, Wied. Ann. 10. p. 296. 1880.
2) Boltzmann, Wien. Ber. 76. 2. Abth. Oct. 1877.

griffenen Theilchen die Geschwindigkeitscomponenten u_1, v_1, w_1, dann u_2, v_2, w_2, ferner u_3, v_3, w_3 u. s. f., endlich u_N, v_N, w_N, vertreten sein",[1]) (welche ich als die Wahrscheinlichkeit mit willkürlicher Reihenfolge bezeichnen will), sucht er vielmehr jetzt die Wahrscheinlichkeit, dass das erste der herausgegriffenen Theilchen die Geschwindigkeitscomponenten u_1, v_1, w_1, das zweite u_2, v_2, w_2 u. s. w. besitzt (Wahrscheinlichkeit mit gegebener Reihenfolge) und findet dafür natürlich den richtigen Werth:

(1) $P = F(u_1, v_1, w_1) . F(u_2, v_2, w_2) \ldots F(u_N, v_N, w_N)$.

Warum aber beim Beweise des Maxwell'schen Gesetzes gerade die Wahrscheinlichkeit bei gegebener, nicht vielmehr die bei willkürlicher Reihenfolge gesucht werden müsse, dafür hat er keinen andern Grund, als den, dass man nur im ersten Falle zur gewünschten Formel gelangt.

2) Die Gleichungen der Bewegung des Schwerpunkts und der lebendigen Kraft fasste er früher als Bedingungsgleichungen auf, denen die Werthe der Variabeln sowohl für den gesuchten Maximumwerth, als auch für die übrigen kleineren Werthe, die mit dem Maximumwerthe verglichen werden, genügen müssen;[2]) ich will solche Bedingungsgleichungen künftig immer als Bedingungsgleichungen im gewöhnlichen Sinne der Maximalrechnung bezeichnen. Da ich aber nachwies, dass in diesem Falle gar kein Maximum existirt, so legt er jetzt diesen Gleichungen eine ganz andere Bedeutung bei; sie sollen blos für den Maximumwerth gelten, nicht aber für die damit verglichenen kleineren Werthe. Von Bedingungsgleichungen im oben definirten gewöhnlichen Sinne der Maximalrechnung ist also jetzt nirgends mehr eine Rede.

3) Er fordert von dem gesuchten Werthe keineswegs, dass er ein wirkliches Maximum sei, sondern blos, dass er abnehme, wenn man allen Geschwindigkeitscomponenten in

---

1) Wörtlich nach Meyer Buch, p. 262.

2) P. 261 seines Buches sagt er wörtlich: Dieselben Gleichungen gelten mit den gleichen Werthen der vier Constanten, ebenso wie für den gesuchten wahrscheinlichsten, auch für jeden andern möglichen Zustand der Bewegung, bei welchem jedes Theilchen veränderte Werthe der Geschwindigkeiten besitzt.

der Richtung der x-Axe gleichzeitig einen gleichen und gleich-
bezeichneten Zuwachs ertheilt, und dass derselbe auch für die
y- und z-Axe gelte. Von der gefunden Grösse:

$$(2) \qquad P = C^{N} \cdot e^{- km \Sigma [(u_n - a)^2 + (v_n - b)^2 + (w_n - c)^2]}$$

beweisst er auf p. 302 der im Titel citirten letzten Notiz
wieder blos, dass sie diese Eigenschaft[1]) besitzt. Wenn er
auch wieder ab und zu behauptet (p. 297, 1. und 2. Zeile
und p. 302 der letzten Notiz), bewiesen zu haben, dass sie
ein Maximum sei, so überzeugt man sich doch leicht vom
vom Gegentheile. Man braucht da blos irgend einem der u
einen mit solchen Vorzeichen versehenen Zuwachs zu er-
theilen, dass der Zahlenwerth von $u - a$ abnimmt, während
alle anderen u, v und w unverändert bleiben. Dadurch und
noch in der mannigfaltigsten Weise kann sogleich der durch

---

1) Nicht unerwähnt kann ich lassen, dass der von Hrn. Meyer gefundene, hier im Texte mit 2) bezeichnete Ausdruck diese Eigenschaft
nicht blos, wie Hr. Meyer behauptet, besitzt, wenn die Variabeln den
vier Bedingungsgleichungeu $0 = \Sigma(u_n - a)$, $0 = \Sigma(v_n - b)$, $0 = \Sigma(w_n - c)$

$0 = \Sigma \left[\dfrac{m}{2} \left(u_n^2 + v_n^2 + w_n^2 \right) - E \right]$ genügen, sondern auch ebenso gut,

wenn sie blos den drei ersten dieser Gleichungen, aber nicht der letzten
genügen. Da aber gerade die letzte Gleichung die der Energie ist, so
findet die von Hrn. Meyer geforderte Eigenschaft nicht blos statt, wenn
in dem herausgegriffenen Theile des Gases derselbe mittlere Zustand der
Bewegung und Energie, wie in der gesammten Gasmasse besteht, sondern
auch wenn ein ganz anderer Zustand der Energie (andere mittlere lebendige Kraft eines Theilchens) herrscht, sobald nur die mittlere Geschwindigkeit in den drei Coordinateneinrichtungen dieselbe ist. In der That
setzt Hr. Meyer auf p. 300 seiner letzten Notiz die Coëfficienten A, B...
nachher gleich Null, benutzt also die Gleichung der Energie gar nicht, sowie auch die Schlussformel den Werth von E gar nicht enthält.

Auch Hrn. Meyer's Schluss auf p. 301 der letzten Notiz, dass $l = 0$
sein müsse, weil der Ausdruck $- km [(u - a)^2 + (v - b)^2 + (w - c)^2]$
$- lm [(u - a) (v - b) + (v - b) (w - c) + (w - c) + (u - a)]$ für alle
reellen Werthe von $u - a$, $v - b$, $w - c$ negativ sein muss, ist falsch.
Nach den wohlbekannten Regeln, die z. B. auch bei Beantwortung der
Frage in Anwendung kommen, welche Flächengattung eine Gleichung
2. Grades darstellt, folgt hieraus nicht $l = 0$, sondern blos, dass l zwischen $- k$ und $+ 2k$ liegt. Doch lege ich hierauf kein Gewicht, da man
das Verschwinden von l leicht auf andere Art beweisen könnte.

die Gleichung (2) gegebene Werth der Grösse P noch weiter vergrössert werden. Da also die Grösse P noch keineswegs ein Maximum ist, so ist schwer einzusehen, welche Bedeutung die von Hrn. Meyer bewiesene Eigenschaft derselben für den Beweis des Maxwell'schen Gesetzes haben soll.

Wenn die Variabeln u_1, $v_1 \ldots w_N$ gar keinen Bedingungsgleichungen im gewöhnlichen Sinne der Maximalrechnung unterworfen sind, wie dies bei Hrn. Meyer jetzt der Fall ist (die von ihm beliebte Aenderung, dass er alle u um dieselbe Grösse wachsen lässt, verletzt ja ebenfalls die Gleichung $\Sigma(u_n - a) = o$ und die Gleichung der lebendigen Kraft), so hat vielmehr der durch die Gleichung (2) gegebene Werth von P offenbar sein Maximum, wenn sämmtliche u gleich a, sämmtliche v gleich b, sämmtlich w gleich c sind, weil dann jeder Factor des Productes (1) seinen grössten Werth hat.

Von dem von Hrn. Meyer auf p. 296 als dem Kernpunkt des Streites bezeichnetem Probleme lässt sich nun Folgendes sagen. Sei eine sehr grosse Zahl M von Theilchen gegeben, zwischen denen eine ganz beliebige Zustandsvertheilung Z besteht. Aus ihnen werde eine kleinere Anzahl N von Theilchen willkürlich herausgegriffen. Bestimmt man die Wahrscheinlichkeit ohne Rücksicht auf die Reihenfolge, so wird es immer am wahrscheinlichsten sein, dass unter den N-Theilchen wieder dieselbe Zustandsvertheilung wie unter den M besteht, dass also auch mittlere lebendige Kraft, Bewegungsgrösse nach einer Richtung etc. für die N-Theilchen denselben Werth, wie für die M-Theilchen haben. Dies ist richtig, wenn die Zustandsvertheilung Z mit dem Maxwell'schen Gesetze identisch ist; bleibt aber ebenso richtig, wenn die Zustandsvertheilung Z irgend eine andere ist,[1]), sodass hieraus kein Schluss auf die Richtigkeit des Maxwell'schen Gesetzes möglich ist. Bei Wahrscheinlichkeitsbestimmung mit Rücksicht auf die Reihenfolge dagegen gilt dies weder für die Maxwel'sche noch für irgend eine andere Zustands-

---

1) Wenn die Zustandsvertheilung Z darin bestand, dass alle M-Theilchen dieselbe Geschwindigkeit und Geschwindigkeitsrichtung besitzen, so ist sogar die Wahrscheinlichkeit, dass zwischen den N-Theilchen dieselbe Zustandsvertheilung besteht, gleich eins.

vertheilung. In diesem Falle ist vielmehr die Wahrscheinlichkeit am grössten, dass sämmtliche Factoren des Productes (1) ihren grössten Werth haben, also dass jedes der
N-Molecüle dieselbe Geschwindigkeit und Geschwindigkeitsrichtung (die wahrscheinlichste) hat. Da ich den ersteren
Satz schon früher bewiesen habe,[1]), der letztere aber unmittelbar klar ist, will ich hier keine Rechnungen, sondern ein er-
läuterndes Beispiel geben.

Setzen wir an die Stelle der *M*-Theilchen eine Urne mit
100 weissen, 200 rothen und 300 schwarzen Kugeln. Aus
dieser Urne sollen 6 Kugeln gezogen werden, welche den
N-Theilchen entsprechen. Bestimmt man die Wahrscheinlichkeit ohne Rücksicht auf die Reihenfolge, so ist es offenbar am wahrscheinlichten, dass unter den gezogenen Kugeln
eine weisse, 2 rothe und 3 schwarze sich befinden, dass also
unter ihnen dieselbe Farbenvertheilung, wie in der Urne
herrsche. Es ist dies z. B. viel wahrscheinlicher, als dass
man lauter schwarze Kugeln gezogen habe. Bestimmt man
dagegen die Wahrscheinlichkeit mit Rücksicht auf die Reihenfolge, so ist es am wahrscheinlichsten, dass jede der gezogenen Kugeln eine schwarze sei, d. h. es ist dies wahrscheinlicher, als dass z. B. die erste weiss, die beiden darauf
gezogenen roth und die 3 zuletzt gezogenen schwarz seien.
Ebenso ist der Zug von 6 schwarzen Kugeln wahrscheinlicher,
als dass auf den ersten und letzten Zug eine rothe, auf den
dritten eine weisse und auf die übrigen Züge eine schwarze
Kugel getroffen wurde u. s. w. Würde man also die Wahr-
lichkeit mit Rücksicht auf die Reihenfolge bestimmen, so
würde das Product *P* blos dadurch zu einem Maximum gemacht werden können, dass schon unten den *M*-Theilchen
alle die mittlere Geschwindigkeit und Geschwindigkeitsrichtung oder möglichst wenige verschiedene Geschwindigkeits-
richtungen hätten. Denn im ersten Falle hätten im Ausdrucke (1) alle *F* den Werth eins; es wäre also auch $P = 1$.

1) Boltzmann, Wien. Ber. 78. 2. Abth. Juni 1878, wo übrigens
statt $\frac{n}{N}$ überall einfach *n* stehen soll.

Ich glaube hiermit bewiesen zu haben, dass die Lösung des neuen Problems, welches Hr. Meyer in seiner letzten Notiz sich stellt, durchaus keinen Beweis des Maxwell'schen Gesetzes enthält; ja sowohl die Art der Wahrscheinlichkeitsbestimmung, als auch sämmtliche übrigen Veränderungen, welche er vornimmt, scheinen mir ein bedeutender Rückschritt zu sein.

XVII. *Bemerkungen zu dem Aufsatze des Hrn. U. Dühring: „Zum Schutze des Gesetzes der correspondirenden Siedetemperaturen"; von A. Winkelmann.*

Hr. Dühring[1]) hat kürzlich in einem Aufsatze mit dem obigen Titel das von ihm aufgestellte Gesetz der correspondirenden Siedetemperaturen gegen die von mir gemachten Einwendungen zu vertheidigen gesucht und gleichzeitig meine Arbeit einer Kritik unterzogen. Hätte Hr. Dühring sich auf eine Vertheidigung seines Gesetzes beschränkt, so läge für mich keine Veranlassung vor, etwas zu erwidern; denn die Vertheidigung hat meine Einwendungen nicht zu erschüttern vermocht. Hr. Dühring hatte nämlich auf p. 79 und 80 des Werkes seines Vaters[2]) für 4 Flüssigkeiten: Alkohol, Aether, Schwefelkohlenstoff und Aethyljodid, eine Zusammenstellung der beobachteten und der nach seinem Gesetze berechneten Werthe gegeben und über das Resultat dieser Zusammenstellung gesagt: „Die Abweichungen der berechneten von den beobachteten Temperaturen sind, wie die Tabellen zeigen, äusserst geringfügig. Nur bei den niedrigsten Drucken werden für Alkohol und Aether die Unterschiede beachtenswerth, erklären sich aber sehr leicht aus der beträchtlichen Wirkung, die bekanntlich schon die geringste fremde Beimischung bei diesen Substanzen auf die niederen Dampfspannungen hervorbringt."

---

1) U. Dühring, Wied. Ann. 11. p. 163. 1880.
2) E. Dühring, Neue Grundgesetze zur ration. Physik u. Chemie. 1878.

Nach diesen Bemerkungen hatte ich erwartet, dass eine Fortsetzung der Tabelle von Hrn. Dühring für höhere Drucke sehr gut mit den Beobachtungen übereinstimmende Werthe geben würde; statt dessen fand sich aber das gerade Gegentheil. Wie ich schon damals zeigte, wächst die Differenz zwischen Beobachtung und Berechnung bei Aether und Schwefelkohlenstoff mit wachsendem Drucke ganz beträchtlich und erreicht bei 10 Atmosphärendruck den Werth von 4,11°, resp. 4,55°. Einer Temperaturänderung von dieser Grösse entspricht bei diesem Drucke eine Druckänderung von etwa 0,8 Atmosphären. Ob — wie jetzt Hr. Dühring in seinem Aufsatze meint — diese Differenzen innerhalb der Grenzen der unvermeidlichen Experimental- und Beobachtungsfehler liegen, überlasse ich dem Urtheile der Leser, denen sogleich Gelegenheit gegeben wird, sich eine Ansicht über das Urtheil des Hrn. Dühring in den fraglichen Dingen zu bilden.

Hr. Dühring bespricht die von mir aufgestellte Beziehung und behauptet zweierlei:

1) Dass dieselbe in ihrer einfachsten Form, ohne Rücksicht auf die Dichte, mit einer von ihm abgeleiteten Gleichung übereinstimme, und dass ich dabei den Werth (— 100°) für die „Verdampfungsgrenze" des Wassers von ihm entlehnt habe;

2) Dass dieselbe in der erweiterten Form falsch sei.

Um den ersten Theil seiner Behauptung zu beweisen, zeigt Hr. Dühring zunächst, dass aus seiner Gleichung:

$$\frac{p'}{p} = \left(\frac{s'}{s}\right)^y,$$

meine Gleichung:

$$t_n = 200 \cdot n^{\log b} - 100$$

hervorgeht, wenn er:

$$y = \frac{1}{\log b}$$

setzt. Nun ist b eine constante Grösse, folglich müsste auch y eine solche sein, sollte die Gleichsetzung des Hrn. Dühring berechtigt sein. Ueber y drückt sich nun Hr.

Dühring auf p. 92 des Werkes folgendermassen aus:
„Nennen wir der Kürze wegen die von den Verdampfungsgrenzen gezählten Temperaturen s' und s, so können wir
$\frac{p'}{p} = \left(\frac{s'}{s}\right)^y$ setzen, wobei y sich mit p und p' verändert, aber
für alle Substanzen immer dasselbe ist. Verfolgt man den
Gang von y näher, so zeigt sich an den Quecksilberdämpfen,
dass es für sehr niedrige Spannungen, etwa zwischen $\frac{1}{50}$ und
$\frac{1}{10}$ mm, fast genau 2 bleibt, sodass also hier die Dampfspannungen wie die Quadrate der von der Verdampfungsgrenze gezählten Temperaturen wachsen.“

Nach diesem Ausspruche des Hrn. Dühring ist y
eine Function von den Drucken p und p', wird aber
innerhalb der Drucke $\frac{1}{50}$ bis $\frac{1}{10}$ mm fast constant. Fast sollte
man glauben, es handele sich bei diesen Angaben um einen
Druckfehler; denn man kann sich nicht vorstellen, dass je-
mand aus dem Intervall $\frac{1}{50}$ bis $\frac{1}{10}$ mm irgend eine Eigenschaft
einer unbekannten Function abzuleiten ernstlich die Absicht
hat. Bei Hrn. Dühring ist aber die Annahme eines solchen Fehlers ganz zweifellos ausgeschlossen; denn in einer
andern Wendung wird die Constanz von y für das Intervall
von 0^0 bis etwa 50^0 angegeben, und nach Regnault's
Formel hat bei 50^0 das Quecksilber den Druck von 0,112 mm.
Bekanntlich bildet etwa 0,1 mm die Genauigkeitsgrenze bei
Druckbestimmungen, und daher macht es einen merkwürdigen Eindruck, wenn man Grössen, die 0,1 mm nicht überschreiten, eine solche Bedeutung beilegt, dass daraus Gesetze
ableitbar seien. Zum Ueberfluss erwähne ich noch, dass
Regnault nur 4 Beobachtungen innerhalb des gedachten
Intervalls über den Druck der Quecksilberdämpfe gemacht
hat, und zwar folgende:

I. Reihe.		II. Reihe.	
Temperatur	Druck	Temperatur	Druck
	mm		mm
23,57	0,068	25,39	0,034
38,01	0,098	49,15	0,087

Ausserdem bemerkt Regnault, dass der Druck des
Dampfes bei 0^0 nicht messbar gewesen sei.

Wie man sieht, ist in der ersten der obigen Reihen

der Druck bei einer tiefern Temperatur doppelt so gross, als in der zweiten Reihe bei einer höhern Temperatur, sodass beide Reihen im Verhältniss zum Gesammtdruck sehr verschiedene Resultate liefern.

Bei seiner Formelbestimmung nimmt Regnault für den Druck des Dampfes bei 0° den Werth 0,02 mm an, weil derselbe nicht 0 sein könne, da das Quecksilber auch bei 0° noch verdampft. Ueber diesen Werth 0,02 mm sagt aber Regnault: „La première de ces valeurs de F est hypothétique; elle est trop petite, pour pouvoir être appréciée avec quelque certitude."

Man wird es daher erklärlich finden, dass ich der von Hrn. Dühring angegebenen Constanz des Werthes y innerhalb der Druckgrenzen $\frac{1}{10}$ bis $\frac{4}{10}$ mm eine Bedeutung nicht beigelegt, vielmehr ganz allgemein y als das angesehen habe, was es nach Hrn. Dühring bei Drucken ist, die grösser als $\frac{4}{10}$ mm sind, nämlich als eine Function der Drucke p und p'.[1]) Sobald aber y eine Function des Druckes ist, ist die behauptete Identität der Gleichungen nicht vorhanden. Zudem kommt noch, dass das Wasser, um welches es sich bei meiner Arbeit handelte, nur bis zu dem Drucke von 0,27 mm durch Regnault untersucht wurde, also die von Hrn. Dühring hingestellte Eigenschaft gar nicht in Betracht kommt; ferner ist der Werth von y nach Hrn. Dühring nahezu = 2, so lange er constant ist, während nach der obigen Gleichung:

$$y = \frac{1}{\log b}$$

aus dem von mir aufgestellten Werthe von b für y der Werth 7,36 resultiren würde.

In Betreff der „Verdampfungsgrenze" des Wassers sagt Hr. Dühring: „Auch wird Hr. Winkelmann für jene

---

1) Da y eine nicht näher bestimmte Function ist, so ist Hr. Dühring natürlich im Stande, aus seiner Formel durch eine passende Bestimmung von y jede etwa noch aufzufindende Beziehung zwischen Druck und Temperatur abzuleiten. Setzt aber Hr. Dühring y gleich einer Constanten, so verliert y auch noch den einzigen Charakter, den es durch Hrn. Dühring in dem genannten Werke erhalten hat, nämlich den Charakter einer Function.

— 100°, die er ganz willkürlich in seiner Formel auftreten lässt, und die auch in der von mir für alle Substanzen vorgebildeten Formel bei der stillschweigenden Winkelmann'schen Exemplificirung derselben auf das Wasser wesentlich sind, keine Herkunft, sei es aus der Literatur, sei es aus eigenem Raisonnement, nachweisen können." Es ist mir leicht, die Unrichtigkeit dieser kühnen Behauptung darzulegen, eine Darlegung, welche zugleich zeigt, wie ich zu der einfachsten Form meiner Gleichung gelangt bin.

Ich habe zunächst eine geometrische Reihe der Drucke des gesättigten Wasserdampfes und die dazu gehörigen Temperaturen aufgestellt und die Frage zu beantworten gesucht, in welcher einfachen Beziehung stehen dieselben. Die Annahme, dass die Temperaturen in obigem Falle in arithmetischer Progression zunahmen, wurde von August zu einer Formelconstruction verwerthet; ich erwähne dies in der Absicht, um zu zeigen, dass die Zusammenstellung von Drucken, welche nach einer geometrischen Reihe wachsen, nichts neues ist. Nach verschiedenen Bemühungen kam ich auf den Gedanken, zu untersuchen, ob die Temperaturen nicht ebenso wie die Drucke eine geometrische Reihe darstellen, und da dies direct nicht der Fall, ob dasselbe nicht durch Addition einer constanten Grösse zu jeder Temperatur erreichbar. Da ich ferner von der Ansicht ausging, dass die Dichte des Dampfes einen Einfluss auf die Beziehung von Druck und Temperatur ausüben müsse, so hoffte ich am leichtesten zu einem Resultat zu gelangen, wenn ich zunächst nur die Drucke unterhalb einer Atmosphäre berücksichtigte, da die Dichte hier verhältnissmässig geringe Aenderungen erleidet. Sind daher:

$$t_1, \quad t_{\frac{1}{2}}, \quad t_{\frac{1}{4}}, \quad t_{\frac{1}{8}} \ldots \ldots$$

die Temperaturen, welche den Drucken von $1, \frac{1}{2}, \frac{1}{4} \ldots$ Atmosphäre entsprechen, so war die Frage zu beantworten, für welchen Werth von x werden die Werthe von:

$$\frac{t_1 + x}{t_{\frac{1}{2}} + x}, \quad \frac{t_{\frac{1}{2}} + x}{t_{\frac{1}{4}} + x}, \quad \frac{t_{\frac{1}{4}} + x}{t_{\frac{1}{8}} + x} \ldots \ldots$$

constant. Durch diese Untersuchung kam ich sehr bald zu
dem Werthe von $x = 100$, indem ich davon absah, noch
Bruchtheile hinzuzufügen oder abzuziehen; das ist also die
Herkunft von -100^0. Uebrigens habe ich schon in meiner
damaligen Arbeit gesagt:

„Würde man beim Wasserdampf von einer andern Temperatur als -100^0 ausgehen, so würden die Verhältnisszahlen
sich ändern, eine nennenswerthe grössere Uebereinstimmung
derselben liesse sich aber nicht erzielen. Ich habe aber
auch Werth darauf gelegt, diese Ausgangstemperatur so zu
bestimmen, dass die Verhältnisszahlen in dem niedrigen
Drucke unterhalb einer Atmosphäre möglichst übereinstimmen,
weil ich glaube, dass das Gesetz gerade bei diesen kleinen
Drucken seinen vollkommensten Ausdruck finden muss."
Sobald man die eben angeführten Ausdrücke constant setzt,
erhält man die von mir aufgestellte Formel, wie aus meiner
frühern Arbeit hervorgeht.

Aus der obigen Darstellung wird man erkennen, dass
sowohl meine ursprüngliche Gleichung, als auch der Werth [1]
von (-100^0) durch mich vollkommen selbständig bestimmt
worden sind. Hierdurch ist der angeführte Satz des Hrn.
Dühring: „Auch wird ...... können" als unrichtig dargelegt.

Wie aber, so frage ich mich vergeblich, kann Hr. Dühring einen solchen Satz mit einem solchen Vorwurf ohne
Beweis schreiben? mit welchem Rechte schliesst Hr. Dühring, wenn er die Möglichkeit einer unberechtigten Aneignung einer von ihm gefundenen Sache gezeigt zu haben glaubt,
auf die Wirklichkeit dieser Aneignung? Was würde er
sagen, wenn man seinem Vater (Hrn. E. Dühring) den Vorwurf

---

1) Im Gegensatz zur Bestimmung derselben Grösse durch Hrn. Dühring ist zu erwähnen, dass er durch vergleichende Betrachtungen von
Schwefel, Glycerin und Wasser zu dem Resultate gelangte, dass die „Verdampfungsgrenze" des Wassers zwischen (-89^0) und (-120^0) liegen müsse,
dann den Werth zu (-100^0) angenommen und aus der guten Uebereinstimmung seiner sämmtlichen Resultate auf die Richtigkeit dieses Werthes
geschlossen hat; meine Bestimmung stützt sich hingegen nur auf Beobachtungen, die an dem Wasserdampfe gemacht sind.

machen wollte, dass er sein im Jahre 1878 an Stelle des
Mariotte'schen Gesetzes mitgetheiltes Gesetz von **van der
Waals** oder von **E. Budde** entlehnt habe? und doch hat
van. der **Waals** bereits 1873 das Dühring'sche Gesetz aufgestellt und ist ein Auszug seiner Arbeit 1877 in dem ersten
Hefte der Beiblätter erschienen; ebenso hat **E. Budde**[1])
das gleiche Gesetz schon im Jahre 1874 mitgetheilt.

Ich komme jetzt zu der Behauptung des Hrn. **Dühring**, dass die von mir aufgestellte Beziehung in ihrer erweiterten Form falsch sei. Dagegen werde ich den Beweis
führen, dass diese Behauptung nur dann begründet sein
würde, wenn die Spannungscurve des **Wasserdampfes** in
niedrigen Drucken bis auf weniger als 0,02 mm vollkommen
richtig wäre.

Während die ursprüngliche Form meiner Gleichung:

$$\text{(I)} \qquad t_n = 200\, n^{\log b} - 100$$

war, bei welcher t_n die **Temperatur** des gesättigten **Wasserdampfes** bei dem Drucke von n-Atmosphären bezeichnet, war
die zweite Form die folgende:

$$\text{(II)} \qquad t_n = 200 \cdot n^{\frac{d_n}{d} \cdot A} - 100.$$

In dieser Form bezeichnet d_n die Dichte des gesättigten
Wasserdampfes bei dem Drucke von n-Atmosphären, bezogen
auf Luft als Einheit,

d die constante Dichte des Wasserdampfes in über-
hitztem Zustande, ebenfalls bezogen auf Luft als Einheit,

A eine constante Zahl.

Da d_n mit abnehmendem Drucke abnimmt, so muss
auch $\frac{d_n}{d}$ mit abnehmendem Drucke abnehmen und sich der
Grenze 1 nähern. Für kleine Drucke (etwa unterhalb 20 mm)
kann aber d_n so wenig von d verschieden sein, dass bei
weiterer Druckabnahme der Exponent $\frac{d_n}{d} \cdot A$ als eine constante Grösse erscheint, indem die weitere Abnahme sich

---

1) **Budde**, Zeitschr. f. Math. u. Phys. **19.** p. 286. 1874; Journal f.
prakt. Chem. **9.** p. 30. 1874.

in Decimalen ausspricht, die nicht mehr bestimmt werden; ·
jedenfalls darf aber der Werth $\frac{d_n}{d} \cdot A$ nicht mit abnehmender Temperatur wachsen, sodass er bei einem bestimmten
Druck ein Minimum wird. Dieses letztere behauptet Hr.
Dühring, und zwar soll sich zwischen 20 und 30 mm ein
solches Minimum zeigen. Wie klein dieses Minimum ist,
und ob es sich nicht vielleicht durch sehr kleine Fehler in
der Druckbestimmung erklären liesse, sodass bei nur äusserst
wenig veränderten Drucken das Minimum verschwindet,
darum kümmert sich Hr. Dühring nicht, sondern zieht
den Schluss: „Die Winkelmann'sche Formel ist also mit
den beobachteten Thatsachen nicht verträglich."

Um diese Schlussfolgerung zu widerlegen und die völlige
Grundlosigkeit derselben zu kennzeichnen, muss ich einige
Tabellen mittheilen. Zunächst berechne ich aus der Formel:

$$(\text{III}) \qquad t_n = 200 \cdot n^a - 100,$$

in welcher der Kürze halber $\frac{d_n}{d} A = a$ gesetzt ist, für die
Temperaturen von 30^0 bis 0^0, entsprechend dem Drucke
von 31,548 mm bis 4,600 mm, von Grad zu Grad den Werth
von a und gebe ihn als log a an.

Die Werthe von log a sind in der folgenden Tabelle
doppelt berechnet, entsprechend den Drucken, welche von

Temperatur	log a nach Regnault	Magnus	Temperatur	log a nach Regnault	Magnus
30^0	0,13159−1	0,13183−1	14^0	0,13115−1	0,13092−1
29	151	174	13	118	089
28	143	164	12	123	088
27	137	157	11	130	088
26	130	149	10	137	095
25	125	143	9	143	088
24	121	134	8	154	091
23	115	127	7	161	091
22	111	120	6	174	095
21	111	116	5	186	097
20	109	111	4	199	103
19	107	106	3	234	107
18	108	104	2	230	112
17	107	098	1	247	122
16	109	096	0	264	124
15	111	097			

Regnault und Magnus bei den nebenstehenden Temperaturen angegeben sind.

Verfolgt man nun in obiger Tabelle den Werth von log *a* innerhalb der Drucke von 30 bis 20 mm, so sieht man, dass derselbe mit abnehmenden Drucke immer mehr abnimmt; bei weiterer Temperaturabnahme zeigt derselbe nach den Werthen von Regnault ein Minimum bei etwa 16 mm, nach den Werthen von Magnus aber erst später. Bedenkt man, dass die beiden Formeln für die Spannkraft des Dampfes von Regnault und Magnus vorzüglich übereinstimmende Resultate liefern, sodass bei der ganzen obigen Zusammenstellung unterhalb des Druckes von 30 mm die beiden Curven nirgends um 0,08 mm von einander abweichen, und vergleicht man dann die untere Hälfte der Werthe von log *a* in den beiden letzten Reihen der obigen Tabelle miteinander, so erkennt man, dass sehr geringe Druckunterschiede einen bedeutenden Einfluss auf log *a* ausüben müssen. Der letzte Werth von log *a* bei 0° ist nach dem Werthe 4,525 mm, welchen Magnus als Druck bei 0° setzt, gleich 0,13124—1; nimmt man statt des angegebenen Werthes den Druck gleich 4,505 mm, so erhält man für log *a* den Werth 0,13087—1, also kleiner als irgend einen der vorhergehenden Werthe.

Um aber am sichersten die Bedeutungslosigkeit der Behauptung des Hrn. Dühring zu zeigen, gebe ich in der folgenden Tabelle die Druckwerthe, welche mit einem constanten Werthe von *a* nach Formel III berechnet wurden, und zwar von 18° an, weil oberhalb 18° bereits eine Abnahme des Werthes von *a* mit abnehmender Temperatur constatirt ist. Lässt sich nachweisen, dass bei Annahme eines constanten Werthes von *a* die berechneten Werthe des Druckes mit den Beobachtungen genügend übereinstimmen, so ist damit jeder Forderung Genüge geleistet. In der Formel III ist für log *a* der constante Werth 0,13107—1 gesetzt; man erhält dann für den Druck des Dampfes folgende Werthe, denen die Werthe nach Magnus und Regnault beigefügt sind.

Temp.	Druck des Dampfes in Millim.			Temp.	Druck des Dampfes in Millim.		
	nach Magnus	nach Form. III	nach Regnault		nach Magnus	nach Form. III	nach Regnault
18°	15,351	15,36	15,357	8°	7,964	7,977	8,017
17	14,409	14,42	14,421	7	7,436	7,449	7,492
16	13,519	13,53	13,536	6	6,939	6,947	6,998
15	12,677	12,69	12,699	5	6,471	6,476	6,534
14	11,882	11,90	11,908	4	6,032	6,034	6,097
13	11,130	11,15	11,162	3	5,619	5,620	5,687
12	10,421	10,44	10,457	2	5,231	5,228	5,302
11	9,751	9,768	9,792	1	4,867	4,861	4,940
10	9,126	9,137	9,165	0	4,525	4,516	4,600
9	8,525	8,541	8,574				

Die Drucke, welche nach Formel III mit dem constanten Werthe von *a* berechnet sind, liegen wie die obige Tabelle zeigt, für die Temperaturen von 18° bis 3° zwischen den Werthen von Magnus und Regnault; sie sind etwas kleiner als die Werthe von Regnault und etwas grösser als die Werthe von Magnus; den letzteren schliessen sie sich am nächsten an, sodass die Differenz nirgends 0,02 mm übersteigt. Für die drei niedrigsten Temperaturen von 2° bis 0° sind meine Formelwerthe auch etwas kleiner, als die Werthe von Magnus, die Differenz erreicht aber nicht einmal den Werth von 0,01 mm.

Was bleibt nun von dem Satze des Hrn. Dühring „die Winkelmann'sche Formel ist also mit den beobachteten Thatsachen nicht verträglich“? Wie aus der dargelegten Tabelle hervorgeht, würde diese Schlussfolgerung nur dann richtig sein, wenn eine Abweichung von 0,02 mm Druck nicht gestattet wäre. Nur die früher bereits vorgeführte Auffassungsweise des Hrn. Dühring, welcher aus Drucken, die $^1/_{10}$ mm nicht überschreiten, Gesetze ableiten zu können glaubt, lässt es erklärlich finden, dass er Differenzen von 0,02 mm eine entscheidende Bedeutung beilegt, so entscheidend, dass er eine von mir aufgestellte Formel infolge dieser Differenzen für falsch erklärt.

In einem beachtenswerthen Gegensatze zu dieser Auffassung des Hrn. Dühring steht allerdings seine oben erwähnte Meinung, nach welcher bei hohen Drucken Differenzen von etwa 600 mm ohne Belang sind.

Nachdem im Vorhergehenden die beiden wesentlichsten Punkte der Dühring'schen Kritik zurückgewiesen sind, will ich noch zwei Bemerkungen hinzufügen. Hr. Dühring sagt, dass ich kein Experiment zur Sache gemacht und trotzdem die Interpolationsformeln von Regnault bemängelt habe; dagegen ist zu erwidern, dass bei der fraglichen Beurtheilung der Interpolationsformeln nur die bereits vorhandenen Experimente in Betracht kamen, da es sich darum handelte, zu untersuchen, ob die Formeln die Beobachtungen von Regnault selbst genügend darstellten.

Ferner spricht Hr. Dühring von einem Missverständniss, welches ich mir bezüglich einiger Bemerkungen, die von ihm und seinem Vater über unmittelbare Beobachtungen und Interpolationen gemacht seien, habe zu Schulden kommen lassen; dagegen muss ich hervorheben, dass meine Auffassung über Interpolationen etc. längst vor dem Erscheinen des Dühring'schen Werkes feststand und in keiner Weise durch dasselbe modificirt worden ist. Es kann daher schon aus diesem Grunde weder von einem Verständniss, noch von einem Missverständniss die Rede sein; zudem kommt aber noch, dass die fraglichen Bemerkungen mit meiner Arbeit in gar keinem Zusammenhange stehen.[1])

Hohenheim, October 1880.

---

1) Nachdem die betheiligten Herren ihren beiderseitigen Standpunkt in Betreff der Prioritätsfrage dargelegt haben, glaubt die Redaction die Polemik in dieser Beziehung als abgeschlossen betrachten zu dürfen.

G. W.

Druck von Metzger & Wittig in Leipzig.

DER PHYSIK UND CHEMIE.
NEUE FOLGE. BAND XI.

I. *Ueber die Dichte und Spannung der gesättigten Dämpfe;*
von A. Wüllner und O. Grotrian.

Die bisher vorliegenden Versuche zur Bestimmung der Dichtigkeit der gesättigten Dämpfe haben, mit Ausnahme derjenigen der Herren Fairbairn und Tate[1]), Werthe geliefert, welche wenig mit den nach der mechanischen Wärmetheorie aus den Beobachtungen Regnault's berechneten Werthen übereinstimmen. Besonders die Versuche von Hrn. Herwig[2]) liefern einen erheblich höheren Werth der Dampfdichte als die Theorie und zudem für die meisten Flüssigkeiten eine andere Zunahme der Dampfdichte mit steigender Temperatur. Für Schwefelkohlenstoff ist allerdings das Verhältniss zwischen der aus der von Hrn. Herwig gegebenen Relation berechneten Dampfdichte und der von der Theorie berechneten nahezu constant, dieselbe ist stets um etwa 4 Proc. grösser, dagegen wächst für Wasser und Chloroform die Dampfdichte ganz erheblich rascher, für Chloroform z. B. ist das Verhältniss bei 30° gleich 1,043, bei 100° schon gleich 1,112; auch für Wasser wächst das Verhältniss der Dampfdichten bei 100° schon auf 1,111, während bei 11° nach Hrn. Herwig die Dämpfe dem Mariotte'schen Gesetze folgen.

Gegen die Genauigkeit der von den Herren Fairbairn und Tate erhaltenen Zahlen lassen sich aus der Anordnung des Apparats manche Einwendungen erheben, besonders, worauf schon Jochmann[3]) aufmerksam gemacht hat, ist

---

1) Fairbairn und Tate, Phil. Trans. 1860.
2) Herwig, Pogg. Ann. **137.** p. 19. 1869.
3) Jochmann, Berl. Ber. für 1860. p. 344.

eine genaue Temperaturbestimmung an derselben mit der
grössten Schwierigkeit verknüpft.

Die Versuche des Hrn. Herwig haben die Dichte der
gesättigten Dämpfe nur bis etwa Atmosphärendruck verfolgt,
da der damals benutzte, von dem einen von uns angegebene
Apparat eine Compression des Dampfes über viel mehr als
den Druck einer Atmosphäre nicht gestattete. Hr. Herwig
hat es deshalb auch zweifelhaft gelassen, ob die von ihm
aufgestellte Relation auch in höheren Temperaturen ihre
Gültigkeit habe. Gleichzeitig hat sich bei diesen Versuchen
eine Schwierigkeit bei Bestimmung der Dichte der gesättigten Dämpfe darin gezeigt, dass die Dämpfe wenigstens zum
Theil sich schon an den Wänden des Gefässes niederschlugen,
ehe sie die constante Maximalspannung zeigten. Dieses
Niederschlagen des Dampfes soll mit steigender Temperatur
abnehmen, sodass Hr. Herwig annimmt, in höheren Temperaturen trete die Condensation des Dampfes erst bei erreichter Maximalspannung ein.

Die Frage nach der Dichtigkeit der gesättigten Dämpfe
ist hiernach experimentell noch nicht erledigt, wir haben
deshalb dieselbe wieder aufgenommen, und die Dichtigkeit
der Dämpfe für eine Reihe von Flüssigkeiten bis zu einem
Drucke von etwa drei Atmosphären zu bestimmen versucht.
Bei dieser Untersuchung kam es darauf an, zu bestimmen,
ob die von Hrn. Herwig beobachtete vorzeitige Condensation einer Adhäsion der Dämpfe an den Wänden zuzuschreiben sei. Da dieselbe dann auch schon vor dem Sicht-
barwerden des Beschlages wirksam sein muss, so würde
dadurch die Dichtigkeit des Dampfes zu gross gefunden
werden müssen. Wollte man die Differenz zwischen den
Herwig'schen Werthen und denen der Theorie einer solchen
Adhäsion des Dampfes zuschreiben, so muss die Bestimmung
der Dampfdichte in verschieden grossen Gefässen, in denen
das Verhältniss der Wandfläche zu dem cubischen Inhalte
ein verschiedenes ist, verschieden ausfallen; die Dichte muss
sich um so kleiner ergeben, je grösser das Gefäss ist. Denn
je grösser die Wandfläche im Verhältniss zum cubischen
Inhalt ist, um so grösser muss der an der Wand adhäri-

rende Bruchtheil des Dampfes sein. Die Dampfdichten wurden deshalb zunächst in drei kugelförmigen Ballons bestimmt, deren Volumina sich fast genau wie 1:2:4 verhielten, deren adhärirende Wandflächen also im Verhältniss 1:1,587:2,520 standen. Dass bei Unterschieden, wie sie Hr. Herwig für die Dampfdichten gegenüber der von der Theorie berechneten gefunden hat, obige Verhältnisse zur Entscheidung der Frage ausreichen, lässt sich leicht erkennen. Hr. Herwig findet z. B. für die Dichte des gesättigten Wasserdampfes bei 100⁰ den Werth 0,7142 anstatt des nach der Gleichung des Hrn. Clausius berechneten Werthes 0,6417. Nehmen wir an, dass in dem kleinsten der drei Ballons die Dampfdichte infolge der Verdichtung an den Wänden der Herwig'schen Relation entspricht, so würde das Gewicht des Dampfes, welches das Volumen v des kleinsten Ballons ausfüllt, sich darstellen durch:

$$0,7142 . \delta v = 0,6417 \, \delta v + x,$$

wenn δ die Dichtigkeit der Luft bei gleichem Drucke und gleicher Temperatur und x die an der Wandfläche des Ballons verdichtete Dampfmenge bedeutet. Als Werth von x würde sich hiernach 0,0725 δv ergeben. Da die Wandfläche des zweiten Ballons 1,587 mal grösser ist, das Volumen das Doppelte, würde sich die in demselben zu beobachtende Dampfdichte ergeben:

$$d . \delta . 2v = 0,6417 . \delta . 2v + 1,587 . 0,0725 \, \delta v$$
$$d = 0,6417 + \frac{1,587 . 0,0725}{2} = 0,6992.$$

In dem dritten Ballon müsste sich die Dampfdichte gleich 0,6873 ergeben.

Die im ersten Theil dieser Arbeit mitgetheilten Bestimmungen des specifischen Volumens der gesättigten Dämpfe lassen einen solchen Einfluss der Adhäsion an den Wänden nicht erkennen, sie ergeben das specifische Volumen der Dämpfe als unabhängig von der Grösse des Raumes, in welchem es bestimmt ist.

Die Messungen bestätigen dagegen das schon von Hrn. Herwig erhaltene Resultat, dass die Dämpfe sich bereits niederschlagen, bevor sie die sogenannte Maximalspannung erreicht haben; sie ergeben weiter, dass die Spannung, bei welcher die Condensation beginnt, die Condensationsspannung in einem von der Natur der Flüssigkeit abhängigen, indess von der Temperatur nahezu unabhängigen Verhältnisse zu der Maximalspannung steht. Im zweiten Theile der Arbeit sind deshalb Versuche mitgetheilt, welche bestimmen sollen, in welchem Grade der Dampf comprimirt werden muss, damit er die Maximalspannung zeigt. Die Messungen scheinen das unerwartete Resultat zu ergeben, dass es überhaupt eine Maximalspannung in dem bisher angenommenen Sinne nicht giebt, dass vielmehr die Spannung der gesättigten Dämpfe, auch wenn sie mit einer grossen überschüssigen Menge Flüssigkeit in Berührung sind, durch Compression erheblich zunimmt. Es hat den Anschein, als ob der von J. Thomson angenommene Zwischenzustand sich annähernd verwirklichen lässt. Unsere Anschauung des Verdampfungsvorganges müsste darnach ´einigermassen modificirt werden.

I. Specifisches Volumen einiger Dämpfe.

§ 1. Methode der Untersuchung. — Die zu den Messungen angewandte Methode schliesst sich unmittelbar an jene, welche der eine von uns seiner Zeit Hrn. Herwig angegeben hat, sie unterscheidet sich von derselben nur dadurch, dass der Apparat, dem vorhin angegebenen Zwecke entsprechend, eine Anzahl von Dampfräumen verschiedener Grösse hatte, dass die Dampfräume so an dem Apparate befestigt waren, dass man bis zu einem Drucke von drei Atmosphären gehen konnte, und dass sich an dem Apparate ein Dampfraum befand, der stets mit gesättigten Dämpfen gefüllt war, um, wie es die Herren Fairbairn und Tate schon gethan haben, den Eintritt der Sättigung bei allmählicher Compression des überhitzten Dampfes an dem Gleichwerden des Druckes zu erkennen.

Die Einrichtung des Apparates zeigt Taf. V Fig. 1. Auf einer eisernen Bodenplatte von 30 cm Länge, 17 cm Breite und 1,7 cm Dicke sind fünf eiserne Hülsen aufgesetzt und durch in der Platte gebohrte Canäle mit einander verbunden. In vier dieser Hülsen sind die zur Aufnahme der Dämpfe bestimmten, mit Hülsen von 12 cm Länge versehenen Ballons eingesetzt, die fünfte Hülse trägt ein cylindrisches Glasgefäss von so grossem Inhalt, dass es das die vier Ballons füllende Quecksilber aufzunehmen im Stande ist. Dieses Gefäss besteht aus einem dickwandigen Glascylinder, welcher auf eine durchbohrte Eisenplatte aufgeschliffen ist, und welches oben mit einer gleichfalls in der Mitte durchbohrten Eisenplatte bedeckt ist, die ebenfalls auf den Glascylinder aufgeschliffen ist. Um den Cylinder an den Platten oben und unten luftdicht abzuschliessen, wird zwischen Cylinder und Platten ein dünner Lederring gelegt, der mit Leinöl getränkt ist, und dann werden die Schraubenmuttern, welche oben auf den die Eisenplatten verbindenden und die obere Platte durchsetzenden Eisenstäben sitzen, fest angezogen. In die Durchbohrung der obern Platte ist eine Eisenröhre luftdicht eingeschraubt, und von dieser führt ein Bleirohr zu einem T-Rohr *A*, dessen zweiter Arm, der mit einem Hahne verschliessbar ist, mit einer Luftpumpe, die auch als Compressionspumpe benutzt werden kann, in Verbindung steht, während der dritte Arm zu einem 2 m hohen Quecksilbermanometer führt.

Die grösste Schwierigkeit war, die Ballons in solcher Weise an dem Apparate zu befestigen, dass sie im Innern des Apparates einen Druck von etwa drei Atmosphären herzustellen gestatteten. Die Aufgabe wurde von dem Mechaniker unseres physikalischen Cabinets, Hrn. E. Feldhausen, in der glücklichsten Weise gelöst. Um die Hälse der Ballons war an ihrem Ende schon auf der Glashütte ein Glasring von 2 cm Breite und 4 mm Dicke gelegt, wie es Taf. V Fig. 2 bei *a* zeigt. Das untere Ende des Ballonhalses wurde dann sorgfältigst eben abgeschliffen, sodass dasselbe eine ringförmige Ebene bildete, und die Dicke des Ringes 7 mm betrug. Auch die obere Seite des Glasringes wurde auf der Drehbank sorgfältig abgedreht, sodass sie eine zu der untern Schlifffläche parallele Fläche wurde.

Die Einrichtung der Hülsen und die Art der Befestigung zeigt der Durchschnitt Taf. V Fig. 3. Die Hülsen sind cylindrische, oben trichterförmig stark erweiterte Näpfe von Eisen, deren Bodenplatte, etwa 9 mm dick, in der Mitte durchbohrt ist. Die Näpfe wurden mit ihrer unteren Seite sorgfältig auf die betreffende Stelle der Eisenplatte aufgeschliffen und dann nach Zwischenlegen einer mit Leinöl getränkten Papierscheibe auf der Eisenplatte mit vier Schrauben so befestigt, dass die Durchbohrung der Bodenplatte die Fortsetzung des betreffenden, in der Eisenplatte vorhandenen Canals bildete.

In die innere Seite des cylindrischen Theiles der Eisennäpfe war ein feines Gewinde eingeschnitten, in welches das auf die äussere Seite der Ueberwurfsschraube *s* Taf. V Fig. 8 eingeschnittene Gewinde passte. Zur Befestigung der Ballons wurde dann die Ueberwurfsschraube auf den Hals der Ballons geschoben, auf den Glasring des in die Hülse gesetzten Ballons zunächst ein Ring von Presspappe *p* und auf diesen ein aus zwei Theilen, wie Taf. V Fig. 4 zeigt, zusammengesetzter Eisenring *r* gelegt, der den Hals des Ballons gerade einfasste und einen so grossen äussern Durchmesser besass, dass beim Niederschrauben der Ueberwurfsschraube dieser Ring den Ballon fest gegen die Bodenplatte der Hülse presste. Um den untern Rand des Ballonhalses nicht unmittelbar auf das Eisen aufpressen zu müssen, war vorher die Bodenplatte der Hülse mit einer Platte von Presspappe bedeckt, die in ihrer Mitte durchbohrt war.

Diese Anordnung hat sich ganz vortrefflich bewährt; bei sorgfältigem Einsetzen der Ballons war an dem Apparat niemals eine Undichtigkeit wahrzunehmen, weder wenn man im Innern des Apparates den Druck erheblich veränderte, noch wenn man den Druck bis auf mehr als drei Atmosphären steigerte.

Zu den Versuchen wurden dann zunächst die vier Ballons vollständig mit trocknem und auf 100—120° erhitzten Quecksilber gefüllt, nach Abkühlung desselben in eine Quecksilberwanne umgekehrt und die Ueberwurfsschraube auf den Hals der Ballons aufgeschoben. Dann liess man in die Ballons abgewogene Quantitäten der Flüssigkeiten in kleinen Gläschen mit eingeschliffenen Stöpseln aufsteigen. Mit Hülfe eines eisernen Löffels wurden dann die Ballons in die be-

treffende Hülse des vorher bis zum Rande der Hülsen mit
Quecksilber gefüllten Apparates gesetzt. Darauf wurde der
an einer Stelle aufgeschnittene Ring von Presspappe auf den
Glasring des Ballons gelegt, auf diesen der vorher erwähnte
Ring von Eisen gebracht und dann die Ueberwurfsschraube
herabgelassen und fest angezogen. Der so vorgerichtete
Apparat wurde dann in ein Flüssigkeitsbad von etwa 36 l
Inhalt versetzt, wie es Taf. V Fig. 1 erkennen lässt. Das
Flüssigkeitsbad hatte auf der dem Beobachter zugewandten
und der gegenüberliegenden Seite Scheiben von dickem
Spiegelglas; die beiden andern verticalen Wände waren
Doppelwände aus Kupfer. Als Flüssigkeit des Bades wurde
für Temperaturen unter 100° Wasser, für Temperaturen über
100° Glycerin gebraucht.

§ 2. Bei den Versuchen handelt es sich darum, bei
einer genau bestimmten Temperatur das Volumen einer bekannten Gewichtsmenge Dampf zu messen und gleichzeitig
den Druck zu bestimmen, den der Dampf ausübt.

Zur genauen Volumenbestimmung war der Hals der
Ballons mit einer Millimetertheilung versehen, deren Nullpunkt dort lag, wo der Hals in die Kugel überging. Die
Ballons wurden durch Wägung mit Wasser auskalibrirt, indem auf die Länge der Theilung von 80 mm acht Wägungen
für jeden der zu den Volumenbestimmungen benutzten Ballons gemacht wurden. Die Wägungen geschahen im October
1879 bei einer Temperatur von 16°. Um ein Bild der Volumina der bei fast allen Versuchen benutzten Ballons zu
geben, mögen folgende Werthe in Cubikmetern hier mitgetheilt werden:

Volumina der Ballons.

Theilstrich	I	II	III
0	447,990	280,210	107,537
10	450,356	232,268	110,233
30	455,100	236,468	115,822
50	459,731	240,446	121,084
80	466,290	246,600	128,531

Als Ausdehnungscoëfficient des Glases wurde zur Berechnung der Volumina bei höhern Temperaturen der Werth

0,000 025 angenommen. Das Volumen der Ballons bis zum
Theilstrich 10 wurde als Normalvolumen angenommen, das
Verhältniss der Volumina der drei Ballons, das des kleinsten
gleich 1 gesetzt, ist dort:

$$1 : 2,107 : 4,086.$$

Die Gewichtsmengen der Flüssigkeiten wurden deshalb
für die verschiedenen Ballons stets so genau wie möglich in
diesem Verhältnisse genommen. Wie schon erwähnt, wurden
die Flüssigkeiten in kleinen Gläschen mit eingeschliffenen
Stöpseln abgewogen. Da es nicht möglich ist, Gläschen zu
erhalten, deren Volumina genau in dem verlangten Verhältnisse stehen, so wurden die Volumina anfangs mit in die
Gläschen gebrachten Glasstäbchen, später als sich das als
unpraktisch erwies, weil die Flüssigkeit zwischen den Stäbchen sehr schwer verdampfte, mit Quecksilber abgeglichen.
Es gelang auf diese Weise bei sorgfältiger Füllung, die
Gläschen ohne jedes Luftbläschen zu füllen und ebenso ohne
Luft in den Ballon zu bringen.

Bei der Berechnung des Dampfvolumens wurde selbstverständlich das Volumen des Glases, und wenn sich die
Gläschen nicht vom Quecksilber entleerten, dasjenige des in
dieselben gefüllten Quecksilbers in Abzug gebracht.

In den vierten Ballon wurde dann, damit er stets mit
gesättigtem Dampf gefüllt war, eine überschüssige Menge
von Flüssigkeit gebracht; das Volumen desselben war gleich
dem von Nr. III, es wurde ihm etwa die gleiche Menge
Flüssigkeit gegeben wie dem Ballon I.

Nachdem der Apparat zusammengestellt, in das Flüssigkeitsbad eingesetzt und die erforderlichen Verbindungen
zum Manometer und der Luftpumpe gemacht waren, wurde
das Flüssigkeitsbad soweit erhitzt, eventuell unter Verdünnung oder Verdichtung der Luft im Innern des Apparates, bis die Dämpfe in den drei zur Messung des Dampfvolumens bestimmten Ballons merklich überhitzt waren, sodass also der Druck der Dämpfe erheblich kleiner war als
in dem mit gesättigtem Dampfe angefüllten Ballon, die Quecksilberniveaus in allen Ballons aber hinreichend tief unter dem
Nullpunkte der Theilung in den Hälsen der Ballons standen.

Die Temperatur wurde dann constant erhalten; zu dem Zwecke waren die Schläuche, welche zu den Gaslampen führten, mit Niederschraubhähnen versehen, und der eine von uns regulirte unter steter Beobachtung der Thermometer den Gaszufluss derart, dass die Temperatur während der ganzen Dauer der Beobachtungsreihe nur um etwa 0,1 bis 0,2°, bei den einzelnen etwa 5 Minuten dauernden Versuchen nur um einige hundertstel Grad schwankte. Zur Temperaturbestimmung diente ein Quecksilberthermometer, dessen Gefäss sich in der Mitte zwischen den vier Ballons befand, und welches, ausser bei den Versuchen mit Aether, welche bei einer unter 40° liegenden Temperatur angestellt wurden, stets bis zum Theilstrich 40° eintauchte. Ein zweites in das Bad eingesenktes Thermometer diente zur Controle, dass die Temperatur der durch eine Rührvorrichtung lebhaft bewegten Flüssigkeit überall die gleiche war. Die Rührvorrichtung bestand aus einem doppelten, den ganzen Apparat umgebenden Rahmen, der durch eine kleine Dampfmaschine 20—25 mal in der Minute auf und nieder bewegt wurde.

Das zu den Temperaturbestimmungen dienende Thermometer war sorgfältig mit dem Luftthermometer verglichen und dabei die Vorsicht beobachtet, dass bei dieser Vergleichung das Quecksilberthermometer stets genau so in das Bad eingetaucht wurde, wie es auch bei den Messungen der Fall war. Nach diesen Vergleichungen wurde für das Quecksilberthermometer eine Tabelle entworfen, welche dessen Angaben auf das Luftthermometer reducirte.

Alle Temperaturangaben beziehen sich somit auf das Luftthermometer.

War die Temperatur hinreichend lange constant, sodass die Stände der verschiedenen Quecksilberniveaus sich nicht mehr änderten, so wurde mit einem Kathetometer der Stand der Niveaus im Manometer, in den zwei Ballons und in dem Gefässe des Apparates bestimmt und gleichzeitig der Theilstrich im Halse der drei Ballons beobachtet, bis zu welchem der Dampfraum reichte. Letzterer wurde gleichzeitig von dem zweiten Beobachter zur Controle mit freien Augen abgelesen.

Bei Drucken bis zu etwa 1,5 Atmosphären liessen sich
die Quecksilberniveaus von einem Beobachter ablesen; bei
höhern Drucken geschahen die Ablesungen mit zwei Katheto-
metern, von denen das eine auf einem festen Unterbau etwa
1 m höher aufgestellt war als das andere.

Nach beendigter Ablesung wurde der Druck im Innern
des Apparates vergrössert, somit das Volumen des Dampfes
verkleinert und wieder nach hinreichend langem Warten
Druck und Volumen des Dampfes in den Ballons bestimmt.
Wir gingen, wie erwähnt, ursprünglich von der Ansicht aus,
dass der Druck der Dämpfe in sämmtlichen Ballons gleich,
und gleich dem des gesättigten Dampfes werde, wenn der
Dampf aus dem Zustande der Ueberhitzung in den der Sättigung übergehe, es sollte deshalb bei schrittweiser Compression, eventuell damit abwechselnder Ausdehnung, das
Volumen des Dampfes in jedem Ballon aufgesucht werden,
bei welchem der Dampf gerade die Maximalspannung erreicht. Schon die ersten Messungen ergaben aber, dass die
Dämpfe sich nicht so verhalten, dass sie bereits einen deutlichen Beschlag an den Wänden geben, wenn ihr Druck
noch erheblich kleiner ist, als der des gesättigten Dampfes.
Es wurde deshalb in der angegebenen Weise von da ab das
Volumen zu bestimmen versucht, bei welchem der erste Beschlag an den Wänden sichtbar wurde, dann aber noch
weiter comprimirt und Druck und Volumen beobachtet, um
sicher bis in die Sättigung herein zu kommen.

Auch wenn die Wände und Quecksilberflächen schon
dick beschlagen waren, erreichte der Druck der Dämpfe
noch nicht den des gesättigten Dampfes, indess gab sich die
eingetretene Sättigung doch dadurch zu erkennen, dass bei
weiterer Compression der Druck des Dampfes nur sehr wenig
mehr zunahm, viel weniger als bei gleicher Verminderung des
Volumens, wenn der Beschlag noch nicht eingetreten war.
Dieses annähernde Constantwerden des Druckes ist daher
ein weiteres Kennzeichen der eingetretenen Sättigung, welches
geeignet ist, das Eintreten des Beschlages zu controliren.

§ 3. Bevor wir zur Mittheilung der Versuche übergehen, wird es gut sein, auf einen Umstand hinzuweisen, auf

den zur Erzielung richtiger Resultate sehr zu achten ist,
nämlich auf die unter Umständen sehr geringe Geschwindigkeit, mit der die Verdampfung stattfindet. Wenn bei dem
Sinken der Quecksilberniveaus in den Ballons die Gläschen
zufällig so lagen, dass die Flüssigkeit zum Theil in denselben blieb, trotzdem durch die Ausdehnung der Flüssigkeit
der Stopfen aus dem Halse entfernt war, so dauerte es oft
Stunden lang, ehe bei ganz constant erhaltener Temperatur
und ebenso constant erhaltenem Volumen der Druck im
Innern des betreffenden Ballons constant wurde. Ganz besonders lange dauerte das, als wir noch die Abgleichung
der Ballons mit Glasstäbchen vornahmen, zwischen denen
dann die Flüssigkeit haftete. So ist bei einer Beobachtung
vom 18. November 1879 notirt, dass erst zwei Stunden, nachdem die Temperatur im Bade auf 60,8° gefallen, und die
Quecksilberniveaus ziemlich tief in den Hälsen standen, in
dem Ballon Nr. II der Druck constant wurde. Die Gläschen
waren mit Schwefelkohlenstoff gefüllt, und das Gläschen des
Ballon Nr. II enthielt mehrere Glasstäbchen. Die Dämpfe
waren stark überhitzt, denn nach zwei Stunden, als der
Druck sich nicht merklich mehr änderte, war der Druck des
Dampfes in Nr. II noch 13 mm kleiner als im gesättigten
Ballon. In dem Ballon Nr. I war bei dieser selben Versuchsreihe der Schwefelkohlenstoff aus seinem Gläschen ausgeflossen, das Gläschen war dann beim Herabgehen des
Quecksilbers in den Hals, dort wo die Kugel in den Hals
übergeht, hängen geblieben, und an dem Gläschen haftete
ein Tropfen Schwefelkohlenstoff. Trotzdem der Dampfraum
dann so gross genommen war, dass der Dampf erheblich
überhitzt war, konnte man den Flüssigkeitstropfen länger als
eine halbe Stunde beobachten. Aehnliche Wahrnehmungen
sind öfter gemacht worden; so ist am 24. November notirt,
dass im Ballon No. I erst nach drei Stunden der Druck constant und 19 mm kleiner wurde als in dem mit gesättigtem
Dampfe gefüllten Ballon, weil der Schwefelkohlenstoff aus
seinem Gläschen nicht ausfliessen konnte.[1]

---

1) Der hier erwähnte Umstand ist bei der Dampfdichtebestimmung
nach der sonst so ingeniösen Methode des Herrn V. Meyer zu beachten.

Wenn die Flüssigkeiten aus den Gläschen ausgeflossen waren und sich in flacher Schicht über dem Quecksilber verbreiteten, so lange dasselbe noch mit grosser Oberfläche in den Ballons sich befand, war eine solche Verzögerung der Verdampfung nicht zu beobachten.

1. Specifisches Volumen des Schwefelkohlenstoff-dampfes.

§ 4. Wir untersuchten zunächst den Dampf des Schwefelkohlenstoffs und benutzten dazu zwei verschiedene Präparate, eins aus einer hiesigen Droguenhandlung, eins aus der chemischen Fabrik von Schuchardt in Görlitz. Die beiden Präparate ergaben sich als ganz gleich. Die Dampfdichte hinreichend weit vom Sättigungspunkte bei 91,69° C. und 619,3 mm Druck ergab sich sehr nahe gleich der theoretischen gleich 2,656.

Die Dampfspannungen waren nur um weniges grösser wie die von Regnault angegebenen, wie unter andern folgende Zahlen zeigen, die mit sehr verschiedenen Füllungen in dem stets überschüssigen Schwefelkohlenstoff enthaltenden Ballon gefunden wurden.

Tabelle I.

Temperatur	Druck des Dampfes		Temperatur	Druck des Dampfes	
	beobachtet	nach Regnault		beobachtet	nach Regnault
20,44	303,85	302,52	52,60	936,67	930,96
24,05	349,63	350,46	59,94	1169,59	1161,74
34,92	522,78	521,16	65,74	1383,49	1375,78
40,21	627,85	621,47	70,09	1563,72	1555,51
45,38	745,31	738,92	70,10*	1567,85	1556,00
49,70	852,54	848,68	75,55*	1814,67	1806,88
50,68	879,66	874,02	85,01*	2321,66	2314,48

Die drei mit einem Stern versehenen Beobachtungen sind mit dem Schuchardt'schen Schwefelkohlenstoff gemacht,

---

Man wird bei derselben am sichersten die Substanzen in Gläschen bringen, die bei dem Einwerfen in den Dampfdichte-Apparat zertrümmert werden. Das vorgängige Einbringen von Asbest zum Schutze des Apparates bei Herabfallen des Gläschens ist darnach bei Anwendung von Flüssigkeiten nicht rathsam, da bei der Meyer'schen Methode ein sehr schnelles Verdampfen Bedingung des Gelingens ist.

sie schliessen sich, wie man sieht, den andern unmittelbar an. Zugleich lassen die Zahlen erkennen, dass unsere Präparate als dem Regnault'schen gleich zu erachten sind, sodass zu einer Vergleichung der beobachteten specifischen Volumina mit den nach der Clapeyron-Clausius'schen Gleichung berechneten die Regnault'sche Spannungscurve und die Regnault'schen Werthe der Verdampfungswärmen verwandt werden können.

§ 5. Um die nachfolgenden Tabellen vollständig übersehen zu können, lassen wir zunächst eine Beobachtungsreihe so folgen, wie die Werthe direkt erhalten wurden. Es enthielten an Schwefelkohlenstoff:

Ballon I 1,3429 g   Ballon II 0,6937 g   Ballon III 0,3306 g.

In der folgenden Tabelle ist in der ersten Columne unter t die Temperatur angegeben, wie sie als Mittel aus etwa vier Beobachtungen erhalten wurde, während die in derselben Horizontalreihe stehenden Messungen gemacht wurden, unter p_s die Spannung des Dampfes in dem überschüssigen Schwefelkohlenstoff enthaltenden Ballon, die folgenden Columnen ergeben unter p die gleichzeitig in den verschiedenen Ballons beobachteten Drucke, unter v die beobachteten Volumina und unter $s. v.$ das specifische Volumen des Schwefelkohlenstoffdampfes ausgedrückt in Grammen und Cubikcentimetern.

Tabelle II.

t	p_s	Ballon Nr. I			Ballon Nr. II			Ballon Nr. III		
		p	v	$s. v.$	p	v	$s. v.$	p	v	$s. v.$
45,290	741,84	732,0	461,37	343,3	732,7	241,19	347,4	715,5	117,93	356,4
45,309	743,29	736,7	459,67	342,0	737,3	239,81	345,4	723,3	116,81	353,0
45,388	744,88	737,1	457,69	340,5	741,2	238,55	343,6	729,4	115,24	348,3
45,364	744,59	738,4	455,91	**339,2**	742,9	237,13	341,5*	734,5	114,81	347,0
45,408	746,65	740,2	454,44	338,1*	744,8	**285,77**	339,6*	740,1	114,02	344,6
45,479	748,33	742,0	453,26	337,2*	746,3	**284,60**	337,9*	744,2	113,39	342,7*
45,418	746,76	742,9	452,07	336,4*	744,8	233,52	336,3*	744,2	112,21	339,1*
45,410	746,14	742,1	451,35	335,8*	744,4	232,61	335,0*	745,1	111,05	335,6*
45,383	745,31	Mittel								

Bei den zuerst mit einem Stern bezeichneten Beobachtungen wurde in jedem Ballon der Beschlag beobachtet.

In den nachfolgenden Tabellen sind alle Angaben auf die mittlere Beobachtungstemperatur und den mittlern Sättigungsdruck reducirt. Eine Correction an den direkt beobachteten Volumina wurde bei der Kleinheit der Temperaturschwankung, etwa 0,2°, wie obige Tabelle zeigt, anzubringen nicht für nöthig erachtet. Die beobachteten Drucke p wurden dagegen auf den mittlern Druck derart reducirt, dass zu denselben die gleiche Anzahl Millimeter addirt oder von denselben subtrahirt wurde, welche den beobachteten Sättigungsdruck von dem mittlern unterschied. In dieser Weise geht die angegebene Tabelle in folgende über:

Tabelle III.

$$t = 45{,}383 \qquad p_s = 745{,}31$$

Ballon Nr. I			Ballon Nr. II			Ballon Nr. III		
p	v	$s.\,v.$	p	v	$s.\,v.$	p	v	$s.\,v.$
735,5	461,37	343,3	736,1	241,19	347,4	718,9	117,93	356,4
738,7	459,67	342,0	739,8	239,81	345,4	725,4	116,81	353,0
737,5	457,69	340,5	741,6	238,55	343,6	729,9	115,24	348,3
739,2	455,91	339,2	743,7	237,13	341,5*	735,2	114,81	347,0
738,8	454,44	338,1*	743,4	235,77	339,6*	738,7	114,02	344,6
739,0	453,26	337,3*	743,2	234,60	337,9*	741,2	113,39	342,7*
741,4	452,07	336,4*	743,4	233,52	336,3*	742,8	112,22	339,0*
741,3	451,35	335,8*	743,6	232,61	335,0*	744,3	111,05	335,6*

Als specifisches Volumen nahmen wir das Volumen des Dampfes, wenn sich der erste Beschlag zeigt. Dasselbe ist somit bei 45,383° C. aus den Beobachtungen in:

Ballon I	Ballon II	Ballon III	Mittel
338,1	341,5	342,7	340,8

Als mittlerer Druck p_c, bei welchem in den verschiedenen Ballons der erste Beschlag beobachtet wurde, ergibt sich $p_c = 741{,}22$, und das Verhältniss zwischen dem Condensationsdruck und dem Sättigungsdruck:

$$\frac{p_c}{p_s} = 0{,}9946.$$

§ 6. Nach den im vorigen Paragraphen gemachten Bemerkungen sind die nachfolgenden Tabellen, welche sämmtliche Beobachtungen mit Schwefelkohlenstoff enthalten, ohne weiteres verständlich. Nur möge bemerkt werden, dass die beiden letzten Beobachtungsreihen, bei den Temperaturen 75,55° und 85,01° nur mit den Ballons Nr. II und Nr. III gemacht wurden, weil inzwischen der Ballon Nr. I zerbrochen war. Da die bis dahin vorliegenden Beobachtungen schon hinreichend den Beweis geliefert hatten, dass eine Abhängigkeit des specifischen Volumens von der Grösse der Gefässe, somit auch eine Adhäsion des Dampfes an den Wänden nicht zu erkennen war, so erschien es überflüssig, den Ballon durch einen andern gleicher Grösse zu ersetzen. Es wurde deshalb die eine Hülse des Apparates mit einem Eisenpfropfen dicht verschlossen.

Tabelle IV.

Es enthielten an Schwefelkohlenstoff:

Ballon I 1,6300 g   Ballon II 0,8536 g   Ballon III 0,4052 g

$$t = 52,175 \qquad p_s = 923,39.$$

Ballon Nr. I			Ballon Nr. II			Ballon Nr. III		
p	v	$s.\,v.$	p	v	$s.\,v.$	p	v	$s.\,v.$
915,6	461,30	282,8	918,1	240,80	281,9	898,9	117,03	288,6
918,1	459,96	281,8	920,8	239,35	280,2*	904,8	116,17	286,5
918,4	458,80	281,2	921,3	238,73	279,4*	906,8	115,69	285,3
915,6	458,22	280,9	920,0	238,63	279,3*	905,7	115,69	285,3
920,2	457,99	280,8*	923,0	238,07	278,7*	910,6	115,42	284,6
921,5	457,74	280,6*	921,7	237,39	277,9*	912,5	115,08	283,8
921,1	457,42	280,4*	923,2	237,26	277,7*	912,8	115,06	283,7
919,8	457,07	280,2*	922,4	237,47	278,0*	911,9	114,87	283,3
922,9	456,54	279,9*	922,9	236,21	276,5*	917,1	114,76	283,0
920,9	455,65	279,3*	922,5	235,98	276,2*	—	—	—
922,8	455,09	279,0*	922,9	234,83	274,9*	921,5	114,37	282,1*

Das specifische Volumen ist aus den Beobachtungen in

Ballou I	Ballon II	Ballon III	Mittel
280,8	280,2	282,1	281,0

Der Condensationsdruck ergibt sich 920,8. Verhältniss des Condensationsdrucks zum Sättigungsdruck:

$$\frac{p_c}{p_s} = 0,9972.$$

Tabelle V.

Es enthielten an Schwefelkohlenstoff:

Ballon I 1,6876 g   Ballon II 0,8710 g   Ballon III 0,4153 g

$$t = 53,527 \qquad p_s = 962,99.$$

Ballon Nr. I			Ballon Nr. II			Ballon Nr. III		
p	v	$s.v.$	p	v	$s.v.$	p	v	$s.v.$
958,4	457,33	270,8	958,5	236,72	271,6	949,2	114,14	274,6
957,8	457,33	270,8	956,9	236,43	271,2	947,7	114,00	274,3
959,4	456,86	270,5*	958,6	236,17	270,9	950,1	113,59	273,3
958,6	456,09	270,0*	958,6	235,56	270,2	951,3	113,26	272,5
960,8	455,05	269,4*	961,4	234,71	269,2*	956,7	113,01	271,9
959,2	453,98	268,8*	961,3	234,07	268,5*	956,8	112,20	270,0
960,1	453,86	268,7*	961,4	233,94	268,4*	959,3	112,40	270,7
960,1	453,20	268,3*	961,7	233,31	267,6*	960,1	111,86	269,1*
—	—	—	—	—	—	960,1	111,63	268,6*
—	—	—	—	—	—	960,7	110,49	265,9*

	Ballon I	Ballon II	Ballon III	Mittel
S. V. =	270,5	269,2	269,1	269,6

$$p_c = 960,3 \cdot \quad \frac{p_c}{p_s} = 0,9972.$$

Tabelle VI.

Es enthielten an Schwefelkohlenstoff:

Ballon I 2,0209 g　　Ballon II 1,0559 g　　Ballon III 0,5004 g

$$t = 59,942 \qquad p_s = 1169,59.$$

Ballon Nr. I			Ballon Nr. II			Ballon Nr. III		
p	v	$s.v.$	p	v	$s.v.$	p	v	$s.v.$
1157,1	460,52	227,7	1160,4	240,18	227,3	1138,9	115,46	230,5
1158,0	459,51	227,2	1162,9	239,38	226,5	1143,4	114,77	229,2
1160,9	458,46	226,7	1165,4	238,58	225,7	1147,5	114,25	228,1
1164,7	457,70	226,3	1167,2	235,68	223,0*	1152,5	113,95	227,5
1164,1	457,47	226,2*	1167,5	235,43	222,8*	1153,8	113,95	227,5
1165,2	456,61	225,8*	1167,8	236,13	223,4*	1155,9	113,26	226,2
1164,9	456,54	225,7*	1167,5	233,89	221,3*	1159,9	113,29	226,2
1165,6	456,30	225,6*	1167,0	232,75	220,2*	1158,7	113,40	226,4
1165,5	453,10	224,0*	1167,1	231,72	219,3*	1164,4	112,43	224,5*
1165,6	452,76	223,9*	—	—	—	1165,9	111,14	221,9*
1165,6	451,45	223,2*	—	—	—	1166,7	109,86	219,4*

	Ballon I	Ballon II	Ballon III	Mittel
S. V. =	226,2	223,0	224,5	224,6

$$p_c = 1165,2 \quad \frac{p_c}{p_s} = 0,9973.$$

Tabelle VII.

Es enthielten an Schwefelkohlenstoff:

Ballon I 2,3065 g　　Ballon II 1,1997 g　　Ballon III 0,5732 g

$$t = 64,238 \qquad p_s = 1328,40.$$

Ballon Nr. I			Ballon Nr. II			Ballon Nr. III		
p	v	$s.\,v.$	p	v	$s.\,v.$	p	v	$s.\,v.$
1319,8	458,93	198,8	1324,5	240,24	200,1	1317,3	116,20	202,5
1322,7	457,75	198,3	1327,4	238,12	198,3*	1324,1	116,42	203,0
1325,4	457,04	198,0*	1327,0	237,18	197,5*	1324,0	116,73	203,6**
1324,9	456,88	197,9*	1327,2	237,30	197,6*	1323,5	115,67	201,6
1324,1	456,58	197,8*	1325,6	236,76	197,2*	1323,5	114,84	200,2
1322,9	455,25	197,2*	1326,3	234,30	195,1*	1325,4	113,28	197,4*
1323,6	452,22	195,9*	1326,3	233,09	194,1*	1326,3	111,79	194,8*

Im Ballon I fällt das langsame Wachsen des Druckes
mit der ersten Beobachtung des Beschlages zusammen, ebenso in Ballon II, in Ballon III wird dagegen der Druck schon
constant bei dem Volumen 203,6. Wir erhalten darnach:

Ballon I	Ballon II	Ballon III	Mittel
S. V. = 198,0	198,3	203,6	200,0

$$p_c = 1325,6 \qquad \frac{p_c}{p_s} = 0,9977.$$

Tabelle VIII.

Es enthielten an Schwefelkohlenstoff:

Ballon I   2,482 g   Ballon III   0,620 g

$$t = 66,956^0 \qquad p_s = 1430,93.$$

Ballon Nr. I			Ballon Nr. III		
p	v	$s.\,v.$	p	v	$s.\,v.$
1417,1	463,03	186,4	1398,6	118,93	191,7
1425,4	459,86	185,1**	1416,3	117,71	189,7
1426,1	457,79	184,3	1423,2	116,83	188,3
1420,0	456,17	183,6	1422,2	116,59	187,9
1424,9	455,37	183,3*	1428,9	116,03	187,0**
1426,0	455,00	183,2*	1428,6	114,86	185,1*
1428,8	455,18	183,2*	1429,6	114,97	185,3*
1428,3	454,66	183,0*	1428,6	114,06	183,8*

Nach der Beobachtung des Beschlages würde sich als
specifisches Volumen ergeben aus Ballon I 183,3, aus Ballon III 185,1. Indess wird der Druck schon bei den mit
einem Doppelstern versehenen Beobachtungen nahezu constant, somit würden diese als specifisches Volumen des gesättigten Dampfes 185,1 und 187,0, im Mittel 186,0 ergeben.

Das Verhältniss $\frac{p_c}{p_s}$ ist 0,9971, sowohl wenn man von
den doppelgesternten als von den Beobachtungen ausgeht,
bei denen zuerst Beschlag gesehen wurde.

Tabelle IX.

Es enthielten an Schwefelkohlenstoff:

Ballon I 2,6272 g   Ballon II 1,3497 g   Ballon III 0,6424 g

$t = 70,085^0$ $p_s = 1563,72.$

Ballon Nr. I			Ballon Nr. II			Ballon Nr. III		
p	v	$s.v.$	p	v	$s.v.$	p	v	$s.v.$
1543,6	457,19	174,0	1540,6	235,83	174,7	1531,6	113,04	176,0
1548,3	455,95	173,6	1546,5	234,98	174,1	1539,1	112,46	175,1
1558,4	453,70	172,7*	1558,9	233,51	173,1*	1554,8	111,48	173,5
1557,8	453,36	172,6*	1558,6	233,32	172,9*	1554,4	111,28	173,2
1560,1	453,00	172,4*	1562,0	233,14	172,7*	1559,2	111,28	173,2*
1556,7	452,65	172,2*	1558,9	232,91	172,0*	1555,8	111,14	173,0*
1558,2	452,05	172,1*	1560,3	232,31	172,1	1559,6	110,57	172,1*
1559,5	451,69	171,9*	1563,2	232,36	172,2	1560,8	110,29	171,7*

	Ballon I	Ballon II	Ballon III	Mittel
S. V. =	172,7	173,1	173,2	173,0

$$p_c = 1558,8 \quad \frac{p_c}{p_s} = 0,9969.$$

Die folgenden Werthe des specifischen Volumens des Schwefelkohlenstoffdampfes sind mit einem andern Präparate erhalten, welches von Herrn Schuchardt in Görlitz bezogen wurde. Die mit diesem Präparate erhaltenen Spannungen der gesättigten Dämpfe schlossen sich nach § 4 den mit dem andern Präparate erhaltenen Spannungen sehr gut an.

Tabelle X.

Es enthielten an Schwefelkohlenstoff:

Ballon I 2,6338 g   Ballon II 1,3617 g   Ballon III 0,6459 g

$t = 70,095^0$ $p_s = 1567,85.$

Ballon Nr. I			Ballon Nr. II			Ballon Nr. III		
p	v	$s.v.$	p	v	$s.v.$	p	v	$s.v.$
1553,2	457,36	173,6	1552,8	236,39	173,6	1540,7	113,40	175,5
1555,9	455,26	172,8	1559,1	235,30	172,8	1550,8	112,67	174,4
1560,3	453,38	172,2	1563,1	233,64	171,6*	1559,1	111,96	173,3
1560,9	452,90	172,0*	1563,2	233,04	171,1*	1560,6	111,55	172,7
1561,7	452,85	171,9*	1563,9	233,04	171,1*	1561,6	111,53	172,6*
1562,6	452,37	171,7*	1565,3	232,83	171,0*	1563,5	111,39	172,4*
1563,0	451,18	171,3*	1563,9	231,68	170,2*	1563,5	109,78	170,0*

	Ballon I	Ballon II	Ballon III	Mittel
S. V. =	172,0	171,6	172,6	172,1

$$p_c = 1561,9 \quad \frac{p_c}{p_s} = 0,9962.$$

Tabelle XI.

Es enthielten an Schwefelkohlenstoff:

Ballon II   1,5924 g   Ballon III   0,7578 g

$t = 75,552°$ $p_s = 1814,67.$

Ballon Nr. II			Ballon Nr. III		
p	*v*	*s. v.*	*p*	*v*	*s. v.*
1799,2	241,56	151,7	1780,2	116,11	153,0
1805,8	239,56	150,4*	1788,7	115,45	152,3
1809,5	238,16	149,6*	1797,6	114,90	151,4
1808,7	236,52	148,5*	1803,2	114,51	150,9
1810,1	235,80	148,0*	1806,1	113,94	150,1*
1809,7	234,62	147,3*	1807,9	113,12	149,7*
1808,7	233,76	146,8*	1807,9	112,02	147,7*

	Ballon II	Ballon III	Mittel		
S. V. =	150,4	150,1	150,2	$p_c = 1805,9$	$\dfrac{p_c}{p_s} = 0,9953.$

Tabelle XII.

Es enthielten an Schwefelkohlenstoff:

Ballon II   1,9515 g   Ballon III   0,9231 g

$t = 85,031°$ $p_s = 2319,66.$

Ballon Nr. II			Ballon Nr. III		
p	*v*	*s. v.*	*p*	*v*	*s. v.*
2274,5	236,81	121,2	2264,6	112,92	122,2
2278,8	235,97	120,8	2269,3	112,36	121,6
2297,4	235,51	120,6	2289,9	111,79	121,0
2309,7	234,59	120,1	2303,5	111,44	120,6
2314,7	233,23	119,4*	2311,2	110,73	119,9*
2314,6	232,18	118,9*	2312,6	109,24	118,2*
2313,3	231,95	118,8*	2309,6	108,89	117,9*

	Ballon II	Ballon III	Mittel		
S. V. =	119,4	119,9·	119,6	$p_c = 2312,9$	$\dfrac{p_c}{p_s} = 0,9972.$

§ 7. Betreffs des in den vorstehenden Tabellen nieder-
gelegten Beobachtungsmaterials sei an dieser Stelle nur
darauf aufmerksam gemacht, dass dasselbe eine Abhängigkeit des specifischen Volumens der gesättigten Dämpfe von
der Grösse der Gefässe, in denen dasselbe gemessen wird,
nicht erkennen lässt. Eine messbare Vergrösserung der
Dampfdichten in diesen Gefässen infolge der Adhäsion des
Dampfes an den Gefässwänden findet demnach nicht statt.

36*

Dagegen zeigt sich, dass eine Condensation des Dampfes
stets schon eintritt, ehe der Druck des Dampfes gleich demjenigen geworden ist, den der Dampf bei der Berührung mit
einem erheblichen Ueberschuss von Flüssigkeit zeigt.   Im
Mittel ist der Druck, bei welchem die Condensation schon
beginnt, um etwa 0,33 Proc. kleiner als die Sättigungsspannung, eine Abhängigkeit dieses Verhältnisses von der Temperatur lässt sich nicht erkennen.

Bevor wir auf eine Vergleichung der beobachteten specifischen Volumina mit den nach der Clapeyron-Clausius'schen
Gleichung aus den Regnault'schen Beobachtungen sich ergebenden eingehen, wird es gut sein, die Beobachtungen auch
für die übrigen Flüssigkeiten mitzutheilen.

2. Specifisches Volumen des Chloroformdampfes.

§ 8. Das zu den Messungen benutzte Chloroform war von
Hrn. Schuchardt in Görlitz bezogen. Die Dampfdichte
ergab sich:

bei 89,05° C. und 442,9 mm Druck gleich 4,149 ⎫
 „ 94,81° „   „   449,5 „   „   „   4,163 ⎬ 4,156

sehr nahe entsprechend der theoretischen Dampfdichte 4,138.

Die von uns erhaltene Curve der Spannungen des gesättigten Dampfes weicht nicht unerheblich von der Regnault'schen ab, die Spannungen sind unter 53° grösser, über
53° kleiner als die Regnault'schen, wie Tabelle XIII erkennen lässt.

Tabelle XIII.

t	Druck des Chloroformdampfes		$\dfrac{p}{p_1}$	$\dfrac{p}{p_1}$ ber.
	beob. p	nach R. p_1		
22,06	181,65	176,03	1,032	—
33,17	286,12	280,23	1,021	—
43,64	421,93	419,63	1,006	—
53,56	601,01	601,26	1,000	—
58,18	705,58	708,65	0,996	0,992
68,81	985,38	1001,73	0,984	0,985
79,27	1339,33	1374,69	0,974	0,977
85,96	1618,53	1665,57	0,971	0,972
87,87	1705,60	1760,64	0,969	0,971
98,46	2249,57	2330,95	0,965	0,964
99,14	2288,00	2373,15	0,964	0,963

Die in der letzten Columne als berechnet angegebenen Werthe sind nach der Formel:

$$\frac{p}{p_1} = 1{,}0326 - 0{,}000\,7008\,t$$

berechnet, sie zeigen, dass diese Gleichung, von welcher später Gebrauch gemacht werden wird, unsere Beobachtungen, bezogen auf die von Regnault, innerhalb der Genauigkeitsgrenzen 58,18° und 99,14° wiedergibt.

Ein anderes von Hrn. Landolt selbst dargestelltes und uns freundlichst überlassenes Präparat zeigte wesentlich dieselbe Dampfspannung; dasselbe wurde zu einigen später zu besprechenden Versuchen benutzt.

§ 9. Die Messungen des specifischen Volumens des Chloroformdampfes wurden, mit Ausnahme der ersten, nur mit den Ballons II und III ausgeführt, da nach der ersten Messung der Ballon I abbrach.

Tabelle XIV.

Es enthielten an Chloroform:

Ballon I 1,8845 g Ballon II 0,9727 g Ballon III 0,4617 g

$$t = 58{,}18^\circ \qquad p_s = 705{,}58.$$

Ballon Nr. I			Ballon Nr. II			Ballon Nr. III		
p	v	$s.\,v.$	p	v	$s.\,v.$	p	v	$s.\,v.$
687,2	459,91	244,0	686,8	238,80	245,5	670,0	116,17	251,6
690,6	458,21	243,0	690,9	237,39	244,0	680,2	115,09	249,2
691,3	456,10	242,0*	690,7	235,45	242,0*	685,2	113,87	246,6
691,6	453,70	240,7*	690,9	233,70	240,3*	689,5	113,06	244,8
691,4	452,52	240,0*	690,9	232,74	239,2*	690,8	112,56	243,8*
691,4	451,43	239,6*	691,2	232,27	238,8*	691,6	111,35	241,1*
691,5	454,85	241,3*	691,4	231,23	237,7*	691,4	109,81	237,8*

	Ballon I	Ballon II	Ballon III	Mittel
S. V. =	242,0	242,0	243,8	242,6

$$p_c = 690{,}9 \qquad \frac{p_c}{p_s} = 0{,}9785.$$

Tabelle XV.

Es enthielten an Chloroform:

Ballon II 1,3505 g   Ballon III 0,6422 g

$$t = 68{,}81^\circ \qquad p_s = 985{,}38.$$

Ballon Nr. II			Ballon Nr. III		
p	v	$s.v.$	p	v	$s.v.$
970,4	238,83	176,0	957,4	116,20	180,9
971,9	238,05	176,2	960,9	115,64	180,0
971,8	236,54	175,1*	966,8	114,79	178,7
972,2	235,19	174,1*	968,5	113,91	177,4
972,2	234,17	173,4*	969,7	112,92	175,8*
972,6	233,08	172,6*	970,7	111,47	173,6*
972,5	231,54	170,7*	971,3	109,58	170,6*

Ballon II	Ballon III	Mittel		
S.V. = 175,1	175,8	175,45	$p_s = 970,7$	$\dfrac{p_c}{p_s} = 0,9852.$

Tabelle XVI.

Es enthielten an Chloroform:

Ballon II 1;7492 g   Ballon III 0,8399 g

$$t = 79,27^0 \qquad p_s = 1339,33.$$

Ballon Nr. II			Ballon Nr. III		
p	v	$s.v.$	p	v	$s.v.$
1302,7	235,90	134,9	1296,4	114,15	135,9
1308,7	234,96	134,3	1304,9	113,32	134,9
1321,1	232,44	132,9*	1319,9	111,46	132,7
1323,3	231,41	132,3*	1324,5	110,04	131,0*
1323,3	231,09	132,1*	1324,6	109,21	130,0*

Ballon II	Ballon III	Mittel		
S.V. = 132,9	131,0	131,95	$p_c = 1322,8$	$\dfrac{p_c}{p_s} = 0,9877.$

Tabelle XVII.

Es enthielten an Chloroform:

Ballon II 2,1853 g   Ballon III 1,0381 g

$$t = 85,96^0 \qquad p_s = 1618,5.$$

Ballon Nr. II			Ballon Nr. III		
p	v	$s.v.$	p	v	$s.v.$
1603,1	242,23	110,9*	1580,0	117,47	113,1
1608,7	241,01	110,2*	1591,3	116,94	112,6
1607,9	240,07	109,8*	1594,4	116,62	112,3
1608,1	239,07	109,4*	1596,5	116,14	111,8
1606,7	237,05	108,5*	1602,6	114,98	110,7*
1608,1	235,40	107,6*	1607,5	113,45	109,2*
—	—	—	1607,7	112,90	108,7*

Ballon II	Ballon III	Mittel		
S.V. = 110,9	110,7	110,8	$p_c = 1602,9$	$\dfrac{p_c}{p_s} = 0,9903.$

Tabelle XVIII.

Es enthielten an Chloroform:

Ballon II 2,1934 g   Ballon III 1,0413 g

$t = 87,87^0$ $p_s = 1705,60.$

Ballon Nr. II			Ballon Nr. III		
p	v	$s.v.$	p	v	$s.v.$
1676,4	233,15	106,3	1673,9	110,90	106,5
1683,6	232,12	105,8	1683,3	110,04	105,7
1688,7	230,55	105,1*	1688,7	108,12	103,9*

	Ballon II	Ballon III	Mittel		
S. V. =	105,1	103,9	104,5	$p_c = 1688,7$	$\frac{p_c}{p_s} = 0,9900.$

Tabelle XIX.

Es enthielten an Chloroform:

Ballon II 2,8679 g   Ballon III 1,3568 g

$t = 98,456^0$ $p_s = 2249,57.$

Ballon Nr. II			Ballon Nr. III		
p	v	$s.v.$	p	v	$s.v.$
2226,7	233,21	81,14*	2221,8	110,64	81,46
2236,6	231,49	80,64*	2236,0	109,43	80,57*
2240,0	230,79	80,39*	2240,0	108,49	79,88*

	Ballon II	Ballon III	Mittel		
S. V. =	80,64	80,57	80,61	$p_c = 2236,3$	$\frac{p_c}{p_s} = 0,9945.$

Tabelle XX.

Die Ballons enthielten dieselbe Füllung wie bei der vorigen Reihe: $t = 99,139^0$ $p_s = 2288,00.$

Ballon Nr. II			Ballon Nr. III		
p	v	$s.v.$	p	v	$s.v.$
2243,1	232,06	80,83	2241,2	109,98	80,97
2250,4	231,09	80,49	2251,3	109,33	80,49
2259,5	230,05	80,14	2262,9	108,71	80,04
—	—	—	2272,8	107,76	79,34*

Der Dampf im mittlern Ballon kam erst zur Sättigung, als das Quecksilberniveau sich oberhalb des Nullpunktes der Scala befand, weshalb das Volumen des Dampfes sich nicht mehr bestimmen liess; im Ballon III dagegen bildete sich deutlich der Beschlag, als bei der letzten Compression das Quecksilberniveau vom Theilstrich 5 zum Theilstrich 2 der Scala gebracht wurde. Für das specifische Volumen des gesättigten Dampfes ergibt somit diese Beobachtung 79,34, für das Verhältniss des Condensationsdruckes zum Sättigungs-druck 0,9933.

3. Specifisches Volumen des Schwefeläther-Dampfes.

§ 10. Der Schwefeläther, den wir zu den Versuchen be-nutzten, war von einer hiesigen Droguenhandlung bezogen; für die Dampfdichte ergab sich 2,556, sie wurde bei 32,5° schon constant, als der Druck nur 30 mm kleiner war als der Sättigungsdruck. Die Spannung des gesättigten Dampfes war in allen Temperaturen, soweit wir dieselben verfolgten, grösser als die von Regnault gegebene, wie Tabelle XXI erkennen lässt.

Tabelle XXI.

t	Druck des Dampfes		$\dfrac{p}{p_1}$	$\dfrac{p}{p_1}$ ber.
	beob. p	nach Regn. p_1		
24,00°	529,46	506,6	1,044	1,042
26,00	570,49	547,2	1,042	1,041
29,12	640,99	616,3	1,040	1,040
29,48	649,02	624,5	1,039	1,040
32,53	728,29	700,6	1,039	1,039
33,25	746,97	718,4	1,038	1,039
42,82	1041,19	1004,1	1,036	1,036
53,25	1453,87	1406,7	1,034	1,032
68,04	2250,97	2188,0	1,029	1,028
68,45	2270,53	2212,9	1,026	1,027

Die als berechnet angegebenen Werthe des Verhältnisses der beiden Spannungen ergeben sich aus der Gleichung:

$$p = p_1 (1,0494 - 0,000\,320\,t).$$

Die Gleichung stellt, wie man sieht, bis auf fast 0,1 % die beobachteten Werthe durch die von Regnault gegebene Spannungscurve dar.

§ 11.

Tabelle XXII.

Es enthielten an Schwefeläther:

Ballon II 0,6704 g   Ballon III 0,3131 g

$$t = 32,53^0 \qquad p_s = 728,33.$$

Ballon Nr. II			Ballon Nr. III		
p	v	$s.\,v.$	p	v	$s.\,v.$
712,7	239,86	357,7	696,0	115,81	369,9
714,8	238,68	356,0*	701,0	114,94	367,1
716,0	236,96	353,4*	706,4	113,95	363,7
716,5	235,00	350,5*	712,6	112,77	360,1*
717,0	233,37	348,1*	716,0	111,50	356,1*
717,5	231,93	345,9*	717,5	109,81	350,7*

	Ballon II	Ballon III	Mittel		
S. V. =	356,0	360,1	358,1	$p_c = 713,7$	$\dfrac{p_c}{p_s} = 0,9800.$

Tabelle XXIII.

Die Ballons hatten dieselbe Füllung:

$$t = 33,245^0 \qquad p_s = 746,99.$$

Ballon Nr. II			Ballon Nr. III		
p	v	$s.\,v.$	p	v	$s.\,v.$
725,8	236,96	353,4	713,5	113,13	361,3
728,7	235,60	351,7	718,6	111,95	357,5
730,6	234,24	349,4	722,7	111,21	355,1
732,5	233,08	347,6*	728,7	110,38	352,5
733,2	231,93	345,9*	780,1	109,07	348,3

In dem Ballon III liess sich bei dieser Beobachtungsreihe kein Beschlag erkennen, die Beobachtungen in Ballon II
liefern S. V. = 347,6 und $\dfrac{p_c}{p_s} = 0,9802.$

Tabelle XXIV.

Es enthielten an Schwefeläther:

Ballon II 0,9295 g   Ballon III 0,4371 g

$$t = 42,82^0 \qquad p_s = 1041,19.$$

Ballon Nr. II			Ballon Nr. III		
p	v	$s. v.$	p	v	$s. v.$
1019,9	238,04	256,1	1002,9	113,76	260,2
1022,4	237,33	255,3	1007,5	113,25	259,1
1025,1	236,09	258,7 ·	1013,8	112,53	257,4
1026,9	234,97	252,6*	1017,6	111,77	255,6
1028,3	233,66	251,3*	1022,0	110,86	253,6*
1028,7	232,52	250,1*	1024,4	109,73	251,2*
1029,2	231,53	249,0*	1024,8	108,49	248,1*

	Ballon II	Ballon III	Mittel		
S. V. =	252,6	253,6	253,1	$p_c = 1024,5$	$\dfrac{p_c}{p_s} = 0,9847.$

Tabelle XXV.

Es enthielten an Schwefeläther:

Ballon II 1,2641 g   Ballon III 0,6001 g

$t = 53,25^0$ $p_s = 1453,87.$

Ballon Nr. II			Ballon Nr. III		
p	r	$s. v.$	p	v	$s. v.$
1422,8	237,67	189,6	1408,7	114,13	190,2
1425,9	236,64	187,2	1415,7	113,58	189,3
1430,9	235,59	186,4	1421,2	112,75	187,8
1433,8	234,54	185,5	1427,7	112,25	187,4
1443,3	233,47	184,7**	1439,4	111,56	185,9**
1446,0	232,61	184,0*	1442,8	110,48	184,1*
1446,7	231,68	183,3*	1444,0	109,14	181,8*

Der Beschlag wurde zuerst, aber sofort als starker Beschlag, notirt bei dem Volumen 184,0 und 184,1, die langsame Zunahme des Druckes beginnt indess schon bei den vorhergehenden mit einem Doppelstern bezeichneten Beobachtungen. Eben deshalb ist wohl richtiger als das specifische Volumen zu setzen aus Ballon II 184,7, aus Ballon III 185,9, Mittel 185,3, $p_c = 1441,4$, $\dfrac{p_c}{p_s} = 0,9913.$

Tabelle XXVI.

Es enthielten an Schwefeläther:

Ballon II 1,9094 g   Ballon III 0,8962 g

$t = 68,041^0$ $p_s = 2250,97.$

Ballon Nr. II			Ballon Nr. III		
p	v	$s. v.$	p	v	$s. v.$
2197,6	236,40	123,6	2181,6	111,66	124,4
2202,0	236,23	123,5	2186,4	111,49	124,2
2204,8	234,96	122,8*	2193,2	110.81	123,4
2208,4	232,89	121,8*	2200,7	109,38	121,9*

	Ballon II	Ballon III	Mittel		
S. V. =	122,8	121,9	122,4	$p_c = 2202,8$	$\dfrac{p_c}{p_s} = 0,9780.$

Tabelle XXVII.

Es enthielten an Schwefeläther:

Ballon II 1,9144 g   Ballon III 0,9112 g

$t = 68,45^0$ $p_s = 2270,53.$

Ballon Nr. II			Ballon Nr. III		
p	v	$s. v.$	p	v	$s. v.$
2216,0	235,55	122,8	2207,5	112,71	123,5
2217,2	234,73	122,4	2211,1	112,24	123,0
2224,6	233,71	121,9	2220,9	111,67	122,4
2230,9	232,85	121,4	2229,5	111,09	121,7
2237,3	231,74	120,9*	2238,9	110,52	121,1*
2241,3	230,64	120,3*	2245,6	109,84	120,4*
2242,8	229,80	119,9*	2248,8	109,38	119,9*

	Ballon II	Ballon III	Mittel		
S. V. =	120,9	121,1	121,0	$p_c = 2238,1$	$\dfrac{p_c}{p_s} = 0,9857.$

4. Specifisches Volumen des Wasserdampfes.

§ 12. Das specifische Volumen des Wasserdampfes
wurde von $^1/_2$ bis 3 Atmosphären verfolgt. Die angegebenen
Maximalspannungen sind in den Temperaturen unter 100°
die der Regnault'schen Spannungscurve, mit welcher unsere
Beobachtungen innerhalb der Grenze der Beobachtungsfehler
übereinstimmen. Oberhalb 100° benutzten wir die beobachtete Spannung gleichzeitig als Mittel der Temperaturbestimmung, sodass also die der beobachteten Spannung entsprechende Temperatur aus der Regnault'schen Curve entnommen wurde. Das Thermometer, welches nicht mit dem
Luftthermometer verglichen war, diente bei diesen Beobachtungen nur zur Regulirung der Temperatur.

Tabelle XXVIII.

Es enthielten an Wasser:

Ballon II   0,0686 g   Ballon III   0,0838 g

$$t = 80,10^0 \qquad p_s = 356,06.$$

Ballon Nr. II			Ballon Nr. III		
p	v	$s.\,v.$	p	v	$s.\,v.$
343,9	241,03	3513	339,9	120,55	3566
347,4	237,98	3469	347,0	117,69	3482
348,3	236,52	3447	350,0	116,32	3431
351,1	235,09	3427	353,6	114,68	3393*
353,5	233,80	3408*	356,0	113,09	3346*
352,7	232,59	3390*	355,1	111,38	3298*
353,4	231,15	3370*	356,0	109,58	3242*

Ballon II   Ballon III   Mittel
S. V. = 3408   3393   3400,5 $p_c = 353,6 \qquad \dfrac{p_c}{p_s} = 0,9921.$

Tabelle XXIX.

Es enthielten an Wasser: Ballon II 0,0666 g Ballon III 0,0341 g. Im Ballon II blieb während der ganzen Dauer der Beobachtung der Pfropf im Halse des Wassergläschens stecken; es verdampfte deshalb nur ein Theil des Wassers, sodass mit diesem Ballon das Volumen des Dampfes nicht bestimmt werden konnte.

$$t = 80,56 \qquad p_s = 362,84.$$

Ballon Nr. III		
p	v	$s.\,v.$
350,1	117,27	3439
352,0	115,94	3400
354,4	114,99	3369
358,8	113,70	3325*
360,9	109,53	3112*

S. V. = 3325 $p_c = 358,8 \qquad \dfrac{p_c}{p_s} = 0,9892.$

Tabelle XXX.

Auch bei dieser und der folgenden Reihe, welche mit derselben Füllung gemacht wurde, blieb im Ballon II der Pfropf im Halse des Gläschens stecken. Der Ballon III enthielt 0,0478 g Wasser.

$$t = 89,694^0 \qquad p_s = 519,48.$$

Ballon Nr. III			Ballon Nr. III		
p	v	$s.\,v.$	p	v	$s.\,v.$
497,4	119,30	2495	514,9	112,32	2350*
507,1	116,64	2440	518,2	111,10	2324*
512,5	114,05	2385**	518,5	109,43	2290*

Der Beschlag wurde zuerst beobachtet bei dem Volumen 2350, die langsame Zunahme des Druckes beginnt dagegen schon bei dem Volumen 2385. Man wird daher richtiger dieses als das specifische Volumen nehmen. Dann ist:

$$p_c = 512,5 \qquad \frac{p_c}{p_s} = 0,9867.$$

Tabelle XXXI.

$$t = 90,363^0 \qquad p_s = 533,55.$$

Ballon Nr. III			Ballon Nr. III		
p	v	$s.\,v.$	p	v	$s.\,v.$
508,0	117,44	2458	528,1	110,91	2320*
512,6	115,73	2421	530,3	109,19	2284*
522,2	114,18	2388	529,7	108,36	2267*
525,9	112,53	2354			

$$\text{S. V.} = 2320 \qquad p_c = 528,1 \qquad \frac{p_c}{p_s} = 0,9897.$$

Tabelle XXXII.

Es enthielten an Wasser:

Ballon II   0,1424 g   Ballon III   0,0681 g

$$t = 98,433^0 \qquad p_s = 718,40.$$

Ballon Nr. II			Ballon Nr. III		
p	v	$s.\,v.$	p	v	$s.\,v.$
715,6	240,39	1695*	709,6	118,82	1745
715,3	239,16	1680*	709,9	117,59	1726
716,0	238,16	1672*	712,1	116,47	1710*
716,1	236,76	1669*	713,5	115,45	1695*
—	—	—	716,8	113,44	1665*

Ballon III
$$\text{S. V.} = 1710 \qquad p_c = 712,1 \qquad \frac{p_c}{p_s} = 0,9910.$$

Da Ballon II noch bei dem grössten Volumen Beschlag zeigt, wird man das specifische Volumen nur aus Ballon III nehmen dürfen.

Tabelle XXXIII.

Es enthielten an Wasser:

Ballon II 0,1409 g	Ballon III 0,0674 g
$t = 99,842^0$	$p_s = 755,65.$

Ballon Nr. II			Ballon Nr. III		
p	v	$s.\,v.$	p	v	$s.\,v.$
729,8	239,16	1697	722,5	118,19	1752
745,3	234,80	1666**	741,1	113,66	1685
744,0	233,56	1657	743,0	112,31	1666**
747,0	232,31	1648*	747,3	110,18	1635*
747,1	231,09	1640*	747,1	108,89	1615*

	Ballon II	Ballon III	Mittel		
S. V. =	1666	1666	1666	$p_c = 744,2$	$\dfrac{p_c}{p_s} = 0,9890.$

Der Beschlag wurde zuerst beobachtet bei 1648 und 1635, während im Ballon II die langsame Zunahme des Druckes schon bei dem Volumen 1666 beginnt, ebenso in III.

Tabelle XXXIV.

Es enthielten an Wasser:

Ballon II 0,1951 g	Ballon III 0,0926 g
$t = 110,392^0$	$p_s = 1089,58.$

Ballon Nr. II			Ballon Nr. III		
p	v	$s.\,v.$	p	v	$s.\,v.$
1068,5	233,10	1219,7	1068,5	111,20	1200,9
1072,6	232,50	1216,6*	1073,2	110,89	1197,5*
1074,6	231,47	1210,7*	1077,8	110,00	1188,0*
1076,5	230,65	1206,7*	1079,7	108,91	1178,0*

	Ballon II	Ballon III	Mittel		
S. V. =	1216,6	1197,5	1207,05	$p_c = 1072,9$	$\dfrac{p_c}{p_s} = 0,9812.$

Zu den beiden folgenden Reihen mussten neue Ballons genommen werden, da die bisher benutzten nach diesen Versuchen verunglückten. Die neuen Ballons Nr. IV und Nr. V hatten fast genau denselben Inhalt wie Nr. III. Da sich bei allen bisherigen Versuchen herausgestellt hatte, dass der Werth des specifischen Volumens der Dämpfe nicht nach der Grösse der Gefässe sich verschieden ergab, glaubten wir, von der Anwendung von Ballons verschiedener Grösse Abstand nehmen zu dürfen.

Tabelle XXXV.

In der folgenden Reihe enthielt Ballon IV 0,1243 g,
Ballon V 0,1230 g Wasser; die Beobachtung liess sich nur
im Ballon V durchführen, da in dem andern der Stöpsel im
Gläschen stecken blieb. In der letzten der Temperatur 134,58
entsprechenden Reihe liess sich aus demselben Grunde die
Beobachtung nur in IV durchführen; derselbe enthielt 0,1910 g
Wasser.

$t = 119,488^0$ $p_s = 1467,03.$ | $t = 134,58^0$ $p_s = 2325,12.$

Ballon Nr. V			Ballon Nr. IV		
p	v	*s. v.*	p	v	*s. v.*
1423,3	114,46	930,6	2256,9	113,65	595,0
1429,3	112,36	913,5	2268,2	113,05	591,6
1444,5	110,87	901,4*	2277,4	112,23	588,2
1455,1	106,81	868,4**	2291,0	110,73	580,3*
1455,0	105,61	850,6**	2289,5	110,65	579,3*
			2297,8	107,85	563,6*

In der der Temperatur 119,488° entsprechenden Reihe
wurde bei dem Volumen 901,4 zweifelhaft Beschlag des Ballons
notirt, während der erst später constant werdende Druck auf
ein kleineres Volumen des gesättigten Dampfes hindeutet.
Leider ist durch einen unglücklichen Zufall das nächst beobachtete Volumen so erheblich kleiner, dass der Werth
868,4 ohne Zweifel zu klein ist. Als wahrscheinlich rich-
tigsten Werth des specifischen Volumens des gesättigten
Dampfes bei dieser Temperatur werden wir daher etwa die
Mitte zwischen diesen beiden Werthen, also etwa 885 zu
setzen haben. Das Verhältniss des Condensationsdruckes
zum Sättigungsdruck würde nach dem allerdings noch zweifelhaft beobachteten Beschlag 0,9840, nach dem constant gewordenen Druck 0,9912 sein. Ersterer Werth wird wahrscheinlich etwas zu klein, letzterer etwas zu gross sein; als
wahrscheinlicheren Werth können wir auch hier das Mittel
0,9876 setzen.

Für die letzte Reihe ergibt sich zweifellos als specifisches
Volumen des gesättigten Dampfes aus dem beobachteten
Beschlag als untere Grenze der Werth 580,3, als Verhältniss
des Condensationsdruckes zum Sättigungsdruck 0,9854.

5. Specifisches Volumen des Acetondampfes.

§ 13. Wir untersuchten zwei Präparate, beide aus der chemischen Fabrik von Kahlbaum in Berlin: Bei Berechnung der mit dem ersten Präparate durchgeführten Versuche ergab sich, dass die Dampfdichte desselben ganz erheblich zu klein war. Wir erhielten als Dichte des gesättigten Dampfes bei 62° den Werth 1,897, bei 91° den Werth 1,921, während die theoretische Dampfdichte 2,008 ist. Für die Dampfdichte weit von der Sättigung entfernt, nämlich bei 91,94° und 787 mm Druck ergab dann auch eine nachträgliche Bestimmung den Werth 1,796. Nach Mittheilung des Hrn. Kahlbaum war dieses Aceton noch mit Methylalkohol und Acetaldehyd verunreinigt. Das zweite Präparat war aus Acetonnatriumbisulfid dargestellt und enthielt nach Angabe nur eine Spur Wasser. Die Dampfdichte dieses Präparates ergab sich bei 95,355° und 743,25 mm Druck in der That sehr nahe gleich der theoretischen, nämlich gleich 2,014, also nur um 0,3 Procent grösser. Die gemessenen Sättigungsspannungen stimmten mit denen von Regnault sehr gut überein, wir erhielten:

t	p	p_1 u. Regn.	$\frac{p}{p_1}$
60,133	867,19	864,79	1,0025
88,05	2039,23	2028,11	1,0054

Die Unterschiede können als innerhalb der Grenzen der Beobachtungsfehler liegend betrachtet werden.

Tabelle XXXVI.

Ballon V enthielt an Aceton 0,2765 g.

$$t = 60,133° \qquad p_s = 867,19.$$

p	v	$s.\,v.$	p	v	$s.\,v.$
827,7	115,59	417,4	856,8	111,46	402,5
843,6	113,65	410,4	861,7	111,03	401,0**
851,5	112,05	404,7	863,9	107,16	387,0**

Wir konnten in diesem Falle Beschlag nicht mit Sicherheit erkennen, der Gang der beobachteten Drucke lässt aber keinen Zweifel, dass die vorletzte Beobachtung dem Volumen des gesättigten Dampfes entspricht, dasselbe wird somit 401,0. Für das Verhältniss des Condensationsdruckes zum Sättigungsdrucke ergibt sich der Werth 0,9936.

Tabelle XXXVII.

Ballon V enthielt an Aceton 0,6368 g.

$$t = 88,05^0 \qquad p_s = 2039,23.$$

p	v	s. v.	p	v	s. v.
1983,3	115,55	181,5	2024,3	112,64	176,9**
1998,4	114,47	179,8	2028,7	111,42	175,0**
2007,8	113,67	178,5	2029,9	108,00	169,6**

Auch in diesem Falle war kein Beschlag zu erkennen, indess gibt auch hier der Gang der Drucke unverkennbar als specifisches Volumen 176,9, als Verhältniss des Condensationsdruckes zum Sättigungsdruck 0,9927.

§ 14. In den folgenden Tabellen stellen wir zur Uebersicht die erhaltenen Werthe der specifischen Volumina zusammen. Die Tabellen geben in Columne I die Temperaturen, in Columne II die Sättigungsdrucke p_s, in Columne III die Condensationsdrucke p_c, in IV die Verhältnisse beider, in V die Volumina V der Gewichtseinheit Dampf bei beginnender Condensation, Gramm-Cubikcentimeter, in VI die Dampfdichten Δ bezogen auf Luft. Letztere sind selbstverständlich mit den beobachteten Condensationsdrucken p_c berechnet. Um die von uns erhaltenen Dampfdichten mit den von Hrn. Herwig wesentlich nach derselben Methode erhaltenen zu vergleichen, sind in der Columne VII die Dampfdichten angegeben, wie sie aus der von Hrn. Herwig erhaltenen Relation berechnet werden:

$$\Delta_1 = \delta \cdot 0,0595 \, \sqrt{T},$$

worin Δ_1 die Dichte der gesättigten Dämpfe, δ die sogenannte theoretische Dampfdichte und T die absolute Temperatur bedeutet. Columne VIII schliesslich gibt das Verhältniss der von uns gefundenen und der von Hrn. Herwig erhaltenen Werthe.

Tabelle XXXVIII.

1. Schwefelkohlenstoff.

t	p_s	p_c	$\dfrac{p_c}{p_s}$	V	$\varDelta$	$\varDelta_1$	$\dfrac{\varDelta_1}{\varDelta}$
45,38	745,31	741,2	0,9926	340,8	2,714	2,788	1,027
52,17	923,39	920,8	0,9972	281,0	2,706	2,817	1,041
53,53	962,99	960,3	0,9972	269,6	2,716	2,823	1,040
59,94	1169,59	1165,2	0,9973	224,6	2,740	2,850	1,040
64,24	1328,40	1325,6	0,9977	200,0	2,739	2,869	1,048
66,96	1430,93	1427,1	0,9971	186,0	2,758	2,881	1,044
70,09	1563,72	1558,8	0,9969	173,0	2,740	2,894	1,056
70,10	1567,85	1561,9	0,9962	172,1	2,749	2,894	1,053
75,55	1814,67	1805,9	0,9953	150,2	2,768	2,917	1,054
85,03	2319,66	2312,9	0,9973	119,6	2,788	2,956	1,060
		Mittel	0,9967				

Man erkennt in dieser Tabelle zunächst, dass die Condensation des Schwefelkohlenstoffdampfes stets schon beginnt, wenn der Druck des Dampfes 0,9967 des Sättigungsdruckes beträgt.

Die nach der Relation des Hrn. Herwig berechneten Dichten sind stets etwas zu gross und wachsen dabei etwas rascher als die von uns beobachteten Dichten, wobei indess zu beachten ist, dass die Messungen des Hrn. Herwig nur bis etwas über eine Atmosphäre Druck sich erstrecken, während die raschere Zunahme der Dichte erst über zwei Atmosphären Druck merklich hervortritt. Bis zu einem Drucke von zwei Atmosphären lassen sich auch die von uns beobachteten Dichten durch die Relation:

$$\varDelta = \delta \cdot 0{,}0572 \sqrt{T}$$

darstellen; es ist die Herwig'sche Constante nur um 4 Proc. zu verkleinern.

Tabelle XXXIX.

2. Chloroform.

t	p_s	p_c	$\dfrac{p_c}{p_s}$	V	$\varDelta$	$\varDelta_1$	$\dfrac{\varDelta_1}{\varDelta}$
58,18	705,6	690,9	0,9785	242,60	4,255	4,481	1,053
68,81	985,4	970,7	0,9852	175,45	4,323	4,552	1,053
79,27	1339,3	1322,8	0,9877	131,95	4,347	4,621	1,063
85,96	1618,5	1602,9	0,9903	110,80	4,353	4,659	1,070
87,87	1705,6	1688,7	0,9900	104,50	4,405	4,677	1,062
98,46	2249,6	2236,3	0,9945	80,61	4,438	4,745	1,069
99,14	2288,0	2272,8	0,9933	79,34	4,445	4,750	1,068

Der Condensationsdruck des Chloroformdampfes ist ein etwas kleinerer Bruchtheil des Sättigungsdruckes als jener des Schwefelkohlenstoffs, zudem ist derselbe nicht ganz constant, sondern wächst mit steigender Temperatur stetig.

Auch hier sind die nach der Herwig'schen Relation berechneten Dichten etwas zu gross und wachsen rascher als die beobachteten, auch hier wird das raschere Wachsen bei einem 1000 mm übersteigenden Drucke merklich. Bis dahin könnte man die Relation mit der Constanten 0,0550 zur Wiedergabe auch der von uns gefundenen Werthe benutzen.

Tabelle XL.

3. Schwefeläther.

t	p_s	p_c	$\dfrac{p_c}{p_s}$	V	$\varDelta$	$\varDelta_1$	$\dfrac{\varDelta_1}{\varDelta}$
32,53	728,3	713,7	0,9800	358,1	2,574	2,658	1,033
33,25	747,0	732,5	0,9802	347,6	2,590	2,668	1,030
42,82	1041,2	1024,5	0,9847	253,1	2,622	2,709	1,033
53,25	1453,9	1441,4	0,9913	185,3	2,681	2,753	1,047
68,04	2251,0	2202,8	0,9780	122,4	2,718	2,815	1,036
68,45	2270,5	2238,1	0,9857	121,0	2,715	2,817	1,037
		Mittel	0,9866				

Das Verhältniss des Condensationsdruckes zu dem Sättigungsdrucke ist hier wieder merklich constant, und zwar mit Berücksichtigung aller Werthe 0,9866; schliesst man den bei 53,25 erhaltenen Werth aus, der auffallend gross ist, so wird der Werth 0,9817. Der auffallend grosse Werth bei 53,25 bringt auch die Discontinuität in dem Verhältnisse unserer und der nach Hrn. Herwig berechneten Dichte hervor, denn die aus unserer Beobachtung sich ergebende Dichte erhält deshalb einen sehr kleinen Werth. Woran dieser Sprung liegt, vermögen wir nicht anzugeben, da sowohl die Beobachtung des Beschlages in beiden Ballons als auch der Beginn der langsamen Druckzunahme zu demselben Werthe führen. Ein Beobachtungsfehler dürfte deshalb nicht anzunehmen sein, umsoweniger, da bei der ganzen am 8. Januar 1880 durchgeführten Beobachtungsreihe die Temperatur nur um 0,1° geschwankt hat.

Das Verhältniss der von uns beobachteten zu den nach

Hrn. Herwig berechneten Dichten· lässt hier nur eine· sehr geringe Zunahme erkennen, man würde alle Dichten inner- halb der Genauigkeitsgrenzen durch die Relation ·wieder- geben können, wenn man die Constante derselben durch 0,0576 ersetzte.

Tabelle XLI.
4. Wasser.

$-t$	p_s	p_c	$\dfrac{p_c}{p_s}$	V	$\varDelta$	$\varDelta_1$	$\dfrac{\varDelta_1}{\varDelta}$
80,10	356,06	353,6	0,9921	3400,5	0,6325	0,6966	1,101
80,56	362,84	358,8	0,9892	3825,0	0,6384	0,6972	1,092
89,69	519,48	512,5	0,9867	2385,0	0,6389	0,7061	1,105
90,36	533,55	528,1	0,9897	2320,0	0,6387	0,7088	1,107
98,43	718,40	712,1	0,9910	1710,0	0,6574	0,7145	1,087
99,84	755,65	744,2	0,9890	1666,0	0,6481	0,7159	1,105
110,39	1089,58	1072,9	0,9812	1207,0	0,6437	0,7260	1,128
119,50	1467,03	1448,8	0,9876	885,0	0,6594	0,7346	1,114
134,58	2325,12	2291,0	0,9854	580,3	0,6605	0,7486	1,133
		Mittel	0,9880				

Auch hier ist das Verhältniss des Condensationsdruckes zum Sättigungsdrucke als constant und gleich 0,988 zu be- trachten. Die Relation des Hrn. Herwig gibt erheblich zu grosse Dichten, indess bis gegen 100°, soweit die Beobach- tungen des Hrn. Herwig reichen, ist das Verhältniss der beiden Dichten annähernd constant, und wenn man die Herwig'sche Constante durch 0,0536 ersetzt, würden sich unsere Beobachtungen sehr gut durch diese Relation dar- stellen lassen. Ueber 100° wachsen die Dichten jedoch er- heblich langsamer, als es nach jener Relation der Fall sein würde.

Tabelle XLII.
5. Aceton.

t	p_s	p_c	$\dfrac{p_c}{p_s}$	V	$\varDelta$	$\varDelta_1$	$\dfrac{\varDelta_1}{\varDelta}$
60,133	867,19	861,7	0,9936	401,0	2,076	2,181	1,050
88,050	2039,23	2024,3	0,9927	176,9	2,172	2,269	1,045
		Mittel	0,9931				

Auch hier scheint $\dfrac{p_c}{p_s}$ constant zu sein; die Herwig'sche Relation gibt die beiden beobachteten Dichten um etwa

5 Proc. zu gross, dieselben würden mit der Constanten 0,0568 dargestellt werden.

Vergleich der Beobachtungen mit der Theorie.

§ 15. Nach den im Bisherigen dargelegten Beobachtungs-resultaten ist selbst unter Voraussetzung der vollen Identität unserer und der Regnault'schen Präparate eine vollkommene Uebereinstimmung der nach der Clapeyron-Clausius'schen Gleichung berechneten und der beobachteten specifischen Volumina nicht zu erwarten. Der beobachtete Verdampfungs-vorgang ist eben ein anderer als der von der Theorie vor-ausgesetzte. Die Theorie nimmt an, dass wenn die Gewichts-einheit Flüssigkeit sich bei einer gegebenen Temperatur unter dem der sogenannten Maximalspannung gleichen Drucke befindet, die Flüssigkeit durch fernere Wärmezufuhr ver-dampft, und dass wenn der Gewichtseinheit die sogenannte Verdampfungswärme zugeführt ist, dieselbe ganz in Dampf verwandelt sei. Der Versuch zeigt dagegen, dass bei con-stantem der Maximalspannung entsprechenden Drucke die Flüssigkeit nicht vollständig in Dampf übergeführt wird, dass ein gewisses Quantum erst dann zum Verdampfen kommt, wenn die Temperatur gesteigert oder der Druck vermindert wird; denn es schlägt sich bei Compression des Dampfes bereits ein Theil desselben nieder, ehe der Druck gleich jenem ist, welchen der mit einer überschüssigen Flüssigkeits-menge in Berührung befindliche Dampf zeigt. Wir werden im zweiten Theile dieser Arbeit Versuche mittheilen, welche den Beweis liefern, dass es einer ganz erheblichen Com-pression des Dampfes, also eines erheblichen Ueberschusses an Flüssigkeit bedarf, ehe der Druck derjenige der soge-nannten Sättigung wird, eines Ueberschusses von solcher Grösse, dass man die Abweichung von dem bisher angenom-menen Verhalten des Dampfes nicht einem etwaigen Einfluss der Gefässwände zuschreiben kann. Die Theorie kann daher die beobachteten Werthe nur annähernd wiedergeben, um so näher, je näher das Verhalten des Dampfes dem in der Theorie vorausgesetzten kommt, je weniger also der Con-densationsdruck von dem Sättigungsdrucke abweicht. Dies

vorausgesetzt, entsprechen unsere beobachteten den von der
Theorie gelieferten Werthen hinreichend, mit Ausnahme des
Chloroformdampfes und etwa desjenigen des Aceton.

Betreffs der Genauigkeit der von uns beobachteten
Werthe, auf welche es bei einer solchen Vergleichung ankommt, möge nur bemerkt werden, dass sämmtliche Fehlerquellen, der Wägung, der Volumbestimmung, der Druck-
messung, der Temperaturbestimmung vollständig zurücktre-
ten gegen die Unsicherheit in der Schätzung des Momentes,
in welchem der Beschlag beginnt, oder in welchem der Druck
constant wird, resp. nur wenig mehr zunimmt. Wie gross
diese Unsicherheit ist, das lässt sich nur schätzen. Die beste
Unterlage zu dieser Schätzung bietet eine Vergleichung der
in den verschiedenen Ballons bei der gleichen Temperatur
bestimmten specifischen Volumina. Denn wie die Tabellen
zeigen, tritt bei wachsender Compression des Dampfes bald
in dem einen, bald in dem andern Ballon die Sättigung
früher ein; jeder Ballon bietet daher eine von den übrigen
unabhängige Beobachtungsreihe. Der Grad der Uebereinstimmung der in den verschiedenen Ballons erhaltenen Werthe
gibt daher eine Schätzung der erreichten Genauigkeit. Eine
Vergleichung der in den zahlreichen Tabellen mitgetheilten
Werthe zeigt dann, dass nur in einem einzigen Falle, Tabelle VII, der Unterschied der geschätzten Werthe 3 Proc.
beträgt, dass er nur selten 1 Proc. überschreitet, in der
Regel unter 0,5 Proc. bleibt. Wir sind daher berechtigt,
unsere Werthe als bis auf 1 Proc. genau zu halten, ja bei
den Beobachtungen mit drei Ballons diese Unsicherheit noch
als zu gross zu bezeichnen. Nur in den Fällen, wo die
Beobachtungen lediglich in einem Ballon stattfanden, würde
man als grössten Fehler den angeführten Unterschied von
3 Proc. für möglich halten müssen. Die Clapeyron-Clausius'-
sche Gleichung lautet bekanntlich:

$$V = u + \frac{\lambda}{A \cdot T \cdot \frac{dp}{dt}}.$$

worin V das der absoluten Temperatur T entsprechende
specifische Volumen des Dampfes, λ die Verdampfungswärme,

$\frac{dp}{dt}$ der Differentialquotient der Spannung des gesättigten Dampfes, u das Volumen der Gewichtseinheit Flüssigkeit und A der Wärmewerth der Arbeitseinheit ist.

Hr. Zeuner hat in seinen Grundzügen der mechanischen Wärmetheorie, zweite Auflage, die in diesen Gleichungen vorkommenden Grössen aus den Regnault'schen Beobachtungen berechnet und in Tabellen zusammengestellt, ebenso die Werthe $V - u$.

Da für Schwefelkohlenstoff unsere Spannungscurve mit der von Regnault gegebenen übereinstimmt, so haben wir für diesen die theoretischen Werthe von V einfach den Zeuner'schen Tabellen entnommen, indem wir die für unsere Temperaturen gehörigen Werthe durch das Newton'sche Interpolationsverfahren, und zwar unter Anwendung der Logarithmen der specifischen Volumina ableiteten.

Zwar hat Hr. Winkelmann vor kurzem[1]) neue Gleichungen für die Verdampfungswärmen berechnet, die sich den Beobachtungen Regnault's noch besser anschliessen; indess sind innerhalb der Temperaturen, für welche wir die specifischen Volumina bestimmt haben, die Unterschiede zwischen den von Hrn. Zeuner und Hrn. Winkelmann gegebenen Werthen nur klein, sodass wir eine Umrechnung der Zeuner'schen Werthe nicht für erforderlich hielten.

Tabelle XLIII stellt für Schwefelkohlenstoff die beobachteten und die theoretischen Werthe zusammen.

Tabelle XLIII.

t	V beob.	V ber.	$\dfrac{V \text{ beob.}}{V \text{ ber.}}$	t	V beob.	V ber.	$\dfrac{V \text{ beob.}}{V \text{ ber.}}$
45,38	340,8	344,2	0,9901	66,96	186,0	186,5	0,9973
52,17	281,0	280,4	1,0021	70,09	173,0	171,8	1,0099
53,53	269,6	270,5	0,9966	70,10	172,1	170,9	1,0070
59,94	224,6	224,9	0,9986	75,55	150,2	149,1	1,0074
64,24	200,0	198,6	1,0070	85,03	119,6	117,9	1,0144

Für Chloroform fanden wir eine andere Spannungscurve als Regnault, unsere Spannungen p liessen sich

---

1) Winkelmann, Wied. Ann. 9. p. 208 u. 358. 1880.

indess durch die Regnault'schen p_1 darstellen durch die Gleichung: $p = p_1 (1{,}0326 - 0{,}000\,700\,8\,t)$.

Da Hr. Zeuner die Werthe $\dfrac{1}{p_1}\dfrac{dp_1}{dt}$ angibt, so lassen sich die erforderlichen Differentialquotienten am leichtesten in der Form:

$$\frac{dp}{dt} = p\left(\frac{1}{p_1}\frac{dp_1}{dt} - \frac{1}{1473{,}4 - t}\right)$$

berechnen.

Für die Verdampfungswärmen wenden wir die Regnault'-schen an.

Tabelle XLIV enthält ausser t und V auch die der Berechnung zu Grunde gelegten Differentialquotienten und die Werthe von λ.

Tabelle XLIV. .

t	$\dfrac{dp}{dt}$	λ	V ber.	V beob.	$\dfrac{V\ \text{beob.}}{V\ \text{ber.}}$	λ ber.
58,179	23,29	61,31	248,5	242,6	0,9762	59,86
68,809	30,16	60,23	182,8	175,5	0,9601	57,91
79,273	38,08	59,16	138,1	132,0	0,9558	56,55
85,931	44,09	58,47	115,7	110,8	0,9577	56,00
87,874	45,85	58,27	110,4	104,5	0,9465	55,16
98,456	56,38	57,17	85,5	80,6	0,9427	53,91
99,139	57,08	57,10	84,5	79,3	0,9385	53,59

Die beobachteten specifischen Volumina sind also nicht unerheblich kleiner, als die mit den Regnault'schen Werthen von λ berechneten, sie nehmen zudem auch rascher ab. Da indess unser Präparat nach seiner Spannungscurve von dem Regnault'schen sich unterscheidet, ist es durchaus nicht unwahrscheinlich, dass die Regnault'schen Verdampfungswärmen ebenfalls für unser Präparat nicht gültig sind. Die Verdampfungswärmen des Chloroform, wie sie sich aus unseren Beobachtungen ergeben würden, sind unter λ ber. in obiger Tabelle hinzugefügt.

Für Schwefeläther erhielten wir die Spannungscurve:
$$p = p_1 (1{,}0494 - 0{,}000\,320\,t),$$
wenn p_1 wieder die von Regnault beobachteten Spannungen bedeutet. Damit:

$$\frac{dp}{dt} = p\left(\frac{1}{p_1}\frac{dp_1}{dt} - \frac{1}{3441{,}7 - t}\right).$$

Tabelle XLV, in derselben Weise wie die vorige geordnet, gibt die Vergleichung der für Schwefeläther berechneten specifischen Volumina mit den beobachteten.

Tabelle XLV.

t	$\dfrac{dp}{dt}$	λ	V ber.	V beob.	$\dfrac{V \text{ beob.}}{V \text{ ber.}}$
32,53	26,215	90,52	353,7	358,1	1,0125
33,24	26,695	90,07	344,9	347,6	1,0089
42,82	34,790	89,04	254,0	253,1	0,9965
53,25	45,400	87,36	185,2	185,3	1,0005
68,04	63,220	84,67	123,7	122,4	0,9895
68,45	63,601	84,59	121,6	121,0	0,9951

Um die für Wasser beobachteten Werthe des specifischen
Volumens mit den von der Theorie aus den Regnault'schen
Bestimmungen berechneten zu vergleichen, haben wir einfach
aus den Zeuner'schen Tabellen die Werthe für die betreffen-
den Temperaturen interpolirt. Folgende Tabelle enthält die
Zusammenstellung.

Tabelle XLVI.

t	V beob.	V ber.	$\dfrac{V \text{ beob.}}{V \text{ ber.}}$	t	V beob.	V ber.	$\dfrac{V \text{ beob.}}{V \text{ ber.}}$
80,10	3400,5	3367,0	1,0104	99,84	1666,0	1659,0	1,0042
80,56	3325,0	3310,0	1,0045	110,39	1207,0	1177,8	1,0248
89,69	2385,0	2361,0	1,0114	119,50	885,0	889,7	0,9947
90,36	2320,0	2305,0	1,0065	134,58	580,3	577,0	1,0057
98,43	1710,0	1740,0	0,9827				

Ebenso haben wir schliesslich für Aceton einfach die
Werthe aus den Zeuner'schen Tabellen interpolirt.

Tabelle XLVII.

t	V beob.	V ber.	$\dfrac{V \text{ beob.}}{V \text{ ber.}}$
60,133	401,0	418,7	0,9577
80,05	176,9	186,2	0,9500

Die Zusammenstellung zeigt, dass für Schwefelkohlenstoff, Schwefeläther und Wasser die beobachteten Werthe
so nahe mit denjenigen der Theorie übereinstimmen, wie es
kaum zu erwarten war; die Unterschiede erreichen nur einmal, beim Wasser bei 110° den Werth von 2 Proc. Indess

scheint doch bei dem Schwefelkohlenstoff das specifische Volumen etwas rascher und bei dem Schwefeläther etwas langsamer zu wachsen, als es die Regnault'schen Zahlen ergeben. Ebenso scheint das specifische Volumen des Wasserdampfes ein klein wenig grösser zu sein, als es nach den Regnault'schen Zahlen sein sollte, ein Umstand, welcher dafür spricht, dass die specifische Wärme des Wassers etwas rascher zunimmt, als sie es nach Regnault thun soll, ein Umstand, auf den ja auch fast alle neueren Versuche hinweisen.

Unsere Versuche bestätigen somit diejenigen der Herren Fairbaire und Tate, sie sind ein Beweis für die grosse Sorgfalt, mit welcher diese Herren die in der Construction des von ihnen benutzten Apparates begründete Schwierigkeit der Temperaturbestimmung überwunden haben.

Interessant ist auch die aus dem vorigen und diesem Paragraphen sich ergebende Uebereinstimmung der Herwig'schen Relation mit den Werthen der Theorie bis zu einem Druck von etwa 2 Atmosphären. Allerdings verliert diese Relation dadurch etwas an Interesse, dass die Constante derselben, nicht wie Hr. Herwig annahm, für alle Flüssigkeiten denselben Werth hat, dass vielmehr der Werth für jede Flüssigkeit ein anderer ist, wenn auch die Unterschiede nicht sehr gross sind.

II. Ueber die Spannung der gesättigten Dämpfe.

§ 16. In der Lehre von den Dämpfen gilt es als ein ganz feststehender Satz, dass, wenn die Dämpfe mit, wenn auch nur minimalen Quantitäten von Flüssigkeiten in Berührung sind, ihre Spannung bei einer bestimmten Temperatur einen ganz bestimmten Werth hat, den man als die Maximalspannung oder kurzweg als die Spannkraft der Dämpfe bezeichnet. Die einzige Abweichung von diesem Satze tritt nach dieser Annahme ein, wenn man die Verdampfung in Räumen stattfinden lässt, welche mit Gasen gefüllt sind. Regnault[1]) glaubte diese Abweichung einer

---

1) Regnault, Mémoires de l'Acad. **26.** p. 694. 1862.

Adhäsion des Dampfes an den Gefässwänden und der durch
die Anwesenheit der Gase bedingten Verzögerung der Verdampfung zuschreiben zu sollen. Indess schon Hr. Herwig[1]
fand bei seiner Untersuchung der Dichten der gesättigten
Dämpfe, dass eine solche Verminderung der Spannung sich
zeigt, wenn der Dampf sich zu condensiren beginnt, das
heisst, dass, wie auch wir es stets bestätigt fanden, eine
Condensation des Dampfes in so gut wie luftleeren Räumen
schon eintritt, ehe der Dampf die sogenannte Maximalspannung erreicht hat. Hr. Herwig schrieb diesen Niederschlag vor erreichter Maximalspannung ebenfalls einer Adhäsion des Dampfes an den Gefässwänden zu.

Wir haben schon in der Einleitung erwähnt, dass eine
merkliche Adhäsion des Dampfes an den Wänden der Gefässe zur Folge haben müsse, dass die Dichten der Dämpfe,
resp. die specifischen Volumina, wie sie im Versuche erhalten
werden, von der Grösse des Gefässes abhängig sein müssten,
da bei ähnlichen Gefässen, wie bei unseren kugelförmigen
Ballons, die Grösse der Wandfläche in anderem Verhältniss
zunimmt als der Inhalt. Wir sehen indess, dass wir in unseren sehr verschiedenen Ballons stets innerhalb der Un-
sicherheitsgrenze gleiche specifische Volumina erhielten. Wir
sahen weiter, dass der Condensationsdruck stets annähernd
derselbe Bruchtheil des Sättigungsdruckes ist, ein Umstand,
der ebenfalls dagegen spricht, dass wir es hier mit einer
Adhäsionserscheinung zu thun haben, da nach allen unseren
Erfahrungen eine solche Adhäsion mit steigender Temperatur
eine kleinere wird. Ferner noch, wenn in der That die
Adhäsion der Dämpfe an den Wänden der Gefässe die Ursache dieser Spannungsverminderung sein soll, so müsste
bald nach Bildung des Beschlages bei weiterer Volumenverminderung der Druck der Dämpfe demjenigen der gesättigten Dämpfe gleich werden, denn es bedeckt sich die
Wand dann mit einer Flüssigkeitsschicht von solcher Dicke,
dass die Adhäsion nicht mehr merklich sein kann. In den
mitgetheilten Versuchen sind aber schon eine nicht unbe-

---

1) Herwig, Pogg. Ann. **137.** p. 19. 1869.

trächtliche Anzahl von Reihen enthalten, bei denen wir nach
Eintritt des Beschlages noch eine beträchtliche Volumenverminderung haben eintreten lassen, ohne dass in den Ballons, in denen das specifische Volumen der Dämpfe bestimmt
wurde, der Druck gleich demjenigen der gesättigten Dämpfe
in dem Ballon wurde, in welchem stets ein grosser Ueberschuss von Flüssigkeit war.

Diese Bemerkung deutet einen Weg an, auf welchem
es sich entscheiden lässt, ob in der That die Condensation
des Dampfes vor Eintreten der Maximalspannung eine Folge
der Adhäsion ist, oder ob wir in der That zu dem Schlusse
genöthigt sind, dass der Satz von der bei jeder Temperatur
constanten Maximalspannung der Dämpfe nur angenähert
richtig ist, dass also die Spannung von der Menge der Flüssigkeit abhängt, welche mit dem Dampfe in Berührung ist. Es
ist nur nöthig, den Dampfraum erheblich zu verkleinern, es
muss sehr bald sich die constante Maximalspannung zeigen,
sobald sich eine merkliche Quantität der Flüssigkeit niedergeschlagen hat, wenn der Satz von der constanten Maximalspannung richtig ist.

Wir haben deshalb an die Untersuchung der specifischen
Volumina einige Versuche in der angegebenen Richtung angeschlossen, welche, wie schon in der Einleitung erwähnt
wurde, das merkwürdige Resultat zu ergeben scheinen, dass
es eine Maximalspannung in dem bisher angenommenen
Sinne nicht gibt, dass bei einer hinreichenden Verkleinerung
des Dampfraumes der Druck auch der gesättigten Dämpfe
nicht unerheblich wächst. Nur bei dem Wasser ist das
Resultat zweifelhaft. Wir betrachten diese Versuche indess
nur als vorläufige, welche das angegebene Resultat wahrscheinlich machen, ohne es jedoch ganz strenge zu beweisen;
wir theilen sie aber schon mit, da es erst der Herstellung
neuer Apparate bedarf, um die Versuche ganz durchzuführen.

§ 17. Die bisher angegebenen Maximalspannungen wur-
den stets gemessen, wenn das Quecksilberniveau sich in dem
Halse des betreffenden Ballon befand; ebenso stand bei der
Messung der specifischen Volumina das Quecksilber im Halse

der betreffenden Ballons. Der Dampf füllte somit einen
Raum von 115 bis 230 ccm aus. Durch Vermehrung des
Druckes im Innern des Apparates war es daher leicht, das
Quecksilber in die Kugeln zu bringen und das Volumen des
Dampfes beliebig zu vermindern. Die Grösse der Volumenverminderung lässt sich indess nur annähernd schätzen und
wegen der Kugelform der Ballons bei zu vergleichenden Versuchen nur annähernd gleich machen, und gerade bei den
kleinsten Volumina ist diese Unsicherheit am grössten. Die
Schätzung der Volumina geschah so, dass mit dem Kathetometer der höchste Punkt der Kugel und die Stelle bestimmt
wurde, wo die Kugel in den Hals überging, und dass dann
aus den bei den Versuchen abgelesenen Quecksilberniveaus
das Kugelsegment bestimmt wurde, welches noch von Dampf
erfüllt war.

Es ist nun sehr schwierig, bei der Dicke unserer Gläser
den höchsten Punkt der Kugeln genau zu bestimmen, und
ebenso ist wegen der Kugelform gerade bei den kleinsten
Räumen die kleinste Ungenauigkeit in der Bestimmung der
Quecksilberniveaus von grösstem Einfluss. Ist das Volumen
auf weniger als ein Zehntel der Kugeln zurückgegangen, so
ergeben Fehler in den Niveaubestimmungen, die nur Bruchtheile eines Millimeters betragen, bald Fehler in den Volumenbestimmungen, die bis zu 10 Proc. reichen.

Gerade dieser Umstand ist es, der uns diese Versuche
nur als vorläufige betrachten lässt, denn durch eine exacte
Bestimmung gerade der kleinsten Volumina lässt sich erst
mit Sicherheit entscheiden, ob die beobachtete Zunahme des
Druckes etwa einer geringen Luftmenge oder etwaigem in
der Flüssigkeit absorbirten Gase zuzuschreiben ist. Ist das
der Fall, so muss die beobachtete Druckzunahme bei Verminderung des Volumens dem Mariotte'schen Gesetze folgen,
Wird bei einem Volumen v des Dampfes ein Druck p beobachtet, und ist p_1 der Druck des Dampfes und x derjenige
des vermutheten Gases, sodass:

$$p = p_1 + x,$$

so wird der beobachtete Druck, wenn das Volumen des
Dampfes v' geworden ist:

$$p' = p_1 + x\frac{v}{v'},$$

und daraus: $x = \dfrac{p' - p}{\dfrac{v}{v'} - 1}.$

Mit dem so berechneten x müssen sich dann aus den zugehörigen Volumina alle Drucke berechnen lassen, wenn die Druckzunahmen einem Gasgehalt der Ballons zugeschrieben werden können.

Die sofort mitzutheilenden Messungen zeigen, dass auch nicht annähernd diese Druckzunahme stattfindet, dass die Drucke bei abnehmendem Volumen viel langsamer wachsen, als es unter der Voraussetzung, dass Luft die Ursache der Zunahme ist, der Fall sein müsste, sodass sich die Unterschiede wohl nicht durch die angegebene Ungenauigkeit der Volumenbestimmung erklären lassen.

Weiter müssten unter der Voraussetzung, dass Luft die Ursache der Druckzunahme wäre, die mit derselben Füllung bei verschiedenen Temperaturen aber gleichen Volumenverminderungen beobachteten Druckzunahmen, resp. die in obiger Gleichung angeführten, aus gleichen Volumina berechneten Werthe $\frac{x}{v}$ der absoluten Temperatur proportional sein. Wir finden indess, dass die aus annähernd gleichen v und v' berechneten Werthe von $\frac{x}{v}$ ganz erheblich rascher wachsen.

Die Zunahme des Druckes ist ferner eine viel zu bedeutende, als dass sie durch zufällige Luftblasen erklärt werden könnte, welche während der Versuche, sei es aus dem Quecksilber, sei es aus dem Apparate, in welchem sie bei dem Zusammensetzen durch Adhäsion gehaftet haben, aufstiegen. Wir überzeugten uns überdies am Schlusse jeder Versuchsreihe davon, dass über der Flüssigkeit keine Luftblase sichtbar war. Wenn, wie bei einzelnen Reihen, im einen oder andern Ballon eine wenn auch noch so kleine Blase gesehen werden konnte, wurde die Reihe verworfen.

Um auch soviel als möglich die in den Flüssigkeiten absorbirte Luft auszuschliessen, wurden die Flüssigkeiten vor dem Einfüllen stets zum Sieden erhitzt.

Versuche mit Schwefelkohlenstoff.

§ 18. Zu den Versuchen dienten der Ballon, in welchem auch bei den im ersten Theile mitgetheilten Messungen stets überschüssige Flüssigkeit war, und die Ballons II und III. Die zunächst folgenden Beobachtungsreihen sind alle mit derselben Füllung gemacht, Ballon *Δ* enthielt einen erheblichen Ueberschuss an Schwefelkohlenstoff, Ballon II enthielt ein solches Quantum, dass der Raum bis zum Theilstrich 10 etwa mit gesättigtem Dampfe gefüllt war bei der Temperatur 75°, der Ballon III ebenso bei der Temperatur 85°. Bei der Volumenbestimmung ist der Raum der Kugel bis zum Theilstrich 0 etwa gleich 1 gesetzt für jeden Ballon.

Tabelle XLVIII.

| Temperatur 46,8°. | | | | | |
| Ballon *Δ* | | Ballon II | | Ballon III | |
Volumen	Druck	Volumen	Druck	Volumen	Druck
1,02	780,2	1,01	779,4	1,04	778,6
0,25	785,2	0,40	781,0	0,22	784,5
0,051	802,7	0,075	798,0	0,046	804,2
0,018	823,9	0,040	812,3	0,017	826,8
Temperatur 60,37°.					
1,02	1185,1	1,01	1177,9	1,05	1178,8
0,40	1190,5	0,50	1186,7	0,40	1189,0
0,048	1219,5	0,060	1208,2	0,086	1221,1
0,018	1241,4	0,030	1229,2	0,017	1243,4
Temperatur 74,89°.					
1,02	1782,6	1,01	1775,8	1,02	1780,2
0,40	1788,2	0,53	1782,2	0,86	1785,4
0,040	1819,9	0,060	1807,7	0,030	1819,6
Temperatur 85,01°.					
1,06	2317,4	—	—	1,04	2263,1
1,02	2319,7	—	—	1,01	2308,7
0,475	2326,6	0,50	2320,8	0,34	2323,0
0,073	2350,5	0,10	2340,0	0,055	2351,6

Bei der Compression des Dampfes findet insbesondere wegen der Condensation des Dampfes im Innern der Ballons eine nicht unbeträchtliche Temperaturerhöhung statt, welche sich nur allmählich ausgleicht. Um uns zu überzeugen, dass nicht eine etwa noch vorhandene Temperaturerhöhung diese Zunahme des Druckes bewirkt, wurden in einer folgenden

Versuchsreihe mit derselben Füllung erst Compressionen, dann Ausdehnungen des Dampfes vorgenommen.

Tabelle XLIX.

Temperatur 81,5°.						
Ballon *A*		**Ballon II**		**Ballon III**		
Volumen	Druck	Volumen	Druck	Volumen	Druck	
0,61	2123,9	0,65	2120,4	0,50	2120,9	Compression.
0,34	2126,2	0,42	2121,3	0,26	2125,3	
0,11	2138,9	0,14	2129,4	0,08	2138,9	
0,020	2187,4	0,031	2174,6	0,013	2188,0	
0,18	2135,2	0,19	2126,9	0,105	2135,2	Ausdehnung.
0,38	2126,7	0,42	2121,0	0,26	2124,7	
0,60	2125,3	0,65	2120,4	0,50	2122,3	
1,08	2115,8	—	—	1,02	2113,3	
Temperatur 60,3°.						
0,39	1187,3	0,46	1182,6	0,25	1184,4	
1,03	1184,0	1,02	1182,3	1,02	1181,8	

Ganz gleiche Resultate, also dieselben Werthe bei Ausdehnung und Compression des Dampfes, erhielten wir in anderen Reihen, die ausserdem zeigten, dass wenn Temperatur und Volumen constant gehalten wurden, ebenso der Druck stundenlang derselbe blieb; es ist überflüssig, weitere Beobachtungsreihen mitzutheilen.

Nur möge noch folgende Reihe Platz finden, welche mit einem andern Präparate beobachtet wurde, welches wir Hrn. Prof. Classen verdanken; es war ein Präparat, welches im hiesigen chemischen Laboratorium mehrfach destillirt worden war. Die benutzten Ballons waren die vorher mit Nr. IV und V bezeichneten. Nr. IV enthielt eine überschüssige Menge Flüssigkeit, Nr. V war für das Volumen 1,01 gerade mit gesättigtem Dampfe gefüllt.

Tabelle L.

Temperatur 85,0°.					
Nr. IV		**Nr. V**	**Nr. IV**		**Nr. V**
Volumen	Druck	Druck	Volumen	Druck	Druck
1,04	2297,8	2274,5	0,52	2307,6	2307,6
1,04	2298,6	2274,9	0,20	2331,0	2332,3
1,03	2299,3	2283,0	0,24	2322,0	2322,9

Alle diese Versuche zeigen, dass schon eine erhebliche Anzahl von Graden tiefer, als jene Temperatur ist, für welche

. die Flüssigkeit gerade ausreicht, um die betreffenden Ballons bis zu dem Volumen 1,01, resp. 1,02 mit gesättigtem Dampfe zu füllen, in diesen Ballons der Druck schon merklich kleiner ist, als im Ballon *A*. Schon bei 60° muss im Ballon II der Dampfraum auf die Hälfte reducirt werden, damit der Druck nur wenig grösser, bei 74,8°, damit er gleich dem in Ballon *A* wird, wenn dort der ganze Raum für die Dämpfe frei ist. Weiter zeigen die Versuche, dass es immer einer sehr erheblichen Compression vom Eintreten der Sättigung aus bedarf, ehe der Druck gleich dem sogenannten Sättigungsdrucke wird, und dass, ausser bei sehr starken Compressionen, sich stets in den Ballons, welche die geringere Menge Flüssigkeit in Bezug auf den Rauminhalt enthalten, der Druck der kleinere ist.

Um hervortreten zu lassen, dass die beobachteten Zunahmen des Druckes des gesättigten Dampfes nicht dem Mariotte'schen Gesetze folgen, sind in folgender Tabelle die in Ballon *A* beobachteten Drucke mit den nach der Gleichung des vorigen § berechneten zusammengestellt. Die beiden Beobachtungen, welche zur Berechnung von p_1 und $x_0 = \frac{s}{v}$ gedient haben, sind mit einem Stern bezeichnet.

Tabelle LI.

$t = 46,8°$; $p_1 = 778,6$; $x_0 = 1,65$			$t = 74,89°$; $p_1 = 1778,1$; $x_0 = 4,53$			$t = 81,5°$; $p_1 = 2109,4$; $x_0 = 6,56$		
Vol.	p beob.	p ber.	Vol.	p beob.	p ber.	Vol.	p beob.	p ber.
1,02*	780,2	780,2	1,02*	1782,6	1782,6	0,61	2123,9	2120,1
0,25*	785,2	785,2	0,45*	1788,2	1788,2	0,34	2126,2	2128,7
0,051	802,7	810,9	0,040	1819,9	1891,2	0,11	2138,9	2169,0
0,018	823,9	870,2				0,02	2187,4	2437,0
						0,18	2135,2	2145,8
						0,38*	2126,7	2126,7
						0,60	2125,3	2120,3
						1,03*	2115,8	2115,8

$t = 60,37°$; $p_1 = 1181,6$; $x_0 = 3,53$			$t = 85,013°$; $p_1 = 2310,4$; $x_0 = 7,90$		
Vol.	p beob.	p ber.	Vol.	p beob.	p ber.
1,02*	1185,1	1185,1	1,06*	2317,4	2317,4
0,4*	1190,5	1190,5	1,02	2319,7	2318,1
0,043	1219,5	1261,6	0,475*	2326,6	2326,6
0,018	1241,4	1376,0	0,073	2350,5	2412,0

Die berechneten Drucke sind stets für Volumina, die zwischen den zur Berechnung der Constanten gewählten liegen, kleiner, für kleinere Volumina grösser, als die beobachteten, und die Unterschiede sind schon bei dem Volumen 0,1 so erheblich, dass wir sie nicht der Unsicherheit der Volumen-bestimmung zuschreiben können.

Bei den letzten zwei Reihen sind die Werthe von x_0 annähernd aus gleichen Volumina berechnet, man sieht, dass dieselben ganz erheblich schneller wachsen als die absoluten Temperaturen.

Versuche mit Chloroform.

§ 19. Dieselben Resultate, noch unzweifelhafter zeigend, dass die Drucke viel langsamer zunehmen, als es nach dem Mariotte'schen Gesetze der Fall sein müsste, ergaben die Be-obachtungen mit Chloroform. Dieselben wurden mit Ballon A und Ballon II erhalten. Ballon II enthielt soviel Flüssigkeit, dass er bei der Temperatur 85° bis zu dem Volumen 1,01 mit gesättigtem Dampfe gefüllt war. In Tabelle LII stellen wir die mit einer Füllung beobachteten Werthe zusammen, indem wir für Ballon A neben die beobachteten Werthe diejenigen stellen, welche nach dem Mariotte'schen Gesetze berechnet sind. Die zur Berechnung von p_1 und x_0 benutzten Beobachtungen sind wieder mit einem Stern bezeichnet.

Tabelle LII.

Temperatur 57,5°; $p_1 = 675,6$; $x_0 = 8,5$.				
Ballon A			Ballon II	
Volumen	Druck beob.	Druck ber.	Volumen	Druck
0,70*	687,8	688,0	0,69	682,6
1,03*	684,1	684,1	1,02	678,3
0,70*	688,1	688,0	0,69	682,4
0,09	711,4	773,9	0,11	701,7
0,70	688,3	688,0	0,64	681,3
Temperatur 68,6°.				
1,04	972,0	—	1,03	963,0
0,08	1014,6	—	0,10	1003,1
1,03	975,1	—	1,02	964,8
Temperatur 84,7°; $p_1 = 1547,1$; $x_0 = 10,2$.				
1,03*	1557,3	1557,3	1,02	1535,7
0,58*	1565,0	1565,0	0,52	1555,0
0,04	1628,2	1861,4	0,04	1614,6
0,10	1589,9	1649,5	0,13	1577,7
0,62	1565,3	1563,6	0,55	1555,8

Temperatur 98,2°; $p_1 = 2200,5$; $x_0 = 23,0$.				
Ballon *A*			Ballon II	
Volumen	Druck beob.	Druck ber.	Volumen	Druck
0,11	2270,7	2409,0	0,11	2259,5
0,2?	2259,2	2305,0	0,20	2248,4
0,33	2247,3	2270,5	0,31	2237,8
0,47	2242,1	2250,5	0,46	2233,8
0,57	2237,8	2240,5	0,56	2229,9
0,84	2231,0	2227,5	0,73	2221,5
1,05*	2222,5	2222,5	0,81	2124,6
0,85	2232,8	2227,5	0,72	2222,7
0,62*	2237,9	2237,9	0,65	2226,8
0,32	2248,7	2272,5	0,30	2238,2
0,17	2264,4	2336,4	0,14	2251,8

(Erste sieben Zeilen: Ausdehnung. Letzte vier Zeilen: Compression.)

Auch hier sieht man, dass die beobachteten Drucke stets grösser sind als die berechneten für Volumina, welche zwischen den zur Berechnung der Constanten gewählten liegen; für kleinere Volumina sind die berechneten erheblich grösser. Bei der Temperatur 84,7° würde so dem bei 0,04 beobachteten Drucke nach dem Mariotte'schen Gesetze das Volumen 0,12, dem bei 0,10 beobachteten das Volumen 0,24, bei 98,2° würde dem bei 0,17 beobachteten Drucke das Volumen 0,36 entsprechen. Es sind das Unterschiede, welche zum Theil einer Niveaudifferenz des Quecksilbers in der Kugel von 10 mm entsprechen würden. Eine derartige Unsicherheit der Volumenbestimmung ist indess wohl unmöglich.

Ganz die gleichen Resultate erhielten wir mit Chloroform, welches Hr. Prof. Landolt selbst für optische Untersuchungen dargestellt hatte, und welches längere Zeit in einem zugeschmolzenen Rohre im Dunkeln aufbewahrt war. Von den mit diesem Präparate erhaltenen Resultaten führen wir nur eine Reihe an, bei welcher mit besonderer Sorgfalt jeder Luftgehalt der Ballons ausgeschlossen war. Zu dem Zwecke wurden die vorher erhitzten und mit auf 120° erhitztem Quecksilber gefüllten Ballons zunächst an die Quecksilberluftpumpe gebracht, dann, nachdem luftleer gepumpt war, das Verbindungsrohr mit der Luftpumpe abgeschmolzen und darauf die Ballons, während über dem Quecksilber ein luftleerer Raum war, längere Zeit geklopft und geschüttelt, um jede etwa vorhandene Luftblase herauszubringen, ein

38*

Verfahren, welches das Auskochen des Quecksilbers ersetzt.
Das Chloroform wurde dann, nachdem es zum Sieden erhitzt
war, vollkommen luftfrei in Sprengkugeln gefüllt. Wenn
man unter das Chloroform etwas Quecksilber bringt, und
den Schwanz der Kugel, während man durch gelindes Erwärmen der Kugel etwas Chloroform austreibt, in das Quecksilber senkt, sodass bei dem dann folgenden Abkühlen der
Kugel etwas Quecksilber zurücktritt, so gelingt das leicht
so vollkommen, dass eine Temperaturerhöhung von nur wenigen Graden die Kugel zersprengt. Es wurden Ballon A
und Ballon IV und V zu den Versuchen benutzt. Die
Volumenangaben beziehen sich auf Ballon A, in IV und V
sind sie ungefähr dieselben.

Tabelle LIII.

Chloroform von Landolt.

	Ballon A		Ballon IV	Ballon V
t	Volumen	Druck	Druck	Druck
81,22	1,03	1403,67	1403,8	1403,7
81,21	1,03	1404,13	1404,4	1404,1
81,15	1,04	1399,93	—	1399,9
81,54	1,04	1417,02	—	1415,1
81,50	1,04	1414,48	—	1414,1
81,48	0,05	1484,56	1480,7	1484,0
81,61	0,05	1484,69	1481,0	1484,3
81,58	0,05	1484,58	1480,4	1483,8
81,50	0,05	1483,36	1479,5	1482,4

Das Präparat ergibt somit einen ganz ebensolchen Zuwachs des Druckes, wie auch das frühere; dass hier nicht
etwa Luft im Spiel war, ergibt sich sowohl aus der Art der
Vorbereitung des Versuches, als auch daraus, dass nach Beendigung des Versuches keiner der Ballons das geringste
Luftbläschen zeigte.

Versuche mit Schwefeläther.

§ 20. Von den Versuchen mit Schwefeläther theilen wir
ebenfalls nur eine Reihe mit, da alle übrigen denselben Verlauf haben. Ballon II war für den Raum 1,01 bei 44°,
Ballon III für dasselbe Volumen bei 34° gesättigt. Neben
die in Ballon A beobachteten, sind die nach dem Mariotte'-
schen Gesetze berechneten Drucke hingeschrieben; die ge-

sternten Beobachtungen sind die zur Berechnung der Constanten benutzten.

Tabelle LIV.

Temperatur $34,5^{\circ}$; $p_1 = 769,3$; $x_0 = 8,5$.						
	Ballon *A*		Ballon II		Ballon III	
Volumen	Druck beob.	Druck ber.	Volumen	Druck	Volumen	Druck
1,01*	777,7	777,7	1,01	773,0	1,01	763,1
0,84*	779,4	779,4	0,82	776,2	0,67	771,6
0,26	785,4	801,9	0,32	780,8	0,12	780,8
0,18	785,6	816,4	0,24	780,0	0,09	782,7
Temperatur $43,8^{\circ}$; $p_1 = 1065,6$; $x_0 = 7,1$.						
1,02*	1072,6	1072,6	1,00	1053,2	—	—
0,74*	1075,2	1075,2	0,71	1069,7	0,47	1067,2
0,19	1084,7	1103,1	0,23	1078,1	0,08	1081,1
Temperatur $66,1^{\circ}$; $p_1 = 2107,0$; $x_0 = 20,6$.						
1,04*	2126,8	2126,8	—	—	—	—
0,28*	2149,9	2149,9	0,32	2136,2	0,18	2140,2
0,16	2166,1	2235,7	0,14	2155,0	0,06	2162,3
0,26	2153,3	2286,2	0,20	2140,4	0,10	2146,6
0,18	2166,4	2221,4	0,15	2155,8	0,07	2162,3
0,57	2144,4	2143,1	0,41	2130,4	0,24	2133,1
0,20	2162,1	2210,0	0,15	2151,2	0,07	2157,4
0,33	2153,4	2169,4	0,26	2141,1	0,13	2146,7
0,26	2156,0	2186,2	0,21	2144,7	0,10	2150,1
Temperatur $33,9^{\circ}$; $p_1 = 753,8$; $x_0 = 2,6$.						
1,02*	756,4	756,4	1,02	751,3	1,01	742,6
0,10	771,9	780,2	0,14	763,3	0,06	770,3
0,24*	764,8	764,8	0,30	760,1	0,12	761,3

Die letzte Reihe, am Tage nachher beobachtet, zeigt, dass nicht etwa der Schwefeläther sich geändert hat. In diesen Reihen sind ebenfalls die Unterschiede zwischen berechneten und beobachteten Werthen viel zu gross, als dass sie der Ungenauigkeit der Volumenbestimmung zugeschrieben werden könnten; es sei z. B. nur auf die Beobachtung 0,20 bei 66,1° hingewiesen. Der dort beobachtete Druck würde nach dem Mariotte'schen Gesetz das Volumen 0,375 verlangen, welches gegen 0,20 einer Niveaudifferenz von 8 mm in dem Ballon entspräche.

§ 21. Bei Aceton haben wir uns damit begnügt, die Druckzunahme bei der Compression zu constatiren; wir haben bei den beiden zur Messung der specifischen Volumina des Dampfes dienenden Reihen eine Compression des Dampfes

bis auf etwa 0,25, resp. 0,5 des Volumens, dem die dort gemessene Sättigungsspannung entsprach, vorgenommen.

Bei 60,13° stieg die Spannung von 867,19 mm auf 892,92,
resp. bei einer Messung, nachdem Temperatur und Volumen
eine halbe Stunde constant gehalten waren, auf 892,81 mm.

Bei 88,05° stieg der Druck von 2039 mm, als das Volumen auf etwa 0,5 gebracht war, auf 2045. Leider wurde
nach diesem Versuche über Mittag der eine Verschluss-
pfropfen, der an Stelle eines zerbrochenen Ballons eingesetzt
war, undicht, sodass die ganze Füllung sich nachmittags im
Bade fand. Wir hielten es indess nicht für erforderlich,
den Versuch zu erneuern.

Versuche mit Wasser.

§ 22. Abweichend von den bisher besprochenen vier
Flüssigkeiten verhielt sich das Wasser. Bei diesem trat bei
Compression des Dampfes, wenn überhaupt, nur eine sehr
geringe Vermehrung des Druckes auf. Der Unterschied
dieses Verhaltens fiel sofort bei Vornahme der Compression
auf, indem bei gleichen, in den Apparat gepumpten Luft-
mengen das Niveau des Quecksilbers in den Ballons erheblich rascher stieg. Bei 100°, selbst bei 110° war die
Zunahme des Druckes durchaus zweifelhaft und ganz durch
die wenn auch nur einige Hundertstel Grad betragenden
Schwankungen der Temperatur verdeckt. Nur als bei 110,4°
der Raum bis auf 0,02 vermindert wurde, ergab die Messung
einen um 6 mm höhern Druck, derselbe stieg im Ballon *A*
von 1089,6 auf 1095,8, obwohl die während der letztern
Messung beobachtete Temperatur um 0,06° tiefer war, als
das Mittel der 5 Messungen, welche bei dem grösseren Volumen den Druck 1089,6 gegeben hatten.

Erst in den höheren Temperaturen schien sich deutlich
ein Wachsen des Druckes herauszustellen.

Nach Messung der specifischen Volumina, die in Tabelle XXXV mitgetheilt sind, erhielten wir bei Verminderung des Dampfraums die in der folgenden Tabelle mitgetheilten Drucke, wobei wir ganz in der früher angegebenen
Weise, um die bei um zwei- bis vier Hundertstel Grad ver-

schiedenen Temperaturen gemachten Messungen auf dieselbe
Temperatur zu reduciren, an den direct beobachteten Werthen
die aus der Regnault'schen Tafel sich ergebenden Correctionen angebracht haben.

Tabelle LV.

Ballon *A*		Temperatur 119,49°. Nr. IV		Nr. V	
Volumen	Druck	Volumen	Druck	Volumen	Druck
1,00	1467,0	—	—	1,00	1455,1
0,43	1467,3	—	—	0,35	1467,3 ? [1]
0,25	1468,1	—	—	0,30	1462,6
0,18	1471,7	—	—	0,20	1465,9
		Temperatur 134,58°.			
1,01	2325,1	1,01	2297,8	—	—
0,30	2327,2	0,31	2322,7	—	—
0,20	2331,2	0,21	2325,3	—	—
0,06	2338,6	0,07	2332,9	—	—

Bei den geringen Werthen der Zunahme haben wir dann
noch mit derselben Sorgfalt, die wir schon bei der letzten
Versuchsreihe mit Chloroform angewandt haben, luftfrei gefüllte Sprengkugeln in die vollkommen luftfrei gemachten
Ballons eingeführt. Die Ballons waren alle von fast genau
gleicher Grösse, die angegebene Volumenbestimmung ist das
Mittel aus den in der früher angegebenen Weise für die
drei Ballons bestimmten Werthe.

Tabelle LVI.

Temp.	Vol.	Ballon *A*	Nr. IV	Nr. V	Mittel	Mittel red. auf 120,26
120,26	1,00	1503,42	1501,4	1506,0	1503,6	1503,6
120,23	0,34	1506,20	1504,6	1507,9	1506,2	1507,6
120,18	0,13	1507,20	1504,6	1504,6	1505,5	1509,3
—	—	—	—	—	—	red. auf 131,49
131,49	1,00	2120,8	2114,0	2117,6	2117,8	2117,8
131,49	0,40	2126,7	2120,4	2122,9	2123,3	2123,3
131,54	0,30	2129,3	2123,8	2124,4	2125,8	2123,8
131,54	0,15	2129,3	2125,6	2125,2	2126,7	2124,7

Woher die Unterschiede in den drei Ballons kommen,
wissen wir nicht anzugeben; dass sie nicht etwa von Luft

---

1) Es ist zu vermuthen, dass die Ablesung, welche auf diesen Werth
führte, fehlerhaft gewesen oder im Beobachtungsjournal falsch notirt ist.

herrühren, zeigte eine Wiederholung der Versuche an einem
der folgenden Tage. Trotz Erhitzung auf 133.° trat in den
Ballons $\varDelta$ und Nr. IV keine Dampfbildung ein, das Wasser
adhärirte fest am Glase, nur in Ballon V trat Dampfbildung
ein, und ergaben sich folgende Resultate:

Temp.	Vol.	Druck						
132,75	1,00	2203,7						
132,78	0,04	2213,0	¹/₂ Stunde nach der Compr.					
132,76	„	2213,3	1	„	„	„	'	„
132,74	„	2212,8	2	„	„	„		„

Alle diese und besonders die in Tabelle LVI mitgetheilten Beobachtungen, scheinen auch für Wasser eine
wenn auch geringe Zunahme des Druckes mit abnehmendem
Volumen des Dampfes zu beweisen. Denn dass in den zwei
Ballons trotz der hohen Temperatur, und trotzdem sie länger
als 3 Stunden auf dieser Temperatur gehalten wurden, keine
Dampfbildung eintrat, ist der beste Beweis, dass das Wasser
durchaus luftfrei war, auch keine absorbirte Luft mehr
enthielt.

§ 23. Die vorhergehenden Versuche zeigen, dass wenn
für eine gegebene Quantität Flüssigkeit der Dampfraum kleiner und kleiner genommen wird, der Druck der Dämpfe
merklich zunimmt, selbst über den sogenannten Sättigungsdruck hinaus. Man muss daraus schliessen, dass wenn man
in einen und denselben Raum verschiedene Quantitäten Flüssigkeit bringt, der Druck des Dampfes auch dann ein verschiedener wird. Dass das in der That der Fall ist, zeigen
schon die in den letzten Paragraphen mitgetheilten Reihen,
in denen eine Compression des Dampfes auf etwa die Hälfte
des Raumes, den die Flüssigkeit gerade mit gesättigtem
Dampfe füllte, erforderlich war, ehe der Druck gleich dem
sogenannten Sättigungsdrucke wurde, und bei denen in der
Regel selbst bei den kleinsten Volumina der Druck des
Dampfes in den Ballons, welche geringere Flüssigkeitsmengen
enthielten, der kleinere war.

Zu demselben Resultate führten auch einige Versuche
mit Schwefeläther und Chloroform, bei denen die Ballons
verschiedene Quantitäten Flüssigkeit enthielten, der Dampf-

raum aber stets nahezu constant gehalten wurde. Bei den in Tabelle LVII mitgetheilten Beobachtungen enthielten Ballon II und III auf den Cubikcentimeter etwa 3 mg Schwefeläther, während Ballon *A* vielleicht das Dreifache enthielt. Die Flüssigkeit in Ballon II und III reichte gerade aus, um den Dampfraum bei 33° zu sättigen.

Tabelle LVII.

Schwefeläther.

Temp.	Ballon *A*	Ballon II	Ballon III	Temp.	Ballon *A*	Ballon II	Ballon III
24,00°	529,46	520,51	521,46	29,12°	640,99	629,79	630,29
26,00	570,49	563,29	563,59	29,48	649,02	639,00	638,72
27,60	606,74	597,34	598,24	32,53	728,29	718,29	718,29

Dass hier wie überall die Correctionen wegen der drückenden Flüssigkeitssäulen angebracht sind, ist wohl kaum zu erwähnen; dieselben sind übrigens gegenüber den hier sich zeigenden Differenzen kaum zu beachten.

In den beiden folgenden, in Tabelle LVIII mitgetheilten Versuchsreihen wurde Chloroform benutzt. In der ersten enthielten die drei Ballons relativ gleiche Mengen, pro Cubikcentimeter etwa 0,01 g Chloroform, in der zweiten enthielt Nr. II dieselbe, Nr. III pro ccm die doppelte und Ballon *A* die dreifache Menge.

Tabelle LVIII.

Temperatur	Ballon II	Ballon III	Ballon *A*
20,24	159,34	159,42	159,68
41,51	380,50	380,70	380,41
60,57	745,35	746,59	745,66
20,25	160,72	162,17	163,26
40,51	368,25	370,40	372,14
60,11	730,58	734,24	736,62

§ 24. Die sämmtlichen Messungen der Dampfspannungen, die hier mitgetheilt sind, führen zu dem Schlusse, dass für Schwefelkohlenstoff, Chloroform, Aether, Aceton und Wasser die Drucke noch nicht constant gleich der sogenannten Maximalspannung werden, sobald die Dämpfe mit Flüssigkeit in Berührung sind, und dass bei den vier ersten Flüssigkeiten sicher, bei Wasser sehr wahrscheinlich eine Steigerung

des Druckes über jenen stattfindet, unter welchem die Flüssigkeit bei derselben Temperatur zum Sieden kommt. Diese
Druckzunahme ist ihrem absoluten Werthe nach um so
grösser, je höher die Temperatur oder der Druck des Dampfes
selbst ist. Die Condensation beginnt annähernd stets bei
einem Drucke, welcher bei allen Temperaturen derselbe
Bruchtheil desjenigen Druckes ist, den der Dampf zeigt,
wenn er mit einem erheblichen Ueberschusse von Flüssigkeit in Berührung ist. Wie weit bei Verkleinerung des
Dampfraumes der Druck des mit überschüssiger Flüssigkeit
in Berührung befindlichen Dampfes wächst, das müssen noch
genauere Messungen zeigen, für welche, wie schon erwähnt
wurde, die Einrichtungen in Vorbereitung sind.

Ehe man an einem so feststehenden Satze, wie demjenigen der Constanz des Druckes der mit Flüssigkeit in
Berührung befindlichen Dämpfe zu zweifeln beginnt, sucht
man selbstverständlich beobachtete Abweichungen auf andere
bekannte Ursachen zurückzuführen. So ist man geneigt, die
Condensation des Dampfes vor Eintritt der Maximalspannung
auf Adhäsion des Dampfes an den Gefässwänden zurückzuführen, eine Auffassung, der sich auch der eine von uns
früher [1]) bei Besprechung der Herwig'schen Beobachtungen
angeschlossen hat. Weshalb wir diese Auffassung nicht mehr
theilen können, haben wir schon hervorgehoben, es sind
wesentlich zwei Umstände; erstens der Umstand, dass die
Dampfdichte nicht, wie es dann der Fall sein müsste, von
der Grösse der benutzten Gefässe abhängt; zweitens spricht
gegen die Adhäsion, dass der Condensationsdruck in allen
Temperaturen nahezu derselbe Bruchtheil des Sättigungsdruckes ist, denn nach allen unsern sonstigen Erfahrungen
nehmen die als Adhäsion zwischen Gasen oder Dämpfen
und festen Körpern bezeichneten Erscheinungen mit steigender Temperatur ab.

Die Zunahme des Druckes der gesättigten Dämpfe führt
man selbstverständlich zunächst auf den Umstand zurück, dass
der Dampfraum ein Gas enthält. Dass es sich hier nicht um

---

1) Wüllner, Experimentalphysik. III. Aufl. 3. p. 625. 1875.

zufällig bei Zusammensetzung des Apparates in die Ballons gelangte Luft handeln kann, ergibt sich, abgesehen davon, dass stets mit der grössten Sorgfalt darauf geachtet wurde, dass die Ballons luftfrei waren, aus der Regelmässigkeit, mit der diese Erscheinung stets eintrat. Störende Zufälligkeiten können nicht derartig regelmässig verlaufende Erscheinungen zur Folge haben. Es bleibt also noch die Annahme, dass wir es mit absorbirten Gasen zu thun haben, trotzdem die Flüssigkeiten vor dem Einfüllen zum Sieden erhitzt waren. Bei Beobachtung einer ganz ähnlichen Erscheinung, die der eine von uns schon vor 20 Jahren gemacht hat, hat derselbe sich für diese Auffassung entschieden.[1] Derselbe hatte bei Messung der Dampfspannungen von butylsaurem Aethyl die Beobachtung gemacht, dass bei sinkender Temperatur, bei welcher sich der Dampfraum allmählich verkleinerte, die Spannung stets grösser ausfiel, als bei steigender Temperatur, bei welcher die meisten Beobachtungen angestellt wurden, und bei der in der damals benutzten Anordnung[2] durch Reguliren des Druckes der Dampfraum annähernd constant erhalten war. Zur Erklärung dieser Abweichung wurde die Annahme gemacht, dass das buttersaure Aethyl sehr geringe Mengen einer flüchtigern Flüssigkeit enthalte, so wenig, dass die Dämpfe derselben nicht gesättigte gewesen, und dass dieselben bei der Abkühlung ihrem Sättigungspunkte näher gekommen seien, als sie es bei steigender aber der gleichen Temperatur waren. Dass diese Erklärung möglich war, ergibt die Ueberlegung, dass der Dampfraum bei der höhern Temperatur, welche der Abkühlung vorausgegangen war, eine grössere Quantität des Dampfes dieser hypothetischen Flüssigkeit aufgenommen haben musste.

Wir waren um so mehr geneigt, dieser Auffassung auch jetzt uns anzuschliessen, da das Wasser so sehr viel kleinere Druckzunahmen zeigte, dass man in der That zweifelhaft

1) Wüllner, Berichte der niederrheinischen Gesellschaft für Natur- und Heilkunde. Jahrg. 1866. p. 66.
2) Es war dieselbe, die ich zur Messung der Spannkraft der Dämpfe von Salzlösungen, Pogg. Ann. **103.** p. 529. 1858 benutzt hatte. **W.**

sein kann, ob sich bei dem Wasserdampf dieselbe Erscheinung zeigt.

Indess, wenn man annimmt, dass die Erscheinung von absorbirten Gasen, oder was dasselbe ist, von einer so geringen Quantität einer flüchtigern Flüssigkeit bedingt ist, dass deren Dämpfe nicht gesättigte sind, so muss, wie schon hervorgehoben wurde, die Druckzunahme dem Mariotte'schen Gesetze folgen, was nach unsern Beobachtungen auch nicht annähernd der Fall ist. Zudem ist auch hier zu beachten, dass wir bei Schwefelkohlenstoff und Chloroform ganz denselben Verlauf der Erscheinungen an verschiedenen Präparaten beobachtet haben, sodass der vermuthete fremde Bestandtheil kein zufälliger sein kann. Wir werden selbstverständlich die Frage weiter verfolgen, indess bis jetzt können wir uns des Schlusses nicht erwehren, dass eine constante Maximalspannung der Dämpfe in dem bisher angenommenen Sinne nicht existirt.

Aachen, den 12. August 1880.

II. *Ueber die Anwendung des electrodynamischen Potentials zur Bestimmung der ponderomotorischen und electromotorischen Kräfte; von R. Clausius.*[1]

(Aus den Verhandl. des naturhist. Vereins der preuss. Rheinlande und Westfalens, 37. 1880; mitgetheilt vom Hrn. Verf.)

§ 1.

Um die electrodynamischen Kräfte zwischen bewegten Electricitätstheilchen und die von ihnen gethane mechanische Arbeit auf bequeme Weise darzustellen, kann man bekanntlich das electrodynamische Potential anwenden, welches für diese Kräfte eine ähnliche Erleichterung der Rechnungen

---

1) Vorgetragen in der niederrheinischen Gesellschaft für Natur- u. Heilkunde am 12. Juli 1880.

gewährt wie das electrostatische Potential für die electrostatischen Kräfte. Seine Bedeutung ist dieselbe wie die des
electrostatischen Potentials. Wie nämlich das letztere dadurch definirt wird, dass die während einer Bewegung der
Electricitätstheilchen von den electrostatischen Kräften gethane Arbeit gleich der dabei eingetretenen Abnahme des
electrostatischen Potentials ist, so wird auch das electrodynamische Potential dadurch definirt, dass die von den
electrodynamischen Kräften gethane Arbeit gleich der Abnahme des electrodynamischen Potentials ist. In der Form
unterscheidet sich aber das electrodynamische Potential dadurch wesentlich von dem electrostatischen, dass es nicht
nur die Coordinaten, sondern auch die Geschwindigkeitscomponenten der Electricitätstheilchen enthält, und hiermit
hängt zugleich ein Unterschied in dem Verfahren, mittelst
dessen aus ihm die Kraftcomponenten abzuleiten sind, zusammen.

Will man nun diejenige Kraft, welche ein galvanischer Strom (der in Bewegung begriffen und veränderlich
sein kann), auf ein bewegtes Electricitätstheilchen ausübt,
mit Hülfe des electrodynamischen Potentials bestimmen, so
darf man das letztere im allgemeinen nicht so bilden, dass
man für jedes Stromelement die beiden Potentialausdrücke,
welche sich auf die in dem betreffenden Leiterelemente befindliche positive und negative Electricität beziehen, einfach
zu einer algebraischen Summe vereinigt und dann das Stromelement als ein Ganzes behandelt, sondern man muss vielmehr die beiden einzelnen Electricitätsmengen besonders betrachten, da es sich nicht blos darum handelt, welchen Bewegungszustand sie in dem betreffenden Leiterelemente haben,
sondern auch darum, wie ihr Bewegungszustand sich beim
Uebergange aus diesem Leiterelemente in die anliegenden
ändert, was für die beiden Electricitäten in verschiedener
Weise stattfindet. Dadurch werden natürlich die Formeln
etwas complicirt. In gewissen Fällen aber, insbesondere in
dem Falle, wo der Strom, dessen Einwirkung auf ein bewegtes Electricitätstheilchen man bestimmen will, geschlossen ist, vereinfacht sich die Sache in der Weise, dass man

ausser der Stromintensität nur die Lage und Richtung der
Stromelemente zu betrachten hat, ohne auf die in ihnen befindlichen beiden Electricitäten besonders Rücksicht zu nehmen. Dadurch gelangt man dann zu Formeln von ausserordentlicher Einfachheit, die für die Bestimmung der ponderomotorischen und electromotorischen Kräfte grosse Er-
leichterungen gewähren und das ganze darauf bezügliche
Gebiet von mathematischen Entwickelungen sehr übersichtlich machen.

Diese Formeln will ich mir erlauben, nachstehend zu
entwickeln, und zwar nicht nur aus dem von mir aufgestellten electrodynamischen Grundgesetze, sondern auch aus dem
Riemann'schen und Weber'schen Grundgesetze. Man wird
sehen, dass die den drei Grundgesetzen entsprechenden Resultate bei dieser Formulirung nur durch einzelne, leicht be-
stimmbare Glieder voneinander abweichen, und sich daher
sehr bequem untereinander vergleichen lassen.

§ 2.

Eine bewegte Electricitätsmenge, auf deren Grösse es
nicht ankommt, und die wir daher als eine Electricitätseinheit annehmen wollen, befinde sich zur Zeit t im Punkte
x, y, z und habe die Geschwindigkeitscomponenten $\frac{dx}{dt}, \frac{dy}{dt},$
$\frac{dz}{dt}$. Ferner sei ein galvanischer Strom s' gegeben, welcher
ebenfalls in Bewegung sein kann. Den Strom wollen wir

einander zu unterscheiden, wollen wir, ähnlich wie ich es
schon in einer frühern Untersuchung[1]) gethan habe, folgende
Bezeichnungsweisen einführen. Die Coordinaten eines im
Leiter festen Punktes betrachten wir einfach als Functionen
der Zeit *t.* Zur Bestimmung der Coordinate des im Leiter
strömenden Electricitätstheilehens aber nehmen wir noch
eine zweite Veränderliche zu Hülfe, welche die Lage des
Theilchens in dem Leiter bestimmt, nämlich den auf der
Leitercurve gemessenen Abstand *s′* des Theilchens von irgend
einem Anfangspunkte. Demnach ist jede Coordinate des
Theilchens als Function von *t* und *s′* zu betrachten, wobei
s′ selbst wieder als Function von *t* angesehen werden kann.
Seien also *x′*, *y′*, *z′* die Coordinaten des Electricitätstheilchens zur Zeit *t*, so zerfällt der vollständige Differentialcoëfficient jeder dieser Coordinaten nach *t* in zwei Glieder,
welche die partiellen Differentialcoëfficienten nach *t* und *s′*
enthalten, sodass man für jede Coordinate eine Gleichung
von folgender Form erhält:

$$\frac{dx'}{dt} = \frac{\partial x'}{\partial t} + \frac{\partial x'}{\partial s'}\frac{ds'}{dt}.$$

Für den Differentialcoëfficienten $\frac{ds'}{dt}$, welcher die Strömungsgeschwindigkeit darstellt, wollen wir ein einfaches
Zeichen einführen, und zwar wollen wir die Strömungsgeschwindigkeit der positiven Electricität mit *c′* und die der
negativen Electricität mit $-c'_1$ bezeichnen, wobei es uns
dann unbenommen bleibt, je nach der speciellen Annahme,
welche wir über das Verhalten der beiden Electricitäten
machen, die Grössen *c′* und c'_1 als untereinander gleich zu
betrachten, oder eine derselben gleich Null zu setzen, oder
ihnen irgend welche voneinander verschiedene Werthe zuzuschreiben. Mit Hülfe dieser Bezeichnung erhält man statt
der vorigen Gleichung folgende zwei auf die positive und
negative Electricität bezügliche Gleichungen:

1) Clausius, Verhandl. des naturhist. Vereins der preuss. Rheinl. u.
Westf. **33.** p. 407. 1876; Wied. Ann. **1.** p. 14. 1877 u. Mechanische
Wärmetheorie **2.** Abschn. X.

$$(1) \quad \begin{cases} \dfrac{dx'}{dt} = \dfrac{\partial x'}{\partial t} + c'\dfrac{\partial x'}{\partial s'} \\[2mm] \dfrac{dx'}{dt} = \dfrac{\partial x'}{\partial t} - c'_1\dfrac{\partial x'}{\partial s'}. \end{cases}$$

Bei etwaiger zweiter Differentiation nach t ist zu berücksichtigen, dass auch die Grössen c' und c'_1 wieder als Functionen von t und s' zu behandeln sind, indem sowohl an einem bestimmten Punkte des Leiters die Strömungsgeschwindigkeit sich mit der Zeit ändern kann, wenn die Stromintensität veränderlich ist, als auch zu einer bestimmten Zeit die Strömungsgeschwindigkeit an verschiedenen Punkten des Leiters verschieden sein kann, wenn der Leiter nicht überall gleichen Querschnitt und gleiche Beschaffenheit hat.

Der Abstand r zwischen dem betrachteten im Leiter s' strömenden Electricitätstheilchen und der im Punkte x, y, z befindlichen Electricitätseinheit ist ebenfalls als Function von t und s' anzusehen, und der vollständige Differentialcoëfficient von r nach t ist also für positive und negative strömende Electricität in folgenden Weisen zu bilden:

$$(2) \quad \begin{cases} \dfrac{dr}{dt} = \dfrac{\partial r}{\partial t} + c'\dfrac{\partial r}{\partial s'} \\[2mm] \dfrac{dr}{dt} = \dfrac{\partial r}{\partial t} - c'_1\dfrac{\partial r}{\partial s'}. \end{cases}$$

Hierin umfasst der partielle Differentialcoëfficient $\dfrac{\partial r}{\partial t}$ die beiden Veränderungen, welche r einerseits durch die Bewegung der Electricitätseinheit und andererseits durch die Bewegung des das strömende Electricitätstheilchen enthaltenden Leiterelements ds' erleidet, während $\dfrac{\partial r}{\partial s}$ sich auf die Veränderung bezieht, welche r durch die in dem Leiter stattfindende Strömungsbewegung des Electricitätstheilchens erleidet.

Unter Anwendung diesér Bezeichnungsweise möge nun die x-Componente der Kraft bestimmt werden, welche ein Stromelement ds' auf die bewegte Electricitätseinheit ausübt, und zwar zunächst nach dem von mir aufgestellten electrodynamischen Grundgesetze, weil dieses für die Behandlung am bequemsten ist, und die einfachsten Ausdrücke liefert,

zu denen man dann, um die den beiden anderen Grundgesetzen entsprechenden Ausdrücke zu erhalten, noch gewisse
Glieder hinzufügen muss.

3.

Nach meinem Grundgesetze wird die x-Componente der
Kraft, welche ein bewegtes Electricitätstheilchen e von einem
andern bewegten Electricitätstheilchen e' erleidet, durch folgende Formel dargestellt:

$$ee'\left\{\frac{\partial\frac{1}{r}}{\partial x}\left[-1+k\left(\frac{dx}{dt}\frac{dx'}{dt}+\frac{dy}{dt}\frac{dy'}{dt}+\frac{dz}{dt}\frac{dz'}{dt}\right)\right]-k\frac{d}{dt}\left(\frac{1}{r}\frac{dx'}{dt}\right)\right\},$$

welche sich, wenn wir eine Summe von drei der Form nach
gleichen Gliedern, welche sich auf die drei Coordinatenrichtungen beziehen, dadurch andeuten, dass wir nur das auf die
x-Richtung bezügliche Glied hinschreiben und davor das
Summenzeichen setzen, etwas kürzer so schreiben lässt:

$$ee'\left[\frac{\partial\frac{1}{r}}{\partial x}\left(-1+k\Sigma\frac{dx}{dt}\frac{dx'}{dt}\right)-k\frac{d}{dt}\left(\frac{1}{r}\frac{dx'}{dt}\right)\right].$$

Wir nehmen nun im Punkte x', y', z' ein Stromelement ds'
an, in welchem die positive Electricitätsmenge $h'ds'$ mit der
Geschwindigkeit c' und die negative Electricitätsmenge $-h'ds'$
mit der Geschwindigkeit $-c'_1$ strömt, und wollen zunächst
von derjenigen Kraft, welche die positive Electricitätsmenge
$h'ds'$ auf die im Punkte x, y, z gedachte bewegte Electricitätseinheit ausübt, die x-Componenten bestimmen. Dazu
haben wir in dem vorigen Ausdrucke e und e' durch 1 und
$h'ds'$ zu ersetzen, wodurch wir erhalten:

$$ds'\left[h'\frac{\partial\frac{1}{r}}{\partial x}\left(-1+k\Sigma\frac{dx}{dt}\frac{dx'}{dt}\right)-kh'\frac{d}{dt}\left(\frac{1}{r}\frac{dx'}{dt}\right)\right].$$

Das hier vorkommende Product:

$$h'\frac{d}{dt}\left(\frac{1}{r}\frac{dx'}{dt}\right)$$

können wir in eine andere Form bringen, und da die entsprechende Umformung auch sonst häufig anzuwenden ist,

so wollen wir sie gleich etwas allgemeiner durchführen. Sei
F irgend eine Grösse, welche in der Weise, wie es im vorigen Paragraphen von den auf die positive strömende Electricität bezüglichen Grössen gesagt wurde, von t und s' abhängt, dann kann man, gemäss (1) und (2) schreiben:

$$\frac{dF}{dt} = \frac{\partial F}{\partial t} + c' \frac{\partial F}{\partial s'}$$

oder nach Multiplication mit h':

$$h' \frac{dF}{dt} = h' \frac{\partial F}{\partial t} + h' c' \frac{\partial F}{\partial s'},$$

und dieses kann man umändern in:

$$h' \frac{dF}{dt} = h' \frac{\partial F}{\partial t} + \frac{\partial (h' c' F)}{\partial s} - F \frac{\partial (h' c')}{\partial s'}.$$

Hierin lässt sich der Differentialcoëfficient $\frac{\partial (h' c')}{\partial s}$ durch einen andern ersetzen. Das Leiterelement ds' ist von zwei Querschnitten begrenzt, welche den Bogenlängen s' und $s' + ds'$ entsprechen. Die beiden Electricitätsmengen, welche während der Zeit dt durch diese beiden Querschnitte strömen, und von denen die erste in das Element ds' hinein und die andere aus ihm herausströmt, werden dargestellt durch:

$$h' c' \, dt \quad \text{und} \quad \left(h' c' + \frac{\partial (h' c')}{\partial s'} \, ds' \right) dt,$$

und daraus folgt, dass die während der Zeit dt stattfindende Zunahme der in ds' befindlichen positiven Electricitätsmenge durch:

$$- \frac{\partial (h' c')}{\partial s'} \, ds' \, dt$$

dargestellt wird. Dieselbe Zunahme kann aber andererseits auch durch:

$$\frac{\partial h'}{\partial t} \, ds' \, dt$$

bezeichnet werden, und wir erhalten somit die Gleichung:

$$(3) \qquad \frac{\partial h'}{\partial t} = - \frac{\partial (h' c')}{\partial s'}.$$

Dadurch geht die obige Gleichung über in:

$$h' \frac{dF}{dt} = h' \frac{\partial F}{\partial t} + \frac{\partial (h'c'F)}{\partial s'} + F \frac{\partial h'}{\partial t},$$

oder, nach Zusammenziehung des ersten und letzten Gliedes an der rechten Seite, in:

(4)
$$h' \frac{dF}{dt} = \frac{\partial (h'F)}{\partial t} + \frac{\partial (h'c'F)}{\partial s'}.$$

Kehren wir nun zu dem Ausdrucke der x-Componente der von der positiven Electricitätsmenge $h'ds'$ auf die Electricitätseinheit ausgeübten Kraft zurück und wenden die vorige Umformungsweise auf das Product $h' \dfrac{d}{dt}\left(\dfrac{1}{r}\dfrac{dx'}{dt}\right)$ an,

worin $\dfrac{1}{r}\dfrac{dx'}{dt}$ die Grösse ist, welche vorher allgemein mit F bezeichnet wurde, so geht der Ausdruck über in:

$$ds'\left[h'\frac{\partial \frac{1}{r}}{\partial x}\left(-1 + k\sum \frac{dx}{dt}\frac{dx'}{dt}\right) - k\frac{\partial}{\partial t}\left(\frac{h'}{r}\frac{dx'}{dt}\right) - k\frac{\partial}{\partial s'}\left(\frac{h'c'}{r}\frac{dx'}{dt}\right)\right].$$

Hierin möge endlich noch der Differentialcoëfficient $\dfrac{dx'}{dt}$ gemäss (1) in seine beiden Theile zerlegt werden, dann nimmt der Ausdruck folgende Form an:

$$ds'\left\{ h'\frac{\partial \frac{1}{r}}{\partial x}\left[-1 + k\sum \frac{dx}{dt}\left(\frac{\partial x'}{\partial t} + c'\frac{\partial x'}{\partial s'}\right)\right] - k\frac{\partial}{\partial t}\left(\frac{h'}{r}\frac{\partial x'}{\partial t} + \frac{h'c'}{r}\frac{\partial x'}{\partial s'}\right)\right.$$
$$\left. - k\frac{\partial}{\partial s'}\left(\frac{h'c'}{r}\frac{\partial x'}{\partial t} + \frac{h'c'^2}{r}\frac{\partial x'}{\partial s'}\right)\right\}.$$

In entsprechender Weise können wir nun auch die x-Compomenten derjenigen Kraft ausdrücken, welche die in dem Elemente ds' enthaltene negative Electricitätsmenge $-h'ds'$, deren Strömungsgeschwindigkeit $-c'_1$ ist, auf die Electricitätseinheit ausübt. Dazu haben wir in dem vorigen Ausdrucke h' durch $-h'$ und c' durch $-c'_1$ zu ersetzen, wodurch wir erhalten:

$$ds'\left\{-h'\frac{\partial\frac{1}{r}}{\partial x}\left[-1+k\sum\frac{dx}{dt}\left(\frac{\partial x'}{\partial t}-c'_1\frac{\partial x'}{\partial s'}\right)\right]-k\frac{\partial}{\partial t}\left(-\frac{h'}{r}\frac{\partial x'}{\partial t}+\frac{h'c'_1}{r}\frac{\partial x'}{\partial s'}\right)\right.$$

$$\left.-k\frac{\partial}{\partial s'}\left(\frac{h'c'_1}{r}\frac{\partial x'}{\partial t}-\frac{h'c_1'^2}{r}\frac{\partial x'}{\partial s'}\right)\right\}.$$

Die Summe dieser beiden Ausdrücke stellt die x-Componente der Kraft dar, welche das Stromelement ds' im ganzen auf die Electricitätseinheit ausübt. Bei der Bildung dieser Summe heben sich mehrere Glieder auf, und andere gestatten dadurch eine Vereinfachung, dass das Product $h'\,(c'+c'_1)$ durch das Zeichen i', welches die Stromintensität in ds' bedeutet, ersetzt werden kann, woraus zugleich folgt, dass das Product $h'\,(c'^2-c_1'^2)$, welches man auch in der Form $h'\,(c'+c'_1)\,(c'-c'_1)$ schreiben kann, sich durch $i'\,(c'-c'_1)$ ersetzen lässt. Man erhält daher, wenn man die x-Componente der Kraft, welche das Stromelement ds' auf die Electricitätseinheit ausübt, mit $\mathfrak{x}\,ds'$ bezeichnet, die Gleichung:

$$(5)\quad \mathfrak{x}=k\left[i'\frac{\partial\frac{1}{r}}{\partial x}\sum\frac{dx}{dt}\frac{\partial x'}{\partial s'}-\frac{\partial}{\partial t}\left(\frac{i'}{r}\frac{\partial x'}{\partial s'}\right)-\frac{\partial}{\partial s'}\left(\frac{i'}{r}\frac{\partial x'}{\partial t}+\frac{i'(c'-c'_1)}{r}\frac{\partial x'}{\partial s'}\right)\right].$$

§ 4.

Es möge nun in derselben Weise das Riemann'sche Grundgesetz behandelt werden, was im Anschlusse an das Vorige sehr leicht ist.

Die x-Componente der Kraft, welche ein bewegtes Electricitätstheilchen e von einem bewegten Electricitätstheilchen e' erleidet, wird nach Riemann durch folgende Formel ausgedrückt:

$$ee'\left\{\frac{\partial\frac{1}{r}}{\partial x}\left[-1-\frac{k}{2}\sum\left(\frac{dx}{dt}-\frac{dx'}{dt}\right)^2\right]+k\frac{d}{dt}\left[\frac{1}{r}\left(\frac{dx}{dt}-\frac{dx'}{dt}\right)\right]\right\}.$$

Diese Formel lässt sich auch folgendermassen schreiben:

$$ee'\left[\frac{\partial\frac{1}{r}}{\partial x}\left(-1+k\,\Sigma\,\frac{dx}{dt}\frac{dx'}{dt}\right)-k\frac{d}{dt}\left(\frac{1}{r}\frac{dx'}{dt}\right)\right]$$

$$+ee'k\left\{-\frac{1}{2}\frac{\partial\frac{1}{r}}{\partial x}\,\Sigma\left[\left(\frac{dx}{dt}\right)^2+\left(\frac{dx'}{dt}\right)^2\right]+\frac{d}{dt}\left(\frac{1}{r}\frac{dx}{dt}\right)\right\}.$$

Das erste Glied dieses Ausdruckes stimmt vollständig mit dem Ausdrucke. überein, welcher nach meinem Grundgesetze die betreffende Kraftcomponente darstellt, und wir können somit für dieses Glied die schon im vorigen § ausgeführten Entwickelungen benutzen und brauchen nur noch für das zweite Glied die Entwickelungen auszuführen.

Zur Bestimmung der von einem Stromelement ds' auf eine bewegte Electricitätseinheit ausgeübten Kraft betrachten wir in dem Elemente zuerst wieder die positive Electricitätsmenge $h'ds'$, welche mit der Geschwindigkeit c' strömt. Um für diese Electricitätsmenge den Theil der Kraftcomponente auszudrücken, welcher dem zweiten Gliede des vorigen Ausdruckes entspricht, haben wir in demselben e und e' durch 1 und $h'ds'$ zu ersetzen, wodurch wir erhalten:

$$kds'\left\{-\frac{h'}{2}\frac{\partial\frac{1}{r}}{\partial x}\,\Sigma\left[\left(\frac{dx}{dt}\right)^2+\left(\frac{dx'}{dt}\right)^2\right]+h'\frac{d}{dt}\left(\frac{1}{r}\frac{dx}{dt}\right)\right\}.$$

Hierin setzen wir gemäss (1) und (2):

$$\frac{dx'}{dt}=\frac{\partial x'}{\partial t}+c'\frac{\partial x'}{\partial s'}$$

$$\frac{d}{dt}\left(\frac{1}{r}\frac{dx}{dt}\right)=\frac{\partial}{\partial t}\left(\frac{1}{r}\frac{dx}{dt}\right)+c'\frac{\partial}{\partial s'}\left(\frac{1}{r}\frac{dx}{dt}\right),$$

wodurch der Ausdruck übergeht in:

$$kds'\left\{-\frac{h'}{2}\frac{\partial\frac{1}{r}}{\partial x}\,\Sigma\left[\left(\frac{dx}{dt}\right)^2+\left(\frac{\partial x'}{\partial t}\right)^2+2c'\frac{\partial x'}{\partial t}\frac{\partial x'}{\partial s'}+c'^2\left(\frac{\partial x'}{\partial s'}\right)^2\right]\right.$$

$$\left.+h'\frac{\partial}{\partial t}\left(\frac{1}{r}\frac{dx}{dt}\right)+h'c'\frac{\partial}{\partial s'}\left(\frac{1}{r}\frac{dx}{dt}\right)\right\}.$$

Der entsprechende Ausdruck für die negative Electricitätsmenge $-h'ds'$, welche mit der Geschwindigkeit $-c'_1$ strömt, lautet:

$$k\,ds' \left\{ \frac{h'}{2} \frac{\partial \frac{1}{r}}{\partial x} \Sigma\left[\left(\frac{dx}{dt}\right)^2 + \left(\frac{\partial x'}{\partial t}\right)^2 - 2c'_1 \frac{\partial x'}{\partial t}\frac{\partial x'}{\partial s'} + c_1'^2\left(\frac{\partial x'}{\partial s'}\right)^2\right] \right.$$

$$\left. - h'\frac{\partial}{\partial t}\left(\frac{1}{r}\frac{dx}{dt}\right) + h'c'_1\frac{\partial}{\partial s'}\left(\frac{1}{r}\frac{dx}{dt}\right) \right\}.$$

Durch Addition dieser beiden Ausdrücke erhält man:

$$k\,ds'\left\{ -i'\frac{\partial \frac{1}{r}}{\partial x} \Sigma\left[\frac{\partial x'}{\partial t}\frac{\partial x'}{\partial s'} + \frac{c'-c'_1}{2}\left(\frac{\partial x'}{\partial s'}\right)^2\right] + i''\frac{\partial}{\partial s'}\left(\frac{1}{r}\frac{dx}{dt}\right) \right\},$$

wofür man, wegen der selbstverständlichen Gleichung:

$$\Sigma\left(\frac{\partial x'}{\partial s'}\right)^2 = \left(\frac{\partial x'}{\partial s'}\right)^2 + \left(\frac{\partial y'}{\partial s'}\right)^2 + \left(\frac{\partial z'}{\partial s'}\right)^2 = 1,$$

und weil i' von s' unabhängig ist und daher im letzten Gliede mit unter das Differentiationszeichen gesetzt werden darf, auch schreiben kann:

$$k\,ds'\left[-i'\frac{\partial \frac{1}{r}}{\partial x}\left(\Sigma\frac{\partial x'}{\partial t}\frac{\partial x'}{\partial s'} + \frac{c'-c'_1}{2}\right) + \frac{\partial}{\partial s'}\left(\frac{i'}{r}\frac{dx}{dt}\right) \right].$$

Dieses ist der aus dem **zweiten Gliede** des obigen Ausdruckes hervorgehende Bestandtheil der x-Componente der Kraft, welche das Stromelement ds' auf eine bewegte Electricitätseinheit nach dem Riemann'schen Grundgesetze ausübt. Der aus dem **ersten Gliede** hervorgehende Bestandtheil stimmt, wie schon gesagt, mit dem nach meinem Grundgesetze geltenden Werthe der Kraftcomponente überein, welchen wir mit $\mathfrak{x}\,ds'$ bezeichnet und im vorigen § bestimmt haben. Bezeichnen wir daher den ganzen nach dem Riemann'schen Grundgesetze geltenden Werth der Kraftcomponente mit $\mathfrak{x}_1\,ds'$, so erhalten wir:

$$(6)\quad \mathfrak{x}_1 = \mathfrak{x} + k\left[-i'\frac{\partial \frac{1}{r}}{\partial x}\left(\Sigma\frac{\partial x'}{\partial t}\frac{\partial x'}{\partial s'} + \frac{c'-c'_1}{2}\right) + \frac{\partial}{\partial s'}\left(\frac{i}{r}\frac{dx}{dt}\right) \right].$$

§ 5.

Es muss nun drittens noch das Weber'sche Grundgesetz in gleicher Weise behandelt werden.

Nach diesem Grundgesetze findet zwischen zwei bewegten Electricitätstheilchen e und e' eine Abstossung von der Stärke:

$$\frac{ee'}{r^2}\left[1 - \frac{k}{2}\left(\frac{dr}{dt}\right)^2 + kr\frac{d^2r}{dt^2}\right]$$

statt, und hieraus erhält man die x-Componente der Kraft, welche das Theilchen e erleidet, durch Multiplication mit $\frac{x-x'}{r}$, also:

$$ee'\frac{x-x'}{r^3}\left[1 - \frac{k}{2}\left(\frac{dr}{dt}\right)^2 + kr\frac{d^2r}{dt^2}\right].$$

Indem wir diesen Ausdruck auf die im Stromelemente ds' mit der Geschwindigkeit c' strömende Electricitätsmenge $h'ds'$ und auf die bewegte Electricitätseinheit anwenden, haben wir zunächst wieder e und e' durch 1 und $h'ds'$ zu ersetzen. Alsdann wollen wir gemäss (4) folgende Umformung vornehmen:

$$h'\frac{d^2r}{dt^2} = h'\frac{d}{dt}\left(\frac{dr}{dt}\right) = \frac{\partial}{\partial t}\left(h'\frac{dr}{dt}\right) + \frac{\partial}{\partial s'}\left(h'c'\frac{dr}{dt}\right),$$

und ausserdem durchweg setzen:

$$\frac{dr}{dt} = \frac{\partial r}{\partial t} + c'\frac{\partial r}{\partial s'}.$$

Dann kommt:

$$ds'\frac{x-x'}{r^3}\left\{h - \frac{k}{2}\left[h'\left(\frac{\partial r}{\partial t}\right)^2 + 2h'c'\frac{\partial r}{\partial t}\frac{\partial r}{\partial s'} + h'c'^2\left(\frac{\partial r}{\partial s'}\right)^2\right]\right.$$
$$\left. + kr\frac{\partial}{\partial t}\left(h'\frac{\partial r}{\partial t} + h'c'\frac{\partial r}{\partial s'}\right) + kr\frac{\partial}{\partial s'}\left(h'c'\frac{\partial r}{\partial t} + h'c'^2\frac{\partial r}{\partial s'}\right)\right\}.$$

Ebenso erhalten wir für die mit der Geschwindigkeit $-c'_1$ strömende negative Electricitätsmenge $-h'ds'$:

$$ds'\frac{x-x'}{r^3}\left\{-h' - \frac{k}{2}\left[-h'\left(\frac{\partial r}{\partial t}\right)^2 + 2h'c'_1\frac{\partial r}{\partial t}\frac{\partial r}{\partial s'} - h'c_1'^2\left(\frac{\partial r}{\partial s'}\right)^2\right]\right.$$
$$\left. + kr\frac{\partial}{\partial t}\left(-h'\frac{\partial r}{\partial t} + h'c'_1\frac{\partial r}{\partial s'}\right) + kr\frac{\partial}{\partial s'}\left(h'c'_1\frac{\partial r}{\partial t} - h'c_1'^2\frac{\partial r}{\partial s'}\right)\right\}.$$

Die Summe dieser beiden Ausdrücke stellt die x-Componente der Kraft dar, welche das ganze Stromelement ds'

auf die Electricitätseinheit nach dem Weber'schen Grundgesetze ausüben muss. Wird diese mit $\mathfrak{x}_2\, ds'$ bezeichnet, so
kommt:

$$(7) \quad \begin{cases} \mathfrak{x}_2 = k\,\dfrac{x-x'}{r^3}\left\{- i'\dfrac{\partial r}{\partial t}\dfrac{\partial r}{\partial s'} + r\dfrac{\partial}{\partial t}\left(i'\dfrac{\partial r}{\partial s'}\right) - \tfrac{1}{2}i''(c'-c'_1)\left(\dfrac{\partial r}{\partial s'}\right)^2 \right. \\[2mm] \left. \qquad\qquad + r\dfrac{\partial}{\partial s'}\left[i'\dfrac{\partial r}{\partial t} + i''(c'-c'_1)\dfrac{\partial r}{\partial s'}\right]\right\}. \end{cases}$$

Dieser Ausdruck von $\mathfrak{x}_2$ lässt sich, ähnlich wie der obige
Ausdruck von $\mathfrak{x}_1$, in eine solche Form bringen, dass er als
Summe von $\mathfrak{x}$ und einigen hinzugefügten Gliedern erscheint.
Wir wollen dazu die vorige Gleichung mit k dividiren, dann
an der rechten Seite die angedeutete Multiplication mit
$\dfrac{x-x'}{r^3}$ ausführen und zugleich mit einigen Gliedern noch eine
Zerlegung vornehmen. Die so entstehenden Glieder wollen
wir durch darüber geschriebene Zahlen numeriren, um sie
nachher durch die Nummern einfach bezeichnen zu können:

$$\frac{\mathfrak{x}_2}{k} = - i'\overset{1}{\dfrac{x-x'}{r^3}}\dfrac{\partial r}{\partial t}\dfrac{\partial r}{\partial s'} + \overset{2}{\dfrac{x-x'}{r^2}}\dfrac{\partial}{\partial t}\left(i'\dfrac{\partial r}{\partial s'}\right) - \overset{3}{\dfrac{i'(c'-c'_1)}{2}\dfrac{x-x'}{r^3}}\left(\dfrac{\partial r}{\partial s'}\right)^2$$

$$+ i''\overset{4}{\dfrac{x-x'}{r^2}}\dfrac{\partial^2 r}{\partial t\,\partial s'} + \overset{5}{\dfrac{x-x'}{r^2}}\dfrac{\partial}{\partial s'}\left[i'(c'-c'_1)\dfrac{\partial r}{\partial s'}\right].$$

In ähnlicher Weise wollen wir den Ausdruck von $\mathfrak{x}$.
welcher in Gleichung (5) gegeben ist, behandeln, dabei aber
das erste Glied noch besonders umformen. Man kann nämlich setzen:

$$\frac{\partial^2(r^2)}{\partial t\,\partial s'} = 2\frac{\partial r}{\partial t}\frac{\partial r}{\partial s'} + 2r\frac{\partial^2 r}{\partial t\,\partial s'}$$

und zugleich erhält man aus $r^2 = \Sigma\,(x-x')^2$:

$$\frac{\partial^2(r^2)}{\partial t\,\partial s'} = -2\Sigma\frac{dx}{dt}\frac{\partial x'}{\partial s'} - 2\frac{\partial}{\partial s'}\,\Sigma\,(x-x')\frac{\partial x'}{\partial t}.$$

Aus der Vereinigung dieser beiden Gleichungen ergibt sich:

$$\Sigma\frac{dx}{dt}\frac{\partial x'}{\partial s'} = -\frac{\partial r}{\partial t}\frac{\partial r}{\partial s'} - r\frac{\partial^2 r}{\partial t\,\partial s'} - \frac{\partial}{\partial s'}\,\Sigma\,(x-x')\frac{\partial x'}{\partial t}.$$

Die hier an der rechten Seite stehende algebraische Summe
wollen wir in der Gleichung (5) für $\Sigma\dfrac{dx}{dt}\dfrac{\partial x'}{\partial s'}$ einsetzen. Zu-

gleich wollen wir die sämmtlichen Vorzeichen dieser Gleichung umkehren, sodass sie nach der Division durch k die Grösse $-\frac{\mathfrak{x}}{k}$ bestimmt, und zwar in folgender Weise:

$$-\frac{\mathfrak{x}}{k} = -i'' \overset{6}{\frac{x-x'}{r^3} \frac{\partial r}{\partial t} \frac{\partial r}{\partial s'}} - i'' \overset{7}{\frac{x-x'}{r^2} \frac{\partial^2 r}{\partial t \partial s'}} - i'' \overset{8}{\frac{x-x'}{r^3} \frac{\partial}{\partial s'} \Sigma (x-x') \frac{\partial x'}{\partial t}}$$

$$+ \overset{9}{\frac{\partial}{\partial t}\left(\frac{i'}{r}\right) \frac{\partial x'}{\partial s'}} + \overset{10}{\frac{i'}{r} \frac{\partial^2 x'}{\partial t \partial s'}} + \overset{11}{\frac{\partial}{\partial s'}\left(\frac{i'}{r} \frac{\partial x'}{\partial t}\right)} + \overset{12}{\frac{\partial}{\partial s'}\left(\frac{i'(c'-c'_1)}{r} \frac{\partial x'}{\partial s'}\right)}.$$

Die in diesen beiden Ausdrücken vorkommenden zwölf Glieder bilden zusammen den Ausdruck von $\frac{\mathfrak{x}_2 - \mathfrak{x}}{k}$, und es kommt nun darauf an, denselben in eine möglichst einfache und für die weiteren Rechnungen zweckmässige Form zu bringen, was durch geeignete Gruppirung der Glieder geschehen kann. Man erhält nämlich, wenn man die Glieder kurz durch ihre Nummern andeutet:

$$4 + 7 = 0$$

$$1 + 6 + 2 + 9 = -\frac{\partial}{\partial s'}\left[(x-x') \frac{\partial}{\partial t}\left(\frac{i'}{r}\right)\right]$$

$$8 + 10 = \frac{\partial}{\partial x}\left[\frac{i'}{r} \frac{\partial}{\partial s'} \Sigma (x-x') \frac{\partial x'}{\partial t}\right]$$

$$3 + 5 + 12 = -\frac{\partial}{\partial x}\left[\frac{i'(c'-c'_1)}{2r} \left(\frac{\partial r}{\partial s'}\right)^2\right] - \frac{\partial}{\partial s'}\left[i'(c'-c'_1) \frac{\partial^2 r}{\partial x \partial s'}\right].$$

Hiermit sind ausser dem 11. Gliede, welches noch besonders zu berücksichtigen ist, alle Glieder in Rechnung gebracht, und es kommt daher im ganzen:

$$\frac{\mathfrak{x}_2 - \mathfrak{x}}{k} = \frac{\partial}{\partial x}\left[\frac{i'}{r} \frac{\partial}{\partial s'} \Sigma (x-x') \frac{\partial x'}{\partial t}\right] - \frac{\partial}{\partial x}\left[\frac{i'(c'-c'_1)}{2r} \left(\frac{\partial r}{\partial s'}\right)^2\right]$$

$$- \frac{\partial}{\partial s'}\left[(x-x') \frac{\partial}{\partial t}\left(\frac{i'}{r}\right)\right] + \frac{\partial}{\partial s'}\left(\frac{i'}{r} \frac{\partial x}{\partial t}\right) - \frac{\partial}{\partial s'}\left[i'(c'-c'_1) \frac{\partial^2 r}{\partial x \partial s'}\right];$$

und da alle hierin vorkommenden Glieder Differentialcoëfficienten nach x oder s' sind, so lassen sie sich in zwei Differentialcoëfficienten zusammenfassen. Aus dieser Gleichung erhalten wir den gesuchten Ausdruck von $\mathfrak{x}_2$, nämlich:

$$(8) \quad \begin{cases} \mathfrak{X}_2 = \mathfrak{E} + k \frac{\partial}{\partial x}\left[\frac{i'}{r} \frac{\partial}{\partial s'} \Sigma(x-x') \frac{\partial x'}{\partial t} - \frac{i'(c'-c'_1)}{2r}\left(\frac{\partial r}{\partial s'}\right)^2 \right] \\ - k \frac{\partial}{\partial s'}\left[(x-x') \frac{\partial}{\partial t}\left(\frac{i'}{r}\right) - \frac{i'}{r} \frac{\partial x'}{\partial t} + i'(c'-c'_1) \frac{\partial^2 r}{\partial x\, \partial s'} \right]. \end{cases}$$

§ 6.

In den drei vorstehenden Paragraphen ist die x-Componente der Kraft, welche ein Stromelement ds' auf eine bewegte Electricitätseinheit ausübt, aus den drei Grundgesetzen abgeleitet. In jedem der drei unter (5), (6) und (8) gegebenen Ausdrücke findet sich ein Glied, welches ein Differentialcoëfficient nach s' ist, und welches daher bei der Integration über einen geschlossenen Strom s' verschwindet. Die von einem geschlossenen Strome oder auch von einem Systeme geschlossener Ströme ausgeübte Kraft wird daher durch Ausdrücke von vereinfachter Form dargestellt, welche wir jetzt näher betrachten wollen.

Wir gehen zunächst von dem in Gleichung (5) gegebenen Ausdrucke aus. Indem wir diesen mit ds' multipliciren und dann über einen geschlossenen Strom oder ein System von geschlossenen Strömen integriren, erhalten wir die x-Componente derjenigen Kraft, welche der Strom oder das Stromsystem nach meinem Grundgesetze auf eine bewegte Electricitätseinheit ausüben muss. Bezeichnen wir diese x-Componente mit $\mathfrak{X}$, so kommt:

$$(9) \quad \mathfrak{X} = k \int i' \frac{\partial \frac{1}{r}}{\partial x} \Sigma \frac{dx}{dt} \frac{\partial x'}{\partial s} \, ds' - k \int \frac{\partial}{\partial t}\left(\frac{i'}{r} \frac{\partial x'}{\partial s}\right) ds'.$$

In dieser Gleichung ist stillschweigend vorausgesetzt, dass die Länge des geschlossenen Leiters s' unverändert bleibe, sodass diejenigen Elemente ds', welche zu einer gegebenen Zeit den geschlossenen Leiter bilden, ihn auch für die folgende Zeit bilden, und kein Element ein- oder austrete. In der Wirklichkeit können aber auch solche Fälle vorkommen, wo die Länge des Leiters sich ändert, z. B. wenn an einer Stelle ein Gleiten zweier Theile des Leiters aufeinander stattfindet und bewirkt, dass Leiterstücke, welche vor-

her ausserhalb der Schliessung lagen, nachher innerhalb
derselben liegen, oder umgekehrt. In den bei diesem Vorgange hinzukommenden Leitertheilen beginnt der Strom und
in den ausscheidenden hört er auf, und durch diese Aenderung der Stromintensität in den einzelnen Leitertheilen wird
eine Kraft bedingt, welche mit in Rechnung gebracht werden muss. Freilich sind wegen der grossen Geschwindigkeit,
mit welcher das Anfangen und Aufhören des Stromes sich
vollzieht, die Leitertheile, in welchen es in jedem Augenblicke stattfindet, sehr klein, dafür ist aber auch in ihnen
der Differentialcoëfficient $\dfrac{\partial i'}{\partial t}$ sehr gross, und dadurch kann
der betreffende Theil der Kraft doch einen beträchtlichen
Werth annehmen. Es fragt sich nun, wie man diesen Theil
der Kraft in der Formel mit ausdrücken kann.

Wir wollen die Stelle, an welcher das Eintreten (resp.
Austreten) von Leiterstücken stattfindet, als Anfangs- und
Endpunkt des geschlossenen Leiters s' wählen, sodass ein
neu eintretendes Leiterstück sich gerade am Ende des Leiters anfügt. Wenn wir die Länge des Leiters zur Zeit t
mit s'_1 bezeichnen, so stellt sich das während des Zeitele-
mentes hinzukommende Leiterelement durch $\dfrac{ds'_1}{dt}\,dt$ dar. Bezeichnen wir ferner die sehr kurze Zeit, welche zur Entstehung
des Stromes in einem in die Schliessung eingetretenen Leiterstücke erforderlich ist, mit τ, so ist während der Verlängerung des Leiters ein am Ende desselben befindliches Stück
von der Länge $\dfrac{ds'_1}{dt}\,\tau$ dasjenige, in welchem das Entstehen
des Stromes stattfindet. Dieses Entstehen ist ein während
der Zeit τ stattfindendes Anwachsen von Null bis zu dem
für die übrige Leitung geltenden Werthe i'. Der Mittelwerth
des Differentialcoëfficienten $\dfrac{\partial i'}{\partial t}$ in diesem Stücke während
der Zeit τ ist somit gleich $\dfrac{i'}{\tau}$, und ebenso können wir
den entsprechenden Mittelwerth des Differentialcoëfficienten
$\dfrac{\partial}{\partial t}\left(\dfrac{i'}{r}\dfrac{\partial r}{\partial s}\right)$ durch $\dfrac{1}{\tau}\left(\dfrac{i'}{r}\dfrac{\partial r}{\partial s}\right)_1$ darstellen, worin der an die

Klammer gesetzte Index 1 andeuten soll, dass die in der Klammer stehenden Grössen r und $\frac{\partial x'}{ds'}$ die zu s'_1 gehörigen Werthe haben.

Um nun in unserer Formel das Entstehen des Stromes in diesem kleinen Leiterstücke ebenfalls in Rechnung zu bringen, haben wir zu dem in der Formel vorkommenden zweiten Integrale, welches, wenn wir die Grenzen auch mit hinschreiben, die Form:

$$\int_0^{s'_1} \frac{\partial}{\partial t}\left(\frac{i'}{r}\frac{\partial x'}{\partial s'}\right) ds'$$

hat, eine Grösse hinzuzufügen, welche das Product aus dem eben bestimmten mittlern Differentialcoëfficienten und aus der Länge des betreffenden Leiterstückes ist, also:

$$\frac{1}{\tau}\left(\frac{i'}{r}\frac{\partial x'}{\partial s'}\right)_1 \frac{ds'_1}{dt}\,\tau = \left(\frac{i'}{r}\frac{\partial x'}{\partial s'}\right)_1 \frac{ds'_1}{dt}.$$

Es ist somit an die Stelle des vorstehenden Integrales folgende Summe zu setzen:

$$\int_0^{s'_1} \frac{\partial}{\partial t}\left(\frac{i'}{r}\frac{\partial x'}{\partial s'}\right) ds' + \left(\frac{i'}{r}\frac{\partial x'}{\partial s'}\right)_1 \frac{ds'_1}{dt}.$$

Diese Summe ist aber nichts anderes, als der nach t genommene Differentialcoëfficient des Integrales:

$$\int_0^{s'_1} \frac{i'}{r}\frac{\partial x'}{\partial s'}\, ds'.$$

wenn darin nicht nur die unter dem Integralzeichen stehende Grösse, sondern auch die obere Grenze s'_1 als Function von t betrachtet wird. Die mit dem obigen Integrale vorzunehmende Aenderung besteht also nur darin, dass die dort unter dem Integralzeichen angedeutete Differentiation vor dem Integralzeichen anzudeuten ist. Dabei ist noch zu bemerken, dass das über die ganze geschlossene Leitung ausgedehnte Integral nicht, wie ein auf ein einzelnes Leiterelement bezüglicher Ausdruck, als Function von t und s', sondern nur als Function von t anzusehen ist, und dass daher bei der Andeutung der Differentiation statt des runden ∂ in diesem Falle das aufrechte d angewandt werden kann, sodass der Ausdruck lautet:

$$\frac{d}{dt} \int_0^{s'_1} \frac{i''}{r} \frac{\partial x'}{\partial s'}\, ds'.$$

Demnach geht die Gleichung (9) unter Berücksichtigung des Umstandes, dass die Länge des Leiters sich ändern kann, in folgende Gleichung über, in welcher wir die Grenzen des Integrales, deren Hinschreibung für die vorstehende Betrachtung zweckmässig war, jetzt der Einfachheit wegen wieder fortlassen wollen, weil sie sich, nachdem einmal gesagt ist, dass alle Integrale über den ganzen geschlossenen Leiter s' auszudehnen sind, von selbst verstehen:

$$(10) \qquad \mathfrak{X} = k \frac{\partial}{\partial x} \int \frac{i'}{r} \Sigma \frac{dx}{dt} \frac{\partial x'}{\partial s'}\, ds' - k \frac{d}{dt} \int \frac{i''}{r} \frac{\partial x'}{\partial s}\, ds'.$$

Ebenso erhält man, wenn man diejenigen Werthe, welche dieselbe Kraftcomponente nach dem Riemann'schen und dem Weber'schen Grundgesetze annehmen müsste, mit $\mathfrak{X}_1$ und $\mathfrak{X}_2$ bezeichnet, aus den Gleichungen (6) und (8) folgende Gleichungen:

$$(11) \qquad \mathfrak{X}_1 = \mathfrak{X} - k \frac{\partial}{\partial x} \int \frac{i'}{r} \left(\Sigma \frac{\partial x'}{\partial t} \frac{\partial x'}{\partial s'} + \frac{c - c_1}{2} \right) ds',$$

$$(12) \qquad \mathfrak{X}_2 = \mathfrak{X} + k \frac{\partial}{\partial x} \int \frac{i'}{r} \left[\frac{\partial}{\partial s'} \Sigma (x - x') \frac{\partial x'}{\partial t} - \frac{c - c'_1}{2} \left(\frac{\partial r}{\partial s'} \right)^2 \right] ds'.$$

Ganz entsprechende Ausdrücke, wie sie hier für die x-Componente der Kraft abgeleitet sind, gelten natürlich auch für die y- und z-Componente.

§ 7.

Die auf die drei Coordinatenrichtungen bezüglichen drei Kraftcomponenten lassen sich nun in der schon in § 1 besprochenen Weise auf eine Grösse zurückführen, aus der sie durch Differentiation abgeleitet werden können. Es ist dieses das electrodynamische Potential des geschlossenen Stromes oder Stromsystemes auf die im Punkte x, y, z befindliche bewegte Electricitätseinheit. Da nun bei den von

der Bewegung unabhängigen Kräften dasjenige Potential
eines gegebenen Agens, welches sich auf eine in einem
Punkte concentrirt gedachte Einheit desselben Agens
bezieht, nach Green die Potentialfunction genannt wird,
so wollen wir dieselbe Unterscheidung auch hier einführen,
und das 'electrodynamische Potential eines geschlossenen
Stromes oder Stromsystemes, sofern es sich auf eine in
einem Punkte concentrirt gedachte Einheit von
Electricität bezieht, die electrodynamische Potentialfunction nennen.

Diese electrodynamische Potentialfunction unterscheidet
sich, wie in § 1 erwähnt wurde, schon äusserlich von jener
Green'schen Potentialfunction, welche sich auf solche Kräfte
bezieht, die von der Bewegung unabhängig sind. Sie enthält
nämlich nicht nur die Coordinaten x, y, z der Electricitätseinheit, sondern auch ihre Geschwindigkeitscomponenten $\dfrac{dx}{dt}$,
$\dfrac{dy}{dt}$, $\dfrac{dz}{dt}$. Was ferner die Operation anbetrifft, mittelst
deren aus der electrodynamischen Potentialfunction die Kraftcomponenten abzuleiten sind, so ist dieses dieselbe Operation
wie die, welcher nach Lagrange die in allgemeinen Coordinaten ausgedrückte lebendige Kraft bei der Ableitung
der Kraftcomponenten zu unterwerfen ist. Sei nämlich die
electrodynamische Potentialfunction mit Π und die x-Com-
ponente der Kraft mit $\mathfrak{X}$ bezeichnet, so ist folgende Gleichung zu bilden:

(13)
$$\mathfrak{X} = \frac{\partial \Pi}{\partial x} - \frac{d}{dt}\left(\frac{\partial \Pi}{\partial \frac{dx}{dt}} \right).$$

Es kommt nun darauf an, die den drei Grundgesetzen
entsprechenden Formen der Potentialfunction eines geschlossenen Stromes zu bilden.

Nach meinem Grundgesetze wird das electrodynamische
Potential zweier in Punkten concentrirt gedachter Electricitätsmengen e und e' aufeinander dargestellt durch:

$$k \frac{ee'}{r} \sum \frac{dx}{dt} \frac{dx'}{dt}.$$

Wendet man diese Formel in der Weise an, dass man für e die Electricitätseinheit und für e' nacheinander die beiden in einem Stromelemente ds' enthaltenen Electricitätsmengen $h'ds'$ und $-h'ds'$ setzt, und in Bezug auf die Geschwindigkeitscomponenten der letzteren den Unterschied berücksichtigt, dass sie mit den Geschwindigkeiten c' und c'_1 in dem Leiter nach entgegengesetzten Richtungen strömen, während sie die etwaige Bewegung des Leiters gemeinsam haben, bildet man sodann die Summe dieser beiden Ausdrücke und setzt dabei $h'(c'+c'_1) = i''$, und integrirt man endlich diese Summe über den geschlossenen Strom, so erhält man:

$$(14) \qquad \Pi = k \int \frac{i'}{r} \, \Sigma \frac{dx}{dt} \frac{\partial x'}{\partial s'} \, ds'.$$

Setzt man nun diesen Ausdruck von Π in die Gleichung (13) ein, so ergibt sich aus derselben für $\mathfrak{X}$ in der That der durch die Gleichung (10) bestimmte Werth.

Da die in dem Ausdrucke von Π vorkommenden Geschwindigkeitscomponenten $\dfrac{dx}{dt}$, $\dfrac{dy}{dt}$ und $\dfrac{dz}{dt}$ von der Grösse s', nach welcher zu integriren ist, unabhängig sind, so kann man sie auch aus dem Integralzeichen herausnehmen und dann dem Ausdrucke folgende Gestalt geben:

$$(15) \qquad \Pi = k \, \Sigma \frac{dx}{dt} \int \frac{i'}{r} \frac{\partial x'}{\partial s'} \, ds'.$$

Die hier angedeutete Summe enthält drei Integrale, die sich nur dadurch voneinander unterscheiden, dass in ihnen entweder $\dfrac{\partial x'}{\partial s'}$ oder $\dfrac{\partial y'}{\partial s'}$ oder $\dfrac{\partial z'}{\partial s'}$ vorkommt. Diese drei Integrale, mit Einschluss des Factors k, wollen wir der Abkürzung wegen durch einfache Zeichen darstellen, indem wir setzen:

$$(16) \quad H_x = k \int \frac{i'}{r} \frac{\partial x'}{\partial s'} \, ds'; \quad H_y = k \int \frac{i'}{r} \frac{\partial y'}{\partial s'} \, ds'; \quad H_z = k \int \frac{i'}{r} \frac{\partial z'}{\partial s'} \, ds'.$$

Dann kommt:

$$(17) \qquad \Pi = H_x \frac{dx}{dt} + H_y \frac{dy}{dt} + H_z \frac{dz}{dt},$$

oder unter Anwendung des Summenzeichens:

(17a)
$$\Pi = \Sigma H_x \frac{dx}{dt}.$$

Dadurch geht die Gleichung (13) über in:

(18)
$$\mathfrak{X} = \frac{\partial H_x}{\partial x} \frac{dx}{dt} + \frac{\partial H_y}{\partial x} \frac{dy}{dt} + \frac{\partial H_z}{\partial x} \frac{dz}{dt} - \frac{dH_x}{dt},$$

oder mit Hülfe des Summenzeichens:

(18a)
$$\mathfrak{X} - \frac{\partial}{\partial x} \Sigma H_x \frac{dx}{dt} - \frac{dH_x}{dt}.$$

Nach den Grundgesetzen von **Riemann** und **Weber** wird das electrodynamische Potential zweier in Punkten concentrirt gedachter, bewegter Electricitätsmengen e und e' auf einander durch die Ausdrücke:

$$-\frac{k}{2} \frac{ee'}{r} \Sigma \left(\frac{dx}{dt} - \frac{dx'}{dt} \right)^2$$

$$-\frac{k}{2} \frac{ee'}{r} \left(\frac{dr}{dt} \right)^2$$

dargestellt. Hieraus erhält man für das Potential eines geschlossenen Stromes s' auf eine Electricitätseinheit, also für die Potentialfunction des geschlossenen Stromes, welche nach diesen Grundgesetzen mit Π_1 und Π_2 bezeichnet werden möge, die Ausdrücke:

(19)
$$\Pi_1 = k \int \frac{i'}{r} \left[\Sigma \left(\frac{dx}{dt} - \frac{\partial x'}{\partial t} \right) \frac{\partial x'}{\partial s'} - \frac{c' - c'_1}{2} \right] ds',$$

(20)
$$\Pi_2 = - k \int \frac{i'}{r} \left[\frac{\partial r}{\partial t} \frac{\partial r}{\partial s'} + \frac{c' - c'_1}{2} \left(\frac{\partial r}{\partial s'} \right)^2 \right] ds'.$$

Den letztern Ausdruck kann man in folgender Weise umgestalten. Aus:

$$r^2 = \Sigma (x - x')^2$$

ergibt sich:

$$r \frac{\partial r}{\partial t} = \Sigma (x - x') \left(\frac{dx}{dt} - \frac{\partial x'}{\partial t} \right)$$

$$= \Sigma (x - x') \frac{dx}{dt} - \Sigma (x - x') \frac{\partial x'}{\partial t},$$

und hieraus erhält man weiter durch Differentiation nach s':

$$\frac{\partial r}{\partial t} \frac{\partial r}{\partial s'} + r \frac{\partial^2 r}{\partial t \partial s'} = - \Sigma \frac{dx}{dt} \frac{\partial x'}{\partial s'} - \frac{\partial}{\partial s'} \Sigma (x - x') \frac{\partial x'}{\partial t},$$

und somit:

$$\frac{1}{r}\frac{\partial r}{\partial t}\frac{\partial r}{\partial s'} = -\frac{1}{r}\Sigma\frac{dx}{dt}\frac{\partial x'}{\partial s'} - \frac{1}{r}\frac{\partial}{\partial s'}\Sigma(x-x')\frac{\partial x'}{\partial t} - \frac{\partial^2 r}{\partial t\,\partial s'}.$$

Setzt man nun in die Gleichung (20) für $\dfrac{1}{r}\dfrac{\partial r}{\partial t}\dfrac{\partial r}{\partial s'}$ den hier gefundenen Ausdruck ein, dessen letztes Glied bei der Integration Null gibt, so erhält man:

$$(21)\qquad \Pi_2 = k\int\frac{i'}{r}\left[\Sigma\frac{dx}{dt}\frac{\partial x'}{\partial s'} + \frac{\partial}{\partial s'}\Sigma(x-x')\frac{\partial x'}{\partial t} - \frac{c'-c'_1}{2}\left(\frac{\partial r}{\partial s'}\right)^2\right]ds'.$$

In den beiden unter (19) und (21) gegebenen Ausdrücken von Π_1 und Π_2 stimmt das erste bei Auflösung der Klammern entstehende Glied mit dem unter (14) gegebenen Ausdrucke von Π überein, und man kann daher schreiben:

$$(22)\qquad \Pi_1 = \Pi - k\int\frac{i'}{r}\left(\Sigma\frac{\partial x'}{\partial t}\frac{\partial x'}{\partial s'} + \frac{c'-c'_1}{2}\right)ds',$$

$$(23)\qquad \Pi_2 = \Pi + k\int\frac{i'}{r}\left[\frac{\partial}{\partial s'}\Sigma(x-x')\frac{\partial x'}{\partial t} - \frac{c'-c'_1}{2}\left(\frac{\partial r}{\partial s'}\right)^2\right]ds'.$$

Bildet man nun der Gleichung (13) entsprechend die Gleichungen:

$$(24)\qquad \mathfrak{X}_1 = \frac{\partial \Pi_1}{\partial x} - \frac{d}{dt}\left(\frac{\partial \Pi_1}{\partial\frac{dx}{dt}}\right),$$

$$(25)\qquad \mathfrak{X}_2 = \frac{\partial \Pi_2}{\partial x} - \frac{d}{dt}\left(\frac{\partial \Pi_2}{\partial\frac{dx}{dt}}\right),$$

und wendet man hierin für Π_1 und Π_2 die vorher gegebenen Ausdrücke an, in welchen die zu Π hinzugefügten Glieder die Geschwindigkeitscomponenten $\dfrac{dx}{dt}$, $\dfrac{dy}{dt}$ und $\dfrac{dz}{dt}$ nicht enthalten und daher bei der Differentiation nach diesen Grössen Null geben, so erhält man für $\mathfrak{X}_1$ und $\mathfrak{X}_2$ die unter (11) und (12) gegebenen Ausdrücke.

Zur Abkürzung mögen für jene von $\dfrac{dx}{dt}$, $\dfrac{dy}{dt}$ und $\dfrac{dz}{dt}$ unabhängigen Zusatzglieder einfache Zeichen eingeführt werden, indem gesetzt wird:

$$(26)\qquad G_1 = -k\int\frac{i'}{r}\left(\Sigma\frac{\partial x'}{\partial t}\frac{\partial x'}{\partial s'} + \frac{c'-c'_1}{2}\right)ds',$$

(27) $\qquad G_2 = k \int \frac{i'}{r} \left[\frac{\partial}{\partial s'} \Sigma(x - x') \frac{\partial x'}{\partial t} - \frac{c' - c'_1}{2} \left(\frac{\partial r}{\partial s'} \right)^2 \right] ds'.$

Dann kommt:

(28) $\qquad\qquad\qquad \Pi_1 = \Pi + G_1$
(29) $\qquad\qquad\qquad \Pi_2 = \Pi + G_2,$

wodurch die Gleichungen (24) und (25) übergehen in folgende:

(30) $\qquad \mathfrak{X}_1 = \dfrac{\partial (\Pi + G_1)}{\partial x} - \dfrac{d}{dt} \left(\dfrac{\partial \Pi}{\partial \frac{dx}{dt}} \right),$

(31) $\qquad \mathfrak{X}_2 = \dfrac{\partial (\Pi + G_2)}{\partial x} - \dfrac{d}{dt} \left(\dfrac{\partial \Pi}{\partial \frac{dx}{dt}} \right),$

welche im Vereine mit (13) zur Vergleichung der Resultate der drei Grundgesetze sehr bequem sind.

Die im Vorstehenden eingeführte und in ihren drei, den drei Grundgesetzen entsprechenden Formen mit Π, Π_1 und Π_2 bezeichnete electrodynamische Potentialfunction eines geschlossenen Stromes, (resp. Stromsystems) ist, wie man leicht erkennt, sehr verschieden von derjenigen Potentialfunction, deren Differentialcoëfficienten schon in der Ampère'schen Theorie der ponderomotorischen Kräfte vorkommen, und welche ich in einer früher veröffentlichten Auseinandersetzung[1]) die magnetische Potentialfunction des geschlossenen Stromes genannt und mit P bezeichnet habe. Diese letztere erhält man, wenn man sich den geschlossenen Strom in der bekannten Weise durch zwei magnetische Flächen ersetzt denkt und dann für die auf diesen Flächen befindlichen Magnetismusmengen die Green'sche Potentialfunction bildet, und demgemäss liegt ihre unmittelbar gegebene Bedeutung darin, dass sie durch ihre negativ genommenen Differentialcoëfficienten nach x, y und z die in die Coordinatenrichtungen fallenden Componenten derjenigen Kraft darstellt, welche der geschlossene Strom auf eine im Punkte x, y, z gedachte Einheit von Magnetismus ausübt. Zur

---

1) Clausius, Die mechanische Behandlung der Electricität, Abschnitt VIII, p. 211. 1879.

Bestimmung der auf ein Stromelement ausgeübten ponderomotorischen Kraft und der in ihm inducirten electromotorischen Kraft kann sie nur mittelbar und unter Zuhülfenahme besonderer theoretischer Betrachtungen dienen. Die electrodynamische Potentialfunction dagegen, welche in directer Weise zur Bestimmung der auf eine bewegte Electricitätseinheit ausgeübten Kraft dient, braucht nur auf die in dem Leiter befindliche Electricität angewandt zu werden, um ohne weiteres die ponderomotorische und electromotorische Kraft zu bestimmen.

§ 8.

Um nun aus den vorstehenden Formeln die ponderomotorische Kraft abzuleiten, welche ein Stromelement von einem geschlossenen Strome erleidet, bilden wir zunächst aus der Potentialfunction die Potentiale des geschlossenen Stromes auf die beiden in dem Stromelemente fliessenden Electricitätsmengen. Aus diesen ergeben sich durch die oben angegebene Operation die in irgend eine Richtung, z. B. die x-Richtung, fallenden Componenten der Kräfte, welche die beiden Electricitätsmengen erleiden, und die Summe dieser beiden Componenten ist dann die betreffende, auf das ganze Stromelement bezügliche Kraftcomponente.

Es sei also im Punkte x, y, z ein Stromelement ds gegeben, in welchem die Electricitätsmengen $h\,ds$ und $-h\,ds$ mit den Geschwindigkeiten c und c_1 nach entgegengesetzten Seiten strömen. Indem wir nun zuerst nach meinem Grundgesetze für die Potentialfunction den in Gleichung (17a) gegebenen Werth:

$$\Pi = \Sigma H_x \frac{dx}{dt}$$

in Anwendung bringen, erhalten wir für die positive Electricitätsmenge $h\,ds$:

$$\text{Potential} = h\,ds\,\Sigma H_x \frac{dx}{dt},$$

$$\text{Kraftcomp.} = h\,ds\left(\frac{\partial}{\partial x}\,\Sigma H_x \frac{dx}{dt} - \frac{dH_x}{dt}\right).$$

Hierin haben wir zu setzen:

$$\frac{dx}{dt} = \frac{\partial x}{\partial t} + c\,\frac{\partial x}{\partial s},$$

$$\frac{dH_x}{dt} = \frac{\partial H_x}{\partial t} + c\,\frac{\partial H_x}{\partial s},$$

wodurch die Ausdrücke übergehen in:

Potential $= h\,ds\,\Sigma H_x\left(\dfrac{\partial x}{\partial t} + c\,\dfrac{\partial x}{\partial s}\right)$,

Kraftcomp. $= h\,ds\left[\dfrac{\partial}{\partial x}\,\Sigma H_x\left(\dfrac{\partial x}{\partial t} + c\,\dfrac{\partial x}{\partial s}\right) - \dfrac{\partial H_x}{\partial t} - c\,\dfrac{\partial H_x}{\partial s}\right].$

Ebenso erhalten wir für die negative Electricitätsmenge
$-h\,ds$, für welche wir die Strömungsgeschwindigkeit $-c_1$ in Anwendung bringen müssen:

Potential $= -h\,ds\,\Sigma H_x\left(\dfrac{\partial x}{\partial t} - c_1\,\dfrac{\partial x}{\partial s}\right)$,

Kraftcomp. $= -h\,ds\left[\dfrac{\partial}{\partial x}\,\Sigma H_x\left(\dfrac{\partial x}{\partial t} - c_1\,\dfrac{\partial x}{\partial s}\right) - \dfrac{\partial H_x}{\partial t} + c_1\,\dfrac{\partial H_x}{\partial s}\right].$

Addiren wir nun die auf die beiden Electricitäten bezüglichen Ausdrücke, so erhalten wir für das ganze Stromelement ds:

Potential $= h\,ds\,(c + c_1)\,\Sigma H_x\,\dfrac{\partial x}{\partial s}$,

Kraftcomp. $= h\,ds\,(c + c_1)\left(\dfrac{\partial}{\partial x}\,\Sigma H_x\,\dfrac{\partial x}{\partial s} - \dfrac{\partial H_x}{\partial s}\right)$,

oder, wenn wir das Product $h\,(c + c_1)$, welches die Stromintensität in ds bedeutet, mit i bezeichnen:

Potential $= i\,ds\,\Sigma H_x\,\dfrac{\partial x}{\partial s}$,

Kraftcomp. $= i\,ds\left(\dfrac{\partial}{\partial x}\,\Sigma H_x\,\dfrac{\partial x}{\partial s} - \dfrac{\partial H_x}{\partial s}\right).$

Wir wollen nun das Potential des geschlossenen Stromes auf das Stromelement ds mit $U\,ds$ und die x-Componente der Kraft, welche das Stromelement erleidet, mit $\Xi\,ds$ bezeichnen; dann haben wir zur Bestimmung von U, wenn wir noch die Gleichungen (16) berücksichtigen, zu setzen:

(32) $U = i\,\Sigma H_x\,\dfrac{\partial x}{\partial s} = k\,i\displaystyle\int\frac{i'}{r}\,\Sigma\,\frac{\partial x}{\partial s}\,\frac{\partial x'}{\partial s'}\,ds',$

und indem wir diese Grösse U als Function von x, y, z, $\frac{\partial x}{\partial s}$, $\frac{\partial y}{\partial s}$, $\frac{\partial z}{\partial s}$ betrachten, können wir dem Ausdrucke von Ξ folgende Form geben:

$$(33) \qquad \Xi = \frac{\partial U}{\partial x} - \frac{\partial}{\partial s}\left(\frac{\partial U}{\partial \frac{\partial x}{\partial s}} \right).$$

Bringt man statt der meinem Grundgesetze entsprechenden Potentialfunction Π die dem Riemann'schen oder Weber'schen Grundgesetze entsprechende Potentialfunction $\Pi_1 = \Pi + G_1$ oder $\Pi_2 = \Pi + G_2$ in Anwendung, so hat man darin nur das Zusatzglied G_1 oder G_2 noch besonders zu berücksichtigen. Dieses ist aber, da es von den Geschwindigkeitscomponenten $\frac{dx}{dt}$, $\frac{dy}{dt}$, $\frac{dz}{dt}$ unabhängig ist, für die beiden in ds strömenden Electricitäten gleich und hebt sich daher nach der Multiplication mit hds und $-hds$ bei der Addition auf. Demnach besteht in Bezug auf das Potential eines geschlossenen Stromes auf ein Stromelement und in Bezug auf die von einem geschlossenen Strome auf ein Stromelement ausgeübte ponderomotorische Kraft zwischen den drei Grundgesetzen kein Unterschied. In allen drei Fällen sind die Gleichungen (32) und (33) gültig.[1])

---

1) Ich will hier gelegentlich bemerken, dass, wenn es sich nur um die ponderomotorische Kraft und nicht zugleich auch um die electromotorische Kraft gehandelt hätte, die Betrachtung hätte vereinfacht werden können. Für die ponderomotorische Kraft erhält man nämlich schon bei einzelnen aufeinander wirkenden Stromelementen Ausdrücke, die nicht die Geschwindigkeiten der positiven und negativen Electricität als besonders zu behandelnde Grössen, sondern nur die Stromintensität im ganzen enthalten. Nach meinem Grundgesetze haben die Ausdrücke für diesen Fall sogar dieselbe Form wie für den Fall, wo der die Kraft ausübende Strom geschlossen ist. Wird das Potential der beiden Stromelemente ds und ds' aufeinander mit $u\,ds\,ds'$ und die x-Componente der Kraft, welche ds von ds' erleidet, mit $\xi\,ds\,ds'$ bezeichnet, so ist zu setzen:

$$u = k\,\frac{ii'}{r}\,\Sigma\,\frac{\partial x}{\partial s}\frac{\partial x'}{\partial s'}$$

$$\xi = \frac{\partial u}{\partial x} - \frac{\partial}{\partial s}\left(\frac{\partial u}{\partial \frac{\partial x}{\partial s}} \right).$$

§ 9.

Wir wenden uns nun zur ·Bestimmung der electromotorischen Kraft, welche von einem geschlossenen
Strome oder Stromsysteme in einem Leiterelemente inducirt wird.

Dazu haben wir nur die in die Richtung des Leiterelementes fallende Componente der Kraft zu bestimmen,
welche eine in dem Leiterelemente ·gedachte Electricitätseinheit, der wir eine beliebige· Strömungsgeschwindigkeit c
zuschreiben können, von dem Strome oder Stromsysteme
erleidet. Die in die Coordinatenrichtungen fallenden Kraftcomponenten sind nach unserer früheren Bezeichnungsweise
durch $\mathfrak{X}$, $\mathfrak{Y}$ und $\mathfrak{Z}$ darzustellen, und dem entsprechend wollen
wir die in die Richtung des Elementes ds, also in die s-Rich-

---

Nach dem Riemann'schen Grundgesetze gilt für das Potential derselbe
Ausdruck, aber die zur Ableitung der Kraftcomponente anzuwendende
Operation ist etwas complicirter, nämlich:

$$\xi_1 = \frac{\partial u}{\partial x} - \frac{\partial}{\partial s}\left(\frac{\partial u}{\frac{\partial x}{\partial s}}\right) + \frac{\partial}{\partial s'}\left(\frac{\partial u}{\frac{\partial x'}{\partial s'}}\right).$$

Nach dem Weber'schen Grundgesetze endlich gilt für das Potential, welches in diesem Falle mit $u_2\, ds\, ds'$ bezeichnet werden möge, die Gleichung:

$$u_2 = - k\, \frac{ii'}{r}\frac{\partial r}{\partial s}\frac{\partial r}{\partial s'} = k\, i i' \left(\frac{1}{r} \Sigma \frac{\partial x}{\partial s}\frac{\partial x'}{\partial s'} + \frac{\partial^2 r}{\partial s\, \partial s'}\right),$$

und zur Ableitung der Kraftcomponente ist dieselbe Operation anzuwenden, wie beim Riemann'schen Grundgesetze, nämlich:

$$\xi_2 = \frac{\partial u_2}{\partial x} - \frac{\partial}{\partial s}\left(\frac{\partial u_2}{\frac{\partial x}{\partial s}}\right) + \frac{\partial}{\partial s'}\left(\frac{\partial u_2}{\frac{\partial x'}{\partial s'}}\right).$$

Man kann hiernach die ponderomotorische Kraft aus dem Potential je zweier Stromelemente aufeinander ableiten; dieses Potential ist
aber, trotz der theilweise übereinstimmenden Form, wohl zu unterscheiden von der Grösse, welche man erhält, wenn man von dem Neumann'-
schen Potential zweier geschlossener Ströme aufeinander den zwei einzelnen Stromelementen ds und ds' entsprechenden Theil nimmt. Das Neumann'sche Potential ist nämlich das magnetische Potential, und somit
ein Potential von der Green'schen Art, während es sich hier um das
electrodynamische Potential handelt, weshalb auch zur Ableitung der
Kraftcomponenten eine ganz andere Operation als bei einem Green'schen
Potential erforderlich ist.

tung fallende Kraftcomponente mit $\mathfrak{S}$ bezeichnen. Dann haben wir zu setzen:

$$(34) \qquad \mathfrak{S} = \mathfrak{X}\frac{\partial x}{\partial s} + \mathfrak{Y}\,\frac{\partial y}{\partial s} + \mathfrak{Z}\frac{\partial z}{\partial s} = \Sigma \mathfrak{X}\frac{\partial x}{\partial s}.$$

Hierin müssen wir nun für die Grössen $\mathfrak{X}$, $\mathfrak{Y}$, $\mathfrak{Z}$ ihre aus den drei Grundgesetzen hervorgehenden Werthe einsetzen. Nach meinem Grundgesetze ist gemäss (13) zu setzen:

$$\mathfrak{X} = \frac{\partial \Pi}{\partial x} - \frac{d}{dt}\left(\frac{\partial \Pi}{\partial \frac{dx}{dt}}\right),$$

und somit:

$$\mathfrak{S} = \Sigma \frac{\partial \Pi}{\partial x}\frac{\partial x}{\partial s} - \Sigma \frac{\partial x}{\partial s}\frac{d}{dt}\left(\frac{\partial \Pi}{\partial \frac{dx}{dt}}\right).$$

Bringen wir hierin für Π den unter (17) gegebenen Ausdruck, nämlich:

$$\Pi = H_x\frac{dx}{dt} + H_y\frac{dy}{dt} + H_z\frac{dz}{dt}$$

in Anwendung, so haben wir, wenn wir alle Glieder einzeln hinschreiben wollen, zu setzen:

$$\Sigma \frac{\partial \Pi}{\partial x}\frac{\partial x}{\partial s} = \frac{dx}{dt}\left(\frac{\partial H_x}{\partial x}\frac{\partial x}{\partial s} + \frac{\partial H_x}{\partial y}\frac{\partial y}{\partial s} + \frac{\partial H_x}{\partial z}\frac{\partial z}{\partial s}\right)$$
$$+ \frac{dy}{dt}\left(\frac{\partial H_y}{\partial x}\frac{\partial x}{\partial s} + \frac{\partial H_y}{\partial y}\frac{\partial y}{\partial s} + \frac{\partial H_y}{\partial z}\frac{\partial z}{\partial s}\right)$$
$$+ \frac{dz}{dt}\left(\frac{\partial H_z}{\partial x}\frac{\partial x}{\partial s} + \frac{\partial H_z}{\partial y}\frac{\partial y}{\partial s} + \frac{\partial H_z}{\partial z}\frac{\partial z}{\partial s}\right).$$

Da nun die Grössen H_x, H_y und H_z nur insofern von s abhängen, als die in ihnen vorkommenden Coordinaten x, y, z der Electricitätseinheit von s abhängig sind, so stellen die drei in Klammern stehenden Summen die Differentialcoëfficienten der drei Grössen nach s dar, und man kann daher schreiben:

$$\Sigma \frac{\partial \Pi}{\partial x}\frac{\partial x}{\partial s} = \frac{dx}{dt}\frac{\partial H_x}{\partial s} + \frac{dy}{dt}\frac{\partial H_y}{\partial s} + \frac{dz}{dt}\frac{\partial H_z}{\partial s},$$

oder, wenn man jetzt auch an der rechten Seite wieder das Summenzeichen einführt:

$$\Sigma \frac{\partial \Pi}{\partial x} \frac{\partial x}{\partial s} = \Sigma \frac{\partial H_x}{\partial s} \frac{dx}{dt}.$$

Demnach geht die obige Gleichung für $\mathfrak{S}$ über in:

(35) $$\mathfrak{S} = \Sigma \frac{\partial H_x}{\partial s} \frac{dx}{dt} - \Sigma \frac{\partial x}{\partial s} \frac{dH_x}{dt}.$$

Da nun die Electricitätseinheit eine doppelte Bewegung hat, nämlich die Bewegung des Leiterelementes und die mit der Geschwindigkeit c stattfindende Strömungsbewegung im Leiterelemente, so wollen wir, entsprechend der früher von uns angewandten Bezeichnungsweise, setzen:

$$\frac{dx}{dt} = \frac{\partial x}{\partial t} + c \frac{\partial x}{\partial s}$$

$$\frac{dH_x}{dt} = \frac{\partial H_x}{\partial t} + c \frac{\partial H_x}{\partial s},$$

worin die durch $\frac{\partial}{\partial t}$ angedeutete Differentiation sich auf die Veränderungen beziehen soll, die von der Strömungsbewegung der Electricitätseinheit unabhängig sind. Dadurch erhalten wir:

$$\mathfrak{S} = \Sigma \frac{\partial H_x}{\partial s} \left(\frac{\partial x}{\partial t} + c \frac{\partial x}{\partial s} \right) - \Sigma \frac{\partial x}{\partial s} \left(\frac{\partial H_x}{\partial t} + c \frac{\partial H_x}{\partial s} \right).$$

Hierin heben sich die Glieder, welche den Factor c enthalten, gegenseitig auf, und es bleibt:

(36) $$\mathfrak{S} = \Sigma \frac{\partial H_x}{\partial s} \frac{\partial x}{\partial t} - \Sigma \frac{\partial H_x}{\partial t} \frac{\partial x}{\partial s}.$$

Diesem Ausdrucke von $\mathfrak{S}$ können wir noch eine etwas andere Form geben, indem wir die Grösse:

$$\Sigma H_x \frac{\partial^2 x}{\partial t \, \partial s}$$

zum ersten Gliede positiv und zum zweiten negativ hinzufügen. Dann werden die beiden Glieder Differentialcoëfficienten nach s und t, und es kommt:

(37) $$\mathfrak{S} = \frac{\partial}{\partial s} \Sigma H_x \frac{\partial x}{\partial t} - \frac{\partial}{\partial t} \Sigma H_x \frac{\partial x}{\partial s}.$$

Setzen wir hierin endlich noch für H_x und die beiden anderen in den Summen enthaltenen Grössen H_y und H_z ihre durch die Gleichungen (16) bestimmten Werthe, so erhalten wir:

$$(38) \qquad \mathfrak{S} = k \frac{\partial}{\partial s} \int \frac{i'}{r} \, \Sigma \, \frac{\partial x}{\partial t} \frac{\partial x'}{\partial s'} \, ds' - k \frac{\partial}{\partial t} \int \frac{i'}{r} \, \Sigma \, \frac{\partial x}{\partial s} \frac{\partial x'}{\partial s'} \, ds'.$$

Dieses ist die bequemste Form des aus meinem Grundgesetze hervorgehenden Ausdruckes von $\mathfrak{S}$, und das Product $\mathfrak{S}\,ds$ ist die von einem geschlossenen Strome oder Stromsysteme in einem Leiterelemente ds inducirte electromotorische Kraft.

Um die entsprechenden Ausdrücke für das Riemann'sche und Weber'sche Grundgesetz zu erhalten, braucht man in den die Potentialfunction darstellenden Formeln (28) und (29) nur die Zusatzglieder G_1 und G_2 besonders in Betracht zu ziehen, welche die Geschwindigkeitscomponenten $\dfrac{dx}{dt}, \dfrac{dy}{dt}, \dfrac{dz}{dt}$ nicht enthalten und daher nur nach x, y, z zu differentiiren sind. Da man nun wieder für G_1 die Gleichung:

$$\frac{\partial G_1}{\partial x} \frac{\partial x}{\partial s} + \frac{\partial G_1}{\partial y} \frac{\partial y}{\partial s} + \frac{\partial G_1}{\partial z} \frac{\partial z}{\partial s} = \frac{\partial G_1}{\partial s}$$

und für G_2 die entsprechende Gleichung bilden kann, so erhält man, wenn die electromotorische Kraft nach dem Riemann'schen und Weber'schen Grundgesetze mit $\mathfrak{S}_1\,ds$ und $\mathfrak{S}_2\,ds$ bezeichnet:

$$(39) \qquad\qquad \mathfrak{S}_1 = \mathfrak{S} + \frac{\partial G_1}{\partial s}.$$

$$(40) \qquad\qquad \mathfrak{S}_2 = \mathfrak{S} + \frac{\partial G_2}{\partial s}.$$

Diese Ausdrücke stellen den Unterschied zwischen den aus den drei Grundgesetzen sich ergebenden electromotorischen Kräften sehr übersichtlich dar.

Aus den in den beiden letzten Paragraphen ausgeführten Entwickelungen wird, wie ich glaube, genügend ersichtlich sein, wie sehr die Einführung der electrodynamischen Potentialfunction geschlossener Ströme dazu beiträgt, dem ganzen betreffenden Gebiete der Electrodynamik einen einheitlichen Charakter zu geben, indem die Kenntniss jener einen Grösse genügt, um alles weitere, ohne Anwendung irgend einer Nebenannahme, durch einfache analytische Operationen abzuleiten.

III. *Ueber die Reibung in freien Flüssigkeits-oberflächen; von A. Oberbeck.*

1. In seinen schönen Untersuchungen über die Flüssig-keiten, welche dem Einfluss der Schwere entzogen sind, er-örtert Plateau[1]) die Frage, warum sich nur einige wenige Flüssigkeiten zur Herstellung dünner Lamellen eignen, die meisten dagegen zu diesem Zweck gänzlich ungeeignet sind. Nach seiner Ansicht spielen dabei zwei Eigenschaften der Flüssigkeiten eine wesentliche Rolle: ihre Oberflächenspan-nung und ihre Oberflächenzähigkeit. Die Untersuchung dieser zweiten Eigenschaft ist der Zweck dieser Abhandlung.

Als Zähigkeit einer Flüssigkeit bezeichnet man be-kanntlich ihre Abweichung von dem Zustande vollkommener Fluidität, und gibt sich dieselbe durch einen Reibungs-widerstand zu erkennen, welchen verschieden schnell sich bewegende, benachbarte Flüssigkeitstheile auf einander aus-üben. Aus Versuchen, welche später ausführlicher mitge-theilt werden sollen, folgerte Plateau, dass dieser Reibungs-widerstand verschieden gross ist, je nachdem sich die Flüssigkeitstheile im Innern oder in nächster Nähe der freien Oberfläche der Flüssigkeit bewegen, sodass man eine innere Zähigkeit und eine Oberflächenzähigkeit zu unter-scheiden hat. Da die hydrodynamischen Differentialgleichun-gen mit Berücksichtigung der Reibung bis jetzt in bester Uebereinstimmung mit allen bekannten Thatsachen stehen, in denselben aber die Reibung durch eine einzige für jede Flüssigkeit charakteristische Constante — den Reibungs-coëfficienten — ihren Ausdruck findet, so würde man die von Plateau entdeckte Erscheinung auch in der folgenden Form ausdrücken können:

Der Reibungscoëfficient ist zwar im Innern einer Flüssig-keit constant, in sehr kleiner Entfernung von der freien Oberfläche ist derselbe aber eine Function der Entfernung von derselben.

---

1) Plateau, Mémoires de l'Acad. de Belgique. **87.** p. 1—102. 1868; Pogg. Ann. **141.** p. 44—58. 1870.

Alle über freie Flüssigkeitsoberflächen angestellten Versuche lehren, dass die Flüssigkeitstheile in denselben sich in wesentlich anderen Zuständen befinden, als im Innern. Es wäre daher wohl denkbar, dass auch ihre gegenseitige Reibung eine andere ist. Hat man (Poisson) es doch für nothwendig gehalten, anzunehmen, dass die Dichtigkeit in grosser Nähe der freien Oberfläche sich schnell ändert. Obgleich hierfür bisher weder ein experimenteller Beweis beigebracht worden ist, noch auch in theoretischer Beziehung diese Annahme als eine nothwendige bezeichnet zu werden braucht, so würde doch dieselbe als selbstverständliche Folgerung eine Veränderung des Reibungscoëfficienten in sich schliessen.

Die Reibung zweier verschiedener Flüssigkeiten gegen einander ist wesentlich verschieden von der Reibung im Innern einer Flüssigkeit.[1] Man würde auch hierbei eine ähnliche Anschauung sich bilden können, dass nämlich der Reibungscoëfficient im Innern der ersten Flüssigkeit einen constanten Werth hat, bei grosser Annäherung an die Grenzfläche sich schnell ändert und jenseits derselben wieder denjenigen Werth annimmt, der ihm für die zweite Flüssigkeit zukommt.

Diese Betrachtungen lehren, dass die Oberflächenzähigkeit mit unseren bisherigen Vorstellungen von der Natur der Flüssigkeiten durchaus nicht unvereinbar ist. Ob dieselbe wirklich vorhanden ist, ob es also wirklich gerechtfertigt ist, einen anderen Werth des Reibungscoëfficienten an der Oberfläche als im Innern anzunehmen, darüber kann natürlich nur durch das Experiment entschieden werden.

2. Die Plateau'schen Fundamentalversuche über die Oberflächenzähigkeit bestanden in der Beobachtung der Zeit, welche eine Magnetnadel braucht, um aus einer Ablenkung von 90° in den magnetischen Meridian zurückzufallen. Je nachdem die Magnetnadel in der freien Oberfläche oder im Innern einer Flüssigkeit sich bewegte, waren hierzu verschiedene Zeiten nöthig. War die Zeit im ersten

---

1) Vgl. O. E. Meyer, Pogg. Ann. **113.** p. 68, 411. 1861.

Fall grösser, als im zweiten, so schloss Plateau auf eine grössere, bei entgegengesetztem Verhalten auf eine kleinere Oberflächenzähigkeit. So sind nach Plateau Flüssigkeiten, bei denen die Reibung an der freien Oberfläche grösser ist als im Innern: Wasser, wässerige Salzlösungen, Glycerin, besonders aber Lösungen von Albumin und Saponin in Wasser. Umgekehrt ist bei Alkohol, Terpentinöl, Aether, Schwefelkohlenstoff die innere Zähigkeit grösser, als die äussere. Endlich liess sich aus einem Gemisch von Wasser und Alkohol eine Flüssigkeit herstellen, bei welcher die beiden beobachteten Zeiten einander gleich sind. Plateau hat noch in etwas anderer Weise versucht, für den Unterschied der Reibung im Innern und an der Oberfläche Zahlenwerthe zu ermitteln. Er beobachtete die Winkel, um welche die in den Meridian zurückfallende Nadel sich über die ursprüngliche Gleichgewichtslage hinaus bewegte. Unter der Annahme, dass der Flüssigkeitswiderstand dem Quadrate der Geschwindigkeit proportional ist, lassen sich hieraus Zahlenwerthe für die Zähigkeitsunterschiede in verschiedenen Fällen berechnen. Indess gibt Plateau [1]) selbst zu, dass dieselben keinen Anspruch auf Genauigkeit machen können.

Nach der Veröffentlichung dieser Versuche ist die Oberflächenzähigkeit von Luvini [2]) und Marangoni [3]) untersucht worden, und ist letzterer zu dem Resultat gekommen, dass eine Unterscheidung zwischen innerer und Oberflächenzähigkeit nicht gerechtfertigt sei. Vielmehr glaubt derselbe, dass die von Plateau beobachteten Vorgänge, besonders die grössere Verzögerung der Bewegung der Magnetnadel an der Oberfläche einiger Flüssigkeiten theils durch Capillarwirkungen infolge der Gestaltsveränderung der freien Oberfläche, theils durch Verunreinigung derselben durch fremde Substanzen bewirkt worden sind. Insbesondere nimmt er an, dass letztere eine dünne elastische Schicht an der Ober-

---

1) Plateau, Mém. de l'Acad. de Belg. **37.** p. 76. 1868.

2) Luvini, Phil. Mag. (4) **40.** p. 190—197. 1870.

3) Marangoni, Nuovo Cimento (2) 5—6. p. 239—273. 1872; (3) **8.** p. 50—68, p. 97—115, p. 192—212. 1879.

fläche bilden und bei Bewegung eines Körpers in der Oberfläche derselben eine Art von elastischer Wirkung entgegen-
setzen. In seinen Entgegnungen [1]) hält Plateau seine ursprüngliche Ansicht aufrecht. Anstatt mich auf eine Kritik
der gegenüberstehenden Meinungen einzulassen, schien es
mir wichtiger, die fraglichen Erscheinungen von neuem nach
einer veränderten Methode zu untersuchen. Diese Methode
sollte die folgenden Bedingungen erfüllen:

a) Die Wirkungen der Reibung sollen sich trennen
lassen von Capillarwirkungen an der freien Oberfläche oder
von einer (nach Marangoni) etwa vorhandenen Oberflächen-
elasticität.

b) Die Reibungswiderstände sollen durch Zahlenwerthe
ausgedrückt werden, welche wirklich als Maass für dieselben
anzusehen sind.

c) Diese Zahlenwerthe sollen vergleichbar sein, sowohl
bei derselben Flüssigkeit im Innern und an der Oberfläche,
als auch bei verschiedenen Flüssigkeiten unter gleichen
Umständen.

Dass hierbei nicht die gewöhnlichen Methoden zur Bestimmung der Reibungscoëfficienten angewandt werden
konnten, ist leicht einzusehen. Bei der Strömung von
Flüssigkeiten durch Capillarröhren kommt die freie Oberfläche gar nicht in Betracht. Aber auch die drehende
Schwingung einer Scheibe ist keineswegs zur Untersuchung
der hier in Frage kommenden Erscheinungen geeignet.
Lässt man dieselbe in verschiedenen Entfernungen von der
freien Oberfläche schwingen, so hat schon O. E. Meyer [2])
beobachtet, dass die Reibungswiderstände bei Annäherung
an dieselbe abnehmen. Dies ist auch nach der von O. E.
Meyer [3]) entwickelten Theorie dieser Schwingungen gar
nicht anders zu erwarten. Nach derselben hängt der bei
weitem grösste Theil der Wirkung auf die Scheibe von den-

---

1) Plateau, Bull. de l'Acad. de Belg. (2) **34.** p. 401—419; (2) **48.**
p. 106—128. 1880.

2) O. E. Meyer, Pogg. Ann. **113.** p. 415. 1861.

3) l. c. p. 62—67.

jenigen Flüssigkeitstheilchen ab, welche sich vertical über oder unter der Scheibe befinden, nicht aber von denjenigen, welche mit ihr in derselben Horizontalebene liegen. Ist die über der Scheibe liegende Flüssigkeitsschicht sehr dünn, so folgt sie den Schwingungen der Scheibe ohne Rücksicht auf den etwaigen Werth des Reibungscoëfficienten.

Die Plateau'sche Methode endlich ist wohl geeignet, qualitativ die fragliche Erscheinung nachzuweisen; sie gestattet aber nicht zu entscheiden, ob die grössere Zeit, welche der Magnet an der Oberfläche zur Rückkehr in seine Gleichgewichtslage braucht, von einer vergrösserten Reibung oder von anderen entgegenwirkenden Kräften herrührt.

3. Ich habe daher nach einer längeren Reihe von Vorversuchen die folgende Methode benutzt, welche im ganzen den oben gestellten Anforderungen genügt. An zwei feinen, gut ausgeglühten Platindrähten hängt bifilar ein Messingkreuz, welches einen kleinen Spiegel trägt zur Beobachtung der Schwingungen mit Scala und Fernrohr. Die beiden horizontalen Arme desselben sind mit Schraubengewinden versehen, auf welchen geeignete Gewichte verschoben werden können, sodass die Schwingungsdauer beliebig verändert werden kann.

An dem nach unten gehenden Theil können geeignete Körper befestigt werden, welche dazu bestimmt sind, innerhalb der Flüssigkeit Schwingungen auszuführen (vgl. Taf. V Fig. 5). Ich habe dazu hauptsächlich schmale und dünne Platten oder Cylinder von Messing benutzt. Der ganze Apparat hängt an einem geeigneten Gestell und konnte mit Hülfe einer Mikrometerschraube beliebig gehoben und gesenkt werden, ohne dabei um die Verticalaxe gedreht zu werden. An der Schraube konnte man noch eine Hebung von 0,01 mm ablesen. Endlich war an dem Apparat eine kleine Magnetnadel befestigt, mit deren Hülfe man die beschriebene Vorrichtung ohne Erschütterung in drehende Schwingungen versetzen konnte. Man kann dann die Schwingungsdauer und die Abnahme der Schwingungen in bekannter Weise mit grosser Genauigkeit bestimmen. Die Versuche wurden in der Weise angestellt, dass die Platte

sich zunächst ganz in der Flüssigkeit befand, und ihr oberer
Rand eine bestimmte Entfernung von der freien Oberfläche
hatte; ferner wurde dieselbe so weit gehoben, dass ihr oberer
Rand in der freien Oberfläche lag oder dieselbe um eine
bestimmte Strecke überragte.

In beiden Fällen setzt die Flüssigkeit der Platte einen
gewissen Widerstand entgegen, der eine Abnahme der Amplituden bewirkt. Ist die Reibung der Flüssigkeitstheile in
der freien Oberfläche grösser als im Innern, so wird auch
dieser Widerstand grösser sein. Um denselben aber in der
günstigsten Form zu beobachten, musste dem zur Aufnahme
der Flüssigkeit bestimmten Gefäss eine möglichst geeignete
Form gegeben werden. Dasselbe war rechteckig und hatte
eine Länge von 150 mm und eine Breite von 30 mm. Die
langen Seitenwände bestanden aus Glasplatten. Ausserdem
war noch die Vorrichtung getroffen, dass zwei andere Glasplatten, den ersten parallel, in das Gefäss eingesetzt werden konnten, sodass sich Beobachtungen bei verschiedenen
Abständen der Seitenplatten anstellen liessen. Diese Anordnung stellte sich aus folgenden Gründen als nothwendig
heraus. Dreht sich der Messingstreifen um eine verticale
Axe im Innern einer seitlich unbegrenzten Flüssigkeit, so
setzt derselbe zunächst und unmittelbar diejenige Flüssig-
keitsmenge in schwingende Bewegung, welche einen Cylinder
füllt, dessen Durchmesser und Höhe durch Länge und Höhe
des Streifens bestimmt sind. Es versteht sich von selbst,
dass infolge der Reibung auch noch die angrenzende Flüssigkeit an der Bewegung Theil nimmt, indess jedenfalls mit
schnell abnehmender Stärke. Liegt der obere Rand des
Streifens in der freien Oberfläche, so würde gewissermassen
eine bewegte Scheibe von der bezeichneten Grösse herausgenommen, welche hauptsächlich, wenn auch nicht ausschliesslich, in Bewegung gesetzt wird. Reibung in der
Oberfläche würde hauptsächlich in den Rändern dieser
Scheibe vorkommen, wo bewegte und nahezu ruhende
Schichten aneinander grenzen. Es wäre daher zu befürchten,
dass hierbei die etwa vorhandene Oberflächenzähigkeit nur
einen geringen Einfluss ausübt. Anders verhält es sich,

wenn die Flüssigkeit durch zwei enge Platten eingeschlossen ist, an welchen dieselbe haftet. Es muss dabei die Wirkung der Reibung, besonders aber diejenige einer erhöhten Reibung an der Oberfläche hervortreten. Schon Plateau hat bei seinen oben angeführten Versuchen in ähnlicher Weise die Wirkung der Reibung verstärkt. Für die Richtigkeit der ganzen Betrachtungsweise werde ich später eine Reihe von Versuchen mittheilen.

4. Die Bewegung der Flüssigkeit unter dem Einfluss der schwingenden Platte ist jedenfalls eine ziemlich complicirte, und scheint es mir für den Augenblick unmöglich, dieselbe aus den allgemeinen hydrodynamischen Gleichungen zu berechnen. Auch ihre Rückwirkung auf das schwingende System geschieht wohl nicht nach einem Gesetze, welches sich in einfacher Weise durch einen mathematischen Ausdruck wiedergeben liesse. Ich bin daher auch weit davon entfernt, die Abnahme der Schwingungen ohne weiteres als Maass des Reibungscoëfficienten anzusehen. Werden aber zwei Versuche angestellt, welche sich nur dadurch unterscheiden, dass bei dem einen die eintauchenden Platten mit ihren oberen Rändern die freie Oberfläche schneiden, bei dem anderen um einen Bruchtheil eines Millimeters tiefer liegen, so können die Bewegungswiderstände nur dann verschieden sein, wenn die Oberflächenschichten einen besonderen Einfluss ausüben.

Da ich mich bei allen Versuchen auf Schwingungen von kleiner Amplitude beschränkte, so lag die Vermuthung nahe, dass die Flüssigkeit hauptsächlich einen der Winkelgeschwindigkeit des Apparats proportionalen Widerstand bewirken würde, sodass für die Schwingung des Systems auch beim Eintauchen der Platte die einfache Gleichung gelten könnte:

$$\frac{d^2\varphi}{dt^2} + 2a\frac{dq}{dt} + b\cdot\varphi = 0.$$

Diese Annahme ist leicht zu prüfen. Es folgt aus derselben, dass Schwingungsdauer und Decrement von der Grösse der Amplitude unabhängig sind. Dies ist nicht genau richtig; nur die Schwingungsdauer ist constant; dagegen nehmen die

Decremente langsam mit der Grösse der Amplituden ab.
Ich habe das genauere Gesetz dieser Abnahme nicht weiter
verfolgt; zur Entscheidung der gestellten Fragen genügt die
Kenntniss des Mittelwerthes der Decremente vollständig, und
habe ich mich bemüht, die Versuche so einzurichten, dass
die Decremente gleichen mittleren Amplituden entsprechen.

Ueberragt der Rand der Platte die freie Oberfläche, so
tritt noch ein störender Umstand ein. Die Oberfläche
zwischen Platte und Glaswand ist merklich gekrümmt und
im allgemeinen etwas über das Niveau gehoben. Während
der Schwingungen ist diese Erhebung nicht mehr auf beiden
Seiten dieselbe. Infolge dessen treten anziehende, bisweilen
auch abstossende Kräfte auf, welche die Schwingungsdauer
vergrössern, resp. verkleinern. Aber auch hier ist bei kleinen
Amplituden die Schwingungsdauer von der Grösse derselben
unabhängig, sodass man die hinzutretenden Kräfte als proportional dem Winkel φ anzusehen hat. Die Veränderung
der Schwingungsdauer ist ein vorzügliches Mittel, die erwähnten Kräfte genau zu messen. Ich habe nach dieser
Richtung eine Reihe von Versuchen angestellt, welche ich
in einer besonderen Abhandlung mitzutheilen gedenke. Wäre
endlich in der Oberfläche eine dünne Schicht vorhanden,
welche — nach Marangoni's Annahme — elastisch ist,
so müsste eine Verschiebung oder Biegung derselben jedenfalls auch eine Widerstandskraft hervorbringen, welche in
erster Annäherung dem Ablenkungswinkel proportional ist.

Es geht aus diesen Betrachtungen hervor, dass bei der
Verschiebung der Platte aus dem Innern der Flüssigkeit
an die Oberfläche in der Gleichung (I) sowohl a als auch b
sich verändern. Da aber stets Schwingungsdauer und Decrement beobachtet wurden, so kann man beide Veränderungen gesondert finden. Setzt man in:

(I) $$\varphi = \varphi_0 . e^{-\frac{\lambda t}{T}} \cos\left(2\pi \frac{t}{T}\right).$$ so ist:

(II) $$a = \frac{\lambda}{T}, \quad b = \frac{4\pi^2 + \lambda^2}{T^2}.$$

Insbesondere ist also das angenäherte Maass der Reibung die Grösse a oder das Verhältniss des Decrements zur Schwingungsdauer.

Der Apparat erleidet natürlich auch durch die Luft einen Widerstand; derselbe ist mehrfach besonders beobachtet worden, fand sich aber stets sehr klein gegen den Bewegungswiderstand der Flüssigkeit. Da es sich hier nicht um absolute, sondern nur um relative Messungen handelt, so habe ich es nicht für nöthig gehalten, denselben besonders zu berücksichtigen.

5. Ich theile zunächst diejenigen Versuche mit, welche die Prüfung der angewandten Methode betreffen. Es kam, wie oben bemerkt, darauf an, festzustellen, in wie weit die Schwingungsdauer und das logarithmische Decrement von der Grösse der Amplitude abhängig sind. Die folgende Tabelle I enthält die Resultate dreier Versuchsreihen. Nachdem der beschriebene Apparat in Schwingungen versetzt war und bereits eine Reihe von Schwingungen ausgeführt hatte, wurden die Ausschläge nach beiden Seiten notirt und daraus die Anfangsamplitude festgestellt. Nach Verlauf von 4 Schwingungen ergab sich in derselben Weise die Endamplitude. Beide Zahlen sind in der ersten Verticalreihe angegeben. Aus denselben wurde das Decrement λ berechnet. Gleichzeitig war die Dauer der 4 Schwingungen festgestellt und das Mittel genommen, welches unter T wiedergegeben ist. Benutzt wurde hierbei das oben beschriebene rechteckige Gefäss, in welchem die beweglichen Glasplatten in einer Entfernung von 15 mm einander gegenüberstanden. Dasselbe war mit destillirtem Wasser gefüllt, in welches eine rechteckige Messingplatte von 100 mm Länge, 5 mm Höhe und 0,5 mm Dicke eintauchte. Bei der Reihe A befand sich dieselbe ganz im Innern der Flüssigkeit; bei B durchschnitt der obere Rand gerade die freie Oberfläche, während er bei C dieselbe um 0,5 mm überragte. Die Schwingungsdauer T ist in Secunden gegeben. Die Grösse λ ist die Differenz der gewöhnlichen Logarithmen.

Wie man sieht, ist die Schwingungsdauer, deren Bestimmung als Mittel aus nur 4 Schwingungen nicht sehr

Tabelle I.

Amplit.	T	λ	Amplit.	T	λ	Amplit.	T	λ
	A.			B.			C.	
424—378	11,50	0,01247	420—321	11,85	0,02919	502—390	12,50	0,02741
337—303	11,65	0,01155	353—271	11,50	0,02870	324—256	12,30	0,02558
280—252	11,45	0,01144	244—190	11,80	0,02716	216—172	12,70	0,02475
227—205	11,50	0,01132		Mittel: 11,72		146—117	12,30	0,02379
185—167	11,50	0,01086					Mittel: 12,45	
	Mittel: 11,52							

genau war, in jeder einzelnen Reihe constant, d. h. von der Grösse der Amplitude unabhängig. Sie wächst, wenn man die Reihen *A*, *B*, *C* vergleicht, mit dem Hervortreten des oberen Randes aus der freien Oberfläche. Es kann nicht zweifelhaft sein, dass dies der Wirkung von Anziehungskräften infolge der Krümmung der Oberfläche zuzuschreiben ist. Die Decremente nehmen langsam ab, wenn die Amplituden kleiner werden. Diese Abnahme ist bei allen Reihen eine ziemlich gleichmässige. Ich habe deshalb darauf verzichtet, das genauere Gesetz derselben zu erforschen und mich damit begnügt, bei allen weiter mitzutheilenden Versuchen einen Mittelwerth des logarithmischen Decrements aus je 10 Schwingungen zu nehmen, bei welchen Anfangsund Endamplitude in dem Intervall von 400 bis 100 Scalentheilen lagen. Die grosse Verschiedenheit der absoluten Werthe des Decrements zwischen Reihe *A* einerseits, Reihe *B* und *C* andererseits, ist dem Einflusse der freien Oberfläche zuzuschreiben.

Es ist oben auf die Nothwendigkeit hingewiesen worden, die zu untersuchende Flüssigkeit in ein Gefäss mit engen, parallelen Wänden einzuschliessen. Den Beweis hierfür geben die in der Tabelle II mitzutheilenden Versuche. Auch hierbei wurde mit destillirtem Wasser experimentirt und dieselbe Messingplatte verwandt wie zuvor. Unter *h* ist hier, wie bei allen folgenden Tabellen die Entfernung des obern Plattenrandes von der freien Flüssigkeitsoberfläche zu verstehen. Liegt der Rand unter derselben, also im Innern der Flüssigkeit, so' ist das positive Zeichen angewandt, ragt er über dieselbe hinaus, das negative.

Die Entfernung der verstellbaren Glasplatten ist durch die Grösse e angezeigt; $e = \infty$, bedeutet ein Gefäss von solchen Dimensionen, dass ein Einfluss der Seitenwände nicht denkbar war. Die Schwingungsdauer T ist auch hier angegeben, um den Einfluss der anziehenden Kräfte zu zeigen. Als Maass der Reibungswiderstände dient endlich die Grösse $\frac{\lambda}{T}$, welche stets mit 1 000 000 multiplicirt wurde, um die Decimalstellen zu vermeiden.

Tabelle II.

h	$e = \infty$		$e = 30\,\text{mm}$		$e = 20\,\text{mm}$		$e = 15\,\text{mm}$	
	T	$\frac{\lambda}{T}$	T	$\frac{\lambda}{T}$	T	$\frac{\lambda}{T}$	T	$\frac{\lambda}{T}$
mm								
+ 5	11,28	1172	11,22	1085	11,00	1143	11,42	1188
+ 0,5	11,28	1245	11,58	1119	11,00	1277	11,44	1567
0	11,31	1248	11,56	1632	11,24	2355	11,82	2649
− 0,5	11,22	1222	11,36	1754	11,84	2451	12,68	2784

Die Werthe der Schwingungsdauer sind bei den beiden ersten Reihen nahezu constant; bei der dritten Reihe macht sich die Anziehung der Seitenwände bemerkbar, und tritt dieser Einfluss bei der letzten Reihe noch stärker hervor.

Die einzelnen Versuchsreihen wurden zu verschiedenen Zeiten angestellt, und sind daher zunächst nur die Zahlenwerthe jeder Reihe unter sich vergleichbar. Trotzdem zeigen die Reibungswiderstände für die Bewegung in grösserer Tiefe ($h = 5$ mm) eine ziemlich gute Uebereinstimmung, sie werden jedenfalls nicht erheblich durch die Gestalt des Gefässes beeinflusst. Dieser Einfluss tritt aber schon dann hervor, wenn die Platte nahe an die freie Oberfläche heranrückt ($h = 0,5$ mm) und wird sehr bedeutend, wenn der obere Rand die freie Oberfläche schneidet. Während in der ersten Reihe die Widerstände dieselben bleiben, findet bei den übrigen eine plötzliche Vermehrung statt, wenn die Platte um die kleine Strecke von 0,5 mm gehoben wird, und ist dieselbe um so grösser, je näher die Grenzplatten sind. Von diesem grossen Einfluss der Gefässbegrenzung auf den Widerstand, dessen Ursachen ich schon früher auseinandergesetzt habe, suchte ich mich noch in anderer Weise zu überzeugen.

Nachdem in dem Gefäss, bei welchem ein Einfluss der
Wände nicht bemerkbar ist, nochmals der Bewegungswiderstand einer reinen Wasseroberfläche bestimmt worden war
($h = 0$), wurde dieselbe mit einer dünnen, durch Umrühren
möglichst gleichmässig verbreiteten Oelschicht bedeckt und
abermals der Widerstand untersucht. Schliesslich wurde dasselbe Experiment wiederholt; auf die reine Wasseroberfläche
aber in ähnlicher Weise eine dünne Terpentinölschicht gebracht. Es ergaben sich die wenig voneinander abweichenden Werthe:

$$
\begin{aligned}
&\text{Reine Wasseroberfläche} \quad . \ . \ . \ . \quad 1248 \\
&\text{dieselbe mit Oel} \quad . \ . \ . \ . \ . \ . \quad 1301 \\
&\text{dieselbe mit Terpentinöl} \quad . \ . \ . \ . \quad 1119.
\end{aligned}
$$

Bei Benutzung der engen Platten ($e = 15$) genügte dagegen schon eine kaum sichtbare Oelschicht, um den Bewegungswiderstand so gross zu machen, dass das bewegliche
System ohne Schwingungen in seine Gleichgewichtslage zurückging. Es stellt sich demnach die Benutzung eines seitlich eng begrenzten Gefässes bei der angewandten Schwin-
gungsmethode als durchaus nothwendig heraus.

6. Nach Erledigung dieser Vorfragen gehe ich zur
Vergleichung des inneren und Oberflächenwiderstandes bei
verschiedenen Flüssigkeiten über. Die meisten Versuche
wurden bei der günstigsten Plattenentfernung von 15 mm
mit der mehrfach erwähnten Messingplatte von 100 mm
Länge ausgeführt. Doch habe ich nicht unterlassen, einige
Versuche auch bei der grössern Entfernung von 20 mm anzustellen; sowie auch statt der Platte einen dünnen Messingcylinder von derselben Länge und etwa 5 mm Durchmesser
zu benutzen.

Die folgenden Tabellen III, IV, V, welche nach den
früheren Erklärungen wohl verständlich sind, geben nur die
Werthe von $\frac{\lambda}{T}$, als Maass des Widerstandes. Für die letzte
Tabelle mag noch bemerkt werden, dass die Bezeichnung f
eine vorangegangene Filtration bedeutet, sowie die bei den
Flüssigkeiten stehenden Zahlen die specifischen Gewichte
repräsentiren.

Tabelle III. Rechteckige Messingplatte.

Entfernung der Glaswände 20 mm.

Flüssigkeit	$h=10$ mm	$h=5$ mm	$h=0,5$ mm	$h=0$ mm	$h=-0,5$ m
estillirtes Wasser . . .	—	1106	1310	2045	2026
)est. Wasser, filtrirt . .	1081	1143	1277	2355	2451
\lkohol	1021	—	1155	1024	1016

Tabelle IV. Messingcylinder.

Entfernung der Seitenplatten 15 mm.

	$h=5$ mm	$h=0,5$ mm	$h=0$ mm	$h=-0,5$ m
)estillirtes Wasser 1	1131	1614	3388	4074
)estillirtes Wasser 2	—	1574	3301	3613
\lkohol	1331	1512	1396	1293
ʃerpentinöl	1875	2327	2107	1899

Tabelle V. Rechteckige Messingplatte.

Entfernung der Glaswände 15 mm.

Flüssigkeit	$h=10$ mm	$h=5$ mm	$h=0,5$ mm	$h=0$ mm	$h=-0,5$ m
)estillirtes Wasser . .	—	1188	1567	2649	2784
)estillirtes Wasser f . .	1115	1145	1483	2545	2637
aNO, in Wasser f 1,223	1091	1103	1444	2529	2428
a, SO$_4$ in Wasser f 1,169	1499	—	2310	4013	4088
ᘔ, CO, in Wasser f 1,367	2175	—	3692	5947	—
a Cl$_2$ in Wasser f 1,348	3171	—	5292	8155	—
\lkohol 1	1185	—	1463	1312	—
\lkohol 2	—	1225	1453	1256	1145
u Cl$_2$ in Alkohol f 0,878	1566	—	2120	1938	—
ʃa Cl$_2$ in Alkohol f 0,995	6028	—	7338	6942	6373
ʃchwefelkohlenstoff . . .	870	1144	2001	1476	1362
erpentinöl	2073	2276	2711	2368	2229
Wasser, Alkohol f 0,9708	1346	—	1943	2133	—
Wasser, Alkohol f 0,9274	1736	—	2216	1988	1848

Aus dem Vergleich der drei letzten Tabellen ist ersichtlich, dass die Bewegungswiderstände trotz der etwas abweichenden Versuchsbedingungen im ganzen denselben Verlauf zeigen. Ich will mich deshalb damit begnügen, alle weiteren Folgerungen an die Zahlenwerthe der letzten Tabelle anzuknüpfen. Zur schnellern Uebersicht der Reibungswiderstände habe ich dieselben durch Zeichnungen in Taf. V Fig. 6 und 7 dargestellt. Für Wasser und Alkohol sind dabei die Mittel aus den wenig voneinander abweichenden Versuchsreihen benutzt worden.

Aus den Zahlenwerthen der letzten Tabellen, sowie aus diesen Zeichnungen ergeben sich die folgenden Resultate.

a. Bei allen untersuchten Flüssigkeiten steigt der Bewegungswiderstand nicht unerheblich, wenn die Platte der freien Oberfläche sich nähert.

b. Bei einer weitern Hebung, welche zu einem Eintritt des oberen Plattenrandes in die freie Oberfläche führt, tritt ein charakteristischer Unterschied zwischen den verschiedenen Flüssigkeiten hervor, und zwar finden sich, ganz wie Plateau angibt,

I. Flüssigkeiten, welche eine bedeutende Steigerung des Widerstandes zeigen: Wasser und wässerige Salzlösungen.

II. Flüssigkeiten, bei welchen eine Abnahme des Widerstandes vorkommt: Alkohol, alkoholische Lösungen, Schwefelkohlenstoff, Terpentinöl.

III. Mischungen von Wasser und Alkohol, welche sich je nach dem Verhältniss der Bestandtheile der einen oder anderen Gruppe anschliessen.

c. Vergleicht man die Widerstände der Flüssigkeiten in grösseren Tiefen, so hat Schwefelkohlenstoff den kleinsten Widerstand. Es folgen Wasser und Alkohol mit nahe gleichen Widerständen, endlich Terpentinöl mit erheblich grösserem. Der Zusatz von Salzen bewirkt in den meisten Fällen eine bedeutende Vergrösserung des Widerstandes. Ebenso ist als bemerkenswerth hervorzuheben, dass Gemische von Wasser — Alkohol einen grössern Widerstand zeigen, als die einzelnen Bestandtheile für sich.

Ein Theil dieser Resultate lässt sich einfach erklären. Dass zunächst die Widerstände bei allen Flüssigkeiten mit Annäherung an die Oberfläche wachsen, kann nicht überraschen. Denn die von der Platte in Bewegung gesetzten Flüssigkeitstheilchen weichen nicht allein in horizontaler Richtung, sondern auch nach unten und oben aus. Bei grosser Nähe der freien Oberfläche ist ein Ausweichen in der letzten Richtung unmöglich oder wenigstens erschwert, denn die Flüssigkeitstheile müssten in diesem Falle die obere, horizontale Grenzebene überschreiten, und es würden dabei sowohl die Schwere als auch die Capillarkräfte ihrer Bewegung entgegenwirken. Ausserdem' ist es möglich, dass, infolge der an der freien Oberfläche stattfindenden Verdunstung die Temperatur derselben etwas unter der mittlern Temperatur der Flüssigkeit liegt, sodass bei der schnellen Veränderung der Reibung mit der·Temperatur dieselbe dort etwas grösser ist als ·in tieferen Schichten. Besonders ist hierdurch wohl das auffallende Verhalten des Schwefelkohlenstoffs zu erklären, dessen Widerstand in grösserer Tiefe viel kleiner ist, als bei Alkohol und Wasser, während 'er diese in grosser Nähe der Oberfläche ($h = + 0.5$) erheblich übertrifft. Trotz getroffener Vorsichtsmaassregeln war die Verdunstung bei dem Schwefelkohlenstoff so bedeutend, dass die Temperatur desselben um einige Grad unter diejenige der Umgebung während der Versuche gesunken war. Jedenfalls ist bei diesen und ähnlichen Versuchen das'Verhalten der freien Oberfläche stets zu berücksichtigen; also zu beachten, dass dieselbe einer dicht unter ihr stattfindenden Bewegung unter Umständen einen gesteigerten Widerstand entgegensetzt.

7. Um nun auf den Hauptzweck der Untersuchung, das Verhalten der freien Oberflächen zu kommen, so geht aus den mitgetheilten Versuchen unzweideutig hervor, dass beim Wasser der Widerstand sich plötzlich ganz erheblich steigert, sobald der obere Plattenrand in die freie Oberfläche tritt. Infolge der ganzen Versuchsanordnung scheint es mir nicht zweifelhaft, dass dies durch eine gesteigerte Reibung in der Oberflächenschicht bewirkt wird. Dem destillirten Wasser sehr ähnlich verhalten sich die untersuchten wässerigen Salzlösungen. Die Zunahme des Widerstandes beim Uebergang aus der letzten Lage der Platte in der Flüssigkeit bis zum Eintritt in die Oberfläche beträgt:

bei destillirtem Wasser . . . . 60,9 Proc.
bei der Lösung von KNO_3 . . . 75,1 „
„ „ „ „ Na_2SO_4 . . 73,7 „
„ „ „ „ K_2CO_3 . . 61,0 „
„ „ „ „ $CaCl_2$ . . . 54,1 „

Diese Zahlen sind im ganzen von derselben Grössenordnung. Man könnte natürlich auch den Widerstand in der freien Oberfläche mit demjenigen in grösserer Tiefe vergleichen. Die Unterschiede sind dann noch erheblich grösser. An der Richtigkeit der Thatsache unter den Versuchsbedingungen ist hiernach wohl nicht zu zweifeln. Freilich ist damit die Frage noch nicht entschieden, ob es sich hierbei um eine Eigenthümlichkeit der homogenen, von jeder fremden Beimengung freien Flüssigkeiten handelt, oder ob Substanzen mitwirken, welche aus der Atmosphäre oder von den Seitenwänden her in die freie Oberfläche gelangt sind. Da Wasser und Salzlösungen im ganzen wenig verschiedene und verhältnissmässig grosse Capillarconstanten besitzen [1]), so ist die Möglichkeit einer Ausbreitung von Substanzen mit geringerer Spannung gegeben.

Die Untersuchung freier Wasseroberflächen, welche nicht allein während der Versuche, sondern auch vorher vor jeder Berührung mit Luft bewahrt worden sind, dürfte ausserordentlich schwierig sein; jedenfalls fehlten mir die dazu nöthigen Einrichtungen.

Die von mir gebrauchten Vorsichtsmaassregeln: Filtriren des zum Kochen erhitzten Wassers in eine Flasche mit engem Hals, Bedeckung des Glasgefässes während des Experimentes mit angefeuchtetem Filtrirpapier, hatten fast gar keinen Einfluss auf die erhaltenen Zahlenwerthe. Auch Wasserleitungswasser unterschied sich nicht wesentlich von destillirtem Wasser. Ich versuchte noch ein anderes Mittel, um die Einwirkung der Berührung der Luft, resp. der in derselben suspendirten Theilchen festzustellen. Ist dieselbe der Hauptgrund für das eigenthümliche Verhalten des Wassers, so muss sich die Einwirkung mit der Zeit, welche seit der Bildung der freien Oberfläche vergangen ist, steigern. Ich habe darüber die folgenden Versuche angestellt. Nach Einfüllung der Flüssigkeit in das Gefäss wurde möglichst schnell der Zustand der freien Oberfläche untersucht. Nach Verlauf einer längern Zeit wurde die Untersuchung wieder-

---

[1]) Quincke, Pogg. Ann. **160.** p. 337—375, 560—588. 1877.

holt. Endlich wurde versucht, durch mechanische Mittel: Umrühren mit einem reinen, kurz zuvor stark ausgeglühten Platinblech fremde Körper von der Oberfläche zu entfernen. Einige dieser Versuche sind in der folgenden Tabelle VI zusammengestellt. Die angegebenen Zahlen sind wie früher die Quotienten $\frac{\lambda}{T}$. Die Messingplatte, sowie der Messingcylinder waren so eingestellt, dass sie mit ihrem obern Rande gerade die freie Oberfläche berührten.

Tabelle VI.

Rechteckige Platte: Entfernung der Seitenwände 20 mm		Rechteckige Platte; Entfernung der Seitenwände 15 mm		Cylinder; Entfernung der Seitenwände 15 mm	
1ʰ 20'	2045	11ʰ 7'	2649	9ʰ 30'	3388
2ʰ 45'	2132	2ʰ 5'	2744	10ʰ 45'	3360
N. Umrühren	1909	Nach 24 St.	∞	Umgerührt	3374
		Umgerührt	2539		

Die beiden ersten Reihen zeigen in dem Intervall einer Stunde eine kleine Zunahme des Widerstandes; bei der letzten Reihe bleibt derselbe constant. Nach Zeit von 24 Stunden ist der Widerstand so gross geworden, dass er nach der benutzten Methode nicht mehr bestimmt werden konnte. Nach dem Umrühren sinkt derselbe indess auch in diesem Fall auf einen Werth zurück, welcher nur wenig kleiner ist, als der anfängliche. Wenn also auch nicht bestritten werden kann, dass eine länger andauernde Berührung mit Luft den Widerstand steigert, so kann doch ebensowenig bezweifelt werden, dass ein besonderer Oberflächenwiderstand schon unmittelbar nach Bildung der freien Oberfläche vorhanden ist. Wir müssen daher schliessen, entweder, dass der freien Wasseroberfläche ein recht bedeutender Oberflächenwiderstand zukommt, oder dass eine reine Wasseroberfläche in Berührung mit Luft überhaupt nicht existirt. Dann hätte man in der benutzten Beobachtungsmethode wenigstens ein sehr feines Mittel, um den Oberflächenzustand des Wassers zu beurtheilen.

Während bei dem Wasser und den wässerigen Salzlösungen die Zunahme des Widerstandes an der Oberfläche eine recht beträchtliche ist, ist die Abnahme desselben bei den übrigen Flüssigkeiten verhältnissmässig klein. Dieselbe beträgt bei:

$$
\begin{array}{lr}
\text{Alkohol} \ldots\ldots\ldots\ldots & 11{,}9 \text{ Proc.} \\
\text{Alkohol. Lösung von } CuCl_2 \ . & 8{,}6 \quad \text{\textquotedblright} \\
\text{\textquotedblright} \qquad\qquad \text{\textquotedblright} \quad CaCl_2 \ . & 5{,}4 \quad \text{\textquotedblright} \\
\text{Terpentinöl} \ldots\ldots\ldots & 12{,}6 \quad \text{\textquotedblright} \\
\text{Schwefelkohlenstoff} \ldots & 26{,}3 \quad \text{\textquotedblright}
\end{array}
$$

Für die letzte Flüssigkeit findet, wie schon früher ausgeführt, infolge der starken Verdunstung ein abnormes Verhalten statt, sodass eine verhältnissmässig grosse Abnahme nicht auffallen kann. Bei den übrigen Flüssigkeiten ist übrigens der Widerstand an der Oberfläche (Berührung derselben durch den obern Plattenrand) immer noch grösser, als bei der Bewegung der Platte in grösserer Entfernung von der freien Oberfläche. Ich glaube daher nicht, dass man aus diesen Versuchen berechtigt ist, auf eine Abnahme des Reibungscoëfficienten an der Oberfläche zu schliessen.

Bei den Lösungen von Wasser in Alkohol ergibt sich:

bei dem spec. Gewicht: von 0,9708, Zunahme 9,8 Proc.

„ „ „ „ „ 0,9274, Abnahme 10,3 „

Es geht daraus hervor, dass schon ein geringer Zusatz von Alkohol zum Wasser die Eigenthümlichkeit desselben erheblich vermindert, während bei einem weitern Zusatz das Gemisch sich nahezu verhält wie reiner Alkohol. Es scheint mir dies im nächsten Zusammenhang zu stehen mit der schnellen Verkleinerung, welche die Cohäsion des Wassers durch Zusatz von Alkohol erfährt. Für dieselbe gibt Quincke [1]) die folgenden Werthe:

$$
\begin{array}{lcccc}
\sigma & 0{,}9973 & 0{,}9852 & 0{,}9110 & 0{,}7904 \\
\alpha & 8{,}000 & 5{,}657 & 2{,}947 & 2{,}854;
\end{array}
$$

wo σ die specifischen Gewichte, α die Cohäsionsconstanten bedeuten.

Um eine Uebersicht zu gewinnen, wovon hauptsächlich die Widerstände gegen die Plattenbewegung im Innern der

---

1) Quincke, Pogg. Ann. **160.** p. 368. 1877.

Flüssigkeit abhängen, habe ich die Reibungscoëfficienten einiger der benutzten Flüssigkeiten mit Hülfe einer schwingenden Messingscheibe nach den von O. E. Meyer[1]) gegebenen Formeln und Regeln bestimmt. Dieselben sind in der folgenden Tabelle zusammengestellt, wobei ich mich darauf beschränkt habe, ihre relativen Werthe zü Wasser zu geben. Die Temperatur betrug 21°. C.; nur bei dem Schwefelkohlenstoff war dieselbe infolge der schwer zu vermeidenden Verdunstung niedriger. Da die absoluten Werthe von η für destillirtes Wasser bekannt sind:

nach O. E. Meyer[2])   21,6° :0,01190

nach Grotrian[3])   21,50°:0,01250,   21,58°:0,01236,

so kann man aus der folgenden Tabelle die Reibungscoëfficienten der übrigen Flüssigkeiten leicht berechnen.

Tabelle VII.

	ϱ	$\eta \cdot \varrho$	η	$\dfrac{\lambda}{T}$
Schwefelkohlenstoff .	1,293	0,4262	0,8297	0,782
Terpentinöl	0,870	2,030	2,333	1,859
Alkohol	0,7937	1,055	1,329	1,063
„	0,8720	2,282	2,617	—
„	0,9023	2,720	3,014	—
„	0,9737	1,721	1,767	—
Wasser	1	1	1	1

Ein Vergleich der Werthe $\eta \cdot \varrho$ mit den Verhältnissen der Widerstände $\left(\dfrac{\lambda}{T}\right)$ zeigt, wie zu erwarten war, keine vollständige Uebereinstimmung. Vielmehr ist bei den Widerständen noch das specifische Gewicht der Flüssigkeit von Einfluss. Das eigenthümliche Verhalten der Mischungen Alkohol — Wasser, welche ein Maximum von η besitzen, ist übrigens schon von Poiseuille[4]) beobachtet worden.

Halle a. d. S., d. 1. August 1880.

---

1) Meyer, Pogg. Ann. **113.** 1861.

2) Meyer, Pogg. Ann. **113.** p. 399. 1861.

3) Grotrian, Pogg. Ann. **160.** p. 242. 1877.

4) Poiseuille, Pogg. Ann. **58.** p. 437. 1843.

IV. *Einfache Methoden und Instrumente zur*
Widerstandsmessung insbesondere in Electrolyten;
von F. Kohlrausch.

(Aus den Verh. d. phys.-med. Ges. zu Würzburg, N. F. 15., vom 21. Febr.
1880 mitgetheilt vom Hrn. Verf.)

Die Aufgabe, electrische Widerstände in Flüssigkeiten zu
bestimmen, trifft nicht allein den Physiker. Das electrische
Leitungsvermögen einer Substanz gehört zu deren fundamentalen Eigenschaften, und es ist offenbar wünschenswerth,
dass ähnlich, wie etwa die Dichtigkeit, das Lichtbrechungs-
vermögen, die specifische Wärme, so auch die electrische Leitungsfähigkeit eines Körpers eine leicht messbare Grösse werde.
Nachdem die frühere Umständlichkeit und grösstentheils
Ungenauigkeit solcher Messungen durch die Anwendung von
Wechselströmen beseitigt worden war, wünschte ich auch
die instrumentellen Ansprüche, welche das neue Verfahren
mit sich brachte, zu vereinfachen. Denn wenn auch die
erste von Nippoldt und mir beschriebene Beobachtungsweise später in den Hülfsmitteln und in der Ausführung
wesentlich vereinfacht wurde dadurch, dass an die Stelle
der treibenden Sirene ein Uhrwerk trat und dadurch, dass
man die Strommessung auf eine Nullmethode zurückführte,
so blieben der kostspielige rotirende Magnetinductor und
das allerdings genaue aber grosse Vorsicht erheischende
und nicht einfach aufzustellende Electrodynamometer doch
Bestandtheile unseres Verfahrens, welche dessen weiterer
Verbreitung im Wege standen.

Es soll hier gezeigt werden, wie man diese beiden Theile
durch andere Hülfsmittel ersetzen kann, die weder in der
Herstellung noch in der Anwendung an Einfachheit etwas
zu wünschen übrig lassen.

Der Stromerreger. Schon in einem vor kurzem er-
schienenen Aufsatze habe ich erwähnt, dass mit gleichem
Erfolg wie die Wechselströme des rotirenden Magnets diejenigen eines Stromunterbrechers gebraucht werden können.
Ich bediente mich damals des Dubois-Reymond'schen Schlitten-
apparates. Ein für unsere Anwendung besonders eingerich-

teter Inductionsapparat lässt jedoch einige Vortheile erzielen. Ich habe das Instrument in folgender Gestalt gebraucht. (Fig. 8 Taf. V).

Während der gewöhnliche Inductionsapparat den Zweck eines möglichst plötzlich verlaufenden Oeffnungsstromes im Auge hat, ist für uns vielmehr ein möglichst gleichmässiger nicht zu rascher Verlauf der Schliessungs- und Oeffnungsströme wünschenswerth. Daher besitzt der Apparat anstatt des Eisendrahtbündels einen soliden Eisenkern, einen weichen Cylinder von 16 mm. Durchmesser und 100 mm Länge. Auf diesen Kern ist der inducirende Draht von 0,8 mm Durchmesser in 6 Lagen von zusammen etwa 520 Windungen aufgewunden. Das eine Drahtende steht in bekannter Weise mit einem Neeff'schen Hammer in Verbindung, dessen Unterbrechungsstelle um der Sicherheit des Schlusses willen durch einen verstellbaren Quecksilbernapf mit eintauchender scharfer Platinspitze gebildet wird. Zur Vermeidung der Quecksilberdämpfe wird ein wenig destillirtes Wasser auf das Quecksilber gegossen. Die Platinspitze sitzt in gewöhnlicher Weise an einem federnden Stiel, der zugleich ein Stückchen Eisen als Anker trägt. Die Feder führt etwa 100 Schwingungen in der Secunde aus, entsprechend also einem 200maligen Stromwechsel in der Secunde.

Bewegt wird der eiserne Anker vermöge der Anziehung von einem Fortsatz des Eisenkerns. Ein Schräubchen mit feinem Gewinde lässt den Abstand des Ankers von dem eisernen Fortsatz verstellen.

Als inducirte Spule sind dann über den inneren Draht etwa 2800 Windungen eines gut mit Seide isolirten 0,4 mm dicken Drahtes gewickelt, getrennt in zwei Abtheilungen, die mittels einer Stöpselvorrichtung wie zwei galvanische Elemente einzeln oder hinter- oder nebeneinander verbunden als Erreger der Wechselströme gebraucht werden können.

Als galvanische Säule für den inducirten Strom eignen sich etwa zwei kleine Bunsen'sche, oder drei Daniell'sche oder sechs bis acht Smee'sche Becher.

Ausgeführt ist der Apparat in der Werkstätte von Herrn Eugen Hartmann in Würzburg.

Das Electrodynamometer als Strommesser. Den eben beschriebenen Inductionsapparat kann man gerade so wie den Rotationsinductor mit dem Dynamometer in der Brücke verbinden. [1])

Ich will hier auf eine Fehlerquelle bei dergleichen Bestimmungen hinweisen. Wenn nämlich die beiden Dynamometerrollen nicht senkrecht auf einander stehen, so induciren die Wechselströme der einen Rolle auf die andere, was beträchtliche Fehler in der Messung nach sich ziehen kann. Die genau senkrechte Stellung lässt sich übrigens mit den Wechselströmen leicht prüfen. Man schliesst zu dem Zwecke die eine Rolle durch den Inductor, die andere aber einfach in sich selbst. In der richtigen gegenseitigen Stellung erfolgt keine Ablenkung.

Für die Beobachtung unserer Wechselströme kann man dem Weber'schen Dynamometer eine etwas handlichere Gestalt geben. Anstatt nämlich die Stromleitungen zu der beweglichen Rolle durch zwei Aufhängedrähte zu vermitteln, welche immer eine umständliche Aufhängung mit sich bringen, kann man sich auf einen Aufhängedraht beschränken und die andere Leitung durch eine Electrode erzielen, welche unten an der Rolle angebracht ist und in ein Gefäss mit Flüssigkeit (verdünnte Schwefelsäure) untertaucht. Hierdurch entgeht man nicht nur der bifilaren Aufhängung, die manche Uebelstände, auch in der Constanz der Einstellung bietet, wenn die Drähte sehr nahe zusammengelegt werden müssen, sondern man erzielt auch trotz dem ganz kurzen Aufhängedraht eine grössere Empfindlichkeit des Instrumentes. Das Instrument wird zugleich leicht transportabel. Auch die Dämpfung der Schwingungen durch die Flüssigkeit nimmt dem Dynamometer seine sonstige für die Beobachtung unbequeme Unruhe.

Ich habe die äussere, feste Rolle aus zwei Hälften zusammengesetzt, sodass die bewegte Rolle leichter werden konnte und rascher schwingt. Der Verlust an Empfindlichkeit durch die Durchbrechung des Multiplicators lässt sich durch seine schmalere Gestalt wieder einbringen.

---

1) Vgl. Kohlrausch u. Grotrian, Pogg. Ann. **154.** p. 3. 1875.

Den bis jetzt angestellten Proben nach scheint das
Dynamometer in dieser Gestalt für Wechselströme gut
brauchbar zu sein.

Dasselbe ist gleichfalls von Herrn Hartmann ausgeführt worden.

Das Bell'sche Telephon als Strommesser. Werden die Wechselströme durch ein Telephon geführt, so tönt
die angezogene Platte. Der Sinusinductor bewirkt diese
Töne verhältnissmässig schwach. Die durch Unterbrechung
erzeugten Wechselströme aber verlaufen plötzlicher, und
das Telephon, in die Brücke eingeschaltet, zeigt sich bei
dem vorhin beschriebenen Inductionsapparat geeignet, um
sehr scharf zu beurtheilen, wann der Brückenstrom verschwindet. Unter günstigen Bedingungen lässt sich das
Entstehen eines Stromes schon hören, wenn zwei Widerstände in den Verzweigungen um viel weniger als ein
Tausendtel ungleich gemacht werden. [1]

Da eine solche Empfindlichkeit für die meisten Zwecke
genügt, so haben wir also für die Wechselströme ein Prüfungsmittel, welches sogar die gewöhnlichen Galvanoskope an
Einfachheit übertrifft.

Selbst für metallische Widerstände, die nicht aufgespult
sind, kann man die Wechselströme mit dem Telephon vortheilhaft verwenden.

Beobachtungen mit dem Telephon in der Brücke, wenn
in einem Zweige eine Flüssigkeitszelle eingeschaltet ist, hat
schon Herr Wietlisbach angestellt. [2] Seine Wahrnehmung,
dass in diesem Falle das Telephon durch keine Stellung des
Contacts auf dem Messdraht zum völligen Schweigen gebracht wird, hatte auch ich unter Umständen, aber keineswegs unter allen Umständen, gemacht. Sind die Electroden
gut platinirt, so liess schon bei einer Grösse von 1000 qmm
das Verschwinden des Tones nichts zu wünschen übrig.

---

1) Um nicht durch den Stromunterbrecher gestört zu werden, mag
man den Inductionsapparat in einem andern Zimmer aufstellen oder
denselben auf eine weiche Unterlage setzen und das freie Ohr mit etwas
Watte verstopfen.

2) Wietlisbach, Berl. Monatsber. 1879. p. 280.

Auch bei blos metallischen Widerständen tritt Aehnliches auf. Im erstern Falle ist die Polarisation, im zweiten jedenfalls eine Selbstinduction von Drähten, welche nicht vollkommen bifilar aufgespult sind, die Veranlassung, dass der verschiedene Verlauf des Oeffnungs- und des Schliessungsstromes das völlige Auslöschen des Tones verhindert. Herr Wietlisbach hat in seiner Arbeit eine Theorie der Erscheinung gegeben.

Der Stromverzweiger. Unsere früheren Messungen wurden in der Weise ausgeführt, dass man den Rheostatenwiderstand, welchem der Flüssigkeitswiderstand gleich war, aus zwei Beobachtungen des Dynamometerausschlages bei verschiedenen, dem gesuchten nahe gleichen Widerständen interpolirte. Wegen der an dem Dynamometer fehlenden Dämpfung war dieses an sich schon empfehlenswerthe Verfahren auch das bequemste.

Bei dem Telephon nun fällt die Veranlassung und auch die Möglichkeit des Interpolirens fort, woraus folgt, dass hier dem Stöpselrheostaten eine Widerstandsvorrichtung mit stetiger Aenderung, z. B. ein Schleifcontact in der Wheatstone'schen Verzweigung vorzuziehen ist. Dadurch wird zugleich der kostspielige Widerstandssatz durch eine geringe Anzahl von Vergleichswiderständen ersetzt.

Eine Reihe von Versuchen, die Herr Long auf meine Veranlassung ausführte, ergab, dass in der That der ausgespannte Draht mit Schleifcontact in Verbindung mit dem Telephon durchaus befriedigende Resultate lieferte.

Nun hat man es bei Flüssigkeiten meistens mit ziemlich grossen Widerständen zu thun, also empfiehlt sich für die Messung auch in dem Verzweigungsdraht ein grösserer Widerstand als der auf den gewöhnlichen derartigen Vorrichtungen gebrauchte. Beliebig dünn aber kann man den Draht wegen der Erwärmung und wegen des unsichern Contactes nicht anwenden; ein langer ausgespannter Draht bietet andererseits grosse Unbequemlichkeiten.

Aus diesen Gründen habe ich den Verzweigungsdraht aufgewunden.

Die so entstandene „Brückenwalze", ebenfalls von
Herrn Hartmann ausgeführt, bewährt sich als sehr bequem,
und scheint mir auch für andere Anwendungen Vorzüge vor
dem gerade gespannten Draht zu besitzen.

Eine Abbildung der Brückenwalze findet sich Fig. 5 Taf. V.

Die Walze besteht, um Temperaturänderungen rasch
auszugleichen, aus Serpentin. Dieselbe hat 45 mm Länge
und 100 mm Durchmesser. In die Cylinderfläche ist in 10
Windungen eine Schraubenlinie leicht eingeschnitten, auf
welche der Messdraht (Neusilber 0,2 mm dick, 3·m lang)
aufgewunden ist. Der Gesammtwiderstand dieses Drahtes
beträgt etwa 15 Q.-E.

Als verstellbarer Contact dient wie bei dem Siemens'-
schen Universalgalvanometer ein Röllchen.

Dasselbe hat eine Bewegung auf einem runden, der
Cylinderaxe parallel stehenden Stift und wird mit diesem
durch 2 Federn mit geeigneter Kraft gegen den Walzendraht angedrückt. Vermöge einer feinen, auf den Umfang
des Röllchens eingeschnittenen Nuth folgt dasselbe den Bewegungen des Drahtes — so wie bei einer bekannten ältern
Rheostatenvorrichtung von Jacobi. Damit Thermoströme
vermieden werden, bestehen Röllchen und Axe aus Neusilber, welche Vorsicht für die Wechselströme übrigens nicht
nothwendig ist.

Die Federn, welche die Axe des Röllchens tragen, leiten
zugleich den Strom von dem Röllchen weiter.

Die beiden Drahtenden auf der Walze stehen je mit
einer messingenen Axe der Walze in Verbindung, von welcher die Leitung zu den äussersten Klemmen geführt ist.
Da nun bekanntlich ein gewöhnliches Axenlager keine sichere
galvanische Verbindung liefert, so wird die Ableitung von
den Axen durch einen Bürstencontact (wie bei den mo-
dernen Inductionsmaschinen) aus 20 harten federnden Mes-
singdrähten gebildet. Diese Ableitung hat sich ausgezeichnet
bewährt.

In dem hölzernen Fuss des Instruments befinden sich
die zur Vergleichung dienenden vier Widerstände von 1, 10,
100, 1000 Q.-E., und zwar zwischen den fünf mittleren

Messingklötzen, die durch Stöpsel verbunden werden können. Diese Auswahl von Widerständen lässt für jeden zu messenden Widerstand zwischen 0,3 und 3000 Q. E. die Möglichkeit zu, stets einen Vergleichsdraht zu wählen, dessen Verhältniss gegen den zu messenden Widerstand im ungleichsten Falle $1:\sqrt{10}$ beträgt; ein für die genaue Vergleichung noch recht günstiges Verhältniss.

Ausserhalb der genannten fünf Klötze stehen nun noch zwei dergleichen, an denen sich die äussersten Klemmen und die Leitungen von dem Walzendraht befinden. Zwischen einen dieser Endklötze und seinen Nachbar schaltet man den zu bestimmenden Widerstand und stöpselt auf der anderen Seite alles, mit Ausnahme der Widerstandsrolle, welche zur Vergleichung dienen soll.

Galvanoskop oder Telephon werden mit den Endklötzen verbunden, während die Säule oder der Inductor zwischen das Contactröllchen und den Klotz, an welchem der zu bestimmende Widerstand hängt, mittels der betreffenden Klemmen eingeschaltet wird.

Die Widerstandsgefässe. Für die Gefässe, welche die Flüssigkeiten für die Widerstandsbestimmung aufnehmen, haben wir verschiedene Formen angegeben.[1] Diejenigen der beigegebenen Figur sind insofern vorzuziehen, als · sie am wenigsten Flüssigkeit bedürfen. Ich habe solche Gefässe jetzt mit Electroden von 45 mm Durchmesser angewandt. Das Verbindungsrohr der beiden Trichter hat etwa 100 mm Länge. Für verschieden gut leitende Flüssigkeiten sind natürlich verschiedene Weiten zweckmässig. Nimmt man für die engste Röhre etwa 8 mm lichten Durchmesser, so geben die bestleitenden Electrolyte etwa 30 Q.-E. Widerstand in dieser Röhre. Verfügt man ausserdem über Rohrweiten von etwa 14 und 25 mm sowie für sehr schlecht leitende Flüssigkeiten noch über ein einfaches gebogenes Rohr von 45 mm Durchmesser, so wird man allen Anforderungen genügt haben.

Die Electroden habe ich jetzt versuchsweise aus Silber

1) K. u. Grotrian, Pogg. Ann. **151.** p. 381. 1874 u. Kohlrausch, Wied. Ann. **6.** p. 5. 1879.

anstatt aus Platin herstellen lassen und gut platinirt. Die Stiele der Electroden werden in den Hartkautschukdeckeln festgeklemmt; Marken an den Gefässwänden oder an den Stielen selbst lassen die Tiefe des Eintauchens in die Gefässe fixiren.

Bei der Messung, welche ja einer genauen Temperaturbestimmung bedarf, stehen die Gefässe natürlich in einem geeigneten Flüssigkeitsbade. Dabei werden sie von einem Drahtgestell getragen. Wenn das Bad mit der Flamme geheizt wird, ist zur Vermeidung heisser Strömungen ein doppelter Boden erforderlich; am einfachsten durch ein in das Bad gestelltes Tischchen aus durchbrochenem Blech oder Drahtnetz mit etwa 1 cm hohen Füssen gebildet. Auch die beschriebenen Gefässe mit Zubehör können von Herrn Hartmann bezogen werden.

Die Widerstandscapacität der Gefässe ermittelt man dadurch, dass man eine Flüssigkeit von bekanntem Leitungsvermögen einfüllt und deren Widerstand bestimmt. Ich will noch einmal anführen, welche von den bereits bekannten Flüssigkeiten ich zu diesem Zwecke für die geeignetsten halte und ihr auf Quecksilber bezogenes Leitungsvermögen hinzufügen.

Es haben bei der Temperatur t das Leitungsvermögen K wässerige Schwefelsäure von 30,4 % H_2SO_4, spec. Gew. = 1,224
$$K = 0\,000\,069\,14 + 0\,000\,001\,13\ (t - 18);$$
gesättigte Kochsalzlösung von 26,4 % $NaCl$, spec. Gew. = 1,201
$$K = 0\,000\,020\,15 + 0\,000\,000\,45\ (t - 18);$$
Bittersalzlösung von 17,3 % $MgSO_4$ (wasserfrei) sp. Gew. = 1,187
$$K = 0\,000\,004\,56 + 0\,000\,000\,12\ (t = 18);$$
Essigsäure von 16,6 % $C_2H_4O_2$, spec. Gew. = 1,022
$$K = 0\,000\,000\,152 + 0\,000\,000\,002\,7\ (t - 18).$$

Wenn die Flüssigkeit in dem Gefässe einen Widerstand von W Q.-E. zeigt, so ist die Widerstandscapacität des Gefässes für Quecksilber von 0^0 $\gamma = W.K.$; besitzt dann eine andere Flüssigkeit in dem Gefässe den Widerstand w, so findet man ihr auf Quecksilber von 0^0 bezogenes Leitungsvermögen:
$$k = \frac{\gamma}{w}.$$

V. Ueber den Einfluss der Temperatur auf die Ladungserscheinungen einer als Condensator wirkenden Flüssigkeitszelle; von *Hermann Herwig.*

Bekanntlich nimmt in einer aus Wasser (resp. verdünnter Schwefelsäure) und Platinelectroden gebildeten Flüssigkeitszelle die durch wirklich zersetzende Ströme hervorgerufene Polarisation ab mit steigender Temperatur.[1] Erklärt wurde die Erscheinung in der Regel durch die mindestens etwas zu allgemein gehaltene Bemerkung, dass die gasigen Zersetzungsproducte durch Temperaturerhöhung mehr von den Electroden entfernt würden; präciser nimmt Herr Exner eine geringere Bildung von Wasserstoffsuperoxyd in höherer Temperatur an. Eine weitere Aufklärung über diesen Punkt wie überhaupt im Gebiete der galvanischen Polarisation, ist wohl wiederum von der Anwendung schwächerer electromotorischer Kräfte, die keine Zersetzung ermöglichen, zu erwarten. Dafür lag ein Fingerzeig vielleicht schon in den Resultaten einer Versuchsreihe von Herrn Beetz[2], der mit einem Grove'schen Elemente, also an der Grenze der Zersetzungsmöglichkeit viel charakteristischere Erscheinungen erhielt, als mit zwei solchen Elementen.

Ich habe deshalb in dieser Richtung eine grössere Anzahl von Versuchen ausgeführt. Die Anordnung entsprach ganz dem in meiner ersten Untersuchung über die Polarisation[3] angewandten und ist gleichfalls aus der meiner letzten diesbezüglichen Mittheilung beigegebenen Zeichnung[4] zu ersehen, worin nur die Contactstücke *e* und *g* fortzulassen sind. Die Flüssigkeitszelle war so befestigt, dass man sie ohne eigene Bewegung mit Bädern verschiedener Temperatur umgeben konnte. Die Temperatur der Zelle wurde natürlich

---

1) Vgl. die Literatur in Wied. Galv. (2) **1.** § 501 ff; ferner F. Exner, Wied. Ann. **5.** p. 404. 1878.
2) Beetz, Pogg. Ann. **79.** p. 108. 1850.
3) Herwig, Wied. Ann. **2.** p. 566. 1877.
4) Herwig, Wied. Ann. **6.** Taf. V Fig. 4. 1879.

in ihr selbst an einem zwischen den Electroden fest angebrachten Thermometer abgelesen, eine Rührvorrichtung war
nicht angebracht.

Als Electroden dienten ganz neue, sehr lange und dicke
blanke Platinbleche, die vor Beginn der Untersuchung an-
haltend mit der Flüssigkeit der Zelle ausgekocht waren und
nur zum Theil in dieselbe eintauchten. Für länger fort-
gesetzte Versuchsreihen war hiernach allerdings infolge
der lebhaften Verdunstung bei höheren Temperaturen eine
sehr merklich abnehmende Oberfläche der Electroden im
Spiele. Ich habe es indessen vorgezogen, so zu verfahren
und dabei von Versuch zu Versuch die noch eintauchende
Fläche angenähert zu messen, weil im andern Falle, wenn
ich die Bleche an dünnen Drähten befestigt in die Flüssigkeit geführt und so mit ihrer eigentlichen Fläche stets
unter dem Niveau gehalten hätte, durch die Befestigungs-
stellen zwischen Blech und Draht viel zu leicht Störungen
bewirkt worden wären. Bei kleineren eintauchenden Flächen
wird man natürlich unter sonst gleichen Umständen kleinere
Ladungsmengen, resp. Entladungsmengen in der condensatorischen Zelle finden, als bei grösseren Flächen. Es ist
hier jedoch nicht ganz allgemein der eine Fall auf den andern durch eine einfache Reduction auf gleiche Flächen
überzuführen, da bei grösseren Flächen nach meinen früheren
Erfahrungen [1]) ein langsamerer Verlauf der Ströme stattfindet. Für die nachfolgenden Resultate, die sich nur auf
die erste Minute der Strömungen beziehen, ist also speciell
eine solche einfache Reduction nicht erlaubt. Wie sich das
Verhältniss für grössere und kleinere Flächen dort stellt,
ist am einfachsten aus der speciell zu diesem Behufe ausgeführten Versuchsreihe der Tabelle VIII zu ersehen, worin
bei sonst gleich bleibenden Umständen die Electroden einmal ganz tief, das andere mal nur wenig in die Flüssigkeit
herabgelassen wurden. Hiernach lassen sich auch die übrigen
Versuche beurtheilen.

Die Flüssigkeit der Zelle wurde durch ganz verdünnte

---

1) Herwig, Wied. Ann. **6.** p. 320. 1879.

Schwefelsäure von übrigens verschiedener Concentration (vgl.
die Angaben zu den Tabellen) gebildet, deren gewöhnlicher
Widerstand gegen zersetzende Ströme jedoch , stets verschwindend klein war gegen den die Zelle schliessenden
Drahtwiderstand *R* (in allen Fällen 19100 Ohmads) und
folglich durch seine Veränderung mit der Temperatur die
Erscheinungen in keiner Weise beeinflussen konnte.

Wie sich aus allen nachfolgenden Tabellen ergibt, ist
bei höheren Temperaturen stets eine sehr viel lebhaftere
electrolytische Convection im Gange, als bei tieferen Temperaturen, ein Resultat, welches auch Herr Helmholtz[1]
hervorgehoben hat. Für den Vergleich der bei verschiedenen
Temperaturen gemachten Versuche erschien es deshalb am
zweckmässigsten, die Entladungsströme in Betracht zu
ziehen, die nach lange fortgesetzter Ladung beobachtet wurden. Bei diesen sind die ersten, in manchen Fällen wohl
stärkeren Schwankungen des Convectionswiderstandes offenbar schon zum grossen Theile überwunden, und führt deshalb die Rechnung, welche constanten Convectionswiderstand
während eines Versuches voraussetzt, zu genaueren Zahlen.
Detaillirt beobachtet wurden übrigens auch die Ladungsströme bei den meisten der nachfolgenden Versuche, nur
sind die Resultate nicht in die Tabellen mit aufgenommen
worden, und kann ich nur ganz allgemein bemerken, dass
alles vergleichsweise über die Entladungen Gesagte in ähnlicher Weise auch für die zugehörigen Ladungen gilt.

Die Berechnung der Entladungsmengen konnte hier
nicht etwa, wie im § 1 meiner letzten Mittheilung über
diesen Gegenstand[2] nach der dortigen Formel (3) geführt
werden, da dieselbe schnellsten Stromabfall voraussetzt, wie
er damals stets herrschte. Gegenwärtig handelte es sich
vielmehr durchweg um viel grössere Ladungsmengen als damals, für welche zugleich ein sehr viel langsamerer Verlauf
der Entladungen vorlag, sodass am Ende des ersten Ausschlages des schnell schwingenden Galvanometers erst ein

1) Helmholtz, Pogg. Ann. **150.** p. 491. 1873.
2) Herwig, Wied. Ann. **6.** p. 311. 1879.

geringer Stromabfall erreicht war. Im wesentlichen habe
ich deshalb gerechnet, wie in einer frühern Arbeit [1]), nur
war einmal die Convection nicht mehr zu vernachlässigen,
und wurde zweitens auch der erste Ausschlag durch den
Entladungsstrom in der Rechnung berücksichtigt. Demnach
wurde das erste, in den Tabellen aufgeführte Intervall von
15 Secunden in zwei Theile zerlegt gedacht durch den Augenblick des vollendeten ersten Ausschlages α. Für diesen Augenblick wurde die Stromintensität mit Hülfe der Dämpfung
λ durch den Ausdruck:

$$\varphi_1 = \frac{a}{1 + e^{-\lambda}}$$

dargestellt, der angenähert richtig ist, da der erste Ausschlag sehr nahezu um die Schwingungsdauer des Galvanometers nach dem Beginn der Entladung lag (infolge des
geringen Stromabfalles während dieser kurzen Zeit). Wird
der Zeitpunkt des ersten Ausschlages durch t_1 bezeichnet,
so ist nach Formel (13) der ersten Arbeit [2]):

$$\frac{c}{\frac{1}{E} + \frac{1}{w}} = \frac{t_1 \log e}{\log \varphi_0 - \log \varphi_1},$$

wenn φ_0 die anfängliche Intensität gibt. Ebenso ist nach
15 Secunden mit φ_2 für die dann herrschende Intensität:

$$\frac{c_1}{\frac{1}{R} + \frac{1}{w}} = \frac{(15 - t_1) \log e}{\log \varphi_1 - \log \varphi_2}.$$

Mit den vorstehenden Capacitätswerthen, deren zweiter c_1
grösser als der erste c ist, berechnen sich dann die Stromquantitäten durch:

$$\int_0^{t_1} i\,dt = cE\left(\frac{w}{R+w}\right)^2 \left\{ 1 - e^{-\frac{t_1}{c}\left(\frac{1}{R} + \frac{1}{w}\right)} \right\} \qquad \text{und}$$

$$\int_{t_1}^{15} i\,dt = c_1 E\left(\frac{w}{R+w}\right)^2 \left\{ e^{-\frac{t_1}{c_1}\left(\frac{1}{R} + \frac{1}{w}\right)} - e^{-\frac{15}{c_1}\left(\frac{1}{R} + \frac{1}{w}\right)} \right\}.$$

---

1) Herwig, Wied. Ann. **4.** p. 469. 1878.
2) Herwig, Wied. Ann. **2.** p. 574. 1877.

Die Summe dieser Ausdrücke gibt angenähert die Strommengen während der ersten 15 Secunden der Entladung. Weiterhin habe ich dann noch für die folgenden 45 Secunden die zurückfliessenden Electricitätsmengen einfach durch die Summe:

$$15 \left(\frac{\varphi_2}{2} + \varphi_3 + \varphi_4 + \frac{\varphi_5}{2} \right)$$

(alles in früher angegebener Weise auf absolutes Maass reducirt) ausgedrückt, worin φ_3, φ_4 und φ_5 für die Stromintensitäten zu den Zeiten 30 Sec., 45 Sec. und 60 Sec. nach dem Beginn der Entladung gelten. Die nach der ersten Minute etwa noch erfolgenden Reste der Strömungen sind in den Tabellen nicht berücksichtigt; bei Versuchen mit rascherem Verlauf machten sie wenig mehr aus, bei Versuchen mit langsamem Verlauf sind sie zum Theil noch erheblich. Ihre Berücksichtigung würde aber alle Differenzen der Tabellen und damit die abgeleiteten Resultate nur in stärkerem Grade hervortreten lassen, sodass es nicht nothwendig erschien, diese wenigstens für einen Theil der Versuche nur mehr etwas unsicher zu führenden Berechnungen auch noch aufzunehmen.

Ausser den im Strome zurückfliessenden Electricitätsquantitäten sind dann noch die Ladungsquantitäten ganz analog in den Tabellen verzeichnet. Dieselben sind stets dann merklich grösser, als die im Strom zurückfliessenden Quantitäten, wenn eine irgend erhebliche electrolytische Convection im Spiele ist (und sich folglich auch während der Entladung der Zelle noch durch die Zelle ausgleichend fortsetzt); sie berechnen sich einfach zu:

$$(c\,\Theta)_0^{t_1} = \frac{E + w}{w} \int_0^{t_1} i\, dt \qquad \text{u. s. f.}$$

Sowohl die Stromquantitäten wie die Ladungsquantitäten sind in Mikrowebers $\{1\,000\,000$ Mikroweber $= 1$ Weber $= 1\,(10^{-11}\,g)^{\frac{1}{2}}\,(10^{9}\,cm)^{\frac{1}{2}}\}$ angegeben. In den früheren Abhandlungen war hierfür die Bezeichnung „Mikrofarad" gesetzt worden, um nicht eine Verwechselung mit der in deutschen

Büchern vielfach vorkommenden Weber'schen Stromeinheit (1 mg$^{\frac{1}{2}}$ mm$^{\frac{1}{2}}$ sec^{-1}) zu veranlassen. Da man aber neuerdings das „Farad" immer mehr zum ausschliesslichen Ausdruck einer Capacität zu verwenden scheint und für die praktische Einheit einer Electricitätsquantität nach englischem Vorgang auch bei uns die Bezeichnung „Weber" sich immer mehr einbürgert, so habe ich mich dem jetzt angeschlossen.

Die Tabellen enthalten dann noch:

die electromotorischen Kräfte E (gewonnen durch Verzweigung von stets frisch gefüllten besten Grove'schen Elementen, deren erstes Kraftansteigen natürlich vor Beginn der Messungen abgewartet wurde);

die Convectionswiderstände w, gemessen am Schlusse der stets sehr lange fortgesetzten Ladungen;

die mit 100 multiplicirten Verhältnisszahlen der Stromquantitäten (resp. Ladungsquantitäten) für die ersten 15 Secunden zu denen für die ersten 60 Secunden, also:

$$\frac{100 \int_0^{15} i\,dt}{\int_0^{60} i\,dt};$$

die eintauchenden Querschnitte F jeder der beiden Electroden in qcm, wobei die vordere sowohl wie die hintere Fläche der beiderseits blanken Bleche angerechnet ist;

endlich die Temperaturen ϑ der Flüssigkeitszelle in Celsius-Graden.

Die Versuche sind in der angeführten Reihenfolge gemacht, und zwar mit Platinblechen, die bis dahin noch zu keinen Versuchen überhaupt gedient hatten. Jede Tabelle enthält die in einer ununterbrochenen Reihe gemachten zusammengehörigen Versuche. Zwischen je zweien solcher Reihen wurde die Flüssigkeitszelle durch einen kurzen Draht in sich fortwährend geschlossen gehalten.

Tabelle I.

Nr.	E in Volts	w in Ohmads	in Mikrowebers				$\dfrac{100\int_0^{15}i\,dt}{\int_0^{60}i\,dt}$	F in qcm	ϑ in Cels.°
			15 sec $\int_0^{15}i\,dt$	60 sec $\int_{15\,sec}^{60\,sec}i\,dt$	$(cQ)_0^{15s.}$	$(cQ)_{15s.}^{60s.}$			
1	0,369	338 000	123	50	130	53	71 %	14,7	16°
2	„	420 000	131	59	137	62	69	14,7	16
3	„	355 000	127	58	134	56	71	14,7	16
4	„	479 000	130	62	135	64	68	14,7	16
5	„	17 100	71	68	150	144	51	13,5	79
6	„	18 900	75	68	151	137	53	12,7	82
7	„	64 000	114	84	148	109	58	11,9	70
8	„	55 800	110	82	148	110	58	11,4	72
9	„	121 000	121	83	140	96	59	10,9	59
10	„	121 000	121	75	140	87	62	10,6	59
11	„	543 000	104	30	108	31	78	10,2	20
12	„	730 000	105	31	108	32	77	10,2	19

Tabelle II.

Nr.	E in Volts	w in Ohmads	15 sec	60 sec	$(cQ)_0^{15s.}$	$(cQ)_{15s.}^{60s.}$		F in qcm	ϑ in Cels.°
13[1])	0,38	640 000	109	32	112	33	77	9,4	22
14	„	745 000	106	31	109	32	77	9,4	22
15	„	75 000	113	75	142	94	60	9,0	70
16	„	106 000	118	75	139	89	61	8,6	68
17	„	103 000	119	74	141	88	62	8,2	69
18	„	745 000	105	29	108	30	78	7,8	27

Tabelle III.

Nr.	E in Volts	w in Ohmads	15 sec	60 sec	$(cQ)_0^{15s.}$	$(cQ)_{15s.}^{60s.}$		F in qcm	ϑ in Cels.°
19[2])	„	1 090 000	120	49	122	50	71	14,7	16
20	„	1 500 000	120	50	122	51	71	14,7	16
21	„	56 100	118	94	158	126	56	13,9	72
22	„	59 800	120	96	158	127	56	13,5	72
23	„	1 120 000	116	40	118	41	74	13,1	14
24	„	1 400 000	116	44	117	45	73	13,1	14
25	„	53 700	109	88	148	119	55	12,7	75
26	„	65 700	117	83	151	107	58	12,3	73

Tabelle IV.

Nr.	E in Volts	w in Ohmads	15 sec	60 sec	$(cQ)_0^{15s.}$	$(cQ)_{15s.}^{60s.}$		F in qcm	ϑ in Cels.°
27	0,36	1 450 000	95	23	96	23	81	9,8	14
28	„	71 200	102	62	129	79	62	9,4	76
29	„	82 100	104	62	128	76	63	8,6	76
30	„	82 100	100	51	123	63	66	7,8	76
31[3])	„	41 600	114	103	166	150	58	19,7	77
32[4])	„	60 000	123	109	162	144	53	17,6	78
33	„	720 000	115	46	118	47	71	16,8	19
34	„	867 000	116	44	119	45	72	16,8	18

1) Der vorhergehende Ladungsstrom war etwa 4 Stunden, also ausnahmsweise lange, ununterbrochen angehalten worden.

2) Lange vorher war destillirtes Wasser in die Flüssigkeitszelle nachgefüllt.

3) Kurz vorher destillirtes Wasser nachgefüllt.

4) Vorher war mittelst eines Aspirators Luft durch die Flüssigkeit gesaugt.

Tabelle V.

Nr.	E in Volts	w in Ohmads	in Mikrowebers				$\dfrac{100\int_0^{15}idt}{60\int_0^{60}idt}$	F in qcm	ϑ in Cels.°
			15 sec $\int_0^{15}idt$	60 sec $\int_{15sec}^{60}idt$	$(cQ)_0^{15s.}$	$(cQ)_{15s.}^{60s.}$			
35[1])	0,355	1 430 000	107	35	108	35	75 %	15,2	15°
36	„	65 900	118	109	152	141	52	14,9	78
37	„	64 400	116	101	150	131	53	13,1	78

Tabelle VI.

38	0,35	1 450 000	103	83	104	83	76	11,5	16
39	„	1 450 000	101	26	102	26	79	11,5	16
40[2])	„	365 000	102	27	107	28	79	11,5	16

Tabelle VII.

41	„	1 620 000	88	19	89	19	82	9,8	17
42	„	2 100 000	84	22	85	22	79	9,8	17
43	„	2 100 000	91	.21	92	21	81	9,8	17
44	„	97 200	105	63	126	75	62	9,4	72
45	„	115 700	103	59	120	69	64	9,0	70
46	„	135 600	107	47	122	54	69	8,2	67
47	„	155 500	105	48	118	54	69	8,2	66
48	„	1 900 000	96	18	97	18	84	7,8	22

Tabelle VIII.

49[3])	0,345	306 000	146	109	155	116	57	24,6	17
50	„	401 000	146	111	153	116	57	24,6	17
51[4])	„	2 100 000	81	15	82	15	84	4,9	17

Tabelle IX.

52	0,62	300 000	209	96	222	102	68	14,7	16
53	„	344 000	209	98	220	103	68	14,7	16
54	„	62 600	226	208	295	271	52	13,9	70
55	„	67 400	223	196	286	251	53	13,1	70
56	„	357 000	222	120	234	126	65	12,7	20
57	„	357 000	221	118	233	124	65	12,7	19

Tabelle X.

58	0,4	1 127 000	112	39	114	40	74	11,9	14
59	„	85 000	131	111	160	136	54	11,5	73
60	„	98 000	133	103	159	123	56	11,3	71
61	„	334 000	139	79	147	83	64	11,1	53
62	„	267 000	131	73	140	78	64	10,7	56
63	„	1 127 000	119	41	121	42	74	10,7	21
64	„	1 127 000	112	33	114	34	77	10,4	18

1) Am vorhergehenden Tage war durch Zusatz von einiger Schwefelsäure eine viel stärkere Concentration hergestellt.

2) Der Ladungsstrom war in umgekehrter Richtung durch die
Zelle geführt.

3) Vorher destillirtes Wasser zugefüllt.

4) Die Electroden zum Theil herausgehoben.

Tabelle XI.

Nr.	E in Volts	w in Ohmads	in Mikrowebers				$\dfrac{100\int_0^{15}i\,dt}{60\int_0 i\,dt}$	F in qcm	ϑ in Cels.°
			$\int_0^{15\,sec} i\,dt$	$\int_{15\,sec}^{60\,sec} i\,dt$	$(cQ)_0^{15\,s.}$	$(cQ)_{15\,s.}^{60\,s.}$			
65	0,173	2 000 000	37	4	37	4	90%	8,2	15°
66	„	2 000 000	38	4	38	4	90	8,2	15
67	„	143 000	51	31	58	35	62	7,8	75
68	„	171 900	48	30	53	33	62	7,6	73
69	„	171 900	47	23	52	26	67	7,2	70
70	„	3 400 000	37	7	37	7	84	7,0	18
71	0,71	374 000	204	72	214	76	74	7,0	17
72	„	374 000	204	56	214	59	78	7,0	17
73	„	77 000	218	136	272	170	62	6,6	75
74	„	592 000	208	64	215	66	76	6,6	20
75	0,59	783 000	169	48	173	49	78	6,6	20

Tabelle XII.

Nr.	E in Volts	w in Ohmads	$\int_0^{15\,sec} i\,dt$	$\int_{15\,sec}^{60\,sec} i\,dt$	$(cQ)_0^{15\,s.}$	$(cQ)_{15\,s.}^{60\,s.}$		F in qcm	ϑ in Cels.°
76[1]	0,148	2 216 000	39	10	39	10	80	11,9	15
77	„	4 000 000	38	10	38	10	79	11,9	15
78	„	2 216 000	38	10	38	10	79	11,9	15
79	„	108 900	49	44	58	52	53	11,5	74
80	„	130 400	48	38	55	44	56	10,7	73
81	„	135 600	47	35	54	40	57	10,3	73
82	„	4 000 000	38	13	38	13	75	10,2	18
83	„	1 760 000	37	11	37	11	77	10,2	18
84	0,763	272 000	260	131	278	140	66	10,2	18
85	„	422 000	267	131	279	137	67	10,2	18
86	„	561 000	276	143	285	148	66	9,8	18
87	„	93 100	277	212	334	255	57	9,4	74
88	„	121 500	256	168	296	194	60	7,8	74
89	0,153	124 900	42	37	48	43	53	7,4	74
90	0,763	117 500	240	184	279	156	64	6,7	74

In den vorstehenden Versuchen sind, wie man sieht, ausser der Temperatur auch die meisten übrigen für die Verhältnisse der condensatorischen Flüssigkeitszellen in Betracht kommenden Umstände hinreichend variirt, nämlich die zum Laden verwandte electromotorische Kraft, die Grösse der Electroden, der Concentrationsgrad und damit die Leitungsfähigkeit (im gewöhnlichen Sinne des Wortes) der Flüssigkeit, die Richtung der Ladungsströme und endlich implicite der Convectionswiderstand. Die wichtigsten nach all diesen Gesichtspunkten sich ergebenden Resultate der Tabellen dürften kurz die folgenden sein:

---

1) Am vorhergehenden Tage war destillirtes Wasser zugefüllt.

1) Die Convectionswiderstände nehmen in stärkster Weise ab mit steigender Temperatur, und zwar bei Anwendung kleinerer electromotorischer Kräfte noch mehr, als bei Anwendung grösserer Kräfte.

2) Je nach der Grösse der Convectionswiderstände können die Verhältnisse der in den Entladungsströmen wirklich rückwärts fliessenden Electricitätsquantitäten bei steigender Temperatur ganz verschiedenartig ausfallen. Für kleine Convectionswiderstände überhaupt sind mehrfach die Quantitäten $\int_0^{15 \, sec} i \, dt$, und in Tabelle I, wo die erste Benutzung der Platinbleche offenbar eine besonders lebhafte Convection mit sich brachte, sogar theilweise die Quantitäten $\int_{15}^{60} i \, dt$ bei höherer Temperatur kleiner geworden. In solchen Fällen würde also ein Messen der sogenannten Polarisation durch den Entladungsstrom und namentlich durch den zugehörigen ersten Ausschlag eines schnell schwingenden Galvanometers kleinere Werthe der Polarisation bei höheren Temperaturen ergeben.

Liegen dagegen hohe Werthe der Convectionswiderstände vor, und lassen sich demgemäss die Ladungs- und Entladungserscheinungen reiner beobachten, so findet das gerade Umgekehrte statt.

3) Beachtet man ausser den in den Entladungsströmen wirklich rückwärts fliessenden Electricitätsquantitäten auch noch die während der Entladung gleichzeitig durch den Convectionsprocess im Sinne der Ladungsströme aus dem Condensator abfliessenden Electricitätsquantitäten, so erhält man für die Ladungsquantitäten cQ unter allen Umständen grössere Werthe bei höheren Temperaturen. Und diese Werthe bilden die eigentlichen Vergleichsobjecte, wenn man den Einfluss der Temperatur auf die Capacität der Flüssigkeitszelle und auf den Vorgang der Ladungen und Entladungen studiren will.

Wenn der Convectionswiderstand ∞ ist, fallen die Ladungsquantitäten und die Stromquantitäten zusammen. Man

würde also in einem durch electrolytische Convection gar
nicht gestörten Falle sowohl Ladungsstrom, wie Entladungsstrom viel intensiver bei höherer Temperatur finden. In
einem solchen Falle stimmen eben Ladungs- und Entladungsstrom überhaupt miteinander überein. Wird also der eine
Strom aus irgend einem Grunde (z. B. auch durch Vergrösserung der Electrodenflächen, etwa durch Platiniren der Platinbleche, meinen früheren Angaben entsprechend) verstärkt,
so geschieht das gleiche mit dem andern Strome. Das alles
ist vom Standpunkte der Condensatorauffassung, aber auch
nur von diesem aus ohne weiteres selbstverständlich.

Die Erklärung dafür, weshalb nun jeder dieser Ströme
oder mit anderen Worten die durchschnittliche Capacität
der Zelle einen grössern Werth bei höherer Temperatur
hat, soll allseitiger erst weiter unten versucht werden. An
dieser Stelle möge nur die eine Möglichkeit Erwähnung finden, dass die durch höhere Temperatur gesteigerte Beweglichkeit der electrolytischen Molecüle ihre Orientirung durch
electrische Kräfte leichter ausführbar erscheinen lassen
könnte. Wäre dem so, so müsste indessen der günstige Einfluss der höhern Temperatur näher zur Zersetzungspotential-
differenz hin, mit welcher volle Orientirung verbunden ist,
abnehmen.

4) Der letzten Bemerkung der vorigen Nummer entsprechend, ist thatsächlich der Temperatureinfluss für kleinere electromotorische Kräfte entschieden stärker, als für
grössere. Beim Zunehmen der Kräfte von $E = 0,15$ Volts
bis zu $E = 0,76$ Volts ist für das Temperaturintervall von
etwa 15° zu 70° und für mittlere Electrodengrösse die der
ersten Minute des Entladungsstromes entsprechende Ladungsquantität im Durchschnitt etwa nach den Verhältnissen 2,2
zu 1,3 gewachsen.

5) Der Verlauf der Entladungen ist stets ein entschieden
langsamerer bei höheren Temperaturen, wie sich aus den

Zahlen der Columne $\dfrac{100 \int_{0}^{15} i\, dt}{\int_{0}^{60} i\, dt}$ ergibt. Die bessere Orientirung der Molecüle bei höherer Temperatur erfolgt also, wie nach allem frühern die Orientirung überhaupt, erst ganz allmählich.

Hiernach ist das über den Temperatureinfluss auf die Ladungsquantitäten in Nr. 3 Bemerkte in noch höherem Maasse gültig, wenn man, statt, wie in den Tabellen, nur die erste Minute der Entladung, die ganze Entladung berücksichtigen würde.

6) Das in der vorigen Nummer angegebene Verhältniss gilt für kleinere electromotorische Kräfte in stärkerem Grade, als für grössere Kräfte. Demgemäss würde sich wiederum das in Nr. 4 Bemerkte noch ausgeprägter zeigen, wenn man die ganzen Entladungsquantitäten statt der der ersten Minute angehörigen anrechnen würde.

7) Im Zusammenhange mit dem vorangehend über die verschiedenen electromotorischen Kräfte Bemerkten steht es, dass unter sonst gleichen Umständen die grösseren electromotorischen Kräfte in niederen Temperaturen durchweg einen langsamern Entladungsverlauf, in hohen Temperaturen dagegen einen ebenso raschen, mitunter sogar noch raschern Verlauf bedingen, wie die schwächeren Kräfte.

8) Grössere oder geringere Concentration der Flüssigkeit hat keinen bemerkbaren Einfluss auf die Erscheinungen.

9) Grössere Electrodenfläche bedingt stets, wie auch schon in meinen früheren Abhandlungen bemerkt wurde, langsamern Verlauf der Entladungen. Die Tabellen zeigen nun, dass dieses Verhalten im allgemeinen etwas stärker ausgeprägt ist bei tieferen Temperaturen, als bei höheren.

———

Zu einer noch weitergehenden Aufklärung der in Rede stehenden Verhältnisse habe ich dann fernerhin eine getrennte Untersuchung der einzelnen Theile der Flüssigkeitszelle auf den Temperatureinfluss vorgenommen. Einmal wurde ein fünffach umgebogenes, 1 cm weites Glasrohr mit gut leitender stark verdünnter Schwefelsäure ganz gefüllt und in die nach oben offenen Enden zwei schmale Platinbleche geführt. In dieser Zelle konnte also jede einzelne Electrode mit ihrer Umgebung und ebenso ein mittleres Stück der

Flüssigkeit einzeln erhitzt werden, während die übrigen Theile
von kalten Bädern umgeben waren. Hierbei ergab sich, dass
der Temperatureinfluss ganz überwiegend in der Nähe der
Electroden und nicht in der mittlern Flüssigkeit stattfindet.
Uebrigens war auch in der mittlern Flüssigkeit namentlich
ein deutliches Kleinerwerden des Convectionswiderstandes
ganz unverkennbar. Da der Leitungswiderstand der Flüssigkeit gegen zersetzende Ströme dabei verschwindend klein war
gegen den Drahtwiderstand der Schliessung, so würde dieses
letztere Verhalten nicht durch blos an den Electroden spielende
Vorgänge erklärt werden können, wie sie bei der ältern Polarisa-
tionsauffassung ausschliesslich herangezogen zu werden pflegten.

Im wesentlichen aber konnte es zur Aufklärung der
ganzen Sachlage genügend erscheinen, die ausführliche De-
tailuntersuchung auf eine blosse getrennte Untersuchung der
beiden Electroden zu beschränken. Ich senkte deshalb die
zu dem ersten Theile der Untersuchung schon benutzten
dicken Platinbleche jetzt in zwei getrennte Bechergläser, die
durch ein gut 1 cm weites Heberrohr verbunden waren,
kochte alsdann beide Gläser mit den Blechen nochmals aus
und umgab sie mit je einem besondern Bade. Der gesammte Flüssigkeitswiderstand (im gewöhnlichen Sinne des
Wortes) war wieder verschwindend klein gegen den Drahtwiderstand (wiederum 19100 Ohmads). Die Resultate dieser
Untersuchung sind in den folgenden Tabellen enthalten, die
im übrigen ganz den vorangehenden gleich zu verstehen sind.

Tabelle XIII.

Nr.	E in Volts	w in Ohmads	in Mikrowebers				$\frac{100\int_0^{15} i\,dt}{\int_0^{60} i\,dt}$	F in qcm	ϑ in Cels. ° an der	
			15 sec $\int_0^{} i\,dt$	60 sec $\int_{15\,sec}^{} i\,dt$	$(cQ)_0^{15\,s.}$	$(cQ)_{15\,s.}^{60\,s.}$			Anode	Ka-thode
91	0,474	254 000	215	198	231	213	52%	28,4	18°	18°
92	„	66 000	181	198	233	255	48	28	69	19
93	„	71 100	206	252	261	320	45	27,5	21	72
94	„	64 600	191	223	247	289	46	27	72	22
95	„	94 000	229	310	275	373	42	26,5	25	78
96	„	74 000	198	240	249	302	45	26	74	24
97	„	98 600	230	303	274	362	43	25,5	24	74
98	„	43 600	188	272	271	391	41	25	70	74
99	„	319 000	223	243	236	258	48	24,6	25	23
100	„	302 000	220	212	234	225	51	24,6	23	23

Um hier nicht etwa durch Ungleichheiten der Bleche getäuscht zu werden, wurden in den folgenden Versuchsreihen die Ladungsströme in umgekehrter Richtung zur Zelle geführt. Als Anode und Kathode fungiren also in allen folgenden Tabellen die umgekehrten Bleche von vorhin.

Tabelle XIV.

Nr.	E in Volts	w in Ohms	in Mikrowebers				$\frac{100\int_0^{15} i\,dt}{60\int_0^{60} i\,dt}$	F in qcm	ϑ in Cels. an der	
			$\int_0^{15\,sec} i\,dt$	$\int_{15\,sec}^{60\,sec} i\,dt$	$(cQ)_0^{15s.}$	$(cQ)_{15s.}^{60s.}$			Anode	Kathode
101	0,5	155 000	217	200	244	225	52%	24,2	18°	18°
102	„	40 300	167	167	246	246	50	24,0	71	18
103	„	55 400	206	252	277	339	45	23,7	22	72
104	„	48 800	197	255	274	355	44	23,4	73	25
105	„	86 400	237	325	289	397	42	23,0	23	72
106	„	40 900	203	326	298	478	38	22,1	72	72
107	„	321 000	240	263	254	278	48	21,3	21	22
108	„	304 000	243	256	258	272	49	20,9	21	22

Tabelle XV.

Nr.	E	w						F	Anode	Kathode
109	0,487	327 000	215	192	228	203	53	20,1	17	17
110	„	132 100	243	321	278	367	43	19,7	18	71
111	„	91 100	221	282	268	341	44	19,3	72	22
112	„	132 100	239	308	274	352	44	18,9	23	73
113	„	109 600	227	284	266	333	44	18,5	72	24
114	„	141 000	240	300	272	341	44	18,1	24	73
115	„	57 000	213	329	284	439	39	17,6	72	72
116	„	436 000	233	237	243	247	50	17,2	23	23
117	„	458 000	229	214	239	223	52	17,2	22	22

Tabelle XVI.

Nr.	E	w						F	Anode	Kathode
118	0,5	380 000	230	212	242	223	52	16,4	18	18
119	„	108 300	240	312	282	367	43	16,0	18	73
120	„	86 400	227	288	277	352	44	16,0	74	24
121	0,88	61 300	382	554	501	727	41	14,8	74	24
122	„	80 800	401	537	496	664	43	13,9	24	75
123	„	69 400	374	529	477	675	42	13,9	74	26
124	„	44 100	345	496	494	711	41	13,5	70	75
125	0,5	62 500	226	342	295	446	40	13,5	72	71
126	„	108 300	225	286	265	337	44	13,1	73	25
127	„	133 800	246	312	281	357	44	12,7	27	74
128	„	114 700	232	290	271	338	44	12,3	72	27

Tabelle XVII.

Nr.	E	w						F	Anode	Kathode
129[1]	0,493	283 000	245	276	261	295	47	25,0	18	18
130	„	85 200	237	380	290	465	38	24,7	18	77
131	„	105 600	255	418	301	494	38	24,4	18	74
132	„	67 400	221	329	284	422	40	24,1	75	24

1) Am Tage vorher destillirtes Wasser nachgefüllt.

(Fortsetzung von Tabelle XVII.)

Nr.	E in Volts	w in Ohmads	in Mikrowebers				$\dfrac{100\int_0^{15}i\,dt}{\int_0^{60}i\,dt}$	F in qcm	ϑ in Cels.° an der	
			15 sec $\int_0^{15s} i\,dt$	60 sec $\int_{15s}^{60s} i\,dt$	$(cQ)_0^{15s.}$	$(cQ)_{15s.}^{60s.}$			Anode	Kathode
133	0,493	80 800	238	348	294	431	41%	23,8	26°	76°
134[1]	„	77 600	214	293	267	365	42	23,5	77	24
135	„	90 000	217	291	263	353	43	23,2	78	23
136	„	86 200	240	347	293	424	41	22,9	26	75
137	„	123 800	255	400	294	462	39	22,6	25	74
138	„	98 600	234	326	279	389	42	22,3	73	25
139	„	96 300	224	305	269	366	42	22,0	74	24
140	„	54 100	217	308	294	417	41	21,7	72	71

Die vorstehenden Tabellen bestätigen nochmals, soweit es auf die gemeinsame Rolle beider Electroden ankommt, die obigen Schlussfolgerungen. Rücksichtlich der Rolle der einzelnen Electroden bei diesen Vorgängen ergeben sich die folgenden ferneren Resultate:

10) Der Convectionswiderstand ist in starkem Grade verkleinert, wenn auch nur an ei n er Electrode eine hohe Temperatur herrscht. Uebrigens wirkt in dieser Richtung die Heizung der Anode entschieden mehr ein, und noch wirksamer erweist sich die gleichzeitige Erhitzung beider Electroden.

11) Die Ladungsquantitäten fallen grösser aus, wenn die Kathode erhitzt wird. Namentlich macht sich das bei den ersten Erhitzungen nach langer Kältepause bemerkbar. Während die an einem Beobachtungstage zuerst an der Anode vorgenommene Erhitzung überhaupt nur eine verhältnissmässig geringe Verstärkung der Ladung bewirkt, erhält man beim ersten Erhitzen der Kathode sofort äusserst kräftige Mehrwirkungen. In den späteren Stadien der einzelnen Versuchsreihen, bei wiederholtem Erhitzen abwechselnd an der einen und andern Electrode, sind die Unterschiede beider Electroden in dieser Beziehung nicht mehr so bedeutend.

12) Mit der Mehrwirkung der geheizten Kathode namentlich zu Anfang einer Versuchsreihe ist daselbst gleichzeitig

---

1) Vorher beide Becher sehr lange Zeit kalt gehalten.

43*

eine geringe Verlangsamung der Entladungsströme verbunden gegenüber der Heizung der Anode. In den späteren Stadien der Versuchsreihen ist das zum Theil kaum mehr zu erkennen.

13) Das in Nr. 11 Bemerkte hat sich bei der stärksten angewandten electromotorischen Kraft von 0,88 Volts nicht mehr beobachten lassen (vgl. das oben über den Einfluss der electromotorischen Kraft bereits Gesagte).

14) Im Zusammenhange mit dem in Nr. 11 Bemerkten ist in solchen Fällen, wo die Unterschiede der Ladungsquantitäten für geheizte Anode oder Kathode gross sind, die Ladungsquantität bei gleichzeitiger Heizung - beider Electroden der für blosse Heizung der Kathode gewonnenen Quantität nahegelegen. Sind die Unterschiede für beide Electroden geringer, so fällt die Quantität für gleichzeitige Heizung beider Electroden entschieden grösser aus.

Um das Wichtigste von den nunmehr gewonnenen Resultaten weiter zu erklären, so wäre zunächst eine reichlichere Convectionsströmung hauptsächlich dadurch bedingt, dass von den Electroden aus eine leichtere Gascirculation infolge von Erhitzung ermöglicht wird. Dabei kommt hervorragend diejenige Electrode in Betracht, an welcher in bevorzugter Weise eine Gasansammlung, resp. eine Gasabsorption herrscht. Das ist in den vorliegenden Versuchen, bei denen der aus der Luft· entlehnte und besonders von den Electroden absorbirte Sauerstoff das entscheidende Gas bildet, an der Anode der Fall, wohin während jeder Versuchsreihe die Convectionsströmung selbst den überhaupt vorhandenen Sauerstoff zu drängen sucht. Kann der dort angesammelte Sauerstoff infolge der Erhitzung sich leichter wieder durch die Flüssigkeit und zur andern Electrode verbreiten, so ist eben wieder neue Convectionsströmung ermöglicht.

Auf der andern Seite wird eine reichlichere Ladungsquantität besonders durch Erhitzen der Kathode gewonnen. Nun wurde schon in Nr. 3 die gesteigerte Beweglichkeit der electrolytischen Molecüle bei höherer Temperatur überhaupt als ein Erklärungsgrund für die grösseren Ladungen hergehoben. Die an den Electroden sich ansammelnden Electricitätsmengen sind dann eben leichter im Stande, die Orien-

tirung der Molecüle auszuführen, und erhöht sich somit die
Capacität der Zelle. Das würde also jetzt dahin zu präci-
siren sein, dass die Orientirung der Molecüle am kräftigsten
von der Kathode, d. h. von der mehr gasfreien Electrode,
ausgeht, und das ist ja durchaus begreiflich, da hier die geladenen Metallflächentheilchen unmittelbarer den flüssigen Molecülen anliegen. Dass dann weiter der Unterschied zwischen
geheizter Anode oder Kathode in dieser Richtung weniger
gross sich zeigt, wenn öfters abwechselnd die beiden Electroden erhitzt sind, dürfte seinen Grund in einer alsdann
überhaupt eingetretenen Aenderung in der Situation der
Molecüle haben, wie ja auch z. B. die Molecularmagnete
eines Eisenkörpers nach einer stärkern Bewegung überhaupt
eine Zeitlang in jeder Weise leichter beweglich bleiben.

Der hier besprochene Erklärungsgrund für die durch
höhere Temperatur gesteigerten Ladungsmengen ist übrigens
wohl nicht der einzige. Offenbar wirkt auch das reichlichere
Heraustreten der absorbirten Gase aus den Electroden mit,
welches zugleich eine lebhaftere Convectionsströmung ermöglicht. Dadurch ist neben der blossen electrischen aus der
Ladung der Electroden hervorgehenden Kraft noch eine
weitere für die Richtung der electrolytischen Molecüle gegeben, und letztere werden deshalb, ganz abgesehen von ihrer
eigenen leichtern Beweglichkeit, schon durch geringere electrische Potentialdifferenzen mehr gerichtet werden können.
Aus diesem Grunde würde auch eine Berechnung der Distanz
der electrolytischen Molecüle aus den Ladungserscheinungen
in der Weise, wie ich sie in vorangehenden Aufsätzen[1]) geführt habe, nur für möglichstes Fehlen der electrolytischen
Convection (wie es damals stets vorlag) zu richtigen Resultaten führen. Und in der That zeigen auch nur diejenigen
Versuche der gegenwärtigen Arbeit, welche sehr grosse Convectionswiderstände (bei tieferer Temperatur) enthalten, in
dieser Beziehung eine hinreichende Uebereinstimmung namentlich mit den genauesten Versuchen des letzten der citirten Aufsätze.

---

1) **Herwig**, Wied. Ann. **4.** p. 465. 1878 u. **6.** p. 328. 1879.

Wenn das über die Rolle der einzelnen Electroden in den vorstehenden Erklärungen Gesagte richtig ist, so müsste man diese Rolle umkehren können, falls man als das wesentlich betheiligte Gas statt des Sauerstoffes den Wasserstoff einführte. Daraufhin habe ich endlich noch einige Versuche, die sich unmittelbar den Versuchen von Nr. 91 bis 140 anschliessen, ausgeführt, nachdem ich beide Electroden vorher durch kräftige Wasserstoffentwicklung an ihnen in einer andern Zersetzungszelle mit Wasserstoff beladen hatte und zwar beide möglichst gleichmässig. Die Resultate sind in den folgenden beiden Tabellen enthalten.

Tabelle XVIII.

Nr.	E in Volts	W in Ohmads	in Mikrowebers				$\frac{15}{100}\int_0^{15}i\,dt$ $\frac{1}{60}\int_0^{60}i\,dt$	F in qcm	ϑ in Cels.° an der	
			$\int_0^{15\,sec}i\,dt$	$\int_{15\,sec}^{60\,sec}i\,dt$	$(cQ)_0^{15\,s.}$	$(cQ)_{15\,s.}^{60\,s.}$			Anode	Kathode
141	0,496	153 500	244	319	274	359	43°/₆	17,6	20°	20°
142	„	73 800	239	389	301	490	38	17,3	20	76
143	„	65 900	215	308	278	397	41	17,0	75	26
144	„	89 800	233	302	282	366	44	16,7	27	76
145	„	101 300	235	329	280	391	42	16,4	74	25
146	„	95 500	226	276	271	331	45	16,1	26	76
147	„	99 400	232	307	277	366	43	15,8	76	27
148	„	368 800	213	209	224	220	50	15,6	24	24

Tabelle XIX.

149	0,524	286 000	247	256	264	273	49	15,2	19	19
150	„	91 000	249	341	302	413	42	15,0	19	74
151	„	95 000	243	312	292	375	44	14,7	75	25
152	„	111 000	245	298	287	349	45	14,4	23	75
153	„	109 000	246	311	289	365	44	14,2	76	25
154	„	101 000	236	269	281	320	47	13,9	26	76
155	„	111 000	246	309	288	362	44	13,6	75	27
156	„	300 000	238	223	253	237	52	13,5	22	22

Die vorhin ausgesprochene Vermuthung zeigt sich durch diese Tabellen im wesentlichen bestätigt. Zu Anfang einer jeden der beiden Beobachtungsreihen ist jedoch eine Störung des später deutlich hervortretenden Verhaltens vorhanden, die offenbar dadurch bedingt ist, dass sich über der Wasserstoffabsorption noch eine geringe Sauerstoffabsorption ausgebildet hat. Das ist begreiflich, da zwischen der Beladung der Platten mit Wasserstoff und dem Beginn der Versuche immerhin eine gewisse Zeit verstrich, und somit die Aufnahme der winzigen Quantität Sauerstoff, um welche es sich hier handelt, aus der Luft (direct und indirect durch die Flüssigkeit) leicht möglich war. Es wird überhaupt schwer halten, die Gegenwart des Sauerstoffes bei solchen Versuchen ganz zu vermeiden.

Nachdem so ein ganz systematisches Verhalten der einzelnen Electroden gegen Erhitzung nachgewiesen und in den wesentlichsten Punkten erklärt war, fragte es sich noch, wie sich diese Verhältnisse zu den thermoelectrischen Erregungen stellen, die man zwischen warmem und kaltem Platin in verdünnter Schwefelsäure vielfach angenommen hat.[1]) Ich habè daraufhin einige Versuche angestellt, einmal mit den noch mit Wasserstoff beladenen Platten des bisher benutzten Apparates, dann mit dem oben beiläufig erwähnten fünffach gebogenen Glasrohr mit verdünnter Schwefelsäure, dessen Platinbleche ausschliesslich eine starke Sauerstoffabsorption besassen. Für beide Fälle wurde einfach der ohne sonstige electromotorische Kraft genommene Schliessungsweg über das Spiegelgalvanometer weggeführt und allenfallsige Ströme bei einseitiger Erhitzung des einen oder andern Platinbleches beobachtet. Die geringfügigen überhaupt beobachteten Strömungen verliefen nun stets parallel den reichlicheren Convectionsströmen, wie sie durch die Tabellen XIII bis XIX näher charakterisirt sind. Bei Sauerstoffabsorption ging nämlich die Strömung in der Flüssigkeit vom warmen Platin zum kalten (den gewöhnlichen Angaben, die sich offenbar auch auf Sauerstoffabsorption beziehen, gemäss), bei Wasserstoffabsorption umgekehrt; ebenso verlaufen aber nach den Tabellen jedesmal die stärkeren Convectionsströme. Hierin dürfte einmal eine interessante Ergänzung der älteren Versuche über diesen Gegenstand gegeben sein, dann aber geht daraus hervor, dass diese ganzen Verhältnisse schon in den Convectionsströmen angerechnet sind. Man hat sich dem Vorstehenden nach diese thermoelectrischen Erregungen da-

---

1) Vgl. Wied. Galv. (2) **1.** § 639 ff.

durch entstanden zu denken, dass durch die einseitige Elec-
trodenerhitzung an dieser Stelle die Absorptionsgase mehr
herausgetrieben, werden und alsdann wiederum ein Ausgleich
angestrebt wird.

Die in der gegenwärtigen Arbeit gewonnenen Resultate,
welche sich zunächst auf schwache, zum definitiven Zersetzen
nicht ausreichende Potentialdifferenzen beziehen, dürften übrigens auch bei starken zersetzenden Kräften mit in Betracht
kommen, obschon dort natürlich noch weitere Gesichtspunkte
hinzutreten.

Ich darf diese Gelegenheit wohl benutzen, um einige Einwände, die jüngst von zwei Seiten gegen meine Arbeiten
über die Flüssigkeitscondensatoren erhoben sind, kurz zu
besprechen.

Einmal erklärt Herr F. Exner[1]) einfach, dass die Con-
densatortheorie, vertreten durch Varley, Colley, Herwig,
gewiss falsch sei, und dass er auch nicht wisse, wie man sich
dabei die Herstellung eines neuen statischen Gleichgewichtes
denken solle. Darauf wäre nun eigentlich nicht viel zu erwidern, indessen kommt an einer frühern Stelle derselben
Abhandlung[2]) die Entwicklung einer Ansicht vor, von welcher
ich glaube annehmen zu dürfen, dass sie auch für das vorstehende Urtheil des Hrn. Exner massgebend war; und
hieran lässt sich sehr wohl eine Discussion anknüpfen. Nach
dieser Ansicht soll, wenn etwa ein Daniell auf ein Platin-
Wasser-Voltameter wirkt, um nicht mit dem Faraday'schen
Gesetz und mit dem Princip von der Erhaltung der Energie
zu collidiren, anfangs in dem Daniell eine viel grössere Stromintensität herrschen, als in dem Voltameter. Dieser Gedanke,
auf die von mir an den Flüssigkeitszellen beobachteten Erscheinungen, d. h. auf Zeiträume von stets sehr messbarer,
meistens sogar langer Dauer angewandt, würde jedoch in
einem eigenthümlichen Widerspruche mit leicht zu beobachtenden Thatsachen stehen. Schon vor längerer Zeit hatte
ich gelegentlich einen einfachen und, wie mir schien, von

---

1) F. Exner, Wied. Ann. **6.** p. 383. 1879.
2) l. c. p. 375.

jeder Auffassung aus im Resultate fast selbstverständlichen
Versuch ausgeführt, der hier herangezogen werden möge.
Bei demselben waren die Schliessungsdrähte von einem Daniell der Reihe nach von dem einen Ende eines Doppelaus-
schalters über das eine Windungssystem eines sehr empfindlichen Differentialspiegelgalvanometers, dann über eine Platin-Wasserzelle, dann über das zweite Windungssystem des
Galvanometers in entgegengesetztem Sinne, dann über eine
zweite Platin-Wasserzelle zurück an das andere Ende des
Ausschalters geführt. Wenn das Differentialgalvanometer
zuvor ganz genau eingestellt war, so ergab weder der dauernde,
noch ein möglichst momentaner Schluss des Ausschalters die
geringste Bewegung an seinem Magnet. Aus der Empfindlichkeit des Apparates konnte geschlossen werden, dass für
nur 0,1 Secunde Strömungsdauer die Stromquantitäten in
dem dem einen Pol des Daniell anliegenden Drahttheil und
in dem von beiden Platin-Wasserzellen eingeschlossenen Drahttheil sicherlich nicht um 1 Procent voneinander differirten.
Folglich kann die oben erwähnte Ansicht durchaus nicht zur
Erklärung meiner Beobachtungen, resp. aller sonstigen hier
einschlagenden Versuche dienen.

Von grösserem Gewichte sind die Einwände des Hrn.
Colley[1]), obschon ich auch durch diese mich nicht veranlasst sehen kann, die von mir ausgesprochenen Ansichten
über die Condensatorwirkung der Flüssigkeitszellen zu ändern.
Hrn. Colley's Abhandlung in diesen Annalen ist eine Uebersetzung (mit Kürzungen) eines russischen Aufsatzes, von dem
ich durch die Güte des Hrn. Colley schon gegen Ende des
Jahres 1878 einen Abdruck erhielt, der mir aber leider bei
meiner Unkenntniss der russischen Sprache völlig unver-
ständlich blieb. Sonst hätte ich manche Bemerkung über
diesen Gegenstand schon in meine letzte diesbezügliche Mittheilung[2]), die damals nahezu vollendet vorlag, aufnehmen
können, da in derselben gerade einige einschlägige Punkte
weiter verfolgt wurden. Gegenwärtig will ich nur das Aller-

---

1) Colley, Wied. Ann. **7.** p. 206. 1879.
2) Herwig, Wied. Ann. **6.** p. 305. 1879.

wichtigste von den Einwänden des Herrn Colley hervorheben und anderes, was sich schon durch die Angaben meiner
letzten Mittheilung erledigt, nicht näher erörtern.

Herr Colley steht in der Hauptsache mit mir auf demselben Standpunkte, indem er eine Ansammlung der durch
geringe Potentialdifferenzen getriebenen Electricitäten an
den Electroden annimmt. Die wichtigsten Differenzen seiner
Auffassung gegenüber der meinigen sind, dass er

1) die Flüssigkeitszelle unterhalb der Zersetzungspoten-
tialdifferenz als ein System von zwei Condensatoren, wie
er sich ausdrückt, betrachtet, während ich nur einen Condensator annähme, und dass er

2) die Capacität des Condensatorsystems für constant hält.

In Bezug auf den erstern Theil ist, glaube ich, die
Differenz zwischen uns in manchen Stücken nur eine Differenz in der Ausdrucksweise. In einigen unmittelbar auf das
Gebiet des Thatsächlichen übergreifenden Punkten muss ich
dagegen auch hier Hrn. Colley entschieden widersprechen.
Zunächst möchte ich es betonen, dass das, was ich die
Drehung der electrolytischen Molecüle genannt habe, nicht
nothwendig in dem buchstäblich engsten Sinne genommen
zu werden braucht[1]), als wenn je 2 Jonen stets unzer-
trennlich fest dabei verbunden wären. Es können vielmehr
bei der kinetischen Auffassungsweise, die wir heutigen Tages
auf alle diese Verhältnisse anzuwenden gewohnt sind, auch
dort die mannichfaltigsten Austauschungen stattfinden; aber
es kommen dabei stets wieder gewisse Zusammenhänge der
Jonen heraus, und darf namentlich kein einseitiges Hervortreten (Freiwerden) der einzelnen Jonen angenommen werden. Denn das würde eine wirkliche Zersetzung bedeuten,
die in dem hier in Rede stehenden Falle nach dem Princip
von der Erhaltung der Energie unmöglich ist. Die Orientirung nun der mittleren Zusammenhänge zwischen den
Jonen so, dass immer das eine Jon mehr nach der einen
Electrode zu gerichtet ist, und das andere nach der andern,

---

1) Vgl. auch meine Bemerkung l. c. p. 324.

habe ich kurz die Drehung der ganzen Molecüle genannt.
Es ist durch diese Bezeichnungsweise also eigentlich nichts
weiteres präjudicirt in Betreff der allgemeinen kinetischen
Verhältnisse des Electrolyten.

Herr Colley legt auf diese Verhältnisse einen speciellen
Werth und will den Electrolyten als Leiter bei den Ladungen des Condensatorsystems functioniren lassen, woraus
dann seine Vorstellung von zwei Condensatoren entsteht.
Wenn er die electrischen Verschiebungen, die bei den genannten Austauschungen (resp. bei den von mir so genannten
Drehungen) stattfinden, als Leitung bezeichnen will, so ist
dagegen, ganz allgemein genommen, wohl kaum etwas einzuwenden. Anders stellt sich aber die Sache, wenn diese
Leitung als gleichwerthig mit einer metallischen Leitung
angesehen wird, wie es Hr. Colley im wesentlichen thut.
Eine solche Auffassung steht im Widerspruch mit bestimmten
von mir beobachteten Thatsachen, und dürfte es sich gerade
deshalb empfehlen, das Wort „Leitung" doch lieber zu vermeiden. Einmal ist nämlich der Verlauf der Ladungs- und
Entladungsströme ein verschiedener, je nachdem bei sonst
gleichen Verhältnissen der Flüssigkeitswiderstand der Zelle
(im gewöhnlichen Sinne bei zersetzenden Strömen bestimmt
gedacht) einen grössern oder kleinern Bruchtheil des constant bleibenden Gesammtwiderstandes darstellt. Das muss
ich den Angaben[1]) des Hrn. Colley gegenüber entschieden
aufrecht erhalten und glaube durch meine vielseitigen Versuche, die meistens den ganzen Verlauf der Strömungen
umfassten, dazu berechtigt zu sein. Unter gewissen Umständen können allerdings namentlich erste Ablenkungen des
Galvanometers kaum unterschieden ausfallen, während doch
der gesammte Strömungsverlauf sich wesentlich verschieden
herausstellt (man vergleiche darüber auch manchen Fall in
den Tabellen der vorliegenden Arbeit). Was Herr Colley
in dieser Richtung beobachtet hat, kann darum ganz richtig
sein, es entscheidet alsdann aber meinen Versuchen gegenüber nicht. Nach diesen ist stets der Gesammtverlauf ein

---

1) l. p. 228.

schnellerer, wenn der Flüssigkeitswiderstand (im gewöhnlichen Sinne) einen grössern Bruchtheil des Gesammtwiderstandes ausmacht.

Noch entscheidender sind ferner meine Versuche über die
Wärmeproductionen in den Flüssigkeitszellen bei der Ladung
und Entladung, worauf ich in diesem Sinne gleich ein besonderes Gewicht gelegt habe. [1]) Diese Wärmeproductionen
laufen absolut nicht parallel den gleichzeitigen Wärmeproductionen in den Drahttheilen der Schliessung, und ist
damit eine Gleichwerthigkeit der Strömung in den Drähten
und in der Flüssigkeit völlig ausgeschlossen. Ich möchte
bei dieser Gelegenheit darauf aufmerksam machen, dass auch
die von Hrn. Colley erwähnten Erwärmungen des Glases
eines gewöhnlichen Condensators, welche vor längerer Zeit
Herr W. Siemens beobachtet hat[2]), von letzterem als nur
durch Molecularbewegung im Isolator erklärbar angesehen
wurden. Ganz ähnlich habe ich die Sache bei den Flüssigkeitscondensatoren aufgefasst und speciell noch durch eine
vorausgeschickte Arbeit[3]) über die Wärmeproduction durch
Drehen von Molecularmagneten einen Analogiefall aus einem
andern Gebiete dazu hergeholt. Wenn Herr Colley durch
eine Rechnung zu dem Resultate kommt, dass jede Erwärmung des Electrolyten, wie ich sie beobachtet habe, denselben als einen Leiter (in oben erörtertem Sinne) charakte-
risire, so ist dagegen zu sagen, dass seine Rechnung speciell
auf den Electrolyten nicht passt. Die Verhältnisse sind,
was ja Hrn. Colley nach seiner ganzen Darlegung ebenso
bekannt ist, wie mir, in diesem Falle so complicirt, dass sie
überhaupt nicht durch allgemeine Formeln präcise wiedergegeben werden können. Gewisse Grössen sind in den
meisten Formeln des Hrn. Colley und ebenso bei mir, wie
ich nun oft genug hervorgehoben habe, vorläufig als constante behandelt, die in Wirklichkeit variabel sind, und zwar
derart, dass ihre Variabilität noch nicht allgemein aus-

---

1) Herwig. Wied. Ann. 4. p, 212. 1878.
2) W. Siemens, Pogg. Ann. 125. p. 137. 1865. Vgl. auch Wüllner, Wied. Ann. 1. p. 390. 1877.
3) Herwig, Wied. Ann. 4. p. 177. 1878.

drückbar ist. In solchen Fällen ist es daher richtiger, Entscheidungen von den Experimenten herzunehmen und nicht von unzureichenden Rechnungen. Das gilt auch noch von anderen Stellen des Colley'schen Aufsatzes.

Der zweite Theil der oben angegebenen wesentlichsten Ausstellungen des Hrn. Colley betrifft die von mir vorausgesetzte Variabilität der Condensatorcapacität während einer einzelnen Ladung und Entladung. Herr Colley setzt diese Capacität constant und schiebt alles, was ich durch die Variabilität derselben zu erklären suchte, auf eine grosse Variabilität des von mir eingeführten Convectionswiderstandes. Diesen Convectionswiderstand selbst habe ich nur mit Einschränkungen als angenähert constanten Werth für den einzelnen Ladungsfall behandelt. Dass man ihn auch viel stärker veränderlich erhalten kann, wenn man die von mir bei mehreren Gelegenheiten erwähnten Vorsichtsmassregeln nicht anwendet, oder wenn man mit grösseren electromotorischen Kräften operirt, habe ich hinreichend hervorgehoben. Aber daneben oder vielmehr darüber muss eine weit bedeutungsvollere, stets in ganz charakteristischer Art vorhandene Veränderlichkeit der Capacität nach meinen Versuchen nothwendig angenommen werden. Eine ganze Reihe von Erscheinungen ist nur hierdurch und durchaus nicht durch eine blosse Veränderlichkeit des Convectionswiderstandes erklärbar. Um nicht schon früher in dieser Richtung Ausgeführtes zu wiederholen, will ich jetzt nur noch daran erinnern, dass ich in meiner letzten Arbeit[1] für den Anfang der Ladung constant bleibende Stromstärken gefunden habe. Das ist, wie eine leichte Ueberlegung lehrt, unmöglich durch eine Veränderlichkeit des Convectionswiderstandes zu erklären, während ich dort eine ungezwungene Erklärung vermittelst der Veränderlichkeit der Condensatorcapacität geben konnte.

Ferner stimmen die Gesammtwerthe der Ladungen, wie ich sie in den beiden letzten Arbeiten (deren erste[2]) schon

---

1) l. c. p. 316.
2) Herwig, Wied. Ann. 4. p. 465. 1878.

von Hrn. Colley citirt wird) unter Voraussetzung eines
constanten Convectionswiderstandes fand, hinreichend nahe
mit denjenigen Werthen, die Herr Colley selbst bei kleinen
Schliessungswiderständen und deshalb sehr schnellem Verlauf der Strömungen aus den ersten Ausschlägen eines Galvanometers und eines Dynamometers berechnete. Um so
eigenthümlicher klingt aus Hrn. Colley's Munde der Satz:
„Er (Herwig) bestimmte die Capacität, indem er die Messung einer Grösse vornahm, welche von der Capacität unabhängig war." Dass übrigens aus diesen Gesammtwerthen
der Ladung eine mit den sonstigen Bestimmungen nahe zusammenfallende Schätzung für die Distanz der electrolytischen Molecüle nach meinen Anschauungen über die Wirkung des Flüssigkeitscondensators sich unmittelbar ableiten
lässt, möge wiederholt zur Stützung dieser Anschauungen
hervorgehoben werden (vgl. das oben über den ersten Theil
der Colley'schen Einwürfe Bemerkte).

Ich glaube in dem Vorstehenden die wichtigsten Diffe-
renzpunkte zwischen Herrn Colley und mir besprochen zu
haben, indem ich manches andere (auch aus den einzelnen
Versuchen des Hrn. Colley) schon durch meine früheren
Arbeiten für erledigt halten konnte. Hoffentlich wird diese
Discussion einigermassen dazu dienen können, um zwischen
unseren beiderseitigen Anschauungen auch im einzelnen diejenige Annäherung anzubahnen, welche bei der glücklicher-
weise schon vorhandenen Uebereinstimmung in der Hauptsache so sehr wünschenswerth wäre.

Darmstadt, den 31. Juli 1880.

VI. *Ueber die Arten der electrischen Entladung in Gasen; von O. Lehmann.*

Erreicht das Gefälle des electrischen Potentials in einem
dielectrischen Medium eine bestimmte Grenze, so tritt plötzlich Entladung ein, begleitet von einer momentanen oder

dauernden Durchbrechung des Dielectricums.[1]) Der mögliche
Grenzwerth des Potentialgefälles ist verschieden nach der
Natur des Mediums, z. B. grösser für Gas als Luft, grösser
für dichte als dünne Luft, grösser für Sauerstoff als
Wasserstoff.[2])

Ist einmal eine Durchbrechung des Dielectricums erfolgt und somit ein von verdünntem, heissem Gase gefüllter
Canal gebildet, so genügt ein geringerer Potentialunterschied
zur Unterhaltung des Stromes[3]) und falls die zur Offenhaltung
des Funkencanals genügende Menge Electricität nachströmt,
bildet sich eine continuirliche Entladung durch das Dielectricum, der galvanische Lichtbogen.

Wie sehr die Leitungsfähigkeit des Gases im Funkencanal erhöht ist, lehrt die von Hittorf[4]) beobachtete Thatsache, dass durch die von der Entladung durchbrochene Gas-
säule eines Geissler'schen Rohres der Strom weniger galvanischer Elemente passiren kann. Durch einfache mechanische
Verdünnung und Erhitzung lässt sich nach den bis jetzt vorliegenden Experimenten ein solcher Zustand des Gases nicht
erreichen, es liegt also die Vermuthung nahe, dass die Entladung durch Gase neben der Verdünnung zugleich eine
Aenderung in deren molecularer Constitution, eine Art Dissociation hervorrufe. Eine solche Wirkung wird fernerhin
auch angedeutet durch die Erscheinung, dass die electrische
Entladung Produkte hervorbringen kann (z. B. Ozon),
welche durch Verdünnung und rasche Abkühlung nach starkem Erhitzen nicht erhalten werden können, und zudem
noch bei Temperaturen, die die gewöhnliche nur unbeträchtlich übersteigen.[5])

Für den Verfasser war diese Frage von um so grösserem
Interesse, als er sich bereits mehrfach mit den verschiedenen
Zuständen der Körper beschäftigt hatte.[6])

1) G. Wiedemann u. R. Rühlmann, K. Sächs. Ber. 1871, 20. Oct.
2) Dieselben l. c.; u. Röntgen, Gött. Nachr. p. 390. 1878.
3) Varley, Proc. Roy. Soc, **19.** p. 236. 1871.
4) Hittorf, Wied. Ann. **7.** p. 614. 1879.
5) E. Wiedemann, Wied. Ann. **10.** p. 202. 1880.
6) Lehmann, Zeitschr. f. Kryst. **1.** (2) p. 97. **1.** (1) p. 44. 1877. **4.**
(6) p. 609. 1880. — Progr. d. Mittelsch. in Mülhausen i. E. 1877.

Der Zweck der vorliegenden Arbeit ist zunächst nur
der, die verschiedenen möglichen Arten der Entladung in
Gasen festzustellen, eine folgende verfolgt das weitere Ziel,
zu untersuchen, welche Ursachen die beobachteten Verschiedenheiten hervorbringen können.

Schon seit den ersten Versuchen über Electricität unterschied man drei Arten electrischer Entladung: Glimmen,
Büschel und Funken.[1] Faraday fügte diesen eine vierte
hinzu, die er als dunkle bezeichnete, wegen des zwischen
dem positiven und negativen Theil auftretenden dunkeln
Raumes. Da schon wiederholt Anstoss an diesem Ausdrucke genommen wurde, insofern dunkle Räume auch bei
anderen Entladungsarten auftreten, und Faraday selbst
sich sehr häufig des Wortes „Lichtstreif" zur Bezeichnung
des positiven Theiles dieser Entladung bedient, so wird dieselbe im Folgenden als „Streifenentladung" aufgeführt.

Im Laufe der Zeit wuchs nun allmählich das Beobachtungsmaterial immer mehr an, bald schien die Zahl der
Entladungsarten zu wachsen, bald wieder schienen Ueber-
gänge zwischen den einzelnen Formen zu existiren, sodass
eine Sichtung dieser Thatsachen nicht unwillkommen sein
dürfte.

Es ist noch hinzuzufügen, dass bei der Untersuchung
namentlich auch die Entladung in mikroskopischen Electrodendistanzen, d. h. solchen von 1—0,01 mm berücksichtigt
wurde, worüber bis jetzt nur vereinzelte Beobachtungen vor-
lagen.[2]

1. Glimmentladung. — Bei beträchtlicher Distanz
der gewöhnlichen kugelförmigen Electroden einer Influenzmaschine zeigt sich auf der positiven Kugel eine schwache,
bläuliche, nebelartige Lichtmasse, welche die vordere Hälfte
der Kugel bedeckt; auf der negativen erscheinen gleichzeitig

---

1) Streng gesondert von Hansen cf. Riess, 2. p. 141.

2) Neef, Pogg. Ann. 66. p. 414. 1845; Matteucci, Compt. rend
29. p. 263. 1849; Dufour, Arch. d. sc. phys. 28. p. 147. 1867; Du
Moncel, Compt. rend. 49. p. 40. 1859; Fabbri, Arch. de sc. phys. 2.
p. 58. 1858; Paalzow, Berl. Monatsber. p. 880. 1861; Warren de la
Rue u. H. W. Müller, Compt. rend. 85. p. 792. 1877.

entweder ein einzelner oder gewöhnlich nebeneinander mehrere kleine röthliche Lichtpinsel (Taf. VI Fig. 1). Man könnte denken, dass diese beiden Lichtphänomene voneineinander ganz unabhängige Entladungen der positiven und negativen Electricität seien; dem ist indess nicht so, denn sie stehen in auffallender Beziehung zueinander.[1]) Ist nämlich der negative Pinsel etwas ausserhalb der Axe beider Kugeln, so beobachtet man auch beim positiven Glimmen eine Abweichung nach derselben Richtung; dreht man dann die negative Electrode um ihre Axe, so wandert das positive Glimmen mit, gleichsam als ob es durch unsichtbare Fäden damit verknüpft wäre. Hält man zwischen die Electroden einen beliebigen fremden Körper, so entsteht auf dem positiven Glimmen ein Schatten[2]) desselben, ungefähr entsprechend den Vertheilungslinien (Taf. VI Fig. 2). Bei grosser Nähe der negativen Electrode zeigt sich auch auf der positiven ein dem negativen entsprechender leuchtender ·Punkt oder Stiel oder mehrere, falls mehrere negative Lichtpinsel vorhanden sind (Taf. VI Fig. 3). In der Nähe eines solchen Punktes verschwindet das Glimmen fast ganz, gerade als ob es sich zu der punktförmigen Lichterscheinung verdichtet hätte. Setzt man dicht vor die negative Electrode eine grosse runde Ebonitscheibe, so scheint der Schatten auszubleiben, er wird indess sofort wieder bemerkbar, wenn diese Scheibe excentrisch gestellt wird. Das positive Glimmen ist ganz ruhig, von keinem Geräusche begleitet[3]), dagegen stets von einem sehr fühlbaren Winde, durch dessen Unterstützung es nach Faraday befördert werden soll. Diese Beobachtung stimmt nicht gut mit den meinen überein, welchen zufolge die Glimmentladung gerade die für Luftströmungen unempfindlichste ist. Man beobachtet allerdings ein theilweises Erlöschen des Glimmlichtes, wenn man demselben entgegenbläst, eine vollständige Entwickelung,

---

1) cfr. Wright, Sill. Journ. (2) 49. p.381—384. 1845; Varley, Proc. Roy. Soc. 19. p. 236. 1871; (Feddersen, Pogg. Ann. Jubelbd. 1874.

2) Hierher gehört auch die Beobachtung von M. Busch, Gartenlaube 1877. p. 669.

3) Faraday, Experimentaluntersuch. 1585—1588.

wenn der Luftstrom von der entgegengesetzten Seite ausgeht, allein dieses Erlöschen ist nichts anderes, als der bereits erwähnte Schatten des blasenden Instrumentes, der
ebenso zustande kommt, wenn der Luftstrom ganz unterbrochen wird.

Wurden die Electroden der Influenzmaschine durch andere ersetzt, und zwar die positiven durch eine Kugel, die
negativen durch eine Spitze, beide aus einem Gemenge von
Graphit und Wachs gefertigt, so bildete die Glimmentladung
fast die einzige Entladungsart, wenigstens wurde sie noch
auf Distanzen von 2 mm erhalten. Je geringer dabei der
Zwischenraum war, um so grösser wurde die Dicke des
Glimmlichtes (Taf. VI Fig. 4*a*), und bei den geringsten
Distanzen schien dieses ganz mit dem negativen Pinsel zusammenzuhängen (Taf. VI Fig. 4*b*). Sehr gut wurde ferner
diese Entladungserscheinung erhalten, als einer kleinen positiven Kugel eine feine positive Spitze aus Metall gegenübergestellt wurde. Auch an einer positiven Nadel kann das
Glimmen erhalten werden, es erscheint dann als ein kleiner
leuchtender Punkt an der Spitze (Taf. IV Fig. 5). Hält man
vor diese eine Glasplatte, so überzieht sich die ganze Oberfläche der Nadel mit Glimmen. Endlich kann selbst bei
mikroskopisch kleinen Distanzen die Glimmentladung auftreten, wenn man dafür sorgt, dass die negative Electricität
die vorherrschende wird. Zur Beobachtung wurden zwei
feine Platindrähte in Glasröhren eingekittet und diese in
sehr geringer Distanz einander gegenüber auf dem Objecttisch eines 100 fach vergrössernden Mikroskops befestigt. Es
zeigte sich an der positiven Electrode das gewöhnliche diffuse
Glimmlicht, der negative Lichtpinsel aber erwies sich nicht,
wie er dem unbewaffneten Auge erschien, als homogen, sondern bestand aus einem kleinen Häufchen sehr hellen bläulichen Glimmlichtes, welches durch einen scharfbegrenzten
dunkeln Raum von dem etwas mehr röthlichen eigentlichen
Lichtpinsel getrennt war (Taf. IV Fig. 6). Dass diese Intermittenzstelle auch bei dem gewöhnlichen makroskopischen
Lichtpinsel vorhanden ist, lässt sich leicht erkennen, wenn
man die Entladung im electrischen Ei hervorruft und all-

mählich die Luft verdünnt. Glimmlicht und Lichtpinsel wachsen dabei in ihren Dimensionen, und die fragliche dunkle Stelle wird ohne Vergrösserungsglas deutlich sichtbar. Verdünnt man die Luft bei der Entladung in mikroskopischer Electrodendistanz, so zeigt sich namentlich eine wesentliche Verbreiterung des negativen Lichtpinsels. In einem grossen Geissler'schen Rohr von 1 m Länge liess sich etwas Aehnliches nur schwierig erhalten, und zwar nur bei Anwendung sehr geringer Electricitätsmengen, da sonst eine der anderen Entladungsarten eintrat. Die positive Electrode war hierbei mit schwachem Glimmlicht bedeckt, dann folgte ein grosser dunkler Raum in der kugelförmigen Erweiterung der Röhre, und erst der engere Theil des Rohres war wieder mit Licht erfüllt, das sich fast bis zu der von Glimmlicht umhüllten negativen Electrode hinzog (Taf. VI Fig. 9).

Werfen wir zum Schlusse nochmals einen Rückblick über die sämmtlichen Fälle der Glimmentladung, so muss uns die eigenthümliche Distanz der positiven und negativen Seite auffallen. Während der Entladungsvorgang auf der erstern einfach, und, wie es der electrischen Dichtigkeit entspricht, über einen grossen Theil der Electrodenfläche verbreitet ist, ist die negative zusammengesetzt und geht nur von einer eng umgrenzten Stelle aus. Man könnte fragen: Ist bei der negativen Electricität eine der positiven ähnliche Entladungsweise überhaupt unmöglich?

Ich kann diese Frage nur unsicher beantworten. Einmal zwar trat ein solches Glimmen ganz deutlich unter gewöhnlichen Umständen an den gewöhnlichen kugelförmigen Electroden der Influenzmaschine auf, zum zweiten mal konnte ich indess dasselbe bis jetzt nicht wieder erhalten. Es hatte fast genau das Aussehen des positiven Glimmens (Taf. VI Fig. 7) unterschied sich aber von diesem durch seine geringere Helligkeit und namentlich seine weit grössere Dicke. Ferner zeigt sich eine gewisse Neigung zur Zergliederung in zahlreiche Lichtpinsel.

2. **Büschelentladung.** — Bei den gewöhnlichen kugelförmigen Electroden der Influenzmaschine beobachtet man hierbei an der negativen Electrode wieder den (oder die)

44*

gleichen Lichtpinsel wie bei der Glimmentladung.[1] Von der
Oberfläche der positiven Electrode aber schiesst ein kurzer
kegelförmiger, heller Stiel aus und breitet sich in einem
kleinen Abstand von der Kugel plötzlich in einen breiten
Büschel von blassen Zweigen aus (Taf. VI Fig. 10), die in
zitternder Bewegung zu sein scheinen und von einem knistern-
den Geräusche begleitet sind, wie es schon Faraday (Nr. 1426)
beschrieben hat. Bei stärkerer Wirksamkeit der Maschine
werden die Aeste länger, und der Ton erhöht sich.

Zwischen dem etwas mehr röthlich leuchtenden Stiel
und dem eigentlichen Büschel zeigt sich immer eine, wenn
auch nicht scharf begrenzte dunklere Stelle. Bläst man an
verschiedenen Orten senkrecht zur Axe des Büschels, so
wird diese Stelle am meisten abgelenkt, es ist also die
heisseste, denn die Ablenkung der Entladung durch Luft-
ströme beruht, wie aus den bekannten Experimenten über
Inductionsfunken hervorgeht, darauf, dass die Entladung am
leichtesten durch die infolge der vorhergehenden Entladung
erwärmte, nun aber etwas verschobene Lichtmasse hindurchgeht. Spitzt man die Electroden mehr und mehr zu, so
werden die Büschel bei immer geringeren Distanzen erhalten,
die Zahl ihrer Aeste vermehrt, ihre Länge vermindert sich,
und die Form des Ganzen nähert sich bei grossen Distanzen
immer mehr der halbkugelförmigen (Taf. VI Fig. 11), bei
geringen der pinselartigen (Taf. VI Fig. 12). Eine wichtige
Veränderung zeigt sich beim Stiel, welcher allmählich immer
kleiner wird und bei Anwendung feiner Nadeln auf einen
Punkt zusammenschrumpft, welcher so wenig zu unterscheiden ist von dem der Glimmentladung, dass sich beim Ueber-
gehen der letzteren in Büschelentladung einfach ein kleiner
Lichtbüschel daran anzusetzen scheint. Diese kleine Licht-
fahne ist gegen Blasen so empfindlich, dass sie sich schon
beim leisesten Luftzug dreht. Ueberhaupt ist der Einfluss
eines Luftstroms auf einen Büschel um so grösser, je kleiner
seine Dimensionen sind. Bei mikroskopisch kleinen Distanzen
nimmt die Büschelentladung eine sehr eigenthümliche Form
an, wie sie in Taf. VI Fig. 13 dargestellt ist. Der positive
Büschel hat die Form eines Bäumchens, ist jedoch nicht in

Aeste zerspalten und sein Stiel, die Wurzel des Bäumchens, ist ein kurzer, hellleuchtender Kegel, der wieder durch eine etwas dunklere Stelle von dem eigentlichen Stamme getrennt ist. Der negative Lichtpinsel ist der gleiche wie der bei der Glimmentladung.

Verdünnung der Luft begünstigt, wie schon Faraday [1]) hervorhob, ausserordentlich, und bei Herstellung desselben in dem mir zu Gebote stehenden electrischen Ei von 20 cm Durchmesser erfüllten bereits bei einer Verdünnung auf 100 mm die Aeste desselben den ganzen Raum. Auch bei mikroskopischen Distanzen zeigte der positive Büschel eine beträchtliche Verlängerung (Taf. VI Fig. 14). Sein Ende war meist scharf begrenzt, und vor demselben zeigten sich zuweilen hellere und dunklere Schichten. Bei Verminderung der Distanz verschwand allmählich der eigentliche negative Pinsel ganz, während sein Glimmlicht an Intensität und Ausdehnung gewann. Der positive Büschel verkürzte sich ebenfalls, sodass stets zwischen ihm und dem negativen Glimmlicht ein dunkler Raum blieb. Bei äusserst geringen Distanzen endlich verschwand sein grösserer Theil gänzlich, und es blieb nur die Basis, das positive Glimmlicht. Beide Glimmlichter des positiven und negativen kamen zuletzt zur Berührung (Taf. VI Fig. 15a), und näherte man nun die Electroden noch mehr, so traten verschiedene Fälle ein, je nachdem die Electroden gleichgestaltet (Taf. VI Fig. 15b) oder die positive (Taf. VI Fig. 16a) oder die negative (Taf. VI Fig. 16b) zugespitzt war. Man kann das Verhalten wohl am besten so charakterisiren, dass das negative Glimmlicht das positive zurückdrängt, und zwar um so weiter, je mehr die positive Electrode zugespitzt ist.

Aehnlich der mikroskopischen Büschelentladung ist die in der sehr stark verdünnten Luft einer Geissler'schen Röhre. Wie Taf. VI Fig. 17 zeigt, welche sich auf eine Röhre von 14 cm Länge bezieht, besteht die auftretende Lichtmasse, wie jene, aus einem positiven Lichtstreifen und dem durch einen dunkeln Raum davon getrennten halbkugelförmigen

---

1) **Faraday**, Experim. research. 1474.

blauen negativen Glimmlicht, welches die Spitze der **Kathode** umhüllt.

Es mag zum Schlusse noch eine sehr eigenthümliche Entladungsform hier Erwähnung finden, die ich indess ebenso wie die negative Glimmentladung nur ein einziges mal beobachtete und deshalb nicht weiter untersuchen konnte. Es zeigten sich nämlich auf der kugelförmigen negativen Electrode zwei leuchtende Punkte, der eine Punkt auf der Oberfläche, der andere in einer Distanz von ca. 2 mm davon entfernt. Ganz von selbst gerieth dieser, anfänglich ruhige Doppelpunkt in sehr schnelle Rotation um die Axe der Electrode, sodass er den Eindruck von zwei leuchtenden Ringen hervorbrachte, ebenso wie zwei im Kreise geschwungene glühende Kohlen (Taf. VI Fig. 18).

8. **Streifenentladung.** — Nähert man die büschelausstrahlenden Electroden einer Influenzmaschine einander immer mehr, so treten plötzlich an der negativen Electrode an Stelle des Lichtpinsels blassere, längere, häufig auch verzweigte Lichtstreifen, welche sich mit den positiven zu vereinigen suchen und gewöhnlich auch nur durch einen etwas lichtschwächern Raum von jenen getrennt sind (Taf. VI Fig. 19). Bei Annäherung oder Anwendung spitzer Electroden schrumpft die ganze Erscheinung auf einen einzigen Lichtstreifen zusammen, welcher die lichtschwächere Stelle noch deutlich erkennen lässt (Taf. VI Fig. 20 und 21). Der positive Theil ist mehr röthlich, der andere mehr bläulich. Auch der positive ist wieder aus zwei Theilen zusammengesetzt, welche den Theilen des Büschels entsprechen, nämlich die Strecke bis *b*, dem Stiel und das übrige der Verzweigung. Aenderung der Distanz hat wenig Einfluss.

Interessant ist dagegen das Aussehen, welches die Erscheinung bei sehr geringen Entfernungen unter dem Mikroskope zeigt. Von der positiven Electrode bis nahe zur negativen geht ein röthlicher Lichtstreifen, dessen Basis eine geringe Menge positiven Glimmlichts bildet. Auf der negativen zeigt sich wie bei dem Lichtpinsel eine kleine Anhäufung von blauem Glimmlicht, welches gleichfalls durch einen scharf begrenzten dunkeln Raum von dem positiven

Streifen gesondert ist (Taf. VI Fig. 22). Bei beträchtlicher
Vergrösserung des Widerstandes, namentlich des an der negativen Electrode nehmen die beiden Enden der positiven
Entladung die Form zweier einander zugekehrter Büschel
an, während der mittlere Theil unsichtbar wird, sodass das
Aussehen der Entladung in diesem Falle dem der Büschelentladung täuschend ähnlich wird (Taf. VI Fig. 23). Das
plötzliche Umspringen in letztere bei Verminderung des
Widerstandes an der negativen Electrode liefert indess stets
leicht den Beweis, dass man es noch mit wirklicher Streifenentladung zu thun habe, auch können die beiden Theile
durch Verdünnen der Luft wieder vereinigt werden.

In verdünnter Luft verschwinden die sonst bei Anwendung stumpfer Electroden in grösserem Abstand auftretenden Verzweigungen zum grössten Theile, und von den zahlreichen negativen Streifen bleibt nur ein einziger übrig, in
welchen sämmtliche positive Zweige einmünden. Diese Vereinigungsstelle erscheint (Taf. VI Fig. 25) etwas eingebogen
und die Aeste selbst durch einen etwas dunklern Raum
von dem Stiel getrennt. In Geissler'schen Röhren ist die
Streifenentladung die gewöhnlich beobachtete. In der oben-
erwähnten Röhre von 14 cm hervorgerufen, stellte sie sich
dar wie es Taf. VI Fig. 24 zeigt. Während bei der Büschelentladung das Glimmlicht an der Spitze der negativen Electrode erschien, tritt es hier an den Seitenflächen derselben
auf. Ferner zeigt die Umgebung der positiven Electrode
ein mattes phosphorescirendes Licht. Die häufig auftretende
Schichtung des positiven Theils der Entladung ist eine all-
bekannte Erscheinung.

Fast genau so ist auch das Aussehen der Entladung
bei mikroskopisch kleinen Electrodendistanzen. Sehr auffallend wird hierbei der Unterschied von der Büschelentladung. Um denselben möglichst zu veranschaulichen, sind
in den Taf. VI Fig. 28, 29, 30, 31 zwei Paare von Entladungs-
formen dargestellt, wie sie sich unter den gleichen Bedingungen darstellten, das zweite Paar in Luft von fast gewöhnlicher Dichte, das erste in ziemlich stark verdünnter.

Dieselben wurden erhalten bei sehr spitzigen Platin-

electroden, deren Distanz 0,3 mm betrug. Die abgewandten
Enden dieser Electroden waren ebenfalls fein zugespitzt und
nahmen die Electricität von den ihnen auf einige Centimeter
genäherten, zugespitzten Enden der Leitungsdrähte einer
Influenzmaschine durch die Luft hindurch auf. Je mehr
letztere genähert wurden, um so leichter wurde natürlich
die Electricität von den Electroden eingesaugt. Je nachdem so die positive und negative Electrisirung verstärkt
wurde, trat die Streifen- oder Büschelentladung ein. War
umgekehrt auf beiden Seiten eine gleich grosse Luftstrecke
eingeschaltet, so wechselten beide Erscheinungen sehr häufig
mit einander ab, indem plötzlich die eine ohne bemerkbare
Ursache sich in die andere umwandelte.

Wurden die Electroden einander ausserordentlich nahe
gebracht, sodass positives und negatives Glimmlicht sich berührten, so wurde nicht, wie bei der Büschelentladung, das
positive durch das negative, sondern umgekehrt, das negative
durch das positive Glimmlicht zurückgetrieben, und zwar
so stark, dass zuweilen dies Ende der Kathode noch deutlich
in den dunkeln Raum hereinragte. Letzterer nahm, wie bei
der Büschelentladung die centrale Stelle ein, sodass das positive Licht eigentlich die Form eines hohlen Kegels hatte
(Taf. VI Fig. 27).

Durch Blasen wird die Streifenentladung, namentlich
bei geringer Electrodendistanz ziemlich leicht abgelenkt, ja
selbst die gleichzeitige (d. h. rasch damit alternirende) Ausbildung eines negativen Lichtpinsels vermag durch den hervorgebrachten electrischen Wind die Streifenentladung zur
Seite zu treiben (Taf. VI Fig. 32), ebenso ein Lichtpinsel,
welcher sich auf einer seitlich genäherten Spitze ausbildet.
Ist diese Spitze näher bei der negativen Electrode, so verzweigt sich die Entladung (Taf. VI Fig. 33, 34, 35), wobei der
Zweig um so mehr gegen die Hauptbahn geneigt ist, je
weiter man die Spitze von der negativen Electrode entfernt.
Die Vereinigungsstelle war häufig etwas heller, doch schien
der Zweig vom Hauptstreifen durch eine etwas dunklere
Schicht getrennt zu sein.

Eine starke galvanische Batterie ruft, nach Gassiot[1]), in einem evacuirten Rohr bei eingeschalteten Widerständen intermittirende Streifenentladung hervor. Lässt man aber den Widerstand immer mehr abnehmen, so tritt ein Punkt ein, bei welchem die Entladung plötzlich continuirlich wird. Bei diesen Versuchen beobachtete Gassiot noch eine eigenthümliche Form der Streifenentladung. Es bildete sich nämlich zuweilen vor dem negativen Glimmlicht eine den positiven ähnliche, aber an Farbe verschiedene Schicht, die sich unter geänderten Bedingungen entweder mit dem positiven oder negativen Lichte vereinigte. Einen analogen Fall, welcher in Taf. VI Fig. 36 dargestellt ist, beobachtete ich einmal bei mikroskopischer Electrodendistanz in Luft von gewöhnlicher Dichte und Anwendung einer Influenzmaschine.

4. Funkenentladung. — Werden die Electroden einer Influenzmaschine ohne Leydener Flaschen auf solchen Abstand genähert, dass die Streifenentladung keine ausfahrenden Aeste mehr zeigt, so geht bei Berührung der einen oder andern Electrode oder bei einseitiger Einschaltung einer Leydener Flasche die Entladung in Funkenform über, wenn auch nicht in der gewöhnlichen sehr glänzenden Form, sondern in der mehr der Streifenentladung gleichenden, grösstentheils nur schwach röthlich leuchtenden. Um den Unterschied dieser beiden Entladungsarten klar zu sehen, schiebt man am besten schief zwischen die Electroden eine Glasplatte. Beim Nähern der Electroden treten plötzlich alternirend mit der Streifenentladung einzelne Funken auf, die am positiven Ende von der Streifenentladung kaum zu unterscheiden sind, genau dieselben Krümmungen und Knickungen machen und sich höchstens durch etwas grössere Helligkeit auszeichnen. Am negativen Ende dagegen sehen wir nicht wie bei der Streifenentladung (Taf. VI Fig. *b, b, b*) viele von verschiedenen Stellen ausgehende blasse Lichtfäden, sondern nur einen einzigen sehr hellen Streifen *a* (Taf. VI Fig. 37).

Ist bei dem erst beschriebenen Experiment die positive Electrode abgeleitet, so geht von derselben ein kurzer, heller

---

1) Gassiot, Proc. Roy. Soc. 12. p. 329. 1863.

Stiel aus entsprechend dem Stiel des Büschels; auf diesen folgt, wie bei jenem, ein schwach leuchtender Raum, dann wieder ein heller Lichtfaden, der sich in der Nähe der negativen Electrode, und zwar dort, wo der positive Büschel aufhören würde, keulenartig verdickt und abbricht (Taf. VI Fig. 38). Der keulenartigen Verdickung steht eine andere gegenüber, welche das Ende des von der negativen Electrode ausgehenden Stiels bildet. Zwischen beiden befindet sich die bekannte auch bei helleren Funken auftretende lichtschwache Stelle. Bei sehr starken zeichnet sich diese zuweilen durch eine Knickung aus [1]) und im Schlierenapparat betrachtet, zeigt sie nach Töpler [2]) eine massenhafte Luftanhäufung. Bei Ableitung der negativen Electrode ist der von der positiven ausgehende Lichtfaden gleichförmiger, und da, wo derselbe früher unterbrochen war, zeigt sich nur eine etwas schwächer, röthlich leuchtende Stelle, im übrigen ist die Erscheinung die gleiche wie bei Ableitung der positiven Electrode.

Steht einer negativen Kugel eine grosse abgeleitete positive Platte gegenüber, so sind umgekehrt die Funken an dem negativen Ende continuirlich und zeigen in der Nähe der Platte eine grössere Intermittenz (Taf. VI Fig. 39). Hält man bei diesem Versuch die Platte schief, sodass ihr Rand der kugelförmigen Electrode nahe ist, so steht der von dieser ausgehende Stiel immer noch senkrecht auf derselben, geht aber nicht direct nach dem Rande der Scheibe, sondern knickt da, wo der dunkle Raum entstehen sollte, plötzlich in scharfem Winkel um und verfolgt jetzt erst die Richtung gegen die Scheibe zu (Taf. VI Fig. 41). Eine ähnliche Knickung beobachtete ich zwischen spitzen Electroden. Es trat zunächst Streifenentladung auf, welche bereits diese Knickung zeigte, sei es wegen des von der Spitze ausgehenden Windes, oder weil die Oberflächenbeschaffenheit der Electrode zufällig an einem seitlichen Punkte die Entladung am leichtesten gestattete. Beim Ableiten der negativen

---

1) Antolik, Pogg. Ann. **154.** p. 14. 1875.
2) Töpler, Pogg. Ann. **131.** p. 215. 1867; **134.** p. 194. 1868.

Electrode trat Funkenentladung ein, welche genau dieselbe Knickung zeigte (Taf. VI Fig. 42 a). In einem andern Experimente wurde, wie bereits bei der Streifenentladung beschrieben, dem Funken seitlich eine Spitze genähert. Wieder ging der negative Stiel direct gegen die Spitze, während die Hauptentladung in diesen Stiel einmündete, sodass eine Einbiegung gegen die Spitze zu entstand (Taf. VI Fig. 42 b). Auch die Funkenstiele der positiven Electrode zeigen zuweilen ein ähnliches Verhalten. Als z. B. die Funken eines Inductionsapparates zwischen zwei zugespitzten Platindrähten, die sich im mikroskopischen Abstand befanden, übergingen, und ein Widerstand an der negativen Electrode eingefügt wurde, so traten zahlreiche oft stark gekrümmte Funken auf, welche ihre Form fortwährend änderten, aber nicht in ihrem ganzen Verlauf, sondern so, dass die positiven Stiele, ihre Lage ungefähr beibehielten, sodass die Funken häufig am Ende dieser Stiele geknickt erschienen. Eine sehr eigenthümliche Funkenform, einfach durch Nähern der Hand gegen die negative Electrode der Influenzmaschine erhalten, ist in Taf. VI Fig. 40 dargestellt. Der negative Stiel ist hierbei sehr schwach, der positive durch einen röthlich leuchtenden Kegel ersetzt.

Schaltet man Sammelapparate in die Leitung ein, so wird der Funke bekanntlich immer intensiver und nimmt die blitzartige Zickzackform an, wenigstens wenn die Electroden weit voneinander abstehen. Bei geringerer Distanz bleiben dieselben mehr gerade, zeigen indess unter dem Mikroskop eigenthümliche Intermittenzen. Es ist nämlich die Funkenbahn oft von zahlreichen dunkeln Stellen schief gegen die Axe durchschnitten. Die Grenzen dieser dunkeln Stellen sind sehr scharf im Vergleich zu denen des eigentlichen Funkens, und ihre Anzahl ist am grössten an der besprochenen Intermittenzstelle an der negativen Electrode. Ist die Electrodendistanz sehr klein, so wird das umgebende Gas zuweilen bis zur Glühhitze erwärmt und bildet eine röthlich leuchtende Hülle um den Funken, die wohl zu unterscheiden ist von der sogenannten Lichthülle des Inductionsfunkens, die nichts anderes als mit dem Funken rasch alternirende

und deshalb gleichzeitig wahrgenommene Streifenentladung
ist. Die Form dieser Hülle glühenden Gases ist in Taf. VI
Fig. 45a dargestellt, nach einem Experiment mit spitzigen,
messingenen Electroden. Taf. VI Fig. 45b zeigt dieselbe
im Falle der Ableitung der positiven Electrode, wobei sie
sich vorzugsweise am negativen Pol ausbildet.

Es ist diese Hülle ferner zu unterscheiden von den
regelmässig bei der Funkenentladung auftretenden Metall-
dampfbüscheln, welche um so grösser werden, je grösser die
Menge der zur Entladung kommenden Electricität ist (Taf. VI
Fig. 46). Von diesen Büscheln ist der am positiven Pol mehr
in die Länge, der am negativen mehr in die Breite ausgedehnt (Taf. VI Fig. 47). Nähert man deshalb die aus
Kupfer bestehenden Electroden eines Inductoriums, so halten
sich nach Seguin[1]) die Luftlinien am längsten in der Nähe
der negativen Electrode. Man wird bei den Figuren die
weitere Eigenthümlichkeit bemerken, dass der Funkencanal
nicht mehr eine feine Lichtlinie, sondern in der Mitte sehr
ausgedehnt ist. In dieser Weise erscheint derselbe stets,
wenn eine grosse Electricitätsmenge langsam überströmt,
wenn wir also z. B. die Electroden der Holtz'schen Maschine
auf geringe Distanz nähern und die Leydener Flaschen entfernen. Der mittlere Theil des Funkens erscheint dann
nicht weiss, sondern weit schwächer röthlich leuchtend.
Bei Anwendung eines Inductionsapparates, Einschaltung von
Leydener Flaschen, Wasserröhren und Funkenstrecken bildete
sich an der negativen (Platin-) Electrode bei mikroskopischer
Distanz ein ausserordentlich grosser hellblauer Metalldampfbüschel (Taf. VI Fig. 48).

Werden die Electroden einander sehr genähert, sodass
sich die Metalldampfbüschel berühren, so verdicken sie sich
an jener Stelle und leuchten daselbst noch intensiver (Taf. VI
Fig. 49a). Häufig besteht jene hellleuchtende Schicht aus
zwei durch einen dunkeln Raum voneinander getrennten
(Taf. VI Fig. 49b) oder gar aus vier (Taf. VI Fig. 49c)
kreuzweise angeordneten. Es lässt sich diese Erscheinung

---

1) Seguin, Compt. rend. 57. p. 166. 1863.

beobachten bei Anwendung von Quecksilberelectroden. Die
Entladung gestaltet sich in solchem Falle an beiden Enden
fast durchaus gleich. Es gehen von den Electroden sehr
grosse Büschel glühenden Metalldampfes aus, welche von der
äussern Seite von der Luft gleichsam zurückgeblasen werden und sich nur in der Mitte zu einer feinen Spitze verlängern. Diese beiden Spitzen sind durch ein verhältnissmässig dunkles, in der Mitte sehr verbreitertes röthliches
Licht miteinander verbunden (Taf. VI Fig. 50). Hat die Entladung einige Zeit gedauert, so wachsen aus den als Electroden dienenden, in Glasröhren eingeschlossenen Quecksilber-
tropfen infolge der Oxydation Stäbchen (eigentlich Röhrchen)
heraus, welche die Metalldampfbüschel tragen und sich immer
mehr verlängern und schliesslich zusammentreffen, falls sie
nicht vorher abfallen. Bei Einschaltung einer Leydener
Flasche werden die Metalldampfbüschel verwaschen, und der
Funke wird zusammenhängend. Zuweilen zeigt sich auch
hier in der Nähe der negativen Electrode eine dunklere
verbogene Stelle (Taf. VI Fig. 51).

Im luftverdünnten Raum des electrischen Eies verschwinden die Ausbiegungen des Funkens, derselbe wird immer
mehr geradlinig, verliert aber gleichzeitig an Glanz, namentlich in der Mitte, wo seine Farbe allmählich in schwach
leuchtendes Rosa übergeht. Genau so verhält es sich auch
bei mikroskopischen Distanzen. In beiden Fällen bleiben
die Metalldampfbüschel bestehen. Findet gleichzeitig Streifenentladung statt, so biegt sich, wie dies auch in Luft von
gewisser Dichte geschieht, der Funke um das negative Glimmlicht herum (Taf. VI Fig. 52, 53). Geht deshalb eine Funkenentladung durch eine Geissler'sche Röhre, so beobachten wir
seitlich an der negativen Electrode den blauen Metalldampfbüschel, gegen den sich der Lichtstreifen hinzieht ohne Discontinuität, aber auch ohne das Rohr völlig auszufüllen
(Taf. VI Fig. 54). An der punktirten Stelle überzog sich
das Glas mit dem bekannten hellgrünen Fluorescenzlicht,
welches bei den übrigen Entladungsarten nicht auftrat, obgleich die Röhre die nämliche war. Bei mikroskopischen
Distanzen ist Verdünnung der Luft ohne wesentlichen Ein-

fluss, man bemerkt nur eine schwache Erweiterung des Funkencanals.

Bläst man seitlich gegen den Funken, so wird er ebenso wie die Streifen- und Büschelentladung abgelenkt, indess weit weniger stark. Die Ablenkung ist ferner an den einzelnen Theilen des Funkens verschieden gross, nämlich um so beträchtlicher, je näher sich dieselbe bei der positiven Electrode befindet (Taf. VI Fig. 55a, b), dagegen wird der kurze von dieser ausgehende Stiel nicht abgelenkt. Durch einen Leuchtgasstrom wird die Ausbiegung beträchtlich grösser, ebenso wie auch beim Büschel. Trifft aber der Leuchtgasstrom den Funken an der Stelle, wo die negative Intermittenz entstehen würde, so wird derselbe dort ganz unterbrochen und besteht nun aus zwei getrennten Theilen, einem grössern an der positiven und einem kleinern an der negativen Electrode (Taf. VI Fig. 55c). Selbstverständlich zeigt der durch das Leuchtgas schlagende Theil des Funkens eine andere Färbung, entweder grünlich oder röthlich. Lässt man den Funken bei mikroskopischer Electrodendistanz durch Leuchtgas schlagen, so lagert sich auf beiden Electroden Kohle ab, und zwar in bestimmter Zeit mehr an der positiven. Dort nimmt die Ablagerung die Form eines Stabes an, der sich infolge der Schwankungen der Stromintensität knotenförmig ausbildet (Taf. VI Fig. 56), an der negativen dagegen den eines massigen Ueberzuges. Die Farbe des Funkens (Taf. VI Fig. 57) ist grün und in der Mitte zuweilen rosa. Häufig alternirt derselbe, wenn die Bedingungen günstig sind und das Gas verdünnt wird, mit der Streifenentladung (Taf. VI Fig. 58), welche wie gewöhnlich aus röthlichem positiven und bläulichem negativen Licht besteht. Lässt man seitlich einen Gasstrom gegen den Funken eintreten, so wird derselbe abgelenkt und bricht da auseinander, wo sich seine beiden Theile vereinigen (Taf. VI Fig. 59). Wird statt des Leuchtgases Luft eingelassen, so verschwindet der Kohlenüberzug der Electroden rasch wieder, und zwar an derjenigen am schnellsten, welche als Kathode dient. Es scheint, dass durch diese Kohlenablagerung auch das Platin stark angegriffen wird, denn die vor dem Ver-

suche fein zugespitzte Kathode zeigte sich nachher abge-
stumpft, wie abgeschnitten.

Geht der Funke unter gleichen Umständen in Kohlensäure über, so erscheint die Funkenbahn in der Mitte verhältnissmässig dunkel, nur an den Electroden zeigen sich
unregelmässig gebogene spitz zulaufende Funkenstumpfe
(Taf. VI Fig. 60). Zum Schlusse mag noch eine eigenthümliche in Luft beobachtete Ausbauchung des Funkencanals
Erwähnung finden (Taf. VI Fig. 61), welche einmal zwischen
spitzen Electroden mit Hülfe einer Influenzmaschine mit
Leydener Flaschen und zwei gleichen Funkenstrecken an
beiden Electroden bei Ableitung der einen oder andern erhalten wurde.

––––––––

Das Hauptresultat der vorliegenden Untersuchung ist:
Es sind vier wohlcharakterisirte Entladungsarten zu unterscheiden, Glimm-, Büschel-, Streifen- und Funkenentladung,
welche sämmtlich sowohl in Luft von gewöhnlicher wie geringer Dichte, auch in anderen Gasen, bei eingeschalteten
Widerständen und Funkenstrecken, bei spitzen und gerun-
deten Electrodenformen, in sehr grosser und mikroskopisch
kleiner Distanz erhalten werden können. Die Hauptmerk-
male derselben sind die folgenden:

1) Glimmentladung: positives Glimmlicht, negativer Lichtpinsel, bestehend aus zwei durch einen dunkeln Raum getrennten Theilen.

2) Büschelentladung: positiver Büschel, bestehend aus
Stiel und Aesten, negativer Lichtpinsel.

3) Streifenentladung: positiver Streifen mit zwei Intermittenzstellen, zuweilen geschichtet, von dem negativen
Glimmlicht durch einen dunklen Raum getrennt.

4) Funkenentladung: Beide Electroden verbindender
Lichtstreifen mit zwei Intermittenzstellen und Metalldampf-
büscheln an beiden Enden, der positive länger, der negative
dicker. Zuweilen schief durchlaufende dunkle Stellen.

Bei sonst identischen Bedingungen kann infolge einer kleinen Aenderung ein plötzliches Umschlagen aus einer Art in
eine andere stattfinden; unter gewissen Bedingungen tritt indess

entweder vorzugsweise oder ausschliesslich die eine oder'andere Art auf.

Die Untersuchung dieser für das Auftreten der einzelnen Entladungsarten nöthigen Bedingungen, sowie ein Versuch der Erklärung derselben durch die infolge der Entladung selbst hervorgerufenen Dichtigkeits- und Temperaturänderungen der Luft, soll den Gegenstand einer spätern Arbeit bilden.

VII. *Ueber die electrische Entladung in flüssigen Isolatoren; von W. Holtz.*

Man kann bei der electrischen Entladung in isolirenden Flüssigkeiten eine zweifache Form der Versuche unterscheiden, je nachdem nämlich neben der Flüssigkeit noch eine Luftschicht, oder je nachdem keine solche eingeschaltet ist. Nur von letzterer Form, welche bisher noch wenig benutzt ist, soll im Folgenden gehandelt werden. Auch soll überhaupt nur von Versuchen die Rede sein, bei welchen eine Influenzmaschine als Electricitätsquelle fungirte.

Die Ausschliessung jeder Luftstrecke im Schliessungsbogen hat zur Voraussetzung, dass nur gut isolirende Flüssigkeiten dem Versuche unterworfen werden, weil die Electricität sonst zu schnell in dunkler Entladung passirt, als dass an den Electroden die für eine Lichterscheinung nöthige Dichtigkeit zu erreichen wäre. Gut isolirende Flüssigkeiten aber bieten andererseits der leuchtenden Entladungsform einen grossen Widerstand, und hieraus folgt, dass, wenn die Lichterscheinungen eine namhafte Grösse erreichen sollen: 1) dass, wenn nicht beide Electroden, so doch wenigstens die eine die Form einer Spitze habe; 2) dass irgend welche Ausströmungen an äusseren Theilen der Schliessung nach Kräften zu vermeiden sind. Aus letzterem Grunde lässt sich nicht gut in der Weise operiren, dass man die Flüssigkeit einfach in Glas- oder Porzellanschalen giesst, selbst wenn man die beiden Zuleiter bis tief in die Flüssigkeit hinein,

d. h. bis zu ihren einander zugekehrten Enden wieder mit
Glas bekleiden wollte. Es sind vielmehr, wenn man die
Erscheinungen in namhafter Ausdehnung haben will, besondere Apparate und Anstalten erforderlich, und ich möchte
zwei solche Apparate, welche verhältnissmässig einfach und
zweckmässig sind, ausführlicher beschreiben.

Die Apparate. — Für den ersten Apparat (Fig. 1)
benutzte ich ein cylindrisches Glasgefäss nach Art der bei
der Influenzmaschine gebräuchlichen Condensatoren, aber etwas kürzer als diese, weil
es eine etwas andere Stellung einnehmen
sollte, und von 3—5 mm Wandstärke, um
einen Durchbruch des Funkens zu verhindern. Der Boden war auch etwas stärker,
als es sonst bei solchen Gläsern nöthig ist,
und derselbe wurde mittelst eines feinen Bohrers durchbohrt. In der Oeffnung wurde mittelst Wachs, Schellack oder anderer Stoffe

Fig. 1.

eine Nadel befestigt, welche die eine Electrode repräsentirte. Verschlossen wurde das Gefäss durch einen Deckel
aus Ebonit, in dessen Mitte zunächst eine längere Mes-
singröhre befestigt war. In letzterer liess sich eine andere
Röhre aus demselben Stoffe verschieben, welche oben mit
einer Kugel und unten mit einer abgerundeten Kuppe
ausgerüstet war. Die letztere war massiv, und sie wurde
wieder mittelst eines feinen Bohrers durchbohrt und in
der Oeffnung eine Nadel befestigt, welche die zweite
Electrode repräsentirte. Die äussere Röhre hatte Feder-
kraft infolge geeignet angebrachter Schlitze, damit die innere
leicht verschiebbar und doch genügend feststellbar wäre. Die
innere hatte ausserhalb des Gefässes auch eine Eintheilung,
damit man den Abstand der Electroden hiernach leichter
bestimmen könnte. Für den Gebrauch wurde nun zunächst
das Gefäss allemal soweit mit Flüssigkeit gefüllt, dass die
innere Röhre mit ihrer Kuppe 2—3 cm von derselben bedeckt war. Das Gefäss wurde hierauf auf einen Porzellan-
teller gestellt, auf eine abgerundete Messingscheibe von 5 mm

Dicke, welche etwas grösser. war als der Boden. Der Knopf
der Nadel, welche in letzterem befestigt war, musste diese
Scheibe berühren oder durch einen Zwischenleiter mit derselben in Verbindung gesetzt werden. Das Ganze wurde
ferner so verschoben, dass das Gefäss nahe dem linken Con-
ductorknopfe theilweise noch unter der betreffenden Ent-
ladungsstange stand, zu gleicher Zeit wurde die im Deckel
festsitzende Röhre mit letzterer durch einen elastischen
Gummiring in sichere Berührung gebracht. Endlich wurde
eine gebogene Röhre, welche den Rand des Tellers streifte,
zwischen jener Messingscheibe, auf welcher das Gefäss stand,
und dem rechten Conductor angebracht, mittelst kleiner, an
den halbkugelförmigen Enden der Röhre sitzender Zapfen,
welche in entsprechende Oeffnungen jener Theile passten.
Beide Entladungsstangen wurden natürlich soweit nach aussen
gezogen, dass zwischen ihnen keinerlei Ausgleichung möglich
war. So war die Anordnung, wenn die Entladung zwischen
zwei Spitzen erfolgen sollte. Andernfalls wurde eine Messingscheibe nach Verkürzung der untern Nadel einfach auf
den Boden des Gefässes gelegt.

Für den zweiten Apparat (Fig. 2), der eine mehr gleichförmige Isolirung beider Pole gestattet, wandte ich besondere Glasgefässe an, welche
ich auf einer Hütte anfertigen
liess. Ein solches Gefäss hat
die Form einer sehr weiten,
aber kurzen Röhre mit ausgezogenen Enden, welche wie die
Oeffnungen von Flaschen beschaffen sind. Zwei andere,
etwas engere, tubusförmige
Oeffnungen befinden sich an
einer Längsseite des Gefässes
an jedem Ende des cylindri-

Fig. 2.

schen Theiles. Die Glaswand kann bei diesem Apparat etwas
dünner sein, als bei dem ersten, weil wenigstens ein Durchbruch der Funken nicht so leicht zu befürchten ist. Die
Endöffnungen sind zur Einführung der Electroden, zweier

zugespitzter Drähte von 3—4 mm Dicke bestimmt. Solches
geschieht mit Hülfe durchbohrter Gummistöpsel, welche die
Oeffnungen fest verschliessen und doch eine Verschiebung
der Drähte gestatten. Die seitlichen Oeffnungen, welche für
den Gebrauch natürlich nach oben zu richten sind, bezwecken
einmal eine leichtere Füllung des Gefässes, dann sollen sie
den sich entwickelnden Gasen einen Ausweg gestatten, endlich bei der plötzlichen Ausdehnung der Flüssigkeit infolge
der Funkenbildung nach Art von Ventilen wirken. Um
einem Ausfliessen der Flüssigkeit bei unvorsichtiger Neigung
des Gefässes vorzubeugen, sind sie gleichfalls mit Stöpseln
versehen, die jedoch durchbohrt, und durch welche kurze
Glasröhren eingeführt sind. Alle diese Vorsichtsmassregeln
sind rathsam, weil das Gefäss nicht theilweise, sondern vollständig bis an die seitlichen Oeffnungen mit Flüssigkeit gefüllt werden muss. Zur Haltung während des Gebrauches
dienen Stützen aus Ebonit mit gabelförmigen oder halb-
kreisförmigen Aufsätzen. Man könnte diese Stützen auf
einem besondern Brette befestigen. Ich benutzte hierzu,
wie die Figur zeigt, den bekannten Einschaltungsapparat der
Maschine. In jedem Falle muss auf die eine oder andere
Weise dafür gesorgt werden, dass sich die Mittelaxe genau
auf die Höhe der Entladungsstangen einstellen lässt. Die
gewöhnlichen Electroden der Entladungsstangen aber sind
für diese Versuche nicht zu verwenden, weil die Kugeln zu
klein sind, und weil auch deren vordere Fläche nicht durchbohrt ist. Es sind grössere Kugeln erforderlich, weil sonst
zu leicht Ausströmungen aus denselben erfolgen, und sie
müssen durchbohrt sein, weil sonst keine Verschiebung jener
in die Flüssigkeit reichenden Drähte möglich wäre. Denn
in jedem Falle muss die vordere Kugelfläche dicht auf die
Fläche des Stöpsels stossen, wenn an den Drähten selbst
keine Ausströmung erfolgen soll. Noch besser wird jede
Ausströmung vermieden, wenn man mehr scheibenförmige
Electroden, gewissermassen breitgedrückte Kugeln, in Anwendung bringt. Auch bei diesem Apparate lässt sich wohl
statt der einen Spitze eine Scheibe verwenden, wenn man
diese an einer Röhre befestigt, welche auf den betreffenden

Draht aufgeschoben werden kann. Freilich kann sie nicht grösser sein, als die Oeffnungen des Gefässes sind, die der bessern Dichtung halber andererseits nicht allzugross gewählt werden dürfen.

Für beide Apparate ist es wesentlich, dass man eine Glassorte wählt, welche möglichst wenig hygroskopisch ist, weil man die Gefässe sonst innen und aussen mit einem farblosen Lacküberzug bekleiden müsste.. Auch bei guter Glassorte aber müssen die Gefässe, ehe man die Flüssigkeit eingiesst, schwach erwärmt werden, damit jede dem Glase etwa anhaftende Feuchtigkeit ausgeschlossen sei. Auch die Flüssigkeiten selbst müssen natürlich vollständig frei von Wasser sein; ein einziger Tropfen könnte vielleicht den ganzen Versuch vereiteln. Uebrigens darf man die Flüssigkeiten nicht unnütz lange in den Gefässen lassen, weil die Dichtung der Oeffnungen fast ausnahmslos unter der Einwirkung derselben leitet.

Der Funke. — Die Funkenlänge in der Luft ist bekanntlich abhängig von der Grösse der sich entladenden Oberfläche oder allgemeiner von der Quantität der überhaupt angesammelten Electricität. Denn wir wissen, dass jede Influenzmaschine bei Anwendung der beiden Condensatoren viel längere Funken, als ohne dieselben liefert. Bei der Entladung in festen Isolatoren dagegen hatte sich durchaus keine derartige Abhängigkeit nachweisen lassen[1]), und es interessirte mich daher ganz besonders, wie sich das Resultat bei flüssigen Isolatoren gestalten würde. Ich variirte für diese Versuche die Quantität in der Weise, dass ich einmal die gewöhnlichen Conductoren, dann diese in Verbindung mit grösseren, endlich die gewöhnlichen Condensatoren benutzte. Hierbei zeigte sich durchaus kein wesentlicher Unterschied im Maximum der Funkenlänge, welches mit ein und derselben Maschine zu erreichen war. Der Funke wurde nur stärker, d. h. dicker, lauter, leuchtender, wenn sich eine grössere, als wenn sich eine geringere Electricitätsmenge entlud. Bei der Entladung in festen Isola-

---

1) Holtz, Berl. Monatsber. 7. Aug. 1876.

toren hatte sich auch dadurch keine Abnahme der Funkenlänge ergeben, dass ich statt der gewöhnlichen Conductoren
nur ganz dünne, von einem Isolator eingeschlossene Drähte
verwandte. Als ich dasselbe Experiment nun bei flüssigen
Isolatoren wiederholte, zeigte sich allerdings ein Unterschied,
der jedoch immerhin nur wenig in die Augen fiel. Wir
wissen ferner, dass die Funkenlänge in luftförmigen Isolatoren auch etwas von der Verzögerung der Entladung abhängig ist, da wir unter sonst gleichen Verhältnissen z. B.
kürzere Funken erhalten, wenn wir die beiden Condensatoren
nicht metallisch, sondern durch eine feuchte Schnur miteinander verbinden. Bei flüssigen Isolatoren dagegen zeigte
sich auch hierbei kein wesentlicher Unterschied, wohl aber
büsste der Funke wie in der Luft an Licht- und Schallwir-
kung mehr oder weniger ein. Hiernach lässt sich denn wohl
behaupten, dass für die gewöhnliche Darstellungsweise der-
artiger Versuche die Funkenlänge in flüssigen Isolatoren kaum
abhängig von Quantität und Verzögerung der Entladung sei.

Ueber die Abhängigkeit der Funkenlänge von der Dichtigkeit der Electricität konnte ich aus mannigfachen Rück-
sichten keine genauen Versuche anstellen, wie solche für
Luft angestellt sind. Ich musste mich vielmehr darauf beschränken, nur das Maximum zu constatiren, welches sich
bei Maschinen verschiedener Grösse oder bei Electroden
verschiedener Grösse gewinnen liess. So erhielt ich in Petroleum zwischen Spitzen bei Anwendung des zweiten Apparates die nachstehenden Zahlen:

Rotirende Scheibe 300 mm . . . Grösste Funkenlänge 35 mm
      „   „ 400 mm . . .   „   „   50 mm
      „   „ 500 mm . . .   „   „   68 mm

Ferner erhielt ich in Olivenöl bei einer kleinern Maschine unter Benutzung des ersten Apparates die nachstehenden Zahlen. Hierbei wurde nur die obere Electrode
variirt, während die untere constant eine grössere Scheibe war.

Eine Nadel . . . . Grösste Funkenlänge 29 mm
Ein 1 mm dicker Draht, abgerundet „   „   23 mm
Ein 2 mm dicker Draht, abgerundet „   „   17 mm
Eine Kugel von 4 mm Durchmesser „   „   10 mm
Eine Kugel von 9 mm Durchmesser „   4 mm

Ich bemerke jedoch, dass die Einzelergebnisse ziemlich
bedeutend schwankten, und dass die gegebenen Zahlen die
Mittel aus einer längern Reihe solcher Versuche sind.

Es stand zu erwarten, dass sich in verschiedenen Flüssigkeiten für das Maximum der Funkenlänge wesentlich abweichende Werthe finden würden, einmal wegen ihres verschiedenen Widerstandes als Isolatoren, dann, weil sie vielleicht mehr oder weniger keine vollkommenen Isolatoren
waren. Für den letztern Fall musste sich die Funkenlänge
aber ändern, je nachdem man die Scheibe schnell oder langsam rotiren liess. Bei allen Flüssigkeiten, mit welchen ich
operirte, Schwefeläther ausgenommen, brachte eine Aenderung der Rotationsgeschwindigkeit indessen keinen wesentlichen Unterschied hervor. Für diese würden also die umgekehrten Werthe der Funkenlänge direct die Grösse des
Widerstandes bezeichnen. Bei Schwefeläther dagegen verhielt
sich die Sache anders; hier nahm die Funkenlänge sehr mit
der Geschwindigkeit der Scheibe zu. Derselbe war also
ein wenig leitend, was sich auch darin documentirte, dass
ich längere Funken erhielt, wenn ich die Electroden aus
Glasröhren hervortreten liess. Ich glaubte aber weniger,
dass der Schwefeläther diese Eigenschaft seiner Natur, als
vielmehr, dass er sie seiner Behandlungsweise verdankt, denn
ich fand, dass derselbe nach wiederholtem Umgiessen immer
mehr leitend wurde, vermuthlich, weil sich bei dieser Gelegenheit Wasserdämpfe condensirten. So erklärt es sich
auch wohl, dass Schwefelkohlenstoff und Benzin, wenn man
sie häufig umgiesst, gleichfalls nicht ganz isolirend bleiben.
Folgendes sind nun die Werthe, welche ich bei einer grössern
Maschine zwischen Spitzen bei Anwendung des zweiten Apparates gewann:

Petroleum	Grösste Funkenlänge		68 mm
Benzin	„	„	60 mm
Terpentinöl	„	„	58 mm
Kienöl¹	„	„	58 mm
Schwefelkohlenstoff .	„	„	53 mm
Olivenöl	„	„	48 mm
Mandelöl	„	„	48 mm
Schwefeläther . . .	„	„	20 mm

Die gegebene Zahl für Schwefeläther bezieht sich auf eine langsame Rotation der Scheibe. Sonst wurde die Zahl 28, und bei Anwendung von Glasröhren die Zahl 35 gewonnen. Alle Zahlen sind wieder die mittleren Ergebnisse aus einer grösseren Reihe von Versuchen.

Ein besonderes Interesse knüpfte sich an die Frage, ob bei ungleichen Electroden die Funkenlänge auch durch die Polarität der Electroden, bedingt sei. In Luft findet bekanntlich solche Beziehung statt, in Glas hatte sich keine dergleichen erkennen lassen, und es war daher wahrscheinlich, dass sie mehr oder weniger von der Beweglichkeit des Stoffes abhängig wäre. Aus den Versuchen ergab sich mit Sicherheit, dass für isolirende Flüssigkeiten eine derartige Beziehung existirt, da ich allemal längere Funken erhalten konnte, wenn ich eine Spitze einer Fläche gegenüber stellte, und letztere die negative Electrode war. Auch darin zeigte sich eine Aehnlichkeit mit der Luft, dass die Polarität um so mehr ins Gewicht fiel, je grösser überhaupt die Funkenlänge war. Die Grösse des Unterschiedes aber war bei verschiedenen Flüssigkeiten verschieden und nicht gerade, wie ich vermuthet, bei den schwerer beweglichen fetten Oelen am geringsten. In keinem Falle jedoch erschien der Unterschied, wie ich auch die Electroden wählen mochte, so gross, als sich derselbe in luftförmigen Medien bei günstigster Wahl der Electroden gewinnen lässt.

Die Dicke, der Schall und die Leuchtkraft der Funken wird, wie in der Luft, vorzugsweise durch die electrische Quantität bedingt, ausserdem, wie bereits angedeutet, gleichfalls der Luft analog, durch die Verzögerung der Entladung bei eingeschalteten Widerständen. Der Schall und die Leuchtkraft aber wachsen zugleich mit der Intensität, wie es ebenso bei Funken in luftförmigen Medien der Fall ist, da bekanntlich die Entladung einer Batterie bei geringer Schlagweite weniger Schall und Licht erzeugt, als bei grosser Schlagweite die Entladung der gewöhnlichen Condensatoren. Die Leuchtkraft endlich hängt noch etwas von der Natur der angewandten Flüssigkeit ab. Der Funke erscheint übrigens unter gleichen Bedingungen viel dünner, als in der Luft,

aber wohl in demselben Verhältnisse ist die leuchtende Linie
heller. Aeusserst dünne und zugleich sehr schwach leuchtende Funken erhielt ich, als ich statt metallischer Zuleitungsdrähte oder Electroden solche von Holz·in Anwendung brachte. Die hellsten Funken erhielt ich in Schwefelkohlenstoff, die am wenigsten hellen wohl in Olivenöl und
Aether.

Der Funke erscheint überall von gleicher Dicke und
durchgehends weiss, solange die Schlagweite eine gewisse
Grenze nicht überschreitet. Nur in Olivenöl und Mohnöl
nimmt derselbe, wohl wegen der schwachen Färbung dieser
Flüssigkeiten, stets eine gelbliche Farbe an. Bei grösserer
Schlagweite aber, jemehr sich die Entladung einer sogenannten Büschelentladung nähert, ändert sich jene Beschaffenheit,
ähnlich wie in der Luft. Der Funke erscheint alsdann dünner, lichtschwächer und mehr gefärbt in der Nähe der positiven Electrode. Auch hier tritt also der polare Unterschied hervor, der bei der Entladung in Glas wenig oder
gar nicht erkennbar ist.

Die Gestalt des Funkens ist im übrigen wie in der Luft
durch vielfache Krümmungen und Abwege charakterisirt, ja
die Neigung zu solchen Krümmungen ist in Flüssigkeiten
entschieden stärker, sei es wegen des grössern Widerstandes,
oder wegen der sich entwickelnden Gase, oder weil die
Flüssigkeit von festen Wänden eingeschlossen ist. Diese
Neigung wächst beiläufig, wie in der Luft, mit grösserer
Schlagweite und in grösserer Nähe der negativen Electrode.
Auch Spaltungen des Funkens sind zahlreich, oder noch
zahlreicher, als in der Luft, zumal, wenn die negative Electrode eine Scheibe ist.

Zwei andere Erscheinungen, welche man freilich erst
bei genauer Beobachtung unterscheidet, sind jedoch ausschliesslich oder fast ausschliesslich nur flüssigen Isolatoren
eigen. Einmal erscheint der Funke nämlich in der ganzen
Länge seiner Ausdehnung von unzähligen, zum Theil ausserordentlich kleinen dunklen Räumen durchsetzt, vielleicht infolge der sich mehr oder weniger gleichzeitig entwickelnden
gasförmigen Zersetzungsproducte. Dann erscheint der Funke,

wenigstens von grösserer Schlagweite an, niemals für sich allein, sondern allemal inmitten eines reichhaltig verzweigten Büschels oder ähnlicher schwach leuchtender Linien von bläulicher, violetter oder auch wohl grünlicher Farbe. Vielleicht geht diese Zweigbildung der Funkenbildung voran, vielleicht folgt sie derselben, wie jene bekannte Lichterscheinung am Glasrande einer sich entladenden Leydener Flasche. Das fragliche Phänomen ist ausserordentlich schön, aber freilich so lichtschwach, dass man hierfür eines dunklen Zimmers bedarf.

Noch zweier anderer begleitender Erscheinungen muss ich gedenken, welche sehr hübsch sind, zumal wenn man den zweiten Apparat benutzt. Die erstere ist eine wellenförmige Lichtbewegung in Gestalt einer sich langsam erweiternden Kugel, welche in der Flüssigkeit unmittelbar nach Erlöschen des Funkens in der Mitte des Gefässes beginnt. So ist es wenigstens bei geringerem Abstande der Electroden, bei grösserem hat die Welle mehr die Form eines Ellipsoids. Die zweite, welche ich jedoch nur in Olivenöl beobachtet habe, und welche vermuthlich eine Folge der Färbung dieser Flüssigkeit ist, charakterisirt sich als eine gelbliche fluorescenzartige Lichthülle, welche den ganzen Funken in Gestalt eines breiten Bandes umsäumt.

Einen hübschen Anblick bieten, beiläufig bemerkt, auch die zahlreichen, in der Flüssigkeit umherwirbelnden, aber wie festgebannt erscheinenden Gasbläschen im Reflexlichte des Funkens.

Der Büschel. — Der Büschel ist in isolirenden Flüssigkeiten bisher wohl nur einmal erzeugt, und zwar von Faraday, welcher hierüber folgendermassen berichtet[1]): „Ich erzeugte sie (die Büschelform) in Terpentinöl am Ende eines Drahtes, welche durch eine Glasröhre in das in einem Metallgefäss enthaltene Oel ging. Der Büschel war indessen klein und sehr schwierig zu erhalten; die Verzweigungen waren einfach und ausgestreckt, sehr voneinander divergirend. Das Licht

---

1) **Faraday**, Exp. res. 1452.

war ausserordentlich schwach, seine Wahrnehmung erforderte
ein völlig dunkles Zimmer. Wenn sich in der Flüssigkeit
einige feste Theilchen, wie Staub oder Seide befanden, wurden die Büschel mit weit grösserer Leichtigkeit erzeugt."
Hieraus scheint hervorzugehen, dass Faraday den Büschel
überhaupt nur in Terpentinöl und überhaupt auch nur den
positiven Büschel erzeugte.

Bei den von mir beschriebenen Apparaten und der beschriebenen Anstellungsweise der Versuche lassen sich Büschel indessen sehr leicht in allen oben genannten Flüssigkeiten erzeugen, und positive sowohl als negative Büschel;
aber ihre Wahrnehmung setzt allerdings ein dunkles Zimmer
voraus. Um Büschel zu erzeugen, braucht man die Electroden nur soweit voneinander zu entfernen, dass eben keine
Funken entstehen. Am grössten jedoch erhält man sie,
analog den Erscheinungen in der Luft, wenn man die Electroden nicht völlig soweit voneinander entfernt, nur dass
dann zuweilen, weil der Uebergang ja kein schroffer ist,
zwischen den Büschelentladungen auch intermittirende Funkenentladungen erfolgen. Natürlich richtet sich die Ausdehnung der Erscheinungen vor allem nach der intensiven
Leistungsfähigkeit der Maschine.

Dass besser leitende in der Flüssigkeit schwimmende
Partikelchen die Ausdehnung der Erscheinungen begünstigen,
ist wohl mit Sicherheit anzunehmen, da sich in diesen die
entgegengesetzten Electricitäten jedenfalls besser und zugleich weiter voneinander trennen können, als in den Molecülen der Flüssigkeit selbst. Dergleichen Partikelchen entstehen aber durch die Zersetzung der Flüssigkeit infolge der
electrischen Einwirkung sofort ohne weiteres Bemühen, wobei
es dahingestellt sein mag, wieweit der Act der Entladung
eine Folge dieser Zersetzung, oder letztere eine Folge der
Entladung ist. Eine Zersetzung aber erfolgt allemal, wie
die entstehenden Gasbläschen und die successive Färbung
der Flüssigkeit verrathen, nicht nur bei der Entstehung der
Funken, sondern auch der Büschel in ihren feinsten Zweigen.
Vielleicht spielt gedachte Zersetzung auch eine wesentliche
Rolle für die Entstehung der Funken, insofern eine durch

eine Büschelentladung gebildete Bläschenreihe gewissermassen
als ein besserer Leiter zu betrachten ist.

Die Grösse und Gestalt der beiden Büschel sind aber
in verschiedenen Flüssigkeiten sehr ungleich nicht blos überhaupt, sondern auch bezüglich ihres beiderseitigen Charak-
ters. Von einer genauern Beschreibung muss ich abstehen,
da sie ohne beigefügte Abbildungen ziemlich schwer verständlich wäre, doch will ich einiges hervorheben, was mir
besonders in die Augen fiel. Besonders gross und fast von
gleicher Grösse erhielt ich beide Büschel in Petroleum, in
wenigen verhältnissmässig langsam nacheinander ausbrechen-
den Zweigen, welche auch ihrerseits wenig verästelt waren.
Wenig reichhaltig in der Verzweigung waren auch die Büschel in den meisten anderen Flüssigkeiten, nämlich in Terpentinöl, Olivenöl, Benzin und Schwefelkohlenstoff. In allen
diesen war aber der negative bedeutend kleiner, als der
positive, und die Zweige des erstern strebten mehr senkrecht von der Richtung der Electroden ab. Besonders auffallend war der Unterschied der Grösse in Benzin, wo der
negative für gewöhnlich nur einem Glimmen ähnlich war.
Eine besondere Gestalt hatten beide Büschel in Schwefeläther, sie waren nämlich vielstielig, viel verästelt, aber alles
in mehr geraden, als krummen Linien. Ueberhaupt jedoch
konnten die Büschel in Schwefeläther nur schwer erhalten
werden, wenn die Drähte nicht bis auf ihre Spitzen mit Glas
bekleidet waren.

Die Farbe der Büschel, namentlich in grösserer Nähe
der Electroden, ist zwar in verschiedenen Flüssigkeiten nicht
ganz genau gleich. Im grossen ganzen jedoch zeigt sich
auffallenderweise ziemlich dieselbe Farbenabstufung, wie wir
sie bei den analogen Erscheinungen in der Luft kennen.
Die feinsten Verzweigungen der Büschel sind nämlich entschieden bläulich, während die dickeren mehr violett oder
röthlich gefärbt sind. Nur bei Schwefeläther tritt entschieden
in grösserer Nähe der Electroden eine grünliche Färbung ein.
Man darf also wohl im grossen ganzen annehmen, dass die
Farbe nicht auf moleculare Veränderungen, sondern nur auf
eine grössere oder geringere Bewegung der Molecüle basirt ist.

Jede Büschelbildung wird von einem singenden Geräusche begleitet und wird hierdurch verrathen, wenn die Erscheinung selbst auch nicht wahrnehmbar ist.

Bei sehr geringer Dichtigkeit, oder zwischen Büschel- und Funkenbildung, tritt zuweilen eine Erscheinung auf, welche dem bekannten Glimmlicht ähnlich ist, am häufigsten als leuchtender Stern, aber unter Umständen auch als leuchtende Fläche an der Oberfläche des Drahts.[1]

Nachtrag: Seit ich die vorliegende Mittheilung der Redaction dieser Blätter übergab, ist unter dem Titel: „Untersuchungen über electrische Zustände von Doubrava in Prag" eine Arbeit erschienen, welche denselben Gegenstand streift und in einem Punkte scheinbar abweichende Ergebnisse enthält. Ich glaube indessen, dass diese eben nur scheinbar sind, sofern Doubrava zwischen den Electroden neben der betreffenden Flüssigkeit noch gewisse Halbleiter verwendet, welche, je nachdem sie mehr oder weniger von der Flüssigkeit durchtränkt werden, natürlich ihrerseits die electrischen Entladungsphänomene in dieser sehr wesentlich modificiren. Dies erlaube ich mir meiner obigen Mittheilung als nachträgliche Bemerkung hinzuzufügen.

VIII. *Ueber electrische Figuren auf der Oberfläche von Flüssigkeiten; von W. Holtz.*

Ich erlaubte mir vor längerer Zeit, in diesen Blättern eine vorläufige Mittheilung über electrische Figuren an der Oberfläche von Flüssigkeiten zu machen.[2] Ich möchte diesen Figuren im Folgenden einige weitere Worte widmen und zugleich einige Abbildungen beifügen, welche die Darstel-

---

[1] Eine ausführlichere Mittheilung über denselben Gegenstand gedenke ich in den Mittheilungen des naturwissenschaftlichen Vereins für Neuvorpommern und Rügen vom Jahre 1881 zu geben.

[2] Pogg. Ann. **157.** p. 327. 1876.

lungsweise erläutern sollen. Es handelt sich um gewisse
Eindrücke, welche schwache electrische Entladungen, wenn
man sie aus einer Spritze durch die Luft auf eine Flüssigkeit schickt, an der Oberfläche derselben erzeugen. Die
Flüssigkeit giesst man in flache Glas- oder Porzellanschäl-
chen, sodass diese nur theilweise gefüllt sind. Ich wandte
solche von 5—6 cm Durchmesser an; doch spielt die Grösse
scheinbar keine wesentliche Rolle. Der zugespitzte Leiter
mag etwa 16 cm lang sein; er ist an einer isolirenden Hand-
habe befestigt und trägt an seinem obern Ende eine Metallkugel von 4—5 cm Durchmesser. Während man den Leiter
nun in der linken Hand senkrecht über der Oberfläche der
Flüssigkeit hält, nähert man mit der rechten den Kopf einer
geladenen Flasche gedachter Kugel. Oder man befestigt den
Leiter verschiebbar in dem isolirenden Arme eines Stativs
oder fest in einem solchen Arme, falls dieser selbst verschiebbar ist. Geeignete Flüssigkeiten sind Petroleum, Olivenöl, venetianischer Terpentin, überhaupt solche, welche zu
den besseren Isolatoren zu rechnen sind.

Die Figuren sind im wesentlichen den Lichtenberg'schen
Figuren ähnlich, aber sie verschwinden mehr oder weniger
schnell, je nach der Consistenz der Flüssigkeit, sich successive von der Mitte aus erweiternd. Das Charakteristische
jedoch ist, dass man mit ein und derselben Ladung, je nach
der Wahl des Leiters und der Wahl der Flüssigkeit sowohl

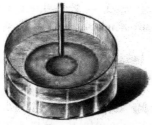 

Fig. 1.   Fig. 2.

die positive als die negative Figur erzeugen kann. Fig. 1
zeigt im allgemeinen diejenigen Eindrücke, welche mit der
bekannten positiven, Fig. 2 diejenigen, welche mit der be-

kannten negativen Figur congruiren. Im einzelnen erhielt ich bei den drei genannten Flüssigkeiten die folgenden Ergebnisse.

Venetianischer Terpentin. Leiter aus Metall. — E. lieferte eine runde Vertiefung in der Mitte, oder neben dieser noch mehrere von etwa derselben Grösse. + E. lieferte die bekannte strahlige Figur. **Leiter aus Holz:** — und + E. lieferten immer nur runde Vertiefungen. In dieser Flüssigkeit bleiben, wegen der grossen Zähigkeit derselben, die Eindrücke übrigens viele Secunden lang erhalten.

Olivenöl. Leiter aus Metall. Näherte ich den Knopf der Flasche langsam, so fand bei lautlosem Uebergange der Electricität fast immer nur eine kreisförmige, sich schnell erweiternde Wellenbildung statt. Näherte ich ihn schnell, so fand bei hörbarer Entladung, aber erst bei grösserer Entfernung vom Centrum eine mehr zackige Wellenbildung statt. Dies Ergebniss war bei + und — E. annähernd dasselbe. Nur bei sehr schneller Annäherung trat bei + E. mehr und mehr eine wirkliche strahlige Figur hervor. **Leiter aus Holz.** Es fand in allen Fällen immer nur eine kreisförmige Wellenbewegung mit eventuell schwacher Zackenbildung in grösserer Entfernung vom Centrum statt.

Petroleum. Leiter aus Metall. Nur bei lautlosem Uebergange der Electricität erhielt ich bei — E. eine kreisförmige Wellenbewegung mit Zacken, sonst immer eine vollständig ausgebildete strahlige Figur. Dasselbe geschah bei + E. **Leiter aus Holz.** Bei + und — E. erhielt ich eine kreisförmige Wellenbildung mit Zacken, bei + E. die Zacken vielleicht ein wenig länger.

Hieraus sehen wir, dass die bekannte negative Figur auf der Oberfläche von Flüssigkeiten auch leicht mit positiver Electricität zu gewinnen ist, wenn wir eine Holzstange zum Leiter nehmen oder sonst dafür sorgen, dass die Entladung mit möglichst geringem Geräusche erfolgt. Wir sehen aber zugleich, dass sich auch die bekannte positive Figur (beim Petroleum z. B.) leicht mit negativer Electricität erzeugen lässt.

Nach diesen Versuchen lag es nahe, den Einfluss eines

hölzernen Leiters auch bei der Darstellung der wirklichen Lichtenberg'schen Staubfiguren zu erproben, und ich will kurz bemerken, dass mir auf solche Weise die Darstellung der negativen Figur genau so gut mit positiver als mit negativer Electricität gelungen ist. Die Stange wandte ich in Dicke eines Stahlfederhalters an und hielt sie unter Benutzung positiver Electricität mehr oder weniger über der Fläche erhaben.

IX. *Ueber die Zunahme der Blitzgefahr und ihre vermuthlichen Ursachen; von W. Holtz.*

Im Jahre 1869 stellte von Bezold einen Vergleich zwischen der zunehmenden Häufigkeit der Gewitter und der zunehmenden Häufigkeit der Blitzeinschläge im Königreiche Bayern diesseit des Rheines an.[1] Diesem Vergleiche lagen einerseits zwei Gewitterreihen gedachten Gebietes, andererseits die Blitzschlagsdaten der dortigen königlich bayerischen Versicherungsanstalt zu Grunde. In den beiderseitigen Zahlenreihen ergab sich für die neuere Zeit eine entschiedene Zunahme; und da sich zwischen der Häufigkeit der Gewitter und der Häufigkeit der Bitzeinschläge noch anderweitige Uebereinstimmungen constatiren liessen, so glaubte von Bezold schliessen zu dürfen, dass die fragliche Zunahme der letzteren im wesentlichen nur auf der Zunahme der ersteren beruhe. Dieses Ergebniss gewann dadurch an Interesse, dass einige Jahre früher schon Kuhn, gestützt auf eine Reihe von Gewittertabellen, die Vermuthung ausgesprochen hatte, dass die Häufigkeit der Gewitter in grösseren Zeitabschnitten gesetzmässig periodischen Schwankungen unterworfen sei.[2]

Einige Jahre später wurde auch für andere Gebiete eine Zunahme der Blitzschläge an Gebäuden nachgewiesen, und

---

1) v. Bezold, Pogg. Ann. **136.** p. 537. 1869.
2) Kuhn, Handbuch der angewandten Electricitätslehre, p. 225. 1866.

zwar durch Gutwasser für das Königreich Sachsen[1]), durch
von Ahlefeld für die Provinz Schleswig-Holstein[2]) durch
von Hülsen für die preussische Provinz Sachsen.[3]) Da
jedoch in diesen Fällen keine Vergleichung mit analogen
Gewitterbeobachtungen stattfand, so konnte hierdurch jene
Annahme von Bezold's keine weitere Bestätigung erfahren.
Nun schien es mir von grösserem Interesse, nachzuforschen,
einmal, ob wirklich die Zunahme der Blitzeinschläge eine
allgemein gültige sei, dann, ob wirklich die Ursache vorwiegend in meteorologischen, oder nicht vielmehr in tellurischen
Aenderungen zu suchen sei. Nach mancherlei Erfahrungen,
welche ich im Verlaufe der Zeit an Blitzfällen gesammelt,
glaubte ich eher das letztere für richtig halten zu sollen.
Eine Entscheidung dieser Frage aber schien mir von Wichtigkeit, weil sich hiernach erst voraussehen liess, wie sich
die Sache wohl in Zukunft gestalten würde. Aus diesen
Gründen suchte ich ein möglichst reichhaltiges Material über
einerseits Gewitterbeobachtungen, andererseits Daten von
Blitzeinschlägen zu gewinnen, weil ich wohl einsah, dass sich
durch eine der obigen analoge Vergleichung am ersten die
nöthigen Anhaltspunkte gewinnen liessen.

Das Resultat meiner diesbezüglichen Untersuchungen
lege ich demnächst in allen Einzelheiten in einer besondern
Broschüre vor. Einige Hauptergebnisse scheinen mir aber
von hinreichendem Interesse, um sie schon vorher an dieser
Stelle der Oeffentlichkeit zu übergeben. Ich stelle dieselben
in zwei gesonderten Tabellen auf, von denen die eine die
Zu- oder Abnahme der Gewitter, die andere die Zu- oder
Abnahme der Blitzgefahr vertritt, und bemerke zugleich,
dass ich unter Blitzgefahr den Quotienten aus der Blitz-
schlagzahl und der Gesammtzahl der Gebäude verstehe. Der
ersten Tabelle liegen die Daten meteorologischer Stationen,

---

1) Gutwasser, Mittheilungen für die öffentlichen Feuerversiche-
rungsanstalten 1873, p. 103.

2) v. Ahlefeld, Verwaltungsbericht der schleswig-holsteinschen Lan-
desbrandcasse 1875.

3) v. Hülsen, Mittheilungen für die öffentlichen Feuerversicherungs-
anstalten 1877, p. 225.

der zweiten die Daten von Versicherungsanstalten zu Grunde. Natürlich wurden überall nur solche Daten verwandt, welche ich in zeitlicher Richtung für hinreichend einheitlich halten durfte.

Zu- oder Abnahme der Gewitter
nach dem ersten und letzten vierjährigen Mittel (das erste Mittel = 1 gesetzt).

Gebiet	seit 1854	seit 1862	seit 1870	ber. nach
Westdeutschland . . .	1,15	1,35	1,05	20 Orten
Ostdeutschland	0,97	1,15	0,88	15 „
Norddeutschland . . .	1,1	1,31	0,97	23 „
Süddeutschland	1,04	1,21	1	12 „
Deutschland überhaupt .	1,07	1,27	0,98	35 „
Oesterreich	0,88	0,79	0,97	7 „
Schweiz	—	1	1,03	2 „

In Ansehung der Zu- oder Abnahme seit 1870, wurde dieselbe für Gesammtdeutschland nach 54, und für Oesterreich nach 21 Orten berechnet.

Zu- oder Abnahme der Blitzgefahr
nach dem ersten und letzten vierjährigen Mittel (das erste Mittel = 1 gesetzt).

Gebiet	seit 1854	seit 1862	seit 1870	ber. nach
Westdeutschland	2,64	2,51	1,05	11 Ländern
Ostdeutschland	2,86	2,69	1,45	5 „
Norddeutschland	2,67	2,84	1,26	8 „
Süddeutschland	2,85	2,11	0,99	8 „
Deutschland überhaupt .	2,75	2,57	1,12	16 „
Oesterreich	1,75	1,24	1,06	2 „
Schweiz	2,07	1,83	1,12	4 „

In Ansehung der Zu- oder Abnahme seit 1870, wurde dieselbe für Gesammtdeutschland nach 25 Ländern berechnet.

Vergleichen wir nun beide Tabellen, so stellt sich die Zunahme der Gewitter nur äusserst gering, und schlägt häufig sogar in eine Abnahme um, während sich die Zunahme der Blitzgefahr überraschend gross stellt und sich in keinem einzigen Falle in eine Abnahme verwandelt. Schon hieraus dürfen wir schliessen, dass die Zunahme der Blitzgefahr nur zum geringsten Theile meteorologischen Einflüssen zu verdanken ist. Noch deutlicher aber erkennen wir dies aus dem Umstande, dass die Zunahme der Blitzgefahr in dem Maasse grösser wird, als die verglichenen Jahre sich weiter voneinander entfernen, während dies durchaus nicht für die Zunahme der Gewitter gilt, welche sich umgekehrt seit 1854 im ganzen geringer als seit 1862 stellt.

Die fragliche Zunahme muss also vorwiegend in tellurischen Aenderungen begründet sein, sei es in mehr territorialen Aenderungen, sei es in solchen, welche mehr die Beschaffenheit der Gebäude selbst betreffen. Unter ersteren möchte ich namentlich die Zunahme der Entwaldungen nennen, vielleicht auch die Zunahme der Eisenbahnen, weil beide Maassnahmen die Gewitter mehr nach Städten und Dörfern ziehen. Unter letzteren aber möchte ich besonders noch auf die Zunahme aufmerksam machen, welche sich von Jahr zu Jahr mehr in der Anwendung metallischer Theile bekundet, insonderheit auf die Zunahme metallischer Dachverzierungen und metallischer Pumpen oder Gas- und Wasserleitungsröhren im Innern der Gebäude.

X. *Ueber eine mikroprismatische Methode zur Unterscheidung fester Substanzen;* von *O. Maschke.*

Bekanntlich erhellen sich die mikroskopischen Bilder in hohem Grade, und die etwa vorhandenen Aberrationsfarben erblassen merklich, wenn man zum Einhüllen des Objectes der Reihe nach Flüssigkeiten von immer stärkerem Brechungsvermögen anwendet.

Dagegen scheint es übersehen zu sein, dass bei diesem Verfahren nachträglich noch recht intensive Färbungen eintreten können, sobald einer bestimmten Bedingung Genüge geleistet ist.

Diese Bedingung besteht lediglich in einer Unebenheit des Objectes, sei es durch ebene oder gekrümmte Flächen. Kleine Bruchstücke der Substanz, ein gröbliches Pulver, eignen sich zur Beobachtung der Erscheinung am besten, weil jedes Partikelchen meist eine erhebliche Anzahl sehr verschieden gestellter Flächen besitzt.

Die Färbung beginnt, wenn der Brechungsexponent der einhüllenden Flüssigkeit sich dem des Objectes nähert, ändert sich mit einer Aenderung desselben, und zwar in bestimmter, schnell, jedoch unmerklich in einander übergehender Farbenfolge, und erlangt erst dann eine gewisse Stabilität, wenn das Brechungsvermögen der Flüssigkeit dasjenige des Objectes merklich überragt. Je stärker Brechungs- und Dispersionsvermögen der Flüssigkeit und also auch des Objectes sind, desto lebhafter sind die Erscheinungen; im entgegengesetzten Falle werden sie so schwach, dass man sie leicht übersehen kann.

Der Hauptsache nach geschieht jede einzelne Färbung des Objectbildes durch zwei verschiedene Farben, und zwar so, dass bei einer gewissen Einstellung des Mikroskopes bestimmte Bildpartien nur die eine, während die übrigen Partien nur die andere Farbe zeigen. Durch diese verschiedenen farbigen Stellen wird das farbige Bild in ähnlicher Weise zusammengefügt und gebildet, wie das gewöhnliche Bild durch seine hellen und schattigen Stellen. Wird die Schraube des Mikroskopes in derselben Richtung etwas weiter bewegt, so kommt ein Moment, wo plötzlich beide Farben ihre Stellen zu wechseln scheinen. Nur wenn die Brechung von Object und Flüssigkeit gleich oder fast gleich ist, schiebt sich in den Wechsel der beiden Farben ein Stadium ein, wo das farbige Bild ganz oder fast ganz verschwindet.

Zur Information über diese Verhältnisse empfehlen sich ganz besonders kleine Glaspartikelchen, die man bei circa 100facher linearer Vergrösserung in Wasser, ferner in Mandelöl und in Gemischen von 5 Gewichtstheilen Mandelöl und 1 bis etwa 4 Gewichtstheilen Cassiaöl betrachtet.

Abgesehen von einer stets auftretenden eigenthümlichen Abdämpfung und Verschleierung der Farben, von der später die Rede sein soll, entwickelt sich die ganze Erscheinung im allgemeinen wie folgt:

Zuerst nehmen die schattigen Stellen des gewöhnlichen Bildes einen schwach bläulichen, die hellen dagegen einen schwach gelblichen Schein an. Dann taucht an diesen Stellen sehr bald ein ziemlich intensives Blau und leuchtendes Gelb auf, während Schatten und schattige Linien vollkommen verschwinden. Blau ändert sich nun in Hellblau und das leuchtende Gelb bleibt oder geht in leuchtendes Orange über. Alsdann entwickelt sich ein bläuliches Weiss und stumpfes Orange, dem bald Schwachbläulichweiss und Bräunlichgelb oder Bräunlichorange, ferner Schwachbläulichweiss und gelbliches Braun und schliesslich Schwachweiss und stark getrübtes Röthlichbraun folgt.

Von jetzt ab fangen Reflexionserscheinungen und Aberrationsfarben, deren Wiederauftreten schon beim Erscheinen von Schwachbläulichweiss und Bräunlichgelb zu erkennen sind, sehr stark an zu dominiren.

Die Reihenfolge der verschiedenen Farbenpaare wäre also:

A.	*B.*
Bläulichgrau	Hellgelblich.
Blau	Leuchtendes Gelb.
Hellblau	Leuchtendes Gelb oder Orange.
Bläulichweiss	Stumpfes Orange.
Schwachbläulichweiss .	Bräunlichgelb oder Bräunlichorange.
Schwachbläulichweiss .	Gelbliches Braun.
Weiss	Trübes Röthlichbraun.

Wie Bläulichgrau als ein verfinstertes Blau, so ist auch Braun als verfinstertes Gelb oder Orange aufzufassen. Sieht man von dieser Verfinsterung ab, die nichts weiter bedeutet, als dass an den betreffenden Stellen des Objectes eine Reflexion oder starke Ablenkung der Lichtstrahlen stattgefunden, so hat man in der Reihe *A* eine Farbenfolge von Blau zu Weiss und in der Reihe *B* eine solche von Hellgelb zu Orangeroth, die zu einer einzigen Reihe vereinigt, offenbar ein Spectrum darstellen, wie es sich stets zeigt, wenn ein kleiner, weisser Gegenstand auf schwarzem Grunde bei kleinem Einfallswinkel der Lichtstrahlen durch ein Glasprisma beobachtet wird.

Dass die besprochenen Färbungen des mikroskopischen Bildes in der That nur prismatische Wirkungen des Objectes sind, lässt sich mit aller Evidenz dadurch nachweisen, dass man unter sonst ähnlichen Verhältnissen Objecte von grösserer Form einer Untersuchung mit unbewaffnetem Auge unterwirft.

Zu diesem Zwecke entfernte ich von der Mikroskopröhre Ocular und Objectiv und stellte auf den Objecttisch einen mit planparallelem Glasboden versehenen Trogapparat, der zur Aufnahme des Objectes — ein etwa 1 cm grosser, klarer, ziemlich regelmässiger Bergkrystall — und der Einhüllungsflüssigkeit bestimmt war. Beim Beginn der Beobachtung wurde der Trog so gerückt, dass das vom Spiegel reflectirte Licht durch eine enge Blendungsöffnung auf den mittlern Theil des Krystalls fiel; das Auge hielt ich möglichst in der Axe der Mikroskopröhre.

War nun der Krystall mit Wasser bedeckt, so erschienen seine Flächen nur hell oder tiefdunkel, selbst wenn er bedeutend aus der Axe des Instrumentes gerückt wurde.

Von Mandelöl umhüllt, färbten sich dagegen die dunkeln Flächen bei starker seitlicher Verschiebung tiefblau.

In einem Gemisch von 5 Gewichtstheilen Mandelöl und 3 Gewichtstheilen Cassiaöl zeigten sich nur helle oder gefärbte Flächen, und zwar je nach ihrer Lage zum durchgehenden Lichte entweder tiefblau oder orange etc.

In Betreff der Entstehungsweise der mikroprismatischen Farben verdient es wohl hervorgehoben zu werden, dass, nicht, wie bei den gewöhnlichen prismatischen Vorgängen weisses, sondern ein zum grössten Theile durch Glas und Flüssigkeit schon dispersirtes Licht auf die unebenen Objecte fällt — vorausgesetzt, dass der beleuchtende Spiegel, wie meist gebräuchlich, concav ist. Behält man diesen Umstand im Auge, so wird das Verständniss aller hierher gehörigen Erscheinungen meiner Meinung nach ungemein erleichtert. Man begreift sofort, dass bei der geringsten Differenz in dem Brechungsvermögen von Flüssigkeit und Object sich ein Parallelismus der aus Flüssigkeit oder Deckgläschen tretenden farbigen Strahlen nicht mehr einstellen kann, dass also nothwendig solche Farben entstehen müssen, welche schwachen Brechungen und Zerstreuungen des weissen Lichtes entsprechen.

Auch das plötzliche Auftauchen der mikroprismatischen Färbung erscheint dann in keiner Weise überraschend, weil die geringe Ablenkung der farbigen Strahlen und damit das Eindringen derselben in das Ocular durchaus klar in die Augen springt.

Ich erwähnte vorhin, dass die mikroprismatischen Farben an einer eigenthümlichen Abschwächung und Verschleierung leiden. Diese Erscheinung scheint mir in einer gewissen Wirkungsweise der Linsensysteme ihren Ursprung zu haben.

Denkt man sich nämlich den wirksamen Theil der Objectivlinse in eine grössere Anzahl von gleichen Abschnitten zerlegt, so werden alle diese einzelnen Abschnitte Objectbilder liefern müssen, die sich durch eine verschiedene Vertheilung der Farben mehr oder weniger unterscheiden, weil ja die Richtung sämmtlicher Flächen des Objectes und der von ihnen ausgehenden verschiedenfarbigen Strahlen zu jedem der einzelnen Abschnitte eine verschiedene ist. Alle diese verschiedenen Bilder müssen nun aber bei ihrer Vereinigung zu einem einzigen Scheinbilde an denjenigen Stellen, wo complementäre oder nahezu complementäre Farben zusammenwirken, den Eindruck weissen oder weisslichen Lichtes erzeugen, und da diese Stellen sicherlich in grosser Anzahl vorhanden sind, so wird auch das Scheinbild eine sehr merkliche Abdämpfung der Farben aufweisen.

Die Richtigkeit dieser Anschauungsweise lässt sich durch folgenden einfachen Versuch nachweisen.

Legt man ein Stückchen dünnen schwarzen Papiers mit scharfem Rande so über das Deckgläschen, dass nur ein sehr kleiner Theil des darunter befindlichen Objectes mikroskopisch sichtbar ist, so erscheint dieser in lebhafter Färbung; die Färbung verschwindet aber sofort, sobald das Papier bei Seite geschoben wird.

Anstatt einen Theil des Objectes zu verdecken, kann

man auch irgend einen der wirksamen Theile der vordern Objectivlinse abblenden.

Am praktischsten erwies sich mir folgende Vorrichtung. Es wurde an der äussern Fassung des Objectives, und zwar an zwei diametral gegenüberliegenden Stellen, die mit der Axe des Mikroskops und dem Beobachter in einer senkrechten Ebene liegen, ein Tröpfchen Klebwachs angebracht und nun ein Streifen dünnen, schwarzen, nicht glänzenden Papiers von etwa 1,5—2 mm Breite über die Mitte der vordern Linse hinweg so auf die Wachströpfchen gedrückt, dass das Papier möglichst genau der Linse anlag. Da zu unseren Versuchen eine 80 bis 100fache lineare Vergrösserung am passendsten ist, die dieser Vergrösserung entsprechenden Linsen aber einen ziemlich bedeutenden Durchmesser haben, so bedarf es nur eines geringen praktischen Geschickes, um jene kleine Procedur des Abblendens zweckentsprechend auszuführen. Man kann es nun vermittelst einer am Objecttische angebrachten Cylinderblendung mit Leichtigkeit dahin bringen, dass bei genauer Einstellung auf die Objecte nur ein schmaler, schwarzer Balken die Mitte des hellen Gesichtsfeldes durchschneidet. Die Objectbilder, welche sich rechts oder links von dem Balken in der Nähe desselben befinden, erscheinen jetzt lebhaft gefärbt, und zwar so, dass der der Peripherie des Gesichtsfeldes zugewendete Theil — je nach dem Unterschiede der Brechungsexponenten von Object und Flüssigkeit — blau, hellblau etc. erscheint, während Gelb und Orange etc. stets der Seite des Balkens zunächst liegen. Hieraus ergibt sich aber auch, dass das Bild ein und desselben Objectes eine wechselnde Färbung seiner Theile zeigen muss, sobald dasselbe rechts oder links vom Balken auftritt. Mit diesem Wechsel ist häufig eine grössere Intensität der einen oder andern Farbe verbunden, je nachdem die rechte oder linke Seite des Objectes für die betreffende Farbe günstiger gestellte Flächen besitzt. Entfernt man das Bild vom Balken durch seitliche Verschiebung des Objectträgers, so erbleichen die Farben sehr schnell, und es verschwindet sogar bei genauer Einstellung auf das Object jede oder fast jede Wahrnehmung des Bildes —

vorausgesetzt, dass möglichste Gleichheit der Lichtbrechung von Flüssigkeit und Object erreicht war.

Aehnliche sehr schöne Effecte, wie bei der soeben beschriebenen Einrichtung, erzielt man bei den Zeiss'schen Mikroskopen durch ein mehr oder weniger starkes Verschieben der Blendungsöffnung am Abbe'schen Condensor. Könnte man diese Blendung noch mit einem Nicol'schen Prisma versehen — was nach meiner Meinung nicht schwer zu erreichen wäre —, so wäre alles vorhanden, um mit grösster Bequemlichkeit diejenigen Untersuchungen vorzunehmen, von denen nunmehr die Rede sein soll.

Es liegt nämlich auf der Hand, dass zur chemischen Unterscheidung der Substanzen die Strahlenbrechung derselben ein ebenso wichtiges Hülfsmittel bietet, wie etwa das specifische Gewicht, der Schmelz- und Siedepunkt etc. Wenn diese Eigenschaft der Körper von den Chemikern im allgemeinen weniger beachtet und in den Kreis ihrer Beobachtungen gezogen worden ist, so lag es wohl nur in der Schwierigkeit, die Körper stets in einer Form und Grösse zu erhalten, wie es die hierzu bestimmten Instrumente voraussetzen. In der soeben mitgetheilten Farbenreaction besitzen wir nun aber gerade ein sehr brauchbares Mittel, um das Brechungsvermögen kleiner unregelmässiger Bruchstücke einer Substanz ohne sonderliche Schwierigkeit festzustellen.

Es versteht sich von selbst, dass von diesen Untersuchungen alle Körper ausgeschlossen sind, die unter dem Mikroskope undurchsichtig erscheinen und mit zu starken Eigenfarben versehen sind, ferner alle Körper, welche einen grössern Brechungsexponenten als Cassiaöl besitzen, da mit Ausnahme des noch stärker brechenden, jedoch nicht verwendbaren Schwefelkohlenstoffs, die übrigen bis jetzt bekannten Flüssigkeiten das Licht schwächer brechen und zerstreuen. Weiter unten wird sich jedoch zeigen, dass auch ein Theil dieser letzteren Körper noch der mikroprismatischen Untersuchung in gewisser Hinsicht zugänglich ist.

Unüberwindliche Schwierigkeiten können endlich auch dadurch entstehen, dass es nicht gelingt, eine für das

Prüfungsobject passende indifferente Einhüllungsflüssigkeit aufzufinden.

Für mineralogische Objecte benutzte ich Wasser, Amylalkohol, Glycerin, Mandelöl, Cassiaöl. Der Brechungsexponent ist beim:

Wasser	für D bei	18° C.	. .	1,3333
Amylalkohol	„ „ „	15,5 °C.	. .	1,4075
Glycerin (1,23—1,25 p. sp.)	15,5 „	. .	1,460
Mandelöl	für D bei	21 „	. .	1,469
Cassiaöl	„ „ „	21 „	. .	1,606

Da nun Glycerin mit Wasser, ferner Mandelöl sowohl mit Amylalkohol als Cassiaöl, letzteres wieder mit Amylalkohol gemischt werden kann, so gelingt es auch, eine Reihe von Flüssigkeiten herzustellen, die jeden beliebigen Brechungsexponenten von 1,333 bis 1,606 aufweist. Die Anwendung des Amylalkohols hat allerdings grosse Unannehmlichkeiten. Der Geruch ist widerlich und erzeugt Hustenreiz. Man wird jedoch nicht häufig in die Lage kommen, ihn zu benutzen, da seine Mischungen mit Mandelöl nur dazu dienen sollen, die Lücke zwischen dem Brechungsexponenten des Glycerins 1,460 und des Mandelöls 1,469 auszufüllen.

Hält man sich Mischungen von Cassiaöl mit Mandelöl vorräthig, was wegen bedeutender Erleichterung der Arbeit eigentlich nothwendig ist, so müssen die betreffenden Fläschchen mit fehlerfreien Korkstöpseln gut verschlossen werden, weil das Brechungsvermögen dieser Gemische durch Oxydation des Cassiaöls zu Zimmtsäure merklich nachlässt.

Meine vorräthigen Gemische von Cassiaöl und Mandelöl waren folgende:

Mandelöl			Cassiaöl							
5 Gewichtsth.	u.	$^1/_3$	Gewichtsth.	Br.-Exp. für D bei	20,8° C.	annäh.	1,474
5	„	„	$^1/_2$	„	„	„ „ „	20,8	„	„	1,476
5	„	„	1	„	„	„ „ „	20,3	„	„	1,485
5	„	„	2	„	„	„ „ „	20,3	„	„	1,501
5	„	„	3	„	„	„ „ „	20,6	„	„	1,5105
5	„	„	4	„	„	„ „ „	20,6	„	„	1,519
5	„	„	5	„	„	„ „ „	20,3	„	„	1,526
5	„	„	6	„	„	„ „ „	20,8	„	„	1,533
5	„	„	7	„	„	„ „ „	20,6	„	„	1,5375

Mandelöl			Cassiaöl								
5 Gewichtsth.	u.	7¼	Gewichtsth.	Br.-Exp.	für	D bei 20,0° C. annäh.					1,540
5	„	„ 8	„	„	„ „ „	20,6	„	„			1,543
5	„	„ 9	„	„	„ „ „	20,6	„	„			1,5445
5	„	„ 10	„	„	„ „ „	20,6	„	„			1,5466
5	„	„ 11	„	„	„ „ „	20,8	„	„			1,551
5	„	„ 12	„	„	„ „ „	20,8	„	„			1,552
5	„	„ 13	„	„	„ „ „	20,8	„	„			1,555
5	„	„ 14	„	„	„ „ „	20,8	„	„			1,560
5	„	„ 15	„	„	„ „ „	20,8	„	„			1,5625
5	„	„ 15	„	„	„ „ „	21,75	„	„			1,562

Was nun die Ausführung der mikroprismatischen Untersuchung anbetrifft, so gestaltet sich dieselbe äusserst einfach und leicht, wenn es sich nur darum handelt, das Brechungsvermögen von Substanzen miteinander zu vergleichen. Dieser Fall dürfte eintreten, wenn z. B. die gleiche oder ungleiche Beschaffenheit der Partikeln eines Pulvers nachgewiesen, oder wenn von einer bekannten Substanz auf die Natur einer andern, noch nicht bekannten, Rückschlüsse gemacht werden sollen.

Etwas umständlicher wird die Untersuchung, wenn man den Brechungsexponenten einer Substanz numerisch bestimmen will. .

Vor allem ist es nöthig, unter den für das Object indifferenten Flüssigkeiten diejenige herauszufinden, welche das passende Brechungsvermögen besitzt. Man befolgt dabei am besten eine Tastmethode, wie sie etwa bei chemischen Gewichtsbestimmungen gebräuchlich ist. Man geht von einer beliebigen Flüssigkeit, z. B. Mandelöl, aus; ist diese zu stark oder zu schwach brechend, so nimmt man im erstern Falle z. B. Glycerin, im zweiten Cassiaöl. Erweist sich nun Glycerin zu stark und für den andern Fall Cassiaöl, so wendet man eine Verdünnung von gleichen Theilen Glycerin und Wasser und andererseits von gleichen Theilen Cassiaöl und Mandelöl an etc., bis endlich eine deutliche prismatische Färbung des Objectes eintritt. Für die Vergleichungsmethode ist es ziemlich gleichgültig, ob man hierzu Blaugelb oder Bläulichweissorange etc. wählt. Man hat nur nöthig, festzustellen, ob Prüfungs- und Vergleichungsobject für dieselbe

Flüssigkeit genau dieselbe Farbenerscheinung zeigen, und ob
durch Anwendung einer etwas stärker oder schwächer
brechenden Flüssigkeit bei beiden Objecten dieselbe Veränderung eintritt. Eine noch grössere Sicherheit erlangt diese
Prüfung dadurch, dass man in den Weg des vom Spiegel
ausgehenden Lichtes ein Nicol'sches Prisma einschaltet, und
dass man ferner die Probe, sobald die gewünschte prismatische Färbung erreicht ist, mit einem Deckgläschen versieht,
um durch wiederholten gelinden Druck auf dasselbe ein
Rollen der Partikelchen zu veranlassen.

Die Ausführung aller dieser Manipulationen erscheint
in der Auseinandersetzung langwieriger und zeitraubender
als sie es in Wirklichkeit ist. Zu jeder Prüfung sind mittelst eines Glasstäbchens sehr bald 1—2 Tropfen Flüssigkeit
auf das Objectglas gebracht; auch das Hinzufügen einiger
Partikelchen Substanz ist ja schnell geschehen, und da diese
vorläufigen Proben keine Deckgläschen erfordern, so kann
überdies auf einem und demselben Objectglase eine ganze
Reihe derselben ausgeführt werden.

Wenden wir uns nun zur numerischen Bestimmung des
Brechungsexponenten.

Von den eingangs erwähnten Farbenpaaren entspricht
ein Stadium, welches zwischen Hellblauleuchtendorange und
Bläulichweissstumpforange liegt, wohl am genauesten dem
Punkte, wo das Brechungsvermögen des Objectes und der
Einhüllungsflüssigkeit übereinstimmen. Beim Eintritt dieser
Färbungen und darauf folgender scharfer Einstellung des
Mikroskopes verschwindet nämlich fast jede Spur besonders
der dünneren Objecte. Leider ist aber jenes Stadium, wie
auch das stumpfe Orange, nicht mit voller Sicherheit zu
erfassen. Ich bin deshalb bei Feststellung des Ueberein-
stimmungspunktes meist ein wenig über die wirkliche Grenze
hinausgegangen und hielt die Untersuchungen erst dann für
abgeschlossen, wenn mein Auge mit Sicherheit erkannte,
dass das Orange einen bräunlichen Farbenton annahm. Hat
man nun diese entscheidende kritische Färbung erreicht, so
ist es nur nöthig, den Brechungsexponenten der Flüssigkeit
zu bestimmen, um dadurch auch den Brechungsexponenten

des Objectes zu erhalten. Diese letztere Bestimmung kann man, da es sich ja nur um annähernde Werthe handelt, für eine bestimmte Fraunhofersche Linie, also für die usuelle *D*, ausführen, was durch Benutzung des höchst empfehlenswerthen kleinen Zeiss'schen Refractometers ausserordentlich leicht. erreicht wird.

Es ist aber endlich noch zu berücksichtigen, dass der grössere Theil der festen Substanzen Doppelbrechung besitzt. Die Beobachtungen müssen also in diesen Fällen für einen grössten und kleinsten Exponenten gemacht werden. Durch Anwendung polarisirten Lichtes lässt sich auch dieser Forderung leicht gerecht werden.

Man schaltet in die Cylinderblendung des Objecttisches ein Nicol'sches Prisma ein, bedeckt die Probe. des Objectglases mit einem Deckgläschen und sucht nun die kleinen Objecte durch Rollenlassen (indem man das Deckgläschen wiederholt sanft drückt), ferner durch Drehung des Objectglases um 90°—180° in die verschiedensten Lagen zu den Schwingungen des polarisirten Lichtes zu bringen. Bei der Auswahl der Flüssigkeit zur Bestimmung des grössten Brechungsexponenten verfährt man am besten so, dass zuvörderst alle Partikeln der zu untersuchenden Substanz bei jeder Lage etwa Weissröthlichbraun zeigen, wo also der Brechungsexponent der Einhüllungsflüssigkeit grösser ist als der grösste des Objectes. Nun wendet man Flüssigkeiten von etwas geringerer Brechung an, bis sich beim Rollen und Wenden der Objecte die kritische Färbung Schwachbläulichweiss-Bräunlichgelb zu erkennen gibt.

Für den kleinsten Brechungsexponenten kann man umgekehrt eine Flüssigkeit wählen, deren Exponent kleiner ist als der kleinste des Objects. Es müssen also sämmtliche Partikeln bei ihrem Rollen und Drehen zuvörderst keine prismatischen Farben oder nur Blaugelb zeigen. Durch allmähliche Anwendung von stärker brechenden Flüssigkeiten wird man dann auch für diesen Fall zu einem Punkte gelangen, wo die kritische Färbung auftaucht, wo also der kleinste Brechungsexponent des Objects gleich ist dem Brechungsexponenten der Flüssigkeit.

Trotz aller Mängel, mit denen die mikroprismatische Bestimmungsweise des Brechungsexponenten offenbar behaftet ist, scheint die zweite Decimale stets zuverlässig auszufallen. Ich bin daher der Meinung, dass wenn Form und Kleinheit des Objectes keine schärfere Methode zulässt, sie immerhin willkommen sein dürfte.

Im Folgenden gebe ich, wenn auch mit Zögern, Brechungsbestimmungen für einige Mineralien. Ich habe sie einer wiederholten Prüfung nicht unterziehen können und werde es voraussichtlich auch für längere Zeit nicht zu thun vermögen. Aus demselben Grunde musste ich mir es versagen, die Bestimmungen weiter auszudehnen, so auch auf organische

Einfach brechend.

	Temp.	Br.-Exp.
Flussspath	20,5 ⁰ C.	1,431
Chlorkalium	18,5	1,490
Chlornatrium	20,0	1,540
Edler Serpentin (Snarum, Norwegen)	20,75	1,552

Doppelbrechend.

	Temp.	Gr. Br.-Exp.	Kl. Br.-Exp.
Gyps	21,3 ⁰ C.	1,529	1,522
Apophyllit (Bergen Hill, New-Jersey)	20,3	1,538	1,529
Orthoklas (Striegau, Schlesien) . . .	21,5	1,535	1,522
Albit (Striegau, Schlesien)	21,3	1,540	1,529
Dichroit (Orijerfoi, Finnland) . . .	20,5	1,540	1,533
Wawellit (Cork, Irland)	20,2	1,5445	1,519
Quarz	20,5	1,551	1,542
Labrador (Paulsinsel)	20,5	1,555	1,551
Talk (Mautern, Steyermark)	21,5	1,580	1,535
Anorthit (Pesmeda Alpe)	20,5	1,588	1,582
Marmor	20,3	> c	1,485
Strontianit	20,3	> c	1,526
Arragonit	20,3	> c	1,533
Witherit	20,3	> c	1,537
Diallag (Volpersdorf, Glatz)	22,0	> c	1,560
Boracit, Apatit, Axinit, Augit . . .		> c	> c
Strahlstein, Turmalin, Diopsid . . .	—	> c	> c
Kaneelstein, Olivin, Hyperstehn . .		> c	> c
Schwerspath, Coelestin		> c	> c

Stoffe und Gebilde, wie Stärke, Leinen-, Baumwollenfaser,
Seide u. s. w. Uebersteig der Brechungsexponent der Substanz den des Cassiaöls, so deutete ich dieses Verhältniss
durch $>c$ an.

Schliesslich möchte ich noch darauf hinweisen, dass die
ersten Anfänge der vorliegenden Untersuchungen in meiner
Arbeit „Ueber Abscheidung krystallisirter Kieselsäure aus
wässerigen Lösungen"[1]) zu finden sind. Ich unterschied dort
mikroskopisch Quarz und Tridymit durch ihre verschiedene
Lichtbrechung, hielt jedoch die damals beobachteten Farben,
nämlich Bläulich oder Bläulichgrün und Roth, für Folgen einer
Interferenz, während sie in Wirklichkeit nur Aberrationsfarben
sind, die ihre Stellung zueinander wechseln, je nachdem die
Flüssigkeit das Licht stärker oder schwächer bricht, als das
von ihr umschlossene Object. In den Fällen, wo diese
Aberrationsfarben nicht durch prismatische Farben verdeckt
werden, bieten natürlich auch sie ein vortreffliches Hülfsmittel zur Unterscheidung fester Substanzen, wobei aber
wohl zu beachten ist, dass Vertiefungen und Erhabenheiten
eines Objectes ganz gleiche Farbenverschiedenheiten zeigen.
Ueber diese Aberrationserscheinungen haben N ä g e l i und
S c h w e n d e n e r[2]) in sehr eingehender Weise Aufschluss
gegeben. —

Breslau, 12. Juni 1880.

XI. *Notiz zu der Entgegnung des Hrn. H. F. Weber;*
von A. Winkelmann.

Hr. Weber[3]) schliesst seine Entgegnung mit den Worten:
„Nach meiner Auffassung zeigen diese beiden Zahlenreihen

1) Maschke, Pogg. Ann. **145.** p. 568. 1872.
2) Nägeli und Schwendener, Das Mikroskop. Theorie und Anwendung desselben. 2. Aufl. p. 188—216.
3) Weber, Wied. Ann. **11.** p. 352. 1880.

mit hinreichender Deutlichkeit, dass die von Hrn. Winkelmann benutzte Herleitung der wahren Werthe der Wärmeleitungsfähigkeiten nicht die richtige ist."

Es lässt sich nun zeigen, dass diese „Deutlichkeit" nur eine scheinbare ist. Den grössten Unterschied in den beiden Zahlenreihen, durch welchen die Deutlichkeit am meisten hervortreten soll, zeigt nach der Berechnung des Hrn. Weber die Chlornatriumlösung, nämlich
0,1187 einerseits und 0,1586 andererseits, also eine Differenz
von etwa 30 Proc. Nimmt man nun bei der Beobachtung
von App. I. einen Fehler von 2,6 Proc., von App. II. einen
solchen von — 2,6 Proc. an, so erhält man anstatt der ersten
Zahl den Werth 0,1578, während die zweite hierdurch fast
gar nicht berührt wird. Die Differenz von 30 Proc.,
welche weitaus die grösste von allen ist[1]), kann
also durch einen zweimaligen Fehler von nur 2,6
Proc. erklärt werden. Da bei den anderen Flüssigkeiten
die Differenz viel kleiner als bei der genannten Lösung ist,
so genügt auch die Annahme von viel kleineren Fehlern,
um die Differenzen zu entfernen; so lässt z. B. beim Wasser
die Annahme eines zweimaligen Fehlers von nur 0,7 Proc.
die Differenz verschwinden.

. Die eben widerlegte Einwendung des Hrn. Weber ist
übrigens nur eine andere Form eines vermeintlichen Beweises, den derselbe bereits bei seiner ersten Besprechung
meiner Arbeit[2]) vorgebracht und den ich schon früher[3]) ausführlich widerlegt hatte.

Ferner lässt sich ebenso leicht darlegen, dass die folgenden Sätze des Hrn. Weber, welche in seiner Entgegnung noch einmal reproducirt werden, gar keine Beweiskraft besitzen. „Die Zunahmen, welche Hr. Winkelmann
für die beobachteten Wärmeleitungsfähigkeiten bei wachsender Dicke der Flüssigkeitsschicht gefunden hat, müssen also
bei der leichtflüssigsten der obigen Flüssigkeiten, bei dem

---

1) Die nächste Differenz erreicht nur 10 Proc.
2) l. c. p. 478.
3) l. c. p. 673 ff.

Schwefelkohlenstoff, am grössten und bei der allerzähesten der Flüssigkeiten, beim Glycerin, kaum bemerkbar sein. Die für Schwefelkohlenstoff und für Glycerin in· der oben stehenden Tabelle gegebenen Zahlenwerthe bestätigen diese Folgerungen in der befriedigendsten Weise."

Man nehme nun an, dass ich anstatt sechs Flüssigkeiten nur fünf untersucht hätte, und dass der Schwefelkohlenstoff von mir nicht untersucht wäre; es hört dann die von Hrn. Weber gerühmte Bestätigung seiner Folgerungen sofort auf. Das Wasser ist ,dann die·leichtflüssigste von allen Flüssigkeiten; man müsste dasselbe daher in dem obigen Satze des Hrn. Weber an Stelle des Schwefelkohlenstoffs setzen; die Zunahme ·bei Wasser (36 Proc.) müsste dann am grössten sein. Es ist dies aber durchaus nicht der Fall, vielmehr haben noch drei andere Flüssigkeiten, nämlich Chlorkaliumlösung (51 Proc.), Chlornatriumlösung (93 Proc.), Alkohol (121 Proc.) beträchtlich grössere Zunahmen. Die von Hrn. Weber ausgesprochene Folgerung trifft also nicht mehr zu; sie kann aber auch, selbst unter Annahme von Strömungen, nicht allgemein zutreffen, weil die Stärke der Strömungen nicht von der Zähigkeit allein abhängt. Hr. Weber hebt dies letztere in seiner Entgegnung hervor, zieht daraus aber nicht die nothwendige Consequenz, dass seine oben erwähnte Folgerung, — weil nur ausnahmsweise bestehend —, nicht als Beweis für ihren Vordersatz dienen kann.

Hohenheim, November 1880.

I. *Ueber Bewegungsströme am polarisirten Platina;* von *H. Helmholtz.*

(Aus den Monatsber. d. k. Acad. d. Wiss. zu Berlin, vom 11. März 1880; mit einigen erläuternden Zusätzen mitgetheilt vom Hrn. Verf.)

Meine unter dem 7. Februar 1879 der Academie mitgetheilten Betrachtungen über die capillar-electrischen Phänomene veranlassten mich zu untersuchen, inwieweit ähnliche Vorgänge bei den Bewegungen einer electrolytischen Flüssigkeit längs polarisirter Platinplatten statt fänden. Dass bei solchen Bewegungen starke Veränderungen der Stromstärke vorkommen, war seit alter Zeit bekannt. Ich habe der Academie schon am 26. Nov. v. J. über diese Versuche berichtet.

Dabei mischten sich aber verschiedene, bisher noch nicht eingehend untersuchte Einflüsse ein, die, wie mir scheint, hauptsächlich durch Eintritt und Ausscheiden occludirten Wasserstoffs in das Platina bedingt sind, zum Theil auch durch die Widerstandsänderungen, welche die Fortführung der Jonen in der Flüssigkeit hervorbringt. Diese Vorgänge erforderten noch eine besondere Untersuchung, ehe die ziemlich verwickelten Wirkungen der Flüssigkeitsströmung unter einheitliche Gesichtspunkte gebracht werden konnten. Im Folgenden gebe ich eine Zusammenfassung der von mir gefundenen Ergebnisse.

Methoden der Beobachtung.

Es handelte sich darum, die Wirkungen, welche die Polarisation jeder einzelnen Electrode hervorbringt, unabhängig von der gleichzeitigen Polarisation der andern Electrode zu untersuchen. Dabei mussten Verunreinigungen der electrolytischen Flüssigkeit auch mit den minimalsten Mengen solcher Metalle, die durch Wasserstoff reducirt oder durch Sauerstoff als Superoxyde niedergeschlagen werden können, vermieden werden.

Die folgenden Versuche sind angestellt an Electroden von Platindraht (0,5 mm dick, 60 mm lang, in Glas eingeschmolzen, wo sie die Flüssigkeitsoberfläche schnitten), welche in Wasser, das mit Schwefelsäure ein wenig säuerlich gemacht war, tauchten. Die einem solchen Drahte entgegengestellte zweite Electrode bestand in einzelnen Versuchsreihen, wo der Platindraht hauptsächlich als Kathode gebraucht wurde, aus Zinkamalgam, welches unter diesen Umständen keine Polarisation annimmt und bei den schwachen Strömen, die gebraucht wurden, nur sehr langsam Zink an die Flüssigkeit abgibt. In vielen anderen Versuchsreihen wurde dagegen statt einer einfachen zweiten Electrode ein Paar von Platinplatten gebraucht, zwischen denen dauernd durch zwei Daniells ein schwacher, Wasser zersetzender Strom unterhalten wurde. Diese beiden letzteren waren ohne Thonzelle und so eingerichtet, dass man durch tägliches Zugiessen von etwas mit Schwefelsäure angesäuertem Wasser die Schicht entfernen konnte, in der die unten stehende schwere Kupfervitriollösung in das darüber stehende saure Wasser diffundirte. So war es möglich, die beiden Elemente viele Monate lang fortdauernd wirken zu lassen und in unverändertem Zustande zu erhalten. Die Batterie war ausser durch die beiden Platinplatten in der Flüssigkeit auch noch durch einen Widerstand von 2000 Quecksilbereinheiten (Siemens'sche Widerstandsscalen) geschlossen, und von einer beliebig veränderlichen Stelle dieser Nebenleitung eine metallische Leitung durch ein kleines, schnell bewegliches und schnell gedämpftes Thomson'sches Galvanometer zu der drahtförmigen Platinelectrode geführt. Da durch die fortdauernd, wenn auch unsichtbar vorgehende Wasserzersetzung jede Spur einer hinzukommenden anderen Polarisation der grossen Platinplatten bald ausgeglichen wird, und die Drahtelectrode ausserdem wegen ihrer kleinen Oberfläche eine erhebliche Polarisation annehmen kann, ehe diese auf der etwa 50 mal grössern Oberfläche der wasserzersetzenden Platten merklich wird: so verhielt sich in der That diese Combination so, als wäre das Paar der Platinplatten eine unpolarisirbare Electrode, welche frei von dem Nachtheile war, die Zusammensetzung der Flüssigkeit durch Auflösung oder Niederschlag zu verändern. Nur muss vermieden werden, in der Umgebung der Wasserstoffplatte Wasserströme zu erregen. Die vergleichbaren Versuche, welche mit dieser Combination ausgeführt wurden, gaben ganz die gleichen Resultate, wie die mit dem als Anode unpolarisirbaren Zinkamalgam. Mittelst der genannten Nebenschliessung konnte man jeden beliebigen Werth electromotorischer Kraft zwischen jenen beiden Platinplatten und dem Electrodendrahte wirken lassen. Gewöhnlich wurde noch ein zweiter gleicher Electrodendraht *B* angewendet und fortdauernd ähnlichen electromotorischen Kräften wie *A* ausgesetzt, theils um beide Electroden auch gegeneinander gesetzt durch das Galvanometer zu verbinden und die Ströme bei Erschütterung der einen oder andern im stromlosen Zustande zu beobachten, theils um die eine von ihnen etwas geänderten Bedingungen auszusetzen, während die andere in unverändertem Zustande blieb, und dadurch den Einfluss solcher Veränderungen unabhängig von sonstigen Störungen festzustellen. Das Schema der Leitungen war also das beistehende:

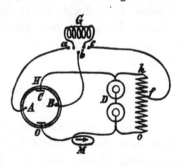

  C ist ein grosses, rundes Glasgefäss mit dem sauren Wasser gefüllt, *H* und *O* sind die beiden Wasser zersetzenden Platinplatten, *A* und *B* die beiden Drähte, *D* die beiden Daniells, *oh* die Scala von 2000 Widerstandseinheiten, *Aa*, *Bb*, *fc* die zum Galvanometer *G* führenden Drähte. Je nach der gewählten Verbindung konnte gleichzeitig *A* und *B* über *c* und *f* mit der Batterie verbunden werden, wobei das Galvanometer entweder in *Aac* oder in *Bbc* lag, oder die Leitung war *AaGbB*, wobei die etwa bestehenden Differenzen des Zustands von *A* und *B* sich geltend machen. Zur Controle der Stromstärke des Wasser zersetzenden Stroms war noch ein Multiplicator *M* inden Zweig *OD* eingeschaltet. Der Widerstand der beiden Daniells mit den Verbindungsdrähten zur Scala *oh* betrug im Mittel 72 *S*. Der Strom durch die Flüssigkeit war

theils wegen der Polarisation der Platten *H* und *O*, theils
wegen des grossen Widerstands der Flüssigkeit so geschwächt,
dass die Unterbrechung desselben die Stromstärke im Zweige
oh kaum beeinflusste. Nimmt man den Mittelpunkt der Scala
als Nullpunkt für die in den Zweigen *Af* und *Bf* wirkenden
electromotorischen Kräfte $\mathfrak{E}$ und charakterisirt diese durch die
Angabe der Widerstandseinheiten *S*, die entweder nach der
positiven Seite (Zinkpol) oder nach der negativen (Kupferpol)
zwischen *f* und der Mitte liegen, so ist die Grösse von $\mathfrak{E}$ auf
Daniells zurückzuführen, wenn man mit 1036 dividirt. Die
hier gebrauchten Daniells enthalten Kupfer in concentrirter
Kupfervitriollösung und amalgamirtes Zink in schwach angesäuertem Wasser.

·In den mit amalgamirtem Zink als zweiter Electrode con-
struirten Ketten wurde die Platte *O* weggenommen und statt
H das flüssige Zinkamalgam in einem Porcellanschälchen eingesetzt. Ein in das Amalgam eintauchender, von Glas um-
gebener Platindraht leitete hinaus nach *D* hin. Der dem
früheren Nullpunkt sich ähnlich verhaltende Punkt der Scala
lag dann aber um 450 *S* mehr nach der negativen Seite der
Scala hin.

Die Phänomene der eintretenden und verschwindenden Wasserstoff-Occlusion.

Wenn man *f* mit *o* verbindet, also $\mathfrak{E} = -1000$ macht,
dann diese Verbindung 4 bis 8 Tage wirken lässt, um allen
occludirten Wasserstoff aus den Drähten *A* und *B* durch
Sauerstoffentwickelung an ihrer Oberfläche zu entfernen, und
abwartet, bis der anfangs stärkere Strom durch die Drähte
nicht weiter sinkt: so entspricht der Draht beim Uebergange
zu Werthen von $\mathfrak{E}$, die zwischen -900 und 0 liegen, ziemlich
gut der von Sir W. Thomson ausgegangenen Auffassung,
wonach bei einer zur Wasserzersetzung unzureichenden electromotorischen Kraft die Oberfläche einer Electrode sich wie ein
Condensator von äusserst geringer Dicke des isolirenden Mediums verhält. Das heisst: bei jeder Verringerung der electromotorischen Kraft zwischen diesen Grenzen erfolgt eine kurz
dauernde negative Schwankung der Stromstärke, bei jeder Ver-

stärkung eine ebenso kurz dauernde positive Schwankung, die schon nach 2 bis 3 Minuten fast vollständig wieder verschwunden ist. Allerdings bleibt ein sehr geringer negativer (anodischer) Strom dauernd bestehen, der wohl als ein von den im Wasser aufgelösten Gasen (unter denen auch Wasserstoff von der Platte *H* ist) herrührender·Convectionsstrom zu deuten ist.

Der Vorgang ändert sich, wenn man die Grenze $\mathfrak{E} = 0$ überschreitet und zu positiven Werthen übergeht. Es treten positive Ströme auf, die schon bei $\mathfrak{E} = 200$ eine viel bedeutendere Intensität erlangen als alle bisher erwähnten Ströme und nicht mehr schnell verschwinden, sondern Stunden lang anhalten unter langsamer Abnahme ihrer Stärke. Während also vorher von $\mathfrak{E} = -800$ bis $\mathfrak{E} = +100$ die Grenzen -10 und $+10$ an der Scala des Galvanometers bei den 100 *S* betragenden Verschiebungen in der Lage des Abzweigungspunktes *f* an der Scala *oh* rückwärts und vorwärts kaum für einige Minuten überschritten waren, tritt nun eine Ablenkung von $+120$ ein, die nach 4 Stunden erst auf $+30$ gesunken ist. Nach 24 Stunden ist aber auch dieser Strom wieder auf etwa $+10$ zurückgegangen und sinkt langsam noch weiter. Da anderthalb Daniells zur schwächsten dauernden Wasserzersetzung nöthig sind, so kann eine Ausscheidung freien Wasserstoffs an dem Platindraht bei den hier angewendeten electromotorischen Kräften noch nicht stattfinden, und ich schliesse deshalb, dass die starke Steigerung des Stromes von der Aufnahme und Occlusion des Wasserstoffs in das Platina herrührt. Wenn H von O sich scheidend in enge Verbindung mit dem stark negativen *Pt* tritt, wird für diese Scheidung keine so grosse Arbeit nöthig sein, als um unverbundenes H von O zu scheiden. In der That ist das Quantum Wasserstoff, welches hierbei dem Platina zugeführt wird, nicht unbeträchtlich. Ein Strom, der an dem von mir gebrauchten Galvanometer 100° Ablenkung gibt, liefert in der Stunde 16,4 cmm Wasserstoff. Graham's Angaben über die Menge H, welche vom Platina aufgenommen werden können, sind wohl zu niedrig ausgefallen, da man, wie ich gefunden, Tage lang warten muss, ehe die Sättigung vollständig ist. Die von ihm angegebene Grösse der Occlusion würde in der That ein Strom von 72° meines Galvanometers in einer Stunde liefern können.

Nachdem der erste starke Strom der beginnenden Wasserstoffbeladung des Platina nachgelassen hat, tritt eine eigenthümliche, von dem bisher beobachteten Verhalten galvanisch polarisirter Metalle abweichende Erscheinung ein, wenn man vorübergehend grössere electromotorische Kräfte einwirken lässt. Bei der Rückkehr auf die früher gebrauchte Kraft, $\mathfrak{E} = +200$, tritt nämlich nun nicht eine Schwächung des früheren Stromes, sondern nach einem schnell vorübergehenden negativen Ausschlage im Gegentheil eine sehr erhebliche Steigerung bis zu 70 oder 90 Scalentheilen ein, die aber schneller verschwindet als der frühere Strom von 120°. Neue Verstärkung lässt sich als Nachwirkung neuer vorübergehender Einführung grösserer electromotorischer Kräfte erzielen, doch werden die Nachwirkungen immer kleiner und weniger dauernd, je öfter man den Versuch wiederholt. Es genügt schon eine Steigerung des Werthes $\mathfrak{E}$ um 200 unserer Widerstandsscala auf 2 Minuten, um die Erscheinung sichtbar zu machen; stärkere und längere Steigerungen machen sie stärker. Sie zeigt sich in ähnlicher Weise, nur weniger ausgesprochen, wenn man, ohne sich zu lange bei $\mathfrak{E} = +200$ aufzuhalten, zu stärkeren Kräften bis $\mathfrak{E} = 500$ übergeht, wo die dauernde Wasserzersetzung beginnt; in schwachem Maasse und zögernd tritt sie auch noch bis $\mathfrak{E} = 800$ ein, nachdem man auf kurze Zeit $\mathfrak{E} = 900$ oder $\mathfrak{E} = 1000$ geschlossen hatte. Sie fällt aber fort, wenn man starke kathodische Kräfte so lange hat wirken lassen, bis der Strom sich nicht weiter verändert, was erst eintreten kann, wenn das Platina mit Wasserstoff gesättigt ist. Ich habe in einem Falle die Kraft $\mathfrak{E} = 1000$ vierzehn Tage dauernd auf den Draht wirken lassen, um dieses Ziel möglichst vollständig zu erreichen. Der Strom fiel allmählich auf weniger als die Hälfte der Stärke, die er in den ersten Stunden hatte. Als ich dann in kleinen Stufen von je 100 S in den electromotorischen Kräften abwärts oder dazwischen gelegentlich auch wieder aufwärts ging, traten bei jedem Schritt abwärts vorübergehende negative, bei jedem Schritt aufwärts vorübergehende positive Ausschläge von mässiger Stärke und etwa 2 Minuten Dauer auf, nach denen der Strom bald in eine für jeden Werth von $\mathfrak{E}$ constante Intensität überging. Nur als ich die Grenze der Wasserzersetzung abwärts schreitend erreichte, bei $\mathfrak{E} = 500$, trat ein starker negativer Ausschlag bis über $-100^{\,0}$ auf, der 5 Minuten negativ blieb und erst nach etwa 10 Minuten die Gleichgewichtslage von $+25$ erreichte, auf der er blieb. Von da ab abwärts bis $\mathfrak{E} = -100$ stellte sich der Magnet dauernd ganz in die Nähe des Nullpunktes, schwachen Convectionsströmen durch aufgelösten Sauerstoff entsprechend.

Beim weitern Rückschreiten zu negativen electromotorischen Kräften treten nun ziemlich anhaltende Ströme auf, welche viel höhere Intensität haben, als die im Anfang erwähnten, die bei denselben Kräften entstehen, wenn das Platin lange mit Sauerstoff beladen gewesen ist. Die Ursache dieser Ströme ist zweifellos in dem Umstande zu suchen, dass occludirtes H allmählich zur Oberfläche des Platin dringt und sich mit dem von der electromotorischen Kraft herangedrängten O des Electrolyten vereinigt. Damit scheint mir auch die charakteristische Weise zusammenzuhängen, wie unter diesen Umständen sich der Strom bei Einschaltung eines grossen Widerstands verhält. Wenn nämlich die Menge der möglichen electrolytischen Zersetzung wesentlich abhängt von einem langsam vor sich gehenden Diffusionsprocess, dessen Schnelligkeit von der Stromstärke unabhängig ist, so wird auch die Stromstärke, ganz unabhängig von dem eingeschalteten Widerstande, nur so weit steigen können, als die Menge der electrolytisch fortzuschaffenden Producte erlaubt. Hierbei ist vorausgesetzt, dass die Stromstärke verschwindend klein ist, verglichen mit der, welche die Kraft $\mathfrak{E}$ im gleichem Widerstande ohne Polarisation erregen würde.

In der That zeigte sich bei den zuletzt beschriebenen Strömen (z. B. $\mathfrak{E} = -500$, $J = -10$), dass bei plötzlicher Einschaltung eines Widerstands von $10\,000$ S in AGf der Magnet nur einen momentanen Ruck nach abwärts macht und dann wieder auf derselben Stelle steht, wie vorher; als wenn der Widerstand der Stromleitung unendlich gross gegen den eingeschalteten Widerstand wäre. Der kurze Ruck zeigt nur die Aenderung der condensatorischen Ladung der Oberfläche an, da die der Stromstärke entsprechende Potentialdifferenz in dem Zweige Af durch die Erhöhung seines Widerstands bei gleichbleibender Stromstärke wachsen muss.

Es ist bekannt, dass Widerstandsbestimmungen an Ketten, welche polarisirte Platten enthalten, gewöhnlich daran scheitern, dass auch die kürzeste Verstärkung oder Schwächung des Stroms den Zustand der Platten verändert, sodass man bei Rückkehr zu den früheren Bedingungen nicht mehr dieselbe Stromstärke wie vorher findet.

Dagegen kann man ziemlich gute Widerstandsbestimmungen an dem mit O beladenen Draht, wie an einem constanten Batterieelement machen, wenn man Wasser zersetzende Stromkräfte ($\mathfrak{E} = -1000$) braucht und abwartet, bis alle Wasserstoffreste im Drahte verschwunden sind. Ich erhielt für den Widerstand des durch $Aa\,Gcf$ gehenden Stromes dann Zahlen, die bis zu 1400 S sanken.

Andererseits wird auch bei möglichst vollständiger Wasserstoffbeladung und Wasser zersetzenden Stromkräften der Zustand des Drahtes constant genug, dass man Zeit hat, mit dem sehr beweglichen Thomson'schen Galvanometer die Ablesung bei Einschaltung eines Widerstandes zu machen, ohne nachher bei Ausschaltung desselben den frühern Zustand verändert zu finden. Dabei ergaben sich aber für denselben mit H beladenen Platindraht Widerstände, die bis zu 10000 S stiegen. Dieser Unterschied wird darauf zurückzuführen sein, dass bei anodischen Strömen sich Säure um den Draht sammelt und das Leitungsvermögen der Flüssigkeit verbessert, bei kathodischen Strömen dagegen die Flüssigkeit um den Draht säurefrei und schlecht leitend werden muss. Da der Hauptwiderstand der Flüssigkeit in der nächsten Nachbarschaft des dünnen Drahtes liegt, so muss die Beschaffenheit dieser Flüssigkeitsschichten einen sehr erheblichen Einfluss auf den gesammten Widerstand haben.

Einfluss der Strömung des Wassers längs polarisirter Platinflächen.

Die hierher gehörigen Versuche sind meist an den dünnen Platindrähten angestellt worden, die oben als Electroden beschrieben wurden, indem ich sie durch leichtes Klopfen mit einem Glasröhrchen erschütterte. Die Erfolge sind regelmässiger, als man vielleicht nach der dabei nicht zu vermeidenden Unregelmässigkeit der mechanischen Bewegung erwarten sollte. Die electrische Wirkung nähert sich nämlich schnell einer Grenze, über die sie durch stärkere Bewegung nicht mehr hinausgetrieben wird. Um länger dauernde Wirkungen zu erzielen, habe ich die Electroden auch in einzelnen Versuchsreihen an einem electromagnetisch bewegten Neef'schen Hammer befestigt, dessen Bewegungen sie mitmachten. In andern Versuchen habe ich die Flüssigkeit aus engen Röhren in das weitere Gefäss strömen lassen und die Electrode in die Mündung des Rohres eingelegt. Die Ergebnisse wurden dadurch nicht wesentlich geändert.

Wir haben zu unterscheiden den **primären Strom**, welcher vorhanden ist, ehe die Electroden erschüttert werden, und den **Erschütterungsstrom**, welcher hinzukommt, wenn die Electroden in Bewegung gesetzt werden.

Die Richtung dieser Ströme bezeichne ich immer in Beziehung auf den erschütterten Draht. Je nachdem dieser Kathode oder Anode des Erschütterungsstroms ist, nenne ich letztern **kathodisch oder anodisch**.

Die von mir über die Erschütterungsströme gewonnenen Ergebnisse lassen sich nunmehr in folgende Regeln zusammenfassen:

1) **Beim Bestehen eines starken kathodischen primären Stromes** sind die Erschütterungsströme immer von derselben Richtung und verstärken den schon bestehenden Strom.

2) **Bei bestehenden anodischen oder schwach kathodischen Strömen** sind die Erschütterungsströme anodisch mit einer sub 4) erwähnten Ausnahme.

3) **Wasserstoffbeladung der oberflächlichen Schichten des Platina** begünstigt in der Regel das Auftreten anodischer Erschütterungsströme. Diese sind am stärksten, wenn man stark mit Wasserstoff beladenes Platina unter Einwirkung anodischer electromotorischer Kräfte bringt. Die Grenze zwischen Stromstärken, welche anodische und kathodische Erschütterungsströme geben, liegt für wasserstoffarmes

Platina bei schwächeren kathodischen Strömen, als für wasserstoffreiches.

4) Wenn man den primären Strom aufhören macht, was am zweckmässigsten dadurch erreicht wird, dass man zwei gleiche und gleichartig behandelte Electroden durch den Multiplicator verbindet, so erhält man der Regel nach anodische Erschütterungsströme, die um so stärker ausfallen, je stärker die Electroden mit Wasserstoff beladen sind. Wasserstoffarme Electroden geben nur bei starker Sauerstoffpolarisation deutliche anodische Erschütterungsströme, wasserstoffreiche dagegen sehr starke, selbst wenn sie unmittelbar vorher, während der Strom noch dauerte, starke kathodische gaben. Doch beobachtet man bei den stärksten Graden der Wasserstoffbeladung auch das Gegentheil: dass nämlich zuerst unmittelbar nach dem Aufhören des primären Stromes die ersten Erschütterungen noch kathodische Ströme geben, denen dann bei folgenden Erschütterungen anodische folgen; und dass endlich nach sehr lange fortgesetzter starker Wasserstoffbeladung dauernd nur kathodische Erschütterungsströme zu Stande kommen. Die erst erwähnten vorübergehenden kathodischen Ströme werden als herrührend von starker Wasserstoffbeladung der oberflächlichen Schichten des Platina aufgefasst werden können, welche, wenn die tieferen Lagen noch nicht mit Wasserstoff gesättigt sind, schnell abnimmt durch Wanderung des Wasserstoffs in grössere Tiefe.

Ein durch Erschütterung hervorgerufener Strom giebt selbst nach längerer Dauer keinen Rückschlag in die entgegensetzte Ablenkung, wie es die durch die Aenderung des Widerstandes oder der electromotorischen Kraft bei polarisirten Platten hervorgerufenen Aenderungen der Stromintensität in der Regel thun. Für die Erklärung der Ursachen dieser Ströme ergibt sich daraus die wichtige Folgerung, dass sie nicht zu Stande kommen durch beschleunigtes Eintreten irgend einer der Veränderungen, die der polarisirende Strom auch in der Ruhe hervorgebracht hätte. Nur eine Ausnahme von der genannten Regel habe ich gefunden. Nämlich an der oben besprochenen Grenze zwischen anodischen und kathodischen Erschütterungsströmen bei mässigen kathodischen Stromstärken sieht man, dass während des Schüttelns selbst eine kleine anodische Abweichung, nachher eine kleine kathodische eintritt.

Die mässig stark mit Wasserstoff beladenen Platten zeigen also ein verschiedenes Verhalten, je nachdem ein primärer Strom in sie eintritt oder nicht. Dieser Unterschied lässt sich dadurch erklären, dass ein starker kathodischer Strom die Säure aus der Nähe der Electrode wegführt und schlecht leitende Schichten bildet. Werden diese weggespült, so muss erhöhte Stromintensität eintreten. Diese bildet den kathodischen Erschütterungsstrom.

Bei den anodischen Strömen finden wir nichts Entsprechendes; in der That wird die Vertauschung eines kleinen Theils des Widerstandes (nämlich der stärker sauren Flüssigkeit um die Electrode) mit einem etwas grössern Widerstande nicht so viel wirken, als der entgegengesetzte Fall.

Sehen wir von dieser Complication ab, so finden wir, dass wenn die Erschütterung den Widerstand nicht verändert, wasserstoffreichste Drähte kathodische Erschütterungsströme geben, mässig mit Wasserstoff beladene stark anodische, wasserstoffarme schwach anodische.

Bei einer gewissen Stärke der kathodischen Ströme kämpft gleichsam derjenige Einfluss, welcher in der Ruhe anodischen Strom erregt, gegen die Verminderung des Widerstandes, welche kathodischen Strom giebt. Die letztere Aenderung wird langsamer ausgeglichen, die erstere schneller, was sich durch den Verlauf dieser Ströme in der beschriebenen Weise zu erkennen giebt.

Theoretische Betrachtungen.

Um die hier beschriebene verwickelte Reihe von Erscheinungen unter zusammenfassende Gesichtspunkte zu ordnen, erlaube ich mir eine Hypothese über die Vorgänge bei der Electrolyse vorzutragen, die sich an meine früher schon aufgestellte Hypothese [1]) über die Natur der galvanischen Kraft anschliesst. Ich habe dieselbe seit 1871 in meinen Vorlesungen über Physik wenigsten nach ihren wesentlichen Grundzügen

---

1) Helmholtz, Die Erhaltung der Kraft. p. 48 ff. Berlin 1847.

vorgetragen, bisher aber keine Veranlassung gehabt in meinen
wissenschaftlichen Abhandlungen weiter darauf einzugehen, da
ich es für ein wesentliches Erforderniss der wissenschaftlichen
Methodik halte, dass man die theoretischen Voraussetzungen
nicht weiter specialisirt, als es der vorliegende Gegenstand
fordert. In meinen bisherigen Arbeiten über galvanische Polarisation genügte aber das Gesetz von der Constanz der Energie. Dieses Verfahren hat Missverständnisse hervorgerufen,
und theils deshalb, theils des vorliegenden Gegenstandes wegen,
der eine weitere Specialisirung der theoretischen Hypothesen
verlangt, gehe ich auf diese letztere ein.

Ich gehe aus von der l. c. gemachten Voraussetzung über
die Ursache der Elektricitätsvertheilung in metallischen Leitern,
wonach jeder Substanz, welche metallisch leiten kann, ein verschiedener Grad von Anziehung gegen die beiden Electricitäten
zukommt. Ich halte dabei die Voraussetzung fest, dass wo $+ E$
austritt, ein gleich grosses Quantum $- E$ eintritt, und umgekehrt. Dann ist nur nöthig von der auf $+ E$ wirkenden Kraft
zu sprechen. Ist die Arbeit, welche durch diese Anziehungs-
kräfte geleistet wird, beim Uebergange der electrostatischen
Einheit positiver Electricität aus irgend einem als Norm dienenden Metall vom Potential Null in das Innere des Metalls
M gleich G_m zu setzen und die Potentialfunction im letzteren
gleich φ_m, so ist zwischen zwei Metallen, die wir durch die
Indices z und c unterscheiden wollten, electrisches Gleichgewicht, wenn

$$\varphi_z - G_z = \varphi_c - G_c.$$

Die Constanten G bestimmen also die Ordnung und Entfernung
der Metalle in der Volta'schen Spannungsreihe. Sie wachsen,
wenn man von den edlen zu den leicht oxydirbaren Metallen
fortgeht, und da wir für dieselben einen Namen brauchen,
schlage ich vor, sie als die Galvanischen Werthe der Metalle zu bezeichnen. Den Nullpunkt ihrer Scala können wir
beliebig wählen. Wir wollen vorläufig diesen dem Metall im
Electrometer beilegen, welches die Electricität der zu untersuchenden Körper aufzunehmen hat und anziehend oder ab-
stossend auf die Theile von unveränderlicher Ladung wirkt
(Metall der Quadranten im Quadrantenelectrometer). Dann sind

die Grössen $\varphi_s - G_s$ und $\varphi_c - G_c$ gleichzeitig die Potential-werthe, welche die beiden Metalle durch metallische Leitung den betreffenden Theilen des Electrometers mittheilen.

Um Faraday's electrolytisches Gesetz zu erklären, nehme ich an, dass in jeder electrolytisch zerlegbaren Verbindung jeder Valenzwerth des Kation mit einem Aequivalent positiver Electricität, und jeder Valenzwerth des Anion mit einem Aequivalent negativer Electricität verbunden sei. Jede Bewegung von Electricität in der Flüssigkeit geschieht nur in der Weise, dass die Electricitäten haftend an ihren Jonen sich fortbe-wegen. Da die schwächsten vertheilenden electrischen An-ziehungskräfte ebenso vollständiges Gleichgewicht der Electri-cität im Innern von electrolytischen Flüssigkeiten erzeugen, wie in metallischen Leitern: so ist anzunehmen, dass der freien Bewegung der positiv und negativ geladenen Jonen keine anderen (chemischen) Kräfte entgegenstehen, als allein ihre electrischen Anziehungs- und Abstossungskräfte. Mit $+ E$ beladene H-Atome, die sich an einer Seite der Flüssigkeit gesammelt haben, der ein negativ geladener electrischer Leiter genähert ist, sind also nicht als „freier Wasserstoff" aufzufassen, sondern noch als chemisch gebundener. In der That werden sie, so wie der negative Leiter entfernt wird, sich ohne in Betracht kommende Arbeitsleistung wieder mit den Sauerstoffatomen, die die Träger der entsprechenden Aequivalente negativer Elec-tricität sind, vereinigen.

Damit eine Anzahl positiver Jonen electrisch neutral und chemisch unverbunden ausscheide, muss die Hälfte davon ihre Aequivalente $+ E$ abgeben und dafür die entsprechenden $- E$ aufnehmen. Dieser Vorgang ist mit grossem Arbeitsaufwand verbunden und constituirt die definitive Trennung der vorher bestandenen chemischen Verbindung.

In der That ist bekanntlich der durch die Verbindungs-wärme gemessene Betrag dieser Arbeit wenigstens bei stark verdünnten Lösungen, in denen keine Nebenprocesse in Betracht kommen, für jedes basische Atom charakteristisch und unab-hängig von der Art der gleichzeitig in der Flüssigkeit vor-handenen sauren Molekeln. Das Gleiche gilt für die letztern unabhängig von den ersteren. Säurehydrate sind dabei als

Wasserstoffsalze zu behandeln. In reinem Wasser und in
Lösungen von Alkalihydraten scheint $(+ H) (- O -)$ das Anion
zu sein, welches neutralisirt, etwa in der Form $(+ H) (- O -)$
$(+ O -) (+ H)$, als Wasserstoffsuperoxyd ausscheidet oder
basische Superoxyde bildet.

Ist die electrolytische Flüssigkeit in Berührung mit zwei
Electroden von ungleichem electrischem Potential, so tritt zunächst Ansammlung von Atomen des positiven Jon an der
negativen Platte, des negativen an der positiven ein, bis im
Innern der Flüssigkeit die Potentialfunction einen constanten
Werth erreicht hat. Wenn sich positiv beladene Atome längs
der äussern Seite der Electrodenfläche sammeln, werden an
deren innere Seite die entsprechenden Quanta negativer Electricität herangezogen, und es wird sich eine electrische Doppelschicht ausbilden müssen, deren Moment so lange zunimmt,
bis die an den beiden Electroden gebildeten Doppelschichten
ausreichen, den zwischen ihnen durch die electromotorische
Kraft der Kette gesetzten Sprung des Potentialwerthes hervorzubringen. Ich habe schon in meiner Mittheilung vom
27. Februar 1879[1]) im Anschluss an die von Sir W. Thomson
dafür gegebenen Beweise hervorgehoben, dass hierbei Molecularkräfte von sehr kleinem, aber endlichem Wirkungsbereich
eingreifen müssen, weil sonst die Entfernung der beiden Schichten
voneinander unendlich klein und die der Ansammlung entsprechende Arbeit der electrischen Fernkräfte unendlich gross
werden würde. Im vorliegenden Falle ist mindestens die eine
Schicht an ponderable Atome gekettet, und die Doppelschicht
wird deshalb endliches Moment behalten und einen Condensator von ausserordentlich grosser Capacität darstellen. So
lange keinerlei chemische Processe die Menge der angesammelten Electricitäten verändern, ist in einem solchen Falle das
Potential der Flüssigkeit zwischen den beiden Electroden dadurch bestimmt, dass die gleichen Mengen von $+ E$ und $- E$,
gebunden an ihre Jonen, sich an den beiden Electroden angesammelt haben und dadurch die relative Dicke der beiden
entsprechenden Hälften der Doppelschichten bestimmt ist.

---

1) H. Helmholtz, Wied. Ann. **7.** p. 338. 1879.

Bezeichnen wir mit E die Menge der angesammelten Electricität, mit F_1 und F_2 die Oberflächen der beiden Electroden, mit C_1 und C_2 die Capacitäten der Flächeneinheiten (welche möglicher Weise Functionen der Dicke der Schicht sind), mit φ_1, φ_2 und φ_0 die Potentialwerthe der beiden Metallplatten und der Flüssigkeit, so wird Gleichgewicht sein, wenn:

(1) $\quad E = F_1 \cdot C_1 \cdot (\varphi_1 - \varphi_0), \qquad E = F_2 \cdot C_2 \cdot (\varphi_0 - \varphi_2)$

(1a) $\qquad\qquad \varphi_1 - G_1 - \varphi_2 + G_2 = A$

wo mit A die electromotorische Kraft der Kette bezeichnet ist. Daraus ergibt sich:

(1b)
$$\begin{cases} E \left\{ \dfrac{1}{F_1 C_1} + \dfrac{1}{F_2 C_2} \right\} = A + G_1 - G_2 \\[2mm] \varphi_1 - \varphi_0 = (A + G_1 - G_2) \dfrac{F_2 C_2}{F_2 C_2 + F_1 C_1} \\[2mm] \varphi_0 - \varphi_2 = (A + G_1 - G_2) \dfrac{F_1 C_1}{F_1 C_1 + F_2 C_2} \end{cases}$$

Durch diese Bedingungen ist der Gleichgewichtszustand vollständig bestimmt. Um denselben herzustellen, müssen die Quanta $+E$ der Kathode und $-E$ der Anode zufliessen. Da die electrischen Doppelschichten einander sehr nahe und infolge dessen die Capacitäten C sehr gross sind, so erscheint diese Electricitätsbewegung als ein nicht ganz unbedeutender, aber schnell vergänglicher Strom. Die beschriebene Ladung der Platten können wir als die condensatorische bezeichnen. Können die beiden Platten mit Beseitigung der zwischen ihnen herrschenden electromotorischen Kraft leitend verbunden werden, so tritt ein ebenso ·grosser Rückstrom ein. Uebrigens sind sie stromlos, wenn ihre Ladungen ausgebildet sind und an ihnen keine Processe stattfinden, welche einen Theil der Electricität der Grenzschichten beseitigen können. Zu solchen Processen gehören:

1) **Electrolytische Abscheidung der Jonen** aus der Flüssigkeit, wobei jene electrisch neutral werden, indem die Hälfte derselben ihr Aequivalent E abgibt und dafür das entgegengesetzte aufnimmt. Dabei kommt theils electrische, theils moleculare Arbeit in Betracht. Die erstere besteht an der Kathode darin, dass eine Menge $-E$ aus dem Potential der Kathode in das der Flüssigkeit übertragen wird, die moleculare haupt-

sächlich darin, dass die an das Kation gebundenen Aequivalente $+E$ losgelöst und dafür Aequivalente $-E$ eingeführt werden, woneben ausserdem die schwächeren durch die Auflösung und die Aenderung des Aggregatzustandes gesetzten Arbeitsleistungen in Betracht kommen. Bezeichnen wir diese gesammte moleculare Arbeit für die Einheit $+E$ mit K_1, so ist die zu leistende Arbeit für die Einheit an die Kathode übergehender $+E$

$$\varphi_1 - G_1 + K_1 - \varphi_{0,1}.$$

Mit $\varphi_{0,1}$ ist der Werth des Potentials in der Flüssigkeit bezeichnet dicht an der Aussenseite der electrischen Doppelschicht.

So lange diese Grösse positiv ist, wird der Uebergang nicht erfolgen, wohl aber, wenn sie negativ zu werden anfängt.

Der grösste Werth der Potentialdifferenz, der an einer Kathodenfläche eintreten kann, ist also:

$$(2) \qquad \varphi_1 - \varphi_{0,1} = G_1 - K_1.$$

Sobald diese Grenze überschritten wird, fängt die electrolytische Action an.

Aehnliche Betrachtungen gelten für die Anode.

Die Art des Vorgangs, dessen Arbeit durch die Grösse K gemessen wird, kann übrigens verschieden sein, je nachdem das betreffende Kation sich einfach ausscheidet, entweder wie ein galvanoplastisch niedergeschlagenes Metall, oder in der Flüssigkeit gelöst bleibt, aber nicht mehr als positiver Bestandtheil eines Salzes, sondern als electrisch neutrale freie Verbindung. So namentlich der Wasserstoff aus den gewässerten Säuren, der bei langsamer Entwicklung sich in der Flüssigkeit löst und durch Diffusion verbreitet, bei beginnender Uebersättigung der Flüssigkeit dagegen sich als Gas entwickelt. In anderen Fällen ist es nicht das Kation direct, welches neutralisirt und ausgeschieden wird, sondern dieses kann auch ein anderes, seine $+E$ leichter abgebendes Atom aus einer dort bestehenden Verbindung drängen, z. B. Kalium den Wasserstoff des Wassers.

Von den hierbei stattfindenden Umsetzungen kommen jedenfalls diejenigen, welche die den Strom kommende Kraft der Zelle vergrössern oder die treibende verkleinern, wie die Bildung des Wasserstoffsuperoxyds als nothwendige Glieder des electrolytischen Processes in Betracht. Unter den die Wärmeentwicklung vermehrenden Umsetzungen dagegen könnten auch eigentlich secundäre Zersetzungen vorkommen, die ohne Zuthun der electrischen Kräfte und ohne Rückwirkung auf diese ablaufen, wie z. B. Zerfall des ausgeschiedenen Wasserstoffsuperoxyds in Sauerstoff und Wasser, oder des Stickstoffperoxyds N_2O_4 aus der Salpetersäure in salpetrige und Salpetersäure, und der erstern wieder in Salpetersäure und Stickoxyd. Welche unter diesen neugebildeten Verbindungen noch einen erleichternden Einfluss auf die Electrolyse haben, wird durch Specialuntersuchungen über die einzelnen Fälle zu entscheiden sein.

In denjenigen Fällen, wo schon vor der Schliessung des Stromes die für beide Stromrichtungen in Betracht kommenden Jonen in reichlicher Menge und in gut leitendem Zustande vorhanden sind, wird die Gleichung:

$$\varphi - G - \varphi_{0,1} = -K$$

schon vor der Schliessung des Kreises erfüllt sein, und der Eintritt des Stroms hieran nichts ändern; es wird also nach dessen Schliessung keine neue condensatorische Ladung erst gebildet zu werden brauchen. Dies ist der Fall bei den sogenannten constanten Ketten, also wenn ein Metall mit einer dasselbe Metall enthaltenden Lösung in Berührung ist, aus der es als Kation ausscheidet oder in die es als Anion eintritt. Auch, wenn Platin oder Kohle in salpetriger Salpetersäure stehen. Wenn eins von beiden in reiner Salpetersäure steht, wird es wenigstens nicht negativer bei ungeschlossener Kette sein können, als bei geschlossener. Wohl aber würde es möglicher Weise positiver sein d. h. eine Sauerstoffpolarisation haben können. Ebenso wird Kupfer in verdünnter Schwefelsäure vor der Stromschliessung negativ geladen worden sein und Wasserstoffpolarisation haben können, aber positivere Ladung als dem Gleichgewichtszustande entspricht, würde sich nicht halten. Hier ist das Kation Wasserstoff, als Anion aber tritt Kupfer ein. Beide sind verschieden, und es kann deshalb die Differenz des electrischen Potentials und der condensatorischen Ladung eintreten, die dem Unterschiede dieser beiden Jonen entspricht. Somit wird Kupfer in verdünnter Schwefelsäure als Kathode auch zuerst einen condensatorischen Ladungsstrom zeigen, dessen Stärke schnell schwindet, während derselbe wegfällt, wenn es in einer Lösung von Kupfervitriol steht.

Von dem Zeitpunkt ab, wo an einer der Electroden die Dicke der electrischen Schicht so weit gewachsen ist, dass das dortige Jon sich neutralelectrisch auszuscheiden beginnt, wird an dieser das Moment der electrischen Doppelschicht und daher auch die Potentialdifferenz nicht mehr wachsen können, sondern nur noch an der andern Electrode, bis auch an dieser die Grenze der Zersetzung erreicht ist. Damit dies geschehe, wird nach Gleichungen 2 und 1a:

$$\varphi_1 - G_1 - \varphi_2 + G_2 = A > K_2 - K_1$$

werden müssen.

Dieselben Betrachtungen bestimmen dann auch unmittelbar das Gesetz der Stromstärke in den sogenannten constanten Ketten. Zu den letzteren gehören alle solche, in denen sich schon vor der Schliessung des Stromes das während der Electrolyse bestehende electrische Gleichgewicht zwischen Metallplatte und Flüssigkeit hat herstellen können.

Dann wird, wenn J die Intensität des Stromes, W den Widerstand in der metallischen, w den in der flüssigen Leitung bezeichnet, nach Ohm's Gesetz sein:

$$\varphi_1 - \varphi_2 - G_1 + G_2 - A = - JW$$
$$\varphi_{0,1} - \varphi_{0,2} = + Jw$$

Da nach Gleichung 2:

$$\varphi_1 - \varphi_{0,1} - G_1 = - K_1,$$
$$\varphi_2 - \varphi_{0,2} - G_2 = - K_2,$$

ergibt sich:

$$K_2 - K_1 - A = - J(W + w),$$

d. h. die sonst etwa noch vorhandene electromotorische Kraft A wird um $K_2 - K_1$ verringert. Wenn $A = 0$, ist $K_1 - K_2$ die electromotorische Kraft im Kreise. Diese hängt also nur von der molecularen Arbeit der electrolytischen Zersetzung, die durch die Constanten K gemessen wird, nicht von den galvanischen Werthen G der Electroden ab.

Auf die Erörterung der etwa in der Flüssigkeit vorhandenen electromotorischen Kräfte will ich hier nicht näher ein-

gehen, sondern verweise auf meine frühere Abhandlung vom
26. Nov. 1877.[1])

Ist neutraler Sauerstoff in der Flüssigkeit aufgelöst, so
wird die Kathode ihre negative Electricität mit den Aequivalenten ($+E$) dieses Elements austauschen können, während der
negativ gemachte O sich mit dem herangeführten $+H$ verbindet. Da O jedenfalls geringere Anziehungskraft zum $+E$
hat als H, so wird dadurch die Potentialdifferenz an der Kathode erheblich herabgesetzt, und es wird eine viel schwächere
electromotorisehe Kraft genügen, in diesem Falle einen dauernden, aber in seiner Intensität durchaus von der Diffusionsgeschwindigkeit des Sauerstoffs abhängigen Strom zu unterhalten. In der That geschieht dann an der Kathode die
Vereinigung von freiem $\pm$O mit $+H_2$, während an der Anode
$\pm$O aus der Verbindung H_2SO_4 ausscheidet. Dies ergibt die
von mir als Convectionsströme bezeichneten Ströme, über
welche ich der Academie am 31. Juli 1873[2]) berichtet habe.

In dieselbe Kategorie gehören eine Menge anderer Fälle,
in denen ein das Freiwerden einer der Electricitäten erleich-
ternder Bestandtheil in sehr geringer Menge in der Lösung
vorkommt und erst allmählich durch Diffusion herangeschafft
wird.

2) Ein zweiter Process, der eine positiv electrische Grenzschicht beseitigt, ist die Occlusion des Wasserstoffs in
das Metall der Kathode. Am reichlichsten und schnellsten
geschieht dies nach Graham's Entdeckung am Palladium,
deutlich nachweisbar aber auch am Platin. Dass der Wasserstoff auch in dieses Metall tief eindringe, ist von Hrn. E. Root[3])
nachgewiesen worden.

Die von mir oben beschriebenen Versuche lehren, dass
Wasserstoff bei Kräften, welche noch nicht zur Wasserzersetzung ausreichen, zur Occlusion kommen kann. Es war dazu
eine Potentialdifferenz von etwa ein Daniell gegen die Sauerstoff entwickelnde Anode nöthig.

---

1) Helmholtz, Wied. Ann. **8.** p. 201. 1878.
2) Helmholtz, Pogg. Ann. **150.** p. 483. 1873.
3) E. Root, Berl. Monatsber. 16. März 1876; Pogg. Ann. **159.**
p. 416. 1876; vgl. auch Crova Mondes **5.** p. 210.

Nehmen wir an, dass (+ H) eintreten kann in das Pt, welches um jedes occludirte Wasserstoffatom — E ansammelt, so würde bei der Electrolyse Pt in die Verbindung mit dem H_2 einrücken, aus welcher das SO_4 verdrängt wird, und dadurch die chemische Arbeit der Electrolyse vermindert werden. Die Verbindung, in welche hierbei das Platin mit dem Wasserstoff tritt, würde nicht nothwendig als eine chemische nach festen Massenverhältnissen geschlossene zu betrachten sein. Die S. 741 ff. beschriebenen Versuche, zeigen aber, dass erst nach Ueberschreitung einer gewissen Grösse der electromotorischen Kraft Wasserstoff in das Platin einzutreten beginnt, dann aber auch gleich in relativ grosser Menge in lang dauerndem und anfangs auch starkem Strom. Hat man diese Beladung, wie sie unter Wirkung der oben mit $\mathfrak{E} = 200$ bezeichneten electromotorischen Kraft eintritt, abgewartet, so tritt bei Steigerung der electromotorischen Kraft bis $\mathfrak{E} = 500$ kein Strom mehr ein, der den Eintritt erheblicher Mengen von Wasserstoff in das Platin anzeigte. Erst wenn man diese Grenze, wo Wasserzersetzung beginnt, überschritten hat, scheinen neue Mengen Wasserstoff einzutreten. Darauf lässt der Umstand schliessen, dass nach langer Einwirkung solcher stärkeren Ströme die geänderte Richtung der Erschütterungsströme bei aufgehobenem primären Strome eine Aenderung im Zustande des Metalls anzeigt, und dass beim Abwärtsgehen über die genannte Grenze ($\mathfrak{E} = 500$) sich ein sehr starker und anhaltender anodischer Strom entwickelt, der eine ziemlich erhebliche Menge locker gebundenen Wasserstoffs beseitigen muss. Beim Palladium sieht man unter entsprechenden Umständen eine Wasserstoffentwicklung in Bläschen vor sich gehen.[1] Der bei $\mathfrak{E} = 200$ aufgenommene Wasserstoff entweicht dagegen erst bei schwach negativen electromotorischen Kräften $\mathfrak{E} = - 200$, wie man an den dann eintretenden stärkeren und dauernden anodischen Strömen erkennt.

Das Eindringen des Wasserstoffs in das Innere des Metalls müssen wir uns als einen sehr langsam vorschreitenden Process, der im ganzen wohl der Leitung der Wärme in sehr

---

1) Beobachtung von Hrn. J. Moser.

schlechten Wärmeleitern ähnlich ist, vorstellen. Selbst bei den Drähten von 0,5 mm Durchmesser, die ich angewendet habe, sind mindestens 8 Tage nöthig, um annähernd vollständige Sättigung mit Wasserstoff oder annähernd vollständige Reinigung davon zu bewerkstelligen.

Solches mit H beladenes Palladium oder Platina verhält sich dem unveränderten Metall gegenüber im galvanischen Kreise wie ein positives Metall. In Gleichung (2) haben wir gefunden, dass:

$$\varphi_1 - \varphi_{0,1} = G - K = - 4 \pi \mu \, ,$$

wo μ das Moment der electrischen Doppelschicht an der Grenzfläche bezeichnet, in seinem Vorzeichen entsprechend der in der Flüssigkeit liegenden electrischen Grenzschicht.

Die die chemische Arbeit messende Constante K des Platin, bezogen auf Wasserstoffeintritt, wird jedenfalls wachsen müssen, je mehr Wasserstoff eintritt; im Anfang scheint diese Steigerung aber sehr langsam zu geschehen, da eine grosse Menge eintritt, wenn überhaupt die Grenze der dazu nothwendigen electromotorischen Kraft überschritten ist. Wenn wir dagegen annehmen, dass der galvanische Werth G des Metalls mit steigender Wasserstoffocclusion anfangs schnell wächst, so wird auch die Doppelschicht längs der Oberfläche geändert werden, sodass unter gleichen Umständen ihr in der Flüssigkeit liegender Theil schwächer positiv oder stärker negativ wird. Aus dieser Annahme würde sich zunächst die eigenthümliche Nachwirkung vorausgegangener starker Ströme während des Processes der Beladung mit Wasserstoff erklären. Eine zeitweilig einwirkende stärkere electromotorische Kraft wird H kräftig herandrängen und zunächst eine dünne oberflächliche Schicht des Platina stark damit beladen. Dem entsprechend wird sich an der Aussenseite der Electrodenfläche eine stärker negative Grenzschicht ausbilden. Hört nun bei einer Rückkehr zu einer schwächern electromotorichen Kraft die starke Zufuhr von H auf, so wird dasselbe aus der äussern Schicht des Metalls in die tiefer gelegenen wasserstoffärmeren hinüber wandern. In dem Maasse, als die äussere Schicht sich des Wasserstoffs entledigt, wird ihre äussere Belegungsschicht auch wieder neue positive Bestandtheile aufnehmen müssen, und deren Heranfliessen kann sich in der Verstärkung des Stromes ausdrücken. Wesentliche Bedingung für diesen Erfolg wird also sein, dass schneller Abfall der Wasserstoffbeladung gegen das Innere des Metalls stattfinde, sodass das Abfliessen nach der Tiefe schnell genug, vor sich gehe. Die Wasserstoffsättigung des Metalls wird also noch neu und unvollständig sein müssen. Ausserdem wird die electromotorische Kraft zureichen müssen, den Rücktritt der höhern Beladung aus der Oberfläche des Metalls an das Wasser zu verhindern.

Was die Wirkungen des Flüssigkeitsstroms längs der Oberfläche der Electrode betrifft, so können hier zunächst, wie ich schon oben bemerkt habe, Widerstandsänderungen in Betracht kommen, die durch Wegspülung schlecht leitender Schichten verursacht sind. Als solche betrachte ich die kathodischen Erschütterungsströme, die bei hinreichend intensivem primärem kathodischen Strome auftreten und unmittelbar nach dem Aufhören des letztern in die gegentheilige Richtung umschlagen.

Auf die übrigen Erschütterungsströme, welche bei anodischem, schwach kathodischem oder ganz fehlendem primären Strome eintreten, kann man dieselbe Erklärung anwenden, die ich auf die electrocapillaren und capillarelectrischen Erscheinungen bei der Berührung von Glas und Wasser angewendet habe. Der Wasserstrom verschiebt die der Electrode anliegenden Wasserschichten, in denen das entsprechende Jon mit seinen electrischen Aequivalenten aufgehäuft ist. Dieser bewegliche Theil der electrischen Grenzschicht wird stromabwärts zusammengedrängt, und wo er eine hinreichende Dicke gewinnt, wird das Jon unter electrischer Neutralisation frei werden. Ist das Jon das Anion der Flüssigkeit (O), so wird die Entwicklung desselben $+E$ aus der Electrode austreten machen, unmittelbar nachher wird neues $(-O-)$ von der Flüssigkeit her zuströmen und die Doppelschicht wieder herstellen. Beides gibt einen anodischen Strom. Dagegen würde eine Schicht des Kation bei Wasserströmung einen kathodischen Strom geben müssen. Die Erschütterungsströme werden um so stärker werden, je mehr von dem betreffenden Jon angesammelt, und je näher es der Grenze des Freiwerdens ist; also 1) bei electromotorischen Kräften, die zur dauernden Zersetzung genügen oder beinahe genügen, 2) bei grösserem positiven Werth der galvanischen Constante $(G - K)$ für die anodischen Ströme, bei grösserem negativen für die kathodischen Ströme.

Die am Platina beobachteten Erscheinungen entsprechen diesen Voraussetzungen, wenn wir annehmen, dass wasserstofffreies Platina sehr schwach positiv gegen die von mir als Electrolyt gebrauchte sehr verdünnte Schwefelsäure ist, dass das im mässigen Grade mit Wasserstoff beladene Platina einen grössern positiven Werth von $(G - K)$ hat, und eine stärkere negative Beladungsschicht in der Flüssigkeit bildet, dass dagegen bei starker Beladung der galvanische Werth G des Wasserstoffplatin ein Maximum erreicht, K dagegen, welches die moleculare Arbeit der eintretenden Occlusion misst, und nach vollendeter Sättigung in den der Entwickelung freien Wasserstoffs entsprechenden Werth übergegangen sein muss, schnell steigt, und das Metall daher eine positive äussere Grenzschicht von $(+H)$ ausbildet.

Nach den hier gemachten Voraussetzungen würden wir durch die Erschütterungsströme, wenigstens bei mangelndem primärem Strome, immer den Sinn der Potentialdifferenz zwischen Flüssigkeit und Metallplatte angezeigt erhalten, indem kathodische Ströme negative Ladung des Metalls, anodische positive Ladung anzeigen.

II. Ueber den Verlauf der Polarisationsströme; von August Witkowski.

Im Folgenden theile ich einige Versuche mit über den Verlauf der Polarisationsströme, welche ich im Laboratorium des Hrn. Prof. Helmholtz ausgeführt habe. Es beziehen sich dieselben ausschliesslich auf die Polarisation von Platinelectroden in angesäuertem Wasser, wobei die Gesammtwiderstände des Schliessungskreises von 2 bis etwa 4000 Q.-E., die electromotorischen Kräfte, der primären Kette von 0,1 bis 2 Daniell variirt wurden.

In einigen der bisher ausgeführten Versuche über den Verlauf der Polarisationsströme wurde die Anschauung einer condensatorischen Wirkung der Platinelectroden zu Grunde gelegt, es erscheint jedoch dieselbe nicht geeignet, von sämmtlichen vom Versuche gebotenen Umständen genügende Rechenschaft zu geben; ich habe daher zur Deutung der anzuführenden Versuche neben dem Princip der Condensation noch die bei der Polarisation erwiesenermassen auftretenden Diffusionserscheinungen zu Hülfe genommen und glaube behaupten zu dürfen, dass der grössere Theil des unter gewöhnlichen Umständen beobachteten Stromes auf dieselben zurückzuführen sei.

In einer neulich veröffentlichten Arbeit über die Polarisation[1] weist Helmholtz darauf hin, dass ebenso wie zur Wasserzersetzung auch zur Occlusion des Wasserstoffs in den Platinelectroden eine electromotorische Kraft von genügender Grösse (etwas unterhalb eines Daniells) erforderlich sei, man beobachtet in diesem Falle länger andauernde und continuirlich abnehmende Ströme; liegt jedoch die electromotorische Kraft unterhalb dieses Grenzwerthes, so erfolgen nach Schliessung des Stromkreises nur momentane, auf Condensation hinweisende Ladungsströme. Dies gilt jedoch nur wenn die Platinelectroden sehr vollständig durch schwache, aber lang dauernde Sauerstoffentwickelung depolarisirt wurden, sonst beobachtet man, wie es in meinen Versuchen stets der Fall war, continuirliche Ströme auch bei den kleinsten electromotorischen Kräften. Es erklärt sich das durch die in der Flüssigkeit aufgelösten Gasvorräthe, welche theils von einer Electrode zur andern, theils von den Electroden in die Flüssigkeit hinüber diffundiren.

Man sieht hieraus, dass zum Zwecke einer vollständigen Berechnung des Stromverlaufes verschiedenartige, zum Theil sehr verwickelte Processe beachtet werden müssten. Ich

---

1) Helmholtz, Berl. Monatsber. 11. März 1880. s. die vorhergehende Abhandlung.

will, da es sich vorzugsweise um die Aufstellung einer zur Vergleichung der Erscheinungen dienlichen Formel handelt, einen derselben näher ins Auge fassen, nämlich die Diffusion des occludirten Wasserstoffs im Innern der Electrode. Es bezeichne i die Intensität des Ladungsstromes zur Zeit t, dann ist $\int_0^t i\, dt$ proportional und $k\int_0^t i\, dt$ gleich der gesammten entwickelten Wasserstoffmenge, von der wir uns einen Theil $s\vartheta$ auf der Oberfläche der Electrode, deren Grösse mit s bezeichnet werden möge, abgelagert denken; der andere, $s\int_0^\infty \varrho\, dx$ durchdringt die Platinmasse der Electrode, und zwar, wie mit grosser Wahrscheinlichkeit anzunehmen ist, nach dem Fourier'schen Gesetze, sodass:

$$\frac{\partial \varrho}{\partial t} = a^2 \frac{\partial^2 \varrho}{\partial x^2}$$

ist, wobei ϱ die Dichtigkeit des Gases im Abstande x von der Oberfläche der Electrode bezeichnet. Man hat daher:

$$k\int_0^t i\, dt = s\vartheta + s\int_0^\infty \varrho\, dx,$$

woraus durch Differentiation sich ergibt, wenn $\left(\frac{\partial \varrho}{\partial x}\right)_0$ den Werth des Differentialquotienten für $x = 0$ bezeichnet:

$$i = \frac{s}{k}\frac{d\vartheta}{dt} - \frac{a^2 s}{k}\left(\frac{\partial \varrho}{\partial x}\right)_0.$$

Andererseits hat man nach Ohm: Ri gleich der electromotorischen Kraft der primären Kette E, vermindert um die Gegenkraft der Polarisation; diese wollen wir proportional mit ϑ annehmen (nach Analogie der F. Kohlrausch'schen Annahme, welcher dieselbe proportional mit der Dicke der Gasschicht setzte); es wird somit:

$$i = \frac{E}{R} - \frac{m\vartheta}{R}.$$

Die beiden Ausdrücke für i liefern eine lineare Differentialgleichung für ϑ, deren Integration:

$$\vartheta = \frac{E}{m} - c\, e^{-pt} + a^2 e^{-pt}\int_0^t \left(\frac{\partial \varrho}{\partial x}\right)_0 e^{pt}\, dt,$$

wobei zur Abkürzung $p = \frac{mk}{Rs}$ gesetzt wurde, ergibt. Dürfte man $\vartheta = 0$ für $t = 0$ annehmen, so würde sich die willkürliche Constante c leicht bestimmen lassen; diese Annahme wollen wir jedoch vermeiden, da sich im ersten Augenblicke nach der Stromschliessung, für den unsere Gleichungen nicht gelten, eine Gasschicht möglicherweise ausbilden kann. Man findet schliesslich, unter $\varDelta$ eine neue Constante verstanden:

$$i = A e^{-pt} - \frac{ma^2}{R} e^{-pt} \int_0^t \left(\frac{\partial \varrho}{\partial x}\right)_0 e^{pt} dt.$$

Was nun die Grenzbedingungen betrifft, für welche $\left(\frac{\partial \varrho}{\partial x}\right)_0$ zu bilden ist, so ist zunächst klar, dass man $\varrho = 0$ für $t = 0$ zu setzen hat; für $x = 0$ dagegen ist eine veränderliche Dichtigkeit anzunehmen, die von $\varrho = 0$ bis zu einem constanten Werthe $\varrho = \varrho_0$ anwächst. Wir setzen $\varrho = \varrho_0 - \varrho_0 f(t)$ für $x = 0$, wo $f(t)$ eine Function bezeichnet, welche $= 1$ ist für $t = 0$ und continuirlich bis zum Werthe 0 abnimmt. Die Lösung der partiellen Differentialgleichung für ϱ ist in diesem Falle:

$$\varrho = \frac{2\varrho_0}{\sqrt{\pi}} \int_{\frac{x}{2a\sqrt{t}}}^{\infty} e^{-u^2} du - \frac{\varrho_0}{2a\sqrt{\pi}} \int_0^t f(u) \frac{x}{(t-u)^{\frac{3}{2}}} e^{-\frac{x^2}{4a^2(t-u)}} du.$$

Der erste Theil dieses Ausdruckes liefert für $\left(\frac{\partial \varrho}{\partial x}\right)_0$ den Antheil:

$$- \frac{\varrho_0}{a\sqrt{\pi t}},$$

gültig für jedes positive t mit Ausnahme von $t = 0$; um den Antheil von $\left(\frac{\partial \varrho}{\partial x}\right)_0$ zu berechnen, den der zweite Theil liefert, stelle man denselben dar in der Form:

$$F(x) = \frac{2\varrho_0}{\sqrt{\pi}} \int_{\frac{x}{2a\sqrt{t}}}^{\infty} f\left(t - \frac{x^2}{4a^2 u^2}\right) e^{-u^2} du,$$

und berechne den Coëfficienten von dx in der Entwickelung von $F(dx)$. Beschränkt man sich auf ein Glied der Entwickelung, so findet man dafür:

$$- \varrho_0 \frac{f(t) + t f'(\theta t)}{a \sqrt{\pi t}},$$

wobei θ einen positiven echten Bruch bezeichnet. Dies vorausgeschickt, berechnet man:

$$i = A e^{-pt} + \frac{m a \varrho_0}{R \sqrt{\pi}} e^{-pt} \int_0^t \frac{1}{\sqrt{t}} e^{pt} dt$$

$$- \frac{m a \varrho_0}{R \sqrt{\pi}} e^{-pt} \int_0^t [f(t) + t f'(\theta t)] \frac{1}{\sqrt{t}} e^{pt} dt.$$

Setzt man noch zur Abkürzung:

$$\varphi(u) = e^{-u^2} \int_0^u e^{x^2} dx, \qquad \frac{a \varrho_0 s}{k \sqrt{\pi}} = \alpha,$$

so kann man einfacher schreiben:

$$i = A e^{-pt} + 2 \alpha \sqrt{p} \, \varphi(\sqrt{pt}) - \alpha p \, e^{-pt} \int_0^t [f(t) + t f'(\theta t)] \frac{dt}{\sqrt{t}} e^{pt}.$$

Dieser Ausdruck stellt den Antheil des Stromes dar, welcher sich auf die Wasserstoffocclusion bezieht; soll er allgemein Gültigkeit erhalten, so ist noch ein Glied $\beta(t)$ hinzuzufügen, welches die Convectionsströme umfasst.

Obige Formel für i vereinfacht sich wesentlich, wenn es sich darum handelt, den Verlauf des Stromes für grössere Werthe der Zeit zu ermitteln. In der That convergirt die Function $\varphi(u)$ für genügend grosse Werthe des Argumentes gegen $\frac{1}{2u}$, wie man sich durch Reihenentwickelung leicht überzeugt; ausserdem zeigt der Versuch, dass für grosse t der Einfluss des ersten und dritten Gliedes im Ausdruck für i verschwindet, und dass das veränderliche Glied $\beta(t)$ sich einem constanten Werthe, den wir mit β bezeichnen wollen, nähert. Man hat demgemäss für genügend grosse t:

$$i = \frac{\alpha}{\sqrt{t}} + \beta.$$

Dieser vereinfachte Ausdruck hat sich bei allen Messungen bewährt, welche ich über den Stromverlauf angestellt hatte. Die Versuche wurden, wie ich oben erwähnte, mit Platinblechen von 30 bis 400 qcm Oberfläche, welche mittelst Harz-kitt an Glasplatten befestigt waren, ausgeführt. Die La-dungen wurden stets in demselben Sinne vorgenommen und nach jedem Versuche das Plattenpaar durch einen kleinen Widerstand geschlossen, 8—10 Tage lang depolarisirt. Als Einheit der electromotorischen Kraft diente ein Daniell'sches Element ohne Diaphragma (= 1,096 Volt.), als Einheit der Stromstärke der Strom:

$$\frac{1}{10^i}\frac{1\ \text{Dan.}}{1\ \text{Q.-E.}}\left(=11{,}28\ \frac{\text{Micro web.}}{\text{Sec.}}\right).$$

Als Messinstrument wurde ein Wiedemann'sches Gal-vanometer mit starker Dämpfung benutzt.

Ich führe als Beispiel für die Anwendung der zuletzt angegebenen Formel folgende Versuche an.

$E = 1$ Dan. $R = 200$ Q.-E. $S = 35{,}6$ qcm.

t Min.	i in w. E.	$\frac{\alpha}{\sqrt{t}}+\beta$	t Min.	i in w. E.	$\frac{\alpha}{\sqrt{t}}+\beta$	t Min.	i in w. E.	$\frac{\alpha}{\sqrt{t}}+\beta$	t Min.	i in w. E.	$\frac{\alpha}{\sqrt{t}}+\beta$
1	110,0	77,0	11	26,7	26,1	21	20,1	20,1	31	17,2	17,3
2	75,7	55,7	12	25,6	25,2	22	19,8	19,7	32	17,0	17,1
3	59,1	46,2	13	24,6	24,4	23	19,3	19,4	33	16,9	16,9
4	48,9	40,6	14	23,9	23,6	24	19,0	19,0	34	16,7	16,7
5	42,0	36,7	15	23,1	23,0	25	18,8	18,8	35	16,5	16,5
6	37,2	33,9	16	22,5	22,4	26	18,4	18,4	36	16,3	16,3
7	33,9	31,7	17	22,0	21,9	27	18,1	18,2	37	16,1	16,2
8	31,3	29,9	18	21,5	21,4	28	17,9	17,9	38	16,0	16,0
9	29,3	28,4	19	21,0	20,9	29	17,7	17,7	39	15,9	15,9
10	27,9	27,2	20	20,5	20,5	30	17,4	17,5	40	15,8	15,7

$\alpha = 72{,}8$ $\beta = 4{,}2$ (in willkürlichen Einheiten).
$\alpha = 11{,}64$ $\beta = 0{,}67$ (in normalen Einheiten).

$E = 0{,}7$ Dan. $R = 4864$ Q.-E. $s = 443$ qcm.

t Min.	i in willk. E.	$\frac{\alpha}{\sqrt{t}}+\beta$	t Min.	i in willk. E.	$\frac{\alpha}{\sqrt{t}}+\beta$	t Min.	i in willk. E.	$\frac{\alpha}{\sqrt{t}}+\beta$
1	222,2	321,6	45	107,6	107,5	90	96,6	96,6
5	172,8	182,6	50	105,7	105,7	95	96,0	95,9
10	149,6	149,7	55	103,6	103,9	100	95,4	95,3
15	137,2	135,0	60	102,2	102,5	105	94,4	94,6
20	128,8	126,3	65	101,5	101,3	110	93,8	94,0
25	122,3	120,3	70	100,6	100,1	115	93,6	93,5
30	117,1	115,9	75	99,4	99,1	120	93,3	93,0
35	113,0	112,5	80	98,2	98,2			
40	109,8	109,7	85	97,3	97,3			

$\alpha = 251{,}5$ $\beta = 70{,}1$ (in willkürlichen Einheiten)
$\alpha = 9{,}96$ $\beta = 2{,}76$ (in normalen Einheiten.)

Es ist beachtenswerth, dass im Ausdrucke für α der Widerstand R gar nicht vorkommt, dass demnach diese Grösse vom Widerstande des Schliessungskreises unabhängig ist.

Dasselbe gilt näherungsweise vom ganzen Strom, insofern der Einfluss der Grösse β genügend klein ist. Der Versuch bestätigt obige Folgerung mit hinreichender Genauigkeit, in den Grenzen wenigstens, in welchen ich darauf bezügliche Messungen vorgenommen habe, nämlich für die electromotorische Kraft von 1 Dan. und die Widerstände R zwischen 2 und etwa 4000 Q.-E., wie die folgende Zusammenstellung zeigt. (Die Grössen α und β sind in den oben angegebenen Normaleinheiten des Stromes; die Grössen R in Q.-E. angegeben; es bezieht sich ausserdem α auf 1 Min. als Zeiteinheit.

$E = 1$ D.	$s = 38{,}6$ qcm.		$E = 1$ D.	$s = 34{,}2$ qcm.		$E = 1$ D.	$s = 443$ qcm.	
R	α	β	R	α	β	R	α	β
10	5,7	1,1	3,4	13,7	0,1	20	108	8
200	5,8	0,8	5,0	12,9	0,4	262	113	12
350	4,9	0,5	14,7	10,7	1,1	280	104	10
400	5,2	0,5	100,0	12,0	1,2			
1000	5,3	0,4				Mittel	108	$\frac{\alpha}{s} = 0{,}24$
4857	5,2	0,6	Mittel	12,3	$\frac{\alpha}{s} = 0{,}36$			
Mittel	5,35	$\frac{\alpha}{s} = 0{,}16$						

Es wird auffallen, dass die für die einzelnen Plattenpaare gültigen Mittelwerthe von $\frac{\alpha}{s}$ bedeutend voneinander abweichen, während α dem Ausdrucke $\alpha = \frac{a \varrho_0 s}{k \sqrt{\pi}}$ gemäss der Oberfläche der Platten proportional sein sollte. Die Ursache dieser Abweichung ist, wie ich glaube, in der ungleichen Beschaffenheit der Oberfläche, wie auch in ungleicher innerer Structur und Dichte der Platten zu suchen, welche Umstände, wie leicht einzusehen, sowohl ϱ_0 wie auch a wesentlich beeinflussen können.

Durch eine ähnliche Rechnung wie die oben durchgeführte kann man den Verlauf des Entladungsstromes bestimmen, den man erhält, wenn die primäre Kette vom polarisirten Plattenpaare entfernt und dieselben unmittelbar darauf leitend miteinander verbunden werden. Es bezeichne ϑ die Dauer des Ladungsstromes, t die Zeit vom Augenblicke des Umschaltens an gerechnet, endlich α dieselbe Constante wie im vorigen Falle, dann ist, wenn man sich auf die Bestimmung von i für genügend grosse Werthe von t beschränkt und ϑ nicht zu klein genommen wurde:

$$i = \frac{\alpha}{\sqrt{t}} - \frac{\alpha}{\sqrt{t + \vartheta}}$$

Ein constantes Glied β ist in diesem Falle offenbar überflüssig, da die Intensität mit wachsender Zeit bis auf Null herabsinkt; indessen zeigt der Versuch meistentheils einen kleinen Werth δ an, der wohl auf Reste früherer Ladungen zurückzuführen ist. Ein Beispiel, das sich auf diesen Fall bezieht, wird im folgenden Versuche gegeben.

$E = 1$ Dan. Ladungsstrom, $\vartheta = 30$ Min. $\alpha = 85,5$. $\beta = 17,6$.

t Min.	i in willk. E.	$\frac{\alpha}{\sqrt{t}} + \beta$	t Min.	i in willk. E.	$\frac{\alpha}{\sqrt{t}} + \beta$	t Min.	i in willk. E.	$\frac{\alpha}{\sqrt{t}} + \beta$
1	248,0	103,1	11	45,9	43,3	21	36,1	36,3
2	190,9	78,0	12	43,9	42,3	22	35,7	35,8
3	157,0	66,9	13	42,6	41,3	23	35,6	35,5
4	124,5	60,3	14	41,3	40,4	24	35,1	35,0
5	97,0	55,8	15	40,3	39,7	25	34,9	34,7
6	77,0	52,4	16	39,2	38,9	26	34,4	34,3
7	64,0	49,9	17	38,5	38,3	27	34,0	34,0
8	56,1	47,8	18	37,8	37,8	28	33,7	33,7
9	51,4	46,0	19	37,1	37,2	29	33,3	33,5
10	48,1	44,6	20	36,7	36,7	30	Umschaltung	

Entladungsstrom. $\alpha = 85,5$. $\delta = 0,8$.

		i willk. E.	$\frac{\alpha}{\sqrt{t}} - \frac{\alpha}{\sqrt{\vartheta+t}} - \delta$	t Min.	i in willk. E.	$\frac{\alpha}{\sqrt{t}}$	$\frac{\alpha}{\sqrt{\vartheta+t}} -$
1	125,9	69,4	12	11,1	10,7	23	5,1	5,3
2	73,4	44,5	13	10,1	9,9	24	4,9	4,9
3	44,9	33,6	14	9,4	9,1	25	4,7	4,7
4	33,0	27,2	15	8,7	8,5	26	4,5	4,5
5	26,7	22,9	16	8,0	7,9	27	4,2	4,3
6	22,3	19,7	17	7,6	7,4	28	4,0	4,1
7	19,2	17,4	18	7,0	7,0	29	3,9	4,0
8	16,9	15,5	19	6,7	6,6	30	3,8	3,8
9	14,9	13,9	20	6,3	6,2	35	2,9	3,0
10	13,4	12,7	21	5,9	5,9	40	2,5	2,5
11	12,2	11,5	22	5,5	5,5	50	1,9	1,8

Es bleibt noch übrig, den Einfluss der electromotorischen Kraft der primären Kette auf den Verlauf des Stromes und speciell auf die Constante α zu besprechen. Betrachtet man denselben im Lichte der Helmholtz'schen Erklärung[1]), welche ich vorhin kurz angeführt habe, so erscheint eine derartige Vergleichung überhaupt unzulässig, da unterhalb der zur Occlusion des Wasserstoffes nöthigen electromotorischen Kraft das für den Stromverlauf abgeleitete Gesetz unmöglich gültig sein kann. Wenn ich nun dasselbe auch für kleine electromotorische Kräfte anwendbar fand, so beweist das nur, dass die den Convectionsstrom begleitenden Diffusionsprocesse auf ähnlichen Gesetzen beruhen und auf dieselbe Gleichung, wenigstens für genügend grosse Werthe der Zeit, führen. In diesem Sinne ist eine Vergleichung der für die einzelnen electromotorischen Kräfte geltenden Werthe der Constante α wohl möglich, vorausgesetzt, dass die polarisirten Zellen in der Zwischenzeit keinen Aenderungen in Bezug auf deren Fähigkeit, Convectionsströme zu liefern, unterworfen wurden. In der That bemerkt man, wie aus den sogleich anzuführenden Tabellen ersichtlich sein wird, dass für kleinere electromotorische Kräfte die Werthe der Constanten α ziemlich regelmässig wachsen, während in der Nähe von $E = 1$ Dan. und darüber hinaus unregelmässige Sprünge eintreten, welche auf das plötzliche Eingreifen anderer Processe hinzudeuten scheinen.

In der folgenden Zusammenstellung sind die bereits angewendeten Einheiten beibehalten worden.

$s = 33{,}6.$				$s = 33{,}0.$			
R	E	α	β	R	E	α	β
4864	0,7	2,8	0,5	4864	0,7	4,7	0,5
4814	0,8	3,0	1,4	4814	0,8	5,6	1,2
4744	0,9	4,9	1,7	4744	0,9	6,4	0,6
4867	1,0	5,2	0,6	300	1,0	9,0	0,4
4754	1,1	10,8	0,7	324	1,1	10,3	1,3
4824	1,2	7,9	1,6	4824	1,2	10,1	1,8
4904	1,3	12,1	3,2	4874	1,3	12,5	2,5
4874	1,7	10,2	7,8	4914	1,5	13,8	4,9
				4677	2,0	7,8	12,4

[1]) l. c.

$s = 443.$				$s = 183$ Concentr. walzenförmige Platten beiderseits frei.			
R	E	α	β	R	E	α	β
300	0,1	0,6	0,2	300	0,1	0,6	0,1
300	0,2	2,1	0,4	300	0,2	4,7	0,1
4864	0,3	3,4	0,8	4864	0,3	11,0	0,3
4894	0,4	7,7	0,7	4894	0,4	12,9	1,2
4904	0,5	9,9	1,1	4904	0,5	14,9	2,3
4864	0,7	10,0	2,8	4864	0,7	25,8	4,0
4744	0,9	14,3	4,9	4744	0,9	49,0	4,2
4754	1,1	24,6	5,7	4754	1,1	58,2	7,2
4914	1,5	52,6	6,6	4914	1,5	91,6	5,0

Wie man sieht, weisen diese Zahlen zu grosse Unregelmässigkeiten auf, um sichere Schlüsse daran knüpfen zu können. Jedenfalls ist aber aus denselben zu ersehen, dass die Grösse α wächst, wenigstens bis zu $E = 2$ Dan. hinauf, und zwar wird man näherungsweise, für nicht zu grosse electromotorische Kräfte, α dem Quadrate von E proportional setzen dürfen.

Ich will schliesslich einer, der bis jetzt betrachteten, analogen Erscheinung erwähnen, die aus dem Grunde einer nähern Aufmerksamkeit würdig ist, weil dieselbe bei der Bestimmung des Widerstandes metallischer Leiter eine ähnliche Rolle spielt, wie die electrolytische Polarisation bei jener flüssiger. Es wird sich zeigen, dass die bei dem sogenannten Peltier'schen Phänomen auftretenden Thermoströme von variabler Intensität in gewissen Grenzen dieselben Gesetze befolgen, welche sich für die electrolytischen Polarisationsströme ergaben. In der That, man denke sich zwei prismatische metallische Leiter, unendlich lang und von unendlich grossem Querschnitt, die in einer Ebene zusammenstossen; es werde durch dieselben der Strom einer constanten Kette geleitet. Dann wird in der Berührungsebene Wärme erzeugt, deren Menge W nach Edlund und Le Roux der hindurchgeflossenen Electricitätsmenge proportional gesetzt werden kann; demnach ist $\frac{dW}{dt}$ proportional und $k \frac{dW}{dt}$ gleich der Stromintensität; andererseits ist nach den Gesetzen der Wärmeleitung, für welche in den beiden Körpern die Gleichungen:

$$\frac{\partial \varrho}{\partial t} = a^2 \frac{\partial^2 \varrho}{dx^2}, \qquad a^2 = \frac{\varkappa}{\delta c},$$

$$\frac{\partial \varrho'}{dt} = a'^2 \frac{\partial^2 \varrho'}{dx^2}, \qquad a'^2 = \frac{\varkappa'}{\delta' c'},$$

gelten mögen:

$$\frac{1}{s}\frac{dW}{dt} = - \left(\varkappa \frac{\partial \varrho}{\partial \varkappa} + \varkappa' \frac{\partial \varrho'}{\partial \varkappa} \right) x = 0$$

zu setzen. In diesen Gleichungen bedeutet ϱ resp. ϱ' die Temperatur im Querschnitt, dessen Entfernung von der Berührungsebene (beiderseits von derselben weg, gerechnet) mit x bezeichnet wurde; $\varkappa$, δ, c bezeichnen Leitungsfähigkeit, Dichte und spec. Wärme, s die Grösse des Querschnittes.

Dies gibt:
$$i = - ks \left\{ \varkappa \left(\frac{\partial \varrho}{\partial x} \right)_0 + \varkappa' \left(\frac{\partial \varrho'}{\partial x} \right)_0 \right\}.$$

Nennt man ϱ_0 die Temperatur in der Berührungsebene, so ist andererseits $i = \dfrac{E - \mu \varrho_0}{R}$, wo E und R electromotorische Kraft der Kette und Gesammtwiderstand bezeichnen, vorausgesetzt, dass die thermoelectrische Kraft der Temperaturdifferenz proportional gesetzt werden darf und mit Ausnahme der beiden Prismen sämmtliche Leiter auf constanter Temperatur Null erhalten werden.

Setzt man zur Abkürzung $\dfrac{E}{\mu} = \theta$, so liefern die beiden letzten Gleichungen:

$$\varkappa \left(\frac{\partial \varrho}{\partial x} \right)_0 + \varkappa' \left(\frac{\partial \varrho'}{\partial x} \right)_0 = \frac{\mu}{R\,ks}(\varrho_0 - \theta).$$

Eine Lösung der partiellen Differentialgleichungen für ϱ und ϱ', welche der eben abgeleiteten Relation und ausserdem den Bedingungen: $\varrho = \varrho' = 0$ für $t = 0$ und $\varrho = \varrho'$ für $x = 0$ genügt, kann man in folgender Form schreiben:

$$\varrho = \theta - \varrho\,(x, t), \qquad \varrho' = \theta - \varrho'\,(x, t),$$

wobei zur Abkürzung:

$$\varrho\,(x, t) = \frac{2 b \theta a}{\pi} \int_0^\infty \frac{du}{u^2 + a^2 b^2} \left(\cos \frac{u x}{a} + \frac{ab}{u} \sin \frac{u x}{a} \right) e^{-u^2 t},$$

$$b = \frac{a'}{\varkappa a' + \varkappa' a} \frac{\mu}{R\,ks}$$

gesetzt wurde; $\varrho'(x, t)$ entsteht aus $\varrho\,(x, t)$ durch Vertauschung von a, b mit a', b', und b' aus b durch Vertauschung von a mit a' und $\varkappa$ mit $\varkappa'$. Diese Lösung liefert:

$$\varrho_0 = \theta - \frac{2\theta}{\pi} \frac{aa'}{a'x+ax'} \frac{\mu}{Rks} \int_0^\infty \frac{du}{u^2+a^2b^2} e^{-u^2t},$$

folglich: $\quad i = \frac{2\theta}{\pi} \frac{aa'}{a'x+ax'} \frac{\mu^2}{ks R^2} \int_0^\infty \frac{du}{u^2+a^2b^2} e^{-u^2t}.$

Es ist leicht nachzuweisen, dass für genügend grosse Werthe der Zeit t das Integral:

$$\int_0^\infty \frac{du}{u^2+a^2b^2} e^{-u^2t}$$

sich dem Werthe: $\quad \dfrac{\sqrt{\pi}}{2a^2b^2\sqrt{t}}$

nähert; dies gibt mit Beachtung des Werthes von b:

$$i = \frac{ks\,\theta\,(xa'+x'a)}{aa'\sqrt{\pi}} \frac{1}{\sqrt{t}},$$

oder kürzer $= \dfrac{\alpha}{\sqrt{t}}$. Da nun in Wirklichkeit infolge der unvermeidlichen Wärmeverluste die Stromintensität niemals Null wird, so ist obige, für einen ideellen Fall abgeleitete Gleichung durch ein constantes Glied zu ergänzen; die Gleichung: $\quad i = \dfrac{\alpha}{\sqrt{t}} + \beta,$

die dann entsteht, wird freilich für das Experiment nicht strenge Gültigkeit haben, jedoch sich der wahren Gleichung umso mehr nähern, mit je grösserer Berechtigung man die Wärmeverluste und die nach dem Joule'schen Gesetze erzeugten Wärmemengen wird vernachlässigen dürfen.

In ähnlicher Weise berechnet man den Entladungsstrom, nachdem die Ladung die Zeit ϑ hindurch gedauert hatte und die primäre Kette entfernt wurde. Man hat dann $i = \frac{\mu \varrho_0}{R}$, und ausserdem sind folgende Bedingungsgleichungen zu erfüllen: $\quad \dfrac{\mu \varrho_0}{Rks} = \varkappa \left(\dfrac{\partial \varrho}{\partial x}\right)_0 + \varkappa' \left(\dfrac{\partial \varrho'}{\partial x}\right)_0,$ und:

$$\varrho = \varrho' \text{ für } x = 0, \qquad \left.\begin{array}{l} \varrho = \theta - \varrho\,(x,\vartheta) \\ \varrho' = \theta - \varrho'(x,\vartheta) \end{array}\right\} \text{ für } t = 0.$$

Die Lösung der partiellen Differentialgleichungen ist in diesem Falle: $\quad \varrho = \varrho\,(x,t) - \varrho\,(x,t+\vartheta),$
$$\varrho' = \varrho'(x,t) - \varrho\,(x,t+\vartheta), \qquad\qquad \text{und ergibt:}$$

$$i = \frac{2\theta}{\pi} \frac{a a'}{x a' + x' a} \frac{\mu^2}{k s E^2} \left\{ \int_0^\infty \frac{du}{u^2 + a^2 b^2} e^{-u^2 t} - \int_0^\infty \frac{du}{u^2 + a^2 b^2} e^{-u^2 (t + \vartheta)} \right\},$$

welche Gleichung sich für grosse Werthe von t zu:

$$i = \frac{\alpha}{\sqrt{t}} - \frac{\alpha}{\sqrt{t + \vartheta}}$$

vereinfacht. Man bemerkt auch hier eine Uebereinstimmung der für die Intensität der Thermoströme geltenden Gleichungen mit jenen für die electrolytischen Polarisationsströme, sodass das analoge Verhalten beider Erscheinungen eine Bezeichnung der erstern als thermoelectrische Polarisation, rechtfertigen würde. —

Lemberg, im September 1880.

III. *Ueber die durch Electricität bewirkten Form- und Volumenänderungen von dielectrischen Körpern; von W. C. Röntgen;*

(Aus den Ber. d. Oberhess. Gesellsch. f. Natur- u. Heilk. 20. mitgetheilt vom Herrn Verfasser.)

Die Literatur über die sogenannte „electrische Ausdehnung"[1] ist in der letzten Zeit durch eine sehr umfangreiche und ausführliche Abhandlung des Hrn. Quincke[2] vermehrt worden. Jene Abhandlung enthält im wesentlichen: erstens eine experimentelle Prüfung der insbesondere von Hrn. Duter und Hrn. Righi aufgefundenen Gesetzmässigkeiten über die „electrische Ausdehnung", zweitens eine Begründung der vom Hrn. Verf. adoptirten Ansicht, dass die beobachteten·Erscheinungen nur durch die Annahme einer neuen, merkwürdigen Wirkung der Electricität zu erklären seien, und drittens den Versuch zu einer auf dieser Ansicht basirten Erklärung der

---

1) Volta, Lettere inedite di Volta. Pesaro. p. 15. 1834. — Govi, Compt. rend. 87. p. 857. 1878. — Duter, Compt. rend. 87. p. 828. 960. 1036. 1878; und 88. p. 1260. 1879. — Righi, Compt. rend. 88. p. 1262. 1879. — Korteweg, Wied. Ann. 9. p. 48. 1880.

2) Quincke, Wied. Ann. 10. p. 161, 374, 513. 1880.

von Hrn. Kerr und mir beobachteten electro-optischen Erscheinungen.

Ich habe die Abhandlung des Hrn. Quincke sorgfältig
studirt und die darin mitgetheilten Resultate verglichen mit
den Ergebnissen von Versuchen und Berechnungen, die ich
zum Theil schon in den Jahren 1876 und 1877 über denselben
Gegenstand angestellt habe. Es ist mir nun nicht gelungen,
immer zu denselben Schlussfolgerungen zu gelangen, wie Hr.
Quincke; insbesondere kann ich die soeben erwähnte Auffassung des Hrn. Verf. nicht theilen, dass die von ihm beschriebenen Erscheinungen nur zu erklären seien durch die
Annahme einer eigenthümlichen, durch die Electricität erzeugten, allseitigen Dilatation oder Contraction 'des Dielectricums,
welche der durch Temperaturänderungen verursachten durchaus ähnlich, aber nicht etwa durch solche hervorgerufen wäre.
Ich habe keine Veranlassung meine früher gefasste Meinung
zu ändern, dass die bisherigen Versuche über die Form- und
Volumenveränderungen von Dielectrica, auf welche electrische
Kräfte wirken, durchaus nicht gestatten mit einiger Sicherheit
auf das Vorhandensein einer besonderen Wirkung der statischen
Electricität auf die Theilchen des Dielectricums zu schliessen;
ich glaube, dass keine als unzweifelhaft richtig verbürgte Beobachtung vorliegt, welche in directem Widerspruche stünde
mit der zunächst liegenden Annahme, dass die betreffenden
Aenderungen hervorgebracht werden einmal durch die gegenseitige Anziehung der ungleichnamig electrischen Theilchen
des Dielectricums und die dadurch bedingte Compression
(„electrische Compression") desselben, und zweitens durch Temperaturänderungen des Dielectricums, welche beim Electrisiren
desselben eintreten.

Das Folgende enthält eine eingehende Prüfung der auf
p. 513 ff. der angeführten Abhandlung zusammengestellten
Ueberlegungen und Thatsachen, welche nach Angabe des Hrn.
Quincke gegen die Annahme einer electrischen Compression
sprechen, sowie der Einwände, welche Hr. Quincke gegen
eine Erklärung der beobachteten Erscheinungen durch Erwärmung des Dielectricums erhebt. Zum Schluss möchte ich
einige Versuche mittheilen, welche ich mit Flüssigkeiten im

Laufe des vergangenen Winters und in diesem Sommer angestellt habe, und welche zu wesentlich anderen Resultaten geführt haben als die des Hrn. Quincke.

Auf p. 513 heisst es:

„§ 27. Unwahrscheinlichkeit einer electrischen Compression. Man könnte denken, dass durch die Anziehung der entgegengesetzten Electricitäten auf beiden Condensatorbelegungen die Glasdicke verkleinert und durch diese „electrische Compression" indirect das Volumen der Thermometerkugel vergrössert werde."

Darauf wird die Voraussetzung gemacht:

„Die mittlere Schicht der Glaskugel vom Radius ϱ bleibt bei der Compression ungeändert."

Und nun folgt eine kurze Berechnung, durch welche gezeigt wird, dass bei dieser Voraussetzung die Volumendilatation des Hohlraums der Kugel $\frac{\Delta v}{v}$ umgekehrt proportional dem Durchmesser der Kugel sein müsste.

„Meine in Tabelle 5 und Tabelle 10 zusammengestellten Versuche lassen jedoch keinen Einfluss des Kugeldurchmessers erkennen."

Die der Rechnung zu Grunde gelegte Voraussetzung, dass die mittlere Schicht der Kugel unverändert bleibe, ist nun jedenfalls ganz und gar willkürlich, das Resultat der Rechnung hat deshalb keine Beweiskraft; dasselbe spricht ebenso wenig gegen als für das Vorhandensein einer electrischen Compression. — Wenn jene Voraussetzung in der That eine nothwendige Consequenz der Annahme einer electrischen Compression wäre, so hätte es gar nicht der Rechnung bedurft um die Unhaltbarkeit dieser Annahme nachzuweisen; denn eine unveränderte Mittelschicht ist in directem Widerspruch mit der auf p. 180 ff. mitgetheilten Thatsache, dass das innere und das äussere Volumen der Glaskugeln beim Electrisiren um nahezu gleichviel zunehmen.

Ich darf vielleicht hier hinzufügen, dass mir jene Voraussetzung nicht nur willkürlich, sondern auch sehr unwahrscheinlich vorkommt. Geht man nämlich von dem Vorhandensein einer electrischen Compression aus, so lassen sich zwar die Gesetze der Formveränderungen vor der Hand nicht mit

Hülfe der Gesetze der Electrostatik und der Electricitätslehre streng ableiten, da über die Vertheilung der Electricität auf der Oberfläche und im Innern des Dielectricums zur Zeit nichts Sicheres bekannt ist, und die Erscheinung meiner Ansicht nach sehr complicirter Natur ist; soviel ergibt aber doch eine eingehende Betrachtung, dass die Beobachtung einer nahezu gleichen Zunahme des innern und äussern Volumens der Thermometercondensatoren nicht unvereinbar ist mit jener Annahme, und dass folglich die besprochene Voraussetzung höchst unwahrscheinlich ist.

Hr. Quincke fährt nun fort:

„Gegen die Annahme einer electrischen Compression spricht ferner der Umstand, dass weicher und wenig elastischer Kautschuk, der zwei Tage mit Wasser in Berührung war, unter sonst gleichen Umständen etwa dieselbe Volumenänderung zeigt wie das viel elastischere und weniger leicht comprimirbare Glas."

Um die Bedeutung dieses Einwandes beurtheilen zu können, ist es nöthig, dass man den § 13, welcher die Beobachtungen mit Kautschuk enthält, zu Rathe zieht.

Nach dem Durchlesen dieses § gewann ich die Ueberzeugung, dass Kautschuk, wenigstens wenn derselbe in der dort angegebenen Weise verwendet wird, kein Material ist, mit welchem zuverlässige Resultate erhalten werden können. So gibt z. B. Hr. Quincke an, dass der auf beiden Seiten von Wasser umgebene Kautschukschlauch für Wasser durchlässig sei, indem dasselbe durch electrische Fortführung durch die Kautschukwand hindurch getrieben wurde; die dadurch verursachte Vermehrung oder Verminderung der Wassermenge im Hohlraum des Schlauches verdeckt zum grössten Theil die zu beobachtende Volumenänderung. Dann soll sich die Isolationsfähigkeit des Kautschuks bedeutend ändern, wenn derselbe einige Zeit mit Wasser in Berührung ist; dieselbe soll durch Aufnahme von Wasser grösser werden (!) Die Folge von diesen und anderen sehr störenden Eigenschaften des Kautschuks ist, erstens dass die Erscheinungen noch unregelmässiger und complicirter werden als bei Glas, und zweitens, dass die erhaltenen Zahlenwerthe eine sehr mangelhafte Uebereinstimmung zeigen. Jedenfalls würde ich diesen Zahlen wenig Gewicht beilegen und dieselben nicht als Stütze für die eine oder die andere Hypothese benutzen.

Uebrigens ist noch zu bemerken, dass Hr. Quincke auf p. 200 angibt, frischer Kautschuk zeige eine ungefähr zehnmal so grosse Volumenänderung als Glas.

Der nun folgende dritte Einwand gegen die Annahme einer electrischen Compression stützt sich auf die von Hrn. Quincke behauptete Uebereinstimmung zwischen den beobachteten Volumenänderungen von Thermometercondensatoren aus Flintglas und solchen aus Thüringer Glas bei gleicher Glasdicke und bei gleicher Potentialdifferenz der Belegungen. Eine derartige Uebereinstimmung dürfte nämlich nach der Ansicht des Hrn. Verf. nicht vorhanden sein, wenn die Formveränderungen durch electrische Compression erzeugt wären; es müsste infolge der Verschiedenheit der Leitungsfähigkeiten der beiden Glassorten die Volumenzunahme beim Thüringer Glas grösser sein als beim Flintglas. Um den Grad der Uebereinstimmung beurtheilen zu können, theile ich die zwei folgenden Tabellen mit; dieselben enthalten eine grössere Anzahl von Hrn. Quincke beobachteter Wanddicken und Volumendilatationen (aus Tab. 5, p. 176 und Tab. 10, p. 190 entnommen), sowie die von mir auf Grund der von Hrn. Quincke aus jenen Beobachtungen abgeleiteten Gesetzmässigkeit, dass unter sonst gleichen Umständen die Volumendilatationen dem Quadrate der Wanddicken umgekehrt proportional sind, berechneten Volumendilatationen für die Wanddicke = 1 mm.

Wenn die oben erwähnte Beziehung zwischen Wanddicke und Volumenänderung in aller Strenge durch die mitgetheilten Zahlen wiedergegeben wäre, und wenn Flintglas und Thüringer Glas wirklich dieselbe Volumendilatation zeigten, so müssten die in je einer mit „Volumenänderung $\frac{\Delta v}{v} . 10^6$ für die Wanddicke = 1 mm" überschriebenen Columne enthaltenen Zahlen einander gleich sein.

Ueber den Grad der vorhandenen und der erforderlichen Uebereinstimmung kann man verschiedener Meinung sein; ich glaube aber, dass die obigen Zahlen überhaupt nicht gestatten,

Tabelle I.

Wanddicke in mm	6 Leydener Flaschen m. Electricitätsmenge 20		6 Leydener Flaschen m. Electricitätsmenge 10	
	Volumenänderung $\frac{\Delta v}{v}.10^6$	Volumenänderung $\frac{\Delta v}{v}.10^6$ für die Wanddicke = 1 mm	Volumenänderung $\frac{\Delta v}{v}.10^6$	Volumenänderung $\frac{\Delta v}{v}.10^6$ für die Wanddicke = 1 mm
Englisches Flintglas.				
0,142	9,865	0,199	2,984	0,060
0,207	9,036	0,387	2,669	0,115
0,258	6,491	0,432	2,300	0,153
0,321	5,234	0,539	1,579	0,163
0,297	5,425	0,479	1,600	0,141
0,271	4,533	0,333	1,589	0,117
0,319	3,631	0,369	1,154	0,117
0,286	3,258	0,267	—	—
0,346	3,149	0,377	0,940	0,112
0,407	0,866	0,144	0,287	0,048
0,591	0,273	0,095	0,069	0,024
Thüringer Glas.				
0,220	11,69	0,566	3,532	0,171
0,238	5,010	0,284	1,327	0,075
0,283	3,994	0,320	0,610	0,049
0,294	5,459	0,472	1,746	0,152
0,494	2,102	0,512	—	—
0,590	2,471	0,860	1,304	0,452
0,700	0,755	0,370	—	—

Tabelle II.

Wanddicke in mm	Schlagweite = 1 mm		Schlagweite = 2 mm	
	Volumenänderung $\frac{\Delta v}{v}.10^6$	Volumenänderung $\frac{\Delta v}{v}.10^6$ für die Wanddicke = 1 mm	Volumenänderung $\frac{\Delta v}{v}.10^6$	Volumenänderung $\frac{\Delta v}{v}.10^6$ für die Wanddicke = 1 mm
Englisches Flintglas.				
0,142	2,883	0,058	10,67	0,215
0,203	1,756	0,073	7,440	0,307
0,258	1,310	0,087	3,960	0,263
0,271	0,980	0,072	3,014	0,221
0,286	0,739	0,060	2,662	0,217
0,319	0,604	0,062	1,971	0,201
0,346	0,742	0,089	2,042	0,245
0,407	0,149	0,025	0,736	0,122
0,591	0,058	0,020	0,190	0,066
Thüringer Glas.				
0,238	1,131	0,064	4,606	0,261
0,283	0,441	0,035	1,747	0,140
0,294	0,548	0,047	2,299	0,199
0,700	0,102	0,050	0,358	0,175
0,304	6,882	0,636	18,29	1,65

dass man dieselben zu dem von Hrn. Quincke verfolgten Zweck verwendet; denn erstens garantirt die Versuchsmethode des Hrn. Verf. durchaus nicht, dass bei allen in je einer Abtheilung der obigen Tabellen zusammengestellten Versuchen auch wirklich gleiche Potentialdifferenz der Belegungen vorhanden gewesen ist, und zweitens ist es mir doch sehr fraglich, ob es eine nothwendige Consequenz der Annahme einer electrischen Compression ist, dass die Volumenänderungen von Flint- und Thüringer Glaskugeln so sehr verschieden ausfallen; da die Gesetze der Vertheilung der Electricität auf dem Dielectricum und im Innern desselben bis jetzt gänzlich unbekannt sind, und ebenfalls nichts Bestimmtes vorliegt über die Grösse der auftretenden Erwärmung des Dielectricums, so halte ich es mindestens für sehr gewagt, die Behauptung aufzustellen, dass die Formveränderungen der einen Glassorte grösser sein müssen als die einer andern.

Schliesslich kann die Frage erhoben werden, wie Hr. Quincke die seiner Meinung nach vorhandene Uebereinstimmung in Einklang bringt mit seiner Hypothese einer electrischen Ausdehnung.

Und nun die letzte Einwendung, die Hr. Quincke auf Grund seiner Beobachtungen an festen Körpern gegen die Annahme einer electrischen Compression macht.

„Gegen die Annahme einer electrischen Compression spricht ferner das Verhältniss von Volumendilatation $\frac{\Delta v}{v}$ und Längendilatation $\frac{\Delta l}{l}$ bei Condensatoren derselben Wanddicke für dieselbe Schlagweite oder Potentialdifferenz beider Belegungen. Eine Vergleichung der Beobachtungen der §§ 11 und 16" (sowie die in dem folgenden § 28 mitgetheilte Untersuchung über jenes Verhältniss bei Glascylindern) „zeigt, dass die Volumendilatation $\frac{\Delta v}{v}$ dreimal grösser ist als die Längendilatation $\frac{\Delta l}{l}$, unter sonst gleichen Umständen."

Dass dieses, meiner Ansicht nach nicht überraschende Resultat gegen die besagte Annahme spricht, kann ich unmöglich zugeben. Auf p. 519 befindet sich folgende, darauf bezügliche Ueberlegung: „Angenommen, die Volumenänderung des Glas-

cylinders rühre von electrischer Compression her, so wird
die mittlere Schicht des Cylinders vom Radius ϱ ungeändert
bleiben."

Darauf folgt eine Berechnung, welche zu dem Resultat
führt, dass

$$\frac{\varDelta v}{v} = \frac{4}{3}\,\frac{\varDelta l}{l}$$

sein müsste, während die Versuche ergeben:

$$\frac{\varDelta v}{v} = 3\,\frac{\varDelta l}{l}.$$

„Es spricht dies also ebenfalls gegen die Annahme einer
Ausdehnung durch electrische Compression."

Wir finden somit auch hier wieder die willkürliche Voraussetzung über das Verhalten der mittlern Schicht; es ist folglich an dieser Stelle dasselbe zu wiederholen, was oben bei
der Besprechung des ersten Einwandes gesagt worden ist.
Dadurch wird aber meines Erachtens auch dieser letzte Einwand hinfällig.

Es sei mir zum Schluss gestattet zu bemerken, dass ich
nicht recht einzusehen vermag, wie Hr. Quincke zu der
Aufstellung des für seine Hypothese allerdings wichtigen Satzes
p. 515 gelangt:

„Das Resultat $\left(\dfrac{\varDelta v}{v} = 3\,\dfrac{\varDelta l}{l}\right)$ ist insofern überraschend, als
daraus folgen würde, dass die Ausdehnung des Glases durch
electrische Kräfte wie die Ausdehnung durch die Wärme nach
allen Richtungen gleichmässig erfolgt, unabhängig von der
Richtung der wirkenden electrischen Kräfte."

Es ist doch mit $\dfrac{\varDelta v}{v}$ immer die relative Zunahme des von
den Condensatoren eingeschlossenen Hohlraumes bezeichnet
und nicht etwa die relative Volumenzunahme des Glases; es
müsste meiner Meinung nach doch wohl erst durch Versuche
gezeigt werden, dass zwischen der zuletzt genannten Volumenzunahme und der Längenzunahme die angegebene Beziehung
bestünde, wenn man zu dem obigen Satz gelangen will. Das
ist aber nirgendwo geschehen, es ist nicht einmal nachgewiesen,
dass die Glaswand überhaupt dicker wird unter dem Einfluss
der electrischen Kräfte.

In Bezug auf die Erklärung der beobachteten Volumenänderungen durch Temperaturerhöhung der Glaswand verhält
sich Hr. Quincke weniger ablehnend. Auf p. 179 heisst es:

„Der etwas geringere Werth der Senkung" (der Volumenvermehrung des Thermometercondensators) „bei Quecksilber
als bei Wasser könnte von der bessern Wärmeleitung der
erstern Flüssigkeit herrühren. Wenn nämlich die Ausdehnung der Glaswand der Thermometerkugel von der Wärme
herrührte, die der schwache Entladungsstrom der Leydener
Batterie in der Glaswand von grossem electrischen Leitungswiderstand entwickelt, so müsste — — — — — — — —
— — — — die Volumenänderung der Thermometerkugel bei
Füllung mit Wasser grösser als bei Füllung mit Quecksilber
sein; bei dünner Glaswand auffallender, als bei dicker Glaswand, wie es in der That die Versuche ergeben."

Allerdings wird auf p. 183 aus dem gleichen Verhalten
eines mit Wasser gefüllten, aussen versilberten Thermometercondensators, wenn derselbe das eine mal mit Luft, das andere
mal mit Wasser umgeben ist, geschlossen, dass die Volumenänderung nicht wohl von einer Erwärmung der Glaswand herrühren könne. Aehnliche Beobachtungen mit einem Glasfaden-
condensator p. 384 führen Hrn. Quincke zu demselben
Resultat, trotzdem die darauf bezügliche Tabelle 17 zeigt, dass
die Formveränderungen eines mit Luft umgebenen Glasfaden-
condensators immer grösser sind als die eines solchen, welcher
mit Wasser umgeben ist, und jene Beobachtungen folglich
eher für als gegen das Vorhandensein einer Erwärmung der
Glaswand sprechen. Ich gebe hier die Tabelle 17 wieder:

Gerader Flintglasfaden innen und aussen versilbert.

Flaschenzahl	Electricitäts-menge	Verlängerung in Milliontel der ursprünglichen Länge	
		in Luft	in Wasser
6	10	0,99	0,81
„	20	2,80	2,39
„	30	5,71	4,41
3	5	0,72	—
„	10	2,17	1,99
	15	4,41	3,69
	20	—	5,86

Nach meiner Ansicht findet bei den Versuchen mit festen Körpern sowohl eine electrische Compression als eine Erwärmung des Dielectricums, statt; wir sind aber ganz und gar im Unklaren über die Frage, welchen Antheil die eine oder die andere Ursache an der Erscheinung hat, da die Gesetze beider bis jetzt unbekannt sind.

Die Versuche, welche Hr. Quincke über die durch Electricität bewirkte Volumenänderung von Flüssigkeiten angestellt hat, haben zu einem höchst auffälligen und interessanten Resultat geführt: eine grössere Anzahl von Flüssigkeiten verhält sich derartig, dass die beobachtete Volumenänderung durch eine den Durchgang der Electricität begleitende Erwärmung erklärt werden könnte; dagegen findet bei Rüböl und Mandelöl eine Volumencontraction statt, welche selbstverständlich nicht mit der Annahme einer Temperaturerhöhung der Flüssigkeit vereinbar ist; Schwefeläther und Olivenöl zeigen das eine mal eine Vermehrung, das andere mal eine Verminderung des Volumens; die zuletzt genannten Flüssigkeiten verhalten sich überhaupt ganz unregelmässig.

Es ist begreiflich, dass Hr. Quincke diese Beobachtung als eine besonders starke Stütze für seine Hypothese betrachtet.

Im vergangenen Winter habe ich im Anschluss an meine Untersuchung über die electrische Doppelbrechung eine Reihe von Versuchen über das Verhalten von Flüssigkeiten unter dem Einfluss von electrischen Kräften angestellt, welche nicht zu demselben Resultat führten, zu welchem jetzt Hr. Quincke gelangt. Da unsere Versuchsmethoden etwas verschieden waren, so habe ich sofort nach Kenntnissnahme von der Quincke'schen Arbeit die Versuche mit einem Apparat wiederholt, welcher dem des Hrn. Quincke nachgebildet war. Aber auch mit diesem Apparat ist es mir nicht möglich gewesen, bei Rüböl und Mandelöl eine electrische Contraction nachzuweisen.

Da ich möglichst sorgfältig experimentirte und selbstverständlich dasselbe von Hrn. Quincke voraussetze, so liegt ein Widerspruch vor, den ich nicht zu lösen vermag: derselbe veranlasst mich, im Folgenden meine Versuche in ausführlicher Weise mitzutheilen.

Der erste von mir benutzte Apparat ist in Taf. VII Fig. 1
abgebildet. Derselbe besteht aus einer 10 cm weiten und circa
20 cm hohen Glasglocke *ABC*, die durch eine 0,7 cm dicke
Spiegelglasplatte *AC* verschlossen ist; die letztere war der
eingefüllten Flüssigkeit entsprechend mit Hausenblase oder
Canadabalsam aufgekittet. Die Mitte der.Spiegelglasplatte ist
durchbohrt und trägt ein Glasrohr, das sich bei *a* verzweigt;
der eine Zweig geht vertical aufwärts und kann durch einen
Glashahn verschlossen werden; der andere ist bei *b* zu einer
ungefähr 0,03 cm weiten Röhre ausgezogen. — Die Füllung
geschieht durch einen Trichter mit langem und engem Stiel,
der bei *c* aufgesetzt wird; der Stiel geht bis in die Glocke
hinein. Nachdem die Glocke und die Ansatzröhren vollständig
gefüllt und alle Luftblasen sorgfältig entfernt sind, wird der
Trichter abgenommen und dafür ein Kautschukschlauch aufgesetzt; indem man das Ende des Kautschukschlauches in den
Mund nimmt, kann man durch Saugen, resp. Blasen den Stand
des Niveau der Flüssigkeit in dem Schenkel *ab* passend ändern;
wenn dasselbe sich ungefähr in der Mitte des engen Theils
der Glasröhre befindet, wird der Hahn geschlossen.

Die Flüssigkeitskuppe im engen Glasrohr wurde meistens
mit einem stark vergrössernden Fernrohr beobachtet; indessen
habe ich auch verschiedene male ein Mikroskop mit Ocularmikrometer benutzt.

Der beschriebene Apparat stand auf einem Holzklotz und
war bis zum Hahn ganz von Sägespähnen umgeben; die Temperatur des Beobachtungsraumes wurde möglichst constant gehalten, und kein Versuch wurde angestellt, so lange die Flüssigkeitskuppe im engen Glasrohr ihren Stand noch merklich
änderte.

Um auf die Flüssigkeit, und zwar auf einen möglichst
grossen Theil derselben elektrische Kräfte wirken zu lassen,
befindet sich in der Glasglocke ein Condensator *DE*. Die
eine mit der Electricitätsquelle in Verbindung stehende Belegung wird durch achtzehn äquidistante, kreisrunde Zink-
scheiben (Durchmesser 5,5 cm) gebildet, die in ihren Mittelpunkten auf einem starken, geraden Neusilberdraht *DE* festgelöthet sind (Abstand der Platten 0,8 cm). Die andere mit

der Erde verbundene Belegung besteht ebenfalls aus kreisrunden Zinkplatten, von denen jedesmal eine zwischen zwei aufeinander folgenden Platten der ersten Belegung liegt. Durch kreisförmige Ausschnitte (Durchmesser 1,5 cm) in der Mitte der Platten der zweiten Belegung wird erreicht, dass dieselben den Neusilberdraht *DE* nicht berühren, unter einander und mit der Erde sind diese Platten durch zwei seitlich angebrachte Neusilberdrähte *FG* und *HI* verbunden; kleine an den Platten befindliche vorstehende Läppchen sind zu diesem Zweck an den Neusilberdrähten festgelöthet.

In welcher Weise die Verbindung der Belegungen mit der Electricitätsquelle, resp. mit der Erde hergestellt wurde, geht zur Genüge aus der Zeichnung hervor. Die für den Austritt der Neusilberdrähte benöthigten Durchbohrungen in der Glasplatte werden durch runde Metallscheibchen und zwischengelegte Lederscheibchen, sowie durch je eine Druckschraube geschlossen. Derjenige Neusilberdraht, welcher zur Electricitätsquelle führt, wird durch ein auf die Glasplatte aufgekittetes Glasrohr von den den Apparat umgebenden Sägespähnen isolirt.

In Anbetracht des relativ grossen Abstandes der Condensatorschreiben von der Wand der starkwandigen Glasglocke hielt ich es für überflüssig, die letztere besonders, etwa durch ein zur Erde abgeleitetes, den Condensator umgebendes Drahtgewebe gegen electrische Einflüsse zu schützen.

Die Flüssigkeiten, welche nacheinander mit diesem Apparat untersucht wurden, waren: Schwefelkohlenstoff, Rüböl und Wasser.

Das Electrisiren geschah in der mannigfachsten Weise: 1) durch directe metallische Verbindung mit dem Conductor einer kräftigen Reibungselectrisirmaschine, welche entweder stossweise oder continuirlich, langsam oder rasch gedreht wurde; 2) in derselben Weise, nur mit dem Unterschied, dass eine Funkenstrecke von variabeler Länge zwischen Conductor und Condensator eingeschaltet wurde; 3) durch Verbindung mit der innern Belegung einer geladenen Batterie von veränderlicher Flaschenzahl und von veränderlicher Stärke.

Mochte nun der Condensator in der einen oder in der

andern Weise geladen werden, immer fand ich bei Schwefelkohlenstoff und Rüböl eine Volumenvermehrung, welche in demselben Augenblick anfing, wo die Electricität auf den Condensator überging, und so lange dauerte, bis der Condensator nicht mehr merklich geladen war, bis keine merkliche Menge Electricität durch die Flüssigkeit ging. Wurde der Condensator plötzlich entladen, so hörte auch sofort die Volumenvermehrung auf und der Stand der Flüssigkeitskuppe änderte sich nicht merklich.

Wasser von nahezu 10 bis 12° C. verhielt sich im wesentlichen gerade so, nur musste die Ladung des Condensators durch Berührung mit einer geladenen Batterie geschehen; bei einfacher Verbindung des Condensators mit der Electrisirmaschine war keine Wirkung zu beobachten; die relativ gute Leitungsfähigkeit des Wassers verhindert im letztern Falle das Zustandekommen einer erheblichen Potentialdifferenz der Belegungen.

Der ganze Verlauf der Erscheinung entprach so durchaus der Annahme, dass die Volumenvermehrung durch eine durch Electricität erzeugte Erwärmung der Flüssigkeiten entstanden sei, dass ich ohne Bedenken diese naturgemässe und zunächst liegende Erklärung als die richtige ansah.

Bei der zweiten nach der Veröffentlichung der Quincke'schen Arbeit von mir unternommenen Untersuchung wurde der folgende Apparat benutzt (Taf. VII Fig. 2).

Ein 3 cm weites, ungefähr 8 cm hohes cylindrisches Glasgefäss *AB* ist oben mit einem Hals und einem Trichter versehen; in den Hals passt ein gut eingeschliffenes 0,5 cm weites und 13,5 cm langes Glasrohr *AC*, an dessen oberem Ende ein 0,04 cm weites, 6 cm langes Capillarrohr *CD* angeschmolzen ist.

In halber Höhe des Cylinders sind in diametraler Stellung zwei Platindrähte eingeschmolzen, welche im Innern des Gefässes je eine rechteckige, 1,5 cm breite und 4,5 cm hohe Platinplatte *P* tragen; der Abstand der parallelen Platten beträgt ungefähr 1,5 cm. Die aus dem Cylinder herausragenden Enden der Drähte tauchen in Quecksilber, welches die angeschmolzenen 22 cm langen Glasröhren *EF* und *GH* ausfüllt; die eine

Quecksilbersäule wurde mit der Elektricitätsquelle, die andere mit der Erde in Verbindung gesetzt.

Die Füllung des Apparats mit der zu untersuchenden Flüssigkeit geschah in einfacher Weise, welche wohl nicht beschrieben zu werden braucht; es ist nur zu bemerken, dass die eingeschliffene Glas- und Capillarröhre immer mit derselben Flüssigkeit gefüllt war, welche sich auch im Gefäss befand.

Um den Apparat gegen Wärmezufuhr von aussen zu schützen, wurde derselbe in eine umgestülpte, mit destillirtem Wasser gefüllte Glasglocke *IKL* gebracht und diese durch einen grossen Kork *IL* verschlossen; die drei Glasröhren gingen selbstverständlich durch den Kork hindurch. Durch diese Einrichtung gewinnt der Apparat an Handlichkeit, und man braucht nicht zu befürchten, dass die eingeschliffene Glasröhre gelockert werde beim Einsetzen des ganzen Apparats in ein recht grosses Gefäss, welches mit einem Gemisch von fein gestossenem Eis und destillirtem Wasser gefüllt war.

Mit der grössten Sorgfalt wurde darauf Acht gegeben, dass die Temperatur vor einer Beobachtung auch wirklich überall im Apparat 0⁰ betrug; erst viele Stunden nach dem Einsetzen des Apparates in das Eiswasser und nach öfterem Schütteln war dies erreicht. Da nämlich einige der untersuchten Flüssigkeiten sehr schwerflüssig und die Wärme schlecht leitend sind, so könnte es sonst vorkommen, dass etwa in der Mitte der Flüssigkeit eine etwas höhere Temperatur als 0⁰ vorhanden wäre und nun beim Durchleiten der Electricität, welches eine heftige Bewegung der Flüssigkeit zur Folge hat, diese wärmeren Theile mit der kalten Wand in Berührung kämen; dadurch würde dann eine Temperaturerniedrigung und eine Volumenabnahme der Flüssigkeit entstehen, welche die eigentliche Beobachtung fälschen würde.

Die Glaswand des Apparates wurde absichtlich recht dick gewählt, um dem Einwand zu begegnen, dass möglicherweise die wahrgenommenen Volumenänderungen wenigstens zum Theil von einer Einwirkung der Electricität auf die Glaswand herrühren, dass m. a. W. der Apparat als Thermometercondensator functionirt hätte. Es bildet doch das den Apparat umgebende Wasser eine äussere Belegung und bei der schlechten Leitungsfähigkeit der Flüssigkeit und dem geringen Abstand der. Platinplatten von der Wand könnte eine Condensation von Electricität auf die Glaswand stattfinden.

Der Stand der Flüssigkeit in dem blos um ungefähr 3 cm aus dem Eiswasser hervorragenden Capillarrohr wurde mit einem horizontal aufgestellten, mit Ocularmikrometer versehenen Mikroskop beobachtet.

Untersucht wurden: Schwefelkohlenstoff, Rüböl, Mandelöl und Wasser.

Das Resultat der Untersuchung entspricht vollständig dem mit dem ersten Apparat gefundenen. Rüböl und Mandelöl verhalten sich im wesentlichen wie Schwefelkohlenstoff und Wasser; bei der letzten Flüssigkeit fand in Uebereinstimmung mit der Voraussetzung, dass eine Erwärmung der Flüssigkeit durch die Electricität erzeugt werde, und der Temperatur von 0^0 entsprechend eine Volumenverminderung statt.

Niemals habe ich etwas anderes gefunden, wie oft die Versuche auch wiederholt wurden, und in wie verschiedener Weise die Electrisirung auch vorgenommen wurde. Auch der Charakter der Erscheinung stimmt vollständig mit der Annahme überein, dass blos eine Erwärmung der Flüssigkeit stattgefunden habe.

Nach dem was oben mitgetheilt worden ist, wird es begreiflich sein, dass ich meine Versuche und Berechnungen über die durch Electricität bewirkte Form- und Volumenveränderungen von dielectrischen Körpern nicht früher und auch jetzt nur zum kleinern Theil veröffentlicht habe.

Zum Schluss möchte ich denjenigen Fachgenossen, welche vielleicht eine electrische Deformation eines festen Körpers zu sehen wünschen, ohne dieselbe messend verfolgen zu wollen, folgenden Versuch empfehlen, den ich im Jahr 1876 angestellt und bei Gelegenheit der Naturforscherversammlung zu Baden-Baden (1879) unter anderen mitgetheilt habe.[1]) Ein ungefähr 16 cm breiter und 100 cm langer, rechteckiger Streifen aus

---

1) Röntgen, Tageblatt der 52. Versammlung, p. 184 1879.

dünnem, rothem Kautschuk wird oben und unten zwischen je zwei Holzleistchen festgeklemmt; die obere Klemme wird an irgend einem Arm oder Haken so befestigt, dass das Kautschukband frei herunterhängt; an die untere Klemme werden Gewichte gehängt, welche den Streifen ungefähr auf die doppelte Länge ausdehnen. Nachdem man gewartet hat, bis die elastische Nachwirkung unmerklich geworden ist, beobachtet man den Stand des untern Endes des Streifens, etwa an einer daneben aufgestellten Papierscala, und lässt nun den Kautschuk von einem Gehülfen electrisiren. Der Gehülfe hält zu diesem Zweck in jeder Hand einen isolirten Spitzenkamm, von denen der eine mit der positiven, der andere mit der negativen Electrode einer kräftigen Holtz'schen Maschine in leitender Verbindung steht; zwischen den parallel gehaltenen Kämmen hängt das Kautschukband, dasselbe wird aber nicht von den Spitzen berührt. Indem nun der Gehülfe etwa am obern Ende anfängt und allmählich mit beiden Kämmen herunterfährt, wird ein immer grösserer Theil des Kautschuks electrisirt; dem entsprechend beobachtet man eine fortwährende Längenzunahme des Bandes, welche schiesslich, wenn der ganze Streifen electrisirt ist, mehrere Centimeter beträgt. Da trockener Kautschuk ein guter Isolator ist, dauert diese Verlängerung längere Zeit. Dieselbe kann aber, wenigstens zum grössern Theil aufgehoben werden, indem man den Streifen entladet, was in ähnlicher Weise geschieht wie das Laden; nur müssen jetzt beide Kämme zur Erde abgeleitet sein.

Auch Herr Quincke hat (1880) ähnliche Versuche veröffentlicht und glaubt aus denselben schliessen zu dürfen, dass die Elasticität der festen Körper durch electrische Kräfte geändert werde; ich halte eine solche Schlussfolgerung wiederum für sehr gewagt und habe nach einer Prüfung der Quincke'schen Versuche keine Veranlassung gefunden, diese Auffassung zu der meinigen zu machen; da ich jedoch befürchte, dass der vorliegende Aufsatz eine zu grosse Ausdehnung erhalten würde, so möchte ich die Mittheilung der Motive zu meinem ablehnenden Verhalten unterlassen.

Giessen, September 1880.

IV. *Ueber Lichtenberg'sche Figuren und electrische Ventile; von Wilhelm von Bezold.*

(Aus den Sitzungsber. d. k. b. Acad. d. Wissensch. 1880. Heft IV; mitgetheilt vom Hrn. Verfasser.)

— ——

Vor kurzem haben die Herren E Mach und S. Doubrava zwei Abhandlungen veröffentlicht[1]), in welchen sie gegen meine Untersuchungen über Lichtenberg'sche Figuren mehrfache Einwände erhoben, die ich nicht als begründet anerkennen kann. Ich erlaube mir deshalb, dieselben hier etwas näher zu beleuchten und zugleich noch einige bisher nicht veröffentlichte Versuche zu beschreiben, welche mir ebenfalls zu Gunsten meiner früher dargelegten Anschauungen zu sprechen scheinen.

Zunächst möchte ich den auf p. 3 der erstgenannten von beiden Herren gemeinschaftlich verfassten Abhandlung gemachten Vorwurf zurückweisen, als sei ich im Grunde genommen nicht über den von Herrn Reitlinger viel früher schon erreichten Standpunkt hinausgegangen. Selbst zugegeben, dass die von mir nach Analogie mit Flüssigkeitsbewegungen versuchte Erklärung[2]) für die Verschiedenheit der beiden Lichtenberg'schen Figuren nur als eine Hypothese zu betrachten sei, und als solche wurde sie von mir auch ausdrücklich bezeichnet, so scheint mir doch die Herstellung der mannigfaltigen Figuren durch Combinationen einfacher Funkenentladungen mit Hülfe der Electrisirmaschine ein nicht unwesentlicher Fortschritt im Vergleiche zu der Anwendung des Inductionsapparates, der in die Einzelheiten der Bildung keinen Einblick gewährt. Desgleichen dürften die consequente Verfolgung aller einzelnen Umstände, welche bei Entstehung dieser Figuren in Betracht kommen können, die nach den verschiedensten Richtungen hin angestellten Messungen, welche die Reitlinger'schen an Genauigkeit weit übertreffen, doch Arbeiten

---

1) E. Mach u. S. Doubrava, Wien. Ber. 17. Juli 1879. II. Wied. Ann. 9. p. 61 ff. 1880. — ferner, Doubrava, Untersuchungen über d. beid. electr. Zustände. Prag 1881 (?)

2) W. v. Bezold, Pogg. Ann. 144. p. 588 ff. 1871.

sein, welche unter allen Bedingungen einmal gemacht werden
musste und von jedem, der sich weiter mit diesem Gegenstande
beschäftigen will, kaum unberücksichtigt bleiben können.

Dies vorausgeschickt, mögen nun einzelne Einwände einer
genauern Würdigung unterzogen werden.

Um den Leser rasch über meine früher ausgesprochene
Ansicht zu orientiren, sei bemerkt, dass ich Versuche angestellt
habe mit Flüssigkeiten, bei welchen bald eine Bewegung von
einem Centrum aus nach der Peripherie, bald im umgekehrten
Sinne rasch und vorübergehend eingeleitet wurde. Ich bediente
mich dazu einer gallertartigen Masse, wie man sie durch Auf-
quellen von Traganth in Wasser erhält. Spritzt man auf die
Oberfläche einer solchen Masse Farbe, welche mit Weingeist
und Ochsengalle angemacht ist, in ganz feinen Partikelchen,
und saugt man nun z. B. in einer a. a. O. p. 540 angegebenen
Weise etwas von der Oberfläche dieser Flüssigkeit auf, so
ordnen sich die Farbtröpfchen strahlenförmig an, und man
erhält ein Bild, welches der positiven Lichtenberg'schen Figur
ausserordentlich ähnlich ist; lässt man dagegen aus dem in
feiner Spitze endigenden Röhrchen etwas Flüssigkeit auf die
Fläche austreten, so schiebt diese die Farbpartikelchen vor
sich her, und die so entstehende Figur zeigt eine kreisrunde
Begrenzung ganz ähnlich wie die negative Lichtenberg'sche.

Hierbei macht sich auch bei gleicher Störung des Gleichgewichtes der Grössenunterschied in demselben Sinne geltend,
wie bei den Lichtenberg'schen Figuren.

Diese Versuche veranlassten mich zu der Aufstellung der
Hypothese, dass man in den Lichtenberg'schen Figuren wesent-
lich die fixirten Bilder der durch die Entladung hervorgerufenen
Bewegungen der Luft oder des Gases vor sich habe.

Herr Mach glaubt, die Analogie zwischen diesen beiden
Arten von Versuchen als eine sehr äusserliche bezeichnen zu
sollen, eine Anschauung, die sich jedoch bei genauerer Betrachtung kaum aufrecht erhalten lässt.

So zeigen z. B. die beiden Arten von positiven Figuren,
wenn man diese Bezeichnung anwenden will, die gleiche Art
der Abhängigkeit von der Geschwindigkeit, mit der ihre Bildung
vor sich geht. Erzeugt man die Lichtenberg'schen Figuren

unter ausschliesslicher Benutzung guter Leiter, so werden die Strahlen ganz geradlinig, sie verlaufen genau radial. Gerade so, wenn man den Saugversuch in der Flüssigkeit sehr rasch ausführt. Schaltet man bei der Herstellung der Lichtenberg'schen Figur sehr schlechte Leiter in den Schliessungsbogen ein, so krümmen sich die einzelnen Strahlen in höchst auffallender Weise, man erhält jene Figuren, welche Reitlinger mit Seekrabben verglichen hat. Dieselben Verkrümmungen bemerkt man bei der auf der Flüssigkeit gebildeten Figur, wenn das Saugen langsam von statten geht. Das ist doch ein Parallelismus in beiden Gruppen von Erscheinungen, der unwillkürlich auf den Gedanken führen muss, dass man es hier nicht blos mit einer oberflächlichen Analogie zu thun habe.

Aehnlich verhält es sich, wenn man der Lichtenberg'schen Figur während ihrer Bildung Hindernisse in den Weg stellt. Scheidewände aus isolirendem Materiale senkrecht auf die zur Darstellung der Figuren dienende Hartgummiplatte aufgesetzt, weisen den Strahlen der positiven Figuren Wege an, die beinahe genau mit den Stromlinien zusammenfallen, die man in einer Flüssigkeitsplatte beim Saugen nach einer Spitze hin erhält.

Die Fig. 3 und 13 Taf. V meiner oben citirten Abhandlung lassen dies in sehr anschaulicher Weise erkennen.

Vor allem aber zeigen diese Figuren, dass die Strahlen der positiven Figur durchaus nicht immer den Kraftlinien entsprechen, da diese durch die aufgestellten Scheidewände keinenfalls in diesem Sinne modificirt werden können.

Ein anderer Einwand, welchen die Herren Mach und Doubrava gegen die Anschauung vorbringen, dass die Lichtenberg'schen Figuren wesentlich durch die Bewegung der Luft bedingt würden, besteht darin, dass die electrischen Vorgänge, deren Bilder man in diesen Figuren vor sich habe, ungleich rascher sich abspielten, als dies von Luftbewegungen denkbar sei. Ein auf p. 340 meiner oben citirten Abhandlung angeführter Versuch beweist jedoch das Gegentheil, er lehrt vielmehr, dass die Bildung der Lichtenberg'schen Figuren bei Anwendung eines schlecht leitenden Schliessungsbogens sogar sehr langsam vor sich geht.

.Dass sie aber auch ,bei Anwendung guter Leiter .wenigstens in Luft von gewöhnlicher Dichte nicht. sehr rasch erfolge, ergibt .sich daraus, dass es nicht möglich war, durch benachbarte starke Electromagnete eine audere Krümmung der Strahlen hervorzurufen (a. a. O. p.. 534), dass sie mithin electrodynamischen Einflüssen nicht zugänglich sind, während es leicht.möglich ist, ihre Abhängigkeit von electrostatischen nachzuweisen.

Es ist jedoch sehr wahrscheinlich, dass eine solche Einwirkung kräftiger Magnete ,bei Bildung der Figuren in .verdünnten Gasen wohl. merkbar sein wird,. da ja die Lichterscheinungen in Geissler'schen Röhren .demselben so sehr unterworfen sind.. .Leider mangelt mir im, Augenblicke die Zeit, die Untersuchung nach jener .Seite hin auszudehnen.

Alle die bisher berührten Einwände ,beziehen. sich .nur auf die von mir entwickelten theoretischen Anschauungen, beziehungsweise Hypothesen. An einer andern Stelle wird auch die Richtigkeit eines der mitgetheilten. Versuche in Zweifel gezogen. Hier handelt es sich jedoch im wesentlichen um ein Missverständniss.

Es betrifft dies den von mir angestellten Umkehrungsversuch im Charakter der Figuren, auf den ich eben durch die Analogie mit Flüssigkeitsbewegungen geführt worden war. Ich bediente mich dabei eines auf die Ebonitplatte geklebten Stanniolringes, den ich mit dem Zuleiter in Verbindung setzte, während die Ableitung im Centrum oder bei Platten ohne untere Belegung auch unterhalb des Centrums auf der andern Plattenfläche vorgenommen wurde. Bei jeder dieser Anordnungen ergab sich, dass unter Benutzung des Ringes als Zuleiter für die negative Electricität die Figur sich verhältnissmässig stark nach innen entwickelte, und einen strahligen Charakter hatte, während die positive kleinere Ausdehnung zeigte und in vielen Fällen vollkommen kreisförmige Begrenzung.

In der ersten von den beiden Herren gemeinschaftlich verfassten Abhandlung wird gegen die Beweiskraft dieses Versuches der Umstand angeführt, dass die Strahlen der negativen Figur, von denen ich gesprochen habe, eigentlich nur als langgestreckte durch die gegenseitige Einwirkuug benachbarter

Figuren in gewissem Sinne plattgedrückte negative Figuren zu betrachten seien.

Ich kann diesen Einwurf, welcher sich offenbar auf Taf. V Fig. 11 meiner Abhandlung bezieht, nicht als ganz unberechtigt zurückweisen, aber bleibt er denn auch bei dem Versuche, wie ihn Fig. 10 Taf. V der genannten Abhandlung versinnlicht stichhaltig? Und wie ist es zu erklären, dass bei Anwendung positiver Electricität die letztere nur so schwer in's Innere des Ringes sich verbreitet und bei richtig gewählten Schlagweiten in diesem Falle vollkommen kreisrunde Begrenzungen erzielt werden? Mit denselben Schlagweiten, welche bei negativer Electricität die Fig. 10 Taf. V liefern, erhält man unter Anwendung positiver Electricität einen einfachen Ring, der nur an Breite den Stanniolring ein wenig übertrifft.

Dieser Versuch ist es, den ich vor allen anderen für die Richtigkeit meiner Anschauungen in Anspruch nehmen möchte.

Die Wiederholung desselben ist jedoch Herrn Doubrava nicht gelungen. Der Grund dafür ist ein sehr einfacher. Erstens hat er nur einen Ring auf die Ebonitplatte gelegt, statt ihn vorsichtig auf dieselbe zu kleben, ein Verfahren, das von vornherein die Versuche unrein machen musste, vor allem aber hat er dabei ganz falsche Dimensionen des Ringes in Anwendung gebracht.

Ich nutzte Ringe von etwa 3 cm Durchmesser und Schl von wenigen Millimetern, Herr Doubrava nimmt ein von 10 cm Durchmesser, während seine Schlag-stens der Abbildung nach ungefähr die gleichen in dürften. Bei solchen Dimensionen kommt die viel zu wenig in Betracht, und erst wenn die r der mit Anwendung einfacher Spitze entstehenden em des Ringes gleich werden oder ihn übertreffen, rwarten, die von mir erhaltenen Resultate wieder

durch diese Art der Wiederholung des Experi-Herr Doubrava bewiesen, dass ihm der von mir inen Versuchen zu Grunde liegende Gedankengang fremd geblieben ist.

m hier Gesagten besteht für mich kein Grund

von meiner frühern Anschauung abzugehen, wonach man bei
der positiven Lichtenberg'schen Figur unmittelbar an der isolirenden Fläche eine Bewegung von der Peripherie nach der
Spitze, mithin nach dem Centrum, bei der negativen eine entgegengesetzt gerichtete anzunehmen habe, wenigstens in Luft
und ähnlich sich verhaltenden Gasen.

Dagegen ist gerade bei der Bedeutung, die diese Hypothese der Luft oder dem Gase beilegt, der Gedanke nicht
ausgeschlossen, dass in anderen Körpern, z. B. in Terpentinöl,
vollkommen andere Verhältnisse obwalten. Mit meiner Anschauung würde übrigens auch das eigenthümliche Verhalten
der Holtz'schen Trichterröhren [1]) übereinstimmen. Es sind dies
bekanntlich Geissler'sche Röhren, welche im Innern eine Anzahl von Trichtern besitzen, die zu feinen Spitzen ausgezogen
und nur an diesen Spitzen mit kleinen Oeffnungen versehen sind.
Werden zwei solche Röhren in der Art verbunden, dass
sie einem durchgehenden Strome zwei Wege darbieten, so
benutzt derselbe doch nur den einen von beiden, wenn die
Richtung der Trichterspitzen in beiden die entgegengesetzte
ist, und zwar jenen, bei welchem der positive Strom den Weg
von der Spitze jedes einzelnen Trichters zur Basis desselben
zu machen hat.

Würde man in einer solch' verzweigten Röhre jene Stellen,
wo sonst die Leitungsdrähte eingeschmolzen sind, öffnen und
dann hineinblasen, so würde der Luftstrom den andern Weg
benutzen, er würde sich wesentlich durch jene Röhre fortpflanzen, in welcher er die Trichter von der Basis nach der
Spitze zu durchlaufen hätte.

Der Luftstrom verhielte sich demnach wie ein von einem
negativen Pole ausgehender Entladungsstrom, und die Uebereinstimmung zwischen beiden Arten von Erscheinungen wäre
auch hier wieder vollkommen hergestellt, wenn man annähme,
dass bei dem Entladungsstrome in der Axe der Röhre eine
Bewegung der Gastheilchen vom negativen nach dem positiven
Pole zu stattfinde.

---

1) Holtz, Pogg. Ann. **134.** p. 1 ff. 1868. **155.** p. 643. 1875. Wied.
Ann. **10.** p. 336. 1880.

Die Erscheinungen im galvanischen Lichtbogen sind bekanntlich auch leichter mit dieser Anschauung in Einklang zu bringen.

Solche Betrachtungen veranlassten mich schon vor Jahren, auch den sogenannten electrischen Ventilen Aufmerksamkeit zu schenken, und ich beschreibe einige hierauf bezügliche, meines Wissens bisher noch nicht veröffentlichte Erscheinungen um so lieber, als ich im Vorhergehenden noch wenig Neues gebracht habe. Denn streng genommen sind die eben gemachten Darlegungen der Hauptsache nach grösstentheils schon in meinen älteren Abhandlungen enthalten. Aber da sie unbeachtet geblieben oder wenigstens nicht genug gewürdigt worden zu sein scheinen, so war ich gezwungen, dieselben, wenn auch in anderer Form und in anderem Zusammenhange, noch einmal vorzutragen.

Die eben angedeuteten neuen Versuche, bei welchen ich mich übrigens nur auf die Beschreibung beschränke sind die folgenden:

Klebt man auf eine Ebonitplatte Stanniolstreifen, welche sich gabelförmig verzweigen, und lässt man dieselben abwechselnd in Scheiben oder in einfach abgestumpften Spitzen endigen, sodass immer Scheibe und Spitze einander gegenüber stehen, so stellt das Stanniol die ebene Projection eines Gaugain'schen electrischen Ventiles dar. Thatsächlich wirkt es auch wie ein solches.

Verbindet man z. B. die beiden aus einem Stamme entsprungenen Zweige A und A' mit dem positiven Conductor einer Electrisirmaschine, B und B' mit der Erde, so springt der Funke immer zwischen A und B über. Führt man hingegen den Zweigen A und A' negative Electricität zu, während B und B' mit der Erde verbunden bleiben, so erfolgt das Ueberspringen immer zwischen A' und B' genau wie beim Gaugain'schen Ventile, wo auch der Uebergang stets so eintritt, dass die positive Electricität von der kleinen Kugel zur grossen übergeht.

Zugleich aber entstehen auf der Ebonitplatte bei Bestäuben Figuren, die den Lichtenberg'schen verwandt sind.

In Fig. 3 Taf. VII sind diese Figuren in halber natürlicher

Grösse dargestellt, wie man sie erhält, wenn A und A' mit dem positiven Conductor, B und B' mit der Erde in Verbindung ist. Hierbei legt sich zunächst bei Bestäuben mit dem bekannten Gemische von Schwefel und Mennige der Schwefel auf A und A', die Mennige auf B und B' nieder. Zugleich bilden sich die eigenthümlichen der positiven Figur eigenen Strahlen. Der Farbenunterschied zwischen Schwefel und Mennige ist in der Figur durch den hellern oder tiefern Ton versinnlicht.

Es ist sehr merkwürdig, dass diese Strahlenfigur vorzugsweise an jener Stelle sich ausbildet, wo kein Funke zu Stande kommt, während sie sich an der eigentlichen Funkenstrecke zwischen A und B nur in verkümmerter Weise entwickelt.

Aehnlich verhält es sich bei der negativen Entladung, auch dort tritt die der Lichtenberg'schen analoge Figur vorzugsweise an jener Stelle auf, wo der Funke nicht überspringt.

Es scheint also, dass Funke und Lichtenberg'sche Figur hier gewissermassen eine stellvertretende Rolle spielen.

Bei Anwendung negativer Electricität sind die entstehenden Figuren höchst unscheinbar, nichts destoweniger aber sehr mannigfaltig. Während sie häufig eine blosse Umränderung bilden mit den charakteristischen abgerundeten Hervorragungen, so treten in anderen Fällen auch streifige Figuren auf.

Eine solche streifige Figur ist in Fig. 4 Taf. VII abgebildet, wo die Stanniolbelegungen nicht zu einem Ventile angeordnet waren, sondern nur ein abgerundeter Streifen einer in ein Scheibchen endigenden Belegung gegenüber stand, und ersterer mit dem negativen Conductor beziehungsweise mit dem Funkenmikrometer, das Scheibchen aber mit der Erde in Verbindung stand, sodass der Funke gezwungen wurde, einen Weg zu nehmen, den er im Ventile nicht einschlagen würde.

Man kann übrigens auch noch in anderer Weise electrische Ventile mit Hülfe von Stanniolbelegungen auf isolirenden Platten herstellen.

Klebt man z. B. zwei Stanniolringe auf eine solche, und stellt man durch vier aufgesetzte Nadeln, von denen die einen auf den Ringen, die anderen auf den Centren der Ringe aufsitzen, eine Verbindung der Art her, dass ein Ring und ein centraler Zuleiter mit dem einen Conductor der Electrisirmaschine, das andere Paar mit dem andern oder mit der Erde verbunden ist, so springt der Funke nur zwischen einem Zuleiter und dem entsprechenden Ringe über, und zwar immer so, dass die positive Electricität vom Centrum zum Ringe geht. Die eben beschriebene Anordnung wird durch das Schema Fig. 4ᵃ Taf. VII versinnlicht

Von einer eingehendern Untersuchung der eben geschilderten Erscheinungen muss ich leider vorerst absehen, da meine Zeit anderweitig zu sehr in Anspruch genommen ist; ich würde mich freuen, wenn sie vielleicht von anderer Seite her aufgenommen und weiter verfolgt würden.

V. *Ueber die electromotorischen Kräfte einiger Zinkkupferelemente; von Dr. Fr. Fuchs,*

Privatdocenten in Bonn.

Vor einigen Jahren habe ich mich längere Zeit damit beschäftigt, die electromotorischen Kräfte von Zinkkupferelementen verschiedener Zusammensetzung zu bestimmen, um dadurch das Material zur Beurtheilung des im electrolytischen Processe stattfindenden Energieumsatzes zu gewinnen. Die Versuchsreihe wurde indessen bald nach Herstellung der geeigneten Bedingungen durch die Ungunst der äusseren Umstände unterbrochen. Da sich nun meine Absicht, die Untersuchung wieder aufzunehmen, so bald nicht realisiren dürfte, so erlaube ich mir, die gewonnenen Zahlen nachträglich mitzutheilen.

Die Versuchsanordnung war die folgende: Der Strom von einigen Bunsen'schen Elementen ging durch ein Voltameter, zwei Rheostaten, einen Platindraht *a b* und kehrte dann zu der Säule zurück. Eine mit den Punkten *a* und *b* des Platindrahtes verbundene Nebenleitung enthielt einen Stromschlüssel, ein Galvanometer und das zu prüfende Element, dessen positiver Pol der Eintrittsstelle des Stromes in den Platindraht zuge-

wendet war. Die Stromstärke in der Hauptleitung wurde nun
mittelst der Rheostaten so regulirt, dass das in der Nebenleitung
befindliche Galvanometer dauernd in Ruhe blieb. Das Voltameter wurde dann mit dem zur Aufnahme des Knallgases bestimmten Kolben in Verbindung gesetzt und nach einer gewissen
mittelst einer genau gehenden Pendeluhr bestimmten Zeit t
wieder entfernt. Wird die Galvanometernadel während dieser
Zeit auf Null gehalten, so ist die zwischen den Punkten a und b
bestehende Potentialdifferenz fortwährend gleich der electromotorischen Kraft E des zu untersuchenden Elementes. Die
Stromstärke J in dem Drahte $a b$, dessen Widerstand mit w
bezeichnet wird, ist also:

$$J = \frac{E}{w}.$$

Da nun die Stromesintensität im Voltameter der Stromstärke in dem Drahte $a b$ gleich ist, so ist

$$J = \frac{z}{t}$$

wenn man mit z das in der üblichen Weise reducirte Volumen
des in der Zeit t entwickelten Knallgases bezeichnet. Mithin ist

$$E = \frac{z\,w}{t}.$$

Das Volumen z des Knallgases wurde in Cubikcentimetern,
die Zeit t in Minuten gemessen. Der Widerstand w war
gleich 1,002 Siemens. Die Versuchszeit t betrug 13 oder
$13\frac{1}{2}$ Minuten.

Das angewendete Verfahren stimmte also im wesentlichen
mit dem von Waltenhofen angegebenen überein; nur wurde die
Stromesintensität in der Hauptleitung statt mit der Tangentenbussole direct durch Ermittelung der in der Zeiteinheit electrolytisch entwickelten Knallgasmenge bestimmt.

Der mit der Nebenschliessung zu verbindende Leiter
bestand aus einem Platindrahte und zwei kurzen an dessen
Enden angelötheten Kupferstäben.

An zwei Punkten a und b dieser Ansatzstücke waren die
zur Nebenleitung führenden Drähte angelöthet. Die Kupfer-
stäbe waren wohl isolirt auf einem Korke befestigt, welcher
auf einen mit Weingeist gefüllten Cylinder gesetzt wurde. Der

ganze Platindraht war somit von Weingeist umgeben, wodurch eine Widerstandsänderung desselben infolge der in ihm stattfindenden Wärmeentwickelung ausgeschlossen wurde.

Der Widerstand zwischen den Punkten a und b wurde mittelst einer Modification der Wheatstone'schen Methode bestimmt, welche zwar zeitraubender, aber dafür auch merklich genauer als das gewöhnliche Verfahren ist, da bei derselben der Widerstand der Verbindungsdrähte und der Klammern nicht in Betracht kommt.

Man stelle sich vor, dass der eine Zweig der Wheatstone'schen Drahtcombination den zu bestimmenden Widerstand $a b$ und einen Normalwiderstand $c d$, sowie die nöthigen Verbindungsdrähte und Klemmen· enthält, während der andere Zweig durch einen über eine Scala gespannten Draht gebildet wird. Es werde nun der Brückendraht successive an die Punkte a, b, c, d angelegt und die Galvanometernadel jedesmal durch Verschiebung des den Scalendraht berührenden Contactes auf Null gestellt. Auf diese Weise werden also die Punkte α, β, γ, δ des Scalendrahtes ermittelt, deren Potentialniveau dem der Punkte a, b, c, d beziehungsweise gleich ist. Diese Punkte gleichen Potentialniveaus behaupten auch bei einer Aenderung der Stromesintensität in der Hauptleitung dauernd ihre Lage.

Der zu bestimmende Widerstand $a b$ verhält sich nun zu dem Normalwiderstand $c d$ wie die Länge $\alpha \beta$ zu der Länge $\gamma \delta$. Will man die Längen $\alpha \beta$ und $\gamma \delta$ auf dieselbe Seite des Scalendrahtes fallen lassen, um dadurch den aus den Ungleichheiten desselben stammenden Fehler thunlichst zu eliminiren, so kann dieses dadurch erreicht werden, dass man nach der Ermittelung der Punkte α, β die Widerstände vertauscht und alsdann die Punkte γ, δ bestimmt.

Bei Anwendung dieses letzteren Verfahrens ergab sich der Widerstand des Drahtes $a b$ in verschiedenen Versuchen zu 1,002; 1,002; 1,001 Siem. Der Normalwiderstand war ein Siemens'scher Einheitsetalon.

Das Knallgas wurde über Wasser aufgefangen, durch welches das Gas zur Verhütung der Absorption vorher längere

Zeit hindurch geleitet worden war.[1]) Das zur Aufnahme des Knallgases bestimmte Gefäss war ein Kolben, an welchen ein mit einer Scale versehenes Glasrohr angeschmolzen war. Der Kolben war durch Wägung des Quecksilberinhaltes calibrirt worden, so dass das Volumen desselben bis zu einem jeden Theilstrich genau bekannt war.

Um die Temperatur des Knallgases, deren Kenntniss zur Berechnung der Dampfspannung und zur Reduction des Volumens erforderlich ist, möglichst genau bestimmen zu können, war der Kolben mitsammt dem Ansatzrohre in einen grösseren Kolben mit abgesprengtem Boden eingelassen. Der Aussenraum des Kolbens wurde mit Wasser gefüllt, so dass also das Knallgas nach dem Versuche allseitig von Wasser umgeben war. Die Temperatur des letztern wurde an einem in Fünftelgrade eingetheilten Thermometer abgelesen, welches vorher mit einem Normalthermometer verglichen worden war. — Mittelst eines in die Hauptleitung eingeschalteten Wheatstone'schen Rheostaten wurde dem Strome annähernd die gewünschte Stärke gegeben. Zur genaueren Regulirung des Stromes diente ein zweiter kleinerer Rheostat von folgender Einrichtung. Zwei mittelst zweier Ansatzstücke auf einem Korke befestigte Platindrähte waren in einer beiderseitig offenen, durch eine Durchbohrung des Korkes hindurchgehenden Glasröhre ausgespannt. Mit Hülfe eines durch eine Schraube beweglichen Triebes konnte die letztere in einem mit Quecksilber gefüllten Reagensrohre auf und nieder bewegt werden. Die Ansatzstücke standen mit der Hauptleitung in Verbindung. Durch Drehung der Schraube konnten also grössere oder kleinere Stücke der Platindrähte in den Stromkreis eingeschaltet und dadurch die Widerstandsänderungen der Hauptleitung in vollkommen continuirlicher Weise compensirt werden. Auf diese Art war es möglich, die astatische Nadel des in der Nebenleitung befindlichen sehr empfindlichen Galvanometers bei geringfügigen Schwankungen um die Gleichgewichtslage dauernd auf dem Nullpunkte zu halten.

Die zur Füllung des zu prüfenden Elementes verwendeten

---

1) Bei Fortsetzung der Versuche würde indessen die Auffangung des Gases über verdünnter Schwefelsäure vorzuziehen sein.

Substanzen waren als chemisch reine bezogen worden. Die Metalle wurden nicht gewechselt. Der Zinkstab wurde nach einem jeden Versuche durch Eintauchen in eine Lösung von Quecksilber in Salpetersäure neu amalgamirt.|

Die Versuchsergebnisse sind in der folgenden Tabelle zusammengestellt. Die Zahlen drücken in Cubikcentimetern das Volumen Knallgas aus, welches ein Element von der angegebenen Zusammensetzung in einer Minute in einem Stromkreise mit dem Gesammtwiderstande von einer Siemens'schen Einheit entwickeln würde.

Das Volumen des Knallgases ist auf die Temperatur von Null Grad und unter Berücksichtigung der Dampfspannung auf den Druck einer bei Null Grad 760 Millimeter langen Quecksilbersäule reducirt worden.

Die in einer Horizontalreihe stehenden Zahlen wurden successive in demselben Versuche gewonnen. Bei der Berechnung der Mittelzahlen sind nur die zuerst erhaltenen Zahlen benutzt worden, da sich die Zusammensetzung des Elementes im Laufe des Versuches infolge der Diffusion etwas ändert. Dieser Umstand hat übrigens, wie man aus den Horizontalreihen ersieht, keinen wesentlichen Einfluss auf die electromotorische Kraft des Elementes.

I. Amalg. Zink, Lösung von schwefelsaurem Zinkoxyd; Lösung von schwefelsaurem Kupferoxyd, Kupfer.

Drei Gewichtstheile der Zinklösung enthielten einen Gewichtstheil des krystallisirten Salzes. Fünf Gewichtstheile der Kupferlösung enthielten einen Gewichtstheil des krystallisirten Salzes.

Versuch 1. $E = 12{,}21$; $12{,}15$
„ 3. $E = 12{,}14$; $12{,}12$
„ 5. $E = 12{,}19$; $12{,}20$; $12{,}18$ •
„ 7. $E = 12{,}23$; $12{,}19$
„ 9. $E = 12{,}24$; $12{,}21$; $12{,}28$; $12{,}25$
Mittel $E = 12{,}20$

II. Amalg. Zink, Lösung von schwefelsaurem Zinkoxyd; Lösung von schwefelsaurem Kupferoxyd, Kupfer.

Drei Gewichtstheile der Zinklösung, vier Gewichtstheile der Kupferlösung enthielten einen Gewichtstheil des krystallisirten Salzes.

Versuch 16. $E = 12,18$; 12,15

„ 17. $E = 12,18$; 12,18

Mittel 12,18

III. Amalg. Zink, Schwefelsäure; Lösung von schwefelsaurem Kupferoxyd, Kupfer.

Das specifische Gewicht der Schwefelsäure war gleich 1,131; fünf Gewichtstheile der Kupferlösung enthielten einen Gewichtstheil des krystallisirten Salzes.

Versuch 2. $E = 13,11$; 12,84

„ 4. $E = 13,10$; 13,07; 13,05

„ 6. $E = 13,10$; 13,08; 13,05

„ 8. $E = 13,22$; 13,23; 13,14

„ 10. $E = 13,22$; 18,08

Mittel 13,15

IV. Amalg. Zink, Lösung von salpetersaurem Zinkoxyd; Lösung von salpetersaurem Kupferoxyd, Kupfer.

Drei Gewichtstheile der Zinklösung, zwei Gewichtstheile der Kupferlösung enthielten einen Gewichtstheil des krystallisirten Salzes.

Versuch 11. $E = 12,52$; 12,46

„ 12. $E = 12,32$; 12,32

„ 13. $E = 12,40$; 12,38

Mittel 12,41

V. Zusammensetzung des Elementes wie in der vorigen Versuchsreihe; es sind jedoch zwei Volumina der Kupferlösung mit destillirtem Wasser auf fünf Volumina verdünnt worden.

Versuch 14. $E = 11,90$; 11,92

VI. *Ueber die Messung electrischer Leitungsfähigkeiten; von G. Kirchhoff.*

(Auszug aus dem Monatsbericht der Königl. Acad. der Wiss. zu Berlin vom 1. Juli 1880; mitgetheilt vom Hrn. Verf.)

Zur Vergleichung der Widerstände kurzer Drähte hat Sir W. Thomson[1]) eine Methode angegeben, die auf einer Anordnung beruht, welche eine Modification der Wheatstone'schen Brücke ist. Eine andere Methode, die zu demselben Zwecke dienen kann, in mancher Hinsicht bequemer ist und, wie es scheint, an Genauigkeit jener nicht nachsteht, beruht auf der Anwendung eines Differentialgalvanometers, dessen Windungen so eingestellt werden können, dass ein Strom, der sie nach einander durchfliesst, keine Ablenkung der Magnetnadel hervorbringt. Bildet man aus den beiden zu vergleichenden Widerständen und einer Kette einen Kreis, schaltet als Nebenschliessungen zu jenen die beiden Drähte des Differentialgalvanometers ein und verändert den Widerstand des einen dieser Drähte so lange, bis die Ablenkung der Nadel verschwindet, so ist das Verhältniss der zu vergleichenden Widerstände gleich dem Verhältniss der Widerstände der Galvanometerdrähte, vorausgesetzt, dass den Windungen die bezeichnete Einstellung gegeben ist. Fügt man nun den beiden Galvanometerdrähten solche Widerstände hinzu, dass wiederum die Ablenkung der Nadel verschwindet, so ist auch das Verhältniss der hinzugefügten Widerstände gleich dem Verhältniss der zu vergleichenden.[2])

Will man aus dem Widerstande eines Drahtes — sei dieser nach der einen oder nach der andern der erwähnten Methoden bestimmt — die Leitungsfähigkeit ermitteln, und kann man bei

---

1) W. Thomson. Phil. Mag. [4] **24.** p. 149. 1862.

2) Hr. Tait hat eine ähnliche Methode mit der Thomson'schen verglichen und dieser überlegen gefunden; bei dem von ihm benutzten Differentialgalvanometer war aber, wie es scheint, nicht die Einrichtung getroffen, dass die Windungen verstellt werden konnten, und infolge hiervon musste er auf wesentliche Vortheile verzichten, die die im Texte empfohlene Methode darbietet. Edinb. Trans. **28.** p. 737. 1877—78.

der Genauigkeit, die man beabsichtigt, einen Fehler nicht zulassen, der von der Ordnung des Verhältnisses der Dicke des Drahtes zu seiner Länge ist, so darf man da, wo drei Zweige des leitenden Systemes zusammenstossen, die Ströme nicht mehr als lineare ansehen; es muss also eine Anwendung der Theorie der Stromverbreitung in nicht-linearen Leitern stattfinden.

Von dem Widerstande eines nicht-linearen Leiters kann man — streng genommen — nur unter der Voraussetzung sprechen, dass der Theil seiner Oberfläche, durch den Electricität strömt, aus zwei Flächen besteht, von denen innerhalb einer jeden das Potential constant ist. Die Differenz der Potentialwerthe in diesen beiden Electrodenflächen, wie sie genannt werden mögen, dividirt durch die Electricitätsmenge, die durch die eine oder die andere in der Zeiteinheit fliesst, ist dann eine Constante des Leiters, die eben der Widerstand desselben heisst. Es muss hier ein verwickelterer Fall ins Auge gefasst werden, der Fall, dass statt der zwei Electrodenflächen deren mehr vorhanden sind, von denen eine jede aber wieder eine Fläche gleichen Potentials sein soll.

Es sei n die Zahl der Electrodenflächen, es seien $P_1, P_2, \cdots P_n$ die Potentialwerthe in ihnen und $J_1, J_2, \cdots J_n$ die Electricitätsmengen, die durch sie in der Zeiteinheit in den Leiter hineinfliessen. Sind diese Intensitäten, zwischen denen die Relation

$$J_1 + J_2 + \cdots + J_n = 0$$

bestehen muss, gegeben, so sind die Grössen P bis auf eine additive Constante bestimmt; wird diese c genannt. so ist nämlich

$$P_1 = c + a_{11}J_1 + a_{12}J_2 + \cdots + a_{1n}J_n$$
$$P_2 = c + a_{21}J_1 + a_{22}J_2 + \cdots + a_{2n}J_n$$
$$\cdots \cdots \cdots \cdots \cdots \cdots \cdots$$
$$P_n = c + a_{n1}J_1 + a_{n2}J_2 + \cdots + a_{nn}J_n,$$

wo die Grössen a Constanten des Leiters bezeichnen, Constanten, die, beiläufig bemerkt, aber nicht unabhängig voneinander sind, sondern auf $\dfrac{n(n-1)}{2}$ voneinander unabhängige Grössen zurückgeführt werden können.

Nun werde angenommen, dass $n = 4$ ist. dass die Electrodenflächen 1 und 4 mit den Polen einer Kette. die Electrodenflächen 2 und 3 mit den Enden eines Drahtes (des einen

Drahtes eines Differentialgalvanometers) verbunden seien. Der Widerstand dieses Drahtes sei w. Es ist dann:

$$J_3 = -J_2, \quad J_4 = -J_1.$$

Ferner hat man einerseits $P_2 - P_3 = wJ_2$, andererseits:

$$P_2 - P_3 = (a_{21} - a_{31} - a_{24} + a_{34})J_1 + (a_{22} - a_{32} - a_{23} + a_{33})J_2.$$

Setzt man:

$$a_{21} - a_{31} - a_{24} + a_{34} = \varrho, \quad a_{22} - a_{32} - a_{23} + a_{33} = r,$$

so folgt hieraus: $\quad \varrho J_1 = (w - r)J_2.$

Die Grösse ϱ lässt sich bezeichnen als der Werth, den $P_2 - P_3$ in dem Falle hat, dass $J_2 = -J_3 = 0$ und $J_1 = -J_4 = 1$ ist. Ist der Leiter ein sehr langer, dünner Draht, und liegen die Flächen 1, 2 ganz nahe an dem einen, die Flächen 3, 4 an dem andern Ende, so ist ϱ der Widerstand des Leiters; bei anderer Gestalt des Leiters wird man ϱ einen Widerstand desselben nennen dürfen.

Man denke sich jetzt neben dem besprochenen Leiter einen zweiten, welcher auch die Eigenschaften besitzt, die jenem beigelegt sind. Den Grössen ϱ und r bei jenem mögen die Grössen P und R bei diesem entsprechen. Die Electrodenflächen 2 und 3 des zweiten Leiters sollen mit den Enden des zweiten Drahtes des Differentialgalvanometers verbunden sein, dessen erster Draht mit seinen Enden die Electrodenflächen 2 und 3 des ersten Leiters berührt; die Electrodenflächen 1 und 4 des zweiten Leiters sollen respective mit den Electrodenflächen 4 und 1 des ersten communiciren, die eine durch einen Draht, die zweite durch eine Kette. Es ist dann eine Anordnung hergestellt, wie sie am Anfange dieser Mittheilung beschrieben ist. Bei dieser Anordnung hat J_1 für beide Leiter denselben Werth, und dasselbe gilt auch für J_2, wenn die Nadel des Galvanometers keine Ablenkung zeigt und dieses Instrument die vorausgesetzte Einrichtung besitzt. Ist W der Widerstand des zweiten Galvanometerdrahtes, so hat man daher:

$$PJ_1 = (W - R)J_2, \quad \text{also} \quad P(w - r) = \varrho(W - R).$$

Sind nun w' und W' zwei andere Werthe der Widerstände der beiden Galvanometerdrähte, bei denen die Nadel ebenfalls keine Ablenkung erleidet, so ist ebenso:

es ist also auch:

$$P(w' - r) = \varrho(W' - R);$$

$$P(w' - w) = \varrho(W' - W).$$

Kann man theoretisch den Widerstand ϱ durch die Leitungs-fähigkeit und die Dimensionen des betreffenden Leiters aus-drücken, hat man diese Dimensionen gemessen, kennt man P und das Verhältniss der Widerstände $w' - w$ und $W' - W$, so kann man hiernach jene Leitungsfähigkeit berechnen.

Eine wesentliche Grundlage der angestellten Betrachtungen war die Voraussetzung, dass die Electrodenflächen Flächen gleichen Potentials sind. Eine Electrodenfläche, die diese Eigenschaft hat, kann man finden, wenn dem Leiter Electricität durch eine Fläche zugeführt wird, deren Dimensionen unend-lich klein gegen alle Dimensionen des Leiters sind. Wenn man nämlich um einen Punkt dieser Fläche eine Kugel be-schreibt mit einem Radius, der unendlich gross gegen ihre Di-mensionen, aber unendlich klein gegen die Dimensionen des Leiters ist, so ist der innerhalb des Leiters befindliche Theil dieser Kugel eine Fläche gleichen Potentials, und er ist daher, wenn man ihn zur Begrenzung des Leiters, den man betrachtet, rechnet, eine Electrodenfläche der vorausgesetzten Art. In anderer Weise kann man eine solche finden, wenn der Leiter, ganz oder zum Theil, aus einem Cylinder von beliebig gestal-tetem Querschnitt besteht, dessen Länge die Dimensionen des Querschnitts erheblich übertrifft, und wenn die Electricität am Ende desselben zuströmt. Ein Querschnitt, der von diesem Ende um ein mässiges Vielfaches der grössten Sehne des Querschnitts absteht, kann dann als eine Fläche gleichen Po-tentials, und also auch als eine Electrodenfläche der in Rede stehenden Art angesehen werden, wenn man ihn als zur Grenze des Leiters gehörig betrachtet.

Eine Anordnung, die hiernach benutzt werden kann, wenn die Leitungsfähigkeit eines Stoffes gemessen werden soll, der in Form eines Cylinders von mässiger Länge vorliegt, ist die folgende: Der Strom der Kette wird dem Stabe durch seine Enden zu- und abgeleitet; die Enden des einen Galvanometer-drahtes sind mit Spitzen in leitender Verbindung, die gegen die Mantelfläche desselben in zwei Punkten gedrückt werden, deren Abstände von dem nächsten Ende ein mässiges Vielfaches der grössten Sehne des Querschnitts ausmachen. Als die Electrodenflächen 1 und 4 können dann zwei Querschnitte des Stabes betrachtet werden, die etwa in den Mitten zwischen einem Ende und der nächsten Spitze sich befinden, als die Electrodenflächen 2 und 3 zwei Kugelflächenstücke, die mit unendlich kleinen Radien um die beiden Spitzen beschrieben sind. Der Widerstand ϱ ist dann gleich dem Abstand der durch die beiden Spitzen gelegten Querschnitte, dividirt durch ihre Fläche und die Leitungsfähigkeit.

Es kann aber wünschenswerth sein, die ganze Länge des gegebenen Stabes auszunutzen, um den zu messenden Widerstand so gross als möglich zu machen. Hat der Stab die Gestalt eines rechtwinkligen Parallelepipedums, so empfiehlt sich dann die Anordnung, bei der von den vier Ecken einer langen Seitenfläche zwei einer langen Kante angehörige mit der Kette, die beiden anderen mit dem Galvanometerdrahte verbunden werden; wobei dann die Electrodenflächen 1, 2, 3, 4 die Octanten von vier unendlich kleinen Kugelflächen sind, deren Mittelpunkte in den genannten vier Ecken liegen. Die Methode ist in der Ausführung sehr bequem, und sie bietet auch insofern ein Interesse, als sie eine Anwendung der schönen Theorie der Stromverbreitung in einem rechtwinkligen Parallelepipedum bildet.

Hr. Greenhill[1]) hat bereits für das Potential in einem Punkte eines rechtwinkligen Parallelepipedums, dem durch einen Punkt die Electricität zuströmt und durch einen zweiten entzogen wird, einen Ausdruck aufgestellt, der hier zu Grunde gelegt werden kann. Ein Eckpunkt des Parallelepipedums sei der Anfangspunkt der Coordinaten, die von ihr ausgehenden Kanten seien die Coordinatenaxen, a, b, c die Längen der Kanten, x_1, y_1, z_1 die Coordinaten der positiven, x_4, y_4, z_4 die Coordinaten der negativen Electrode; ferner sei die Intensität des Stromes $= 1$ und k die Leitungsfähigkeit des Parallelepipedums; das Potential φ in Bezug auf den Punkt (x, y, z) ist dann:

1) Greenhill, Proc. of the Cambr. Phil. Soc. Oct. bis Dec. 1879. p. 293.

$$= \frac{1}{32\,abck}\int_0^\infty dt\,(F_1 - F_4),$$

wo:
$$F_1 = \left(\vartheta_3\left(\frac{x-x_1}{2a},\ \frac{i\pi t}{4a^2}\right) + \vartheta_3\left(\frac{x+x_1}{2a},\ \frac{i\pi t}{4a^2}\right)\right)^{\!\prime}$$

$$\times\left(\vartheta_3\left(\frac{y-y_1}{2b},\ \frac{i\pi t}{4b^2}\right) + \vartheta_3\left(\frac{y+y_1}{2b},\ \frac{i\pi t}{4b^2}\right)\right)$$

$$\times\left(\vartheta_3\left(\frac{z-z_1}{2c},\ \frac{i\pi t}{4c^2}\right) + \vartheta_3\left(\frac{z+z_1}{2c},\ \frac{i\pi t}{4c^2}\right)\right)$$

ist, F_4 aus F_1 entsteht, wenn der Index 4 an Stelle des Index 1 gesetzt wird, und:
$$\vartheta_3(w,\ \tau) = \sum e^{\nu(2w+\nu\tau)\pi i}$$
ist, die Summe so genommen, dass für ν alle ganze Zahlen von $-\infty$ bis $+\infty$ gesetzt werden. Bei Benutzung der partiellen Differentialgleichung, der die ϑ-Functionen genügen, kann man auf dem von Hrn. Greenhill bezeichneten Wege nachweisen, dass die hierdurch definirte Function φ der particllen Differentialgleichung genügt, der sie genügen soll; man kann weiter zeigen, dass die Grenzbedingungen und die Stetigkeitsbedingungen erfüllt sind, die für φ gelten, und so beweisen, dass das in Rede stehende Potential bis auf eine additive Constante dem aufgestellten Ausdruck gleich sein muss.

Um den Werth von φ zu erhalten, der der oben bezeichneten Anordnung entspricht, setzen wir:
$$x_1 = 0 \qquad y_1 = 0 \qquad z_1 = 0$$
$$x_4 = 0 \qquad y_4 = 0 \qquad z_4 = c.$$
Benutzt man, dass:
$$\vartheta_3(w \pm \tfrac{1}{2},\ \tau) = \sum(-1)^\nu e^{\nu(2w+\nu\tau)\pi i} = \vartheta_0(w,\ \tau),$$
so ergibt sich dadurch:
$$F_1 - F_4$$
$$= 8\,\vartheta_3\left(\frac{x}{2a},\ \frac{i\pi t}{4a^2}\right)\vartheta_3\left(\frac{y}{2b}\cdot\frac{i\pi t}{4b^2}\right)\left(\vartheta_3\left(\frac{z}{2c},\ \frac{i\pi t}{4c^2}\right) - \vartheta_0\left(\frac{z}{2c},\ \frac{i\pi t}{4c^2}\right)\right)$$

oder, da $\quad \vartheta_3(w,\ \tau) - \vartheta_0(w,\ \tau) = 2\vartheta_2(2w,\ 4\tau),$
$$\varphi = \frac{1}{2\,abck}\int_0^\infty \vartheta_3\left(\frac{x}{2a},\ \frac{i\pi t}{4a^2}\right)\vartheta_3\left(\frac{y}{2b},\ \frac{i\pi t}{4b^2}\right)\vartheta_2\left(\frac{z}{c},\ \frac{i\pi t}{c^2}\right)dt.$$

Um den durch ϱ bezeichneten Widerstand zu finden, hat man die Differenz der Werthe zu bilden, die dieser Ausdruck annimmt:

$$\text{für} \quad x = a \quad y = 0 \quad z = 0$$
$$\text{und für} \quad x = a \quad y = 0 \quad z = c,$$

vorausgesetzt, dass b die Länge derjenigen Kante ist, die senkrecht auf der Fläche der vier, als Electroden benutzten Ecken steht. Erwägt man, dass:

$$\vartheta_2(w + 1, \tau) = - \vartheta_2(w, \tau),$$

und schreibt der Kürze wegen:

$$\vartheta(\tau) \quad \text{für} \quad \vartheta(0, \tau),$$

so hat man hiernach:

$$\varrho = \frac{1}{abck} \int_0^\infty dt\, \vartheta_0\left(\frac{i\pi t}{4a^2}\right) \vartheta_3\left(\frac{i\pi t}{4b^2}\right) \vartheta_2\left(\frac{i\pi t}{c^2}\right).$$

Die numerische Berechnung dieses Integrals wird verhältnissmässig leicht, wenn man dasselbe durch Einschiebung einer passenden Zwischengrenze in zwei theilt und an geeigneten Orten statt der ϑ-Functionen mit dem Modul τ die ϑ-Functionen mit dem Modul $-\frac{1}{\tau}$ einführt. Da:

$$\vartheta_0\left(\frac{i\pi t}{4a^2}\right) = \frac{2a}{\sqrt{\pi}} \frac{1}{\sqrt{t}} \vartheta_2\left(\frac{4a^2 i}{\pi t}\right)$$

$$\vartheta_3\left(\frac{i\pi t}{4b^2}\right) = \frac{2b}{\sqrt{\pi}} \frac{1}{\sqrt{t}} \vartheta_3\left(\frac{4b^2 i}{4t}\right)$$

$$\vartheta_2\left(\frac{i\pi t}{c^2}\right) = \frac{c}{\sqrt{\pi}} \frac{1}{\sqrt{t}} \vartheta_0\left(\frac{c^2 i}{\pi t}\right)$$

ist, so kann man setzen:

$$\varrho = \frac{4}{k\pi^{\frac{3}{2}}} \int_0^\lambda \frac{dt}{t^{\frac{3}{2}}} \vartheta_2\left(\frac{4a^2 i}{\pi t}\right) \vartheta_3\left(\frac{4b^2 i}{\pi t}\right) \vartheta_0\left(\frac{c^2 i}{\pi t}\right)$$

$$+ \frac{1}{abk\sqrt{\pi}} \int_\lambda^\infty \frac{dt}{\sqrt{t}} \vartheta_0\left(\frac{i\pi t}{4a^2}\right) \vartheta_3\left(\frac{i\pi t}{4b^2}\right) \vartheta_0\left(\frac{c^2 i}{\pi t}\right),$$

wo λ eine positive Grösse ist, über die nach Willkür verfügt werden kann. Der erste dieser beiden Theile von ϱ kann geschrieben werden:

$$\frac{8}{k\pi^{\frac{1}{2}}}\int_{\frac{1}{\sqrt{\lambda}}}^{\infty}dt\,\vartheta_2\left(\frac{4a^2t^2i}{\pi}\right)\vartheta_3\left(\frac{4h^2t^2i}{\pi}\right)\vartheta_0\left(\frac{c^2t^2i}{\pi}\right), \qquad \text{oder, da:}$$

$$\vartheta_3(\tau)=\Sigma e^{\nu^2\pi i}, \qquad \vartheta_2(\tau)=\Sigma e^{(\nu+\frac{1}{2})^2\pi i}, \qquad \vartheta_0(\tau)=\Sigma(-1)^\nu e^{\nu^2\pi i},$$

$$\frac{8}{k\pi^{\frac{1}{2}}}\Sigma(-1)^n\int_{\frac{1}{\sqrt{\lambda}}}^{\infty}dt\,e^{-(2l+1)^2a^2+4m^2b^2+n^2c^2)t^2},$$

wo die Summe so zu nehmen ist, dass für jedes der Zeichen
l, m, n alle ganzen Zahlen von $-\infty$ bis $+\infty$ zu setzen sind.
Nun setze man:

$$\int_z^x dt\,e^{-t^2}=U(x),$$

also, wenn α eine positive Grösse bezeichnet:

$$\int_z^\infty dt\,e^{-\alpha^2t^2}=\frac{1}{\alpha}U(\alpha x);$$

für diese Function $U(x)$ und für das Intervall von $x=0$ bis
$x=3$ ist bekanntlich von Kramp eine Tafel berechnet; für
grössere Werthe des Arguments findet man ihre Werthe mit
Hülfe der semiconvergenten Reihe:

$$U(x)=\frac{e^{-x^2}}{2}\left(\frac{1}{x}-\frac{1}{2}\frac{1}{x^3}+\frac{1}{2}\cdot\frac{3}{2}\frac{1}{x^5}-\cdots\right)$$

Setzt man noch zur weitern Abkürzung:

$$\frac{1}{x}U(x)=f(x),$$

so wird der erste Theil von ϱ:

$$\frac{8}{k\pi^{\frac{3}{2}}}\frac{1}{\sqrt{\lambda}}\Sigma(-1)^n f\left(\sqrt{\frac{(2l+1)^2a^2+4m^2b^2+n^2c^2}{\lambda}}\right).$$

Was den zweiten anbetrifft, so lässt sich derselbe schreiben:

$$\frac{2}{abk\sqrt{\pi}}\int_{\sqrt{\lambda}}^{\infty}dt\,\vartheta_0\left(\frac{i\pi t^2}{4a^2}\right)\vartheta_3\left(\frac{i\pi t^2}{4b^2}\right)\vartheta_0\left(\frac{c^2i}{\pi t^2}\right).$$

oder: $\qquad \dfrac{2}{abk\sqrt{\pi}}\Sigma(-1)^l\displaystyle\int_z^x dt\,e^{-\left(\frac{l^2}{a^2}+\frac{m^2}{b^2}\right)\frac{n^2}{4}t^2}\ \vartheta_0\left(\dfrac{c^2i}{\pi t^2}\right),$

wo die Summe in Bezug auf l und m so zu nehmen ist, dass für diese Zeichen alle Zahlen von $-\infty + \infty$ gesetzt werden. Um das Glied dieser Summe, welches bestimmten Werthen von l und m entspricht, zu berechnen, mache man:

$$\left(\frac{l^2}{a^2}+\frac{m^2}{b^2}\right)\frac{\pi^2}{4}=\beta^2$$

mit der Festsetzung, dass β positiv ist; das Glied wird dann:

$$\frac{2}{abk\sqrt\pi}(-1)^l\,\Sigma(-1)^n\int_{\sqrt\lambda}^{\infty}dt\,e^{-\beta^2t^2-\frac{n^2c^2}{t^2}},$$

wo bei der Summation für n alle Zahlen von $-\infty$ bis $+\infty$ zu setzen sind, oder:

$$\frac{1}{abk\sqrt\pi}\frac{(-1)^l}{\beta}\Sigma(-1)^n\left\{e^{2n\beta c}U\left(\beta\sqrt\lambda+\frac{nc}{\sqrt\lambda}\right)+e^{-2n\beta c}U\left(\beta\sqrt\lambda-\frac{nc}{\sqrt\lambda}\right)\right\}.$$

Für den Fall dass $\beta = 0$ ist, dass also gleichzeitig l und $m = 0$ sind, gilt dieses Resultat nicht; das diesen Werthen von l und m entsprechende Glied ist:

$$\frac{2}{abk\sqrt\pi}\int_{\sqrt\lambda}^{\infty}dt\,\vartheta_0\left(\frac{c^2i}{\pi t^2}\right)$$

oder:

$$\frac{2}{abk\sqrt\pi}\int_{\sqrt\lambda}^{\infty}dt\,\Sigma(-1)^n e^{\frac{n^2c^2}{t^2}}.$$

Da

$$\int dt\,e^{-\frac{r^2}{t^2}}=te^{-\frac{r^2}{t^2}}-2\gamma\,U\left(\frac{r}{t}\right)+\text{const.},$$

so ist dieser Ausdruck:

$$= C + \frac{2}{abk\sqrt\pi}\,\Sigma(-1)^n\left(2nc\,U\left(\frac{nc}{\sqrt\lambda}\right)-\sqrt\lambda e^{-\frac{n^2c^2}{\lambda}}\right),$$

wo C eine von λ unabhängige Grösse bedeutet, und wo für n stets sein absoluter Werth gesetzt werden möge. Den Werth von C lernt man kennen, wenn man dasselbe Glied berechnet, nachdem man

$$\vartheta_0\left(\frac{c^2i}{\pi t^2}\right)\quad\text{durch}\quad\frac{\sqrt\pi}{c}\,t\,\vartheta_2\left(\frac{i\pi t^2}{c^2}\right)$$

ersetzt hat; es wird dadurch:

$$\frac{1}{abck} \int\limits_{\lambda}^{\infty} dt\, \vartheta_2 \left(\frac{i\pi t}{c^2}\right)$$

oder:

$$\frac{c}{abk} - \frac{4}{\pi^2} \sum \frac{1}{(2\nu+1)^2} e^{-(2\nu+1)^2 \frac{\pi^2 \lambda}{4c^2}}.$$

Indem man $\lambda = 0$ setzt und berücksichtigt, dass:

$$\sum \frac{1}{(2\nu+1)^2} = \frac{\pi^2}{4}$$

ist, ergibt sich: $\qquad C = \frac{c}{abk}$.

Für den Versuch von hervorragendem Interesse ist der Fall, dass c als unendlich gross, a, b und λ als endlich anzusehen sind; in diesem Falle verschwinden von den Gliedern, deren Summe den Werth von ϱ bildet, alle, in denen n einen von Null verschiedenen Werth hat, und es wird:

$$\varrho = \frac{c}{abk} - \frac{2\sqrt\lambda}{abk\sqrt\pi} + \frac{2\sqrt\lambda}{abk\sqrt\pi} \Sigma(-1)^l f\left(\frac{\pi}{2}\sqrt\lambda \sqrt{\frac{l^2}{a^2}+\frac{m^2}{b^2}}\right)$$

$$+ \frac{8}{k\pi^{\frac{3}{2}}\sqrt\lambda} \sum f\left(\sqrt{\frac{(2l+1)^2 a^2 + 4m^2 b^2}{\lambda}}\right),$$

wo die Summe so zu nehmen ist, dass für l und m alle ganzen Zahlen von $-\infty$ bis $+\infty$ gesetzt werden.

Macht man: $\qquad \lambda = \frac{2ab}{\pi}$, $\qquad$ so folgt hieraus:

$$abk.\varrho = c - \frac{\sqrt{8ab}}{\pi} \left\{ 1 - \Sigma(-1)^l f\left(\sqrt{\frac{\pi}{2}} \sqrt{l^2 \frac{b}{a} + m^2 \frac{a}{b}}\right)\right.$$

$$\left. - 2\Sigma f\left(\sqrt{\frac{\pi}{2}} \sqrt{(2l+1)^2 \frac{b}{a} + 4m^2 \frac{a}{b}}\right)\right\},$$

oder: $abk.\varrho = c - \frac{8\sqrt{2ab}}{\pi} \left\{ \frac{1}{4} - \overset{\infty}{\underset{0}{\Sigma}}\,\overset{\infty}{\underset{0}{\Sigma}}\, \varepsilon f\left(\sqrt{\frac{\pi}{2}} \sqrt{l^2\frac{b}{a} + m^2\frac{a}{b}}\right)\right\}$,

wo:

$$\varepsilon = 0, \text{ wenn } l = 0 \text{ und } m = 0,$$
$$\varepsilon = \tfrac{1}{2}, \text{ wenn } l = 0 \text{ oder } m = 0,$$
$$\varepsilon = -1, \text{ wenn } l \text{ und } m \text{ ungerade},$$
$$\varepsilon = +1 \text{ in allen anderen Fällen.}$$

Ist $b = a$, so ergibt sich hieraus:

$$a^3 k . \varrho = c - a . 0,7272.$$

Bei der Ableitung dieses Resultats reicht es aus, 4 Glieder der Doppelsumme zu berechnen.

Die Ableitung des für ϱ angegebenen Ausdrucks beruhte auf der Voraussetzung, dass die Verhältnisse $\frac{c}{a}$ und $\frac{c}{b}$ als unendlich gross angesehen werden können; thatsächlich reichen aber sehr mässige Werthe dieser Verhältnisse aus, um jenen Ausdruck sehr nahe richtig zu machen. Er ist das selbst in dem Falle schon, dass:

$$a = b = \frac{c}{2}$$

ist. In diesem Falle lässt sich der Werth von ϱ besonders leicht ermitteln. Nach einer der aufgestellten Gleichungen ist

dann:
$$\varrho = \frac{1}{a^3 k} \int_0^\infty dt\, \vartheta_0 \vartheta_3 \vartheta_2,$$

wo der Modul τ für alle 3 ϑ-Functionen derselbe, nämlich $\frac{i\pi t}{4 a^2}$ ist. Nun hat man bekanntlich:

$$\vartheta_0 \vartheta_3 \vartheta_2 = \frac{1}{\pi} \vartheta_1' = \Sigma (-1)^\nu (2\nu + 1) e^{-\frac{(2\nu + 1)^2 \pi^2 t}{16 a^2}}$$

und hieraus folgt:
$$\varrho = \frac{8}{ak\pi^2} . \Sigma (-1)^\nu \frac{1}{2\nu + 1}$$

$$= \frac{16}{ak\pi^2} (1 - \tfrac{1}{3} + \tfrac{1}{5} - \cdots)$$

$$= \frac{4}{ak\pi} \text{ d. h. } = \frac{1}{ak} . 1,2732.$$

Berechnet man aber für diesen Fall ϱ aus der vorher abgeleiteten Formel, so findet man es wenig verschieden hiervon, nämlich:
$$= \frac{1}{ak} . 1,2728.$$

VII. *Einige Versuche über Induction in körperlichen Leitern; von Dr. F. Himstedt,*
Privatdocent an der Universität Freiburg i. Br.

Durch die Arbeiten von Helmholtz[1]) und die damit
zusammenhängenden vieler anderen Autoren ist festgestellt
worden, dass eine Entscheidung zwischen den verschiedenen
Elementargesetzen der Electricität durch das Experiment nur
von solchen Versuchen zu erwarten ist, bei welchen in dem
Leiter eine Anhäufung freier Electricität stattfindet, und weiter,
dass eine solche Anhäufung in Wirklichkeit auftreten kann
bei den Inductionserscheinungen in körperlichen Leitern. Die
Versuche, welche bisher über körperliche Induction angestellt
sind, beschränken sich meines Wissens ausschliesslich darauf,
überhaupt nur das Vorhandensein inducirter Electricität nachzuweisen und die Richtung der auftretenden Ströme festzustellen, sehen aber von einer genauern Messung derselben
ab. Es schien mir deshalb nicht ohne Interesse zu sein,
eine quantitative Bestimmung der in einem körperlichen Leiter
inducirten Electricität zu versuchen. Ich muss jedoch vorweg
bemerken, dass bei den hier zu beschreibenden Versuchen von
vorn herein eine messbare Ansammlung freier Electricität in
dem Leiter nicht zu erwarten war, und dass ihre Bedeutung
nach dieser Richtung sich darauf beschränkt, durch eine Behandlung der einfachsten Fälle vielleicht die der complicirteren
vorbereitet zu haben, welche geeignet sind, auf experimentellem
Wege eine Entscheidung zwischen den Elementargesetzen herbeizuführen.

Eine selbständige Bedeutung glaube ich den Versuchen
nach einer andern Richtung beimessen zu dürfen, insofern sie
eine experimentelle Prüfung der von Kirchhoff aufgestellten
Bewegungsgleichungen der Electricität in nicht linearen Leitern
enthalten. Kirchhoff hat diese Gleichungen aufgestellt, ausgehend von denselben Voraussetzungen, welche W. Weber's
Betrachtungen zu Grunde liegen, und wenn auch der Ausdehnung dieser Annahmen auf nicht lineare Leiter theoretische

---

1) Helmholtz, Crelle's Journ. **72.** u. **75.**

Bedenken nicht entgegenstehen, so wird eine directe Bestätigung doch immerhin nicht nutzlos erscheinen, da jene Gleichungen die Grundlage bilden für alle Berechnungen über körperliche Induction.

Als weiteres Resultat der Versuche kann ich dann noch hervorheben, dass durch dieselben der specifische Leitungswiderstand eines festen Leiters bestimmt wurde, der die Form einer Kugel besass, während bisher eine solche Bestimmung nur für die Drahtform gemacht war.

Die Versuche zerfallen in zwei Gruppen. In der ersten werden die Inductionserscheinungen untersucht, welche durch bewegte Magnete in einer ruhenden Kupferkugel entstehen, in der zweiten diejenigen, welche in einer in einem homogen magnetischen Felde rotirenden Kugel auftreten. Die Ueberlegungen, welche den Versuchen zu Grunde liegen, sind bei beiden Gruppen die nämlichen. Versetzen wir einen Magnet in der Nähe eines Leiters in eine schwingende Bewegung, so inducirt er in diesem electrische Ströme von solcher Art, dass dieselben rückwärts die Bewegung des Magnets dämpfen. Berechnen wir also zuerst aus der bekannten electromotorischen Kraft des Magnets die Stärke und Richtung der inducirten Ströme, dann das von diesen auf den Magnet ausgeübte Drehungsmoment und führen dieses in die Bewegungsgleichung des Magneten ein, so liefert uns die Integration derselben eine Beziehung zwischen dem Drehungsmoment und dem logarithmischen Decrement der Schwingungsbögen. Das letztere können wir mit grosser Schärfe beobachten und haben dann in der Vergleichung des beobachteten mit dem berechneten Werthe ein Mittel, die Richtigkeit der für die inducirte Electricität abgeleiteten Ausdrücke zu prüfen. Rufen wir die Induction durch die Bewegung eines Leiters in der Nähe von magnetischen Massen hervor, so üben diese auf die inducirten Ströme ponderomotorische Kräfte aus, welche die Bewegung des Leiters dämpfen, und wir haben also die nämlichen Verhältnisse.

I. Gruppe.

Die Betrachtungen und Rechnungen, welche den Versuchen dieser Gruppe zu Grunde liegen, habe ich zuerst in meiner Dissertation[1]) durchgeführt, und finden sich dieselben ausserdem in grosser Uebersichtlichkeit und Allgemeinheit in einer Arbeit von Prof. Riecke: „Ueber die Bewegung der Electricität in körperlichen Leitern".[2]) Ich beschränke mich deshalb hier darauf, nur die zum Verständniss nothwendigen Formeln anzugeben und werde mich dabei der Bezeichnungsweise der letztgenannten Arbeit bedienen.

Aufstellung und Integration der Bewegungsgleichungen der Electricität.

Bezeichnen wir die an einem Puukte xyz der Kugel auftretenden Stromcomponenten mit $u\,v\,w$, so gelten für diese die Gleichungen:

$$(1) \quad \begin{cases} \lambda u + \frac{\partial \varphi}{\partial x} + A^2 \frac{dU}{dt} - X = 0, \quad \lambda v + \frac{\partial \varphi}{\partial y} + A^2 \frac{dV}{dt} - Y = 0, \\ \lambda w + \frac{\partial \varphi}{\partial z} + A^2 \frac{dW}{dt} - Z = 0, \end{cases}$$

in welchen φ das Potential der freien Electricität, XYZ die Componenten der äusseren electromotorischen Kräfte, λ der Leitungswiderstand, $A^2 = \frac{V^2}{c}$, c die Constante des Weber'schen Gesetzes und nach Helmholtz:

$$U = \frac{1-k}{2} \frac{\partial \Psi}{\partial x} + \iiint \frac{u'}{r} \, dx' \, dy' \, dz'$$

$$V = \frac{1-k}{2} \frac{\partial \Psi}{\partial y} + \iiint \frac{v'}{r} \, dx' \, dy' \, dz'$$

$$W = \frac{1-k}{2} \frac{\partial \Psi}{\partial z} + \iiint \frac{w'}{r} \, dx' \, dy' \, dz'$$

$$\Psi = \iiint \left(u' \frac{\partial r}{\partial x'} + v' \frac{\partial r}{\partial y'} + w' \frac{\partial r}{\partial z'} \right) dx' \, dy' \, dz'$$

$$r^2 = (x - x')^2 + (y - y')^2 + (z - z')^2$$

wo $u'\,v'\,w'$ zu $x'\,y'\,z'$ gehört. Hierzu kommen noch:

$$(1\text{a}) \qquad \frac{\partial u}{\partial x} + \frac{\partial v}{\partial y} + \frac{\partial w}{\partial z} = \frac{1}{4\pi} \frac{d(\Delta\varphi)}{dt}$$

für einen Punkt im Innern und:

---

1) Himstedt, Ueber die Schwingungen eines Magnets unter dem dämpfenden Einfluss einer Kupferkugel. Gottingen 1875.

2) Riecke: Abhdl. d. Ges. d. Wiss. zu Göttingen. **21.** 1876.

(1b) $\qquad u_1 \dfrac{dx_1}{dn} + v_1 \dfrac{dy_1}{dn} + w_1 \dfrac{dz_1}{dn} = \dfrac{1}{4\pi} \left\{ \dfrac{d^2\varphi}{dt\,dn} - \dfrac{d^2\varphi_a}{dt\,dn} \right\}$

für einen Punkt der Oberfläche $x_1 y_1 z_1$, dessen nach dem Innern gehende Normale n ist. φ ist der dem innern, φ_a der dem äussern Raume entsprechende Werth des Potentials.

Um die Werthe der $X\,Y\,Z$ zu bestimmen, legen wir unseren Betrachtungen ein rechtwinkliges Coordinatensystem zu Grunde, dessen Anfangspunkt in den Mittelpunkt der Kugel fällt, dessen X-Axe nach Norden, dessen Y-Axe nach Westen und dessen Z-Axe senkrecht nach oben gerichtet ist. Die äusseren electrometorischen Kräfte sollen hervorgebracht werden durch die Bewegung zweier fest miteinander verbundenen Magnete, von denen wir annehmen, dass sie ersetzt werden können, jeder durch zwei von einer geraden Linie getragene Pole, N_1 und S_1 mit den magnetischen Massen $\pm \mu_1$ und N_{11} und S_{11} mit $\pm \mu_2$, deren Lage bestimmt ist durch die Coordinaten:

$$N_1 \; x = d_1 \; y = z = 0 \qquad\qquad S_1 \; x = d_2 \; y = z = 0$$
$$N_{11} x = -d_4 \; y = z = 0 \qquad\quad S_{11} x = -d_3 \; y = z = 0$$
$$d_1 > d_2 \qquad\qquad\qquad d_4 > d_3$$

Die Bewegung soll bestehen in einem Hin- und Herschwingen der alle vier Pole tragenden horizontalen Linie um die Z-Axe als Rotationsaxe; die Weite der Schwingungen soll so gering sein, dass wir die dabei auftretenden Aenderungen in den Coordinaten der Pole vernachlässigen können.

Bezeichnen wir die Entfernung des Poles N_1 von einem Punkte $x\,y\,z$ der Kugel mit R_1, so erhalten wir als Beitrag zu den electromotorischen Kräften von diesem Pole:

$$X_1 = -A\mu_1\, \mathfrak{w}_1 \frac{\partial \frac{1}{R_1}}{\partial y}, \qquad Y_1 = +A\mu_1\, \mathfrak{w}_1 \frac{\partial \frac{1}{R_1}}{\partial x}, \qquad Z_1 = 0$$

wobei $\mathfrak{w}_1$ die Geschwindigkeit von N_1. Entsprechend erhalten wir für $S_1 \; X_2 \, Y_2 \, Z_2$ für $N_{11} \; X_4 \, Y_4 \, Z_4$ für $S_{11} \; X_3 \, Y_3 \, Z_3$, und ergeben sich die Componenten der Gesammtkraft dann $X = X_1 + X_2 + X_3 + X_4$ und ebenso Y und Z. Führen wir Polarcoordinaten ein:

$$x = \varrho \cos \delta, \quad y = \varrho \sin \delta \cos \psi, \quad z = \varrho \sin \delta \sin \psi$$

und wählen für die Kugelfunctionen die Bezeichnungen von Heine, Handbuch der Kugelfunctionen:

$$C_m^n = \sin^m \delta \mathfrak{P}_m^n (\cos \delta) \, \cos \, m \psi \qquad S_m^n = \sin^m \delta \mathfrak{P}_m^n (\cos \delta) \, \sin \, m \psi$$

$$\mathfrak{P}_m^n (\cos \delta) = \cos \delta^{n-m} - \frac{n-m \cdot n-m-1}{2 \cdot 2n-1} \cos \delta^{n-m-2} +$$

$$\frac{n-m \cdot n-m-1 \cdot n-m-2 \cdot n-m-3}{2 \cdot 4 \cdot 2n-1 \cdot 2n-3} \cos \delta^{n-m-4} \ldots \ldots,$$

so wird:

$$\frac{1}{R_1} = \frac{1}{\sqrt{(x-d_1)^2 + y^2 + z^2}} = \sum_{n=0}^{n=\infty} \frac{\varrho^n}{d_1^{n+1}} \frac{1 \cdot 3 \ldots 2n-1}{1 \cdot 2 \cdot 3 \ldots n} C_0^n,$$

und setzen wir für die Geschwindigkeit:

$$\mathfrak{w}_1 = d_1 \frac{d\varphi}{dt} = D \cdot d_1 \varkappa e^{\varkappa t},$$

so erhalten wir:

(2) $\qquad X = e^{\varkappa t} \sum_{n=0}^{n=\infty} \varrho^n \alpha_n^1 \, C_1^n \qquad Y = e^{\varkappa t} \sum_{n=0}^{n=\infty} \varrho^n \beta_n^0 \, C_0^n \qquad Z = 0$

(2a) $\qquad \begin{cases} \alpha_n^1 = A D \varkappa n \dfrac{1 \cdot 3 \ldots 2n-1}{1 \cdot 2 \cdot 3 \ldots n} \left\{ \mu_1 \left(\dfrac{1}{d_1^{n+1}} - \dfrac{1}{d_2^{n+1}} \right) \right. \\[2mm] \qquad \left. + (-1)^{n+1} \mu_2 \left(\dfrac{1}{d_3^{n+1}} - \dfrac{1}{d_4^{n+1}} \right) \right\} \\[2mm] \beta_n^0 = \dfrac{n+1}{n} \alpha_n^1, \qquad\qquad \beta_0^0 = \alpha_1^1. \end{cases}$

Aus den Gleichungen (1) lassen sich die neuen ableiten [1]):

(3) $\qquad \dfrac{d(\Delta \varphi)}{dt} + \dfrac{4\pi}{\lambda} \Delta \varphi - 4\pi \dfrac{A^2}{\lambda} k \dfrac{d^2 \varphi}{dt^2} = 0$

für die Bestimmung des Potentials, und

(3a) $\qquad \begin{cases} 4\pi u = \chi_1 + \dfrac{\partial^2 \varphi}{\partial x \, dt} & \qquad 4\pi w = \chi_3 + \dfrac{\partial^2 \varphi}{\partial z \, dt} \\[2mm] 4\pi v = \chi_2 + \dfrac{\partial^2 \varphi}{\partial y \, dt} & \qquad \Delta \chi - 4\pi \dfrac{A^2}{\lambda} \dfrac{d\chi}{dt} = 0 \end{cases}$

für die Stromcomponenten $u \, v \, w$.

Unter der Annahme, dass die Abhängigkeit der Grössen $u \, v \, w \, \varphi$ von der Zeit dieselbe wie die der $X \, Y \, Z$, genügen wir jenen Gleichungen durch die Reihenentwickelungen [2]):

---

1) Vgl. a. a. O.
2) Vgl. über die Integrationsmethode auch Lorberg, Crelle. 71.

$$\begin{cases} \varphi = e^{\varkappa t} \sum_{n=0}^{n=\infty} \varrho^n \, q_n \sum_{m=0}^{m=n} F_n^m \, S_m^n + \varPhi_n^m \, C_m^n \\[2mm] \chi_1 = e^{\varkappa t} \sum_{n=0}^{n=\infty} \varrho^n \, p_n \sum_{m=0}^{m=n} A_n^m \, S_m^n + A_n^m \, C_m^n \\[2mm] \chi_2 = e^{\varkappa t} \sum \varrho^n p_n \sum B_n^m \, S_m^n + B_n^m \, C_m^n \\[2mm] \chi_3 = e^{\varkappa t} \sum \varrho^n p_n \sum C_n^m \, C_m^n - \varGamma_n^m \, S_m^n \end{cases}$$

(4)

Die Werthe von q_n und p_n sind bestimmt durch:

(4a)
$$\begin{cases} \dfrac{d^2 q_n}{d\varrho^2} + \dfrac{2n+2}{\varrho} \, \dfrac{dq_n}{d\varrho} - \dfrac{c^2}{a^2} \, q_n = 0, \\[3mm] \dfrac{d^2 p_n}{d\varrho^2} + \dfrac{2n+2}{\varrho} \, \dfrac{dp_n}{dq} - \dfrac{g^2}{a^2} \, p_n = 0, \end{cases}$$

wo zur Abkürzung gesetzt:

$$4\pi \frac{A^2}{\lambda} k \, \frac{\varkappa^2}{\frac{4\pi}{\lambda} + \varkappa} = \frac{c^2}{a^2} \qquad 4\pi \frac{A^2}{\lambda} \varkappa = \frac{g^2}{a^2},$$

und lassen sich die Integrale von (4a) in die Form bringen:

$$q_n = \frac{2^n \varPi_{(n)}}{1.3 \ldots 2n+1} \left(1 + \frac{c^2}{2.2n+3} \, \frac{\varrho^2}{a^2} + \frac{c^4}{2.4.2n+8 \; 2n+5} \, \frac{\varrho^4}{a^4} \cdots \right)$$

$$p_n = \frac{2^n \varPi_{(n)}}{1.3 \ldots 2n+1} \left(1 + \frac{g^2}{2.2n+3} \, \frac{\varrho^2}{a^2} + \cdots \cdots \cdots \cdots \cdots \cdots \right).$$

Es bleiben dann nur noch die constanten Coëfficienten $F_n^m \, \varPhi_n^m \, A_n^m$ u. s. w. zu bestimmen, im ganzen 4 Paar. Hierzu benutzen wir die Gleichungen (1) und (1a). Führen wir in diese die Entwickelungen aus (4) ein, so erhalten wir 4 Paar lineare Gleichungen für die 4 Paar Unbekannten. Ueber die Ausführung des eben Gesagten noch Folgendes: Die Gleichung (1a) geht durch die Substitution der Werthe für $u\,v\,w$ aus (3) über in:

$$\frac{\partial \chi_1}{\partial x} + \frac{\partial \chi_2}{\partial y} + \frac{\partial \chi_3}{\partial z} = 0,$$

und diese liefert für die in (4) gegebenen Werthe von χ die beiden Gleichungen:

(5) $\begin{cases} \dfrac{n+1}{2n+1 \cdot 2n+3} K^m_{n+1}(ABC) + \dfrac{1}{2 \cdot 2n} \dfrac{g^2}{a^2} H^m_{n+1}(ABC) = 0, \\[2mm] \dfrac{n+1}{2n+1 \cdot 2n+3} K^m_{n+1}(AB\Gamma) + \dfrac{1}{2 \cdot 2n} \dfrac{g^2}{a^2} H^m_{n+1}(AB\Gamma) = 0, \end{cases}$

wo die Abkürzungen gebraucht sind:

$$K^m_{n+1} = 2 \cdot n + m + 1 \cdot n - m + 1 \cdot A^m_{n+1} + n + m + 2 \cdot n + m + 1 (B^{m+1}_{n+1} - C^{m+1}_{n+1}$$
$$- n - m + 2 \cdot n - m + 1 (B^{m-1}_{n+1} + C^{m-1}_{n+1}),$$

$$H^m_{n-1} = 2 A^m_{n-1} - (B^{m+1}_{n-1} - C^{m+1}_{n-1}) + (B^{m-1}_{n+1} + C^{m-1}_{n+1}).$$

Die Gleichungen (1) verwenden wir auch nicht direct in der vorliegenden Form, sondern verwandeln zunächst die darin auftretenden Raumintegrale nach einer von Weingarten[1]) gegebenen Methode in Oberflächenintegrale. Es lassen sich hiernach die Gleichungen (1) ersetzen durch die folgenden:

(1α)　$U_1 + \dfrac{\partial V}{\partial x} = 0, \quad U_2 + \dfrac{\partial V}{\partial y} = 0, \quad U_3 + \dfrac{\partial V}{\partial z} = 0,$　in denen:

$$U_1 = \frac{1}{4\pi} \iint \frac{d(r\chi_1')}{dn} \frac{do}{r^2} + \frac{A^2}{\lambda} \frac{d^2}{dt^2} \iint \frac{\varphi'}{r} \frac{dx}{dn} \, do + \frac{4\pi}{\lambda} X,$$

$$V = \frac{1-k}{2} \frac{A^2}{\lambda} \frac{d^2}{dt^2} \iint_s \left(\varphi' \frac{dr}{dn} - r \frac{d\varphi_a}{dn} \right) do + \left(\frac{1}{4\pi} \frac{d}{dt} + \frac{1}{\lambda} \right) \iint \frac{d(r\varphi)}{dn} \frac{do}{r^2}.$$

U_2 und U_3 ergeben sich aus U_1 durch Vertauschung von $\chi_1' x X$ mit $\chi_2' y Y$, resp. $\chi_3' z Z$. Der obere Index bei χ_2' u. s. w. soll anzeigen, dass der in einem Punkte der Oberfläche gültige Werth dieser Grösse zu nehmen ist, do bezeichnet ein Oberflächenelement.

Die Gleichungen (1α) ergeben bei Benutzung von (4) die Relationen:

(6)　$\begin{cases} \dfrac{2n}{2n+1} p'_{n-1} A^m_n = \dfrac{4\pi}{\lambda} \alpha^1_n - 4\pi \dfrac{A^2}{\lambda} x^2 \dfrac{1}{2n+1} q'_{n-1} \Phi^m_{n-1} \\[2mm] \qquad - \left(x + \dfrac{4\pi}{\lambda} \right) \dfrac{2n \cdot 2n+2}{2n+1 \cdot 2n+3} \dfrac{n-m+1 \cdot n+m+1}{2n+1} q'_{n-1} \Phi^m_{n-1}, \\[2mm] \dfrac{2n}{2n+1} p'_{n-1} B^m_n = \dfrac{4\pi}{\lambda} \beta^0_n - 4\pi \dfrac{A^2}{\lambda} x^2 \dfrac{1}{2 \cdot 2n+1} q'_{n-1} (\Phi^{m-1}_{n-1} - \Phi^{m+1}_{n-1}) \\[2mm] \qquad - \left(x + \dfrac{4\pi}{\lambda} \right) \dfrac{2n \cdot 2n+2}{2n+1 \cdot 2n+3} q'_{n-1} \\[2mm] \qquad \left(\dfrac{n+m+2 \cdot n+m+1}{2 \cdot 2n+1} \Phi^{m+1}_{n+1} - \dfrac{n-m+2 \cdot n-m+1}{2 \cdot 2n+1} \Phi^{m-1}_{n+1} \right) \end{cases}$

---

1) Weingarten, Crelle's Journ. **68.**

$$(6) \begin{cases} \frac{2n}{2n+1} p'_{n-1} \Gamma_n^m = 4\pi \frac{A^2}{\lambda} \varkappa^2 \frac{1}{2.2n+1} q'_{n-1} (\Phi_{n-1}^{m-1} - \Phi_{n-1}^{m+1}) \\[2mm] - \left(\varkappa + \frac{4\pi}{\lambda}\right) \frac{2n.2n+2}{2n+1.2n+3} q'_{n-1} \\[2mm] \left(\frac{n+m+2.n+m+1}{2.2n+1} \Phi_{n+1}^{m+1} + \frac{n-m+2.n-m+1}{2.2n+1} \Phi_{n+1}^{m-1}\right). \end{cases}$$

Ausserdem drei Gleichungen für A_n^m B_n^m C_n^m, die aus den vorstehenden sich ergeben durch Vertauschung der griechischen Buchstaben mit lateinischen und durch Fortlassen des ersten Gliedes in den beiden ersten Gleichungen. Die Combination der 4 Paar Gleichungen (5) und (6) behufs Auflösung für die Unbekannten, geschieht am bequemsten so, dass die Werthe aus (6) in (5) eingesetzt werden, wodurch F_n^m und Φ_n^m gefunden wird, und dass dann diese Grössen in (6) eingeführt werden. Es ergibt sich dann ohne weiteres:

$$F_n^m = A_n^m = B_n^m = C_n^m = 0.$$

Berücksichtigen wir bei der Ausrechnung der übrigen Coëfficienten, dass annähernd:

$$\lambda = \frac{1}{5.10^{17}}, \qquad \frac{A^2}{\lambda} = \frac{1}{2.10^5},$$

wir also die erste Grösse gegen die zweite vernachlässigen können, so wird:

$$\Phi_n^1 = \frac{1}{n.q_n} \left\{1 - \frac{2n+1}{4n} \frac{\lambda}{\pi} \varkappa\right\} \frac{2n-1}{n-1} \alpha^1_{n-1},$$

$$A_n^1 = - \frac{4\pi}{\lambda} \frac{1}{q_n} \left\{1 - \frac{4\pi}{2.2n+1} \frac{A^2}{\lambda} a^2 \varkappa\right\} \frac{\alpha^1_n}{n-1},$$

$$B_n^0 = \frac{4\pi}{\lambda} \frac{1}{q_n} \left\{1 - \frac{4\pi}{2.2n+1} \frac{A^2}{\lambda} a^2\varkappa\right\} \tfrac{1}{2}\alpha^1_n,$$

$$B_n^2 = \frac{4\pi}{\lambda} \frac{1}{q_n} \left\{1 - \frac{4\pi}{2.2n+1} \frac{A^2}{\lambda} a^3\varkappa\right\} \frac{n-1}{2n+2} \alpha^1_n,$$

$$\Gamma_n^0 = - \frac{4\pi}{\lambda} \frac{1}{q_n} \left\{1 - \frac{4\pi}{2.2n+1} \frac{A^2}{\lambda} a^2 \varkappa\right\} \frac{n+2}{2n} \alpha^1_n,$$

$$\Gamma_n^2 = - \frac{4\pi}{\lambda} \frac{1}{q_n} \left\{1 - \frac{4\pi}{2.2n+1} \frac{A^2}{\lambda} a^3\varkappa\right\} \frac{n-1}{2n+2} \alpha^1_n.$$

Alle übrigen Coëfficienten sind gleich Null. a bezeichnet den Radius der Kugel.

Vernachlässigen wir weiter in den Gleichungen (3) die zweiten Glieder, so erhalten wir für die Stromcomponenten:

$$u = -\frac{1}{\lambda} e^{\varkappa t} \Sigma \varrho^{\varkappa} \left\{1 - 2\pi \frac{A^2}{\lambda}\left(\frac{a^2}{2n+1} - \frac{\varrho^2}{2n+3}\right)\varkappa\right\} \frac{\alpha^1_{\varkappa}}{n+1} C^{\varkappa}_1,$$

$$v = \frac{1}{\lambda} e^{\varkappa t} \Sigma \varrho^{\varkappa} \left\{1 - 2\pi \frac{A^2}{\lambda}\left(\frac{a^2}{2n+1} - \frac{\varrho^2}{2n+3}\right)\varkappa\right\} \alpha^1_{\varkappa} \left(\tfrac{1}{2} C^{\varkappa}_0 + \frac{n-1}{2n+2} C^{\varkappa}_2\right),$$

$$w = -\frac{1}{\lambda} e^{\varkappa t} \Sigma \varrho^{\varkappa} \left\{1 - 2\pi \frac{A^2}{\lambda}\left(\frac{a^2}{2n+1} - \frac{\varrho^2}{2n+3}\right)\varkappa\right\} \alpha^1_{\varkappa} \left(\frac{n+2}{2n} C^{\varkappa}_0 + \frac{n-1}{2n+2} C^{\varkappa}_2\right)$$

Drehungsmoment der inducirten Ströme auf die bewegten Magnete.

Bezeichnen wir die Componenten der ponderomotorischen Kraft, welche ein Punkt xyz der Kugel mit den Stromcomponenten uvw auf den Nordpol N_1 ausübt, mit $\bar{\Xi}_1 H_1 Z_1$ und entsprechend mit den Indices 2 3 4 dieselben Grössen für die Pole $S_1 S_{11} N_{11}$, so ergibt sich, da wir die Abstände der Pole von der Drehungsaxe mit d bezeichnet haben, das von dem Punkte xyz auf den Magnet ausgeübte Drehungsmoment:

$$\varDelta_{xyz} = \sum_{n=1}^{n=4} d_{\varkappa} Z_{\varkappa} .$$

Hieraus berechnet sich das von allen in der Kugel auftretenden Strömen auf die Magnete ausgeübte Drehungsmoment:

$$\varDelta = \iiint \varDelta_{xyz} . dx \, dy \, dz,$$

die Integration über die ganze Kugel ausgedehnt. Es ist:

$$Z_1 = \mu_1 A \left(u \cdot \frac{\partial \frac{1}{R^1}}{\partial y} - v \cdot \frac{\partial \frac{1}{R^1}}{\partial x}\right).$$

wo R_1 wieder die Entfernung des Poles N_1 vom Punkte xyz. Entsprechend bilden sich die übrigen Z, und finden wir durch Einführen der für u und v abgeleiteten Werthe und durch Entwickeln der $\frac{\partial \frac{1}{R^1}}{\partial x}$ u. s. w. nach Kugelfunctionen:

$$\varDelta = -4\pi \frac{A^2}{\lambda} D . x e^{\varkappa t} \sum_{n=0}^{n=\infty} \frac{n^2}{2.\overline{2n+1}.\overline{2n+3}} a^{2n+3}$$

$$\left(1 - \frac{8\pi}{\overline{2n+1}.\overline{2n+3}} \frac{A^2}{\lambda} x a^2\right) \left\{\mu_1\left(\frac{1}{d_1{}^{n+1}} - \frac{1}{d_2{}^{n+1}}\right) + (-1)^{n+1} \mu_2\left(\frac{1}{d_3{}^{n+1}} - \frac{1}{d_4{}^{n+1}}\right)\right\}.$$

Erinnern wir uns der Substitution:

$$\frac{dq}{dt} = D . x e^{\varkappa t},$$

so können wir $\varDelta$ in die Form bringen:

(7)
$$\varDelta = - P \cdot \frac{d\varphi}{dt} + Q \frac{d^2\varphi}{dt^2},$$

wo dann:

(7a)
$$\begin{cases} P = 4\pi \frac{A^2}{\lambda} \sum \frac{n^2}{2 \cdot 2n+1 \cdot 2n+3} \, a^{2n+3} \\ \left\{ \mu_1 \left(\frac{1}{d_1^{\,n+1}} - \frac{1}{d_2^{\,n+1}} \right) + \mu_2 (-1)^{n+1} \left(\frac{1}{d_3^{\,n+1}} - \frac{1}{d_4^{\,n+1}} \right) \right\}^2, \\ Q = 8\pi \frac{A^2}{\lambda} a^2 \frac{P}{2n+1 \cdot 2n+5}. \end{cases}$$

Die Bewegungsgleichung der schwingenden Magnete.

Bezeichnen wir das Trägheitsmoment des schwingenden Systems mit K, die von dem Erdmagnetismus und der Suspension herrührenden Kräfte mit T, so ist die Bewegung bestimmt durch:

$$(K - Q) \frac{d^2\varphi}{dt^2} + T \frac{d\varphi}{dt} + T \cdot \varphi = 0.$$

Die Integration dieser Gleichung liefert die Beziehung:

$$\frac{P}{K-Q} = 2 \frac{l}{t},$$

wenn mit l das logarithmische Decrement der Schwingungsbögen, mit t die Schwingungsdauer bezeichnet wird. Bringen wir die Grössen P und Q in die Form:

$$P = \frac{A^2}{\lambda} \cdot p, \qquad Q = \frac{A^4}{\lambda} \cdot q$$

und lösen die obige Gleichung für $\frac{A^2}{\lambda}$ auf, so wird:

$$\frac{A^2}{\lambda} = \frac{-p \cdot t + \sqrt{p^2 t^2 + 16 l^2 q K}}{4 l q},$$

und durch Entwickelung der Quadratwurzel:

(8)
$$\frac{A^2}{\lambda} = \frac{2 K l}{p t} - \frac{8 l^3 q K^2}{p^3 t^3} \ldots$$

Alle Grössen auf der rechten Seite dieser Gleichung können durch die Beobachtung gewonnen werden, und sind wir durch diese Gleichung in den Stand gesetzt, 1) die Grösse $\frac{A^2}{\lambda}$, oder (A^2 als bekannt vorausgesetzt), die Grösse λ, d. h. den specifischen Leitungswiderstand eines Metalles, aus Inductionsversuchen mit einem körperlichen Leiter zu finden, und 2) durch die Vergleichung des so gewonnenen Werthes für λ mit den früher auf anderem Wege gefundenen Werthen die Resultate der vorhergehenden Rechnungen, und damit auch die ihnen zu Grunde liegenden Kirchhoff'schen Gleichungen zu prüfen.

Die Versuche.

Ein elliptisch geformter Ring von 3 mm dickem Aluminiumdraht, dessen kleine Axe 120 mm, dessen grosse 180 mm, trug an den Enden der letztern zwei dünnwandige Messinghülsen, deren Längsaxen parallel dieser grossen Axe der Ellipse. Dieselben waren leicht federnd und dienten zur Aufnahme zweier kleiner Magnetstäbe. Der Drahtring trug ausserdem einen kleinen Planspiegel zur Fernrohrablesung und Vorrichtungen, um behufs der Ermittelung des Trägheitsmomentes kleine Messingewichte in verschiedenen Abständen voneinander aufhängen zu können. Der Ring wurde bifilar an über eine leicht bewegliche Rolle führenden Coconfäden so aufgehängt, dass die Ringebene vertical hing, und die grosse Axe zusammenfiel mit dem magnetischen Meridian.

Die beiden Magnetstäbe, welche zu einem Versuche benutzt wurden, waren von gleichen Dimensionen und annähernd gleich stark magnetisirt. Sie wurden bei den Versuchen so in die Hülsen geschoben, dass der Nordpol des stärkern ($N\ I$) nach Norden, der des schwächern ($N\ II$) nach Süden zeigte, sie also nahezu ein astatisches Paar bildeten.

Als Leiter, in welchem die Inductionsströme erregt werden sollten, wurden zwei massive Kupferkugeln benutzt. Jede von ihnen war aus einem quadratischen Stücke geschnitten, das im hellglühenden Zustande mit schwerem Hammer bearbeitet war. Die bei den vier ersten der noch zu beschreibenden Versuche verwendete Kugel hatte einen Durchmesser $2a = 92{,}94$ mm, ein Gewicht $G = 3\,728\,700$ mg, ein specifisches Gewicht $s = 8{,}88$. Der fünfte Versuch wurde mit einer Kugel angestellt, bei welcher $2a = 59{,}85$ mm, $G = 999\,000$ mg, $s = 8{,}9$. Die Werthe der Durchmesser wurden bestimmt durch Kathetometermessung mit mikroskopischer Ablesung, und ist jede Zahl das Mittel aus 10 Messungen.

Wenn während einer Versuchsreihe die Kugel benutzt wurde, so wurde sie der Art aufgestellt, dass ihr Mittelpunkt zusammenfiel mit dem Mittelpunkte des Aluminiumringes. Die Anordnung der Versuche war die folgende: Es wurde das magnetische Moment und der Polabstand jedes der beiden Magnete bestimmt durch Ablenkungsbeobachtungen. Wegen der Bedeutung besonders des letztern für die Berechnung der in den Formeln mit p und q bezeichneten Reihen, wurde auf die Ermittelung desselben grosse Sorgfalt verwendet. Ein Stahlspiegel von 20 mm Durchmesser, sorgfältig magnetisirt, war an einem Coconfaden so aufgehängt, dass seine Mitte in gleicher Höhe mit der obern Fläche einer Holzschiene, auf welche die Magnetstäbe zu den Ablenkungsversuchen östlich und westlich vom Spiegelmittelpunkte gelegt wurden. Die Ablenkungen wurden in zwei verschiedenen Abständen der Magnete vom Spiegel sowohl östlich als westlich hervorgebracht. Die Entfernungen waren gleich dem Drei-, resp. Vierfachen der Magnetlänge. In jeder Lage wurden vier Beobachtungen gemacht, indem der Stab sowohl um die Längsaxe als um die Queraxe um je 180° gedreht wurde. Für die Entfernung des Stabmittelpunktes von dem Spiegelmittelpunkte a_1, resp. a_2 wurde die Hälfte der Entfernung zwischen zwei Lagen östlich und westlich genommen. Dieselbe wurde mit dem Kathetometer gemessen, während der Magnetstab ablenkend wirkte.

Bezeichnen φ_1 und φ_2 die den a_1 und a_2 entsprechenden Ablenkungen des Magnetspiegels (mit Fernrohr und Scala gemessen) ϱ den Polabstand des letztern, so ergibt sich der gesuchte Polabstand r des Magnetstabes:

$$r^2 = \tfrac{1}{3}\left\{ 3\,\varrho^2 + \frac{a^5_1 \operatorname{tg}\varphi_1\,(a^2_2 + 15\varrho^2\sin^2\varphi_2) - a^5_{11}\operatorname{tg}\varphi_2\,(a^2_1 + 15\varrho^2\sin\varphi_1)}{a^5_2\operatorname{tg}\varphi_2 = a^5_1\operatorname{tg}\varphi_1} \right\}$$

und das magnetische Moment M:

$$\frac{M}{T} = \tfrac{1}{3}\,\frac{a^5_2\operatorname{tg}\varphi_2 - a^5_1\operatorname{tg}\varphi_1}{a^2_2 - a^2_1 + 15\varrho^2\,(\sin^2\varphi_2 - \sin^2\varphi_1)}\,(1 + \Theta),$$

wenn wir die Horizontalcomponente des Erdmagnetismus mit T, das Torsionsverhältniss des Magnetspiegels mit Θ bezeichnen.

Nach der Bestimmung von M und r wurden die Magnete in der schon angegebenen Weise in die Hülsen des Alumi-

niumringes geschoben und mit Hülfe des Kathetometers die
Abstände der Endpunkt des Magnets Nr. 1 von denen von
Nr. 2 gemessen, aus diesen die Entfernungen der Magnetmittel-
punkte vom Ringmittelpunkte berechnet und endlich durch
Addition resp. Subtraction einer halben Poldistanz die Abstände der Magnetpole von dem Ringmittelpunkte, die im Vorhergehenden mit d_1 d_2 d_3 d_4 bezeichnet sind, erhalten. μ_1 und
μ_2 wurden gleich $\frac{M_1}{r_1}$ und $\frac{M_2}{r_2}$ gesetzt. Hierauf wurde das Trägheitsmoment aus Schwingungsbeobachtungen bei zwei verschie-
denen Abständen der Gewichte voneinander nach der Gauss'-
schen Methode bestimmt und die Luftdämpfung beobachtet, die
Kupferkugel mittelst einer zweckdienlichen Vorrichtung in die
richtige Stellung gebracht und Dämpfung und Schwingungsdauer beobachtet, endlich nochmals das magnetische Moment
und der Polabstand bestimmt. Für die Berechnung wurde
das Mittel aus dieser und der ersten Bestimmung dieser Grössen
genommen. Die Werthe zweier solcher Bestimmungen waren
für den Polabstand nie mehr als $1/5\,^0/_0$, für das magnetische
Moment selten mehr als $1/{10}\,^0/_0$ des ganzen Werthes verschieden.
Luftdämpfung und Dämpfung wurden jede dreimal durch die
Beobachtung von mindestens je 60 Umkehrpunkten bestimmt,
die Scalentheile[1]) auf Bogen reducirt und der 1te mit dem
31ten, der 2te mit dem 32ten etc. combinirt und das arithmetische Mittel genommen.

Die Mittel zweier Bestimmungen differirten unter einander
um höchstens $1/4\,^0/_0$ des ganzen Werthes. Die Luftdämpfung
und die Dämpfung wurden bei denselben Schwingungsamplituden beobachtet und die erstere auf die Schwingungsdauer bei
letzterer reducirt. Es wurde Sorge getragen, dass die sehr
gut vor Luftzug schützenden Kasten und Röhren immer genau
dieselbe Stellung gegen den Apparat einnahmen. Die Schwingungsdauer wurde gleichfalls dreimal beobachtet, und ergaben
sich unter den drei Bestimmungen Abweichungen nie über
0,001 Sec.

---

1) Die benutzte Scala war sorgfältig auf ihre Gleichmässigkeit untersucht und corrigirt. Der Scalenabstand 3—4 m.

Bei der Berechnung des $\frac{A^2}{\lambda}$ aus der Gleichung VIII zeigte sich, dass nur das erste Glied rechter Hand zu berücksichtigen war. Das zweite verhielt sich zum ersten wie $\frac{1}{10^5}:1$ Die Reihe für p wurde bis auf 20 Glieder entwickelt und dadurch erreicht, dass die vernachlässigten Glieder erst die fünfte Ziffer der Zahl unsicher machten. Alle Beobachtungen einer Versuchsreihe wurden hinter einander innerhalb 3—5 Stunden angestellt.

In der folgenden Uebersicht der Resultate bezeichnet:

L die Länge der Magnete, der Querschnitt war bei allen ein Quadrat von 5 mm Seite;

r den Polabstand;

M das magnetische Moment;

d den Abstand eines Magnetpols vom Kugelmittelpunkte;

T die Horizontalintensität des Erdmagnetismus. Dieselbe wurde mit Hülfe des compensirten Magnetometers gefunden aus einer Vergleichung der Bussolenablenkungen am Orte der Beobachtung mit solchen an einem eisenfreien Orte.

Dass der fünfte Versuch mit einer andern Kugel gemacht wurde als die 4 ersten, vergleiche weiter oben.

Versuche:·

Nr.		I	II	III	IV	V
Nr. I	L	60 mm	60 mm	70 mm	50 mm	60 mm
	$\frac{M_1}{T}$	1 174 650	1 172 460	1 748 400	767 980	1 472 500
	r	41,68	39,4	57,34	44,92	49,17
	d_1	106,18	102,5	119,11	99,72	90,17
	d_2	64,45	63,1	61,77	54,8	41,—
Nr. II	$\frac{M_2}{T}$	1 026 750	1,022,800	1 493 500	693 750	1 323 900
	r_2	45,7	43,1	56,02	41,94	52,24
	d_3	62,44	61,25	62,43	56,29	39,66
	d_4	108,14	104,35	118,45	98,23	91,9
	K	22 812 . 10⁴	22 399 . 10⁴	285 92 . 10⁴	17 403 . 10⁴	14 936 . 10⁴
	t	11,842	11,578	12,32	9,83	9,611
	l	0,0067	0,00742	0,00802	0,01095	0,00705
	$\frac{A^2}{\lambda}$	215 760	213 900	220 800	218 900	201 270

II. Gruppe.

Aufstellung und Integration der Bewegungsgleichungen der Electricität.

Rotirt eine leitende Kugel in einem homogen-magnetischen Felde, so gelten für die Bewegung der inducirten Electricität die Gleichungen:

$$\lambda u + \frac{\partial \varphi}{\partial x} + A^2 \frac{dU}{dt} - X = 0$$

(1)
$$\lambda v + \frac{\partial \varphi}{\partial y} + A^2 \frac{dV}{dt} - Y = 0$$

$$\lambda w + \frac{\partial \varphi}{\partial z} + A^2 \frac{dW}{dt} - Z = 0.$$

Die Bezeichnungen sind dieselben wie in den entsprechenden Gleichungen der 1ten Gruppe. Für einen Punkt im Innern muss wieder die Gleichung bestehen:

(1a)
$$\frac{\partial u}{\partial x} + \frac{\partial v}{\partial y} + \frac{\partial w}{\partial z} = \frac{1}{4\pi} \frac{d(\Delta\varphi)}{dt}$$

für einen Punkt der Oberfläche:

(1b)
$$u_1 \frac{dx_1}{dn} + v_1 \frac{dy_1}{dn} + w_1 \frac{dz_1}{dn} = \frac{1}{4\pi}\left(\frac{d^2\varphi}{dt\,dn} - \frac{d^2\varphi_a}{dt\,dn}\right).$$

Um die Werthe der äusseren electromotorischen Kräfte zu bestimmen, legen wir den Anfangspunkt eines rechtwinkligen Coordinatensystems in den Mittelpunkt der Kugel, nehmen die X-Axe nach Norden, die Y-Axe nach Westen und die Z-Axe nach oben und letztere zur Rotationsaxe, alsdann werden die Geschwindigkeitscomponenten u v w eines Punktes *x y z* der Kugel:

$$\mathfrak{u} = - y \cdot \omega \qquad \mathfrak{v} = x \cdot \omega \qquad \mathfrak{w} = 0$$

wo ω die Winkelgeschwindigkeit, für welche im Folgenden die für kleine Schwingungsamplituden erlaubte Annahme gemacht werden soll:

$$\omega = \frac{d\varphi}{dt} = D \cdot \varkappa e^{\varkappa t}.$$

Nennen wir die Kraft des homogenen Feldes R und lassen ihre Richtung zusammenfallen mit der Horizontalcomponente des Erdmagnetismus, so werden:

$$X = 0 \qquad Y = 0 \qquad Z = A \cdot D \varkappa e^{\varkappa t} R \cdot x.$$

Führen wir Polarcoordinaten ein:

$$x = \varrho \cos \delta \qquad y = \varrho \sin \delta \cos \psi \qquad z = \varrho \sin \delta \sin \psi$$

und bedienen uns für die Kugelfunctionen derselben Bezeichnungsweise wie im ersten Abschnitte, so erhalten wir:

$$\text{(2)} \qquad \begin{aligned} Z &= e^{\varkappa t}\, \varrho\, c^0{}_1\, C^1{}_0 \\ c^0{}_1 &= A\, D \varkappa R \end{aligned}$$

Die Integration der Differentialgleichungen (1) erfolgt jetzt genau in derselben Weise wie in der ersten Gruppe und erhalten wir schliesslich:

$$\text{(3)} \quad \left\{ \begin{aligned} \varphi &= e^{\varkappa t}\varrho^2\left(1 - \frac{\lambda\varkappa}{4\pi}\right)\tfrac{1}{2} c^0{}_1 \cos\delta\sin\delta\sin\psi \\ u &= -\frac{1}{\lambda} e^{\varkappa t}\varrho\left\{1 - 2\pi\frac{A^2}{\lambda}\left(\frac{a^2}{3} - \frac{\varrho^2}{5}\right)\varkappa\right\}\tfrac{1}{2} c^0{}_1 \sin\delta\sin\psi \\ v &= 0 \\ w &= \frac{1}{\lambda} e^{\varkappa t}\varrho\left\{1 - 2\pi\frac{A^2}{\lambda}\left(\frac{a^2}{3} - \frac{\varrho^2}{5}\right)\varkappa\right\}\tfrac{1}{2} c^0{}_1 \cos\delta. \end{aligned} \right.$$

a bezeichnet den **Radius der Kupferkugel.**

Das von dem homogen magnetischen Felde auf die inducirten Ströme der Kugel ausgeübte Drehungsmoment und die Bewegungsgleichung der Kugel.

Bezeichnen wir die Componenten der ponderomotorischen Kraft, welche das homogen-magnetische Feld auf einen Punkt $x\, y\, z$ der Kugel mit den Stromcomponenten $u\, v\, w$ ausübt, mit $\varXi\, H\, Z$, so ist bei einer Rotation der Kugel um die Z-Axe das auf jenen Punkt ausgeübte Drehungsmoment:

$$\varDelta_{xyz} = x\, H - y\, \varXi$$

In unserem Falle ist:

$$\varXi = 0 \qquad H = - A \cdot w \cdot R.$$

Durch Einsetzen des in (3) für w gefundenen Werthes ergibt sich also:

$$\varDelta_{xyz} = -\frac{A}{\lambda} e^{\varkappa t}\varrho^2\left\{1 - 2\pi\frac{A^2}{\lambda}\left(\frac{a^2}{3} - \frac{\varrho^2}{5}\right)\varkappa\right\}\tfrac{1}{2} c^0{}_1 R \cos^2\delta.$$

Das auf die gesammten Ströme der Kugel ausgeübte Drehungsmoment $\varDelta$ erhalten·wir aus $\varDelta_{xyz}$ durch Multiplication mit $dx\, dy\, dz$ und Integration über die Kugel:

$$\varDelta = - 4\pi \frac{A^2}{\lambda} \varkappa\, e^{\varkappa t}\, D\, R^2 \frac{a^5}{30}\left(1 - 8\pi\frac{A^2}{\lambda}\varkappa\frac{a^2}{21}\right)$$

oder wegen der Substitution:

$$D \cdot x e^{\mu t} = \frac{d\varphi}{dt} \qquad D \cdot x^2 e^{\mu t} = \frac{d^2\varphi}{dt^2}$$

können wir schreiben:

$$\Delta = - P\frac{d\varphi}{dt} + Q\frac{d^2\varphi}{dt_2}$$

wo: $\qquad P = 4\pi \frac{A^2}{\lambda} R^2 \cdot \frac{a^5}{30} \qquad Q = 32\pi^2 \frac{A^4}{\lambda^2} R^2 \frac{a^7}{21 \cdot 30}.$

Ist die Kupferkugel bifilar aufgehängt und wird sie durch eine Drehung um die Z-Axe von nur wenigen Graden aus ihrer Ruhelage getrieben, so bestimmt sich die entstehende schwingende Bewegung durch die Gleichung:

$$(K - Q)\frac{d^2\varphi}{dt^2} + P\frac{d\varphi}{dt} + T \cdot \varphi = 0,$$

K das Trägheitsmoment, T die Directionskraft der Suspensionsdrähte. Ist die Schwingungsdauer t, das logarithmische Decrement l, so muss:

$$\frac{P}{K - Q} = 2\frac{l}{t}.$$

Setzen wir $P = \frac{A^2}{\lambda} p$, $Q = \frac{A^4}{\lambda} q$, so erhalten wir nach dieser Gleichung:

(4) $\qquad \dfrac{A^2}{\lambda} = \dfrac{2lK}{p.t} - \dfrac{8l^3 q K^2}{p^3 t^3} \dots$

Von der Gleichung (4) gilt genau das über Gleichung (8) der 1. Gruppe Gesagte. Durch Beobachtung der Grössen rechter Hand lässt sich aus ihr ein Werth für λ ableiten, und durch Vergleichung desselben mit den Resultaten früherer Bestimmungen ergibt sich eine Prüfung der unseren Rechnungen zu Grunde liegenden Bewegungsgleichungen der Electricität in nicht linearen Leitern.

Herstellung und Messung des homogen-magnetischen Feldes.

Drei Magnetstäbe von 1800—1850 mm Länge, 20 mm Dicke und 80 mm Höhe wurden mit ihren Längsaxen parallel dem magnetischen Meridian, hochkant, mit nur sehr kleinen Zwischenräumen neben einander gelegt, sodass die Endflächen des Systems im Norden wie im Süden ein vertical stehendes Rechteck von 70 mm Grundlinie und 80 mm Höhe bildeten. Drei weitere, diesen ganz gleiche Magnete waren in derselben Weise zu einem zweiten System zusammengelegt, und

zwar so, dass die Längsaxe jedes einzelnen parallel war dem
magnetischen Meridian und die directe Fortsetzung der Längsaxe des entsprechenden Magnets im ersten System bildete.
Der mittlere Theil des Raumes zwischen der nördlichen Endfläche des ersten und der südlichen Endfläche des zweiten
Systems konnte als homogen-magnetisches Feld betrachtet
werden. Die Homogeneität des Feldes wurde in doppelter
Weise untersucht. Einmal durch Betrachtung der Linien,
welche Eisenfeilspähne bildeten, die auf einem Kartenblatte in
das Feld gebracht wurden; die Linien waren vollständig parallel und gleichmässig an allen Stellen des Feldes. Sodann
aber fand eine genaue Prüfung statt durch die Messung der
Winkel, um welche eine Bifilarrolle durch einen genau gemessenen Strom aus ihrer Ruhelage abgelenkt wurde. Die
Ruhelage war der Art, dass in ihr die Längsaxe der Rolle
senkrecht stand zum magnetischen Meridian.

Bezeichnen wir die Stromfläche der Rolle mit F, die In-
tensität des hindurchgeleiteten Stromes mit i, die Directions-
kraft der Suspensionsdrähte mit D, die Horizontalintensität des
Erdmagnetismus mit T, endlich den Ablenkungswinkel der
Rolle mit φ, so ist die Kraft R des Feldes bestimmt durch die
Gleichung:

$$R + T = \frac{D \cdot \varphi}{F . i \cos \varphi}.$$

Um die Stromfläche F zu eliminiren beobachtet man ferner
die Ablenkung φ' welche ein Strom i' bei der Rolle hervorbringt, wenn dieselbe nur unter der Einwirkung des Erdmagnetismus steht. Dann ist:

$$T = \frac{D \cdot \varphi'}{F . i' \cos \varphi'},$$

und aus der Combination beider Gleichungen ergiebt sich:

$$\frac{R + T}{T} = \frac{\varphi \, i \cos \varphi'}{\varphi' \, i \cos \varphi},$$

also die Kraft R gemessen durch die Horizontalcomponente
des Erdmagnetismus.

Der innere Durchmesser der benutzten Rolle war 8 mm.
Es waren 13 Lagen 2 mm dicken übersponnenen Kupferdrahts
aufgewickelt, sodass der äussere Durchmesser 60 mm betrug.
Die Länge der Rolle war 40 mm. Die Suspensionsdrähte, die

zugleich als Zuleitungsdrähte dienten, waren an ihren oberen
Enden in zwei Metallklemmen geklemmt, welche an den Enden
eines gleicharmigen Hebels befestigt waren, dessen leichte Beweglichkeit die gleichmässige Spannung der Suspensionsdrähte
garantirte. Die Suspension war unter der Decke des Beobachtungsraumes so befestigt, dass durch eine Schiebervorrich-
tung die Rolle ohne sonstige Aenderungen an 5 verschiedene
Punkte *A B C D E* des homogenen Feldes gebracht werden
konnte. *A* war der Mittelpunkt des Feldes, *B* und *C* in der
Richtung des magnetischen Meridians nach Norden, resp. Süden
um 20 mm von *A* entfernt, *D* und *E* senkrecht zum Meridian
nach Osten resp. Westen, um je 5 mm von *A*. An jedem
dieser fünf Punkte wurde *R* in der oben angegebenen Weise
bestimmt. Die Ablenkungen der Rolle wurden mit Spiegel
und Fernrohr beobachtet. Die Stärke des benutzten galvanischen Stromes wurde durch eine Tangentenbussole gemessen,
in deren Mitte an einem Coconfaden ein Stahlspiegel hing,
umgeben von einem Kupferdämpfer. Der Standpunkt der
Bussole war von den Magneten des homogenen Feldes etwa
15 m (Luftlinie) entfernt, doch wurde, um den Einfluss der
starken Magnete genau in Rechnung zu bringen, für jede Messung mit der Tangentenbussole die Horizontalintensität mit
dem compensirten Magnetometer bestimmt. Die für *R* gefundenen Werthe weichen um höchstens $1/3 \%$ des ganzen Werthes
voneinander ab und dienen somit als Beweis dafür, dass das
hergestellte magnetische Feld als homogen betrachtet werden darf.

Die Schwingungsversuche mit der Kupferkugel.

Nachdem in der angegebenen Weise die Stärke des homogenen Feldes bestimmt war, wurde die Kupferkugel von
60 mm Durchmesser, mit welcher auch in der ersten Gruppe
schon ein Versuch angestellt war, an einem ca. $2^1/_2$ m langen
Messingdrahte bifilar aufgehängt, sodass ihr Mittelpunkt zusammenfiel mit dem Mittelpunkte des Feldes. Um möglichst
alles andere Metall zu vermeiden, war mittelst einer Kupfer-
schraube, deren Kopf nur $1^1/_2$ mm aus der Kugel hervorragte,
auf dieser eine dünne Holzschiene befestigt, an welcher durch ein
Elfenbeinplättchen die Suspensionsdrähte eingeklemmt wurden

Dieselbe diente weiter zum Aufhängen von Glasgewichten, mit deren Hülfe das Trägheitsmoment bestimmt wurde. Die Kugel wurde in Bewegung gesetzt durch vorsichtiges Anblasen vermittelst einer capillar ausgezogenen Glasröhre gegen einen Arm der Holzschiene. Jede Dämpfungsbeobachtung und jede Bestimmung der Schwingungsdauer wurde mindestens fünfmal wiederholt. Die logarithmischen Decremente zusammengehöriger Beobachtungen unterschieden sich voneinander selten um mehr als $^1/_5$%. Die Schwingungsdauern differirten höchstens um $^1/_{1000}$ Sec.

Die einzelnen Versuche unterscheiden sich voneinander durch die Grösse des Abstandes zwischen den sich gegenüberliegenden Endflächen der beiden oben beschriebenen Systeme von Magneten und der damit zusammenhängenden Kraft des homogenen Feldes. Jener Abstand ist in der folgenden Uebersichtstabelle mit L bezeichnet. R ist die Stärke des Feldes, t die gedämpfte Schwingungsdauer, l das logarithmische Decrement der Dämpfung vermindert um das der Luftdämpfung (letztere auf die Schwingungsdauer der erstern reducirt), K das Trägheitsmoment. Für die Berechnung genügte es, das erste Glied rechter Hand in der Gl. 4 allein zu berücksichtigen.

Versuche:

Nr.	I	II	III
L	455 mm	500 mm	590 mm
R	$87,3 . T$	$79,8 . T$	$63,6 . T$
K	$8746 . 10^5$	$86154 . 10^4$	$13243 . 10^5$
t	15,164	15,28	18,882
l	0,01202	0,01038	0,00528
$\dfrac{A^2}{\lambda}$	$\dfrac{1}{205\,650}$	$\dfrac{1}{203\,500}$	$\dfrac{1}{204\,300}$

Die Resultate dieser Gruppe stimmen sehr gut überein und weichen auch von dem dazugehörigen des fünften Versuchs I. Gruppe nur wenig gab.

Das arithmetische Mittel aus allen Versuchen ergibt:

I. Kugel:

Durchm. = 92,94 mm, Gew. = 3 728 700 mgr, spec. Gew. = 8,88.

$$\frac{A^2}{\lambda} = \frac{1}{217\,840} \qquad \lambda = \frac{1}{444\,278 . 10^{11}} .$$

II. Kugel:

Durchm. = 59,85 mm, Gew. = 999 000 mgr, spec. Gew. = 8,9.

$$\frac{A^2}{\lambda} = \frac{1}{203\,600} \qquad \lambda = \frac{1}{474\,074\cdot 10^{12}}.$$

Zur Beurtheilung dieser Werthe mögen die Resultate einiger früherer Bestimmungen hier Platz finden, die für **Kupferdrähte** ausgeführt sind:

Jacobi . . . . . . $\lambda = \dfrac{1}{374\,116\cdot 10^{12}}$

Kirchhoff . . . . $\lambda = \dfrac{1}{451\,043\cdot 10^{12}}$

W. Weber . . . $\lambda = \dfrac{1}{463\,382\cdot 10^{12}}.$

Für bestleitendes galvanoplastisches **Kupfer:**

$$\lambda = \frac{1}{513\,144\cdot 10^{12}}.$$

Die Temperatur des Beobachtungsraumes war bei allen Beobachtungen nahezu constant und lag zwischen 12° und 14° R.

Die Beobachtungen im physikalischen Institute zu Göttingen anzustellen, hatte mir Herr Prof. Riecke gütigst gestattet, wofür ich ihm meinen Dank ausspreche.

Freiburg i/B., September 1880.

VIII. *Ueber die Entladung der Electricität in verdünnten Gasen; von Eugen Goldstein.*

(Der Berliner Academie vorgelegt am 28. Januar 1878; abgedruckt im Monatsbericht vom Januar 1880.)

Ueber die Phosphorescenzerregung durch electrische Strahlen.

Eine ausgedehnte Gruppe meiner Versuche suchte die Gesetze der Ausbreitung jener merkwürdigen, von der Kathode in einem verdünnten Gase ausstrahlenden Bewegung zu ermitteln, die durch ihre geradlinige Fortpflanzung sich den schon lange studirten Formen der Schall- und Lichtbewegung als neues Glied an die Seite stellt. Schon Hittorf hatte gefunden, dass diese Bewegung, oder, wie er es bezeichnet, jeder electrische Strahl da, wo er auf eine feste Wand trifft, begrenzt wird. Ich habe nun im vergangenen Jahre weiter ermittelt, dass mit dieser Begrenzung durch feste Körper eine eigenthümliche Differenzirung der Strahlen an den der festen Wand zugekehrten Enden verbunden ist. Diese Erkenntniss führte dann weiter zu einer befriedigenden Erklärung der durch das Kathodenlicht in den Wandungen der umschliessenden Gefässe erregten, in der Literatur schon öfter erwähnten Lichtprocesse. Diese Lichterregung wurde bisher als Fluorescenz bezeichnet und der hohen Brechbarkeit der von der ganzen Gasmasse um den negativen Pol ausgesandten Lichtstrahlen zugeschrieben. Man hielt sie ferner für gleichartig mit den Lichterregungen, welche auch die Schichten des positiven Lichts in ihrer Wandung, oder selbst durch die Wandung hindurch auf vorgehaltenen Chininschirmen u. dergl. erregen.

Meine Versuche ergaben nun:

1) Die Lichterregung durch einen electrischen Strahl des Kathodenlichts in stark verdünntem Gase tritt nur ein, wenn der Strahl eine feste Wand schneidet.

2) Der lichterregende Theil ist nicht die ganze Länge, sondern nur das äusserste Ende der Strahlen.

Man kann beide Sätze, deren vollständige experimentelle Ableitung ich hier nicht schildern kann, leicht verificiren, indem man aus einer ausgedehnten Masse Kathodenlichtes durch einen mit einer Oeffnung versehenen Schirm ein scharf begrenztes Bündel ausschneidet. Wird dann dem Bündel, ebenfalls im Innern des Gefässes, seitlich eine sonst fluorescenzfähige Platte genähert, so leuchtet dieselbe auch bei grosser Annäherung an das Bündel nicht, weder wenn es frei endet, noch wenn es eine feste Wand schneidet und nun an seinem Ende Leuchten erregt.

3) Die Ursache der Lichterregung ist eine optische Einwirkung.

Dies folgt mit Wahrscheinlichkeit zunächst aus der Identität der Farben, welche eine Reihe verschiedener Substanzen

beim Leuchten durch electrische Bestrahlung und durch Inso-
lation ausgeben (Flussspath, Kalkspath, Kaliglas, Bleiglas,
Chlorsilber u. a.).

Mit grösserer Bestimmtheit folgt es daraus, dass leuchtfähige Platten wirklich erregt werden, wenn sie im Innern
der Gefässe so aufgestellt sind, dass sie sich im Schatten
der von der Kathode geradlinig ausgehenden Strahlen befinden, dagegen geradlinig mit den durch die Enden der electrischen Strahlen getroffenen Wandpunkten verbunden werden
können. Solche Platten leuchten mit dem ihrer eigenen Substanz entsprechenden Lichte, auch wenn sie von den erregenden
Strahlenenden, die selbst keine messbare Länge haben, um
1 cm entfernt sind. Die Molecüle an den Enden der Kathodenstrahlen senden also, wie gewöhnliche glühende Theilchen,
Strahlen nach allen Richtungen und Entfernungen, die von der
electrischen Bewegung selbst nicht erreicht werden können.

(Für den zu 1) und 2) angegebenen Versuch resultirt
hieraus die leicht zu erfüllende Vorsicht, die von den End-
molecülen schräg seitlich emittirten Strahlen durch einen
Schirm abzuschliessen.)

Schon früher hatte ich, mit dem Einfluss der negativen
Oberfläche auf die Entladung beschäftigt, gefunden, dass,
wenn eine Kathode eine nicht vollständig glatte Oberfläche
besitzt, das von den Kathodenstrahlen in einer festen Wand
erzeugte Licht oft sehr regelmässige Abbildungen des
Oberflächenreliefs darstellt. So reproducirt sich z. B.
der Kopf einer als Kathode benutzten Münze an der Wand
des umschliessenden Glasgefässes.

Solche und ähnliche Erscheinungen waren unerklärlich,
solange man die Lichterregung in den festen Wänden der
von der ganzen Gasmasse oder der ganzen Länge der electrischen Strahlen ausgehenden optischen Strahlung zuschrieb;
eine solche konnte niemals scharfe Bilder, sondern nur
gleichmässige Erleuchtung auf den bestrahlten Wänden erzeugen.

Hingegen erklärt das nunmehr aufgedeckte Verhalten
der Strahlenenden im Gegensatz zur übrigen Strahllänge die
beobachteten Erscheinungen ohne weiteres.

Der optische Charakter der betrachteten Wirkungen wird endlich bestätigt durch die Existenz **photochemischer Wirkungen**, welche von den Strahlenenden, nicht aber von der ganzen Länge der Strahlen ausgeübt werden. Dieselben Substanzen, welche unter dem Einfluss hochbrechbarer Sonnenstrahlen zersetzt werden, erleiden dieselben Veränderungen, wenn sie von den Strahlenenden getroffen werden. Es gelang mir, als gemeinsame Controle der Sätze 2) und 3) directe photographische Abbildungen der von einer Reliefkathode an der Wand ihres Gefässes erzeugten Bilder zu erhalten, indem ich trockene lichtempfindliche Papiere an die Gefässwand schmiegte und nun die Strahlen an diesen Platten enden liess.

Ich erhielt Abbildungen z. B. auf doppelt chromsaurem Kali, auf Chlorsilber, namentlich gut auf dem sehr empfindlichem oxalsauren Eisenoxyd.

Weitere Versuche zeigten dann:

4) **Die Modification des Strahlenendes wird nicht nur beim Auftreffen des Strahls auf eine erregungsfähige Wand, sondern jedesmal, wenn er auf eine beliebige feste Substanz auftrifft, erzeugt.**

Dies lässt sich zeigen, indem man die electrischen Strahlen auf nicht zum Eigenleuchten fähige Substanzen, wie z. B. Quarz oder eine gewisse Modification von Glimmer, fallen lässt; sind dann entfernt von der Glimmerplatte und den Strahlenenden wieder wie oben leuchtfähige Platten, vom Glimmer geradlinig erreichbar, aufgestellt, so geben sie Licht aus, sobald die electrischen Strahlen den Glimmer treffen, obgleich dieser selbst dunkel bleibt.

Wird der Inductionsstrom, der die Röhre durchsetzt, in der gewöhnlichen Weise, d. h. ohne Einschaltung anderer nicht metallischer Widerstände als die evacuirte Röhre selbst, benutzt, so tritt die Differenzirung der Strahlenenden erst bei geringen Dichten ein. Es lässt sich indess zeigen, dass

5) **die betrachtete Differenzirung nicht an bestimmte Dichten gebunden ist;** sie kann, sobald die Kathode überhaupt mit Licht umkleidet ist, mittelst Ein-

schaltung von verschieden langen· Funken in freier Luft
innerhalb einer weiten Dichtescala erzeugt werden.

Ebenso ist aber auch

6) das Phänomen nicht an eine bestimmte Ent.
ladungsintensität gebunden. Dies ergibt sich einfach,
indem man verschieden evacuirte·Röhren hintereinander einschaltet, 'mit 'Rücksicht auf 'den früher[1]) von mir' geführten
Nachweis des Isochronismus der Entladungen in ·solchen
Röhren. Die' Beobachtung zeigt; dass wenn die Kathodenstrahlen in einer der Röhren das Leuchten fester Körper
erregen, dies in anderen noch nicht der Fall zu sein'braucht,
obwohl auch diese die Erscheinung ·zeigen, wenn' sie auf
dieselbe Dichte wie die erstleuchtende gebracht werden.

Es' ergibt sich somit; dass durch die geschilderte Modification das gesammte Licht um die Kathode sich mit einer
heterogenen äussern Schicht umkleidet. — Die Lage der
neuen Schicht hängt nur ab von der Lage der Wand und
kann durch Verschiebung der Wand gegen die Kathode bei
constanter Dichte in beliebig grosse Entfernung von der
Kathode gebracht werden. Sie kann zugleich, immer durch
die Strahlenenden gebildet, aus der äussersten Schicht des
Kathodenlichts in eine der innern Schichten hineinrücken.

Wie die Entstehung der Strahlmodification zu erklären
ist, vermag ich bis jetzt nicht anzugeben.

Jedoch zeigt sich:

7) Dieselbe Differenzirung tritt auch ein bei
den Strahlen des von mir aufgefundenen secundären
negativen Lichts; ich nannte so[2]) Lichtgebilde, welche
an einer beliebigen Stelle der Entladungsstrecke erzeugt
werden, wenn man an der betreffenden Stelle eine Verenge-
rung des Röhrenlumens anbringt; von der Einschnürungs-
stelle, die nach der Anode zu an ein weiteres Gefäss grenzt,
geht dann in dieses weitere Gefäss eine Lichtmasse aus, die
alle mir bekannt gewordenen wesentlichen Qualitäten des Kathodenlichts, nur quantitativ gemildert, darbietet. Der Aus-

---

1) Goldstein, Berl. Monatsber. 1874. p. 595.
2) Goldstein, Berl. Monatsber. 1876. p. 279.

gangsort der hier auftretenden negativen Strahlen ist der letzte
Querschnitt des an das weitere Gefäss sich anschliessenden
engern Rohrs, (als welches auch jede immer eine gewisse
Länge erfordernde Einschnürung aufzufassen ist). In Fig. 5
Taf. VII sind die Stellen α die Ausgangsstellen des secundären negativen Lichts, dessen Strahlen sich nach B hin
ausdehnen. Das Auftreten der modificirten Strahlenenden
an solchen Strahlen, deren Ausgangspunkt im freien Gasraum
liegt, zeigt somit, dass die Erklärung der Erscheinung nicht
gesucht werden kann in den Eigenschaften, welche die Kathode
als fester Körper und als metallischer Leiter besitzt.

8) Die Lichterregung durch die Enden der negativen Strahlen ist nicht gleicher Art mit dem
bei geringerer Verdünnung durch die Schichten
des positiven Lichts in den umgebenden Wandungen hervorgerufenen Leuchten.

Vielmehr ergeben die Beobachtungen, dass die übrigens
ebenfalls optischen Strahlen, welche dieses Leuchten an-
regen, von der ganzen Masse der Schichten ausgehen. Man
erhält deshalb auch bei scharfer Zeichnung der Schichten
und starken Helligkeitsabstufungen im Uebergange von der
einen zur andern doch nur gleichmässig diffuses Leuchten
der Wand längs der Säule der Schichten.

Was endlich den Charakter des Phänomens, um negatives wie um positives Licht, in optischer Beziehung an-
langt, so dürfte wohl nicht zweifelhaft sein, dass man es
hier mit einer Umwandlung hochbrechbarer Strahlen beziehungsweise der in ihnen erfolgenden Schwingungen in
Schwingungen von grösserer Wellenlänge zu thun hat, wie
dies in den Erscheinungen der Fluorescenz und Phosphorescenz beobachtet wird. Auf Grund von Versuchen, welche
mir schon früher zeigten, dass das Leuchten der festen Substanzen die Dauer der erregenden Entladungen beträchtlich
übertrifft, spreche ich die beobachteten Wirkungen daher
als Phosphorescenzerscheinungen an, — im Gegensatz zu
der bisherigen Auffassung als Fluorescenz.

Es ergab sich ferner, dass von den zahlreichen geprüften
Substanzen nicht eine einzige auch in den dünnsten herstell-

baren Schichten für diese Strahlen noch durchlässig ist.
Weder dünne Glashäutchen, noch die nach Mascart für
hochbrechbare Strahlen so durchsichtigen Krystalle von Kalkspath und Quarz liessen. Spuren davon hindurch. Schliesslich wurde auf eine Glaswand, die direct von den Strahlen
getroffen hell phosphorescirte, ein ausserordentlich dünnes
Häutchen von Collodium abgelagert, indem ein Tropfen
käuflichen Collodiums, nach starker Verdünnung mit Aether,
rasch über das Glas ausgebreitet und dann abgedunstet
wurde. Selbst diese Schicht, deren Dicke nur nach Hun-
dertsteln eines Millimeters zu schätzen war, gab, als die
electrischen Strahlen auf sie fielen, auf der unmittelbar hinter ihr liegenden Wand einen so tintenschwarzen Schatten,
wie ein metallisch-undurchsichtiger Körper.

Ohne numerische Werthe angeben zu können, darf man
also doch die Scala der Wellenlängen, innerhalb deren die
Vibrationen des Aethers noch als Licht wirksam werden,
als über die von Fizeau gefundene untere Grenze hinaus-
geschoben betrachten.

Ueber die Ersetzung einer Kathode.

Eine Kathode von beliebiger Form kann in
allen bisher vergleichbaren Beziehungen ersetzt
werden durch ein System enger und dichtgedräng-
ter Poren in einer isolirenden, mit der Kathode
congruenten Fläche. Zu näherer Erklärung gebe ich
sogleich die Beschreibung eines mir noch vorliegenden Gefässes (Taf. VII Fig. 6), in welchem eine cylindrische Kathode imitirt ist: Das Gefäss G setzt sich zusammen aus
einer Kugel K mit der Electrode a; an K schliesst sich das
in den ca. 4 cm weiten Cylinder Z eingeschmolzene Rohr r;
über r ist an seinem offenen, b zugewandten Ende der aus
ungeleimtem steifem Papier gerollte Cylinder P geschoben,
der durch eine Glaskuppe g am andern Ende verschlossen
ist. Die ganze Fläche von P ist durch zahlreiche feine
Nadelstiche durchbohrt, durch welche also eine Communication von K durch das hohle Innere von P nach Z bis zur
Electrode b herbeigeführt worden ist.

Wird das Gefäss nun evacuirt, *a* mit dem negativen, *b* mit dem positiven Pol des Inductoriums verbunden, so verhält sich der Papiercylinder, indem die Entladung aus den feinen Poren, von dem in diesen befindlichen Gase geleitet, heraustritt, qualitativ genau wie eine gleichgeformte Metallkathode. Ich habe die Vergleichung imitirter, durch ein Porennetz in Isolatoren ersetzter Kathoden, nach dreizehn, so weit erkennbar voneinander unabhängigen Eigenschaften durchgeführt und überall die Deckung der Eigenschaften gefunden. Die magnetische Fläche Plücker's, die Phosphorescenzerregung durch die Enden .des Lichts, die Umhüllung mit einem dunkeln Raum nach der Seite des positiven Lichtes hin, etc. etc. finden sich sämmtlich an diesen imitirten Kathoden wieder. [Statt Papier können auch Glasgewebe, und statt einer Isolatorsubstanz überhaupt auch isolirte Metalldrahtgewebe verwendet werden.] [1)

Diese Resultate wurden erhalten in Verfolgung der bereits erwähnten Erscheinung, dass der letzte Querschnitt eines in die Entladungsbahn eingeschalteten engern Rohres sich nach der Anodenseite hin wie ein neuer negativer Pol verhält. Hierbei stimmt das von dem secundären negativen Pol ausgehende Licht um so mehr mit dem Licht an der Metallkathode auch quantitativ überein, je mehr sich der Querschnitt des engern Rohres von dem des sich anschliessenden weitern Rohres unterscheidet; das von dem secundären Pol ausgehende Licht geht dagegen in positives Licht über, sobald der Querschnitt des engern Rohres nicht mehr viel kleiner ist, als der des sich anschliessenden Theiles. [2) Wichtig ist nun die durch die imitirten Kathoden gemachte Erfahrung, dass, wenn die Summe der engen Oeffnungen einer solchen Kathode an Querschnitt auch dem Querschnitt des umschliessenden oder sich anschliessenden weitern Rohres gleich wird, alle Oeffnungen, soweit merklich, abgesehen von der Helligkeit, doch ebensolche Wirkungen geben, als wenn jede nur allein vorhanden wäre.

1) [ ] Zusatz bei der Correctur des Monatsberichts.
2) Goldstein, Berl. Monatsber. 1876. p. 280.

Die Grösse der einzelnen Oeffnungen, nicht der Gesammtquerschnitt der Entladung ist also für die Effecte der Entladung hier massgebend. Als ich die Poren imitirter Kathoden, die aber aus anderen Materialien als Papier gebaut wurden, enger machte, als dies an Papierkathoden zu erreichen war, wurde die Erscheinung mit den an eigentlichen Metallkathoden so ausserordentlich, selbst bis in die Farbennuance übereinstimmend, dass ich mehrmals die betreffenden Röhren auseinander nehmen und wieder mit vergrösserter Vorsicht zusammensetzen musste, um mich zu überzeugen, dass ich wirklich die Wirkungen von Poren, nicht von Metallkathoden vor mir hätte.

Ueber das Wesen der Entladung in verdünnten Gasen.

Haben wir 1) ein Entladungsgefäss, worin der terminale Draht *b* die Anode, die flächenförmige Electrode *a*, welche am andern Ende den Röhrenquerschnitt ausfüllt, die Kathode darstellt, so ist es sehr einfach, wie man dies ja allgemein thut, anzunehmen, die Electricität (ich will den negativen Strom verfolgen) geht von *a* aus, durchläuft das negative Licht, tritt am Ende desselben in die erste Schicht des positiven Lichts, aus dieser in die zweite etc., bis sie so zur Anode gelangt.

Es sei nun aber 2) die Kathode *a* eine Fläche, ein Blechstreif z. B., dessen Ebene auf der Cylinderaxe senkrecht steht, dessen Seiten aber beide frei im Gasraum liegen. Bei dieser Anordnung sendet *a* Strahlen nach der von der Anode *b* abgewandten Seite ganz ebenso aus, wie in der direct nach *b* führenden Richtung. Die von *a* sich entfernenden Strahlen sind ebenso geradlinig, ebenso nahe senkrecht zur Fläche *a* gerichtet, mit keiner Biegung versehen, wie die direct nach *b* gerichteten Strahlen, und sie dehnen sich, wenn die Verdünnung fortschreitet, beliebig weit in der von der Anode abgewandten Richtung in den Gasraum aus.

3) Ein fernerer Fall, Taf. VII Fig. 7; *a* ist eine Fläche. welche den Röhrenquerschnitt nicht ganz ausfüllt, um noch Platz für die daneben gestellte Anode *b* zu lassen.

Dann gehen die Strahlen des negativen Lichts nicht nach der ganz nahen Anode hinüber, sondern das negative Licht breitet sich, wie in der Figur dargestellt, ohne Rücksicht auf die Lage der Anode in geradlinigen Strahlen durch die ganze Länge der Röhre (z. B. 25 cm) aus, ohne irgend welche sichtbare Verbindung mit der Anode.

Wie gelangt nun in den durch 2) und 3) dargestellten beiden Fällen die Electricität von einem Pole zum andern, beziehungsweise in welcher Bahn pflanzt sich die electrische Erregung hier fort? Die Strahlen des negativen Lichts sind, wie schon Hittorf constatirte, electrische Ströme, nicht etwa eine blosse Glüherscheinung, die sich um die Bahn der eigentlichen Entladung herum ausbreitet; das wird bewiesen durch das Verhalten der Strahlen gegen den Magnet, das dem Biot-Savart-Ampère'schen Gesetz bisher durchaus genügt. Man ist also genöthigt, anzunehmen, dass die Strahlen dieses Lichts uns die Bahn der Electricität zeigen, dass die letztere somit von der Kathode aus zunächst den Weg bis an das Ende der negativen Strahlen durchläuft; soll nun der Strom — gleichviel ob wir darin den Transport bestimmter identischer Electricitätstheilchen oder nur eine Fortpflanzung der Erregung von Molecül zu Molecül sehen — nach der Anode gelangen, so muss er in 3) denselben Weg, den er gekommen, wieder zurückgehen; in 2) würde für die nach *b* hingerichteten Strahlen die bisherige Annahme des directen Ueberganges ausreichen, für die sonst ganz gleich beschaffenen von der Anode abgewandten Strahlen aber müsste man den Hin- und Hergang der Electricität annehmen.

Irgend eine Wirkung dieser hypostasirten zurückkehrenden Ströme aber ist in keiner Weise zu bemerken. Der Magnet lenkt die electrischen Strahlen nur so ab, wie es der von der Kathode nach dem Strahlenende hin fliessende Strom erfordert; der — vorläufig angenommene — zurückkehrende Strom bringt nicht die mindeste Lichterscheinung hervor, obgleich er im selben Medium und jedenfalls nicht in grösserem Querschnitt als der die ganze Röhrenweite ausfüllende hingehende Strom fliesst. Eine etwa von ihm veranlasste Lichterscheinung müsste aber erkennbar werden, wenn man durch Magnetisiren die gewöhnlich sichtbaren Strahlen, die des hingehenden Stromes, nach einer Seite der Röhre zusammendrängt; in dem freigewordenen Raume müsste dann ein etwaiger Lichteffect des hypothetischen zurückgehenden Stromes sich zeigen. Die Erfahrung zeigt aber, dass dieser Raum dunkel ist.

Es sei 4) die Kathode *a* wieder eine Ebene, deren Richtung der Cylinderaxe parallel ist, und welche durch die Mittelaxe selbst geht. Dann sind die negativen Strahlen, wie immer, fast ausschliesslich senkrecht gegen die strahlende Fläche gerichtet, gehen also nach den Seitenwänden hin. Die Strahlen enden bei etwas höheren Dichten frei im Raume, bevor sie die Wand erreichen, bei geringeren Dichten, sobald sie auf die feste Wand treffen. Ganz entsprechend ist die Erscheinung in dem sehr gewöhnlichen Falle, wo 5) ein Draht, in Richtung der Cylinderaxe verlaufend, die Kathode darstellt. Auch hier sind die Strahlen nach den Seitenwänden, und zwar im speciellen Falle in jedem Querschnitt des Cylinders genau radial gerichtet.

Hier müsste also die Electricität erst in Richtung der negativen Strahlen bis an deren Ende gehen und dann einen dazu senkrechten Weg einschlagen, um zur Anode zu gelangen, — während wieder sowohl positives als negatives Licht ganz dieselbe Beschaffenheit haben, wie in den früheren Fällen, wo wir entweder directen Uebergang oder Hin- und Hergang des Stromes annahmen.

Die Mannigfaltigkeit neuer Annahmen, deren man bedarf bei der Auffassung, dass der Strom (ich verfolge stets die Richtung des negativen Stroms) aus dem negativen Licht in die erste positive Schicht, dann in die zweite etc. bis zur Anode sich fortpflanzt, wird aber noch grösser, wenn man die Existenz des dunkeln Raumes zwischen positivem und negativem Lichte berücksichtigt.

In den vorhergehenden Fällen wird der dunkle Raum nicht erwähnt; er verschwindet stets bei gewissen Verdünnungen, und ich habe der Einfachheit halber zunächst die jenen Verdünnungen entsprechenden Bilder skizzirt.

Ist die Kathode wieder eine zur Cylinderaxe senkrechte Ebene *a*, die Anode eine am gegenüberliegenden Ende eingefügte beliebig geformte Electrode *b*, so entspricht die Erscheinung der Entladung bei Vorhandensein des dunkeln Raumes der Fig. 8 Taf. VII. [1]

Der dunkle Raum stellt nicht, wie man mehrfach angenommen, die Verlängerung der bei ihrer Ausbreitung an scheinbarer Helligkeit verlierenden negativen Strahlen dar: die negativen Strahlen haben die Eigenschaft der geradlinigen Ausbreitung und werden durch eine feste Wand begrenzt, — sie können also nicht um eine Ecke gehen. Die mit gebogenen Cylinderröhren gewonnenen, in Taf. VII Fig. 9 und Fig. 10 dargestellten Entladungsbilder bedürfen daher wohl keiner weitern Erläuterung, um zu beweisen, dass der dunkle Raum nicht als die Fortsetzung des Kathodenlichts angesehen werden kann und auch für sich keine geradlinige Ausbreitung besitzt.

Man muss also, wenn man annimmt, dass der Strom des Kathodenlichts sich zur ersten positiven Schicht fortpflanzt, annehmen, dass der Strom zwischen beiden eine Strecke weit in einer neuen Form der Leitung verläuft.

Ich kehre zu der ungebogenen Röhrenform, Taf. VII Fig. 8, zurück. Verdünnt man von da ab, wo der dunkle Raum aufgetreten ist, das Gas weiter, so weichen die positiven Schichten langsam gegen die Anode hin zurück; gleichzeitig verlängern sich die Strahlen des Kathodenlichts, und zwar schneller als die positiven Schichten zurückweichen. Man kommt so zu einer Dichte, bei der der dunkle Raum

---

1) In den Figuren sind die verschieden gefärbten Schichten des Kathodenlichts durch verschiedene Schraffirung angezeigt: die erste, der Kathode nächste Schicht ist für Luft chamoisgelb, die zweite wasserblau, die dritte, die Hauptmasse des Lichts bildend, blau mit einem Stich nach violett. Zwischen dem geschichteten positiven Licht und der Wandung liegt ein dunkler Raum, in weiteren Röhren bis zu mehreren Millimetern Breite, den die bisherigen Beschreibungen noch nicht erwähnen. — Um die Figur nicht übermässig lang werden zu lassen, ist in Fig. 8 Taf. VII die dritte Schicht des Kathodenlichts weniger dick gezeichnet worden als sie sich verhältnissmässig bei der Gasdichte, auf welche die Abbildung sich bezieht, zeigt.

durch stete Verkleinerung verschwunden ist, und das negative
Licht unmittelbar an die erste Schicht des positiven Lichts
heranreicht.

Jetzt würde man annehmen müssen, dass die neue Form
der Leitung ganz weggefallen ist, obwohl in den sichtbaren
Theilen der Entladung mit Vernachlässigung der geringen
Verschiebung der positiven Schichten inzwischen keine Aenderung eingetreten ist, als dass die negativen Strahlen sich
verlängert haben; ihre Eigenschaften wie die der positiven
Schichten sind ganz dieselben wie vorher.

Ich verdünne nun noch weiter: Die positiven Schichten
weichen wieder zurück, die Strahlen des Kathodenlichts verlängern sich und wieder schneller, als die positiven Schichten
zurückweichen. Das negative Licht wächst jetzt in die
Schichten hinein, während seine Eigenschaften ungeändert
bleiben, sich nicht mit denen des positiven Lichts, mit dem
es sich gegenseitig durchdringt, ausgleichen.

Man kann den Beweis für das Eindringen des negativen Lichts in das positive auf verschiedene Weise führen.
In Taf. VII Fig. 11, welche den Durchschnitt eines aus
3 Cylindern zusammengesetzten Gefässes darstellt, ist die
Kathode a der Querschnitt eines an der Längsseite mit Glas
umschmolzenen dickern Drahtes. Ist der neben a stehende
Draht c die Anode, so wird, ausser ganz dicht an der
Anode, und auch da nur bei den allergeringsten Dichten,
in der Röhre kein positives Licht entwickelt; das Kathodenlicht aber breitet sich, ohne Rücksicht auf die Nähe der
Anode (wie bei Taf. VII Fig. 7, p. 840), durch das ganze
Gefäss aus, so weit geradlinig von a ausgehende Strahlen
dasselbe durchsetzen können. In den weitesten der 3 Cylinder, Z_3, dringt so ein Strahlenbündel, dessen Durchmesser
durch die Weite der Communicationsöffnung bestimmt wird.
Das Strahlenbündel dringt bei fortgesetzter Verdünnung bis
zum Boden B durch, und seine Strahlenenden erregen dort
helle grüne Phosphorescenz des Glases auf einer Kreisfläche,
welche der Durchschnitt von B mit dem eingedrungenen
Strahlenbündel ist.

Löst man nun c von der Verbindung mit dem Inducto-

rium und macht, während *a* Kathode bleibt, *b* in dem zweiten
Cylinder Z_2 zur Anode, so erscheint (der abgebildete Fall)
eine lange, geschichtete Säule positiven Lichts, welche einige
Centimeter oberhalb der Mündung von Z_1 beginnt und nach
Z_2, diesen Theil ganz erfüllend, zur Anode *b* sich fortsetzt.
Z_3 bleibt wie vorher von positivem Lichte frei. In Z_3 aber
ist das Bündel blauen Lichts und am Boden *B* die phos-
phorescirende Kreisfläche, wie vorher, unverändert sichtbar:
der zu unmittelbarer Anschauung gebrachte Beweis, dass das
Kathodenlicht in positives Licht ein- und hindurch dringt.

(Die grüne Kreisfläche verschwindet, sobald statt *a* der
Draht *c* oder *b*, kurz irgend eine Electrode zur Kathode gemacht wird, deren Strahlen eine andere Richtung als die von
a ausgehenden haben). Die (quantitativen) Differenzen, welche
positives und negatives Licht sonst zeigen, bleiben bei ihrer
Mischung bestehen, gleich als ob in dem gemeinsam erfüllten
Raume jedes von beiden gesonderte Existenz und Zusammenhang in sich hätte.

Die Annahme, dass die Entladung aus dem negativen
Licht sich in die dem negativen Pol nächste positive Schicht,
dann in die zweite Schicht etc. fortpflanze, zwingt also zu
der weitern Annahme, dass die Entladung bei der zuletzt
betrachteten Phase, nachdem sie das negative Licht bis an
sein (in das positive Licht eingesenkte) Ende durchlaufen,
wieder zurückspringt, um nun die erste positive Schicht zu
bilden, und dann wieder den schon einmal als negatives Licht
zurückgelegten Weg nun unter ganz denselben Verhältnissen
als positives Licht noch einmal zurücklegt.

Aber selbst hiermit ist die Complication neuer Annahmen,
zu welcher die auf den ersten Blick so einfache, sonst adoptirte Vorstellung von der Entladung führt, noch nicht er-
schöpft. — Ich habe mich überzeugt, dass auch das secundäre negative Licht, welches an Verengungen der Röhren
nach der Anode hin ausstrahlt, in das hinter der Verengung
folgende positive Licht eindringt: wir würden also das Zu-
rückspringen der Electricität und ihren Verlauf einmal als
positives, einmal als negatives Licht ebenso oft in jeder
Röhre haben, als dieselbe Verengungsstellen besitzt.

Hat man nun als Kathode wieder, wie in Tafel VII Fig. 12, eine senkrecht zur Cylinderaxe gerichtete Ebene, von der die Kathodenstrahlen sich also in der Längsrichtung des Cylinders ausbreiten, so würde man, da die Kathodenstrahlen bei genügender Verdünnung des Gases auch durch den Cylinder II sich ausdehnen, folgenden Gang der Electricität haben: Zunächst von *a* aus ans Ende der bis tief in II hineinreichenden Kathodenstrahlen; dann rückwärts zum Beginn des bei *r* sich inserirenden secundären negativen Büschels; in den Strahlen desselben wieder nach vorwärts (zur Anode hin), und von den Enden der Strahlen, die in das positive Licht eindringen, nochmals rückwärts zur ersten positiven Schicht, um von da zum dritten mal dieselbe Bahn zu gehen.

Das secundäre negative Licht geht nun aber, wenn der Querschnitt der Verengung sich der Weite des (nach der Anode hin) anstossenden Röhrentheils nähert, continuirlich in eine Schicht des positiven Lichts über, und besondere Versuche lassen schliessen, dass bei geringen Dichten auch die Schichten, die ineinander sich ausbreiten, länger sind als ihre scheinbaren Intervalle.

Wie die Complication der an die gewöhnliche Vorstellung von der Entladung sich anschliessenden Annahmen dadurch weiter vermehrt wird, brauche ich nicht auszuführen.

Ich glaube nicht, dass man den bis hierher geschilderten Erscheinungen gegenüber, deren Aufzählung sich noch sehr erweitern liesse, die gemeingültigen Anschauungen für sehr plausibel halten, und um der Conservirung dieser Anschauungen willen ein halbes Dutzend neuer Annahmen über unsichtbare Vorgänge unterschreiben wird, deren Realität sich in keiner erkennbaren Wirkung nachweisen lässt. Speciell die am meisten adoptirte convective Auffassung des Entladungsvorganges dürfte in den Erfahrungen über die gegenseitige Durchdringung der verschiedenen Theile der Entladung eine entschiedene Widerlegung finden.

Durch vieles Vergleichen und die Berücksichtigung aller anscheinend wesentlichen Phaenomene des Gebiets bin ich zu folgender Auffassung gelangt:

Das Kathodenlicht, jedes Büschel von secun-

därem negativem Licht, sowie jede einzelne Schicht
des positiven Lichts stellen jedes für sich einen
besondern Strom dar, der an dem der Kathode zugewandten Theile jedes Gebildes beginnt und am Ende der
negativen Strahlen, bez. der Schichtkörper schliesst, ohne
dass der in einem Gebilde fliessende Strom sich im
nächsten fortsetzt, resp. ohne dass die Electricität, welche
durch eines fliesst, auch der Reihe nach in die anderen eintritt.

Ich vermuthe also, dass ebenso viel neue Ausgangspunkte der Entladung auf einer zwischen zwei Electroden
gelegenen Gasstrecke vorhanden sind, als dieselbe secundäre negative Büschel oder Schichten zeigt, und dass,
wie nach wiederholt erwähnten Versuchen, alle Eigenschaften
und Wirkungen der an der Kathode auftretenden Entladung
sich am secundären negativen Lichte und den einzelnen positiven Schichten wiederfinden, auch der innere Vorgang an
diesen, wie an jener derselbe sei.

Diese Auffassung löst dann, wie ich unten kurz zeigen
werde, alle früheren Schwierigkeiten und macht die vorhin
nöthigen mannigfaltigen Hilfshypothesen sämmtlich entbehrlich. Die gemachte Annahme schafft aber nicht nur ein
einfaches einheitliches Bild der zahlreichen Erscheinungen,
die zunächst zu ihr führen, sondern es gibt noch eine grosse
Anzahl von anderen Erscheinungen, welche mit dieser Annahme ausserordentlich gut harmoniren, ja theilweise sie
nicht nur als zulässig, sondern sogar als nothwendig erscheinen lassen.

Da nach oft angezogenen Versuchen das positive Licht
nichts ist als eine Umbildung des negativen, so werde ich
auch beim positiven Lichte von Strahlen des electrischen
Lichts sprechen und darunter den Inbegriff der leuchtenden
Theilchen verstehen, welche auf einer Linie liegen, die die
Richtung der Fortpflanzung von irgend einem Punkte in
der nach dem negativen Pol gekehrten Grenzfläche der Schicht
bis an die zweite Grenzfläche darstellt.

Aus meinen Versuchen habe ich nun den Satz abstrahiren können:

Die Eigenschaften, welche die Entladung in

einem bestimmten Punkte ihrer Bahn zeigt, hängen
nicht sowohl ab von den Verhältnissen,an dem betrachteten Punkte selbst, als vielmehr von den Verhältnissen
an der Stelle, von welcher der durch den betrachteten Punkt
gehende Strahl seinen Ursprung nimmt.

Oder etwas anders ausgedrückt: Ein electrischer Strahl
hat in seiner ganzen Länge die Eigenschaften, welche die
Entladung an seiner Ursprungsstelle besitzt, und welche
durch die Beschaffenheit dieser Ursprungsstelle bedingt sind.
Wenn z. B. zwei electrische Strahlen in ganz gleich
weiten, gleichgeformten Theilen desselben Entladungsgefässes
verlaufen, dabei auch in Medien von genau identischer chemischer und physikalischer Beschaffenheit, so sind ihre Eigenschaften verschieden, wenn der Ursprung des einen Strahls
in dem betrachteten Röhrenstücke selbst liegt, der andere
aber von der Grenzstelle zwischen diesem Stück und einem
andern von kleinerer Weite entspringt.

Schon das angeführte Beispiel lässt erkennen, dass hierher auch alle die Erscheinungen über den Einfluss der Quer-
schnittsänderung auf den Charakter des Lichts als positiven
oder negativen Lichts gehören.[1])

Ich will versuchen, durch ein frappantes Beispiel den
angezogenen Satz anschaulich zu machen. In weiteren, mit
Luft gefüllten Röhren, z. B. Cylindern von 2 cm und mehr
Weite, hat das geschichtete positive Licht eine gelbrothe
Farbe und gibt, prismatisch analysirt, das von Plücker und
Hittorf beschriebene und abgebildete, aus zahlreichen hellen,
dichtgedrängten Banden bestehende Spectrum des Stickstoffs.
Enge Cylinder dagegen zeigen bei denselben Dichten, wo
weite gelbroth sind, blaues Licht, dessen Spectrum nur wenige
der Banden deutlich erkennen lässt, welche das Spectrum des
gelbrothen Lichts constituiren.

Lässt man nun zwei weite Cylinder durch ein etwa $1\frac{1}{4}$ mm
weites Röhrchen communiciren, wie in Tafel VII Fig. 13, so sind
alle positiven Schichten in den beiden Cylindern gelbroth,
und das Licht des engen Röhrchens ist blau. Von der der

---

1) Goldstein, Berl. Monatsber. 1876. p. 279.

Anode zugewandten Oeffnung des Röhrchens aber breitet
sich in den weiten Cylinder secundäres negatives Licht aus,
dessen Strahlen in der Verlängerung des engen Röhrchens
ganz dieselbe blaue Farbe und dasselbe Spectrum zeigen,
wie das gesammte Licht des engen Röhrchen, von dessen
Ende sie entspringen.

Verlängern sich mit wachsender Verdünnung die Strahlen
des secundären negativen Lichts, so zeigt auch die zukommende Verlängerung stets die blaue Farbe, und blaues Licht
mit seinem eigenthümlichen Spectrum kann so an jeder vorher
von gelbrothem Licht eingenommenen Stelle des Cylinders
erscheinen, wenn die secundären negativen Strahlen bis zu
dieser Stelle sich ausdehnen. Die dicht daran stossende erste
positive Schicht zeigt gelbrothes Licht.

Verbindet man mehrere hinter einander liegende gleich
weite Cylinder durch verschieden weite in die Cylinder hinein-
ragende Röhrchen von geringem Lumen, so besitzt das Blau,
welches die engen Röhrchen bei geringer Dichte zeigen, je
nach ihrem Lumen eine verschiedene Sättigung, indem mit
zunehmender Weite sich Gelbroth dem Blau beimengt.

Aus jedem Röhrchen tritt nun in den nach der Anodenseite angrenzenden weitern Cylinder ein Complex von secun-
därem negativen Licht, und namentlich der in der Verlängerung des Röhrchens selbst verlaufende Mitteltheil eines
jeden hat gerade dasjenige Blau (und zwar in seiner ganzen,
mit der Verdünnung immer zunehmenden Länge), welches
dem engen Röhrchen entspricht, von dem die secundären
negativen Strahlen entspringen.

Dagegen zeigen die positiven Schichten in sämmtlichen
Cylindern genau identische gelbrothe Färbung.

Man wird gestehen müssen, dass diese mit zahlreichen
analogen Erscheinungen ganz den Eindruck machen, als
stellte jedes secundäre negative Büschel eine Bewegung
dar, welche an der Ursprungsstelle des Büschels
erregt, sich von da aus auf das angrenzende Medium
überträgt; so weit die Erregung sich fortpflanzt, nimmt
also jedes ergriffene Theilchen die charakteristische Be-
wegungsform an, welche an der Ursprungsstelle der

Büschelstrahlen erzeugt ist, — während bei einer Analogie
der Entladung mit der Leitung in Metallen und Electrolyten
für die Erscheinung in jedem Punkte nur die Verhältnisse
an dem Punkte selbst massgebend sein könnten.

Je enger die zwischen den weiteren Gefässen eingeschalteten Röhrchen sind, desto reiner wird, wie erwähnt, ihr
Blau, und desto mehr treten in dem von ihrem Licht gelieferten Spectrum alle Banden desselben bis zum Erlöschen
zurück, ausser vier ganz bestimmten, in denen fast alles Licht
sich concentrirt.

Man versteht jetzt, weshalb in einem gleichmässig
weiten Gefäss, dessen positives Licht durchweg gelbroth
ist, die Umgebung der Kathode aus blauem Licht
besteht. Wir sahen, dass eine Kathode angesehen werden
kann als ein System feiner leitender Poren in einer sonst
isolirenden Oberfläche; das Kathodenlicht muss also dann
aus Strahlen bestehen, welche die Eigenschaften des Lichts
sehr enger Röhren besitzen, — und in der That stimmt
nicht nur die Farbe der Kathodenstrahlen mit dem Blau
enger Röhren überein, sondern das Spectrum des Kathodenlichts besteht auch gerade aus denselben 4 Banden mit
denselben Nebenmaximis in analoger Helligkeitsvertheilung,
welche dem Blau der engen Röhren angehören.

Die von mir oben p. 847 ausgesprochenen Vermuthungen
über den wahren Charakter einer anscheinend einfachen Entladung zwischen zwei Metallelectroden werden nun aber
namentlich, wie mir scheint, unterstützt durch die Art der
Einwirkung des Magnets auf die Entladung. Es
geht daraus in der That hervor, dass jedes negative Büschel
wie jede positive Schicht ein einheitliches Ganze für
sich bildet.

Jedes negative Büschel nämlich, Kathodenlicht wie secundäres negatives Licht, sowie jede einzelne positive Schicht
rollt sich bei der Magnetisirung jede für sich zu einer einzigen magnetischen Curve zusammen, und zwar ganz unabhängig von der Ausdehnung. welche die Büschel und Schichten
im unmagnetisirten Zustande zeigen. Ein 30 cm langes
negatives Büschel rollt sich ebenso nur zu einer einzigen

magnetischen Curve zusammen, wie eine Schicht von 2 mm
Länge.[1]

Ebenso gibt das von einem bestimmten Punkte ausgehende Büschel, das bei einer bestimmten Länge eine einzige
Curve bildet, wenn es durch Verdünnung auf die dreifache,
fünffache, zehnfache Länge gebracht ist, doch immer nur
eine einzige Curve, indem stets das Büschel, z. B. bei der
äquatorialen Stellung gegen die Magnetpole, sich von den
Enden seiner Strahlen her einrollt, und indem die Windungen
immer näher dem Ausgangspunkte liegende Theile des Strahls
ergreifen, wird schliesslich die ganze Länge der Strahlen in
die durch den Ausgangspunkt der Strahlen gehende
magnetische Curve zusammengezogen.

Ganz ebenso rollen die positiven Schichten, — welche
ja Büschel secundären negativen Lichts darstellen, die aus
einem Rohr in ein unendlich wenig weiteres eintreten, —
sich von ihren nach der Anode hingewandten Enden nach
derjenigen Stelle hin auf, welche bei der erwähnten Auffassung
als der Ausgangspunkt ihrer Strahlen zu betrachten ist: das

---

1) Die aus dem positiven Licht gebildeten magnetischen Curven
sind in der Nähe der Kathode und in der Nähe von secundären negativen Polen wie in Fig. 13 Taf. VII sehr deutlich in grosser Ausdehnung
unterscheidbar. Dass man sie in den übrigen Theilen des abgelenkten
positiven Lichts nicht in gleicher Weise wahrnimmt, liegt, wie ich schon
in den Berl. Monatsber. 1876 p. 282, bemerkte, an der Wandkrümmung
der gewöhnlich benutzten Gefässformen. Die vom Magnet ausgeübten
verschiebenden Kräfte treiben die Entladung, und somit die aus ihren
Schichten gebildeten magnetischen Curven, nach der Gefässwand hin;
ist die letztere nun in der Ebene der magnetischen Curve im selben Sinne
stärker gekrümmt als die Curve (wird die Wand von der Curve also geschnitten), so kann die magnetische Curve nur so weit sichtbar bleiben,
als sie im freien Gasraume zwischen den beiden Schnittpunkten liegt.
Durch diese Begrenzung seitens der geschnittenen Wand wird jede an
die Wand getriebene magnetische Curve auf eine kurze, mehr oder weniger
nahe punktförmige Strecke reducirt. Die Summe der zu den aufeinanderfolgenden Curven gehörigen Lichtpunkte gibt jene schmale Linie, als
welche das magnetisirte positive Licht im grössten Theile seines Verlaufs
gewöhnlich erscheint; bisher als ein einheitlich abgelenkter (an beiden
Enden fixirter) Stromfaden angesehen, ist diese Linie vielmehr als eine
Aufeinanderfolge kurzer magnetischer Curven zu betrachten.

ist, die dem negativen Pol zugewandte Grenze der Schichten. Diese Grenze braucht in dem Gefässraum unter verschiedenen experimentellen Bedingungen nicht immer fixe Lage zu behalten; trotzdem rollen die Strahlen sich stets gegen den jeweiligen Ort ihres Ausgangspunktes hin auf.

Sehr charakteristisch ist die Erscheinung, wenn im unmagnetisirten Zustande das Kathodenlicht bereits tief in das positive Licht, über die erste Schicht desselben hinaus, eingedrungen ist.

Das Ende des Kathodenlichts liegt dann also weiter von der Kathode ab als das Ende der ersten, und je nach der Verdünnung auch der zweiten, dritten etc. positiven Schicht.

Gleichwohl rollt sich das Ende der Kathodenstrahlen bei der Magnetisirung bis zur Kathode hin in die durch letztere gehende magnetische Curve zusammen; und erst durch einen dunklen Zwischenraum getrennt, folgt nach der Seite der Anode hin eine Curve, in welcher alle Strahlen der ersten positiven Schicht zusammengerollt sind, dann eine Curve der zweiten etc.

Es zeigt dies, dass nicht die absolute Lage und Ausdehnung der Strahlen ihre Einstellung durch den Magnet bedingt, sondern die enge Beziehung, welche zwischen allen Punkten eines Strahls und seinem Ausgangspunkte besteht, durch welche jeder von einem bestimmten Punkte entspringende Lichtcomplex als ein einheitliches, zusammenhängendes Ganze erscheint.

Im Sinne der hier vertretenen Vermuthungen setzen die aufeinanderfolgenden Schichten der Entladung sich nicht in einander fort, auch wenn sie durch die Verlängerung ihrer Strahlen dicht aneinander grenzen oder sich sogar theilweise räumlich decken. Wenn jede einzelne Schicht demnach zu einer einzelnen Curve zusammengewickelt wird, so werden diese Curven im allgemeinen distinct sein müssen, nicht, wie es bei einer Fortsetzung des Stromes aus einer in die andere der Fall wäre, zu einer zusammenhängenden Lichtfläche zusammenfliessen.

In der That beobachtet man, wenn der Magnet die

Schichten zu magnetischen Curven zusammengerollt hat, dass die Curven getrennt erscheinen, und dass zwischen jeder und der auf sie folgenden sich ein dunkler Zwischenraum befindet.

Nur wenn die Verdünnung so gross und der Entladungsraum so eng ist, dass schon vor der vollständigen Magnetisirung der Schichtung das Licht sich verwischt, zeigt auch das magnetisirte Licht in dem betreffenden Röhrentheil keine deutliche Sonderung der Curven mehr.

Die stärkste Stütze findet, wie mir scheint, die Annahme einer Mehrheit unter sich zusammenhangsloser Ströme für die die Electroden verbindende Entladung durch die Betrachtung der speciellen Form der magnetischen Einwirkung auf die electrischen Strahlen. Für die Kathodenstrahlen wurde die Art dieser Einwirkung schon durch Hittorf[1]) ermittelt und dargestellt; in meinen Versuchen ergab sich dann, dass die von Hittorf gefundenen Resultate entgegen den seit Plücker giltigen Anschauungen auch für jede einzelne positive Schicht massgebend sind — im Einklang mit dem nun schon oft berührten Ergebniss, dass jede Schicht als ein modificirter Complex von negativem Licht zu betrachten ist.

Nehmen wir nun zunächst an, die Entladung bilde wirklich von der Kathode bis zur Anode einen einzigen Strom. Dann wird der Magnet z. B. in der äquatorialen Lage auf die Entladung wirken wie auf einen an seinen beiden Enden (hier den Electroden) fixirten ausdehnsamen, biegsamen Leiter, der in derselben Lage von einem entsprechend gerichteten Strom durchflossen wird.

Die Form der magnetischen Lichtsäule wird dann ein in der Aequatorialebene von einer Electrode zur andern sich hinüberschwingender Bogen sein, aber niemals würde der Strom sich zu einer magnetischen Curve aufwickeln.

Würde der Magnet jedoch auf einen Leiter wirken, der am einen Ende fixirt, am andern aber ohne Zusammenhang, frei ist, so würde die Bewegung eines solchen Leiters genau

---

1) Hittorf, Pogg. Ann. **136.** p. 213 ff. 1869.

der eines magnetisirten Kathoden- oder Schichtstrahls entsprechen, und ein Büschel solcher von einem festen Punkt
ausgehender, am zweiten Ende sämmtlich freier linearer
Leiter würde magnetisirt genau die Formen eines einzelnen von
einem Punkt ausgehenden Büschels Kathodenlicht z. B. zeigen.

Die magnetische Curve, in die ein solches Büschel sich
zusammenrollt, kommt nämlich nach Hittorf's Untersuchungen,
die ich aus häufiger Wiederholung bestätigen kann, in folgender Weise zu Stande.

Das Büschel besteht aus einem Vollkegel divergenter
Strahlen. Die nahe um die Axe gelagerten Strahlen des
Kegels heben sich durch grössere Helligkeit stets von den
weiter nach aussen gelegenen deutlich ab; liegt also die Kegelaxe genau äquatorial, so kann an dem hellen Mittelbüschel
die Bewegung der Strahlen gegen den Magnet bei äqua-
torialer Einwirkung erkannt werden.

Nach Hittorf geht nun dieses Bündel mit wachsender
Stärke des Magnetismus aus einem geraden Lichtfaden in eine
zuletzt äusserst enge, ebene Spirale über, deren Ebene mit der
Aequatorialebene selbst zusammenfällt. Bei grosser Stärke des
Magnets liegt der Durchmesser der Spirale schliesslich unterhalb
1 mm, sodass sie als nahe ein Lichtpunkt erscheint.

Liegt die Kegelaxe aber schräg gegen die Aequatorialebene, so zeigen die Deformationen des hellen Mittelbüschels
die Einwirkung des Magnets auf diejenigen Strahlen, welche
grössere Winkel mit der Aequatorialebene bilden. Ein
solches schräges Bündel rollt sich magnetisirt zu einer Schrau-
benspindel auf, deren Windungen um so höher sind, je grösser
der Winkel der Strahlen gegen die Aequatorialebene, und
um so enger, je näher sie dem Magnetpol liegen.

Mit wachsender Stärke des Magnetismus legen sich die
Windungen dieser Schraubenlinien, von denen die vorerwähnte
ebene Spirale einen speciellen Fall bildet, immer enger um
die magnetische Curve, welche durch den Ausgangspunkt
der Strahlen geht, und gehen für das Auge schliesslich in
sie über. Eigentlich ist die magnetische Curve also nur die
geometrische Axe der wahren Form des magnetisirten Lichts.

Man sieht aus dem Angeführten, dass die Formen der

magnetisirten Strahlen die sind, welche ein von einem
gleichgerichteten Strome durchflossener, gegen den Magnet
gleichgelagerter, mit einer gewissen Steifigkeit begabter,
linearer Leiter annehmen muss, wenn derselbe einseitig fixirt,
am andern Ende aber frei ist.

Wirkte nun der Magnet auf einen aus mehreren, in
Richtung des Stromes aufeinander folgenden Stücken zusammengesetzten Leiter, welche Stücke sämmtlich an einem,
dem negativen Pol zugewandten Ende fest, oder wenigstens
senkrecht zur Stromrichtung schwer verschiebbar, am andern Ende aber frei wären, so würde ein solches System,
indem es sich in ebenso viel einzelne magnetische Curven
deformirte als einzelne Ströme vorhanden sind, genau die
Erscheinungen zeigen, welche die geschichtete Entladung gegenüber dem Magnet darbietet. Diese Erscheinungen wären hingegen unmöglich, wenn alle Schichten
zusammen einen einzigen an Kathode und Anode sich inserirenden Strom bildeten.

Unmittelbar anschaulich zeigt sich die Zusammenhangs-
losigkeit der einzelnen Theile der Entladung, z. B. des
Kathodenlichts mit der ersten Schicht des positiven Lichts,
hierbei noch in Folgendem:

Wenn die Kathodenstrahlen sich spiralig einrollen, so
folgt die erste Schicht des positiven Lichts keineswegs dem
Ende des negativen Strahls auf seinen Umläufen, sondern
die Schicht bleibt ausserhalb der ganzen Spirale an ihrer
der Anode zugewandten Seite, ohne mit dem im Innern
der Spirale liegenden Strahlenende irgend welche Berührung
zu haben.

Analog verhält sich jede Schicht gegen die nach der
negativen Seite voraufgehende Schicht des positiven Lichts.

Wie die von mir angedeutete Ansicht die oben dargelegten, aus der bisher üblichen Auffassung fliessenden
Schwierigkeiten beseitigt, übersieht man schliesslich leicht:

Von der Kathode, wie von einer Anzahl zwischen den
beiden Electroden liegender Punkte, welche den Grenzen
der positiven Schichten nach der Kathode hin entsprechen,
gehen ungeschlossene Ströme aus, die auf ihrem Wege das

verdünnte Gas zum Leuchten bringen, um so weiter reichend, je grösser die Verdünnung ist. Ist nun bei nicht sehr grosser Verdünnung die Länge der von der Kathode ausgehenden Entladung noch kürzer als das Intervall zwischen der Kathode und der nächsten Entladungsstelle (von der die erste positive Schicht ausgeht), so muss zwischen Kathodenlicht und erster positiver Schicht sich ein von keiner Entladung durchflossener Raum befinden, in welchem also auch kein Entladungslicht auftritt, der sogenannte Dunkle Raum.

Wächst die Stromlänge der Kathodenentladung bei der Verdünnung, sodass sie gleich dem Intervall zwischen Kathode und der nächsten Entladungsstelle wird, so erreichen die Kathodenstrahlen das positive Licht, — der dunkle Raum ist verschwunden.

Wird die Stromlänge der Kathode noch grösser, als jenes Intervall, so setzt das Kathodenlicht sich in denjenigen Raum fort, in den von der zweiten Entladungsstelle her ebenfalls ein Strom sich ergiesst, — das Kathodenlicht ist in das positive Licht hineingedrungen.

Ganz ebenso erklärt sich dann die Entstehung des dunklen Raumes zwischen jedem Büschel secundären negativen Lichts und der darauf folgenden Schicht; es erklären sich die dunkeln Räume, welche die Schichten zwischen einander bei relativ geringen Verdünnungen zeigen, während sie bei stärkerer Evacuation unmittelbar aneinander stossen etc.

Ebenso enthalten die unter die bisherigen Anschauungen nicht zu rubricirenden Erscheinungen, die p. 840—846 für verschieden geformte und gelagerte Kathoden angeführt wurden, jetzt nichts Räthselhaftes mehr, und von einem Hin- und Hergehen der Electricität, von wiederholten Zickzackbahnen der letztern, von einer neuen, lichtlosen Entladungsart etc. etc. braucht, wie man sieht, jetzt keine Rede mehr zu sein.

Berlin, im Januar 1878.

IX. *Ueber die Erregung harmonischer Töne durch Schwingungen eines Grundtones; von Dr. Rudolph Koenig in Paris.*

Die Erscheinung des Mitschwingens bei Unisonotönen ist zur Genüge bekannt, und ihre Erklärung stösst auf weiter keine Schwierigkeiten; weit weniger aber weiss man im allgemeinen, dass ein Ton auch alle Töne seiner harmonischen Oberreihe erregen könne. — A. Seebeck hat dieses zuerst beobachtet und im Programm der Baugewerkschule zu Dresden vom Jahre 1843, beschrieben, wo er die Meinung ausspricht, dass, wenn eine Saite andere Saiten, welche auf die Töne ihrer harmonischen Oberreihe gestimmt sind, zum Mittönen bringe, man nicht nöthig habe, dieses dadurch zu erklären, dass in der Saite selbst diese Töne als Beitöne mitklängen, und jeder dieser Beitöne die mit ihm im Einklange stehende Saite in Schwingung versetzte; „denn", sagt er, „diese Erklärung, obgleich zulässig, wo der erregende tiefere Ton auf einer Saite erzeugt wird, würde nicht mehr anwendbar sein, wo er von der Stimme, von einer Glocke, einem Stabe oder sonst einem Instrumente angegeben wird, dessen Beitöne nicht die harmonische Oberreihe bilden, doch habe ich mich durch mehrfache Versuche überzeugt, dass auch ein Ton der letztern Art die Töne seiner harmonischen Oberreihe an Saiten, Glocken u. s. w. zum Mitklingen bringt."

Strenge genommen wäre diese Ansicht Seebeck's, dass harmonische Töne durch Glocken und Stäbe erregt, durchaus diese Erregung dem Grundton verdanken müssten, weil die Theiltöne dieser Körper nicht der harmonischen Oberreihe angehörten, allerdings nicht richtig, denn die Schwingungsbewegung eines Körpers kann sehr wohl soweit von der einfachen Pendelbewegung abweichen, dass sie sich in eine Reihe harmonischer Töne zerlegen lässt, ohne dass dieser Körper darum nöthig hätte, zu gleicher Zeit mit verschiedenen Tönen zukommenden Unterabtheilungen zu schwingen.

Aber dieser Einwand gegen die Ansicht Seebeck's,

welcher wichtig ist, solange es sich um Saiten oder dünne
Stimmgabeln handelt, scheint vollständig fortfallen zu müssen, wenn der erregende Körper eine starke Stimmgabel
ist, welche mit verhältnissmässig sehr kleiner Amplitude
vibrirt, weil diese dann Schwingungen ausführt, welche, soweit es die genauesten Beobachtungsmethoden zu erkennen
gestatten, durchaus einfache Pendelbewegungen zu sein scheinen. Dennoch sind über den von Seebeck ausgesprochenen
Satz: „Es wird ein tonfähiger Körper in Schwingungen versetzt durch jeden Ton seiner harmonischen Unterreihe, nicht
aber durch höhere Töne, oder, was dasselbe sagt: Ein Ton
kann alle Töne seiner harmonischen Oberreihe erregen, aber
keine tieferen Töne", die Ansichten bis jetzt getheilt geblieben, und ich habe daher folgende Untersuchung unternommen, um zu prüfen, für welche von beiden Anschauungen
die Experimente am meisten zu sprechen scheinen.

Die Communication der Schwingungen bei Unisonotönen
pflegt man gewöhnlich mit Stimmgabeln darzustellen, die auf
Resonanzkästen befestigt sind, und dieses hat in der That
den Vorzug, dass man bei grossen Entfernungen experimentiren kann. So hatte ich im Jahre 1866 Gelegenheit, vor
den Enden der Wasserröhrenleitung unter dem Boulevard
St. Michel, in der damals Regnault einen Theil seiner
ausgedehnten Untersuchungen über die Fortpflanzungsgeschwindigkeit der Luftwellen anstellte, zwei Unisonogabeln c
($Ut_2 = 256$ v. s.), so aufzustellen, dass die Oeffnungen ihrer
Resonanzkästen sich dicht vor den Mündungen der Röhren-
leitung befanden, und durch die Schwingungen der einen
Gabel wurde dann die andere immer zum lauten Mittönen
gebracht, obgleich der Abstand zwischen beiden in diesem
Falle 1590 Meter betrug.[1] Bei dieser Art das Mittönen
hervorzurufen, wirkt jedoch die erregende Gabel erst durch
die Decke ihres Resonanzkastens auf die Luftmasse desselben, von der dann die Wellen ausgehen, welche die Re-
sonanz der Luftmasse des andern Kastens hervorrufen, und
die Schwingungen dieser Luftmasse wirken dann schliesslich

---

1) V. Regnault, Mém. de l'Acad. des Sciences p. 435. 1868.

erst wieder durch die Decke auf die zweite Gabel, kurz es
ist ein ziemlich complicirter Vorgang, und man muss daher
bei genaueren Untersuchungen über die Mittheilung der
Schwingungen die Gabeln direct auf einander einwirken
lassen, indem man entweder eine Zinkenfläche der einen vor
eine Zinkenfläche der andern hält, oder, was jedoch meistens
weniger zweckmässig ist, indem man beide Zinken der einen
dicht vor beide Zinken der andern bringt, wo dann die
zwischen den Zinken der erregenden Gabel erzeugten Wellen
zwischen die Zinken der andern getrieben werden. Die zu
influenzirende Gabel kann dabei meistens zweckmässig auf
ihrem Resonanzkasten montirt bleiben, weil dadurch die geringste Erregung ihrer Schwingungen sofort wahrnehmbar
wird.

Beiläufig sei in Bezug auf die Mittheilung der Schwingungen bei Unisonotönen noch erwähnt, dass bei solchen
Körpern, die einmal erregt, lange selbst fortzutönen im
Stande sind, wie die Stimmgabeln, dieselbe auch dann noch
sich beobachten lässt, wenn das Intervall beider Töne schon
beträchtlich vom absoluten Einklange abweicht. Es kommt
in dem Falle in der That nur darauf an, dass die Anzahl
und Intensität der Impulse, welche der zu influenzirende
Körper empfängt, in der Zeit, in der die Schwingungsphasen
beider Töne von den gleichen zu den entgegengesetzten
Zeichen übergehen, schon hinreichend seien, um den Körper
genügend aus seiner Gleichgewichtslage zu treiben, wo er
dann durch seine eigenen elastischen Kräfte zu vibriren
fortfährt. Versuche mit Stimmgabeln, welche in der angegebenen Weise direct durch die Luft auf einander ein-
wirkten, indem die Zinken der einen dicht vor denen der
andern gehalten wurden, ergaben, dass die zulässige Abweichung von der Reinheit des Einklanges, bei welcher noch
ein leises Mittönen beobachtet werden konnte, den Schwingungszahlen der Gabeln proportional war. In der That war
die Intensität des Mitschwingens bei Gabelpaaren für die
Töne $\bar{c}, \bar{\bar{c}}, \bar{\bar{\bar{c}}}, \underline{\overline{\overline{c}}}, \underline{\underline{\overline{\overline{c}}}}$ ungefähr gleich, wenn die Verstimmung
des Einklanges resp. 4, 8, 16, 32, 64 v. s. betrug, oder ganz
im allgemeinen einer Schwingung auf 128 gleich kam.

Die Erregung harmonischer Töne kann man mit einer
Stimmgabel c (Ut_2), deren Zinken eine Dicke von ▓▓▓▓
haben, deutlich bis zum achten, dem $\bar{c}$ (Ut_5), beobachten ▓▓▓
es gelingt sogar, noch diesen Ton zum leisen ▓▓▓▓▓▓▓
bringen, wenn man die Grundgabel, nachdem ▓▓▓ ▓
dem Bogen angestrichen hat, erst so lange ▓▓▓▓▓▓
bis ihre Schwingungen nur noch eine Amplitude ▓▓▓
Millimeter haben, wo sich dann selbst in ▓▓▓▓ ▓▓
Nähe nicht die geringste Spur von harmonischen ▓▓▓
wahrnehmen lässt. Da in diesem Falle, wie ▓▓▓▓
weder die optische noch die graphische Methode ▓▓
eine Abweichung von der Pendelbewegung in ▓▓▓▓
gungen der Gabel direct zu beobachten, so ▓▓▓▓ ▓▓
versucht, die Curve der Bewegung zu construiren, ▓▓
Gabel ausführen müsste, wenn die harmonischen ▓▓
zum achten in ihrem Klange mit den nöthigen ▓▓▓
enthalten sein sollten, um dann einerseits mit ▓▓
andererseits mit einer einfachen Sinuscurve die ▓▓▓▓
curve der Stimmgabel vergleichen zu können, ▓▓▓ ▓▓
durch directe Aufzeichnung vermittelst eines auf der ▓▓▓▓
befestigten Stieles erhält. — Zu diesem Zwecke beobachtete
ich die Amplituden, welche die Schwingungen einer Reihe
von acht harmonischen Stimmgabeln unter dem Einflusse
einer Gabel für ihren Grundton c ($Ut_2 = 256$ v. s.), von 15 mm
Zinkendicke, erlangten, und fand, dass die Schwingungen von
$\bar{c}$ ungefähr ein Viertel der Schwingungsweite der Gabel c
erreichten, bei jeder nächst höhern Gabel dann aber diese
Schwingungsweite sich etwa um die Hälfte verringerte. Dieselben Gabeln, von gleichstarken Unisonogabeln erregt, erreichten immer etwa dieselbe Schwingungsweite wie diese
letzteren, jedoch muss man darum nicht annehmen, dass eine
erregte Gabel im allgemeinen immer die Schwingungsweite
der erregenden erlangen kann, denn bei zwei Gabeln c, von
15 mm Zinkendicke, erreichten die Schwingungen der erregten nur etwa die halbe Amplitude der erregenden, wogegen
eine dieser selben Gabeln auf eine Gabel c, von nur 7 mm
Zinkendicke wirkend, in dieser Schwingungen hervorrief,
welche sogar etwas weiter als ihre eigenen waren.

Indem ich hiernach voraussetzte, dass die beobachteten
Schwingungsweiten der durch die Gabel *c* erregten harmo-

Fig. I.

nischen Gabeln zu ihrer Erzeugung Unisonoschwingungen
von etwa gleicher Amplitude erfordert haben würden, und
mit den in solcher Weise bestimmten relativen Schwingungsweiten der harmonischen Töne und des Grundtones, die
aus der Composition der Schwingungscurven acht harmonischer Töne entstehende Schwingungsform construirte, erhielt
ich die Fig. I dargestellten Wellenformen, welche zeigen,
dass die durch das Hinzutreten der ersten harmonischen
Töne zum Grundtone erzeugte Zickzackfigur der Curve bei
immer zahlreicher werdenden Obertönen immer mehr verschwindet, sodass sie zuletzt sich dem Auge als eine nur
continuirlich auf- und absteigende, aber in ihren beiden Hälften unsymmetrische Wellenlinie darstellt. Diese Wellenform
in der Grösse von 84 cm Länge construirt, wurde photographisch
auf die Grösse der Fig. I reducirt. Vermittelst dieser construirte ich hierauf noch eine gleiche Wellenform von halber
Schwingungsweite, welche also die Composition derselben,
jedoch halb so starken Töne darstellte, und ferner noch eine
andere von gleicher Länge und Höhe, bei welcher jedoch
der Wellengipfel nur halb so weit von dem Gipfel der einfachen Sinuscurve abstand, als bei den vorigen, sodass sie
als nahezu aus einem gleichstarkem Grundtone und etwa
um die Hälfte schwächeren harmonischen Tönen entstanden, betrachtet werden konnte. Vier aus je einer dieser
Wellenformen und einer einfachen Sinuscurve gebildeten
Wellenlinien wurden hierauf bis zur Grösse der von der
Gabel *c* selbst geschriebenen und Fig. II, 5 dargestellten
Schwingungen verkleinert, wie Fig. II, 1—4 zeigt. Die Schwingungen Fig. II, 6, waren von derselben Gabel bei langsamerer
Rotationsgeschwindigkeit des Cylinders geschrieben. — Da der
auf der Gabel *c* befestigte flache Schreibstiel in der Rich-
tung der Schwingungen keine Biegung zuliess, so können die
Wellenlinien Fig. II, 5 u. 6 als genau die Schwingungsform der
Gabel darstellend angenommen werden, und wie man sieht,
ist die Uebereinstimmung derselben mit der Wellenform des
absolut einfachen Tones, Fig. II, 4, weit grösser als mit
den Wellenformen der von harmonischen Tönen begleiteten
Grundtöne Fig. II, 1—3, obgleich in Fig. II, 3 die Inten-

sität der Obertöne im Verhältniss zu ihrem Grundtone schon
beträchtlich schwächer angenommen worden ist, als dieses
nach den erwähnten Experimenten hätte geschehen müssen.
Dieses Resultat spricht also nicht dafür, dass die Schwingungen einer ohne Theiltöne vibrirenden starken Stimmgabel
so sehr von der Pendelbewegung abweichen sollten, um als

Fig. II.

zusammengesetzt aus einer Reihe harmonischer Pendelbewegungen angesehen werden zu können, deren Amplitude genügend
gross wäre, das Mitschwingen der harmonischen Stimmgabeln
zu bewirken; noch weniger haltbar ist aber die Ansicht,
welche Preyer ausgesprochen hat, und nach welcher die
Stimmgabel eine Bewegung ausführen soll, bei der eine
Anzahl gleichzeitig bestehender Unterabtheilungen die Reihe
der harmonischen Töne erzeugen. Preyer[1]) sagt nämlich:
„Ich stelle mir vor, dass der gebogene Stab aus vielen Stahlstäben besteht, von denen einige mit zwei, andere mit mehr
Schwingungsknoten zu gleicher Zeit schwingen“; diese Ansicht
ist aber nicht nur an und für sich allen durch experimentelle Untersuchungen gefundenen Resultaten entgegen, da
alle Punkte auf der Oberfläche einer schwingenden Gabel-
zinke unter dem Vibrationsmikroskop immer genau die gleiche
Bewegung zeigen, sondern sie würde auch nicht einmal, selbst
wenn sie richtig wäre, die Bildung eines Klanges mit harmonischen Obertönen erklären können, denn die Theiltöne

---

1) Preyer, Sammlung physiologischer Abh. Heft 4, p. 20.

eines gebogenen Stabes bilden keine harmonische Reihe, und
folglich könnte auch eine Anzahl gleich langer und gleich
dicker, gleich gebogener Stäbe keinen Zusammenklang harmonischer Töne hervorbringen, selbst wenn sie alle mit verschiedener Knotenzahl vibrirten.

Einen fernern Versuch, das Mittönen der Obertöne
aus einem andern Grunde als der directen Einwirkung ihres
Grundtones abzuleiten, hat Bosanquet gemacht, indem er
zwar bei der Stimmgabel selbst einfache Pendelschwingungen
voraussetzt, aber annimmt, dass die Luft dieselben nicht
fortpflanzen könne, ohne sie umzuwandeln.

Um zu sehen, ob sich eine solche Umwandlung der
Schwingungsbewegung der Gabel durch die Luft vielleicht
direct nachweisen liesse, untersuchte ich eine Reihe Zeichnungen, auf denen eine Stimmgabel $\bar{c}$, während sie auf
einem Resonanzkasten befestigt war und vor die Oeffnung
des Phonautographen-Paraboloids gehalten wurde, vermittelst
des auf der Membran befestigten Stieles ihre Schwingungen
neben den direct von einer gleichen Gabel $\bar{c}$ geschriebenen
Schwingungen verzeichnet hatte, ich konnte jedoch keinen
Unterschied zwischen beiden Schwingungsformen wahrnehmen.
Auch erhielt ich gleiche Flammenbilder mit einer mano-
metrischen Kapsel, wenn vor ihrer Membran die Stimmgabel frei vibrirte, oder wenn eine Zinke derselben durch
ein zwischengeschobenes Stückchen Gummi mit dieser Membran in fester Verbindung stand, und somit ihre Bewegung
direct auf diese übertragen wurde. — Natürlich musste aber
in diesem letzten Falle die Schwingung der Gabel genügend
abgeschwächt werden, um Flammenbilder von nicht grösserer
Höhe hervorzurufen, als durch die frei schwingende Gabel
erzeugt wurden.

Es könnte nun allerdings der Unterschied zwischen der
ursprünglichen und der umgewandelten Schwingungsbewegung
zu gering sein, um bei diesen beiden Beobachtungsarten bemerkbar zu werden, doch ist ferner zu bemerken, dass die Erscheinung des Mitschwingens harmonischer Töne durchaus nicht an
die Uebertragung der Schwingungen des Grundtones durch
die Luft gebunden ist, wie folgende Experimente zeigen.

Ich verband durch einen äusserst dünnen Faden von etwa 1 Meter Länge eine Zinke der Grundgabel mit einer Zinke der harmonischen und spannte ihn durch Verschieben der Gabeln so, dass er beim Tönen der Gabel *c* mit einer Reihe scharf gezeichneter Knoten vibrirte, in welchem Falle die Form seiner Schwingungen zwischen je zwei Knoten nicht die geringste Difformation wahrnehmen liess, welche auf die Existenz von Obertönen hätte schliessen lassen können, die harmonischen Gabeln wurden dann bis zur fünften in Mitschwingung versetzt, der Faden mochte in der Richtung der Schwingungen beider Gabeln oder senkrecht zu denselben gespannt sein, nur war bei letzterer Disposition die Erregung etwas schwächer. — Da der Ton der Gabel *c* durch das Gewicht und die Spannung des Fadens nur um weniger als ein Dreissigstel einer einfachen Schwingung geändert wurde, so lässt sich wohl kaum annehmen, dass er eine merkliche Aenderung in der Schwingungsform derselben hervorrief. [1]

Vibrirte der Faden nicht mit absolut scharf gezeichneten Knoten, so kamen die harmonischen Töne zu ausserordentlich viel stärkerem Tönen, der achte wurde noch mit Leichtigkeit erregt, und die Schwingungen des vierten waren so laut, als hätte man die Gabel direct mit dem Bogen angestrichen. Es entstanden in diesem Falle offenbar in dem Faden complicirte Schwingungsbewegungen, in denen die

---

1) Bekanntlich hat Hr. Prof. Alfr. M. Mayer (Amer. Journ. of Science and Arts. 8. Aug. 1874) eine solche Verbindung durch Fäden zwischen einer Reihe harmonischer Stimmgabeln und einer unter dem Einflusse einer Zungenpfeife schwingenden Membran hergestellt, um die zusammengesetzte Schwingungsbewegung letzterer durch das Mitschwingen der Gabel in ihre einfachen Elemente zu zerlegen. Wenn aber auch bei diesem Experimente natürlich die in der Bewegung der Membran schon enthaltenen Obertöne stärker auf die Gabeln wirken mussten, als wenn nur der Grundton existirt hätte, so zeigen doch die eben angeführten Versuche mit der Stimmgabel *c* (Ut_1), dass auch diese letztere allein schon hinreichen würde, die Gabeln zu erregen, und man daher leicht zu irrthümlichen Annahmen verleitet werden könnte, wenn man vermittelst dieser Methode die complicirte Schwingungsbewegung eines vibrirenden Körpers analysiren wollte.

Schwingungsperioden der zu erregenden Gabeln enthalten waren, und welche wohl einer genauern Untersuchung werth sein dürften, die mich jedoch im Augenblick zu weit von meinem Gegenstande abführen würde.

Liess ich die Stimmgabeln nur durch ihre Stiele und einen festen Körper auf einander einwirken, indem ich sie entweder auf verschiedenen Seiten des Kastens oder eines Brettes befestigte, so konnte ich das Mittönen nur bis zum dritten harmonischen Tone beobachten, wohl weil die Amplitude der Schwingungen der Stiele weit geringer sind als die der Zinken an ihren Enden.

Ich habe ferner auch die Wirkung einer Stimmgabel auf Gabeln ihrer harmonischen Oberreihe bei der telephonischen Uebertragung untersucht. Jede der Gabeln war dabei mit der Fläche einer ihrer Zinken dicht vor dem Magnete eines Bell'schen Telephons befestigt. War die erregende Gabel c_i so äusserte sich ihr Einfluss deutlich bis zum vierten Tone der harmonischen Reihe, $\bar{c}$ (Ut_4), und konnte selbst noch beim fünften, $\bar{\bar{c}}$ wahrgenommen werden, wo jedoch die Intensität des erregten Tones sich schon der äussersten Grenze der Hörbarkeit näherte. Benutzte ich als erregende Gabel $\bar{c}$ (Ut_3), so war ihr Einfluss nur bis zum dritten harmonischen Tone $\bar{\bar{g}}$ deutlich, und ausserordentlich schwach bis zum vierten, $\bar{\bar{c}}$ (Ut_5) bemerkbar.

Wahrscheinlich könnte man in beiden Fällen noch höhere Gabeln erregen, wenn man jede zwischen zwei Telephone montirte und somit auf beide ihrer Zinken zugleich, statt nur auf eine, einwirkte.

Aus allen diesen Experimenten geht also hervor, dass die Schwingungen einer Stimmgabel, welche, so weit es die verschiedenen Beobachtungsmethoden zu erkennen gestatten, einfache Pendelbewegungen zu sein scheinen, immer Töne ihrer harmonischen Oberreihe erregen, die Uebertragung mag durch die Luft, durch feste Körper oder auch durch Telephone vermittelt werden, und man muss daher annehmen, dass entweder Pendelschwingungen wirklich im Stande sind, harmonische Schwingungen zu erregen oder, dass dieses Mittönen der Obertöne durch Unisonotöne von solch geringer

Intensität hervorgerufen wird, dass sie den Grundton begleiten können, ohne dass es möglich ist, vermittelst der Beobachtungsmethoden, über welche man disponirt, sie wahrzunehmen. Diese letzte Ansicht verliert jedoch dadurch sehr an Wahrscheinlichkeit, dass man nicht begreifen kann, wie Töne von solcher Schwäche, gerade wenn sie den Grundton begleiten, Wirkungen hervorbringen sollen, zu deren Erzeugung sonst Töne von durchaus nicht ganz geringer Intensität erforderlich sind.

Nach den Untersuchungen über das Verhalten tönender Schwingungen schien es mir interessant, auch noch zu prüfen, ob die Bewegung eines Pendels im Stande wäre, Schwingungen von harmonischer Periode hervorzubringen, und ich wählte dazu folgende Anordnung.

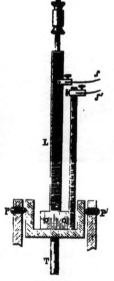

Die Pendelstange *T* Fig. III, welche als Linse eine fünf Kilog. schwere verstellbare Kugel trug, war an einem Winkelhaken angeschraubt, der sich um zwei Spitzen drehte und eine Klemme trug, in der eine Stahllamelle *L* befestigt werden konnte.

Die Anordnung war so getroffen, dass eine Linie durch beide Aufhängespitzen gelegt, und, um welche also als Centrum, das Pendel schwang, genau durch den Befestigungspunkt der Lamelle in der

Fig. III.

Klemme ging, sodass bei der Bewegung des Pendels die Lamelle hin- und hergeneigt wurde, während dieser ihr Befestigungspunkt in Ruhe blieb. Die Lamelle trug an ihrem freien Ende ein mit einem Schraubengewinde versehenes Stäbchen, auf dem Gewichte befestigt und verstellt werden konnten, um die gewünschte Schwingungsperiode herzustellen. Sie war so biegsam, dass sie allein schwingen konnte, ohne die geringste Bewegung in dem schweren Pendel hervorzurufen, welches bei allen Experimenten eine einfache Schwingung in der Secunde machte. Auf dem Winkelhaken war ausser der Klemme mit der Lamelle noch ein steifes Stäbchen befestigt, welches einfach den Bewegungen des Pendels folgte. Die Lamelle wie das Stäbchen trugen Schreibstiele *s* und *s'*, welche auf einem Cylinder, der durch ein Uhrwerk in langsame, zur Genüge regelmässige Bewegung versetzt wurde, ihre Bewegungen verzeichneten.

Wurde das Pendel und die Lamelle zugleich in Schwingung versetzt, so entstand in letzterer natürlich die aus der Vereinigung beider Schwingungen gebildete Bewegung, welche z. B. für die Intervalle 1:2 und 1:3 die in Fig. IV. dargestellten Curven lieferte.

Fig. IV.

Eine Vereinigung beider Schwingungsbewegungen entstand in der Lamelle auch immer, das Intervall mochte ein harmonisches sein oder nicht, wenn das Pendel allein, aber sofort in weite Schwingungen versetzt wurde, wie dieses dadurch geschah, dass man es durch einen Faden aus seiner Gleichgewichtslage zog und diesen dann, wenn die Lamelle zur vollständigen Ruhe gekommen war, durchbrannte. Fig. V zeigt die auf solche Weise erhaltenen Curven für die Intervalle 2:3, 1:2, 2:5, 1:3, 2:7, 1:4.

Ganz anders waren jedoch die Resultate, wenn das Pendel wieder allein, aber in der Weise in Bewegung gesetzt wurde, dass seine Schwingungen aus der Ruhe ganz allmählich von den kleinsten bis zu genügend grossen Amplituden übergingen, wie dieses dadurch erreicht wurde, dass ich in einiger Entfernung von der eisernen Pendelstange einen kleinen Electromagnet befestigte und durch denselben, vermittelst eines Secundenpendels in Verbindung mit einer einfachen Unterbrechungsvorrichtung, in jeder Secunde während einiger

Augenblicke einen Strom sendete. Hatte das Pendel unter dem Einflusse dieser kleinen periodischen Impulse nach

Fig. V.

einigen Minuten eine genügende Schwingungsweite erlangt, so wurde es erst noch einige Secunden ohne Einwirkung dieser Impulse sich selbst überlassen und dann die Auf-

zeichnung seiner und der Lamelle Bewegungen vorgenommen. Es fand sich dann immer, dass bei den nicht harmonischen Verhältnissen 2:3, 2:5, 2:7, die Lamelle nur einfach den Schwingungen des Pendels gefolgt war, während bei den harmonischen Intervallen die Eigenschwingungen der Lamelle erregt worden waren, wie Fig. VI (p. 869) zeigt.

Um jeden Irrthum zu vermeiden, führte ich eine grosse Anzahl solcher Aufzeichnungen aus, welche jedoch alle vollständig übereinstimmende Resultate gaben; auch reichte der blosse Anblick der Lamelle schon hin, den Unterschied bei unharmonischen Intervallen sofort wahrnehmen zu lassen. Vermittelst eines auf ihr angebrachten kleinen Spiegels könnte man durch Projection diesen Unterschied im grossen zur Anschauung bringen.

Bei den Originalzeichnungen der Figuren IV, V, VI betrug die Länge der Curve jeder Doppelschwingung des Pendels ungefähr 14 Centimeter. Diese Originalzeichnungen wurden photographisch reducirt und dann gestochen. Da die Schreibstiele der Lamelle und des steifen Stäbchens in einiger Entfernung untereinander befestigt waren, wie man Fig. VI, 2:5, 1:3, 2:7, 1:4, aus ihren Aufzeichnungen auf dem noch nicht in Bewegung gesetzten Cylinder ersehen kann, so sind die beiden von ihnen gezeichneten Wellenlinien etwas gegen einander verschoben. Die Figuren V und VI zeigen bei den engeren Intervallen immer eine im Verhältniss zu den Pendelschwingungen grössere Schwingungsweite der Lamelle, weil, mit Ausnahme des Intervalles 1:4, bei allen anderen dieselbe Lamelle angewendet wurde, und diese also an ihrem Ende ein um so grösseres Gewicht trug, als sie tiefer gestimmt war, je grösser aber das Gewicht, bei gleicher Dicke der Lamelle, um so mehr bog sie sich auch, wenn sie geneigt wurde.

Paris, September 1880.

X. Untersuchungen über das Dispersionsgesetz; von Otto Hesse,

Lehrer an der Realschule (Institut Hofmann) zu St. Goarshausen a. Rh.

(Inaugural-Dissertation.)

Die Theorie der Dispersion des Lichtes hat durch die Entdeckung der anomalen Dispersion eine wesentliche Umgestaltung erhalten. Die Dispersionstheorie beschränkte sich bis dahin auf durchsichtige Medien; von jetzt ab musste der Einfluss, welchen die Absorption auf die Lichterscheinung ausübt, mit in den Bereich der Betrachtung gezogen werden.

Viele und werthvolle Arbeiten haben zwar seit jener Zeit bereits Licht über die der Theorie zu Grunde liegenden Hypothesen verbreitet; aber, überzeugt davon, dass noch immer jede, wenn auch im Umfange beschränkte genauere Beantwortung einschlägiger Fragen einiges für den Ausbau der Theorie des Lichtes beitragen werde, unternahm es der Verfasser, die im Folgenden mitgetheilten Untersuchungen über die Absorption des Lichtes durch verschiedene Lösungen und Concentrationen einiger Anilinfarben anzustellen, um dann deren Resultate an einer der neuesten Dispersionstheorien zu prüfen und endlich aus derselben mehrere Schlüsse abzuleiten, welche letztere als richtig anzuerkennen, vollständig berechtigen dürften.

Die Arbeit wird in drei Theile zerfallen. Im ersten Theile versuche ich eine kurze Uebersicht zu geben, wie sich die Dispersionstheorie bis jetzt entwickelt hat; der zweite beschreibt die Methode der Untersuchungen und gibt ihre Resultate an. Der dritte Theil endlich ist einer Vergleichung der Beobachtungsresultate mit der Theorie gewidmet.

I.

1) Die Dispersionstheorie ist in der neuesten Zeit, nachdem dieselbe vor circa 20 Jahren von Leroux[1]) und Christiansen[2]) entdeckt war, experimentell vorzugsweise von

---

1) Leroux, Compt. rend. **55.** p. 126. 1862; Pogg. Ann. **117.** p. 659. 1862.
2) Christiansen, Pogg. Ann. **141.** p. 479. 1870.

Kundt[1]), Melde[2]), Vierordt[3]) und Vogel bearbeitet worden. Die Resultate jener eingehenden und exacten Untersuchungen sind hinlänglich bekannt.

Theoretische Bearbeitung hat die Dispersionstheorie in der neuesten Zeit vorzüglich erfahren durch die Herren: Boussinesq[4]), Sellmeyer[5]), O. E. Meyer[6]), Helmholtz[7]), Lommel[8]) und endlich in einer ganzen Reihe von Abhandlungen durch H. Ketteler.[9]) Es handelt sich bekanntlich bei den Theorien der einzelnen Autoren lediglich um eine verschiedene Auffassung des Einflusses der mitschwingenden ponderabelen Materie auf die Bewegung der Aethermolecüle, aus welchem Grunde denn auch die verschiedenen Arbeiten zu sehr verschiedenen Resultaten kommen.

Sellmeyer's Theorie führt für die Brechungsexponenten auf eine der Cauchy'schen ähnliche Reihe. Sie erklärt nicht nur die anomale Dispersion, sondern auch den Einfluss der Absorption auf dieselbe. Die Formeln verlieren indess ihre Gültigkeit, sobald die Schwingungsdauer des Aethers $\tau = \delta$, gleich der der Körpermolecüle, wird.

Helmholtz, sich an die Arbeiten Sellmeyer's anlehnend, erklärt die Absorption durch eine reibende Kraft, welche die mechanische Arbeit der Schwingungen aufhebt und die lebendige Kraft der Wellenbewegung in Wärme verwandelt. Seine Formeln sind indess der grossen Anzahl

---

1) Kundt, Pogg. Ann. **142.** p. 163. 1871; **148.** p. 259. 1871; **144.** p. 128. 1871; **145.** p. 67. 1872; Jubd. p. 615. 1874.

2) Melde, Pogg. Ann. **124.** p. 104. 1865; **126.** p. 218. 1865.

3) Vierordt, Chem. Ber. 1872. p. 34; Anwend. d. Spectralapparates in der quant. Analyse. Tübingen 1875.

4) Boussinesq, Journ. de Liouville. (2) **18.** p. 313. 1861.

5) Sellmeyer, Pogg. Ann. **143.** p. 272. 1871; **145.** p. 399. 1872; **157.** p. 386 u. 525. 1876.

6) O. E. Meyer, Pogg. Ann. **145.** p. 80. 1872.

7) Helmholz, Pogg. Ann. **154.** p. 582. 1875.

. 8) Lommel, Wied. Ann. **3.** p. 113, 251, 339. 1878.

9) Ketteler, Farbenzerstreuung d. Gase. Bonn 1865; Pogg. Ann. **140.** p. 466. 1870; Verh. d. nat. Ver. Jahrg. 32. F. 4. **2;** Jahrg. 33. F. 4. **2;** Pogg. Ann. Jubd. p. 166. 1874; **160.** p. 466. 1877; Wied. Ann. **1.** p. 206. 1877; **3.** p. 83 u. 284. 1878; **7.** p. 658. 1880; Carl, Rep. **16.** p. 335. 1880. Verh. d. nat. Ver. Jahrg. 36. F. 4. **6.** p. 23.

von Constanten ~wegen für numerische Rechnung sehr un-
bequem und infolge dessen zur Vergleichung mit der Erfahrung wenig geeignet.

Auch nach Lommel ist der Verlauf der Refractionscurve insofern ein complicirter, als das Brechungsverhältniss
als Function der Wellenlänge nach einem Maximum in der
Nähe des Absorptionsstreifens für eine unendlich grosse
Wellenlänge unendlich gross wird. Dies dürfte im allgemeinen unwahrscheinlich und im besonderen für unendlich
dünne Gase gradezu unmöglich sein.

Die Resultate der Untersuchungen O. E. Meyer's constatiren, dass die rothe Farbe bei den anomal dispergiren-
den Medien im durchgelassenen Lichte die vorherrschende
sein müsste.

2) Die neueste Arbeit des Hrn. Prof. Ketteler endlich, welche den folgenden Untersuchungen zu Grunde liegt,
knüpft an dessen frühere Arbeiten, sowie an die Sellmeyer's an und kommt für die brechende Kraft zu dem
Ausdrucke:

$$(\text{I}) \qquad n^2 - i = \frac{D \cdot \lambda_\mu^2}{\lambda^2 - \lambda_\mu^2 - i\delta\lambda}; \qquad \text{worin ist:}$$

$$(1) \qquad \delta = g \cdot \lambda_\mu;$$

und g eine Reibungsconstante. In Gleichung (I) haben die
einzelnen Grössen folgende Bedeutung: a und b sind die
Charakteristik eines complexen Brechungsverhältnisses:

$$(2) \qquad n = a + bi;$$

λ_μ ist die Wellenlänge der ungefähren Mitte des Absorptionsstreifens, λ die Wellenlänge einer Farbe und D das
Maass der Wechselwirkung zwischen den Aether- und Kör-
pertheilchen, der „Dispersionscoëfficient". D und δ
sind von der Natur des absorbirenden Mediums abhängig.
Es wächst D annähernd der Concentration proportional,
δ dagegen dürfte von ihr weniger beeinflusst werden.

Gleichung (I) repräsentirt das Dispersionsgesetz der
dioptrisch einfachen Mittel, d. h. derjenigen Mittel, welche
im sichtbaren Spectrum nur einen Absorptionsstreifen zeigen.
Ist das dispergirende Medium nicht dioptrisch einfach, son-

dern aus mehreren Molecularqualitäten zusammengesetzt, so
wird Gleichung (I) zu:

(Ia) $n^2 - i = \sum \dfrac{D \cdot \lambda^2_\mu}{\lambda^2 - \lambda^2_\mu - i\delta\lambda}$;

Gleichung (Ia) zerfällt ohne weiteres durch Trennung des
reellen Theils vom imaginären in die beiden Theilgleichungen:

(II) $\begin{cases} 1)\ \ a^2 - b^2 - 1 = \sum \dfrac{D \cdot \lambda^2_\mu (\lambda^2 - \lambda^2_\mu)}{(\lambda^2 - \lambda^2_\mu)^2 + \delta^2\lambda^2}; \\[2em] 2)\ \ \dots\ 2ab = \sum \dfrac{D \cdot \lambda^2_\mu\, \delta \cdot \lambda}{(\lambda^2 - \lambda^2_\mu)^2 + \delta^2\lambda^2}. \end{cases}$

Von diesen begründet — wenigstens für kleine b — die erste
Gleichung die Haupteigenschaften der Refractionscurve —
a Function der Wellenlängen — die zweite die der Ab-
sorptionscurve — b Function der Wellenlängen.

Der experimentelle Nachweis der aus der Theorie abgeleiteten Beziehungen zwischen der Wellenlänge λ und
dem Hauptextinctionscoëfficienten b, wie dieselbe in Gleichung (II$_2$) ausgedrückt ist, wird die Aufgabe der folgenden
Theile sein.

Die Umformung der Gleichung (II$_2$) zu bequemer nu-
merischer Rechnung wird am Anfange des Theiles III vorgenommen.

II.

Ich lasse nun die Beschreibung der Beobachtungsmethode
und die Resultate der Beobachtungen folgen. Dieselben erstrecken sich auf Versuche über die numerische Bestimmung
der Absorption von Lösungen undurchsichtiger Körper in
verschiedenen Lösungsmitteln und von verschiedener Concentration.

Nach einer Methode, wie sie ähnlich Wernike[1])
zur Bestimmung der Brechungsexponenten metallischer Körper anwandte, habe ich die Extinctionscoëfficienten verschiedener Lösungen organischer Farbstoffe bestimmt.

1) Die leitenden Grundgedanken der Methode sind die
folgenden:

---

1) Wernike, Pogg. Ann. **155.** p. 17. 1874. Auszug aus den Monatsber. der k. Acad. d. Wiss. 17. Nov. 1874.

Das Licht eines leuchtenden Körpers habe die Intensität Eins. Durchstrahlt [1]) dieses eine absorbirende Schicht, deren Dicke ebenfalls die Einheit sei, so wird es abgeschwächt. Seine jetzige Intensität nennen wir $\frac{1}{n}$. Nach Durchstrahlung von d solchen Schichten ist dann die übrig bleibende Intensität des ursprünglichen Lichtes:

(1) $$J = \frac{1}{n^d}; \quad \text{oder:}$$

(1a) $$\log n = - \frac{\log J}{d};$$

Wir nennen nun zunächst nach **Bunsen** „Extinctionscoëfficient" den reciproken Werth $\frac{1}{d}$, wo d die Dicke der absorbirenden Schicht bezeichne, derjenigen Schichtendicke, nach deren Durchstrahlung das auffallende Licht auf 0,1 seiner Intensität abgeschwächt wird, und bezeichnen diese Grösse mit ε; dann wird durch Substitution von 0,1 und ε in Gleichung (1) diese zu:

(1b) $$\left\{ \begin{array}{ll} 0,1 = \dfrac{1}{n^{\frac{1}{\varepsilon}}}; & \text{woraus:} \\[2ex] \varepsilon = \log n; & \text{oder endlich:} \end{array} \right.$$

(I) $$\varepsilon = - \frac{\log J}{d} \quad \text{wird.}$$

Wesentlich verschieden von dieser Grösse ε, welche die Physiker jetzt allgemein als Extinctionscoëfficient bezeichnen, ist eine andere Grösse b, die man den „theoretischen" oder besser „Cauchyschen" Extinctionscoëfficienten nennt. Nach den Bezeichnungen der Theorie nämlich ist die Intensität des durch die Dicke der Einheit einer absorbirenden Schicht durchgelassenen Lichtes:

(2) $$\frac{1}{n} = e^{-\frac{2\pi}{\lambda} \cdot 2b};$$

wo ausser den bekannten Bezeichnungen π und ε, b eben dieser Extinctionscoëfficient und λ die Wellenlängen eines Strahles im dispersionsfreien Raume sind.

---

1) H. W. **Vogel**, Pract. Spectralanalyse etc. p. 884. 1877.

Daraus wird:

(2a) $$2b = \frac{\lambda}{2\pi M} \log n;$$

oder mit Rücksicht auf Gleichung (1a) für die Dickenschicht: d:

(II) $$2b = -\frac{\lambda}{2\pi M} \cdot \frac{\log J}{d}.$$

Darin ist noch M der Modul der natürlichen Logarithmen: $\log e = 0{,}43429$; e unterscheidet sich daher von b wesentlich dadurch, dass es von der Wellenlänge λ unabhängig ist.

Kommen wir nun wieder zurück auf die Beschreibung der Beobachtungsmethode.

Bringt man von zwei verschieden dicken, übrigens homogenen absorbirenden Schichten, auf deren Herstellung ich später kommen werde, die eine, deren Dicke δ_1 sei, vor die eine Oeffnung eines Vierordt'schen Doppelspaltes, dessen Breite entsprechend s_1 sei, so dringt von dem auf die Schicht fallenden Lichte in diese Oeffnung ein die Lichtmenge: $R . s_1 \frac{1}{n^{\delta_1}}$, wo R den Schwächungscoëfficienten der Refraction und n die oben erläuterte Grösse bedeuten. In die zweite Oeffnung, deren Breite s_2 sei, dringt, wenn vor ihr die zweite Schicht, deren Dicke δ_2 sei, steht, ein die Lichtmenge: $R . s_2 \frac{1}{n^{\delta_2}}$. Variirt man die Breite der einen Spaltöffnung, die der andern constant lassend, solange bis die Intensitäten beider Lichtstreifen gleich sind, so wird dadurch gemacht:

$$R . s_1 \frac{1}{n^{\delta_1}} = R . s_2 \frac{1}{n^{\delta_2}}; \qquad \text{oder:}$$

(3) $$\frac{s_1}{s_2} = \frac{1}{n^{(\delta_2 - \delta_1)}}.$$

Es sei nun $s_1 < s_2$ und deshalb zufolge obiger Auseinandersetzung auch: $\delta_1 < \delta_2$; dann ist $(\delta_2 - \delta_1)$ eine positive Grösse, die ich d nenne. Dieses d ist die Dicke der zu untersuchenden absorbirenden Schicht. Wir erhalten:

(4) $$\frac{s_1}{s_2} = \frac{1}{n^d};$$

Aus Gleichung (1) und (4) folgt dann:

(5) $$\frac{s_1}{s_2} = J; \qquad \text{und daher:}$$

(III)
$$\varepsilon = \frac{\log \frac{s_2}{s_1}}{d};$$

Das heisst in Worten: Man erhält den Bunsen'schen Extinctionscoëfficienten, indem man die Zahlen, welche die zusammengehörigen Spaltbreiten des Vierordt'schen Doppelspaltes feststellen, durcheinander, und zwar die grössere durch die kleinere dividirt und den Logarithmus dieses Quotienten durch die Zahl, welche die Dicke der absorbirenden Schicht ausdrückt, dividirt.

Der bereits oben erwähnte „Cauchy'sche" Extinctionscoëfficient, den ich einer spätern Rechnung zu Grunde legte, bestimmt sich unter Zugrundelegung der Gleichungen (II) und (5) für die absorbirende Schicht d durch die beobachteten Spaltbreiten s_1 und s_2 wie folgt. Es ist:

(IV)
$$2b = \frac{\log \frac{s_2}{s_1}}{2\pi \cdot d \cdot M \frac{1}{\lambda}}.$$

2) Zu photometrischen Untersuchungen mit Farbstoffen, die starkes Absorptionsvermögen haben, ist, wenigstens für die grösseren Concentrationen, möglichst intensives Licht erforderlich. Sonnenlicht wäre daher für mich das geeignetste gewesen. Die Einrichtungen in dem physikalischen Laboratorium gestatteten indess zu der Zeit, in der ich diese Untersuchungen anstellte, die Anwendung von Sonnenlicht nicht, und musste ich daher das Licht der Drummond'schen Kalklampe anwenden, da mir auch electrisches Licht nicht zur Verfügung stand.

Wenn auch erst nach längerer Uebung, gelang es mir doch im Laufe der Zeit, durch wiederholte Versuche grössere Differenzen in der Bestimmung der übrigbleibenden Lichtintensität fast vollständig auszugleichen, sowie auch durch zweckmässige Anordnung des Apparates die Intensität der Knallgasflamme sehr zu erhöhen.

Das Knallgaslicht passirte, bevor es verwendet wurde, zwei Linsen, von denen aus es die absorbirende Doppelschicht durchstrahlte. Nach dem beleuchtete es gleichmässig

die ober- und unterhalb der Trennungslinie der beiden **Spalt-**
hälften gelegenen Partien des Doppelspaltes und hatte dort
noch eine sehr hohe Intensität. Die Entfernung der Lampe
von dem Doppelspalte betrug, nachdem wiederholte Versuche
diese als die zweckmässigste hatte erkennen lassen, 0,95 m.

Dieser Umstand trug nicht unerheblich dazu bei, dass
die Einzelbestimmungen, selbst in den schwierigen Spectralregionen der stärksten Absorption, möglichst exact wurden.
Die auch jetzt noch unvermeidlichen Differenzen wurden
durch zahlreiche Einzelbestimmungen, deren arithmetisches
Mittel später genommen wurde, aus dem Endresultate eliminirt.

Als photometrischer Apparat diente mir ein bereits er-
wähnter Vierordt'scher Doppelspalt, der an einem Hofmann'schen Spectralapparate mit einem Prismensysteme
à vision directe an Stelle eines gewöhnlichen Spaltes angebracht war.

Die Breite jeder Spaltöffnung wurde mittelst einer
Mikrometerschraube, deren Schraubenhöhe 0,20 mm betrug,
regulirt und an deren hunderttheiliger Trommel bis auf
0,002 mm genau abgelesen. Im Ocularrohre diente ein Spalt[1],
dessen Breite nach Bedürfniss regulirt werden konnte, dazu,
fremdes Licht abzublenden. So konnte ich ganz bestimmte
Regionen des Spectrums unabhängig von dem störenden
Einflusse andern als des gerade gewünschten Lichtes der
Beobachtung aussetzen.

Die Messung der Wellenlänge der ungefähren Mitte
des Absorptionsstreifens geschah an einem Meyerstein'schen
Spectralapparate, dessen Kreistheilung direct 6′ angab und
an dessen Mikrometer 2″ abgelesen und 1″ geschätzt werden
konnte.

Die zur Untersuchung geeignete Doppelschicht endlich
musste sehr sorgfältig hergestellt werden. Es kam darauf
an, zwei verschieden dicke Gefässe so zusammenzusetzen,
dass ihre Grenzebene als haarscharfe Linie die Trennungslinie der Doppelspaltöffnungen bedeckte, und dass in beiden

---

1) Der Spalt, sowie die späteren Untersuchungsgefässchen, sind von
dem Mechaniker des Laboratoriums, Hrn. Wirz, angefertigt.

Gefässen sich zu gleicher Zeit identische absorbirende Substanzen befinden konnten.

Dies wurde auf folgende Weise erreicht (s. Tafel VIII Figur 1 u. 2). Auf einer Spiegelglasplatte *A B C D* von circa 0,06 m Länge und 0,05 m Breite wurde ein fein polirter Messingrahmen *A′ B′ C′ D′*, der ein an einer Seite offenes Viereck darstellte, und auf diesen eine der ersten homogene Spiegelglasplatte *B″ β γ C″* von seinem untern Ende bis in seine Mitte befestigt. Als Fortsetzung dieser zweiten Glasplatte waren auf beiden Seiten des Messingrahmens die zwei mit diesem dieselbe Dicke habenden Messingplatten *A″ α* und *D″ δ* gelegt, und auf diesen lag dann eine ebenfalls den obigen homogene Spiegelglasplatte *A‴ D‴ δ′ α′* als Abschlag des Ganzen.

So entstand, von oben aus betrachtet, zwischen dem Messingrahmen und den beiden Messingplatten einerseits, und den drei Spiegelglasplatten andererseits ein Raum, der zur Aufnahme der Flüssigkeit geeignet war. Die oben erwähnte haarscharfe Trennungsebene der beiden verschieden dicken Schichten, welche die Trennungslinie der Spaltöffnungen des Doppelspaltes bedecken sollte, wurde dadurch hergestellt, dass die beiden kleineren Spiegelglasplatten *A‴ α′ δ′ D‴* und *B″ β γ C″* an den beiden zusammenstossenden Kanten *α′ δ′* und *β γ* sehr fein senkrecht zu ihren Flächen abgeschliffen wurden. Dieselben bildeten dann, fest aneinander gelegt, jene Ebene *α′ δ′ ζ ε*. Das ganze Gefäss wurde auf einem mittelst dreier Stellschrauben verstellbaren Tischchen durch den Fuss *K* so befestigt, dass man es durch Verstellen dieser Schrauben dahin bringen konnte, dass jene *α′ δ′ ζ ε*-Ebene in die Fortsetzung der Trennungsebene der Spaltöffnungen und in möglichster Nähe derselben zu liegen kam, und somit jene Ebene durch gehörige Verstellung des Ocularrohres stets genau an Stelle der Trennungslinie der beiden Spaltöffnungen als haarscharfe Trennungslinie der beiden ungleich dicken Flüssigkeitsschichten gesehen wurde.

Die Vortheile dieser Anordnung bestehen darin, dass man zwei homogene, aber ungleich dicke Schichten absor-

birender Substanz so übereinander gebracht hat, dass man
die unmittelbar ober- und unterhalb der Trennungslinie liegenden Theile derselben Flüssigkeit, also grade die, für
welche allein das Auge eine feine Intensitätsempfindlichkeit
besitzt, einer Untersuchung unterwerfen kann.

Bezüglich der Dickenverhältnisse der Schichten stellt
Wernike die Regel auf, die Schichten sollten so dick sein,
dass bei dreifacher Dicke nicht mehr merklich Licht durch-
gehe.

Der oben beschriebenen Gefässe besass ich zwei. Ich
bezeichne dieselben für die Folge der Abkürzung wegen mit
G_I und G_{II}. Die Dickendifferenz der beiden Schichten, also
die Dicke der auf ihre absorbirende Kraft zu untersuchenden
Flüssigkeitsschichten d_I und d_{II}, wurde mit einem feinen
Sphärometer als Mittel aus wiederholten genauen Messungen
bestimmt zu:

$$d_I = 2,14 \text{ mm}, \qquad d_{II} = 0,91 \text{ mm}.$$

Ich wählte diese Dicken zu den Gefässen, weil nach den
Resultaten der Voruntersuchungen in ihnen meine Concentrationen bei mittlerer Spaltbreite das auffallende Licht etwa
auf 0,50 bis 0,20 seiner Intensität schwächten. Diese Schwächung aber gilt für die günstigste[1]) bei photometrischen
Untersuchungen.

Die für das Resultat der Arbeit massgebenden Untersuchungen sind fast ausschliesslich mit G_{II} angestellt; unter
ihnen ist nur die Gruppe I[2]), Anilinblau in Wasser mit
G_I untersucht. G_I wurde noch zu einer Reihe vergleichen-
der Untersuchungen verwandt, von denen ich später noch
reden werde.

3. Zu den experimentellen Untersuchungen wählte ich
drei organische Farbstoffe: Anilinblau, Cyarin, Fuchsin. Von
diesen haben die beiden ersten einen, der letzte zwei Absorptionsstreifen.

Anilinblau absorbirt in alkoholischen Lösungen orange
und gelb sehr intensiv. In schwächeren Lösungen zeigt

---

1) H. W. Vogel, Practische Spectralanalyse etc. p. 352. 1878.
2) Diese Normallösung war so schwach, dass ich bequem das ganze
Spectrum mit G_I messen konnte.

es einen starken Absorptionsstreifen, der ungefähr zwischen die Fraunhofer'schen Linien *C* und *E* fällt. In Wasser gelöst, zeigt Anilinblau besonders in schwächeren Concentrationen etwas andere Absorptionen. Dieselben erscheinen dann violett.

Das schön blaue Cyanin zeigt, in Alkohol gelöst, fast denselben Absorptionsstreifen wie Anilinblau in Alkohol gelöst. Die Absorption ist nur nach roth hin etwas weiter vorgeschoben und nimmt dann nach violett hin rascher ab.

Fuchsin hat zwei kräftige Absorptionsstreifen. Von diesen beginnt der erste kräftigere kurz nach der *C*-Linie und erstreckt sich bis zur *E*-Linie. Der schwächere beginnt etwa in der Mitte zwischen den Linien *E* und *F* und absorbirt im tiefen violett noch immer beträchtlich Licht. In concentrirteren Lösungen vereinigen sich beide Streifen, sodass sie wie ein einziger erscheinen und nur noch wenig rothes Licht durchgelassen wird.

Von Anilinblau wurden Lösungen in Wasser und Alkohol, von Cyanin und Fuchsin Lösungen nur in Alkohol bereitet. Ich habe von vornherein der Messung relativer Concentrationen den Vorzug gegeben, da der starken tingirenden Kraft der Substanzen wegen die für mich brauchbare Lösung durch genaueres Abwägen einer bestimmten Menge Farbstoff und deren Lösung in einem bestimmten Volumen Flüssigkeit nur schwierig herzustellen gewesen wäre.

Von jedem Farbstoffe wurde eine Normallösung hergestellt. Als solche bezeichne ich eine Concentration, die so stark war, dass sie im Bereiche der stärksten Absorption bei mittleren Spaltöffnungen noch einigermassen sicher photometrische Bestimmungen zuliess. Aus solchen Normallösungen entstanden schwächere Concentrationen, indem sie in bestimmten Verhältnissen mit ebenfalls bestimmten Quantitäten des Lösungsmittels gemischt wurden. So präparirte ich von jeder der vier Lösungen fünf aufeinander folgende Concentrationen, die sich zu den Normallösungen *N* als Einheit verhalten wie:

$$0{,}2\,N, \qquad 0{,}4\,N, \qquad 0{,}6\,N, \qquad 0{,}8\,N, \qquad 1{,}0\,N.$$

Ich bezeichne dieselben in den folgenden Tabellen abkürzungsweise mit L_I bis L_V, wo die Normallösung selbst
L_V ist.

Jede dieser Lösungen wurde in dem oben beschriebenen Gefässchen in gehöriger Weise vor den Apparat gebracht und jedes einzelne mal das ganze Spectrum durch
seitliche Verschiebung des Ocularrohres vor dem Auge vor-
über geführt. Auf diese Weise wurden an bestimmten, für
die Substanz charakteristischen Stellen des Spectrums die
Messungen ausgeführt. Zur Fixirung der Spectralregionen
diente eine an dem Apparate in einer seitlichen Röhre angebrachte Scala mit 300 Theilstrichen.

Zu den späteren Rechnungen sind indess die Scalentheile
des Apparates nicht anwendbar. Sie mussten in die ihnen
entsprechenden Wellenlängen umgerechnet werden.

Es geschah dies durch graphische Interpolation in folgender Weise. Ich bestimmte sehr genau die Lage der charakteristischen Linien einiger homogenen Flammen, bezogen
auf ihre Lage zu den Scalentheilen des Apparates, indem ich
die gelbe Natriumlinie mit dem Theilstriche 50 der Scala
coincidiren liess. Die benutzten Linien waren die folgenden:

K_α; Li; H_α; Sr_α; Na; Ca; Tl; H_β; Sr_δ; H_γ; Rb; K_β.

Die der Lage dieser homogenen Strahlen entsprechenden Scalentheile trug ich dann als Abscissen, die ihnen
zukommenden Wellenlängen[1]) als Ordinaten auf Coordinaten-
papier auf und construirte die Wellenlängencurve der Scala
des Apparates. Mit Hülfe dieser Interpolationscurve konnte
dann die Wellenlänge für jeden Scalentheil bestimmt werden,
sobald vor jeder Untersuchungsreihe der Theilstrich 50 mit
der Natriumlinie, deren Wellenlänge $\lambda = 0{,}000\,5890$ mm ist,
zur Coincidenz gebracht war.

Zu Tabelle I (p. 883) sind die Scalentheile des Apparates,
welche den Untersuchungen zu Grunde liegen, mit den ihnen

---

1) Die Zahlen für die Wellenlängen der homogenen Flammen sind
den Angaben von Sieben, Doctordissertation, Bonn 1879, p. 26, entnommen.

entsprechenden Wellenlängen aufgeführt. Die Wellenlängen
sind in Zehntausendel Millimeter ausgedrückt.

Die Wellenlänge der ungefähren Mitte des Absorptionsstreifens für jede Lösung und Concentration wurde, nachdem
der Ablenkungswinkel an einem Meyerstein'schen Spectralapparate bestimmt war, berechnet nach der Formel:

$$s \cdot \lambda_\mu = l \cdot \sin \delta_\mu;$$

wo s die Ordnungszahl der Seitenspectra, l den Abstand je
zweier Gitterstriche eines Nobert'schen Gitters bedeuten.
Da nur ein Seitenspectrum verwandt wurde, so war $s = 1$.
l ist nach den Messungen Sieben's $= 0,011\,302$ mm.

Da die Temperaturänderung bei photometrischen Messungen von grossem Einflusse ist, so wurde nach Möglichkeit die Temperatur des kleinen Beobachtungsraumes constant erhalten. Dieselbe betrug durchschnittlich $18^0 - 20^0$
Celsius.

4) Es folgen nun die Resultate der ersten Untersuchungsreihen. Die erste Tabelle stellt die p. 881 erwähnten Scalentheile des Hofmann'schen Apparates mit den ihnen entsprechenden Wellenlängen zusammen. Die folgenden vier
Tabellen enthalten für die je fünf Lösungen vom Anilinblau
in Wasser, Anilinblau in Alkohol, Cyanin in Alkohol und
Fuchsin in Alkohol die übrig bleibenden Lichtintensitäten
$\frac{s_2}{s_1} = q$ und die daraus abgeleiteten Extinctionscoëfficienten
ε, welche nach Gleichung III (p. 877) berechnet sind, ihren
entsprechenden Scaltheilen S und Wellenlängen λ gegen-
übergestellt, und endlich die bekannten Grössen $\measuredangle \delta_\mu$ und λ_μ.
Die Extinctionscoëfficienten ε sind nur auf drei Decimal-
stellen berechnet worden.

Tab. I.   Wellenlängen der Scalentheile.

S:	10	20	30	40	50	60	80	90
λ:	6,8475	6,5695	6,3066	6,0775	5,8890	5,7066	5,4233	5,3066
S:	100	120	130	140	150	160	180	200
λ:	5,1844	4,9784	4,8875	4,7965	4,7225	4,6428	4,5225	4,3980

Tab. II.　　　I. Gruppe:　**Anilinblau in Wasser.**[1]

S	λ			q	ε	q	ε	q	ε		
10	6,847	380	0,065	1,409	0,069	1,421	0,071	1,426	0,072		
30	6,306			2,173	0,157	2,470	0,184	2,928	0,218		
40	6,077		—	3,095	0,229	3,992	0,261	—	—		
50	5,889		0,249	4,119	0,287	5,872	0,388	6,137	0,368	7,416	
60	5,706		0,372	8,037	0,422	9,979	0,467	13,313	0,525		
80	5,423	4,	0,317	6,522	0,381	7,786	0,417	10,578	0,479	12,541	
00	5,184		0,129	2,686	0,201	3,487	0,254	4,648	0,312	6,798	
40	4,796		0,061	1,659	0,103	1,902	0,131	2,214	0,161		0,1
60	4,642	1,433	0,073	1,519	0,065	1,762	0,115	1,896	0,130	2,143	0,1

$\delta_\mu = 2°51'15''$	$\delta_\mu = 2°50'57''$	$\delta_\mu = 2°50'39''$	$\delta_\mu = 2°50'22''$	$\delta_\mu = 2°50'$
$\lambda_\mu = 5{,}6277\,mm$	$\lambda_\mu = 5{,}6171\,mm$	$\lambda_\mu = 5{,}6060\,mm$	$\lambda_\mu = 5{,}5988\,mm$	$\lambda_\mu = 5{,}5873$

Tab. III.　　　II. Gruppe:　**Anilinblau in Alkohol.**

S	λ	L_I									
		q	ε	q	ε	q	ε	q	ε	q	ε
20	6,569	1,129	0,058	1,217	0,094	1,319	0,132	1,420	0,187	1,465	0,15?
30	6,306	1,286	0,117	1,601	0,224	1,782	0,276	2,002	0,331	2,289	0,39?
40	6,077	1,706	0,255	2,266	0,390	2,478	0,483	2,744	0,482	3,481	0,55?
50	5,889	2,550	0,447	3,095	0,539	3,824	0,640	4,695	0,788	5,808	0,83?
60	5,706	2,700	0,463	3,299	0,568	4,207	0,686	5,361	0,801	6,821	0,91?
80	5,423	1,666	0,244	2,214	0,378	2,876	0,504	3,639	0,617	4,727	0,741
100	5,184	1,247	0,105	1,582	0,219	1,866	0,298	2,256	0,388	2,895	0,507
140	4,887	1,173	0,076	1,261	0,111	1,379	0,154	1,550	0,209	1,805	0,28?
160	4,642	1,120	0,054	1,142	0,063	1,171	0,075	1,229	0,099	1,331	0,136

$\delta_\mu = 2°56'7''$	$\delta_\mu = 2°55'35''$	$\delta_\mu = 2°54'55''$	$\delta_\mu = 2°54'3''$	$\delta_\mu = 2°53'4?$
$\lambda_\mu = 5{,}7876\,mm$	$\lambda_\mu = 5{,}7714\,mm$	$\lambda_\mu = 5{,}7481\,mm$	$\lambda_\mu = 5{,}7196\,mm$	$\lambda_\mu = 5{,}7069\,m?$

Tab. IV.　　　III. Gruppe:　**Cyanin in Alkohol.**

S	λ	L_I		L_{II}		L_{III}		L_{IV}		L_V	
		q	ε	q	ε	q	ε	q	ε	q	ε
20	569	1,498	0,193	1,598	0,224	1,737	0,263	1,868	0,298	2,018	0,33?
30	6,306	2,379	0,414	2,718	0,477	2,935	0,514	3,432	0,588	3,755	0,63?
40	6,077	6,720	0,909	7,598	0,968	8,395	1,015	9,242	1,061	10,104	1,10?
50	5,889	7,283	0,948	8,752	1,035	9,073	1,077	10,534	1,149	13,649	1,24?
60	5,706	4,341	0,701	5,620	0,824	6,719	0,909	9,107	1,034	11,300	1,15?
80	5,423	1,839	0,291	2,278	0,393	2,782	0,488	3,544	0,604	4,477	0,71?
100	5,184	1,219	0,095	1,461	0,181	1,810	0,283	2,215	0,379	2,592	0,45?
140	4,796	1,113	0,051	1,223	0,096	1,342	0,141	1,469	0,184	1,598	0,22?
160	4,642	1,088	0,040	1,185	0,081	1,267	0,113	1,411	0,164	1,500	0,19?

$\delta_\mu = 3°1'57''$	$\delta_\mu = 3°1'37''$	$\delta_\mu = 3°0'55''$	$\delta_\mu = 3°0'16''$	$\delta_\mu = 2°59'1?''$
$\lambda_\mu = 5{,}9790\,mm$	$\lambda_\mu = 5{,}9680\,mm$	$\lambda_\mu = 5{,}9341\,mm$	$\lambda_\mu = 5{,}9130\,mm$	$\lambda_\mu = 5{,}8?10\,m?$

1) Gruppe I wurde mit G_I untersucht. Siehe darüber p. 880.

ab. V.   **IV. Gruppe: Fuchsin in Alkohol.**

S	λ	q	ε	q	ε	q	ε	q	ε	q	ε
10	6,847	1,001	0,002	1,009	0,004	1,096	0,044	1,210	0,091	1,459	0,180
30	6,306	1,263	0,112	1,667	0,244	2,598	0,456	3,254	0,601	6,688	0,907
40	6,077	1,670	0,245	2,728	0,476	4,610	0,707	6,066	0,891	13,283	1,245
60	5,706	1,433	0,172	1,992	0,329	3,292	0,569	3,664	0,619	6,333	0,881
90	5,306	1,291	0,122	1,702	0,254	2,732	0,479	3,297	0,569	4,465	0,714
	4,978	1,212	0,092	1,995	0,329	3,237	0,561	4,049	0,667	5,186	0,784
40	4,796	1,376	0,152	1,943	0,317	3,063	0,584	3,437	0,589	4,174	0,682
	4,624	1,345	0,141	1,686	0,249	2,705	0,475	2,960	0,518	3,384	0,582
	4,522	1,295	0,123	1,525	0,201	2,337	0,405	2,599	0,456	2,916	0,511

$$\delta_\mu = 3^0\,1'\,42'' \quad \delta_\mu = 3^0\,1'\,12'' \quad \delta_\mu = 3^0\,0'\,59'' \quad \delta_\mu = 2^0\,50'\,27'' \quad \delta_\mu = 2^0\,58'\,38''$$
$$\lambda_\mu = 5{,}9705\,\text{mm} \quad \lambda_\mu = 5{,}9544\,\text{mm} \quad \lambda_\mu = 5{,}9473\,\text{mm} \quad \lambda_\mu = 5{,}8964\,\text{mm} \quad \lambda_\mu = 5{,}8895\,\text{mm}$$

5) Bevor ich weiter gehe, scheint es zweckmässig, die Genauigkeit der Beobachtungen durch Feststellung der Grösse der Beobachtungsfehler zu bestimmen.

Ich erwähnte bereits, dass Sonnenlicht für meine Untersuchungen das geeignetste gewesen wäre, und zwar nicht sowohl seiner ungleich grössern Intensität, als besonders seines gleichmässigen Leuchtens wegen. Das ungleichmässige Leuchten des Knallgaslichtes verursacht durch den am Tage unregelmässig auf das Leuchtgas ausgeübten Druck oft Fehler, die es unmöglich machten, ganze Beobachtungsreihen zu verwerthen. Das Auge ist eben nicht fähig, bei dem fortwährend sich ändernden Accomodiren noch mit Sicherheit Intensitätsunterschiede wahrzunehmen.

Sehen wir weiter von den im allgemeinen geringen Temperaturdifferenzen im Beobachtungsraume ab, so darf doch ein Umstand nicht übersehen werden, der Fehler in den einzelnen Beobachtungsreihen hervorrief. Es ist dies — natürlich nur bei den alkoholischen Lösungen — die starke Verdunstung, wodurch die Concentrationen nicht constant bleiben. Zum grossen Theile trug wohl hierzu noch die Hitze einer Gasflamme bei, welche der Beleuchtung der Spalttrommel wegen unmittelbar über den die Flüssigkeit bergenden Gefässchen brennen musste. Die aus diesem Umstande erklärbaren Ungenauigkeiten mancher Beobachtungsreihen zeigten sich oft schon in der ersten Decimalstelle des Extinctionscoëfficienten. Später änderte ich diese Einrichtung ab.[1])

Fast ebenso nachtheilig für die Untersuchungen war die trotz vorsichtigster Behandlung des Apparates leichte Verschiebbarkeit der Scala. Die Resultate der einzelnen Beobachtungsreihen können selbstverständlich nur dann gut untereinander übereinstimmen, wenn bei jeder neuen Beobachtungsreihe dieselben Spectralpartien gemessen werden, die früher gemessen waren, d. h. wenn stets Theilstrich 50 der Wellenlänge der D-Linie : $\lambda = 0{,}000\,588\,90$ mm entspricht, was aber, wie eben erwähnt, bei grösster Vorsicht nicht zu erreichen war. Die Werthe der Extinctionscoëfficienten gehören demnach nicht genau zu den ihnen beigelegten Wellenlängen, sondern gelten nur für deren Umgebung. Dies hat besondere Bedeutung für die Beurtheilung der Differenzen zwischen Rechnung und Beobachtung in Theil III.

Der Haupteinfluss auf die weniger genaue Uebereinstimmung zwischen den practisch erhaltenen und den correcten Werthen der Extinctionscoëfficienten hat aber unstreitig das Auge des Beobachters und endlich die unvermeidliche grosse Differenz der Spaltbreiten.

Das beobachtende Auge soll genau vor der Mitte der Ocularlinie sein, damit von beiden Spalthälften gleich viel übersehen werden kann, weil sonst die Helligkeiten der beiden Spectra ungleich geschätzt werden. Diese Forderung ist, zumal bei rasch auszuführenden Beobachtungen, nicht allzuleicht zu erfüllen. Weit nachtheiliger ist indess folgender Fehler, der durch nichts zu umgehen ist; es ist die durch die Ermattung des Auges bewirkte mangelhafte Intensitätsempfindlichkeit desselben, die schon nach dem längern optischen Experimentiren eintritt, bei längerm Fixiren eines bestimmten Spectralbezirkes indess so stark werden kann, dass fast jede Unterscheidungsempfindlichkeit des Auges für Helligkeitsdifferenzen aufhört. Bei mir trat dieser Fehler nicht selten in hohem Maasse zum Vorschein.

---

1) Ich liess das Licht einer entfernten Lampe durch eine Linse auf die Trommeln fallen, wodurch die Gasflamme unnöthig wurde.

Die Unterscheidungsempfindlichkeit meiner Augen ist, wie ich hier bemerken will, für die rothen und noch in weit höherem Maasse für die blauen Regionen des Spectrums gross, weit grösser, als für die mittleren Strahlen. Ich erzielte daher in den beiden äusseren Enden des Spectrums schon deshalb eine grössere Genauigkeit, als in den mittleren, in denen ja ausserdem noch die von mir verwendeten Farbstoffe ihre stärkste Absorptionskraft haben; schon aus letzterem Grunde lässt sich hier keine so grosse Genauigkeit der Bestimmung erzielen, wenigstens nicht bei dichteren Concentrationen.

Der Einfluss der Spaltbreiten[1]) endlich ist auf die Genauigkeit der Resultate ein sehr beträchtlicher. Die Helligkeit eines Spectrums — also ein Vortheil für das Experiment, aber nur theoretisch — ist proportional der Spaltbreite. Hat die Spaltbreite indess eine bestimmte — für jede Farbe eine andere — Grösse erreicht, so verliert das Auge die Fähigkeit, diese der Spaltbreite proportionale Intensität zu schätzen. Wenn ich nun auch im allgemeinen die durch Versuche festgestellten mittleren Spaltbreiten von 0,20 mm bis 0,40 mm nicht überschritt, so musste ich doch im speciellen, nämlich in den Partien der stärksten Absorption bei grossen Concentrationen, davon abweichen, wenn ich hier überhaupt noch Licht wahrnehmen wollte. Das aber trug denn auch zu fehlerhaften Bestimmungen in diesen Regionen bei.

Ueber die Beobachtungsfehler komme ich daher zu folgenden Resultaten:

Die Beobachtungsfehler wachsen bei derselben beobachteten Spectralregion im allgemeinen mit der Grösse der Concentration. Eine Ausnahme findet in der Partie des Absorptionsstreifens statt, hier lässt sich das stetige Wachsen der Fehler nicht übersehen. Die Fehler sind da, wie in keiner andern Partie, abhängig von secundären Umständen, der Intensität des Lichtes, dem gleichmässigen Leuchten des-

---

1) Diess ist nicht zu verwechseln mit der oben erwähnten Spaltbreitendifferenz.

selben, der Constitution des Auges, der Temperatur, der Breite der Spaltöffnungen, der Breitendifferenz derselben etc.

Die Beobachtungsfehler sind durchweg — abgesehen von jenen Unregelmässigkeiten — nach dem rothen Ende des Spectrums hin beträchtlicher als nach dem violetten. Nennen wir das arithmetische Mittel aus den zahlreichen Einzelbestimmungen die correcte Grösse $\frac{s_2}{s_1} = q$, so sind in dem rothen und violetten Ende die practisch gefundenen Werthe des q von — 0,013 bis + 0,008 von der correcten abweichend; demnach müssten die Grössen ε .der Tabellen II bis V bis auf 3 bis 4 Einheiten der dritten Decimalstelle als richtig zu bezeichnen sein.

6) Die meisten Resultate der bis jetzt aufgeführten Untersuchungen haben dennoch, wie die spätere Rechnung (Theil III) auswies, leider nicht die Genauigkeit, die in Anbetracht der Exactheit der Untersuchungen zu erhoffen war. Die Differenzen zwischen den aus den theoretischen Formeln berechneten und den aus den Beobachtungen abgeleiteten Extinctionscoëfficienten lassen zwar, wie man später sehen wird, an Kleinheit, zumal in den vom Absorptionsstreifen entfernten Spectralregionen, nichts zu wünschen übrig, wenn sie auch in den Regionen stärkster Absorption, wie sich erwarten liess, beträchtlicher wurden. Die Extinctionscoëfficienten der aufgeführten Tabellen erfüllen indess gewisse Bedingungen nicht mit der erwünschten Exactheit.

Aus Vierordt's und Kundt's Untersuchungen folgt das — allerdings nur empirische — Gesetz, dass die Extinctionscoëfficienten im allgemeinen proportional der Concentration wachsen sollen. Es soll also, wenn die Constante A den Absorptionscoëfficienten, C das Concentrationsverhältniss und, wie seither, ε den Extinctionscoëfficienten bezeichnen, im allgemeinen zwischen diesen drei Grössen die Relation bestehen:

$$C = A \cdot \varepsilon.$$

Diese Vierordt-Kundt'schen Erfahrungen werden durch meine bis jetzt aufgeführten Untersuchungen in der wünschenswerthen Strenge nicht bestätigt.

Jene und andere Fehler, auf deren Kritik ich bei der

Vergleichung der Rechnung mit der Beobachtung näher eingehen werde, mussten ihren Grund entweder in einer fehlerhaften zu Grunde liegenden Theorie, oder in einer mit constanten Beobachtungsfehlern behafteten Untersuchung haben.
Um über diese Alternative zu entscheiden, benutzte ich die
letzten Wochen der mir gegebenen Beobachtungsfrist zu
einer neuen Reihe von Beobachtungen. Diese sollten nicht
etwa durch weitere Ausdehnung der früheren Untersuchungen
auf noch andere absorbirende Medien, sondern gerade durch
grösstmöglichste Beschränkung des Umfanges den Zweck haben,
eine möglichst grosse Wiederholung der Einzelversuche zu
erzielen und dadurch das Endresultat möglichst von Fehlern zu befreien. Die Resultate dieser Untersuchungsreihen sind dann auch derart, dass ich, sie als das Hauptresultat der vorliegenden Arbeit betrachtend, eingehender
mittheile.

Zu grossem Nachtheile gereichte, wie ich glaube, den
Resultaten der früheren Tabellen der Umstand, dass bei ihnen
die Grösse λ_μ, die Wellenlänge der ungefähren Mitte des
Absorptionsstreifens nur annähernd bestimmt war, indem bei
Ausmessung des Ablenkungswinkels δ_μ das Fernrohr des
Apparates einfach auf die nach dem Augenmaasse abge-
schätzte Mitte des Absorptionsstreifens eingestellt war. Ich
muss daher annehmen, dass in den erwähnten Tabellen diese
in der theoretischen Formel — Gleich. (II) Theil I — so
wichtige Grösse, die ja den Werth des Nenners hauptsächlich
bestimmt, ungenau ist, dass sie z. B. speciell für die Lösung
von Cyanin in Alkohol — Tab. IV p. 885 — zu gross ist.
Der Grund zu dieser Behauptung ist der folgende: Der Beobachter ist bei einer solchen Einstellung sehr leicht geneigt,
den Ablenkungswinkel δ_μ zu gross zu nehmen, d. h. das
Fernrohr des Apparates mehr nach dem violetten Ende des
Spectrums hin einzustellen. Die Absorption des Cyanins
nimmt nach dem violetten Ende des Spectrums hin so langsam ab, dass ein präciser Abschluss des Absorptionsstreifens
bei einem solchen summarischen Ueberblick schwer zu erkennen ist, und daher wird λ_μ leicht auf diese Weise grösser
bestimmt, als der Wirklichkeit entspricht.

Es hatten sich ferner im Laufe der früheren Untersuchungen bedeutende Fehler[1]) an dem eigens zu diesen Untersuchungen hergestellten Doppelspalte gefunden, die zunächst von seinem Verfertiger selbst corrigirt werden mussten. Erst nachdem derselbe wieder exact functionirte, begann ich die neuen Untersuchungen, um hier sicher vor jenen Fehlern zu sein.

Ich stellte mit einer neuen Quantität Cyanin, in der frühern Weise durch Auflösung derselben in Alkohol eine Normallösung her. Nachdem sie sorgfältig filtrirt war, theilte ich sie in vier Theilconcentrationen, sodass dieselben, wenn die Normallösung $N = 1$ ist, waren:

$$L_I = 0{,}25\,N; \; L_{II} = 0{,}50\,N; \; L_{III} = 0{,}75\,N; \; L_{IV} = 1{,}00\;N.$$

Diese vier Concentrationen wurden in der frühern Weise nur in G_{II} vor den Spectralapparat gebracht und dann nach gehöriger Einstellung des Spectrums vor dem Auge vorübergeführt.

Hatte ich früher für circa 10 bis 12 Spectrallinien die Grösse $\frac{s_2}{s_1} = q$ bestimmt, so beschränkte ich mich jetzt auf nur 8, um für diese q mit um so grösserer Sorgfalt und Wiederholung bestimmen zu können. Besonders oft wurde q für die Linien 50 und 130 des Apparates, also für die Wellenlängen $\lambda_1 = 0{,}000\,588\,90$ mm und $\lambda_2 = 0{,}000\,488\,75$ mm bestimmt, da ich mich von vornherein entschlossen hatte, mit Hülfe dieser beiden Extinctionscoëfficienten die Constanten ϑ und δ der Gleichung (I) pag. 898 zu berechnen. Es kam mir daher darauf an, jene beiden Zahlen nach Möglichkeit genau zu erhalten. Die Wellenlängen der ungefähren Mitte der Absorptionsstreifen, die Grössen λ_μ wurden diesmal mit grösster Genauigkeit mit Hülfe des Meyerstein'schen Spectralapparates bestimmt. Die Concentrationen

---

1) Die Schrauben der beiden Spalten versagten oft vollständig. So kam es, dass, wenn beide Scalentrommeln auf ihren Nullpunkt eingestellt waren, bei welchem Punkte kein Licht mehr durch die Spalte dringen durfte, diese nicht schlossen, wodurch natürlich das Verhältniss $\frac{s_2}{s_1} = q$ falsch wurde.

waren derart, dass auf die Grenzen der Absorptionsstreifen mit grosser Sicherheit eingestellt und die Ablenkungswinkel δ_g' und δ_g'' der Grenzen der Absorptionsstreifen genau gemessen werden konnten. Aus δ_g' und δ_g'' berechnete ich die Grenzwellenlängen λ_g' und λ_g'' nach der bekannten Formel, und aus diesen wurde dann definitiv:

$$\lambda_\mu = \frac{\lambda_g' + \lambda_g''}{2}.$$

Ich erhielt so für λ_μ die in folgender Tabelle zusammengestellten Werthe:

Wellenlängen der ungefähren Mitte der Absorptionsstreifen für Cyanin und Alkohol.

Tab. VI.

L	δ_g'	δ_g''	λ_g'	λ_g''	λ_μ
I	$3^0\ 5'\ 54''$	$2^0\ 47'\ 9''$	6,1089	5,4931	5,8010
II	3 4 4	2 47 55	6,0501	5,5183	5,7842
III	3 2 43	2 48 33	6,0049	5,5391	5,7720
IV	2 55 39	2 54 58	5,7723	5,7499	5,7611

Bezüglich der Genauigkeit der jetzt folgenden Extinctionscoëfficienten bemerkte ich noch, dass das arithmetische Mittel aus einer sehr grossen Anzahl von Einzelbeobachtungen, die correcte Grösse $\frac{s_2}{s_1} = q$, kaum noch unsicher sein kann. Die Einzelwerthe q, wichen von diesem correcten Werthe ab um $-0,020$ bis $+0,038$ als äusserste Differenzen Die Extinctionscoëfficienten sind demnach bis auf zwei Einheiten der dritten Decimale genau.

Der genauen Controle wegen wurden die Breiten des constanten Spaltes s_2 für dieselbe Spectralregion in gewissen für diese, sowie die Concentration geeigneten Grenzen variirt und dann wiederholt zu je diesen s_2 die entsprechenden s_1 bestimmt, von denen das arithmetische Mittel als correcte dem jedesmaligen s_2 zugehörige Zahl angesehen wurde. Der bessern Uebersicht halber führe ich eine solche Beobachtungsreihe an.

Eine Beobachtungsreihe für Cyanin in Alkohol.

Tab. VII. L_{II}.

s	s_2	arith. M. s_1	s^I_1	s^{II}_1	s^{III}_1	s^{IV}_1	s^V_1	s^{VI}_1	s^{VII}_1	s^{VIII}_1	s^{IX}_1	s^X_1
10	30	27,05	27,0	29,0	25,5	30,3	26,6	23,6	—	—	—	—
30	70	51,73	53,0	50,5	52,5	48,3	54,3	—	—	—	—	—
50	120	52,65	54,0	51,5	49,5	56,2	52,6	47,0	45,5	57,2	52,4	60,4
60	120	47,90	44,5	50,2	49,0	—	—	—	—	—	—	—
80	60	33,93	32,0	35,5	29,4	38,8	—	—	—	—	—	—
100	30	21,15	20,6	23,0	21,5	19,5	—	—	—	—	—	—
130	30	24,75	25,4	21,5	25,0	24,5	23,2	19,5	24,3	22,6	23,5	18,0
180	30	26,85	27,0	25,3	28,3	—	—	—	—	—	—	—

Für dieselbe Concentration wurden auf dieselbe Weise, wie soeben erläutert, für die Grösse $\frac{s_2}{s_1} = q$ die in folgender Tabelle zusammengestellten Zahlen erhalten. Das arithmetische Mittel dieser q endlich ergab dann die correcte Grösse q, aus der die Extinctionscoëfficienten berechnet wurden.

Tabelle der einzelnen q für L_{II}.

Tab. VIII.   Cyanin in Alkohol.

L	q^I	q^{II}	q^{III}	q^{IV}	q^V	q^{VI}
10	1,105	1,109	1,106	1,112	—	—
30	1,350	1,355	1,340	1,347	—	—
50	2,280	2,279	2,270	2,269	2,272	2,276
60	2,511	2,505	2,510	2,502	—	—
80	1,780	1,747	1,769	1,778	—	—
100	1,398	1,386	1,388	1,396	—	—
130	1,289	1,212	1,211	1,210	1,215	1,214
180	1,115	1,117	1,119	1,113	—	—

In genau derselben Weise wurde q für L_I, L_{III} und L_{IV} bestimmt. Dies noch anzuführen, würde weitschweifig und zwecklos sein, da das angeführte die Methode genügend demonstrirt.

Ich lasse nun die Resultate dieser Beobachtungen folgen. Die Extinctionscoëfficienten sind die Cauchy'schen und nach Gleichung (IV) p. 877 berechnet.

Tab. IX.   V. Gruppe: Cyanin in Alkohol.

S	λ	L_I		L_{II}		L_{III}		L_{IV}	
		q	β	q	β	q	β	q	β
10	6,847	1,058	0,0673	1,108	0,1233	1,145	0,1621	1,195	0,2134
30	6,306	1,169	0,1723	1,349	0,3304	1,553	0,4855	1,730	0,6047
50	5,889	1,509	0,4241	1,274	0,8641	3,423	1,2675	4,970	1,6525
60	5,706	1,577	0,4549	2,507	0,9084	4,104	1,4094	—	—
80	5,423	1,306	0,2532	1,776	0,5450	2,429	0,8416	3,250	1,1174
100	5,184	1,803	0,1523	1,392	0,2997	1,659	0,4598	1,972	0,6155
130	4,887	1,101	0,0819	1,212	0,1644	1,331	0,2445	1,463	0,3252
180	4,522	1,055	0,0428	1,116	0,0864	1,191	0,1382	1,247	0,1749

Hierin sind die mit L_I bis L_{IV}, S, λ und q bezeichneten Zahlen aus den früheren Tabellen bekannt. Die mit β bezeichnete Rubrik enthält die aus q berechneten doppelten Werthe der Extinctionscoëfficienten, also die Grössen 2b der eben erwähnten Gleichung.

Diese Extinctionscoëfficienten bestätigen Vierordt's Behauptung vollkommen. Dieselben wachsen fast streng der Concentration proportional. Das Absorptionsverhältniss ist daher constant. Es ist also: $\frac{C}{\beta} = A$. Nur in den vom Absorptionsstreifen entfernten Enden des Spectrums ist $\frac{C}{\beta} > A$. Dies aber entspricht wiederum wohl Vierordt's Beobachtungen, nicht aber der Theorie, wie wir später erfahren werden.

In der folgenden Tabelle stelle ich diese Absorptionsverhältnisse für die vier Concentrationen zusammen. Die erste Rubrik A enthält das arithmetische Mittel, also das correcte A. Die mit A_I bis A_{IV} bezeichneten Reihen enthalten diese Grössen für die einzelnen Lösungen L_I bis L_{IV}.

Tab. X.   **Absorptionsverhältnisse** (siehe Taf. VIII Fig. 3).

S	A	A_I	A_{II}	A_{III}	A_{IV}
10	4,271	3,715	4,055	4,627	4,687
30	1,540	1,448	1,514	1,545	1,654
50	0,594	0,589	0,591	0,592	0,606
60	0,538	0,550	0,533	0,532	—
80	0,922	0,987	0,917	0,891	0,895
100	1,642	1,641	1,669	1,633	1,624
130	3,059	3,052	3,041	3,067	3,075
180	5,697	5,855	5,787	5,427	5,718

7) Ich erwähnte im Anfange dieses·Theiles eine Reihe von vergleichenden Untersuchungen mit den beiden verschiedenen Dickenschichten des G_I und G_{II}. Jetzt komme ich in Kürze auf dieselbe zurück. Als ich bei den Untersuchungen im allgemeinen für dichtere Concentration G_{II}, für schwächere G_I benutzte, fiel es mir auf, dass bei einigen Concentrationen, bei denen ich G_I und G_{II} benutzt hatte, die mit G_I gefundenen Werthe für die Extinctionscoëfficienten sämmtlich grösser waren, als die mit G_{II} gefundenen. Dies mir unerklärliche Factum sicher zu constatiren, unternahm ich genauere Messungen der übrig bleibenden Lichtintensität q mit beiden Gefässen für die L_I bis L_{III} des Anilinblau in Alkohol. Um nun die Extinctionscoëfficienten aus beiden Untersuchungsreihen miteinander vergleichen zu können, musste ich zur Berechnung derselben eine andere Formel, als die benutzte, ableiten.

Ich verwandte zu den Untersuchungen die bekannte Doppelschicht, weil ich durch sie den Einfluss der vordern Reflexion eliminiren wollte. Die der innern fällt dadurch selbstverständlich nicht fort. Bei Anwendung eines Gefässes hat dies freilich keinen Einfluss auf das Resultat; anders, wenn dasselbe Resultat durch beide Gefässe erzielt werden soll.

Nennen wir R_a den Schwächungscoëfficienten der äussern Reflexion, R_i den der innern, ebenso D_a den Schwächungscoëfficienten der Brechung von aussen nach innen, D_i den der Brechung von innen nach aussen. Dann wird die Amplitude des eingetretenen Lichtes — die des äussern Strahles in der Luft heisse $A - (A = 1)$:
$$D_a \cdot A = D_a.$$
Nach Durchlaufen der beiden verschieden dicken Schichten δ_1 und δ_2 hat man die beiden Werthe:
$$D_a \cdot e^{-\frac{4\pi}{\lambda} \cdot b\delta_1} \quad ; \quad D_a \cdot e^{-\frac{4\pi}{\lambda} \cdot b\delta_2}.$$
Nach einmaligem Durchgange hat man für den austretenden Antheil die Werthe:
$$(6) \qquad D_a \cdot D_i \cdot e^{-\frac{4\pi}{\lambda} \cdot b\delta_1} \quad ; \quad D_a \cdot D_i \cdot e^{-\frac{4\pi}{\lambda} \cdot b\delta_2}.$$

Ein gewisser Theil wird nun an der Hinterfläche reflectirt, erhält im Reflexionspunkte den Werth:

$$D_a \cdot R_i \cdot e^{-\frac{4\pi}{\lambda} \cdot b\delta};$$

durchläuft die Platte nochmals bis zur Vorderfläche zurück und wird auf diesem Wege geschwächt auf:

$$D_a \cdot R_i \cdot e^{-\frac{8\pi}{\lambda} \cdot b\delta}.$$

Jetzt wird derselbe an der Vorderfläche reflectirt, und seine Amplitude wird:

$$D_a \cdot R_i^2 \cdot e^{-\frac{8\pi}{\lambda} \cdot b\delta};$$

dann durchläuft er nochmals die Dicke, sodass er an der Hinterfläche die Amplitude hat:

$$D_a \cdot R_i^2 \cdot e^{-\frac{12\pi}{\lambda} \cdot b\delta},$$

und tritt jetzt partiëll mit der Amplitude — für die beiden Dicken δ_1 und δ_2 —:

(7)
$$D_a \cdot D_i \cdot R_i^2 \, e^{-\frac{12\pi}{\lambda} \cdot b\delta_1}; \qquad D_a \cdot D_i \cdot R_i^2 \, e^{-\frac{12\pi}{\lambda} \cdot b\delta_2}$$

nach einer hier stattfindenden Brechung aus. Auf die Antheile, die mehr als dreimal durch die Platte hindurchgegangen sind, glaube ich verzichten zu dürfen.

Sind nun die Platten δ_1 und δ_2 so dick, dass Newton'sche Ringe sich innerhalb ihrer Grenzflächen nicht mehr bilden, so erhält man aus den Gleichungen (6) und (7) für die beiden Intensitäten J_1 und J_2 folgende Ausdrücke:

$$J_1 = \left(D_a \cdot D_i \cdot e^{-\frac{4\pi}{\lambda} b\delta_1} \right)^2 + \left(D_a \cdot D_i \cdot R_i^2 \cdot e^{-\frac{12\pi}{\lambda} b\delta_1} \right)^2; \quad \text{oder:}$$

$$J_1 = \left[D_a \cdot D_i \cdot e^{-\frac{4\pi}{\lambda} b\delta_1} \cdot \left(1 + R_i^2 \cdot e^{-\frac{8\pi}{\lambda} b\delta_1} \right) \right]^2; \qquad \text{und:}$$

$$J_2 = \left[D_a \cdot D_i \cdot e^{-\frac{4\pi}{\lambda} b\delta_2} \cdot \left(1 + R_i^2 \cdot e^{-\frac{8\pi}{\lambda} b\delta_2} \right) \right]^2.$$

Daraus wird:

$$\sqrt{\frac{J_1}{J_2}} = e^{-\frac{4\pi}{\lambda} b(\delta_1 - \delta_2)} \; \frac{1 + R_i^2 \cdot e^{-\frac{8\pi}{\lambda} b\delta_1}}{1 + R_i^2 \cdot e^{-\frac{8\pi}{\lambda} b\delta_2}}; \qquad \text{und:}$$

$$\sqrt{\frac{J_1}{J_2}} = e^{-\frac{4\pi}{\lambda} \cdot b(\delta_1 - \delta_2)} \left[1 + R_i^2 \left(e^{-\frac{8\pi}{\lambda} b\delta_1} - e^{-\frac{8\pi}{\lambda} b\delta_2} \right) \right].$$

Daraus folgt, da: $\delta_1 - \delta_2 = -d$ ist:

$$(\text{V}) \quad \frac{J_1}{J_2} = e^{\frac{4\pi}{\lambda} \cdot 2b d} \left[1 + 2 R_i^2 \left(e^{-\frac{4\pi}{\lambda} \cdot 2b\delta_1} - e^{-\frac{4\pi}{\lambda} \cdot 2b\delta_2} \right) \right].$$

Es ist nun $\frac{J_1}{J_2} = \frac{s_2^2}{s_1^2} = q,$ wo s_1 und s_2 die Spaltbreiten des Doppelspaltes bedeuten, und $R_i^2 = \left(\frac{n-1}{n+1} \right)^2$. Dadurch wird Gleichung (V) zu:

$$(\text{VI}) \quad \frac{s_2}{s_1} = e^{\frac{4\pi}{\lambda} \cdot 2b d} \left[1 + 2 \left(\frac{n-1}{n+1} \right)^2 \left(e^{-\frac{4\pi}{\lambda} \cdot 2b\delta_1} - e^{-\frac{4\pi}{\lambda} \cdot 2b\delta_2} \right) \right].$$

Darin werde gesetzt für n der mittlere Brechungsexponent des Lösungsmittels (Alkohol) für gelbes Licht: $n_D = 1,363\,15$; und im zweiten kleinen Gliede der rechten Seite für b je ein Näherungswerth, der unter Fortlassung der Klammer aus Gleichung (VI) gefunden wird. Wir erhalten dann, wenn wir setzen:

$$\left[1 + 2 \left(\frac{n-1}{n+1} \right)^2 \left(e^{-\frac{4\pi}{\lambda} \cdot 2b \delta_1} - e^{-\frac{4\pi}{\lambda} \cdot 2b \delta_2} \right) \right] = m;$$

$$(\text{VII}) \qquad \beta = 2b = \frac{\log \frac{s_2}{s_1} - \log m}{\frac{4\pi}{\lambda} \cdot d \cdot M}.$$

Durch directe Messung wurde hier noch gefunden für:

     Gefäss I: $\delta_1 = 1,92$ mm, $\delta_2 = 4,06$ mm,

     Gefäss II: $\delta_1 = 1,06$ mm, $\delta_2 = 1,97$ mm.

Ich lasse nun in einer Tabelle die aus den Grössen $q = \frac{s_2}{s_1}$ für beide Gefässe nach Gleichung (VII) berechneten Werthe folgen. Man findet in der Tabelle unter S die Scalentheile, unter λ die entsprechenden Wellenlängen, unter q, resp. q_{II} die mit den entsprechenden G_I und G_{II} gefundeenn Werthe q und unter β_I, resp. β_{II} die aus diesen berechneten doppelten Extinctionscoëfficienten; endlich unter Δ die Differenz $(\beta_I - \beta_{II})$.

Anilinblau in Alkohol L_{II} in G_I und G_{II}.

Tab. XI.

S	λ	q_I	q_{II}	β_I	β_{II}	Δ
20	6,569	1,624	1,217	0,089	0,033	+ 0,056
30	6,306	3,112	1,601	0,253	0,212	+ 0,041
40	6,077	6,975	2,266	0,432	0,399	+ 0,033
50	5,889	15,045	3,095	0,589	0,562	+ 0,027
60	5,706	20,654	3,299	0,638	0,616	+ 0,022
80	5,423	6,504	2,214	0,370	0,345	+ 0,025
100	5,184	3,067	1,582	0,205	0,165	+ 0,040
130	4,887	1,753	1,261	0,081	0,025	+ 0,056
160	4,642	1,365	1,142	0,021	0,001	+ 0,020

Die für L_I und L_{III} derselben Substanz gefundenen Werthe von β_I und β_{II} sind analog. Aus Tabelle XI ergibt sich, dass eine Uebereinstimmung zwischen β_I und β_{II} nicht erzielt wird. Man kann kaum annehmen, dass hier theoretisch wesentlich andere Ueberlegungen zu machen sind, als die gemacht wurden. Ich glaube vielmehr annehmen zu dürfen, dass bei dem complicirten Vorgange der Lichtbewegung durch die verschiedenen Dickenschichten die Vernachlässigung eines an sich geringfügigen Umstandes jene Differenzen hervorrief, wie z. B. der, dass, um noch grössere Weitläufigkeiten zu vermeiden, auf die Antheile, die mehr als dreimal die Dickenschichten passirten, verzichtet wurde, deren Berücksichtigung der Gleichung (V) noch ein weiteres Glied hinzugefügt hätte.

Die Anführung der Beobachtung geschah auch nur, um durch Erregung der Aufmerksamkeit auf dieselbe eine genauere Untersuchung der Thatsache anzubahnen. Ich mache nur noch darauf aufmerksam, dass schon früher[1]) ein ähnlicher Zusammenhang zwischen der Grösse des brechenden Winkels eines Prismas und dem Brechungsexponenten der Substanz constatirt wurde.

III.

Ich wende mich nun zu einer Vergleichung der Theorie mit der Erfahrung.

---

1) Siehe Sieben, Untersuchungen über die normale Dispersion des Lichts, Inauguraldissertation, p. 44. Bonn 1879.

Ueberall da, wo es sich um einen Vergleich experimentell gefundener Werthe der Extinctionscoëfficienten mit den aus einer theoretischen Formel berechneten handelt, genügt es, dass man sich auf die Anführung solcher Substanzen beschränkt, die im sichtbaren Spectrum nur ei nen Absorptionsstreifen haben, also auf dioptrisch einfache Mittel; denn das Hinzufügen eines jeden folgenden Absorptionsstreifens setzt der numerischen Rechnung immer neue Weitläufigkeiten und Schwierigkeiten in den Weg. In den Untersuchungen, die im zweiten Theile aufgeführt sind, habe ich deshalb das Hauptgewicht auf die Bestimmung der Extinctionscoëfficienten des Cyanins und demnächst die des Anilinblaus gelegt.

Ich vergleiche im Folgenden von den Tabellen II bis IV für je eine Lösung, von Tabelle IX für alle Lösungen die experimentell gefundenen Werthe der Extinctionscoëfficienten mit den aus der Theorie berechneten.

1. Zu der Ableitung eines passenden Ausdrucks für die Rechnung gehen wir aus von dem allgemeinen theoretischen Ausdrucke, der für Substanzen mit beliebig vielen Absorptionsstreifen die Absorptionscurve unter den bekannten[1]) Bedingungen definirt, nämlich von der Gleichung:

$$2ab = \sum \frac{D \cdot \lambda_\mu^2 \cdot \delta\lambda}{(\lambda^2 - \lambda_\mu^2)^2 + \delta^2 \lambda^2};$$

Darin nehmen wir zunächst die Aenderung des a so gering an, dass in der angenäherten Rechnung für a der Mittelwerth $a = \alpha$ gesetzt werden darf. Dann wird:

(1)
$$2ab = \sum \frac{\dfrac{D \cdot \lambda_\mu^2 \delta}{\alpha} \cdot \lambda}{(\lambda^2 - \lambda_\mu^2)^2 + \delta^2 \lambda^2}.$$

Abkürzungsweise für den im Zähler stehenden, aus constanten Factoren bestehenden Quotienten $\dfrac{D \cdot \lambda_\mu^2 \delta}{\alpha} = \vartheta$ gesetzt, wird Gleichung (1) für dioptrisch einfache Mittel:

(I)
$$2b = \frac{\vartheta \cdot \lambda}{(\lambda^2 - \lambda_\mu^2)^2 + \delta^2 \lambda^2};$$

---

1) Siehe Theil I p. 874, Gleich. (II$_2$):

wo b, wie bekannt, der „Cauchy'sche" Extinctionscoëfficient ist.

Da nun die Extinctionscoëfficienten der Tabellen II bis
IV die Bunsen'schen Werthe enthalten, so sind zu deren Berechnung diese in Gleichung (I) zu substituiren. Als Relation zwischen ε und b ergibt sich aus Gleichung (1b) und
(2) des II. Theiles p. 875:

$$(2) \qquad 2b = \frac{\varepsilon\lambda}{2\pi}\cdot\frac{1}{M};$$

wo M wieder der Modul $\log e = 0,43429$ und die anderen
Grössen die bekannten sind. Durch Substitution dieser
Grösse in Gleichung (I) wird diese:

$$(3) \qquad \varepsilon = \sum \frac{\frac{D.\lambda^2.\delta.2\pi M}{\alpha}}{(\lambda^2 - \lambda_\mu{}^2)^2 + \delta^2\lambda^2};$$

darin setzen wir analog dem frühern $\dfrac{D.\lambda_\mu{}^2.\delta.2\pi.M}{\alpha} = \vartheta'$,
und erhalten, ebenfalls für dioptrisch einfache Mittel:

$$(\text{II}) \qquad \varepsilon = \frac{\vartheta'}{(\lambda^2 - \lambda_\mu{}^2)^2 + \delta^2\lambda^2}.$$

Durch Differentiiren von Gleichung (II) erhält man das Maximum der Absorption für die Wellenlänge:

$$(4) \qquad \lambda^2 = \lambda_\mu{}^2 - \tfrac{1}{2}\delta^2;$$

Daraus ergibt sich für diese Stelle der Extinctionscoëfficient:

$$(5) \qquad \varepsilon_\mu = \frac{\vartheta'}{\delta^2(\lambda_\mu{}^2 - \tfrac{1}{4}\delta^2)};$$

Die beiden Constanten ϑ und ϑ' der Gleichungen (I) und
(II) ebenso wie der frühere Dispersionscoëfficient D sollen
mit der Concentration proportional wachsen.

Für einige Lösungen von Cyanin in Alkohol der Tab. IX
p. 893 berechnete ich noch, da ich nach Gleichung (II) keine
Uebereinstimmung zwischen Beobachtung und Rechnung erzielen konnte, die Extinctionscoëfficienten nach einer erweiterten Näherungsformel. Ich gelangte zu derselben durch
folgende Ueberlegung, indem ich den Einfluss mehrerer nicht
sichtbarer Absorptionsstreifen mit in Rechnung zog.

Die Gleichung (3) wird für Mittel mit drei Absorptionsstreifen unter Einführung der Abkürzung ϑ' zu:

(IIa) $\varepsilon = \dfrac{\vartheta'_I}{(\lambda^2 - \lambda'^2_\mu)^2 + \delta_I{}^2\lambda^2} + \dfrac{\vartheta'}{(\lambda^2 - \lambda_\mu{}^2)^2 + \delta^2\lambda^2} + \dfrac{\vartheta'_{II}}{(\lambda^2 - \lambda''_\mu{}^2)^2 + \delta_{II}{}^2\lambda^2};$

Der erste dieser Absorptionsstreifen möge im ultra-
rothen, der zweite im optischen, der dritte im ultravioletten
Theile des Spectrums liegen. Nimmt man nun an, dass der
Einfluss der beiden äussersten Absorptionsstreifen auf die
Absorptionscurve des im optischen Spectrum liegenden Strei-
fens gering sei, so darf man näherungsweise setzen:

$$\lambda'_\mu = \infty; \qquad \vartheta'_I = \infty; \qquad \frac{\vartheta'_I}{\lambda'^4_\mu} = \alpha;$$

$$\lambda''_\mu = 0; \qquad \delta_I = 0; \qquad \vartheta'_{II} = \beta;$$

Durch Substitution dieser Grössen wird Gleichung (IIa) zu:

(6) $\varepsilon = \alpha + \dfrac{\beta}{\lambda^4} + \dfrac{\vartheta}{(\lambda^2 - \lambda_\mu{}^2)^2 + \delta^2\lambda^2}.$

Nach dieser Gleichung liesse sich schon ε berechnen.
Indess zeigte der Erfolg, dass, abgesehen von der grossen
Unbequemlichkeit für numerische Rechnung, auch diese ε
nicht die gewünschte Genauigkeit hatten. Zu einem beque-
mern und genauern Näherungswerthe gelangen wir, indem
wir zu den drei besprochenen noch einen vierten Absorptionsstreifen hinzu denken. Dieser sei sehr schwach, aber breit.
Dann wird das ihm zukommende ϑ', welches wir ϑ''_{III} nennen,
sehr klein und das zugehörige δ_{III} sehr gross sein. Bezüglich
der Lage dieses Absorptionsstreifens werde angenommen,
dass derselbe sich entweder durch das optische Spectrum
durchziehe, oder dass er sehr hart an dessen Grenzen liege.
Dann wird man die Wellenlänge seiner ungefähren Mitte
λ_μ wenig von der optischen λ verschieden annehmen dürfen.
Daraus folgt näherungsweise, dass man $(\lambda^2 - \lambda'''_\mu{}^2)^2$ gegen
$\delta^2\lambda^2$ vernachlässigen darf. Setzt man dann noch abkürzungs-
weise $\dfrac{\vartheta'_{III}}{\delta^2_{III}} = \gamma$, so wird Gleichung 6 zu der allgemeinen
Näherungsform:

(7) $\varepsilon = \alpha - \dfrac{\gamma}{\lambda^2} + \dfrac{\beta}{\lambda^4} + \dfrac{\vartheta'}{(\lambda^2 - \lambda_\mu{}^2)^2 + \delta^2\lambda^2}.$

Mit dieser Gleichung aber ist sehr schwer zu rechnen

der grossen Anzahl von Constanten wegen. Es wurde daher versuchsweise der folgenden Abkürzung der Vorzug gegeben:

$$\text{(III)} \qquad \varepsilon = \frac{\gamma}{\lambda^2} + \frac{\vartheta'}{(\lambda^2 - \lambda_\mu^2)^2 + \delta^2\lambda^2}; \qquad \text{Daraus wird:}$$

$$\text{(IIIa)} \quad \varepsilon(\lambda^2 - \lambda_\mu^2)^2 - \gamma \cdot \frac{(\lambda^2 - \lambda_\mu^2)^2}{\lambda^2} + \varepsilon\lambda^2\delta^2 - y = 0;$$

wo $y = (\vartheta' + \gamma\delta^2)$ als neue Unbekannte steht. Aus Gleichung IIIa bestimmen sich dann mittelst dreier zusammengehöriger Werthe von ε und λ, die durch Beobachtung gefunden sind, aus 3 Gleichungen ersten Grades der Reihe nach die Constanten γ, δ^2, y und aus letzterem dann ϑ'.

Zur Berechnung der Extinctionscoëfficienten der Tabellen XII bis XIV diente Gleichung (II), der Tabelle XV Gleichung (III) und der Tabelle XVI bis XIX Gleichung (I). Die Constanten der Gleichungen wurden mit Hülfe der zusammengehörigen Werthe von ε, resp. b und λ berechnet, welche den folgenden Scalentheilen des Apparates entsprachen. Bei:

1) Gleich. (I): b und λ für 50 und 130;
2) Gleich. (II): ε und λ für 40 resp. 50 und 100;
3) Gleich.(III): ε und λ für 40, 60 und 100;

2) Ich lasse nun die Tabellen folgen, in denen die nach oben besprochenen Gleichungen berechneten Extinctionscoëfficienten den experimentell gefundenen gegenübergestellt werden. Die letzte Rubrik enthält jedesmal die Differenz zwischen Beobachtung und Rechnung. Die Bedeutung der ersten beiden Zahlenreihen ist die frühere.

Tab. XII.   I. Anilinblau in Wasser. L_I.

S	λ	ε (beob.)	ε (ber.)	$\varDelta$
10	6,847	0,065	0,015	$-$ 0,050
30	6,306	0,124	0,048	$-$ 0,076
40	6,077	—	—	—
50	5,889	0,249	0,249	0
60	5,706	0,372	0,410	$+$ 0,038
80	5,423	0,317	0,376	$+$ 0,059
100	5,184	0,129	0,129	0
140	4,796	0,081	0,044	$-$ 0,037
160	4,642	0,073	0,032	$-$ 0,041

$$\lambda_\mu = 5,6277; \qquad \vartheta' = 3,449; \qquad \delta = 0,3725.$$

Tab. XIII.   **II. Anilinblau in Alkohol.** L_{III}.

S	λ	ε (beob.)	ε (ber.)	$\varDelta$
20	6,569	0,132	0,126	− 0,006
30	6,306	0,276	0,228	− 0,048
40	6,077	0,433	0,433	0
50	5,889	0,640	0,689	+ 0,049
60	5,706	0,686	0,821	+ 0,135
80	5,423	0,504	0,524	+ 0,020
100	5,184	0,298	0,298	0
130	4,887	0,154	0,164	+ 0,010
160	4,642	0,075	0,119	+ 0,036

$$\lambda_\mu = 5,7481; \quad \vartheta' = 16,073; \quad \delta = 0,7710.$$

Tab. XIV.   **III. Cyanin in Alkohol.** L_{IV}.

S	λ	ε (beob.)	ε (ber.)	$\varDelta$
20	6,569	0,298	0,328	+ 0,030
30	6,306	0,588	0,623	− 0,035
40	6,077	1,061	1,061	0
50	5,889	1,149	1,297	− 0,148
60	5,706	1,034	1,107	− 0,073
80	5,423	0,604	0,619	− 0,015
100	5,184	0,379	0,379	0
140	4,796	0,184	0,201	− 0,017
160	4,642	0,164	0,165	− 0,001

$$\lambda_\mu = 5,9130; \quad \vartheta' = 32,086; \quad \delta = 0,8446.$$

Tab. XV.   **IV. Cyanin in Alkohol.** I_{III}.

S	λ	ε (beob.)	ε (ber.)	$\varDelta$
20	6,569	0,224	0,268	+ 0,044
30	6,306	0,477	0,501	+ 0,024
40	6,077	0,968	0,968	0
50	5,889	1,035	1,061	+ 0,026
60	5,706	0,824	0,824	0
80	5,423	0,393	0,395	+ 0,002
100	5,184	0,181	0,181	0
140	4,796	0,096	−0,001	+ 0,097
160	4,642	0,081	−0,048	+ 0,129

$$\lambda_\mu = 5,9680; \quad \vartheta' = 33,684; \quad \delta = 0,890; \quad \gamma = -4,407.$$

Die Rubriken $\varDelta$ zeigen, dass in den vom Absorptionsstreifen entfernten Regionen die Uebereinstimmung zwischen Rechnung und Beobachtung eine befriedigende[1]) ist. Für den Bereich der Absorption indess ist dieselbe nichts weniger, als befriedigend. Wenn nun auch in der letzten Tabelle, die mit der genauern Gleichung (III) berechnet ist, die Differenzen

---

1) Siehe Theil II, § 6. p. 888 etc.

$\varDelta$ befriedigend klein sind, so treten doch in derselben theoretisch unstatthafte negative Extinctionscoëfficienten auf. Auch die Constanten ϑ' wachsen bei den weiteren Berechnungen nicht der Concentration proportional.

Ich führe nun noch in 4 Tabellen die aus Gl. (I) berechneten und mit den Resultaten der letzten Untersuchungen der Tabelle IX p. 893 verglichenen Werthe der Extinctionscoëfficienten an. Um eine graphische Darstellung der einzelnen Absorptionscurven zu erleichtern, sind noch einige Wellenlängen mit dazu berechneten Extinctionscoëfficienten eingeschoben worden.

Die Zahlen der verschiedenen Rubriken haben die bekannte Bedeutung.

V. Cyanin in Alkohol. L_I.

Tab. XVI.   (Siehe Taf. VIII Fig. 4.)

S	λ	$2b$ (beob.)	$2b$ (ber.)	$\varDelta$
10	6,847	0,0673	0,0617	+ 0,056
20	6,569	—	0,1016	—
30	6,306	0,1723	0,1792	− 0,0069
40	6,077	—	0,2984	—
50	5,889	0,4241	0,4241	0
60	5,706	0,4549	0,4348	+ 0,0001
80	5,423	0,2532	0,2604	− 0,0072
90	5,306	—	0,1985	—
100	5,184	0,1523	0,1489	+ 0,0044
130	4,887	0,0819	0,0819	0
150	4,722	—	0,0614	—
180	4,522	0,0428	0,0452	− 0,0024
200	4,398	—	0,0379	—

$$\lambda_\mu = 5{,}8010; \qquad \vartheta = 1{,}8862; \qquad \delta = 0{,}8511.$$

Tab. XVII.   2) Lösung II.   (Siehe Taf. VIII Fig. 5.)

S	λ	$2b$ (beob.)	$2b$ (ber.)	$\varDelta$
10	6,847	0,1233	0,1169	+ 0,0064
20	6,569	—	0,1926	—
30	6,306	0,3304	0,3404	+ 0,0094
40	6,077	—	0,5896	—
50	5,889	0,8461	0,8461	0
60	5,706	0,9084	0,8962	+ 0,0122
80	5,423	0,5450	0,5387	+ 0,0063
90	5,306	—	0,4056	—
100	5,184	0,2997	0,3051	− 0,0054
130	4,887	0,1644	0,1644	0
150	4,722	—	0,1545	—
180	4,522	0,0864	0,0898	− 0,0034
200	4,398	—	0,0751	—

$$\lambda_\mu = 5{,}7842; \qquad \vartheta = 3{,}6321; \qquad \delta = 0{,}8282.$$

3) Lösung III.

Tab. XVIII.   (Siehe Taf. VIII Fig. 6.)

S	λ	$2b$ (beob.)	$2b$ (ber.)	Δ
10	6,847	0,1621	0,1702	− 0,0081
20	6,569	—	0,2804	—
30	6,306	0,4855	0,4962	− 0,0107
40	6,077	—	0,8675	—
50	5,889	1,2675	1,2675	0
60	5,706	1,4094	1,1749	+ 0,0345
80	5,423	0,8416	0,8319	+ 0,0097
90	5,306	—	0,6267	—
100	5,184	0,4593	0,4668	− 0,0075
130	4,887	0,2445	0,2445	0
150	4,722	—	0,1853	—
180	4,522	0,1382	0,1351	+ 0,0031
200	4,398	—	0,1129	—

$$\lambda_\mu = 5,7720; \qquad \vartheta = 5,3555; \qquad \delta = 0,8154.$$

4) Lösung IV.

Tab. XIX.   (Siehe Taf. VIII Fig. 7.)

S	λ	$2b$ (beob.)	$2b$ (ber.)	Δ
10	6,847	0,2134	0,2087	+ 0,0057
20	6,569	—	0,3441	—
30	6,306	0,6047	0,6139	− 0,0092
40	6,077	—	1,1025	—
50	5,889	1,6525	1,6525	0
60	5,706	—	1,8464	—
80	5,423	1,1174	1,1066	+ 0,0108
90	5,306	—	0,8245	—
100	5,184	0,6155	0,6076	+ 0,0079
130	4,887	0,3252	0,3252	0
150	4,722	—	0,2358	—
180	4,522	0,1749	0,1712	+ 0,0037
200	4,398	—	0,1426	—

$$\lambda_\mu = 5,7611; \qquad \vartheta = 6,6097; \qquad \delta = 0,7846.$$

Ein Blick auf die vier letzten Tabellen zeigt, dass die Uebereinstimmung zwischen Rechnung und Beobachtung fast . vollständig ist, mit Ausnahme derjenigen Spectralpartien, in deren Bereich die stärkste Absorption fällt. Da aber sind trotz aller Sorgfalt die Beobachtungen nicht als exact zu bezeichnen. Für weiter vom Absorptionsstreifen gelegene Spectralpartien kann indess eine bessere Uebereinstimmung kaum gewünscht werden; zumal wenn man bedenkt, mit welchen Schwierigkeiten es im allgemeinen verbunden ist, einigermassen genaue Werthe für die Extinctionscoëfficienten auf experimentellem Wege zu erlangen.

8) Berücksichtigen wir schliesslich noch die drei Constanten der Gleichung (I) p. 898, so ergibt sich Folgendes:

Berechnet man aus der Gleichung $\vartheta = \dfrac{D \cdot \lambda_\mu^{\,2} \delta}{\alpha}$ die in der theoretischen Gleichung (II$_2$) p. 878 auftretende Constante D, indem wir annähernd $\alpha = 0,8636$ setzen, so erhält man für die 4 Lösungen:

$$D_I = 0,0569; \quad D_{II} = 0,1132; \quad D_{III} = 0,1702; \quad D_{IV} = 0,2243.$$

Diese Zahlen für D sind direct proportional der Concentration. Ist letztere C und d_0 eine bestimmte Constante, so ist:
(IV) $\qquad\qquad D = d_0 \cdot C.$

Bedeuten D_1 die obigen, D_2 die aus Gleichung (IV) berechneten Werthe von D, so erhält man folgende Tabelle:

Tab. XX. **VI. Constanten D.**

Lösungen	D_1	D_2	$D_1 - D_2$	Lösungen	D_1	D_2	$D_1 - D_2$
I	0,0569	0,0566	+ 0,0003	III	0,1702	0,1696	+ 0,0006
II	0,1132	0,1131	− 0,0001	IV	0,2243	0,2262	− 0,0019

$$d_0 = 0,2262.$$

Berechnet man ferner aus Gleichung (1) p. 873: $\delta = g \cdot \lambda_\mu$, die Grösse g, so erhält man für die vier Lösungen:

$$g_1 = 0,1467; \quad g_2 = 0,1432; \quad g_3 = 0,1402; \quad g_4 = 0,1362.$$

Diese Grössen g sind lineare Functionen der Concentration. Diese wieder mit C und zwei Constante mit g_0 und α bezeichnet, wird:
(V) $\qquad\qquad g = g_0 (1 + \alpha C).$

Mit g_1 die obigen, mit g_2 die aus Gleichung (V) berechneten Werthe g bezeichnet, erhält man die Zahlen der folgenden Tabelle.

Tab. XXI.   **VII. Constanten g.**

Lösungen	g_1	g_2	$g_1 - g_2$	Lösungen	g_1	g_2	$g_1 - g_2$
I	0,1467	0,1467	+ 0,0000	III	0,1402	0,1396	+ 0,0004
II	0,1432	0,1433	− 0,0001	IV	0,1362	0,1363	− 0,0001

$$g_0 = 0,1502; \qquad \alpha = -0,0923.$$

Endlich ist noch die Wellenlänge der ungefähren Mitte des Absorptionsstreifens eine lineare Function der Concentration. Ist diese auch jetzt C, und sind $\lambda_{\mu 0}$ und β zwei Constanten, so ist:

(VI) $$\lambda_\mu = \lambda_{\mu 0} (1 + \beta C).$$

Endlich auch hier mit λ_{μ_1} die früher beobachteten, mit λ_{μ_2} die aus Gleichung (VI) berechneten Werthe von λ_μ verstanden entsteht, folgende Tabelle:

Tab. XXII.   **VIII. Constanten λ_μ.**

Lösungen	λ_{μ_1}	λ_{μ_2}	$\lambda_{\mu_1} - \lambda_{\mu_2}$	Lösungen	λ_{μ_1}	λ_{μ_2}	$\lambda_{\mu_1} - \lambda_{\mu_2}$
I	5,8010	5,8009	+ 0,0001	III	5,7720	5,7684	+ 0,0036
II	5,7842	5,7894	− 0,0052	IV	5,7611	5,7612	− 0,0001

$$\lambda_{\mu_0} = 5,8143; \qquad \beta = -0,0092.$$

4) Als Resultate meiner Untersuchungen stelle ich folgende Sätze auf:

1. Für die Extinctionscoëfficienten, welche zu Wellenlängen gehören, die vom Absorptionsstreifen entfernt liegen, ist die Uebereinstimmung zwischen Theorie und Erfahrung vollständig. Die in der Nähe des Absorptionsstreifens auftretenden grösseren Differenzen haben ihren Grund theils in der unvermeidlichen Ungenauigkeit der Beobachtung, resp. der eingehaltenen Methode, theils in der nur angenäherten Rechnung.

2. Die Constante D ändert sich — wenigstens für Lösungen mittlerer Concentration — dieser proportional. Die Constante g und daher der mit ihr zusammenhängende Reibungscoëfficient γ, sowie die Wellenlänge der Mitte des Absorptionsstreifens λ_μ sind lineare Functionen der Concentration. — λ_μ rückt mit wachsender Concentration nach dem violetten Ende des Spectrums hin.

3. Die Extinctionscoëfficienten wachsen annähernd der Concentration proportional, und daher ist das Verhältniss der Concentration zum Extinctionscoëfficienten für alle Lösungen derselben Substanz in demselben Lösungsmittel nahezu constant. Nicht genau ist dieses Verhältniss in den lichtarmen Regionen roth und violett constant.[1])

4. Die Absorptionscurve, d. h. die Curve, deren Abscissen die Wellenlängen λ, deren Ordinaten die Extinctionscoëfficienten b sind, verläuft — wenigstens für mittlere Concentration — stetig. Dieselbe erreicht ein Maximum für die Nähe von $\lambda = \lambda_\mu$ und fällt von da nach beiden Seiten hin gegen die Abscissenaxe ab, der sie sich — entgegen den Theorien von Helmholtz und Lommel — asymptotisch nähert.

Um freilich eine strenge Allgemeinheit in Bezug auf den letzten Punkt zu constatiren, müsste man Untersuchungen mit sehr dünnen und sehr dichten Concentrationen im tief rothen und tief violetten Theile des Spectrums anstellen.

Es ist mir leider nicht gelungen auch über die letzte hierher gehörige Frage Definitives festzustellen, nämlich darüber, ob die Constante g abhängig ist von einem absorbirenden Medium, oder von der Mischung derselben mit Lösungsmitteln. Um dies entscheiden zu können, dürften Lösungen von Anilinblau, Cyanin und Fuchsin in verschiedenen Lösungsmitteln, Wasser, Alkohol, Bezin etc. am meisten zu empfehlen sein.

Vorstehende Arbeit wurde im verflossenen Jahre im hiesigen physikalischen Institut unter der gütigen Leitung des Herrn Professors Ketteler angefertigt. Ich nehme mit Freude die Gelegenheit wahr, demselben an dieser Stelle meinen besten Dank auszusprechen.

Bonn, August 1880.

---

1) Der theoretischen Formel nach muss dies umgekehrt sein, sofern bei grossen und kleinen λ die Constante im Nenner den geringsten Einfluss hat, folglich der ganze Ausdruck dem D proportional wird und sich demnach mit der Concentration gleichförmig ändert.

Erklärung der Figurentafel.

Die Abscissen der fünf Curven (Taf. VIII Fig. 3—7) sind die in den Tabellen XVI und XIX unter λ aufgeführten Wellenlängen, welche zu den bezeichneten Scalentheilen des Hoffmann'schen Apparates gehören.

Die Ordinaten der Curve Taf. VIII Fig. 3 sind die unter A (Tab. X) aufgeführten Absorptionsverhältnisse der vier Lösungen von Cyanin und Alkohol.

Die Ordinaten der Curven Taf. VIII Fig. 4—7 sind die unter β (Tab. XVI bis XIX) aufgeführten Extinctionscoëfficienten jener vier Lösungen. Die ausgezogenen Curven haben die beobachteten, die punktirten die berechneten Werthe jener Grössen zu Ordinaten.

Die Figuren 1 u. 2 Taf. VIII stellen die bei der Untersuchung verwandte Doppelschicht dar. Fig. 1 ist die Vorderansicht, Fig. 2 die Seitenansicht derselben.

XI. *Ueber Fluorescenz; von S. Lamansky.*

Beim Studium der Fluorescenzerscheinungen wird gewöhnlich auf die drei folgenden Punkte geachtet: 1) Auf das Studium des Fluorescenzspectrums, 2) auf die spectroskopische Analyse des Fluorescenzlichtes und 3) auf die Bestimmung der Absorption des Lichtes.

Die meisten Forscher lassen bekanntlich dabei das Fluorescenz erregende Licht nicht direct auf die freie Oberfläche der zu untersuchenden Flüssigkeit fallen, sondern auf die Glaswand der diese Flüssigkeit enthaltenden Flasche. Bei der Benutzung dieser Methode, besonders wenn es sich um das Studium des Fluorescenzspectrums handelt, kommen die beobachteten Erscheinungen nicht in ihrer reinsten Form zu Tage.

Im Folgenden will ich erstens eine neue Methode beschreiben, welche alle Fluorescenzerscheinungen bequem auf der freien Oberfläche der Flüssigkeiten zu beobachten gestattet, und zweitens die mit ihr gewonnenen theilweise ganz neuen Resultate kurz mittheilen.

I. Methode.

Der nach meinen Angaben von Herrn S. Duboscq construirte Apparat[1] (Taf. VII Fig. 14) besteht aus zwei gewöhn-

---

[1] Die kurze Beschreibung des Apparates wurde bereits in Journal

lichen Spectralapparaten à vision directe, welche auf einer Alhidade mit Kreistheilung befestigt sind. Der erste Spectralapparat dient, um ein Spectrum auf der Oberfläche der Flüssigkeit zu entwerfen. Zu diesem Zwecke ist hinter dem Prisma à vision directe eine achromatische Linse angebracht, welche ein reeles Bild des Spectrums auf die Oberfläche der Flüssigkeit projicirt. Dieser Spectralapparat ist mit einem kleinen Spiegel versehen, wodurch die Sonnenstrahlen immer längs der optischen Axe des Fernrohres gerichtet werden können. Das Spectrum hat eine solche Lage, dass die Verbindungslinie zwischen Roth und Blau senkrecht zu der Fläche des Alhidadenkreises liegt, also alle Strahlen unter demselben Winkel auf die Flüssigkeit fallen. Der zweite Spectralapparat ist ein gewöhnlicher Spectralapparat à vision directe mit einer Scala, welche das Fluorescenzlicht genau zu analysiren gestattet. Will man das Spectrum selbst auf der Oberfläche der fluorescirenden Flüssigkeit beobachten, so setzt man an die Stelle des zweiten Spectralapparates ein Fernrohr mit kurzer Focaldistanz.

II. Resultate.

Die Versuche beziehen auf drei Körper: Magdalaroth, Fluoresceïn und Eosin.

a) Fluorescenzspectrum. Beobachtet man mit dem Fernrohr das auf der Oberfläche des fluorescirenden Körpers entwickelte reine Spectrum, so sieht man, dass für jeden Körper das Spectrum mit bestimmten Lichtstrahlen beginnt und sich ins ultraviolette Ende ausdehnt. Alle diese Strahlen machen auf das Auge einen einfarbigen Eindruck, mit anderen Worten hat jedes Fluorescenzspectrum eine bestimmte Farbe, welche für das Fluorescenzlicht des betreffenden Körpers charakteristisch ist.[2] Will man aber einzelne Fraunhofer'sche Linien

---

de physique (8. p. 396. 1879) publicirt. Seit der Zeit habe ich aber einige Aenderungen am Apparate getroffen, die hier berücksichtigt werden müssen.

2) Die fluorescirende Flüssigkeit behält diese charakteristische Farbe auch in einem Gemische mit einer andern Flüssigkeit. Setzt man zu der Lösung des Magdalaroths etwas von der Lösung des schwefelsauren Chinins, so färbt sich das ultraviolette Ende des Spectrums mit der bläulich grauen Farbe.

genau fixiren, so muss man trotz dieses einfarbigen Aussehens
des Fluorescenzspectrums die Ocularstelle des Fernrohres für
jede einzelne Linie sehr stark ändern, viel stärker sogar als
im gewöhnlichen vielfarbigen Spectrum.

Die Strahlen kommen nicht von der Oberfläche
der Flüssigkeit, sondern von der gewissen Tiefe, und
zwar kommen die Strahlen von kleiner Wellenlänge
von viel grösserer Tiefe als die Strahlen von grösserer Wellenlänge, sodass das ganze Spectrum trep-
penartig aussieht. In jedem reinen Fluorescenzspectrum
kann man deutlich sehen, dass die Linien im ultravioletten
Theile bedeutend tiefer liegen als die doppelte Linie *H*.
Zum Beobachten dieser Erscheinungen eignet sich am besten
die Lösung des schwefelsauren Chinins. Die doppelte Linie
H erscheint in jedem Fluorescenzspectrum viel dicker, als im
gewöhnlichen Spectrum. Alle diese Erscheinungen werden
dem Auge des Beobachters entgehen, wenn das Spectrum —
wie man es bis jetzt wiederholentlich gethan hat — auf die
Glaswand der Flasche mit der Flüssigkeit projicirt wird.

Den Beginn des Fluorescenzspectrums in den drei von
mir untersuchten Flüssigkeiten fand ich übereinstimmend mit
den früheren Forschern für Magdalaroth zwischen *C* und *D*,
für Fluorescein nicht weit hinter Linie *D* und für Eosin etwas
oberhalb dieser Linie liegend. Zur genauern Feststellung des
Verhältnisses zwischen der Lage der Lichtmaxima im Fluorescenzspectrum und derjenigen der Absorptionsstreifen für die
genannten Körper bedarf es der Bestimmung nach einer photometrischen Methode. Ich habe diese Aufgabe mit dem Glan'-
schen Photometer zu lösen versucht und werde später darüber
eine Mittheilung veröffentlichen.

b) Fluorescenzlicht. Bei der spectroskopischen Untersuchung des Fluorescenzlichtes wandte ich als erregendes Licht
entweder das directe Sonnenlicht an, — wozu aus dem ersten
Spectralapparate das Prisma à vision directe entfernt wurde,
— oder ich entwarf auf der Oberfläche der Flüssigkeit ein
schmales Spectrum und betrachtete es mittelst eines zweiten
Spectralapparates.

Ich habe absichtlich mit Flüssigkeitsschichten von ver-

verschiedener Dicke und Concentration experimentirt, konnte
aber nicht constatiren, dass — wie dies von den anderen
Forschern behauptet wird — die Dicke der Schicht
oder Concentration der Flüssigkeit einen wesentlichen Einfluss auf die Ausdehnung des Fluorescenzspectrums hat. Es ist übrigens sehr schwierig, in dieser
Beziehung die Angaben des einen Forschers mit denjenigen
des andern zu vergleichen, da jeder für seine Versuche eine,
willkürliche Concentration nimmt. Bei meinen Versuchen wurde
die Dicke der Schicht von 5 bis 50 mm geändert.

Die Scala meines Spectralapparates wurde so aufgestellt,
dass der Linie D die Theilung 50, E 114 und F 156 entsprach. Ich fand, dass das Fluorescenzlicht für Magdalaroth
zwischen 58—26, für Fluoresceïn zwischen 138—58, und für
Eosin zwischen 108—44 liegt. Da die Fluorescenzspectrum nicht
scharf abgegrenzt sind, kann die Unsicherheit dieser Bestimmungen 2—3 Scalentheile betragen.

c) Das Stokes'sche Gesetz. Das Verhältniss zwischen
dem erregenden und erregten Licht spielt die Hauptrolle in
den Fluorescenzerscheinungen.

Die Versuche, die ich mit meinem Apparate angestellt
habe, bestätigen vollständig die Resultate, zu denen ich bereits
im vorigen Jahre nach einer andern Methode gelangt bin, d. h.
sie zeigen, dass dieses Gesetz absolut richtig ist.

Die Anordnung der Versuche war folgende:

Die von dem Heliostatenspiegel reflectirten Sonnenstrahlen
wurden mittelst einer achromatischen Linse in einen Punkt gesammelt, wo ein Spalt aufgestellt war. Hinter dem Spalt befanden sich zwei Prismen von Flintglas und eine zweite achromatische Linse, welche von dem Spalt auf ihre doppelte Focaldistanz entfernt wurde. Aus dem auf diese Weise erzeugten
lichtstarken Spectrum isolirte ich mit dem zweiten Spalt ein
bestimmtes Lichtbündel und warf es auf den kleinen Spiegel meines Spectralapparates. Diese Lichtstrahlen passirten das Prisma à vision directe und wurden dadurch ganz
von diffusem Lichte befreit. Das auf diese Weise gereinigte
homogene Farbenlicht fiel direct auf die Oberfläche der zu

untersuchenden Flüssigkeit und wurde mit dem zweiten Spectralapparate studirt.

Nachdem die Brechbarkeit des fluorescirenden Lichtes bestimmt worden war, legte ich an die Stelle des Gefässes mit der Flüssigkeit einen kleinen Metallspiegel und bestimmte die Brechbarkeit des fluorescenzerregenden Lichtes.

Die Lage auf der Scala

beim Fluorescein:

des erregenden Lichtbündels:	250—190	178—121	144—78	138—76
des erregten Lichtbündels:	130—66	135—66	128—66	128—58

beim Magdalaroth:

des erregenden Lichtbünd.:	250—180	245—176	232—168	205—124	112—72
des erregten Lichtbündels:	54—32	52—32	53—28	52—26	52—26

beim Eosin:

des erregenden Lichtbündels:	243—178	215—142	148—94	146—97	141—83
des erregten Lichtbündels:	108—52	108—52	103—53	104—52	103—50

Alle diese Versuche zeigen ganz evident, dass die Brechbarkeit des erregenden Lichtes grösser ist, als die des erregten, mit anderen Worten, dass das Stockes'sche Gesetz, wie ich es bereits im vorigen Satze gezeigt habe, vollkommen richtig ist. Es wurde behauptet, dass die von mir nach meiner frühern Methode (mit reflectirenden Prismen) erhaltenen Resultate nur dem Umstande zuzuschreiben wären, dass das Fluorescenzlicht durch die wiederholte Reflexion allzusehr geschwächt wird. Diese neuen Versuche sind — wie ich hoffe — von diesem Vorwurfe frei, und doch liefern sie dasselbe Resultat.

Paris, College de France, im Juli 1880.

Nachschrift. In einem im April-Hefte dieser Annalen veröffentlichtem Aufsatze wirft mir Herr Lubarsch die Unkenntniss der Literatur und die Sorglosigkeit im Experimentiren vor. Als Beweis dafür stellt er die Behauptung auf, ich habe keine Aufmerksamkeit auf die Dicke der Schicht und die Concentration der Flüssigkeit gelegt. Zur Widerlegung dieser Behauptung citire ich einfach folgende Worte aus meiner Mittheilung in den Comptes rendus (1879. p. 1192, 9. Juni):

„Dans mes recherches, j'ai pris les fluides à differents états de concentration et en couches de differentes épaisseurs; le résultat a toujours été le même."

XII. *Ueber das Gesetz der Wärmestrahlung und das absolute Emissionsvermögen des Glases; von L. Graetz.*

§ 1. Seitdem es bekannt ist, dass die Wärmeleitungsfähigkeit der Gase innerhalb weiter Grenzen vom Druck unabhängig ist, haben die Untersuchungen von Dulong und Petit und von de la Provostaye und Desains über die Strahlung nicht mehr die Bedeutung, welche ihnen zugeschrieben wurde. Ihre Zahlen geben nicht mehr die Wirkung der Ausstrahlung allein, sondern nur die combinirte Wirkung von Strahlung und Leitung durch die Luft. Die Correctionen, welche Dulong und Petit an ihren Versuchszahlen wegen des Einflusses der Luft angebracht haben, eliminiren höchstens den Einfluss der Strömungen, und zwar nach den neuen Versuchen von Kundt und Warburg[1] und der theoretischen Ableitung von Oberbeck[2] auch dies in nicht richtiger Weise. Mit den Versuchen fällt dann auch das Dulong-Petit'sche Gesetz über die Abhängigkeit der Strahlung von der Temperatur, das für höhere Temperaturen, wie Ericsson und Soret gezeigt haben, offenbar unrichtige Resultate ergibt. Die Beobachtungen von Dulong und Petit wurden neuerdings von Stefan[3] ausführlich discutirt. Stefan berechnete aus dem jetzt bekannten Leitungscoëfficienten der Luft und aus der Annahme, dass dieser proportional der absoluten Temperatur wächst, die Correctionen, welche an den Dulong- und Petit'schen Zahlen angebracht werden müssen, um die Abkühlung durch Strahlung allein zu erhalten. Diese Correctionen betragen 15 Proc. für die hohen Temperaturen (zwischen 280 und 160⁰) und 10 Proc. für die niedrigen (bis 20⁰). Für das versilberte Thermometer betrugen die Correctionen sogar 50—70 Proc. Stefan hat weiter gezeigt, dass diese so corrigirten Zahlen sich so

---

1) Kundt u. Warburg, Pogg. Ann. **156.** p. 177. 1875.
2) Oberbeck, Wied. Ann. **7.** p. 271. 1879.
3) Stefan, Wien. Ber. **79.** Abth. 2. 1879.

interpretiren lassen, dass die durch Strahlung übergeführte Wärmemenge proportional der vierten Potenz der absoluten Temperatur des strahlenden Körpers ist. — Bei Versuchen über die Wärmeleitung der Gase, welche ich auf Veranlassung des Herrn Prof. Kundt unternommen habe, und die ich nächstens publiciren werde, trat nun gerade die Frage nach der durch Strahlung abgegebenen Wärmemenge als Vorfrage auf, und ich habe mich bemüht, diese Grösse in weiteren Grenzen experimentell zu bestimmen. Es zeigte sich, dass die erhaltenen Zahlen eine Abweichung vom Dulong-Petit'schen Gesetz ergaben, die über die Beobachtungsfehler hinausgeht, dass sie dagegen mit dem Stefan'schen Gesetz im ganzen ziemlich gut stimmen. Unter der Annahme, dass das Stefan'sche Gesetz für das Temperaturintervall von 0°—250° richtig ist, konnte ich dann das absolute Emissionsvermögen des Glases berechnen.

Die Art und Weise, wie man zu Beobachtungen gelangt, bei denen nur durch Strahlung Wärme übergeführt wird, ist von Kundt und Warburg zuerst angewendet worden. Diese haben bei ihren Versuchen über Reibung und Wärmeleitung verdünnter Gase [1]) gezeigt, dass man durch zweckmässiges Auspumpen ein Vacuum erhalten kann, für welches die Leitung der Gase verschwindend wird, und bei welchem nur noch durch Strahlung Wärme abgegeben wird. Sie erkannten dies erstens daran, dass die Abkühlungszeiten dieselben wurden, mochte vorher Luft, Wasserstoff oder Kohlensäure im Apparat gewesen sein, und zweitens daran, dass sie fast genau dieselben Abkühlungszeiten erhielten, wenn dasselbe Thermometer sich in einer kugelförmigen oder in einer cylindrischen Hülle befand. Beide Gründe sind zwar an sich nicht einwurfsfrei [2]); aus ihrem Zusammentreffen aber erkennt man, dass die durch Leitung übergeführte Wärmemenge nur ein ganz minimaler Bruchtheil der beobachteten ist. Eine dritte Prüfung erlaubt die Berechnung der Wärmemenge, welche angibt, wie viel mehr Wärme bei

---

1) Kundt u. Warburg, Pogg. Ann. **156.** p. 177. 1874.
2) l. c. p. 205.

100° als bei 0° ausgestrahlt wird, welche Wärmemenge von Lehnebach[1]) experimentell bestimmt ist.

§ 2. Die Apparate, deren ich mich bediente, waren ebenso wie die von Kundt und Warburg benutzten. In eine Glaskugel mit einem Halse war ein Thermometer so eingeschmolzen, dass sein Gefäss sich in der Mitte der Kugel befand. Der Apparat wurde durch eine Glasfeder[2]) mit einer Geisler'schen Pumpe mit zwei Hähnen verbunden und evacuirt. Alle Verbindungen an der Pumpe wurden ohne Kautschuk, nur durch Glasschliffe und Glashähne gemacht. Nachdem der Apparat so vollständig als möglich ausgepumpt war, was immer durch Erhitzen bis auf sehr hohe Temperaturen geschah, wurde er durch einen Hahn abgeschlossen, von der Pumpe getrennt, und wenn das Thermometer passende Temperaturen anzeigte, in Bäder von constanten Temperaturen eingesenkt. Als Bäder benutzte ich für die niederen Temperaturen schmelzendes Eis, das sehr sorgfältig gerührt wurde, um etwaige stagnirende Wasserschichten von der Hülle des Apparats zu entfernen. Für die mittleren Temperaturen benutzte ich siedendes Wasser, und für die hohen siedendes Anilin, das auch eine recht constante Siedetemperatur hat. Gegen die Anwendung des Anilins als constantes Abkühlungsbad für Körper von höherer Temperatur hat Winkelmann[3]) ein Bedenken erhoben. Die Wand des in Anilin eingetauchten Körpers soll nicht hinreichend schnell die Temperatur des siedenden Anilins annehmen, es soll sich vielmehr eine Grenzschicht von höherer Temperatur bilden. Abgesehen von der Unwahrscheinlichkeit dieser Annahme lassen sich die Versuche, durch welche Winkelmann auf dieses Verhalten schliesst, auch anders erklären, wie ich in einer folgenden Arbeit zeigen werde.[4])

---

1) Lehnebach, Pogg. Ann. **151.** p. 96. 1874.

2) Kundt u. Warburg, Pogg. Ann. **155.** p. 364. 1875.

3) Winkelmann, Pogg. Ann. **157.** p. 530. 1876.

4) Die Winkelmann'sche Berechnungsweise gilt nämlich nur dann, wenn die strahlende Wärme nicht theilweise von den Gasen absorbirt wird. Bei höheren Temperaturen ist aber auch bei Wasserstoff und Kohlensäure diese Absorption schon bemerkbar. Ich führe dies hier

Dazu kommt, dass Winkelmann diese Beobachtung nur bei der Abkühlung eines mit Wasserstoff umgebenen Thermometers gemacht hat, bei dem in derselben Zeit viel mehr Wärme übergeführt wird als bei den anderen Gasen, und besonders bei blosser Strahlung. Deshalb ist die Anwendung des Anilins für Strahlungsversuche unbedenklich. Zur Controle habe ich den Apparat auch oft bei verschiedenen hohen Temperaturen in das Anilin getaucht, sodass, wenn factisch die Grenzschicht zwischen Glas und Anilin eine höhere Temperatur gehabt hätte als das siedende Anilin, dieses sich in den Abkühlungszeiten hätte zeigen müssen. Die Zeiten blieben aber immer innerhalb der Beobachtungsfehler einander gleich, mochte nun der Apparat bei 280° oder bei 260 oder bei 240° in das Anilin getaucht worden sein. Aus diesen Gründen scheint mir die Anwendung des Anilins unbedenklich. Die erhaltenen Resultate zeigen auch einen vollkommen regelmässigen Verlauf. Die grösste Schwierigkeit liegt in dem Evacuiren des Versuchsgefässes. Es gehört dazu nicht nur vollkommene Trockenheit des Apparates selbst, sondern auch vollkommene Trockenheit und Sauberkeit der Pumpe und der Verbindungsstücke. Eine Spur von unreinem Quecksilber, das sich bei längerem Gebrauch der Pumpe an einzelnen Stellen derselben absetzt, ist für das vollkommene Evacuiren sehr nachtheilig. Ich erwähne als Beispiel, dass ich nach sorgfältigem Trocknen des Apparats bei 300° und gleichzeitigem Evacuiren, während aber ein geringer Ansatz von unreinem und oxydirten Quecksilber in der Pumpe war, Abkühlungszeiten erhielt, die um fast 4 Proc. kleiner waren als die, welche ich nach frischer Reinigung der Pumpe erhielt. Die Apparate wurden erst mit Luft oder Wasserstoff gefüllt, dann successive weiter ausgepumpt und der Effect des Auspumpens auf die Abkühlung des Thermometers bestimmt. Diese Abkühlung geschieht nämlich durch Strahlung, Wärmeleitung und Strömung.

schon an, weil auch das Resultat der neueren Arbeit von Winkelmann (Wied. Ann. **11.** p. 474. 1880), dass Aethylen bei niederem Drucke besser leitet, als bei höherem, sich ebenfalls durch Absorption der strahlenden Wärme erklärt.

Die Strömung nimmt mit abnehmendem Drucke rasch ab, die Wärmeleitung ist vom Drucke unabhängig, so lange die mittlere Weglänge des Gases nicht mit den Dimensionen des Gefässes vergleichbar ist, dann nimmt sie rasch ab. Die Strahlung bleibt constant. Es wird also bei fortwährender Abnahme des Druckes schliesslich fast nur der Effect der reinen Strahlung übrig sein. Eine grosse Schwierigkeit bei den Versuchen bieten die minimalen Spuren von Wasserdampf, die an den Wänden des Gefässes sitzen und sich davon auch loslösen.[1]) Es gelingt nur durch starkes Erhitzen des Apparats, den Einfluss des Wasserdampfes auf die Abkühlung zu beseitigen, und auch dann noch ist der innere Zustand der Gefässe kein stabiler, sondern ein labiler. Es ist wohl der grösste Theil des Wasserdampfes, der in dem Gefässe vorhanden ist, durch Auspumpen beseitigt, aber an den Wänden haften immer noch Spuren desselben, die sich dann, wenn der Apparat ausgepumpt stehen bleibt, allmählich von den Wänden wieder loslösen und die Abkühlungszeit stark beeinflussen. Die Beobachtungen müssen also sofort nach dem Auspumpen des Apparats gemacht werden. Dieser Uebelstand liesse sich nur vermeiden, wenn es möglich wäre, den Apparat während des Auspumpens noch weit höher, bis mindestens zur Rothgluth zu erhitzen, weil dadurch wohl der letzte Rest des Wasserdampfs vertrieben würde. Dies ging natürlich bei Apparaten mit Quecksilberthermometern nicht an, wenn es auch an sich wohl möglich ist, ein Glasgefäss bei Rothgluth zu evacuiren.

§ 3. Einige Vorversuche sollen zeigen, wie die Abkühlungszeiten sich bei immer mehr abnehmendem Drucke verhalten. Die Versuche geben qualitativ dieselben Resultate, wie sie von Kundt und Warburg erhalten sind. Der zu diesen Vorversuchen benutzte Apparat hatte ein cylinderförmiges Thermometergefäss. Es ist mit den gewöhnlichen Manometern nicht möglich, die sehr geringen Drucke numerisch anzugeben. Ich begnüge mich deshalb damit, die Operationen anzuführen, durch welche ich den Druck im Apparat successive

---

1) Kundt u. Warburg, Pogg. Ann. **156.** p. 198. 1875.

verringerte. Die Gase, welche in die Apparate eingeführt wurden, gingen vorher durch eine Reihe von Trockenröhren, von denen 4 mit Glasperlen, die mit concentrirter Schwefelsäure benetzt waren, und 2 mit Phosphorsäureanhydrid gefüllt waren.

I. Apparat mit Cylindergefäss.

Vorher mit Wasserstoff gefüllt. Bei 4,5 mm Druck betrug die Abkühlungszeit von 60—20° 107 Secunden. Es wurde dann erst nur mit dem obern Hahn der Pumpe gearbeitet, dann, wenn durch diesen nichts mehr hindurchging, mit dem zweiten. Dann wurde der Apparat im Oelbad bis ca. 200° erhitzt und dabei fortwährend weiter gepumpt. Die successiven Abkühlungszeiten sind folgende:

$\vartheta =$	60°	55°	50°	45°	40°	35°	30°	25°	20°
nach drei weiteren Evacuirungen	0	17	35	55	78	103	132	167	209
evacuirt, bis durch Hahn I nichts mehr hindurchging	0	29	63	102	149	203	264	345	452
acht Evacuirungen mit Hahn II	0	31	71	112	166	227	296	388	504
sechs weitere Evacuirungen mit Hahn II	0	41	87	139	203	278	364	473	619
im Oelbad erhitzt und ausgepumpt	0	48	101	161	229	308	398	516	671

Der Apparat blieb dann 16 Stunden lang evacuirt stehen und gab dann:

ϑ	60°	55°	50°	45°	40°	35°	30°	25°	20°
t''	0	42	90	145	209	285	373	486	625.

Derselbe Apparat mit Luft gefüllt, gab bei 12 mm Druck die Abkühlungszeit 343″. Dann war:

$\vartheta =$	60°	55°	50°	45°	40°	35°	30°	25°	20°
nach 15 Evacuirungen	0	27	59	95	137	186	243	317	410
acht Evacuirungen mit Hahn II	0	32	70	117	171	235	311	413	546
zehn weitere Evacuirungen mit Hahn II	0	34	74	124	183	255	341	455	603
im Oelbad evacuirt	0	48	102	161	232	312	410	532	682
14 Stunden später	0	42	92	148	216	295	391	517	678

Die Abkühlungszeiten also, die bei den geringen Drucken von 4,5 und 12 mm sich bei Wasserstoff und Luft um mehr als 300 Proc. voneinander unterscheiden, sind durch das Auspumpen bis auf kaum 2 Proc. einander gleich gemacht, sodass also diese Abkühlungszeiten bis auf wenige Procente allein von der Strahlung herrühren. Zugleich zeigt sich, dass dieser Zustand nur ein labiler ist. Nachdem der Apparat 16 Stunden lang ausgepumpt gestanden hatte, hatte sich die Abkühlungszeit von 671 bis auf 625 Secunden verringert. Offenbar haben sich allmählich wieder minimale Wasserdampfmengen von den Wänden losgelöst, die dann diese Differenz hervorbringen. Sehr befördert wird diese Loslösung von Theilchen durch nochmalige Erwärmung des evacuirten Gefässes. Der Apparat wurde gleich nach der letzten Beobachtungsreihe, bei der er 678 Secunden Abkühlungszeit ergeben hatte, im Luftbad auf 160° erwärmt und wieder seine Abkühlung von 60° bis 20° bestimmt. Es ergab sich:

$$\vartheta = 60° \quad 55° \quad 50° \quad 45° \quad 40° \quad 35° \quad 30° \quad 25° \quad 20°$$
$$t = 0 \quad 43 \quad 93 \quad 149 \quad 216 \quad 292 \quad 382 \quad 496 \quad 646.$$

Durch kurzes Erwärmen ohne frisches Evacuiren wurde also die Abkühlungszeit um 32 Secunden vermindert. Alle diese Erscheinungen sind zuerst von Kundt und Warburg beobachtet und beschrieben worden. Es ergibt sich daraus, dass man, um die Strahlung bei hohen Temperaturen zu untersuchen, den Apparat beim Evacuiren soweit erhitzen muss, dass seine Temperatur noch über der zu beobachtenden Anfangstemperatur liegt. Da es nun nicht ungefährlich ist, Glasapparate bis 300° im Oelbad oder in einem anderen Flüssigkeitsbad zu erhitzen, so habe ich Sandbäder benutzt, nachdem ich mich überzeugt hatte, dass ich durch fortgesetztes langsames Erwärmen im Sandbad dieselben Abkühlungszeiten erhielt, wie früher. Ich habe dann mit zwei anderen Apparaten die Versuche auch bei höheren Temperaturen angestellt. Zuerst wurde nach jedesmaliger Evacuation die Abkühlung nur in einem Temperaturintervall bestimmt. Für ein anderes Intervall wurde der Apparat von neuem evacuirt. Erst später, als ich die Bedingungen, bei welchen man die reine Strahlung erhält, genauer kannte, habe ich hintereinander die Abkühlung in den drei Temperaturintervallen bestimmt. Ich führe kurz die Versuche mit einem der beiden Apparate an.

II. Apparat mit Cylindergefäss.

a. Abkühlung in schmelzendem Eis.

ϑ	t Vorher Wasserstoff im Apparat	t Vorher Luft im Apparat	ϑ	t Vorher Wasserstoff im Apparat	t Vorher Luft im Apparat
60°	0	0	35°	250	253
55	40	40	30	332	335
50	81	82	25	429	432
45	130	132	20	547	551
40	185	187			

b. Abkühlung in siedendem Wasser.

160	0	0	135	104	105
155	17	17	130	136	137
150	36	36	125	171	173
145	56	56	120	214	216
140	79	80			

c. Abkühlung in siedendem Anilin (Temperatur 182,7°).

210	0	0	195	—	77
205	24	24	190	107	107
200	50	50			

§ 4. Die definitiven Versuche, welche ermöglichen, die Strahlungsconstanten zu bestimmen, habe ich mit einem Apparat von Geissler's Nachfolger in Bonn ausgeführt. Das Gefäss des Thermometers war kugelförmig und hatte einen Radius von 0,4230 cm. Diese Zahl ist das Mittel aus den mittelst des Kathetometers (0,4239), des Sphärometers (0,4224) und durch Wägung (0,4234) bestimmten Zahlen. Der Stil hatte eine Länge von 15,6 cm und einen Durchmesser von 0,3506 cm. Die Capillare des Thermometers hatte einen Radius von 0,0142 cm. Das Gewicht des Quecksilbers in der Kugel betrug bei 20° 2,2641 gr, das Gewicht der Glaskugel ohne Quecksilber 0,3171 gr. Für diese Bestimmungen wurde der Apparat nach Beendigung der Versuche zerschnitten. Den Wasserwerth der Thermometerkugel direct zu bestimmen, ging wegen des Einflusses des Stils

nicht an. Nimmt man die specifische Wärme des Quecksilbers constant[1]) an = 0,0332 und die des Glases nach den
Zahlen von Dulong und Petit[2]):

zwischen 60° u. 0°= 0,177,   160° u. 100°= 0,188,   240° u. 180°= 0,192,

so wird der Wasserwerth des Thermometers

zwischen 60° u. 0°= 0,13205, 160° u. 100°= 0,13311, 240° u. 180°= 0,13475.

Die bei den höheren Temperaturen ausgeflossene Menge
Quecksilber verringert das Gewicht des Quecksilbers, doch
verschwindet dieser Fehler gegen die Unsicherheit der specifischen Wärme des Gases.

Das Thermometerrohr wurde auf sein Caliber untersucht
und bis 250° calibrisch gefunden. Es wurden ferner drei
Punkte des Thermometers bestimmt, nämlich bei den Temperaturen 0°, 100° und 182,7°. Die Abweichungen wurden
durch eine dreigliedrige Formel dargestellt und dann durch
die gewöhnlichen Correctionen[3]) die Temperatur auf das
Luftthermometer reducirt. Die angegebenen Zahlen sind
immer die reducirten. Ich übergehe die Vorversuche, die
Resultate ergaben, die bis auf 2—3 Proc. an die definitiven
heranreichten.

Für die definitiven Versuche wurde die Pumpe wieder
vollständig auseinander genommen, gereinigt und getrocknet.
Die Evacuation wurde dann nach dem angegebenen Verfahren ausgeführt, wobei der Apparat 6—8 Stunden lang
im Sandbad bis über 300° erhitzt wurde. Die Abkühlungszeiten wurden mit einem Chronometer gezählt. Da nur
ganze Secunden gezählt wurden, so werden von den angegebenen Zahlen einige etwas zu gross und die darauf folgenden etwas zu klein sein. Im Gesammtresultat ändert dies
natürlich nichts Der Apparat wurde evacuirt von der Pumpe
getrennt und dann successive in siedendes Anilin, in siedendes Wasser und in schmelzendes Eis getaucht und jedesmal
die Abkühlungszeit bestimmt. Die Resultate, auf die ich
nachher eine Berechnung der Strahlungsconstante stützen
werde, sind folgende:

1) Winkelmann, Pogg. Ann. 159. p. 152. 1876.
2) Dulong und Petit, Ann. de chim. et de phys. 7. (1). p.148. 1817.
3) Kohlrausch, Leitfaden der pract. Physik. p. 68.

a. Abkühlung in siedendem Anilin (Temperatur 182,7°).
Vorher Wasserstoff im Apparat.

ϑ	235,6°	230,9°	226,2°	221,4°	216,7°	211,9°	207,2°	202,4°
t sec	0	11	24	40	57	76	99	128

Vorher Luft im Apparat.

ϑ	235,6°	230,9°	226,2°	221,4°	216,7°	211,9°	207,2°	202,4°
t	0	11	24	40	57	76	99	128

b. Abkühlung in siedendem Wasser.
Vorher Wasserstoff im Apparat.

ϑ	163,6°	158,7°	153,8°	148,8°	143,9°	138,9°	134,0°	129,0°	124,0°
t	0	17	36	58	83	110	142	179	224

Vorher Luft im Apparat.

ϑ	163,6°	158,7°	153,8°	148,8°	143,9°	138,9°	134,0°	129,0°	124,0°
t	10	18	37	57	81	108	139	175	219

c. Abkühlung in schmelzendem Eis.
Vorher Wasserstoff im Apparat.

ϑ	63,0°	57,8°	52,6°	47,4°	42,2°	37,0°	31,7°	26,5°	21,2°
t	0	41	88	143	204	275	356	454	587

Vorher Luft im Apparat.

ϑ	63,0°	57,8°	52,6°	47,4°	42,2°	37,0°	31,7°	26,5°	21,2°
t	0	43	89	140	195	267	346	441	581

Ich will zur Vergleichung hier noch die Zahlen her-
setzen, welche die Abkühlungszeit des Thermometers angeben, wenn es mit Luft oder mit Wasserstoff umgeben war.
p bedeutet den Druck des Gases:

	225°—200°		160°—120°		60°—20°	
	p	t	p	t	p	t
Luft . .	120	75	33	141	9	267
Wasserstoff	180	27	103	46	22	65

Die Abkühlungszeiten differiren also bei Drucken bis
zu ⁻100 mm um 300 bis 400 Proc., nach dem Auspumpen
dagegen um 0 bis 2 Proc. Die angegebenen Zahlen geben
mithin die Zeiten an, in welchen sich das Thermometer durch
Wärmestrahlung allein, bis auf wenige Procente, um die
angegebene Anzahl von Graden abkühlt. Der Einfluss des
Stils, der bei Thermometern mit dickem Stil wohl bemerkbar
war, machte sich bei diesem Thermometer nicht geltend. Die

Abkühlungszeiten blieben innerhalb der Grenzen der Beobachtungsfehler dieselben, mochte nun blos die Kugel in das Bad eingetaucht sein, oder die Kugel mit einzelnen Theilen des Stils, oder endlich mit dem ganzen Stil bis über die Einschmelzung.

§ 5. Um das Gesetz zu finden, nach welchem die Strahlung mit der Temperatur wächst, hätten die Beobachtungen in der Weise geschehen müssen, dass der Apparat von 300° an sofort in schmelzendes Eis getaucht worden wäre, und dass dann die Abkühlungszeiten in dem ganzen Intervall von 300°—0° gemessen worden wären. Dies lässt sich natürlich mit Apparaten aus Glas nicht ausführen, und deshalb lässt sich auch aus den angegebenen Beobachtungsreihen allein ein Gesetz nicht ableiten. Ich habe aber diese Zahlen zuerst zur Prüfung des Dulong-Petit'schen Gesetzes verwendet. Dieses Gesetz sagt aus, dass die durch Strahlung von der Flächeneinheit einer Substanz abgegebene Wärmemenge Q sich ergibt aus:

$$Q = m\,(1{,}0077)^{\vartheta} = m\,a^{\vartheta},$$

wo ϑ die Temperatur in Celsiusgraden und m eine für jeden bestimmten Körper constante Zahl ist. Ist c der Wasserwerth des Thermometers, r sein Radius, so ist die in der Zeit dt abgegebene Wärmemenge $-c\,d\vartheta$, und diese ist nach dem Gesetz von Dulong-Petit gleich $4\pi r^2 m\,(a^{\vartheta} - a^{\vartheta_0})$, wo ϑ_0 die Temperatur des Bades bedeutet. Es ist also:

$$-c\,d\vartheta = 4\pi r^2 m\,a^{\vartheta_0}\,(a^{\vartheta - \vartheta_0} - 1)\,dt$$

Aus dem Integral dieser Gleichung ergibt sich zur Berechnung von m, wenn mit $[t]$ die Differenz der Abkühlungszeiten zwischen je 5° bezeichnet wird:

$$\frac{4\pi r^2}{c} = \frac{1}{[t]}\,\frac{1}{a^{\vartheta_0}\log\operatorname{nat} a}\left(\log\operatorname{nat}\frac{e^{(\vartheta_1 - \vartheta_0)\log\operatorname{nat} a} - 1}{e^{(\vartheta_2 - \vartheta_0)\log\operatorname{nat} a} - 1} - (\vartheta_1 - \vartheta_2)\log\operatorname{nat} a\right).$$

Darin wird durch den Index 1 immer die höhere, durch den Index 2 immer die niedere Temperatur bezeichnet. Ich habe so aus den drei Beobachtungsreihen m berechnet, bezogen auf Gramm, Centigrade, Quadratcentimeter, Secunde. Aus dem Mittelwerthe von m habe ich dann die Zeiten τ zurückberechnet. Diese Zahlen stehen in der Columne „τ berechnet".

I.

ϑ	$[t]$	$m \cdot \dfrac{4\pi r^2}{c_0}$	t beobachtet	t berechnet	Differenz
63,0	—	—	0	0	± 0
57,8	41	0,2150	41	42,16	— 1,16
52,6	47	0,2101	88	89,37	— 1,37
47,4	55	0,2025	143	142,63	+ 0,47
42,2	61	0,2087	204	203,50	+ 0,50
37,0	71	0,2066	275	273,66	+ 1,34
31,7	81	0,2161	356	357,35	— 1,35
26,5	96	0,2174	454	457,13	— 3,13
21,2	135	0,1975	587	584,60	+ 2,40

Mittel 0,2093.

Daraus ergibt sich im Mittel $m = 0,01253$, mit dem wahrscheinlichen Fehler $\pm 0,000097$.

II.

ϑ	$[t]$	$m \cdot \dfrac{4\pi r^2}{c_1}$	t beobachtet	t berechnet	Differenz
163,6	—	—	0	0	± 0
158,7	17	0,2234	17	16,97	+ 0,03
153,8	19	0,2226	36	35,87	+ 0,13
148,8	22	0,2192	58	57,42	+ 0,58
143,9	25	0,2137	83	81,27	— 1,73
138,9	27	0,2309	110	109,13	+ 0,87
134,0	32	0,2205	142	140,64	+ 1,46
129,0	37	0,2309	179	178,81	+ 0,19
124,0	45	0,2301	224	225,07	— 1,07

Mittel 0,2239.

Daraus ergibt sich im Mittel $m = 0,01381$, mit dem wahrscheinlichen Fehler $\pm 0,000088$.

III.

ϑ	$[t]$	$m \cdot \dfrac{4\pi r^2}{c_2}$	t beobachtet	t berechnet	Differenz
235,6	—	—	0	0	± 0
230,9	11	0,2232	11	11,34	— 0,34
226,2	13	0,2116	24	24,04	— 0,04
221,4	16	0,1996	40	38,79	+ 1,21
216,7	17	0,2126	57	55,48	— 1,52
211,9	19	0,2256	76	75,27	+ 0,73
207,2	23	0,2228	99	98,93	+ 0,07
202,4	29	0,2218	128	128,63	— 0,63

Mittel 0,2167.

Daraus ergibt sich im Mittel $m = 0,01353$, mit dem wahrscheinlichen Fehler $\pm 0,000142$.

Die Zahlen m also, die nach dem Dulong-Petit'schen Gesetz constant sein sollen, weichen in den Mittelwerthen der einzelnen Reihen um ca. 10 Proc. von einander ab. Es lassen sich also die beobachteten Zahlen nicht innerhalb der Beobachtungsfehler durch das Dulong- und Petit'sche Gesetz darstellen, und es muss damit wohl die Dulong-Petit'scheFormel auch für niedere Temperaturen aufgegeben werden. Für höhere Temperaturen ist sie schon lange als unbrauchbar erkannt worden.

§ 6. Ich habe sodann versucht, die Beobachtungen durch das von Stefan neuerdings für die Strahlung aufgestellte Gesetz darzustellen. Nach diesem Gesetz ist die durch Strahlung ausgegebene Wärmemenge:

$$Q = \sigma\, T^4,$$

wo T die absolute Temperatur des strahlenden Körpers bedeutet. Für die vorliegenden Beobachtungen hat man danach die Differentialgleichung:

$$-\,c\,d\,T = 4\,\pi\,r^2\sigma\,(T^4 - T_0^4)\,dt,$$

wo T_0 die absolute Temperatur des Bades ist. Bezieht sich wieder der Index 1 auf die höhere, der Index 2 auf die niedere Temperatur, so hat man zur Berechnung von σ folgende Integralformel:

$$\frac{\sigma.16\,r^2\,\pi}{c} = \frac{1}{[t]\,.\,T_0^3}\left[\log\text{nat}\frac{(T_1 - T_0)\,(T_2 + T_0)}{(T_1 + T_0)\,(T_2 - T_0)} - 2\arctg\frac{T_1 - T_2}{T_0 + \dfrac{T_1\,T_2}{T_0}}\right].$$

Nach dieser Formel habe ich aus den obigen Beobachtungen σ von 5 zu 5 Grad berechnet. Aus dem Mittelwerth von σ in jeder einzelnen Reihe habe ich dann die $[t]$ zurückberechnet. Die daraus sich ergebenden ϑ (die Zeiten) stehen unter der Rubrik „ϑ berechnet."

In diese Rückberechnung geht der etwas unsichere Wasserwerth des Thermometers nicht ein:

I.

T	$[t]$	ϑ beobachtet	ϑ berechnet	Differenz	$\sigma \cdot \dfrac{16\,r^2\pi}{c_0} \cdot 10^{11}$
336,0	—	0	0	± 0	—
330,8	41	41	41,35	− 0,35	7,465
325,6	47	88	87,85	− 0,15	7,323
320,4	55	143	140,66	+ 2,34	7,107
315,2	61	204	200,74	+ 3,26	7,298
310,0	71	275	271,24	+ 3,76	7,349
304,7	81	356	356,39	− 0,39	7,781
299,5	96	454	457,97	− 3,97	7,833
294,2	135	587	587,49	− 0,49	7,101

Mittel $7,407 \cdot 10^{-11}$.

Daraus ergibt sich $\sigma = 1,086 \cdot 10^{-12} \dfrac{\text{Gramm Centigrade}}{\text{Centim.}^2 \text{ Secunde}}$

mit dem wahrscheinlichen Fehler $\pm 0,0096 \cdot 10^{-12}$.

II.

T	$[t]$	ϑ beobachtet	ϑ berechnet	Differenz	$\sigma \cdot \dfrac{16\,r^2\pi}{c_1} \cdot 10^{11}$
436,6	—	0	± 0	± 0	—
431,7	17	17	17,06	− 0,06	7,134
426,8	19	36	35,97	+ 0,03	7,076
421,8	22	58	57,55	+ 0,45	6,971
416,9	25	83	81,41	+ 1,59	6,785
411,9	27	110	109,21	+ 0,79	7,319
407,0	32	142	140,72	+ 1,28	6,998
402,0	37	179	178,76	+ 0,24	7,808
397,0	45	224	224,92	− 0,92	7,292

Mittel $7,110 \cdot 10^{-11}$.

Daraus ergibt sich $\sigma = 1,057 \cdot 10^{-12} \dfrac{\text{Gramm Centigrade}}{\text{Centim.}^2 \text{ Secunde}}$

mit dem wahrscheinlichen Fehler $\pm 0,0065 \cdot 10^{-12}$.

III.

T	$[t]$	ϑ beobachtet	ϑ berechnet	Differenz	$\sigma \cdot \dfrac{16\,r^2\pi}{c_2} \cdot 10^{11}$
508,6		0	± 0	± 0	—
503,9	11	11	11,44	− 0,74	7,588
499,2	13	24	24,24	− 0,24	7,188
491,4	16	40	39,06	+ 0,94	6,758
489,7	17	57	55,72	+ 1,28	7,159
484,9	19	76	75,61	+ 0,39	7,638
480,2	23	99	98,90	+ 0,10	7,409
475,4	29	128	128,30	− 0,30	7,398

Mittel $7,305 \cdot 10^{-11}$.

Daraus ergibt sich $\sigma = 1,055 \cdot 10^{-12} \dfrac{\text{Gramm Centigrade}}{\text{Centim.}^2 \text{ Secunde}}$

mit dem wahrscheinlichen Fehler $\pm 0,012 \cdot 10^{-12}$.

Die drei berechneten Werthe von σ weichen um 2,7 $^0/_0$ voneinander ab und auffälliger Weise ist gerade der Werth bei der Mitteltemperatur am kleinsten. Jedenfalls sind die Beobachtungen in erheblich besserer Uebereinstimmung mit dem Stefan'schen Strahlungsgesetz als mit dem von Dulong u. Petit, und man kann wohl sagen, dass in dem Temperaturintervall von 0^0 bis 250^0 Celsius die Strahlung mit grosser Annäherung proportional der vierten Potenz der absoluten Temperatur geht. Der Proportionalitätsfactor σ ist dann diejenige Wärmemenge, welche von einem Quadratcentimeter einer Substanz von -272^0 C in einer Secunde gegen einen Raum von der absoluten Temperatur 0 (-273^0 C) ausgestrahlt wird. Mittelst der Methode der kleinsten Quadrate habe ich aus allen Beobachtungen zusammen σ für Glas berechnet. Es ergibt

sich daraus: $\qquad \sigma = 1{,}0846 . 10^{-12} \dfrac{\text{Gramm Centigrade}}{\text{Centim.}^2 \text{ Secunden.}}$

Berechnet man mit diesem Werthe von σ die Beobachtungen rückwärts, so findet man Abweichungen, die bei den niederen Temperaturen höchstens 4 Secunden betragen, bei den hohen Temperaturen sich unterhalb einer Secunde halten, bei den mittleren aber, wie vorauszusehen war, bis auf 3 Secunden gehen, aber immer nach derselben Seite zu liegen. Ich führe an, dass bei dem langsamen Durchgange des Quecksilberfadens durch die Theilstriche der Scala Beobachtungsfehler von 3—4 Secunden nicht ausgeschlossen sind. Man erkennt auch, dass die nach dem Stefan'schen Gesetz rückberechneten Zahlen sich den beobachteten besser anschliessen, als die aus der Dulong-Petit'schen Formel zurückberechneten. Woher aber die constante kleine Abweichung bei den mittleren Temperaturen herrührt, habe ich nicht ermitteln können. Es kann wohl sein, dass die Intensität der Strahlung zwar mit steigender Temperatur wächst, dass sie aber für die verschiedenen Wärmefarben verschieden wächst, und dass aus einer solchen kleinen Abweichung auch die beobachtete Differenz herrührt.

Eine weitere Probe für die Beobachtungen bietet die Lehnebach'sche Bestimmung der Wärmemenge, welche von

Glas bei 100° mehr ausgestrahlt wird als bei 0°. Lehnebach[1]) fand dafür im Mittel:

$$h_{100} - h_0 = 0,0152$$

auch auf Secunde und Centimeter bezogen.

Dieselbe Grösse ergibt sich aus dem obigen Werthe von σ:

$$h_{100} - h_0 = \sigma\big((373)^4 - (273)^4\big) = 0,0150.$$

Diese Probe beweist allerdings nichts für das Stefan'sche Gesetz, sondern nur etwas für die Richtigkeit der Beobachtungen. Denn auch nach dem Dulong-Petit'schen Gesetz ergibt sich aus dem Mittelwerth $m = 0,01329$ die Grösse:

$$h_{100} - h_0 = 0,01329\,(a^{100} - 1) = 0,0153$$

in Uebereinstimmung mit der Lehnebach'schen Zahl. Ich führe noch an, dass ich versucht habe, aus den obigen Beobachtungsreihen selbst diejenige Potenz der absoluten Temperatur zu bestimmen, der die Strahlung proportional geht. Setzt man nämlich unbestimmt:

$$Q = \sigma\,(T^x - T_0{}^x),$$

so kann man, wenn man kleine Temperaturintervalle nimmt, daraus Werthe von x finden. Diese Werthe schwanken aber wegen der unvermeidlichen Beobachtungsfehler stark hin und her. Im allgemeinen liegen sie wohl um den Werth $x = 4$ herum. Ein Fehler von 1 Secunde kann aber schon den Werth bis auf 2 herunter, oder auf 6 heraufrücken lassen, sodass eine sichere directe Bestimmung des x nicht wohl ausführbar ist.

§ 7. Ich will hier noch die Berechnung der Beobachtung folgen lassen, welche Kundt und Warburg[2]) über die Strahlung angestellt haben. Der Wasserwerth ihres Thermometers ist allerdings nicht genau bekannt; die dort berechnete Zahl $c_0 = 0,15663$ ist vermuthlich etwas zu klein, da die grössere specifische Wärme des Glases nicht in Rechnung gezogen ist. Aus den angegebenen Zahlen berechnet sich σ folgendermassen:

---

1) Lehnebach, Pogg. Ann. **151.** p. 108. 1874.
2) Kundt u. Warburg, Pogg. Ann. **156.** p. 207. 1878.

T	$[t]$	ϑ beobachtet	ϑ berechnet	Differenz	$\sigma \frac{16 r^2 \pi}{c_0} . 10^{11}$
332,3		0	0	0	
327,3	43	43	44,30	−1,30	7,552
322,4	48	91	92,38	−1,38	7,442
317,4	53	144	148,54	−4,54	7,797
312,5	62	206	209,28	−3,28	7,483
307,6	70	276	278,84	−2,84	7,862
302,7	83	359	359,93	−0,93	7,679
297,7	102	461	458,92	+2,08	7,725
292,6	127	588	584,57	+3,43	7,892

Mittel: $7,679 . 10^{-11}$

Aus dem Mittelwerthe und dem angegebenen Werthe von c_0 und r berechnet sich $\sigma = 1,1126 . 10^{-12}$, mit dem wahrscheinlichen Fehler $0,0067 . 10^{-12}$, was bis auf $3^0/_0$ an die obigen Zahlen hinreicht. Durch einen grösseren Werth von c_0 wird auch σ noch etwas grösser werden. Der Werth von σ wird um so kleiner, je grösser die beobachtete Abkühlungszeit ist. Nachdem so das absolute Emissionsvermögen des Glases zwischen 0 und 250° bestimmt ist, könnte aus den relativen Zahlen für das Emissionsvermögen dasselbe auch für eine Reihe anderer Körper angegeben werden. Eine solche Bestimmung hat aber nur hypothetischen Werth, so lange nicht gezeigt ist, dass auch für andere Stoffe das Stefan'sche Strahlungsesetz innerhalb der Beobachtungsfehler gültig ist. Das einfachste Mittel dafür ist die Beobachtung der Abkühlung eines versilberten Thermometers, eine Untersuchung, die ich noch auszuführen die Absicht habe.

Die Resultate der vorliegenden Untersuchung sind folgende:

1) Die Dulong-Petit'sche Formel für die Abhängigkeit der Strahlung von der Temperatur ist nicht in genügender Uebereinstimmung mit der Erfahrung.

2) Das Stefan'sche Strahlungsgesetz schliesst sich bei Temperaturen zwischen 0° und 250° den Beobachtungen besser an als die Dulong-Petit'sche Formel und kann für dieses Intervall als einfachster Ausdruck der Beobachtungen gelten.

Ann. d. Phys. u. Chem. N. F. XI.

59

3) Mit Zugrundelegung des Stefan'schen Gesetzes ist das absolute Emissionsvermögen — d. h. diejenige Wärmemenge, welche in einer Secunde von einem Quadratcentimeter eines auf der Temperatur — 272° C befindlichen Körpers gegen einen Raum von der absoluten Temperatur 0° (— 273° C) gestrahlt wird — für Glas:

$$\sigma = 1{,}0846 \cdot 10^{-13} \; \frac{\text{Gramm Centigrade}}{\text{Centim.}^2 \text{Secunde.}}$$

4) Die aus den Beobachtungen unter Zugrundelegung des Stefan'schen oder des Dulong-Petit'schen Strahlungsgesetzes berechnete Wärmemenge, welche von Glas bei 100° mehr ausgestrahlt wird als bei 0°, stimmt mit der von Lehnebach direct beobachteten überein.

Phys. Inst. d. Univers. Strassburg i. E., Juli 1880.

XIII. Ueber Anlassen des Stahls und Messung seines Härtezustandes; von Dr. V. Strouhal und Dr. C. Barus.

(Vorgetragen in der VIII. Sitzung der physikalisch-medicinischen Gesellschaft in Würzburg am 24. April und in der IV. Sitzung der chemischen Gesellschaft in Würzburg, am 7. Juni 1880).

I. Einleitung.

Zu Beginn der vorliegenden Arbeit war es unsere Absicht, den Zusammenhang zwischen dem permanenten Magnetismus des Stahles und dessen Härtezustande einer neuen

Untersuchung zu unterziehen. Geleitet wurden wir zu dieser
Absicht durch die Ergebnisse einer frühern von C. Barus[1])
angestellten Untersuchung, aus welcher hervorgeht, dass als
Maass des Härtezustandes des Stahles sowohl dessen ther-
moelectrisches Verhalten als auch sein galvanischer
Leitungswiderstand in vorzüglicher Weise verwendbar
ist. Demgemäss lag es in unserem Plan, vor allem durch
Härten und Anlassen von Stahldrähten recht verschiedene
Härtegrade herzustellen und dadurch ein Material uns zu
verschaffen, wie es für jene Untersuchung wünschenswerth
erschien.

Im Verlaufe der Arbeit nahm indessen das Verhalten
des Stahles beim Härten und Anlassen im Zusammenhange
mit dessen thermoelectrischer Stellung und galvanischem
Leitungswiderstande so sehr unser Interesse in Anspruch,
dass es uns lohnend erschien, bei diesen Beziehungen länger
als beabsichtigt war, zu verweilen, um so mehr, als sich im
Verlaufe der Untersuchung Analogien ergaben, die es möglich machten, den Gegenstand von einem allgemeinern Gesichtspunkte aus zu erfassen. So viel gleich im voraus zur
richtigen Beurtheilung der ganzen Anlage der Arbeit.

Die zur Untersuchung gewählten Stahldrähte, in der Dicke
zwischen 0,3 mm und 1,0 mm variirend und (angeblich) derselben Stahlsorte („englischer Silberstahl") angehörig, wurden
durch Vermittelung von H. E. Hartmann von der Fabrik
M. Cooks Brothers in Sheffield und Manchester bezogen.
Bei der grossen Mannichfaltigkeit verschiedener Stahlsorten
schien es uns von besonderer Wichtigkeit zu sein, die Untersuchung zunächst bei einer und derselben Stahlsorte durchzuführen.

Die Arbeit wurde im physikalischen Institut der
Universität Würzburg ausgeführt. Mit besonderer herz-
licher Dankbarkeit gedenken wir der freundlichen Unterstützung, die uns von Hrn. Prof. F. Kohlrausch mit Rath
und That jederzeit zu Theil geworden.

---

1) C. Barus, Wied. Ann. 7. p. 338. 1879.

II. Härtungsverfahren.

Bei der grossen Menge von Stahldrähten, die wir zu härten hatten, mussten wir ganz besonders darauf bedacht sein, einen Apparat zu construiren, der möglichst bequem und rasch zu arbeiten gestattete. Derselbe bewährte sich in vorzüglicher Weise in folgender Form:

A (Taf. VIII Fig. 4) ist eine (90 mm lange) aus dichtem Holz (Buxbaum) gedrehte und in ein festes, in der Mitte durchbohrtes Stativ *S* leicht von oben (mittelst Bajonnetverschluss) anzubringende cylindrische Hülse. In die nach unten gekehrte, breitere (30 mm) Bohrung passt dicht ein Wasserhahn, der durch starken Schlauch mit einer Wasserleitung communicirt; in die nach oben gekehrte engere (15 mm) Bohrung wird eine (etwa 300 mm lange), den zu härtenden Draht einschliessende Glasröhre eingesetzt. Ausser diesen beiden ineinander übergehenden Bohrungen in ihrer Axenrichtung hat die Hülse noch senkrecht zur Axe eine Bohrung, in welche ein (5 mm dicker) Stahlstab *B* dicht eingesetzt werden kann.

Der zu härtende Draht wird durch zwei Klemmen gefasst, die zugleich mit den Zuleitungsdrähten der Batterie in folgender Weise in Verbindung gesetzt werden können.

Die untere Klemme hat eine Längs- und eine Querbohrung. Man klemmt zuerst in der erstern den Draht fest, steckt denselben von unten in die auf die Hülse aufgesteckte Glasröhre ein, schiebt dann in die seitliche Bohrung der Hülse den Stahlstab durch die Querbohrung der Klemme durch und klemmt von unten fest. Die Centrirung geschieht durch Verschieben und Drehen des Stahlstabes.

Darauf wird die Hülse mit der Glasröhre und dem Draht in das Stativ eingesetzt, der Wasserhahn von unten eingesteckt und sodann der Draht oben, wo er aus der Glasröhre herausragt, durch eine zweite Klemme gefasst. Diese sitzt an einer Feder *C*, die an dem Stativ verschoben werden kann und zur Spannung des Drahtes dient. Durch Anwendung dieser Feder, die sich in der aus der Taf. VIII Fig. 4 ersichtlichen parallelepipedischen Form am besten bewährt hat, bleiben die Drähte nach dem Ablöschen gerade. Die Cen-

trirung des Drahtes in der Glasröhre von oben geschieht
leicht durch Verstellen der·Feder *C.* An diese und an den
Stahlstab *B* werden schliesslich durch Klemmen die Zuleitungsdrähte der galvanischen Batterie angesetzt.

Zur Vermeidung der Oxydation des Drahtes während
des Glühens wurde durch die Glasröhre ein Strom trockener
Kohlensäure hindurchgeleitet. Zu dem Zwecke hat der Wasserhahn — nach dem Princip des Senguerd'schen Hahnes —
nebst seiner Hauptbohrung noch eine enge, von aussen eintretende Nebenbohrung, durch welche ein trockener Kohlen-
säurestrom in die Glasröhre eintritt. In bekannter Weise
ist dann je nach der Stellung des Hahnes entweder die Kohlensäure oder die Wasserleitung abgesperrt.

Bei dem starken Wasserdruck, mit dem wir arbeiten
mussten, erwies sich als sehr störend der Umstand, dass beim
Oeffnen des Hahnes das Wasser zu allererst stark spritzend
einzelne Theile des glühenden Drahtes früher ablöschte, bevor
der ganze Draht von der Hauptmasse des Wassers ereilt
wurde. Wir benutzten deshalb noch einen zweiten in der
Wasserleitung befindlichen Hahn in der Weise, dass zuerst
einer von uns den ersten Hahn um 90° gedreht — wodurch
die Kohlensäure abgesperrt wurde, wobei aber das Wasser,
durch den Luftdruck getragen, ruhig blieb — dann sofort
den electrischen Strom unterbrochen hatte, wobei der andere
von uns gleichzeitig den zweiten Wasserhahn rasch aufmachte.
Das Wasser stürzte dann, die Glasröhre gleichmässig aus-
füllend, sehr rasch hinauf, um so rascher, als der Wasserdruck stark und der Querschnitt des Wasserleitungsrohres
im Vergleich zum Querschnitt der Glasröhre bedeutend
grösser war.

Ohne Zweifel ist gerade dieser Umstand für das Härten
des Stahles von ganz wesentlicher Bedeutung. Bei erster
Berührung des Wassers mit dem glühenden Stahl würde sich
bei geringer Strömungsgeschwindigkeit des Wassers eine den
Stahl schützend einhüllende Dampfschicht bilden, die das
rasche Abkühlen und dadurch auch das Härten hindern würde.
Ist aber die Strömung des einstürzenden Wassers stark und
heftig, so wird diese Dampfschicht bei ihrer Bildung sofort

mitgerissen, und neue Schichten des Wassers treten kühlend stets mit Stahl in Berührung.

Das Springen der dünnwandigen Glasröhre trat selten ein, da wir zur Vermeidung stärkerer Erwärmung den Draht nicht länger glühen liessen als gerade nothwendig war.

Das jedesmalige Auseinandernehmen und Trocknen einzelner Theile des Apparates nach jedem Versuch nimmt allerdings Zeit und Mühe in Anspruch. Trotzdem spricht für die Zweckmässigkeit des Apparates der Umstand, dass wir bei späteren Versuchen in einem Zeitraum von etwa 5 Stunden bequem 50 bis 60 Drähte gehärtet haben. Von den sämmtlichen Drähten, deren Anzahl gegen 180 stieg, wurden für definitive Bestimmungen nur die aus den letzten Härtungsversuchen hervorgegangenen gewählt. Die Endstücke wurden so weit abgebrochen als nöthig schien, um den übrig bleibenden mittlern Theil des Drahtes für homogen gehärtet halten zu dürfen. In welcher Weise die Drähte auf ihre Homogenität geprüft wurden, soll später ausführlicher besprochen werden.

Als Stromquelle wurde eine Säule von 20 bis 30 grossen Bunsen'schen Bechern gebraucht. Je nach dem galvanischen Widerstand der zu härtenden Drähte wurden dann diese entweder alle hintereinander oder in einzelnen Gruppen nebeneinander verwendet. In letzterer Beziehung hat die Erfahrung gelehrt, dass man diese Gruppen sowohl der Anzahl als auch der Zusammensetzung der in denselben zusammengefassten Elemente nach ganz gleich halten muss, da sonst ein Strom durch die Batterie selbst circulirt, durch den die Kohlen angegriffen und zu einem pulverigen Brei aufgelöst werden.

III. Bestimmung der thermoelectrischen Stellung.

1. Thermoelement. Die thermoelectrische Stellung der untersuchten Stahldrähte bezogen wir auf einen bestimmten Normaldraht. Als solchen wählten wir einen Silberdraht, den wir aus galvanisch reducirtem Silber in zwei Exemplaren gezogen haben. Aus Gründen praktischer Natur wurde jedoch dieser Normaldraht nicht direct sondern indirect verwendet,

indem wir die Stahldrähte zunächst mit einem Kupferdraht gegebener Sorte combinirten dessen Stellung gegen unsern Normaldraht wir durch wiederholte Versuche sehr sorgfältig bestimmt hatten, und dann die beobachtete thermoelectrische Kraft Stahl-Kupfer auf solche Stahl-Silber umrechneten.

Das Thermoelement selbst bewährte sich nach manchen Abänderungen in vorzüglicher Weise in der durch Taf. VIII Fig. 5 schematisch dargestellten Anordnung.

S_1 und S_2 sind zwei doppelt tubulirte Glasballons von etwa je 1 Liter Gehalt. Dieselben werden auf schlecht leitende Unterlagen in der Weise aufgestellt, dass die Tubuli A und B horizontal, die beiden anderen vertical zu stehen kommen. Die horizontalen Tubuli werden mit gut schliessenden Korken versehen, in welche wasserdicht eine Glasröhre cd eingesetzt ist. Die Glasballons werden dadurch zusammengehalten, und zwar in Entfernungen, die beliebig, je nach Länge des zu untersuchenden Drahtes gewählt werden konnten. Der letztere wurde nun durch die Glasröhre durchgesteckt und diese selbst durch zwei kleine, mit feinen Bohrungen für den Draht versehene Korke verschlossen. Auf diese Weise wurde der Zweck erreicht, sehr dünne oder sehr spröde und darum leicht zerbrechliche Drähte hinreichend zu schützen. Die als Pole des Elementes dienenden übersponnenen Kupferdrähte h- und k wurden durch die dicken Korke durchgeführt und in diesen ein für allemal eingekittet.

Das Zusammensetzen des Elementes erfolgte nun in der Weise, dass zunächst der Stahldraht durch die Glasröhre und die kleinen Korke durchgesteckt und die Glasröhre mit diesen verschlossen wurde. Sodann wurden die freien Enden der Kupferdrähte mit den Enden der Stahldrähte durch flache Klemmschrauben verbunden oder nach Umständen angelöthet und schliesslich an die grossen Korke die Ballons angesetzt. Man füllte dann die letzteren mit destillirtem Wasser und zwar den einen von Zimmertemperatur, schützte den letztern durch Einhüllen mit Tüchern etc. vor Wärmeverlust und setzte schliesslich durch die verticalen Tubuli zwei vorher mit einem Normalthermometer verglichene Thermometer ein, deren Stand bei den Beobachtungen, nach vorhergegangenem

fleissigem Rühren des Wassers, mit Fernrohr abgelesen wurde.
Die Glasröhre enthält noch bei *n* eine kleine Bohrung, die
der in der Röhre eingeschlossenen und zum Theil durch
warmes Wasser des einen Ballons sich ebenfalls erwärmenden
Luft den Austritt gestattet.

2. Bestimmungsmethode. Die Bestimmung der electromotorischen Kraft des Thermoelementes [in der Einheit
Siemens × Weber] wurde nach folgendem Verfahren im
compensirten Zustande ausgeführt. Ist (Taf. VIII Fig. 6) E
das compensirende Element (ein Daniell), e das compensirte
(das Thermoelement), ferner W der Widerstand auf dem Wege
AEB, w der Widerstand auf dem Wege AMB, so gilt, wenn
der Strom in dem Zweige AeB, in welchem auch das Galvanoskop S eingeschaltet ist, gleich Null wird, die Beziehung:

$$\frac{e}{E} = \frac{w}{W + w}$$

Bei unseren Versuchen war im äussersten Falle:

$$\frac{w}{W} = \frac{5}{10000}.$$

Es tritt somit bei hinreichender Genauigkeit an Stelle
der obigen die einfachere Beziehung:

$$\frac{e}{E} = \frac{w}{W}.$$

Beide Widerstände w und W wurden durch zwei Siemens'sche Rheostaten dargestellt. Die Widerstände der Verbindungsdrähte sowie der innere Widerstand des Daniell'schen
Elements kamen nicht in Betracht. Bei W konnte man
hinauf bis 30 000, bei w hinunter bis 0,1 S.-E.

Um von den Schwankungen in der electromotorischen
Kraft des Daniell'schen Elementes, welche, wie bekannt, je
nach der Zusammensetzung desselben und der Dauer der
Verwendung keineswegs unbedeutend sind, vollständig unabhängig zu sein, wurde die electromotorische Kraft des Elementes vor und nach jeder Beobachtung besonders bestimmt.
Zu dem Zwecke konnte in den Stromkreis $EAMB$ mittelst
eines Stromschlüssels die Leitung zu einem Wiedemann'schen
Galvanometer eingeschaltet werden, dessen Reductionsfactor
A vorher ermittelt worden war. Man unterbrach die Leitung

in dem Zweige ASB, schaltete den Widerstand w aus und W ein, schloss den Stromkreis $EAMB$ und beobachtete den Ausschlag n des Galvanometers.

Es ist dann: $\qquad E = AWn.$

In der Regel wurde $W = 20\,000$ S.-E. gewählt, dem Widerstande entsprechend, bei welchem etwa das Element zum Compensiren thatsächlich verwendet wurde.

Die Bestimmung des Reductionsfactors A des Galvanometers wurde mit Hülfe einer Tangentenboussole von bekanntem (aus den Dimensionen und der horizontalen Intensität des Erdmagnetismus berechnetem und durch voltametrische Bestimmungen controlirtem) Reductionsfactor C ausgeführt. Die Anordnung ist durch Taf. VIII Fig. 7 schematisch dargestellt. E ist das Daniell'sche Element, T die Tangentenboussole, G das Spiegelgalvanometer. Ist w der Widerstand, i die Stromstärke im Zweige AMB, W der Widerstand, J die Stromstärke im Zweige AGB, so ist:

$$JW = iw, \qquad\qquad \text{daher:}$$

$$\frac{J}{J+i} = \frac{w}{W+w}.$$

Nun ist an der Tangentenboussole [1]):

$$J + i = C\operatorname{tg}\varphi\ [1 + f(\varphi)],$$

und am Galvanometer:

$$J = An; \qquad\qquad \text{daher:}$$

$$An = \frac{w}{W+w}\,C\operatorname{tg}\varphi\,[1 + f(\varphi)].$$

Durch geeignete Wahl der Widerstände w und W konnte man sowohl am Galvanometer wie an der Tangentenboussole passenden Ausschlag erhalten. Zur Controle wurde die Bestimmung des Reductionsfactors A oft wiederholt.

3. **Beobachtung.** Die wirkliche Anordnung des Versuches, so wie sie durch Taf. VIII Fig. 8 dargestellt wird, weicht von der bisher beschriebenen schematischen blos durch zweckmässige Verwendung der Stromwender und Stromunterbrecher ab.

---

1) Ueber die für die Tangentenboussole zu Grunde gelegte Formel siehe F. Kohlrausch, Pogg. Ann. **141.** p. 457. 1870.

Der Commutator I, unmittelbar nach dem Daniell'schen
Elemente zur Aenderung seiner Stromrichtung eingeschaltet,
erweist sich zunächst als zweckmässig bei der Bestimmung
der electromotorischen Kraft dieses Elementes aus dem Ausschlag des durch den Schlüssel II in die Leitung eingeschalteten Spiegelgalvanometers *G*, den man dann doppelt nimmt.
Ausserdem trägt die Verwendung desselben in Verbindung
mit dem Commutator III, der zur Aenderung der Stromrichtung des Thermoelementes dienen soll, wesentlich zur
Genauigkeit der Bestimmung insofern bei, als dadurch fremde
electromotorische Kräfte, die bei den im Zimmer etwa vorhandenen Temperaturdifferenzen in den Verbindungen der
Leitung auftreten und dadurch in die Beobachtung störend
eingreifen würden, eliminirt werden. Man hätte nämlich
infolge dessen nicht:

$$\frac{e}{E} = \frac{w}{W}, \qquad \text{sondern:} \qquad \frac{e+\varepsilon}{E+\varepsilon} = \frac{w}{W},$$

wo ε und ε' die Resultirenden verschiedener störender ther-
moelectromotorischer Kräfte bedeuten. Nun kann man zwar
ε', d. h. diejenige thermoelectromotorische Kraft, die in dem
Stromkreise *EAMB* ihren Sitz hat, gegen die electromotorische Kraft *E* des Daniell stets vernachlässigen; dies gilt
jedoch keineswegs von ε, d. h. derjenigen thermoelectromotorischen Kraft, die in dem Stromzweige *ASB* ihren Sitz
hat, indem dieselbe, wie die Erfahrung zeigte, oft eine Grösse
erreicht, die einen beträchtlichen Bruchtheil von *e* beträgt,
ja mit dieser, falls diese klein ist, direct vergleichbar ist.

Man hat also stets:

$$\frac{e+\varepsilon}{E} = \frac{w}{W}.$$

Um sich nun von dieser störenden Kraft unabhängig zu
machen, dazu sollen die Commutatoren I und III dienen.
Kehrt man nämlich die Stromrichtung in *e* und *E* gleichzeitig um, so ist dann gegen früher:

$$\frac{-e+\varepsilon}{-E} = \frac{w'}{W'}.$$

Würde sich also während der Beobachtung vor und nach
dem Commutiren die electromotorische Kraft *e* und ε nicht
ändern, so hätte man:

vor dem Commutiren: $\dfrac{e + \varepsilon}{E} = \dfrac{w}{W}$,

nach dem Commutiren: $\dfrac{e - \varepsilon}{E} = \dfrac{w'}{W'}$,

somit streng richtig: $\dfrac{e}{E} = \dfrac{1}{2}\left(\dfrac{w}{W} + \dfrac{w'}{W'}\right)$.

Nun ändert sich allerdings e in der Regel, jedoch so wenig und dann also mit der Temperatur des warmen Ballons so nahe linear, dass man das Mittel der thermoelectromotorischen Kraft e dem Mittel der Temperatur T des warmen Ballons entsprechen lassen darf. Wenn man dann die Bestimmung nach dem Commutiren rasch ausführt, was immer möglich ist, da die Einstellung vor dem Commutiren als genäherte bereits gegeben ist, so darf man auch annehmen, dass die störende electromotorische Kraft ε sich gleich geblieben ist[1]), sodass man dieselbe durch Mittelnehmen stets wenigstens sehr nahe eliminirt.

Endlich ist der Weber'sche Commutator IV zu erwähnen, der in bestimmter Weise als Stromschlüssel verwendet wird. Die Quecksilbernäpfe sind so gefüllt, dass beim Schliessen des Commutators zuerst der Zweigstrom des Daniell'schen Elementes und dann der Thermostrom geschlossen wird. Bei richtiger Wahl von w und W muss die Nadel des Spiegelgalvanoskopes S in Ruhe bleiben. Als solches wurde ein sehr empfindliches Sauerwald'sches Instrument mit astatischem Nadelpaar verwendet.

Hat dann der eine von uns die Einstellung mit w und W gemacht, so wurde gleichzeitig von dem anderen Beobachter der Stand der Thermometer in den beiden Ballons abgelesen.

4. **Berechnung.** Bezeichnen T und t die Temperaturen der beiden Pole des Thermoelementes, e die beobachtete electromotorische Kraft desselben, so ist allgemein[2]):

---

1) Durch nochmaliges Commutiren überzeugten wir uns sehr oft, dass diese Annahme vollkommen zulässig ist, indem die Einstellung 3 mit der Einstellung 1 vollkommen befriedigend übereinstimmte.

2) M. Avenarius, Pogg. Ann. **149.** p. 374. 1873.

(1) $$e = a(T - t) + b(T^2 - t^2),$$

oder: $$e = a(T - t) + b(T - t)(T + t).$$

Setzt man: $T - t = x$ und $e = y$

$T + t = u,$ so hat man:

(2) $$y = ax + bxu.$$

Da die Anzahl der Beobachtungen stets grösser war als zwei, so wurden die beiden Constanten a und b aus den vorliegenden Beobachtungen nach der Methode der kleinsten Quadrate berechnet, und zwar mit Zugrundelegung der letzten Gleichung in der Form:

(3) $$\frac{y}{x} = a + bu.$$

Für die Wahl dieser Form sprach nicht nur der Umstand, dass die Berechnung sich dadurch weit einfacher gestaltete, als vielmehr auch die Ueberlegung, dass durch die Form (2) den bei grösseren Temperaturdifferenzen x angestellten Bestimmungen ein überwiegender Einfluss auf das Resultat eingeräumt wird, was nicht berechtigt erscheint; denn wenn auch die Bestimmung der thermoelectrischen Kraft y im allgemeinen, je grösser sie ist, verhältnissmässig sicherer wird, so wird dieser Vortheil aufgehoben durch Unsicherheiten der Temperaturbestimmung, die um so mehr sich geltend machen, je mehr die Temperatur von der Zimmertemperatur abweicht.

Nach den durch die Methode der kleinsten Quadrate gelieferten Formeln wurden zunächst aus sehr zahlreichen Bestimmungen die Constanten a_0 b_0 des Elementes Kupfer-Silber berechnet.

Die Umrechnung der Beobachtung Stahl-Kupfer (e') auf Stahl-Silber (e) wurde durch Tabellen erleichtert.

Man hat zunächst:

$$e = e' - e_0,$$

wo e' von den Argumenten T und t abhängt. Nun lässt sich e_0 in der Form:

$$e_0 = (a_0 T + b_0 T^2) - (a_0 t + b_0 t^2)$$

auf dieselben zwei Argumente T und t zurückführen, welche beide in der Gleichung in derselben Functionsform auftreten.

Man rechnet also ein für allemal eine Tabelle für die Function: $\qquad a_0 z + b_0 z^2$

und kann dann aus dieser für jede Combination von T und $t\,e_0$ und dadurch e berechnen. Wurden alle Beobachtungen Stahl-Kupfer auf Stahl-Silber umgerechnet, so rechnete man dann nach den obigen Formeln die Constanten $a\,b$ des Elementes Stahl-Silber.

IV. Bestimmung des galvanischen Leitungswiderstandes.

1. **Methode und Berechnung.** Zu Widerstandsmessungen bedienten wir uns der Wheatstone-Kirchhoff'schen Brückenmethode.

Die verglichenen Widerstände w und δ konnten durch einen Quecksilbercommutator mit einander vertauscht werden. Die Zuleitung vom Commutator zu den Endpunkten der Brücke wurde durch starke Kupferplatten besorgt, deren Widerstand α und β so klein war, dass das Eintreten derselben in die Formel auch bei der Kleinheit der verglichenen Widerstände nur eine kleine Correction zur Folge hatte. Als Stromquelle wurde mit grossem Vortheil ein Weber'scher Magnetinductor verwendet. Als Galvanoskop diente das bereits angeführte Sauerwald'sche Instrument.

Für die Rechnung hatte man nun:

$$\text{Commutator Stellung I}\quad \frac{w+\alpha}{\delta+\beta} = \frac{a_1}{b_1} = n_1$$

$$\text{Commutator Stellung II}\quad \frac{w+\beta}{\delta+\alpha} = \frac{b_2}{a_2} = n_2$$

woraus:
$$w = n_1\,\delta + n_1\,\beta - \alpha$$
$$w = n_2\,\delta + n_2\,\alpha - \beta.$$

Im Mittel $\frac{1}{2}(n_1 + n_2) = n$ gesetzt, hatte man also:

$$w = n\,\delta + (n-1)\,\frac{\alpha+\beta}{2} - \frac{n_1 - n_2}{2}\,\frac{\alpha-\beta}{2}.$$

In unserem Falle war (bei $t = 10^0$):

$$\frac{\alpha+\beta}{2} = \quad 0,00194$$

$$\frac{\alpha-\beta}{2} = -\,0,00016.$$

Da überdies n_1 und n_2 nur sehr wenig voneinander
verschieden waren, so konnte man stets mit vollständig hinreichender Genauigkeit nach der Formel:

(1) $$w = n\delta + (n-1)\frac{\alpha+\beta}{2}$$

rechnen. Auf diese Weise gestaltete sich die Berechnung
zu einer sehr einfachen, da nach Umrechnung unserer Ablesungen auf Decimalbrüche n direct aus den Obach'schen[1])
Tafeln entnommen und auch für das Correctionsglied eine
Tafel berechnet wurde.

Aus dem so gefundenen Widerstande w, der Länge und
dem durch das Mikroskop bestimmten Durchmesser 2ρ des
Drahtes in Millimetern wurde dann sein specifischer Leitungswiderstand s für die Beobachtungstemperatur t berechnet.

Mit grossem Vortheil bedienten wir uns in vielen Fällen der
Hockin-Matthiessen'schen Methode. Ist Fig. 9 Taf. VIII
AMB ein ausgespannter Neusilberdraht, ANB eine Reihe
von beliebigen Widerständen, sind ferner M und N zwei
zusammengehörige Punkte gleichen Potentials, so entspricht
jeder Verschiebung des Contactpunktes N von N_1 nach N_2
eine Verschiebung des Contactpunktes M von M_1 nach M_2.
Bezeichnet nun Δw die Widerstandsänderung $N_1 N_2$ und Δl
die Längendifferenz $M_1 M_2$, so ist:

$$\Delta w = C\Delta l,$$

wo C die Empfindlichkeitsconstante ist, die unter sonst
gleichen Umständen von der Summe der Widerstände ANB
abhängt und, sobald unter diesen ein bekannter Widerstand
sich befindet, mittelst dessen leicht bestimmt werden kann.

Als Vergleichungswiderstände δ dienten sechs Stück
Zehntel S.-E. Angefertigt wurden dieselben aus Stücken
Neusilberdraht, die in dicke amalgamirte Kupferansätze ein-
gelöthet waren. Je nach den zu bestimmenden Widerständen
w wurden diese Zehntel durch Quecksilbernäpfe entweder
hinter- oder nebeneinander eingeschaltet, wodurch δ von 0.6
bis $\frac{1}{60}$ S.-E. variiren konnte. Auf diese Weise blieb man

---

1) E. Obach, Hülfstafeln für Messungen electrischer Leitungswider-
stände mittelst der Kirchhoff-Wheatstone'schen Drahtcombination, 1879.

stets nahe in der Mitte des Drahtes *A M B*, wodurch das
Correctionsglied der Gleichung (1) das Resultat nur im ge-
geringen Grade beeinflusste.

2. Uebergangswiderstand. Bei der Kleinheit der
zu bestimmenden Widerstände (0,5 bis 0,05 S.-E.) mussten
wir auf möglichste Einschränkung der Uebergangswiderstände
besonders bedacht sein. Zur nähern Orientirung über die
Frage, welche Art des Einschaltens der Drähte in diesem
Sinne am günstigsten wäre, bestimmten wir bei einigen
weichen Stahldrähten den specifischen Leitungswiderstand
auf dreifache Art, einmal, indem wir die Drahtenden zwischen flache Klemmschrauben fest einklemmten, das andere
mal, indem wir die Drahtenden mit einer dünnen Kupferschicht (durch Eintauchen in Kupfervitriollösung) überzogen
und dann amalgamirten, endlich das dritte mal, indem wir die
Drähte an dicke amalgamirte Kupferdrahtstücke anlötheten.
Das Einklemmen der Drähte ergab, wie zu erwarten war,
den grössten Uebergangswiderstand. Das Amalgamiren erwies sich aus dem Grunde als nicht vollkommen zuverlässig, weil die Kupferschicht oft nicht fest genug haftete
und sich dann ohne Mühe abschaben liess. Nur beim Lö-
then war der Uebergangswiderstand am kleinsten, weswegen
wir uns für dasselbe entschieden haben. Bei glasharten
Drähten wurde durch rasches Ablöschen mit Wasser verhindert, dass ein etwaiges Anlassen der Endstücke durch
das heisse Loth sich nicht über eine grössere Strecke gegen
die Mitte des Drahtes hin ausbreite, wodurch der Widerstand zu klein ausfallen würde. Jedenfalls ist zu bemerken,
dass, falls diese Fehlerquelle einen merklichen Einfluss in
einzelnen Fällen gehabt hätte, dies stets in einem Sinne
erfolgt wäre, wodurch unser Resultat — das bedeutende Anwachsen des specifischen Leitungswiderstandes des Stahles im
glasharten Zustande — nur noch mehr hervorgehoben werden würde.

Im spätern Verlauf der Arbeit vermieden wir alle diese
Schwierigkeiten und Bedenken durch Anwendung der oben
beschriebenen Hockin-Matthiessen'schen Methode. Der Draht
wurde leitend in den Zweig *A N B* eingeschaltet und ein

Contact N auf einzelne Stellen des Drahtes, deren Abstand dann gemessen wurde, aufgelegt.

3. Prüfung der Drähte auf ihre Homogenität. Nachdem die Hockin-Matthiessen'sche Methode in vorzüglicher Weise sich bewährt und den Widerstand des Drahtes sehr genau zu messen gestattet hatte, benutzten wir dieselbe Methode, um den Draht auf seine Homogenität bezüglich seines Härtezustandes zu prüfen. Zu dem Zwecke wurden zwei Contacte N_1 und N_2 von unveränderlichem Abstande hergestellt, auf verschiedene Theile des Drahtes aufgelegt und der Widerstand des zwischen den Contacten enthaltenen Drahtstückes gemessen. Aus der grössern oder geringern Uebereinstimmung der Resultate ergab sich ein Schluss auf den mehr oder weniger gleichmässigen Härtezustand des Drahtes.

4. Ueber Calibrirung des Messdrahtes AMB s. unsere frühere Abhandlung. [1]

V. Allgemeine Resultate der Härtung.

Die sämmtlichen in der früher beschriebenen Weise gehärteten Stahldrähte erwiesen sich bei der Untersuchung auf ihre thermoelectrische Stellung als gegen Silber electronegativ.

Bei der gleichen Art und Weise der Härtung der angeblich gleicher Stahlsorte angehörigen Drähte wäre zu erwarten gewesen, dass der erzielte Härtegrad nahe gleich wäre, und dass somit die thermoelectrischen Curven sehr nahe einen gleichen Verlauf zeigen würden. Diese Erwartung bestätigte sich zwar nicht, dafür aber stellte sich beim Auftragen sämmtlicher thermoelectrischer Curven heraus, dass stets mehrere als zusammengehörig durch einen nahezu gleichen Verlauf hervortraten, sodass dadurch die sämmtlichen Curven sich nach einzelnen Zonen anordneten. Auf den Härtezustand übertragen, würde es heissen: Der erzielte höchste Härtegrad der Stahldrähte war bei der Gesammtheit zwar ein verschiedener, dagegen nahezu ein gleicher bei einzelnen Gruppen derselben. Da ein Zusammenhang dieser

---

1) V. Strouhal u. C. Barus, Wied. Ann. **10.** p. 326. 1880.

Gruppirung nach dem Durchmesser der Drähte oder nach der zeitlichen Aufeinanderfolge und damit eventuell zusammenhängenden Veränderlichkeit der zum Glühen der Drähte angewandten Stromstärke nicht zu ermitteln war, so glauben wir den Grund darin suchen zu müssen, dass die zu verschiedenen Zeiten aus der angeführten Quelle bezogenen Drähte nicht alle von genau derselben Stahlsorte waren.

Ohne Zweifel hat auf den durch Ablöschen überhaupt erreichbaren höchsten Härtegrad der Kohlenstoffgehalt des Stahls einen entscheidenden Einfluss; daneben wohl auch, wenn auch in untergeordneter Weise, die Anwesenheit anderer Stoffe im Stahl. Es ist dann der grösste Härtegrad, der bei einer bestimmten Stahlsorte durch Ablöschen zu erzielen ist, für diese selbst charakteristisch.

Die grössten Härtegrade erreichten wir bei zwei Sorten von der Dicke 0,56 und 0,73. Die thermoelectrische Constante a erreichte den kleinsten Werth $= -2{,}76$ und der specifische Leitungswiderstand (bei gewöhnlicher Zimmertemperatur) den grössten Werth 0,48. Leider konnten wir von diesen Drähten sehr viele nicht später verwenden, weil wir bei der Untersuchung der thermoelectrischen Stellung nahezu siedendheisses Wasser angewandt haben, wodurch, wie sich aus späteren Untersuchungen ergab, die Drähte einseitig ganz beträchtlich angelassen wurden. Bei späteren Untersuchungen wurde bei glasharten Stahldrähten nur Wasser von höchstens 40° angewandt und das nur möglichst kurze Zeit.

Die Erfahrungen, welche Jarolimek und R. Ackermann[1]) bei ihren Untersuchungen gemacht haben, führten schon zu dem bemerkenswerthen Resultat, dass beim Ablöschen des glühenden Stahls die Heftigkeit der ersten Abkühlung von etwa 600 bis 700° auf 300 bis 400° für die Härtung weit entscheidender ist als die weitere Abkühlung. Man kann z. B. einen stark glühenden Stahldraht in einem Metallbad von z. B. 400° (Zn, Pb) ablöschen und erzielt be-

---

1) Jarolimek und R. Ackermann, Zeitschr. für das chem. Grossgewerbe. 1880.

trächtliche Härte, während bei weiterer Abkühlung keine
Härtung eintritt. Diese Erfahrungen fanden wir mit den
unserigen in vollkommener Uebereinstimmung, und können
diese als dahin ergänzt hinstellen, dass die Glashärte bei
einer bestimmten, der Glühfarbe dunkelroth entsprechenden
Temperatur plötzlich eintritt.

In auffallender Weise zeigte sich dies sowohl bei Drähten von demselben, als bei solchen von wenig verschiedenem
Durchmesser. In ersterer Beziehung fanden wir bei einer
dickern Stahldrahtsorte, wo bei der angewandten Stromstärke die Drähte nur zum Dunkelrothglühen gebracht werden konnten, nach dem Ablöschen bei einigen Exemplaren,
dass dieselben bis über ein Drittel weich und biegsam geblieben, von einer bestimmten Stelle an dagegen weiter
gegen die Mitte plötzlich hart und spröde waren, trotzdem
dass früher in der Glühfarbe des ganzen Drahtes kein besonders merklicher Unterschied sich gezeigt hat. Aehnlich
in letzterer Beziehung konnten wir bei der angewandten
Zahl von Bunsen'schen Bechern bei Drähten einer dickern
Sorte noch durch Glühen und Ablöschen glasharten Zustand
erzielen, dagegen bei der nächsten in der Dicke nur wenig
verschiedenen Sorte (von 1,25 auf 1,45 mm) blieben alle
Drähte nach dem Ablöschen weich, und es zeigte sich, was
besonders hervorgehoben werden mag, dieser Sprung im
mechanischen Verhalten ebenso im thermoelectrischen Verhalten bestätigt, sodass die Discontinuität stets beiderseitig
ist. Man kann somit alle diese Erscheinungen dahin präci-
siren, dass der Stahl beim Glühen eine gewisse kritische
Temperatur übersteigen muss, falls nach Ablöschen Glashärte eintreten soll; im entgegengesetzten Falle bleibt der
Stahl weich.

Es mag nebenbei auch bemerkt werden, dass bei den
thermoelectrischen Untersuchungen der Stahldrähte gegen
Silber oder Kupfer sich oft Gelegenheit zeigte, den „neu-
tralen Punkt“, d. h. diejenige mittlere Temperatur
$\frac{1}{2}(T + t) = \frac{1}{2}\frac{a}{b}$ der beiden Pole des Thermoelementes, bei
welcher die electromotorische Kraft den Werth Null durch-

schreitet und das Zeichen wechselt, schon bei relativ niedrigen Temperaturen zu beobachten. Sehr viele glasharte Drähte erwiesen sich nämlich dem Silber oder Kupfer gegenüber als thermoelectrisch sehr nahe liegend. Noch öfters bot sich Gelegenheit, das Maximum der electromotorischen Kraft ebenfalls bei relativ niedrigen Temperaturen zu beobachten. Einige Beispiele dieser Art finden sich bei späteren Zusammenstellungen vor.

VI. Anlassen in Leinölbad.

Nachdem in der früher beschriebenen Weise glasharte Stahldrähte hergestellt worden waren, versuchten wir zunächst durch Anlassen derselben Härtegrade zu erzielen, die in allmählicher Aufeinanderfolge Zwischenstufen zwischen dem glasharten und dem weichen Zustande abgeben würden. Zu dem Zwecke wurde Leinöl in einer Blechwanne langsam erhitzt; Ungleichmässigkeiten der Temperaturvertheilung suchten wir durch fleissiges Rühren zu begegnen. Hatte dann das Bad eine bestimmte Temperatur erreicht, so wurde das Heizen eingestellt, die Drähte in das Bad auf eine Drahtnetzunterlage eingelegt und darin bis zum allmählichen Erkalten des Bades gelassen. Nach Verlauf einiger Tage wurden die Drähte sowohl auf ihre thermoelectrische Stellung, als auch auf ihren galvanischen Leitungswiderstand untersucht.

Die Resultate dieser Versuche sind in den folgenden Zusammenstellungen enthalten.

Anlass-temperat.	Nummer des Drahtes	t	T	$e.10^3$ beob.	$e.10^3$ ber.	$a.10^5$	$b.10^7$	s	t
I. 300°	Nr. 1 $2\varrho = 0{,}968$	19,3 19,3 19,3 19,3	88,1 74,0 63,3 50,1	4,682 3,842 3,161 2,252	4,694 3,835 3,149 2,259	8,27	−1,35	0,201	19
	Nr. 2 $2\varrho = 0{,}900$	19,5 19,5 19,5 19,5	89,5 76,2 62,0 54,3	4,896 4,079 3,138 2,604	4,899 4,073 3,136 2,605	8,51	−1,38	0,196	19
	Nr. 3 $2\varrho = 0{,}721$	19,6 19,7 19,6 19,7	89,8 73,3 59,1 50,1	4,294 3,385 2,550 2,006	4,292 3,382 2,559 2,001	7,41	−1,18	0,228	19

60*

Anlass-temperat.	Nummer des Drahtes	t	T	$e.10^3$ beob.	$e.10^3$ ber.	$a.10^5$	$b.10^7$	φ	t
	Nr. 4	18,9	87,9	4,766	4,773				
		18,9	70,3	3,675	3,669				
	$2\varrho = 0,568$	18,9	57,4	2,816	2,810	8,25	−1,25	0,212	
		18,9	48,3	2,174	2,179				
	Nr. 5	19,7	86,7	5,073	5,076				
		19,7	72,1	4,077	4,073				
	$2\varrho = 0,345$	19,7	59,4	3,152	3,155	9,03	−1,37	0,187	
		19,7	50,6	2,494	2,493				
	Nr. 6	20,0	89,2	4,226	4,224				
		20,0	78,2	3,644	3,643				
	$2\varrho = 0,903$	20,0	64,9	2,895	2,897	7,67	−1,43	0,220	
		20,0	50,9	2,057	2,056				
	Nr. 7	20,0	90,1	3,766	3,775				
		20,0	71,9	2,901	2,892				
	$2\varrho = 0,558$	20,0	59,7	2,269	2,262	6,52	−1,03	0,241	
		20,0	48,3	1,642	1,646				
III. 250°	Nr. 8	19,9	88,0	3,635	3,633				
		19,9	74,8	3,034	3,031				
	$2\varrho = 0,880$	19,9	61,6	2,371	2,378	6,85	−1,40	0,246	19
		19,9	51,9	1,873	1,869				
	Nr. 9	20,0	80,5	3,670	3,665				
		20,0	65,8	2,859	2,863				
	$2\varrho = 0,720$	20,0	55,3	2,251	2,253	7,38	−1,31	0,217	19
		20,0	49,9	1,936	1,931				
	Nr. 10	20,0	79,9	2,290	2,288				
		20,0	68,4	1,911	1,912				
	$2\varrho = 0,720$	20,0	57,3	1,415	1,420	4,85	−1,13	0,272	19
		20,0	49,0	1,212	1,209				
	Nr. 11	20,1	87,1	2,822	2,832				
		20,1	65,9	2,065	2,047				
	$2\varrho = 0,565$	20,1	53,9	1,552	1,557	5,46	−1,15	0,263	19
		20,1	41,8	1,029	1,030				
	Nr. 12	20,1	89,4	3,648	3,640				
		20,1	67,9	2,643	2,653				
	$2\varrho = 0,548$	20,1	55,3	2,014	2,016	6,78	−1,39	0,243	19
		20,1	44,8	1,454	1,451				
	Nr. 13	20,1	87,4	3,996	3,995				
		20,1	74,0	3,291	3,293				
	$2\varrho = 0,337$	20,1	62,4	2,647	2,645	7,30	−1,27	0,219	19
		20,1	52,0	2,037	2,038				
IV. 225°	Nr. 14	19,9	89,2	2,182	2,191				
		19,9	75,6	1,856	1,841				
	$2\varrho = 0,900$	19,9	64,4	1,520	1,523	4,30	−1,04	0,290	20
		19,9	54,9	1,280	1,232				
	Nr. 15	20,1	89,5	2,108	2,108				
		20,1	68,8	1,571	1,576				
	$2\varrho = 0,558$	20,1	69,1	1,304	1,298	4,08	−0,95	0,298	19
		20,1	50,1	1,021	1,023				

Anlasstemperat.	Nummer des Drahtes	t	T	$e.10^3$ beob.	$e.10^3$ ber.	$a.10^5$	$b.10^7$	s	t
V. 200°	Nr. 16 $2\varrho = 0,974$	18,9 18,9 18,9 18,9	89,8 74,3 61,1 51,7	2,675 2,186 1,729 1,371	2,679 2,186 1,724 1,374	4,95	−1,08	0,283	19
	Nr. 17 $2\varrho = 0,882$	18,9 19,0 18,9 19,0	82,5 68,8 59,8 51,9	2,179 1,782 1,499 1,236	2,179 1,779 1,502 1,235	4,52	−1,08	0,296	19
	Nr. 18 $2\varrho = 0,723$	19,1 19,1 19,1 19,1	78,8 68,2 57,8 48,7	1,393 1,175 0,953 0,748	1,391 1,178 0,954 0,747	2,96	−0,64	0,332	19
	Nr. 19 $2\varrho = 0,560$	18,1 18,1 18,1 18,2	82,0 62,8 47,8 39,8	1,970 1,470 1,011 0,756	1,973 1,464 1,015 0,755	4,06	−0,87	0,304	19
	Nr. 20 $2\varrho = 0,336$	18,3 18,3 18,3 18,3	76,8 62,3 52,9 42,1	2,886 2,213 1,780 1,247	2,877 2,223 1,777 1,246	5,78	−0,91	0,258	19
VI. 175°	Nr. 21 $2\varrho = 0,908$	18,8 18,8 18,8 18,8	86,4 67,1 58,8 43,3	1,931 1,448 1,124 0,811	1,917 1,471 1,117 0,809	3,98	−1,09	0,311	19
	Nr. 22 $2\varrho = 0,571$	18,8 18,9 18,8 18,9	87,2 72,4 59,7 48,8	1,838 1,499 1,189 0,905	1,833 1,502 1,194 0,901	3,61	−0,88	0,328	19
VII. 150°	Nr. 23 $2\varrho = 0,335$	18,5 18,5 18,5 18,5	73,7 60,4 52,1 45,4	1,852 1,470 1,215 0,997	1,849 1,473 1,216 0,995	4,49	−1,24	0,296	19

Stellt man die erzielten Härtegrade, so wie sich dieselben in der thermoëlectrischen Constante $a.10^5$ und dem
specifischen Leitungswiderstande s äussern, nach der erstern Constante angeordnet zusammen, so erhält man die
folgende übersichtliche Darstellung, aus welcher zugleich
ersichtlich ist, inwiefern der Zweck, verschiedene Härtegrade herzustellen, bei den angewandten Drähten erreicht
wurde.

Nr. des Drahtes	$a \cdot 10^5$	e	Anlass-temperatur	Nr. des Drahtes	$a \cdot 10^5$	e	Anlass-temperatur
5	9,03	0,187	300	11	5,46	0,263	250
2	8,51	0,196	300	16	4,95	0,283	200
1	8,27	0,201	300	10	4,95	0,272	250
4	8,25	0,212	300	17	4,52	0,296	200
6	7,67	0,220	275	23	4,49	0,296	150
3	7,41	0,228	300	14	4,30	0,290	225
9	7,38	0,217	250	15	4,08	0,298	225
13	7,30	0,219	250	19	4,06	0,304	200
8	6,85	0,246	250	21	3,98	0,311	175
12	6,78	0,243	250	22	3,61	0,328	175
7	6,52	0,241	275	18	2,96	0,332	200
20	5,78	0,258	200				

VII. Bedeutung der Einwirkungsdauer der Anlasstemperatur.

Bei vorhergehenden Versuchen war die Anlasstemperatur von 150° die niedrigste, welche wir noch angewandt haben. Die noch bedeutende Aenderung des Härtezustandes, die durch dieselbe erzielt wurde, veranlasste uns der Frage näher zu treten, welche Wirkung niedrigere Anlasstemperaturen auf den Härtezustand ausüben. Diese Frage erschien noch von anderem Gesichtspunkte aus als von Bedeutung. Bei Bestimmungen thermoelectrischer Stellung glasharter Stahldrähte muss das eine Polende des Elementes auf höhere Temperatur gebracht werden. Es war also von practischer Wichtigkeit, zu entscheiden, wie hoch man diese Temperatur noch wählen darf, ohne eine einseitige Aenderung des Härtezustandes des Drahtes befürchten zu müssen.

Die ersten orientirenden Versuche wurden an zwei Drähten, Nr. 24 und 25, von nahezu gleichem Durchmesser, nämlich 0,574 und 0,554 mm, aber von verschiedenem glasharten Zustande angestellt, und zwar blos in Bezug auf ihre thermoelectrische Stellung. Die Bestimmung ihres glasharten Zustandes führte zu folgenden Resultaten:

	t	T	$e \cdot 10^3$ beobachtet	$e \cdot 10^3$ berechnet	$a \cdot 10^5$	$b \cdot 10^7$
Nr. 24	12,5	88,1	−2,977	−2,960		
	12,5	78,8	−2,519	−2,540	−3,00	−0,91
	12,5	58,1	−1,666	−1,661		
	12,6	44,1	−1,207	−1,207		
Nr. 25	12,3	89,0	−0,749	−0,739		
	12,4	80,1	−0,585	−0,587	+0,14	−1,09
	12,4	71,2	−0,440	−0,453		
	12,4	59,8	−0,312	−0,306		

Nun wurden die Drähte in einem zur Bestimmung des thermometrischen Siedepunktes dienenden Gefässe eine Stunde lang der Wirkung des Wasserdampfes von 100° ausgesetzt. Die am nächsten Tage vorgenommene Bestimmung der thermoelectrischen Stellung der Drähte ergab folgendes Resultat:

	t	T	$e \cdot 10^3$ beobachtet	$e \cdot 10^3$ berechnet	$a \cdot 10^5$	$b \cdot 10^7$
Nr. 24[1]	16,9	59,4	−0,073	−0,073	+0,65	−1,08
	16,9	50,7	−0,026	−0,026		
	16,9	45,2	−0,005	−0,005		
	16,9	39,9	+0,009	+0,009		
Nr. 25	16,9	76,1	1,092	1,091	+2,91	−1,15
	16,9	65,2	0,947	0,943		
	16,9	54,7	0,795	0,790		
	16,9	46,0	0,635	0,636		

Die Vergleichung der thermoelectrischen Constante a zeigt, wie bedeutend die Aenderung des Härtezustandes ist, welche durch die einstündige Einwirkung des Wasserdampfes von 100° erzeugt wurde. Für die Praxis thermoelectrischer Bestimmungen bei glasharten Drähten ergibt sich daraus die Regel, dass die Anwendung von siedendem Wasser im warmen Ballon nicht gestattet ist, ja die Grösse der Aenderung lässt vermuthen, dass auch bei Temperaturen, die von der Siedetemperatur des Wassers nicht weit genug entfernt sind, ein Anlassen des einen Drahtendes und dadurch der Verlust der Homogenität des Drahtes zu befürchten sei.

Der Versuch wurde nun wiederholt. Die Drähte wurden nochmals eine Stunde lang im Wasserdampf von 100° gehalten, und am nächsten Tage thermoelectrisch untersucht.

	t	T	$e \cdot 10^3$ beobachtet	$c \cdot 10^3$ berechnet	$a \cdot 10^5$	$b \cdot 10^7$
Nr. 24[2]	17,4	73,8	0,150	0,160	1,34	−1,16
	17,4	64,7	0,196	0,184		
	17,4	56,1	0,194	0,189		
	17,3	49,3	0,172	0,177		
Nr. 25	17,3	71,1	1,331	1,324	3,86	−1,59
	17,3	61,6	1,158	1,157		
	17,4	53,4	0,971	0,987		
	17,4	46,7	0,842	0,834		

1) Neutraler Punkt: $(T + t) = -\frac{a}{b} = 60,2°$, daher $T = 43,3°$.

2) Maximum bei $T = -\frac{1}{2}\frac{a}{b} = 57,8°$, beob. $y = 0,196$, ber. $y = 0,189$.

Der Versuch zeigt also wiederum eine, wenn auch jetzt bedeutend kleinere, so doch nicht unbeträchtliche Aenderung des Härtezustandes. Es ergiebt sich aber daraus die wichtige Folgerung, dass beim Anlassen des Stahls neben der Anlasstemperatur noch ein anderer Factor mitwirkt, nämlich die Dauer ihrer Einwirkung.

Um den Einfluss dieses neuen Factors zu verfolgen, wurden die Drähte in derselben Weise noch weiter behandelt. Die Resultate dieser Versuche zeigt folgende Zusammenstellung:

Drähte 3 Stunden im Wasserdampf.

	t	T	$e \cdot 10^6$ beobachtet	$e \cdot 10^3$ berechnet	$a \cdot 10^3$	$b \cdot 10^7$
Nr. 24	17,5	74,1	0,349	0,347		
	17,5	62,0	0,335	0,337	1,70	−1,18
	17,5	54,2	0,312	0,312		
	17,5	48,6	0,286	0,285		
Nr. 25	17,5	74,3	1,589	1,587		
	17,5	62,7	1,816	1,819	3,76	−1,06
	17,5	53,8	1,094	1,094		
	17,5	49,2	0,971	0,971		

Drähte 4 Stunden im Wasserdampf.

	t	T	$e \cdot 10^3$ beobachtet	$e \cdot 10^3$ berechnet	$a \cdot 10^5$	$b \cdot 10^7$
Nr. 24	17,7	86,4	0,513	0,516		
	17,7	77,5	0,509	0,505	1,86	−1,07
	17,7	66,4	0,470	0,471		
	17,7	54,7	0,402	0,402		
Nr. 25	17,7	87,4	1,999	2,000		
	17,7	76,1	1,759	1,747	4,00	−1,05
	17,7	67,7	1,534	1,540		
	17,7	56,5	1,247	1,252		

Drähte 5 Stunden im Wasserdampf.

	t	T	$e \cdot 10^3$ beobachtet	$e \cdot 10^3$ berechnet	$a \cdot 10^5$	$b \cdot 10^7$
Nr. 24	17,0	71,6	0,594	0,596		
	17,0	58,4	0,505	0,496	1,80	−0,80
	17,0	44,5	0,346	0,360		
	17,0	34,5	0,247	0,242		
Nr. 25	17,1	75,0	1,761	1,765		
	17,1	62,1	1,445	1,439	4,13	−1,18
	17,1	53,6	1,204	1,206		
	17,1	47,0	1,009	1,011		

Drähte 6 Stunden im Wasserdampf.

	t	T	$e \cdot 10^3$ beobachtet	$c \cdot 10^3$ berechnet	$a \cdot 10^5$	$b \cdot 10^7$
Nr. 24	17,5	82,6	0,675	0,679		
	17,5	57,1	0,512	0,512	2,03	−0,99
	17,5	40,7	0,338	0,348		
	17,5	33,9	0,244	0,250		
Nr. 25	17,4	72,0	1,726	1,730		
	17,4	48,7	1,079	1,080	4,26	−1,22
	17,4	36,3	0,687	0,681		
	17,4	27,5	0,372	0,376		

Den Verlauf der Constante a mit der Einwirkungsdauer
der Temperatur 100° zeigt übersichtlicher folgende Zusammenstellung:

	0^h	1^h	2^h	3^h	4^h	5^h	6^h
$a =$	− 3,00	+0,65	1,34	1,70	1,86	1,80	2,03
	+ 0,14	+2,91	3,86	3,76	4,00	4,13	4,26

Aus dieser Zusammenstellung oder noch besser aus einer
graphischen Darstellung des Verlaufes, bei welcher man die
Einwirkungsdauer der Anlasstemperatur als Abscisse und den
durch die Constante a bestimmten Härtezustand des Drahtes
als Ordinate aufträgt, zeigt sich im grossen ganzen, dass
der Härtezustand sich continuirlich, und zwar zu Beginn
schnell, je weiter desto langsamer ändert, sodass er sich
mit zunehmender Einwirkungsdauer einem bestimmten
Grenzwerth nähert.[1]

Nach diesen orientirenden Versuchen unternahmen wir
es, den Einfluss der Einwirkungsdauer verschiedener Anlasstemperaturen zu verfolgen. Wir wählten dazu ausser der

---

1) Aus diesem Verlaufe springen heraus nur die Werthe 1,80 bei dem
ersten und 3,86 bei dem zweiten Draht. Offenbar ist durch die vier
wahrscheinlich mit grösseren Beobachtungsfehlern behafteten Beobachtungen die Constante a durch Rechnung nicht richtig ausgefallen, was
sich dadurch verräth, dass gerade bei diesen beiden Beobachtungsreihen
auch die Constante b von dem Mittelwerthe stark abweicht. Dieselbe
variirt sehr wenig, (im Mittel ist sie nahe $= -1,1$) bei den fraglichen
Werthen dagegen 0,80 (entsprechend dem zu kleinen Werth 1,80 von a)
und 1,59 (entsprechend dem zu grossen Werth 3,86 von a). Sie compensirt dadurch, dass sie in die Function negativ und mit $T + t$ multiplicirt eintritt, den Fehler in a, sodass die berechneten Werthe von e
mit den beobachteten noch befriedigend stimmen.

Siedetemperatur des Wassers die bei 60,0° liegende Siedetemperatur des Methylalkohols und die bei 185° liegende Siedetemperatur des Anilins; um noch höher liegende Anlasstemperaturen zu haben, wählten wir die Schmelztemperatur des Bleis.

Jedesmal wurden drei Drähte von verschiedenem Durchmesser und verschiedenem glasharten Zustande gewählt und
dabei gleichzeitig die Aenderungen in der thermoelectrischen
Stellung der Drähte und in deren Leitungswiderstand untersucht. Die Resultate dieser Versuche sind in den folgenden
Abschnitten enthalten.

VIII. Anlassen im Methylalkoholdampf.

Die zur Untersuchung gewählten Drähte waren:

$$\text{Nr. 28 Durchmesser} = 0,827 \text{ mm}$$
$$\text{„ 29 „} = 0,631 \text{ „}$$
$$\text{„ 30 „} = 0,479 \text{ „}$$

Nachdem deren thermoelectrische Stellung und der specifische Leitungswiderstand im glasharten Zustande bestimmt
worden war, wurden die Drähte dreimal je eine Stunde lang
im Methylalkoholdampf gehalten und nach jeder einzelnen
Stunde untersucht. Folgende Zusammenstellung enthält die
Resultate:

Draht Nr. 28.
$$2\varrho = 0,827.$$

	t	T	$e \cdot 10^3$ beobachtet	$e \cdot 10^3$ berechnet	$a \cdot 10^5$	$b \cdot 10^7$	s	t
Glashart	18,7	54,8	−1,063	−1,059				
	18,7	48,9	−0,961	−0,958	−2,71	−0,68	0,452	18
	18,7	43,4	−0,764	−0,774				
	18,7	35,6	−0,525	−0,522				
eine Stunde im Methylalkohol-dampf $t = 66,0°$	18,1	58,2	−1,095	−1,088				
	18,1	52,4	−0,988	−0,993	−2,06	−1,18	0,451	18
	18,1	47,9	−0,839	−0,846				
	18,1	42,0	−0,667	−0,663				
eine weitere Stunde im Methylalkohol-dampf	18,3	58,5	−1,026	−1,022				
	18,4	49,4	−0,832	−0,834	−1,92	−1,13	0,450	19
	18,3	42,9	−0,637	−0,644				
	18,4	38,7	−0,527	−0,522				
eine weitere Stunde im Methylalkohol-dampf	20,0	60,6	−1,013	−1,004				
	20,0	51,5	−0,813	−0,820	−1,68	−1,29	0,451	19
	20,0	46,4	−0,662	−0,670				
	20,0	39,4	−0,480	−0,475				

Draht Nr. 29.

$2\varrho = 0,631.$

		t	T	$e \cdot 10^3$ beobachtet	$e \cdot 10^3$ berechnet	$a \cdot 10^5$	$b \cdot 10^7$	s	t
Glashart		18,7	50,4	−0,738	−0,789	−2,01	−0,47	0,446	17
		18,8	44,5	−0,598	−0,593				
		18,7	38,8	−0,455	−0,458				
		18,8	34,8	−0,363	−0,362				
eine Stunde im Methylalkohol- dampf $t = 66,0°$		18,2	57,7	−0,746	−0,744	−1,33	−0,80	0,442	18
		18,2	51,7	−0,614	−0,616				
		18,2	45,8	−0,495	−0,495				
		18,2	40,4	−0,390	−0,390				
eine weitere Stunde im Methylalkohol- dampf		18,5	57,2	−0,674	−0,677	−0,96	−1,04	0,439	19
		18,5	49,4	−0,516	−0,515				
		18,5	43,9	−0,408	−0,410				
		18,5	40,1	−0,343	−0,340				
eine weitere Stunde im Methylalkohol- dampf		19,9	61,4	−0,661	−0,657	−0,74	−1,04	0,438	19
		19,9	53,2	−0,497	−0,499				
		19,9	45,3	−0,354	−0,360				
		19,9	41,1	−0,297	−0,292				

Draht Nr. 30.

$2\varrho = 0,479.$

		t	T	$e \cdot 10^3$ beobachtet	$e \cdot 10^3$ berechnet	$a \cdot 10^5$	$b \cdot 10^7$	s	t
Glashart		18,7	54,2	−0,355	−0,349	−0,44	−0,75	0,393	18
		18,7	45,3	−0,236	−0,243				
		18,7	40,2	−0,186	−0,189				
		18,7	34,4	−0,134	−0,132				
eine Stunde im Methylalkohol- dampf $t = 66,0°$		17,8	56,9	−0,221	−0,221	−0,01	−0,74	0,390	18
		20,1	45,1	−0,124	−0,124				
eine weitere Stunde im Methylalkohol- dampf		19,2	59,1	−0,111	−0,109	+0,32	−0,77	0,387	18
		19,2	54,5	−0,084	−0,084				
		19,2	49,0	−0,057	−0,058				
		19,2	42,6	−0,033	−0,034				
		19,2	38,4	−0,024	−0,022				
eine weitere Stunde im Methylalkohol- dampf[1]		19,8	54,6	−0,003	−0,002	+0,50	−0,69	0,386	19
		19,9	49,7	+0,009	+0,008				
		19,8	45,0	0,016	0,015				
		19,9	38,2	0,019	0,019				

[1] Neutraler Punkt: $(T + t) = -\dfrac{a}{b} = 72,5$, daher $T = 52,7°$.

IX. Anlassen im Wasserdampf.

Die zur Prüfung gewählten Drähte waren:

Nr. 31 Durchmesser = 0,839 mm
„ 32 „ = 0,616 „
„ 33 „ = 0,491 „

Da aus der frühern orientirenden Untersuchung sich ergeben hatte, dass die Aenderung des Härtezustandes in der ersten Stunde, in welcher die Drähte Nr. 24 und 25 im Wasserdampf gewesen, eine sehr beträchtliche war, so zogen wir es, um auch Zwischenstadien zu erhalten, vor, die Einwirkung des Wasserdampfes zunächst blos 10 Minuten, dann 20 und dann 30 Minuten währen zu lassen, und dann noch zweimal je eine Stunde. Die Resultate der Untersuchung sowohl im ursprünglichen glasharten Zustande als auch in den einzelnen Stadien des Anlassens enthält die folgende Zusammenstellung.

Draht Nr. 31.

$2\varrho = 0,839.$

	t	T	$e \cdot 10^1$ beobachtet	$e \cdot 10^2$ berechnet	$a \cdot 10^3$	$b \cdot 10^7$	s	t
Glashart	22,5	55,2	−0,658	−0,661	−1,27	−0,97	0,429	21
	22,5	51,3	−0,574	−0,571				
	22,4	44,9	−0,434	−0,433				
	22,4	39,6	−0,321	−0,322				
10 m im Wasserdampf $t = 100°$	19,7	61,0	−0,355	−0,352	−0,08	−0,95	0,414	20
	19,7	55,4	−0,282	−0,285				
	19,7	48,7	−0,214	−0,214				
	19,7	42,9	−0,159	−0,159				
weitere 20 m im Wasserdampf	18,5	76,0	−0,187	−0,180	+0,58	−0,95	0,399	19
	18,5	65,7	−0,100	−0,101				
	18,5	49,4	−0,010	−0,019				
	18,5	37,5	+0,006	+0,010				
weitere 30 m im Wasserdampf	18,1	63,5	+0,129	+0,131	0,91	−0,76	0,385	19
	18,1	56,9	0,134	0,132				
	18,1	50,0	0,125	0,125				
	18,1	44,5	0,114	0,114				
weitere 1 Stunde im Wasserdampf	18,2	72,4	0,350	0,349	1,64	−1,10	0,375	18
	18,2	58,8	0,322	0,322				
	18,3	51,0	0,286	0,287				
	18,3	45,4	0,256	0,255				
weitere 1 Stunde im Wasserdampf	19,2	71,4	0,484	0,482	1,92	−1,09	0,368	18
	19,3	61,4	0,435	0,435				
	19,2	55,2	0,393	0,396				
	19,3	47,2	0,333	0,331				

Draht Nr. 32.

$$2\varrho = 0,616.$$

	t	T	$e \cdot 10^3$ beobachtet	$e \cdot 10^3$ berechnet	$a \cdot 10^5$	$b \cdot 10^7$	s	t
Glashart	20,7	50,7	−0,698	−0,698				
	20,7	46,0	−0,577	−0,576	−1,53	−1,12	0,439	21
	20,7	41,9	−0,463	−0,474				
10 m im Wasser-	19,2	56,7	−0,285	−0,282				
dampf	19,3	53,4	−0,249	−0,252				
$t = 100^0$	19,2	44,7	−0,178	−0,178	−0,41	−0,45	0,419	20
	19,3	40,4	−0,145	−0,144				
weitere 20 m	18,5	70,1	0,080	0,080				
im Wasser-	18,5	63,6	0,095	0,093				
dampf[1])	18,6	56,0	0,100	0,100	0,85	−0,79	0,403	19
	18,6	44,8	0,093	0,093				
weitere 30 m	18,0	59,1	0,308	0,312				
im Wasser-	18,0	49,6	0,275	0,268				
dampf	18,0	44,7	0,238	0,238	1,47	−0,91	0,385	19
	18,0	41,4	0,213	0,215				
weitere	17,7	55,7	0,550	0,550				
1 Stunde im	17,7	49,5	0,478	0,478				
Wasserdampf	17,7	41,8	0,378	0,380	2,13	−0,94	0,373	18
	17,7	36,4	0,305	0,304				
weitere	19,2	67,3	0,799	0,799				
1 Stunde im	19,3	58,9	0,689	0,687				
Wasserdampf	19,2	52,0	0,589	0,589	2,40	−0,85	0,364	18
	19,2	45,8	0,491	0,491				

Draht Nr. 33.

$$2\varrho = 0,491.$$

	t	T	$e \cdot 10^3$ beobachtet	$e \cdot 10^3$ berechnet	$a \cdot 10^5$	$b \cdot 10^7$	s	t
Glashart	20,5	57,6	−0,402	−0,404				
	20,6	52,3	−0,325	−0,324				
	20,6	45,9	−0,239	−0,237	−0,078	−1,29	0,392	21
	20,6	41,2	−0,180	−0,181				
10 m im Wasser-	19,2	58,6	0,160	0,159				
dampf	19,2	51,7	0,150	0,150				
$t = 100^0$	19,2	44,4	0,131	0,131	1,03	−0,81	0,371	20
	19,2	37,8	0,106	0,106				
weitere 20 m	18,4	53,2	0,383	0,386				
im Wasser-	18,4	44,7	0,311	0,307				
dampf	18,4	37,5	0,234	0,231	1,59	−0,66	0,356	19
	18,4	32,5	0,173	0,176				
weitere 30 m	18,0	56,3	0,670	0,672				
im Wasser-	18,1	47,8	0,548	•0,541				
dampf	18,0	41,9	0,443	0,448	2,38	−0,84	0,342	19
	18,1	32,0	0,271	0,272				

1) Maximum bei $T = -\tfrac{1}{2}\dfrac{a}{b} = 53,1$.

	t	T	$c.10^7$ beobachtet	$c.10^5$ berechnet	$a.10^5$	$b.10^7$	s	t
weitere 1 Stunde im Wasserdampf	18,0	66,1	0,934	0,946	2,83	—1,03	0,331	18
	18,0	58,6	0,848	0,890				
	18,0	51,4	0,710	0,708				
	18,0	42,1	0,530	0,534				
weitere 1 Stunde im Wasserdampf	19,8	67,8	1,135	1,134	3,18	—0,95	0,325	18
	19,8	58,1	0,948	0,951				
	19,8	50,2	0,781	0,781				
	19,8	40,8	0,552	0,552				

X. Anlassen im Anilindampf.

Der Plan der Arbeit war beim Anlassen im Anilindampf derselbe wie im Wasserdampf. Untersucht wurden die Drähte

Nr. 34 Durchmesser 0,835 mm
„ 35 „ 0,627 „
„ 36 „ 0,481 „

Die Resultate sind in folgender Zusammenstellung enthalten:

Draht Nr. 34.
$2\varrho = 0,835.$

	t	T	$c.10^5$ beobachtet	$c.10^5$ berechnet	$a.10^5$	$b.10^7$	s	t
Glashart	22,1	59,2	—0,607	—0,603	—0,88	—0,92	0,417	21
	22,1	51,1	—0,447	—0,450				
	22,1	44,2	—0,330	—0,330				
	22,0	39,5	—0,253	—0,252				
10 m im Anilindampf $l = 185^0$	19,5	71,0	1,499	1,508	3,80	—0,96	0,310	20
	19,5	62,8	1,309	1,302				
	19,5	52,8	1,039	1,033				
	19,5	43,6	0,765	0,769				
weitere 20 m im Anilindampf	18,7	77,5	2,855	2,862	4,35	—1,23	0,297	19
	18,7	59,8	1,400	1,391				
	18,7	49,7	1,086	1,088				
	18,7	42,9	0,866	0,869				
weitere 30 m im Anilindampf	18,2	71,0	1,820	1,824	4,59	—1,27	0,288	19
	18,2	65,1	1,662	1,656				
	18,2	56,9	1,404	1,406				
	18,2	45,9	1,045	1,045				
weitere 1 Stunde im Anilindampf	18,2	76,9	2,177	2,175	4,89	—1,25	0,279	18
	18,2	68,2	1,903	1,907				
	18,2	61,1	1,673	1,675				
	18,2	52,5	1,376	1,375				
weitere 1 Stunde im Anilindampf	19,3	88,5	2,600	2,601	5,13	—1,27	0,274	18
	19,3	74,3	2,165	2,167				
	19,3	65,9	1,889	1,886				
	19,3	58,4	1,617	1,619				

Draht Nr. 35.

$$2\varrho = 0,627.$$

	t	T	$e \cdot 10^3$ beobachtet	$e \cdot 10^3$ berechnet	$a \cdot 10^5$	$b \cdot 10^7$	s	t
Glashart	22,1 22,2 22,1 22,1	56,5 50,4 44,4 39,1	−0,898 −0,721 −0,570 −0,426	−0,897 −0,725 −0,566 −0,426	−2,09	−0,63	0,450	21
10 m im Anilindampf $t = 185^0$	19,8 19,9 19,9 19,9	65,0 57,0 49,2 42,6	1,623 1,369 1,094 0,870	1,624 1,364 1,101 0,868	4,47	−1,03	0,303	20
weitere 20 m im Anilindampf	18,5 18,5 18,6 18,6	75,6 66,6 56,2 45,7	2,202 1,914 1,540 1,147	2,205 1,910 1,542 1,143	5,04	−1,25	0,289	19
weitere 30 m im Anilindampf	18,1 18,1 18,1 18,1	72,7 63,2 56,0 48,0	2,320 1,973 1,700 1,371	2,320 1,975 1,698 1,371	5,49	−1,36	0,276	19
weitere 1 Stunde im Anilindampf	18,3 18,3 18,3 18,3	69,4 62,6 55,4 45,3	2,359 2,079 1,783 1,331	2,356 2,081 1,787 1,329	5,74	−1,29	0,268	18
weitere 1 Stunde im Anilindampf	19,2 19,3 19,2 19,3	73,5 66,2 57,6 48,7	2,599 2,284 1,914 1,500	2,597 2,287 1,915 1,499	5,98	−1,29	0,262	18

Draht Nr. 36.

$$2\varrho = 0,481.$$

	t	T	$e \cdot 10^3$ beobachtet	$e \cdot 10^3$ berechnet	$a \cdot 10^5$	$b \cdot 10^7$	s	t
Glashart	20,3 20,4 20,3 20,4	51,2 46,6 41,8 38,6	−0,296 −0,235 −0,181 −0,145	−0,296 −0,235 −0,180 −0,146	−0,05	−1,27	0,394	21
10 m im Anilindampf $t = 185^0$	19,2 19,2 19,2 19,2	71,8 63,7 57,4 49,4	2,193 1,899 1,645 1,326	2,195 1,893 1,648 1,325	5,05	−0,96	0,274	20
weitere 20 m im Anilindampf	18,5 18,5 18,5 18,5	78,5 64,3 54,9 45,2	2,634 2,086 1,705 1,279	2,632 2,089 1,701 1,280	5,57	−1,22	0,264	19

	t	T	$e \cdot 10^3$ beobachtet	$e \cdot 10^3$ berechnet	$a \cdot 10^5$	$b \cdot 10^7$	s	t
weitere 30 m im Anilindampf	17,8	78,8	2,762	2,760				
	17,9	65,2	2,242	2,234	5,83	−1,33	0,256	19
	17,9	55,5	1,829	1,823				
	17,9	44,7	1,334	1,338				
weitere 1 Stunde im Anilindampf	17,9	72,0	2,594	2,608				
	17,9	64,7	2,308	2,293	5,83	−1,12	0,250	18
	17,9	58,8	1,805	1,798				
	17,9	46,5	1,456	1,453				
weitere 1 Stunde im Anilindampf	19,2	68,3	2,466	2,464				
	19,3	58,0	1,993	1,989	6,08	−1,21	0,245	18
	19,2	52,6	1,730	1,739				
	19,3	44,7	1,349	1,345				

XI. Anlassen im Bleibad.

Da bei der Höhe der Anlasstemperatur zu erwarten war, dass die Wirkung derselben schon in den ersten Minuten der Einwirkung eine sehr beträchtliche werden würde, so wurden die Drähte zunächst nur 1 Minute, dann weitere 30 Minuten und eine Stunde im schmelzenden Blei gehalten. Es waren die Drähte:

Nr. 37 Durchmesser 0,820 mm
„ 38 „ 0,616 „
„ 39 „ 0,483 „

Die Resultate der Untersuchung enthält folgende Zusammentellung.

Draht Nr. 37.
$$2\varrho = 0,820.$$

	t	T	$e \cdot 10^3$ beobachtet	$e \cdot 10^3$ berechnet	$a \cdot 10^5$	$b \cdot 10^7$	s	t
Glashart	18,7	56,1	−0,263	−0,263				
	18,8	52,7	−0,228	−0,228	0,00	−0,94	0,387	18
	18,8	51,8	−0,218	−0,218				
1 m im Bleibad $t = 330''$	17,8	77,5	4,131	4,131				
	17,8	67,5	3,506	3,506	8,20	−1,34	0,201	18
	17,8	59,2	2,967	2,966				
	17,8	46,9	2,132	2,132				
weitere 30 m im Bleibad	18,5	86,7	4,760	4,760				
	18,5	75,2	4,034	4,036	8,24	−1,20	0,199	19
	18,5	62,3	3,183	3,185				
	18,5	50,7	2,387	2,386				
weitere 1 Stunde im Bleibad	18,9	69,0	3,679	3,665				
	18,9	57,2	2,827	2,846	8,17	−1,04	0,199	19
	18,9	47,6	2,167	2,160				
	18,9	39,4	1,560	1,558				

Draht Nr. 38.
$$2\varrho = 0,616.$$

	t	T	$e \cdot 10^3$ beobachtet	$e \cdot 10^3$ berechnet	$a \cdot 10^5$	$b \cdot 10^7$	s	t
Glashart	18,8	50,2	−0,611	−0,607	−1,26	−0,98	0,428	18
	18,8	44,8	−0,486	−0,488				
	18,8	39,6	−0,378	−0,381				
	18,8	34,8	−0,287	−0,285				
1 m im Bleibad $t = 330°$	17,6	67,6	4,252	4,255	9,50	−1,17	0,186	18
	17,7	61,8	3,743	3,742				
	17,7	53,1	3,072	3,072				
	17,6	42,7	2,208	2,209				
weitere 30 m im Bleibad	18,8	87,8	5,797	5,797	9,80	−1,31	0,184	19
	18,9	73,4	4,677	4,681				
	18,9	63,7	3,915	3,905				
	18,9	50,3	2,789	2,791				
weitere 1 Stunde im Bleibad	19,1	84,4	5,516	5,513	9,95	−1,46	0,183	19
	19,1	63,8	3,868	3,868				
	19,1	50,1	2,766	2,772				
	19,1	41,7	2,052	2,048				

Draht Nr. 39.
$$2\varrho = 0,483.$$

	t	T	$e \cdot 10^3$ beobachtet	$e \cdot 10^3$ berechnet	$a \cdot 10^5$	$b \cdot 10^7$	s	t
Glashart	18,0	58,8	−0,269	−0,269	0,09	−1,16	0,382	18
	18,1	50,7	−0,234	−0,234				
	18,1	48,1	−0,207	−0,206				
1 m im Bleibad $t = 330°$	17,5	56,6	2,805	2,804	8,07	−1,21	0,194	18
	17,5	51,7	2,474	2,473				
	17,5	45,8	2,059	2,065				
	17,5	39,6	1,632	1,629				
weitere 30 m im Bleibad	19,1	85,6	4,634	4,634	8,22	−1,20	0,192	19
	19,1	72,9	3,826	3,831				
	19,1	61,9	3,113	3,104				
	19,1	50,4	2,310	2,313				
weitere 1 Stunde im Bleibad	19,0	82,5	4,471	4,470	8,27	−1,22	0,191	19
	19,0	66,7	3,450	3,449				
	19,0	57,8	2,848	2,848				
	19,0	49,5	2,270	2,270				

XII. Allgemeine Resultate des Anlassens.

Die bisher angeführten Versuchsreihen bieten hinreichendes Material dar, um der Frage über den Vorgang des Anlassens glasharter Stahldrähte näher zu treten. Zur leichtern

Uebersicht sowohl als auch, um zufällige Beobachtungsfehler zu eliminiren, wollen wir die zusammengehörigen drei Werthe der thermoelectrischen Constante *a*, wie sie sich für die drei jedesmal zur Untersuchung gewählten Drähte ergeben hatten, in einen Mittelwerth zusammenfassen.

Wir erhalten somit folgenden mittleren Verlauf des Anlassens:

I. für Methylalkoholdampf, (66°):

Einwirkungsdauer $= \quad 0^h \quad 1^h \quad 2^h \quad 3^h$

$a\,10^5 = -1{,}72 \; -1{,}18 \; -0{,}85 \; -0{,}64$

II. für Wasserdampf (100°):

Einwirkungsdauer $= \quad 0^h \quad \frac{1}{4}^h \quad \frac{1}{2}^h \quad 1^h \quad 2^h \quad 3^h$

$a\,10^5 = -0{,}96 \; 0{,}18 \; 1{,}01 \; 1{,}59 \; 2{,}20 \; 2{,}50$

III. für Anilindampf (185°):

Einwirkungsdauer $= \quad 0^h \quad \frac{1}{8}^h \quad \frac{1}{4}^h \quad 1^h \quad 2^h \quad 3^h$

$a\,10^5 = -1{,}01 \; 4{,}44 \; 4{,}99 \; 5{,}30 \; 5{,}49 \; 5{,}73$

IV. für Bleibad (330°):

Einwirkungsdauer $= \quad 0^h \quad \frac{1}{32}^h \quad \frac{1}{4}^h \quad \frac{1}{2}^h$

$a = -0{,}39 \; 8{,}59 \; 8{,}75 \; 8{,}80.$

Auf Grundlage dieser Zahlen ist in Fig. 10 Taf. IV der Verlauf des Anlassens mit der Einwirkungsdauer der Anlasstemperatur graphisch dargestellt, indem diese Dauer als Abscisse, die mittleren Veränderungen der thermoelectrischen Constante als Ordinate aufgetragen sind.

Im allgemeinen hängt also der bei einem Stahldraht vom bestimmten glasharten Anfangszustande für eine gewisse Anlasstemperatur resultirende Härtegrad nicht nur von dieser Temperatur ab, sondern auch von ihrer Einwirkungsdauer, und zwar in der Weise, dass die Einwirkungsdauer ganz besonders bei schwachen Anlasskräften, bei starken dagegen in weit geringerem Maasse sich geltend macht. Ihr Einfluss ist besonders bedeutend zu Beginn des Anlassens, nimmt dann im weitern Verlauf desselben allmählich ab, und auch da langsamer bei schwachen, schneller bei stärkeren Anlasskräften. Der allgemeine Charakter der Curven, die diesen Verlauf darstellen, führt zu demselben Schlusse, den schon die einleitenden mit Wasserdampf angestellten Versuche ergeben hatten, dass bei hinreichend langer Einwirkung jeder Anlasstemperatur ein bestimmter Grenzzustand der Härte entspricht.

Es verdient besonders hervorgehoben zu werden, wie bedeutend der Einfluss von verhältnissmässig niedrigen Anlasstemperaturen ist, besonders falls ihre Einwirkungsdauer grösser ist. Es geht daraus hervor, dass das Anlassen des glasharten Stahls offenbar schon bei noch viel niedrigeren Temperaturen beginnt, als die niedrigste von uns angewandte gewesen, ja es erscheint nicht unwahrscheinlich, dass hier die Temperatur massgebend ist, bei welcher der glühende Stahldraht abgelöscht worden war. Für die Praxis der thermoelectrischen Untersuchungen glasharter Stahldrähte ergibt sich daraus die wichtige Regel, dass man die Temperatur des warmen Poles des Thermoelementes nicht viel über dieser Ablöschtemperatur nehmen und auch dieselbe nicht lange Zeit einwirken lassen darf, falls man ein einseitiges Anlassen des Drahtes vermeiden will. Dass glasharte Stahldrähte aus eben demselben Grunde nicht an die Enden der Leitungsdrähte angelöthet werden dürfen, versteht sich von selbst. Viel mehr müsste man noch diese Empfindlichkeit glasharter Stahldrähte höheren Temperaturen gegenüber bei derartigen Untersuchungen berücksichtigen, welche den Einfluss der Temperatur gewissen anderen Eigenschaften des Stahls, z. B. dem magnetischen Verhalten feststellen sollten, da ja bei solchen Fragen vorausgesetzt wird, dass das Untersuchungsmaterial selbst sich nicht ändert.

XIII. Verhalten der bei bestimmter Temperatur angelassenen Stahldrähte tieferen und höheren Temperaturen gegenüber.

Die Empfindlichkeit, welche glasharte Stahldrähte höheren Temperaturen gegenüber zeigen, selbst solchen, welche nur wenig über der Temperatur liegen, bei welcher der Draht abgelöscht worden war, musste zu der Frage führen, wie sich umgekehrt Stahldrähte, die bei einer bestimmten Temperatur angelassen worden waren, Temperaturen gegenüber verhalten, die unterhalb der Anlasstemperatur liegen, in dem Sinne nämlich, ob etwa diese Temperaturen ein weiteres Anlassen hervorbringen können, oder aber ob der

Stahl durch Anlassen bei höherer Temperatur der Einwirkung tieferer Temperaturen gegenüber unempfindlicher geworden ist.

Zur experimentellen Prüfung dieser Frage wurde ein Stahldraht (Nr. 26 $2\varrho = 0,85$), der früher in einem Oelbad von 250° angelassen worden war, im Wasserdampf von 100° eine Stunde lang gehalten und vorher und nachher thermoelectrisch gegen Kupfer untersucht. Die Versuche ergaben folgendes Resultat:

	Vorher:			Nachher:		
t	T	$e \cdot 10^3$	t	T	$e \cdot 10^3$	
16,1	89,1	4,29	16,9	73,2	3,36	(3,41)
16,1	80,7	3,84	16,9	63,2	2,85	(2,88)
16,2	68,1	3,17	16,9	56,5	2,46	(2,49)
16,2	54,6	2,43	17,0	50,2	2,10	(2,11)
16,2	44,5	1,82				
16,2	37,9	1,42				

Da hier die Temperatur t bei beiden Versuchsreihen nicht erheblich verschieden war, so kann man die thermoelectrische Kraft e blos als von der Temperaturdifferenz $T-t$ abhängig betrachten und nach dieser graphisch darstellen. Stellt man nun für die erste Versuchsreihe eine solche graphische Darstellung her und entnimmt aus derselben für die Temperaturdifferenzen der zweiten Versuchsreihe die entsprechenden Werthe der thermoelectrischen Kraft (in der Zusammenstellung in Klammern beigefügt), so zeigt ein Vergleich dieser graphisch interpolirten mit den beobachteten Werthen, dass ein weiteres Anlassen des Drahtes durch Wasserdampf nicht stattgefunden hat.

Ein Controlversuch wurde mit einem Drahte (Nr. 27 $2\varrho = 0,85$) angestellt, der früher in einem Oelbad von 200° angelassen worden war, und der dann ebenfalls eine Stunde lang der Einwirkung des Wasserdampfes von 100° ausgesetzt und vorher und nachher thermoelectrisch untersucht wurde. Die Versuche ergaben wie folgt:

Vorher:			Nachher:			
t	*T*	*e*. 10³	*t*	*T*	*e*. 10³	
16,8	88,5	2,77	17,0	84,2	2,60	(2,60)
16,4	80,8	2,52	17,0	71,7	2,20	(2,20)
16,4	70,0	2,18	17,1	62,3	1,86	(1,87)
16,4	61,6	1,87	17,2	48,4	1,15	(1,15)
16,4	53,1	1,57				
16,4	46,4	1,29				

Ohne Zweifel darf man das durch diese Versuche gewonnene Resultat dahin erweitern, *dass ein bei bestimmter Temperatur angelassener Stahl gegenüber der Einwirkung einer tiefern
Temperatur um so unempfindlicher sich zeigt, einerseits, je tiefer
diese Temperatur und je kürzer ihre Einwirkungsdauer ist, andererseits, je näher der Stahl dem Grenzzustande steht, der seiner
Anlasstemperatur entspricht, so zwar, dass, falls dieser Grenzzustand erreicht ist, der Stahl dadurch der Einwirkung tieferer
Temperaturen vollends entzogen ist.*

Eine andere Frage schien uns von nicht weniger grosser
Wichtigkeit für die nähere Einsicht in den Vorgang des
Anlassens zu sein. Die früher beschriebenen Versuche legten
den Gedanken nahe, dass bei einer bestimmten Drahtsorte
von bestimmtem glashartem Anfangszustande der beim Anlassen resultirende Zustand nur von der Anlasstemperatur
und ihrer Einwirkungsdauer abhängt, und dass insbesondere
die Grenzzustände für die Anlasstemperaturen charakteristisch
wären. Falls ein solcher Zusammenhang wirklich besteht,
so müsste es für das Resultat gleichgültig sein, ob ein glasharter Stahldraht etwa z. B. zuerst in Wasserdampf und dann
in Anilindampf, oder ob er gleich nur in Anilindampf angelassen werden würde. Diesem Gedanken gemäss wurde nun
folgender Versuch angestellt.

Drei auf ihre Homogenität geprüfte Stahldrähte von
verschiedener Dicke (Nr. 40, 41, 42) wurden zuerst im glasharten Zustande auf ihren Härtegrad untersucht, sodann
jeder in zwei Hälften gebrochen und dann je eine Hälfte
zuerst 40 Minuten im Wasserdampf von 100⁰ und dann 10
Minuten im Anilindampf von 185⁰ angelassen, während je
die andere Hälfte blos 10 Minuten in Anilindampf gehalten

wurde, worauf schliesslich wieder alle auf den Härtezustand untersucht wurden. Die Untersuchung geschah der grösseren Einfachheit wegen durch Widerstandsbestimmungen, und zwar nach der Hockin-Matthiessen'schen Methode. Die Resultate zeigt folgende Zusammenstellung:

In Wasser- und Anilindampf:		In Anilindampf:	
	Draht Nr. 40. $2\varrho = 0{,}85$		
Glashart $s = 0{,}438$		$s = 0{,}430$	$(t = 14^0)$
Angelassen $0{,}328$		$0{,}324$	
	Draht Nr. 41. $2\varrho = 0{,}64$.		
Glashart $s = 0{,}455$		$s = 0{,}455$	$(t = 14^0)$
Angelassen $0{,}317$		$0{,}315$	
	Draht Nr. 42. $2\varrho = 0{,}49$		
Glashart $s = 0{,}386$		$s = 0{,}387$	$(t = 14^0)$
Angelassen $0{,}275$		$= 0{,}275$	
Mittel: Glashart $s = 0{,}426$		$s = 0{,}424$	$(t = 14^0)$
Angelassen $0{,}307$		$0{,}305$	

Ein Controlversuch wurde mit anderen drei Drähten (Nr. 43, 44, 45) angestellt. Jeder von denselben wurde zuerst im glasharten Zustande auf den Härtegrad untersucht, sodann wieder jeder in zwei Hälften gebrochen: die eine Hälfte wurde darauf zuerst 40 Minuten in Aethylalkoholdampf von 78⁰ und dann 6 Stunden in Wasserdampf von 100⁰ gehalten, während die andere Hälfte blos 6 Stunden in Wasserdampf von 100⁰ gestellt wurde. Die Resultate zeigt wieder folgende Zusammenstellung:

In Aethylalkohol- u. Wasserdampf:		In Wasserdampf:	
	Drath Nr. 43. $2\varrho = 0{,}85$		
Glashart $s = 0{,}426$		$s = 0{,}430$	$(t = 10^0)$
Angelassen $0{,}338$		$0{,}337$	
	Drath Nr. 44. $2\varrho = 0{,}66$		
Glashart $s = 0{,}429$		$s = 0{,}437$	$(t = 10^0)$
Angelassen $0{,}312$		$0{,}316$	
	Drath Nr. 45. $2\varrho = 0{,}49$		
Glashart $s = 0{,}376$		$s = 0{,}379$	$(t = 10^0)$
Angelassen $0{,}292$		$0{,}296$	
Mittel: Glashart $s = 0{,}410$		$s = 0{,}415$	$(t = 10^0)$
Angelassen $0{,}316$		$0{,}314$	

Beide Versuchsreihen berechtigen den Schluss zu ziehen, *dass die Wirkung einer Anlasstemperatur auf den Härtezustand des Stahls von bestimmter Sorte unabhängig ist von der etwa vorausgegangenen Wirkung einer tiefern Anlasstemperatur, und zwar in der Weise, dass die Wirkung der letztern um so mehr und vollständiger verwischt wird, je länger die höhere Anlasstemperatur eingewirkt hat.*

XIV. Verhalten ausgeglühter Stahldrähte.

Die thermoelectrische Stellung des Stahls in verschiedenen Härtezuständen wurde bis jetzt auf Silber bezogen, also auf ein ganz willkürlich gewähltes Metall. Es würde ohne Zweifel als mehr naturgemäss und übersichtlich erscheinen, dieses, für den behandelten Gegenstand fremde Element aus der Betrachtung vollends zu eliminiren und die thermoelectrische Stellung des Stahls auf Stahl selbst in einem bestimmten Härtegrade zu beziehen. Als geeignetsten würde man dafür einen Extremgrad erachten und zwar besonders denjenigen des weichen ausgeglühten Stahls. Soll aber dieser zum Ausgangspunkt gewählt und als der Härtegrad Null bezeichnet werden, so setzt dies voraus, dass derselbe ein vollends bestimmter und selbst bei verschiedenem Stahl ein gleicher ist. Ueber diese Frage stellten wir eine besondere Untersuchung an, aus welcher hervorgeht, dass jene Voraussetzung nicht haltbar ist; vielmehr weichen die Resultate schon bei Drähten, angeblich derselben, also jedenfalls nicht viel verschiedener Sorten ziemlich beträchtlich ab.

Die Drähte wurden behufs vollständigen Ausglühens zusammen in Hammerschlag eingesetzt und in einem Gasrohr, das wieder in Lehm eingehüllt wurde, stark geglüht; die einhüllenden Medien bewirkten dann ein sehr langsames und allmähliches Erkalten der Drähte.

Es mögen nun als Beispiel die Drähte Nr. 46, 47 und 48 angeführt werden:

	t	T	$e \cdot 10^8$ beobachtet	$e \cdot 10^8$ berechnet	$a \cdot 10^8$	$b \cdot 10^7$	s	t
Nr. 46 $2\varrho = 0,843$	18,7	87,7	5,154	5,153				
	18,7	67,3	3,761	3,757	8,83	1,28	0,181	19
	18,7	54,2	2,798	2,804				
	18,7	45,5	2,150	2,147				
Nr. 47 $2\varrho = 0,625$	23,0	85,7	5,760	5,774				
	22,7	68,1	4,312	4,298	10,78	1,45	0,160	19
	22,6	51,7	2,829	2,824				
	22,4	40,6	1,791	1,795				
Nr. 48 $2\varrho = 0,485$	19,0	84,0	5,031	5,008				
	19,0	64,3	3,587	3,605	9,03	1,28	0,174	19
	19,0	50,8	2,571	2,585				
	19,0	37,9	1,578	1,568				

Zum Vergleich wurden mit den Stahldrähten zugleich Eisendrähte von verschiedener Sorte geglüht und im ausgeglühten Zustande untersucht. Als Beispiel sind im Folgenden die Eisendrähte I, II, III angeführt:

	t	T	$e \cdot 10^8$ beobachtet	$e \cdot 10^8$ berechnet	$a \cdot 10^8$	$b \cdot 10^7$	s	t
Nr. I $2\varrho = 0.966$	18,7	79,6	6,161	6,168				
	18,8	66,3	4,933	4,927	11,93	1.84	0.138	19
	18,7	54,3	3,776	3,771				
	18,8	44,9	2.805	2,809				
Nr. II $2\varrho = 0,630$	18,6	78,0	5,832	5,824				
	18,6	64,2	4,558	4,561	11,19	1,43	0.135	19
	18,6	53,4	3,525	3,535				
	18,6	43,4	2,561	2,555				
Nr. III $2\varrho = 0,312$	18,5	86,9	5.937	5,935				
	18,5	68,1	4,430	4,442	10,24	1,48	0,147	19
	18,5	54,3	3,289	3,278				
	18,5	40,1	2,021	2,023				

Es ist sehr wahrscheinlich, dass Stahl sowohl wie Eisen gerade im ausgeglühten Zustande am empfindlichsten den Einfluss fremder Beimischungen anzeigt, und dass auf solche die Abweichungen einzelner Resultate zurückzuführen sind. Derartiges Verhalten ist nicht ohne Analogie in diesem Gebiete. So weiss man, dass Legirungen, z. B. Gold-Silber fremde, natürlich sehr geringe, Beimischungen vertragen, ohne dass diese auf den galvanischen Leitungswiderstand und thermoelectrische Stellung grossen Einfluss hätten; dagegen ist dieser Einfluss sofort ein ganz bedeutender, sobald man es mit den Extremzuständen der Legirungen, d. h., mit reinem Silber und reinem Gold zu thun hat.

Der Vergleich zwischen den beiden Zusammenstellungen zeigt überdies, wie nahe ausgeglühter Stahl dẹm ausgeglühten Eisen kommt, sowohl thermoelectrisch als auch in Bezug auf galvanisches Leitungsvermögen.

XV. Beziehung zwischen galvanischem Leitungswiderstand des Stahls und dessen thermoelectrischer Stellung.

Die bisher angeführten Versuchsreihen, bei denen im ganzen 86 zusammengehörige Werthe vom specifischen Leitungswiderstand verschiedener Stahldrähte und deren thermoelectrischen Constanten ermittelt worden sind, liefern ein umfassendes Material zur Beantwortung der Frage, ob und in welcher Weise diese beiden Eigenschaften voneinander abhängen. Zu diesen 86 Werthepaaren mögen auch noch folgende vier hinzukommen, welche wir bei Stahldrähten erhalten haben, die ursprünglich zu einem besondern Zwecke 6 Stunden lang in Wasserdampf gehalten wurden. Es ergab sich bei diesen:

Draht Nr.	2ϱ	$a \cdot 10^5$	s	t
49	0,574	2,01	0,379	19
50	0,554	4,32	0,311	19
51	0,531	4,30	0,287	19
52	0,344	4,13	0,304	19

Wir haben also im ganzen 90 zusammengehörige Werthepaare vom galvanischen Leitungswiderstand $s = x$ und thermoelectrischer Constante $a \cdot 10^5 = y'$ bei sehr verschiedenen Härtegraden des Stahls. Dass ein Parallelismus zwischen diesen beiden Grössen besteht, trat schon bei einzelnen Zusammenstellungen deutlich hervor.

Zur leichtern Uebersicht entwerfen wir eine graphische Darstellung dieses Zusammenhanges, indem wir x als Abscisse und y als Ordinate auftragen. Wir erhalten dadurch 90 Punkte (Taf. VIII Fig. 11), die sich in eine Zone reihen, die in der Mitte ziemlich schmal, gegen das eine Ende, wo $y' = 0$ ist, etwas mehr sich ausbreitet, im ganzen aber einen bestimmt charakterisirten Verlauf zeigt, der entschieden geradlinig ist. Es kann also mit grösster Wahrscheinlich-

keit der Zusammenhang zwischen y' und x durch eine lineare
Gleichung von der Form:

(1) $y' = m - nx$

dargestellt werden. Legt man nun diese Gleichung der Rechnung zu Grunde, indem man aus allen vorliegenden Beobachtungen nach der Methode der kleinsten Quadrate die
Constanten m und n rechnet, so erhält man:

$$m = 16,57, \quad n = 41,07.$$

Von diesen beiden Constanten hat die eine m eine nur
bedingte Bedeutung, insofern als sie von der Wahl desjenigen
Metalles — in unserem Falle des Silbers — abhängt, auf
welches die thermoelectrische Stellung des Stahles bezogen
wird. Dies gilt nun nicht mehr von der Differenz $m - y'$,
welcher eine von dieser Wahl ganz unabhängige Bedeutung
zukommt. Es erscheint also als zweckmässig, diese Differenz
$m - y'$ als neue thermoelectrische Variable $= y$ einzuführen,
wodurch die Beziehung 1) die einfachere Form:

(2) $y = nx$

annimmt, aus welcher dann das für den behandelten Gegenstand fremde Element Silber eliminirt erscheint. Mathe-
matisch aufgefasst wäre dann m eine auf experimentellem
Wege stets aufzufindende Constante, durch welche eine specielle Wahl des Coordinatensystems bestimmt wird. Physikalisch würde m die auf Silber bezogene thermoelectrische
Constante des Stahls in einem solchen Zustande bedeuten,
in welchem sein galvanischer Leitungswiderstand $= 0$ wäre,
und auf diese bestimmte Anfangsstellung würde sich dann
die neue thermoelectrische Variable y beziehen.

Die Einführung dieser neuen Variablen, welche wir als
den absoluten thermoelectrischen Härtegrad des Stahls
bezeichnen wollen, beruht auf ähnlicher Ueberlegung wie die
Einführung der absoluten Temperatur durch die lineare Beziehung zwischen dem Volumen eines Gases und seiner auf
irgend einen Nullpunkt bezogenen Temperatur, allerdings mit
dem Unterschied, dass dem absoluten Nullpunkt durch die
mechanische Wärmetheorie eine wirkliche physikalische Bedeutung zukommt, während in unserem Falle der thermo-

electrische Nullpunkt m nur die Bedeutung eines zweckmässigen und von jeder Willkür unabhängigen Ausgangspunktes beizulegen ist.

Die einfache Gleichung (2), welche dadurch gewonnen
wird, gilt dann nur innerhalb bestimmter Grenzen in ähnlicher Weise, wie in der Elasticitätstheorie die Gleichung,
durch welche die Verlängerung eines Drahtes oder Stabes
als proportional der Mehrbelastung desselben bestimmt wird,
und die Einführung der Constante m als entsprechend dem
Stahl in einem solchen Zustande, in welchem sein galvanischer Leitungswiderstand $= 0$ wäre, hat eine Berechtigung
in ähnlicher Weise wie die Einführung des Elasticitätsmoduls
als derjenigen Mehrbelastung eines Stabes oder Drahtes vom
Querschnitte $= 1$, bei welcher sich derselbe auf doppelte
Länge ausdehnen würde.

Es folgt nun eine übersichtliche Zusammenstellung,
welche zeigen soll, wie gross die Abweichungen sind zwischen
den beobachteten $(m - y' = y)$ und den berechneten (nx) absoluten thermoelectrischen Härtegraden:

Nr.	y	nx	Differenz	Nr.	y	nx	Differenz
47	5,8	6,4	−6	35	10,6	10,8	−2
38	6,6	7,5	−9	36	10,7	10,3	4
38	6,8	7,6	−8	36	10,7	10,5	2
38	7,1	7,6	−5	20	10,8	10,6	2
5	7,5	7,7	−2	35	10,8	11,0	−2
48	7,5	7,2	3	36	11,0	10,8	2
46	7,7	7,4	3	35	11,1	11,3	−2
2	8,1	8,1	0	11	11,1	10,8	3
39	8,3	7,9	4	34	11,4	11,3	1
1	8,3	8,3	0	36	11,5	11,3	2
4	8,3	8,7	−4	35	11,6	11,9	−3
37	8,3	8,2	1	10	11,6	11,2	4
39	8,3	7,9	4	16	11,6	11,6	0
37	8,4	8,3	1	34	11,7	11,5	2
37	8,4	8,2	2	34	12,0	11,8	2
39	8,5	8,0	5	17	12,1	12,2	−1
6	8,9	9,0	−1	23	12,1	12,2	−1
3	9,2	9,4	−2	35	12,1	12,4	−3
9	9,2	8,9	3	34	12,2	12,2	0
13	9,3	9,0	3	50	12,3	12,8	−5
8	9,7	10,1	−4	51	12,3	11,8	5
12	9,8	10,0	−2	14	12,3	11,9	4
7	10,0	9,9	1	52	12,5	12,5	0
36	10,5	10,1	4	15	12,5	12,3	2

Nr.	y	x n	Differenz	Nr.	y	n n	Differenz
19	12,5	12,5	0	39	16,5	15,7	8
21	12,6	12,8	− 2	37	16,6	15,9	7
34	12,8	12,7	1	30	16,6	16,0	6
22	13,0	13,5	− 5	36	16,6	16,2	4
33	13,4	13,4	0	33	16,6	16,1	5
18	13,6	13,6	0	31	16,7	17,0	−3
33	13,7	13,6	1	32	17,0	17,2	−2
32	14,2	14,9	− 7	30	17,0	16,2	8
33	14,2	14,0	2	29	17,3	18,0	−7
32	14,5	15,3	− 8	34	17,4	17,1	3
49	14,6	15,6	−10	29	17,3	18,0	−5
31	14,7	15,1	− 4	38	17,8	17,6	2
31	15,0	15,4	− 4	31	17,8	17,6	2
33	15,0	14,6	4	29	17,9	18,1	−2
32	15,1	15,8	− 7	32	18,1	18,0	1
33	15,5	15,3	2	28	18,3	18,5	−2
31	15,6	15,8	− 2	28	18,5	18,5	0
32	15,7	16,5	− 8	29	18,6	18,3	3
31	16,0	16,4	− 4	28	18,6	18,5	1
30	16,1	15,9	2	35	18,7	18,5	2
30	16,2	15,9	3	28	19,3	18,6	7

Betrachtet man kritisch diese Zusammenstellung, indem man besonders die übrig bleibenden Fehler in's Auge fasst, so fallen die verhältnissmässig grossen Abweichungen auf, die gleich zu Anfang bei weichen Stahlstäben auftreten. Es wäre nicht unmöglich, dass der Verlauf der Curve $y = f(x)$ zu Anfang nicht geradlinig wäre, wohl aber mit zunehmendem x rasch in einen geradlinigen übergehen würde. In der That zeigen die weiteren übrig bleibenden Fehler im ganzen keinen Gang und bewegen sich auch bis auf wenige Ausnahmen in engen Grenzen. Bei Methylalkoholdrähten, Nr. 28, 29 und 30, zeigen die Fehler einen Gang. Es folgen mit abnehmendem y die Fehler in folgender Weise auf einander:

$$\text{Nr. } 28 \quad 7 \quad 1 \quad 0 \quad -2$$
$$\text{,, } 29 \quad 3 \quad 2 \quad -5 \quad -7$$
$$\text{,, } 30 \quad 8 \quad 6 \quad 3 \quad 2$$

Mit anderen Worten: beim fortschreitenden Anlassen wurde bezüglich der thermoelectrischen Constante eine fortschreitende Aenderung gefunden, mit welcher der Widerstand nicht gleichen Schritt hielt. Es dürfte dies mit dem Umstande zusammenhängen, dass bei Methylalkohol die Anlasskraft eine zu geringe ist, wodurch wahrscheinlich die Anlasswirkung von der Oberfläche aus in's Innere langsam fortschreitet; dadurch findet man dann wohl im thermoelectrischen Verhalten eine Aenderung, nicht aber im gleichen Schritt beim Widerstand, der nicht von der oberflächlichen Beschaffenheit des Drahtes, sondern von der innern abhängt. In der That stimmen darin die drei Drähte so auffallend überein, dass dies nicht in Beobachtungsfehlern begründet sein kann, sondern einen sachlichen Grund haben muss. Auch bei Stahlstäben, die in Wasserdampf gehalten wurden, zeigt sich ein ähnlicher Gang, wenn auch bei weitem nicht so ausgesprochen.

XVI. Fehlerquellen.

Die in der Zusammenstellung des vorigen Artikels auftretenden, mitunter grösseren Differenzen zwischen Beobachtung und Berechnung regen die Frage an, inwiefern dieselben durch Beobachtungsfehler sich erklären lassen, und geben damit Veranlassung, noch auf eine Kritik der angewandten Methoden bezüglich der möglichen Fehlerquellen näher einzugehen.

Was zunächst die Bestimmung der thermoelectrischen Constante betrifft, so sind als Fehlerquellen zu erwähnen: die Veränderlichkeit des Reductionsfactors des Galvanometers, zum Theil in der Veränderlichkeit der horizontalen Intensität des Erdmagnetismus, zum Theil in Temperaturschwankungen begründet; die Veränderlichkeit der electromotorischen Kraft des Daniell'schen Elementes; der Einfluss störender fremder thermoelectrischer Kräfte und schliesslich die Unsicherheiten der Temperaturbestimmung, besonders bei höheren Temperaturen. Was die ersten beiden Fehlerquellen betrifft, so kann man denselben durch öftere Wiederholung der Bestimmung begegnen. Wie wir den Einfluss störender fremder Thermokräfte zu eliminiren suchten, wurde früher schon erwähnt. Derselbe macht sich besonders bei kleinen beobachteten electromotorischen Kräften relativ sehr geltend, also bei Stahldrähten, welche nahe bei Silber liegen.

Die Zusammenstellung des vorigen Artikels zeigt auch, dass die übrig bleibenden Fehler gerade in dieser Lage, wo also y' nahe $= 0$ ist, am grössten sind. Noch mehr als dem letztern ist dies aber einem andern Umstand zuzuschreiben, der besonders hervorgehoben zu werden verdient. Das thermo-electrische Verhalten ist nämlich durch zwei Constanten a und b bestimmt, die in die Gleichung:

$$e = a(T - t) + b(T^2 - t^2)$$

eintreten. Es ist dann klar, dass, falls die Constante a durch Rechnung richtig ausfallen soll, auch die Constante b richtig ermittelt werden muss.

Zwar ist b bedeutend kleiner als a, allein dafür tritt auch b mit der Temperatursumme multiplicirt der Constante a gegenüber, indem ja die Gleichung lautet:

$$e = (T - t)[a + b(T + t)].$$

Soll aber b richtig bestimmt werden, so müsste man die Temperaturen T und t in möglichst grosser Differenz variiren, — darin ist aber gerade bei glasharten Drähten in der Natur der Sache selbst eine Grenze gesetzt, da T, falls ein einseitiges Anlassen des Stahls vermieden werden soll, nur mässig hoch genommen werden darf, und man t wiederum ohne grosse Umständlichkeit nicht tief genug wählen kann. Man sieht auch oft bei früheren Zusammenstellungen, bei vielen Werthen von a, die man eher grösser oder kleiner erwartet hätte, dass da gerade der zugehörige Werth b von dem mittlern mehr abweicht. Auch mussten wir bei den Berechnungen von den vorliegenden 90 Beobachtungsreihen nach der Methode der kleinsten Quadrate schliesslich der Ueberzeugung Raum geben, dass die Anzahl einzelner Beobachtungen zu klein war. Es geschah zur Vereinfachung der ohnehin äusserst mühsamen und zeitraubenden Rechnung, dass wir blos 4 oder 6 Beobachtungen bei jeder Reihe angestellt hatten; allein für eventuelle künftige Bestimmungen müsste man bei weitem mehr einzelne Beobachtungen anstellen, falls a und b bei den sonstigen Fehlerquellen blos auf wenigstens ein Procent richtig ausfallen sollen. Wir erkannten dies hauptsächlich daran, dass die Werthe a und b nicht unbeträchtlich anders ausfielen, je nachdem sie mit Zugrundelegung der Gleichung:

$$y = ax + bxu \qquad \text{oder} \qquad \frac{y}{x} = a + bu$$

nach der Methode der kleinsten Quadrate berechnet wurden.

Was ferner die Bestimmungen des galvanischen Leitungswiderstandes betrifft, so wäre der Einfluss der Temperatur, welcher bei der bisherigen Unkenntniss der Temperaturcoëfficienten nicht zu eliminiren war, und ferner die Schwierigkeiten der Querschnittsbestimmungen zu erwähnen. Da die Dicke der untersuchten Drähte im Mittel etwa $\frac{1}{2}$ mm betrug, so müsste man den mittlern Durchmesser bis auf $\frac{1}{100}$ mm genau bestimmen, falls der mittlere Querschnitt auf ein Procent genau ausfallen soll, und bei noch dünneren Drähten noch genauer, was wohl weder mit Mikroskop noch mit Dichtigkeitsbestimmungen möglich ist. Endlich wäre der Fehler zu erwähnen, den bei der gewöhnlichen Brückenmethode die Uebergangswiderstände, so wie der Einfluss des Löthens hervorgebracht hätte; indessen haben wir uns von diesen später durch Anwendung der Hockin-Matthiessen'schen Methode völlig unabhängig gemacht.

Zu diesen in den Methoden liegenden Fehlerquellen kommen schliesslich diejenigen hinzu, welche mehr in der Sache selbst begründet sind. Es wurde bereits erwähnt, dass wir Grund hatten zu vermuthen, dass die Stahldrähte nicht alle genau derselben Stahlsorte angehörten, und es ist wohl wahrscheinlich, dass verschiedene Stahlsorten sich vielleicht qualitativ gleich oder quantitativ verschieden verhalten.

XVII. Schluss.

Es möge nun zum Schluss erlaubt sein, noch einen Rückblick auf die ganze vorliegende Untersuchung zu werfen und die Hauptresultate derselben mit einigen sich daran anschliessenden Folgerungen hervorzuheben. Mit Absicht wollen wir uns dabei theoretischer Speculationen enthalten und uns blos auf das Thatsächliche beschränken.

Vor allem fesselt das Interesse im hohen Grad der bis jetzt so wenig aufgeklärte Vorgang der Stahlhärtung selbst, so wie die bedeutende Verschiedenheit der beiden extremen Zustände des Stahls, des glasharten und des ausgeglühten, wie sie sich in den beiden bis jetzt wenig beachteten Wirkungen, den thermoelectrischen und galvanischen, zeigt. Der grösste beobachtete thermoelectrische Abstand zwischen diesen beiden Zuständen betrug $10,78 - (-2,76) = 13,5$, und das Verhältniss der specifischen Widerstände $\frac{0,48}{0,16} = 3,0$. Gerade diese grosse, ohne ein ähnliches Beispiel dastehende Empfindlichkeit, mit welcher sich die thermoelectrischen und galvanischen Eigenschaften des Stahls mit dessen Härtegrade ändern, lässt dieselben insbesondere in ihrer Vereinigung bei der Definition des absoluten Maasses als geeignet für Unterscheidung und Messung der Stahlhärte erscheinen. Weiter ist der ebenso wenig aufgeklärte Vorgang des Anlassens hervorzuheben, durch welchen man vom glasharten Zustande durch alle Zwischenstadien bis zum ausgeglühten gelangen kann. Für das Resultat sind dabei zwei Factoren massgebend: die Anlasstemperatur und ihre Einwirkungsdauer. Auch wenn die erstere relativ gering ist, kann man bedeutende Anlasswirkungen hervorbringen, falls die letztere hinreichend gross ist. Grössere Bedeutung liegt ohne Zweifel in den zu jeder Anlasstemperatur zugehörigen Grenzzuständen, aus denen der eine Factor, die Einwirkungsdauer, eliminirt erscheint. Es ist bemerkenswerth, dass diese Grenzzustände von etwa vorausgegangenen Anlassen durch tiefere Temperatur unabhängig und somit für jede Anlasstemperatur charakteristisch sind.

Durch alle diese Resultate ist ein weites neues Feld für Forschungen über das Verhalten des Stahls bei verschiedenen Härtezuständen in anderen als den in dieser Arbeit untersuchten Eigenschaften eröffnet, und man wird auch erkennen, dass durch die bis jetzt gewonnenen Resultate auch ein bestimmter Plan der Bearbeitung als besonders zweckmässig und vorwurfsfrei förmlich vorgezeichnet wird.

Vorzüglich ist es das magnetische Verhalten des Stahls, an welches sich für die Physik ein besonderes Interesse knüpft. Die über diesen Gegenstand bereits vorliegenden, mitunter gründlichen Arbeiten weisen alle auf die Schwierigkeit hin, mit welcher man dabei insofern stets zu kämpfen hat, als der „Stahl" kein bestimmt charakterisirter Körper ist, als man es vielmehr stets mit verschiedenen Stahlsorten zu thun hat, wobei die Resultate schwer mit einander vergleichbar sind. Ja man kann hinzufügen, dass man selbst

bei einer und derselben Stahlsorte jeden einzelnen Draht als
ein selbständiges Individuum zu betrachten hat, da ja auch
die Dimensionsverhältnisse auf das magnetische Moment nicht
ohne Einfluss sind.

Dadurch aber stellt sich als der einzig richtige Plan
derjenige her, einen und denselben Stahldraht durch Anlassen
durch recht viele Härtezustände, vom glasharten bis zum
ausgeglühten, durchzuführen, und da werden es wiederum die
für jede Anlasstemperatur charakteristischen Grenzzustände
sein, welche man allen anderen bevorzugen wird; um so mehr,
als jeder von diesen Grenzzuständen von den vorausgegangenen
unabhängig ist.

Auf diese Weise wird es möglich, sein, unabhängig von
der Zusammensetzung des Stahls, insbesondere dem Kohlenstoffgehalt, ferner unabhängig von den Dimensionsverhältnissen,
das magnetische Verhalten blos in seiner Abhängigkeit von
der einen Variablen, dem Härtezustande zu studiren. Gelingt
es, Beziehungen dabei zu ermitteln, so müsste man dann denselben Gang bei Stahlstäben derselben Sorte, aber verschiedenen Dimensionen festhalten und schliesslich auch die Zusammensetzung des Stahls mit in Betracht ziehen. Nebenbei
würde man, falls man zur Charakterisirung des Härtegrades
sowohl die thermoelectrische Constante, als auch den galvanischen Leitungswiderstand bestimmt, die zwischen diesen
beiden Grössen bestehende Beziehung, die wir bei verschiedenen Drähten erhalten haben, bei einem und demselben Draht,
und zwar bei seinen Grenzzuständen vorwurfsfreier studiren
und dabei auch den Verlauf dieser Grenzzustände mit der
zugehörigen Anlasstemperatur mit in Betracht ziehen können.
Alle diese, sowie auch ähnliche, besonders technisch wichtige
Fragen, betreffend die Veränderlichkeit der Eigenschaften der
Festigkeit und Zähigkeit des Stahls mit seinem Härtezustande,
müssen späteren Untersuchungen vorbehalten bleiben.

XIV. *Untersuchungen über die Höhe der Atmosphäre und die Constitution gasförmiger Weltkörper; von A. Ritter in Aachen.*

Neunte Abtheilung.

---

§ 34. Gasförmiger Weltkörper mit festem kugelförmigen Kerne.

Wenn die Masse der atmosphärischen Hülle eines Weltkörpers so gross ist, dass die Gravitationswirkung der Atmosphäre nicht mehr als verschwindend klein gegen die Gravitationswirkung des ganzen Weltkörpers vernachlässigt werden darf, so hat man den letztern als einen gasförmigen Weltkörper mit festem, kugelförmigen Kerne zu behandeln. Zur Ermittelung des Gesetzes, nach welchem die Höhe der Atmosphäre mit der Oberflächentemperatur des festen, kugelförmigen Kernes sich ändert, kann die in § 30 gefundene allgemeine Differentialgleichung benutzt werden. Ueber den Gang der hierbei anzuwendenden Untersuchungsmethode kann man sich orientiren, indem man jene allgemeine Differentialgleichung zunächst auf diejenigen beiden speciellen Fälle anwendet, für welche das Resultat der Integration durch einen geschlossenen mathematischen Ausdruck sich darstellen lässt.

Der Werth $n = 0$ (oder $k = \infty$) entspricht dem Falle einer überall gleich grossen Dichtigkeit (von der Grösse $\gamma = \gamma_0$), und nach Gleichung (293) wird für diesen Fall:

$$(325) \qquad m^2 = \frac{4\pi\lambda^2 r^4}{E\,\tau_0}\gamma.$$

Wenn mit P die Masse und mit $\mathfrak{q}$ die Dichtigkeit des festen kugelförmigen Kernes bezeichnet wird, so ist nach dem Newton'schen Gravitationsgesetze:

$$(326) \qquad \mathfrak{v}_0 = \frac{P r^2}{E a^2} = \frac{4\pi a\,\mathfrak{q}\,r^2}{3\,E}$$

zu setzen, und nach Substitution des hieraus für E zu entnehmenden Werthes kann man der vorhergehenden Gleichung auch die folgende Form geben:

$$(327) \qquad m^2 = \frac{3\,a\,v_0\,\gamma}{a^2\,\tau_0\,q}.$$

Als Anfangszustand kann derjenige Zustand gewählt werden, in welchem die Atmosphäre sich befand, als $\gamma = q$ war, und wenn mit α_0 der diesem Anfangszustande entsprechende Werth der Verhältnisszahl $\alpha = \frac{a}{\lambda r}$ bezeichnet wird, so ergeben sich für die während der Zustandsänderung unverändert bleibende Masse der Atmosphäre die Werthe:

$$(328) \qquad \tfrac{1}{3}\left(\frac{a}{\alpha}\right)^3 \pi\,\gamma\,(1-\alpha^3) = \tfrac{1}{3}\left(\frac{a}{\alpha_0}\right)^3 \pi\,q\,(1-\alpha_0^3).$$

Mit Benutzung des aus dieser Gleichung für das Verhältniss $\frac{\gamma}{q}$ zu entnehmenden Werthes erhält man nunmehr für die Constante m^2 den Ausdruck:

$$(329) \qquad m^2 = \frac{3\,a\,v_0\,\alpha\,(1-\alpha_0^3)}{\tau_0\,\alpha_0^3\,(1-\alpha^3)}.$$

Die allgemeine Differentialgleichung nimmt für den vorliegenden Fall die folgende Form an:

$$(330) \qquad \frac{d^2y}{dx^2} + \frac{2}{x}\frac{dy}{dx} + m^2 = 0.$$

Das Integral dieser Differentialgleichung lässt sich darstellen durch die Gleichung:

$$(331) \qquad y = B + \frac{C}{x} - \frac{m^2}{6}x^2,$$

in welcher B und C constante Grössen bedeuten, deren Werthe aus den gegebenen Grenzbedingungen zu berechnen sind. Für $x = \alpha$ wird $y = 1$, und für $x = 1$ wird $y = 0$, folglich ist:

$$(332) \qquad B = \frac{m^2(1-\alpha^3)-6\alpha}{6\,(1-\alpha)},$$

$$(333) \qquad C = \frac{6\,\alpha - m^2\,(\alpha-\alpha^3)}{6\,(1-\alpha)}.$$

Für den ersten Differentialquotienten von y erhält man hiernach den Ausdruck:

(334).
$$\frac{dy}{dx} = \frac{m^2\,(\alpha - \alpha^3) - 6\alpha}{6\,(1 - \alpha)\,x^3} - \frac{m^2}{3}\,x.$$

Wenn man in Gleichung (286), welcher man für den vorliegenden Fall die folgende Form geben kann:

(335)
$$v = - \frac{a\,\tau_0}{a}\frac{dy}{dx},$$

den obigen Werth für den Differentialquotienten $\frac{dy}{dx}$ einsetzt, so erhält man die Gleichungen:

(336)
$$v = \frac{a\,\tau_0}{a}\left\{\frac{m^2 x}{3} + \frac{6\,\alpha - m^2(\alpha - \alpha^3)}{6\,(1 - \alpha)\,x^2}\right\},$$

(337)
$$v_0 = \frac{\tau_0}{a}\left\{\frac{m^2\,(2\alpha^2 - \alpha - 1)}{6} + \frac{1}{1 - \alpha}\right\}.$$

Nach Substitution des in Gleichung (329) für m^2 gefundenen Werthes nimmt die letztere Gleichung, für τ_0 aufgelöst, die folgende Form an:

(338)
$$\tau_0 = \frac{a\,v_0\,(1 - \alpha)}{2}\left\{2 + \frac{(1 - \alpha_0^3)\,(\alpha + \alpha^2 - 2\alpha^3)}{\alpha_0^3\,(1 - \alpha^3)}\right\}.$$

Wenn mit τ_{00} der dem Werthe $\alpha = \alpha_0$ entsprechende Anfangswerth von τ_0 bezeichnet wird, oder derjenige Werth, welchen die Grösse τ_0 hatte, als die Dichtigkeit der atmosphärischen Hülle so gross war wie die Dichtigkeit des kugelförmigen Kernes, so ist nach obiger Gleichung:

(339)
$$\tau_{00} = \frac{a\,v_0\,(1 - \alpha_0^2)}{2\,\alpha_0^2}$$

zu setzen, und wenn man die vorhergehende Gleichung durch die letztere dividirt, so erhält man die Gleichung:

(340)
$$\frac{\tau_0}{\tau_{00}} = \frac{\alpha_0^2\,(1 - \alpha)}{(1 - \alpha_0^2)}\left\{2 + \frac{(1 - \alpha_0^3)\,(\alpha + \alpha^2 - 2\alpha^3)}{\alpha_0^3\,(1 - \alpha^3)}\right\}.$$

Für ein dem Mariotte-Gay-Lussac'schen Gesetze unterworfenes Gas ist $\frac{\tau_0}{\tau_{00}} = \frac{T_0}{T_{00}}$ zu setzen; man kann daher mittelst obiger Gleichung für jeden gegebenen Werth der Atmosphärenhöhe $H = \frac{a}{\alpha} - a$ den zugehörigen Werth der Oberflächentemperatur des festen kugelförmigen Kernes berechnen.

Wenn man z.B. $\alpha_0 = \frac{1}{3}$ setzt, so erhält man die folgenden zusammengehörigen Zahlenwerthe:

$a = \dfrac{a}{a+H} =$	0	0,25	$\frac{1}{3}$	0,375	0,4	0,5	1
$\dfrac{\tau_0}{\tau_{00}} = \dfrac{T_0}{T_{00}} =$	$\frac{1}{3}$	1	1,043	1,048	1,046	1	0
$\dfrac{\gamma}{q} =$	0	$\frac{1}{9}$	$\frac{7}{16}$	0,3897	0,4786	1	∞

Während · die Atmosphärenhöhe von ∞ bis 0 abnimmt, findet in diesem Falle anfangs ein Zunehmen jener Oberflächentemperatur statt. Innerhalb der Grenzen $T_0 = \frac{1}{3} T_{00}$ und $T_0 = 1{,}048 T_{00}$ entsprechen jedem bestimmten Werthe der Oberflächentemperatur zwei verschiedene Werthe der Atmosphärenhöhe, so z. B. dem Werthe $T_0 = T_{00}$ die beiden Werthe $H = 3a$ und $H = a$. Für $T_0 = 1{,}048 T_{00}$ fallen diese beiden Werthe zusammen, und wenn die Oberflächentemperatur des festen kugelförmigen Kernes grösser ist als $1{,}048 T_{00}$, so kann der Gleichgewichtszustand auf die hier vorausgesetzte Weise überhaupt nicht mehr existiren.

Zu analogen Resultaten führt die Untersuchung desjenigen Gleichgewichtszustandes, welcher dem Werthe $n = 1$ (oder $k = 2$) entspricht. Nach Gleichung (293) wird für diesen Fall:

$$(341) \qquad m^2 = \frac{2\pi a^2 r^2 \gamma_0}{a^2 E \tau_0},$$

und durch directe Integration der Differentialgleichung (311) erhält man (unter Berücksichtigung der gegebenen Grenzbedingungen) für diesen Fall die Gleichung:

$$(342) \qquad y = \frac{a \sin(m - mx)}{x \sin(m - m\alpha)}.$$

Wenn die ganze Masse des Weltkörpers im gasförmigen Aggregatzustande sich befände, so würde nach § 31 die Constante m gleich π zu setzen sein. Denkt man sich bei diesem Zustande die innere Kugel vom Halbmesser a in einen festen Körper verwandelt, und betrachtet man den auf solche Weise definirten Zustand der atmosphärischen Hülle als Anfangszustand für die später folgende Zustandsänderung, so erhält man nach Gleichung (341) für jenen Anfangszustand, (indem man mit τ_{00} und γ_{00}, resp. die Anfangswerthe der Grössen τ_0 und γ_0 bezeichnet) die Bedingungsgleichung:

$$(343) \qquad \pi^2 = \frac{2\pi a^2 r^2 \gamma_{00}}{a_0^2 E \tau_{00}},$$

und wenn man die Gleichung (341) durch diese letztere dividirt, so gelangt man zu der folgenden Gleichung:

$$(344) \qquad \frac{m^2}{\pi^2} = \frac{a_0^2}{a^2} \cdot \frac{\gamma_0}{\gamma_{00}} \cdot \frac{\tau_{00}}{\tau_0}.$$

Aus Gleichung (342) erhält man für den ersten Differentialquotienten von y den Ausdruck:

$$(345) \qquad \frac{dy}{dx} = -\frac{a}{\sin(m-ma)}\left\{ \frac{m\cos(m-mx)}{x} + \frac{\sin(m-mx)}{x^2}\right\},$$

und wenn man in Gleichung (286), welcher man für den vorliegenden Fall die folgende Form geben kann:

$$(346) \qquad \mathfrak{v} = -\frac{2a\tau_0}{a} \cdot \frac{dy}{dx},$$

den obigen Werth für den Differentialquotienten $\frac{dy}{dx}$ substituirt, so erhält man die Gleichungen:

$$(347) \qquad \mathfrak{v} = \frac{2a^2\tau_0}{a\sin(m-ma)}\left\{ \frac{m\cos(m-mx)}{x} + \frac{\sin(m-mx)}{x^2}\right\},$$

$$(348) \qquad \mathfrak{v}_0 = \frac{2\tau_0}{a\sin(m-ma)}\left\{ am\cos(m-ma) + \sin(m-ma)\right\},$$

$$(349) \qquad \mathfrak{v}_1 = \frac{2a^2\tau_0 m}{a\sin(m-ma)},$$

$$(350) \qquad \frac{\mathfrak{v}_0}{\mathfrak{v}_1} = \frac{\cos(m-ma)}{a} + \frac{\sin(m-ma)}{ma^2}.$$

Mit Benutzung der für die letzteren drei Grössen aus dem Newton'schen Gesetze zu entnehmenden Werthe:

$$\mathfrak{v}_0 = \frac{Pr^2}{Ea^2}, \qquad \mathfrak{v}_1 = \frac{Sa^2r^2}{Ea^2}, \qquad \frac{\mathfrak{v}_0}{\mathfrak{v}_1} = \frac{P}{Sa^2}$$

erhält man hiernach für die während der Zustandsänderung constant bleibenden Massenverhältnisse die Gleichungen:

$$(351) \qquad \frac{P}{S} = a\cos(m-ma) + \frac{\sin(m-ma)}{m} = \frac{\sin(\pi a_0)}{\pi} - a_0\cos(\pi a_0)$$

$$(352) \qquad \frac{S}{E} = \frac{2a\tau_0 m}{r^2\sin(m-ma)} = \frac{2a\tau_{00}\pi}{r^2\sin(\pi a_0)}.$$

Die vorletzte Gleichung kann zur Berechnung der Constante *m* benutzt werden, und aus der letzten erhält man für das Verhältniss der Oberflächentemperaturen den Werth:

$$(353) \qquad \frac{T_0}{T_{00}} = \frac{\tau_0}{\tau_{00}} = \frac{\pi \sin (m - m\alpha)}{m \sin (\pi \alpha_0)}.$$

Das Verhältniss der beiden Dichtigkeiten γ_0 und γ_{00} kann hann hiernach aus Gleichung (344) berechnet werden.

Wenn z. B. $\alpha_0 = \frac{1}{2}$ gesetzt wird, so ergeben sich aus den obigen Gleichungen die nachfolgenden zusammengehörigen Zahlenwerthe:

$\alpha =$	0	$\frac{1}{5}$	$\frac{3}{8}$	$\frac{1}{4}$	$\frac{1}{2}$	$\frac{3}{4}$	1
$\frac{m}{\pi} =$	0,7365	0,7675	0,7755	0,7871	1	1,777	∞
$\frac{\tau_0}{\tau_{00}} =$		1,220	1,2224	1,220	1	0,553	0
$\frac{\gamma_0}{\gamma_{00}} =$	0	0,115	0,1452	0,189	1	3,93	∞

Bei Vergleichung dieser Tabelle mit der vorigen erkennt man, dass (abgesehen von den Unterschieden der numerischen Werthe) das Gesetz der Zustandsänderung mit dem für den vorigen Fall gefundenen vollkommen übereinstimmt. Zu gleichen Resultaten würde man, (so lange $k > \frac{5}{3}$ ist) auch bei Annahme eines beliebigen andern Werthes von *k* gelangen, indem man die Integration der allgemeinen Differentialgleichung mittelst der in § 31 erklärten graphischen Methode ausführt. Die nachfolgenden, aus den obigen Gleichungen und Tabellen zu ziehenden Schlussfolgerungen können daher (vorausgesetzt, dass $\frac{c_p}{c_v} > \frac{5}{3}$ ist) auch auf den Fall des adiabatischen Gleichgewichtszustandes übertragen werden.

Wenn die Verhältnisszahl $\frac{P}{S}$ unterhalb eines gewissen, von der Grösse *k* abhängigen Grenzwerthes liegt (d. h. wenn die Atmosphärenmasse einen gewissen Bruchtheil von der Gesammtmasse übersteigt, so entsprechen innerhalb gewisser Grenzen einem bestimmten Werthe der Oberflächentemperatur immer zwei verschiedene Werthe der Atmosphärenhöhe. Diese beiden Werthe fallen zusammen in dem Augenblicke, wo jene Oberflächentemperatur ihren Maximalwerth erreicht.

In diesem Augenblicke befindet sich der Weltkörper in einem Zustande, bei welchem ebensowohl Wärme-Zuführung als auch Wärme-Entziehung eine Abkühlung desselben hervorbringen würde.

Jene Maximaltemperatur bildet in gewissem Sinne zugleich die Dispersionstemperatur, insofern beim Vorhandensein einer constanten Oberflächentemperatur, welche diesen Grenzwerth übersteigt, unter allen Umständen eine Zerstreuung der Atmosphäre im unendlichen Raume stattfinden würde. Jedoch ist hierbei zu berücksichtigen, dass unter gewissen Umständen auch schon bei einer niedrigeren Oberflächentemperatur eine solche Zerstreuung eintreten kann. Wenn nämlich bei einer bestimmten Oberflächentemperatur des kugelförmigen Kernes die Atmosphäre in demjenigen Gleichgewichtszustande sich befände, welcher dem grössern von den beiden zugehörigen Werthen der Atmosphärenhöhe entspricht, so würde die geringste Vergrösserung dieser Temperatur immer eine Zerstreuung der Atmosphäre zur Folge haben, insofern das Constantbleiben dieser vergrösserten Oberflächentemperatur eine beständige Wärmeübertragung an die Atmosphäre und infolge dessen ein unaufhörliches Wachsen der Atmosphärenhöhe bedingen würde.

§ 35. Geometrische Darstellung der Beziehungen zwischen Oberflächentemperatur und Atmosphärenhöhe.

Zur allgemeinen Lösung der im vorigen Paragraphen für die beiden speciellen Fälle $n = 0$ und $n = 1$ (oder $k = \infty$ und $k = 2$) auf dem Wege der Rechnung gelösten Aufgabe kann man die in § 31 erklärte graphische Methode benutzen.

Das Gesetz, nach welchem im Innern einer aus homogenen, concentrischen Schichten zusammengesetzten Kugel die Dichtigkeit mit dem Abstande vom Mittelpunkte sich ändert, kann man auf indirecte Weise geometrisch darstellen, indem man über dem Halbmesser eine Curve con-

struirt, deren Ordinaten die Gravitationskräfte (pro Masseneinheit) in den verschiedenen Punkten desselben darstellen.

Der Anfangspunkt dieser Curve, welche abkürzungsweise
die Gravitationscurve genannt werden soll, fällt stets mit
dem Mittelpunkte *A* zu-
sammen, insofern die
Gravitationskraft im
Mittelpunkte der Ku-
gel die Grösse Null hat
(Fig. 10). Der Endpunkt
dieser Curve fällt unter
allen Umständen in die-
jenige Curve hinein,
durch welche nach dem
Newton'schen Gesetze
die von einem im Cen-
trum der Kugel be-
findlichen materiellen
Punkte ausgeübten Gra-
vitationskräfte darzu-
stellen sein würden,

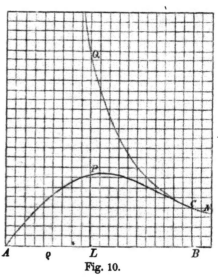

Fig. 10.

wenn in diesem Punkte die ganze Masse der Kugel concentrirt wäre. Die letztere Curve, welche abkürzungsweise die
Newton'sche Curve genannt werden soll, ist in Fig. 10 durch
die punktirte Linie *QCN* dargestellt, während die Linie *APC*
die Gravitationscurve für den innern Kugelraum darstellt.

Durch diese beiden Curven ist indirect zugleich das
Gesetz dargestellt, nach welchem die in der Kugel vom
Halbmesser ϱ enthaltene Masse *M* mit der Grösse ϱ sich
ändert. Denn die Ordinate *LQ* würde die Gravitationskraft
in dem Punkte *L* darstellen, wenn die ganze Masse der
Kugel im Mittelpunkte concentrirt wäre. Das Verhältniss
der Masse *M* zur ganzen Masse *S* ist daher durch das Verhältniss der beiden Ordinaten *LP* und *LQ* gegeben.

Wenn man sich die innere Kugel vom Halbmesser $\varrho = a$
in eine homogene feste Kugel verwandelt denkt, so erhält man
statt der krummen Linie *AP* eine gerade Linie, und die
Gravitationscurve nimmt für diesen Fall die in Fig. 11 darge-

stellte Form an. Diese letztere Figur kann zugleich als graphische Darstellung der Gravitationskräfte gelten für eine im adiabatischen Gleichgewichtszustande befindliche Gaskugel mit festem, homogenen, kugelförmigen Kerne. Die Linie PC repräsentirt die Gravitationscurve für die atmosphärische Hülle, und das Verhältniss $\frac{LP}{PQ}$ repräsentirt, das Verhältniss der Masse des Kernes zur Masse der Atmosphäre. Während einer Zustandsänderung der letztern erleidet diese Linie eine Form- und Lagenänderung, wobei der Endpunkt C längs der Newton'schen Curve sich verschiebt.

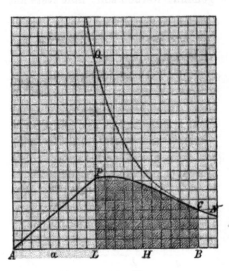

Fig. 11.

Wenn als Längeneinheit das Meter und als Krafteinheit das Gewicht eines Kilogrammes (gewogen an der Erdoberfläche) gewählt wird, so repräsentirt die schraffirte Fläche $LPCB$ die in Meterkilogrammen ausgedrückte mechanische Arbeit, welche erforderlich sein würde, um die Masse eines Kilogramms von der Oberfläche des kugelförmigen Kernes bis zur Grenze der atmosphärischen Hülle emporzuheben. Diese Arbeit bildet das mechanische Aequivalent derjenigen Wärmequantität, welche einem (bis auf den absoluten Nullpunkt abgekühlten) Kilogramm des Gases bei constantem Drucke zugeführt werden müsste, um dasselbe in den Zustand der untersten Atmosphärenschicht zu versetzen. Der Inhalt der schraffirten Fläche kann daher zugleich als Maass für die Temperatur der untersten Atmosphärenschicht, oder für die Oberflächentemperatur des kugelförmigen Kernes betrachtet werden. Um diejenige Atmosphärenhöhe H zu finden, welcher das Maximum dieser Oberflächentemperatur entspricht, würde man diejenige Lage der Curve *PC* aufzusuchen haben, für welche der Inhalt jener Fläche ein Maximum wird.

Wenn die Dichtigkeit des kugelförmigen Kernes gleich Null gesetzt wird, d. h. wenn statt dieses Kernes ein Hohlkugelraum angenommen wird, so fällt der Punkt *P* mit dem Punkte *L* zusammen, und die Gravitationscurve nimmt die in Fig. 12 dargestellte Form an. Wenn zugleich die Atmosphärenhöhe *H* gleich Null wäre, so würde der Endpunkt der Gravitationscurve mit dem Punkte *Q* zusammenfallen, und der Inhalt der schraffirten Fläche würde die Grösse Null annehmen. Während die Atmosphärenhöhe *H* von 0 bis ∞ zunimmt, bewegt sich der Endpunkt der Gravitations-curve von dem Punkte *Q* aus längs der Newton'schen Curve *QCN*

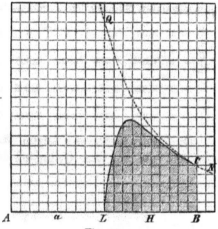

Fig. 12.

bis ins Unendliche, wobei der Inhalt der schraffirten Fläche stetig sich ändert. Für das Gesetz dieser Aenderung ergeben sich, je nachdem *k* grösser oder kleiner als ℥ ist, zwei verschiedene Formen.

Wenn *k* > ℥ (oder *n* < 5) ist, so wird die Fläche anfangs wachsen und später, nach Ueberschreitung eines gewissen Maximalwerthes, wieder bis auf die Grösse Null abnehmen. Wenn dagegen *k* < ℥ (oder *n* > 5) ist, so wächst die Fläche unaufhörlich und erreicht ihren Maximalwerth in demselben Augenblicke, wo die Atmosphärenhähe *H* = ∞ wird.

Nach § 31 und § 33 ist der adiabatische Gleichgewichtszustand eines Weltkörpers, dessen ganze Masse im gasförmigen Aggregatzustande sich befindet, nur dann möglich, wenn das Verhältniss der beiden specifischen Wärmen grösser als $\mathfrak{f}$ ist. Diese einschränkende Bedingung fällt weg, sobald ein — wenn auch noch so kleiner — fester, kugelförmiger Kern vorhanden ist. In diesem Falle ist der adiabatische Gleichgewichtszustand immer möglich — selbst dann, wenn die Dichtigkeit des Kernes die Grösse Null hat.

Wenn z. B. $k = 1,1$ (oder $n = 10$) gesetzt wird, so erhält man mittelst der in § 31 erklärten Methode für einen Hohlkugelkern mit unendlich hoher Atmosphäre die in der nachfolgenden Tabelle zusammengestellten Zahlenwerthe:

$\frac{\ell}{a} =$	1	1,05	1,1	1,2	1,3	1,4	1,5	2	∞
$\frac{T}{T_0} =$	1	0,997	0,986	0,952	0,907	0,858	0,810	0,616	0
$\frac{\tau}{\tau_0} =$	1	0,968	0,872	0,614	0,377	0,216	0,122	0,008	0
$\frac{M}{S} =$	0	0,121	0,244	0,472	0,648	0,768	0,852	0,98	1

Die Zahlenwerthe der letzten Horizontalreihe kann man benutzen, um aus den Ordinaten der Newton'schen Curve die Ordinaten der Gra-

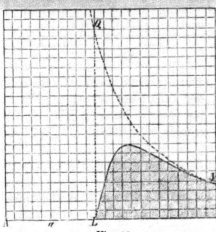

Fig. 13.

vitationscurve zu berechnen, insofern die Massenverhältnisse zugleich die Ordinatenverhältnisse jener beiden Curven repräsentiren (Fig. 13). Der Flächeninhalt der schraffirten Fläche beträgt etwa 80,5 Procent von der Fläche LQN, woraus folgt, dass die Oberflächentemperatur 80,5 Proc. beträgt von derjenigen (nach § 28 zu berechnenden) Dispersionstemperatur, welche für eine Vollkugel von gleichem Halbmesser a sich ergeben würde, wenn die ganze Masse in dieser Kugel concentrirt, und die Atmosphärenmasse selbst unendlich klein wäre.

Wenn man in Fig. 12 von dem Punkte *A* aus die Tangente *AM* an die Gravitationscurve legt und das Stück *LM* der letztern durch die gerade Linie *AM* ersetzt, so erhält man die in Fig. 14 dargestellte Linie *AMC,* welche betrachtet

werden kann als Gravitationscurve für eine homogene feste Kugel mit atmosphärischer Hülle, deren Dichtigkeit in der untersten Schicht mit der constanten Dichtigkeit des kugelförmigen Kernes übereinstimmt. Wenn man ferner annimmt, dass anfangs die ganze

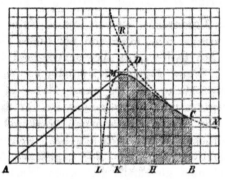

Fig. 14.

Masse eine feste, homogene Kugel bildete, und dass alsdann die äusseren Schichten dieser Kugel, eine nach der andern in den gasförmigen Aggregatzustand übergehend, eine atmosphärische Hülle bilden von solcher Beschaffenheit, dass die Dichtigkeit der untersten Schicht stets übereinstimmt mit der constanten Dichtigkeit des festen Kernes, so würde dieser Zustandsänderung ein Uebergang der Gravitationscurve aus der Lage *AMD* in die Lage *AMC* entsprechen. Diese letztere Lage repräsentirt den Zeitpunkt, in welchem die Atmosphärenhöhe die Grösse *H*, und das Verhältniss der Atmosphärenmasse zu der Masse des festen Kernes die Grösse $\frac{MR}{MK}$ erreicht hat. Bei weiterer Fortsetzung dieses allmählichen Ueberganges aus dem festen in den gasförmigen Aggregatzustand wird sowohl die Höhe als auch die Masse der Atmosphäre beständig zunehmen, und in Betreff des Gesetzes dieser Zunahme sind wiederum je nachdem *k* grösser oder kleiner als $\mathfrak{k}$ ist, zwei verschiedene Fälle zu unterscheiden.

Wenn $k < \mathfrak{k}$ (oder $n > 5$) ist, so wird die Atmosphärenhöhe den Werth $H = \infty$ schon erreichen, bevor noch die ganze

Masse in den gasförmigen Aggregatzustand übergegangen ist. So z. B. würde man in Bezug auf den in Fig. 13 dargestellten Fall (durch Ausführung der oben erwähnten Tangenten-Construction) zu dem Resultate gelangen, dass dem Werthe $H = \infty$ der Werth $\frac{P}{S} = \frac{1}{3}$ entspricht, d. h. die Höhe der Atmosphäre wird in diesem Falle schon unendlich gross geworden sein, wenn erst der dritte Theil der ganzen Masse in den gasförmigen Aggregatzustand übergegangen ist.

Wenn dagegen $k > \frac{1}{3}$ (oder $n < 5$) ist, so wird in dem Augenblicke, wo die ganze Masse in den gasförmigen Aggregatzustand übergegangen ist, für den Halbmesser der auf solche Weise entstandenen Gaskugel stets ein bestimmter endlicher Werth sich ergeben, welcher aus der durch die Richtung der Linie AD gegebenen Mittelpunktsdichtigkeit und dem gleichfalls gegebenen Werthe von k nach der Tabelle des § 31 berechnet werden kann.

Wenn z. B. $k = \frac{1}{4}$ (oder $n = \frac{4}{1}$) ist, so beträgt nach der Tabelle des § 31 die mittlere Dichtigkeit der Gaskugel den sechsten Theil von der Dichtigkeit im Mittelpunkte derselben, und da die Halbmesser zweier homogener Kugeln von gleichen Massen sich umgekehrt wie die Cubikwurzeln aus den Dich-

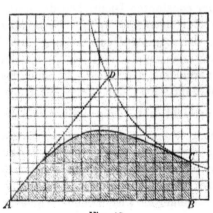

Fig. 15.

tigkeiten verhalten, so wird in diesem Falle der Halbmesser im Verhältniss $1 : \sqrt[3]{6}$ wachsen, während die Kugel aus dem festen in den gasförmigen Aggregatzustand übergeht. Während dieser Zunahme des Halbmessers wird zugleich die (als Maass für die Oberflächentemperatur des festen Kernes zu betrachtende) Fläche $MKBC$ beständig wachsen, und in dem Augenblicke, wo die ganze Masse gasförmig geworden ist, wird die

Fläche ihren grössten Werth erreichen (Fig. 15). Bei noch
weiter fortgesetztem Wachsen des Halbmessers bis ins Unendliche würde diese Fläche wieder bis auf die Grösse Null
abnehmen.

Auf dieselbe Weise würde man sich auch die umgekehrte
Zustandsänderung, nämlich den Uebergang aus dem gasförmigen in den festen Aggregatzustand, geometrisch veranschaulichen können. Wenn einer im adiabatischen Gleichgewichtszustande befindlichen Gaskugel Wärme entzogen wird,
so findet eine Contraction und Verdichtung derselben statt.
Eine Verdoppelung der mittlern Dichtigkeit entspricht einer
Abnahme des Halbmessers im Verhältniss $\sqrt{2}:1$ (oder im Verhältniss 1,26 : 1), und die Mittelpunktstemperatur würde hierbei
im Verhältniss 1 : 1,26 wachsen, wenn die ganze Masse die
Eigenschaften eines idealen Gases stets beibehielte. Die

Gravitations-
curve würde
dabei aus der
Lage AEC in
die Lage
AE_1C_1 über-
gehen (Fig. 16).
Die Linie AD
repräsentirt
die anfängli-
che, die Linie
AD_1 die nach-

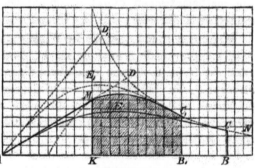

Fig. 16.

herige doppelt so grosse Mittelpunktsdichtigkeit. Die Fläche
$AECB$ repräsentirt die anfängliche, die Fläche $AE_1C_1B_1$
die 1,26fach vergrösserte nachherige Mittelpunktstemperatur.

Wenn man sich statt dessen die Masse so beschaffen
denkt, dass beim Erreichen eines bestimmten Dichtigkeits-
grades plötzlich ein Uebergang in den festen Aggregatzustand
eintritt, und wenn man zugleich die Annahme macht, dass
der Anfangszustand gerade derjenige war, bei welchem die
Mittelpunktsdichtigkeit jenes Maximum bereits erreicht hatte,
so würde bei der oben angenommenen Contraction der innere
Theil der Kugel allmählich in den festen Aggregatzustand

übergehen, und die Gravitationscurve würde die Lage AMC_1 annehmen. Die schraffirte Fläche KMC_1B_1 repräsentirt die Maximaltemperatur (oder die Temperatur an der Oberfläche des festen kugelförmigen Kernes), und da für den oben angenommenen Werth $k = \frac{3}{2}$ die Construction ergibt, dass die schraffirte Fläche etwa 68 Procent ·von ˙der Fläche $AECB$ (oder 54 Procent von der Fläche $AE_1C_1B_1$) beträgt, so folgt hieraus, dass in diesem letztern Falle die Maximaltemperatur im Verhältniss $1 : 0{,}68$ abnehmen würde, anstatt, wie im erstern Falle, im Verhältniss $1 : 1{,}26$ zuzunehmen.

———

Die Voraussetzung: dass die Sonnensubstanz die Eigenschaften eines idealen Gases besitzt und stets beibehalten wird, müsste nothwendig zu dem Schlusse führen, dass im Laufe der Zeit das Volumen der Sonne bis auf einen mathematischen Punkt zusammenschrumpfen, und die Temperatur derselben bis ins Unendliche wachsen wird.

Wenn man statt dessen die der Wirklichkeit vielleicht etwas besser entsprechende Annahme macht, dass es für die Dichtigkeit der Sonnensubstanz eine obere Grenze gibt, bei deren Erreichung die Möglichkeit einer fernern Zunahme der Dichtigkeit aufhört, so würden die oben in Bezug auf den Uebergang in den festen Aggregatzustand gefundenen Resultate annäherungsweise auch auf die Sonne angewendet werden können, und es würde aus denselben zu folgern sein: dass die Sonnentemperatur zunächst bis zu einem gewissen Maximalwerthe zunehmen, und bei Erreichung desselben anfangen wird wieder abzunehmen. Die Entscheidung der für die zukünftige Entwickelung der Erde wichtigen Frage: ob die Sonnentemperatur gegenwärtig jenen Maximalwerth noch nicht erreicht oder bereits überschritten hat, muss künftigen weiteren Forschungen vorbehalten bleiben.

§ 36. Hypothesen über die Constitution der Sonne.

Die Resultate der Forschungen auf den Gebieten der theoretischen Chemie und der Spectralanalyse scheinen die Hypothese zu begünstigen: dass bei unbegrenztem Wachsen der Temperatur unter allen Umständen eine Dissociation der chemischen Elemente stattfindet.

Wenn man also den (beim heutigen Stande der Wissenschaft vielleicht etwas verfrüht zu nennenden) Versuch machen wollte, für die Vorgänge und Zustände im Innern der Sonne eine befriedigende Theorie aufzustellen, so würde als nächstliegend die Hypothese sich darbieten: dass das Innere der Sonnenmasse aus einem einatomigen Gase besteht, welches als Dissociationsproduct der chemischen Elemente den Grund- oder Urstoff derselben bildet.

Nach der kinetischen Gastheorie ist für einatomige Gase, als Verhältniss der beiden specifischen Wärmen c_p und c_v der Werth $k = \frac{5}{3}$ anzunehmen. Wenn man also (unter Vorbehalt einer später auszuführenden Correction) zunächst die provisorische Annahme machte: dass die ganze Sonnenmasse aus einem einatomigen Gase besteht, welches die Eigenschaften eines idealen Gases besitzt, so würde aus der Tabelle des § 31 sich ergeben: dass die Dichtigkeit im Mittelpunkte der Sonne sechsmal so gross ist als die mittlere Dichtigkeit derselben, und da die letztere etwa 1,43 mal so gross ist als die Dichtigkeit des Wassers, so würde für den Mittelpunkt eine Dichtigkeit sich ergeben, welche etwa 8,6-mal so gross ist als die des Wassers.

Aus der obigen Hypothese würde ferner nach § 10 sich ergeben, dass das Verhältniss der ausgestrahlten Wärme zu der gesammten durch die Gravitationsarbeit erzeugten Wärme gleich 0,5 ist, und nach § 14 würde die jährliche Abnahme des Sonnenhalbmessers etwa 48 Meter betragen.

Für den totalen Wärmeinhalt eines im Mittelpunkte befindlichen Massenkilogramms, oder für diejenige Wärmequantität, welche einem Kilogramm der Sonnensubstanz bei constantem Drucke zugeführt werden müsste, um dasselbe vom absoluten Nullpunkte bis zur Mittelpunktstemperatur T_0 zu erwärmen, erhält man (der obigen Hypothese entsprechend) nach § 12 und § 31 den Werth:

$$(354) \quad Q_0 = c_p\, T_0 = \frac{1,35 \cdot 27,4 \cdot 688\,000\,000}{424} = 60\,100\,000 \text{ Wärmeeinheiten.}$$

Um die Mittelpunktstemperatur selbst zu erhalten, würde

man diese Zahl noch durch die Grösse c_p zu dividiren haben. Da jedoch die Eigenschaften jenes hypothetischen einatomigen Grundstoffes noch gänzlich unbekannt sind, so muss auf die numerische Bestimmung der Grösse T_0 einstweilen verzichtet werden. Wenn man beispielsweise annähme, dass die specifische Wärme jenes Grundstoffes so gross wie die des Wasserstoffes ist, so würde man den Werth $T_0 = 17\,630\,000$ Grad erhalten. (Nach Sterry Hunt[1]) soll das Atomgewicht jenes Grundstoffes ein Viertel von dem des Wasserstoffes betragen, und wenn man dieser letztern Hypothese entsprechend, die specifische Wärme jenes Stoffes viermal so gross als die des Wasserstoffs annähme, so würde man den Werth $T_0 = 4\,473\,000$ Grad erhalten).

Wenn mit T die absolute Temperatur und mit Q die Totalwärme eines im Abstande ϱ vom Mittelpunkte befindlichen Massenkilogramms bezeichnet wird, so ist $\dfrac{Q}{Q_0} = \dfrac{T}{T_0} = \dfrac{\tau}{\tau_0}$ zu setzen; man kann daher aus den in § 31 für den Fall $k = \tfrac{5}{3}$ berechneten Werthen der Grösse $y = \dfrac{\tau}{\tau_0}$ die zugehörigen Werthe von Q berechnen. Aus den Tabellen und Gleichungen des § 31 erhält man hiernach die in der folgenden Tabelle zusammengestellten Zahlenwerthe:

$x =$	0	0,1	0,2	0,3	0,4	0,5	0,6	0,7	0,8	0,9	1
$\dfrac{Q}{1\,000\,000} =$	60,10	58,76	54,97	49,06	41,70	33,67	25,48	17,79	10,88	4,93	0
$\dfrac{\gamma}{1000} =$	8,60	8,31	7,52	6,34	4,97	3,60	2,37	1,38	0,662	0,202	0
$v =$	0	16,5	30,8	41,5	48,2	50,6	49,4	45,3	39,6	33,4	27,4

Mit Benutzung des aus der mechanischen Wärmetheorie für die Grösse c_p zu entnehmenden Ausdruckes kann man der Gleichung für Q auch die folgende Form geben:

(355) $$Q = c_p\,T = \frac{kA R T}{k-1}.$$

Hiernach erhält man für die der absoluten Temperatur proportionale in § 30 mit τ bezeichnete Grösse $\dfrac{p}{\gamma} = R T$ die Gleichung:

---

[1] Sterry Hunt, Amer. Journ. Mai 1880.

(356) $$\tau = \frac{p}{\gamma} = \frac{(k-1)\,Q}{k\,A} = 169{,}6 \cdot Q,$$

aus welcher nach obiger Tabelle die folgenden Werthe der Grössen τ und p sich ergeben:

$x =$	0	0,1	0,2	0,3	0,4	0,5	0,6	0,7	0,8	0,9	1
$\dfrac{\tau}{10^6} =$	10193	9966	9323	8321	7072	5710	4321	3017	1845	836,1	0
$\dfrac{p}{10^{12}} =$	87,66	82,82	70,11	52,76	35,15	20,56	10,24	4,16	1,22	0,169	0

Diese Zahlenwerthe entsprechen der oben provisorisch aufgestellten Hypothese: dass die ganze Sonnenmasse in der Zustandsform des einatomigen Grundstoffes sich befindet. Da die Spectralbeobachtungen beweisen, dass die Sonnensubstanz an der Oberfläche jedenfalls in der Zustandsform der chemischen Elemente, und vielleicht auch der chemischen Verbindungen, sich befindet, so würde es, um die obige Hypothese wenigstens als annähernd gültig aufrecht erhalten zu können, noch des Nachweises der Wahrscheinlichkeit bedürfen, dass es nur eine verhältnissmässig dünne Oberflächenschicht ist, welche von jener Hypothese auszuschliessen sein würde.

Diese Oberflächenschicht kann als Atmosphäre der Sonne aufgefasst werden, und nach dem in § 1 gefundenen Satze würde die Höhe dieser Atmosphäre zu berechnen sein aus der Gleichung:

(357) $$A\,N\,H = c_p\,T + W,$$

in welcher T die absolute Temperatur an der untern Grenze des Dissociationsgebietes (oder an der Oberfläche des einatomigen Kernes) bedeutet, und W die Dissociationswärme, d. h. diejenige Wärmequantität, welche einem Kilogramm der (aus den chemischen Elementen zusammengesetzten) atmosphärischen Substanz zugeführt werden müsste, um dasselbe in die Zustandsform des einatomigen Grundstoffes überzuführen.

Wenn man beispielsweise $c_p = 3{,}409$, $T = 100\,000$ und $W = 1\,000\,000$ setzt, so erhält man für H die Gleichung:

(358) $\dfrac{27{,}4 \cdot H}{424} = 3{,}409 \cdot 100\,000 + 1\,000\,000,$ oder:

$$H = 20\,723\,000 \text{ m} = 2793 \text{ Meilen.}$$

Diesem aus ganz willkürlichen Zahlenannahmen abgeleiteten Resultate ist natürlich nur insofern eine Bedeutung
beizulegen, als dasselbe zeigt: dass selbst bei Annahme sehr
grosser Zahlenwerthe für die drei Grössen c_p, T, W immer
noch Raum bleiben würde für die Hypothese, dass nahezu
die ganze Sonnenmasse in der Zustandsform jenes einatomigen Grundstoffes sich befindet.

Dem Einwande, dass durch die hier angedeutete Correction auch die Grösse des für den Sonnenhalbmesser an-
zunehmenden Werthes vielleicht eine Aenderung erleiden
würde, ist kein grosses Gewicht beizulegen, da man kaum
behaupten kann, dass die Grösse des wirklichen Sonnenhalbmessers, nämlich des Halbmessers derjenigen Kugelfläche, welche die äussere Grenzfläche der Sonnenatmosphäre
bildet, aus directen Beobachtungen bereits bis auf einen
Fehler von weniger als tausend Meilen genau bekannt ist.

Wenn man nach den obigen Annahmen die Zustandslinie der Sonnenmasse construirte, so würde sich ergeben,
dass diese Linie an der Stelle, wo dieselbe die untere Grenze
des Dissociationsgebietes (oder die Oberfläche des einatomigen
Kernes) trifft, einen Eckpunkt besitzt, insofern an dieser
Stelle der Werth des Differentialquotienten $\dfrac{dT}{d\varrho}$ sprungweise sich ändert. Die scharfe Begrenzungslinie der sichtbaren Sonnenscheibe würde vielleicht durch Annahme eines
solchen Eckpunktes der adiabatischen Zustandslinie auf befriedigende Weise zu erklären sein.

Die in den Sonnenflecken beobachtete Verstärkung
der Absorptionslinien scheint darauf hinzudeuten, dass an
diesen Stellen infolge einer abwärts gerichteten Strömung
die Zustandsform der chemischen Elemente bis zu grösserer
Tiefe hinab sich erstreckt, während die Sonnenfackeln
vielleicht als diejenigen Stellen zu deuten sein würden, an
welchen infolge aufsteigender Strömungen die Zustandsform
des einatomigen Kernes bis zu grösserer Höhe hinaufreicht.

Dass solche locale Abweichungen von dem Gesetze der adiabatischen Zustandslinie trotz des Strebens nach Wärmeausgleichung auf längere Zeit sich erhalten können, würde zum Theil vielleicht durch die vermuthlich sehr beträchtliche Grösse der Dissociationswärme zu erklären sein, welche in den abwärts gerichteten Strömungen der Flecken gebunden und in den aufsteigenden Strömen der Fackeln frei wird.

XV. *Untersuchungen über die Volumenconstitution flüssiger Verbindungen; von H. Schröder.*

I. Nachweisung von Thatsachen.

§. 1. Im Folgenden lege ich eine Reihe von bis jetzt grösstentheils nicht erkannten Thatsachen vor, welche sich auf die Siedepunkte und die Volumina von Flüssigkeiten bei ihren respectiven Siedepunkten beziehen.

Die Beobachtungen, aus welchen sich diese Thatsachen ergeben, sind fast alle entnommen aus den Untersuchungen über die Ausdehnung von Flüssigkeiten durch die Wärme, wie sie von Pierre, von H. Kopp, von Pierre und Puchon und von Thorpe mitgetheilt sind.[1]

Ich lege ganz ohne jede Correctur die auf 760 mm Druck reducirten Siedepunkte und die für diese Siedepunkte aus den Dichtigkeits- und Ausdehnungsmessungen berechneten Volumina vor, wie sie sich aus den Beobachtungen der genannten Forscher direct ergeben.

Die Namen der Beobachter: Pierre, Kopp, Pierre und Puchon, und Thorpe füge ich durch die Zeichen P, K, P.P. und Th. bei. Wenn also z. B. geschrieben ist:

Bromphosphor = PBr₃. $S = 175{,}3° P.$ $v = 108{,}7 P.$

so heisst das: Pierre hat den auf 760 mm Druck reducirten

---

1) Pierre, Ann. de chim. et de phys. (8) 15, 19, 20, 21, 31 u. 33. H. Kopp, Pogg. Ann. 72. u. Lieb. Ann. 94, 95, 98, 100. Pierre u. Puchot, Ann. de chim. et de phys. (4) 22, 28 29. Thorpe, Journ. of the chem. Soc. 1880.

Siedepunkt des Bromphosphors beobachtet zu 175,3°; das Volumen des Moleculs PBr_3 bei diesem Siedepunkte ergibt sich aus Pierre's Beobachtungen $= 108,7$ ccm, wenn die Atome in Grammen ausgedrückt sind.

Ich beginne mit der Darlegung der Thatsachen, welche sich auf vergleichbare isomere Verbindungen beziehen.

§. 2. Eine Säure hat stets einen höhern Siedepunkt und ein um einen geringen Werth grösseres Volumen, als die dieser Säure isomere Aetherart von gleicher Ordnung. In der That ist beobachtet:

1. {
Essigsäure $= C_2H_4O_2$. $S = 117,3°K$. $v = 63,4$ K.
Ameisens. Methyl $= C_2H_4O_2$. $S = 33,4°$ K. $v = 63,1$ K.

2. {
Propionsäure $= C_3H_6O_2$. $S = 141,8°K$. $v = 85,9$ K.
$S = 141,5°PP$. $v = 86,0$ PP.
Ameisens. Aethyl $= C_3H_6O_2$. $S = 54,9°K$. $v = 84,7$ K.
$S = 53,2°$ P. $v = 85,4$ P.
Essigsaures Methyl $= C_3H_6O_2$. $S = 56,3°$ K. $v = 83,9$ K.

3. {
Normalbuttersäure $= C_4H_8O_2$. $S = 163,4°$ P. $v = 108,0$ P.
Ameisens. Propyl $= C_4H_8O_2$. $S = 82,7°$ PP. $v = 106,9$ PP.
Essigsaures Aethyl $= C_4H_8O_2$. $S = 74,3$ K. $v = 107,4$ K.
$S = 73,8$ P. $v = 107,7$ P.

4. {
Isovaleriansäure $= C_5H_{10}O_2$. $S = 176,3°$ K. $v = 130,4$ K.
$S = 178,0°$ PP. $v = 130,6$ PP.
Isobutters. Methyl $= C_5H_{10}O_2$. $S = 95,9°$ K. $v = 126,3-127,8$ K.
$S = 93,0°$ PP. $v = 128,3$ PP.

Diese vier Gruppen sind die einzigen vergleichbaren, denn dass man eine Isosäure mit Normalaetherarten nicht vergleichen darf, geht aus dem folgenden Paragraphen hervor. Obwohl den Beobachtungen nicht unerhebliche Ungenauigkeiten anhaften, ist doch nicht ein einziges mal das Volumen einer Aetherart bei Kochhitze völlig ebenso gross beobachtet worden, als das Volumen der isomeren Säure von gleicher Ordnung. Es muss daher anerkannt werden, dass das Säurevolumen etwas grösser ist. Dass der Siedepunkt der Säure stets höher liegt, ist allgemein anerkannt.

§. 3. Eine Normalverbindung hat einen etwas höhern Siedepunkt und ein etwas grösseres Volumen, als die isomere Isoverbindung. Die vergleichbaren Beobachtungen sind mit Rücksicht auf den folgenden Paragraphen nur:

	Normalbuttersäure	$= C_4H_8O_2$.	$S = 163,4^0$ P.	$v = 107,9$ P.
1.	Isobuttersäure	$= C_4H_8O_2$.	$S = 157,0^0$ K.	$v = 106,7$ K.
			$S = 155,5^0$ PP.	$v = 106,5$ PP.
	Normalbutters. Aethyl	$= C_6H_{12}O_2$.	$S = 119,6^0$P.	$v = 150,8$P.
2.	Isobuttersaures Aethyl	$= C_6H_{12}O_2$.	$S = 114,8^0$K.	$v = 149,7$K.
			$S = 113,0^0$PP.	$v = 151,9$PP.

Das Volumen des isobuttersauren Aethyls ist von Pierre und Puchon zu gross beobachtet. Der vorstehenden Thatsache, analog ist die schon von Thorpe hervorgehobene, dass normale Kohlenwasserstoffe ein etwas grösseres Volumen haben, als ihre Isomeren:

3.	Normales Heptan	$= C_7H_{16}$.	$S = 98,4^0$ Th.	$v = 162,9$ Th. [1]
	Aethylamyl	$= C_7H_{16}$.	$S = 90,3^0$ Th.	$v = 162,3$ Th.
4.	Normales Octan	$= C_8H_{18}$.	$S = 125,5^0$ Th.	$v = 186,9$ Th.
	Diisobutyl	$= C_8H_{18}$.	$S = 108,5^0$ Th.	$v = 185,5$ Th.
			$S = 109,0^0$ K.	$v = 184,8$ K.

Ausnahmslos (die Pierre-Puchot'sche Beobachtung für isobuttersaures Aethyl, welche durch die Kopp'sche Beobachtung berichtigt ist, abgerechnet) ist das Volumen der Normalverbindung etwas grösser beobachtet, der Siedepunkt etwas höher.

§. 4. Vergleicht man isomere Aetherarten gleicher Ordnung, wie z. B. essigsaures Methyl und ameisensaures Aethyl, in welchen nur Säure und Aether sich in antilogem Sinne ersetzen, so ergibt sich:

Das Volumen ist etwas grösser, der Siedepunkt etwas höher, wenn dem Aether, nicht der Säure das grössere Atomgewicht zukommt.

Die vergleichbaren Paare sind:

1.	Ameisensaures Aethyl	$= C_3H_6O_2$.	$S = 54,9^0$ K.	$v = 84,7$ K.
			$S = 53,2^0$ P.	$v = 85,4$ P.
	Essigsaures Methyl	$= C_3H_6O_2$.	$S = 56,3^0$ K.	$v = 83,9$ K.

---

1) Thorpe nimmt die Atomgewichte bei seinen Berechnungen nicht genau so an, wie sie hier bei der Berechnung aller übrigen Volumina zu Grunde gelegt sind. Ich habe überall die Atomgewichte der Elemente so angenommen, wie sie in dem Jahresberichte der Chemie für 1877 aufgeführt sind und hiernach die von Thorpe berechneten Volumina bei Kochhitze umgerechnet.

$$
\left. \begin{array}{l}
\text{Essigsaures Propyl} = C_3H_{10}O_2.\ S = 103{,}0^\circ\,\text{PP.}\quad v = 129{,}5\ \text{PP.}\\
\text{Propionsaures Aethyl} = C_5H_{10}O_2.\ S = 98{,}1^\circ\,\text{K.}\quad v = 126{,}7\ \text{K.}\\
\qquad\qquad\qquad\qquad S = 100^\circ\,\text{PP.}\quad v = 128{,}6\ \text{PP.}
\end{array} \right\} 2.
$$

$$
\left. \begin{array}{l}
\text{Ameisensaures Isobutyl} = C_5H_{10}O_2.\ S = 98{,}5^\circ\,\text{PP.}\quad v = 130{,}9\ \text{PP.}\\
\text{Isobuttersaures Methyl} = C_5H_{10}O_2.\ S = 95{,}8^\circ\,\text{K.}\quad v = \dfrac{126{,}3\ -}{127{,}8\ \text{K.}}\\
\qquad\qquad\qquad\qquad S = 93^\circ\,\text{PP.}\quad v = 128{,}6\ \text{PP.}
\end{array} \right\} 3.
$$

$$
\left. \begin{array}{l}
\text{Essigsaures Isobutyl} = C_6H_{12}O_2.\ S = 116{,}1^\circ\,\text{PP.}\quad v = 149{,}1\ \text{PP.}\\
\text{Isobuttersaures Aethyl} = C_6H_{12}O_2.\ S = 114{,}8^\circ\,\text{K.}\quad v = 149{,}7\ \text{K.}\\
\qquad\qquad\qquad\qquad S = 113^\circ\,\text{PP.}\quad v = 151{,}9\ \text{PP.}
\end{array} \right\} 4.
$$

$$
\left. \begin{array}{l}
\text{Propionsaures Isobutyl} = C_7H_{14}O_2.\ S = 135{,}7^\circ\,\text{PP.}\quad v = 175{,}0\ \text{PP.}\\
\text{Isobuttersaures Propyl} = C_7H_{14}O_2.\ S = 135^\circ\,\text{PP.}\quad v = 174{,}4\ \text{PP.}
\end{array} \right\} 5.
$$

$$
\left. \begin{array}{l}
\text{Essigsaures Isoamyl} = C_7H_{14}O_2.\ S = 138{,}2^\circ\,\text{K.}\quad v = 175{,}4\ \text{K.}\\
\text{Isovalerians. Aethyl} = C_7H_{14}O_2.\ S = 135{,}5^\circ\,\text{PP.}\quad v = 174{,}7\,\text{PP.}
\end{array} \right\} 6.
$$

$$
\left. \begin{array}{l}
\text{Isobutters. Isoamyl} = C_9H_{18}O_2.\ S = 170{,}3^\circ\,\text{PP.}\quad v = 221{,}7\,\text{PP.}\\
\text{Isovalerians. Isobutyl} = C_9H_{18}H_2.\ S = 173{,}4^\circ\,\text{PP.}\quad v = 217{,}8\,\text{PP.}
\end{array} \right\} 7.
$$

Hier entspricht bei fünf Paaren (2 — 6) der beobachtete Siedepunkt der aufgestellten Gesetzmässigkeit. Bei zwei Paaren (1 u. 7) widerspricht er. Dass dieser scheinbare Widerspruch nur auf Rechnung von Ungenauigkeiten der Beobachtung zu setzen ist, geht schon aus Linnemann's Siedepunktsbestimmungen[1]) hervor. Linnemann hat nachgewiesen, dass von intermediären Aetherarten diejenige mit höherem Aethergehalt den höhern Siedepunkt hat. Was die Siedepunkte betrifft, so ist also die hier sich ergebende Thatsache nicht neu.

Das Volumen des Aethers mit dem höhern Aethergehalt ist unter den 7 vorliegenden Paaren sechsmal (bei 1, 2, 3. 5, 6 und 7) auch grösser beobachtet. Der Widerspruch des vierten Paares ist unzweifelhaft auf Rechnung von Ungenauigkeiten der Beobachtung zu bringen.

§ 5. Bei allen im Vorausgehenden betrachteten Isomerien ergibt sich für diejenige von höherem Siedepunkt auch das etwas grössere Volumen; so für die Säuren im Vergleich mit den isomeren Aetherarten; so für die Normalverbindungen im Vergleich mit den isomeren Isoverbindungen; so für die Aetherarten mit höherem Atomgewicht des Aethers im Vergleich mit den intermediären Aetherarten von grösserem Atomgewicht der Säure.

---

1) Linnemann, Lieb. Ann. **162.** p. 39. 1872.

Verallgemeinert darf gleichwohl der Satz, dass bei isomeren Verbindungen mit dem höhern Siedepunkt auch das grössere Volumen verbunden ist, nicht werden, denn es kommen auch Isomerien vor, welche zueinander in anderen Beziehungen stehen, als die erwähnten, und bei welchen mit dem höhern Siedepunkt das kleinere Volumen verbunden ist. Da sie bisher vereinzelt stehen, lässt sich eine Regel für dieselben zur Zeit nicht entnehmen.

§. 6. Ich gehe nun über zu den Beziehungen, welche sich für analoge Verbindungen der Elemente von Triaden, z. B. Antimon, Arsen, Phosphor, dann Jod, Brom, Chlor ergeben. Es ist beobachtet:

1.
Bromphosphor = PBr_3.	$S = 175,3°$ P.	$v = 108,7$ P.
	$S = 172,9°$ Th.	$v = 108,6$ Th.
Chlorphosphor = PCl_3.	$S = 78,6°$ P.	$v = 93,8$ P.
	$S = 76,0°$ Th.	$v = 93,6$ Th.
	$\Delta S = 96,7°$ P.	$\Delta v = 14,9$ P.
"	$= 96,9°$Th.	" $= 15,0$ Th.

2.
Bromantimon = $SbBr_3$.	$S = 275,4°$ K.	$v = 114,6$ K.
Chlorantimon = $SbCl_3$.	$S = 223,5°$ K.	$v = 97,7$ K.
	$\Delta S = 51,9°$	$\Delta v = 16,9.$

Die Siedepunktsdifferenz zwischen dem Bromid und Chlorid ist grösser, die Volumendifferenz ist kleiner bei der Phosphorverbindung als bei der Antimonverbindung. Wäre ebenso das Bromid und Chlorid des Arsens vergleichbar (es ist nur das Chlorid auf seine Ausdehnung untersucht), so würde sich, wie aus dem Zusammenhang der nachfolgenden Thatsachen hervorgeht, ohne Zweifel ergeben: die Siedepunktsdifferenzen dieser analogen Paare nehmen ab, ihre Volumendifferenzen nehmen zu, wenn man von den Phosphor- zu den Arsen- und von diesen zu den Antimonverbindungen übergeht.

Bezeichnet man die Volumina der Antimonverbindungen mit Brom und Chlor respective mit a und b, die Volumina der entsprechenden Phosphorverbindungen mit α und β, so ist nach dem Vorstehenden $a - b > \alpha - \beta$. Hieraus folgt, dass auch $a - \alpha > b - \beta$; d. h. die Volumendifferenz von Antimon und Phosphor ist grösser in ihren Bromverbindungen als in ihren Chlorverbindungen; die Siedepunktsdifferenz ist kleiner.

§ 7. Analoges ergibt sich für die ·Jodide, Bromide und Chloride der Alkoholradicale. Es ist beobachtet:

1. $\begin{cases}\text{Chlorisoamyl} = C_5H_{11}Cl. & S = 101,5° P. & v = 135,4 P. \\ \text{Chlorisobutyl} = C_4H_9Cl. & S = 69° PP. & v = 113,4 PP. \\ \hline & \varDelta S = 32,5° & \varDelta v = 22,0. \end{cases}$

2. $\begin{cases}\text{Bromisoamyl} = C_5H_{11}Br. & S = 118,6° P. & v = 149,2 P. \\ \text{Bromisobutyl} = C_4H_9Br. & S = 90,5° PP. & v = 122,9 PP. \\ \hline & \varDelta S = 28,1° & \varDelta v = 26,3. \end{cases}$

3. $\begin{cases}\text{Jodisoamyl} = C_5H_{11}J. & S = 148,4° K. & v = 158,8 K. \\ \text{Jodisobutyl} = C_4H_9J. & S = 122,5° PP. & v = 129,2 PP. \\ \hline & \varDelta S = 25,9° & \varDelta v = 29,6. \end{cases}$

Die Siedepunktsdifferenz nimmt ab, die Volumendifferenz nimmt zu von dem Chlor zum Brom-, zum Jodpaare. Ebenso ist beobachtet:

1. $\begin{cases}\text{Chlorpropyl} = C_3H_7Cl. & S = 46,5° PP. & v = 91,6 PP. \\ \text{Chloraethyl} = C_2H_5Cl. & S = 11,1° P. & v = 71,2 P. \\ \hline & \varDelta S = 35,4° & \varDelta v = 20,4. \end{cases}$

2. $\begin{cases}\text{Brompropyl} = C_3H_7Br. & S = 71°. & v = 100,3 PP. \\ \text{Bromaethyl} = C_2H_5Br. & S = 39°. & v = 78,4 P. \\ \hline & \varDelta S = 32°. & \varDelta v = 21,9. \end{cases}$

3. $\begin{cases}\text{Jodpropyl} = C_3H_7J. & S = 101°. & v = 107,9 PP. \\ \text{Jodaethyl} = C_2H_5J. & S = 72°. & v = 86,0 P. \\ \hline & \varDelta S = 29°. & \varDelta v = 21,9. \end{cases}$

Auch hier nehmen die Siedepunktsdifferenzen ab, die Volumendifferenzen zu, wenn man von den Chlor- zu den Brom- und Jodverbindungen übergeht.

Noch auffallender treten die gleichen Relationen hervor, wenn man die Verbindungen mit weiter voneinander abliegenden Alkoholradicalen, z. B. mit Isoamyl und Aethyl vergleicht. In der That ist beobachtet:

1. $\begin{cases}\text{Chlorisoamyl} = C_5H_{11}Cl. & S = 101,5° P. & v = 135,4 P. \\ \text{Chloraethyl} = C_2H_5Cl. & S = 11,1° P. & v = 71,2 P. \\ \hline & \varDelta S = 90,4°. & \varDelta v = 64,2. \end{cases}$

2. $\begin{cases}\text{Bromisoamyl} = C_5H_{11}Br. & S = 118,6° P. & v = 149,2 P. \\ \text{Bromaethyl} = C_2H_5Br. & S = 39°. & v = 78,4 P. \\ \hline & \varDelta S = 79,6°. & \varDelta v = 70,8. \end{cases}$

3. $\begin{cases}\text{Jodisoamyl} = C_5H_{11}J. & S = 148,4° K. & v = 158,8 K. \\ \text{Jodaethyl} = C_2H_5J. & S = 72°. & v = 86,0 P. \\ \hline & \varDelta S = 76,4°. & \varDelta v = 72,8. \end{cases}$

Bei allen analogen Paaren dieser Gruppe von Verbindungen der Alkoholradicale nehmen die Siedepunktsdifferenzen ab und die Volumendifferenzen zu, wenn man von den Chlor- zu den Brom- und Jod verbindungen übergeht.

§ 8. Die nämliche Relation, welche sich für die entsprechenden Phosphor-, Arsen und Antimonverbindungen und für die entsprechenden Chlor-, Brom- und Jodverbindungen ergeben hat, stellt sich auch heraus für die entsprechenden Sauerstoff- und Schwefelverbindungen, und würde sich wohl ohne Zweifel ebenso für die Selenverbindungen ergeben, wenn solche auf ihre Ausdehnung untersucht wären. Als entsprechende Sauerstoff- und Schwefelverbindungen sind nur vergleichbar:

$$
1. \begin{cases}
\text{Isoamylalkohol} & = C_5H_{12}O. \ S = 131{,}7^{\circ}\text{K.} \quad v = 123{,}5\text{ K.} \\
& \qquad\qquad S = 132{,}1^{\circ}\text{ P.} \quad v = 122{,}8\text{ P.} \\
\text{Aether} & = C_4H_{10}O. \ S = 34{,}9^{\circ}\text{K.} \ v = 106{,}2\text{ K.} \\
& \qquad\qquad S = 35{,}7^{\circ}\text{ P.} \ v = 106{,}5\text{ P.} \\
& \qquad\qquad \overline{\varDelta S = 96{,}8^{\circ}\text{K.} \varDelta v = 17{,}3\text{ K.}} \\
& \qquad\qquad \text{\textquotedbl} = 96{,}4^{\circ}\text{P.}\text{\textquotedbl} \quad = 16{,}3\text{ P.}
\end{cases}
$$

$$
2. \begin{cases}
\text{Isoamylmercaptan} = C_5H_{12}S. \ S = 120{,}1^{\circ}\text{K.} \ v = 140{,}1\text{ K.} \\
\text{Schwefelaethyl} \ = C_4H_{10}S. \ S = 91{,}0^{\circ}\text{P.} \ v = 121{,}5\text{ P.} \\
\qquad\qquad\qquad \overline{\varDelta S = 29{,}1^{\circ}. \quad \varDelta v = 18{,}6.}
\end{cases}
$$

Von dem Sauerstoffpaar zu dem entsprechenden Schwefelpaar nimmt die Siedepunktsdifferenz ab, und wächst die Volumendifferenz.

§ 9. In allen bisher erwähnten Fällen spricht sich die nämliche gesetzmässige Beziehung aus. Mit wachsendem Atomgewicht der vergleichbaren Paare nimmt die Siedepunktsdifferenz ab, die Volumendifferenz zu.

Es ist dies eine Thatsache von sehr weitreichender Bedeutung, die sich in Bezug auf die Siedepunkte auch bei vielen anderen Gruppen, welche nicht auf ihre Ausdehnung durch die Wärme untersucht sind, direct bestätigen lässt. Hierauf muss ich jedoch an anderer Stelle zurückkommen.

Ich werde mich auf die in §. 5 nachgewiesene Regelmässigkeit in Zukunft kurz unter dem Namen: „die Regel der Isomerien", auf die andere hier soeben dargelegte unter dem Namen: „die Regel entsprechender Paare" beziehen.

§ 10. Es ist zunächst von grossem Interesse zu entscheiden, ob auch den homologen Alkoholradicalen Methyl, Aethyl, Propyl u. s. w., dann Isobutyl und Isoamyl

u. s. w. die nämliche Eigenschaft zukommt, wonach die Siedepunktsdifferenzen abnehmen, die Volumendifferenzen aber zunehmen, wenn man von den niederen zu den höheren Gliedern
mit grösserem Atomgewicht übergeht.

Für die Chlor-, Brom- und Jodverbindungen der Alkoholradicale ergibt sich dies in der That. Ich stelle die
Thatsachen zusammen, obwohl sie sich zum Theil schon als
Consequenz aus dem Frühern voraussehen lassen. Vergleicht
man die Brom- und Chlorverbindungen, so ergibt sich:

$$1. \begin{cases} \text{Bromisobutyl} = C_4H_9Br. & S = 90{,}5^0 PP. & v = 122{,}9 \, PP. \\ \text{Chlorisobutyl} = C_4H_9Cl. & S = 69^0 \, PP. & v = 113{,}4 \, PP. \\ \hline & \Delta S = 31{,}5^0. & \Delta v = 9{,}5. \end{cases}$$

$$2. \begin{cases} \text{Bromisoamyl} = C_5H_{11}Br. & S = 118{,}6^0 P. & v = 149{,}2 \, P. \\ \text{Chlorisoamyl} = C_5H_{11}Cl. & S = 101{,}5^0 P. & v = 135{,}4 \, P. \\ \hline & \Delta S = 17{,}1^0. & \Delta v = 13{,}8. \end{cases}$$

Die Regel entsprechender Paare ist bestätigt.

$$1. \begin{cases} \text{Bromaethyl} = C_2H_5Br. & S = 41^0. & v = 78{,}4 \, P. \\ \text{Chloraethyl} = C_2H_5Cl. & S = 11^0. & v = 71{,}2 \, P. \\ \hline & \Delta S = 30^0. & \Delta v = 7{,}2. \end{cases}$$

$$2. \begin{cases} \text{Brompropyl} = C_3H_7Br. & S = 72^0. & v = 100{,}3 \, PP. \\ \text{Chlorpropyl} = C_3H_7Cl. & S = 46{,}5^0 PP. & v = 91{,}6 \, PP. \\ \hline & \Delta S = 25{,}5^0. & \Delta v = 8{,}7. \end{cases}$$

Die Regel ist bestätigt. Vergleicht man ebenso die Jod-
und Brompaare, so hat man:

$$1. \begin{cases} \text{Jodisobutyl} = C_4H_9J. & S = 122{,}5^0 PP. & v = 129{,}2 \, PP. \\ \text{Bromisobutyl} = C_4H_9J. & S = 90{,}5^0 \, PP. & v = 122{,}9 \, PP. \\ \hline & \Delta S = 32{,}0^0. & \Delta v = 6{,}3. \end{cases}$$

$$2. \begin{cases} \text{Jodisoamyl} = C_5H_{11}J. & S = 148^0 K. & v = 158{,}9 \, K. \\ \text{Bromisoamyl} = C_5H_{11}Br. & S = 118{,}6^0 P. & v = 149{,}2 \, P. \\ \hline & \Delta S = 29{,}4^0. & \Delta v = 9{,}7. \end{cases}$$

Die Regel ist bestätigt.

$$1. \begin{cases} \text{Jodaethyl} = C_2H_5J. & S = 72^0. & v = 86{,}0 \, P. \\ \text{Bromaethyl} = C_2H_5Br. & S = 39^0. & v = 78{,}4 \, P. \\ \hline & \Delta S = 33^0. & \Delta v = 7{,}6. \end{cases}$$

$$2. \begin{cases} \text{Jodpropyl} = C_3H_7J. & S = 102^0. & v = 107{,}9 \, PP. \\ \text{Brompropyl} = C_3H_7Br. & S = 71^0. & v = 100{,}3 \, PP. \\ \hline & \Delta S = 31^0. & \Delta v = 7{,}6. \end{cases}$$

Die Regel bestätigt sich auch hier, wenn auch in minder
prägnanter Weise.

Dass das Gleiche nun auch für die Jod- und Chlorpaare der Alkoholradicale gültig ist, ergibt sich schon als Consequenz aus dem bisher Vorgelegten.

§ 11. Will man die Frage untersuchen, ob die Regel entsprechender Paare sich für die Alkoholradicale auch bei den Säuren der Fettreihe und ihren Aetherarten bestätigt, so muss man sich zuvörderst klar machen, dass die Ameisensäure = $H.CO_2H$, mit Essigsäure = $CH_3.CO_2H$ verglichen, nur Wasserstoff an der Stelle von Methyl in der Essigsäure enthält, der Wasserstoff aber kann nicht mehr mit den Alkoholradicalen, Methyl, Aethyl u. s. w. in eine Reihe gestellt werden. Zur Entscheidung der Frage, ob mit wachsendem Alkoholradicale die Siedepunktsdifferenz benachbarter Glieder sinkt, ihre Volumendifferenz aber steigt, kann also die Ameisensäure nicht mit den höheren Säuren, und können die ameisensauren Aetherarten mit den übrigen Aetherarten verglichen, nicht in Betracht gezogen werden.

Deshalb ist von den Säuren der Fettreihe direct nur vergleichbar:

1. $\begin{cases} \text{Propionsäure} = C_3H_6O_2. & S = 141,8 \text{ K.} \quad v = 85,9 \text{ K.} \\ & S = 141,5 \text{ PP.} \quad v = 86,0 \text{ PP.} \\ \text{Essigsäure} = C_2H_4O_2. & S = 117,1° \text{Pettersson } v = 63,4 \text{ K.} \\ \hline & \varDelta S = 24,5° \qquad \varDelta v = 22,5. \end{cases}$

2. $\begin{cases} \text{Normalbutters.} = C_4H_8O_2. & S = 163,4° \text{ P.} \quad v = 108,0 \text{ P.} \\ \text{Propionsäure} = C_3H_6O_2. & S = 141,5° \text{ PP.} \quad v = 86,0 \text{ PP.} \\ \hline & \varDelta S = 21,8°. \qquad \varDelta v = 22,0. \end{cases}$

Die Siedepunktsdifferenzen bestätigen die Regel; wenn dies für die Volumendifferenzen nicht der Fall ist, so geht aus den nachfolgenden Relationen mit grosser Wahrscheinlichkeit hervor, dass dies nur durch kleine den Beobachtungen anhängende Ungenauigkeiten verursacht ist.

§ 12. Die Regel wird auch bestätigt durch die entsprechenden Aetherarten der genannten Säuren. Einen Vergleich gestatten die bis jetzt vorliegenden Beobachtungen jedoch nur für die Aethylätherarten, denn von den normalbuttersauren Aetherarten ist nur das normalbuttersaure Aethyl genügend untersucht.

Pierre hat zwar für das normalbuttersaure Methyl Beobachtungen publicirt, aber seine Beobachtungen von Holz-

ätherarten von 1847, und zwar von **Essigholzäther**, **Butter-**
holzäther, Brommethyl und Jodmethyl scheinen alle ungenau,
und nicht an reiner Substanz ausgeführt. Sie müssen alle
unberücksichtigt bleiben. Auch das propionsaure Methyl
ist auf seine Ausdehnung nicht untersucht.

Für die Aethylätherarten hat man nun:

1. $\begin{cases}
\text{Propionsaures Aethyl} = C_5H_{10}O_2. & S= 97,2° K. & v=126,7 K. \\
& S=100° PP. & v=128,6 PP. \\
\text{Essigsaures Aethyl} = C_4H_8O_2. & S= 74,3° K. & v=107,4 K. \\
& S= 73,8° P. & v=107,7 P. \\
& \overline{\varDelta S= 22,9° K.} & \overline{\varDelta S= 19,3 P.} \\
& \text{„} = 26,2° P. & \text{„} = 20,9 P.
\end{cases}$

2. $\begin{cases}
\text{Normalbutters. Aethyl} = C_6H_{12}O_2. & S=119,6° P. & v=150,8 P. \\
\text{Propionsaures Aethyl} = C_5H_{10}O_2. & S= 97,2° K. & v=126,7 K. \\
& S=100° PP. & v=128,6 PP. \\
& \overline{\varDelta S= 19,6° P.} & \overline{\varDelta v= 24,1 KP.} \\
& \varDelta S= 22,4° PK. & \varDelta v= 22,2 P.
\end{cases}$

Die Regel entsprechender Paare bestätigt sich also auch
für die gleichnamigen Aetherarten der normalen Fettsäuren.

§ 13. Die Regel entsprechender Paare, wonach mit wachsendem Atomgewicht die Siedepunktsdifferenz abnimmt, die Volumendifferenz aber zunimmt, bestätigt sich
also auch für die Alkoholradicale, und zwar bei den normalen Säuren der Fettreihe und bei den gleichnamigen
Aetherarten dieser Säuren. Es ist diese gesetzmässige
Beziehung eine sehr lehrreiche und bedeutsame, aber sie ist
keineswegs eine allgemeine; denn genau die umgekehrte
gesetzmässige Beziehung, ein Steigen der Siedepunktsdifferenz und ein Sinken der Volumendifferenz mit steigendem Atomgewicht der vergleichbaren Paare findet statt bei
den Alkoholen der Fettreihe und den diesen Alkoholen entsprechenden Aetherarten der nämlichen Säure.

§ 14. Für die normalen Alkohole ist beobachtet:

1. $\begin{cases}
\text{Aethylalkohol (Weingeist)} = C_2H_6O. & S= 78,4° K. & v= 62,2 K. \\
\text{Methylalkohol (Holzgeist)} = C H_4O. & S= 65,5° K. & v= 42,3 K. \\
& \overline{\varDelta S= 12,9°.} & \overline{\varDelta v= 19,9.}
\end{cases}$

2. $\begin{cases}
\text{Propylalkohol} = C_3H_8O. & S= 98° PP. & v= 81,5 PP. \\
\text{Aethylalkohol} = C_2H_6O. & S= 78,6° K. & v= 62,2 K. \\
& \overline{\varDelta S= 19,6°} & \overline{\varDelta v= 19,3.}
\end{cases}$

Hier wachsen die Siedepunktsdifferenzen, und die Volumendifferenzen nehmen ab mit steigendem Atomgewicht der Paare.

§ 15. Noch prägnanter tritt diese Thatsache hervor, wenn man die Aetherarten der nämlichen Säure vergleicht, und hier lassen sich nun auch die ameisensauren Aetherarten mit in Betracht ziehen. Es ist beobachtet:

a) Für die **Formiate:**

$$\begin{cases} \text{Ameisens. Aethyl} = C_3H_6O_2. & S = 54,9^0\text{K.} & v = 84,7\text{K.} & - 85,4\text{P.} \\ \text{\hspace{1.5cm},,\hspace{1cm} Methyl} = C_2H_4O_2. & S = 33,4^0\text{K.} & v = 63,1\text{K.} & - 63,1\text{K.} \\ & \varDelta S = 21,5^0\text{K.} & \varDelta v = 21,6 & - 22,3. \\ & & \text{i. M. } \varDelta v = 22,0. & \end{cases}$$

$$\begin{cases} \left.\begin{array}{l}\text{Ameisensaures}\\ \text{Propyl}\end{array}\right\} = C_4H_8O_2. & S = 82,7^0\text{PP.} & v = 106,9\text{PP.} & -106,9\text{PP.} \\ \left.\begin{array}{l}\text{Ameisensaures}\\ \text{Aethyl}\end{array}\right\} = C_3H_6O_2. & S = 54,9^0\text{K.} & v = 84,7\text{K.} & - 85,4\text{P.} \\ & \varDelta S = 27,8^0 & \varDelta v = 22,2 & - 21,5. \\ & & \text{i. M. } \varDelta v = 21,7. & \end{cases}$$

b) Für die **Acetate:**

$$\begin{cases} \text{Essigs. Aethyl} = C_4H_8O_2. & S = 74,3^0\text{K.} & v = 107,4\text{K.} \\ & S = 73,8^0\text{P.} & v = 107,7\text{P.} \\ \text{\hspace{1cm},,\hspace{0.5cm} Methyl} = C_3H_6O_2. & S = 56,3^0\text{K.} & v = 83,9\text{K.} \\ & \varDelta S = 18,0^0\text{K.} & \varDelta v = 23,5\text{K.} \\ & \text{\hspace{0.3cm},, } = 17,5^0\text{KP.} & \text{\hspace{0.3cm},, } = 23,8\text{KP.} \end{cases}$$

$$\begin{cases} \text{Essigs. Propyl} = C_5H_{10}O_2. & S = 103^0 \text{ PP.} & v = 129,5\text{PP.} \\ \text{\hspace{1cm},,\hspace{0.5cm} Aethyl} = C_4H_8O_2. & S = 74,3^0\text{K.} & v = 107,4\text{K.} \\ & S = 73,8^0\text{P.} & v = 107,7\text{P.} \\ & \varDelta S = 28,7^0 & \varDelta v = 22,1 \\ & \text{\hspace{0.3cm},, } S = 29,2^0 & \text{\hspace{0.3cm},, } v = 21,8. \end{cases}$$

c) Für die **Isobutyrate:**

$$\begin{cases} \text{Isobutters. Aethyl} = C_6H_{12}O_2. & S = 114,8^0\text{K.} & v = 149,7\text{K.} \\ & S = 113^0 \text{ PP.} & v = 151,9\text{PP.} \\ \text{\hspace{1.5cm},,\hspace{0.8cm} Methyl} = C_5H_{10}O_2. & S = 95,9^0\text{K.} & v = 126,3\text{K.} \\ & S = 93^0 \text{ PP.} & v = 128,3\text{PP.} \\ & \varDelta S = 18,9^0\text{K.} & \varDelta v = 23,4\text{K.} \\ & \text{\hspace{0.3cm},, } = 20,0^0\text{PP.} & \text{\hspace{0.3cm},, } = 23,6\text{PP.} \\ & & \text{i. M. } \varDelta v = 23,5. \end{cases}$$

$$\begin{cases} \text{Isobutters. Propyl} = C_7H_{14}O_2. & S = 135^0 \text{ PP.} & v = 174,4 \text{ PP.} \\ \text{\hspace{1.5cm},,\hspace{0.8cm} Aethyl} = C_6H_{12}O_2. & S = 114,8^0\text{K.} & v = 149,7\text{ K.} \\ & S = 113^0 \text{ PP.} & v = 151,9\text{ PP.} \\ & \varDelta S = 20,2^0\text{KPP.} & \varDelta v = 24,7\text{KPP.} \\ & \text{\hspace{0.3cm},, } = 22,0^0\text{PP.} & \text{\hspace{0.3cm},, } = 22,5\text{PP.} \\ & & \text{i. M. } \varDelta v = 23,6. \end{cases}$$

d) **Für die Isovalerianate:**

$$
1.\begin{cases}
\text{Isovaleriansaures} \\ \text{Aethyl}
\end{cases} = C_7H_{14}O_2. \quad S = 135,5^\circ PP. \quad v = 174,7\ PP. \\
\begin{cases}
\text{Isovaleriansaures} \\ \text{Methyl}
\end{cases} = C_6H_{12}O_2. \quad S = 116,2^\circ K. \quad v = 149,6\ K. \\
\qquad\qquad\qquad\qquad S = 117,5^\circ PP. \quad v = 149,8\ PP. \\
\qquad\qquad\qquad\varDelta S = 19,3^\circ KPP. \quad \varDelta v = 25,1\ KPP. \\
\qquad\qquad\qquad\quad _\shortmid\! = 18,0^\circ PP. \qquad _\shortmid\! = 24,9\ PP.
$$

$$
2.\begin{cases}
\text{Isovalerians.Propyl} = C_8H_{16}O_2. \quad S = 157^\circ\ PP. \quad v = 198,6\ PP. \\
\qquad\qquad _\shortmid\quad \text{Aethyl} = C_7H_{14}O_2. \quad S = 135,5^\circ PP. \quad v = 174,7\ PP. \\
\qquad\qquad\qquad\qquad \varDelta S = 21,5^\circ \qquad \varDelta v = 23,9\ PP.
\end{cases}
$$

Ausnahmslos findet hier mit steigendem Alkoholradical ein Steigen der Siedepunktsdifferenz der Paare statt. Ein Sinken der Volumendifferenz ist bei den Formiaten, Acetaten und Isovalerianaten klar angezeigt. Wenn es bei den Isobutyraten nicht deutlich hervortritt, so dürfte dies wohl nur auf mangelnde Genauigkeit der Beobachtungen zurückzuführen sein.

§ 16. Die Gesetzmässigkeit, welche sich für die Alkohole und ihre Aetherarten mit der nämlichen Säure ergeben hat, ist, wie ich hier sogleich anführen will, auch gültig für die Aldehyde und einige andere Gruppen. Die Beobachtungen bieten jedoch noch nicht eine Reihe von drei Gliedern, d. h. zwei vergleichbaren Paaren dar. Ich kann daher diese Thatsache erst später anderweitig begründen.

Da sich alle erwähnten Gesetzmässigkeiten bei Zugrundelegung der unmittelbar aus den Beobachtungen sich ergebenden Werthe ganz unverkennbar herausstellen, so sieht man, dass die Beobachtungen im allgemeinen doch viel genauer sind, als sie bisher zum Theil selbst von deren Autoren bei ihren theoretischen Betrachtungen geschätzt wurden.

Es sind lediglich reine Thatsachen, welchen ich im Vorstehenden, ohne jede theoretische Beigabe, Worte geliehen habe.

Ich habe dem Nachweis derselben so viele Sorgfalt gewidmet, weil ohne die Kenntniss dieser Thatsachen ein richtiges Verständniss der Volumenconstitution flüssiger Verbindungen ganz und gar nicht gewonnen werden kann.

II. Theoretische Erwägungen.

§ 17. Es ist nun die nächste Aufgabe, auch eine brauchbare theoretische Auffassung für die entwickelten Gesetzmässigkeiten zu gewinnen.

Ich werde dabei zunächst von den in Bezug auf die Siedepunkte nachgewiesenen Regelmässigkeiten, auf die ich an anderer Stelle zurückkomme, absehen, und hier nur auf die in den Volumenverhältnissen sich aussprechenden gesetzmässigen Beziehungen näher eingehen.

In jeder Reihe entsprechender Verbindungen nimmt das Volumen derselben mit dem Hinzutritt bestimmter Gruppen an Grösse zu. So wächst z. B. in jeder Reihe mit dem Hinzutritt der Elemente des Methylens = CH₂ auch das Volumen der Verbindungen um einen, nach dem Vorausgehenden nicht constanten, aber innerhalb nicht sehr weiter Grenzen gesetzmässig veränderlichen Werth.

Es ist hierdurch nahegelegt, wie ich es 1840 erstmals versuchte, das Gesammtvolumen einer Verbindung aufzufassen als Summe der durch ihre Componenten und beziehungsweise Elemente in gesetzmässiger Weise verursachten oder beigesteuerten Beträge; und es wird sich daher darum handeln, die Regeln aufzusuchen, welche sich nach diesem Summationsprincip für die von den einzelnen Componenten beigesteuerten Beträge ergeben, welche Beträge ich als Componentenvolumina und beziehungsweise als Volumina der Elemente bezeichnen will.

§ 18. Ich gehe dabei, wie schon 1843, von dem leitenden Gedanken, von der fundamentalen Anschauung aus, dass eine flüssige chemische Verbindung etwas in sich durchaus Gleichförmiges ist, so dass ihren sämmtlichen Bestandtheilen, in dem Zustande, in welchem sie in der Verbindung enthalten sind, unter anderem auch gleiche relative Ausdehnung durch die Wärme zukommt, wobei ich unter „Ausdehnung" lediglich die infolge der Erwärmung eintretende Volumenvergrösserung sowohl der gesammten Verbindung, als der auf die einzelnen Componenten entfallenden Beträge dieser Vergrösserung verstehe.

Hieraus ergibt sich sofort, dass das Verhältniss der Componentenvolumina einer flüssigen Verbindung unverändert bleibt, wenn sich dieselbe durch Erwärmung ausdehnt, oder durch Wärmeverlust zusammenzieht. Würden sich bei irgend einer Temperatur die Componenten nicht mehr in gleichem Verhältniss auszudehnen befähigt sein, so würde bei dieser Temperatur die Verbindung keinen Bestand mehr haben können.

Wählt man irgend ein geeignetes Volumen als Maass, durch welches die Componentenvolumina gemessen und in Zahlen ausgedrückt werden, und nennt man dieses Maass die Stere, so wird das Volumen der ganzen Verbindung und jeder Componente und beziehungsweise Elementes derselben durch eine bestimmte Sterenzahl gemessen; und weil sich das Verhältniss der Componentenvolumina nicht ändert mit der Ausdehnung, so ist ersichtlich, dass bei der Ausdehnung oder Zusammenziehung der Flüssigkeit infolge von Wärmeeinwirkungen nicht ihre Sterenzahl, sondern nur die Grösse der Stere sich ändert, und zwar relativ gleichmässig für die Flüssigkeit und für jeden ihrer Componenten.

Zur Erläuterung diene ein Beispiel. Angenommen, es sei ermittelt, und es wird dies später in der That so geschehen, dass in dem Cyanmethyl $= CH_3 \cdot Cy$ vom Volumen 56,1 bei seiner Kochhitze das Methyl $= CH_3$ und das Cyan $= Cy$ gleichviel zu dem Gesammtvolumen beitragen, und ebenso dass von dem Methyl $= CH_3$ selbst das Kohlenstoffatom und jedes der drei Wasserstoffatome ebenfalls gleich viel beitragen, so wird das Volumen des Kohlenstoffatoms und ebenso jedes Wasserstoffatoms des Methyls den vierten Theil des Methylvolumens und den achten Theil des Gesammtvolumens des Cyanmethyls ausmachen. Wählen wir nun diesen achten Theil des Volumens des Cyanmethyls als Maass, womit die Volumina der Componenten und das Volumen der Verbindung gemessen werden, und nennen wir dieses Maass eine Stere, so kommen dem Atome Kohlenstoff und jedem Atom Wasserstoff des Methyls je eine Stere, dem Methyl wie dem Cyan je vier Steren, dem Cyanmethyl acht Steren Raumerfüllung zu.

Bezeichnet man ferner die Sterenzahl eines Elementes mit einer Zahl rechts oben neben dem Zeichen des Elementes, wie die Atomzahl durch eine solche rechts unten neben dem Zeichen, so kann die Volumenconstitution des Cyanmethyls dargestellt werden wie folgt:

$$Cyanmethyl = C_1{}^1H_3{}^3Cy^4 = 56,1 = 8 \times \overline{7,01}.$$

Hier ist also, wenn die Atomgewichte in Grammen ausgedrückt sind, ein Volumen von 7,01 ccm die Stere, und die Formel drückt aus, dass C u. H des Methyls je eine Stere, das Cyan aber vier Steren zur Raumerfüllung der Verbindung beitragen.

Wenn sich nun das Cyanmethyl durch Erwärmung ausdehnt oder durch Abkühlung zusammenzieht, so ändert sich nach der erwähnten Grundanschauung nicht das Verhältniss der Componentenvolumina, nicht ihre Sterenzahl und nicht die Sterenzahl der Verbindung, sondern nur die Stere selbst wird grösser oder kleiner.

Aus der Dichtigkeitsmessung des Cyanmethyls bei 0° von Vincent und Delaunay ergibt sich das Volumen des Cyanmethyls bei 0° zu 50,9. Es ist daher die Volumenconstitution bei 0° ausgedrückt durch:

$$Cyanmethyl = C_1{}^1H_3{}^3Cy_1{}^4 = 50,9 = 8 \times \overline{6,36}.$$

Es ist lediglich die dem Siedepunkt von 81,6° entsprechende Stere $\overline{7,01}$ auf $\overline{6,36}$ bei 0° gesunken; alle anderen Beziehungen sind unverändert geblieben.

Die Wahl der Stere und die Sterenzahl der Componenten erscheint bei einer einzelnen Verbindung freilich willkürlich. Wenn man aber die Volumenverhältnisse der Verbindungen im Zusammenhang untersucht, so ergeben sich für die Entscheidung die wichtigsten Anhaltspunkte.

Die Einfachheit und die übereinstimmende Durchführbarkeit bei zahlreichen Körperklassen werden auch hier wie bei anderen Klassen von Naturerscheinungen den Prüfstein für die Brauchbarkeit, resp. Richtigkeit der Erklärungsweise abgeben.

Es wird sich durch eine gründliche Untersuchung der Volumenverhältnisse der Verbindungen bei ihren respectiven Siedepunkten in der That herausstellen, dass, soweit dazu bis

64 *

jetzt ein genügendes Beobachtungsmaterial vorliegt, **alle Verbindungen, wie das als Beispiel angeführte Cyanmethyl, höchst
einfache Volumenverhältnisse ihrer Componenten und
bezw. Elemente erkennen lassen.** Ebenso wird sich ergeben,
dass die **Componentenvolumina** im strengsten Zusammenhange mit den **Structurverhältnissen**, und dem zufolge der
chemischen Natur der Verbindungen stehen.

§ 19. Die Stere verschiedener Flüssigkeiten bei ihrer
resp. Kochhitze ist nach den in § 1 bis § 16 mitgetheilten Thatsachen nicht völlig die **gleiche**, sondern eine in engen Grenzen gesetzmässig veränderliche Grösse. Ich habe mit Unrecht
im Anfang der vierziger Jahre die Stere der Flüssigkeiten
bei Kochhitze, also bei gleicher Spannkraft ihrer Dämpfe, für
einen unveränderlichen Werth gehalten. Doch lagen damals
ausser ein paar Versuchen Gay-Lussac's noch keine Beobachtungen über die Ausdehnung der Flüssigkeiten durch die
Wärme vor, und jene hypothetische Annahme war daher damals eine sehr berechtigte erste Annäherung an die Wahrheit.
Eine solche Annahme ist durch die mitgetheilten Thatsachen
jedoch fortan ein für allemal ausgeschlossen, denn **isomere**
Körper, auch wenn sie dem nämlichen Typus angehören, haben
doch niemals, soweit bis jetzt Beobachtungen vorliegen, **streng
gleiche Volumina** bei ihren resp. Siedepunkten.

Ich muss nun schon hier vorausschicken, dass sich bei
Kochhitze aller bis jetzt auf ihre Ausdehnung durch die Wärme
untersuchten Kohlenverbindungen für das Volumen **keines
einzigen** ihrer **Elementaratome** ein Werth ergibt, der
kleiner wäre als 6,7, das ist der kleinste Werth einer Stere;
nur im Ammoniak und in den Aminen kommt ein **Doppel-
atom Wasserstoff** auf eine Stere condensirt vor.

Man könnte daher bei den § 2 bis § 5 erwähnten **isomeren Paaren**, deren Volumina sich immer sehr nahe liegen,
die geringen Volumenunterschiede derselben nicht auf Rechnung einer verschiedenen **Sterenzahl** bringen, sondern es
sind diese Unterschiede nur durch eine sehr wenig verschiedene
Grösse der Stere zu erklären.

An Stelle der früheren Annahme, dass die Volumina jedes
der erwähnten **isomeren Paare** bei den resp. Siedepunkten

gleiche seien, hat fortan die den Thatsachen entsprechende
Auffassung zu treten, dass die Volumina jener isomeren
Paare durch die gleiche Sterenzahl gemessen werden, dass
jedoch die Grösse der Stere eine wenn auch in sehr engen
Grenzen eingeschlossene Verschiedenheit bestimmt erken-
nen lässt.

So wird sich z. B. im Verlauf der ferneren Untersuchungen
ergeben, dass:

$$\text{Normalbuttersäure} = C_4H_8O_2 = 108{,}0\,P. = 15 \times \overline{7{,}19} \qquad \text{und}$$
$$\text{Isobuttersäure} \quad = C_4H_8O_2 = 106{,}7\,K. = 15 \times \overline{7{,}11}$$

aufzufassen ist.

§ 20. Es muss ferner anerkannt werden, dass in entsprechenden Verbindungen von gleicher Ordnung, d. h. von
gleichen Structurverhältnissen, ein und dasselbe Element mit
unveränderlicher Sterenzahl enthalten ist.

Vergleicht man z. B. Chlorpropyl und Chloräthyl, so
haben beide (§ 7) die Volumendifferenz 20,4; Brompropyl und
Bromäthyl aber haben die etwas grössere Volumendifferenz 21,9.
Es wäre gewiss höchst unzweckmässig, anzunehmen, dass die
Sterenzahl des Chlors oder des Broms oder des Aethyls oder
Propyls in den zwei genannten Verbindungen, in welchen jeder
dieser Körper vorkommt, eine verschiedene sei. Es kann
zweckmässig nur angenommen werden, dass die Stere selbst
in der Propylverbindung um weniges grösser ist, als in der
entsprechenden Aethylverbindung, und ebenso in der Brom-
verbindung etwas grösser als in der entsprechenden Chlor-
verbindung. Was von diesem Beispiele gilt, ist ebenso gültig
von jedem andern. Es hat also z. B. das Jod in allen Jodiden
der Alkoholradicale die nämliche Sterenzahl; ebenso das Brom
in allen Bromiden, das Chlor in allen Chloriden der Alkoholradicale; aber die Stere selbst ist in den Chloriden etwas
kleiner als in den entsprechenden Bromiden, und in diesen
etwas kleiner als in den entsprechenden Jodiden. Das Gleiche
gilt von den Alkoholradicalen selbst. Das Aethyl z. B. hat
die nämliche Sterenzahl im Chlorid wie im Bromid und Jodid,
und nur die Grösse der Stere wächst etwas, wenn man vom
Chlorid zum Bromid und Jodid des Aethyls übergeht. So

werden sich hiernach, wie ich zur Erläuterung beifüge, beispielsweise ergeben:

$$\text{Chloräthyl} = C_2{}^7H_5{}^4Cl_1{}^3 = 71,2 P. = 10 \times \overline{7,12.}$$
$$\text{Bromäthyl} = C_2{}^7H_5{}^4Br_1{}^4 = 76,4 P. = 11 \times \overline{7,13.}$$
$$\text{Jodäthyl} = C_2{}^7H_5{}^4J_1{}^5 = 86,0 P. = 12 \times 7,17.$$
$$\text{Brompropyl} = C_3{}^3H_7{}^7Br_1{}^4 = 100,3 PP. = 14 \times 7,16. \quad \text{u. s. w.}$$

§ 21. Von diesem Standpunkte aus kann man nun den in
den Paragraphen 6 — 16 nachgewiesenen Regelmässigkeiten
den Ausdruck geben:

In den Chloriden, Bromiden und Jodiden des Phosphors, Arsens und Antimons, und ebenso der Alkoholradicale, in den Säuren der Fettreihe und den gleichnamigen
Aethern mit diesen Säuren wächst die Stere mit dem
Atomgewicht. Dagegen bei den normalen Alkoholen
nimmt die Stere mit dem Atomgewicht ab. Bei den
diesen Alkoholen entsprechenden Aethern der nämlichen Säure
nimmt zwar entsprechend die Volumendifferenz der Paare mit
wachsendem Atomgewicht ebenfalls ab, aber nicht, wie sich
später ergeben wird, weil die Stere selbst mit dem Atomgewicht abnimmt, sondern weil ihre Zunahme mit wachsendem
Atomgewicht rasch abnimmt.

§ 22. Hält man sich nun an die erwähnte Auffassung und
prüft, welche Stere den Verbindungen, und welche Sterenzahl
diesen und den einzelnen Elementen in bestimmten Verbindungs-
gruppen zukommen kann, so stellen sich sehr merkwürdige und
einfache Beziehungen heraus.

Es ergibt sich zunächst ganz allgemein, dass die Volumina
der Componenten und beziehungsweise der Elemente jeder
Verbindung in einfachen Verhältnissen stehen.

Es ergibt sich ferner, dass die Elemente Kohlenstoff,
Wasserstoff, Sauerstoff und Stickstoff im allgemeinen
die gleiche Raumerfüllung einer Stere haben. In bestimmten Gruppen, und zwar im strengsten Zusammenhange
mit den Valenzen, mit welchen die Elemente in denselben
verbunden sind, finden sich diese Elemente jedoch mit einer
andern Condensation oder Sterenzahl.

So hat z. B. der an einwerthige Elemente oder Gruppen
gebundene Sauerstoff die Volumenconstitution $O_1{}^1$, d. h. ein

Atom erfüllt den Raum einer Stere. Der an ein Kohlenstoffatom zweiwerthig gebundene Sauerstoff aber hat die doppelte Raumerfüllung und also die Volumenconstitution $O_1{}^2$.
Der an einwerthige Elemente oder Gruppen gebundene Stickstoff hat die Condensation auf eine Stere als $N_1{}^1$. Der an
ein Kohlenstoffatom dreiwerthig gebundene Stickstoff aber
hat als $N_1{}^2$ die doppelte Raumerfüllung. Der an einwerthige
Elemente oder Gruppen gebundene Kohlenstoff hat die Condensation $C_1{}^1$. Zwei zweiwerthig miteinander verbundene
Kohlenstoffatome scheinen die Raumerfüllung $C_2{}^3$ zu haben.
Der dreiwerthig an ein Stickstoffatom gebundene Kohlenstoff hat die Raumerfüllung $C_1{}^2$ u. s. w.

Es ergibt sich ferner, dass die Grösse der nach den
entwickelten gesetzmässigen Beziehungen veränderlichen
Stere bei Kochhitze (durch welche sich die Volumina der
Verbindungen und ihrer Elemente in ganzen Zahlen ausdrücken lassen, für alle bis jetzt auf ihre Ausdehnung durch
die Wärme untersuchten Kohlenverbindungen, für welche sich
die Volumenconstitution bereits erkennen lässt) doch in den
engen Grenzen 6, 7 — 7,5 eingeschlossen bleibt, welche Zahlen
Cubikcentimeter bezeichnen, wenn die Atomgewichte in Grammen
ausgedrückt sind.

Zur Erläuterung füge ich noch einige Beispiele an. Es
ist z. B. dem Mitgetheilten entsprechend:

Aether	$= C_2{}^3H_5{}^5O_1{}^1C_2{}^3H_5{}^5$	$= 106{,}2$ K. $= 15 \times \overline{7{,}08}$.
Holzgeist	$= C_1{}^1H_3{}^3. \ O_1{}^1H_1{}^1$	$= 42{,}3$ K. $= 6 \times \overline{7{,}05}$.
Weingeist	$= C_2{}^3H_5{}^5. \ O_1{}^1H_1{}^1$	$= 62{,}2$ K. $= 9 \times \overline{6{,}91}$.
Aldehyd	$= C_1{}^1H_3{}^3. \ C_1{}^1O_1{}^2H_1{}^1$	$= 56{,}9$ K. $= 8 \times \overline{7{,}11}$.
Aceton	$= C_1{}^1H_3{}^3. \ C_1{}^1O_1{}^2C_1{}^1H_3{}^3$	$= 77{,}4$ K. $= 11 \times \overline{7{,}04}$.
Essigsäure. . . .	$= C_1{}^1H_3{}^3. \ C_1{}^1O_1{}^2O_1{}^1H_1{}^1$	$= 68{,}4$ K. $= 9 \times \overline{7{,}04}$.
Essigs. Methyl .	$= C_1{}^1H_3{}^3. \ C_1{}^1O_1{}^2O_1{}^1C_1{}^1H_3{}^3$	$= 83{,}9$ K. $= 12 \times \overline{6{,}99}$.
Ameisens. Aethyl .	$= H_1{}^1C_1{}^1O_1{}^2. \ O_1{}^1C_2{}^3H_5{}^5$	$= 84{,}7$ K. $= 12 \times \overline{7{,}06}$.
Cyanmethyl . . .	$= C_1{}^1H_3{}^3. \ C_1{}^1N_1{}^2$	$= 56{,}1$ K. $= 8 \times \overline{7{,}01}$.

u. s. f.

Ich muss es mir für nachfolgende Mittheilungen vorbehalten, für alle (§ 22) erwähnten und analoge hier noch nicht
erwähnte Thatsachen den ausführlichen Nachweis zu liefern.

Karlsruhe den 4. August 1880.

XVI. *Ueber Schwankungen des Meeresspiegels infolge von geologischen Veränderungen;* von *K. Zöppritz.*

Die Oberfläche des Oceans ist, sofern man von den durch Gezeiten, Luftdruckdifferenzen und Winde hervorgebrachten Schwankungen absieht, eine Niveaufläche der Kräftefunction der Erde, d. h. eine Oberfläche, auf welcher überall die Kräftefunction, die sich aus dem Gravitationspotentiale der Erde und dem Potentiale der Centrifugalkraft zusammensetzt, einen constanten Werth besitzt. Für die Bestimmung des Potentials der Erde auf andere Himmelskörper genügt es, dieselbe als aus homogenen, annähernd centrobarischen Schichten zusammengesetzt zu denken und den Unterschied zwischen dem Hauptträgheitsmomente um die Rotationsaxe und demjenigen um einen Aequatordurchmesser als so klein anzunehmen, dass die zweite Potenz seines Verhältnisses zum ganzen Trägheitsmoment vernachlässigt werden kann. Obwohl die alltägliche Erfahrung lehrt, dass wenigstens die äussere Schale der Erde aus Bestandtheilen von sehr verschiedener Dichte besteht und die Bedingung, ein Attractionscentrum zu besitzen, gar nicht oder doch nur in sehr unvollkommenem Grade erfüllt, so ist für Körper, die wenigstens die Entfernung des Mondes haben, doch die zuvorgenannte Annäherung ausreichend, weil die Schale, worin die Unregelmässigkeiten der Massevertheilung vorkommen, nur einen sehr kleinen Bruchtheil der Gesammtmasse der Erde bilden und in den Ausdruck für das Potential alle diese Massen mit sehr grossen Divisoren, den Entfernungen, versehen eingehen.

Anders verhält es sich, wenn man das Gravitationspotential für einen Punkt der Erdoberfläche bilden will. Hier erhalten die zunächst um den Punkt gelegenen Massetheilchen kleine Divisoren und üben deshalb auf den Werth der Summe erheblichen Einfluss aus, und jede Unregelmässigkeit in der Massenanordnung macht sich im Werthe des Potentials sofort bemerklich. Indem sonach die Kräftefunction der Erde an der Erdoberfläche von den Unregelmässigkeiten ihrer Bildung beeinflusst wird, kann auch die Niveaufläche des Oceans keine Fläche von einfachem, einheitlichem Bildungsgesetze sein, sondern·sie muss eine unregelmässige, von der Vertheilung von Meer und Festland, Ebene und Gebirg beeinflusste Gestalt haben, die allerdings von einem Rotationssphäroid nur verhältnissmässig geringe Abweichungen zeigt.

Die Mittel und Wege, solche Unregelmässigkeiten auf-zufinden und aus der bekannten Configuration von Land und Meer zu berechnen, hat zuerst G. G. Stokes in einer wenig bekannt gewordenen Abhandlung: On the variation of gravity at the surface of the earth[1] entwickelt; später unab-hängig und mehr von practischen Gesichtspunkten ausgehend Ph. Fischer in seinen „Untersuchungen über die Gestalt der Erde“.[2] Die allgemeinen Eigenschaften der Niveau-flächen der Erde, die von Listing[3] sogenannten Geoide hat Herr Bruns in seiner bedeutsamen Abhandlung „Die Figur der Erde“[4] vollständig untersucht und aufgeklärt. Derselbe hat auch, indem er für die Continente und Oceane der Erde eine einfache, der wirklichen ähnliche, schematische Massevertheilung substituirte, die Abweichungen der Meeres-oberfläche von dem regelmässigen Sphäroid für Punkte des Aequators von je 5° Längendifferenz bestimmt und Niveau-unterschiede von gegen 1000 m als möglich erkannt.

Für den längs der Normale gemessenen Abstand zwischen Sphäroid und Geoid hat Bruns eine sehr einfache Formel entwickelt.[5] Bezeichnet man für einen Punkt der Erdober-fläche mit T die Differenz zwischen dem Potentialwerthe des Geoids und dem des regelmässigen Sphäroids, ferner mit γ die theoretische Schwere auf dem letztern und mit ε die Lothablenkung, so ist der gesuchte Abstand:

$$h = -\frac{T}{\gamma \cos \varepsilon},$$

1) G. G. Stokes, Trans. of the phil. soc. of Cambridge. 8. part 5. 1849.

2) Ph. Fischer, Untersuch. üb. d. Gestalt d. Erde. Darmstadt 1868.

3) Listing, Nachr. d. k. Ges. d. Wissensch. zu Göttingen. 1873. p. 41.

4) Publication d. k. preuss. geodätischen Instituts. Berlin 1878.

5) Bruns, l. c. p. 20.

Bruns. zeigte nun, wie unter der Voraussetzung, dass Unregelmässigkeiten der Massevertheilung nicht im Erdinnern, sondern nur in der ungleichen Vertheilung von Land und Meer über die Oberfläche bestehen, die Grösse T betrachtet werden kann als das Potential 1) des über dem Meeresniveau hervorragenden festen Landes mit der mittlern Dichte $k_2 = 2,5$ und 2) der Meere mit der mittlern Dichte $k_1 = 1 - k_2 = -1,5$. Bezeichnet man dieses Potential mit $-\Omega$ und bemerkt, das ε immer nur wenige Secunden beträgt, sein Cosinus also von der Einheit kaum verschieden ist, so wird:

$$h = \frac{\Omega}{\gamma},$$

worin man überdies ohne erheblichen Fehler statt des theoretischen den wahren Werth der Schwere setzen kann. — Diese Gleichung hat schon Dahlander[1]) für die Niveauveränderung einer unendlich ausgedehnten Meeresfläche durch einen nahe derselben befindlichen Körper von beschränkter Ausdehnung aufgestellt und auf einige specielle Formen einer solchen Masse angewandt.

Jede Aenderung in der Vertheilung der Massen auf der Erdoberfläche wird eine Veränderung des Potentials und somit eine Niveauschwankung, d. h. eine Aenderung des Abstandes h zwischen dem regelmässigen Sphäroid und dem wirklichen Geoid hervorrufen, und zwar wird, falls die Massenverschiebung nur einen kleinen Theil der Oberfläche betrifft, die Potentialänderung und also auch die Niveauschwankung vorzugsweise auf diesem Theile merklich sein. — Solche Masseverschiebungen werden nun durch geologische Vorgänge wie Erosion und Sedimentablagerung, ferner durch säculare Hebungen und Senkungen zum Ausgleich innerer Spannungen der Erdrinde auf deren Oberfläche in ausgedehntem Maasse hervorgebracht und lassen sich hinsichtlich ihrer Grösse und Ausdehnung an vielen Stellen annähernd ausmessen. Es ist sicherlich von Interesse, zu untersuchen, wie gross die Niveauänderungen sind, welche durch bestimmte Sedimentablagerungen oder durch bestimmte Hebungen hervorgerufen sein müssen.

---

1) Dahlander, Pogg. Ann. **117.** p. 153. 1862.

·· Jegliche Massenverschiebung besteht aus zweierlei Aenderungen, der Masseverminderung an gewissen und der Vermehrung, Anhäufung an anderen Stellen. Letztere bringen eire positive Potentialdifferenz $\delta\Omega$, erstere eine negative $-\delta\Omega'$ hervor. Die neue Höhe wird also:

$$h + \delta h = \frac{\Omega + \delta\Omega - \delta\Omega'}{\gamma},$$

wobei von der verschwindend kleinen Aenderung abgesehen ist, die der Werth der Schwere γ erleidet. Die Niveauänderung ist also:

$$\delta h = \frac{\delta\Omega - \delta\Omega'}{\gamma}.$$

Angenommen, die schaukelartige Bewegung, welcher nach den früheren Wasserstandsbeobachtungen die skandinavische Halbinsel unterworfen zu sein scheint, wäre ganz auf sie beschränkt, so müsste man, um die innerhalb eines gewissen Zeitraumes eingetretene Niveauänderung an einem Küstenpunkte zu bestimmen, das Potential $\delta\Omega$ des emporgehobenen und dasjenige $\delta\Omega'$ des untergesunkenen Theils für den betrachteten Punkt berechnen. Ihre Differenz gibt, durch die Schwere dividirt, die davon herrührende Spiegeländerung. Da δh die Aenderung im Abstand des Geoids vom Sphäroid, oder was nahezu identisch ist, die Veränderung im Radiusvector der Meeresoberfläche bedeutet, so versteht es sich von selbst, dass, falls man die Aenderung des Wasserstandes an einem mit der Küste festverbundenem Pegel angeben will, noch die eigene Bewegung des Landes, bezw. die Veränderung seiner Entfernung vom Erdmittelpunkt in Rechnung zu ziehen, d. h. algebraisch zu addiren ist.

In den nachfolgend zu betrachtenden Fällen wird zuweilen $\delta\Omega'$ vernachlässigt, d. h. es wird nur das Sediment in Betracht gezogen und die Niveauänderung in dessen Nähe berechnet. Diese Vernachlässigung ist in zwei ausgedehnten Klassen von Fällen gestattet, ohne der hier erstrebten Genauigkeit Abbruch zu thun, nämlich 1) wenn das Gebiet, wo die Massen weggenommen werden, sehr entfernt von dem Ablagerungsgebiet liegt; 2) wenn die Massen durch gleichförmige Wegnahme von der ganzen Erdoberfläche beschafft werden. Ersteres ist z. B. der Fall bei den Deltabildungen grosser Flüsse, wozu das Material aus weiter Ferne dem Innern der Continente entnommen wird, und unter der Voraussetzung, dass die Niveauänderung über dem Delta selbst bestimmt werden soll. — Der zweite Fall würde dagegen vorliegen, wenn infolge allgemeiner gleichmässiger Contraction der Erde an einer Stelle eine Scholle emporgehoben würde, an deren Rand die Niveauänderung bestimmt werden soll. In beiden Fällen, die übrigens in der Natur in den mannigfaltigsten Variationen vorkommen können, verschwindet $\delta\Omega'$ wegen der Entfernung der darin vorkommenden Massen gegen $\delta\Omega$, das von den benachbarten Massen herrührt, und man behält nur:

$$\delta h = \frac{\delta\Omega}{\gamma}.$$

Die erste Frage, die ich mir gestellt habe, ist die nach der Wirkung eines einzelnen Flussdeltas. Um den Fall einer mathematischen Behandlung zugänglich zu machen, habe ich folgende einfache geometrische Voraussetzungen gemacht. Ein Fluss münde rechtwinklig auf eine geradlinig verlaufende Küste, von welcher der Meeresboden als unter dem Winkel ν gegen den Horizont geneigte Ebene abfällt. Das Sediment wird dann auf diese geneigte Ebene in der ungefähren Gestalt eines Kugelabschnitts aufgelagert sein, in dessen Rand die Flussmündung liegt, und der an dieser Stelle die Horizontalebene berührt. Ich will annehmen, dass das Sediment wirklich ein Abschnitt einer homogenen Kugel

Fig. 1.

vom Halbmesser a sei. Ihr Mittelpunkt liegt dann auf der verlängerten Lothlinie LM der Mündungsstelle in C(Fig. 1).—Vor Entstehung des Niederschlags war der betreffende Raum mit Wasser erfüllt. Wenn die Dichte der abgelagerten Masse um ε grösser ist als die des Wassers, so hat man für $\delta\Omega$ das Potential eines mit der Dichtigkeit ε erfüllten Kugelabschnitts zu setzen. Es ist vorzugsweise von Interesse, den Werth von δh in der Mündungsgegend zu kennen. Das Potential des Abschnitts auf den Randpunkt M erhält man leicht, indem man ein eigenthümliches Polarcoordinatensystem einführt[1]), dessen Pol der Punkt M ist. Das Volumenelement dv an der Stelle P sei begrenzt durch zwei unter dem kleinen Winkel $d\vartheta$ gegen einander geneigte, in der Küstenlinie KK' sich schneidende Ebenen, ferner durch zwei unter dem Winkel $d\varphi$ in M sich schneidende, auf den vorigen senkrechte Ebenen und durch zwei Kugelflächen um M als Mittelpunkt von den Radien $MP = r$ und $r - dr$. Es hat dann, wenn der Winkel ϑ vom Horizont an gerechnet, $CM = a$ und $\not\prec HMN = \nu$ gesetzt wird, den Werth:

$$dv = r\,d\varphi \cdot r\,\cos\varphi\,d\vartheta \cdot dr,$$

und das Potential des Kugelabschnitts auf M wird daher:

$$\int \frac{dv}{r} = \varepsilon \int_{-\frac{\pi}{2}}^{+\frac{\pi}{2}} \cos\varphi\,d\varphi \int_0^\nu d\vartheta \int_0^{2a\sin\vartheta\cos\varphi} r\,dr$$

$$= 2\,\varepsilon a^2 \int_0^\nu \sin^2\vartheta\,d\vartheta \int_{-\frac{\pi}{2}}^{+\frac{\pi}{2}} \cos^3\varphi\,d\varphi = \tfrac{1}{3}\,\varepsilon a^2\,(\nu - \tfrac{1}{2}\sin 2\nu).$$

Die Schwere γ drückt man mit hinlänglicher Genauigkeit durch die Masse der Erde, dividirt durch das Quadrat ihres mittlern Halbmessers R aus. Ihre mittlere Dichte sei $= \eta$, dann wird:

$$\gamma = \tfrac{4}{3}R\eta\pi, \quad \text{folglich:}$$

$$\delta k = \frac{\varepsilon}{\eta}\,\frac{a^2}{R\pi}\,(\nu - \tfrac{1}{2}\sin 2\nu).$$

Den Kugelradius a drückt man zweckmässiger durch den leichter messbaren Durchmesser der Sedimentbasis aus, also durch die dem Kugelabschnitt zukommende Sehnenlänge s. Es ist nämlich:

$$a = \frac{s}{2\sin\nu}.$$

Die Maximaldicke des Sediments ist der Pfeil des Kugelabschnitts:

---

1) S. Thomson u. Tait, Treatise on natural philosophy. § 478.

$$\Delta = u\,(1 - \cos v) = \frac{s\,(1 - \cos v)}{2 \sin v}.$$

Ich habe nun die Steighöhe δh für zwei Neigungswinkel $v = 2^0$ und $v = 4^0$ und für drei Durchmesser $s = 20, 50, 100$ km berechnet. Da $\eta = 5{,}5$, ε aber $= 1{,}5$ gesetzt werden können, so gibt die Formel:

$$\delta h = \eta \frac{s^3}{4 \pi R}\left(\frac{v}{\sin^3 v} - \operatorname{ctg} v\right)$$

folgende Werthe:

s	Δ		δh	
	$v = 2^0$	$v = 4^0$	$v = 2^0$	$v = 4^0$
20 km	174 m	349 m	0,032 m	0,063 m
50	436	873	0,198	0,396
100	872	1 746	0,792	1,585

Man sieht hieraus, dass selbst ein ziemlich bedeutendes Delta für sich allein nur geringe Niveauerhebungen am Strande veranlasst, immerhin aber der Fortbau des Landes durch solche etwas verlangsamt wird.

Ganz andere Resultate erhält man, wenn man die Wirkung ausgedehnterer Sedimentbildungen untersucht, wie sie auf dem Boden grosser Meeresbecken entstehen. Zwar ist man im allgemeinen nur äusserst unvollkommen unterrichtet, wie sich in den grossen Weltmeeren unter dem Einflusse der Strömungen die Absätze nach Fläche und Dicke vertheilen; doch gibt es ein Gebiet, das man wegen seiner Geschlossenheit und wegen der sichtlichen Zunahme seiner Ausfüllung mit einiger Annäherung an die wirklichen Verhältnisse als Rechnungsbeispiel verwerthen kann. Es ist das Nordpolarbecken. Die Nordküsten von Asia-Europa und Amerika umgrenzen dasselbe ungefähr im Parallelkreise von 70^0 nördlicher Breite, und wenn man von den Inselgruppen, einschliesslich Grönlands, der Einfachheit halber absieht, so hat man es mit einem Meeresbecken zu thun, das eine Kugelcalotte von 20^0 Bogenhalbmesser einnimmt und nur durch verhältnissmässig schmale Arme mit den übrigen Meeren zusammenhängt. Die Meeresströme, die längs den Ost- und Westküsten von Grönland arctische Gewässer in den atlantischen Ocean führen, sind so schmal, dass sie wie die Abflüsse aus einem Seebecken betrachtet werden können, die bekanntlich von Sedimenten sehr frei sind, weil diese sich in dem ruhenden Wasser des Beckens zuvor schon abgesetzt haben. Daraus folgt, dass die kolossalen Mengen von festen Stoffen, die dem Polarbecken durch die nordasiatischen und nordamerikanischen Riesenströme zugeführt werden, diesem Becken fast unverkürzt enthalten bleiben. Die Landverfrachtung durch Eisberge und Eisfelder ist ihrem Betrage nach sicherlich unbedeutend gegen die zugeführten Massen und dürfte fast schon durch die Sedimentführung der grossen nordatlantischen Meeresströmung ausgeglichen werden.

In der That haben denn auch die bisherigen Lothungen im Polarbecken bis in · beträchtliche Entfernungen von den Küsten die Existenz von Flachmeeren ergeben, die nur zwischen Spitzbergen und Grönland entschieden unterbrochen sind. Es kann keinem Zweifel unterliegen, dass diese Flachmeere, welche ringförmig das ganze Gebiet umziehen, und deren Ausdehnung in das Innere durchaus nicht unwahrscheinlich ist, die Folge davon sind, dass die erwähnten Ströme die Hauptmasse ihrer Sedimente zunächst vor der Mündungsgegend und an den benachbarten Küsten fallen lassen und so das Becken in concentrischen Ringen zuzufüllen streben. Allein auch in die Centralgegenden des Beckens wird das feinere Material zweifellos vordringen und dort Absätze verursachen.

Alle Niederschläge fester Schichten aus dem Wasser bringen eine Potentialvermehrung hervor. Auch abgesehen von der rein geometrischen Verdrängung gleicher Wasservolumina bewirken sie, dass der Seespiegel sich hebt und die Gestadeländer des Beckens allmählich überfluthet. Ich habe mir deshalb die Aufgabe gestellt, das Potential einer eine Kugelkappe mit gleichförmiger Dichte ε und Höhe H bedeckenden Masse auf einen äussern Kugelflächenpunkt und einen Randpunkt zu bestimmen und daraus auch das Potential eines zonenförmigen Sedimentes abzuleiten.

Die Calotte sei durch einen um den Bogen $PC = PD = p$ vom Pol entfernten Kreis begrenzt. Der angezogene Punkt  A sei um den Bogen $AP = q$ vom Pol entfernt. Der grosse Kreisbogen AM zu einem in M liegenden Volumenelement sei $= w$ und der Winkel zwischen den grössten Kreisebenen AM und AP,

Fig. 2. MAP sei $= \varphi$, dann ist die Entfernung zwischen A und $M = 2R \sin \frac{w}{2}$, wenn R der Kugelhalbmesser ist. Das Potential wird demnach:

$$V = \int_{-\varphi_1}^{+\varphi_1} \int_{w_1}^{w_2} \frac{\varepsilon\,HR^2 \sin w\, dw\, d\varphi}{2R \sin \frac{w}{2}}.$$

Die Grenzwerthe von w sind $w_1 = AB$ und $w_2 = AC$. — Die Integration nach w lässt sich ausführen und ergibt:

$$V = 2R\varepsilon H \int_{-\varphi_1}^{+\varphi_1} \left(\sin \frac{w_2}{2} - \sin \frac{w_1}{2}\right) d\varphi.$$

Wenn man jetzt w_1 und w_2 durch die beiden Wurzeln der Gleichung:

$$\cos p = \cos w \cos q - \sin w \sin q \cos \varphi$$

ausdrückt, so ergeben sich äusserst verwickelte Ausdrücke, sodass die exacte Durchführung der Rechnung (man kommt auf elliptische Integrale aller drei Gattungen) die Mühe nicht verlohnt. Für den Fall aber, das der Punkt A im Rande liegt, werden die Integrationsgrenzen $\pm \frac{\pi}{2}$, ferner $q = p$ und $w_1 = 0$, endlich:

$$\operatorname{tg} \tfrac{1}{2} w_2 = \operatorname{tg} p \cos \varphi.$$

Hiernach wird:

$$V = 2R\varepsilon H \int_{-\frac{\pi}{2}}^{\frac{\pi}{2}} \frac{\sin p \cos \varphi\, d\varphi}{\sqrt{1 - \sin^2 p \sin^2 \varphi}} = 2R\varepsilon H \int_{-\sin p}^{\sin p} \frac{dx}{\sqrt{1 - x^2}} = 4R\varepsilon Hp.$$

Wenn die Calotte nur einen kleinen Theil der Kugeloberfläche bildet, so nähert sich das Problem, ihr Potential auf einen vom Rand nicht sehr weit entfernten Punkt der Kugeloberfläche zu bestimmen, dem einfachern Problem, dasjenige einer mit derselben Dichte und Dicke gleichförmig belegten Kreisfläche auf einen Punkt ihrer Ebene zu bestimmen. Bezeichnet man mit E die Entfernung dieses Punktes vom Mittelpunkt der Scheibe, mit r den Abstand eines Flächenelements der Scheibe von demselben Punkt, mit φ den Winkel zwischen beiden Linien, so ist das Potential der Kreisscheibe, deren Radius $= a$ sei, auf jenen Punkt:

$$V = \varepsilon H \int_0^a \int_0^{2\pi} \frac{r\,dr\,d\varphi}{\sqrt{E^2 + r^2 - 2Er\cos\varphi}}.$$

Das Integral nach r gibt allgemein ausgeführt:

$$\sqrt{E^2 + r^2 - 2Er\cos\varphi}$$
$$+ E\cos\varphi \log(\sqrt{E^2 + r^2 - 2Er\cos\varphi} - E\cos\varphi + r).$$

Für die untere Grenze $r = 0$ hat man also die beiden Integrale auszuführen:

$$\int_0^{2\pi} E\,d\varphi = 2\pi E,$$

und:

$$E\int_0^{2\pi}\cos\varphi\,d\varphi \log E(1 - \cos\varphi)$$

$$= E\log 2E\int_0^{2\pi}\cos\varphi\,d\varphi + 2E\int_0^{2\pi}\cos\varphi\,\lg\sin\tfrac{\varphi}{2}\,d\varphi.$$

Der erste Term verschwindet bei Einsetzung der Grenzen; der zweite gibt durch partielle Integration:

$$2E\left[\sin\varphi\,\log\sin\tfrac{\varphi}{2}\right]_0^{2\pi} - 2E\int_0^{2\pi}\sin\varphi\,\frac{\cos\tfrac{\varphi}{2}}{\sin\tfrac{\varphi}{2}}\,d\tfrac{\varphi}{2}.$$

Das erste Glied verschwindet bei Einsetzung der Grenzen, das zweite wird:

$$= -4E\int_0^{\pi}\cos^2\psi\,d\psi = -2\pi E,$$

hebt sich also gegen den Werth des ersten Integrals weg. Man hat demnach nur den von der obern Grenze $r = a$ herrührenden Theil weiter zu behandeln. Dieser liefert:

$$V = \varepsilon H \int\limits_0^{2\pi} d\varphi \sqrt{E^2 + a^2 - 2Ea\cos\varphi}$$

$$+ \varepsilon HE \int\limits_0^{2\pi} \cos\varphi\, d\varphi \log(\sqrt{E^2 + a^2 - 2Ea\cos\varphi} - E\cos\varphi + a).$$

Verwandelt man das zweite Integral durch partielle Integration, wobei das erste Glied zwischen den Grenzen genommen wegfällt, so erhält man, wenn noch die Wurzelgrösse zur Abkürzung $= W$ gesetzt wird, für dieses Integral:

$$J = \int\limits_0^{2\pi} \cos\varphi\, d\varphi \log(W - E\cos\varphi + a) = -E \int\limits_0^{2\pi} \frac{\sin^2\varphi\, d\varphi \left(\frac{a}{W} + 1\right)}{W - E\cos\varphi + a}.$$

Multiplicirt man Zähler und Nenner mit $W + E\cos\varphi - a$ und bemerkt, dass:

$$W^2 - (E\cos\varphi - a)^2 = E^2\sin^2\varphi,$$

so zerfällt das Integral in folgende:

$$J = \frac{a^2}{E} \int\limits_0^{2\pi} \frac{d\varphi}{W} - a \int\limits_0^{2\pi} \frac{\cos\varphi\, d\varphi}{W} - \frac{1}{E} \int\limits_0^{2\pi} W\, d\varphi;$$

folglich wird:

$$V = \varepsilon H a^2 E \int\limits_0^{2\pi} \frac{d\varphi}{W} - \varepsilon H a E \int\limits_0^{2\pi} \frac{\cos\varphi\, d\varphi}{W}$$

$$= \frac{\varepsilon H}{2} \int\limits_0^{2\pi} W\, d\varphi - \frac{\varepsilon H(E^2 - a^2)}{2} \int\limits_0^{2\pi} \frac{d\varphi}{W}.$$

Durch die Substitutionen:

$$\frac{\varphi}{2} = \frac{\pi}{2} - \psi, \qquad \frac{4aE}{(E+a)^2} = \varkappa^2,$$

kommen diese elliptischen Integrale auf die Normalform:

$$V = 2\varepsilon H(E+a) \int\limits_0^{\frac{\pi}{2}} d\psi \sqrt{1 - \varkappa^2 \sin^2\psi} - 2\varepsilon H(E-a) \int\limits_0^{\frac{\pi}{2}} \frac{d\varphi}{\sqrt{1 - \varkappa^2 \sin^2\psi}}.$$

Wenn der angezogene Punkt in der Peripherie liegt, also $E = a$ ist, so wird:

$$V_a = 4\varepsilon Ha,$$

d. h. eine Kreisscheibe hat auf einen Randpunkt dasselbe Potential wie eine gleichbelegte Calottenfläche, deren Bogenhalbmesser Rp gleich dem Radius a der Kreisscheibe ist.

Auf einen äussern Punkt der Kugelfläche wird nun diese Calotte im allgemeinen nicht dasselbe Potential haben wie die Kreisscheibe, wenn auch die Bogenentfernung des erstern von ihrem Pol $= E$ ist. Wenn aber die Calotte nur einen kleinen Theil der Kugel bildet, und der Polabstand des Punktes auch nicht gross ist, so wird man wenigstens annähernd den obigen Werth von V auch für das Potential der Calotte auf einen Punkt in der Bogenentfernung $Rp = E$ anwenden dürfen. Um dann das Potential V_s einer Zone vom innern Bogenradius a und dem äussern E auf einen Punkt des äussern Randes zu bestimmen, hat man nur die Differenz zwischen dem Potential der Calotte vom Radius $Rp = E$ und demjenigen V der Calotte vom Radius $Rq = a$ auf den Punkt in der Entfernung E zu bilden.

Wenn man mit K und E die ganzen elliptischen Integrale erster und zweiter Gattung bezeichnet, so erhält man demgemäss:

$$V_s = 4 \varepsilon HRp - V = 2 \varepsilon HR \{2p - (p+q)\,\mathrm{E} + (p-q)\,\mathrm{K}\}.$$

Die entsprechenden Niveauveränderungen des Oceans am Rande des Sediments, also an der Küste, ergeben sich dann, indem man in der für δh aufgestellten Formel $\delta \Omega = V_s$ setzt, wobei vorläufig angenommen ist, dass das abgelagerte Material soweit aus dem Innern der Continente entnommen sei, dass man von der hierdurch bedingten Potentialabnahme an der Küste abstrahiren kann. Es wird dann:

$$\delta h = \frac{V_s}{\frac{1}{3} B \pi \eta}.$$

Wenn das Sediment die ganze Calottenfläche gleichmässig bedeckte, so würde:

$$\delta h = \frac{3 \varepsilon H}{\eta} \cdot \frac{p}{\pi}$$

werden. Setzt man also $p = 20^0 = \frac{\pi}{9}$, was den Dimensionen des Nordpolarbeckens ungefähr entsprechen würde, so wird mit den oben schon benutzten Werthen von ε und η:

$$V = 2\,\varepsilon HR . 0{,}6982; \qquad \delta h = \frac{H}{11} = 0{,}0909\,H.$$

Das Ansteigen des Meeres an der Küste ist also sehr bedeutend. Ein den ganzen Boden des Polarbeckens bedeckendes Sediment von nur 11 m Dicke bewirkt ein Steigen der See um 1 m. Die Annahme einer Ablagerung von 550 m Dicke, die an sich durchaus nichts Unwahrscheinliches hat, würde eine Spiegelschwankung um 50 m hervorbringen, wodurch beträchtliche Strecken der flachen Küstenländer unter Wasser gesetzt würden.

Ich habe ferner V_t für Zonen von 10^0, 5^0 und 2^0 Breite berechnet, d. h. q nacheinander die Werthe:

$$\frac{\pi}{18}, \quad \frac{\pi}{36}, \quad \frac{\pi}{90}$$

gegeben, und dabei folgende Werthe von V_t und δh erhalten:

$$V_{10} = 2\,\varepsilon HR . 0{,}5538 \qquad V_5 = 2\,\varepsilon HR . 0{,}3624 \qquad V_2 = 2\,\varepsilon HR . 0{,}1846$$
$$\delta h_{10} = 0{,}0721\,H \qquad \delta h_5 = 0{,}0472\,H \qquad \delta h_3 = 0{,}0240\,H.$$

Man sieht daraus, dass z. B. eine Strandbildung von $2^0 = 30$ deutschen Meilen Breite und 100 m Dicke eine Erhöhung des Meeresspiegels an der Küste um 2,4 m veranlassen würde. Soweit die bisherigen Beobachtungen reichen, gehen aber die Flachmeere an der Nordküste von Asia-Europa, deren Seichtigkeit man den Ablagerungen der grossen Ströme zuschreiben muss, viel weiter als bis auf 30 Meilen von der Küste hinaus, und auch die angenommene Dicke von 100 m ist eine sehr geringe. Setzt man die Breite $= 5^0$ oder 75 Ml., die Dicke $= 200$ m so erhält man schon $\delta h = 9{,}4$ m. Es können also im Lauf der Jahrtausende leicht Spiegeländerungen eingetreten sein, welche die Grenzen der Flachküsten erheblich umgestalten mussten.

Ueber der Mitte der Ablagerungsgebiete ist die Niveauveränderung beträchtlich grösser als am Rande, für den sie oben berechnet wurde, — über dem Centrum einer unendlich grossen Kreisscheibe ist das Potential doppelt so gross wie am Rande — sodass also an Inseln im Innern des Beckens alle Niveauschwankungen stärker auftreten müssen.

Die Annahme, dass das abgelagerte Material aus unendlich grosser Entfernung herbeigeführt worden sei, hat einen

Fehler im Gefolge, der die Spiegelsteigung an der Küste zu gross erscheinen lässt. Je näher der Ursprungsort des erodirten Materials liegt, um so beträchtlicher ist dieser Fehler. Auch über die hierdurch nothwendig werdende Aenderung kann man leicht eine Schätzungsrechnung anstellen. Es möge die einfache Annahme zugrundegelegt werden, dass das gesammte Sediment einer zwischen den geographischen Breiten ϑ' und ϑ'' enthaltenen Zone von der Erosion eines auf dem Parallelkreis ϑ die ganze Erde umziehenden Kettengebirges herrühre, dessen Breite man als verschwindend klein gegen seinen Abstand von der unter der Breite ϑ' liegenden Küste des Ablagerungsgebietes betrachten kann. Bezeichnet man mit λ die auf der Längeneinheit einer gleichförmig belegten Kreislinie enthaltenen Masse, so ist das Potential dieser ganzen Masselinie auf einen im Abstand c von ihrer Ebene und in der Entfernung ϱ von der Axe gelegenen Punkt, falls r der Kreisradius ist:

$$V' = \int_0^{2\pi} \frac{\lambda\, r\, d\varphi}{\sqrt{r^2 + \varrho^2 + c^2 - 2r\varrho\cos\varphi}}\,.$$

Setzt man: $\qquad \varphi = \pi - 2\psi \qquad \varkappa = \dfrac{2\sqrt{r\varrho}}{\sqrt{(r+\varrho)^2 + c^2}}\,.$

so wird:

$$V' = \frac{4\lambda r}{\sqrt{(r+\varrho)^2 + c^2}}\, K,$$

wo K den Werth des ganzen elliptischen Integrals erster Gattung für den Modul $\varkappa$ bedeutet.

Um dies auf den Fall der Erde anzuwenden, hat man zu setzen:

$$r = R\cos\vartheta \qquad \varrho = R\cos\vartheta' \qquad c = R\sin\vartheta' - R\sin\vartheta.$$

Man erhält dann:

$$\sqrt{(r+\varrho)^2 + c^2} = 2R\cos\frac{\vartheta+\vartheta'}{2} \qquad \varkappa = \frac{\sqrt{\cos\vartheta\,\cos\vartheta'}}{\cos\dfrac{\vartheta+\vartheta'}{2}}\,.$$

Die Belegungsdichte λ ist so zu bestimmen, dass die ganze auf dem Parallelkreise lagernde Masse gleich derjenigen der Sedimentzone wird. Dies gibt die Gleichung:

$$2R\cos\vartheta\,.\,\pi\lambda = 2R\pi\varepsilon H(R\sin\vartheta'' - R\sin\vartheta'),$$

woraus:
$$\lambda = \varepsilon HR(\sin\vartheta'' - \sin\vartheta')$$

und:
$$V' = 2\varepsilon HR\,\frac{\sin\vartheta'' - \sin\vartheta'}{\cos\dfrac{\vartheta + \vartheta'}{2}}\,.\,K.$$

Den Factor $2\varepsilon HR$ haben auch die oben berechneten Werthe der V_s; durch die Berechnung des zweiten Factors werden also die Potentiale V_s und V' direct vergleichbar. Ich habe denselben deshalb für die oben schon benutzten Zonen und drei verschiedene Lagen des erodirten Kettengebirges, nämlich für $\vartheta = 40^0$, 50^0, 60^0 nördl. Br. berechnet. ϑ' ist wie bisher $= 70^0$; ϑ'' nacheinander $= 90^0$ (volle Calotte), 80^0, 75^0, 72^0. Folgende Zahlen haben sich ergeben:

$\dfrac{V'}{2\,\varepsilon HR} =$	$\vartheta'' = 90^0$	80^0	75^0	72^0
40^0	0,2363	0,1768	0,1027	0,04469
50^0	0,3002	0,2245	0,1304	0,05674
60^0	0,4264	0,3189	0,1853	0,06061

Die hieraus sich ergebenden Steighöhen an der Küste für je 100 m Sedimentdicke sind unter Hinzufügung des idealen Falles unendlicher Entfernung des Abschwemmungsgebietes in folgender Tabelle enthalten:

$100\,\dfrac{\delta h}{H} =$	$\vartheta'' = 90^0$	80^0	75^0	72^0
∞		9,09 m	7,21 m	4,72 m	2,40 m
40^0	6,01	4,91	3,38	1,82
50^0	5,18	4,29	3,02	1,66
60^0	3,54	3,06	2,30	1,35

Eine Sedimentzone von 5^0 Breite und 500 m Dicke, wozu das Material dem 50sten Breitengrade entnommen ist, würde also z. B. eine Niveauerhöhung von 15,1 m an der Eismeerküste hervorbringen.

Allgemein lässt sich das Resultat aussprechen, dass durch Versetzung von Massen aus dem Innern der Continente nach den Rändern das Potential an diesen wächst, also der Meeresspiegel steigt, und zwar um so bedeutender, je weiter im Innern der Ursprung der Sedimente liegt. Die Potentialänderung nähert sich dem Werthe Null, wenn das Material dicht an der Küste entnommen wird. Dies lehrt am besten der Anblick nebenstehender schematischer Figur. Ist *MNM'* der Meeresspiegel, *GBCL* die ursprüngliche Configuration des festen Landes, so wird eine Erosion der in dem

Fig. 3.

Dreieck *DCN* enthaltenen Masse und Absetzung derselben in dem congruenten Raume *ABN* das Potential in *N* nicht ändern, weil das Potential des Dreiecks auf seine Ecke *N* in jeder Lage dasselbe ist. Da dieser letztere Fall der Erosion in der Natur aber nur eine sehr untergeordnete Rolle spielt, so wird im allgemeinen vor einer an Mündungen grosser Flüsse reichen Küste ein Flachmeer nicht nur durch die Anhäufung der Sedimente, sondern auch durch gleichzeitig fortschreitendes Ansteigen des Seespiegels und Ueberschwemmung des Küstensaums gebildet werden.

Verschiedene Continentalküstenstrecken verhalten sich bezüglich der Sedimentablagerung längs dem Strande ausserordentlich verschieden. Wo grosse Ströme einmünden, wird die Bildung von Ablagerungen begünstigt; wo die Küste von starken Meeresströmungen bestrichen wird, kann der feinste Schlick sich nicht absetzen, sondern er wird fortgeführt und fällt erst dort nieder, wo die Geschwindigkeit der Strömung hinlänglich abgenommen hat. Demnach werden auch verschiedene Küstenstrecken in verschiedenem Grade von den besprochenen Spiegelschwankungen betroffen. — Lange Ströme führen dem Ocean überhaupt nur feines Material zu; das gröbere bleibt, nach seiner Feinheit sortirt, im Mittel- und Oberlaufe zurück. Alles durch Wasser aus seiner ursprünglichen Lagerung gelöste Material wird aber, als Ganzes aufgefasst, so versetzt, dass sein Schwerpunkt der Mündung des Stromsystems genähert wird, folglich sein Potential auf benachbarte Küstenpunkte wächst. In vielen Fällen dürfte diese das Potential vermehrende Massenversetzung, die schwer in Rechnung zu ziehen ist, genügen, um den Einfluss des von der Abschwemmung herrührenden negativen Summanden *V"* in der vorigen Rechnung zu annulliren.

Aber nicht nur die durch das Wasser bedingten Massenversetzungen wirken auf den Stand des Meeresspiegels, sondern alle überhaupt eintretenden Verschiebungen, vor allem also die Hebungen und Senkungen einzelner Theile oder Schollen der Erdrinde. Jeder höher steigende Continent nimmt den ihn umgebenden Meeresrand ein Stück weit mit empor, jeder sinkende drückt ihn mit hinab. Eine Senkung des Meeresbodens ist desgleichen stets von einer Senkung des Seespiegels darüber begleitet, auch abgesehen von denjenigen Aenderungen, die durch den geänderten Rauminhalt des Beckens bedingt sind. Es ist kürzlich von W. Reiss darauf hingedeutet worden[1]), dass bei der Frage über das Heben oder Sinken eines Gebirges die Höhe der an benachbarten Küsten beobachteten alten Strandlinien aus eben diesem Grunde nicht ohne weiteres als das Maass der stattgehabten Hebung oder Senkung betrachtet werden können. Es ist nicht ohne Interesse zu berechnen, um wieviel der Seespiegel einem sich hebenden Continente nachfolgt. Um eine solche Rechnung anstellen zu können, werde ich sowohl bezüglich der Gestalt des Continents, wie auch bezüglich der Art und Umgrenzung der Hebung einfache geometrische Voraussetzungen machen. Das von Reiss in seinem citirten Vortrage behandelte Gebiet eignet sich besonders gut dazu, wenn man es erweitert als den ganzen amerikanischen Continent auffasst. Ich will für diesen die einfache Massenvertheilung substituirt denken, die schon Bruns in seiner eingangs erwähnten Abhandlung (p. 23) angenommen hat, nämlich ein mit Masse von der Dichte 2,5 gleichmässig 300 m hoch bedecktes Kugelzweieck, welches zwischen den Meridianen 30° und 75° westl. L. von Ferro enthalten und bis zu den Meridianen 0° und 180° von gleichförmig 3000 m tiefen Oceanen umgeben ist. Auf der östlichen Halbkugel sollen die Massen als gleichförmig vertheilt vorausgesetzt werden. Wie Bruns an dem angegebenen Orte gezeigt hat, erhält man das Potential für den Aequatorpunkt der Westküste (w. L. = 75°) des idealen Continents durch die Formel:

---

1) W. Reiss, Verhandl. d. Ges. f. Erdkunde zu Berlin, **7,** p. 52. 1880.

$$V_{75} = 2R\pi \left\{ [L(105^0) + L(75^0) - L(45^0)] k_1 H_1 + L(45^0) k_2 H_2 \right\}$$
$$= 2R\pi (k_1 H_1 p + k_2 H_2 q),$$

worin $L(l)$ der Werth eines dort definirten bestimmten Integrals mit dem Argument l ist; k_2 ist die mittlere Dichte des Continents $= 2,5$ und $k_1 = 1 - k_2 = -1,5$; $H_1 = 3000$ m, $H_2 = 300$ m. Berechnet man mittelst der von Bruns mitgetheilten Tafel die Coëfficienten p und q, so erhält man

$$p = 0,9180; \quad q = 0,4901.$$

Die Differenz zwischen dem Radiusvector des Geoids (d. h. der durch die Continentalanziehung beeinflussten Meeresoberfläche) und dem des regelmässigen Sphäroids wird:

$$h = \frac{V_{75}}{\frac{4}{3}\pi\eta R} = \frac{3}{2}\frac{k_1}{\eta} H_1 p + \frac{3}{2}\frac{k_2}{\eta} H_2 q$$

worin η die von Bruns zu 5,55 angenommene mittlere Dichte der Erde ist. Mit den obigen Zahlen wird:

$$h = -1116 + 99,4 = -1017 \text{ m.}$$

Würde nun der 300 m hoch angenommene Continent sich um 10 m heben oder senken, ohne dass im übrigen die Gestalt von Land- und Meeresboden sich änderte, so würde der zweite Summand um $\pm \frac{1}{30}$ variiren, also um $\pm 3,3$ m; man würde also für den Stand des Meeresspiegels die Zahlen 1013 und 1020 erhalten. Auf jede 10 m Hebung oder Senkung des Continents würde der Meeresspiegel um 3,3 m, also gerade um ein Drittel dieser Bewegung folgen. Die am Strand beobachtete Differenz wäre also nur 6,7 m, und ein alter Seestrand von 200 m Höhe über dem gegenwärtigen wäre ein Zeichen einer Hebung des Continents um 300 m. — Für Punkte, die beiderseits des Aequators in höheren Breiten gelegen sind, wäre der Bruchtheil kleiner als ein Drittel. — Wenn nicht der ganze Continent, sondern z. B. nur der Küstenstreifen von 65° bis 75° w L. um 10 m steigt oder sinkt, so ist die dadurch entstehende Spiegelschwankung nur $= \pm 1,27$ m, die beobachtbare Schwankung also $= 8,7$ m.

Man hat in dem zuvor Entwickelten eine der mannigfachen Ursachen kennen und ihrem möglichen Betrage nach schätzen gelernt, welche die Verschiedenheiten in den säcularen Hebungs- und Senkungserscheinungen bedingen und

deren richtige Erklärung so sehr erschweren. Die gefundenen Zahlen zeigen deutlich genug, dass die primären Ursachen der grossen Arealveränderungen zwischen Meer und
Continent wo anders gesucht werden müssen, und meine
Untersuchungen greifen um nichts der Lösung der Frage
vor, ob die Existenz hoch über dem Meere gelegener Strandlinien mehr der durch innere Spannungen in der Erdrinde
erzeugten Hebung eines Theiles derselben oder mehr dem
Zurückzuge des Meeres infolge fortschreitender mechanischer
und chemischer Bindung des Wassers in den festen Theilen
der Erdrinde zugeschrieben werden muss.

Giessen, den 14. Juli 1880.

XVII. Zur Theorie des Volta'schen Fundamentalversuchs; von F. Exner.

(Aus den Wien. Sitzungsber. 81. Mai 1880, auszüglich mitgetheilt vom Hrn. Verf.)

Der Verfasser hat in einer frühern Publication[1] gezeigt, dass die Spannungsdifferenzen, die beim Contact verschiedener Metalle auftreten, sich aus den chemischen
Constanten dieser Metalle berechnen lassen, und hat dementsprechend die Ursache dieser Spannungsdifferenzen nicht im
Contact, sondern in der chemischen Veränderung der Substanzen suchen zu müssen geglaubt. Da der Volta'sche
Versuch für die Contacttheorie bisher noch immer als Basis
galt, so sollte in der vorliegenden Abhandlung eine Erklärung desselben vom Standpunkte der chemischen Theorie
gegeben werden.

Es wird zunächst durch fünf verschiedene Experimente
gezeigt, dass bei der Berührung zweier Metalle keine Potentialdifferenz auftritt; von diesen soll hier nur eins angeführt werden.

Die beiden Quadrantenpaare eines Electrometers waren
mit den Polen einer Zamboni'schen Säule, die Nadel aber
mit der einen Platte eines, übrigens unelectrischen, Zink-

---

1) Exner, Wied. Ann. Bd. IX. p. 591. 1880.

Zink-Condensators verbunden. Die Nadel behält so ihre
Ruhelage. Verbindet man die zweite Platte des Condensators mit dem Cu-Pol eines Daniell und leitet dessen
Zn-Pol zur Erde, so zeigt das Electrometer durch Induction
einen Ausschlag $= + A$ an ($+ 18{,}0$ mm). Entladet man nun
den ganzen Apparat und verbindet das Daniell in umgekehrter Richtung wieder mit dem Condensator, so gibt das
Electrometer den Ausschlag $= - A$ an, d h. die Potentiale,
die die Zinkplatte durch Verbindung mit dem Daniell angenommen hat, waren in beiden Fällen der Grösse nach gleich.
Nach der Contacttheorie hat man (wenn mit E die Erde,
und mit F die Flüssigkeit des Elementes bezeichnet wird)
für den ersten Fall:

$$E\,|\,Zn + Zn\,|\,F + F\,|\,Cu + Cu\,|\,Zn = + A$$
$$\text{und } E\,|\,Cu + Cu\,|\,F + F\,|\,Zn \qquad = - A \text{ für den zweiten Fall.}$$

(1) Somit ist $E\,|\,Zn + E\,|\,Cu + Cu\,'\,Zn = 0$.

Ersetzt man den Zn-Zn-Condensator durch einen
Cu-Cu-Condensator und macht ganz dieselben Beobachtungen, so erhält man gleichfalls wieder in beiden Fällen
identische Ausschläge, und die Beobachtungen liefern analog
der Gleichung (1):

(2) $\qquad E\,|\,Cu + E\,|\,Zn + Zn\,|\,Cu = 0$.

Aus (1) und (2) folgt aber: $Cu\,|\,Zn = Zn\,|\,Cu$ d. i. $Zn\,|\,Cu = 0$.

Nachdem im weitern Verlauf der Abhandlung eine
theoretische Ableitung des experimentell bestätigten Satzes
gegeben wird, dass die bei der Oxydation eines Metalles erzeugte Potentialdifferenz der Verbrennungswärme desselben
proportional ist, wird die Natur des Volta'schen Versuches
eingehender behandelt. Es wird gezeigt, dass derselbe ein
Phänomen statischer Induction ist. Es zeigt sich nämlich,
dass die Ladung eines Zn-Cu-Condensators schon bei Annäherung der Platten aneinander eintritt, also ganz ohne
Contact, und zwar lassen sich an einem solchen Condensator
alle Erscheinungen eines Inductionsphänomens in auffallender
Weise nachweisen. Diese Induction scheint ihre Ursache
in den electrischen Oxydschichten zu haben, welche die Metalle bedecken, und die bei verschiedenen Metallen, entspre-

chend den Oxydationswärmen, ein verschiedenes Potential
besitzen. Es wird schliesslich gezeigt, dass man diesen Oxydschichten durch Erwärmung ihre Electricität, wenigstens zum
Theil nehmen kann.

XVIII. *Die Theorie des galvanischen Elementes; von F. Exner.*

(Aus den Wien. Sitzungsber. 82. Juli 1880, auszüglich mitgetheilt vom
Hrn. Verf.)

Die vorliegende Arbeit hat den Zweck, vorangegangene
Untersuchungen des Verfassers zu ergänzen; wenn in letzteren gezeigt wurde, dass an der Contactstelle zweier Metalle keine electromotorische Kraft auftritt so erschien es
nothwendig, die Wirkungsweise des galvanischen Elementes
vom Standpunkte der chemischen Theorie aus vollständig zu
entwickeln. Zunächst wird durch eine Reihe von Versuchen
die übliche Ansicht widerlegt, dass an der Berührungsstelle
eines Metalles mit einer indifferenten Flüssigkeit eine electromotorische Kraft auftrete.

Ein Condensator, dessen eine Platte aus Zink, die andere
aus Wasser besteht, ladet sich bei Schliessung durch einen
Platindraht genau so wie ein übrigens gleicher Condensator
aus Zink und Platin. Das Gleiche gilt für einen Kupfer-
Wasser-Condensator, auch dessen Ladung entspricht genau
der eines Cu-Pt-Condensators. Das Wasser spielt also hier
lediglich die Rolle eines übrigens indifferenten Leiters (wie Pt),
in welchem durch die Annäherung der oxydirten Platte
Electricität inducirt wird. Ein Pt-H_2O-Condensator gibt
bei directer Schliessung absolut Null, was gleichfalls beweist,
dass der Werth $Pt\,|\,H_2O = 0$ ist.

Um die sogenannte Spannungsdifferenz auch zwischen
Platin und anderen Flüssigkeiten bestimmen zu können, wurde
ein Condensator construirt, dessen eine Platte aus Zink bestand, während die andere durch die betreffende Flüssigkeit
gebildet wurde. Die Verbindung beider Platten geschah
durch einen Platindraht. Es zeigt sich nun, dass die Ladung

des Condensators absolut die gleiche blieb, mochte die untersuchte Flüssigkeit H_2O, H_2SO_4 aq., $CuSO_4$ aq., $ZnSO_4$ aq.,
HCl aq., HNO_3 oder Alkohol sein. Es ist also die sogenannte Erregung des Platins durch die genannten Flüssigkeiten gleich Null.

Nachdem es somit festgestellt ist, dass im Schliessungs-
kreise eines galvanischen Elementes an allen jenen Stellen,
wo keine chemische Action auftritt, auch die Erzeugung von
Electricität mangelt, kann es keinem Zweifel mehr unterliegen, dass die electrisch thätigen Stellen eben nur jene sind,
wo chemische Veränderungen vor sich gehen. Von diesem
Gesichtspunkte aus besteht demnach ein Element in seiner
einfachsten Form aus nur zwei Substanzen, z. B. Zink in
Wasser; ersteres bildet den negativen, letzteres den positiven
Pol. Alles, was weiter hinzugefügt wird, hat nur einen practischen Zweck.

Die Erscheinung der freien Spannung an den Polen
eines geöffneten Elementes wurde bisher ganz unrichtig aufgefasst; diese freien Spannungen brauchen an beiden Polen
(des isolirten Elementes) keineswegs gleich gross zu sein; ihr
Verhältniss zu einander hängt von den Capacitäten beider
Pole ab. Bezeichnen wir die constante Potentialdifferenz
beider Pole mit S, die Capacität des positiven Poles mit C,
die des negativen mit c, so ist die freie Spannung am:

$$\text{negativen Pol} = - S \frac{C}{C + c}$$
$$\text{positiven Pol} = + S \frac{c}{C + c}.$$

Nur für den Fall, dass die Capacitäten beider Pole
einander gleich sind, sind dies auch die freien Spannungen.

Durch eine Reihe von Versuchen wird gezeigt, dass die
Consequenzen der Rechnung bezüglich der freien Spannungen
mit der Erfahrung übereinstimmen.

Es wird schliesslich der Gang des Potentials in offenen
und geschlossenen Elementen untersucht. Es zeigt sich, dass
in der That nur an jenen Stellen eine Unstetigkeit stattfindet, wo eine chemische Action eintritt, im Smee'schen
Elemente z. B. an der Grenze von Zn und H_2SO_4, nicht

aber beim Uebergang von H_2SO_4 in Pt und ebensowenig
natürlich an der Grenze von Pt und Zn. In den Elementen
mit zwei Flüssigkeiten haben wir zwei solche Unstetigkeits-
stellen: im Daniell die Grenze $Zn-H_2SO_4$ und ferner die
Grenze $H_2SO_4-CuSO_4$. An jeder dieser Stellen tritt eine
plötzliche Aenderung des Potentials ein. An der ersten Stelle
wird Zn oxydirt unter Reduction von H_2, an der zweiten
wird H_2 oxydirt unter Reduction von Cu. Den Wärmewerthen
dieser Processe entsprechen vollkommen die beobachteten
Potentialänderungen.

Es besteht somit das Daniell eigentlich aus zwei hin-
tereinander geschalteten Elementen: einem Elemente $Zn|H_2SO_4$
(d. i. = ein Smee) und dem Elemente $H_2|CuSO_4$, sodass
man hat $D = S + H_2 | CuSO_4$, wenn man mit D ein Daniell
und mit S ein Smee bezeichnet. Gleicherweise findet man
für das Grove'sche Element $G = S + H_2 | HNO_3$.

Auch in den geschlossenen Elementen zeigt sich das
Potentialgefälle in vollständiger Uebereinstimmung mit den
Consequenzen der chemischen Theorie. Dasselbe gilt auch
von den ausgeführten Untersuchungen an Stromkreisen, die
polarisirbare oder nicht polarisirbare Voltameter enthielten

XIX. *Bemerkung über die durch Strömungen einer ungleichmässig erwärmten Flüssigkeit fortgeführten Wärmemengen; von A. Oberbeck.*

Nachdem ich vor kurzem die allgemeinen Gleichungen,
welche die Flüssigkeitsbewegungen infolge von Temperaturdifferenzen ausdrücken, besprochen und Anwendungen davon
auf zwei besondere Fälle mitgetheilt habe[1]), wurde meine
Aufmerksamkeit durch die in diesen Annalen[2]) geführte Discussion zwischen den Herren Weber und Winkelmann
auf einen dritten Fall gelenkt, auf welchen jene Entwickelungen anwendbar sind.

Es handelt sich in der angeführten Discussion um die

---

1) Oberbeck, Wied. Ann. 7. p. 271—292. 1879 und 11. p. 489—495. 1880.
2) Weber und Winkelmann, Wied. Ann. 10. p. 474—480, 668
bis 676. 1880; 11. p. 347—352. 1880.

Deutung früherer Versuche von **Winkelmann** zur Bestimmung des Wärmeleitungsvermögens von Flüssigkeiten. Die zu untersuchende Flüssigkeit befindet sich zwischen zwei Metallcylindern von ungleicher Temperatur und sehr kleiner Entfernung der Grenzflächen. Der innere, wärmere Cylinder kühlt sich langsam ab, während der äussere Cylinder auf constanter Temperatur erhalten wird. Hierbei müssen in der Flüssigkeit Strömungen entstehen, deren Geschwindigkeiten aber — bei Voraussetzung des Haftens an den festen Grenzflächen — klein sind, um so kleiner, je enger der von der Flüssigkeit erfüllte Raum ist. Trotzdem wird infolge dessen der einfache Vorgang der Wärmeleitung modificirt und Wärme durch Strömungen übertragen. Es entsteht die Frage, von welchen Constanten bei verschiedenen Flüssigkeiten unter sonst gleichen Umständen diese Wärmemengen abhängen. In meiner ersten Abhandlung über diesen Gegenstand habe ich diese Frage beantwortet. Die dort gegebenen Entwickelungen[1]) beziehen sich zwar zunächst auf verdünnte Gase und anders gestaltete Grenzflächen, können aber in ihren Grundzügen unbedenklich auf den vorliegenden Fall übertragen werden, da hier die Hauptvoraussetzung — kleine Geschwindigkeit der Flüssigkeit und infolge dessen nur kleine Verrückungen der Flächen gleicher Temperatur — unzweifelhaft erfüllt ist. Ich habe dort gefunden, dass diejenigen Wärmemengen, welche zu den durch Leitung im gewöhnlichen Sinne fortgepflanzten hinzukommen, wenn Strömungen stattfinden, proportional sind mit dem Ausdruck:

$$\frac{\alpha^2 \cdot \varrho_0{}^4 \cdot c^2 \cdot G^2}{\lambda \cdot \mu^2}.$$

Hier bedeuten:

α den Ausdehnungscoëfficienten (für kleine Temperaturdifferenzen), ϱ_0 die Dichtigkeit, c die specifische Wärme, μ den Reibungscoëfficienten, λ das Wärmeleitungsvermögen der Flüssigkeit. G ist die Constante der Schwere.

Ich kann daher Hrn. **Weber** nur beipflichten, wenn er sagt: „Die Wärmemenge, welche bei Flüssigkeitsströmungen

1) l. c. p. 290—291.

2) **Weber**, Wied. Ann. **10.** p. 350. 1880.

in engbegrenzten Räumen durch die strömenden Flüssigkeitsmassen fortgeführt wird, hängt nicht allein von der Grösse
der innern Reibung, sondern von einer Reihe verschiedener
Eigenschaften der Flüssigkeit ab, nämlich von dem thermischen Ausdehnungscoëfficienten, von der Dichte, von der
specifischen Wärme der Volumeneinheit und von der Grösse
der innern Reibung."

Meine frühere Formel gibt diese Abhängigkeit an,
zeigt, dass auch das Wärmeleitungsvermögen selbst eine Rolle
dabei spielt, und würde gestatten, relative Zahlenwerthe für
die einzelnen Flüssigkeiten zu berechnen. Indem ich hierauf
verzichte, da mir die weiteren Ausführungen des Hrn. Weber
durchaus genügend erscheinen, die Streitfrage zu entscheiden,
möchte ich nur noch einen Umstand mit Hülfe meiner
Formel aufklären.

Hr. Winkelmann hat seine Untersuchung nach dem
Vorgange von Stefan angestellt, welcher mit einem ganz
ähnlichen Apparat von nahezu denselben Dimensionen die
Wärmeleitung der Gase untersucht und dabei einen Einfluss
von Strömungen nicht beobachtet hat. Man kann leicht den
oben angegebenen Ausdruck für ein Gas und eine Flüssigkeit berechnen. Ich habe diese Rechnung für atmosphärische
Luft und für Alkohol ausgeführt. Mit Unterdrückung des
gemeinsamen Factors G^2 setzte ich:

	Luft	Alkohol		Luft	Alkohol
α	0,003 67	0,001 04	μ	0,000 18	0,018
ϱ	0,001 293	0,795	λ	0,000 05	0,000 487
c	0,169	0,566			

Die Leitungsfähigkeit des Alkohols habe ich aus der von
Weber gegebenen Zahl 0,0292 durch Division mit 60 erhalten, da bei jener Zahl die Minute zur Zeiteinheit gewählt
wurde, während die übrigen Grössen sich auf Secunden beziehen.

Man erhält für:

    Alkohol: 0,8772,   Luft: $0{,}664 . 10^{-6}$.

Um den Einfluss dieser Wärmemengen auf die in Frage
stehenden Versuche zu beurtheilen, hat man ihr Verhältniss
zu denjenigen Wärmemengen zu ermitteln, welche durch

Leitung im engern Sinne übergehen. Letztere sind proportional dem Leitungsvermögen λ. Bezeichnet man dieselben mit: λa, die ersteren mit $k.b$, wo k die oben berechneten Zahlen, a und b dagegen Factoren repräsentiren, die von den Apparaten und den Temperaturdifferenzen abhängen, wobei jedenfalls b sehr klein im Vergleich zu a ist, so ist das Verhältniss: $\frac{kb}{\lambda a}$.

Dasselbe ist für: Alkohol: 1801 $\frac{b}{a}$, Luft: 0,0136 $\frac{b}{a}$.

Es kann daher bei einem kleinen Werthe des Bruches $\frac{b}{a}$ der Einfluss der Strömungen für Gase verschwindend klein sein, ohne dass dies bei tropfbaren Flüssigkeiten unter sonst gleichen Umständen der Fall ist.

Halle a. S., den 2. November 1880.

XX. *Bemerkungen in Betreff der Arbeit des Hrn. W. Siemens: Ueber die Abhängigkeit der electrischen Leitungsfähigkeit der Kohle von der Temperatur; von J. Borgmann,*

Privatdocent an der Universität zu St. Petersburg.

Im 8. Heft der Annalen von diesem Jahre hat Herr W. Siemens unter obigem Titel eine Arbeit veröffentlicht, in welcher er das, zuerst von H. Matthiessen, bemerkte Factum der Verringerung des electrischen Widerstandes der Kohle bei Erhöhung der Temperatur bestätigt, die von Herrn Beetz gegebene Erklärung dieser Erscheinung aber verwirft, indem er die Kohle als dem Tellur und Selen analog betrachtet. Zu genau denselben Resultaten gelangte ich in meiner Arbeit: „Ueber den galvanischen Widerstand der Kohle bei verschiedenen Temperaturen"[1], über welche in den „Beiblättern"[2] ein kurzer, von Herrn W. Siemens wohl übersehener Bericht, erschienen war. Es werden von mir untersucht mehrere Stäbe von Coaks, welcher bei

---

1) Borgmann, Journ. d. russ. phys. Ges. **9.** p. 163. 1877.
2) Beiblätter **3.** p. 288. 1879.

der electrischen Beleuchtung gebraucht wird, ferner Graphitstäbe, Carré'sche Kohle, Stücke von Anthracit und Stäbe aus Fichtenholzkohle. Die Widerstandsmessung geschah vermittelst der Wheastone'schen Brücke und des Galvanometers von H. G. Wiedemann. Die Enden der Kohlenstäbe wurden in eng umschliessende Kupferhülsen eingefügt, welche überdies durch galvanoplastisch niedergeschlagenes Kupfer an die Kohlen gleichsam angelöthet waren, sodass die Endflächen der Kohlenstäbe und die Seitenflächen nächst dem Rande der erwähnten Hülsen mit einer dicken Kupferschicht bedeckt waren. Nur auf die Holzkohle wurde kein Kupfer galvanoplastisch niedergeschlagen, da hier die Hülsen ungemein dicht an die Kohlen anlagen und die Zwischenräume überdies durch eingetriebene Kupferplatten ausgefüllt wurden. An die Kupferhülsen waren Kupferstreifen gelöthet, an welchen der Kohlenstab in einem eigens dazu hergerichteten Luftbade hing, welches, wie zahlreiche Versuche zeigten, durch lange Zeit eine ausgezeichnet constante Temperatur behielt. Die dünnen Kupferstreifen federten leicht, sodass die Kohlenstäbe sich frei ausdehnen konnten. Ausser im Luftbade wurden die Stäbe noch direct vermittelst eines langen Brenners in einigen Fällen bis zur Orangegluth erhitzt. In allen Fällen wurde eine bedeutende Verringerung des Widerstandes bei Erhöhung der Temperatur beobachtet, sogar bis zur Orangegluth. Nach der Veränderlichkeit des Widerstandes können die verschiedenen Kohlenarten folgendermassen geordnet werden:

Fichtenholzkohle:

von 23—143° Coëffic. der Widerstandsänderung $= -0,00548$
„ 23—260° „ „ „ „ $= -0,00384$

Aehnliche Coëfficienten wurden bei anderen Exemplaren erhalten.

Anthracit von Donez (Spec. Gew. $= 1,654$, Dilatationscoëfficient etwa 0,00006):

von 25—152° Coëffic. der Widerstandsänderung $= -0,00390$
„ 25—168° „ „ „ „ $= -0,00340$
„ 25—260° „ „ $= -0,00265$

Graphit (Spec. Gew. = 2,272, Dilatationscoëfficient etwa
0,00002340 [Fizeau]):

von 25 — 193° Coëffic. der Widerstandsänderung = —0,00088

„ 25 — 250°   „   „   „   „   = —0,00082

„ ·25 — 279°   „   „   „   „   = —0,000816

Coaks (zur electrischen Beleuchtung. Spec. Gew. = 1,775,
Dilatationscoëfficient etwa 0,00001620 [Fizeau]):

von 26 — 187° Coëffic. der Widerstandsänderung = —0,000319

„ 26 — 275,5° „   „   „   „   = —0,000260

„ 26 — 346°   „   „   „   „   = —0,000248

Aehnliche Coëfficienten wurden bei anderen Exemplaren
erhalten.

Coaks, welcher bereits zur electrischen Beleuchtung vermittelst einer Siemens'schen Maschine gedient hatte und dabei bis zur Hellrothgluth erhitzt worden war:

von 21 — 140° Coëffic. der Widerstandsänderung = —0,00033

„ 21 — 239°   „   „   „   „   = —0,00031

„ 20 — 292°   „   „   „   „   = —0,00024.

Bei Orangegluth leitete Coaks um 15°/₀ besser, als bei
gewöhnlicher Temperatur; Carré'sche Kohle bei Rothgluth
um mehr als 10°/₀ besser.

Zeichenkohle, bei gewöhnlicher Temperatur fast ein
Nichtleiter, leitete bei etwa 200° merkbar besser.

Die starke Widerstandsänderung der Holzkohle machte
sie empfindlich gegen die strahlende Wärme. Ich verfertigte
eine dünne Kohlenplatte von etwa 1 mm Dicke, befestigte
sie auf einer Gypsplatte in einem besondern Kasten, führte
sie in einen Zweig der Wheatstone'schen Brücke ein und
unterwarf sie dem Einfluss strahlender Wärme; zu gleicher
Zeit verglich ich die Ablenkungen im Galvanometer in der
Brücke bei der Bestrahlung der Kohlenplatte mit denen eines
Multiplicators, in dessen Kette eine Thermosäule eingefügt
war, welche sich in dem erwähnten Kasten befand und zwar
zusammen mit der Kohlenplatte bestrahlt wurde. Die Versuche zeigten in der That eine Uebereinstimmung; sie wiesen
aber auch darauf hin, als ob die hellen Strahlen stärker
den Widerstand der Kohle ändern, als die dunkeln.

66*

Ich habe auch die Widerstandsänderung bei der Erwärmung von Holzsorten (Fichte, Palme, Birke, Ebenholz) untersucht, welche zuerst in reinem Alkohol gekocht und nachher sorgfältig getrocknet wurden. Alle Holzsorten wurden bis 120° erwärmt und zeigten eine Verringerung des Widerstandes. Besonders bemerkbar war dies beim Ebenholz.

XXI. *Bemerkung zu der Abhandlung „Ueber die Bestimmung der absoluten Geschwindigkeit der Electricität aus dem Hall'schen Phänomen"; von A. von Ettingshausen.*

Seit der ersten Veröffentlichung der erwähnten Abhandlung (März 1880) erschien eine Notiz von E. H. Hall, in welcher gegen die der Berechnung zu Grunde liegenden Schlüsse der Einwand erhoben wird, dass die den Strom selbst erzeugenden electromotorischen Kräfte eine ponderomotorische Bewegung des Leiters in der Richtung des Stromes zur Folge haben müssten. Diesem Bedenken könnte durch die Annahme eines entgegengesetzt gerichteten Auftriebes begegnet werden, wie ihn ja die unitarische Hypothese schon braucht, um zu erklären, dass sich (im gewöhnlichen Sinne) unelectrische Körper nicht abstossen. Kaum dagegen dürfte sich die in derselben Notiz mitgetheilte Thatsache erklären lassen, dass nämlich in einer Eisenplatte die durch den Magnetismus geweckte electromotorische Kraft jener in einer Goldplatte entgegengesetzt gerichtet sei — obwohl beim Eisen wegen der innern Magnetisirung desselben ein abweichendes Verhalten von vornherein zu erwarten stand.

Berichtigungen.

Bd. **11.** (Lubarsch) S. 52 Z. 3 v. u. statt „nicht" lies „meist".
　　S. 53 Z. 14 v. o. statt „50" lies „30".
　　„ 55 „ 20 v. o. statt „kein" lies „kein reines".
　　„ 61 „ 1 v. u. statt „vermindert" lies „erweitert".
　　„ 69 „ 17 v. o. statt „brechbarere" lies „weniger brechbare".
　　(Réthy) S. 124 Z. 5 v. o. statt „xy" lies „xz".
　　S. 126 Gleichung (7a) statt $B^2 - B_1^2$ lies $B^2 - B_r^2$.
　　„ 128 Gleichung (8a) statt $lB + \cos\delta_r$ lies $lB_r \cos\delta_r$.

Namenregister zum Jahrgang 1880.

Die Bände 9, 10 und 11 sind bezeichnet durch IX, X, XI.

A.

Auerbach, F., Magnetische Untersuchungen XI, 353; s. auch Meyer.

B.

Barus, s. Strouhal.

Baur, C., Magnetismus XI, 394.

Beetz, W., Galvanische Polarisation X, 348. — Schlüssel für electrische Leitungen X, 871.

von Bezold, W., Lichtenberg'sche Figuren und electrische Ventile XI, 787.

Boltzmann, L., Erwiderung auf die Notiz des Hrn. O. E. Meyer XI, 529.

Borgmann, J., Electrische Leitungsfähigkeit der Kohle XI, 1041.

Budde, E., Clausius'sches Gesetz und Bewegung der Erde im Raume X, 553.

C.

Clausius, R., Verhalten der Kohlensäure in Bezug auf Druck, Volumen und Temperatur IX, 337. — Mittlere Weglänge der Gasmolecüle X, 92. — Electrodynamische Grundgesetze X, 608. — Anwendung des electrodynamischen Potentials zur Bestimmung der ponderomotorischen und electromotorischen Kräfte XI, 604.

D.

Dorn, E., Fortführung der Electricität durch strömendes Wasser IX, 513. X, 46.

Doubrava, S., s. Mach.

Dühring, U., Gesetz der correspondirenden Siedetemperaturen XI, 163.

Dvořák, V., Schlierenbeobachtung IX, 502.

E.

Edlund, E., Electrische Ströme beim Strömen von Flüssigkeiten durch Röhren IX, 95.

v. Ettingshausen, A., Geschwindigkeit fliessender Electricität aus dem Hall'schen Phänomen XI, 432. 1044.

Exner, F., Electricitätserregung beim Contact heterogener Metalle IX, 591. — Theorie der inconstanten galvanischen Elemente X, 265. — Theorie des Volta'schen Fundamentalversuchs XI, 1034. — Theorie des galvanischen Elementes XI, 1036.

Exner, K., Newton'sche Staubringe IX, 239. XI, 218.

F.

Fröhlich, J., Electrodynamische Grundgesetze von Clausius, Riemann und Weber IX, 261.

Fuchs, Fr., Interferenzphotometer XI, 465. — Electromotorische Kräfte einiger Zinkkupferelemente XI, 795.

G.

Giese, W., Rückstandsbildung in Leydener Flaschen bei constanter

Schönemann, P., Kreuzpendel

S

S

S

S

T.

T

U.

v. Urbanitzky, A., s. Reilinger.

V.

Volkmann, P., Krümmung der Wand und Constanten der Capillarität XI, 177.

W.

v. Waltenhofen, A., Inductionsarbeit und Bestimmung des mechanischen Wärmeäquivalentes IX, 81.
Warburg, E., Torsion X, 13.
Weber, H. F., Wärmeleitung in Flüssigkeiten X, 103, 304, 472. —
Wärmeleitung derselben, XI, 474.
— Bemerkungen gegen H. F. Weber X, 668, XI, 734; gegen U. Dühring XI, 534.
Witkowski, A., Verlauf der Polarisationsströme XI, 759.
Wüllner, A., Specifische Wärme des Wassers X, 284.
Wüllner, A., und O. Grotriau, Dichte und Spannung der gesättigten Dämpfe XI, 545.

Z.

Zehfuss, G., Bewegungsnachbilder IX, 672.
Zöppritz, K., Schwankungen des Meeresspiegels infolge geologischer Veränderungen, XI, 1016.

Druck von Metzger & Wittig in Leipzig.

Lightning Source UK Ltd.
Milton Keynes UK
UKHW020334071218
333420UK00007B/171/P